国家科学技术学术著作出版基金资助出版

钢结构的平面内稳定

童根树　著

中国建筑工业出版社

图书在版编目（CIP）数据

钢结构的平面内稳定/童根树著. —北京：中国建筑
工业出版社，2015.2
ISBN 978-7-112-17652-6

Ⅰ.①钢… Ⅱ.①童… Ⅲ.①钢结构-结构稳定性-
研究 Ⅳ.①TU391

中国版本图书馆 CIP 数据核字（2015）第 003075 号

钢结构的平面内稳定
童根树 著
*
中国建筑工业出版社出版、发行（北京西郊百万庄）
各地新华书店、建筑书店经销
霸州市顺浩图文科技发展有限公司制版
北京建筑工业印刷厂印刷
*
开本：787×1092 毫米 1/16 印张：43 字数：1072 千字
2015 年 4 月第一版 2019 年 3 月第二次印刷
定价：**105.00** 元
ISBN 978-7-112-17652-6
（33365）

本书系统阐述了判断结构稳定性的基本原理、方法和过程，通过压杆弹性稳定性的研究，介绍了轴力作用后构件刚度的变化，介绍了钢结构构件截面的弹塑性性能，截面和框架发生塑性流动的现象，压杆弹塑性失稳的数值积分方法，柱子曲线的构建，弹塑性失稳时的剩余物理刚度。各种变分原理和基于变分原理的近似解析法和有限单元法。详细讲述了框架稳定，剪切失稳，剪切失稳和弯曲失稳的相互作用，变截面构件的弹性和弹塑性稳定，压弯杆的稳定性，框架柱按照整层失稳进行平面内稳定计算的方法。各种双重抗侧力结构体系的弹性和弹塑性稳定性和二阶效应，伸臂结构，悬挂结构和联肢结构的稳定性。非线性分析基础，框架结构几何和材料非线性分析的拖动坐标法，非线性分析单元刚度矩阵的刚体检验，增量－迭代计算的广义刚度参数法。深拱和浅拱的弹性和弹塑性稳定性，水平弹性支承拱的弹性和弹塑性稳定。

轴压力或重力荷载是一种负刚度的概念贯穿本书的始终，被用于帮助理解并获得复杂问题的简单结果。理论都围绕实际工程问题展开，最终的结果也有很强的实用性。本书可作为结构工程专业的硕士和博士研究生教材，前13章可以作为本科生选修课教材。本书很多章节涉及《钢结构设计规范》部分内容的理论背景，还包含了大量《钢结构设计规范》没有纳入、在实际工程中却经常遇到的内容，可供建筑结构与机械、航空、造船、桥梁、货架仓储、电力建设、设施农业钢结构等各个领域的工程技术人员和广大师生参考。

责任编辑：赵梦梅　牛　松　田立平
责任设计：李志立
责任校对：陈晶晶　赵　颖

前　言

钢材强度高，延性好，是优良的建筑结构材料。原材料经长途运输、通过复杂的炼制工艺获得的钢材，其应用应该精打细算。在满足安全性要求的前提下，减小单位建筑面积的用钢量应该是每一个结构设计人员追求的目标。为了节省用钢量，实际工程中的钢构件相对混凝土构件要细长和壁薄。细长和薄壁的结构容易发生失稳现象，对稳定理论的掌握是做好钢结构设计的关键。

材料力学有压杆稳定内容，结构力学则包含了框架稳定的章节。但是这两门专业基础课中的结构稳定知识远远不能满足解决实际工程问题的需要。结构稳定理论作为一门专业基础课，其学科内容和知识量非常丰富，而且还在不断完善中。

由于历史的原因，与钢结构有关的课程，特别是稳定理论，在我国各高校中的课时都比较少。知识掌握得不全面，作为解决实际工程问题的工具，应用起来就不那么得心应手。结果是很多人认为结构稳定理论比较难。通过系统的学习，读者会发现结构稳定理论是很容易理解和掌握的。而且只有掌握稳定理论知识，才能正确掌握和判断实际工程钢结构的性能。

近二十年来钢结构在我国得到广泛应用，作为钢结构应用基础的钢结构稳定理论也得到快速的发展。有些成果已经反映在《钢结构设计规范》GB 50017—2015 中，有些则只能在国内外的期刊学报上零星地呈现，有必要进行较为系统的总结。作者自 1996 年起在浙江大学讲授《结构稳定理论基础》课程，根据实际应用需要和新的研究成果，讲课内容不断更新和补充。本书是这门课程部分教学内容的总结，它包含了近三十年来作者紧密结合大量工程实际和《钢结构设计规范》GB 50017—2003/2015 编制所进行的理论上新的思考和研究成果。读者会发现，即使对于非常经典的稳定理论和方法，作者也以更为透彻的方式进行了讲解和诠释。书中还包含了很多工程实际中遇到、设计规范未列入或未及时列入的内容，可以直接在设计工作中应用。

本书共分 21 章，第 1 章介绍判断结构稳定性的静力准则和能量准则，介绍了不同结构体系的屈曲后性能和有缺陷体系的稳定性，最后还介绍了验证近代稳定理论的实验结果。

第 2 章介绍杆件的弹性稳定，特别强调静力准则的应用。重点考察了轴力作用下构件各种刚度的变化，提出轴力抗侧负刚度和轴力弯曲负刚度的计算公式，论述了杆件弯曲的弓弦效应对轴压刚度的影响。

第 3 章论述钢截面的极限承载力，提出双向弯矩和轴力作用下求极限屈服面的一个方法，解释了截面上的塑性流动现象，对框架中的塑性内力流动进行分析，提供了常见截面的极限屈服曲面。

第 4 章研究压杆的弹塑性失稳，内容包含：Shanley 模型改进的论述，考虑残余应力影响的切线模量法和算例，Jezek 解析解求柱子稳定系数曲线，详细的数值积分法步骤，稳定系数通用公式的构建,防屈曲压杆,对弹塑性失稳本质的讨论。

第5章介绍了能量法:有限变形下的应变计算,研究结构稳定性的变分原理,包括初应力问题变分原理、屈曲问题变分原理和压杆弯曲失稳的正统变分原理。能量法近似计算屈曲荷载和屈曲波形的过程。特别介绍了变截面构件的有限单元法。计算了变截面变轴力悬臂压杆临界荷载和两端简支变轴力压杆的临界荷载。

第6章介绍了框架弹性稳定,研究了同层各柱和层与层的相互作用,带摇摆柱的框架的弹性和弹塑性稳定,单跨两层框架发生对称失稳现象。对一个实际工程的四层8跨框架的屈曲分析,对高阶屈曲模态的应用价值进行了探讨;轴压框架弹塑性层稳定系数。

第7章通过研究框架结构层与层相互作用的特点,提出了一个初等代数方法求解上下柱的相互支援和多层框架中层与层相互作用,可用于有侧移失稳和无侧移失稳的计算。作者认为,通过本章的学习,对框架的稳定性才有真正的深入掌握。

第8章研究有剪切变形影响的柱子和框架的稳定,特别提出柱子剪切失稳的概念,强调剪切失稳和弯曲失稳的相互作用。考虑剪切变形影响的框架柱转角位移方程、抗侧刚度和框架发生有侧移失稳和无侧移失稳的框架柱计算长度。变截面柱子考虑剪切失稳作用的临界荷载,缀板柱和夹层梁的屈曲。研究了格构式压杆单肢失稳和整体失稳的相互作用。

第9章研究压弯杆的弹塑性失稳。通过经典的Jezek法阐述压弯杆弹塑性失稳中弯矩发挥的作用,Jezek法确定的轴力—弯矩相关作用曲线,相关公式的构建。介绍了框架的二阶分析设计法。提出了按照层整体失稳计算框架平面内稳定性的一个新方法。框架设计的假想荷载法,各种框架设计方法的比较。

高层双重抗侧力结构的稳定性一直是一个空白,本书以五章的篇幅系统介绍作者在高层结构稳定方面的研究成果。第10章系统地介绍了框架—剪切型支撑结构,框架—弯曲型支撑结构和框架—弯剪型支撑结构的稳定性计算公式,双重弯剪型结构稳定性的解析解,理解各个子结构之间相互作用的串并联模型。使框架发生无侧移失稳的支撑门槛刚度,弱支撑框架的稳定性计算方法。第11章介绍双重和多重抗侧力结构一阶和二阶分析的串并联电路模型;第12章介绍弯剪型和双重结构的二阶效应;第13章是双重结构的弹塑性稳定,重点介绍双重结构中的框架柱稳定计算。其中Jezek模型被推广到高层弯曲型支撑结构的弹塑性稳定性分析。第14章是伸臂结构、悬挂结构和联肢结构的稳定性。

第15章介绍楔形变截面工字钢杆件的应力分析、变截面压杆和压弯杆的弹性和弹塑性稳定,提出了新的设计公式。变截面梁对变截面柱子提供的转动约束给出了详细的计算公式;最后是变截面屋面梁的屈曲。

第16章对工业厂房中的各种稳定问题给出了计算公式。有吊车阶形柱框架、设摇摆柱的斜坡刚架的稳定分析;厂房纵向抽撑时的稳定分析;考虑剪切变形影响的阶形柱的计算长度系数,增加了一个重型厂房框架算例,一个发电厂除尘器钢支架屈曲的案例分析,阶形柱上下柱弹塑性阶段的相互作用,斜腿框架的屈曲。

第17章介绍了增强结构稳定性的支撑的设计要求。

非线性分析是钢结构设计方法的一个发展方向。第18章以便于工程技术人员和初学者容易理解的方式介绍了非线性分析的基本知识。第19章则详细地介绍框架几何和材料非线性分析的一个新方法。引入横向正应力的非线性势能,对刚度矩阵进行刚体检验,采用广义刚度参数法控制增量—迭代过程,考虑计算过程中的虚假卸载,提出了弹塑性阶段不平衡力的计算方法,列出了详细的计算步骤,给出了计算例题。

第20章介绍一个新的拱的稳定理论,研究了各种假定带来的影响,为进一步研究拱的稳定提供了一个完整的基础。研究了拱脚支座水平方向弹性支承拱和扁拱的稳定。

第21章详细介绍了拱的弹塑性稳定及其设计方法的推导,对水平弹性支承拱的弹塑性稳定提出了支座水平刚度要求。

部分章提供了练习题,使之适合于做高等学校研究生的参考书。

经过近三十年的研究和发展,结构稳定理论学科的知识内容得到极大的充实和发展,本书讲授钢结构构件和框架的平面内稳定,通过研究简单构件和结构,对结构失稳的本质进行深入剖析,对稳定性研究的方法进行详细介绍。轴压力或重力荷载是一种负刚度的概念贯穿本书的始终,被用于帮助理解并获得复杂问题的简单结果。理论围绕实际工程问题展开,最终结果也有很强的实用性,可以供建筑结构、机械、航空、造船、桥梁、货架仓储、电力建设、设施农业钢结构等各个领域的工程技术人员参考。本书也是为浙江大学结构工程专业研究生的《结构稳定理论基础》课程而撰写总结的。根据教学的要求,本书适宜的学时安排为35(本科生)～45(研究生)个学时,本科生只学习前面十章的内容。

在本书出版之际,在此向陈婷、王金鹏、季渊、张磊、程鹏、冯进、杨洋、罗澎、李东、邢国然、曹志毅、翁燹、胡进秀、苏建、郭峻、黄山、高宇、胡达明、赵钦等表示感谢。他们在攻读硕士和博士学位期间获得的成果,对于完善钢结构稳定理论,拓展稳定理论的应用、促进人们对特定结构体系稳定性的认识、改善钢结构构件和结构的设计和分析方法具有重要的价值。在本书的撰写过程中,饶芝英女士给予了大力支持,在此表示感谢。

本书也许存在不足和谬误,希望读者发现后不吝指正。

童根树

2014 年 10 月 8 日于浙江大学

目　　录

第1章 绪论：判断结构稳定性的两个准则

房屋和桥梁等建筑结构及其组成构件在荷载作用下，外力和内力必须保持平衡。作为结构稳定理论学习必备知识的材料力学和结构力学，主要讲述构件处于平衡状态时的应力、内力和相应的变形。但这种平衡状态是否能长久保持，即这种平衡状态是否稳定，却很少提到，即使有这些内容，其叙述的深度也是不够的，教师的讲授也对其一带而过。

平衡状态是否能长期保持，是平衡状态的性质。平衡状态具有稳定的和不稳定的两种不同的性质。当平衡状态具有不稳定的性质时，轻微的扰动就会使结构或其组成构件产生很大的变形而最后丧失承载力，这种现象就称为失去稳定性或简称失稳。建筑结构因失稳而造成的事故在工程历史上并不是个别的，人们通过这些事故，对结构稳定这门学科也更加重视，结构稳定理论作为一门学科也得到了长足的发展。近几十年来由于结构形式的不断发展和高强度材料的应用，特别是建筑钢结构的快速发展，使结构趋于轻型和薄壁，结构和构件的刚度趋于下降，更容易出现失稳现象，因而对结构稳定性的研究及对结构稳定知识的加深和掌握也更有必要。本书主要为高等学校土建类专业在学习材料力学和结构力学后进一步加深结构稳定的基本知识而编写，可供高年级和研究生使用。

1.1 平衡的稳定性及其判定准则

为了判断结构在已知荷载作用下的平衡状态是否稳定，这里介绍判断平衡稳定性的最常用的两个准则静力准则和能量准则。

1.1.1 静力准则

满足静力平衡条件的某结构体系，当受到微小的扰动使其偏离原来的平衡位置：若因此在该结构体系上产生一指向原来平衡位置的力(回弹力或称为恢复力)，因而当此扰动去除后，能使该体系回复到原来位置时，则原来的平衡状态是稳定的，或称稳定平衡；如产生背向原来平衡位置的力(负恢复力)，因而使偏离越来越大，则原来的平衡状态是不稳定的，或称不稳定平衡；若受扰动后不产生任何作用于该体系的力，因而当扰动去除后，既不能恢复原来的平衡位置又不继续增大偏离时，则为中性平衡。这就是稳定的静力准则。

玩具不倒翁，在受到干扰后永远会恢复到原来的平衡位置，它的平衡位置是稳定的。

人踩高跷只能在动态下进行，它在静力状态下是不能保持稳定的例子。

用手压缩一根有一定长度的弹簧，一不小心，弹簧就从侧面弹出。这是不能保持稳定平衡的又一个例子。

图 1.1 是理论力学中研究刚体平衡状态稳定性的一个例子，它是解释平衡状态性质的

最好的例子，也是理解上述静力准则的最好
例子。

　　一个几何不变的结构体系，如果作用的荷
载足够小，有理由认为它处在稳定的平衡状
态。但是随着荷载的增加，可能会在某一刻，
它的平衡状态会从稳定的变成不稳定的。计算

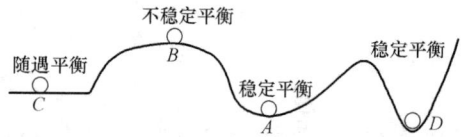

图 1.1　光滑小球在光滑表面的平衡

它从稳定平衡转化为不稳定平衡的荷载值，是结构稳定性研究的目的和任务。这个荷载称
为临界荷载。

　　图 1.2 是两端简支弹性压杆，处于轴心受压平衡状态。为了判断这个直线的平衡状态
是否稳定，给予它一个干扰，使之产生挠度 y，然后移去干扰，考察压杆会发生什么。存
在三种可能性：一是随着干扰的移除，压杆恢复到直线平衡状态；二是保持不动；三是即
使移除了干扰，压杆的变形还在不断增大。三种现象分别表示稳定平衡，随遇平衡和压杆
失去稳定性。

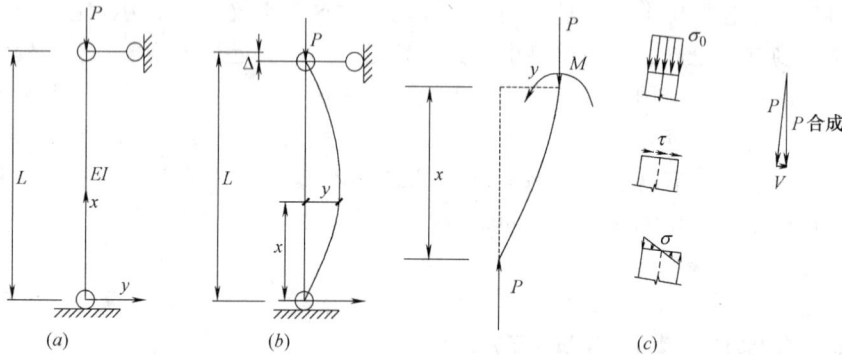

图 1.2　两端简支压杆的屈曲

　　那么如何确定临界荷载？方法是：假设压杆处于随遇平衡状态，然后分析这种平衡成
立的条件。取出如图 1.2(c) 所示的隔离体，隔离体下端是反力 P，被剖开的离坐标原点
为 x 的截面上有弯矩 M，还有竖向力 P。

　　关于 x 截面上的竖向力 P，应该做进一步解释：压杆弯曲，截面上必然产生垂直于变
形后截面的弯曲应力 σ 和平行于截面的剪应力 τ。但是直线平衡状态就已经存在的应力
$\sigma_0 = \dfrac{P}{A}$，在压杆弯曲的过程中也发生了随动，其方向始终与压杆纵向纤维的方向保持一致
（这种应力称为 Kirchhoff 应力）。$P = \sigma_0 A$ 与截面上的剪力 V 合成为竖向力 P。

　　对图 1.2 (c)，建立平衡条件如下：

$$M - Py = 0$$

因为 $M = -EIy''$，所以得到

$$EIy'' + Py = 0$$

记 $k = \sqrt{P/EI}$，上式的解是

$$y = B\sin kx + C\cos kx$$

利用简支边界条件，得到 $C = 0$ 和

$$B\sin kL = 0$$

要使压杆的弯曲状态成为平衡状态，必须 $B \neq 0$，所以只能要求 $\sin kL = 0$，即 $kL = \pi$，2π，3π，……，取最小解得到欧拉荷载：

$$P_E = \frac{\pi^2 EI}{L^2}$$

即 $P = P_E$ 时才有可能使得弯曲状态成为平衡状态。

1.1.2 能量准则

结构体系的平衡稳定性还可以用体系的总势能 Π 来判别。总势能是结构体系内的应变能 U 和外荷载势能 V 两者的和。如果结构体系受到微小扰动而变形，体系的总势能 Π 是增加的(原来的总势能具有极小值)，则原来的平衡状态是稳定的；如果总势能 Π 是减少的(原来的总势能具有极大值)，则原来的平衡状态是不稳定的；假如总势能保持不变，则为中性平衡。这是判定结构稳定性的能量准则。

对照图 1.1，回想刚体体系的总势能的计算方法，上述能量准则是显而易见的。

在结构力学中，我们知道弹性体系的应变能是体系在外力作用下储藏在体系内的已知能量，它标志着外力去除后恢复到原来状态的能力。变形后应变能增加，因而始终为正值；而外荷载的势能 V(在荷载为保守力系的假定下，它等于荷载所做的功的负值)在变形后往往是减小的，因而始终为负值。由此我们看出上述两个稳定准则在物理意义上的联系。当为稳定平衡时，由能量准则可知，微小的扰动必须使总势能 Π 增加，这就要求微小扰动后应变能的增加大于外荷载势能的减小，因而扰动去除后，体系有一恢复力，这与静力准则中要求稳定平衡时在微小扰动去除后体系有一个正恢复力是完全一致的。这个恢复力即回弹力，轴力较小时，在干扰去除后，将使得图 1.2(b)所示的压力 P 的向下位移被顶回去，压杆重新变为直的。

在数学上，总势能是

$$\Pi = U - V$$

稳定的平衡状态，总势能具有极小值，这是最小势能原理。因此总势能表达式必有 $\delta^2 \Pi > 0$；

不稳定的平衡状态，总势能具有极大值，因此 $\delta^2 \Pi < 0$；

随遇的平衡状态，总势能表达式满足 $\delta^2 \Pi = 0$。

平衡状态，不管是稳定的、随遇的还是不稳定的，都满足 $\delta \Pi = 0$，这是势能驻值原理。

对于图 1.2 所示的压杆，施加干扰使压杆发生弯曲，压杆内储存的应变能增量是

$$U = \frac{1}{2} \int_0^L EI y''^2 \, \mathrm{d}x$$

我们研究的是干扰去除后的状态，因此干扰本身所做的功并不需要加以考虑。但是挠度产生的过程中，压杆上的集中力 P 产生了向下的位移 Δ，所以做了功。Δ 的推导依据如下约定：压杆挠度产生的过程中，压力保持不变。压力保持不变，则压杆中和轴不伸长，这样长度是 $\mathrm{d}x$ 的微段，在压杆发生挠度后的斜长度仍然是 $\mathrm{d}x$，其竖向投影长度是 $\mathrm{d}x \cos y'$，这样变形前后就产生了竖向长度差 $\mathrm{d}x - \mathrm{d}x \cos y' \approx \frac{1}{2} y'^2 \mathrm{d}x$，这样

$$\Delta = \frac{1}{2}\int_0^L y'^2 \, dx$$

荷载功的增量是 $V = P\Delta$，总势能增量是

$$\Pi_b = \frac{1}{2}\int_0^L (EIy''^2 - Py'^2) \, dx$$

注意上面说"总势能保持不变，则为中性平衡"，这个总势能保持不变表示屈曲后的总势能与屈曲前的总势能相同，而屈曲前的总势能是压杆轴心受压状态的总势能，记为 Π_0，设 u_0 是轴压产生的轴向位移，则 Π_0 是

$$\Pi_0 = \frac{1}{2}\int_0^L EAu_0'^2 \, dA - Pu_{0,\,x=L}$$

以零应力状态作为势能零点，则总势能是

$$\Pi = \Pi_0 + \Pi_b$$

因为在失稳的过程中，轴压力是假设不变的，因此失稳的过程中，Π_0 保持不变。因此也可以以屈曲前瞬间的状态作为势能的零点，这样

$$\Pi = \Pi_b$$

令 $\delta\Pi = 0$，则

$$\delta\Pi = \int_0^L (EIy''\delta y'' - Py'\delta y') \, dx = EIy''\delta y'|_0^L - \int_0^L (EIy''' + Py')\delta y' \, dx$$

$$= EIy''\delta y'|_0^L - (EIy''' + Py')\delta y'|_0^L + \int_0^L (EIy^{(4)} + Py'')\delta y \, dx = 0$$

因为 δy 意指任意形状任意小的挠度函数，要使上式成立，必须有

$$EIy^{(4)} + Py'' = 0$$

积分两次，并利用简支端弯矩为 0、挠度为 0 的条件，得到

$$EIy'' + Py = 0$$

接下去求解与静力法一样。

注意到，按照能量准则的描述，也可以直接采用 $\Pi_b = 0$ 来计算临界荷载。即

$$P_{cr} = \frac{\int_0^L EIy''^2 \, dx}{\int_0^L y'^2 \, dx}$$

假设 $y = B\sin\dfrac{\pi x}{L}$，代入上式，也可以得到欧拉临界荷载。这种方法称为 Timoshenko 能量法。

1.1.3　光滑表面上钢球的平衡稳定性

作为静力准则和能量准则的应用和阐释，现以一个小钢球在光滑面上的三种不同位置来说明平衡的稳定性。图 1.3 是一个小钢球支承在凹面(图 1.3a)、凸面(图 1.3b)和平面上（图 1.3c)。图中小钢球的初始位置用球心 A 表示，三种情况下钢球的重力 P 与支承反力 R 都使钢球处在静力平衡状态。今给以微小扰动使钢球偏离原来位置，球心由 A 点移到 B 点。当钢球支承在凹面上时，微小扰动后初始指向原来平衡位置的分力 $P\sin\theta$；当在凸面上时，则产生背向原来平衡位置的分力 $P\sin\theta$；当在平面上时，不产生任何分力。由

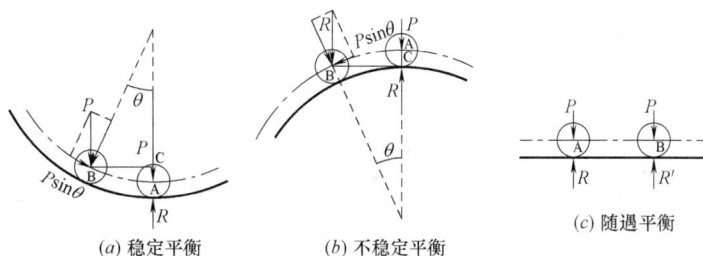

图 1.3　小钢球平衡位置的稳定性

静力准则可知，他们分别为稳定平衡、不稳定平衡和中性平衡。

再以能量的观点来解释。如设钢球在凹面时的总势能为 Π_0，当钢球球心从 A 点移到 B 点时，由于球心位置的提高，总势能将增大为：

$$\Pi = \Pi_0 + P \cdot \overline{AC} = \Pi_0 + P \cdot \overline{OA}(1 - \cos\theta)$$

总势能对位移 θ 的一阶和二阶导数（变分）分别为

$$\frac{\mathrm{d}\Pi}{\mathrm{d}\theta} = P \cdot \overline{OA}\sin\theta, \quad \frac{\mathrm{d}^2\Pi}{\mathrm{d}\theta^2} = P \cdot \overline{OA}\cos\theta$$

可见当 $\theta = 0$ 时，$\mathrm{d}\Pi/\mathrm{d}\theta = 0$，$\mathrm{d}^2\Pi/\mathrm{d}\theta^2 = P \cdot \overline{OA}$ = 正值，说明 Π_0 为极小值，因而是稳定平衡。

同样，不难证明钢球在凸面上时，当 $\theta = 0$ 时，$\mathrm{d}\Pi/\mathrm{d}\theta = 0$，$\mathrm{d}^2\Pi/\mathrm{d}\theta^2 =$ 负值，此时 Π_0 为极大值，因而是不稳定平衡。当钢球在平面上时，势能为一常量，总势能的一阶和二阶及高阶导数都为零，此时为中性平衡。

在应用静力准则时，要注意到，使钢球发生微小位移的微小扰动力是不进入研究的过程，即不进入平衡条件的，因为静力准则要求研究扰动去除后的体系，它是否能回复到原来状态。

在应用上述能量准则中，要注意 $\mathrm{d}\Pi/\mathrm{d}\theta = 0$ 仅说明小球处在平衡状态，要判断这个平衡状态的性质，则需要看总势能是否是极大值、极小值。由高等数学的知识可知，当 $\mathrm{d}^2\Pi/\mathrm{d}\theta^2 > 0$ 时，总势能为极小，平衡状态是稳定的；当 $\mathrm{d}^2\Pi/\mathrm{d}\theta^2 < 0$ 时总势能为极大值，平衡状态是不稳定的；当 $\mathrm{d}^2\Pi/\mathrm{d}\theta^2 = 0$ 时，还要看总势能的高阶导数是大于零、小于零还是等于零才能判断出总势能在该平衡状态的极值性质，才能确定平衡状态的性质。

1.1.4　静力准则的扰动和能量准则的变分的关系，大变形理论

实际结构平衡状态的稳定性的判别当然没有上面刚体平衡状态的稳定性判别那么简单，上述的简单例子也不足以说明研究结构稳定性的方法。因此下面对图 1.4 所示的带支承的刚体-弹簧结构体系在轴心力 P 作用下的稳定性进行研究，这个例子已经具备了实际构件的与稳定性有关的所有要素，因而用它来说明稳定性的研究方法非常合适。

图 1.4(a) 中的 AC 和 BC 是刚性链杆，在 C 点铰接，但在 C 点有一转动弹簧，转动系数为 k，当 AC 和 BC 在一直线上时，弹簧不受力。研究此杆系在轴压力 P 作用下的稳定性。

设杆系发生如图 1.4(b) 所示的变形，变形后的形状可用角位移 θ 一个变量来表示，因此这杆系具有一个自由度。变形后弹簧中的应变能为

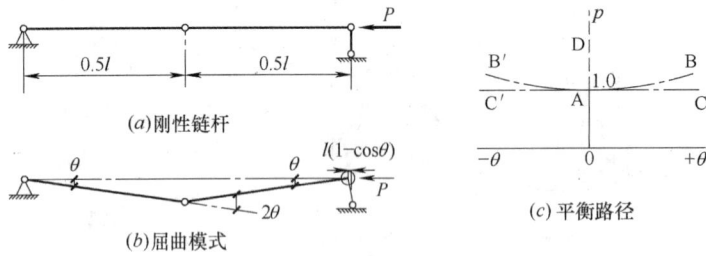

图 1.4　弹性连接刚性链杆系在轴力作用下的稳定性

$$U = \frac{1}{2}(2\theta)k(2\theta) = 2k\theta^2$$

式中 2θ 为 C 处两杆的相对转角，$k(2\theta)$ 为弹簧中的抵抗力矩，由于两者是同时由零逐渐加大的，故式中取两者乘积的 $1/2$。

变形后 B 点向左移动了 $l(1-\cos\theta)$，荷载 P 的势能减小了，其值为

$$V = -Pl(1-\cos\theta)$$

杆系的总势能为

$$\Pi = U + V = 2k\theta^2 - Pl(1-\cos\theta)$$

总势能对角位移的导数为

$$\frac{\mathrm{d}\Pi}{\mathrm{d}\theta} = 4k\theta - Pl\sin\theta$$

$$\frac{\mathrm{d}^2\Pi}{\mathrm{d}\theta^2} = 4k - Pl\cos\theta$$

$$\frac{\mathrm{d}^3\Pi}{\mathrm{d}\theta^3} = Pl\sin\theta$$

$$\frac{\mathrm{d}^4\Pi}{\mathrm{d}\theta^4} = Pl\cos\theta$$

由 $\mathrm{d}\Pi/\mathrm{d}\theta = 0$，可得到杆系的静力平衡方程式为

$$4k\theta - Pl\sin\theta = 0 \qquad\qquad (a)$$

这里如改用静力平衡条件，由外力矩 $Pl\sin\theta/2$ 等于弹簧中的内力矩 $2k\theta$，可同样得到 (a) 式。因此，总势能的一次变分为零和在受一次扰动的位置上建立平衡方程具有同样的效果。

满足 (a) 式的解有两个：$\theta = 0$ 和 $Pl/4k = \theta/\sin\theta$，分别表示杆系为直线和折线两种形式。下面讨论这两种平衡状态的稳定性。

1. 当 $\theta = 0$，即杆系处于直线平衡状态时，因

$$\frac{\mathrm{d}^2\Pi}{\mathrm{d}\theta^2} = 4k - Pl = 4k\left(1 - \frac{Pl}{4k}\right) = 4k(1-p)$$

故当 $p = Pl/4k < 1$ 时，$\dfrac{\mathrm{d}^2\Pi}{\mathrm{d}\theta^2} > 0$，说明平衡是稳定的。当 $p > 1$ 时，$\dfrac{\mathrm{d}^2\Pi}{\mathrm{d}\theta^2} < 0$，平衡是不稳定的。当 $p = 1$ 时，$\dfrac{\mathrm{d}^2\Pi}{\mathrm{d}\theta^2} = 0$，还应由更高阶的导数来判断。因为 $\left.\dfrac{\mathrm{d}^3\Pi}{\mathrm{d}\theta^3}\right|_{\theta=0} = 0$，$\left.\dfrac{\mathrm{d}^4\Pi}{\mathrm{d}\theta^4}\right|_{\theta=0} = Pl > 0$，说明 $p = 1$ 时平衡也是稳定的（注意在临界点处的平衡不是中性的）。

6

2. 当 $p=Pl/4k=\theta/\sin\theta$ 时，即杆系处在折线形式的平衡状态时，

$$\left.\frac{\mathrm{d}^2\Pi}{\mathrm{d}\theta^2}\right|_{p=\theta/\sin\theta}=4k(1-\theta/\tan\theta)$$

如规定杆系变形的范围是 $|\theta|\leqslant\pi/2$，在此范围内因 $\theta<\tan\theta$，得到 $\frac{\mathrm{d}^2\Pi}{\mathrm{d}\theta^2}>0$，说明平衡是稳定的。

按照通常的稳定理论著作，静力方法只能得到屈曲发生时的临界荷载和屈曲后的平衡路径，这条平衡路径的稳定性在理论上要采用最小势能原理进行判定（在经验上，我们当然可以采用屈曲后荷载是继续增加还是减小来判定屈曲后平衡位形的稳定性）。在理论上按照静力方法我们能否以及如何判断平衡状态的稳定性？

（a）式是平衡状态必须满足的式子，由此求得的是结构体系的平衡状态，与材料力学和结构力学的解的唯一性性质不同的是，这里平衡状态不是唯一的，而是两个。我们必须进一步判断这两个平衡状态的性质。

既然（a）式是一个平衡状态，按照静力准则对（a）式代表的平衡状态再一次施加一个扰动 θ^*，使得总转角变为 $\theta+\theta^*$，并且假设这个扰动很微小。扰动去除后，如果体系仍处在平衡状态，即满足（a）式：

$$4k(\theta+\theta^*)-Pl\sin(\theta+\theta^*)=0$$

则表示干扰前的这个状态是临界状态。将（a）式代入上式后得到：

$$(4k-Pl\cos\theta)\theta^*=0$$

从而有

$$4k-Pl\cos\theta=0 \qquad\qquad (b)$$

比较上式和总势能的二阶变分，可见在平衡状态（a）的基础上再扰动一次，得到的是总势能二阶变分为零的条件。同理，在（b）式上再扰动一次，得到三阶变分为零的条件；依次还可以进行下去。

因此，再变分一次相当于对屈曲后的平衡路径再扰动一次。

在相同的变形下，由（b）式求得的 p 如果比（a）式求得的 p 大，说明（a）式代表的平衡状态是稳定的。这就是我们建立的利用静力法判断平衡稳定性的方法。

上述对图 1.4 的体系的研究，结果归纳如下：

1. 当 $p=Pl/4k\leqslant1$ 即 $P\leqslant4k/l$ 时，杆系的直线形式平衡状态是稳定的；

2. 当 $p>1$ 即 $P>4k/l$ 时，直线形式的平衡状态是不稳定的，杆系将从直线形式突然变成折线形式，折线形式的平衡状态是稳定的。

图 1.4(c) 绘出了此杆系的荷载-位移曲线。在曲线 OAB（或 OAB'）上的任何点都代表稳定平衡状态，AD 线上的任何点（不包括 A 点）都是不稳定的平衡。由曲线 AB 可见，当 $p>1$ 时，荷载微小的增加即可产生可观的变形 δ。例如设 $\delta=0.1l$，则 $\sin\theta=0.2$，$\theta=0.20136$ 弧度，于是从 $p=Pl/4k=\theta/\sin\theta=1.0068$，可得 $P=1.0068(4k/l)$，说明 P 超过临界值仅 0.68%，挠度 δ 即从 0 增大到 $0.1l$。

图 1.4(c) 的 A 点是一个有重要意义的点，它标志着直线形式的平衡位置由稳定状态到不稳定状态的临界点，因此 $p=1$ 或 $P=4k/l$ 就称为临界荷载或临界力，记为 p_{cr} 或 P_{cr}。当荷载略微超过临界荷载一点点，平衡状态即从直线平衡状态转到折线平衡状态，

这种平衡状态发生突变的现象在物理上称为屈曲（buckling），在数学上属于微分方程解的分枝现象（bifurcation），所以临界荷载也可称为屈曲荷载和分枝荷载，A 点是分枝点。结构体系发生屈曲后的荷载和变形之间的关系称为屈曲后性能，是结构稳定理论这门学科研究的另一个方面，需要采用大变形的理论，而不能采用在材料力学和结构力学中的小变形假定。

1.1.5　小变形理论

上述结果在 $|\theta| < \pi/2$ 范围内的任意大小的变形都适用。实际结构的变形都是比较小的，下面分析如果采用小变形假定，将会得到什么结果。在小变形的假定下，有 $\sin\theta \approx \theta$，$\cos\theta \approx 1 - \theta^2/2$，代入总势能表达式可得

$$\Pi = \frac{1}{2}\theta^2(4k - Pl)$$

$$\mathrm{d}\Pi/\mathrm{d}\theta = \theta(4k - Pl), \quad \mathrm{d}^2\Pi/\mathrm{d}\theta^2 = 4k - Pl$$

由一阶变分为零得到两个独立的平衡条件：$\theta = 0$，P 为任意值和 $P = 4k/l$，θ 为任意值。当 $\theta = 0$ 时由二阶导数可见，如果满足 $P < 4k/l$，则平衡是稳定的，$P > 4k/l$ 时则是不稳定的。当 $P = 4k/l$ 时，二阶导数及更高阶的导数都为零，此时为中性平衡。当为中性平衡时，扰动使直线状态的杆系变为折线状态，当扰动去除后，将仍然保留此折线状态而不能恢复到原来的直线状态，因而当 $P = 4k/l$ 时，角位移 θ 为包括零在内的任意微小值。中性平衡时杆系具有直线和微小弯折两种平衡形式。小变形理论所得的上述结果在图 1.4 上可以采用 OAC(OAC′) 表示，它与大变形理论得出的曲线 BAB′ 在 A 点相切。

比较小变形理论和大变形理论的结果，可知：

（1）到达中性平衡时的荷载为临界荷载，因而同样得到临界荷载 $P_{cr} = 4k/l$，因而如果研究的目的只要得到结构或构件的临界荷载，小变形理论是足够了；

（2）小变形理论不能得到屈曲后的曲线 B′AB；

（3）当 $P = P_{cr}$ 时，小变形理论认为是中性平衡，而大变形理论则认为是稳定平衡，线性化的屈曲理论无法给出在临界荷载时构件是否稳定的信息。

1.1.6　势能驻值原理和最小势能原理的区别和联系

在结构体系（线性和非线性）的一切可能位移中，真实位移使总势能为驻值，这就是势能驻值原理，即 $\delta\Pi = 0$。从上面这个例子我们知道，利用势能驻值原理可求结构体系失稳前的平衡位形，也可以求屈曲后的平衡位形，并获得出现新的屈曲状态的平衡位形时的荷载，这个荷载就是临界荷载。

对于稳定的平衡状态，真实的位移使总势能为最小值，这就是最小势能原理。判断平衡状态的稳定性质，要研究在这个平衡位形下势能是否具有最小值，即总势能的二阶变分是否大于零。当结构体系的状态在变化时（例如荷载在增加），总势能的二阶变分也在变化，在某个时候二阶变分等于零，表明此时平衡的性质发生了变化，原来的平衡状态不再能够保持稳定。因此利用总势能的二阶变分为零（$\delta^2\Pi = 0$）这一条件，也可以求出使平衡的性质发生变化的荷载，这个荷载与势能驻值原理求得的荷载是一样的，它们都是临界荷载。

但是由 $\delta\Pi=0$ 得到的是平衡路径；$\delta^2\Pi=0$ 得到的是稳定区域（$\delta^2\Pi>0$）和不稳定区域（$\delta^2\Pi<0$）的一个分界。因为在临界点处，屈曲前路径从较小荷载时的稳定变为更大荷载时的不稳定，临界点必定处在稳定和不稳定的分界线上，因此临界点必定同时满足 $\delta\Pi=0$ 和 $\delta^2\Pi=0$。

对于极值点失稳的情况，荷载－位移曲线上任意一点，都满足势能驻值原理（平衡条件），在曲线的最高点处，总势能的二次变分也等于零，越过最高点后平衡的性质发生变化，由稳定变为不稳定。因此对于这一类问题，也可以利用一阶变分和二阶变分同时为零（$\delta\Pi=0$ 和 $\delta^2\Pi=0$）的条件直接求极限荷载。但是求解荷载位移全过程包括上升和下降段的曲线，只能用 $\delta\Pi=0$。$\delta^2\Pi=0$ 仅仅是极值点处体系的总势能必须或者说必然要满足的一个条件。

因此两个能量原理本质上是不同的，在大变形的理论中，两者得到的荷载－位移曲线是不同的，势能驻值原理得到平衡路径，而二阶变分等于零得到稳定区和不稳定区的分界。两条曲线仅在平衡路径分叉点处或荷载－位移曲线的极值点处重合。

两者的区别在研究有缺陷体系的稳定性时会更加明显，见第1.3节。

1.2 屈曲后性质

刚性杆体和弹簧组成的体系，在不同的支承条件和不同的荷载作用下，会呈现不同的屈曲后的特性。上面一节介绍的例题具有屈曲后的承载力，具有对称的分枝特性（即折线形屈曲的弯折方向向上和向下，其屈曲后的性能是一样的）。下面介绍的两个例题则具有完全不同的特性。

1.2.1 不稳定分枝失稳的例子

图1.5(a)所示是下端铰接，上端具有弹性支承的单自由度刚性杆件。抗侧移弹簧的弹性常数为 k，杆件长度 l，上端作用竖向力 P。

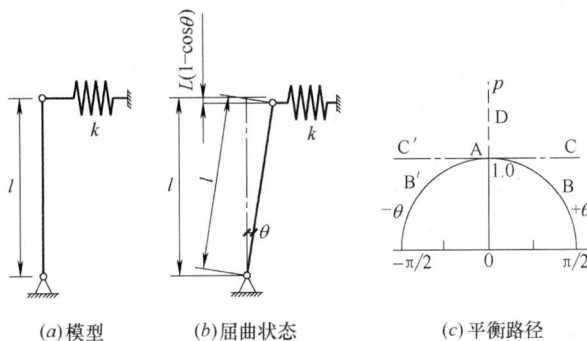

(a)模型　　(b)屈曲状态　　(c)平衡路径
图1.5　弹性支承杆的稳定性

取出杆件作隔离体，建立平衡方程为：

$$P\Delta-k\Delta l\cos\theta=0$$

得到平衡路径为

(1) $\theta=0$，P 为任意值；

(2) $P=kl\cos\theta$。

这两个平衡路径由图 1.5(c)表示。下面利用能量法判断平衡路径的稳定性。

体系的总势能为

$$\Pi=\frac{1}{2}k\Delta^2-Pl(1-\cos\theta)=\frac{1}{2}kl^2\sin^2\theta-Pl(1-\cos\theta)$$

$$\frac{\mathrm{d}\Pi}{\mathrm{d}\theta}=kl^2\sin\theta\cos\theta-Pl\sin\theta=l\sin\theta(kl\cos\theta-P)=0$$

$$\frac{\mathrm{d}^2\Pi}{\mathrm{d}\theta^2}=kl^2\cos2\theta-Pl\cos\theta$$

$$\frac{\mathrm{d}^3\Pi}{\mathrm{d}\theta^3}=-2kl^2\sin2\theta+Pl\sin\theta$$

$$\frac{\mathrm{d}^4\Pi}{\mathrm{d}\theta^4}=-4kl^2\cos2\theta+Pl\cos\theta$$

(1) 直线平衡状态的稳定性：在 $\theta=0$ 时，$\frac{\mathrm{d}^2\Pi}{\mathrm{d}\theta^2}=kl^2-Pl$，当 $P<kl$ 时，$\frac{\mathrm{d}^2\Pi}{\mathrm{d}\theta^2}>0$，说明平衡状态是稳定的；当 $P>kl$ 时，$\frac{\mathrm{d}^2\Pi}{\mathrm{d}\theta^2}<0$，直线平衡状态是不稳定的；当 $P=kl$ 时，$\frac{\mathrm{d}^2\Pi}{\mathrm{d}\theta^2}=0$，需要研究总势能的更高阶的导数才能确定它的稳定性，因为此时 $\frac{\mathrm{d}^3\Pi}{\mathrm{d}\theta^3}=0$，$\frac{\mathrm{d}^4\Pi}{\mathrm{d}\theta^4}=-3kl^2<0$，因此是不稳定的。

(2) 判断倾斜平衡状态的稳定性：将 $P=kl\cos\theta$ 代入总势能的二阶变分得到

$$\frac{\mathrm{d}^2\Pi}{\mathrm{d}\theta^2}=kl^2\cos2\theta-kl^2\cos^2\theta=-kl^2\sin^2\theta<0$$

因此折线平衡状态是不稳定的。

1.2.2　不对称分枝现象

图 1.6(a)是一斜向弹簧支撑的刚性杆件，支撑斜角 45°，分析它的屈曲及屈曲后的特性。

当刚性压杆有图 1.6(b)所示的变形时，杆上端荷载作用点从 A 点移到 B 点，弹簧压缩了 FB，刚性压杆下端到斜弹簧的垂直距离为 OD，从几何关系可得到：

$$\overline{EB}=l\sin\theta, \overline{FB}=l(\sin\theta-\cos\theta+1)/\sqrt{2}, \overline{OD}=l(\sin\theta+\cos\theta)/\sqrt{2}$$

绕 O 点的弯矩平衡得到下列平衡方程

$$Pl\sin\theta-kl^2(\sin\theta-\cos\theta+1)(\sin\theta+\cos\theta)/2=0$$

由此可得两个平衡路径：

(1) $\theta=0$，P 为任意值；

(2) $$P=\frac{kl}{2\sin\theta}(\sin\theta+\cos\theta-\cos2\theta)$$ $\hspace{2cm}($c$)$

平衡路径示于图 1.6(c)，对 P 求导可以得到曲线的最大和最小值

$$\frac{\mathrm{d}P}{\mathrm{d}\theta}=\frac{kl(2\sin\theta\sin2\theta+\cos\theta\cos2\theta-1)}{2\sin^2\theta}=\frac{kl}{2\sin^2\theta}(3\cos\theta-2\cos^3\theta-1)=0$$

当 $\theta = 68°32'$ 时，P 达到最大值 2.181kl；当 $\theta = -68°32'$ 时，P 达到最小值 $-0.181kl$；当 $\theta = 0$ 时，$P = P_{cr} = kl$。

利用能量准则判断上述平衡路径的稳定性。总势能为

$$\Pi = \frac{1}{4}kl^2(2 + 2\sin\theta - 2\cos\theta - \sin2\theta) - Pl(1 - \cos\theta)$$

$$\frac{\mathrm{d}\Pi}{\mathrm{d}\theta} = \frac{1}{2}kl^2(\sin\theta + \cos\theta - \cos2\theta) - Pl\sin\theta$$

$$\frac{\mathrm{d}^2\Pi}{\mathrm{d}\theta^2} = \frac{1}{2}kl^2(\cos\theta - \sin\theta + 2\sin2\theta) - Pl\cos\theta$$

$$\frac{\mathrm{d}^3\Pi}{\mathrm{d}\theta^3} = \frac{1}{2}kl^2(\sin\theta - \cos\theta + 4\cos2\theta) - Pl\sin\theta$$

(1) 在 $\theta = 0$ 时，$\dfrac{\mathrm{d}^2\Pi}{\mathrm{d}\theta^2} = \dfrac{1}{2}kl^2 - Pl = l\left(\dfrac{1}{2}kl - P\right)$

当 $P < kl/2$ 时，$\dfrac{\mathrm{d}^2\Pi}{\mathrm{d}\theta^2} > 0$，直线平衡状态是稳定的；

当 $P > kl/2$ 时，$\dfrac{\mathrm{d}^2\Pi}{\mathrm{d}\theta^2} < 0$，直线平衡状态是不稳定的；

当 $P = kl/2$ 时，$\dfrac{\mathrm{d}^2\Pi}{\mathrm{d}\theta^2} = 0$，$\dfrac{\mathrm{d}^3\Pi}{\mathrm{d}\theta^3} = \dfrac{3}{2}kl^2 \neq 0$，直线平衡状态是不稳定的。

(2) 对平衡路径（2），将平衡路径代入总势能的二阶变分得到

$$\frac{\mathrm{d}^2\Pi}{\mathrm{d}\theta^2} = \frac{1}{2\sin\theta}kl^2(3\cos\theta - 2\cos^3\theta - 1)$$

此式在 $\theta = 0 \sim 68°32'$ 和 $\theta = -68°32' \sim -90°$ 区间内大于零，因而平衡状态是稳定的；在 $\theta = 68°32' \sim 90°$ 和 $\theta = 0 \sim -68°32'$ 区间内小于零，平衡状态是不稳定的。

实际上，可以令总势能的二阶变分为零，得到

$$P = \frac{kl}{2}(1 - \tan\theta + 4\sin\theta)$$

此曲线示于图 1.6(c) 中，如果平衡路径在这条曲线之下，则平衡是稳定的，否则平衡是不稳定的。

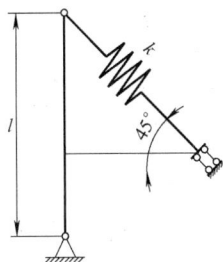

(a)模型

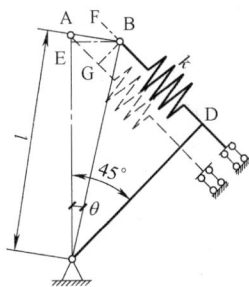

(b)屈曲状态

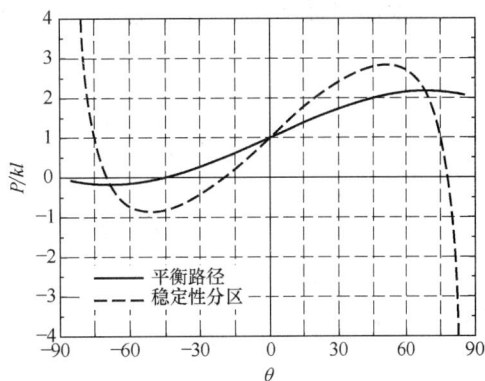

(c)平衡路径

图 1.6 弹性支承杆的稳定性

1.2.3 Von Mises 桁架-跳跃屈曲

再来考察图 1.7(a)所示的由两根相同杆件在顶点联结所构成的桁架。桁架由光滑铰链支承在刚性基础上，杆件与水平方向成角度 θ_0，跨度 $2L$，两杆件都不可弯曲，但沿其轴线可以压缩，截面的面积 A，弹性模量 E，构件的轴向刚度为 $k=EA\cos\theta_0/L$。竖向荷载 P 作用于中央，引起结构变形，变形后的位置如图实线所示。

变形位置具有的应变能为

$$U=kL^2(\sec\theta_0-\sec\theta)^2$$

荷载 P 所做的功为

$$W=PL(\tan\theta_0-\tan\theta)$$

在变形状态结构系统的总势能为 $\Pi=U-W$，平衡条件要求

$$\frac{\mathrm{d}\Pi}{\mathrm{d}\theta}=2kL^2(\sec\theta_0-\sec\theta)(-\sin\theta\sec^2\theta)+PL\sec^2\theta=0$$

与上面两个和上一节的一个例子不同的是，本例子得到唯一的解

$$P=2kL\sin\theta(\sec\theta_0-\sec\theta)$$

判断这个唯一的平衡状态是否稳定，同样要研究总势能的二阶变分

$$\frac{\mathrm{d}^2\Pi}{\mathrm{d}\theta^2}=2kL^2\big[(\sec\theta-\sec\theta_0)\sec\theta(1+2\tan^2\theta)+\sec^2\theta\tan^2\theta\big]+2PL\sec^2\theta\tan\theta$$

将平衡路径代入上式得到

$$\frac{\mathrm{d}^2\Pi}{\mathrm{d}\theta^2}=2kL^2\big[(\sec\theta-\sec\theta_0)\sec\theta+\sec^2\theta\tan^2\theta\big]$$

取 $\theta_0=10°$，在平衡路径上二阶变分大于零的用实线画出，小于零的用虚线表示，见图 1.7(b)。在开始加载时，系统沿着稳定路径 0—1 发展；在 1 点处，系统失去稳定性，随着一声强烈的响声，发生从 1 到 2 穿越非平衡状态的动态跳跃。现在桁架处在一个倒置的位置，杆件受力也从受压变为受拉。点 2 也在一条稳定的平衡路径上，因此可以进一步加载或卸载。卸载过程中沿着稳定的路径从 2 到 3，并在点 3 再次失去稳定性，使结构随着强烈的响声从点 3 动态地跳跃到点 4，桁架回到原来竖立的构形，点 4 处在最初的稳定路径上，使上面的加载循环又可以重复进行。

这种失稳类型常称为"跳跃屈曲"。它发生在扁拱和扁球盖等结构中。跳跃屈曲的形

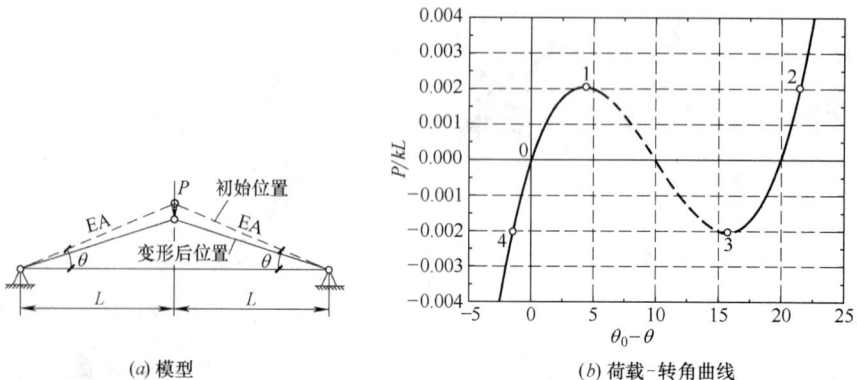

(a) 模型   (b) 荷载-转角曲线

图 1.7 Von Mises 桁架

象说明见图 1.1，给 A 处钢球一个大的干扰，使钢球在平衡位置 D 处停下来，而处于更低的能量水平，并与 A 离开一段距离。

1.3 有缺陷结构体系的稳定性分析

第 1.1 节和第 1.2 节详细地考察了理想弹簧—刚体体系屈曲和屈曲后性质。尽管它们为我们理解结构的屈曲后性质提供了一幅极好的图像；然而这样理想化的非线性的研究还不能使我们了解到初始几何形状有微小缺陷，或者在加载时荷载有微小偏心的结构系统的稳定性质。

研究理想体系的稳定性，必须施加干扰，变形量是干扰产生的。有缺陷体系的变形则是荷载作用后自然产生的。前者是屈曲分析，后者是考虑变形影响的内力和变形分析。但是，有缺陷体系荷载作用下产生变形后所处的平衡状态的稳定性质，仍然可以采用静力法或能量法进行分析。

1.3.1 具有对称稳定屈曲后性能的结构体系

图 1.8 是这样一个结构体系，现设杆件有一个初始转角 θ_0，在初始变形产生时，中间弹簧没有受力，设 θ 是总的转角，静力平衡条件为

$$\frac{1}{2}Pl\sin\theta = 2k(\theta - \theta_0)$$

与前述平衡方程式 (a) 不同，此式只有一个解

$$p = \frac{Pl}{4k} = \frac{\theta - \theta_0}{\sin\theta} \tag{d}$$

如给定 θ_0 值，即可绘制荷载—位移曲线如图 1.8(c) 所示。

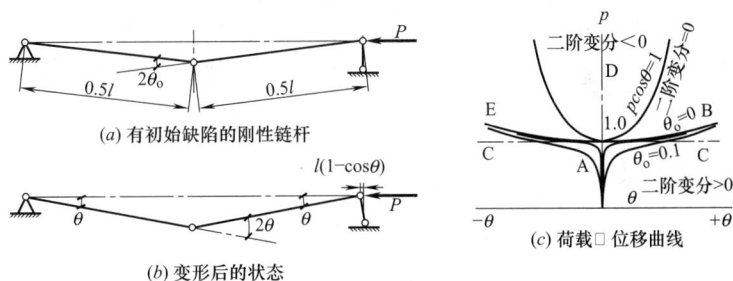

(a) 有初始缺陷的刚性链杆

(b) 变形后的状态

(c) 荷载□位移曲线

图 1.8 有初始位移刚性链杆系在轴力作用下的稳定性

与图 1.4 相比可见，有了初始变形后，两者的荷载位移曲线有显著的不同：

1. 不再出现平衡的分枝现象；

2. 一开始加载，即出现侧向变形。荷载较小时，变形增加较慢，荷载越大，变形增加速度越快；但不同 θ_0 的各条曲线在变形较大时都渐渐接近于无初始缺陷结构屈曲后的路径；

3. 初始变形愈大，曲线偏离 OAB 曲线愈大。

对于(d)式表示的平衡状态，同样可以利用静力准则判断它的稳定性。由于(d)式处于(b)式代表的总势能二阶变分大于零的范围之内，因而对任何的初始变形，平衡状态都是稳定的。

对平衡条件再施加微小干扰 θ^* 一次：

$$\frac{1}{2}Pl\sin(\theta+\theta^*)=2k(\theta+\theta^*-\theta_0)$$

展开得到

$$\frac{1}{2}Pl(\sin\theta+\theta^*\cos\theta)=2k(\theta+\theta^*-\theta_0)$$

与平衡条件相减，得到 $P=\dfrac{4k}{l}\dfrac{1}{\cos\theta}$，此式与无初始缺陷的体系得到的稳定与不稳定的分界线是一样的，因此对这个体系，初始缺陷对稳定性分界没有影响。

1.3.2　具有对称不稳定后屈曲性能的结构体系

对如图 1.9 所示具有初始缺陷 θ_0 的弹性支承压杆，在压力 P 的作用下，杆的位置如图 1.9(b)所示，转角的增量为 $\theta-\theta_0$，此时弹性支承的应变能和荷载势能为：

$$U=\frac{1}{2}kl^2(\sin\theta-\sin\theta_0)^2$$

$$V=-Pl(\cos\theta_0-\cos\theta)$$

总势能 $\Pi=U+V$，势能驻值条件

$$\frac{\mathrm{d}\Pi}{\mathrm{d}\theta}=kl^2(\sin\theta-\sin\theta_0)\cos\theta-Pl\sin\theta=0$$

得到平衡路径：

$$P=kl\cos\theta\left(1-\frac{\sin\theta_0}{\sin\theta}\right) \tag{e}$$

图 1.9(c)画出了有初始角 $\theta_0=5°$ 和 $\theta_0=10°$ 的两组荷载—变形曲线，在图中用虚线表示的都属于不稳定平衡曲线。从图可知，当 θ_0 很小时，虽然其荷载变形曲线与完善的曲线靠得很近，但可以看到缺陷的影响也非常明显。对(e)式微分一次后求得有缺陷体系的最大承载力为

$$\frac{\mathrm{d}P}{\mathrm{d}\theta}=kl\left(-\sin\theta+\frac{\sin\theta_0}{\sin^2\theta}\right)=0$$

从上式得到 $\sin\theta_0=\sin^3\theta$，代入 ($e$) 式后可以得到最大荷载

$$P=P_{\max}=kl\left(\sqrt{1-(\sin\theta_0)^{2/3}}\right)^3 \tag{f}$$

图 1.9(d)画出了最大荷载与初始缺陷的关系。这条曲线的初始斜率 $\dfrac{\mathrm{d}P}{\mathrm{d}\theta_0}$ 称为结构的缺陷敏感度，它代表了结构体系承载力随缺陷的增大而下降的速度。初始斜率越大，则这个结构对缺陷越敏感，实际结构制作和安装对缺陷的控制要求就应该越严格。对(f)式求导得到

$$\frac{\mathrm{d}P_{\max}}{\mathrm{d}\theta_0}=-kl\,\frac{\cos\theta_0\,\sqrt{1-(\sin\theta_0)^{2/3}}}{\sqrt[3]{\sin\theta_0}}$$

在 $\theta_0=0$ 除切线斜率无穷大，说明是极度缺陷敏感的。

令总势能的二次变分为零

$$\frac{\mathrm{d}^2\Pi}{\mathrm{d}\theta^2}=kl^2(\cos2\theta+\sin\theta\sin\theta_0)-Pl\cos\theta=0 \qquad (g)$$

(e)、(g)两个式子联立，必然能够得到极值点，得到(f)式。因为极值点同时满足 $\delta\Pi=0$ 和 $\delta^2\Pi=0$。因此在这个例子里面，我们对荷载-位移曲线取 $\dfrac{\mathrm{d}P}{\mathrm{d}\theta}=0$ 的运算，相当于在平衡方程里面引入 $\delta^2\Pi=0$ 的条件。

从(g)式得到

$$P=kl\left(\frac{\cos2\theta}{\cos\theta}+\sin\theta_0\tan\theta\right)$$

我们注意到，上式式中包含了 $\sin\theta_0$，这说明，对这个例子，稳定与不稳定的分界受到了影响，考虑到初始缺陷是小量，因此影响不大。

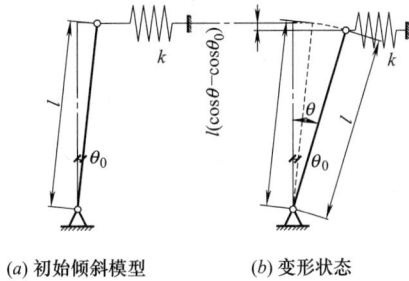

(a) 初始倾斜模型 (b) 变形状态

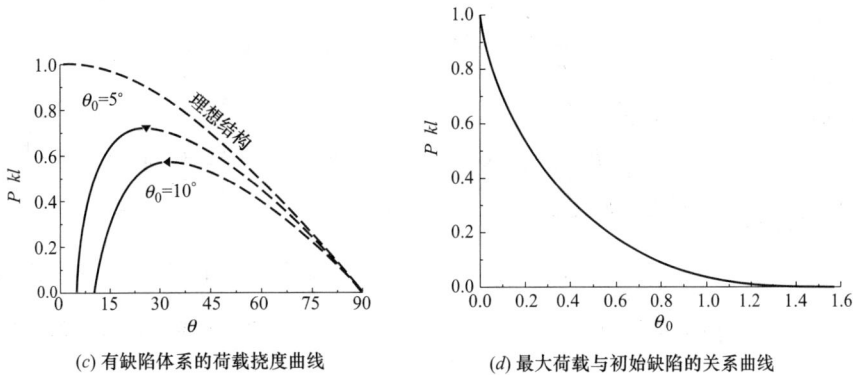

(c) 有缺陷体系的荷载挠度曲线 (d) 最大荷载与初始缺陷的关系曲线

图 1.9　有缺陷体系的稳定性

1.3.3　具有不对称屈曲后性能的体系

如果刚性压杆在未承受压力之前就存在如图 $1.10(a)$ 所示的初始角 θ_0，在杆端力 P 作用下，其位移如图 $1.10(b)$ 所示。图中

$$\overline{FB}=l\sin(45°-\theta_0)-l\sin(45°-\theta)=l(\sin\theta-\sin\theta_0-\cos\theta+\cos\theta_0)/\sqrt{2}$$

$$\overline{A'E}=l(\cos\theta_0-\cos\theta)$$

这时体系的总势能

$$\Pi=\frac{1}{4}kl^2(\sin\theta-\sin\theta_0-\cos\theta+\cos\theta_0)^2-Pl(\cos\theta_0-\cos\theta)$$

由势能驻值条件

$$\frac{\mathrm{d}\mathit{\Pi}}{\mathrm{d}\theta}=\frac{1}{2}kl^2(\sin\theta-\sin\theta_0-\cos\theta+\cos\theta_0)(\sin\theta+\cos\theta)-Pl\sin\theta=0$$

得到平衡路径为

$$P=\frac{kl}{2}(\sin\theta-\cos\theta-\sin\theta_0+\cos\theta_0)(1+\cot\theta)$$

图 1.10(c) 给出了有初始倾斜的刚性压杆的荷载—位移曲线，当 θ_0 为正时，最大荷载略有下降，而当 θ_0 为负值时，承载力的下降十分突出，如图中虚线所示。可以从 $\frac{\mathrm{d}P}{\mathrm{d}\theta}=0$ 得到其最大值。当变形角满足

$$\cos^3\theta-1.5\cos\theta+\frac{\sqrt{2}}{2}\cos\left(\frac{\pi}{4}+\theta_0\right)=0$$

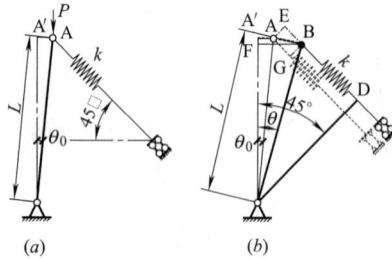

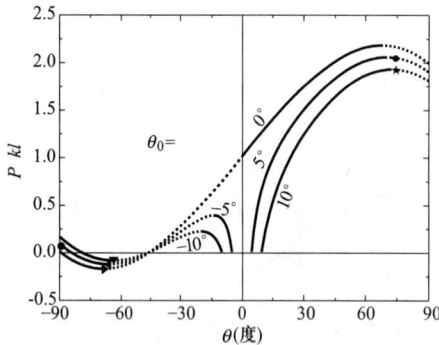

(a)　(b)

(c) 初始位移对承载力的影响　(d) 最大荷载与初始缺陷的关系曲线

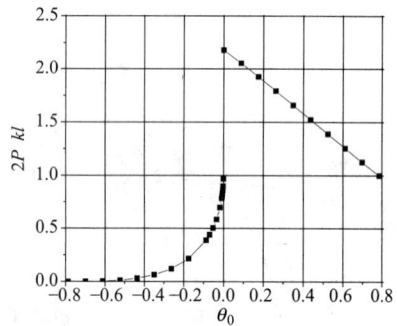

图 1.10　斜支撑刚性压杆的稳定性

时取最大值。这个一元三次方程的判别式

$$=\frac{1}{4}\left[\frac{\sqrt{2}}{2}\sin\left(\frac{\pi}{4}-\theta_0\right)\right]^2+\frac{1}{27}\left(-\frac{3}{2}\right)^3=-\frac{1}{8}\cos^2\left(\frac{\pi}{4}-\theta_0\right)<0$$

因此有如下三个互不相等的实根：

$$\cos\theta_1=\sqrt{2}\cos\left(\frac{5\pi}{12}+\frac{1}{3}\theta_0\right)$$

$$\cos\theta_2=\sqrt{2}\cos\left(\frac{\pi}{4}-\frac{1}{3}\theta_0\right)$$

$$\cos\theta_3=-\sqrt{2}\cos\left(\frac{\pi}{12}+\frac{1}{3}\theta_0\right)$$

因为要求$|\cos\theta_i|\leqslant1$，第3个解无用。第1个解在$\theta_0\geqslant0$有用：

$$P=\frac{kl}{2}\left[\sqrt{-\cos\left(\frac{5\pi}{6}+\frac{2\theta_0}{3}\right)}-\sqrt{2}\cos\left(\frac{5\pi}{12}+\frac{\theta_0}{3}\right)-\sin\theta_0+\cos\theta_0\right]\left[1+\frac{\sqrt{2}\cos(5\pi/12+\theta_0/3)}{\sqrt{-\cos(5\pi/6+2\theta_0/3)}}\right]$$

第2个解在$\theta_0<0$时有用：

$$P=\frac{kl}{2}\left[\sqrt{-\cos\left(\frac{\pi}{2}-\frac{2\theta_0}{3}\right)}-\sqrt{2}\cos\left(\frac{\pi}{4}-\frac{\theta_0}{3}\right)-\sin\theta_0+\cos\theta_0\right]\left[1+\frac{\sqrt{2}\cos(\pi/4-\theta_0/3)}{\sqrt{-\cos(\pi/2-2\theta_0/3)}}\right]$$

图1.10(d)给出了最大荷载与初始倾斜的关系。由图可见，当初始倾斜较小的范围内，负的倾斜使最大荷载都下降很快，对负缺陷是极度敏感的，而对正的缺陷，是缺陷不敏感的。

稳定与不稳定的分区由下式确定

$$\frac{\mathrm{d}^2\Pi}{\mathrm{d}\theta^2}=\frac{1}{2}kl^2\left[2\sin2\theta+(\cos\theta_0-\sin\theta_0)(\cos\theta-\sin\theta)\right]-Pl\cos\theta=0$$

$$P=\frac{1}{2}kl\left[4\sin\theta+1-\tan\theta+(\cos\theta_0-1-\sin\theta_0)(1-\tan\theta)\right]$$

因此，初始缺陷对这个例子的稳定与不稳定分界线也仅有很小的影响。

实际结构也会呈现出这种屈曲后性能不对称的性质。如图1.11所示的Γ形框架，如果框架柱向左屈曲，在梁内出现使得柱子内压力减小的剪力，框架在屈曲后就呈现出稳定的性能；如果框架柱向右屈曲，则梁内的剪力加重了框架柱的负担，框架就呈现不稳定的屈曲后性能。

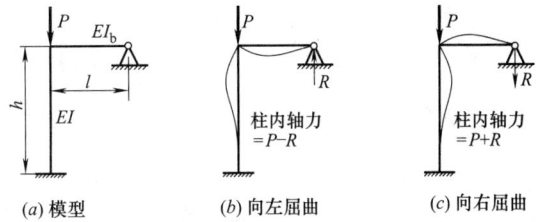

图1.11 Γ形框架的屈曲

1.3.4　有缺陷体系下的势能驻值原理和最小势能原理

下面研究如图1.8所示的有对称稳定后屈曲性能的体系，其他类型的体系的也可以同样的研究。设θ为总的转角，θ_0为初始转角。体系的总势能为：

$$\Pi=2k(\theta-\theta_0)^2-Pl(\cos\theta_0-\cos\theta)$$

它的一次变分和二次变分分别为

$$\delta\Pi=\left[4k(\theta-\theta_0)-Pl\sin\theta\right]\delta\theta$$

$$\delta^2\Pi=\left[4k-Pl\cos\theta\right](\delta\theta)^2$$

势能驻值原理要求$\delta\Pi=0$，由此我们得到与(d)式相同的式子，它是一个平衡条件，由它得到的是一条荷载-位移(转角)曲线。

从上面我们惊奇地注意到，对这个例子，有缺陷体系的二阶变分与理想体系的二阶变分是一样的。这说明：①初始缺陷没有改变体系平衡稳定性的分界线；②根据以往学习和教学的经验，在这里我们还要强调的一点是，利用总势能的二阶变分为零这一条件不能获得体系实际的平衡路径(即荷载－位移关系)，由它得到的荷载－变形曲线仅仅是稳定区和不稳定区的分界。

总结上面几个例子，可以总结如下：①初始缺陷对所有体系的平衡状态都有影响；②初始缺陷在总势能中以二次多项式的形式出现时，对稳定与不稳定的分界线没有影响，以更高阶的多项式或者其他非线性函数的形式出现，在初始缺陷是小量的情况下，对分界线有很小的影响。

1.4 失稳的类型及其实验验证

本章介绍了保守系统稳定性研究的两种最常用的方法。运用这两种方法，研究了不同结构体系的稳定性。通过这些研究，我们掌握了这两种方法的具体运用，也了解结构体系失稳的类型。有必要在此加以总结，并将这些刚体-弹簧模型表现出来的稳定性质与实际结构相联系。并介绍 Rooda 所做的 11 个模型试验[6]，以便对失稳及其失稳的性质有更为直观的了解。

1.4.1 失稳的类型总结

从失稳的性质上我们对结构体系的稳定性作如下分类：

1. 分枝屈曲(Buckling，Bifurcation)

一个无任何缺陷的结构体系，如在材料力学中研究过的两端铰支、长度为 l、截面抗弯刚度为 EI 的理想直杆，在轴力 P 作用下，当压力达到它的欧拉临界荷载 $P_E = \dfrac{\pi^2 EI}{L^2}$ 时，构件将从原来的直线的轴向压缩的平衡状态突然转变为弯曲平衡状态，其性质与图 1.4 (c) 表现出来的十分相似。这种平衡状态发生突变的现象称为屈曲(Buckling)，由于数学上平衡微分方程有多个解，在图形表示的解上出现了分枝现象，所以也叫平衡的分枝。较传统的称呼为第一类稳定问题。

历史上，对稳定性的研究曾经主要采用线性化的方法，因而对屈曲发生以后结构的性能无法得到正确的认识。但是，实践表明，不同结构屈曲后表现出不同的性能。由 Koiter[4] 开创的近代稳定理论已经能够从理论上对结构屈曲后表现出的性能给出精确的描述。根据屈曲后的性能，结构的稳定性又有如下三个子类：

（1）具有对称稳定屈曲后性能的屈曲

单根的轴压杆的屈曲是一个例子。但是，屈曲后荷载的微小增加就会导致压杆发生很大的弯曲变形，因此工程实际应用时，并不能利用它的屈曲后的承载力的提高部分。见下一章第二节的内容。

板件在面内荷载作用下(图 1.12a)，屈曲后的平衡位形(Configuration)也是稳定的，而且它的屈曲后承载力的提高可以在实际工程中加以利用。对于要求重量轻的结构，如飞机结构，在设计时利用它的屈曲后的承载力是十分重要的。

（2）具有对称不稳定屈曲后性能的屈曲

承受纵压力的圆柱壳体(图1.12b)和承受静水压力的薄壁圆球。它们屈曲后的刚度显著降低，荷载必须下降到较低的水平才能维持平衡。这类结构在理论临界点附近是极度地缺陷敏感的，微小的缺陷即导致承载力的大幅度下降，如图 1.12(b)中虚线所示。

（3）具有不对称的屈曲后性能的屈曲

由一根柱子和一根水平梁组成的倒 L 形刚架在柱顶压力作用下，其屈曲后性能表现出不对称的屈曲后性质，见下一节将要介绍的实验研究。

2. 极值型失稳（Instability）

理想的无任何缺陷的结构实际上是不存在的。轴压杆存在杆件的初始弯曲和荷载的初始偏心，钢材的应力达到一定值时就会发生屈服，导致截面的刚度降低。图 1.13 所示实际轴压杆的荷载—柱中挠度曲线。一开始杆件中点的侧移就随着轴力的增大而增加，荷载越大，挠度发展越快，其后，由于截面塑性的发展，侧移发展得更快，荷载最后达到极限值 $P_{\max}$（图中的 C 点）。此后荷载必须下降才能保持内外力的平衡。根据稳定性理论，这种下降段的平衡是不稳定的(CD 段)。如果荷载属于静荷载，不能自动卸载，当加载到 C 点时，压杆会无法维持平衡而压溃，出现动态的破坏过程。

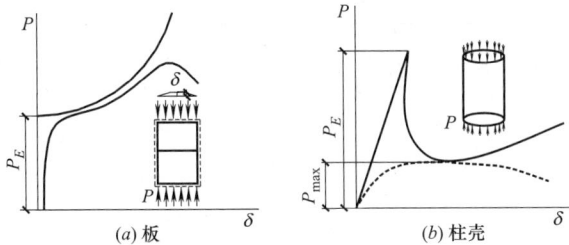

图 1.12　板和壳的屈曲后性质

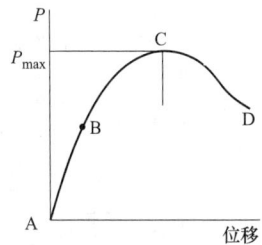

图 1.13　极值型失稳

这类稳定问题与上面第 1 项讨论的屈曲问题是不同的：①它的破坏状态是唯一的，不发生突变的分枝现象，只是发生一个渐变的过程；②它失稳时的最大荷载也是结构（构件）实际能够承受的最大荷载，而不像分枝屈曲那样，屈曲后还可能存在屈曲后的承载力。

$P_{\max}$ 称为稳定极限荷载。

具有对称不稳定屈曲后性质的结构，当存在缺陷时，显然也发生极值型失稳。

具有不对称屈曲后性质的结构，当存在较为不利的初始缺陷时，也发生极值型失稳。

偏心受压构件的平面内失稳是极值型失稳。

极值型失稳传统上也称为第二类稳定问题。

3. 跳跃失稳（Snap-through）

受横向均布压力的球面扁壳和双铰扁拱是发生跳跃屈曲的结构。这已经在第 1.2 节充分说明。

分枝屈曲的分枝点、极值型失稳的极值点和跳跃失稳的跳跃点在数学上和物理意义上，都同时满足以下条件：

$$\delta\Pi=0，\delta^2\Pi=0$$

因此三种失稳形态可以采用相同的方法进行分析和研究。总势能一阶变分为零表示分枝点、极值点或跳跃点都是平衡路径上的一点，总势能二阶变分为零表示这些点必处在稳定区域(二阶变分大于零)和不稳定区域(二阶变分小于零)的分界线上。

1.4.2　稳定性的实验验证

试验总共分 5 组 11 种不同的结构系统进行，汇总在表 1.1 中，A、B、C 包含比较简单的系统，D 组是两个复杂的框架结构，E 组是为了考虑高阶缺陷的影响。

　　所有试件都是用高强钢制作，以保证大挠度下仍具有弹性性质。构件截面尺寸及各结构的整体几何尺寸可由表 1.1 和相应的图中得到。为了使所有的试验框架实现节点处转动的连续性，各节点采用了硬铝制成的刚性连接块。

<table>
<tr><td colspan="6" align="center">Roorda 试验概况[6]</td><td align="right">表 1.1</td></tr>
<tr><td>试验</td><td>结构类型</td><td>加载布置
和类型</td><td>尺寸:构件宽、厚、长(mm)</td><td>后屈曲性质
的类型</td><td>完善情况下前
屈曲变形</td></tr>
<tr><td>A1</td><td>双杆框架
(90°)</td><td>见图 1.14(a)
半刚性加载</td><td>25.4×1.6×584.2</td><td>反对称</td><td>无</td></tr>
<tr><td>A2</td><td>双杆框架
(90°)</td><td>类似 A1 的半
刚性加载</td><td>25.4×1.6×584.2</td><td>反对称</td><td>无</td></tr>
<tr><td>B1</td><td>Euler 柱</td><td>见图 1.16(a)
死荷载</td><td>25.4×1.6×584.2</td><td>稳定对称</td><td>无</td></tr>
<tr><td>B2</td><td>具有端点偏
差的柱</td><td>见图 1.17(a)
死荷载</td><td>25.4×1.6×609.6
偏差(顶部和底部)38.1mm</td><td>稳定对称</td><td>有</td></tr>
<tr><td>C1</td><td>扁框架(160°)</td><td>见图 1.18(a)
半刚性加载</td><td>25.4×1.6×609.6</td><td>不稳定对称</td><td>无</td></tr>
<tr><td>C2</td><td>扁圆拱</td><td>见图 1.19(a)
半刚性加载</td><td>25.4×0.8×跨度 609.6，
中央矢高 39.4</td><td>不稳定对称</td><td>有</td></tr>
<tr><td>C3</td><td>扁预应力
正弦拱</td><td>见图 1.20(a)
半刚性加载</td><td>25.4×1.6×跨度 609.6，
中央矢高 38.1</td><td>不稳定对称</td><td>有</td></tr>
<tr><td>D1</td><td>桥梁桁架</td><td>见图 1.21(a)
半刚性加载</td><td>25.4×1.6×跨度 914.4，由 38.1mm
直径硬铝棒制成的节点块</td><td>反对称</td><td>无</td></tr>
<tr><td>D2</td><td>屋顶桁架</td><td>见图 1.22(a)
半刚性加载</td><td>25.4×1.6×跨度 914.4，
节点块同上</td><td>反对称</td><td>无</td></tr>
<tr><td>E1</td><td>桥梁桁架</td><td>见图 1.23(a)
半刚性加载</td><td>25.4×1.6×跨度 914.4，
节点块同上</td><td>反对称</td><td>无</td></tr>
<tr><td>E2</td><td>屋顶桁架</td><td>见图 1.24(a)
半刚性加载</td><td>25.4×1.6×跨度 914.4，
节点块同上</td><td>不稳定对称</td><td>无</td></tr>
</table>

　　试验过程所有结构都是简支的，几乎在所有的情况中都是利用安放在 V 形槽中的刀口支承来实现的。在实验 A1、A2(双杆框架)的上端支承系采用"光滑"滚柱轴承。在 C 组(扁框架和扁拱)试验中使用了刚性支承基础，同时用一刀支座放在楔形块上以便于精确地调整跨度。试验装置由 Thompson[5] 介绍。

　　1. 试验 A1：图 1.14(a)给出直角双杆框架(试件 A1)的试验结果。载荷—挠度曲线图

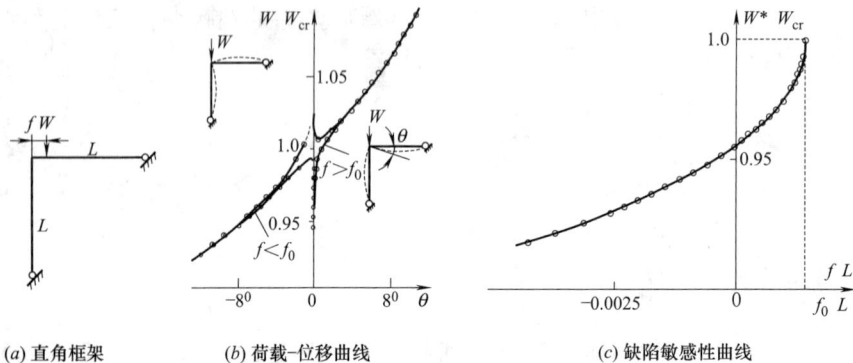

(a) 直角框架　　　(b) 荷载-位移曲线　　　(c) 缺陷敏感性曲线

图 1.14　试验 A1 直角框架的屈曲后性能

1.14(b)是对两个荷载离节点的偏心值 f 绘制得到的，一个稍大于 f_0，一个稍小于 f_0。而 f_0 是为抵消其他未知缺陷（如杆的不直度等）而引入的初始缺陷，这样至少在考虑整体性质时，使得能有一个接近完善的结构。图 1.14(c) 给出临界载荷（W^*）随 f 的变化。这一问题的理论曲线，表示了结构后屈曲性质的一阶近似。除去补偿缺陷 f_0 外，理论和试验是非常吻合的。

2. 试验 A2：可以看到试验 A1 中的实验后屈曲路径的正曲率是十分显著的。这一正曲率可以通过改变加载方向而减少。根据对框架屈曲后的近似分析，发现通过把荷载作用线转动约 24°，就可以得到一条直线的屈曲后路径。在试验 A2 中就是这样做的，试验结果与一阶理论的结果如图 1.15 试验 A2 所示。这里给出了 W^* 和 f 之间的完整的抛物线关系。理论 A1 和 A2 都是反对称系统。

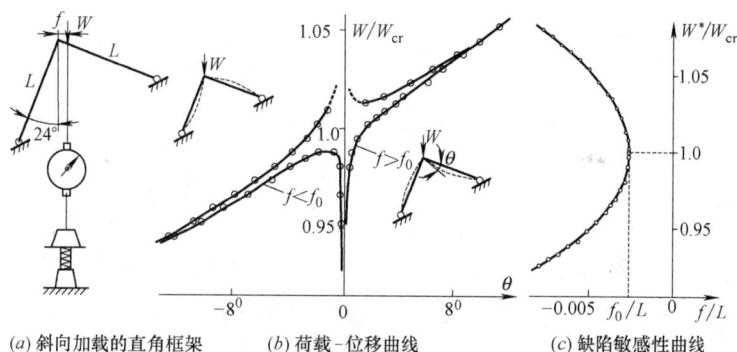

(a) 斜向加载的直角框架　　(b) 荷载-位移曲线　　(c) 缺陷敏感性曲线

图 1.15　试验 A2

3. 试验 B1：Euler 柱的实验结果如图 1.16 所示。它的性质属于稳定对称类型，且临界荷载（W^*）和偏心 d 之间的关系表现出特有的尖点形状。在偏心加载的情况下，在柱的上端作用一个附加的小力矩 $m = Wd$。这个力矩的作用很容易按照能量法加以考虑。此时，临界荷载（W^*）的变化与偏心 d 关系由下式给出：

$$\frac{W^*}{W_{CR}} = \frac{3}{1+2\left(\dfrac{d}{L}\right)^{2/3}}$$

这就是图 1.16(b) 所绘的理论尖点。理论屈曲后路径绘于图 1.16(a)。除了不可避免的偏差 d_0 外，理论和实验吻合得很好。

4. 试验 B2：作为对称稳定系统性质的进一步说明，图 1.17 给出了具有端点偏差的柱的试验结果。本试验是希望发现大的屈曲前位移是否会使分叉点附近的性质引起差异。

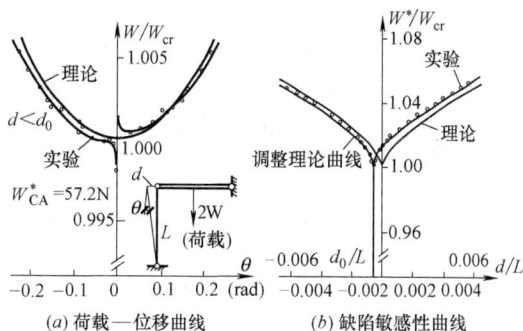

(a) 荷载—位移曲线　　(b) 缺陷敏感性曲线

图 1.16　试验 B1

尽管杆件对其中心点反对称地变形，并且引起两端产生相同方向的转动，但在屈曲前阶段，柱子中心点没有位移。在屈曲后阶段，一个对称的变形分量叠加到反对称的变形上，结果根据屈曲的方向使端点的转动增

21

加或减小。由于在尖点(图1.17b)区域内临界荷载对于 d 的微小变化极度敏感，临近尖点的实验点得不到。为完整起见，预期的理想($d=d_0$)平衡曲线在图 1.17(a)中以间断线画出。

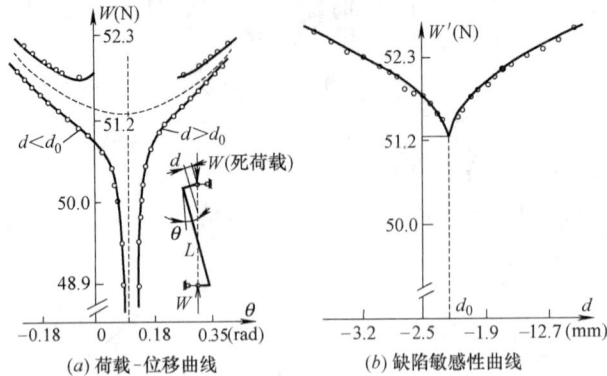

图 1.17　试验 B2

5. 实验 C1：这里考察一个扁框架，其刚性节点的夹角为 160°，图 1.18(b) 给出对单独一个 f 值（$f>f_0$）的实验荷载 P—转角 θ 曲线，图 1.18(c) 给出临界荷载和 f 的尖点形的关系曲线。这类系统是不稳定对称的。为了取得这类结构后屈曲性质的一些理论上的了解，对刚性连杆模型框架进行了简化分析。模型的详细情况见图 1.18(a)。加载点的顺时针方向的转角为 θ。由图可见，尽管由于系统性质的不同，理论和实验曲线的直接比较是不可能的，但是可以看到曲线的整个形式在定性上是相同的。

6. 试验 C2：另一个不稳定对称系统的例子是拱顶部受集中荷载的扁圆拱。对单独一个 f 值（稍大于 f_0）试验荷载 P 对拱顶转角 θ 的关系曲线如图 1.19(b) 所示。临界荷载与位移 f 的关系如图 1.19(c)。这里 θ 表示变形的反对称分量的量度，而没有包含事实上出现的相当大的屈曲前变形。这一额外的变形类型在试验 C3 中说明。

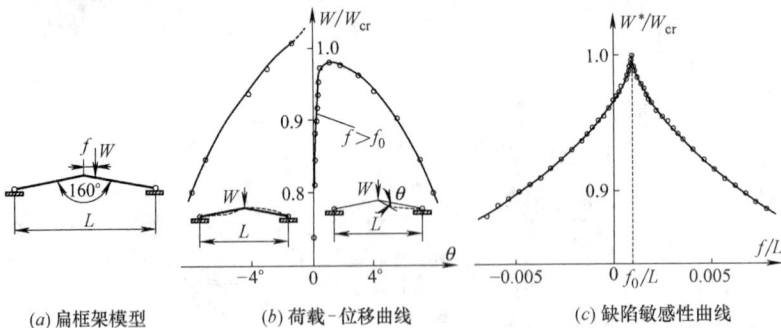

图 1.18　试验 C1

7. 试验 C3：图 1.20，试件是拱顶作用竖直集中荷载的预应力拱，它重现了 C2 的结果但是这里包括了拱顶竖直挠度 Δ 与荷载 W 的附加关系。理论上容易证明在屈曲后存在 W 对 Δ 的线性变化。这已经由图 1.20(a) 的结果所证实。

8. 试验 D1：图 1.21，为了证实在复杂的框架结构中也可能发生反对称屈曲，对两个刚性连接的框架进行了试验。图 1.21 给出试验 D1 的第一个试验结果。试验是对有一个

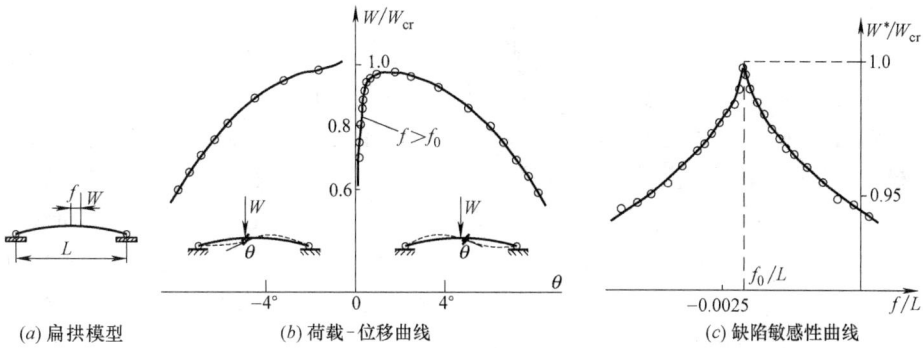

(a) 扁拱模型　　　(b) 荷载-位移曲线　　　(c) 缺陷敏感性曲线

图 1.19　试验 C2

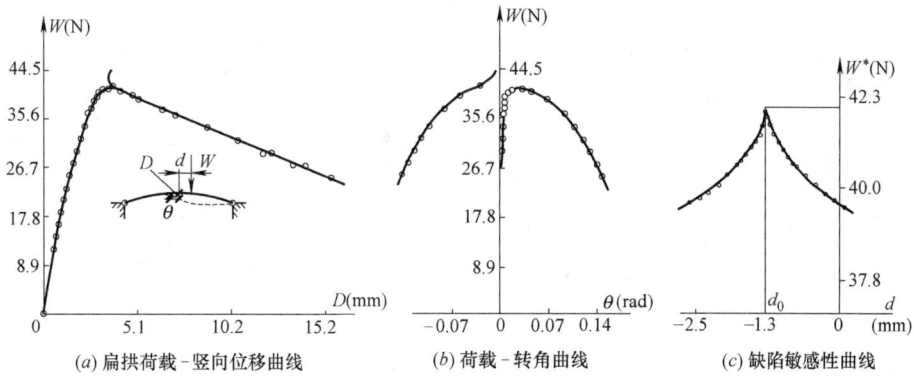

(a) 扁拱荷载-竖向位移曲线　　　(b) 荷载-转角曲线　　　(c) 缺陷敏感性曲线

图 1.20　试验 C3

竖直荷载作用在上弦杆的一节点处的简支桁架进行的。取加载点的转角作为挠度参数。反对称性质是很明显的，并得到接近抛物线形的 $W^* - d$ 图。这里值得注意的是当 $d < d_0$ 时，在 $W - \theta$ 曲线上有明显的间断，这是因为在这一区域弹簧秤太软，不能够在这一区域平衡结构。

9. 试验 D2：对图 1.22 试验 D2(a) 所示的屋顶桁架，在图示节点上有一个荷载。同试验 D1 一样，由于加载装置的刚性不足，$W - \theta$ 曲线上由虚线表示的部分不能得到。屈曲后性质是反对称的。

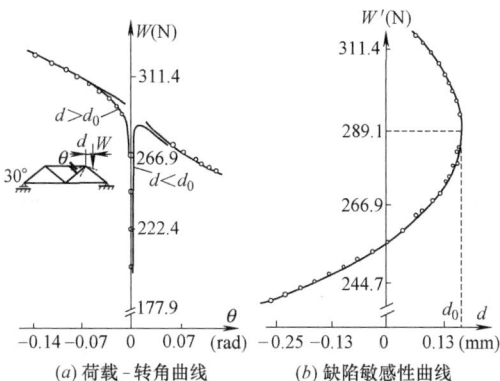

(a) 荷载-转角曲线　　　(b) 缺陷敏感性曲线

图 1.21　试验 D1

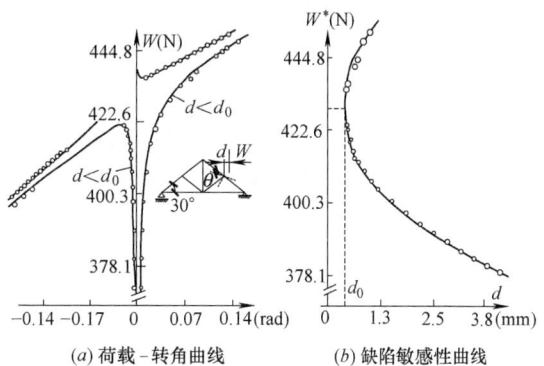

(a) 荷载-转角曲线　　　(b) 缺陷敏感性曲线

图 1.22　试验 D2

10. 试验 E1：图 1.23 的 E 组试验的目的是要求对两类本质上不同的缺陷的相互作用以及他们对临界荷载的联合影响取得一些认识。试验 E1 中，在桥梁桁架的两个节点上施加了二个相等的荷载，这里具有引入对称和反对称偏心的可能性。

对称偏心 d_s 将直接引起屈曲模式的变形而反对称偏心 d_a 将倾向引起高阶（二阶）的屈曲变形模式。因此可以期望 d_s 对 W 的影响将比 d_a 对 W 的影响更大。图 1.23 试验 E1 的试验证据支持了这一点。对于 d_s，当 $d_a=0$，图 1.23(b) 给出熟知的抛物线形的临界荷载与偏心之间的关系曲线。保持 d_s 不变，当 d_a 变化时将出现一幅完全不同的图像。图 1.23(c) 中绘出 d_s 为 3 个常数值时的这种曲线。对称偏心可以称为主要的或一阶缺陷，而反对称偏心是次要的或二阶缺陷。

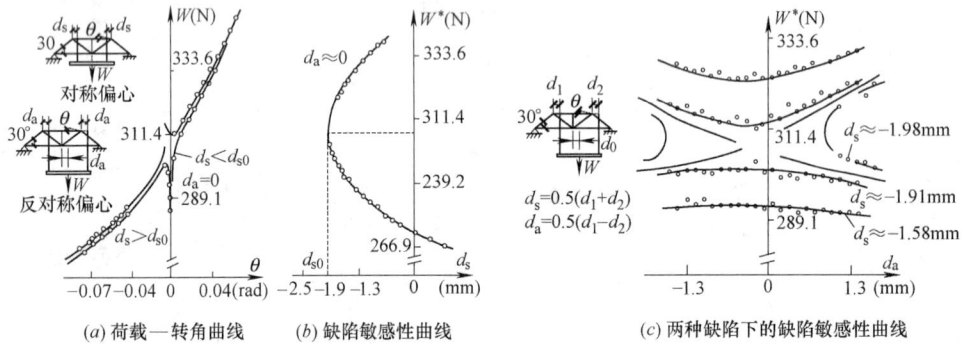

(a) 荷载—转角曲线 　　(b) 缺陷敏感性曲线 　　(c) 两种缺陷下的缺陷敏感性曲线

图 1.23 　试验 E1

在这些结果中要注意的奇特之点是，尽管结构和它的载荷是完全对称的（除偏心外），而后屈曲性质却是反对称的，其原因必须在屈曲模式中去寻找。稳定的模式比不稳定模式要更多的能量，导致了屈曲后性质的不对称性。

11. 试验 E2：图 1.24，试验的结构系统是一个在上弦杆的两节点处受两个相等载荷对称作用的屋顶桁架，如图 1-24(a) 所示。偏心 d_s 和 d_a 与实验 E1 中的相同。

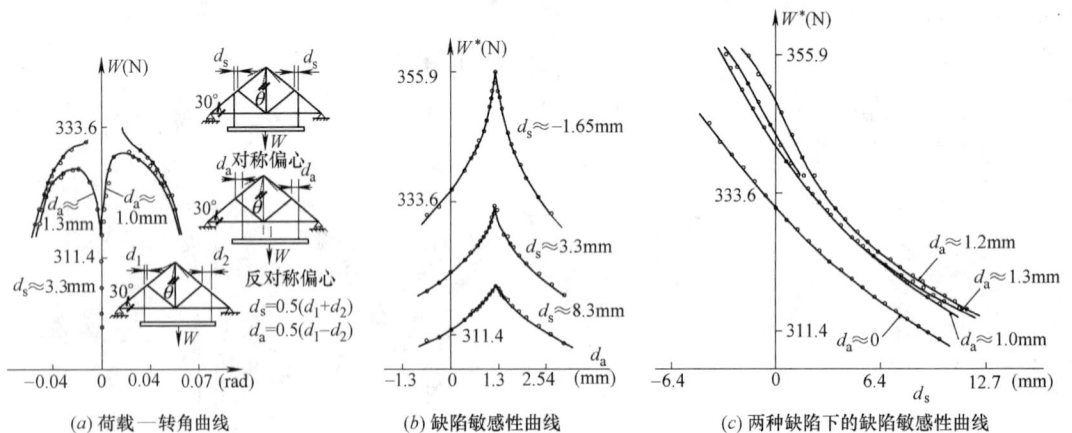

(a) 荷载—转角曲线 　　(b) 缺陷敏感性曲线 　　(c) 两种缺陷下的缺陷敏感性曲线

图 1.24 　试验 E2

对称加载的屋顶桁架表现出对称的后屈曲性质，屈曲模式使得正屈曲的构形是负屈曲构形的镜像。因此反对称偏心以及其他具有反对称分量的缺陷，对这个系统的屈曲性质看来具有重要的影响。事实上在这个系统中 d_s 和 d_a 起的作用同它们在试验 E1 中所起的作用正好相互换了一下。

关于这一点的试验结果描绘于图 1.24 中。图 1.24(a) 给出不稳定的对称后屈曲性质。此时初始偏心 d_{a0} 约为 1.19mm。

图 1.24(b) 对 d_s 的三个常数值给出临界荷载随主偏心 d_a 的变化。三曲线都具有典型的尖点形状，但随着 d_s 的增加曲线越来越平坦。图 1.24(c) 中对 d_a 的几个常数值给出了作为 d_s 函数的临界荷载。可以清楚地看出，随 d_s 增加临界荷载减小，但与 d_a 相比，d_s 的影响要小得多。

上述试验结果表明，特别当缺陷接近于零时，临界荷载对缺陷的微小变化极其敏感。它们提供了所有屈曲类型的很好验证。对不同类型缺陷之间复杂的相互作用以及它们对结构屈曲性质的联合影响也提供了很好的说明。

1.5 本书的学习要求

在本章中我们介绍了结构稳定性的基本概念、基本方法、简单模型的稳定性质、缺陷对稳定性的影响以及稳定问题的分类。通过这些介绍，对近代稳定理论有了一个初步的了解，对验证这些稳定理论的实验也进行了介绍。我们惊奇地发现，普通的杆系结构也呈现出如此复杂的屈曲后性能，这在经典的稳定理论书籍（例如 F. Bleich[7] 和 S. P. Timoshenko[8] 的著作）中是没有介绍的。但是近代的稳定理论和经典的稳定理论基于同样的静力原理或能量原理，唯一不同的是，经典理论经常采用线性化的手法以简化分析。而近代稳定理论为系统解释不同结构实验中表现出的不同屈曲后性能，系统地采用了大变形理论，从而可以获得线性化方法丢掉的信息。但是近代的非线性稳定理论[9] 与传统的非线性理论[10] 相比另有自己的特点。近代稳定理论主要是通过将位移和荷载在临界点处利用摄动法，将非线性问题化为多个线性问题，如果将研究对象的位移限制在较小的水平，一般在求解经典线性问题外只需要额外求解 1～2 个线性问题，就可以获得满足工程要求的解，使得研究得以简化。近代稳定理论的一个最重要的结论是，结构体系的初始屈曲后的性质，决定于在临界点处的稳定性质。如果在临界点处是对称稳定的，则屈曲后新的平衡路径是稳定的；如果在临界点处是对称不稳定的，则在屈曲后新的平衡路径是不稳定的，如果在临界点处是不对称的，则屈曲后的平衡路径是不对称的。这种性质使得只要额外分析一个线性问题就可以对结构屈曲后的稳定性质有比较精确的了解。

静力原理和能量原理为我们提供了稳定性分析的两种方法，除了这两种方法外，还有缺陷法和动力法[1]。缺陷法基于这样一个事实：系统在有缺陷的情况下，当荷载取某一临界值时，缺陷系统的变形是如此之大，以致结构有遭受破坏的危险。动力法则是基于这样一个现象：当荷载到达某一临界值时，结构体系的自由振动频率等于零，对结构平衡状态的微小扰动不再引起振幅不增大的简谐振动，而是引起幅度不断增大、发散的运动，运动不再有界。

我们研究的是保守系统，可以采用静力法和能量法研究它们的稳定性。对非保守系统，除采用静力法外，还可采用适用范围更广的动力法进行研究。而缺陷法必须对结构引入初始缺陷，初始缺陷形状必须包含最低阶的屈曲模式才能得到最小的临界荷载。

对稳定问题，能量法有势能驻值原理和最小势能原理都可以应用，对它们的区别要特别加以注意。

结构体系为什么会失稳？可以用比较通俗的语言来解释。自然界运动总是向着总势能下降的方向进行的，如自由落体的运动。当存在两条及两条以上的总势能下降路径时，物体的运动将朝着总势能下降最快的路径运动，如雨水在山脊上，它不会沿着山脊向下运动，而是很快流向山的两侧，后者使雨水下降得更快。压杆在轴力较小时以轴向压缩变形为总势能下降的方式，在达到临界荷载后，压杆侧向弯曲变形的方式是总势能下降最快的方式。因此，稳定问题与数学上寻求最速下降线的变分问题是密切相关，也与数学上微分方程的分支问题密切相关。

但是这种从自然界一般规律出发来对结构的失稳现象进行解释，对结构工程师来说，有点"远水不解近渴"。结构失稳的表象是什么？失稳表示不再施加附加荷载的情况下结构的变形突然很大，这表明结构的刚度(刚度是结构抵抗变形的能力)在此时消失了。而从材料力学和结构力学我们知道由弹性材料制作的构件和结构是有刚度的，是什么使得结构的刚度在一定的荷载下消失的呢？显然是荷载，重力荷载或者压力，它们具有负的刚度，才能够抵消由材料弹性提供的正的刚度，导致构件和结构的失稳。

本书关注的杆系结构的稳定性，构件的长细比一般不会超过 250。在这样的条件下，在合理的变形范围内，结构体系的稳定性采用线性化的方法进行研究已经能够满足工程要求。因此本书对杆系结构主要介绍线性化的稳定理论。但对于板件则必须采用能够反映屈曲后性能的大挠度理论。

学习本书，一方面要学习结构稳定性的研究方法，即平衡方程和总势能的建立，临界荷载和有关物理量的求解和计算方法、计算思路，还要学会对计算结果(常常是一些复杂的数学表达式)进行分析，从中获得对工程设计有用的结论，建立起考虑稳定效应后结构体系的强度、刚度和稳定性的概念和设计方法。

习　题

1.1　用平衡法求解图 P1.1 所示刚性压杆的屈曲荷载。图中线弹簧常数为 k，转动弹簧的转动刚度为 k_z 试用能量法讨论此杆的失稳类型，并画出荷载-挠度曲线。

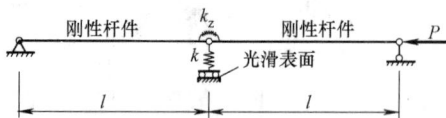

图 P1.1

1.2　求解 P1.2 所示刚性链杆系在荷载 P 作用下的所有屈曲荷载，并探讨各个区域的稳定性质。

1.3　图 P1.3 在荷载作用之前刚性杆与水平线之间的夹角为 θ_0，试画出杆系的荷载-变形曲线；如 $\theta_0=22.5°$，再算出屈曲荷载。

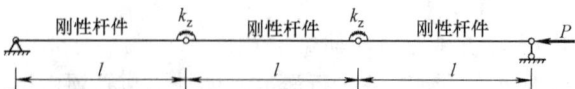

图 P1.2

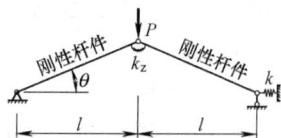

图 P1.3

1.4 图 P1.4 所示是柱端有转动约束 k_{r1} 和 k_{r2}，柱顶有刚度为 k 水平线弹簧的柱子，求其临界荷载。

1.5 求图 P1.5 所示两个结构的临界荷载，假设杆件为刚性，跨度 l，层高为 h。

1.6 研究图 P1.6 所示结构的屈曲后性能。

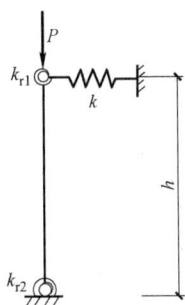

图 P1.4

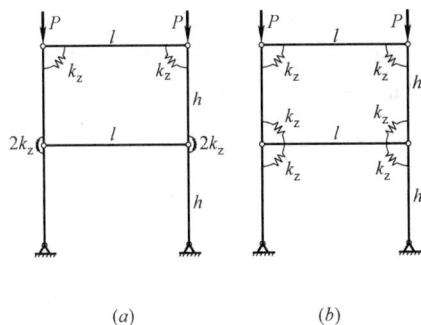

(a)　　　　(b)

图 P1.5

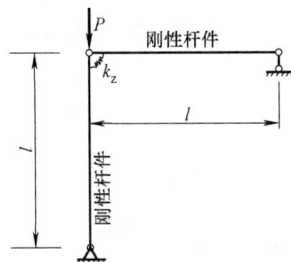

图 P1.6

1.7 用平衡法和能量法求解图 P1.7 所示连续的杆系压杆的屈曲荷载，并分析各平衡位置的稳定性。如果刚性杆与水平线之间存在初始角 θ_0，如图 P1.3 所示，试写出荷载 P 和位移角 θ 之间的关系式，并画出荷载—变形曲线。

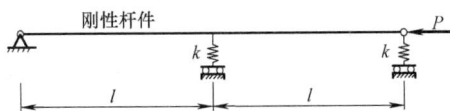

图 P1.7

图 P1.8

1.8 图 P1.8 为一直径为 d 的实心圆截面悬臂梁，其抗扭刚度为 GI_t，在梁的自由端作用有一对平衡力 P，梁的长度为 l，试用平衡法和能量法求解梁扭转时的屈曲荷载，并讨论梁的稳定性。

参 考 文 献

［1］ Ziegler Hans，Priciples of Structural Stability，2nd Ed.，Birkhauser Verlage Basel Und Stuttgart，1977.

［2］ Rooda，J. 弹性结构的屈曲. 王飞跃译. 杭州：浙江大学出版社，1989.

［3］ 陈骥. 钢结构稳定理论与设计. 北京：科学出版社，2001.

［4］ Koiter，W. T.，On the stability of elastic equilibrium，Thesis，Delft，H. J. Paris，Amsterdam，1945；English Translation issued as NASA TTF-10，1967.

［5］ Thompson，J. M. T.，Stability of elastic structures and their loading devices，Journal of Mechanical Engineering，Vol. 3，No. 2，1961.

［6］ Rooda，J. Stability of structures with small imperfections，J. Engineering Mechanics，ASCE，Vol. 91，N0. 1，1965.

［7］ Bleich，F.，Buckling strength of Metal structures，McGraw-Hill，1952，中译本：金属结构的屈曲强度. 北京：科学出版社，1965.

［8］ Timoshenko，S. P.，Gere，J. M.，Theory of elastic stability，2nd Ed.，McGraw-Hill，中译本：弹性稳定理论. 北京：科学出版社，1965.

［9］ Thompson J. M. T.，Hunt G. W.，A General Theory of Elastic Stability. John Wiley & Sons. London，1973.

［10］ T. Von Karman，H. S. Tsien，The Buckling of spherical shells by external pressure，J. Aeronaut. Sci.，

7，43（1939）.

[11]　周承倜. 弹性稳定理论. 成都：四川人民出版社，1981.

[12]　吕烈武等. 钢结构构件稳定理论. 北京：中国建筑工业出版社，1983.

[13]　夏志斌，潘有昌. 结构稳定理论. 北京：高等教育出版社，1988.

[14]　Simitses，G. J.. An Introduction to the Elastic Stablility of Structures，Prentice Hall，New Jersey，1976.

[15]　Brush，D. O. , Almroth B. O. , Buckling of Bars，Plates &. Shells，McGraw-Hill Book Company，New York，1975.

[16]　Chajes，A. , Principles of Structural Stability Theory，Prentice-Hall，Engelwood Cliffs，N. J，1974.

[17]　艾利斯哥尔兹著. 变分法. 李世晋译. 北京：人民教育出版社，1981.

第 2 章　杆件的弹性稳定

2.1　理想轴压杆的屈曲

2.1.1　两端铰支轴心压杆的屈曲

在材料力学中我们就已经了解到，两端铰支轴压杆，在轴力 P 增加到 P_E 时，构件将发生屈曲，也即从直线平衡状态突变到弯曲的平衡状态。P_E 称为欧拉荷载

$$P_E = \frac{\pi^2 EI}{l^2} \tag{2.1}$$

式中 E 为材料的弹性模量，I 是截面的惯性矩，l 是两端铰支杆件的长度。压杆失稳的模式有以正弦函数表示的无穷多个：

$$\sin \frac{i\pi x}{l}, \quad i = 1, 2, 3, \cdots\cdots$$

对应的临界荷载也有无穷多个，式(2.1)仅是其中最小的临界荷载。

2.1.2　任意支承条件下的轴压杆

对任意支承条件下的轴压杆，如图 2.1(a)所示弹性支承的轴压杆，截取下半段隔离体，图 2.1(b)，对下支座取弯矩平衡

$$Qx + Py - M + M_1 = 0$$

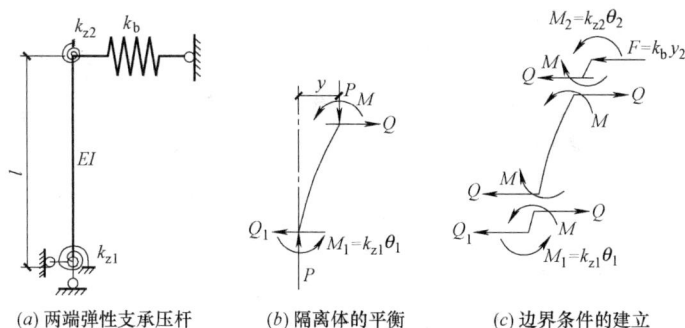

(a) 两端弹性支承压杆　　　(b) 隔离体的平衡　　　(c) 边界条件的建立

图 2.1　任意支承条件下的轴压杆

注意这里 Q 是与变形前轴线垂直的一个力，它不是我们在材料力学中学到的截面的剪力，材料力学中截面上的剪力是与变形后的轴线垂直的，其计算式为 $V = -EIy'''$。将材料力学的关系 $M = -EIy''$ 代入得到

$$EIy''+Py=-(M_1+Qx) \tag{2.2}$$

对两端铰支的轴压杆，(2.2)式右侧的两个反力为零，得到一个一元二次常系数平衡微分方程，由此可以求得压杆的临界荷载(2.1)式。对(2.2)式微分一次得到

$$Q=-(EIy'''+Py')=V-Py' \tag{2.3}$$

从上式可以看出横向力 Q 与截面剪力 V 的区别。Q 称为构件的剪力，与构件变形前的轴线垂直，而 V 称为截面上的剪力，永远垂直于构件变形后的轴线，V 会随着变形的发展而跟随着截面发生方向的改变，参考图 2.2(b)。

上式再微分一次可得到任意轴压杆弯曲失稳的微分方程：

$$EIy''''+Py''=0 \tag{2.4}$$

它的解为（$k=\sqrt{P/EI}$）

$$y=C_1\sin kx+C_2\cos kx+C_3 x+C_4 \tag{2.5a}$$
$$y'=k(C_1\cos kx-C_2\sin kx)+C_3 \tag{2.5b}$$
$$y''=-k^2(C_1\sin kx+C_2\cos kx) \tag{2.5c}$$
$$y'''=-k^3(C_1\cos kx-C_2\sin kx) \tag{2.5d}$$
$$M=P(C_1\sin kx+C_2\cos kx) \tag{2.5e}$$
$$Q=-PC_3 \tag{2.5f}$$

支承条件

(1) 铰接端，$y=0$，$M=0$ 或 $y''=0$

(2) 固定端，$y=0$，$y'=0$

(3) 自由端，$M=0$ 或 $y''=0$，$Q=0$ 或 $y'''+k^2 y'=0$

(4) 上端只有侧移约束，$y''=0$，$Q(l)=-PC_3=-k_b y(l)$

(5) 上端只有转动约束，$y(l)=0$，$M(l)=-EIy''(l)=k_{z2}y'(l)$

(6) 下端转动约束，$y(0)=0$，$M(0)=-EIy''(0)=-M_1=-k_{z1}y'(0)$

(7) 上端侧移约束和转动约束，$-PC_3=-k_b y(l)$，$-EIy''(l)=k_{z2}y'(l)$

式中 k_{z1}、k_{z2} 是转动约束刚度，k_b 是侧移约束刚度。根据边界条件(6)和(7)，可以求得图 2.1(a)所示压杆的临界方程如下（$u=kl$）：

$$\begin{vmatrix} P\sin u-k_{z2}k\cos u & P\cos u+k_{z2}k\sin u & -k_{z2} & 0 \\ k_b\sin u & k_b\cos u & k_b l-P & k_b \\ k_{z1}k & P & k_{z1} & 0 \\ 0 & 1 & 0 & 1 \end{vmatrix}=0$$

此式可以化为

$$\begin{vmatrix} P\sin u-k_{z2}k\cos u & P\cos u+k_{z2}k\sin u & -k_{z2} \\ k_b\sin u & k_b(\cos u-1) & k_b l-P \\ k_{z1}k & P & k_{z1} \end{vmatrix}=0$$

展开后得到

$$k_{z1}\{[P\sin u+k_{z2}k(1-\cos u)][k_{z1}k_b(\cos u-1)-P(k_b l-P)]-$$
$$[k_b\sin u-k(k_b l-P)][(P\cos u+k_{z2}k\sin u)k_{z1}+k_{z2}P]\}=0 \tag{2.6}$$

从此式可以获得轴心压杆在几种经典支座条件下的临界方程，比如底部固定、上端自

由的情况，$k_b=0$，$k_{z2}=0$，$k_{z1}=\infty$，代入(2.6)式得到 $\cos u=1$ 这一临界方程，并求得它的临界荷载。各种边界下的临界荷载统一表示为：

$$P_E=\frac{\pi^2 EI}{(\mu l)^2} \tag{2.7}$$

式中 μ 称为压杆的计算长度系数，它的物理意义是各种不同边界条件下压杆的临界荷载与某一长度的两端铰支压杆的临界荷载相等时，这一压杆的长度应为 μl。而它的几何意义是各不同支承条件下轴压杆屈曲波形上两个反弯点之间的距离。其值为：

(1) 两端铰支压杆，$\mu=1$

(2) 两端固定，$\mu=0.5$

(3) 一端固定，一端滑动固定，$\mu=1$

(4) 一端固定，一端自由，$\mu=2$

(5) 一端固定，一端铰支，$\mu=0.6993\approx0.7$

(6) 一端铰支，一端滑动固定，$\mu=2$

计算长度系数有更深刻的物理意义：它是压杆的柔度系数，2.8节有更深入的论述。

(2.7) 式代表了压杆荷载增加到(2.7)式的值时，压杆从直线平衡状态突然转化到挠度很大的弯曲平衡状态，实际结果中是不能允许的。因此与钢材的应力超过屈服点应变迅速增大因而实际不允许应力超过屈服点一样，压杆的临界荷载是压杆承载力的上限。

上面取整段作为隔离体建立平衡微分方程，下面取微段建立，从微观上考察屈曲过程中发生了什么，如图2.2所示。屈曲前的应力是 $\sigma_0=P/A$，A 是压杆的截面面积。①首先我们注意到，屈曲后，屈曲前的应力，随纤维的方向发生了变化，即 σ_0 始终保持与纤维同方向，其合力 P 的方向也与纤维切线方向相同。②压杆发生弯曲，在截面上产生正应力 σ 和剪应力 τ，他们合成为截面上的弯矩 M 和剪力 V。

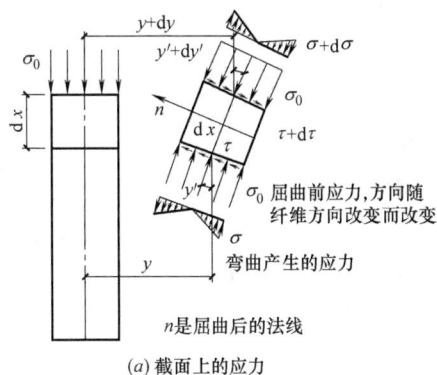

(a) 截面上的应力   (b) 合力的平衡

图2.2　压杆微段的平衡

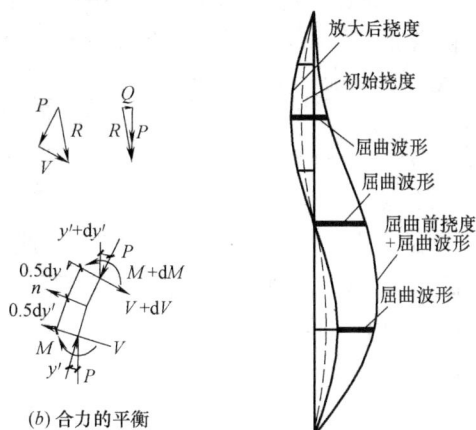

图2.3　高阶缺陷模式的低介屈曲

图2.2(b)所示的微段，建立其平衡方程，弯矩的平衡得到 $V=M'$，法线方向力的平衡得到

$$V+dV-V-P\times 0.5dy'-P\times 0.5dy'=0$$

即 $V'-Py''=0$

同样我们得到(2.4)式。

悬臂柱的屈曲模态是 $1-\cos\dfrac{(2i-1)\pi z}{2H}$，$i=1$，2，3…

2.2　有初弯曲的压杆

实际压杆不可避免地存在制造和安装误差，《钢结构》[1]已经说明了初始缺陷的三种形式：压杆初弯曲、荷载初偏心和截面上的残余应力。下面只研究初始弯曲的情况。

由于压杆初弯曲的不确定性，通常用级数展开的方法将初弯曲表示成无数相互正交的失稳波形的分量和。两端铰支压杆的初弯曲一般假设为

$$y_0 = \sum_{i=1}^{n} a_i \sin\frac{\pi i x}{l} \qquad (2.8a)$$

平衡微分方程为

$$EIy'' + Py = -Py_0 \qquad (2.8b)$$

这里 y 是在初弯曲基础上，由于轴力作用产生的附加挠度。它的解为

$$y + y_0 = \frac{a_1}{1-P/P_E}\sin\frac{\pi x}{l} + \frac{a_2}{1-P/4P_E}\sin\frac{2\pi x}{l} + \cdots + \frac{a_n}{1-P/(n^2 P_E)}\sin\frac{n\pi x}{l} \qquad (2.9)$$

从上式可知：

(1) 很重要的是：有初弯曲后问题的性质发生了改变，从理想结构的特征值问题变成了一个二阶非线性内力和变形分析问题。问题有唯一解。

(2) 轴力与挠度关系是非线性的，在杆件轴力变化的情况下，叠加原理不适用；轴力增大时，非线性程度越明显。

(3) 在 $a_1 \neq 0$ 时，当 $P \Rightarrow P_E$ 时，柱中挠度无限大，表明压杆达到临界状态。

如果初弯曲的各个分量除第二个分量外都为零，即 $a_i = 0$，$(i \neq 2)$，则

$$y + y_0 = \frac{a_2}{1-P/4P_E}\sin\frac{2\pi x}{l} \qquad (2.10)$$

我们发现，当 P 为任何值时，跨中挠度始终为零；P 可以大于 P_E，只有在 $P \Rightarrow 4P_E$ 时柱子四分点处的挠度才趋于无穷大。难道由于初始缺陷的影响，临界荷载提高了吗？

要解决这个问题，必须回到第一章的静力准则。(2.9)和(2.10)式看上去是利用稳定理论的方法求出的结果，但它们代表的是初弯曲杆件承受轴力后按照二阶分析方法考虑几何非线性求得的平衡状态，这个平衡状态本身是否稳定，还需要对这个平衡状态给以一个扰动，按静力准则确定。对获得(2.9)、(2.10)式的平衡微分方程(2.8)式给一个扰动 $\bar{y}$，则

$$EI(y+\bar{y})'' + P(y+\bar{y}) = -Py_0$$

由于(2.8)式，上式简化为

$$EI\bar{y}'' + P\bar{y} = 0$$

由此我们得到(2.9)、(2.10)代表的弯曲平衡状态在 $P < P_E$ 时是稳定的，$P > P_E$ 是不稳定的结论。与理想直杆唯一不同的地方是，这里初始平衡状态是弯曲的，而直杆的初始平衡状态是直线。

由第 1 章知道，上面对(2.8)式施加干扰的做法等效于使总势能二阶变分为零。

对(2.10)式还需要加以讨论。当 $P=P_E$ 时，压杆会发生什么情况？因为当 $P=P_E$ 时 $y=\dfrac{4a_2}{3}\sin\dfrac{2\pi x}{l}$，这一变形不再发展，但压杆发生了屈曲，屈曲波形会发展，两者叠加后变形为

$$Y=y+\bar{y}=A\sin\frac{\pi x}{l}+\frac{4a_2}{3}\sin\frac{2\pi x}{l}$$

A 为任意大的数值。屈曲波形和屈曲前的弯曲变形模式是正交（即相互不包含）的，这种失稳的模式也是平衡状态的分枝问题。

由上述可知，在无限弹性的假设下，决定压杆某个平衡状态稳定性质的是轴向力荷载。初始缺陷的存在，只改变屈曲前变形的形式，不改变压杆在某个轴力下平衡的稳定性质。但是如果涉及变形的性质，初始缺陷则有很大影响。

由于 P 永远小于等于 P_E，（2.9）式右边第二及以后的项对应的初始弯曲分量由于轴力作用而放大的比例〔放大因子 $1/(1-P/i^2P_E)$〕很小，相比之下，第一项的放大系数要大得多，尤其在 P 接近 P_E 时。各初始弯曲分量在数值上也是高阶的值较小。因此可以预计，第一项对结构构件稳定性质的影响要远远大于其后的各项。通过本节的研究，我们得到了在稳定理论的研究中通常都采用的简化假设：在考虑初始变形分量的影响时，只考虑与理想结构的最低阶屈曲模式相同的一种初始变形模式。如果关注整体结构中某个部位的稳定性，则应研究在该部位有明显位移的屈曲波形，并施加该波形形状的初始缺陷。

2.3 有弯矩或横向荷载作用的压杆

当压杆上作用有横向分布荷载 $q(x)$ 时（以指向挠度增加的方向为正），平衡微分方程为

$$EIy''''+Py''=q(x) \tag{2.11}$$

这里 y 是由于轴力和弯矩共同作用产生的挠度。在荷载均布、压杆两端简支的条件下它的解为

$$y=\frac{q}{k^2P}\left(\tan\frac{kl}{2}\sin kx+\cos kx-1\right)+\frac{qx}{2P}(x-l) \tag{2.12}$$

这个式子告诉了我们同样的信息：荷载 q 一作用就产生挠度，挠度与轴力 P 是非线性关系，当轴力 P 接近 P_E 时，挠度在数学上趋于无穷大（因为 $\tan\dfrac{kl}{2}=\tan\dfrac{\pi}{2}=\infty$）。但是我们还需要注意一点：在轴力 P 不变的情况下，挠度与荷载 q 的关系是线性的。这表明如果加载过程中轴力是不变化的，则叠加原理可以应用。

（2.11）式代表的平衡状态是否稳定？同样对(2.11)式施加一个干扰 $\bar{y}$，消去平衡项得到

$$EI\bar{y}''''+P\bar{y}''=0$$

于是得到一个与无横向荷载和端弯矩作用的理想直压杆同样的判断其稳定性质的方程。很明显，结论也是一样的。

因此在无限弹性的假设下，横向荷载和端弯矩的存在不会改变压杆的稳定性质。用一

句乍看起来让人不可理解的话来说：在无限弹性的假设下，横向荷载和端弯矩对压杆的稳定性质没有影响。决定压杆平衡状态稳定性质的是轴向力。横向荷载和端弯矩的存在，只改变平衡状态的位形（Configuration），不改变压杆在某个轴力下平衡的稳定性质。

那么，为什么在钢结构中介绍的偏压杆平面内稳定计算公式与弯矩有关？这个问题在后面的第 4 章将会逐渐展开。

2.4　Elastica 问题

两端铰支弹性柱子的大挠度问题是由 Euler 提出，并被称为"弹性线（Elastica）"问题。上节建立压杆弯矩平衡方程时，要用到截面的弯矩-曲率关系：

$$M = -EIy''$$

根据材料力学中的推导过程，实际上上式是近似的，精确式为

$$\frac{M}{EI} = -\frac{1}{\rho} \tag{a}$$

ρ 是曲率半径，平衡微分方程变为

$$\frac{EI}{\rho} + Py = 0 \tag{b}$$

由高等数学知道，$\dfrac{1}{\rho} = \dfrac{y''}{(1+y'^2)^{3/2}}$，代入上式将获得一个无法精确求解的方程，必须寻求另外的方法。由高等数学知识，曲率是曲线切线的倾角随弧长的变化率：$\dfrac{1}{\rho} = \dfrac{\mathrm{d}\theta}{\mathrm{d}s}$，对上式微分一次，利用 $\mathrm{d}y/\mathrm{d}s = \sin\theta$，得到

$$\frac{\mathrm{d}^2\theta}{\mathrm{d}s^2} + k^2\sin\theta = 0 \tag{c}$$

这就是大挠度理论中轴压杆的平衡微分方程。它可以进行如下的转化

$$\int \mathrm{d}\left(\frac{\mathrm{d}\theta}{\mathrm{d}s}\right)^2 - 2k^2\int \mathrm{d}(\cos\theta) = 0$$

即

$$\left(\frac{\mathrm{d}\theta}{\mathrm{d}s}\right)^2 - 2k^2\cos\theta = C \tag{d}$$

由柱顶边界条件 $x = 0$ 时，$\theta = \theta_0$ 和 $\mathrm{d}\theta/\mathrm{d}s = 0$，得到积分常数 $C = -2k^2\cos\theta_0$，从而得

$$\left(\frac{\mathrm{d}\theta}{\mathrm{d}s}\right)^2 = 2k^2(\cos\theta - \cos\theta_0)$$

$$\mathrm{d}s = -\frac{\mathrm{d}\theta}{\sqrt{2}k\ \sqrt{\cos\theta - \cos\theta_0}}$$

这里平方根取负号是因为当 s 增大时，θ 将减小。对上式进行积分得到

$$l = \int_0^1 \mathrm{d}s = \frac{1}{2k}\int_{-\theta_0}^{\theta_0} \frac{\mathrm{d}\theta}{\sqrt{\sin^2(\theta_0/2) - \sin^2(\theta/2)}} \tag{e}$$

为了进一步的简化，引进记号 $p = \sin(\theta_0/2)$，并定义新的函数 φ 为

$$\sin\varphi = \sin\frac{\theta}{2} \Big/ \sin\frac{\theta_0}{2} \tag{f}$$

对（f）式等号两边各取微分，经整理后可得

$$\mathrm{d}\theta = \frac{2p\cos\varphi\mathrm{d}\varphi}{\sqrt{1-p^2\sin^2\varphi}} \qquad\qquad (g)$$

由（f）式可见，当 θ 从 0 变化到 θ_0 时，$\sin\varphi$ 将从 0 增至 1，而 φ 将由 0 增至 $\pi/2$。将（g）式代入（e）式，同时注意到 $\sqrt{\sin^2\left(\frac{\theta_0}{2}\right)-\sin^2\left(\frac{\theta}{2}\right)}=p\cos\varphi$，得到

$$l = \frac{1}{k}\int_{-\frac{\pi}{2}}^{\frac{\pi}{2}}\frac{\mathrm{d}\varphi}{\sqrt{1-p^2\sin^2\varphi}} = \frac{K(p)}{k} \qquad\qquad (2.13)$$

或

$$kl = K(p)$$

$$K(p) = \int_{-\frac{\pi}{2}}^{\frac{\pi}{2}}\frac{\mathrm{d}\varphi}{\sqrt{1-p^2\sin^2\varphi}}$$

上式称为第一类完全椭圆积分，它是 p 的函数，其值可以在数学手册上查到。由上式可以得到 p 和 α 的关系，也就是柱顶转角 θ_0 和荷载 P 的关系。

下面再来推导压杆的最大挠度。利用 $\mathrm{d}y=\sin\theta\mathrm{d}s$ 得到

$$\mathrm{d}y = -\frac{\sin\theta\mathrm{d}\theta}{\sqrt{2}k\sqrt{\cos\theta-\cos\theta_0}}$$

积分得到：

$$\delta = -\int_{\delta}^{0}\mathrm{d}y = \frac{2p}{k} = \frac{2pl}{K(p)} \qquad\qquad (2.14)$$

利用（2.13）、（2.14）两式，假定 θ_0 值，即可通过 p 和 $K(p)$，得到 k 和 δ/l，再从 k 值得到相应于所假定的 θ_0 的轴压力 P。于是得到了 $P-\delta$ 关系，如图 2.4 所示。

需要指出，上述计算式的推导仰赖于一个隐含的假设：压杆轴向是不可压缩的。

图 2.4 示出了荷载-挠度关系，从曲线可以得到有关轴压杆弹性稳定大挠度理论的一些基本结论：

（1）线性稳定理论和大挠度稳定理论可以得到相同的临界荷载。

（2）当 $P/P_\mathrm{E}<1$ 时，荷载-位移曲线将遵循图 2.4 中的 OA 线，此时 $\delta=0$，杆轴线保持平直，属稳定平衡。当到达 A 点以后，平衡状态发生变化，由直线变为曲线即 AB 段，相应于 $P/P_\mathrm{E}>1$ 的任何一个值都有

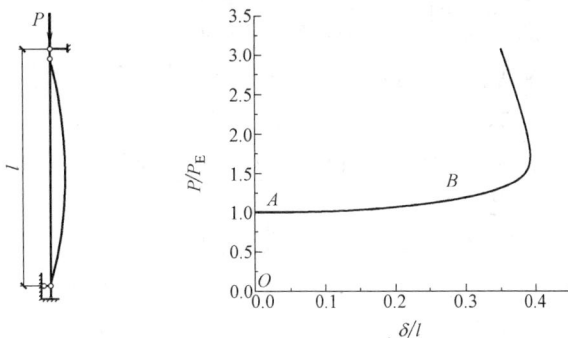

图 2.4 压杆的大挠度屈曲的荷载位移关系

一个确定的 δ/l 与之对应。按照线性化的稳定分析，屈曲后的变形在线性化理论的适用范围内是不确定的，屈曲后荷载不能再有任何的增加，得不到屈曲后继续向上的稳定平衡路径。

（3）大挠度理论表明，荷载较临界值略有增加，就将导致较大的挠度。例如由表 2.1 可见，荷载 P 超过临界值 1.5%，跨中挠度即达 $0.11l$，实际结构不可能容忍这么大的挠

度，因而在杆系结构实际有意义的变形范围（比如杆件长度的 5%），小挠度理论可以说是相当的精确，是可以采用的。

弹性线问题的荷载-位移关系　　　　　　　　　　　　表 2.1

θ_0	0°	5°	20°	40°	60°	80°
$p=\sin(\theta_0/2)$	0	0.0436	0.1736	0.3420	0.5000	0.6428
$K(p)$	$\pi/2$	1.5716	1.583	1.620	1.686	1.787
P/P_E	1	1.0015	1.015	1.063	1.152	1.294
δ/l	0	0.028	0.110	0.211	0.297	0.360

本节的例题说明了第 1 章中的例题能够说明实际结构的稳定性质。随着学习的深入，对薄板和薄壳稳定性的研究，将进一步验证第一章中的例题表现出的稳定性质。

2.5　带轴压力杆件的转角—位移方程

在(2.12)式中，我们注意到，在轴力不变的情况下，挠度和荷载成正比。跨中挠度为

$$\delta=\frac{5ql^4}{384EI}\frac{192}{5(kl)^4}\left(2\sec\frac{kl}{2}-\frac{(kl)^2}{4}-2\right)$$

$P/P_E=0$ 时：$\delta=\dfrac{5ql^4}{384EI}$

$\dfrac{P}{P_E}=\dfrac{1}{4}$ 时：$\delta=\dfrac{5ql^4}{384EI}\dfrac{1}{0.749342}$

$\dfrac{P}{P_E}=\dfrac{1}{2}$ 时：$\delta=\dfrac{5ql^4}{384EI}\dfrac{1}{0.499097}$

$\dfrac{P}{P_E}=\dfrac{3}{4}$ 时：$\delta=\dfrac{5ql^4}{384EI}\dfrac{1}{0.249301}$

从上述几个数字，我们发现，由于压力的作用，挠度增大了。挠度的增大，可以看作是压杆抵抗弯曲变形的能力减小了。因为刚度是构件抵抗变形的能力，因此，轴压力的作用，使压杆的刚度变小了。因此有必要系统地研究在轴压力作用下构件刚度的变化情况。

先回忆一下结构力学中对构件刚度的定义。

当构件的远端固定，近端产生单位转角所需要施加的弯矩被定义为构件的抗弯刚度，其值为 $4i$，$i=EI/l$。

当构件的远端铰支时，近端产生单位转角所需要施加的弯矩是构件修正的抗弯刚度，其值为 $3i$。

当构件一端固定，另一端转动固定，但发生单位侧移时所需要施加的力，称为构件的抗侧刚度，其值为 $12EI/l^3$。

当构件一端固定，另一端可侧移铰支（自由）时，发生单位侧移所需要施加的力为构件修正的抗侧刚度，其值为 $3EI/l^3$。

杆系结构内力分析的矩阵位移法的单元刚度矩阵为：

$$[K]=\begin{bmatrix} \dfrac{EA}{l} & 0 & 0 & -\dfrac{EA}{l} & 0 & 0 \\[2mm] 0 & \dfrac{12i}{l^2} & -\dfrac{6i}{l} & 0 & -\dfrac{12i}{l^2} & -\dfrac{6i}{l} \\[2mm] 0 & -\dfrac{6i}{l} & 4i & 0 & \dfrac{6i}{l} & 2i \\[2mm] -\dfrac{EA}{l} & 0 & 0 & \dfrac{EA}{l} & 0 & 0 \\[2mm] 0 & -\dfrac{12i}{l^2} & \dfrac{6i}{l} & 0 & \dfrac{12i}{l^2} & \dfrac{6i}{l} \\[2mm] 0 & -\dfrac{6i}{l} & 2i & 0 & \dfrac{6i}{l} & 4i \end{bmatrix} \qquad (2.15)$$

在构件承受了轴力以后上述刚度和刚度矩阵如何变化? 图 2.5 是一等截面直杆, 承受轴压力 P。当杆端发生转角位移 θ_A 和 θ_B 以及相对线位移 Δ 时, 杆端需要施加弯矩 M_{AB}, M_{BA} 和剪力 Q_{AB}, Q_{BA}。在今后的分析中, 假定所有角位移 θ 和杆轴的相对转动 Δ/l, 均以顺时针为正, 弯矩以顺时针作用于杆端截面为正, 剪力以使杆轴顺时针转动为正, 图上所示均为正方向。

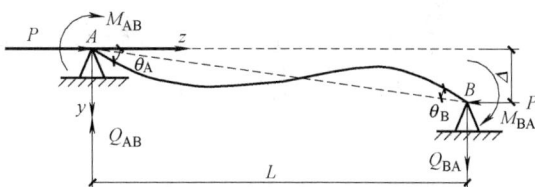

图 2.5 标准受压构件

建立平衡微分方程如下:

$$EIy'' + Py = -(M_{AB} + Q_{AB}x)$$

它的通解为

$$y = A\sin kx + B\cos kx - \frac{M_{AB} + Q_{AB}x}{P}$$

由下列边界条件可解出上式中的常数 A, B 和 M_{AB} 及 Q_{AB}。

边界条件: $y(0)=0$, $y(l)=\Delta$, $y'(0)=\theta_A$, $y'(l)=\theta_B$。

再利用对 A 点的力矩平衡条件, 可得

$$M_{BA} = -(M_{AB} + Q_{BA}l + P\Delta)$$

经整理后, 得到如下两个方程:

$$M_{AB} = si\theta_A + ci\theta_B - \frac{(c+s)}{l}i\Delta \qquad (2.16a)$$

$$M_{BA} = ci\theta_A + si\theta_B - \frac{(c+s)}{l}i\Delta \qquad (2.16b)$$

$$Q_{AB} = Q_{BA} = -(s+c)i\frac{\theta_A+\theta_B}{l} + [2(s+c)-u^2]i\frac{\Delta}{l^2} \qquad (2.16c)$$

式中 $u = kl = l\sqrt{P/EI} = \pi\sqrt{P/P_E}$, $P_E = \pi^2 EI/l^2$。

$$s = \frac{u}{\tan u} \cdot \frac{\tan u - u}{2\tan(u/2)-u}, \quad c = \frac{u}{\sin u} \cdot \frac{u-\sin u}{2\tan(u/2)-u}, \quad s+c = \frac{u^2\tan(u/2)}{2\tan(u/2)-u}$$

式 (2.16a)～(2.16c) 就是考虑轴压力以后的转角—位移方程。结构力学内力分析的位移

法以线性的转角－位移关系为基础。而要考虑变形对内力的影响，就必须以式(2.16a)～(2.16c)为基础，这样一种内力分析方法是内力的二阶分析方法。二阶分析当然还要考虑当轴力为拉力时的转角－位移方程，这将在下面一节介绍。两组转角－位移方程共同构成二阶内力分析的位移法的基础。

考虑轴压力的影响后，构件的各刚度如下：

杆件的抗弯刚度 si，它的物理意义是在远端固定，两端无相对侧移，近端铰支时，使近端产生单位转角所需要施加的弯矩。

修正的抗弯刚度可令(2.16a)～(2.16c)中 $M_{\mathrm{BA}}=0$，可以得到

$$M_{\mathrm{AB}}=s'i\left(\theta_{\mathrm{A}}-\frac{\Delta}{l}\right) \qquad (2.17a)$$

$$Q_{\mathrm{AB}}=Q_{\mathrm{BA}}=-s'i\frac{\theta_{\mathrm{A}}}{l}+(s'-u^2)i\frac{\Delta}{l^2} \qquad (2.17b)$$

式中 $s'=\dfrac{u^2\tan u}{\tan u-u}$，$s'i$ 被称为修正的抗弯刚度。它的物理意义是在远端铰支，两端无相对侧移，近端铰支时，使近端产生单位转角所需要施加的弯矩。

杆件的抗侧刚度为

$$K=\left[2(s+c)-u^2\right]\frac{i}{l^2}=\frac{u^3}{2\tan(u/2)-u}\cdot\frac{i}{l^2}$$

它的物理意义是在两端固定，使两端产生单位相对侧移时所需要施加的横向力。

杆件修正的抗侧刚度为

$$K'=(s'-u^2)\frac{i}{l^2}=\frac{u^3}{\tan u-u}\frac{i}{l^2}$$

它的物理意义是在一端固定，一端铰支，使两端产生单位相对侧移时所需要施加的横向力。

各刚度系数随轴力的变化见图 2.6 和图 2.7。由图可见，杆件的抗弯刚度随轴压力的增加而减小，起初的减小几乎与轴压力的增加成正比；在 $P/P_{\mathrm{E}}=2.045$，即荷载达到一端固定一端铰支轴压杆的临界荷载时，抗弯刚度消失；荷载再增大，必须有其他与之相连的构件支持。在 $P/P_{\mathrm{E}}=4$ 时，构件抗弯刚度达到$-\infty$，任何支持都无济于事，压杆必将倒塌。如果压杆远端铰支，则在 $P/P_{\mathrm{E}}=1$ 时，修正抗弯刚度 s' 达到 0，在 $P/P_{\mathrm{E}}=2.045$ 时达到$-\infty$。

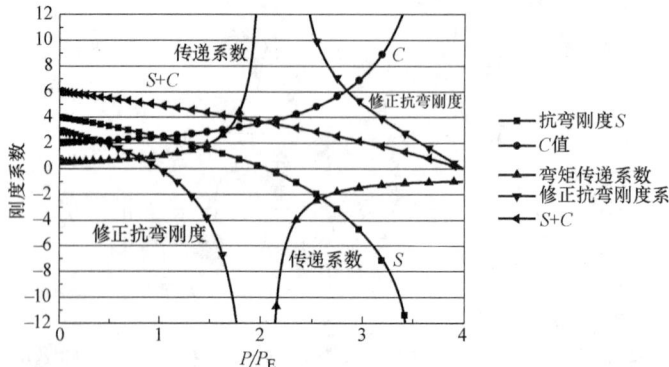

图 2.6　各刚度系数随轴力变化情况

杆件抗侧刚度 K 随轴力的减小几乎是线性的。从 $P/P_E=0$ 时的 12，变化到 $P/P_E=1$ 时的 0.01，再到 $P/P_E=4$ 时的 $-4\pi^2$。修正的抗侧刚度 K' 则在 $P/P_E=2.045$ 附近表现出非线性，其余部位仍然是随荷载增加而线性地减小。

图 2.6 还示出了弯矩传递系数随荷载变化情况，传递系数是 c/s 的值，它从 $P/P_E=0$ 时的 0.5 增加到 $P/P_E=2.045$ 时的 ∞。

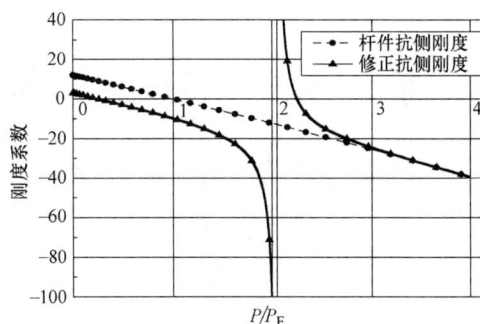

图 2.7　杆件抗侧刚度随轴力变化情况

与(2.15)式对应的考虑轴压力影响的二阶分析的刚度矩阵见(2.18)式。建立刚度矩阵目的在于利用计算机计算分析。但在利用(2.18)式进行计算机分析时，将会遇到某些困难，因为 s 和 c 的分母在轴力接近于零时，出现两个小数相减的情况，运算后出现误差放大、数值不稳定的结果。因此一般书籍都介绍有限元方法来作近似计算。要避开精确刚度矩阵在计算机运算上遇到的困难，可以对刚度系数 s 和 c 作高精度的近似改造，如级数展开，取前几项。

$$[K]=\begin{bmatrix} \dfrac{EA}{l} & 0 & 0 & -\dfrac{EA}{l} & 0 & 0 \\[2mm] 0 & \dfrac{i}{l^2}[2(s+c)-u^2] & -\dfrac{(s+c)i}{l} & 0 & -\dfrac{i}{l^2}[2(s+c)-u^2] & -\dfrac{(s+c)i}{l} \\[2mm] 0 & -\dfrac{(s+c)i}{l} & si & 0 & \dfrac{(s+c)i}{l} & ci \\[2mm] -\dfrac{EA}{l} & 0 & 0 & \dfrac{EA}{l} & 0 & 0 \\[2mm] 0 & -\dfrac{i}{l^2}[2(s+c)-u^2] & \dfrac{(s+c)i}{l} & 0 & \dfrac{i}{l^2}[2(s+c)-u^2] & \dfrac{(s+c)i}{l} \\[2mm] 0 & -\dfrac{(s+c)i}{l} & ci & 0 & \dfrac{(s+c)i}{l} & si \end{bmatrix}$$

$$(2.18)$$

与框架结构的内力分析一样，在框架的稳定性分析时，有时利用无剪力的转角—挠度方程可以简化计算。令 $Q_{AB}=Q_{BA}=0$，可得：

$$\frac{\Delta}{l}=\frac{s+c}{2(s+c)-u^2}(\theta_A+\theta_B)=\frac{\tan(u/2)}{u}(\theta_A+\theta_B)$$

从(2.16a)、(2.16b)式消去线位移项，我们得到

$$M_{AB}=\frac{u}{\tan u}i\theta_A-\frac{u}{\sin u}i\theta_B \tag{2.19a}$$

$$M_{BA}=-\frac{u}{\sin u}i\theta_A+\frac{u}{\tan u}i\theta_B \tag{2.19b}$$

我们注意到，在无剪力的情况下，弯矩的传递系数是 $-\sec u$。

如果无剪力的情况下，远端还铰接，则

$$M_{AB}=-u\tan ui\theta_A \tag{2.19c}$$

2.6　带拉力杆件的转角位移方程

轴压力作用下杆件的各刚度系数都减小，我们自然会想到，轴拉力作用下，杆件的刚度会增加。本节介绍在拉力作用下杆件的转角位移方程。

拉力作用下的平衡微分方程为

$$EIy''-Py=-(M_{AB}+Q_{AB}x)$$

它的通解为

$$y=A\mathrm{sinh}kx+B\mathrm{cosh}kx+\frac{M_{AB}+Q_{AB}x}{P}$$

利用相同的边界条件，得到

$$M_{AB}=si\theta_A+ci\theta_B-\frac{(c+s)}{l}i\Delta \tag{2.20a}$$

$$M_{BA}=ci\theta_A+si\theta_B-\frac{(c+s)}{l}i\Delta \tag{2.20b}$$

$$Q_{AB}=Q_{BA}=-(s+c)i\frac{\theta_A+\theta_B}{l}+[2(s+c)+u^2]i\frac{\Delta}{l^2} \tag{2.20c}$$

式中 $u=kl=l\sqrt{P/EI}=\pi\sqrt{P/P_E}$，$P_E=\pi^2EI/l^2$。

$$s=\frac{u}{\mathrm{tanh}u}\cdot\frac{\mathrm{tanh}u-u}{2\mathrm{tanh}(u/2)-u},c=\frac{u}{\mathrm{sinh}u}\cdot\frac{u-\mathrm{sinh}u}{2\mathrm{tanh}(u/2)-u},s+c=\frac{u^2\mathrm{tanh}(u/2)}{u-2\mathrm{tanh}(u/2)}$$

考虑轴拉力的影响后，构件的各刚度如下：

杆件的抗弯刚度 si。

修正的抗弯刚度可令（2.19a，b，c）中 $M_{BA}=0$，可以得到

$$M_{AB}=s'i\left(\theta_A-\frac{\Delta}{l}\right) \tag{2.21a}$$

$$Q_{AB}=Q_{BA}=-s'i\frac{\theta_A}{l}+(s'+u^2)i\frac{\Delta}{l^2} \tag{2.21b}$$

式中 $s'=\frac{u^2\mathrm{tanh}u}{u-\mathrm{tanh}u}$，修正的抗弯刚度为 $s'i$。

杆件的抗侧刚度为

$$K=[2(s+c)+u^2]\frac{i}{l^2}=\left(\frac{u^3}{u-2\mathrm{tanh}(u/2)}\right)\frac{i}{l^2}$$

杆件的修正抗侧刚度为

$$K'=(s'+u^2)\frac{i}{l^2}=\frac{u^3}{(u-\mathrm{tanh}u)}\frac{i}{l^2}$$

如果构件的长细比限制在 400 以内，则 u 在 14 以内，更多的是在 8 以内。图 2.8 和图 2.9 用图表示了各刚度系数随拉力的增大而变化的情况。抗弯刚度系数从开始的 4 以较快的速度增加，当轴拉力更大时，抗弯刚度系数的增加基本与荷载的增加成线性的关系。修正的抗弯刚度随拉力增加的规律与抗弯刚度基本相同，而且在拉力较大时，接近于抗弯刚度系数。抗侧刚度和修正的抗侧刚度则与拉力的关系成线性的关系。值得注意的是，弯

矩传递系数随拉力的增大而减小，刚度系数 c 随拉力增加而趋近于零。

在无剪力的情况下，同样可以得到

$$\frac{\Delta}{l} = \frac{s+c}{2(s+c)-u^2}(\theta_A + \theta_B) = \frac{\tanh(u/2)}{u}(\theta_A + \theta_B)$$

$$M_{AB} = \frac{u}{\tanh u}i\theta_A - \frac{u}{\sinh u}i\theta_B \qquad (2.22a)$$

$$M_{BA} = -\frac{u}{\sinh u}i\theta_A + \frac{u}{\tanh u}i\theta_B \qquad (2.22b)$$

此时的弯矩传递系数为 $-1/\cosh u$。如果无剪力的情况下，远端还铰接，则

$$M_{AB} = u\tanh u \cdot i \cdot \theta_A \qquad (2.22c)$$

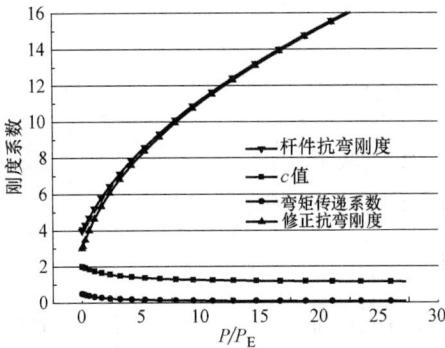

图 2.8　各刚度系数与轴拉力的关系

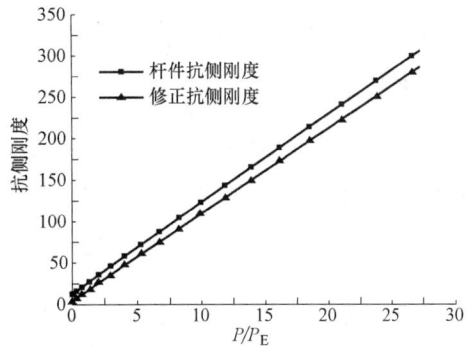

图 2.9　杆件抗侧刚度与轴拉力的关系

2.7　杆件的轴压（拉）刚度

前面两节获得了轴力作用下杆件抗弯刚度和抗侧刚度的计算公式，作为一个很重要的性质，轴力作用后，在考虑变形影响的情况下，构件的轴压刚度如何变化？

如果不考虑变形的影响，由截面的刚度 EA 即可计算杆件的轴压刚度

$$K_a = \frac{EA}{l}$$

并且这个刚度与构件的边界条件无关。在轴力作用后，构件的两端在荷载作用下相互靠近的方式有两种：①截面在轴向应力作用下产生应变从而使杆件产生压缩变形 w_1；②杆件弯曲变形使得连接杆件两端的弦长变短了 w_2，从而使得总压缩变形为 $w = w_1 + w_2$。对应地轴压刚度也发生了变化。由于杆件轴向的拉伸或压缩在 w_1 中得到了考虑，在计算 w_2 时就假设杆件是不可伸长的，这样我们得到

$$w_1 = \frac{Pl}{EA}, \quad w_2 = \frac{1}{2}\int_0^l y'^2 \mathrm{d}x$$

对无横向荷载作用的梁单元，压杆挠曲线的斜率可以表示为

$$y' = A\cos kx + B\sin kx + C$$

$$A = \left(\frac{1}{2} - \frac{s+c}{u^2}\right)(\theta_A + \theta_B - 2\rho) + \frac{1}{2}(\theta_A - \theta_B)$$

$$B = -\frac{s+c}{2u}(\theta_A + \theta_B - 2\rho) - \frac{s-c}{2u}(\theta_A - \theta_B)$$

$$C = \frac{c+s}{u^2}(\theta_A + \theta_B - 2\rho) + \rho$$

式中 $\rho = \Delta/l$，$u = kl = l\sqrt{P/EI}$。在构件两端无相对侧移的情况下，经简化得到

$$\overline{w}_2 = b_1(\theta_A + \theta_B)^2 + b_2(\theta_A - \theta_B)^2 \tag{2.23}$$

$$b_1 = \frac{(s+c)(c-2)}{8\pi^2 p}, \quad p = \frac{P}{P_E}, \quad P_E = \frac{\pi^2 EI}{l^2}, \quad b_2 = \frac{c}{8(s+c)}$$

在构件两端有相对侧移的情况下

$$\overline{w}_2 = b_1(\theta_A + \theta_B - 2\rho)^2 + b_2(\theta_A - \theta_B)^2 + \frac{1}{2}\rho^2 \tag{2.24}$$

以上各式对轴力为拉力的情况也成立。这样

$$w = \frac{Pl}{EA} + \overline{w}_2 l = \frac{Pl}{(EA)_r}$$

在单元两端的节点位移已知的情况下，给定 P 值，从上式可以确定一个唯一的轴向位移 w，由此可以得到 $P-w$ 曲线。$(EA)_r/l$ 是杆件的轴压割线刚度。

$$\frac{(EA)_r}{l} = \frac{EA}{l} / \left(1 + \frac{\overline{w}_2}{u^2}\lambda^2\right) \tag{2.25}$$

λ 为按杆件几何长度计算的长细比。在叠加原理不再适用的非线性分析中，经常用到的是杆件的切线刚度，轴向拉压的切线刚度按如下确定

$$P = \frac{EA}{l}w_1 = \frac{EA}{l}(w - \overline{w}_2 l) \tag{2.26}$$

记切线刚度为 $(EA)_t/l$，则得到

$$\frac{(EA)_t}{l} = \frac{dP}{dw}$$

为了对杆件的弯曲变形如何影响杆件的轴压刚度有一个概念，下面对两端铰支压杆有初始弯曲时的压杆轴压刚度进行分析推导。设初弯曲为

$$y_0 = d_0 \sin\frac{\pi x}{l}$$

在轴力作用下的总挠度为

$$y + y_0 = \frac{d_0}{1 - P/P_E}\sin\frac{\pi x}{l}$$

由于轴力作用产生的缩短为（参见文献 [4]、[5]）

$$w = \frac{Pl}{EA} + \frac{1}{2}\int_0^l [(y' + y'_0)^2 - y'_0{}^2]dx = \frac{Pl}{EA} + \frac{1}{2}d_0^2 l\left(\frac{\pi}{l}\right)^2 \frac{P(P_E - \frac{1}{2}P)}{(P_E - P)^2} \tag{2.27}$$

令 $w = \frac{Pl}{(EA)_r}$，$\frac{(EA)_r}{l}$ 是轴压杆的割线刚度。

$$\frac{l}{(EA)_r} = \frac{l}{EA}\left[1 + \frac{d_0^2}{2i^2}\frac{P_E(P_E - \frac{1}{2}P)}{(P_E - P)^2}\right]$$

切线刚度为：

$$\frac{(EA)_t}{l} = \frac{dP}{dw} = \frac{EA}{l}\left\{1 + \frac{d_0^2}{2i^2}/(1-\frac{P}{P_E})^3\right\}^{-1} \tag{2.28}$$

设 $d_0 = l/1000$，则以上各式用无量纲式子表示为

$$\frac{w}{l} = p\frac{\pi^2}{\lambda^2} + \frac{\pi^2}{1000^2}\frac{p(1-p/2)}{2(1-p)^2}$$

$$\frac{(EA)_r/l}{EA/l} = \left[1 + \frac{\lambda^2}{1000^2}\frac{p(1-p/2)}{2(1-p)^2}\right]^{-1}$$

$$\frac{(EA)_t/l}{EA/l} = \left[1 + \frac{\lambda^2}{1000^2}\frac{1}{2(1-p)^3}\right]^{-1}$$

上式给出的 P-w 曲线见图 2.10(a)、(b)、(c)。从图 2.10(a)可见，轴压杆在加载的初始阶段，初始弯曲对压杆的轴力－压杆缩短量之间的关系看上去不明显，在压力逐步接近欧拉荷载时，压杆两端相对缩短量快速增加，直至理论上的无穷大，在荷载为 $p=0.99$ 时，压杆的缩短量在 $0.025\sim0.03l$ 之间。图 2.10(b)给出了压杆的割线轴压刚度，它受压杆荷载及长细比、初始弯曲的影响，在荷载快接近轴压杆的欧拉荷载时才明显。割线模量实际没有物理意义，对稳定性有决定性影响的是切线刚度。轴压杆的轴向切线刚度在图 2.10(c)示出，在轴压力开始施加的初始阶段它有一个较快的降低。然后随荷载的增加，切线刚度稳步减小，当压力增大到接近压杆的欧拉荷载时，切线刚度快速降低至 0。压杆的长细比越大，压杆轴压切线刚度降低得越快。

上述公式的实际用途将在以后的章节中介绍。

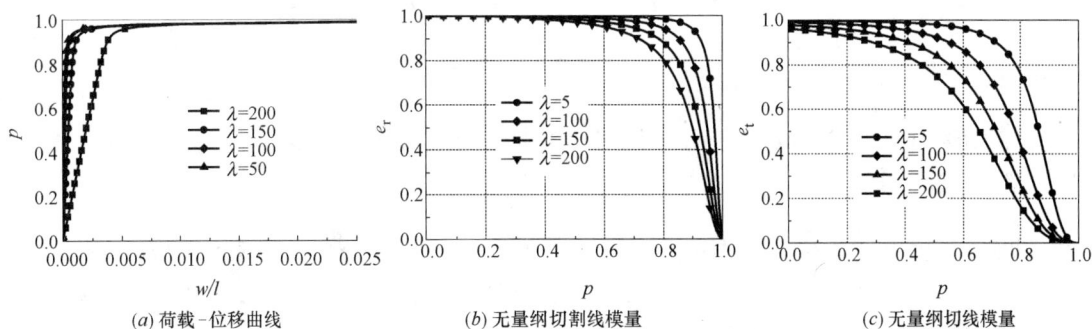

图 2.10 有初始弯曲的两端铰支压杆的性能

反过来，如果存在初始弯曲的杆件受拉，则它的抗拉刚度如何变化？记拉力为 T，则受拉以后总的挠度近似为

$$y + y_0 = \frac{d_0}{1 + T/P_E}\sin\frac{\pi x}{l}$$

弯矩是

$$M = -EIy'' = -T(y+y_0) \approx -\frac{Td_0}{1+T/P_E}\sin\frac{\pi x}{l} = -\frac{T}{P_E+T}P_E d_0\sin\frac{\pi x}{l}$$

可见，随着拉力越来越大直到弯曲的杆件被拉直，弯矩趋向于一个极限

$$M_{max} \approx -P_E d_0$$

两端的相互拉长

$$w = \frac{Tl}{EA} + \frac{1}{2}\int_0^1 [y_0'^2 - (y' + y_0')^2]\mathrm{d}x = \frac{Tl}{EA} + \frac{1}{2}d_0^2 l \left(\frac{\pi}{l}\right)^2 \frac{T\left(P_E + \frac{1}{2}T\right)}{(P_E + T)^2}$$

抗拉切线刚度是

$$\frac{(EA)_t}{l} = \frac{\mathrm{d}T}{\mathrm{d}w} = \frac{EA}{l}\left[1 + \frac{d_0^2}{2i^2}/(1 + \frac{T}{P_E})^3\right]^{-1}$$

如果初始弯曲很小，在刚度几乎与理想直杆相同。

2.8　有侧移失稳，轴力等效负刚度的概念

在第 2.2 节介绍的几个经典的轴心压杆的稳定性问题可以进一步分为两类，即失稳时两个支座发生相对侧移的和失稳时两个支座只产生相互靠近的、无相对侧移的。通常简称为有侧移失稳和无侧移失稳。

有侧移失稳的有两种情况：

下端固定，上端自由的轴压杆；

下端固定，上端滑动固定的轴压杆。

1. 下端固定、上端自由的轴压杆

这种压杆的失稳，可以由修正的抗侧刚度等于零得到临界荷载，由

$$K' = (s' - u^2)\frac{i}{l^2} = \left(\frac{u^2\tan u}{\tan u - u} - u^2\right)\frac{i}{l^2} = 0$$

得到 $\tan u = 0$，$u = \pi/2$，临界压力为 $P_E = \frac{\pi^2 EI}{4l^2}$。

在结构力学我们知道，一端固定一端自由的悬臂柱的抗侧刚度为

$$K_0 = \frac{3EI}{l^3} \tag{2.29}$$

我们分析一下这个压杆。回忆刚度的概念：刚度是结构或构件在外荷载作用下抵抗变形的能力。这个压杆的轴向力达到临界值时发生失稳，侧移在没有水平力作用的情况下迅速增长，表明在这个轴压荷载下压杆的抗侧刚度已经完全丧失。是什么因素使压杆从轴力为零时的抗侧刚度 K_z［（2.29)式]变化到 0？显然是轴压力。因此在这个例子中，轴力可以直接地看成为一个抗侧负刚度。这个负刚度等于多少？

对图 1.5 所示柱顶有水平弹簧支承的刚性压杆，这个体系中的立柱本身没有任何的抗侧刚度，它的平衡稳定完全依赖柱顶抗侧移弹簧。因此柱顶轴压力的抗侧刚度可以采用如下推论得到：

作用了压力 P 之后，必须给以侧向支撑才能保持稳定，侧向支撑的刚度为 K，K 为多大才能使之保持稳定？答案是：$K = P/l$。反过来我们推论 P 的侧向负刚度为 $K_P = -P/l$。这时体系的总抗侧刚度为 $K + K_P = \frac{P}{l} - \frac{P}{l} = 0$，正好是体系处于临界状态的刚度条件。

悬臂柱当轴力未达到临界值时，它的抗侧刚度可以表示为：

$$K'=(s'-u^2)i/l^2 \approx K_0 \frac{1-P/P_\mathrm{E}}{1-(P/8.1798P_\mathrm{E})^4}$$

上式在 $P/P_\mathrm{E} \leqslant 1$（$P_\mathrm{E} = \frac{\pi^2 EI}{4l^2}$）范围内几乎是精确的，并且分母的影响很小。$1 < P/P_\mathrm{E} \leqslant$ 2.5 的范围内也相当精确，在 $u = 4.487$，$P/P_\mathrm{E} = 8.1798$ 时趋于负无穷大，与精确值一致。

根据上述刚性体系的例子及上面的近似式，在轴力小于有侧移失稳的临界值时，我们可以大胆地假设，在悬臂柱柱顶作用的轴压力的等效负刚度为：

$$K_\mathrm{P} = -\alpha \frac{P}{l} \tag{2.30}$$

这样压杆的临界条件是总的抗侧刚度为零：

$$K + K_\mathrm{P} = \frac{3EI}{l^3} - \alpha \frac{P}{l} = 0$$

将 $P = P_\mathrm{E}$ 代入得到 $\alpha = \frac{12}{\pi^2} = 1.216$。

2. 两端固定但可相对侧移的轴压杆

对于两端固定，但两端可以相对侧移的压杆，精确的压杆抗侧刚度为

$$K = \left[2(s+c) - u^2\right]\frac{i}{l^2} = \left[\frac{u^3}{2\tan(u/2) - u}\right]\frac{i}{l^2}$$

在 $u = 0 \sim 2\pi$ 的整个范围内它都可以非常精确地表示为：

$$K = K_0\left(1 - \frac{P}{P_\mathrm{E}}\right)$$

式中 $K_0 = \frac{12EI}{l^3}$，$P_\mathrm{E} = \frac{\pi^2 EI}{l^2}$。我们可以同样地进行推理，得到相同的柱顶轴压力的等效抗侧刚度计算式(2.30)式，并且 α 也为 1.216。

3. 两端转动约束但可相对侧移的轴压杆

对于压杆两端都存在转动约束，但两端可以相对侧移的压杆，可以同样得到柱顶压力的等效负刚度，表达式仍为(2.30)式，但式中的系数 α 有所不同。

设两端转动约束刚度分别为 K_{z1} 和 K_{z2}。无轴压力作用时，柱子的抗侧刚度可以推导如下（柱顶施加单位水平力）：

$$M_\mathrm{AB} = 4i\theta_\mathrm{A} + 2i\theta_\mathrm{B} - \frac{6i}{l}\Delta = -K_{z1}\theta_\mathrm{A}$$

$$M_\mathrm{BA} = 2i\theta_\mathrm{A} + 4i\theta_\mathrm{B} - \frac{6i}{l}\Delta = -K_{z2}\theta_\mathrm{B}$$

$$Q_\mathrm{AB} = -\frac{6i}{l}(\theta_\mathrm{A} + \theta_\mathrm{B}) + \frac{12i}{l^2}\Delta = 1$$

可以得到：

$$\theta_\mathrm{B} = \frac{2i + K_{z1}}{2i + K_{z2}}\theta_\mathrm{A}$$

$$\theta_\mathrm{A} = \frac{6i(2i + K_{z2})}{12i^2 + 4i(K_{z1} + K_{z2}) + K_{z1}K_{z2}} \cdot \frac{\Delta}{l}$$

$$\theta_\mathrm{B} = \frac{6i(2i + K_{z1})}{12i^2 + 4i(K_{z1} + K_{z2}) + K_{z1}K_{z2}} \cdot \frac{\Delta}{l}$$

代入剪力平衡公式求得侧移，其倒数即为抗侧刚度：

$$K_0 = \frac{\beta EI}{l^3}, \beta = \frac{12(K_{z1}i + K_{z2}i + K_{z1}K_{z2})}{12i^2 + 4(K_{z1} + K_{z2})i + K_{z1}K_{z2}} \tag{2.31}$$

式中 i 为柱子的线刚度 $i = EI/l$。在轴压力作用下，柱子的抗侧刚度为

$$\overline{K} = \frac{u^2 EI}{l^3}\left[\frac{(K_{z1}+K_{z2})iu\tan u + 2K_{z1}K_{z2}\tan(u/2)\tan u}{u^3 i^2 \tan u - (K_{z1}+K_{z2})i(u-\tan u)u + K_{z1}K_{z2}\tan u(2\tan(u/2)-u)} - 1\right] \tag{2.32}$$

式中 $u = l\sqrt{P/EI}$。

上式表达的框架柱侧向刚度为荷载 P 的非线性函数，公式较为复杂，不便于实际应用，但是我们可以确定出荷载变化时框架柱侧向刚度的近似表达式。对不同 K_{z1}，K_{z2}，分别计算出轴力从 0 到 $P_{cr\infty}$ 变化时的 $\overline{K}/K_0$ 值。大量的计算表明，框架柱的侧向刚度与其所承受荷载之间存在一定的近似关系，图 2.11 列举了一些变化情况。其中 P_{cr0}、$P_{cr\infty}$ 分别为按规范确定的有侧移和无侧移框架柱的稳定临界荷载。

从图中可以看到，不同情况下的 $\overline{K}/K_0 \sim P/P_{cr0}$ 数值点在 $P/P_{cr0} \leqslant 1$ 时几乎与一直线重合，该直线方程为：

$$\frac{\overline{K}}{K_0} = 1 - \frac{P}{P_{cr0}} \tag{2.33}$$

从分析结果还可以了解到，当 $P/P_{cr0} \leqslant 1$ 时，在不同的 K_{z1}、K_{z2} 条件下，（2.33）式解与计算值之间的相对误差在 1.5% 以内，且（2.33）式所得的 $\overline{K}/K_0$ 值略为偏小。

把(2.31)式代入(2.33)式，并利用 $P_{cr0} = \dfrac{\pi^2 EI}{(\mu_0 l)^2}$，可以得到：

$$\overline{K} = K_2 - \beta\left(\frac{\mu_0}{\pi}\right)^2 \frac{P}{l} = K_2 - \alpha\frac{P}{l} \tag{2.34}$$

其中 α 为竖向荷载与柱局部弯曲变形产生的二阶效应对侧向刚度的影响系数：

$$\alpha = \beta\left(\frac{\mu_0}{\pi}\right)^2 \tag{2.35}$$

式中 μ_0 值为设计规范规定的有侧移框架柱计算长度系数。表 2.2 给出了 α 值。由（2.34）式可知，由于轴力 P 的作用，柱子的抗侧刚度减小了 $\alpha P/l$，因此我们仍然得到轴压力的等效负刚度为(2.30)式。α 可以表示成如下的形式：定义 $K_1 = K_{z1}/6i$，$K_2 = K_{z2}/6i$，则 μ_0 值可由下列公式近似计算：

$$\mu_0 = \sqrt{\frac{1.52 + 4(K_1 + K_2) + 7.5K_1K_2}{K_1 + K_2 + 7.5K_1K_2}} \tag{2.36}$$

将上式和（2.31）式代入（2.35）式，注意

$$\beta = \frac{6(K_1 + K_2 + 6K_1K_2)}{1 + 2(K_1 + K_2) + 3K_1K_2}$$

得到：

$$\alpha = \frac{6}{\pi^2} \cdot \frac{K_1 + K_2 + 6K_1K_2}{1 + 2(K_1 + K_2) + 3K_1K_2} \cdot \frac{1.52 + 4(K_1 + K_2) + 7.5K_1K_2}{K_1 + K_2 + 7.5K_1K_2} \geqslant 1 \tag{2.37}$$

从中可求得 α 值的上、下限值为

$$\alpha_{max} = 1.216 \qquad \alpha_{min} = 1.0$$

如此得到的 α 值与表 2.2 的结果很为接近，误差在 3% 以内。

二阶效应影响系数 α 表 2.2

K_1 \ K_2	0	0.05	0.1	0.2	0.3	0.4	0.5	1	2	3	5	10	20	∞
0	1.00	1.002	1.006	1.017	1.030	1.043	1.055	1.098	1.141	1.161	1.180	1.197	1.206	1.216
0.05		1.000	1.002	1.010	1.020	1.031	1.042	1.081	1.122	1.142	1.161	1.177	1.187	1.196
0.1			1.002	1.006	1.014	1.024	1.033	1.069	1.108	1.128	1.146	1.162	1.172	1.181
0.2				1.006	1.010	1.016	1.023	1.054	1.090	1.108	1.126	1.142	1.151	1.160
0.3					1.011	1.015	1.02	1.047	1.08	1.097	1.114	1.130	1.139	1.148
0.4						1.017	1.021	1.044	1.075	1.091	1.108	1.123	1.132	1.141
0.5							1.024	1.044	1.073	1.088	1.105	1.120	1.128	1.137
1								1.055	1.078	1.092	1.107	1.121	1.129	1.138
2									1.098	1.111	1.125	1.139	1.147	1.156
3			对		称					1.124	1.138	1.152	1.160	1.169
5											1.152	1.166	1.174	1.183
10												1.180	1.188	1.198
20													1.197	1.206
∞														1.216

从图 2.11 我们还注意到，如果两端转动约束的刚度差别很大，在轴力超过有侧移失稳的临界荷载较多时，刚度与荷载呈现非线性的关系。这个非线性与前面对悬臂柱(代表两端转动约束差别最大的一种情况)和两端固定柱(代表两端约束相同的情况)的分析是一致的。

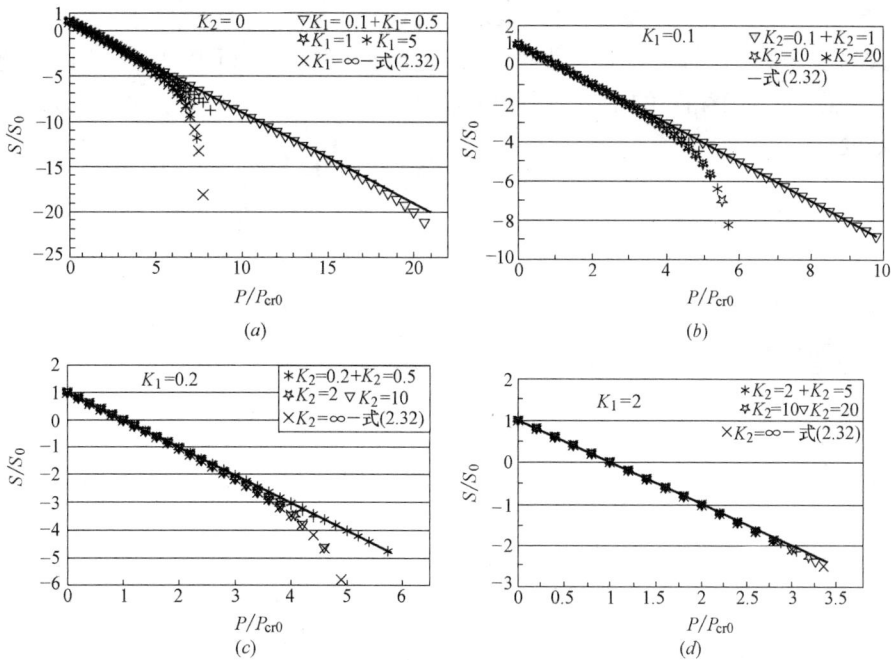

图 2.11 框架柱抗侧刚度随轴压力的变化

上述这种推导 α 系数的方法实为一种事后诸葛亮的方法，并且 α 的物理意义也未进行解释。基于最小势能原理，Rubin H. (1973) 及 Massonet C. E. (1978) 揭示了 α 的物理意义：如图 2.12 所示，框架柱在水平荷载与竖向荷载共同作用下，顶端的竖向位移 w 与框架柱作为抗弯刚度无穷大的刚性杆，只发生刚体转动，而没有自身的弯曲变形时，顶端的竖向位移 w_r 之比，$\alpha = \dfrac{w}{w_r}$。

设框架柱两端转角 θ_A，θ_B，两端相对侧移 Δ，则框架柱的挠曲线可以表示为

$$v = n_{32}\theta_A l + n_{33}\Delta + n_{34}\theta_B l$$

式中 $n_{32} = \xi - 2\xi^2 + \xi^3$，$n_{33} = 3\xi^2 - 2\xi^3$，$n_{34} = -\xi^2 + \xi^3$，$\xi = z/l$；

$$v' = \frac{1}{l}(n'_{32}\theta_A l + n'_{33}\Delta + n'_{34}\theta_B l)$$

$$n'_{32} = 1 - 4\xi + 3\xi^2，\quad n'_{33} = 6\xi - 6\xi^2，\quad n'_{34} = -2\xi + 3\xi^2$$

$$w = \frac{1}{2}\int_0^1 v'^2 \, \mathrm{d}z = \frac{1}{2l}\left[\frac{2}{15}(\theta_A^2 + \theta_B^2)l^2 + \frac{5}{6}\Delta^2 - \frac{1}{15}\theta_A\theta_B l^2 - \frac{1}{5}\Delta(\theta_A + \theta_B)l\right]$$

将45页的 θ_A、θ_B 代入得到：

$$= \frac{\Delta^2}{2l}\left(1 + \frac{1}{5} \cdot \frac{(1+3K_1)(1+3K_2)K_1K_2 + 4(K_2-K_1)^2}{[1+2(K_1+K_2)+3K_1K_2]^2}\right)$$

刚体侧移时柱顶的竖向位移是

$$w_r = \left(1 - \cos\frac{\Delta}{l}\right)l = \left[1 - \left(1 - \frac{1}{2}\frac{\Delta^2}{l^2}\right)\right]l = \frac{1}{2}\frac{\Delta^2}{l}$$

因此

$$\alpha = 1 + \frac{(1+3K_1)(1+3K_2)K_1K_2 + 4(K_2-K_1)^2}{5[1+2(K_1+K_2)+3K_1K_2]^2}$$

上式的推导未考虑轴压力对挠曲线形状的影响，精确的分析表明，轴力的影响主要是增大了 Δ，而 α 是一个相对的量，轴力的影响很小 (Hellesland J. , 2008)。考虑轴力影响后，系数变为

$$\alpha = 1 + \left(\frac{12}{\pi^2} - 1\right)\frac{(1+3K_1)(1+3K_2)K_1K_2 + 4(K_2-K_1)^2}{[1+2(K_1+K_2)+3K_1K_2]^2} \tag{2.38}$$

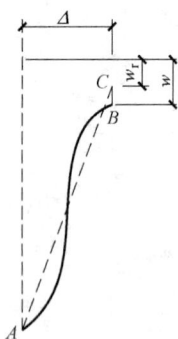

图 2.12 柱顶的竖向位移图　　图 2.13 链杆模型　　图 2.14 无轴力柱抗折刚度计算简图　　图 2.15 最大屈曲位移位置计算

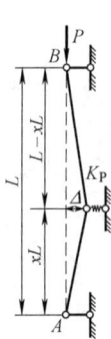

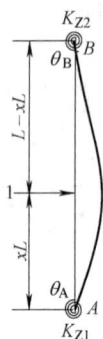

借此可以正面地推导得到有侧移失稳的计算长度系数：

$$\mu = \frac{\pi}{\sqrt{6}} \sqrt{\frac{[1+2(K_1+K_2)+3K_1K_2]^2+0.216(1+3K_1)(1+3K_2)K_1K_2+4(K_2-K_1)^2}{(K_1+K_2+6K_1K_2)[1+2(K_1+K_2)+3K_1K_2]}}$$

(2.39)

上式求出的计算长度系数精度高于(2.36)，误差仅为 $-0.25\%\sim+0.5\%$。

2.9 压杆的无侧移屈曲：轴力的等效弯折负刚度

对于无侧移失稳的压杆，表现为压杆发生弯折（弯曲），压杆中部的位移最大。可以提出轴压力等效折弯负刚度的概念，即轴力同样对压杆提供了一个折弯负刚度，抵消了压杆的物理抗弯刚度，使压杆失稳时的折弯负刚度为零。利用轴力等效抗折负刚度的概念可以构建简单的压杆二阶弯折刚度的计算公式，建立简单的无侧移屈曲准则，求得压杆无侧移失稳的临界荷载。

弯折刚度定义为：两端不能产生相对侧移的压杆屈曲时，跨间位移最大处对应的刚度，被定义为压杆的抗折刚度。

2.9.1 压力的弯折负刚度

下面通过简单模型来研究无侧移失稳压杆中轴力的等效抗折负刚度，荷载的负刚度是通过如下的方式来定义的：图 2.13 所示的两链杆机构，作用轴向力，链杆机构没有正的物理刚度，因此这个结构将马上失去稳定性。现在，我们在中间铰处，设置一个水平弹簧，这个水平弹簧的刚度需要多少大，才能使这个链杆保持稳定？

根据变形平衡条件得：

$$P\Delta - K_P \Delta \frac{xL}{L}(L-xL) = 0$$

式中 K_P 为弹簧刚度。从上式得：

$$K_P = \frac{P}{x(1-x)L}$$

(2.40)

需要设置的弹簧具有正刚度，因为这个正的刚度是完全用于抵消压力的负刚度的，这说明，压力的等效负刚度就等于这个正刚度，因此在数量上，压力的抗折负刚度就等于(2.40)式表示的大小，因此借助上述模型，我们用正刚度的形式测出了压力负弯折刚度的大小，这种测定压力等效负刚度的方法，仿佛是在测定一个不规则容器的体积：采用有刻度指示的规则量杯给容器注水，记下每次的注水量，到注满为止，即可测出这个未知容积的容器的体积。这里我们采用了线性弹簧的刚度测出了压力的负刚度。这里 K_P 即为刚性二链杆体系中的轴力等效抗折负刚度。

对于两端铰支压杆，当轴力未达到临界值时，它的抗折刚度可以表示为：

$$K' = \frac{48EI}{L^3} \frac{u^3}{3(\tan u - u)} \approx \frac{48EI}{L^3}\left(1-\frac{P}{P_E}\right)$$

式中 $P_E = \frac{\pi^2 EI}{L^2}$，$u = kL = L\sqrt{\frac{P}{EI}}$。上式的后半部分的简化式在 $\frac{P}{P_E} \leqslant 1$ 范围内几乎是精确

的，在 $\dfrac{P}{P_{\mathrm{E}}}=1$ 时 $K'=0$，与精确值一致。

根据上述刚性体系模型分析及上面的近似式，在轴力小于无侧移失稳临界荷载值时，我们可以假设压杆上作用的轴压力的等效弯折负刚度为：

$$K_{\mathrm{P}}=-\dfrac{\alpha}{x(1-x)}\dfrac{P}{L} \tag{2.41}$$

式中 α 是考虑压杆屈曲变形是曲线所需要考虑的一个系数，两端铰支压杆的临界条件是总的抗折刚度为零($x=0.5$)，即：

$$K_0+K_{\mathrm{P}}=\dfrac{48EI}{L^3}-\alpha\dfrac{4P}{L}=0$$

将 $P=P_{\mathrm{E}}$ 代入上式得到 $\alpha=\dfrac{12}{\pi^2}=1.216$。

两端固定的轴压杆，精确的压杆抗折刚度为：

$$K'=\dfrac{192EI}{L^3}\dfrac{u^3}{24(\mathrm{csc}u-\cot u-0.5u)}\approx\dfrac{192EI}{L^3}\left(1-\dfrac{P}{P_{\mathrm{E}}}\right)$$

式中 $P_{\mathrm{E}}=\dfrac{4\pi^2EI}{L^2}$。可以进行同样的推理，得到相同的等效抗折负刚度计算式，而且 α 也为 1.216。

2.9.2　无轴压力作用时，两端转动约束柱子的抗折刚度

计算简图如图 2.14 所示，图中 xL 为弯曲波形位移最大处的位置。单位荷载作用下无轴力杆的两端的弯矩平衡方程如下：

$$M_{\mathrm{AB}}=4i\theta_{\mathrm{A}}+2i\theta_{\mathrm{B}}-x(1-x)^2L=-K_{z1}\theta_{\mathrm{A}}$$
$$M_{\mathrm{BA}}=4i\theta_{\mathrm{B}}+2i\theta_{\mathrm{A}}+x^2(1-x)L=-K_{z2}\theta_{\mathrm{B}}$$

其中 $i=\dfrac{EI}{L}$。由上面两式可得：

$$\theta_{\mathrm{A}}=\dfrac{\left[2i(2-x)+(1-x)K_{z2}\right]x(1-x)L}{12i^2+4i(K_{z1}+K_{z2})+K_{z1}K_{z2}}$$

$$\theta_{\mathrm{B}}=-\dfrac{\left[2i(1+x)+xK_{z1}\right]x(1-x)L}{12i^2+4i(K_{z1}+K_{z2})+K_{z1}K_{z2}}$$

由抗弯折刚度的定义，采用图乘法计算荷载作用点处的位移：

$$\Delta=\dfrac{x(1-x)L^3}{EI}\left[\dfrac{(1-x)x}{3}-\dfrac{2-x}{6L}K_{z1}\theta_{\mathrm{A}}+\dfrac{1+x}{6L}K_{z2}\theta_{\mathrm{B}}\right]$$

将 θ_{A}、θ_{B} 表达式代入上式，可得：

$$\Delta=\dfrac{(1-x)^2x^2L^3}{3EI}\cdot\dfrac{12i^2+x(4-x)iK_{z1}+(1-x)(3+x)iK_{z2}+x(1-x)K_{z2}K_{z1}}{12i^2+4i(K_{z1}+K_{z2})+K_{z1}K_{z2}}$$

由抗折刚度定义：

$$K_0=\dfrac{1}{\Delta}=\dfrac{\beta EI}{L^3} \tag{2.42a}$$

记 $K_1=K_{z1}/2i$，$K_2=K_{z2}/2i$，则

$$\beta=\dfrac{6\left[3+2(K_1+K_2)+K_1K_2\right]}{(1-x)^2x^2\left[6+x(4-x)K_1+(1-x)(3+x)K_2+2x(1-x)K_1K_2\right]} \tag{2.42b}$$

只要把最大弯曲位移的位置 x 以及 K_1，K_2 值代入式（2.42a），式（2.42b）就可以得出无轴力压杆的抗折刚度。经过拟合发现，使位移最大的 x 值可以采用下式非常精确地计算：

$$x = \frac{0.169K_1K_2 + 0.586K_1 + 0.414K_2 + 1.3}{0.338K_1K_2 + K_1 + K_2 + 2.6} \qquad (2.43)$$

2.9.3　轴压力作用下，两端转动约束柱子的抗折刚度

下面求屈曲位移最大处的位置，计算简图如图 2.15。平衡微分方程及其通解是：

$$EIy^{(4)} + Py'' = 0$$

$$y = C_1\sin kz + C_2\cos kz + C_3 z + C_4$$

边界条件：$y(0) = 0$，$-EIy''(0) = -K_{z1}y'(0)$，$y(L) = 0$，$-EIy''(L) = K_{z2}y'(L)$

由以上四个边界条件可得临界方程，并且给定其中一个系数，可得其余三个系数，从而得到屈曲波形，令 $y' = 0$，可以得到求屈曲波形位移最大位置的方程为：

$$\cos ux + \frac{u\sin u - 2K_2\cos u + 2K_2}{u\cos u + 2K_2\sin u + K_2 u/K_1}\left(\sin ux - \frac{1-\cos u}{u}\right) - \frac{\sin u}{u} = 0$$

式中 $u = kL = L\sqrt{\dfrac{P}{EI}} = \dfrac{\pi}{\mu}$，$x = \dfrac{z}{L}$，$\mu$ 为计算长度系数。根据 K_1、K_2 得到 μ，代入上式后可得不同 K_1、K_2 求得屈曲波形的最大位置，如表 2.3 所示。这个位置与线性分析的最大位移位置基本接近。例如在一端简支一端固定这个最极端的情况，线性分析的最大位移出现在距离简支端 $0.414L$ 处，屈曲波形的最大位移出现在距离简支端 $0.398L$ 处。这说明，类似于（2.41）式的压力抗折负刚度公式，可以近似用于屈曲分析，只要将 x 的取值按照表 2.3 取定代入式（2.41）就可以得出轴力作用下压杆的抗折刚度。表 2.3 中的值可以用下式很精确的表示出来。

$$x = \frac{0.169K_1K_2 + 0.602K_1 + 0.398K_2 + 1.05}{0.338K_1K_2 + K_1 + K_2 + 2.1} \qquad (2.44)$$

屈曲波形最大位移处的位置 $x = z/L$　　　　　　　　　　　　　　　　　表 2.3

K_2＼K_1	0	0.05	0.1	0.2	0.3	0.4	0.5	1	2	3	4	5	10	∞
0	0.500	0.502	0.504	0.507	0.510	0.513	0.516	0.529	0.546	0.557	0.565	0.571	0.584	0.602
0.05	0.498	0.500	0.502	0.505	0.508	0.512	0.514	0.527	0.544	0.556	0.564	0.569	0.583	0.600
0.1	0.496	0.498	0.500	0.503	0.507	0.510	0.513	0.525	0.543	0.554	0.562	0.568	0.581	0.599
0.2	0.493	0.495	0.497	0.500	0.503	0.506	0.510	0.522	0.540	0.551	0.559	0.565	0.578	0.597
0.3	0.490	0.492	0.493	0.497	0.500	0.504	0.506	0.519	0.537	0.548	0.556	0.562	0.576	0.594
0.4	0.487	0.488	0.490	0.494	0.496	0.500	0.503	0.516	0.534	0.545	0.553	0.559	0.573	0.592
0.5	0.484	0.486	0.487	0.490	0.494	0.497	0.500	0.513	0.531	0.543	0.551	0.557	0.571	0.590
1	0.471	0.473	0.475	0.478	0.481	0.484	0.487	0.500	0.518	0.530	0.539	0.546	0.559	0.580
2	0.454	0.456	0.457	0.460	0.463	0.466	0.469	0.482	0.500	0.510	0.521	0.527	0.543	0.564
3	0.443	0.444	0.446	0.449	0.452	0.455	0.457	0.470	0.490	0.500	0.510	0.511	0.532	0.553
4	0.435	0.436	0.438	0.441	0.444	0.447	0.449	0.461	0.479	0.490	0.500	0.509	0.523	0.544
5	0.430	0.431	0.432	0.435	0.438	0.441	0.443	0.454	0.473	0.489	0.491	0.500	0.515	0.538
10	0.416	0.417	0.419	0.422	0.424	0.427	0.429	0.441	0.457	0.468	0.477	0.485	0.500	0.522
∞	0.398	0.400	0.401	0.403	0.406	0.408	0.410	0.420	0.436	0.447	0.456	0.462	0.478	0.500

　　轴压力的等效抗折负刚度利用带轴力的转角位移方程进行求解，计算简图如图 2.16 所示，图中 xL 为屈曲波形最大处的位置。单位荷载作用下带轴力的杆件转角位移方程如下：

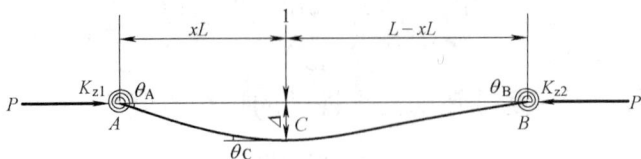

图 2.16　压杆抗折刚度计算简图

由图 2.16 可列出如下三个点的弯矩平衡方程：

$$M_{AC}=s_1 i_1 \theta_A+c_1 i_1 \theta_C-\frac{(s_1+c_1)i_1}{xL}\Delta=-K_{z1}\theta_A$$

$$M_{BC}=s_2 i_2 \theta_B+c_2 i_2 \theta_C+\frac{(s_2+c_2)i_2}{(1-x)L}\Delta=-K_{z2}\theta_B$$

$$M_{CA}+M_{CB}=c_1 i_1 \theta_A+(s_1 i_1+s_2 i_2)\theta_C+c_2 i_2 \theta_B-\frac{(s_1+c_1)i_1}{xL}\Delta+\frac{(s_2+c_2)i_2}{(1-x)L}\Delta=0$$

式中 $i_1=\dfrac{EI}{xL}$，$u_1=xL\sqrt{\dfrac{P}{EI}}$，$i_2=\dfrac{EI}{(1-x)L}$，$u_2=(1-x)L\sqrt{\dfrac{P}{EI}}$，$s_i=\dfrac{u_i}{\tan u_i}\cdot\dfrac{\tan u_i-u_i}{2\tan 0.5u_i-u_i}$，

$c_i=\dfrac{u_i}{\sin u_i}\cdot\dfrac{u_i-\sin u_i}{2\tan 0.5u_i-u_i}$，$i=1,2$

荷载作用点剪力平衡，得：

$$Q_1-Q_2=1$$

$$Q_1=-(s_1+c_1)(\theta_A+\theta_C)\frac{i_1}{xL}+[2(s_1+c_1)-u_1^2]\frac{i_1}{(xL)^2}\Delta$$

$$Q_2=-(s_2+c_2)(\theta_B+\theta_C)\frac{i_2}{L-xL}-[2(s_2+c_2)-u_2^2]\frac{i_2}{(L-xL)^2}\Delta$$

注意 $\dfrac{K_{z1}}{2i_1}=K_1 x$，$\dfrac{K_{z2}}{2i_2}=K_2(1-x)$。由以上各式可以得到带轴压力杆件的抗弯折刚度公式：

$$K=\frac{1}{\Delta}=\frac{EI}{l^3}\left(m-\frac{nd}{f}\right) \tag{2.45}$$

式中

$$d=\frac{c_1(s_1+c_1)}{x^2(s_1+2K_1 x)}-\frac{c_2(s_2+c_2)}{(1-x)^2[s_2+2(1-x)K_2]}-\frac{(s_1+c_1)}{x^2}+\frac{(s_2+c_2)}{(1-x)^2}$$

$$f=\frac{s_1}{x}+\frac{s_2}{1-x}-\frac{c_1^2}{(s_1+2K_1 x)x}-\frac{c_2^2}{[s_2+2(1-x)K_2](1-x)}$$

$$m=\frac{2(s_2+c_2)-u_2^2}{(1-x)^3}+\frac{2(s_1+c_1)-u_1^2}{x^3}-\frac{(s_1+c_1)^2}{x^3(s_1+2K_1 x)}-\frac{(s_2+c_2)^2}{(1-x)^3[s_2+2(1-x)K_2]}^n$$

$$=\frac{s_2+c_2}{(1-x)^2}\cdot\frac{s_2-c_2+2(1-x)K_2}{s_2+2(1-x)K_2}-\frac{s_1+c_1}{x^2}\cdot\frac{(s_1-c_1)+2K_1 x}{s_1+2K_1 x}$$

由上面求得的即为带轴力框架柱的抗折刚度，同样只要把最大屈曲位移的位置 x，轴力 P 以及 K_1、K_2 值代入式(2.45)就可以得出框架柱的抗折刚度。式(2.45)为荷载 P 的非线性函数，公式复杂，不便于应用，但是我们可以确定出荷载变化时框架柱抗折刚度的近似表达式。对不同的 K_1、K_2，分别计算出轴力从零开始变化时的 K/K_0 值。大量的计算表明，框架柱的抗折刚度与其所承受荷载之间存在一定的近似关系，图 2.17 列举了一些变化情况。其中 P_{cr0} 是框架柱无侧移失稳的临界荷载。从图 2.17 中可以看出，不同情况下的 $K/K_0 \sim P/P_{cr0}$ 数值点在 $P/P_{cr0} \leqslant 1$ 时几乎与一直线重合，该直线方程为：

$$\frac{K}{K_0} = 1 - \frac{P}{P_{cr0}} \tag{2.46}$$

从分析结果还可以了解到，当 $P/P_{cr0} \leqslant 1$ 时，在不同的 K_{z1}、K_{z2} 条件下，(2.46) 式解与计算值之间的相对误差很小在 1% 以内，且(2.46)式所得的 K/K_0 值略为偏小。

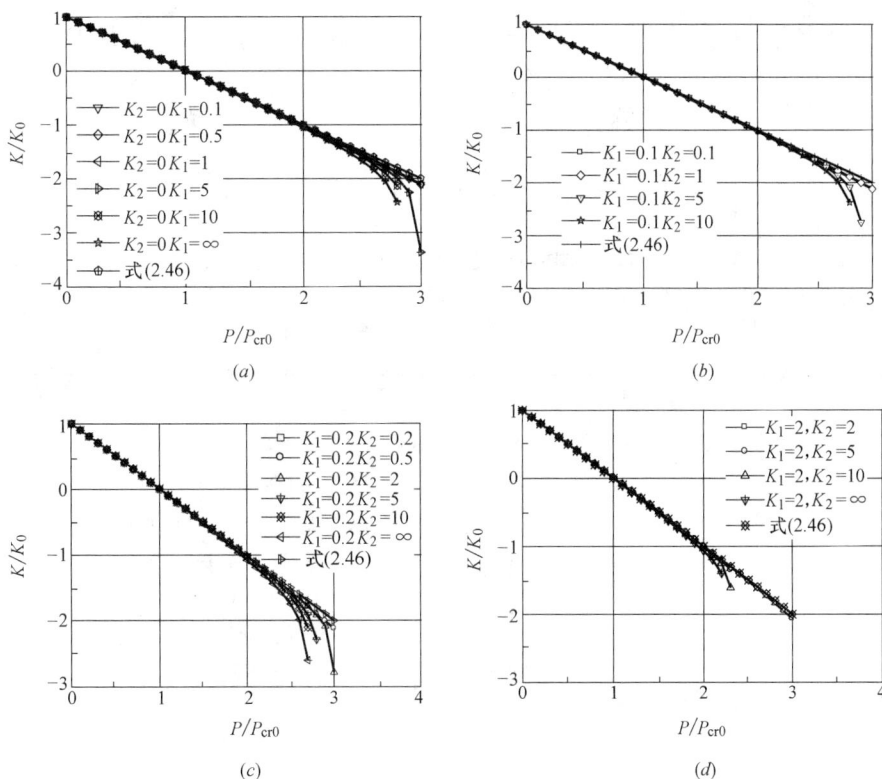

图 2.17 框架柱抗折刚度随轴压力的变化

从图 2.17 我们还可以发现，如果两端转动约束的刚度差别较大，在轴力超过无侧移失稳临界荷载一定值后，刚度与荷载呈现非线性的关系。

将 $K_0 = \dfrac{\beta EI}{L^3}$ 代入上式，并利用 $P_{cr0} = \dfrac{\pi^2 EI}{(\mu L)^2}$，可以得到：

$$K = K_0 - \beta \frac{\mu^2}{\pi^2} \frac{P}{L} = K_0 - \frac{\alpha P}{x(1-x)L} \tag{2.47}$$

其中 α 为竖向荷载与柱局部变形产生的二阶效应对抗折刚度的影响系数：

$$\alpha = \beta(1-x)x\left(\frac{\mu}{\pi}\right)^2 \tag{2.48}$$

表 2.4 给出了 α 值，它在 1.136~1.216 之间变化，中间值是 1.176。取中间值来近似，误差仅为 $\pm 3.44\%$。

考虑到 $x = 0.398 \sim 0.5$，$x(1-x) = 0.24 \sim 0.25$，因此 $x(1-x)$ 可以近似地取为 0.245，并且 $(2.42b)$ 式中包含的 $x(1-x)$ 因子可以分别取为 0.245 和 0.25，以及为了简化起见取 $x = 0.5$，可以得到

$$K_0 = \frac{\beta EI}{L^3}, \beta = \frac{48[6+4(K_1+K_2)+2K_1K_2]}{[6+1.745(K_1+K_2)+0.5K_1K_2]} \tag{2.49}$$

而轴压力的抗折负刚度就可以简单地表示为

$$K_P = -\alpha \frac{P}{(1-x)xL} \approx -\frac{1.176P}{0.245L} = -\frac{4.8P}{L} \tag{2.50}$$

由正负刚度相加等于 0，$K_0 + K_P = 0$，这一屈曲准则，得到临界荷载 $P_{cr} = \frac{\beta EI}{4.8L^2} = \frac{\pi^2 EI}{(\mu L)^2}$，由此得到计算长度系数为

$$\mu = \pi\sqrt{\frac{4.8}{\beta}} = \frac{1}{2}\sqrt{\frac{K_1K_2+3.49(K_1+K_2)+12}{K_1K_2+2(K_1+K_2)+3}} \tag{2.51}$$

压杆无侧移屈曲的二阶效应影响系数 α　　　　　　　　　　表 2.4

K_2 \ K_1	0	0.05	0.1	0.2	0.3	0.5	1	2	3	5	10	∞
0	1.216	1.214	1.213	1.209	1.207	1.200	1.192	1.183	1.180	1.181	1.188	1.213
0.05		1.213	1.209	1.208	1.205	1.199	1.189	1.182	1.177	1.179	1.186	1.211
0.1			1.208	1.205	1.202	1.197	1.188	1.179	1.176	1.176	1.185	1.209
0.2				1.202	1.200	1.193	1.183	1.176	1.174	1.172	1.183	1.206
0.3					1.196	1.191	1.181	1.173	1.169	1.172	1.177	1.203
0.5						1.185	1.175	1.168	1.164	1.164	1.173	1.198
1							1.165	1.157	1.154	1.152	1.163	1.188
2								1.144	1.143	1.142	1.149	1.177
3									1.138	1.139	1.144	1.172
5										1.136	1.143	1.172
10											1.152	1.181
∞												1.216

我们惊奇地发现，上述推导出来的公式的精度，与目前教科书上的公式完全相同：

$$\mu = \frac{0.64K_1K_2+1.4(K_1+K_2)+3}{1.28K_1K_2+2(K_1+K_2)+3} \tag{2.52}$$

但是精度最好的公式还是下式：

$$\mu = \sqrt{\frac{(1+0.411K_1)(1+0.411K_2)}{(1+0.822K_1)(1+0.822K_2)}} \tag{2.53}$$

（2.51）、（2.52）式的误差是$-2.7\%\sim3.4\%$，而（2.53）式的误差是$0\sim1.7\%$。

2.10 弹性地基上压杆的屈曲

研究如图 2.18 所示的弹性地基上的压杆的屈曲，可以建立其屈曲平衡微分方程是

$$V=-M'$$
$$\mathrm{d}V-P\mathrm{d}y'-F\mathrm{d}z=0$$
$$V'-Py''-ky=0$$
$$EIy^{(4)}+Py''+ky=0 \tag{2.54}$$

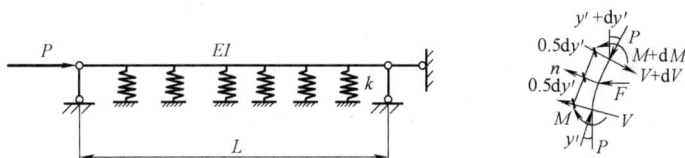

图 2.18 弹性地基上的压杆

特征方程是：

$$EIr^4+Pr^2+k=0$$

记

$$\alpha^2=\frac{P}{EI},\beta^4=\frac{k}{EI}$$

$$r^4+\alpha^2r^2+4\beta^4=0$$

首先考察 $P^2>4EIk$ 的情况，即 $\alpha^4-4\beta^4\geqslant0$，$\alpha^2-2\beta^2\geqslant0$。此时特征方程的根是

$$r_1^2=\frac{1}{2}(-\alpha^2+\sqrt{\alpha^2-4\beta^4}),r_2^2=\frac{1}{2}(-\alpha^2-\sqrt{\alpha^4-4\beta^4})$$

两个都是负数，记

$$r_{1,2}=\varphi i,r_{3,4}=\phi i$$

$$\varphi=\frac{1}{\sqrt{2}}(\alpha^2-\sqrt{\alpha^4-4\beta^4})^{0.5},\phi=\frac{1}{\sqrt{2}}(\alpha^2+\sqrt{\alpha^4-4\beta^4})^{0.5}$$

$$y=C_1\sin\varphi z+C_2\cos\varphi z+C_3\sin\phi z+C_4\cos\phi z$$

两端简支条件是 $y(0)=0,y''(0)=0,y(L)=0,y''(L)=0$
前两个条件写出来是

$$C_2+C_4=0$$
$$C_2\varphi^2+C_4\phi^2=0$$

因此可得

$$(\varphi^2-\phi^2)C_2=0$$

上式要求 $C_2=-C_4=0$，或者 $\varphi^2-\phi^2=0$。要使后者成立，必须 $\alpha^2=2\beta^2$，因此

$$P=2\sqrt{EIk}$$

那么这个解是不是就是我们所需要的解？要回答这个问题，必须考察屈曲波形。此时 $\varphi=\phi=\alpha/\sqrt{2}=\beta$，屈曲波形是

$$y = C_1 \sin\varphi z + C_2 \cos\varphi z + C_3 \sin\varphi z + C_4 \cos\varphi z = C\sin\beta z$$

另一端的边界条件要求 $\sin\beta L = 0$，即 $\beta L = n\pi$，

$$\beta^4 L^4 = \frac{kL^4}{EI} = n^4\pi^4 \tag{2.55}$$

压杆和弹性地基刚度的之间不会刚好满足这个关系，因此这个解是无效解，因此

$$C_2 = 0，C_4 = 0。$$

这样，另一端的边界条件要求

$$C_1 \sin\varphi L + C_3 \sin\phi L = 0$$

$$C_1 \varphi^2 \sin\varphi L + C_3 \phi^2 \sin\phi L = 0$$

即 $C_1 (\varphi^2 - \phi^2) \sin\varphi L = 0$，这个式子要求 $\sin\varphi L = 0$，$\varphi L = n\pi$，

$$\frac{1}{\sqrt{2}}(\alpha^2 - \sqrt{\alpha^4 - 4\beta^4})^{0.5} L = n\pi$$

一步步展开可以得到临界荷载是

$$P_{cr} = k\frac{L^2}{n^2\pi^2} + \frac{n^2\pi^2}{L^2}EI \tag{2.56}$$

给定 $n = 1，2，3，4$ 等，得到一系列临界荷载，其中的最小值就是所求的临界荷载。

上面这个公式，给出的临界荷载与屈曲半波数的关系，使得 P_{cr} 在特定的半波数下有最小值，上式对半波数求得，令 $\dfrac{\mathrm{d}P_{cr}}{\mathrm{d}n^2} = 0$，可得

$$n^2 = \frac{L^2}{\pi^2}\sqrt{\frac{k}{EI}} \tag{2.57}$$

$$P_{cr,min} = 2\sqrt{kEI} \tag{2.58}$$

这个解与上面的第一个解一致，因此在满足（2.55）式的条件下，第一个解是成立的，在不满足（2.55）式时，有用的解是（2.56）式。

从上面的分析看，如果 $P^2 < 4EIk$，对于屈曲的问题，是不需要考虑的。但是如果压杆上作用有横向荷载，进行二阶分析，则必须研究这种情况。此时特征根是

$$r_1^2 = \frac{1}{2}(-\alpha^2 + i\sqrt{4\beta^4 - \alpha^4})，r_2^2 = \frac{1}{2}(-\alpha^2 - i\sqrt{4\beta^4 - \alpha^4})$$

$$r_{1,2,3,4} = \pm\phi \pm \varphi i$$

$$\varphi = \frac{1}{2}\sqrt{2\beta^2 + \alpha^2}，\phi = \frac{1}{2}\sqrt{2\beta^2 - \alpha^2}$$

通解是

$$y = C_1 \sinh\phi z\sin\varphi z + C_2 \cosh\phi z\sin\varphi z + C_3 \sinh\phi z\cos\varphi z + C_4 \cosh\phi z\cos\varphi z。$$

2.11　人行桥矮桁架上弦压杆的稳定性

图 2.19 是一个人行桥桁架，这种桁架免去了栏杆，降低了桥的总高度，因而在欧美国家广泛应用，但是这种桁架上弦的平面外稳定比较弱，杭州市庆春路与中河中路十字路口的人行天桥就在建造的预拼装过程发现桁架上弦稳定性不够而进行了及时的加强，虽耽

误了工期却保证了安全。2012 年又建造了延安路与庆春路十字路口的人行天桥，结构类似。

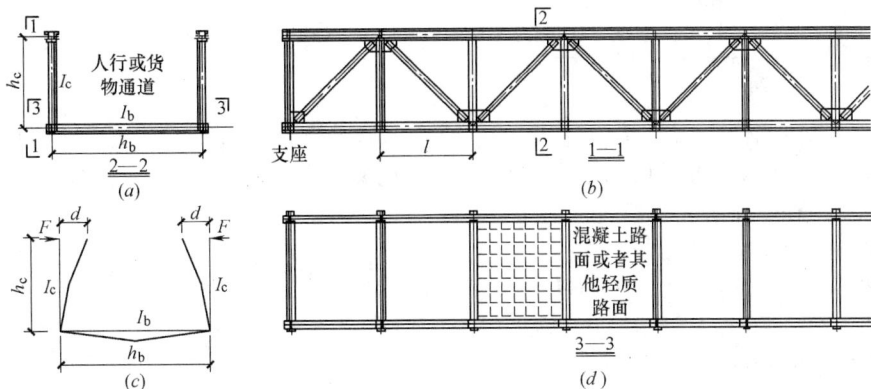

图 2.19　人行桥矮桁架上弦的稳定

这种桁架上弦在水平平面内的稳定性，可以简化为弹性地基上的压杆。弹性系数的确定如下：

如图 2.19(d)，竖杆高度 h_c，惯性矩是 I_c，路面水平杆长度是 h_b，截面惯性矩是 I_b。竖杆和水平杆刚性连接。在桁架上弦作用一对单位水平力 $F=1$，求出上弦的水平位移是

$$2d = \frac{1}{EI_c} \frac{1}{2} \times h_c \times h_c \times \frac{2}{3} h_c \times 2 + \frac{1}{EI_b} h_c h_b h_c = \frac{2h_c^3}{3EI_c} + \frac{h_b h_c^2}{EI_b}$$

$$d = \frac{h_c^3}{3EI_c} + \frac{h_b h_c^2}{2EI_b}$$

这样两个竖杆和一个水平梁组成的半框架对上弦平面外的弹性地基系数，平均到单位长度上，得到

$$k = \frac{1}{dl} = \frac{6i_b i_c h_c^2}{(3i_c + 2i_b)l} \tag{2.59}$$

式中 $i_b = EI_b/h_b$，$i_c = EI_c/h_c$，l 是桁架节间长度。

上弦截面在水平平面弯曲的惯性矩是 I，则临界荷载为

$$P_{cr,min} = 2\sqrt{\frac{6i_b i_c h_c^2 EI}{(3i_c + 2i_b)l}}$$

令 $P_{cr,min} = \dfrac{\pi^2 EA}{\lambda^2}$，$A$ 是上弦杆截面面积，则可以求得换算长细比 λ，然后查稳定系数表得到稳定系数。

上弦杆的设计还要注意，因为竖杆和水平杆的框架作用，上弦杆有平面外的弯矩，上弦杆兼作栏杆，还要考虑人的水平推力。

习　　题

2.1　试画出如图 P2.1 所示下端固定、上端可移动但不能转动的轴心受压构件的计算简图，建立它的二阶微分方程，并确定其屈曲荷载，用通式表示时需给出计算长度系数。

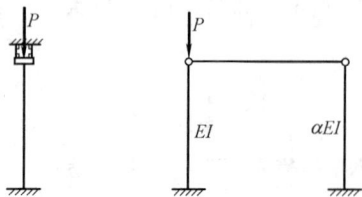

图 P2.1　　　　　　图 P2.2

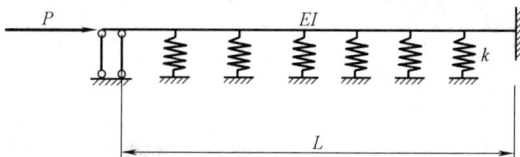

图 P2.3

2.2　图示 P2.2 为上端与横梁铰接而下端与基础固定的刚架，左右两柱的抗弯刚度分别为 EI 和 αEI，只在左柱的柱顶作用有轴心压力 P，横梁的刚度无限大。试画出左柱的计算简图，并计算左柱的屈曲荷载，需给出以下结果：

① P_{cr} 与 α 之间的关系式。

② 当 $\alpha=0$ 和 ∞ 时分别说明 P_{cr} 与哪种柱的屈曲荷载相当。

③ 当 $\alpha=1.0$，计算 P_{cr} 之值。

④ 如右柱的下端铰接，对 P_{cr} 有何影响。

2.3　请推导（2.31）式和（2.32）式，并设定参数的值，对两者进行比较。在一端固定一端自由的情况下，用简单的式子（例如多项式或有理分子式，也可以采用三角级数展开后截断的式子）拟合抗侧刚度与轴力的关系。

2.4　利用计算机对压杆和拉杆的各个刚度系数进行计算，考察构件刚度随压力和拉力的变化。

2.5　图 P2.3 为弹性基础上的两端固接的轴心受压构件，弹性基础的反力常数为 k。利用静力平衡法建立构件屈曲时的平衡微分方程，并进行求解。

2.6　试推导图 P2.4 所示下端固定、上端自由的阶形柱的屈曲方程，并在给定几何和刚度参数以及上下柱轴力比的情况下，确定下柱的计算长度系数表格，精确到小数点后面 4 位数。

2.7　推导（2.30）式。

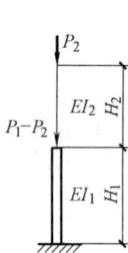 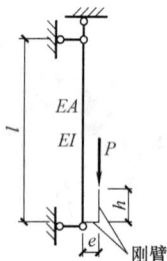 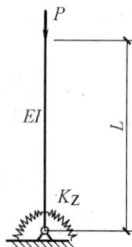 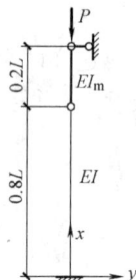

图 P2.4　　　　图 P2.5　　　　　图 P2.6　　　　图 P2.7

2.8　对拉杆推导（2.42a，b）式。

2.9　推导两端转动约束的压杆的抗侧刚度的精确表达式，并验证，这个抗侧刚度可以用下式很精确地近似：

$$S=\beta\frac{EI}{h^{3}}\left[1-\frac{u^{2}}{\pi^{2}}\mu_{sw}^{2}\right]\cdot\frac{\pi^{2}/u^{2}-\beta\mu_{ns}^{2}}{\pi^{2}/u^{2}-\mu_{ns}^{2}},\ \beta'=\frac{1}{\mu_{sw}}\sqrt{0.2+\frac{8.9}{\beta}+\frac{0.4}{\beta^{2}}}$$

式中 μ_{sw}，μ_{ns} 分别是这个柱子发生有侧移屈曲、无侧移屈曲的计算长度系数。$u=h\sqrt{P/EI}$。β 由（2.31）式给出。

2.10　对理想弹性直压杆进行干扰获得的方程及其结果和对有初弯曲弹性压杆进行干扰获得的方程及其结果有什么异同，如果结果相同，其背后隐藏的物理意义是否一样？

2.11 考察一下图 P2.5 的拉杆—刚臂体系，在竖向刚臂上承受竖向压力，竖向刚臂与弹性拉杆的轴线平行，间距为 e，拉杆长度 l，竖向刚臂高度 h，试判断 $e=0$ 时这个体系会不会发生屈曲？

2.12 研究图 P2.6 所示底端弹性转动约束弹性压杆的稳定性。

2.13 图 P2.7 所示压杆，总高度为 L，离开下部固定支座 $0.8L$ 处在柱子上布置了一个铰，求下段柱子的计算长度系数，两段柱截面的抗弯刚度分别是 EI 和 EI_m。

参 考 文 献

[1] 陈绍蕃. 钢结构. 北京：建筑工业出版社，1989.

[2] 饶芝英，童根树. 钢结构稳定性的新诠释. 建筑结构；2002；5：12-14.

[3] Oran C.，Tangent Stiffness in Plane Frames，Journal of the Structural Division，ASCE，Vol. 99，No. ST6，June，1973.

[4] Tong G. S.，Chen S. F.，An interactive buckling theory for built-up beam-columns and its application to centrally compressed built-up members. Journal of Constructional Steel Research. Vol. 14，No. 3，1989.

[5] Tong G. S.，Chen S. F.，Design Forces of Horizontal Inter-column Braces. Journal of Constructional Steel Research，Vol，7 （No. 5），1987.

[6] Rubin，H. Das QΔ-Verfahren zur vereinfachten Berechnung verschieblicher Rah-mensysteme nach dem Traglastverfahren der Theorie II. Ordnung. Der Bauinge-nieur，1973；48 （8）：275-285.

[7] LeMessurier，W. M.. A practical method of second order analysis. Eng. J.，AISC 1977；14 （2）：49-67.

[8] Girgin K，Ozmen G，Orakdogen E. Buckling lengths of irregular frame columns. J. Construct. Eng.，2006；62 （6）：605-613.

[9] 陈骥. 钢结构稳定理论和应用 ［M］. 北京：科学出版社，2001.

[10] Raul Goncalves S. New Stability Equation For Columns in Braced Frames ［J］. Journal of Structural Engineering，1992，118 （7）：1853～1861.

[11] 陈惠发. 钢框架稳定设计. 周绥平译 ［M］. 北京：世界图书出版公司，1999.

[12] 童根树等. 计算长度系数的物理意义及对各种钢框架稳定设计方法的评论，建筑钢结构进展；2004；4：1-8.

[13] 童根树，罗澎. 压杆轴力的等效抗折负刚度. 工程力学；2010，8：66-71.

[14] Thompson J. M. T.，Hunt G. W.，A General Theory of Elastic Stability John Wiley & Sons，London，1973.

第 3 章　截面的弹塑性性质和极限屈服曲面

当压杆的临界应力超过材料的比例极限时，压杆就处于弹塑性失稳的状态。此时必须对弹性稳定理论进行适当的修改以使其适于研究弹塑性失稳。

由于稳定问题是一个刚度问题，首先对钢材在弹塑性阶段的刚度变化进行了解。另外如果构件截面上存在残余应力，残余应力的存在会使压杆提前屈服，从而使构件提前进入弹塑性阶段，因此也必须对构件内残余应力的分布有所了解。

3.1　钢材的弹塑性性质

从钢材的应力－应变关系可以了解钢材的弹塑性性质。我国最常用的钢材为 Q235 和 Q345 两种钢号，图 3.1 是 Q235 的拉伸应力应变曲线。

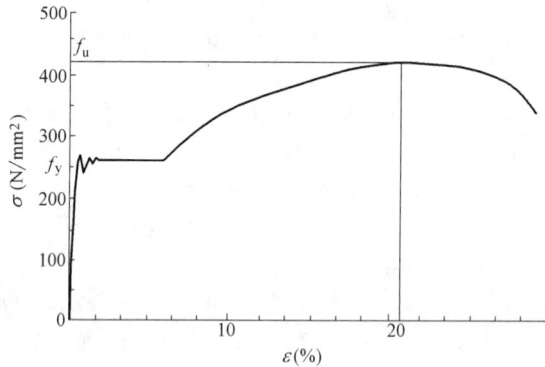

图 3.1　钢材的应力应变曲线

从应力应变曲线可以得到几个重要的指标：

1. 钢材的弹性模量 $E=206kN/mm^2$，它是钢材材料层次的刚度，从第二章已经知道，它对结构的稳定起着重要的作用。保证钢材的质量，不仅要保证它的强度指标，保证弹性模量不低于规定值也是保证结构稳定极限承载力的重要措施。

2. 钢材屈服强度 $f_y=235N/mm^2$ 和 $345N/mm^2$，决定了弹性阶段的范围，同时它是用应力表示的稳定极限承载力的上限。与这个应力对应的应变 $\varepsilon_y=f_y/E$。

3. 钢材具有非常好的延性。应力应变曲线上有一个水平段。由于很多构件在进入极限承载力前材料不会进入强化阶段，这个水平段使得我们在进行理论研究时可以采用材料是理想弹塑性的假设。强化开始的应变记为 ε_{st}，它一般为 ε_y 的 11 倍左右。

4. 强化阶段应力继续上升，强化模量 E_{st} 对碳素钢通常为弹性模量的 $1/40\sim1/30$。

5. 极限抗拉强度对 Q235 为 375N/mm^2，对 Q345 为 470N/mm^2。钢材拉断时的极限拉应变为 $\varepsilon_u = 18 \sim 20\%$。

钢材应力应变曲线显示的刚度随应力变化的规律，尤其在应力达到屈服强度后，材料切线模量下降为零的现象，通常我们认为是强度不行了，刚度才降低。但是也可以反向理解：是材料的刚度不行了，才出现屈服现象和屈服平台。对研究稳定性来说，刚度是第一位的因素。

钢材的受压和受剪应力应变曲线与受拉应力应变曲线基本相同。

构件的弯扭失稳存在着需要确定塑性阶段的剪切模量的问题。在薄壁构件的弹塑性失稳中，剪切模量取值影响不大，可以取 $G_t = \left(\dfrac{1}{4} \sim \dfrac{1}{3}\right)G$，在强化阶段取 $G_{st} = \left(\dfrac{1}{5} \sim \dfrac{1}{4}\right)G$。

3.2 钢构件内的残余应力

钢构件内的残余应力是在构件的轧制、气割或焊接过程中有高达熔点的不均匀的温度场和不均匀的冷却过程产生的。冷弯校直的过程中因塑性变形也会产生残余应力，但这种残余应力仅产生在发生塑性变形的部位和截面，除非它出现在受力最大的部位，它对稳定性的影响是有限的。

残余应力的测定采用锯条应变释放法，也即取出构件的一段，沿纵向将截面分成若干条（每块板 10~15 条），对每一条在中间段以一定的长度进行标定，测量它的初始长度，再将构件段的每一条采用机械锯割，这时原先的初始应力得到释放，测量释放后标定长度的变化，就可以求得初始应变，从而测得残余应力。

残余应力在截面上自相平衡。在制作和加工过程中，出现过高温的地方一般产生残余拉应力，而其他地方因自相平衡的需要产生残余压应力。热轧型钢整个截面初始温度基本相同，但是冷却慢的地方产生拉应力，冷却快的地方出现压应力。用火焰切割后的板材采用焊接组立的方法制作的 H 型钢的残余应力分布就相当复杂，它相当于火焰切割后板材截面上的残余应力分布，在焊接过程中经受一定程度的干扰后，又叠加了焊接残余应力的分布。

各种截面上残余应力的分布示例见图 3.2。

残余应力的存在使得钢构件过早地产生屈服，截面的刚度降低，从而降低构件的稳定承载力，因此残余应力的影响需要加以考虑。

对构件稳定承载力影响最大的是残余压应力的峰值。热轧型钢的最大拉压残余应力一般在 70~80N/mm^2 左右，而焊接截面的残余拉应力则可以达到 Q235 钢材的屈服强度，残余压应力则小得多，变化较大。

图 3.3 所示为应用压杆稳定承载力研究的几种残余应力模式，图 3.3a 是美国热轧 H 型钢残余应力模式，图 3.3b 是欧洲热轧 H 型钢残余应力模式，图 3.3c 我国翼缘火焰切割的焊接 H 型钢残余应力模式。其中欧洲的残余应力各特征点的应力为

$$\sigma_f = -165\left(1 - \frac{A_w}{1.2A_f}\right)(\text{N/mm}^2)$$

$$\sigma_{fw} = 100\left(0.7 + \frac{A_w}{A_f}\right)(\text{N/mm}^2)$$

$$\sigma_w = -100\left(1.5 + \frac{A_w}{1.2A_f}\right)(\text{N/mm}^2)$$

式中 A_w，A_f 分别为腹板和两块翼缘的总面积。这三个式子是满足残余应力自相平衡的条件的。

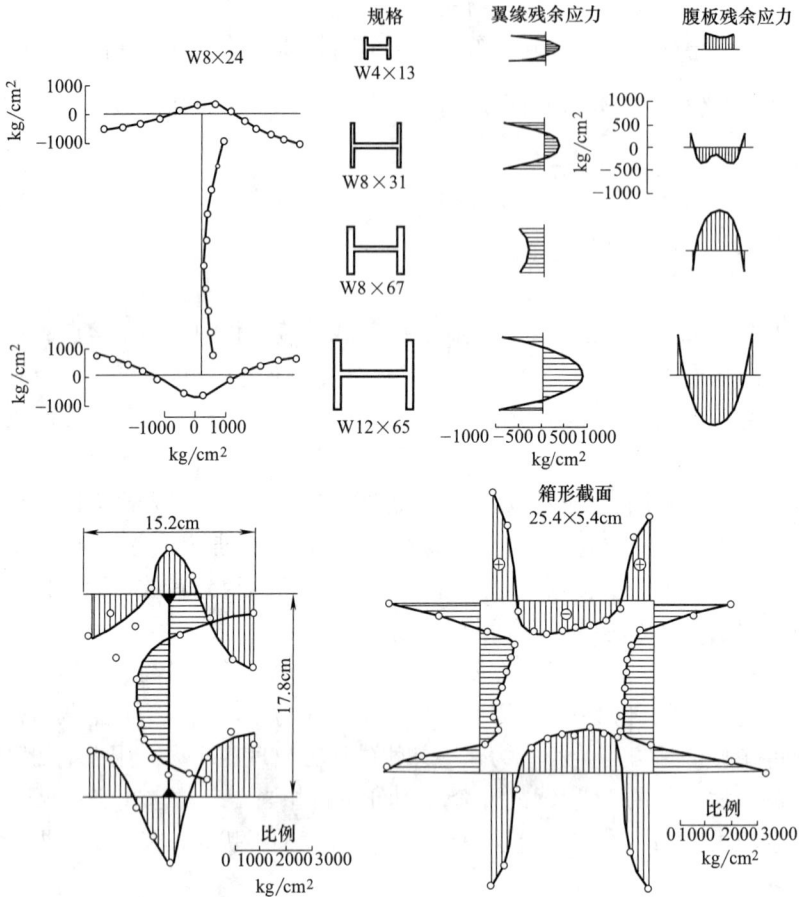

图 3.2　各种截面上残余应力的分布

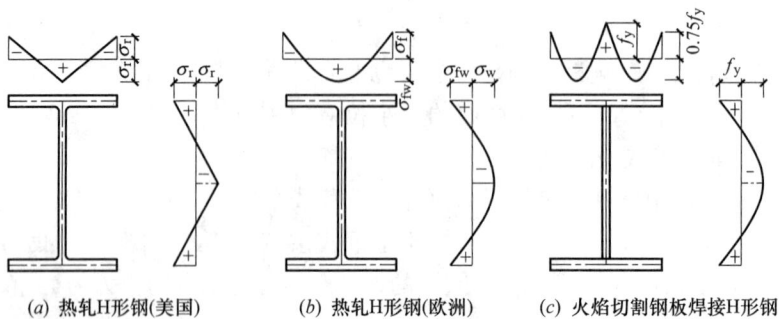

图 3.3　几种常用的残余应力模式

图3.4、表3.1是国内做的 Q460 钢材焊接箱形截面残余应力测试结果，从结果看，壁板宽厚比越大，中部残余压应力越小。

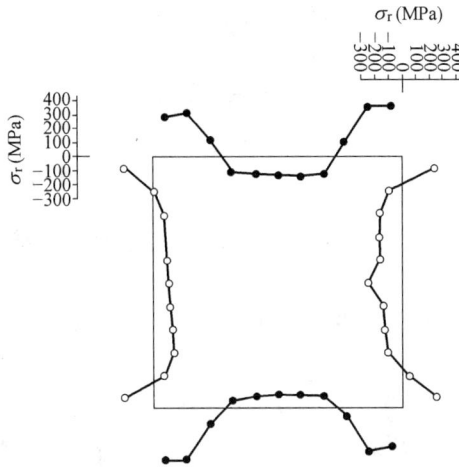

图3.4 Q460 钢材焊接箱形截面残余应力分布

箱形截面焊接残余应力—平板部分　　　　　　　　　　　　　　表3.1

试件编号	A MPa	B MPa	C MPa	D MPa	平均值 MPa
R-B-8(宽厚比＝8)	−115.6	−130.3	−169.4	−97.8	−128.3
R-B-12	−106.5	−124.0	−94.0	−80.6	−101.3
R-B-18	−92.8	−47.6	−99.9	−30.3	−67.7

3.3 截面在压力和弯矩作用下的极限承载力

本节介绍常用截面在轴力和单向弯矩作用下，形成塑性铰时，轴力和弯矩之间的相关关系，假设材料是理想弹塑性的。

1. 对矩形截面(图3.5a)，截面 $b \times h$，受压应力区块的高度是 c。轴力 P 和弯矩 M 是

$$P=(h-2c)bf_y=\left(1-2\frac{c}{h}\right)P_P$$

$$M=bcf_y(h-c)=\frac{1}{4}bh^2f_y\frac{4c}{h}\left(1-\frac{c}{h}\right)=M_P\frac{4c}{h}\left(1-\frac{c}{h}\right)$$

式中 $P_P=bhf_y$，$M_P=\frac{1}{4}bh^2f_y$，以上两式消去 c 得到

$$\frac{M}{M_P}+\frac{P^2}{P_P^2}=1 \tag{3.1}$$

2. 圆钢管截面：圆钢管截面因为其点对称的性质双向弯矩产生的最大应力点不重合，

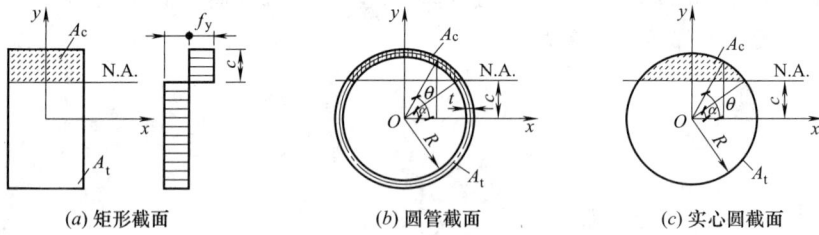

(a) 矩形截面　　　　　(b) 圆管截面　　　　　(c) 实心圆截面

图 3.5　三种截面压力和弯矩相关关系的推导

总是要求双向弯矩先合成，然后计算最大应力。因此总是可以按照单向压弯分析截面的塑性铰状态。

设中性轴到形心轴的距离是 c（图 3.5b），轴力 P 和弯矩 M 是

$$P = 4Rtf_y\alpha = \frac{2\alpha}{\pi}P_P$$

$$M = 4f_y\int_\alpha^{\pi/2} R\sin\theta Rtd\theta = 4R^2tf_y\int_\alpha^{\pi/2}\sin\theta d\theta = M_P\cos\alpha$$

式中 $P_P = 2\pi Rtf_y$，$M_P = 4R^2tf_y$，消去 α 得到相关关系如下

$$\cos\left(\frac{\pi P}{2P_P}\right) = \frac{M}{M_P} \tag{3.2}$$

此式可以采用下式偏于安全地近似

$$\frac{M}{M_P} + \left(\frac{P}{P_P}\right)^{5/3} = 1 \tag{3.3}$$

圆管截面的形状系数是 $\frac{4}{\pi} = 1.273$。

3. 实心圆截面，参考图 3.5c

$$P = 4f_y\int_0^c \sqrt{R^2 - y^2}\,\mathrm{d}y = 2(c\sqrt{R^2 - c^2} + R^2\alpha)f_y = \frac{2}{\pi}\left(\frac{c}{R}\sqrt{1 - \frac{c^2}{R^2}} + \alpha\right)P_P$$

$$M = 4\int_c^R y\sqrt{R^2 - y^2}\,\mathrm{d}y = \frac{4}{3}(R^2 - c^2)^{1.5}f_y = M_P\left(1 - \frac{c^2}{R^2}\right)^{1.5}$$

式中 $P_P = \pi R^2 f_y$，$M_P = \frac{4}{3}R^3 f_y$，初始屈服弯矩是 $M_y = \frac{1}{4}\pi R^3 f_y$，截面形状系数是 $F = \frac{16}{3\pi} = 1.698$.

记 $p = \frac{P}{P_P}$，$m = \frac{M}{M_P}$，则

$$1 - \frac{c^2}{R^2} = m^{2/3}, \frac{c}{R} = \sqrt{1 - m^{2/3}}$$

$$\frac{\pi}{2}p = m^{1/3}\sqrt{1 - m^{2/3}} + \arcsin\sqrt{1 - m^{2/3}} \tag{3.4}$$

图 3.6 示出了(3.1)~(3.4)式的图形，可见(3.4)式可以偏安全地采用(3.1)式来简化。

4. 对工字形截面（见图 3.7）绕强轴弯曲时：无轴力时的塑性铰弯矩是

$$M_p = \left(bth_f + \frac{1}{4}t_w h_w^2\right)f_y = Zf_y \tag{3.5}$$

Z 是工字形截面的塑性模量，它与弹性截面模量的比值称为截面的形状系数。

（1）中性轴位于腹板内

$$P=(h-2c)t_\mathrm{w}f_\mathrm{y}$$
$$M=bt_\mathrm{f}h_\mathrm{f}f_\mathrm{y}+(c-t_\mathrm{f})t_\mathrm{w}f_\mathrm{y}(h_\mathrm{w}-c+t_\mathrm{f})$$

消去 c 得到

$$\frac{M_\mathrm{Pc}}{M_\mathrm{P}}=1-\left(\frac{A}{A_\mathrm{w}}\right)^2\frac{Z_\mathrm{w}}{Z}\left(\frac{P}{P_\mathrm{P}}\right)^2=1-\frac{(1+2A_\mathrm{f}/A_\mathrm{w})^2}{1+4A_\mathrm{f}h_\mathrm{f}/(A_\mathrm{w}h_\mathrm{w})}\left(\frac{P}{P_\mathrm{P}}\right)^2,\ 0\leqslant P<P_\mathrm{wP} \quad (3.6a)$$

（2）中性轴位于翼缘内：

$$P=P_\mathrm{P}-2bcf_\mathrm{y}$$
$$M=bcf_\mathrm{y}(h-c)$$

消去 c 得到

$$\frac{M_\mathrm{Pc}}{M_\mathrm{P}}=\left(1-\frac{P}{P_\mathrm{P}}\right)\cdot\frac{(1+2A_\mathrm{f}/A_\mathrm{w})}{(1+4A_\mathrm{f}h_\mathrm{f}/A_\mathrm{w}h_\mathrm{w})}\left[\frac{2h}{h_\mathrm{w}}-\frac{t_\mathrm{w}}{b}\left(1+\frac{2A_\mathrm{f}}{A_\mathrm{w}}\right)\left(1-\frac{P}{P_\mathrm{P}}\right)\right],P_\mathrm{wP}\leqslant P\leqslant P_\mathrm{P}$$

$$(3.6b)$$

对于 H 型钢，比值 $\dfrac{h}{h_\mathrm{w}}$ 和 $\dfrac{h_\mathrm{f}}{h_\mathrm{w}}$ 变化范围小，因此以上两式表示的弯矩轴力联合作用方程 （interactive relation）主要决定于 H 型钢翼缘面积和腹板面积的比值。曲线的上限为矩形截面的联合作用方程，下限是直线。精度良好足够简单的拟合公式是

$$p+\left(\frac{1}{2}+\frac{A_\mathrm{f}}{A}\right)m=1 \qquad p_\mathrm{w}\leqslant p\leqslant 1 \quad (3.7a)$$

$$\frac{1}{2}\frac{A}{A_\mathrm{w}}\left(\frac{1}{1-A_\mathrm{w}/2A}\right)p^2+m=1 \qquad 0\leqslant p\leqslant p_\mathrm{w} \quad (3.7b)$$

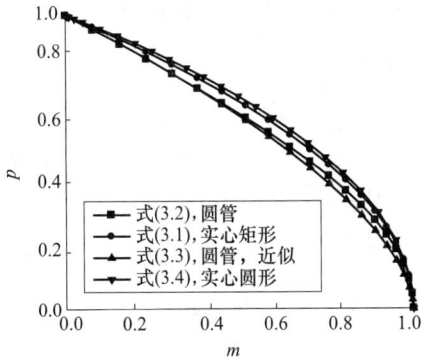

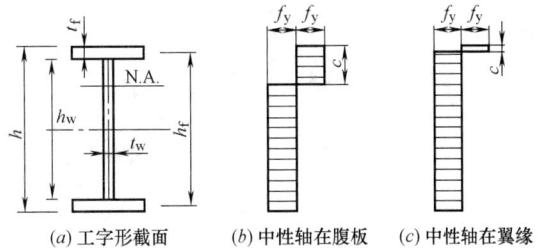

图 3.6　三种截面的轴力与弯矩相关作用曲线

图 3.7　工字形截面绕强轴塑性铰状态

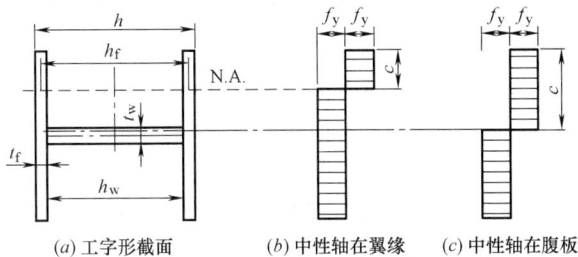

（a）工字形截面　（b）中性轴在腹板　（c）中性轴在翼缘

（a）工字形截面　（b）中性轴在翼缘　（c）中性轴在腹板

图 3.8　工字形截面绕弱轴塑性铰状态

式中 A_w，A_f，A 分别是工字形截面的腹板面积、翼缘面积和全截面面积，$p_w=P_{wP}/P_P$。图 3.9 给出了表 3.2 所列的四种截面的相关曲线以及 $(3.7a，b)$ 式的拟合曲线。由图可见，所有曲线具有外凸的特点。对绕强轴压弯，采用直线式来代替是永远偏于安全的。

工字形截面参数

表 3.2

h	b	t_w	t_f	A_f	A_w	A_f/A_w	h_f	h_w	h/h_w	h_f/h_w	$0.5+\dfrac{A_f}{A}$	$\dfrac{A}{2A_w}+\dfrac{1}{4}$
180	200	8	13	2600	1232	2.11	167	154	1.169	1.084	0.904	2.860
240	200	8	13	2600	1712	1.52	227	214	1.121	1.061	0.876	2.269
350	200	8	13	2600	2592	1.00	337	324	1.080	1.040	0.834	1.753
680	200	8	13	2600	5232	0.50	667	654	1.040	1.020	0.749	1.247

对于塑性设计，我国钢结构设计规范采用了如下简化的联合作用方程：

当 $\dfrac{P}{P_P}\leqslant0.13$ 时：$M_{Pc}=M_P$ 　　　　　　　　　　　　　　　　(3.8a)

当 $\dfrac{P}{P_P}>0.13$ 时：$\dfrac{P}{P_P}+0.87\dfrac{M_{Pc}}{M_P}=1$ 　　　　　　　　　　　(3.8b)

美国 LRFD 规范则采用如下式子：

当 $\dfrac{P}{P_P}<0.2$ 时：$\dfrac{P}{2P_P}+\dfrac{M_{Pc}}{M_P}=1$ 　　　　　　　　　　　　　(3.9a)

当 $\dfrac{P}{P_P}>0.2$ 时：$\dfrac{P}{P_P}+\dfrac{8}{9}\dfrac{M_{Pc}}{M_P}=1$ 　　　　　　　　　　　(3.9b)

这里需要指出，当工字形截面的应力为零的轴在翼缘内时，翼缘上任意一点离中和轴的距离已经很小了，此时曲率即使达到纯弯屈服曲率的 20 多倍，翼缘仍然没有屈服，此时按照上述矩形的应力图形得到的弯矩偏大可达 3~5%。

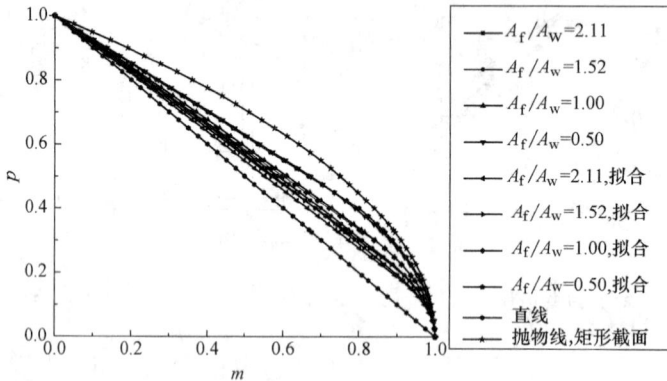

图 3.9　工字形截面绕强轴压弯极限强度曲线

5. 对工字形截面绕弱轴弯曲：

$$M_P=\left(\frac{1}{2}tb^2+\frac{1}{4}h_wt_w^2\right)f_y，近似式为 M_P=M_{Pf}=\frac{1}{2}tb^2f_y \qquad (3.10)$$

（1）中性轴位于腹板内：

$$P=2(b-2c)t_\mathrm{f}f_\mathrm{y}+h_\mathrm{w}\Big[t_\mathrm{w}-2\Big(c-\frac{b-t_\mathrm{w}}{2}\Big)\Big]f_\mathrm{y}$$

$$M=2(b-c)ct_\mathrm{f}f_\mathrm{y}+h_\mathrm{w}\Big[t_\mathrm{w}-\Big(c-\frac{b-t_\mathrm{w}}{2}\Big)\Big]\Big(c-\frac{b-t_\mathrm{w}}{2}\Big)f_\mathrm{y}$$

消去 c，并经过复杂的推导得到

$$\frac{M_\mathrm{Pc}}{M_\mathrm{P}}=1-\frac{A^2}{h(A_\mathrm{w}t_\mathrm{w}+2bA_\mathrm{f})}\Big(\frac{P}{P_\mathrm{P}}\Big)^2,\quad 0\leqslant\frac{P}{P_\mathrm{P}}\leqslant\frac{ht_\mathrm{w}}{A} \tag{3.11a}$$

近似式为：

$$M_\mathrm{Pc}=M_\mathrm{Pf} \qquad\qquad 0\leqslant P\leqslant P_\mathrm{wP} \tag{3.11b}$$

（2）中性轴位于翼缘内：

$$P=[2(b-2c)t_\mathrm{f}+A_\mathrm{w}]f_\mathrm{y}=P_\mathrm{P}-4ct_\mathrm{f}f_\mathrm{y}$$

$$M=2(b-c)ct_\mathrm{f}f_\mathrm{y}$$

消去 c，可以得到

$$\frac{M_\mathrm{Pc}}{M_\mathrm{P}}=\Big(1-\frac{P}{P_\mathrm{P}}\Big)\frac{A^2}{(2t_\mathrm{w}A_\mathrm{w}/b+4A_\mathrm{f})A_\mathrm{f}}\Big(1-\frac{2A_\mathrm{w}}{A}+\frac{P}{P_\mathrm{P}}\Big),\frac{ht_\mathrm{w}}{A}\leqslant\frac{P}{P_\mathrm{P}}\leqslant1.0 \tag{3.11c}$$

可见对于绕弱轴弯曲，联合作用曲线除了与翼缘和腹板的面积比有关外，还和 b/t_w 有关，矩形截面的抛物线是其下限。图 3.10 给出了表 3.2 列出的四种截面绕弱轴弯曲的相关关系曲线。这些曲线可以很好地采用下式近似：

$$m+p^{2+\frac{A_\mathrm{w}}{A_\mathrm{f}}}=1 \tag{3.12}$$

美国对于热轧 H 型钢绕弱轴弯曲的情况，曾采用下面的简化式计算联合作用曲线

$$P\leqslant0.4P_\mathrm{P},M_\mathrm{Pc}=M_\mathrm{P} \tag{3.13a}$$

$$P>0.4P_\mathrm{P},\quad \frac{M_\mathrm{Pc}}{M_\mathrm{P}}=1.19\Big[1-\Big(\frac{P}{P_\mathrm{P}}\Big)^2\Big] \tag{3.13b}$$

美国的 LRFD 规范（2005 年版）对 H 形截面绕弱轴弯曲采用与强轴同一个公式，偏于保守。但也包含了不希望 H 形截面绕弱轴受弯的意图。

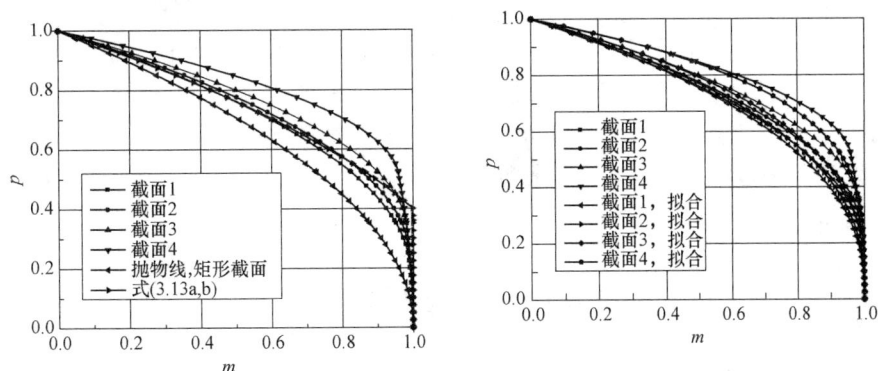

图 3.10 工字形截面绕弱轴压弯极限强度曲线及其与拟合曲线的对比

对于箱形截面，绕两个主轴的轴力弯矩联合作用方程都可以根据 H 型钢绕强轴弯曲的公式进行计算，但是过于简化的公式不能参照，因为这时腹板面积和翼缘面积比发生较大变化，（3.7a，b）式则可以采用。对于等厚的方管截面，联合作用方程为：

（1）中性轴位于腹板内

$$\frac{M_{Pc}}{M_P}=1-\frac{4}{3}\left(\frac{P}{P_P}\right)^2, 0\leqslant P<0.5P_P \qquad (3.14a)$$

（2）中性轴位于翼缘内：

$$\frac{M_{Pc}}{M_P}=\frac{4}{3}\left(1-\frac{P}{P_P}\right), 0.5P_P\leqslant P\leqslant P_P \qquad (3.14b)$$

3.4　在轴力和弯矩作用下的弹塑性性能：塑性流动

表征钢材弹塑性工作性能的是应力应变曲线，在复合应力作用下则是 Mises 屈服准则以及计算塑性应变的流动法则。

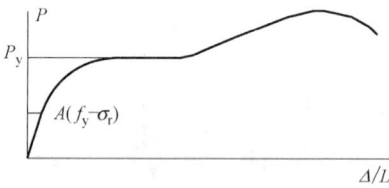

图 3.11　轴力—平均轴向应变的关系

表征截面弹塑性工作性能的曲线，对轴心受力杆件是轴力—平均轴向应变的关系，见图 3.11，此图与应力应变曲线形状唯一的不同是，残余应力的影响使得截面平均看来似乎有一个比例极限，它的值是屈服强度减去残余应力最大值。之后应力增加截面平均应变增长加快，在应变增加到 $\varepsilon=\varepsilon_y+\dfrac{\sigma_{rt}-\sigma_{rc}}{E}$ 时，曲线变平，之后的形状就与应力应变曲线基本相同，虽然在截面上的各点不是同时而是相继进入强化阶段。全截面屈服的轴力记为 $P_P=Af_y$。

在梁的情况下，表征截面弹塑性性能的是弯矩 M—曲率 Φ 关系，示于图 3.13。

计算 M—Φ 曲线的方法，对于双轴对称截面，通过给定曲率，按照平截面假定计算截面上各点的应变，根据应力应变曲线判断各点应力，对中和轴取矩，全截面积分即得到弯矩，从而确定曲线上的一个点。对于单轴对称截面，还要调整中和轴位置使得截面应力合成的轴向力为零。

截面在压力和弯矩作用下，开始在弹性阶段工作，当残余应力和作用的应力之和达到屈服强度时，截面进入弹塑性阶段，此时弯矩和截面的曲梁之间的关系不再是线性的。而且轴力不同，极限弯矩也不一样。此时表征其弹塑性性能的是 M—P—Φ 曲线。获得 M—P—Φ 曲线的方法是数值积分法，步骤如下：

1. 将截面划分为 m 个面积单元，确定各单元的面积和中点坐标；

2. 给定轴向压力 P；

3. 假定截面曲率 Φ，对第 k 步而言是假定曲率增量 $\Delta\Phi^k$；

4. 假定截面形心处的平均应变 ε；在第 k 步而言是假定平均应变增量 $\Delta\varepsilon^k$；

5. 计算截面各单元应变 ε_i 和应力 σ_i（包括残余应力）；

第 1 步：$\varepsilon_i=\dfrac{\sigma_r}{E}+\varepsilon+\Phi y_i$ 　　　　　　　　　　　　　　　　(a)

第 2 步：计算应变增量和总量 $\Delta\varepsilon_i^k=\Delta\varepsilon^k+\Delta\Phi^k y_i$，$\varepsilon_i^k=\varepsilon_i^{k-1}+\Delta\varepsilon_i^k$

6. 根据应力应变关系(图 3.12)确定各微单元面积形心点的应力 σ_i^k，步骤如下：

a. 对第 1 级荷载而言

$$| \, \varepsilon_i \, | \, < \varepsilon_y : \sigma_i = E\varepsilon_i$$

$$\varepsilon_i \geqslant \varepsilon_y : \sigma_i = f_y \tag{b}$$

$$\varepsilon_i \leqslant -\varepsilon_y : \quad \sigma_i = -f_y$$

b. 对下第 k 级（$k>1$）荷载而言，不仅要根据本级应变增量 $\Delta\varepsilon_i^k$，还要根据上一级荷载作用下计算收敛后的应力应变值 σ_i^{k-1} 和 ε_i^{k-1} 来确定本级荷载下的应力值 σ_i^k。

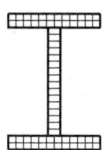

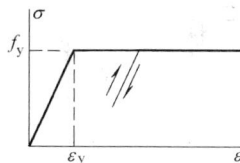

$| \, \sigma_i^{k-1} \, | = f_y$ 时，若 $| \, \varepsilon_i^k \, | > | \, \varepsilon_i^{k-1} \, |$，即应变同方向增加：$\sigma_i^k = \sigma_i^{k-1} = f_y$

图 3.12 截面划分和材料应力应变关系

若 $| \, \varepsilon_i^k \, | < | \, \varepsilon_i^{k-1} \, |$，即应变出现反向：$\sigma_i^k = \sigma_i^{k-1} + E\Delta\varepsilon_i^k$

$| \, \sigma_i^{k-1} \, | < f_y$ 时，单元仍处在弹性阶段：$\sigma_i^k = \sigma_i^{k-1} + E\Delta\varepsilon_i^k$

此时还要判断它是否已经从弹性进入塑性，对应力进行调整以：

若 $\sigma_i^k > f_y$，则 $\sigma_i^k = f_y$

若 $\sigma_i^k < -f_y$，则 $\sigma_i^k = -f_y$

7. 校核内外轴力平衡条件，即 $P + \sum\sigma_j A_j = 0$，若不满足规定的精度要求，则调整形心应变 ε（$\Delta\varepsilon^k$），重复第 5～第 7 步，直到满足为止。

8. 计算弯矩 $M = \sum\sigma_j\Delta A_j y_j$，这样 $M-P-\Phi$ 曲线上的一点就确定了；

9. 回到第 3 步，增加曲率，就可以得到同样轴力下的 $M-P-\Phi$ 曲线的另一点。

10. 回到第 2 步，计算更大轴力下的 $M-P-\Phi$ 曲线。

图 3.13 是 $M-P-\Phi$ 曲线的一个例子。截面为 H600×300×5/10，残余应力采用图 3.3c 的形式。曲线的终点是截面边缘纤维的最大应变达到钢材最大拉伸应变（伸长率）时对应的曲率。由图可见，由于轴力的存在，截面能够承受的最大弯矩降低了。记轴力为 P 时截面能够承受的最大弯矩为 M_{pc}，它可以通过截面在轴力和弯矩作用下截面形成塑性铰时的应力分布得到。

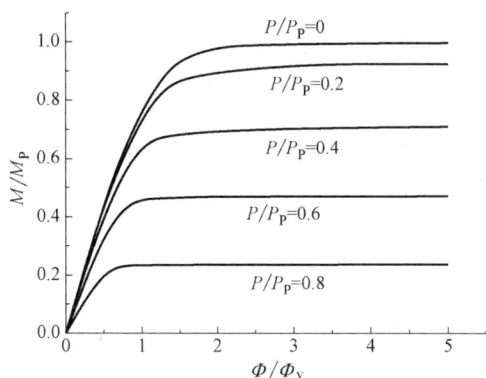

图 3.13 $M-P-\Phi$ 曲线

下面我们来讨论一下如下一个问题：梁柱截面在轴压力和弯矩作用下形成塑性铰后，如果我们继续使这个截面产生拉应变，这时截面上的内力会如何变化？图 3.14 给出了已经形成塑性铰的截面（图 3.14b, c），继续施加拉应变后（图 3.14d），截面的应变以及应力的变化（图 3.14e）。图 3.15 给出了这个继续施加的塑性变形（在塑性力学中称为塑性流动），导致在截面的屈服面上内力位置从 A 流动到了 B，即轴压力在下降，而弯矩在增加。如果继续施加拉应变，则截面出现应力合力是拉力的情况，拉力不断增加，则弯矩会减小，如图 3.15 的第四象限所表示的向 C 点的流动方向。

上面描述的是一个"思想实验"过程，这个过程中，曲率没有被涉及，但是弯矩增加

69

了或者减小了。实际上，截面的曲率也会发生变化，截面平均拉应变的增量和曲率的增量成复杂的关系。

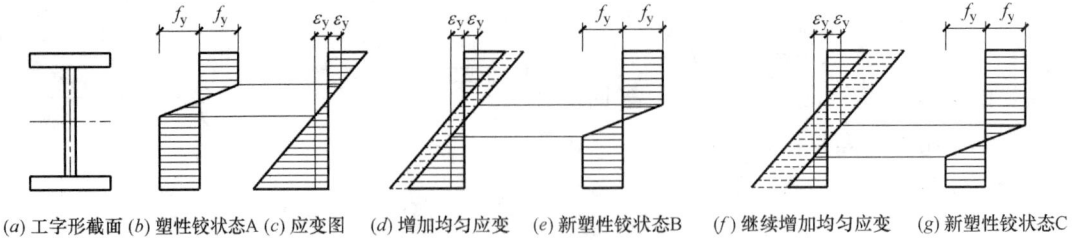

(a) 工字形截面 *(b)* 塑性铰状态A *(c)* 应变图　*(d)* 增加均匀应变　*(e)* 新塑性铰状态B　*(f)* 继续增加均匀应变　*(g)* 新塑性铰状态C

图 3.14　塑性铰状态的变化

我们还可以注意到，如果在图 3.14b 的状态下，当前的应力为 0 的位置的轴向应变继续保持为 0 不变化，而绕这点的曲率继续增加，则截面上应力的合力在屈服面上保持在 A 点不动。注意此时截面几何形心处的应变也是在增加的，即要截面上的内力在屈服面上不动，曲率和形心的轴向应变都会变化。如果在塑性铰 3.14b 状态下继续增加轴向拉应变，则内力状态在屈服面图 3.15 上是从 A 点向 C 点流动，直至截面上的弯矩几乎消失。可以利用以上关系式，对框架结构进行集中塑性铰法的弹塑性分析。

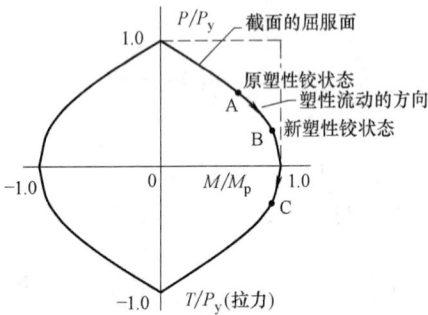

图 3.15　塑性铰变化在屈服面上的反映

内力状态在屈服面上塑性流动的概念，在判断结构的极限状态性能时极其重要。如图 3.16 是以重型桁架，其下弦是拉弯杆，设想不断地增加重力荷载，拉弯杆的加载路径是 O-A-B，B 处截面形成塑性铰。然后荷载继续增大，则下弦杆仍被迫拉长，此时拉力会增大，塑性铰状态会从 B 流动到 C。这种现象表明拉杆的弯矩可以不需要全部地加以考虑，可以取弹性分析弯矩的 0.7 倍进行拉弯杆的强度验算。

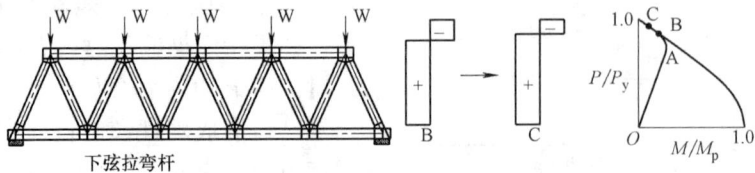

图 3.16　重型桁架的下弦杆塑性流动

如果是上弦杆，则情况有所不同，形成塑性铰或接近形成塑性铰，压杆刚度下降、失稳变形发展，杆端截面平均压应变不一定增大而曲率（转角）却必定越来越大，则压力很可能不再能增大。因此受压弦杆的弯矩不宜进行折减，但可以进行适度的重分配。

下面考察图 3.17 柱脚固定框架仅承受竖向荷载的情况。随着竖向荷载的增加，在梁端形成塑性铰，此时竖向荷载继续增大，此时梁端弯矩增大还是减小？假设是增大的，则柱子剪力就增大，梁内轴压力增大，弯矩必须减小，由此推断弯矩不会增大。然后又假设梁端弯矩是减小的，则柱内剪力减小，梁内弯矩可以增大。由此正反假设可以得到结论：

梁端弯矩在形成塑性铰以后弯矩保持不变，梁内轴力也保持不变，新增的荷载按照简支梁的弯矩叠加到梁上直到梁跨中形成塑性铰。

如果是在柱顶形成塑性铰(强梁弱柱)，则情况有所不同：柱顶形成塑性铰之后，梁上荷载还可以增加，则柱顶弯矩必然减小，这样，除了增加的荷载产生的弯矩以简支梁弯矩叠加到原先存在的弯矩图上外，柱顶弯矩减小的部分也被重分布到梁的跨中，使得跨中截面更早地形成塑性铰。

图 3.18 是一柱脚铰接框架。如果没有竖向荷载，则左右柱顶同时形成塑性铰，一个是拉弯塑性铰，一个是压弯塑性铰；或者在梁内形成左右端的压弯塑性铰。之后继续增加变形，荷载不再增大，塑性铰的内力也不会变化，即塑性铰截面上的内力在屈服面上不流动。

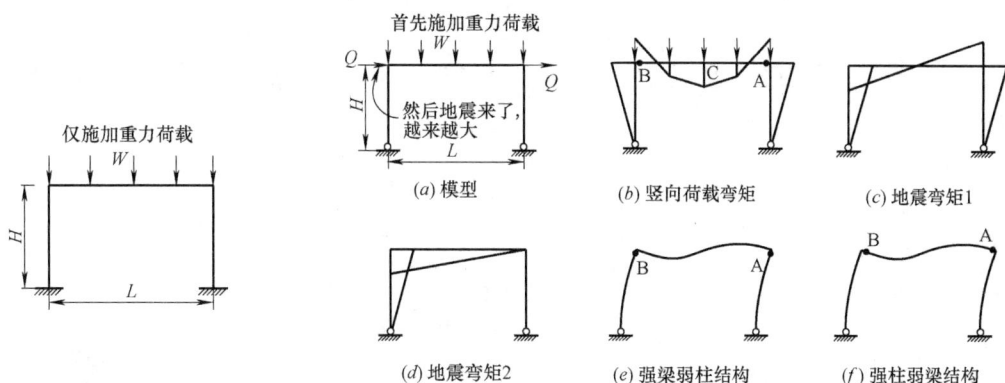

图 3.17

(a) 模型   (b) 竖向荷载弯矩   (c) 地震弯矩1

(d) 地震弯矩2   (e) 强梁弱柱结构   (f) 强柱弱梁结构

图 3.18 框架在水平作用下塑性铰的性能

既有水平力又有竖向力时，首先承受竖向力，总竖向力是 W，随后遭受向右的水平(例如地震)作用。塑性铰首先在右侧柱子上的 A 处形成，此时水平力是 Q_1；水平力继续向右作用，框架向右侧移继续增大，这迫使截面 A 继续发生塑性转动，这些弯矩当然主要由仍处于弹性阶段的左柱承担，但是塑性铰 A 是否也发生某些变化呢？首先看看截面 A 的轴力会怎么变化：假设轴力不变$\left(\text{即等于 } 0.5W + \dfrac{H}{2L}Q_1\right)$，则即使截面 A 的曲率增加，弯矩也不会变化，则后续弯矩的增量按照图 3.18d 增加；但是这样增加的弯矩，使得右柱轴力增加，从而弯矩会少量减小；这样曲率增加了，弯矩却卸载了。

由此分析可知：塑性铰 A 形成后，竖向荷载的弯矩出现重分配：向梁跨中和左侧柱转移，左侧柱顶的重力荷载弯矩(与水平力产生的弯矩方向相反)

图 3.19 横梁隔离体

略有增加，这种增加了的重力荷载负弯矩，使得左柱可以抵抗更大的水平力。这样通过竖向重力荷载弯矩的重分配，体现了左右柱的相互支援作用。

假设截面 B 也形成了塑性铰，此时的水平力增量是 ΔQ，总水平力是 $Q_P = Q_1 + \Delta Q$。两个塑性铰的弯矩和轴力是不一样的，右柱 N_1，相应弯矩是 M_{Pc1}，塑性铰 B 的轴力是 N_2，弯矩是 M_{Pc2}。把横梁作为隔离体取出来，图 3.19，设柱子的截面是矩形的，柱顶塑性铰满足如下方程：

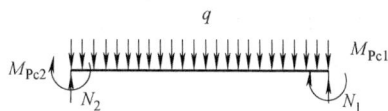

$$N_1 = \frac{1}{2}qL + \frac{M_{Pc1} + M_{Pc2}}{L}$$

$$N_2 = \frac{1}{2}qL - \frac{M_{Pc1} + M_{Pc2}}{L}$$

$$\frac{M_{Pc1}}{M_P} + \left(\frac{N_1}{N_P}\right)^2 = 1$$

$$\frac{M_{Pc2}}{M_P} + \left(\frac{N_2}{N_P}\right)^2 = 1$$

$$N_1 + N_2 = qL$$

代入得到

$$N_1 = \frac{1}{2}qL + \frac{2M_P}{L} - \frac{N_1^2}{N_P^2}\frac{M_P}{L} - \frac{(qL - N_1)^2}{N_P^2}\frac{M_P}{L}$$

引入记号 $\alpha = \dfrac{N_P L}{M_P}$，$\beta = \dfrac{qL}{N_P}$，$n_1 = \dfrac{N_1}{N_P}$，$n_2 = \dfrac{N_2}{N_P}$，$m_1 = \dfrac{M_{Pc1}}{M_P}$，$m_2 = \dfrac{M_{Pc2}}{M_P}$，则从上式可以求得

$$n_1 = \frac{1}{2}\beta - \left(\frac{\alpha}{4} - \sqrt{1 - \frac{1}{4}\beta^2 + \frac{\alpha^2}{16}}\right)$$

$$n_2 = \frac{1}{2}\beta + \left(\frac{\alpha}{4} - \sqrt{1 - \frac{1}{4}\beta^2 + \frac{\alpha^2}{16}}\right)$$

$$m_1 = 1 - n_1^2, \quad m_2 = 1 - n_2^2$$

此时的水平力是

$$\frac{2Q_P H}{M_P} = m_1 + m_2$$

右柱柱顶形成第一个塑性铰时的柱顶水平荷载是 Q_1，此时右柱轴力是 N_{11}，左柱轴力 N_{21}，相应的弯矩是 M_{11}，M_{21}，假设梁柱的线刚度比使得竖向荷载作用下按照弹性分析的柱顶弯矩是 $\frac{1}{16}qL^2$，则

$$N_{11} = \frac{1}{2}qL + \frac{2Q_1 H}{L}$$

$$M_{11} = \frac{1}{16}qL^2 + Q_1 H = M_P\left(1 - \frac{(qL^2 + 4Q_1 H)^2}{4L^2 N_P^2}\right)$$

从上式求得

$$\frac{2Q_1 H}{M_P} = \frac{1}{4}\alpha\left(\sqrt{\alpha^2 + 3\alpha\beta + 16} - \alpha - 2\beta\right)$$

此时

$$n_{11} = \frac{1}{2}\beta + \frac{2Q_1 H}{\alpha M_P}$$

$$n_{21} = \frac{1}{2}\beta - \frac{2Q_1 H}{\alpha M_P}$$

$$m_{11} = \frac{1}{16}\alpha\beta + \frac{Q_1 H}{M_P}$$

$$m_{21} = -\frac{1}{16}\alpha\beta + \frac{Q_1 H}{M_P}$$

（n_{11}，n_{21}，m_{11}，m_{21}）等式子的适用范围是在竖向荷载下不形成塑性铰，即应该满足

$$\beta \leqslant -\frac{1}{8}\alpha + 2\sqrt{1+\frac{\alpha^2}{256}}$$

对比（n_{11}，n_{21}，m_{11}，m_{21}）和（n_1，n_2，m_1，m_2），可以看出从第一个塑性铰形成到第二塑性铰形成这一段过程中框架截面内力的重分布。取 $\alpha = 4L/h = 10$，β 从 0 到 2，得到这两组数据画出图形得到图 3.20。由图可见，在右柱第一个塑性铰形成后，右柱的轴力在增加（$n_1 > n_{11}$），而弯矩减小（$m_1 < m_{11}$）。因为柱顶弯矩代表了柱内的剪力，右柱弯矩减小，说明其承担的剪力在减小。图 3.20b 中示出了弹性计算的在右柱中产生的剪力，用 m_q 表示。在图中有一段 $m_1 < m_q$，说明竖向荷载产生的右柱剪力也卸载了，表示竖向荷载产生的柱顶弯矩也卸载了，卸载给了梁跨中和左柱。竖向荷载的弯矩卸载，则框架右柱内竖向荷载产生的轴力也出现卸载了，虽然从 n_1，n_2 的计算式上看不出这种情况。

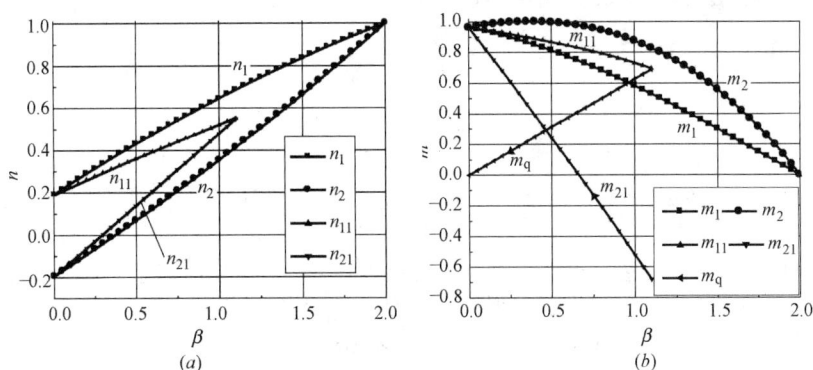

图 3.20　框架塑性铰弯矩的重分布

上述分析，如果考虑二阶效应弯矩，结论基本不变。在左侧柱顶形成塑性铰之后，如果继续向右位移，二阶弯矩增加，则竖向荷载必须下降，否则必进入动力平衡状态。

如果塑性铰 A 在梁内形成，在左右柱顶作用相同水平力的情况下梁内无轴力，则截面 A 可以承担全塑性弯矩，随侧移增加，塑性铰 A 的弯矩不会发生变化，右柱剪力也不会发生变化，新增的水平力将全部传递到左柱，梁内也出现拉力 $0.5\Delta Q$，因为拉力是一个必然事件，导致塑性铰 A 弯矩有稍微减小。右柱剪力稍微减小，梁内拉力增大，使得左柱剪力和弯矩增大。这样直至梁左端形成塑性铰。

因为梁左右端拉力相同，两个塑性铰的塑性弯矩相同，这样梁跨中弯矩正好等于简支梁跨中弯矩。这个结论对于抗震设计的意义是：框架梁跨中截面应该能够承受按照简支梁计算的弯矩。

下面考察塑性铰流动是否有规律。例如矩形截面，设截面的宽度是 b，截面的高度是 h，塑性铰状态受压区的高度是 c，则（参照图 3.5a），

$$\frac{\mathrm{d}P}{\mathrm{d}c} = -\frac{2P_P}{h}$$

$$\frac{\mathrm{d}M}{\mathrm{d}c} = \frac{4M_P}{h}\left(1-2\frac{c}{h}\right) = \frac{4M_P}{h} \cdot \frac{P}{P_P} = P$$

$$\frac{dM}{dP} = -\frac{2M_P}{P_P} \cdot \frac{P}{P_P} = -\frac{1}{2}h\frac{P}{P_P} \tag{3.15}$$

矩形截面塑性铰状态轴力和弯矩的相关关系是(3.1)式，对其求导也可以得到 (3.15)式，即

$$\frac{dM}{M_P} + 2\frac{P}{P_P}\frac{dP}{P_P} = 0$$

从上面简单的推导看，塑性铰状态的内力只决定于 c。设形心的应变是 ε_0，曲率是 Φ，任意一点的应变是

$$\varepsilon = \varepsilon_0 - \Phi y$$

应力为 0 的地方满足 $\varepsilon_0 - \Phi(0.5h - c) = 0$，因此

$$c = \frac{1}{2}h - \frac{\varepsilon_0}{\Phi}$$

可见 c 受到曲率和形心应变的影响。对两者求偏导数得到

$$\frac{\partial c}{\partial \Phi} = \frac{\varepsilon_0}{\Phi^2}$$

$$\frac{\partial c}{\partial \varepsilon_0} = -\frac{1}{\Phi}$$

$$\frac{dP}{dc} = \frac{\partial P}{\partial \varepsilon_0}\frac{\partial \varepsilon_0}{\partial c} + \frac{\partial P}{\partial \Phi}\frac{\partial \Phi}{\partial c} = -\Phi\frac{dP}{d\varepsilon_0} + \frac{\Phi^2}{\varepsilon_0}\frac{dP}{d\Phi} = -2\frac{P_P}{h}$$

$$\frac{dM}{dc} = \frac{\partial M}{\partial \varepsilon_0}\frac{\partial \varepsilon_0}{\partial c} + \frac{\partial M}{\partial \Phi}\frac{\partial \Phi}{\partial c} = \frac{dM}{dP}\left(-\Phi\frac{dP}{d\varepsilon_0} + \frac{\Phi^2}{\varepsilon_0}\frac{dP}{d\Phi}\right) = P$$

现在应变、曲率和受压区高度都发生增量变化：

$$\varepsilon + \Delta\varepsilon = \varepsilon_0 + \Delta\varepsilon_0 - (\Phi + \Delta\Phi)y$$

新的应力为零的位置满足：

$$0 = \varepsilon_0 + \Delta\varepsilon_0 - (\Phi + \Delta\Phi)(0.5h - c - \Delta c)$$

$$\frac{1}{2}h - c - \Delta c = \frac{\varepsilon_0 + \Delta\varepsilon_0}{\Phi + \Delta\Phi} = \frac{\varepsilon_0}{\Phi} - \Delta c$$

如果人为要求 $\Delta\Phi = 0$，则 $\Delta c = \frac{\varepsilon_0}{\Phi} - \frac{\varepsilon_0 + \Delta\varepsilon_0}{\Phi} = -\frac{\Delta\varepsilon_0}{\Phi}$，轴力和弯矩都发生变化，如图 3.14 所解释的那样；如果要求 $\Delta c = 0$，则必须满足 $\frac{\Delta\varepsilon_0}{\Delta\Phi} = \frac{\varepsilon_0}{\Phi} = \frac{1}{2}h - c = \frac{1}{2}h - \frac{1}{2}h$ $\left(1 - \frac{P}{P_P}\right) = \frac{Ph}{2P_P}$，此时弯矩和轴力都不发生变化。可见在截面的情况下，变形向量 $<\varepsilon_0$，$\Phi>^T$ 和内力向量 $<P, M>^T$ 并不存在正交关系。即目前出现在有些文献中的、从材料的塑性流动法则推广而来如下论述是不成立的。

设屈服曲面表示为

$$f(p, m_x) = 0 \tag{3.16}$$

式中 $p = P/P_P$，$m_x = M_x/M_P$。曲率增量记为 Φ_x，轴向应变增量记为 $\dot{\varepsilon}_z$，采用塑性力学同样的公设(Drucker 公式)可以写出

$$\Phi_x = \lambda\frac{1}{M_{Px}}\frac{\partial f}{\partial m_x} \tag{3.17a}$$

$$\dot{\varepsilon}_z = \lambda \frac{1}{P_P} \frac{\partial f}{\partial p} \tag{3.17b}$$

λ 是一个正的标量，表达形式随屈服面的表达式不同而不同。

截面处于卸载状态还是加载（即在屈服面上流动）的状态，可以按照以下方式判断

弹性状态

$$f(p, m_x) < 0 \tag{3.18a}$$

$$f(p, m_x) = 0,$$

加载状态

$$\mathrm{d}f = f(p + \mathrm{d}p, m_x + \mathrm{d}m_x) - f(p, m_x) = \frac{\partial f}{\partial p}\mathrm{d}p + \frac{\partial f}{\partial m_x}\mathrm{d}m_x = 0 \tag{3.18b}$$

$$f(p, m_x) = 0,$$

卸载状态

$$\mathrm{d}f = f(p + dp, m_x + \mathrm{d}m_x) - f(p, m_x) = \frac{\partial f}{\partial p}\mathrm{d}p + \frac{\partial f}{\partial m_x}\mathrm{d}m_x < 0 \tag{3.18c}$$

根据塑性力学的流动法则，矩形截面上内力变化和应变及曲率的变化之间的关系

$$\Delta\Phi = \lambda \frac{1}{M_P} \frac{\partial f}{\partial m} = \lambda \frac{1}{M_P} \tag{3.19a}$$

$$\Delta\varepsilon_0 = \lambda \frac{1}{P_P} \frac{\partial f}{\partial p} = \lambda \frac{2}{P_P} \frac{P}{P_P} \tag{3.19b}$$

式中 λ 是要在一个整体求解的环境中求解的量。上式这种公式形式是塑性力学中应变增量向量垂直于应力（在这里是内力）增量向量的要求。两式相除得到

$$\frac{\Delta\varepsilon_0}{\Delta\Phi} = \frac{2PM_P}{P_P^2} = \frac{hP}{2P_P} = -\frac{\Delta M}{\Delta P}, \text{即流动法则要求 } \Delta M \Delta\Phi + \Delta P \Delta\varepsilon_0 = 0$$

从前一段的论述看，如果此式成立，则 $\Delta c = 0$，该塑性铰的弯矩和轴力都不变化，说明这样的流动法则表示的是内力在屈服面上不流动。(3.19a)(3.19b)式这样的式子也要求变形增量同时为 0 或同时不为 0，但是，从前一段的分析看，这种变形增量与内力增量之间的正交关系是不成立的。因此有些文献中基于截面屈服面的流动法则是不成立的。

3.5 双向弯矩和轴力联合作用下截面的极限承载力

在双向弯矩和轴力的作用下，要描述截面的弹塑性性能是非常困难的，这时必须采用塑性力学中对材料层次的应力—应变关系采用 Mises 屈服准则和流动法则的方法来描述截面层次的塑性性能。本节只介绍各种不同截面如何确定双向弯矩和轴力作用下极限曲面的确定方法（相当于确定截面层次的屈服准则），它可以用于确定截面的极限承载力。

确定联合作用曲面采用如下假定：(1) 截面变形符合平截面假定，(2) 不考虑扭转和剪切变形。

图 3.21 所示矩形截面，高为 $2d$，宽为 $2b$，xoy 为形心坐标系，中和轴 NA 通过截面与 y 轴交点 $(0,e)$。直线 NB 与 NA 平行，它们关于形心 O 对称。NA 和 NB 两直线将矩形分成 3 部分，分别记为 P-1，P-2 和 P-3，它们的面积分别记为 A_1，A_2 和 A_3。轴力以拉为正，弯矩以使第一象限受压为正。P-1 部分为受压区，经推导可得到

$$P = \int \sigma \mathrm{d}A = f_y A_2$$

$$M_x = -\int \sigma y \mathrm{d}A = 2f_y A_1 e_{y1}$$

$$M_y = -\int \sigma x \mathrm{d}A = 2f_y A_1 e_{x1}$$

式中 (e_{x1}, e_{y1}) 是 P-1 部分的形心坐标，记 $P = A_P f_y$，$M_x = Q_x f_y$，$M_y = Q_y f_y$，则有：

$$A_P = A_2 = A - 2A_1 \tag{3.20a}$$
$$Q_x = 2A_1 e_{y1} \tag{3.20b}$$
$$Q_y = 2A_1 e_{x1} \tag{3.20c}$$

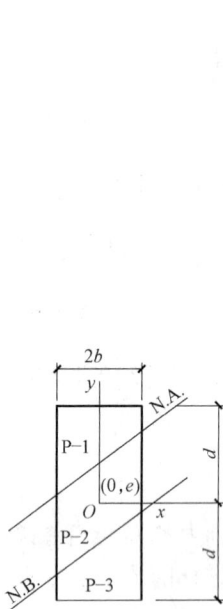

图 3.21　矩形截面

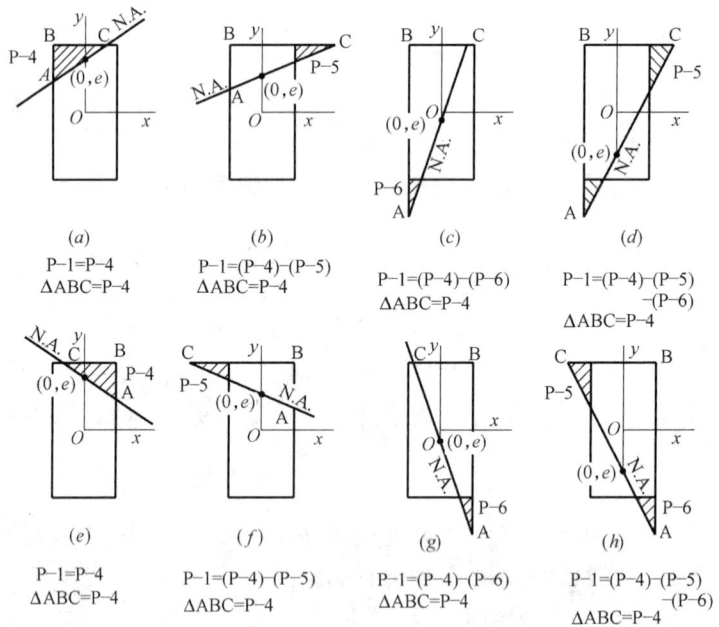

图 3.22　中性轴与矩形相交的六种情况

定义如下函数（称为爬坡函数）：

$$\langle S \rangle = \begin{cases} 0 & S \leqslant 0 \\ S & S > 0 \end{cases} \tag{3.21}$$

中和轴 NA 的分方程为

$$y = e + x\tan\theta$$

如果 $0 \leqslant \theta \leqslant 90°$，中和轴与矩形截面相交的情况可能有图 3.22$a$，$b$，$c$，$d$ 四种，各阴影部分分别记为 P-4，P-5，P-6，各块面积和形心坐标为：

P-4 (图 3.22a)：

$$A_4 = \frac{1}{2} \langle d - e + b\tan\theta \rangle^2 \cot\theta$$

$$e_{x4} = -b + \frac{1}{3} \langle d - e + b\tan\theta \rangle \cot\theta$$

$$e_{y4} = d - \frac{1}{3} <d-e+b\tan\theta>$$

注意图 3.22b，c 中中和轴以上的 $\triangle ABC$ 均是 A_4，并且可以采用上述公式计算面积和形心坐标。P-5(图 3.22b)：

$$A_5 = \frac{1}{2} <d-e-b\tan\theta>^2 \cot\theta$$

$$e_{x5} = b + \frac{1}{3} <d-e-b\tan\theta>\cot\theta$$

$$e_{y5} = d - \frac{1}{3} <d-e-b\tan\theta>$$

P-6(图 3.22c)：

$$A_6 = \frac{1}{2} <-d-e+b\tan\theta>^2 \cot\theta$$

$$e_{x6} = -b + \frac{1}{3} <-d-e+b\tan\theta>\cot\theta$$

$$e_{y6} = -d - \frac{1}{3} <-d-e+b\tan\theta>$$

如果 $\theta = 90° - 180°$，则可能出现图 3.22e，f，g，h 四种情况，仍记中和轴以上各阴影部分为 P-4，P-5，P-6，并令 $\theta' = 180° - \theta$，可得

P-4(图 3.22e)：

$$A_4 = \frac{1}{2} <d-e+b\tan\theta'>^2 \cot\theta'$$

$$e_{x4} = b - \frac{1}{3} <d-e+b\tan\theta'>\cot\theta'$$

$$e_{y4} = d - \frac{1}{3} <d-e+b\tan\theta'>$$

P-5(图 3.22f)：

$$A_5 = \frac{1}{2} <d-e-b\tan\theta'>^2 \cot\theta'$$

$$e_{x5} = -b - \frac{1}{3} <d-e-b\tan\theta'>\cot\theta'$$

$$e_{y5} = d - \frac{1}{3} <d-e-b\tan\theta'>$$

P-6(图 3.22g)：

$$A_6 = \frac{1}{2} <-d-e+b\tan\theta'>^2 \cot\theta'$$

$$e_{x6} = b - \frac{1}{3} <-d-e+b\tan\theta'>\cot\theta'$$

$$e_{y6} = -d - \frac{1}{3} <-d-e+b\tan\theta'>$$

有了以上各式，(3.20a，b，c)式中的各量可以表示为

$$A_P = A - 2A_1 = A - 2(A_4 - A_5 - A_6) \tag{3.22a}$$

$$Q_x = 2(A_4 e_{y4} - A_5 e_{y5} - A_6 e_{y6}) \tag{3.22b}$$

$$Q_y = 2(A_4 e_{x4} - A_5 e_{x5} - A_6 e_{x6}) \tag{3.22c}$$

上式给出了以 e 和 θ 为参数的矩形截面 $M_x - M_y - P$ 联合作用方程，从其中二个式子求出 e 和 θ，代入第三式即得到联合作用曲面。

将矩形截面的联合作用方程应用于任意开口截面，需要坐标转换。图 3.23a 所示矩形截面处于一整体坐标系 XOY 中，内力这时要相对于整体坐标计算：

$$P = \int \sigma X \, dA$$

$$M_X = -\int \sigma Y \, dA$$

$$M_Y = -\int \sigma X \, dA$$

局部坐标系的内力和整体坐标系的内力之间的转换关系为

$$M_X = M_x \cos\alpha + M_y \sin\alpha - P Y_0$$

$$M_Y = -M_x \sin\alpha + M_y \cos\alpha - P X_0$$

式中 α 是从 X 轴按照逆时针方向量起 x 轴转过的角度，(X_0, Y_0) 为矩形形心的整体坐标。

设中性轴的整体坐标方程为

$$Y = E + X \tan\beta \tag{3.23}$$

中性轴与局部坐标中 y 轴的交点的 y 坐标 e 为：

$$e = \frac{(E - Y_0 + X_0 \tan\beta)\cos\beta}{\cos(\beta - \alpha)} \tag{3.24}$$

中性轴在局部坐标中与 x 轴的夹角 $\theta = \beta - \alpha$。

图 3.23b 为一有 n 块平板组成的任意形状的薄壁截面，第 i 块板的形心为 (X_{0i}, Y_{0i})，建立第 i 个局部坐标系使得 $0 < \alpha_i < 90°$。可以利用叠加和坐标转换的手段得到

$$P = \left(A - 2\sum_{i=1}^{n} A_{1i}\right) f_y \tag{3.25a}$$

$$M_X = f_y \sum_{i=1}^{n} (Q_{xi} \cos\alpha_i + Q_{yi} \sin\alpha_i - A_{Pi} Y_{0i}) \tag{3.25b}$$

$$M_Y = f_y \sum_{i=1}^{n} (-Q_{xxi} \sin\alpha_i + Q_{yi} \cos\alpha_i - A_{Pi} X_{0i}) \tag{3.25c}$$

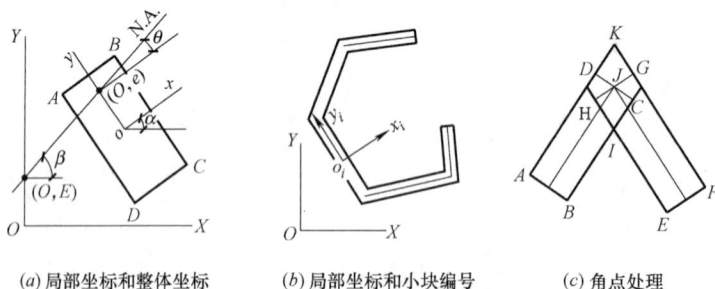

(a) 局部坐标和整体坐标　　(b) 局部坐标和小块编号　　(c) 角点处理

图 3.23　坐标转换和角点处理

式(3.25a, b, c)即为以 E 和 β 为参量的联合作用方程。如果某一块板件与中和轴不相交，则

$$A_{\mathrm{P}i}=\pm A, \quad Q_{xi}=Q_{yi}=0 \qquad (3.26a，b)$$

因此在对某块矩形计算之前，应先判断该块是否属于这种情况。判断方法为将矩形的四个角点的 X 坐标代入中性轴方程求得 Y 坐标，与四个角点的 Y 坐标相减，得到的 4 个数同是正号，则表示中性轴不与此矩形相交，且(3.25a)式取正号；如果同为负号，则取负号。对于两块矩形不垂直相交的情况，如图 3.23c，交界处的处理方法是用两矩形 AB-CD 和 EFGH 代替真实截面，或将交界处划分为多个更小的矩形。

用上面的方法计算截面的极限承载力曲面的步骤如下：

1. 输入组成截面的矩形板块数 n，输入每一块矩形四个角点的整体坐标。输入次序一定，即按照图 3.23a 所示的 ABCD 的顺序输入，并应该使得其 x 轴倾角 α 在 $0°-90°$ 之间；

2. 对每一块矩形计算：

$$2d=\sqrt{(X_{\mathrm{A}}-X_{\mathrm{D}})^2+(Y_{\mathrm{A}}-Y_{\mathrm{D}})^2}$$

$$2b=\sqrt{(X_{\mathrm{A}}-X_{\mathrm{B}})^2+(Y_{\mathrm{A}}-Y_{\mathrm{B}})^2}$$

$$(X_{0i},Y_{0i})=[(X_{\mathrm{A}}+X_{\mathrm{C}})/2,(Y_{\mathrm{A}}+Y_{\mathrm{C}})/2]$$

$$\tan\alpha=(X_{\mathrm{D}}-X_{\mathrm{B}})/(Y_{\mathrm{B}}-Y_{\mathrm{D}})$$

输入或由程序计算截面单向弯曲时的塑性抵抗矩 Z_{PX} 和 Z_{PY}，并设 $f_y=1$（或任意值）；

3. 给定 $p_0=0$，0.2，0.4，……，当 P 为压时 p_0 给负值；

4. 设定 β 初值；

5. 假设 E 值；

6. 根据 E 和 β，对每一矩形，判别中和轴是否与其相交，相交则计算 A_{P}，Q_x 和 Q_y，不相交则取 （3.25） 式。所有矩形合成 p，m_{X} 和 m_{Y}；

7. 判断 $|p_0-p|\leqslant\varepsilon$，$\varepsilon$ 为一个小数，如果满足则输出 p，m_{X} 和 m_{Y}，判断 $\beta>180°$，如果成立则回第 3 步，否则转第 5 步。当精度不满足时直接回第 5 步。

当 $\beta=0°$ 和 $180°$ 时，用上面方法计算会出现困难，此时要单独计算（单向偏心的情况）。

图 3.24 为典型 H 形截面的联合作用曲面。图中的曲面方程可以表示为[3]：

$$\left(\frac{M_{\mathrm{x}}}{M_{\mathrm{Pcx}}}\right)^{\alpha}+\left(\frac{M_{\mathrm{y}}}{M_{\mathrm{Pcy}}}\right)^{\alpha}=1.0,\alpha=1.60-\frac{p}{2\ln p} \qquad (3.27)$$

上式反映了这样两个特点：（1）相关曲线关于两个坐标轴基本对称，（2）随着轴力的增大，相关曲线越接近正方形，从而指数要随 p 的增大而增大。

图 3.25 是箱形截面的极限屈服曲面，曲面可以表示成式(3.27)的形式，但指数有不同：

$$\left(\frac{M_{\mathrm{x}}}{M_{\mathrm{Pcx}}}\right)^{\alpha}+\left(\frac{M_{\mathrm{y}}}{M_{\mathrm{Pcy}}}\right)^{\alpha}=1.0,\ \alpha=1.7-\frac{p}{\ln p} \qquad (3.28)$$

图 3.26 则是槽形截面的极限屈服曲面。

图 3.27 是 T 形钢截面的相关作用曲线。

图 3.28 是矩形截面的相关作用曲线。

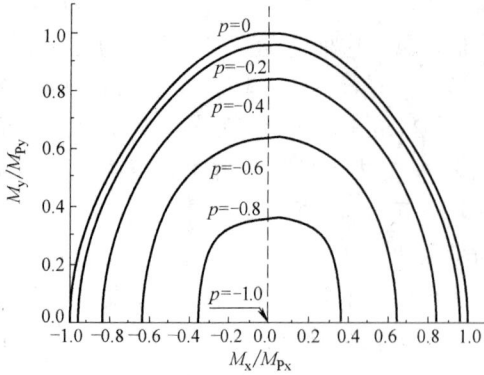

图 3.24　H 形截面双向压杆时
截面塑性相关曲线

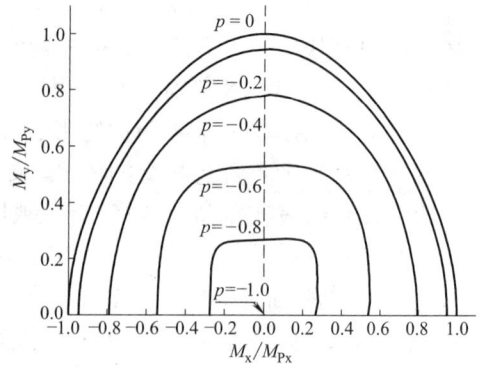

图 3.25　箱形截面双向压杆时
截面塑性相关曲线

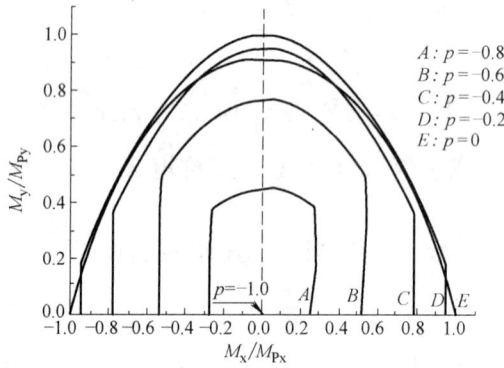

图 3.26　槽形截面双向压杆时截面塑性相关曲线

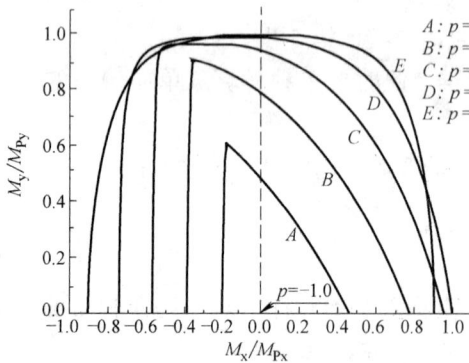

图 3.27　T 形截面双向压杆时
截面塑性相关曲线

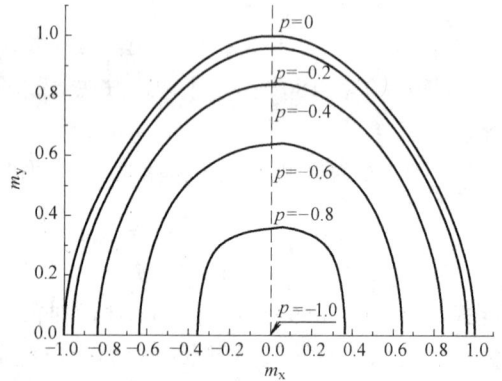

图 3.28　矩形截面双向压杆时
截面塑性相关曲线

习　　题

3.1　对无残余应力的矩形截面，推导其 $M-P-\Phi$ 曲线。

3.2　矩形截面，设存在如图 P3.1 所示的残余应力，采用 3.3 节给出的步骤，编制程序，对其 $M-$

$P-\Phi$ 曲线矩形计算，并采用 microsoft EXCEL 软件画图表示。设 $b=200$mm，$h=400$mm，$f_y=235$N/mm²，$E=206$kN/mm²。材料是理想弹塑性。

3.3 对工字形截面，采用 3.5 节给出的方法和步骤，编制程序，并计算一个双轴对称工字形截面的轴力和双向弯矩作用下的极限屈服曲面。

3.4 对图 P3.2 所示的单跨门式刚架，设不存在失稳问题，二阶效应也可以忽略。请回答如下问题

（1）设梁截面的塑性弯矩小于柱子的塑性弯矩，当竖向荷载增加，梁端将首先形成塑性铰，此时结构还可以继续承受增加的荷载，请考察，荷载继续增加时，梁端截面 A 的受力状态是如何在塑性极限屈服面上流动的，参考图 3.15。

（2）如果柱子的塑性极限弯矩小于梁的塑性极限弯矩，则柱顶截面 B 的受力状态是如何在极限屈服曲面上流动的？

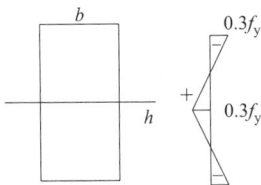

图 P3.1

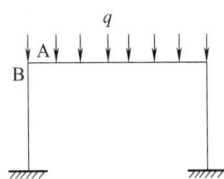

图 P3.2

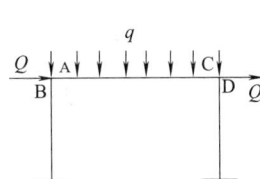

图 P3.3

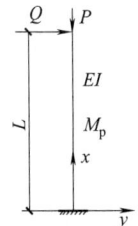

图 P3.4

3.5 对图 P3.3 所示的单跨门式刚架，设不存在失稳问题，二阶效应也可以忽略。首先施加竖向荷载，到梁端或柱顶形成塑性铰，然后施加水平力。请回答如下问题

（1）设梁截面的塑性弯矩小于柱子的塑性弯矩，当竖向荷载增加，梁端将首先形成塑性铰，此时结构还可以继续承受水平荷载，请考察，水平荷载增加时，梁端截面 C 的受力状态是如何在塑性极限屈服面上流动的，参考图 3.15。

（2）如果柱子的塑性极限弯矩小于梁的塑性极限弯矩，则柱顶截面 D 的受力状态是如何在极限屈服曲面上流动的？

3.6 用简单的语言阐述强度问题和稳定问题的关系或异同。

3.7 图 P3.4 所示的理想弹塑性材料的悬臂柱在柱顶承受竖向压力 P，柱顶同时还承受水平力 Q，

（1）在先施加 P，在 P 保持不变的情况下施加水平力 Q 直到柱脚形成塑性铰。此时液压伺服加载系统改为位移加载，随着位移的增加，水平侧力计上的读数如何变化？柱脚截面的内力在轴力－弯矩极限相关曲面上的点如何流动？（考虑二阶效应）

（2）如果先施加水平力 Q，在 Q 保持不变的情况下施加竖向压力 P，直到柱脚截面形成塑性铰，然后改为竖向位移向下加载，试判断竖向侧力计上的读数是增加还是减小，柱脚截面的内力在极限屈服曲面上如何流动。（考虑二阶效应，竖向加载时加载设备水平方向可以滑动）

参 考 文 献

［1］ 吕烈武等．钢结构构件稳定理论，中国建筑工业出版社，北京，1983．

［2］ Chen，W. F.，Atsuta，T.，Theory of beam-columns，Vol. 2，McGraw-hill Book Company，1977.

［3］ Chen，W. F.，Atsuta，T.，Interaction Curves for steel sections under axial load and biaxial bending，Transaction of the Canadian Society for Civil engineers，March/April，1974.

［4］ 陈骥，钢结构稳定理论设计和应用，科学出版社，北京，2001.

〔5〕　童根树，陈绍蕃，何保康，确定任意薄壁截面在轴力和双向弯矩作用下极限屈服曲面的统一方法，西安建筑科技大学学报，1992 年第 4 期.

〔6〕　White D W. Plastic hinge methods for advanced analysis of steel frames. 〔J〕. Journal of Constructional Steel Research，1993，24（2）：121-152.

〔7〕　李国强，王彦博，陈素文，高强钢焊接箱形柱轴心受压极限承载力试验研究，建筑结构学报，33（3）：8-14，2012

第 4 章　压杆的弹塑性稳定

4.1　理想直压杆的弹塑性弯曲失稳：切线模量理论和双模量理论

第二章谈到的是压杆弹性稳定问题，由于钢材的弹塑性性质，实际工程中的大多数压杆处在弹塑性阶段才发生失稳现象，因此，有必要研究压杆弹塑性阶段的稳定性。

假设压杆无初始弯曲，荷载无初始偏心，两端铰支压杆截面上的应力已经超过材料的比例极限，处在弹塑性阶段工作。按照判断稳定性的静力准则，给压杆一个干扰，干扰产生的挠度仍记为 y，则下面的平衡条件仍然成立(参考第一章图 1.2)：

$$M-Py=0$$

在弹性阶段存在 $M=-EIy''$，在弹塑性阶段，这个关系不再成立。弯矩和挠度的关系到底如何，一时难以确定，因此必须采用额外的假定。

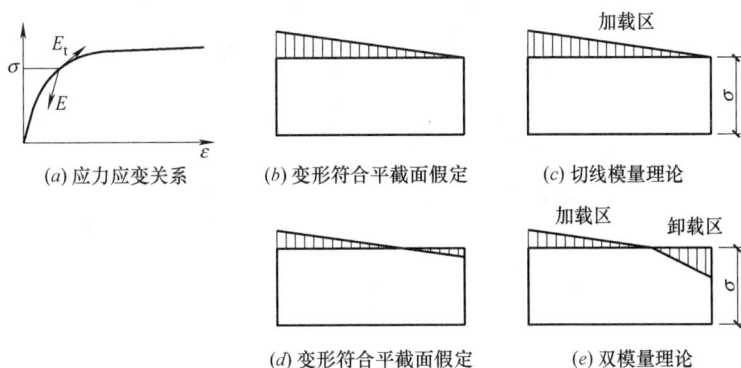

图 4.1　切线模量理论和双模量理论

有一种理论假定，失稳过程中截面不发生卸载，截面上应力的增量 $\dot{\sigma}=E_t\dot{\varepsilon}$，而应变的增量是按照平截面假定与干扰产生的挠度成比例，与弹性阶段相同：$\dot{\varepsilon}=-xy''$。弯矩为：

$$M=\int_A E_t(-xy'')x\mathrm{d}A$$

记 $(EI)_t=\int_A E_t x^2 \mathrm{d}A$，则

$$M=-(EI)_t y'' \tag{4.1}$$

由此得到弹塑性阶段判断铰支压杆稳定性的微分方程为

$$(EI)_t y''+Py=0 \tag{4.2}$$

与弹性失稳的平衡微分方程相比，唯一的变化为截面的弹性抗弯刚度变为截面的切线

抗弯刚度，因此临界荷载为

$$P_t = \frac{\pi^2 (EI)_t}{L^2} \tag{4.3}$$

式 (4.3) 称为切线模量荷载。注意上式虽然形式上与弹性欧拉临界力公式相同，但从 (4.3) 式不能直接得到临界力，而是需要迭代求解，因为截面的切线抗弯刚度与荷载有关，而临界荷载的大小又依赖切线刚度。

上述理论存在一个违背稳定理论判定准则的假定：判断稳定性时，通常都假定荷载保持不变，但是上面假定截面上任意一点都为加载，导致内应力增量的合力不为零，即荷载是在增加的，而这个增加的荷载并没有进入平衡微分方程 (4.2) 式。因此切线模量理论是不严密的。

由于存在上述问题，Engesser 又提出了另一个理论：失稳过程中轴压力保持不变，压杆发生弯曲失稳时，截面上必然存在受拉侧的弹性卸载区和受压侧的塑性加载区，因此截面上存在两个模量区，弯曲产生的弯矩与两个模量都有关系。利用弯曲产生的受拉区应力增量的和与受压区应力增量的和相加为零的条件可以得到受拉区和受压区的大小：对截面为 $b \times h$ 的矩形截面，设受压区高度是 c，则

$$N = \int_{A_L} E(-xy'') dA + \int_{A_a} E_t(-xy'') dA = 0$$

$$E \frac{1}{2} b(h-c)^2 + E_t \frac{1}{2} bc^2 = 0$$

得到受压区高度是 $c = \frac{\sqrt{E}}{\sqrt{E} + \sqrt{E_t}} h$。并根据下式求得截面的弹塑性抗弯刚度：

$$M = \int_{A_L} E(-xy'') x dA + \int_{A_a} E_t(-xy'') x dA$$

$$= E \frac{1}{3} b(h-c)^3 + E_t \frac{1}{3} bc^3 = \frac{1}{12} bh^3 \frac{4E_t E}{(\sqrt{E} + \sqrt{E_t})^2} = E_r I y''$$

临界荷载为

$$P_r = \frac{\pi^2 (EI)_r}{L^2} \tag{4.4}$$

这个理论称为压杆的弹塑性弯曲失稳的双模量理论。它在逻辑上更为合理，没有引入额外的假设，因此在这一理论提出后的一段时期得到了学术界认同。

但是随后进行的精细的压杆试验表面，切线模量理论预测的承载力与试验结果更为符合。这导致了理论和试验的不一致，形成了所谓的悖论[1]。这个悖论直到 1947 年 Shanley 提出了著名的 Shanley 模型后才得以解决。

4.2 Shanley 模型一经过改进的阐述

4.2.1 理想 Shanley 模型

Shanley 采用图 4.2 的模型来阐述切线模量理论和双模量理论的关系。图 4.2 中两根

长度为 $l/2$ 的刚性杆在中间有两根高度为 h，间距为 h，面积为 A 的弹塑性短杆连接，两端铰支，承受轴压力 P。弹塑性杆的弹性模量为 E，屈服点为 f_y，塑性阶段切线模量为 E_t。为判断这根压杆的稳定性，给它一个干扰。双肢杆模型屈曲时凹面的应变 ε_1（以压为正），凸面的应变为 ε_2（以拉为正），中点挠度为 d，杆件总长 L，应变位移关系为

$$\varepsilon_1 + \varepsilon_2 = \frac{4d}{L} \tag{4.5}$$

内力增量 $\Delta P_1 = E_1 \varepsilon_1$，$\Delta P_2 = E_2 \varepsilon_2$ 根据屈曲发生时内外弯矩平衡条件得到：$P_d = (\Delta P_1 + \Delta P_2) \frac{1}{2} h$，即：

$$P = \frac{Ah}{L} \frac{E_1 \varepsilon_1 + E_2 \varepsilon_2}{\varepsilon_1 + \varepsilon_2} \tag{4.6}$$

根据上式可以得到如下的临界荷载：

如果 $L \geqslant Eh/f_y$ 构件在弹性阶段失稳，弹性屈曲临界荷载为

$$P_E = \frac{EAh}{L} \tag{4.7}$$

当 $L < Eh/f_y$，压杆将在弹塑性阶段失稳，临界荷载多大还不能肯定。但是根据切线模量理论和双模量理论，可以得到如下两个荷载

切线模量荷载： $$P_t = \frac{E_t Ah}{L} \tag{4.8}$$

双模量荷载： $$P_r = \frac{E_r Ah}{L} = \frac{2E_t E}{E_t + E} \frac{Ah}{L} \tag{4.9}$$

记 $\tau = E_2/E_1$，因为在弹塑性阶段失稳，可以预先确定的是 $E_1 = E_t$，从（4.5，4.6）式得到

$$P = \frac{E_t Ah}{L}\left[1 + \frac{L}{4d}(\tau - 1)\varepsilon_2\right] = P_t\left[1 + \frac{L}{4d}(\tau - 1)\varepsilon_2\right] \tag{4.10}$$

（4.10)式还有一个未知量 ε_2，考虑到模型在达到某个荷载 P_1 后，在弯曲过程中，荷载有可能增加或减少，因此：

$$P = P_1 + \Delta P_1 - \Delta P_2 = P_1 + \frac{1}{2}A(E_1\varepsilon_1 - E_2\varepsilon_2) = P_1 + \frac{E_t A}{2}(\varepsilon_1 - \tau\varepsilon_2) \tag{4.11}$$

由（4.11）（4.10）（4.6）式，可以求出 ε_1 和 ε_2，

$$\varepsilon_1 = \frac{(P_t - P_1) + E_t A\left[\dfrac{2d\tau}{L} + \dfrac{h}{L}(\tau - 1)\right]}{\dfrac{E_t A}{2}\left[(1 + \tau) + \dfrac{h}{2d}(\tau - 1)\right]} \tag{4.12}$$

$$\varepsilon_2 = \frac{\dfrac{2E_t Ad}{L} - (P_t - P_1)}{\dfrac{E_t A}{2}\left[(1 + \tau) + \dfrac{h}{2d}(\tau - 1)\right]} \tag{4.13}$$

下面根据(4.12)(4.13)两式进行讨论。（4.11)式代表的是轴向平衡，而(4.5)式和(4.10)式分别是变形协调条件和内外弯矩的平衡。加上应力应变关系，我们就不再有其他的关系式可以帮助我们确定应变了。

首先对 P_1 的取值进行讨论。就我们对稳定理论的了解，可以大胆地假定 P_1 可能取

(4.7)(4.8)(4.9)式 3 个值之中的一个。P_1 的值依赖于研究稳定性时采用的假定：

如果假定失稳后两个肢都出现加载，则 $P_1 = P_t$；

如果假定失稳后两个肢都出现卸载，则 $P_1 = P_E$；

如果假定失稳后一个肢出现加载一个肢出现卸载，则 $P_1 = P_r$。

由于推导 (4.12)，(4.13) 式时没有引进额外的假设，在上述 3 种额外假定的情况下，如果从 (4.12)，(4.13) 式得到的结果与相应的假定是一致的，在逻辑上我们就认为这种情况是真的。

(1) 假设压杆 $P_1 = P_t$ 时发生屈曲，则要求 $\varepsilon_1 > 0$，$\varepsilon_2 < 0$，但是从 (4.13) 式

$$\varepsilon_2 = \frac{4d/L}{[(1+\tau)+(\tau-1)h/2d]} = \frac{2d}{L} > 0 \ (\text{因为} \ \tau = 1)$$

因此得到了与假定相反的结果，因为切线模量理论要求两个肢都加载，而上式表示凸面的一肢不管屈曲变形 d 有多么小，都会出现卸载的情况，与初始的假定不符，因此可以判定 $P_1 \neq P_t$。

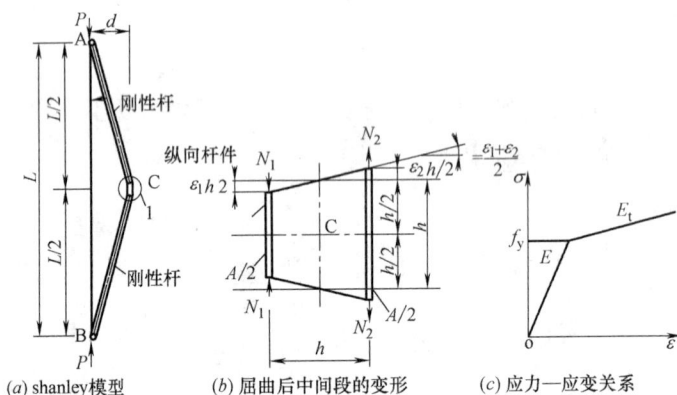

(a) shanley 模型　　　(b) 屈曲后中间段的变形　　　(c) 应力—应变关系

图 4.2　Shanley 模型

(2) 假设压杆在 $P_1 = P_E$ 时发生屈曲，则要求 $\varepsilon_1 < 0$，$\varepsilon_2 > 0$，此时 (4.12)(4.13) 式不能用，因为他们是在凹面一肢是加载的情况下得出的。必须从 (4.5)(4.6) 式和下式出发来研究：

$$P = P_1 + \Delta P_1 - \Delta P_2 = P_E + \frac{1}{2}A(E_1\varepsilon_1 - E_2\varepsilon_2)$$

由于要求两肢都卸载，$E_1 = E_2 = E$，由 (4.6) 式，得到 $P = P_E$，再由上式得到 $\varepsilon_1 = \varepsilon_2$，最后从 (4.5) 式得到 $\varepsilon_1 = \varepsilon_2 = 2d/L > 0$，因此得到的 ε_1 的符号与假定所要求的符号相反。因此我们又可以判定 $P_1 \neq P_E$.

(3) 假设压杆在 $P_1 = P_r$ 荷载下失稳，这个假定意味着第 2 肢发生卸载，第一肢为加载，即这个假定要求 $\varepsilon_1 > 0$，$\varepsilon_2 > 0$。由 (4.12)(4.13) 经推导可以发现

$$\varepsilon_2 = \frac{4d}{(1+\tau)L} > 0, \varepsilon_1 = \frac{4d\tau}{(1+\tau)L} = \tau\varepsilon_2 > 0$$

代入 (4.10) 式或 (4.11) 式都能够得到 $P = P_r$。因此我们通过排除法发现 $P_1 = P_r$ 是可能的。

进一步假设 $P_1 = P_t + \Delta P$，$0 < \Delta P < P_E - P_t$，则下面两式总是成立的：

$$\varepsilon_2 = \frac{\dfrac{2E_tAd}{L} + \Delta P}{\dfrac{E_tA}{2}\left[(1+\tau) + \dfrac{h}{2d}(\tau-1)\right]} > 0, \varepsilon_1 = \frac{E_tA\left[\dfrac{2d\tau}{L} + \dfrac{h}{L}(\tau-1)\right] - \Delta P}{\dfrac{E_tA}{2}\left[(1+\tau) + \dfrac{h}{2d}(\tau-1)\right]} > 0$$

因此 P_1 的可能取值范围是 (P_t, P_E)（开区间）。这时轴力和挠度的关系为

$$P = P_t\left[1 + \frac{1 + (\Delta P/P_t)(h/2d)}{h/2d + (\tau+1)/(\tau-1)}\right] \tag{4.14}$$

切线模量理论要求 $\varepsilon_2 < 0$（凸面加载要求），这里通过考察发现这一要求是不能实现的。除了在经验上判定 P_1 取上述开区间内的最小值外，没有额外的条件能够帮助我们确定 P_1。这样的结论多少有点美中不足。但是考虑到小挠度理论研究理想体系只能够确定临界荷载而不能确定挠度值这种现象，上面得到的(4.14)式中包含一个不能在逻辑上加以确定的量也就不足为奇。有意思的是，不管 ΔP 在上面规定的区间内取什么值，在理论上，当挠度为无限大时，荷载仍趋于双模量荷载。见图 4.3。

Shanley 模型中的刚性杆件长度可以变化，则根据长度不同，压杆可以分成 4 个区间（图 4.4）：

1. $L \geqslant Eh/f_y$，Shanley 模型在弹性范围失稳；

2. $E_r h/f_y < L < Eh/f_y$，Shanley 模型在应力为 f_y 时失稳，切线模量荷载和双模量荷载相等；

3. $E_t h/f_y < L < E_r h/f_y$，Shanley 模型在塑性阶段失稳，切线模量荷载为 Af_y，双模量荷载大于 Af_y；

4. $L < E_t h/f_y$，Shanley 模型在塑性阶段失稳，$P_r > P_t > f_y A$。

(4.14) 式只适用于模型长度落在区间 4 的情况。对于区间 2 和区间 3 的情况，还没有涉及到。对于这两个区间屈曲时的荷载挠度关系，下面进行分析。通过下面对有缺陷的 Shanley 模型的分析，我们也就能够明确地确定 P_1 的大小了，正如普通弹性压杆有初弯曲时就能够唯一地确定压杆的荷载和挠度关系一样。

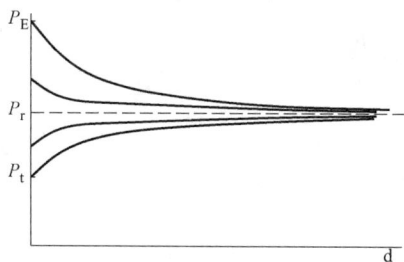

图 4.3　理想 Shanley 模型的结论

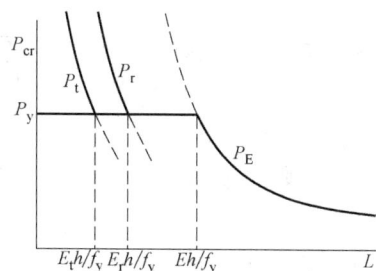

图 4.4　不同长度 Shanley 模型的临界荷载

4.2.2　有初曲 Shanley 模型的分析

有初始弯曲的 Shanley 模型的初始中点挠度为 d_0，屈曲后的挠度为 $d + d_0$，杆件总长 L，屈曲时凹面的应力 σ_1、应变 ε_1，凸面的应力 σ_2、应变 ε_2。有初曲的 Shanley 模型根据长度的不同，可能依次经历如下 4 种状态中的一种或几种：

第一种状态：完全弹性阶段（$\sigma_1 < f_y$，$\sigma_2 < f_y$）：

$$\sigma_1 = \sigma\left[1 + \frac{2(d+d_0)}{h}\right], \quad \sigma_2 = \sigma\left[1 - \frac{2(d+d_0)}{h}\right]$$

$$\varepsilon_1 = \frac{\sigma_1}{E}, \quad \varepsilon_2 = \frac{\sigma_2}{E}, \quad \varepsilon_1 - \varepsilon_2 = \frac{4d}{L},$$

得：$\sigma = \dfrac{Ehd}{L(d+d_0)} = \sigma_E \dfrac{d}{d+d_0}$ ，

即
$$d = d_0 \Big/ \left(\dfrac{\sigma}{\sigma_E} - 1\right) \tag{4.15}$$

当 $\sigma_1 = f_y$（$\sigma_2 < f_y$）时第一种状态达到终点：

$$\sigma_1 = f_y = \sigma\left[1 + \dfrac{2(d+d_0)}{h}\right] \quad 即 \ \sigma = f_y \Big/ \left[1 + \dfrac{2(d+d_0)}{h}\right]$$

$$\sigma_2 = \sigma\left[1 - \dfrac{2(d+d_0)}{h}\right] = f_y \dfrac{1 - \dfrac{2(d+d_0)}{h}}{1 + \dfrac{2(d+d_0)}{h}}$$

由 $\varepsilon_1 = \varepsilon_y$，$\varepsilon_2 = \dfrac{\sigma_2}{E}$，$\varepsilon_1 - \varepsilon_2 = \dfrac{4d}{L}$ 得到

$$\left[\dfrac{\sigma_E}{f_y}\left(1 + \dfrac{2d_0}{h}\right) - 1\right]\dfrac{d}{h} + 2\dfrac{\sigma_E}{f_y}\left(\dfrac{d}{h}\right)^2 - \dfrac{d_0}{h} = 0 \tag{a}$$

上式可以求得此时的位移 d。

第二种状态：受压较大肢进入弹塑性阶段，另一肢弹性状态（$\sigma_1 > f_y$，$\sigma_2 < f_y$）。这时进入塑性状态的一肢的应力用增量表示：

$$\sigma_1 = f_y + \Delta\sigma_1 = \sigma\left[1 + \dfrac{2(d+d_0)}{h}\right], \ \sigma_2 = \sigma\left[1 - \dfrac{2(d+d_0)}{h}\right]$$

$$\varepsilon_1 = \varepsilon_y + \Delta\varepsilon_1 = \varepsilon_y + \dfrac{\Delta\sigma_1}{E_t}, \ \varepsilon_2 = \dfrac{\sigma_2}{E}, \ \varepsilon_1 - \varepsilon_2 = \dfrac{4d}{L}$$

得
$$\sigma = \dfrac{\dfrac{4d}{l}E_t + f_y - E_t\varepsilon_y}{1 - \dfrac{E_t}{E} + \dfrac{2(d+d_0)}{h}\left(1 + \dfrac{E_t}{E}\right)} \tag{4.16a}$$

如果 $d_0 = 0$，则：
$$\sigma = \dfrac{\dfrac{4d}{L}E_t + f_y - E_t\varepsilon_y}{1 - \dfrac{E_t}{E} + \dfrac{2d}{h}\left(1 + \dfrac{E_t}{E}\right)} \tag{4.16b}$$

可以验证 σ 是 d 的单调函数。当 $\sigma_2 = f_y$（$\sigma_1 > f_y$）时第二种状态终点：

$$\sigma_1 = f_y + \Delta\sigma_1 = \sigma\left[1 + \dfrac{2(d+d_0)}{h}\right], \sigma_2 = f_y = \sigma\left[1 - \dfrac{2(d+d_0)}{h}\right]$$

$$\varepsilon_1 = \varepsilon_y + \Delta\varepsilon_1 = \varepsilon_y + \dfrac{\Delta\sigma_1}{E_t}, \varepsilon_2 = \varepsilon_y, \varepsilon_1 - \varepsilon_2 = \dfrac{4d}{L}$$

得：
$$2\sigma_t\left(\dfrac{d}{h}\right)^2 + \left[2\sigma_t\left(\dfrac{d_0}{h}\right) + f_y - \sigma_t\right]\dfrac{d}{h} + f_y\dfrac{d_0}{h} = 0 \tag{b}$$

式中 $\sigma_t = E_t h / l$。由上式可以得到对应的位移。

第三种状态：压杆两肢都进入塑性状态，且都加载

$$\sigma_1 = f_y + \Delta\sigma_1 = \sigma\left[1 + \dfrac{2(d+d_0)}{h}\right]$$

$$\sigma_2 = f_y + \Delta\sigma_2 = \sigma\left[1 - \dfrac{2(d+d_0)}{h}\right]$$

$$\varepsilon_1 = \varepsilon_y + \Delta\varepsilon_1 = \varepsilon_y + \frac{\Delta\sigma_1}{E_t}, \quad \varepsilon_2 = \varepsilon_y + \Delta\varepsilon_2 = \varepsilon_y + \frac{\Delta\sigma_2}{E_t}, \quad \varepsilon_1 - \varepsilon_2 = \frac{4d}{L}$$

得：
$$d = d_0 \Big/ \left(\frac{\sigma_t}{\sigma} - 1\right) \tag{4.17}$$

第三种状态终点时，凸面处于加载和卸载的临界状态，即 σ_2 达到最大值：

$$\varepsilon_1 = \varepsilon_y + \Delta\varepsilon_1 = \varepsilon_y + \frac{\Delta\sigma_1}{E_t}, \varepsilon_2 = \varepsilon_y + \Delta\varepsilon_2 = \varepsilon_y + \frac{\Delta\sigma_2}{E_t}$$

$$\sigma_2 = f_y + \Delta\sigma_2 = \sigma\left[1 - \frac{2(d+d_0)}{h}\right] = \sigma_t\frac{d}{d+d_0} - 2\sigma_t\frac{d}{h}$$

$$\frac{\mathrm{d}\sigma_2}{\mathrm{d}(d)} = \sigma_t\frac{d_0}{(d+d_0)^2} - \sigma_t\frac{2}{h} = 0$$

得
$$d + d_0 = \sqrt{\frac{hd_0}{2}} \tag{c}$$

此时的平均应力记为 σ_{t0}，则 $\sigma_{t0} = \sigma_t\left(1 - \sqrt{\frac{2d_0}{h}}\right)$

$$\varepsilon_{2t0} = \varepsilon_y + \frac{1}{E_t}\left[\left(1 - \sqrt{\frac{2d_0}{h}}\right)^2\sigma_t - f_y\right], \varepsilon_{1t0} = \varepsilon_{2t0} + \frac{4}{l}\left(\sqrt{\frac{hd_0}{2}} - d_0\right)$$

$$\sigma_{1t0} = \sigma_t\left(1 - \frac{2d_0}{h}\right), \sigma_{2t0} = \sigma_t\left(1 - \sqrt{\frac{2d_0}{h}}\right)^2, d_{t0} = \sqrt{\frac{hd_0}{2}} - d_0$$

第四种状态：压杆两肢都达到塑性，凹边加载，凸边开始卸载

$$\sigma_1 = \sigma_{1t0} + \Delta\sigma_1 = \sigma\left[1 + \frac{2(d+d_0)}{h}\right]$$

$$\sigma_2 = \sigma_{2t0} + \Delta\sigma_2 = \sigma\left[1 - \frac{2(d+d_0)}{h}\right]$$

$$\varepsilon_1 = \varepsilon_{1t0} + \frac{\Delta\sigma_1}{E_t}, \varepsilon_2 = \varepsilon_{2t0} + \frac{\Delta\sigma_2}{E}, \varepsilon_1 - \varepsilon_2 = \frac{4d}{L}$$

$$\sigma = \frac{\dfrac{4E(d-d_0)}{L} + \dfrac{E}{E_t}\sigma_{1t0} - \sigma_{2t0}}{\left(1 + \dfrac{E}{E_t}\right)\dfrac{2(d+d_0)}{h} + \dfrac{E}{E_t} - 1} \tag{4.18}$$

讨论：

1. 当 $L \geqslant Eh/f_y$，有初曲的 Shanley 模型可以经历第一和第二种状态，但最大值不超过弹性模量荷载；

2. $E_r h/f_y < L < Eh/f_y$，有初曲的 Shanley 模型将经历弹性状态和第二种状态。荷载最大值不超过切线模量荷载（与双模量荷载相等）；

3. $E_t h/f_y < L < E_r h/f_y$，有初曲的 Shanley 模型将经历弹性状态和第二种状态，有可能经历第三种状态进入（也有可能不经历第 3 种状态而直接进入）第四种状态；

4. $L < E_t h/f_y$，有初曲的 Shanley 模型将经历弹性状态、第二种状态，有可能经历第三种状态进入（也有可能不经历第 3 种状态而直接进入）第四种状态；第 4 种状态的最大值为双模量荷载。

为了说明切线模量荷载时理想压杆弹塑性临界荷载的下限，仍然需要对理想体系进行

讨论。由于在上面的推导中，弹塑性状态的应力采用了增量的形式，使我们更有可能对模型的加卸载状态更好地了解。

在初弯曲为零时，各种状态和分界点重合。如果是第二种状态，（4.16a）式令 $d_0=0$ 得到(4.16b)式，当 $d \to 0$ 时 $\sigma = \dfrac{f_y - E_t \varepsilon_y}{1 - E_t/E} = f_y = \sigma_t$；当 $d=\infty$ 时，$\sigma = \dfrac{4dE_t/L}{(1+E_t/E)(2d/h)} = \sigma_r$，因此可以得到切线模量和双模量荷载分别是临界荷载下上限的结论。

如果是第三种状态，则由(4.17)式得到 $\sigma = \sigma_t$，它是临界荷载的最小值。

如果是第四种状态，则由(4.18)式得到 $\sigma = \dfrac{\dfrac{4Ed}{L} + \dfrac{E}{E_t}\sigma_t - \sigma_t}{\left(1+\dfrac{E}{E_t}\right)\dfrac{2d}{h} + \dfrac{E}{E_t} - 1}$。当 $d \to 0$ 时，$\sigma \to \sigma_t$；

当 $d=\infty$ 时，$\sigma = \sigma_r$。因此无需引入额外假设，得到了切线模量和双模量荷载分别是临界荷载下上限的结论。

4.3　理想直杆的弹塑性屈曲—残余应力的影响

作为切线模量理论的应用，本节研究理想直压杆的弹塑性屈曲，截面上存在如图4.5a 所示的残余应力。如果压杆很长，压杆仍然在弹性阶段失稳，截面上的残余应力对压杆的稳定性没有影响。减小长度，临界荷载增加。当弹性屈曲临界应力达到 $f_y - \sigma_r = f_y - 0.3f_y = 0.7f_y$ 时，进一步减小长度，压杆就在弹塑性阶段失稳，残余应力的影响就会出现。

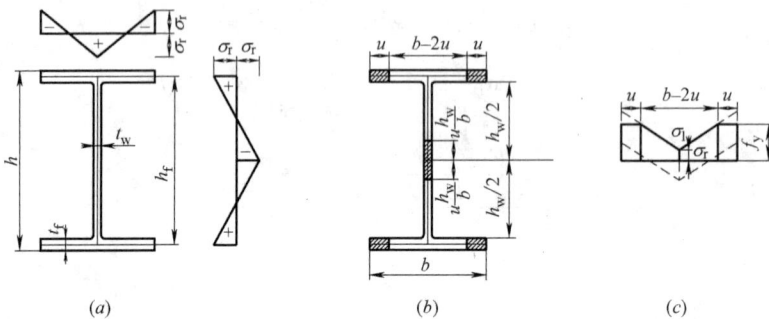

图 4.5　切线模量理论计算

切线模量理论的本质是，在计算截面的抗弯刚度时，采用屈曲前那一瞬间的截面上的切线模量分布来计算。由于钢材是理想弹塑性的，在弹塑性阶段，截面上残余应力大的地方先屈服，切线模量为零，其余部分的切线模量仍保持弹性模量不变。因此我们得到

$$(EI)_t = EI_e$$

I_e 为仍保持为弹性的区域对中和轴的惯性矩。图 4.5b 中阴影部分表示已经屈服的部分，其余保持弹性。对图 4.5b 所示的弹性区分布，我们得到

$$I_{ex} = \frac{1}{12}t_w\left(h_w^3 - 8\frac{h_w^3}{b^3}u^3\right) + \frac{1}{2}(b-2u)t_f h_f^2 = \frac{1}{12}t_w h_w^3\left[1 - \left(\frac{2u}{b}\right)^3\right] + \frac{1}{2}\left(1-\frac{2u}{b}\right)bt_f h_f^2$$

$$I_{ey}=\frac{1}{6}t_f(b-2u)^3+\frac{1}{12}\left(h_w-2\frac{h_w}{b}u\right)t_w^3\approx\frac{1}{6}t_f(b-2u)^3$$

由以上两式可见，翼缘部分的屈服对绕 y 轴的截面抗弯刚度的影响比对绕 x 轴的抗弯刚度的影响大，一个是一次式减小，一个是三次式减小。腹板部分的屈服对绕 y 轴的抗弯刚度影响很小，而对 x 轴的抗弯刚度影响较大。下面以绕弱轴失稳为例，说明临界荷载的计算方法。

将 I_{ey} 代入切线模量临界荷载计算公式得到

$$P_{ey}=\frac{\pi^2EI_{ey}}{l^2}=\frac{\pi^2E}{6l^2}t_f(b-2u)^3 \tag{a}$$

上式有 P 和 u 两个未知量，需要第 2 个方程才能求解。这个方程就是截面上应力的合力应该等于临界荷载 P。

$$P=4ut_ff_y+2ut_w\frac{h_w}{b}f_y+\left[2(b-2u)t_f+h_w\left(1-\frac{2u}{b}\right)t_w\right]\frac{1}{2}(\sigma_1+f_y) \tag{b}$$

σ_1 是腹板和翼缘交点处的应力，它的值由下式确定。在屈服区和弹性区的交界处，残余应力的大小为(这里残余应力以压为正)：

$$-\sigma_r+2\sigma_r\left(1-\frac{2u}{b}\right)$$

此处刚刚屈服，因此应力增量 $\Delta\sigma$ 满足 $\left[-\sigma_r+2\sigma_r\left(1-\frac{2u}{b}\right)\right]+\Delta\sigma=f_y$，所以

$$\Delta\sigma=f_y+\sigma_r-2\sigma_r\left(1-\frac{2u}{b}\right)$$

在屈服之前及屈服时，此处的应力一直是弹性变化的，因此腹板和翼缘交点处的应力变化与此处相同。因此

$$\sigma_1=-\sigma_r+f_y+\sigma_r-2\sigma_r\left(1-\frac{2u}{b}\right)=f_y-2\sigma_r\left(1-\frac{2u}{b}\right) \tag{c}$$

将 (c) 式代入 (b) 式化简得到平均应力 $\sigma=P/A$ 和屈服区深度的关系：

$$\frac{\sigma}{f_y}=1-\frac{\sigma_r}{f_y}\left(1-\frac{2u}{b}\right)^2 \tag{d}$$

这样 (a) 式改写为

$$\frac{P_{ey}}{Af_y}=\frac{\sigma}{f_y}=\varphi=\frac{\pi^2Et_fb^3}{6Af_yl^2}\left(1-\frac{2u}{b}\right)^3=\frac{\pi^2E}{\lambda^2f_y}\left(1-\frac{2u}{b}\right)^3=\frac{1}{\bar{\lambda}^2}\left[\frac{f_y}{\sigma_r}(1-\varphi)\right]^{1.5}$$

式中 $\bar{\lambda}$ 是正则化长细比，$\bar{\lambda}=\lambda/(\pi\sqrt{E/f_y})=\sqrt{P_P/P_E}$，$P_P=Af_y$。展开可以得到下面的一元三次方程：

$$\varphi^3-\left(3-\frac{\sigma_r^3}{f_y^3}\bar{\lambda}^4\right)\varphi^2+3\varphi-1=0 \tag{e}$$

假设 $\sigma_r=0.3f_y$，给定 $\bar{\lambda}$，从上式即可以求得 φ。由于联立后得到的是一个三次式，求解不方便，可以在假定屈服区宽度的情况下计算压杆的长度，从而确定对应的长细比，以避免迭代求解。

对于绕 x 轴的屈曲，有

$$P_{ex}=\frac{\pi^2EI_{ex}}{l^2}$$

91

$$\sigma = \frac{P_{ex}}{A} = \frac{\pi^2 E}{Al^2}\left[\frac{1}{12}t_w h_w^3\left[1-\left(\frac{2u}{b}\right)^3\right]+\frac{1}{2}\left(1-\frac{2u}{b}\right)bt_f h_f^2\right]$$

$$= \frac{\pi^2 EI}{Al^2}\left(1-\frac{2u}{b}\right)+\frac{\pi^2 EI_w}{Al^2}\left(1-\frac{2u}{b}\right)\frac{2u}{b}\left(1+\frac{2u}{b}\right)$$

式中 $I_w = \frac{1}{12}t_w h_w^3$ 是腹板提供的惯性矩。记 $\eta = 1-\frac{2u}{b} = \sqrt{\frac{f_y}{\sigma_r}(1-\varphi)}$

$$\varphi = \frac{\sigma}{f_y} = \frac{1}{\bar{\lambda}^2}\eta + \frac{1}{\bar{\lambda}^2}\frac{I_w}{I}\eta(1-\eta)(2-\eta)$$

$$1-\varphi = \frac{\sigma_r}{f_y}\eta^2 = 1-\frac{1}{\bar{\lambda}^2}\eta - \frac{1}{\bar{\lambda}^2}\frac{I_w}{I}\eta(1-\eta)(2-\eta)$$

展开成一元三次方程：

$$\frac{I_w}{I}\eta^3 + \left(\frac{\sigma_r}{f_y}\bar{\lambda}^2 - 3\frac{I_w}{I}\right)\eta^2 + \left(1+\frac{2I_w}{I}\right)\eta - \bar{\lambda}^2 = 0$$

给定截面和残余应力，给定长细比，就可以从上式求出 η 进而求出稳定系数

图 4.6 是取 $b=300$，$h=600$，$t_w=11$，$t_f=16$（$I_w/I=0.17$）得到的柱子临界应力（$\sigma_{cr}=P/A$）随长细比变化的曲线。图 4.6a 残余应力分别取为 $0.3f_y$，$0.6f_y$ 和 $0.9f_y$，图 4.6b 考察在残余应力为 $\sigma_r = 164.6\text{N/mm}^2$ 时，不同钢材屈服强度下残余应力的影响。其中绕弱轴的曲线与截面形状无关，绕强轴的稳定系数，随 I_w/I 的增大而略有增大。

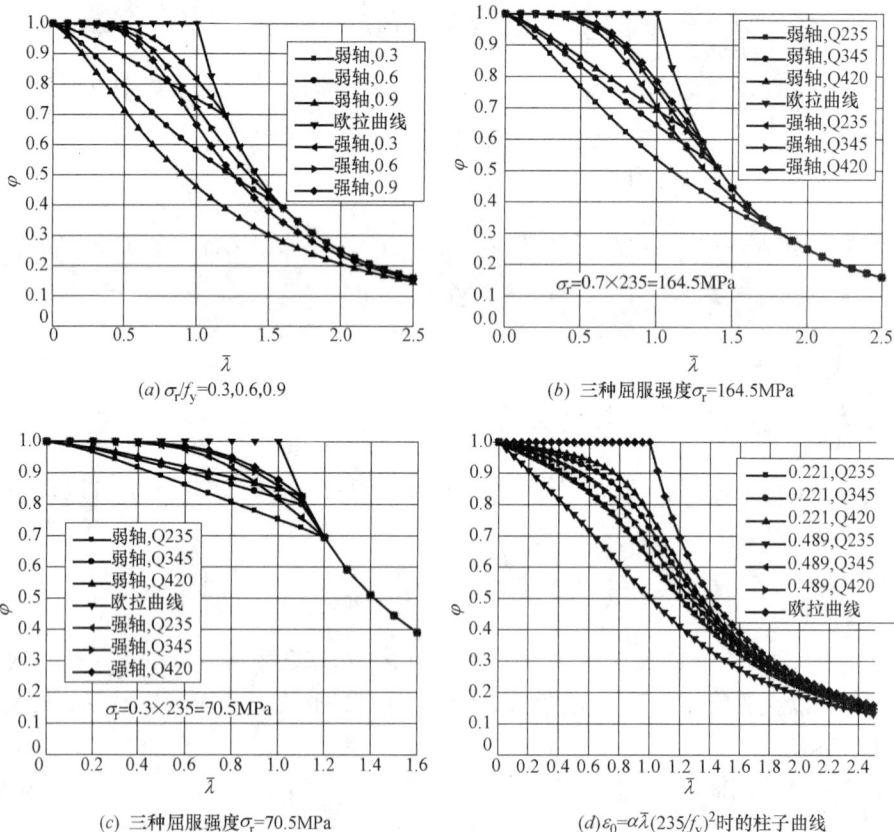

(a) $\sigma_r/f_y = 0.3, 0.6, 0.9$

(b) 三种屈服强度 $\sigma_r = 164.5\text{MPa}$

(c) 三种屈服强度 $\sigma_r = 70.5\text{MPa}$

(d) $\varepsilon_0 = \alpha\bar{\lambda}(235/f_y)^2$ 时的柱子曲线

图 4.6　残余应力对压杆稳定系数的影响

从图 4.6 可见，与理想体系的曲线相比，残余应力影响最大的地方是弹性欧拉曲线和强度水平线相交处对应的长细比处，此处考虑残余应力 $0.3f_y$ 影响后的稳定系数为 0.75，与 1.0 相比降低 25%。离开这个长细比越远，残余应力的影响越小。这个现象是工程结构稳定性问题的一个普遍现象：当结构的参数使得两个破坏模式（这里是强度破坏和失稳破坏）对应的荷载相同时，缺陷对结构承载力的影响最大，此时我们称结构是缺陷敏感的。有些优化设计原则是要求不同的设计准则同时满足，有可能增加结构的缺陷敏感性。

通过本节的阐述，我们可以得到如下的总结：

1. 相同的残余应力对压杆稳定性的影响，对不同的轴是不同的；对弱轴非常不利。

2. 不同的截面，残余应力的分布不同，因此残余应力对稳定性的影响也不同。

3. 由于问题的复杂性，我们没有展开叙述的是厚板柱，它的残余应力分布不仅纵向有，沿厚度还发生变化，而且还会有板厚方向的残余应力。它们对压杆稳定性的不利影响更大。

4.4　真实压杆的弹塑性稳定

实际压杆截面上存在残余应力，压杆还因为制作和安装的误差存在初始弯曲和初始倾斜，荷载还可能存在偏心。这些因素使得压杆一开始承受压力就产生弯曲，这样切线模量理论和双模量理论这些基于理想直杆假定的压杆屈曲理论就不再能够应用，必须采用能够跟踪构件在弹塑性阶段变形发展和沿杆长屈服区大小不一样、刚度沿杆长变化的分析方法。

对于单根压杆的弯曲失稳，最简单而有效的数值分析方法是数值积分法。下面就对弹性和弹塑性阶段适用的数值积分法进行介绍。

通过 Shanley 模型我们已经知道，压杆有出现卸载的可能，因此应力应变关系必须考虑卸载的影响，如图 4.7 所示。

采用数值积分法，图 4.8 所示，沿杆长将杆件划分为 n 段，各段长度为 Δx，各节点编号为 0，1，2，……，n。根据 Taylor 级数展开的方法，下一点的挠度 v_{i+1} 可以展开为

$$v_{i+1}=v_i+v'_i\Delta z+R_2$$

式中 R_2 是余项，根据

$$R_2=\frac{1}{2}v''(z_i+\theta\Delta z)(\Delta z)^2,0<\theta<1$$

一般取 $\theta=1/2$，代入上式得到

$$v_{i+1}=v i+v'_i\Delta z+\frac{1}{2}v''_{im}(\Delta z)^2 \tag{4.19}$$

下标 m 表示从节点 i 到节点 $i+1$ 这一段的中点处的值。

平衡条件为

$$M_{外} = M_{内} = \int_A \sigma y \mathrm{d}A = \sum \sigma_j y_j A_j \tag{4.20}$$

式（4.20）中为了求截面的内弯矩，将截面象图 4.8 那样划分为 m 块小矩形，以小

矩形中心的坐标和应力代表这块小矩形截面上的坐标和应力。

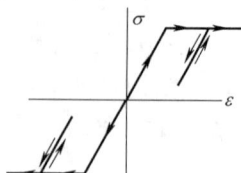

图 4.7 应力应变关系

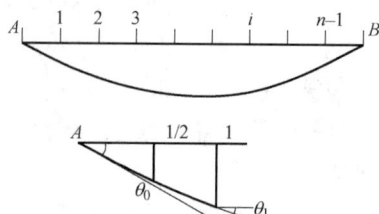

图 4.8 杆件分段和截面分块

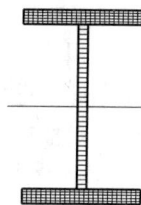

应变位移关系为：

$$\varepsilon_{imj} = \frac{\sigma_{rj}}{E} + \varepsilon - v''_{im} y_j \tag{4.21}$$

下标 m 代表计算是对每一段的中心截面进行的。应力应变关系为图 4.7 所示的理想弹塑性。这样在整个计算过程中，平衡条件、应力应变关系和变形协调条件都得到了考虑。

下面以两端简支压杆为例说明数值积分的步骤如下：

1. 将杆件分成 n 段，每段长度 Δz，$n+1$ 个节点。确定各段的两端和中点坐标以及各段中点截面的面积和惯性矩。

2. 将每一段中点截面都划分为 m 块小矩形，确定各小矩形的面积 A_j 及其形心坐标 y_{imj}（$i=1，\cdots\cdots，n$，$j=1，\cdots\cdots，m$），下标 i 表示第 i 段，下标 m 表示该段的中点。

3. 假定初弯曲的形式及其大小，记为 V_0，通常；$V_0 = (L/1000)\sin(\pi z/L)$。

从支座端开始向杆件另一端依次逐段计算。由于要考虑弹塑性阶段，应力将有可能出现卸载的情况，因此，应该按照增量的形式增加荷载和位移。

4. 给定荷载增量 ΔP^k，$P^k = P^{k-1} + \Delta P^k$；

5. 已知支座端的位移 $v_0 = 0$，假定支座端的转角 v'_0；

6. 按照下式计算第 i 段中点的位移和弯矩

$$v^k_{im} = v^k_i + \frac{1}{2}(\Delta z)v'^k_i$$

$$M = P(V_{0im} + v^k_{im})$$

已知中点的轴力和弯矩，可以从 $M-P-\Phi$ 曲线上确定中点截面的曲率，进而求得下一节点的位移和转角。但是 $M-P-\Phi$ 曲线用式子表示出来才便于计算机分析，而这又会牺牲计算的精度。因此可以将计算 $M-P-\Phi$ 曲线的过程结合到数值积分过程中来。

7. 假定第 i（$i=1，\cdots\cdots，n$）段中点的曲率增量 $\Delta\varphi^k_{im}$（$=-\Delta y''^k_{im}$）；

8. 假定截面形心处的平均应变增量 $\Delta\varepsilon^k_{im0}$，上标 k 表示第 k 级荷载步；

9. 按下式计算截面各小单元面积形心点的应变 ε^k_{ijm}；

$$\varepsilon^k_{ijm} = \varepsilon^{k-1}_{ijm} + \Delta\varepsilon^k_{ij} = \varepsilon^{k-1}_{ij} + \Delta\varepsilon^k_{im0} + \Delta\varphi^k_{im} y_{imj}$$

式中 ε^k_{ijm} 表示第 i 段中点截面上第 j 个单元微面积的应变。

这里需要注意到，截面上的残余应力 σ_{rij} 在第 1 步计算中就已经得到了考虑，即 $\varepsilon^1_{ij} = \frac{\sigma_{rij}}{E} + \Delta\varepsilon^1_{im0} + \Delta\varphi^1_{im} y_{imj}$。式中的应力和应变均以拉为正。

10. 根据应力应变关系(图 4.7)确定各微单元面积形心点的应力 σ_{ij}^{k}，步骤如下：

a. 对第 1 级荷载而言

$$|\varepsilon_{ij}| < \varepsilon_{y} : \sigma_{ij} = E\varepsilon_{ij}$$
$$\varepsilon_{ij} \geqslant \varepsilon_{y} : \sigma_{ij} = f_{y}$$
$$\varepsilon_{ij} \leqslant -\varepsilon_{y} : \sigma_{ij} = -f_{y}$$

b. 对第 k 级 $(k>1)$ 荷载而言，不仅要根据本级应变增量 $\Delta\varepsilon_{ij}^{k}$，还要根据上一级荷载作用下计算收敛后各截面应力应变值 ε_{ij}^{k-1} 和 σ_{ij}^{k-1} 来确定本级荷载下的应力值 σ_{ij}^{k}：

(a) $\sigma_{ij}^{k-1} = f_{y}$ 时：

如果 $\varepsilon_{ij}^{k-1} \cdot \Delta\varepsilon_{ij}^{k} > 0$，即应变同方向增加：$\sigma_{ij}^{k} = \sigma_{ij}^{k-1} = f_{y}$

如果 $\varepsilon_{ij}^{k-1} \cdot \Delta\varepsilon_{ij}^{k} < 0$，即应变出现反向：$\sigma_{ij}^{k} = \sigma_{ij}^{k-1} + E\Delta\varepsilon_{ij}^{k}$

(b) $\sigma_{ij}^{k-1} = -f_{y}$ 时

如果 $\varepsilon_{ij}^{k-1} \cdot \Delta\varepsilon_{ij}^{k} > 0$，即应变同方向增加：$\sigma_{ij}^{k} = \sigma_{ij}^{k-1} = -f_{y}$

如果 $\varepsilon_{ij}^{k-1} \cdot \Delta\varepsilon_{ij}^{k} < 0$，即应变出现反向：$\sigma_{ij}^{k} = \sigma_{ij}^{k-1} + E\Delta\varepsilon_{ij}^{k}$

(c) $-f_{y} < \sigma_{ij}^{k-1} < f_{y}$ 时即单元仍处在弹性阶段：$\sigma_{ij}^{k} = \sigma_{ij}^{k-1} + E\Delta\varepsilon_{ij}^{k}$，此时还要判断它是否已经从弹性进入塑性来对应力进行调整：

若 $\sigma_{ij}^{k} > f_{y}$：$\sigma_{ij}^{k} = f_{y}$

若 $\sigma_{ij}^{k} < -f_{y}$：$\sigma_{ij}^{k} = -f_{y}$

11. 校核内外轴力平衡条件，即 $\left| P - \sum_{j=1}^{m} \sigma_{j} A_{j} \right| < \varepsilon$ (一个小量)是否满足，若不满足规定的精度要求，则调整 $\Delta\varepsilon_{im0}^{k}$，返回到第 8 步，直到满足为止；

12. 校核内外力矩平衡条件

$$-\sum \sigma_{j} \Delta A_{j} y_{j} + P(V_{0im} + v_{im}^{k}) = 0$$

若不满足要求，则调整 $\Delta\varphi_{im}^{k}$，返回到第 7 步，直到满足为止。

13. 计算每段终点的位移 v_{i+1} 和斜率 v'_{i+1}：

$$v_{i+1}^{k} = v_{i}^{k} + (\Delta z) v'^{k}_{i} + \frac{1}{2} (\Delta z)^{2} v''^{k}_{im}$$

$$v'^{k}_{i+1} = v'^{k}_{i} + (\Delta z) v''^{k}_{im}$$

14. 进入下一段计算，可以前一段计算所得的曲率和平均应变作为假定值，重复第 6 至 13 步直到最后一段；

15. 校核另一端的位移是否为零。若不满足规定的精度要求，则调整 v'_{0} 值，重新开始计算，直到满足要求为止。

16. 为了考虑加载历史的影响，在完成上述计算后，应将每段截面上每个微单元的应力和应变值记录下，作为下一级荷载的起始点；

17. 增加荷载值，重复第 5 至 16 步，便可逐步确定荷载—位移曲线。

18. 当到达某一荷载时，第 11，12 步无法完成，则说明压杆已达到或接近极限荷载，从而确定出极限荷载值 P_{u}。

采用上述方法，对工程中常用的多种截面以及不同的残余应力分布，取不同长度，无量纲化整理，得到了很多柱子曲线，经归纳得到 3 条柱子曲线，在图 4.13 中给出。

4.5 真实压杆的计算长度系数

压杆计算长度系数的概念来自理想弹性压杆的屈曲分析。由于实际压杆的各种缺陷，压杆发生的是极值型失稳，来自于理想体系的计算长度系数的概念是否仍然具有意义和应用价值？或者是否需要另外的定义？

如果压杆是弹性的，但是荷载存在初始偏心，压杆存在初始弯曲。那么根据判断稳定性的静力准则，我们仍然可以得到理想体系的临界荷载，其中包含了计算长度系数的概念。因此计算长度系数仍然具有物理意义。

如果压杆是直的，荷载没有偏心，采用切线模量理论同样可以得到计算长度系数的概念。

如果既有残余应力，又有初始弯曲，则计算长度系数的定义按照图 4.9 所示的杆端约束条件不同的压杆的稳定极限承载力结果与两端铰支压杆的稳定极限承载力分析结果的比值确定。计算长度系数为

$$\mu = \frac{\overline{AB}}{\overline{AC}} \tag{4.22}$$

对于不同的边界条件，采用数值积分法得到它们的极限承载力，画出稳定系数和长细比关系图，即得到计算长度系数。

不同边界条件下数值积分的算法过程有小的调整。例如悬臂柱，从下端开始积分，位移和转角均为零，但是弯矩不为零，必须假设柱顶位移 Δ，计算下端弯矩 $M = P(\Delta + \Delta_0)$，才能一步一步向柱顶积分，到了柱顶后，要判断数值积分得到的柱顶位移与开始时得到的是否一样，不一样就要重新调整计算直到一样为止。

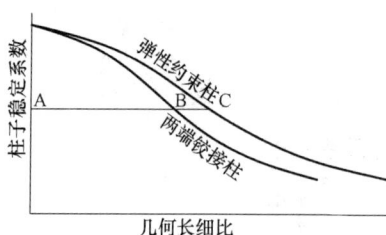

图 4.9 有初始缺陷杆计算长度系数的定义

由于是数值分析，不同长细比下获得的计算长度系数会有一定的差别，但是差别很小，而且与理想弹性假定得到的数值非常接近。因此弹性假定得到的计算长度系数完全可以应用。

4.6 JEZEK 法求压杆的稳定承载力

下面我们来考察图 4.10 所示悬臂柱的极限承载力，压杆截面是矩形的，材料是理想弹塑性的。这是一个几何和物理双重非线性问题，在没有计算机的时代，求解起来非常复杂。对于两端简支的压弯杆（见第 9 章），Jezek[1] 提出了一个近似解析解。这里拿来决定压杆的弹塑性稳定系数，主要目的是：(1) 了解极值型稳定问题的特点，(2) 了解计算稳定承载力采用的方法的粗放程度及其粗放的方法能够达到的精度，(3) 了解初始弯曲如何影

响压弯杆的稳定性。

假设压杆的初始弯曲：

$$v_0 = v_{0T}\left(1 - \cos\frac{\pi z}{2L}\right)$$

式中 v_{0T} 是顶部的初始侧移。压力 P 作用后产生的附加挠度是：

$$v = v_T\left(1 - \cos\frac{\pi z}{2L}\right) \tag{a}$$

导数：

$$v' = v_T\frac{\pi}{2L} \cdot \sin\frac{\pi z}{2L}, v'' = v_T\left(\frac{\pi}{2L}\right)^2\cos\frac{\pi z}{2L}$$

柱底曲率：

$$\Phi = -v'' = \frac{\pi^2}{4L^2}v_T \tag{b}$$

柱底截面外弯矩

$$M_{\text{exterior}} = P(v_T + v_{0T}) \tag{c}$$

如果柱底截面应力分布如图 4.10b，f_y 受压为正，记 $P_P = bhf_y$ 则

$$P = f_y A - \frac{1}{2}(f_y + \sigma_t)bh_e \qquad f_y + \sigma_t = \frac{2(P_P - P)}{bh_e} \tag{d}$$

$$M_{\text{interior}} = \frac{1}{2}(f_y + \sigma_t)bh_e\left(\frac{h}{2} - \frac{h_e}{3}\right) = M_{\text{exterior}} \tag{e}$$

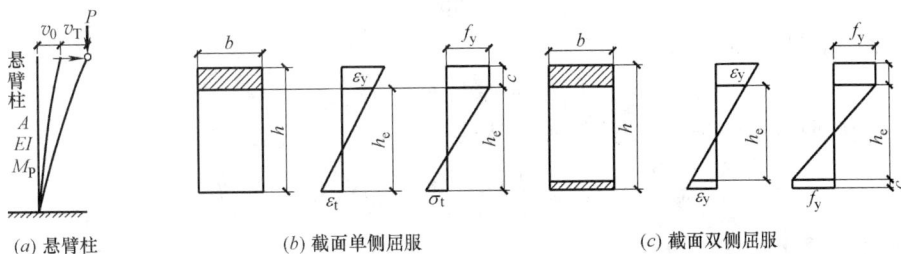

图 4.10 矩形截面压杆的极限承载力—Jezek 法

由以上两式：

$$h_e = \frac{3}{2}h - \frac{3P(v_T + v_{0T})}{P_P - P} \tag{f}$$

由应变计算的曲率：

$$\Phi_{\text{bottom}} = \frac{\varepsilon_y + \varepsilon_t}{h_e} = \frac{f_y + \sigma_t}{Eh_e} = \frac{2(P_P - P)}{Ebh_e^2} = v_T\frac{\pi^2}{4L^2} \tag{g}$$

从以上两式消去 h_e 得到.

$$\frac{v_T}{h}\left[\frac{1}{2}\left(1 - \frac{P}{P_P}\right) - \frac{P}{P_P}\frac{(v_{0T} + v_T)}{h}\right]^2 = \frac{P_P}{54P_E}\left(1 - \frac{P}{P_P}\right)^3 \tag{h}$$

式中 $P_E = \frac{\pi^2 EI}{4L^2}$。式($h$)给出 $P \sim v_T$ 曲线，有极值点，令 $\frac{dP}{dv_T} = 0$，得到

$$\frac{v_T}{h} = \frac{1}{3}\left[\frac{1}{2}\left(\frac{P_P}{P} - 1\right) - \frac{v_{0T}}{h}\right] \tag{i}$$

代入(h)式得到(此时的 P 记为 P_u，$\varphi = P_u/P_P$)

$$\left[1-\frac{2v_{0T}}{h}\frac{\varphi}{(1-\varphi)}\right]^3=\frac{P_P}{P_E}\varphi=\bar{\lambda}^2\varphi \tag{j}$$

式中 $\bar{\lambda}$ 是正则化长细比。取 $v_{0T}=2L/n$，$(n=500，1000)$，上式化为

$$\left[1-\left(1+\frac{31\sqrt{3}}{n}\bar{\lambda}\right)\varphi\right]^3=\bar{\lambda}^2\varphi(1-\varphi)^3 \tag{k}$$

式（k）在 $\sigma_t\leqslant f_y$ 时成立：此时要求

$$\frac{h_e}{h}>1-\varphi \tag{l}$$

由（f）（i）式推导出极值点时截面弹性核的高度

$$\frac{h_e}{h}=1-\frac{2v_{0T}}{h}\cdot\frac{\varphi}{(1-\varphi)}\geqslant1-\varphi$$

$$\varphi<1-\frac{31\sqrt{3}}{n}\bar{\lambda}, \tag{m}$$

因此（k）式成立的条件可以简单地表示为 $\varphi<1-\dfrac{2v_{0T}}{h}=1-\dfrac{31\sqrt{3}}{n}\bar{\lambda}$。

（k）式也可以表示成

$$P_u=\frac{\pi^2EI}{4L^2}\left(\frac{h_e}{h}\right)^3=\frac{\pi^2EI_e}{4L^2} \tag{4.23a}$$

如果双侧屈服（图 4.10c），

$$P=P_P-bh_ef_y-2bcf_y \tag{n}$$

式中 c 是受拉屈服区的深度。弯矩平衡方程是

$$P(v_{0T}+v_T)=bh_ef_y\left(\frac{1}{2}h-\frac{1}{3}h_e-c\right)+2bcf_y\left(\frac{1}{2}h-\frac{1}{2}c\right) \tag{o}$$

由应变计算的曲率

$$\frac{2\varepsilon_y}{h_e}=\Phi=\frac{\pi^2}{4L^2}v_T \tag{p}$$

从式（p）

$$h_e=\frac{8P_PL^2}{v_T\pi^2Ebh} \tag{q}$$

从式（o，q，n）可以得到

$$\frac{v_T^2}{h^2}\left[\frac{1}{4}-\frac{P^2}{4P_P^2}-\frac{P(v_{0T}+v_T)}{P_Ph}\right]=\frac{1}{12}\left(\frac{P_P}{6P_E}\right)^2 \tag{r}$$

式（r）是 $P\sim v_T$ 曲线，令 $\dfrac{\mathrm{d}P}{\mathrm{d}v_T}=0$ 可以求得极值和极值出现的位移为

$$\frac{v_T}{h}=\frac{P_P}{6P}\left(1-\frac{P^2}{P_P^2}-4\frac{Pv_{0T}}{P_Ph}\right) \tag{s}$$

极限荷载对应的稳定系数由下式决定

$$\varphi^2\bar{\lambda}^4=\left(1-\varphi^2-4\varphi\cdot\frac{v_{0T}}{h}\right)^3 \tag{t}$$

取 $v_{0T}=2L/n$，$(n=500，1000)$，上式化为

$$\left(1-\varphi^2-\varphi\cdot\frac{62\sqrt{3}\lambda}{n}\right)^3=\varphi^2\bar{\lambda}^4 \qquad (u)$$

式 (u) 在 $c\geqslant0$ 时成立，此时．

$$\frac{c}{h}=\frac{1-\varphi}{2}-\frac{h_e}{2h}=\frac{1-\varphi}{2}-\frac{\varphi\bar{\lambda}^2}{2(1-\varphi^2-4\varphi v_{0T}/h)}\geqslant0 \qquad (v)$$

式 (v) 可以化为

$$1\geqslant\varphi+(\overline{\varphi\lambda^2})^{1/3} \qquad (w)$$

此时弹性核的高度为

$$\frac{h_e}{h}=\frac{\varphi\bar{\lambda}^2}{1-\varphi^2-4\varphi v_{0T}/h}=\sqrt{1-\varphi^2-4\varphi v_{0T}/h} \qquad (x)$$

极值点的轴力为

$$P_u=\frac{\pi^2 EI}{4L^2}\frac{\varphi^3\bar{\lambda}^6}{[1-\varphi^2-4\varphi v_{0T}/h]^3}=\frac{\pi^2 EI_e}{4L^2} \qquad (4.23b)$$

假设 $v_{0T}=2L/(500,1000)$，$f_y=235\text{N/mm}^2$，从式 (k) 和式 (u)，可以获得 φ，计算表明 (w) 式总是不能满足，因此实际上由 (k) 式决定稳定系数。$n=500$ 的结果如表 4.1，这条曲线已经非常接近 EC3 的 b 曲线。由此可以判断 Jezek 法，虽然很粗放，却能够得到接近真实承载力的结果。图 4.11 给出了 $n=500$，1000 两种缺陷大小采用 Jezek 法得到的结果与采用边缘纤维屈服准则（见下节）得到的稳定系数的对比，边缘纤维屈服准则曲线低于 Jezek 方法得到的曲线，因为边缘纤维屈服准则是下限解，这个对比又进一步验证了 Jezek 法的精度相当不错。

Jezek 法的稳定系数算例　　　　　　　　　　　　表 4.1

$\bar{\lambda}$	φ	$\bar{\lambda}$	φ	$\bar{\lambda}$	φ	$\bar{\lambda}$	φ
0.1	0.9865	0.8	0.7246	1.5	0.3419	2.2	0.1768
0.2	0.9686	0.9	0.6606	1.6	0.3078	2.3	0.163
0.3	0.9456	1	0.596	1.7	0.2781	2.4	0.1508
0.4	0.9167	1.1	0.5341	1.8	0.2521	2.5	0.1399
0.5	0.8806	1.2	0.4771	1.9	0.2295	2.6	0.1302
0.6	0.8365	1.3	0.4261	2	0.2097	2.7	0.1213
0.7	0.7841	1.4	0.3812	2.1	0.1922	2.8	0.1134

由 (4.23a，b) 式可以知道，虽然这里存在初始弯曲，但是临界荷载（极限荷载）的表达式与没有初始弯曲的轴压杆的切线模量理论的结果并没有不同。初弯曲在这里所起的对稳定性不利的作用是：产生弯矩，使得压杆截面上应力增大，提前进入塑性，截面抗弯刚度减小，抗弯刚度减小后压杆的轴向稳定承载力由切线模量理论计算。初弯曲对压弯杆稳定性的影响是通过产生弯矩、减小截面的抗弯刚度间接地反映出来的。这从反证的方面验证了如下论断：对于无限弹性

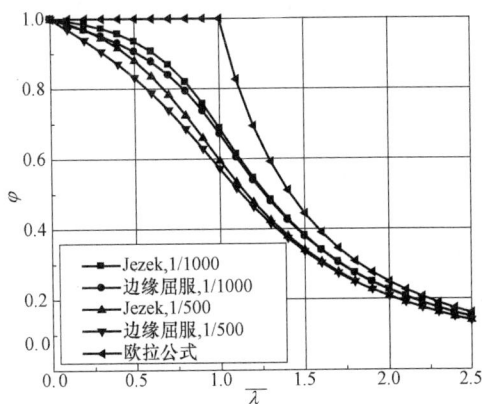

图 4.11　Jezek 法得到的柱子稳定系数

的压杆，初始弯曲对它的稳定性没有影响。

实际上，对于任意的弹塑性压弯杆，平衡方程是

$$M_内 - Py = M_外 = Py_0$$

根据稳定性的静力准则，对上述平衡方程在外力不变的假设下进行干扰得到

$$M_内 + \dot{M}_内 - P(y + \dot{y}) = M_外 = Py_0$$

式中字母上部带点的量表示是干扰产生的内力和挠度增量。两式相减得到如下并不显式地包含初始弯曲(弯矩)的、判断构件稳定性的方程：

$$\dot{M}_内 - P\dot{y} = 0$$

采用切线模量理论 $M_内 = -EI_e\dot{y}''$，则

$$EI_e\dot{y}'' + P\dot{y} = 0$$

在这里我们再次看到，初始弯曲(弯矩)的影响是使压杆截面提前进入屈服，使截面刚度下降，从而减小临界荷载。

4.7 设计公式的构建

大量数值分析的结果必须用公式表示出来才具有推广应用价值。压杆的弹塑性承载力随长细比而变化，截面形状不同，塑性开展的潜力也不同，导致承载力会产生差异，制作方式不同(轧制和焊接)，残余应力分布就不同，承载力也不同。要提出一个公式概括这些因素的影响绝非易事。

压杆稳定性研究的历史提供了我们构建公式的很好的一个手段。在历史上曾经采用过两种著名的方法来构建压杆稳定承载力的计算公式，其中之一为边缘纤维屈服准则，它导致了 Perry-Robertson 公式。再一个就是 Merchant-Rankine 公式。

边缘纤维屈服准则是在我们对钢构件截面上的残余应力还没有认识的时候提出的，那时缺乏计算手段，弹塑性分析几乎不可能。那时强度计算还采用以边缘纤维屈服为准则。研究人员就将强度计算采用的边缘纤维屈服准则用于计算压杆的稳定承载力。设压杆的轴力为 P，初始弯曲为 d_0，轴力作用后柱中截面的弯矩为

$$M = \frac{Pd_0}{1 - P/P_E}$$

令柱中截面的最大应力等于材料的屈服强度：

$$\frac{P}{A} + \frac{Pd_0}{W(1 - P/P_E)} = f_y$$

记 $\sigma = P/A$，$\sigma_E = P_E/A = \pi^2 E/\lambda^2$，$\varepsilon_0 = \dfrac{Ad_0}{W}$，从上式可以得到

$$(f_y - \sigma)(\sigma_E - \sigma) = \varepsilon_0\sigma\sigma_E$$

展开得到

$$\sigma^2 - [f_y + \sigma_E(1 + \varepsilon_0)]\sigma + \sigma_E f_y = 0$$

从上式得到

$$\sigma = \frac{1}{2} \left(f_y + \sigma_E (1+\varepsilon_0) - \sqrt{[f_y + \sigma_E(1+\varepsilon_0)]^2 - 4 f_y \sigma_E} \right) \tag{4.24}$$

上式即为 Perry-Robertson 公式。它可以通过缺陷因子 ε_0 来调节曲线的高低，使之适合不同截面的压杆，因而得到广泛应用。

记压杆的稳定系数为 $\varphi = \sigma / f_y$，记压杆的欧拉临界应力达到屈服应力时的长细比为欧拉长细比 $\lambda_{Ey} = \pi \sqrt{E/f_y}$，并引入通用长细比 $\bar{\lambda} = \lambda / \lambda_{Ey}$，（4.24）式改写为

$$\varphi = \frac{1}{2} \left[1 + \frac{1+\varepsilon_0}{\bar{\lambda}^2} - \sqrt{\left[1 + \frac{1+\varepsilon_0}{\bar{\lambda}^2} \right]^2 - \frac{4}{\bar{\lambda}^2}} \right] \tag{4.25}$$

式（4.25）直接来自边缘纤维屈服准则。假设工字形截面柱子绕强轴失稳，初始缺陷都等效为初始弯曲，$d_0 = L/500$，绕强轴的回转半径近似为 $0.42h$，绕弱轴的回转半径是 $0.24b$，则

$$\varepsilon_{0x} = \frac{d_0 A}{W_x} = \frac{LA}{500 I} \left(\frac{h}{2} \right) = \frac{\lambda}{1000} \frac{h}{i_x} \approx \frac{\lambda}{420} = \frac{\pi \sqrt{E/f_y}}{420} \bar{\lambda}_x = 0.221 \bar{\lambda}_x \sqrt{\frac{235}{f_y}} \tag{4.26a}$$

$$\varepsilon_{0y} = \frac{d_0 A}{W_y} = \frac{LA}{500 I_y} \left(\frac{b}{2} \right) = \frac{\lambda}{1000} \frac{b}{i_y} \approx \frac{\lambda}{240} = 0.388 \bar{\lambda}_y \sqrt{\frac{235}{f_y}} \tag{4.26b}$$

可见同样幅度的初始弯曲，对不同的轴，对稳定承载力的影响不同。图 4.12 给出了两种初始弯曲幅值($L/1000$，$L/500$)、三种强度等级的钢材(Q235，Q345，Q420)时 H 形截面绕强轴和绕弱轴弯曲的采用边缘纤维屈服准则得到的稳定系数。结论是：(1)相同的初始弯曲下，绕弱轴失稳的稳定系数比较低，绕强轴失稳的稳定系数较大；(2)相同的初始弯曲幅值和相同的正则化长细比下，强度等级较高的压杆稳定系数较高，即初始弯曲的影响是随着钢材强度等级的提高而略有减小。

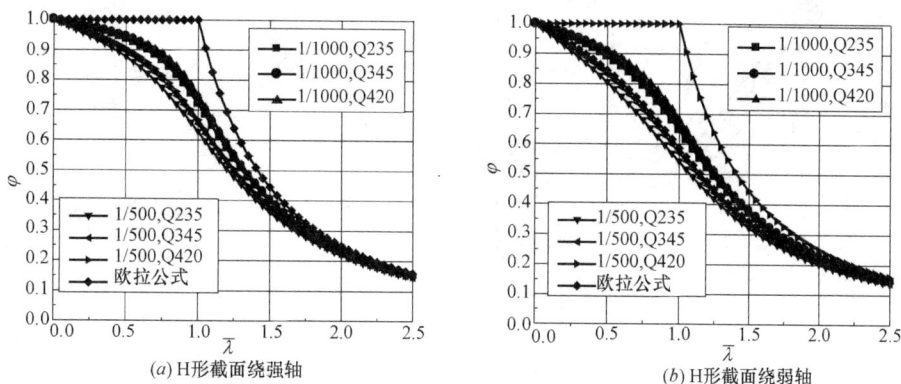

图 4.12 初弯曲对压杆稳定性的影响：边缘纤维屈服准则

欧洲 ECCS 规范经过 1067 根压杆的试验研究，经过归纳分类和回归分析，提出了以下的经过修正的公式用于钢压杆稳定系数的计算：

$$\varphi = \frac{1}{2} \left[1 + \frac{1 + \alpha(\bar{\lambda} - \bar{\lambda}_0)}{\bar{\lambda}^2} - \sqrt{\left[1 + \frac{1 + \alpha(\bar{\lambda} - \bar{\lambda}_0)}{\bar{\lambda}^2} \right]^2 - \frac{4}{\bar{\lambda}^2}} \right] \tag{4.27}$$

其中 $\bar{\lambda}_0 = 0.2$。欧洲 EC3 规范的钢柱柱子曲线 α_0，a，b，c，d 对应的 α 分别为

a0 曲线：$\alpha = 0.13$

a 曲线：$\alpha = 0.206$

b 曲线：$\alpha=0.339$

c 曲线：$\alpha=0.489$

d 曲线：　$\alpha=0.76$

在 $\bar{\lambda}\leqslant0.2$ 时，稳定系数为 1.0。这是考虑到钢材强化的影响，使得稳定系数曲线不是在长细比等于 0 时等于 1.0。通过比较可以看出从理论公式(4.25)式到实际应用公式(4.27)式所进行的调整的方式和程度。我国的柱子曲线表达式是

$$\bar{\lambda}\leqslant0.215：\varphi=1-\alpha_1\bar{\lambda}^2 \tag{4.28a}$$

$$\bar{\lambda}>0.215：\varphi=\frac{1}{2}\left[1+\frac{\alpha_2+\alpha_3\bar{\lambda}}{\bar{\lambda}^2}-\sqrt{\left(1+\frac{\alpha_2+\alpha_3\bar{\lambda}}{\bar{\lambda}^2}\right)^2-\frac{4}{\bar{\lambda}^2}}\right] \tag{4.28b}$$

GB 50017 柱子稳定系数曲线的参数　　　　　　　　　　　　表 4.2

	a	b	c		d	
			$\bar{\lambda}\leqslant1.05$	$\bar{\lambda}>1.05$	$\bar{\lambda}\leqslant1.05$	$\bar{\lambda}>1.05$
α_1	0.41	0.65	0.73	0.73	1.35	1.35
α_2	0.986	0.965	0.906	1.216	0.868	1.375
α_3	0.152	0.3	0.595	0.302	0.915	0.432

图 4.13 给出了 EC3 的五条柱子稳定系数曲线(EC3 分别称为 a0，a，b，c，d 曲线)我国钢结构设计规范的四条柱子曲线(分别称为 a，b，c，d 曲线)，两个规范对比可以看出，我国的 b 曲线和 EC3 的 b 曲线非常接近，我国的 c，d 曲线分别低于 EC3 的 c，d 曲线，我国的 a 曲线介于 EC3 的 a0 和 a 曲线之间。

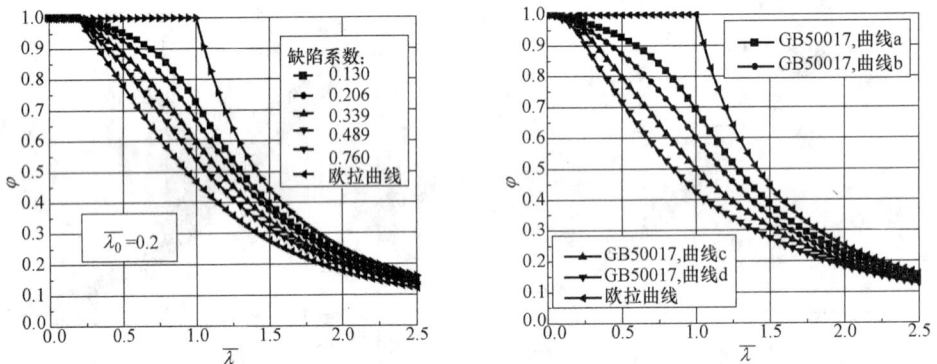

图 4.13　EC3 和 GB 50017 的压杆稳定系数曲线

考虑到残余应力对于热轧截面基本上不随钢材强度等级而变化、焊接工字钢的残余拉应力随钢材强度等级提高的程度也较小，因此残余应力的影响也是随着钢材强度等级的提高而减小的幅度比缺陷因子 $\varepsilon_0=\alpha\bar{\lambda}\sqrt{\dfrac{235}{f_y}}$ 反映的要大，读者可以对比图 4.12b 和图 4.6b，c，残余应力的影响与残余应力和屈服强度比值的平方成正比，即缺陷因子应该是 $\dfrac{\sigma_r}{235}\cdot\left(\dfrac{235}{f_y}\right)^2$，参见图 4.6b，c 与图 4.6d 的对比。考虑到同时存在两种缺陷时，两者的影响不是简单的相加，因此参照(4.26a，b)式将缺陷参数取成下式

$$\varepsilon_0 = \alpha_1 \bar{\lambda} \sqrt{\frac{235}{f_y}} + \alpha_2 \bar{\lambda} \frac{235}{f_y} \tag{4.29a}$$

是更为合理的,例如可以取 $\alpha_1 = \alpha_2 = 0.5\alpha$。另外参照 EC3 和我国规范,考虑到钢材的强度等级越高,f_u / f_y 越低,屈服后的强化阶段刚度越低,$\bar{\lambda}_0$ 对 EC3 的五条曲线,分别修改为

$$\bar{\lambda}_0 = 0.2\frac{235}{f_y} \text{或者} \bar{\lambda}_0 = (0.2, \quad 0.15, \quad 0.1, \quad 0.05, \quad 0)\frac{235}{f_y} \tag{4.29b}$$

图 4.14 给出了 EC3 的 b、d 曲线经上述修改后对三种屈服强度钢材的柱子曲线,经过这样的修改,钢材屈服强度越高,相同正则化长细比下的稳定系数越大。

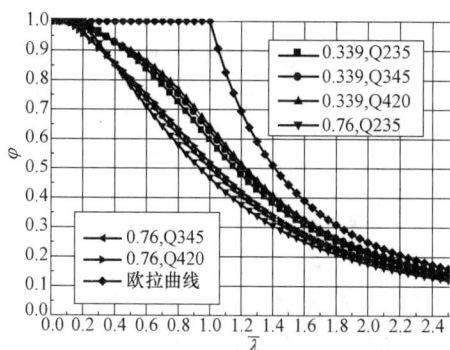

图 4.14 合理化后的曲线

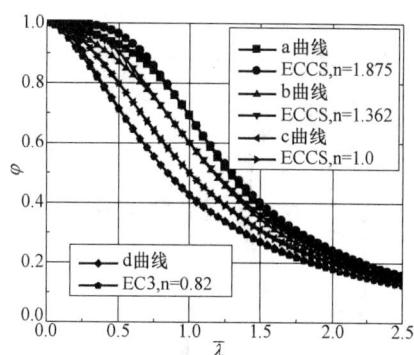

图 4.15 EC3 公式与 GB 50017 曲线比较

建立公式的另一个手段是 Merchant-Rankine 公式。它是如下是线性公式

$$\frac{P}{P_E} + \frac{P}{P_P} = 1 \tag{4.30}$$

式中 $P_P = A f_y$ 是全截面屈服荷载。(4.30)式代表了两种破坏模式的相互作用,一种是弹性屈曲,一种是全截面塑性屈服。从上式可以得到

$$\sigma = \frac{\sigma_E f_y}{\sigma_E + f_y}$$

或用稳定系数的形式表示为

$$\varphi = \frac{1}{1 + \bar{\lambda}^2} \tag{4.31}$$

这个公式的缺点是曲线单一。但是在后面的章节中我们会经常看到(4.30)式的身影,它在许多情况下能够精确地表示两种破坏模式的相互作用。

(4.30)式可以推广成带指数的形式:

$$\left(\frac{P}{P_E}\right)^n + \left(\frac{P}{P_P}\right)^n = 1 \tag{4.32}$$

此时可以调整 n 的值来考虑缺陷的影响。此时

$$\varphi = \sqrt[n]{\frac{1}{1 + \bar{\lambda}^{2n}}} \tag{4.33}$$

(4.33)式称为 ECCS 公式。取 $n = 1.875$,1.362,1 和 0.82 时,$\bar{\lambda} = 1$ 时的稳定系数分别是 0.691,0.601,0.5,0.43,分别与我国钢结构设计规范 GB 50017 的柱子稳定系数 a,b,c,d 曲线接近。取这四个 n 值的 ECCS 曲线与 GB 50017 的四条柱子曲线的对比见图 4.15。

(4.33)式可以进一步改进,使得能够像(4.27)式那样能够反映在较小的长细比范围内

稳定系数等于1.0这一现象：

$$\varphi = \sqrt[n]{\frac{1}{1 - \bar{\lambda}_0^{2n} + \bar{\lambda}^{2n}}} \leqslant 1.0 \tag{4.34}$$

（4.27）（4.34）两个公式都是通用公式，都有两个参数可以用来调整，前者是 α，$\bar{\lambda}_0$，后者是 n，$\bar{\lambda}_0$，使曲线适合于不同的稳定系数曲线。

对（4.25）式关于缺陷因子 ε_0 求导可以得到缺陷敏感度曲线

$$\frac{\mathrm{d}\varphi}{\mathrm{d}\varepsilon_0} = \frac{1}{2\bar{\lambda}^2}\left(1 - \frac{\bar{\lambda}^2 + 1 + \varepsilon_0}{\sqrt{(\bar{\lambda}^2 + 1 + \varepsilon_0)^2 - 4\bar{\lambda}^2}}\right) \tag{4.35}$$

记 $\varepsilon_0 = \dfrac{d_0 A}{W} = \eta \dfrac{LA}{I}\left(\dfrac{h}{2}\right) = \dfrac{1}{2}\eta\lambda\dfrac{h}{i} \approx \dfrac{1}{0.84}\eta\lambda = 110.7\eta\bar{\lambda}\sqrt{\dfrac{235}{f_y}}$，图 4.16 给出了缺陷敏

感曲线，注意第1章定义 $\dfrac{\mathrm{d}\varphi}{\mathrm{d}\varepsilon_0}\bigg|_{\varepsilon_0=0}$ 是压杆的缺陷敏感度：

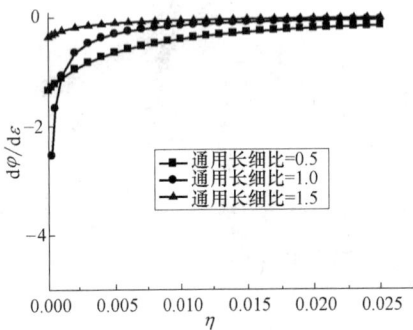

图 4.16 压杆的缺陷敏感度曲线

$$\bar{\lambda} > 1 : \frac{\mathrm{d}\varphi}{\mathrm{d}\varepsilon_0}\bigg|_{\varepsilon_0=0} = -\frac{1}{\bar{\lambda}^2(\bar{\lambda}^2 - 1)} \tag{4.36a}$$

$$\bar{\lambda} < 1 : \frac{\mathrm{d}\varphi}{\mathrm{d}\varepsilon_0}\bigg|_{\varepsilon_0=0} = -\frac{1}{(1 - \bar{\lambda}^2)} \tag{4.36b}$$

我们注意到，在 $\bar{\lambda} = 1$ 时 $\dfrac{\mathrm{d}\varphi}{\mathrm{d}\varepsilon}\bigg|_{\varepsilon=0} = \infty$，即在强度破坏和弹性屈曲破坏汇交的长细比处，压杆对缺陷非常敏感，缺陷对承载力的影响最大，在这个附近例如 $\bar{\lambda} = 0.6 - 1.4$ 这个范围内，压杆作为多层和高层结构的斜支撑杆的情况下，其抗震性能也不理想。

4.8 强度问题和稳定问题的区别和联系

强度、刚度和稳定性是三个不同的概念，强度表示结构中的材料(或截面)能够承受的最大应力(最大内力)，刚度表示抵抗变形的能力，失稳表示结构或构件不再能够以原来的平衡形式继续承受附加的荷载（虽然此时最大应力还未达到材料的屈服强度），在临界状态，如果构件上的荷载哪怕有微小的增加，平衡的性质就发生转化(instability，失稳)，甚至平衡的形状都发生变化(buckling，屈曲)。

强度代表了截面的极限状态，代表截面的刚度已经减小到了零(内力不增加，变形可以增加很大)。一个超静定结构，如果某个截面形成塑性铰，结构还具有继续承受附加荷载的能力，直到结构中形成足够多的塑性铰，结构变为几何可变机构，结构才达到强度极限状态。此时结构或构件的刚度也达到了为零的状态。失稳也代表了结构或构件的极限状态，即结构不再有继续承受荷载、抵抗进一步变形的能力，结构或构件的刚度达到了为零的状态。

因此刚度这一概念对于描述结构的状态更为重要，刚度是结构居第一位的性质。借助刚度概念，强度和稳定性的概念可以统一。

在强度问题中，我们考察钢材的应力应变关系。从图 3.1 钢材的 $\sigma-\varepsilon$ 曲线，得到钢材的四个机械性能指标：屈服点 f_y，极限强度 f_u，伸长率 δ 和弹性模量 E。在 $\sigma=f_y$ 时有屈服平台，且荷载不增加时变形迅速增加。以此为基础，进行强度计算。以上述 $\sigma-\varepsilon$ 曲线为基础，借助于材料力学的先入为主的影响，在我们的脑海中，深深地烙下了强度是最最主要的、占第一位的印象。

实际上从 $\sigma-\varepsilon$ 关系上，可以得到更为重要的参数：弹性模量 E 或 $E_t=\dfrac{d\sigma}{d\varepsilon}$。$E$（或 E_t）和 f_y 哪一个更重要？是因为 σ 达到 f_y 使 $E_t=0$，还是因为 $E_t=\dfrac{d\sigma}{d\varepsilon}$ 逐渐减小，达到 0 才引起 $\sigma-\varepsilon$ 曲线上出现屈服平台？从现象学的观点讲，完全可以认为是因为刚度的减小导致应力应变曲线上出现了屈服平台，从而引出了以 f_y 为强度计算标准的结论。因此强度计算反映的是刚度为零的极限状态。

对于通常的常温下出现脆性破坏的材料，从微观角度讲仍然存在弹塑性转变阶段，但转变段很短，在 $\sigma-\varepsilon$ 曲线上表现出应力一接近脆断应力，刚度就达到零的状态，因为材料无塑性变形能力，马上发生脆断。

轴压杆的临界荷载为 $P_E=\dfrac{\pi^2 EI}{(\mu l)^2}$，从此式可以看出稳定问题是一个刚度问题。如果结构处于弹性阶段，则结构的稳定性是与 f_y 没有关系的一个性质，就像结构的自振频率一样。在设计人员的脑海中，自振频率是结构的一个特性，与强度并不发生关系，各种程序或软件都依弹性假定计算建筑物的各阶自振频率和振型。而人们将稳定性与 f_y 联系起来，这是为什么？它源于这样的公式：

$$\sigma=f(N,M,A,W)\leqslant \varphi f_y \tag{4.37}$$

而实际上，在弹性阶段，扣除安全系数这个因素，稳定承载力是

$$\varphi f_y=\dfrac{\pi^2 EI}{(\mu l)^2 A} \tag{4.38}$$

所以，返回来以后可以认定稳定问题仍是一个刚度问题。稳定计算为什么要与钢材的屈服强度发生关系？因为在弹塑性阶段因为钢材的切线模量与钢材的应力大小有关。

刚度是什么？刚度是抵抗变形的能力。什么东西抵抗变形的能力？在大学的课程中我们学到如下刚度概念：

1. 材料：其刚度指标为 E 和 G；
2. 截面的刚度：EA，EI，GA，GJ；
3. 构件的刚度：EI/l，构件的刚度与支承条件有关，见以下的例子；
4. 结构（子结构）的刚度：如层抗侧刚度。

例如柱子（构件）抗侧移刚度 $\dfrac{12EI}{l^3}$，修正抗侧移刚度 $\dfrac{3EI}{l^3}$，$M=4i\theta$，$4i$ 为梁端抗弯刚度，$M=3i\theta$，$3i$ 为修正的梁端抗弯刚度。

从以上可知，结构是分层次的，刚度也是分层次的，每一层次结构都会发生失稳现象。在材料层次上，应力应变曲线上切线模量为零的点表示金属内部晶体结构不再能保持原状，通过晶体间滑移达到新的状态，这代表的是微观状态的失稳。材料层次的失稳是强度问题。我们关注的稳定性，通常是构件和（子）结构层次上的稳定性。失稳表示结构（构

件）不再能承受附加的水平力（或竖向力），代表了水平抗侧刚度（或竖向刚度）的丧失（刚度＝0）。

从失稳现象我们能够推论出的结论是：强度问题和稳定问题是不同层次的结构上的刚度为零的问题。在材料和截面的层次上刚度为零，是强度问题。在杆件和结构层次上刚度为零的问题是稳定问题。

杆件和结构层次上的刚度，在第 2 章中已经介绍，由物理正刚度和荷载的负刚度（几何刚度）综合得到。当荷载负刚度抵消了物理正刚度，失稳就发生了。

在更深入地学习了板件失稳理论之后，在截面和构件这两个层次之间还出现了板件和板组的层次，板件因为板件内压力的负刚度效应，使得板件发生局部屈曲，影响截面的刚度（截面的抗弯刚度，轴压刚度，板件平面内的剪切刚度，均受到局部屈曲的影响），从而影响到构件整体的屈曲。

框架形成塑性铰机构，物理刚度变为 0，是框架的强度极限状态而此时框架上作用着重力荷载，重力荷载具有负刚度，因此框架的塑性机构状态是一种负刚度状态，从稳定理论的观点看，框架形成塑性机构之前就失去稳定了，因此框架采用塑性设计要小心！

4.9 弹性屈曲与弹塑性屈曲的区别和联系

研究压杆的弹性屈曲，实际上引入了一个假定：荷载可以无限制地增加直至屈曲，这是研究弹性屈曲必须的。弹塑性屈曲则有所区别：压杆全截面屈服的轴力形成荷载的一个上限，不会无限制地增长。

弹性压杆中，促使屈曲发生的唯一的因素是荷载的负刚度；弹塑性的压杆则除了荷载的负刚度以外，还有应力的大小影响压杆截面刚度的大小，应力越大，截面刚度越小。这第二个因素导致弹塑性压杆的破坏是两种破坏模式的相互作用：由应力水平确定的强度破坏和由二阶效应决定的屈曲破坏的相互作用。

表 4.3 给出理想化压杆稳定性研究和实际工程压杆设计的对比。

理想化轴压压杆稳定性研究与真实压杆设计的对比　　　　　　表 4.3

比较内容	理想化轴压杆	真实压杆
材料性质	无限弹性	弹塑性
构件内力	轴压	有弯矩和轴压力
荷载	假设可以随意增加直到屈曲	限于 50 年一遇的荷载组合
缺陷	不考虑	残余应力、初始侧移、初始弯曲以及荷载偏心等
失稳原因	无限制地增加直到屈曲的荷载负刚度：$-P/h$	(1) 有限的荷载负刚度：$-P/h$； (2) 材料塑性开展； (3) 缺陷影响
失稳准则的应用	（压杆正刚度，已经给定）＋（无限制增加的荷载负刚度）＝0，从此推导得到临界荷载	（压杆应该具有的正刚度）＋（已经基本给定的荷载负刚度）＝0，从此推得压杆应该具有的正刚度

　　根据压力的负刚度效应，我们可以做出推论：真实的弹塑性结构失稳(达到极值点)时，压杆仍然具有正的物理刚度。稳定性验算的目的是为了确保压杆在极限状态时具有正的物理刚度。我们可以称之为剩余物理刚度（参照日本抗震设计中保有耐力的称呼，这里也可以称为压杆应保有的刚度）。采用"剩余"这个称呼，是为了反映弹塑性材料的物理刚度受到应力水平的影响，或者说应力消耗了相当部分的刚度后剩余的部分用于抵抗荷载的负刚度，保证压杆的稳定性。

　　对于真实的弹塑性压杆来说，因为压力负刚度具有明确的、简单的计算公式，因此在极限状态下，压杆的剩余物理抗侧刚度必须满足：

$$K_{\text{residual}} > \frac{P}{h} \qquad (4.39)$$

　　压杆稳定系数曲线所对应的剩余物理刚度可以按照如下的方式反算。当压杆承担的轴力达到下式的值时，压杆达到稳定承载力极限状态：

$$P = \varphi P_{\text{P}} \qquad (4.40)$$

式中 φ 是稳定系数，P_{P} 是全截面屈服时的压力。

　　稳定承载力极限状态，代表了压杆的刚度已经变为 0。但是我们注意到，压杆上作用的轴力 $P = \varphi P_{\text{P}}$ 具有负刚度，正是它导致了压杆的失稳。这从反面表明，压杆达到稳定承载力极限状态时，压杆本身具有正的物理刚度。假设压杆是悬臂柱，这个正刚度是抗侧刚度，采用 $(EI)_{e0}$ 表示在极限状态下压杆截面的加权平均的切线刚度，则根据(4.40)式，可以得到：

$$\frac{3(EI)_{e0}}{H^3} = \frac{12}{\pi^2} \cdot \frac{\varphi P_{\text{P}}}{H} \qquad (4.41)$$

因此

$$\varphi = \frac{\pi^2 (EI)_{e0}}{4H^2 \cdot P_{\text{P}}} \qquad (4.42)$$

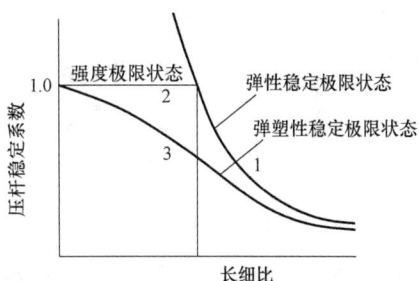

图 4.17 压杆稳定系数曲线

　　图 4.17 是压杆稳定系数简图，表 4.4 给出了图 4.17 中三条曲线的物理刚度和几何负刚度。

悬臂柱稳定系数曲线对应的刚度　　　　表 4.4

	物理刚度	荷载负刚度	压杆的总刚度
弹性稳定曲线 1	$\dfrac{3EI}{H^3}$	$-\dfrac{12}{\pi^2} \cdot \dfrac{P_{\text{E}}}{H}$	$=0$
强度曲线 2	0(全截面屈服)	$-\dfrac{12}{\pi^2} \cdot \dfrac{P_{\text{P}}}{H}$	<0(截面刚度为 0,杆件总刚度已经小于 0)。
弹塑性稳定曲线 3	$\dfrac{3(EI)_{e0}}{H^3}$	$-\dfrac{12}{\pi^2} \cdot \dfrac{\varphi P_{\text{P}}}{H}$	$=0$

　　实际上，Jezek 模型的(4.23a，b)式告诉了我们极限状态下弹性核的高度，也即极限状态下的剩余物理刚度。

4.10 防屈曲压杆的稳定性

图 4.18 所示是防屈曲的压杆，受力的压杆处在内部，外部有另外的钢构件包围，其中截面一内部是工字钢，外部是钢管，工字钢外表面涂有环氧树脂，工字钢和钢管之间填了混凝土，外钢管不受力。截面二和截面三的内核压杆是一块钢板，外面的钢组合截面在两个主轴方向都紧挨这个受压的钢板。内部的压杆被外部的构件紧紧套住，如果内部的压杆发生弯曲失稳，则外套杆件也发生相同的侧向挠度，这样一来，外套构件（惯性矩是 EI）就阻止内核压杆（惯性矩是 EI_c）发生屈曲。所以这种压杆称为防屈曲压杆，计算模型如图 4.18c 所示。

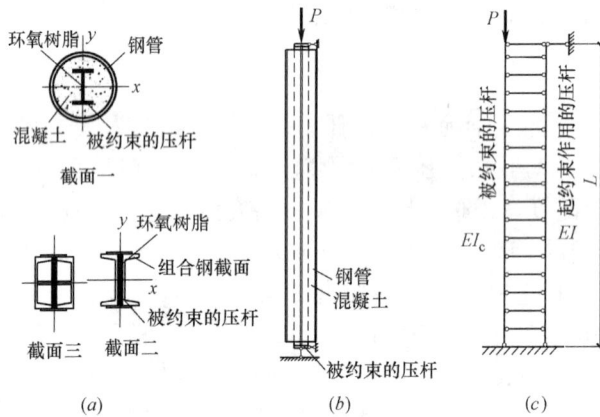

图 4.18 防屈曲压杆

因为侧移相同，所以分析其稳定性的方程是

$$EI_c y^{(4)} + P y'' = q$$
$$EI y^{(4)} = -q$$

其中 q 是内核压杆和外套杆件之间的相互作用力，两式相加得到

$$(EI_c + EI) y^{(4)} + P y'' = 0 \tag{4.43}$$

两端简支的情况下，其临界荷载是

$$P_{cr} = \frac{\pi^2 (EI_c + EI)}{L^2} \tag{4.44}$$

因此，防屈曲压杆的弹性屈曲临界荷载，等于内核构件和外套构件自身的欧拉临界荷载之和。

在弹塑性阶段，注意外套构件不受力，即使考虑压杆的初始弯曲，外套构件受到的也是弯曲应力，而且应力值也有限，因此可以以足够的精度假设外套构件总是处在弹性阶段。因此防屈曲压杆的弹塑性失稳，其弹塑性变形只发生在内核上，引用切线模量理论，可以得知

$$(EI_{c,e} + EI) y^{(4)} + P y'' = 0$$

其中 $EI_{c,e}$ 是理想弹塑性钢材的内核截面的弹性核部分提供的截面抗弯刚度，切线模量荷

载为

$$P_{t}=\frac{\pi^{2}(EI_{c,e}+EI)}{L^{2}} \tag{4.45}$$

与普通压杆对照可知，防屈曲压杆的最低屈曲承载力是 $N_{E}=\dfrac{\pi^{2}EI}{L^{2}}$，但是我们也可以注意到，因为钢材的屈服，所以防屈曲压杆的承载力也不可能高过内核截面的屈服承载力 $P_{t}=P_{P}=A_{c}f_{y}$。令两者相等得到对外套截面抗弯刚度的要求（相当于全截面屈服时（4.45）式的 $I_{c,e}=0$）：

$$(EI)_{req}=\frac{A_{c}f_{y}L^{2}}{\pi^{2}} \tag{4.46}$$

考虑到压杆存在初始弯曲，外套钢管存在残余应力等，对上式进行放大，例如放大到 1.5～2 倍，即可以用于实际工程。

上述的防屈曲压杆与截面惯性矩为 $EI_{c}+EI$ 的普通单一截面压杆相比，在承载力方面似乎没有什么好处：如果让外套钢管一样受力，弹性屈曲承载力也是（4.44）式，并且构造还简单了；在弹塑性承载力方面，还有可能比 $A_{c}f_{y}$ 更高，接近或达到 $(A_{c}+A)f_{y}$；而且防屈曲压杆的抗压刚度较小。但是在抗震设计的场合，防屈曲压杆可以作为钢支撑，可以在不增加结构的刚度（从而不增加地震作用）的情况下提高支撑的承载力。更为重要的是，内核截面不发生屈曲，使得钢截面不会在地震的往复作用下反复地出现受压屈曲和受拉屈服的相互不利影响，过早出现断裂，从而提高了结构的延性和耗能能力。

防屈曲压杆是用另外一个构件的弹性刚度来获得主受力压杆的塑性承载力的一个绝佳的例子。设核心压杆承担的力为 10000kN，压杆长度是 6m，则需要的套管抗弯刚度是（设放大 2 倍）：

$$(EI)_{req}=\frac{2A_{c}f_{y}L^{2}}{\pi^{2}}=7.295\times10^{13}\mathrm{N\cdot mm^{2}}$$

即 $I_{req}=354.13\times10^{6}\mathrm{mm^{4}}$，选择 $\Phi480\times10$，惯性矩是 $408\times10^{6}\mathrm{mm^{4}}$，面积是 14758mm²，如果是 Q345，这个外套压杆的屈服承载力是 5091.51kN，小于 10000kN。

核心压杆的截面，选择 Q345，需要的截面面积是 28985.5mm²，$\Phi450\times22$，$A_{c}=$ 29581mm²，可见外套管的用钢量比核心压杆的用钢量还要小（注意外套管已经考虑了 2 的放大系数），却能够提供承受 10000kN 的能力。如果采用把两种截面面积迭加，变成普通截面，则截面为 $\Phi480\times32$，$A=45038\mathrm{mm^{2}}$，长细比是 37.8，稳定系数 0.927，承载力是 14404kN，因此，如果没有其他好处，采用防屈曲支撑是不经济的。如果核心压杆承担的力是 2000kN，在 $I_{req}=70.83\times10^{6}\mathrm{mm^{4}}$，选择 $\Phi299\times7.5$，$A=6868\mathrm{mm^{2}}$，核心压杆的截面，选择 Q345，需要的截面面积是 5797.1mm²，$\Phi273\times7$，$A_{c}=5850\mathrm{mm^{2}}$，此时外套管的用钢量就比核心压杆的用钢量大了。所以长细比越大，外套管相对于核心压杆的用钢量就会增加。

习　题

4.1　为什么说 Shanley 模型的长度在 $E_{r}h/f_{y}<L<Eh/f_{y}$ 范围内时，切线模量荷载和双模量荷载相等？

4.2　在图 4.5 中，设腹板的面积很小，以致可以略去不计，但是两翼缘的变形仍符合平截面假定，

设残余应力 $\sigma_r = 0.5 f_y$，$f_y = 235 \text{N/mm}^2$。$b = h = 200 \text{mm}$，$t = 10 \text{mm}$，用切线模量理论求出这个截面压杆绕强轴和绕弱轴屈曲的稳定系数曲线。钢材的弹性模量取为 206kN/mm^2。

4.3　考虑截面残余应力、轴压力的初始偏心和压杆的初始弯曲，采用数值积分法求压杆的稳定系数过程由 4.4 节给出，在第 3 章计算 $M-P-\Phi$ 曲线的程序基础上，进一步扩充成数值积分法计算挠度和极限承载力的程序，并利用矩形截面压杆进行试算。

4.4　请思考，如何修改 4.4 节的数值积分步骤，使得这种方法能够得到压力－柱中挠度曲线的下降段？

4.5　通过给定应力 σ_t，得到对应的切线模量 $E_t(\sigma_t)$，切线模量荷载计算公式(4.3)式，可以反算出压杆对应的长度，增加或减小应力，可以得到一系列的长度，从而得到柱子的承载力曲线，无需任何迭代。对有初始弯曲的弹塑性压杆，采用数值积分法，能否也无需迭代得到柱子的承载力随长度变化的曲线？

4.6　通过简单的推导证明，图 4.7 中的压杆的计算长度系数是 AB 和 AC 的比值。

4.7　比较 Merchant-Rankine 公式(4.30)式和边缘纤维屈服准则公式，两者是否以及何时有交点？

4.8　构造压杆稳定系数公式也可以采用如下的公式（各指数均大于 0）

$$\left(\frac{P}{P_E}\right)^\alpha + \beta\left(\frac{P}{P_E}\frac{P}{P_P}\right)^\gamma + \left(\frac{P}{P_P}\right)^\kappa = 1$$

在 $\beta = 0$，$\alpha = \kappa = 1$ 时即为 Merchant-Rankine 公式。现在设在 $\beta = 0$，$\kappa = \alpha$，确定 α 的值，使得得到的柱子稳定系数曲线分别最接近规范 GB 50017 的压杆稳定系数曲线 a、b 和 c。

参 考 文 献

[1]　Shanley，F. R（1946），The Column Paradox，Journal of Aeronautical Sciences，Vol. 13，No. 11

[2]　Shanley F. R（1947）Inelastic Column Theory，Journal of Aeronautical Sciences，Vol. 14，No. 5，1947，pp. 261-268.

[3]　童根树，陈海啸. Shanley 模型表述上的逻辑问题及其改正. 钢结构工程研究（4），中国钢协结构稳定与疲劳学会 2002 年学术会议论文集. 2002.

[4]　陈绍蕃. 钢结构设计原理. 北京：科学出版社，1998.

[5]　陈骥，综合考虑残余应力、初偏心和初弯曲时轴心压杆的稳定系数，钢结构研究论文报告选集（第一册），全国钢结构标准技术委员会，1982.

[6]　陈骥，钢偏心压杆在弯矩作用平面内有限度利用塑性时稳定计算的相关公式，钢结构研究论文报告选集（第一册），全国钢结构标准技术委员会，1982.

[7]　沈祖炎. 压弯构件在弯矩作用平面内的稳定性计算. 钢结构，Vol. 6，No. 2，1991.

[8]　陈婷，童根树. 楔形变截面压杆的弹塑性稳定. 工业建筑，Vol. 34，第 5 期，2004.

[9]　饶芝英，童根树. 钢结构稳定性的新诠释. 建筑结构，Vol. 32，第 5 期，2002.

[10]　Jezek，K.，Die festigkeit von druckstaeben aus stahl，Julius Springer，Vienna，1937.

[11]　童根树. 保证真是钢结构稳定的剩余物理刚度，工业建筑，2013，43（4）：1，7，53.

第 5 章　能量原理和基于能量原理的数值计算方法

前面几章研究等截面压杆和压弯杆的弹性屈曲和二阶分析方法，利用数值积分法求解了压杆和压弯杆的弹塑性稳定极限承载力。对于变截面和/或变轴力的压杆的屈曲，以及杆系结构的稳定性，试图寻求解析解的方法和数值积分法就无能为力，必须采用数值方法才能有效地进行求解。

数值方法很多，例如差分法、加权残数法（包括 Galerkin 法），前面介绍的数值积分法也是其中一种，还有基于能量原理的 Ritz 法和有限元法，只有有限元法可以方便地用于杆系结构的稳定性分析，其他几种方法主要用于杆件的稳定性分析。

计算机的应用，使得在稳定性分析时考虑各种缺陷成为可能，过去常用的对某一问题采用若干近似假定而得到解析解的分析法，有逐步被数值方法取代的趋势。数值方法还对过去采用近似假定而得到的许多结果是否足够精确和能否继续使用等做出判断。因此需要重视数值方法的掌握。

正确地介绍和推导能量原理也是本章的目的，本章希望能够详细介绍对任何稳定问题都适用的能量原理。而不是针对某个问题的能量原理。

5.1　稳定问题的变分原理

5.1.1　有限变形下的应变

研究稳定性，就要考虑变形对平衡状态的影响，并且为了追踪屈曲后的性质，必须采用有限变形的假设。在有限变形下，应变的定义与小变形下应变的定义有所不同。

记结构中某一点 P，在空间固定的坐标系 (x, y, z) 中的位置为 (x, y, z)，点 R 的坐标为 $(x+dx, y, z)$，结构受力发生变形，点 P 位移到 $(x+u, y+v, z+w)$，点 R 位移到 $(x+dx+u+du, y+v+dv, z+w+dw)$。则线段 PR 的应变为（$ds$ 为变形后的微段长度）

$$\varepsilon_{xx} = \frac{\partial u}{\partial x} + \frac{1}{2}\left[\left(\frac{\partial u}{\partial x}\right)^2 + \left(\frac{\partial v}{\partial x}\right)^2 + \left(\frac{\partial w}{\partial x}\right)^2\right] \tag{5.1a}$$

同理可以得到

$$\varepsilon_{yy} = \frac{ds^2 - dy^2}{2dy^2} = \frac{\partial v}{\partial y} + \frac{1}{2}\left[\left(\frac{\partial u}{\partial y}\right)^2 + \left(\frac{\partial v}{\partial y}\right)^2 + \left(\frac{\partial w}{\partial y}\right)^2\right] \tag{5.1b}$$

$$\varepsilon_{zz} = \frac{ds^2 - dz^2}{2dz^2} = \frac{\partial w}{\partial z} + \frac{1}{2}\left[\left(\frac{\partial u}{\partial z}\right)^2 + \left(\frac{\partial v}{\partial z}\right)^2 + \left(\frac{\partial w}{\partial z}\right)^2\right] \tag{5.1c}$$

在有限变形下剪切应变的定义可以根据图 5.1 来说明。根据图 5.1，变形前为 $dxdydz$ 的立方体，$\overline{P_0R_0} = dx$，$\overline{P_0S_0} = dy$，$\overline{P_0T_0} = dz$，在变形后各段的长度和方向采用

矢量表示为

$$\overrightarrow{PR}=\left(\mathrm{d}x+\frac{\partial u}{\partial x}\mathrm{d}x\right)\vec{i}+\left(\frac{\partial v}{\partial x}\mathrm{d}x\right)\vec{j}+\left(\frac{\partial w}{\partial x}\mathrm{d}x\right)\vec{k}=dx\left[\left(1+\frac{\partial u}{\partial x}\right)\vec{i}+\frac{\partial v}{\partial x}\vec{j}+\frac{\partial w}{\partial x}\vec{k}\right]=\vec{E}_1\,\mathrm{d}x$$

$$\overrightarrow{PS}=\left(\frac{\partial u}{\partial y}\mathrm{d}y\right)\vec{i}+\left(\mathrm{d}y+\frac{\partial v}{\partial y}\mathrm{d}y\right)\vec{j}+\left(\frac{\partial w}{\partial y}\mathrm{d}y\right)\vec{k}=dy\left[\frac{\partial u}{\partial y}\vec{i}+\left(1+\frac{\partial v}{\partial y}\right)\vec{j}+\frac{\partial w}{\partial y}\vec{k}\right]=\vec{E}_2\,\mathrm{d}y$$

$$\overrightarrow{PT}=\left(\frac{\partial u}{\partial z}\mathrm{d}z\right)\vec{i}+\left(\frac{\partial v}{\partial z}\mathrm{d}z\right)\vec{j}+\left(\mathrm{d}z+\frac{\partial w}{\partial z}\mathrm{d}z\right)\vec{k}=\mathrm{d}z\left[\left(\frac{\partial u}{\partial z}\right)\vec{i}+\left(\frac{\partial v}{\partial z}\right)\vec{j}+\left(1+\frac{\partial w}{\partial z}\right)\vec{k}\right]=\vec{E}_3\,\mathrm{d}z$$

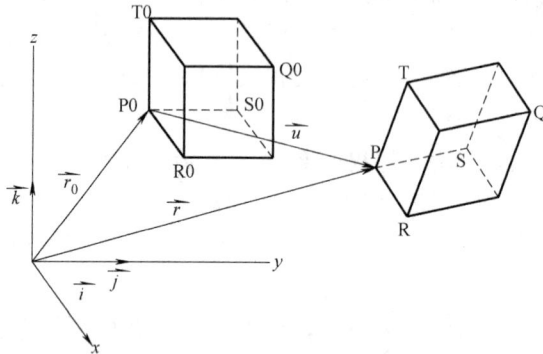

图 5.1　空间四面体微元的变形

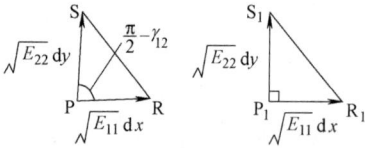

图 5.2　剪切变形

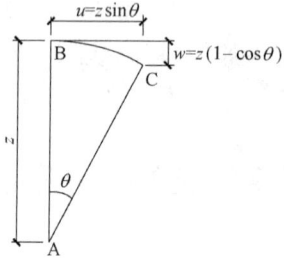

图 5.3　杆件发生刚体转动

$\vec{E}_1,\vec{E}_2,\vec{E}_2$ 自身以及两两之间的点积为

$$E_{11}=\vec{E}_1\cdot\vec{E}_1=\left(1+\frac{\partial u}{\partial x}\right)^2+\left(\frac{\partial v}{\partial x}\right)^2+\left(\frac{\partial w}{\partial x}\right)^2 \tag{5.2a}$$

$$E_{22}=\vec{E}_2\cdot\vec{E}_2=\left(\frac{\partial u}{\partial y}\right)^2+\left(1+\frac{\partial v}{\partial y}\right)^2+\left(\frac{\partial w}{\partial y}\right)^2 \tag{5.2b}$$

$$E_{33}=\vec{E}_3\cdot\vec{E}_3=\left(\frac{\partial u}{\partial z}\right)^2+\left(\frac{\partial v}{\partial z}\right)^2+\left(1+\frac{\partial w}{\partial z}\right)^2 \tag{5.2c}$$

$$E_{12}=\vec{E}_1\cdot\vec{E}_2=\vec{E}_2\cdot\vec{E}_1=\left(1+\frac{\partial u}{\partial x}\right)\frac{\partial u}{\partial y}+\frac{\partial v}{\partial x}\left(1+\frac{\partial v}{\partial y}\right)+\frac{\partial w}{\partial x}\frac{\partial w}{\partial y} \tag{5.2d}$$

$$E_{23}=\vec{E}_2\cdot\vec{E}_3=\vec{E}_3\cdot\vec{E}_2=\frac{\partial u}{\partial y}\frac{\partial u}{\partial z}+\left(1+\frac{\partial v}{\partial y}\right)\frac{\partial v}{\partial z}+\frac{\partial w}{\partial y}\left(1+\frac{\partial w}{\partial z}\right) \tag{5.2e}$$

$$E_{31}=\vec{E}_1\cdot\vec{E}_3=\vec{E}_3\cdot\vec{E}_1=\frac{\partial u}{\partial z}\left(1+\frac{\partial u}{\partial x}\right)+\frac{\partial v}{\partial z}\frac{\partial v}{\partial x}+\left(1+\frac{\partial w}{\partial z}\right)\frac{\partial w}{\partial x} \tag{5.2f}$$

$\vec{E}_{ii}(i=1,2,3)$ 的几何意义是向量 $\vec{E}_i$ 的长度的平方，因此正应变与它们存在如下的

关系

$$\varepsilon_{xx} = \frac{1}{2}(E_{11}-1), \varepsilon_{yy} = \frac{1}{2}(E_{22}-1), \varepsilon_{zz} = \frac{1}{2}(E_{33}-1) \qquad (5.3a, b, c)$$

根据向量数量积的定义，$\vec{E}_{ij}(i, j=1, 2, 3, i \neq j)$也可以按照下式计算

$$E_{12} = |\vec{E}_1||\vec{E}_2|\cos\left(\frac{\pi}{2}-\gamma_{12}\right) = |\vec{E}_1||\vec{E}_2|\sin\gamma_{12}$$

式中r_{12}是矢量$\vec{E}_1$，$\vec{E}_2$之间夹角与$\frac{\pi}{2}$的差值。由三角函数的余弦定理

$$|\vec{SR}|^2 = |\vec{PS}|^2 + |\vec{PR}|^2 - 2|\vec{PS}||\vec{PR}|\cos\left(\frac{\pi}{2}-\gamma_{12}\right)$$

$$= E_{11}dx^2 + E_{22}dy^2 - 2|\vec{E}_1||\vec{E}_2|\sin\gamma_{12}dxdy = E_{11}dx^2 + E_{22}dy^2 - 2E_{12}dxdy$$

因此得到

$$E_{12} = \frac{1}{2dxdy}\left[|\vec{SR}|^2 - (E_{11}dx^2 + E_{22}dy^2)\right]$$

从上式可以得到E_{12}的几何意义和物理意义：它是微立方体在变形成非直角六面体后，平行坐标面的矩形微元的对角线长度SR(的平方)与立方体在坐标方向的伸长保持一样，但形状仍为正六面体时的矩形面对角线长度S_1R_1(的平方)之差$SR-S_1R_1$的一个度量，见图5.2；它是矩形微元在变形后畸变为四边形的一个度量，与图5.2中表示的γ_{12}（图中表示了$\frac{\pi}{2}-\gamma_{12}$）在几何意义上类似。在非线性力学中，仿照正应变的定义，我们定义有限变形下的剪应变为

$$\varepsilon_{xy} = \frac{1}{2}E_{12}, \varepsilon_{yz} = \frac{1}{2}E_{23}, \varepsilon_{zx} = \frac{1}{2}E_{31} \qquad (5.3d, e, f)$$

即：

$$\varepsilon_{xy} = \frac{1}{2}\left(\frac{\partial u}{\partial y} + \frac{\partial v}{\partial x} + \frac{\partial u}{\partial x}\frac{\partial u}{\partial y} + \frac{\partial v}{\partial x}\frac{\partial v}{\partial y} + \frac{\partial w}{\partial x}\frac{\partial w}{\partial y}\right) \qquad (5.1d)$$

$$\varepsilon_{yz} = \frac{1}{2}\left(\frac{\partial v}{\partial z} + \frac{\partial w}{\partial y} + \frac{\partial u}{\partial y}\frac{\partial u}{\partial z} + \frac{\partial v}{\partial y}\frac{\partial v}{\partial z} + \frac{\partial w}{\partial y}\frac{\partial w}{\partial z}\right) \qquad (5.1e)$$

$$\varepsilon_{zx} = \frac{1}{2}\left(\frac{\partial u}{\partial z} + \frac{\partial w}{\partial x} + \frac{\partial u}{\partial z}\frac{\partial u}{\partial x} + \frac{\partial v}{\partial z}\frac{\partial v}{\partial x} + \frac{\partial w}{\partial z}\frac{\partial w}{\partial x}\right) \qquad (5.1f)$$

下面对上述应变定义与我们在材料力学和弹性力学中学习的应变定义进行简单的比较。正应变为

$$\varepsilon_x = \frac{ds-dx}{dx} = \sqrt{\left(1+\frac{\partial u}{\partial x}\right)^2 + \left(\frac{\partial v}{\partial x}\right)^2 + \left(\frac{\partial w}{\partial x}\right)^2} - 1 \qquad (5.4)$$

由于$\sqrt{1+x} = 1 + \frac{1}{2}x + \frac{0.5(0.5-1)}{2!}x^2 + \cdots\cdots \approx 1 + \frac{1}{2}x - \frac{1}{8}x^2$

$$\varepsilon_x = \frac{\partial u}{\partial x} + \frac{1}{2}\left[\left(\frac{\partial u}{\partial x}\right)^2 + \left(\frac{\partial v}{\partial x}\right)^2 + \left(\frac{\partial w}{\partial x}\right)^2\right] - \frac{1}{8}\left(2\frac{\partial u}{\partial x}\right)^2 + \cdots\cdots \qquad (5.5)$$

因此我们得到如下的正应变表达式

$$\varepsilon_x = \frac{\partial u}{\partial x} + \frac{1}{2}\left[\left(\frac{\partial v}{\partial x}\right)^2 + \left(\frac{\partial w}{\partial x}\right)^2\right] \qquad (5.6a)$$

$$\varepsilon_y = \frac{\partial v}{\partial y} + \frac{1}{2}\left[\left(\frac{\partial u}{\partial y}\right)^2 + \left(\frac{\partial w}{\partial y}\right)^2\right] \qquad (5.6b)$$

$$\varepsilon_z = \frac{\partial w}{\partial z} + \frac{1}{2}\left[\left(\frac{\partial u}{\partial z}\right)^2 + \left(\frac{\partial v}{\partial z}\right)^2\right] \tag{5.6c}$$

对于剪应变，则根据下式计算

$$\sin\gamma_{12} = \frac{E_{12}}{|\vec{E}_1||\vec{E}_2|} = \frac{\dfrac{\partial u}{\partial x} + \dfrac{\partial v}{\partial x} + \dfrac{\partial u}{\partial x}\dfrac{\partial u}{\partial y} + \dfrac{\partial v}{\partial x}\dfrac{\partial v}{\partial y} + \dfrac{\partial w}{\partial x}\dfrac{\partial w}{\partial y}}{\sqrt{\left(1+\dfrac{\partial u}{\partial x}\right)^2 + \left(\dfrac{\partial v}{\partial x}\right)^2 + \left(\dfrac{\partial w}{\partial x}\right)^2}\sqrt{\left(\dfrac{\partial u}{\partial y}\right)^2 + \left(1+\dfrac{\partial v}{\partial y}\right)^2 + \left(\dfrac{\partial w}{\partial y}\right)^2}}$$

$$\tag{5.7}$$

只保留二阶项后得到：

$$\gamma_{12} \approx \frac{\partial u}{\partial x} + \frac{\partial v}{\partial x} + \frac{\partial u}{\partial x}\frac{\partial u}{\partial y} + \frac{\partial v}{\partial x}\frac{\partial v}{\partial y} + \frac{\partial w}{\partial x}\frac{\partial w}{\partial y} - \left(\frac{\partial u}{\partial y} + \frac{\partial v}{\partial x}\right)\left(\frac{\partial u}{\partial x} + \frac{\partial v}{\partial y}\right)$$

$$\gamma_{xy} \approx \frac{\partial u}{\partial y} + \frac{\partial v}{\partial x} + \frac{\partial w}{\partial x}\frac{\partial w}{\partial y} - \frac{\partial u}{\partial x}\frac{\partial v}{\partial x} - \frac{\partial u}{\partial y}\frac{\partial v}{\partial y} \tag{5.6d}$$

同理

$$\gamma_{yz} \approx \frac{\partial v}{\partial z} + \frac{\partial w}{\partial y} + \frac{\partial u}{\partial y}\frac{\partial u}{\partial z} - \frac{\partial v}{\partial y}\frac{\partial w}{\partial y} - \frac{\partial v}{\partial z}\frac{\partial w}{\partial z} \tag{5.6e}$$

$$\gamma_{zx} \approx \frac{\partial w}{\partial x} + \frac{\partial u}{\partial z} + \frac{\partial v}{\partial x}\frac{\partial v}{\partial z} - \frac{\partial u}{\partial x}\frac{\partial w}{\partial x} - \frac{\partial u}{\partial z}\frac{\partial w}{\partial z} \tag{5.6f}$$

将(5.6a，b，c)式与(5.1a，b，c)式比较可知，后者更为简单。但是后者不是精确的，而是简化得到的，简化过程本身带来一定的近似。而(5.6d，e，f)式更是作了很大的近似。仔细将(5.6d，e，f)与(5.7)式获得的精确结果进行比较会发现，虽然在大多数情况下，(5.6d，e，f)式的精度可以，但是在某些位移梯度组合下，(5.6d，e，f)式的误差是很大的，因此应用(5.6d，e，f)式前要加以注意。

通过上面的比较，我们发现，在有限变形下，采用新的定义，即(5.1a，b，c，d，e，f)式计算应变更加方便，而且按照新的定义是精确的。在线性化后，两种定义得到相同的线性应变计算式。因此材料力学中依据平截面假设得到的弯矩和曲率关系并不会因应变定义的改变而发生变化，用于线性分析的材料力学公式和结构力学公式仍然成立。

采用新的定义还避免了如下的困难：当构件发生刚体位移时，按照新的定义计算应变为零，而按照(5.6a，b，c)计算应变不为零，举例说明如下。如图 5.3 所示杆件发生刚体转动，则任意一点的位移为

$$u = z\sin\theta, w = -z(1-\cos\theta)$$

按照(5.6c)式得到

$$\varepsilon_z = \frac{\partial w}{\partial z} + \frac{1}{2}\left[\left(\frac{\partial u}{\partial z}\right)^2 + \left(\frac{\partial v}{\partial z}\right)^2\right] = -(1-\cos\theta) + \frac{1}{2}\sin^2\theta \neq 0$$

而按照(5.1c)式得到

$$\varepsilon_{zz} = \frac{\partial w}{\partial z} + \frac{1}{2}\left[\left(\frac{\partial u}{\partial z}\right)^2 + \left(\frac{\partial v}{\partial z}\right)^2 + \left(\frac{\partial w}{\partial z}\right)^2\right]$$

$$= -(1-\cos\theta) + \frac{1}{2}\left[\sin^2\theta + (1-\cos\theta)^2\right] = 0$$

因此采用(5.6a，b，c)式就会在非线性分析时出现了不该出现的应力，导致结果不正确，除非采用(5.5)式的定义直接计算。但是采用(5.5)式，在有限元公式的推导上会出现

巨大的数学困难。

采用新的应变定义，材料试验得到的应力应变 $\sigma\text{-}\varepsilon$ 曲线原则上也要进行修正。新老应变的关系为：

$$\varepsilon_x = \sqrt{1+2\varepsilon_{xx}} - 1, \text{或 } \varepsilon_{xx} = \frac{1}{2}\left[(1+\varepsilon_x)^2 - 1\right]$$

当 $\varepsilon_x = 0.1$ 时，$\varepsilon_{xx} = 0.105$；当 $\varepsilon_x = 0.2$（钢材单向拉伸时的断裂应变）时，$\varepsilon_{xx} = 0.22$；因此变化很小。在钢材达到应变强化阶段前，曲线变化更小，因此可以未加修改地加以应用。

新的应变称为 Green 应变，它有严密的数学上的来源，有兴趣的请参看第 18 章。

5.1.2 应力的定义

如图 5.4 所示，初始状态 C0 的立方微元体 $\mathrm{d}x\mathrm{d}y\mathrm{d}z$，受力后位移到 C1 状态，微元体变为一个斜六面体，边长成为 $\vec{E}_1\mathrm{d}x$，$\vec{E}_2\mathrm{d}y$，$\vec{E}_3\mathrm{d}z$，在初始的 $\mathrm{d}y\mathrm{d}z$ 面上（法线方向是 x），现在变为 $\vec{E}_2\mathrm{d}y\vec{E}_3\mathrm{d}z$，其法线方向是 $\vec{E}_2\times\vec{E}_3$，面积是 $|\vec{E}_2||\vec{E}_3|\mathrm{d}y\mathrm{d}z\sin\left(\frac{\pi}{2}-\gamma_{23}\right)$，作用在变形后的微面上的力是 $\mathrm{d}\vec{F}_1 = \vec{\sigma}_1\mathrm{d}y\mathrm{d}z\left[\text{注意：不是 }\vec{\sigma}_1|\vec{E}_2||\vec{E}_3|\mathrm{d}y\mathrm{d}z\cdot\sin\left(\frac{\pi}{2}-\gamma_{23}\right)\right]$，这个力分解为 $\vec{E}_1\sigma_{11}\mathrm{d}y\mathrm{d}z$，$\vec{E}_2\sigma_{12}\mathrm{d}y\mathrm{d}z$，$\vec{E}_3\sigma_{13}\mathrm{d}y\mathrm{d}z$（注意三个方向并不相互垂直！），即

$$\vec{\sigma}_1 = \sigma_{11}\vec{E}_1 + \sigma_{12}\vec{E}_2 + \sigma_{13}\vec{E}_3 = \left[\left(1+\frac{\partial u}{\partial x}\right)\vec{i} + \frac{\partial v}{\partial x}\vec{j} + \frac{\partial w}{\partial x}\vec{k}\right]\sigma_{11}$$

$$+ \left[\frac{\partial u}{\partial y}\vec{i} + \left(1+\frac{\partial v}{\partial y}\right)\vec{j} + \frac{\partial w}{\partial y}\vec{k}\right]\sigma_{12} + \left[\frac{\partial u}{\partial z}\vec{i} + \frac{\partial v}{\partial z}\vec{j} + \left(1+\frac{\partial w}{\partial z}\right)\vec{k}\right]\sigma_{13} \tag{5.8a}$$

同样地，在微面 $\vec{E}_3\mathrm{d}z\cdot\vec{E}_1\mathrm{d}x$ 上有 $\vec{\sigma}_2\mathrm{d}z\mathrm{d}x$，在微面 $\vec{E}_1\mathrm{d}x\cdot\vec{E}_2\mathrm{d}y$ 上有 $\vec{\sigma}_3\mathrm{d}x\mathrm{d}y$：

$$\vec{\sigma}_2 = \sigma_{21}\vec{E}_1 + \sigma_{22}\vec{E}_2 + \sigma_{23}\vec{E}_3 = \left[\left(1+\frac{\partial u}{\partial x}\right)\vec{i} + \frac{\partial v}{\partial x}\vec{j} + \frac{\partial w}{\partial x}\vec{k}\right]\sigma_{21}$$

$$+ \left[\frac{\partial u}{\partial y}\vec{i} + \left(1+\frac{\partial v}{\partial y}\right)\vec{j} + \frac{\partial w}{\partial y}\vec{k}\right]\sigma_{22} + \left[\frac{\partial u}{\partial z}\vec{i} + \frac{\partial v}{\partial z}\vec{j} + \left(1+\frac{\partial w}{\partial z}\right)\vec{k}\right]\sigma_{23} \tag{5.8b}$$

$$\vec{\sigma}_3 = \sigma_{31}\vec{E}_1 + \sigma_{32}\vec{E}_2 + \sigma_{33}\vec{E}_3 = \left[\left(1+\frac{\partial u}{\partial x}\right)\vec{i} + \frac{\partial v}{\partial x}\vec{j} + \frac{\partial w}{\partial x}\vec{k}\right]\sigma_{31}$$

$$+ \left[\frac{\partial u}{\partial y}\vec{i} + \left(1+\frac{\partial v}{\partial y}\right)\vec{j} + \frac{\partial w}{\partial y}\vec{k}\right]\sigma_{32} + \left[\frac{\partial u}{\partial z}\vec{i} + \frac{\partial v}{\partial z}\vec{j} + \left(1+\frac{\partial w}{\partial z}\right)\vec{k}\right]\sigma_{33} \tag{5.8c}$$

注意这种定义应力的方式：首先是变形后微面上的力除以初始面积：$\vec{\sigma}_1 = \frac{\mathrm{d}\vec{F}_1}{\mathrm{d}y\mathrm{d}z}$，然后是按照 (5.8a) 式定义正应力和剪应力，这样定义的应力称为 Kirchhoff 应力。

注意 $\vec{\sigma}_1 \neq \sigma_{11}\vec{i} + \sigma_{12}\vec{j} + \sigma_{13}\vec{k}$，并且 $\vec{\sigma}_1 \neq \sigma_{11}\frac{\vec{E}_1}{|\vec{E}_1|} + \sigma_{12}\frac{\vec{E}_2}{|\vec{E}_2|} + \sigma_{13}\frac{\vec{E}_3}{|\vec{E}_3|}$。$\mathrm{d}\vec{F}_1$ 在 $\vec{E}_1$ 方向上的投影是 $\sigma_{11}|\vec{E}_1|\frac{\vec{E}_1}{|\vec{E}_1|}\mathrm{d}y\mathrm{d}z$，这个投影除以微面变形后的面积是 $\frac{|\vec{E}_1|}{|\vec{E}_2||\vec{E}_3|\cos\gamma_{23}}\sigma_{11}$

$\frac{\vec{E}_1}{|\vec{E}_1|}$，它不等于 σ_{11}。σ_{11} 是这个分量除以变形前的面积 $\mathrm{d}y\mathrm{d}z$，再除以 $|\vec{E}_1|$。$\mathrm{d}\vec{F}_1$ 在 $\vec{E}_2$ 方

向上的投影是 $\sigma_{12}|\vec{E}_2|\dfrac{\vec{E}_2}{|\vec{E}_2|}\mathrm{d}y\mathrm{d}z$，$\sigma_{12}$ 是这个分量除以变形前的面积 $\mathrm{d}y\mathrm{d}z$，再除以 $|\vec{E}_2|$。

同理，σ_{13} 是 $\mathrm{d}\vec{F}_1$ 在 $\vec{E}_3$ 方向上的投影除以变形前的面积 $\mathrm{d}y\mathrm{d}z$，再除以 $|\vec{E}_3|$。

如果设 $\vec{\sigma}_1=\bar{\sigma}_{11}\dfrac{\vec{E}_1}{|\vec{E}_1|}+\bar{\sigma}_{12}\dfrac{\vec{E}_2}{|\vec{E}_2|}+\bar{\sigma}_{13}\dfrac{\vec{E}_3}{|\vec{E}_3|}$，则 $\bar{\sigma}_{11}=|\vec{E}_1|\sigma_{11}$，而初始长度是 $\mathrm{d}x$ 的微段，变形后的长度是 $\overline{\mathrm{d}x}=|\vec{E}_1|\mathrm{d}x$，因此可以这样理解 Kirchhoff 应力：初始位置有这样一个力 $\sigma_{11}\mathrm{d}y\mathrm{d}z$，变形后这个力被拉长(即加大)到 $|\vec{E}_1|$ 倍，即变为 $\sigma_{11}|\vec{E}_1|\mathrm{d}y\mathrm{d}z$。

因此 Kirchhoff 应力的定义看上去不那么简单，也不是一开始就能够被定义出来的，它是一种被数学的方法推导出来的定义，见第 18 章的推导。这样定义的应力与 Green 应变是配套的一对：两者相乘得到的是应变能。

以上各式重新写为

$$\vec{\sigma}_1=\left[\left(1+\frac{\partial u}{\partial x}\right)\sigma_{11}+\frac{\partial u}{\partial y}\sigma_{12}+\frac{\partial u}{\partial z}\sigma_{13}\right]\vec{i}+\left[\frac{\partial v}{\partial x}\sigma_{11}+\left(1+\frac{\partial v}{\partial y}\right)\sigma_{12}+\frac{\partial v}{\partial z}\sigma_{13}\right]\vec{j}$$
$$+\left[\frac{\partial w}{\partial x}\sigma_{11}+\frac{\partial w}{\partial y}\sigma_{12}+\left(1+\frac{\partial w}{\partial z}\right)\sigma_{13}\right]\vec{k} \tag{5.9a}$$

$$\vec{\sigma}_2=\left[\frac{\partial v}{\partial x}\sigma_{21}+\left(1+\frac{\partial v}{\partial y}\right)\sigma_{22}+\frac{\partial v}{\partial z}\sigma_{23}\right]\vec{j}$$
$$+\left[\frac{\partial w}{\partial x}\sigma_{21}+\frac{\partial w}{\partial y}\sigma_{22}+\left(1+\frac{\partial w}{\partial z}\right)\sigma_{23}\right]\vec{k}+\left[\left(1+\frac{\partial u}{\partial x}\right)\sigma_{21}+\frac{\partial u}{\partial y}\sigma_{22}+\frac{\partial u}{\partial z}\sigma_{23}\right]\vec{i} \tag{5.9b}$$

$$\vec{\sigma}_3=\left[\frac{\partial w}{\partial x}\sigma_{31}+\frac{\partial w}{\partial y}\sigma_{32}+\left(1+\frac{\partial w}{\partial z}\right)\sigma_{33}\right]\vec{k}$$
$$+\left[\left(1+\frac{\partial u}{\partial x}\right)\sigma_{31}+\frac{\partial u}{\partial y}\sigma_{32}+\frac{\partial u}{\partial z}\sigma_{33}\right]\vec{i}+\left[\frac{\partial v}{\partial x}\sigma_{31}+\left(1+\frac{\partial v}{\partial y}\right)\sigma_{32}+\frac{\partial v}{\partial z}\sigma_{33}\right]\vec{j} \tag{5.9c}$$

而作用在微元体上的体力是保向力，大小是 $\vec{P}=P_x\vec{i}+P_y\vec{j}+P_z\vec{k}$，真正的平衡条件是建立在变形后的位置上，但是是在初始的坐标系方向建立平衡方程。注意 σ_{11}，σ_{12}，……都与初始的坐标方向成角度，必须将这些应力分量向初始坐标系方向投影，投影后的同方向的分量相加得到微元体的平衡方程为

$$\frac{\partial}{\partial x}\left[\left(1+\frac{\partial u}{\partial x}\right)\sigma_{11}+\frac{\partial u}{\partial y}\sigma_{12}+\frac{\partial u}{\partial z}\sigma_{13}\right]+\frac{\partial}{\partial y}\left[\left(1+\frac{\partial u}{\partial x}\right)\sigma_{21}+\frac{\partial u}{\partial y}\sigma_{22}+\frac{\partial u}{\partial z}\sigma_{23}\right]+$$
$$\frac{\partial}{\partial z}\left[\left(1+\frac{\partial u}{\partial x}\right)\sigma_{31}+\frac{\partial u}{\partial y}\sigma_{32}+\frac{\partial u}{\partial z}\sigma_{33}\right]+P_x=0 \tag{5.10a}$$

$$\frac{\partial}{\partial x}\left[\frac{\partial v}{\partial x}\sigma_{11}+\left(1+\frac{\partial v}{\partial y}\right)\sigma_{12}+\frac{\partial v}{\partial z}\sigma_{13}\right]+\frac{\partial}{\partial y}\left[\frac{\partial v}{\partial x}\sigma_{21}+\left(1+\frac{\partial v}{\partial y}\right)\sigma_{22}+\frac{\partial v}{\partial z}\sigma_{23}\right]+$$
$$\frac{\partial}{\partial z}\left[\frac{\partial v}{\partial x}\sigma_{31}+\left(1+\frac{\partial v}{\partial y}\right)\sigma_{32}+\frac{\partial v}{\partial z}\sigma_{33}\right]+P_y=0 \tag{5.10b}$$

$$\frac{\partial}{\partial x}\left[\frac{\partial w}{\partial x}\sigma_{11}+\frac{\partial w}{\partial y}\sigma_{12}+\left(1+\frac{\partial w}{\partial z}\right)\sigma_{13}\right]+\frac{\partial}{\partial y}\left[\frac{\partial w}{\partial x}\sigma_{21}+\frac{\partial w}{\partial y}\sigma_{22}+\left(1+\frac{\partial w}{\partial z}\right)\sigma_{23}\right]+$$
$$\frac{\partial}{\partial z}\left[\frac{\partial w}{\partial x}\sigma_{31}+\frac{\partial w}{\partial y}\sigma_{32}+\left(1+\frac{\partial w}{\partial z}\right)\sigma_{33}\right]+P_y=0 \tag{5.10c}$$

这组微元体的平衡方程与弹性力学空间问题介绍的平衡方程不一样，差别在弹性力学空间问题的平衡方程中：应力是与坐标面平行的六面体上的应力，且不考虑变形的影响。在非线性分析中，微元体平衡方程建立在变形以后的位置上，微元体的位置是在变形以后的位置。

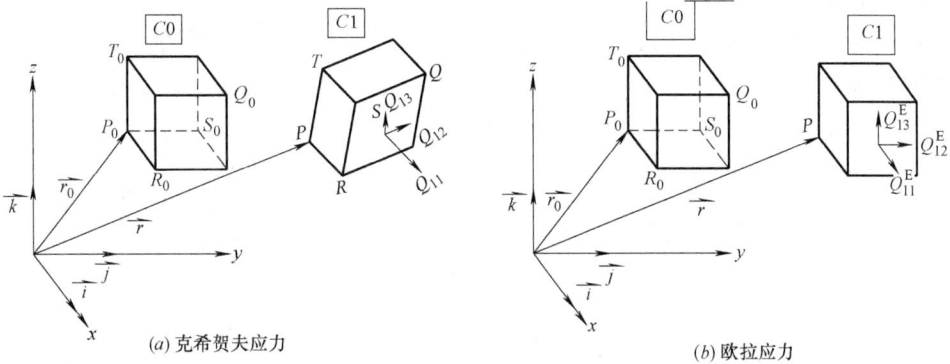

图 5.4　两种应力的定义

但是微元体的形状也可以是平行于初始坐标面的正六面体，且应力也可以是定义在平行于初始坐标面的六面体上的，且这种应力是按照变形后的微元体的面积 $\mathrm{d}X\mathrm{d}Y$，$\mathrm{d}Y\mathrm{d}Z$，$\mathrm{d}Z\mathrm{d}X$ 计算的，则这种应力称为欧拉应力。采用欧拉应力，则平衡方程是

$$\frac{\partial\sigma_{11}^{\mathrm{E}}}{\partial X}+\frac{\partial\sigma_{12}^{\mathrm{E}}}{\partial Y}+\frac{\partial\sigma_{13}^{\mathrm{E}}}{\partial Z}+P_{\mathrm{x}}=0 \tag{5.11a}$$

$$\frac{\partial\sigma_{21}^{\mathrm{E}}}{\partial X}+\frac{\partial\sigma_{22}^{\mathrm{E}}}{\partial Y}+\frac{\partial\sigma_{23}^{\mathrm{E}}}{\partial Z}+P_{\mathrm{y}}=0 \tag{5.11b}$$

$$\frac{\partial\sigma_{31}^{\mathrm{E}}}{\partial X}+\frac{\partial\sigma_{32}^{\mathrm{E}}}{\partial Y}+\frac{\partial\sigma_{33}^{\mathrm{E}}}{\partial Z}+P_{\mathrm{z}}=0 \tag{5.11c}$$

注意 X，Y，Z 与 x，y，z 方向相同但含义不同，$X=x+u$，$Y=y+v$，$Z=z+w$，见第 18 章。(5.11a，b，c)式可以理解为是当前应力在当前坐标系下的平衡方程，如下面的初始应力问题的(5.12)式。

欧拉应力对于建立平衡方程非常重要，但是对于求解问题却很难，因为 X，Y，Z 都是未知的，所以必须对(5.11a，b，c)建立综合 Galerkin 方程，然后引用体积积分与曲面积分之间的关系(高斯－奥斯特罗格拉德斯基公式)及数学上坐标变换的方法，变为采用 Kirchhoff 应力和 Green 应变表达的虚位移原理，见第 18 章。

以后所说的应力是指 Kirchhoff 应力，简称应力。初始状态的初始应力，定义在初始坐标系方向，初始 Kirchhoff 应力和初始 Euler 应力相同。

5.1.3　初应力问题的变分原理

稳定问题首先研究屈曲问题，屈曲问题的特点是，在屈曲发生前，结构或杆件内就已经存在初始应力，因此必须建立初应力问题的变分原理。

初应力问题的变分问题是如下表述的[1]：空间中固定的坐标系为 $(x$，y，$z)$(也是初始坐标系），初始应力状态为 $\sigma_{ij}^0\,(i,\ j=x,\ y,\ z)$，初始荷载 $\overline{P}_i^0\,(i=x,\ y,\ z)$，初始的应力状态满足平衡条件：

$$\sigma_{ij,j}^0+\overline{P}_i^0=0 \tag{5.12}$$

和相应的边界条件：在边界 S_1 上满足 $\sigma_{ij}^0 n_j=\overline{F}_i^0$，在边界 S_2 上满足位移边界条件，n_j 是外表面法线的方向余弦。

在已经存在上述处于平衡状态的初始应力的条件下，假设施加附加的体力 $\overline{P}_i$ 和边界 S_1 上的附加面力 $\overline{F}_i$，在边界 S_2 上的有附加位移增量 $\overline{u}_i$。在这些附加的荷载条件下，应力的增量为 σ_{ij}，位移增量为 u_i，则有限变形下的初应力问题的虚功原理表述如下：

$$\iiint_V [(\sigma_{ij}^0+\sigma_{ij})\delta e_{ij}-(\overline{P}_i^0+\overline{P}_i)\delta u_i]\mathrm{d}V-\iint_{S_1}(\overline{F}_i^0+\overline{F}_i)\delta u_i\mathrm{d}S=0 \tag{5.13}$$

式中

$$e_{ij}=\frac{1}{2}(u_{i,j}+u_{j,i}+u_{k,i}u_{k,j}) \tag{5.14}$$

并且要求在边界 S_2 上位移的变分为 $\delta u_i=0$。由于初始应力处在平衡状态，因此下式成立：

$$\iiint_V (\sigma_{ij}^0\,\delta e_{ij}-\overline{P}_i^0\,\delta u_i)\mathrm{d}V-\iint_{S_1}\overline{F}_i^0\,\delta u_i\mathrm{d}S=0 \tag{5.15}$$

式中 ε_{ij} 是 e_{ij} 的线性部分：

$$\varepsilon_{ij}=\frac{1}{2}(u_{i,j}+u_{j,i}) \tag{5.16}$$

(5.13)式减去(5.15)式得到：

$$\iiint_V [\sigma_{ij}\,\delta e_{ij}+\sigma_{ij}^0 u_{k,j}\,\delta u_{k,i}-\overline{P}_i\,\delta u_i]\mathrm{d}V-\iint_{S_1}\overline{F}_i\,\delta u_i\mathrm{d}S=0 \tag{5.17}$$

上式即为初应力问题在有限变形下的变分原理。

在保守力系的假设下，根据(5.17)式，可以构造一个总势能的公式。总势能的表达式为

$$\Pi=\iiint_V \left[\frac{1}{2}(\sigma_{ij}e_{ij}+\sigma_{ij}^0 u_{k,i}u_{k,j})-\overline{P}_i u_i\right]\mathrm{d}V-\iint_{S_1}\overline{F}_i u_i\mathrm{d}S \tag{5.18}$$

下面进一步推导初应力问题的线性化的变分原理表达形式。假设附加荷载产生的位移是很小的，即 $u=O(\varepsilon)$，ε 表示很小的量，而初应力是有限的量，即 $\sigma_{ij}^0=O(1)$，在这样的假定下，应变可以采用线性化的形式，(5.17)式和(5.18)式分别变为：

$$\iiint_V [\sigma_{ij}\,\delta \varepsilon_{ij}+\sigma_{ij}^0 u_{k,j}\,\delta u_{k,i}-\overline{P}_i\,\delta u_i]\mathrm{d}V-\iint_{S_1}\overline{F}_i\,\delta u_i\mathrm{d}S=0 \tag{5.19}$$

$$\Pi=\iiint_V \left[\frac{1}{2}(\sigma_{ij}\varepsilon_{ij}+\sigma_{ij}^0 u_{k,i}u_{k,j})-\overline{P}_i u_i\right]\mathrm{d}V-\iint_{S_1}\overline{F}_i u_i\mathrm{d}S \tag{5.20}$$

屈曲问题考察物体在非常邻近原来平衡状态的新的状态的平衡，是小变形问题，因此屈曲理论用到的是(5.19，5.20)两式。

初学者可能会问，为什么(5.13)式中的应变采用了 δe_{ij}，即包含了非线性的部分，而(5.15)式中的应变采用 $\delta \varepsilon_{ij}$？给出这个问题的回答多少有点深奥。首先我们要记住：（1）Kirchhoff 应力的方向是跟随着变形的方向的，变形后纤维的方向变化了，应力的方向跟

着变，应变的方向也是。应力和应变的方向是同步的，所以应变能才可以采用 $\frac{1}{2}\sigma_{ij}e_{ij}$ 来计算；式(5.13)中的应力 $\sigma_{ij}^0+\sigma_{ij}$ 的方向($\sigma_{ij}^0+\sigma_{ij}$ 应作为一个整体来看待)与(5.15)式中的 σ_{ij}^0 方向不同，后者是沿着变形前的坐标方向的；(2)(5.15)式可以按照如下的方法来推导(见第18章)：

外力功：

$$W=\int_V \overline{P}_i^0 \delta u_i\,\mathrm{d}V+\int_S \overline{F}_i^0 \delta u_i\,\mathrm{d}S=-\int_V (\sigma_{ij,j}^0)\delta u_i\,\mathrm{d}V+\int_S (\sigma_{ij}^0 n_j)\delta u_i\,\mathrm{d}S$$

根据高等数学的高斯定理（将面积分转化为体积分）：

$$\iiint_V \left(\frac{\partial A_x}{\partial x}+\frac{\partial A_y}{\partial y}+\frac{\partial A_z}{\partial z}\right)\mathrm{d}V=\oiint_S (A_x\cos\alpha+A_y\cos\beta+A_z\cos\gamma)\mathrm{d}S$$

即 $\iiint_V A_{j,j}\,\mathrm{d}V=\oiint_S A_j n_j\,\mathrm{d}S$，则有

$$\int_S (\sigma_{ij}^0 n_j)\delta u_i\,\mathrm{d}S=\int_S (\sigma_{ij}^0 \delta u_i)n_j\,\mathrm{d}S=\int_V (\sigma_{ij}^0 \delta u_i)_{,j}\,\mathrm{d}V=\int_V (\sigma_{ij,j}^0 \delta u_i+\sigma_{ij}^0 \delta u_{i,j})\,\mathrm{d}V$$

$$W=-\int_V (\sigma_{ij,j}^0)\delta u_i\,\mathrm{d}V+\int_V (\sigma_{ij,j}^0 \delta u_i+\sigma_{ij}^0 \delta u_{i,j})\,\mathrm{d}V=\int_V (\sigma_{ij}^0 \delta u_{i,j})\,\mathrm{d}V$$

因为 $\int_V (\sigma_{ij}^0 \delta u_{i,j})\,\mathrm{d}V=\int_V (\sigma_{ji}^0 \delta u_{j,i})\,\mathrm{d}V=\int_V (\sigma_{ij}^0 \delta u_{j,i})\,\mathrm{d}V$，所以

$$W=\int_V \sigma_{ij}^0 \frac{1}{2}(\delta u_{i,j}+\delta u_{j,i})\,\mathrm{d}V=\int_V \sigma_{ij}^0 \delta\varepsilon_{ij}\,\mathrm{d}V$$

于是我们证明了(5.15)式是成立的。

5.1.4 初应力物体的屈曲问题

屈曲问题是假设物体在荷载作用下处于某种平衡状态，设荷载按照某个比例因子 k 增加，当 k 较小时，这种平衡状态是稳定的，荷载因子 k 增加到某个临界值时，原来的平衡状态就不再保持稳定，出现与原来平衡状态正交的变形形式，这种现象数学上称为分枝(bifurcation)，物理上称为屈曲(buckling)。

以刚要失稳之前的平衡位置作为初应力状态，屈曲变形是在原来初始变形位置上的附加变形，这个问题正好可以应用初应力问题的变分原理加以研究。研究屈曲问题时都假设物体从原来平衡形式变化到邻近的另一形式的位形时，荷载保持不变，即 $\overline{P}_i=0$，$\overline{F}_i=0$。由于荷载正比于荷载因子 k，因此应力 σ_{ij}^0 可以用 $k\sigma_{ij}^0$ 代替，应用(5.19)式得到：

$$\iiint_V [\sigma_{ij}\delta\varepsilon_{ij}+k\sigma_{ij}^0 u_{k,j}\delta u_{k,i}]\mathrm{d}V=0 \tag{5.21}$$

而总势能变为：

$$\varPi=\iiint_V \left[\frac{1}{2}(\sigma_{ij}\varepsilon_{ij}+k\sigma_{ij}^0 u_{k,i}u_{k,j})\right]\mathrm{d}V \tag{5.22}$$

这里需要强调，(5.22)式的第2项也有被称为应力势能的，但是在严格的非线性力学著作中，它被称为非线性应变能，本文尽量采用后一个名称称呼这一项。在非线性力学中，荷载势能这一名称用于称呼(5.18)式中后面两个荷载项。

5.1.5　初应力和初位移问题的变分原理（增量分析变分原理）

非线性分析和屈曲分析不同，非线性分析通常是分步分段线性化分析，见图 5.5。在第 p 步可以看成是当前状态，其应力是 σ_{ij}^0，位移是 u_i^0，应变是 e_{ij}^0，下一步（$p+1$ 步）的量分别是 $\sigma_{ij}^{p+1}=\sigma_{ij}^0+\sigma_{ij}$，$u_i^{p+1}=u_i^0+u_i$，$e_{ij}^{p+1}=e_{ij}^0+e_{ij}$。

$$e_{ij}^{p+1}=\frac{1}{2}\left[(u_i^0+u_i)_{,j}+(u_j^0+u_j)_{,i}+(u_k^0+u_k)_{,i}(u_k^0+u_k)_{,j}\right] \tag{5.23}$$

$$e_{ij}^0=\frac{1}{2}(u_{i,j}^0+u_{j,i}^0+u_{k,i}^0u_{k,j}^0)$$

$$e_{ij}=e_{ij}^{p+1}-e_{ij}^0=\frac{1}{2}(u_{i,j}+u_{j,i}+u_{k,i}^0u_{k,j}+u_{k,j}^0u_{k,i}+u_{k,i}u_{k,j})=\varepsilon_{ij}+\varepsilon_{ij}^N \tag{5.24}$$

$$\varepsilon_{ij}=\varepsilon_{ij,1}+\varepsilon_{ij,2} \tag{5.25}$$

$$\varepsilon_{ij,1}=\frac{1}{2}(u_{i,j}+u_{j,i})$$

$$\varepsilon_{ij,2}=u_{k,i}^0u_{k,j}+u_{k,j}^0u_{k,i}$$

$$\varepsilon_{ij}^N=u_{k,i}u_{k,j}$$

即有两种线性应变增量。变分原理还是(5.13)式，而在当前步，(5.15)式仍然成立，两式相减，得到，得到(5.19)式，将(5.25)式代入，得到

$$\iiint\limits_V\left[\sigma_{ij}\delta\varepsilon_{ij,1}+\sigma_{ij}\delta\varepsilon_{ij,2}+\sigma_{ij}^0u_{k,j}\delta u_{k,i}-\overline{P}_i\delta u_i\right]\mathrm{d}V-\iint\limits_{S_1}\overline{F}_i\delta u_i\mathrm{d}S=0 \tag{5.26}$$

在有限元分析中，$\sigma_{ij}\delta\varepsilon_{ij,2}$ 项将得到初位移矩阵。

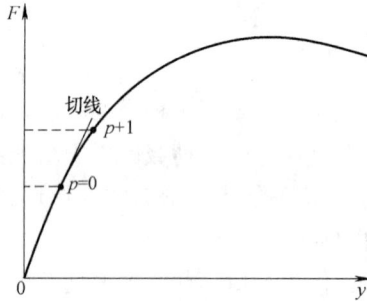

图 5.5　初应力初位移问题（增量分析问题）

5.2　压杆弯曲失稳的正统能量原理

根据上面的一般变分原理，可以建立压杆屈曲分析和非线性分析的变分原理。

5.2.1　屈曲分析

压杆屈曲前只有正应力 $\sigma_0=P/A$，屈曲后位移有纵向的 w 和横向的 v。根据平截面假设，截面上任意一点的位移为

$$\overline{w}=w-yv', \qquad \overline{v}=v \qquad (5.27a,b)$$

根据有限变形理论，纵向应变精确式为

$$e_z=\frac{(\mathrm{d}s)^2-(\mathrm{d}z)^2}{2(\mathrm{d}z)^2}=w'-yv''+\frac{1}{2}(v'^2+w'^2-2yw'v''+y^2v''^2) \qquad (5.28)$$

根据前人的经验，(5.28)式的非线性项中有很多是次要的。在(5.1c)式表示的三个非线性项中，与该方向上线性应变有关的非线性正应变的影响是小量，可以忽略。因此(5.28)式变为

$$e_z=w'-yv''+\frac{1}{2}v'^2=\varepsilon_z^L+\varepsilon_z^N \qquad (5.29)$$

这个简化相当于应变又采用了(5.6c)式的形式。在第 18 章的非线性分析中，我们直接应用(5.28)式的形式。

材料的应力应变关系为

$$\sigma_z=Ee_z \qquad (5.30)$$

因为压杆弯曲失稳中，只有纵向正应力，对应于(5.22)式，非线性应变我们只需要 ε_z^N，而线性应变在平截面假定下，也只有 ε_z^L，因此(5.22)式在弯曲失稳的情况下变为

$$\Pi=\frac{1}{2}\int_0^L[EAw'^2+EIv''^2+P_0v'^2]\mathrm{d}z \qquad (5.31)$$

(5.31)式则成为

$$\int_0^L\int_A(\sigma_z\delta\varepsilon_z^L+\sigma_{z0}\delta\varepsilon_z^N)\mathrm{d}A\mathrm{d}z=0$$

即

$$\int_0^L[EAw'\delta w'+EIv''\delta v''+P_0v'\delta v']\mathrm{d}z=0 \qquad (5.32)$$

分部积分，可以得到两个平衡微分方程，其中轴向的平衡得到 0 解，弯曲的平衡与第 2 章的一样。

5.2.2 非线性分析的全量理论

弹性压杆问题经常采用全量理论，初始状态有初弯曲，却没有初应力，此时

$$\iiint_V[\sigma_{ij}\delta e_{ij}-P_i\delta u_i]\mathrm{d}V-\iint_{S_1}F_i\delta u_i\mathrm{d}S=0 \qquad (5.33)$$

e_{ij} 采用 (5.24) 式计算。在压杆问题中，

$$e_z=w'-yv''+\frac{1}{2}[(v'+v_0')^2-v_0'^2]=w'-yv''+v_0'v'+\frac{1}{2}v'^2=\varepsilon_z^L+\varepsilon_z^N \qquad (5.34)$$

所谓的全量理论，是指应变和应力都是以初始状态作为 0 点计量的。假设压杆上作用轴向分布荷载 q_z，在 z_i 处作用有轴向集中力 P_z，荷载以坐标正方向作用为正，虚功方程为

$$\int_0^L\int_A\sigma_z\delta\varepsilon_z\mathrm{d}A\mathrm{d}z=\int_0^L(q_z\delta w+q_y\delta v)\mathrm{d}z+P_z\delta w|_{z=z_i}$$

将 $\delta e_z=\delta w'-y\delta v''+v_0'\delta v'+v'\delta v'=\delta\varepsilon_z^L+\delta\varepsilon_z^N$ 代入

$$\int_0^L\int_A\sigma_z(\delta w'-y\delta v''+v_0'\delta v'+v'\delta v')\mathrm{d}A\mathrm{d}z=\int_0^L(q_z\delta w+q_y\delta v)\mathrm{d}z+P_z\delta w|_{z=z_i}$$

引入
$$N = \int_A \sigma_z \, dA \tag{5.35a}$$

$$M_x = \int_A \sigma_z y \, dA \tag{5.35b}$$

得到
$$\int_0^L (N\delta w' - M_x \delta v'' + N v_0' \delta v' + N v' \delta v') \, dz = \int_0^L (q_z \delta w + q_y \delta v) \, dz + P_z \delta w \big|_{z=z_i} \tag{5.36}$$

分部积分
$$N\delta w \bigg|_0^L - \int_0^L (N' + q_z) \delta w \, dz + P_z \delta w \bigg|_{z=z_i} + \left[-M_x \delta v' + M_x' \delta v + N(v' + v_0') \delta v \right] \bigg|_0^L$$

$$+ \int_0^L \{-M_x'' - [N(v' + v_0')]' - q_y\} \delta v \, dz = 0 \tag{5.37}$$

由上式得到如下的平衡方程和边界条件以及连续条件：
$$N' + q_z = 0 \tag{5.38a}$$

$$-M_x'' - [N(v' + v_0')]' - q_y = 0 \tag{5.38b}$$

边界条件：
$$M_x = 0 \quad 或 \quad v' = 0$$

$$-M_x' + N(v_0' + v') = 0 \quad 或 \quad v = 0$$

$$N = 0 \quad 或 \quad w = 0$$

要写出连续条件必须将 $N\delta w \big|_0^L$ 拆分为 $N\delta w \big|_0^L = N\delta w \big|_0^{z_i} + N\delta w \big|_{z_i}^L$，然后与（5.37）式中的 $P_z \delta w \big|_{z=z_i}$ 项合并得到边界条件和连续条件。如果在压杆顶部作用 P_z，且顶部沿着 z 方向可以位移（$w \neq 0$）则在顶部截面有 $N + P_z = 0$。

将式(5.30)(5.34)式代入(5.35a，b)式得到

$$N = EA\left(w' + v_0' v' + \frac{1}{2} v'^2\right) \tag{5.39a}$$

$$M_x = -EI v'' \tag{5.39b}$$

将(5.39a，b)式代入式(5.38a，b)，得到标准的进行非线性分析的方程，计算非常复杂。

但是在轴向是静定的情况下，可以很快得到 N，并从(5.38b，5.39b)式求得挠度，然后从(5.39a)求得纵向位移。

对于单根压杆，杆长度方向没有分布轴向力，由(5.38a)式得到轴力为常量，记杆端压力为 P，则 $N = -P$，代入(5.38b)式得到通常的研究压杆失稳的微分方程。

求得微分方程不是我们的目的。我们希望在压杆是变轴力以及变刚度、它们的平衡微分方程无法求得解答的情况下，能够借助于能量法进行近似求解。

5.3　压杆弯曲失稳的 Ritz 法

Ritz 法是一种利用总势能驻值原理求近似解的方法，因此必须构建一个问题的总势能

的表达式。假设这个总势能为

$$\Pi = \Pi(z, u, u', u'') \tag{5.40}$$

假设位移函数为

$$u = \sum_{i=1}^{n} C_i f_i(z) \tag{5.41}$$

上式中的已知函数 $f_i(z)(i=1,2,\cdots\cdots,n)$ 都满足问题的几何边界条件。然后将式 (5.41)代入(5.40)式得到

$$\Pi = \Pi(C_1, C_2, \cdots\cdots, C_n)$$

根据势能驻值原理，可以得到

$$\frac{\partial \Pi}{\partial C_1} = 0$$

$$\frac{\partial \Pi}{\partial C_2} = 0 \tag{5.42}$$

$$\cdots\cdots$$

$$\frac{\partial \Pi}{\partial C_n} = 0$$

在屈曲问题中，(5.42)式是一组线性齐次代数方程组，要使方程有非零解，它的系数行列式必须为零。求解使行列式为零的解，得到的即为临界荷载，回代入(5.42)式，令 n 个系数中的某一个为 1.0，即可以得到结构的屈曲波形。

必须再次强调的是，采用的位移函数必须满足几何边界条件，但不必满足力学边界条件。

例题：图 5.6 所示的悬臂柱，柱顶承受集中力 P，沿柱子高度作用均布轴向力 q，柱高 h，柱截面抗弯刚度为 EI，求临界荷载。

首先必须构建这个问题的总势能。对于这个问题，仍然采用传统而非正统的方法比较简单。应变能变化为

$$U = \frac{1}{2} \int_0^h EI u''^2 \mathrm{d}z$$

柱顶集中力的荷载势能变化为 $-\dfrac{1}{2} \int_0^h P u'^2 \mathrm{d}z$。而柱身上的均布荷载的势能的计算，必须考察图 5.6b 所示的

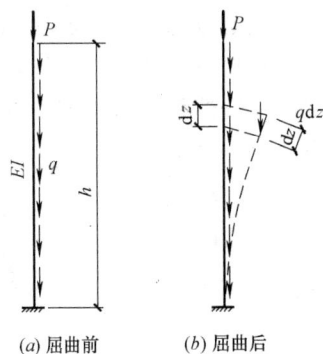

(a) 屈曲前　　(b) 屈曲后

图 5.6　悬臂柱的屈曲

$q \mathrm{d}z$ 在屈曲过程中所作的功：此处的竖向位移为 $\dfrac{1}{2} \int_0^z u'^2 \mathrm{d}z$，$q\mathrm{d}z$ 所作的功为

$$q\mathrm{d}z \cdot \frac{1}{2} \int_0^z u'^2 \mathrm{d}z$$

因此均布荷载的势能变化为

$$-\frac{1}{2} \int_0^h q \left[\int_0^z u'^2 \mathrm{d}\xi \right] \mathrm{d}z$$

所以这个问题的总势能为

$$\Pi = \frac{1}{2} \int_0^h EI u''^2 \mathrm{d}z - \frac{1}{2} \int_0^h P u'^2 \mathrm{d}z - \frac{1}{2} \int_0^h q \left[\int_0^z u'^2 \mathrm{d}\xi \right] \mathrm{d}z \tag{5.43}$$

假设位移为

$$u = A\left(1 - \cos\frac{\pi z}{2h}\right)$$

A 为待定系数。因为

$$u' = A\frac{\pi}{2h}\sin\frac{\pi z}{2h}, u'' = A\left(\frac{\pi}{2h}\right)^2\cos\frac{\pi z}{2h}$$

因此这个位移函数满足 $z=0$ 时 $u=0$，$u'=0$ 的几何边界条件，符合 Ritz 法的要求。代入 (5.43) 式得到

$$\begin{aligned}
\Pi &= \frac{1}{4}EIA^2\left(\frac{\pi}{2h}\right)^4 h - \frac{1}{4}PA^2\left(\frac{\pi}{2h}\right)^2 h - \frac{1}{2}qA^2\left(\frac{\pi}{2h}\right)^2\int_0^h\int_0^z\frac{1}{2}\left(1-\cos\frac{\pi\xi}{h}\right)\mathrm{d}\xi\mathrm{d}z \\
&= \frac{1}{4}EIA^2\left(\frac{\pi}{2h}\right)^4 h - \frac{1}{4}PA^2\left(\frac{\pi}{2h}\right)^2 h - \frac{1}{4}qA^2\left(\frac{\pi}{2h}\right)^2\int_0^h\left(z-\frac{h}{\pi}\sin\frac{\pi z}{h}\right)\mathrm{d}z \\
&= \frac{1}{4}EIA^2\left(\frac{\pi}{2h}\right)^4 h - \frac{1}{4}PA^2\left(\frac{\pi}{2h}\right)^2 h - \frac{1}{4}qA^2\left(\frac{\pi}{2h}\right)^2\left(\frac{1}{2}h^2 - \frac{2h^2}{\pi^2}\right)
\end{aligned}$$

令 $\frac{\partial\Pi}{\partial A}=0$，记 $P_\mathrm{E}=\pi^2 EI/4h^2$ 得到：

$$P + \left(\frac{1}{2}-\frac{2}{\pi^2}\right)qh = P_\mathrm{E}$$

即荷载 P 和 q 共同作用下压杆满足上式才会失去稳定性。令 $P=0$，我们得到

$$0.2974qh = P_\mathrm{E}$$

上面的方法由于假定的位移中只有一个位移函数，所以直接令 $\pi=0$ 也能够得到临界荷载，这种直接令 $\Pi=0$ 或令应变能等于荷载所做的功的方法就是 Timoshenko 能量法。如果假设的位移函数待定系数多于一个，则不能采用 Timoshenko 能量法，必须采用标准的 Ritz 法。假设

$$u = A\left(1-\cos\frac{\pi z}{2h}\right) + B\left(1-\cos\frac{2\pi z}{2h}\right)$$

$$\begin{aligned}
\Pi &= \frac{1}{4}EIh\frac{\pi^4}{16h^4}\left\{A^2 + 16B^2 + \frac{32}{3\pi}AB\right\} \\
&\quad - \frac{1}{4}qh^2A^2\left(\frac{\pi}{2h}\right)^2\left(\frac{1}{2}-\frac{2}{\pi^2}\right) - \frac{1}{4}qh^2\frac{\pi^2}{h^2}\left(\frac{1}{2}B^2\right) - \frac{1}{4}qh^2\frac{\pi^2}{h^2}\left(\frac{32}{9\pi^2}AB\right)
\end{aligned}$$

由 $\frac{\partial\Pi}{\partial A}=0$，$\frac{\partial\Pi}{\partial B}=0$ 可以得到

$$\left[P_\mathrm{E} - \frac{1}{2}qh\left(1-\frac{4}{\pi^2}\right)\right]A + \frac{16}{3\pi}\left[P_\mathrm{E}-\frac{4}{3\pi}qh\right]B = 0$$

$$\frac{16}{3\pi}\left[P_\mathrm{E}-\frac{4}{3\pi}qh\right]A + \left[16P_\mathrm{E}-2qh\right]B = 0$$

令系数行列式等于 0，得到 $0.3101qh=P_\mathrm{E}$。

这个问题的精确解是

$$qh = \frac{7.837EI}{h^2} \tag{5.44}$$

相当于 $0.3148qh=P_\mathrm{E}$。

这个式子告诉我们，对结构来说，按照能量等效的原则，均布的竖向荷载产生的负刚

124

度效应，等效于约 $0.315qh$ 的集中力作用在柱顶。$0.315qh$ 是柱子离地面 $0.685h$ 处的轴力。这个结论非常重要，以后还会用到。

进一步，假设悬臂柱截面的抗弯刚度也随高度而变化。如图 5.6 的柱模型，底端固支，柱顶截面抗弯刚度 I_n，柱顶轴力 P_n，柱底截面抗弯刚度 I_1，柱底轴力 P_1，柱刚度与轴力沿柱高度方向线性分布：

$$I(x)=I_1+(I_n-I_1)\frac{x}{h} \tag{5.45a}$$

$$P(x)=P_1+(P_n-P_1)\frac{x}{h} \tag{5.45b}$$

x 为截面离底端的距离。这相当于顶部作用 $P_n=P$，柱上作用均布竖向轴力 $q=\dfrac{P_1-P_n}{h}$。

$$
\begin{aligned}
\Pi=&\frac{1}{4}EI_1h\frac{\pi^4}{16h^4}\left(A^2+16B^2+\frac{32}{3\pi}AB\right)\\
&+\frac{E(I_n-I_1)h^2}{2H}\left(\frac{\pi}{h}\right)^4\left[\frac{1}{16}A^2\left(\frac{1}{4}-\frac{1}{\pi^2}\right)+B^2\frac{1}{4}+AB\left(\frac{1}{3\pi}-\frac{8}{9\pi^2}\right)\right]\\
&-\frac{1}{4}qh^2A^2\left(\frac{\pi}{2h}\right)^2\left(\frac{1}{2}-\frac{2}{\pi^2}\right)-\frac{1}{4}qh^2\frac{\pi^2}{h^2}\left(\frac{1}{2}B^2\right)-\frac{1}{4}qh^2\frac{\pi^2}{h^2}\left(\frac{32}{9\pi^2}AB\right)\\
&-P\frac{\pi^2}{4h}\left(\frac{1}{4}A^2+B^2+\frac{8}{3\pi}AB\right)
\end{aligned}
$$

令 $\dfrac{\partial\Pi}{\partial A}=0$，$\dfrac{\partial\Pi}{\partial B}=0$，并且先考虑只有柱顶集中力 P，此时可以得到

$$\left[\frac{\pi^2EI_1}{4h^2}+\left(\frac{1}{4}-\frac{1}{\pi^2}\right)\frac{\pi^2E(I_n-I_1)}{2h^2}-P\right]A+\frac{16}{3\pi}\left[\frac{\pi^2EI_1}{4h^2}+\left(1-\frac{8}{3\pi}\right)\frac{\pi^2E(I_n-I_1)}{4h^2}-P\right]B=0$$

$$\frac{8}{3\pi}\left[\frac{\pi^2EI_1}{4h^2}+\left(1-\frac{8}{3\pi}\right)\frac{\pi^2E(I_n-I_1)}{4h^2}-P\right]A+\left[\frac{2\pi^2EI_1}{h^2}+\frac{\pi^2E(I_n-I_1)}{h^2}-2P\right]B=0$$

令系数行列式等于 0 得到

$$P_{cr}=\frac{\pi^2EI_{eq}}{4h^2} \tag{5.46a}$$

$$I_{eq}=2.6467I_1+3.7202I_n-1.9582\sqrt{(I_1+1.7521I_n)^2-0.06212I_1I_n}$$

I_{eq} 是变截面悬臂柱等效为等截面悬臂柱的等效惯性矩，也可以称为变截面悬臂柱抗弯刚度代表值，上式 I_{eq} 计算公式可以用 $I_{eq}=0.68I_1+0.32I_n$ 来代替。更加精确的能量法表明，I_{eq} 是

$$I_{eq}=\frac{2}{3}I_1+\frac{1}{3}I_n \tag{5.46b}$$

第二章介绍的压力抗侧负刚度系数 α 的物理意义的解释，其实来自于能量法；它是压杆以曲线发生侧移屈曲时压力所做的功与压杆以直线方式发生侧移时压力所做的功的比值。可以进一步说明如下：

两端转动约束长度为 l 的弹性压杆的总势能是：

$$\Pi_1=\frac{1}{2}\int_0^l EIy'''^2\mathrm{d}x-\frac{1}{2}P\int_0^l y'^2\mathrm{d}x$$

而两端铰支刚性压杆，在顶部有一侧移弹簧 K_0，屈曲时的总势能是

$$\Pi_2 = \frac{1}{2}K_0\Delta^2 - \frac{1}{2}P\frac{\Delta^2}{l}$$

现在假设侧移弹簧的刚度 K_0 就等于两端转动约束压杆的抗侧刚度，见（2.31）式。然后在弹性压杆的 Ritz 法求解中，假设位移 y 是柱顶作用水平力 Q、按照线性分析得到的侧移挠曲线，且柱顶侧移是 Δ，则 $Q = K_0\Delta$，储存的弹性压杆的物理应变能 $\frac{1}{2}\int_0^l EIy''^2\,\mathrm{d}x = \frac{1}{2}Q\Delta = \frac{1}{2}K_0\Delta^2$，即 Π_1 和 Π_2 中的弹性应变能是一样的，不同的是荷载所做的功。从 $\delta\Pi_1 = 0$ 我们可以得到很精确的临界荷载，而 $\delta\Pi_2 = 0$ 得到的临界荷载误差达 21.6%，引起这个差别的正是荷载功，α 表现为两者的竖向位移的比值。

分析图 5.7 所示压杆的屈曲。图 5.7a 是压杆各半跨承受方向相反的均布的纵向荷载，使得压杆内的轴力呈现线性变化，跨中最大，其轴力图类似于跨中集中荷载下的简支梁的弯矩图。总势能是

$$\Pi = \frac{1}{2}\int_0^l (EIy''^2 - P(z)y'^2)\,\mathrm{d}x = \frac{1}{2}\int_0^l EIy''^2\,\mathrm{d}x - \int_0^{l/2} P(z/l)y'^2\,\mathrm{d}x$$

如果设 $y = A_1\sin\dfrac{\pi x}{l}$，则

$$\Pi = \frac{1}{2}\frac{\pi^4}{l^4}EI\frac{1}{2}l - 2P\frac{\pi^2}{l^2}\int_0^{L/2}\frac{z}{l}\cos^2\frac{\pi z}{l}\mathrm{d}z = \frac{1}{2}\frac{\pi^4}{l^4}EI\frac{1}{2}l - 2P\frac{\pi^2}{l}\left(\frac{\pi^2-4}{16\pi^2}\right) = 0$$

$$P_{\mathrm{cr}} = \frac{2\pi^2}{\pi^2-4}\frac{\pi^2}{l^2}EI = 3.363\frac{\pi^2}{l^2}EI$$

如果设 $y = A_1\sin\dfrac{\pi x}{l} + A_3\sin\dfrac{3\pi x}{l}$，可得

$$\Pi = \frac{1}{2}\frac{\pi^4}{l^4}EI\frac{1}{2}l(A_1^2 + 3^4 A_3^2) - P\frac{\pi^2}{l}\left(\frac{\pi^2-4}{8\pi^2}A_1^2 + \frac{9\pi^2-4}{8\pi^2}A_3^2 - \frac{3}{\pi^2}A_1A_3\right)$$

可求得更精确的临界荷载为：

$$P_{\mathrm{cr}} = 3.176\frac{\pi^2 EI}{l^2}$$

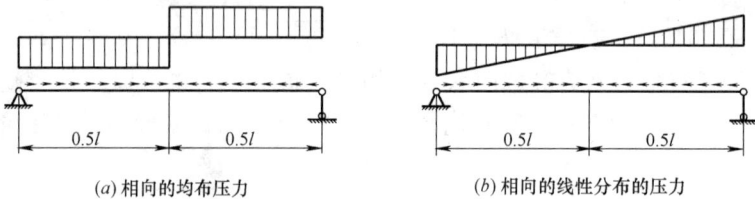

(a) 相向的均布压力　　　　　　　　(b) 相向的线性分布的压力

图 5.7　压力沿跨度变化的简支压杆

图 5.7b 是两端简支压杆承受相向的线性变化的分布压力的情况，压力在压杆内是抛物线变化，记最大压力是 P，则

$$P(z) = 4(z - z^2)P$$

设 $y = A_1\sin\dfrac{\pi x}{l}$，则

$$\Pi = \frac{1}{2}\frac{\pi^4}{l^4}EI\frac{1}{2}l - 2P\frac{\pi^2}{l^2}\int_0^L \left(\frac{z}{l} - \frac{z^2}{l^2}\right)\cos^2\frac{\pi z}{l}\mathrm{d}z = \frac{\pi^4}{4l^3}EI - \frac{\pi^2-3}{6\pi^2}P\frac{\pi^2}{l}$$

得到临界荷载是

$$P_{cr} = \frac{1.5\pi^2}{\pi^2 - 3}\frac{\pi^2}{L^2}EI = 2.155\frac{\pi^2}{L^2}EI$$

如果设 $y = A_1 \sin\frac{\pi x}{l} + A_3 \sin\frac{3\pi x}{l}$，可得

$$\Pi = \frac{\pi^4}{l^4}EI\,\frac{1}{4}l(A_1^2 + 3^4 A_3^2) - P\frac{\pi^2}{l}\left[\frac{\pi^2 - 3}{6\pi^2}A_1^2 + \frac{3\pi^2 - 1}{2\pi^2}A_3^2 - \frac{15}{4\pi^2}A_1 A_3\right]$$

更精确的临界压力是

$$P_{cr} = 2.076\frac{\pi^2 EI}{l^2}$$

这两个例子是想说明，压杆的压力如果跨中最大，简支端为 0，以最大压力计量的临界荷载可以成倍提高。这与梁的弯扭屈曲的临界弯矩完全不同，在梁弯扭屈曲的情况下，抛物线变化的弯矩的临界弯矩比纯弯的临界弯矩仅提高 13%，跨中作用集中力的简支梁的临界弯矩仅比纯弯的提高 36.6%。这表明，不能将梁的变压区取出，按压杆的侧向弯曲失效来替代研究梁的弯扭失稳。

5.4 压杆弯曲失稳的 Galerkin 法：一种加权残数法

5.4.1 Galerkin 法

与 Ritz 法要求求解的问题必须能够构建总势能的表达式不同，Galerkin 法要求对求解的问题必须能够建立某种形式的微分方程。由于总势能只能对保守系统建立，对非保守系统不存在总势能，而对这两类系统都可以建立平衡微分方程，因此从数值方法的应用范围讲，Galerkin 法的应用更为广泛一些。

设有一 n 阶常微分方程

$$L(z, u, u', u'', \cdots\cdots, u^{(n)}) = 0 \tag{5.47}$$

其自然边界条件为

$$S_j(u_j, u_j', u_j'', \cdots\cdots, u_j^{(n)}) = s_j, j = 1, 2, \cdots\cdots, m \tag{5.48}$$

几何边界条件为

$$G_k(u_k, u_k', u_k'', \cdots\cdots, u_k^{(n)}) = s_k, k = 1, 2, \cdots\cdots, r \tag{5.49}$$

显然在方程的阶和边界条件的数量之间满足 $m + r = n$。

若微分方程（5.47）式的解用下列近似式表达

$$\tilde{u} = \sum_{i=1}^{N} C_i f_i(z) \tag{5.50}$$

式中 $f_i(z)(i = 1, 2, \cdots\cdots, N)$ 为已知函数，C_i 是待定系数。除非（5.50）式正好是（5.47）式的解，将（5.50）式代入（5.47）式，其结果一般不会等于零，其值我们称为残数，并用 R 来表示。

$$R = L(z, \tilde{u}, \tilde{u}', \tilde{u}'', \cdots\cdots, \tilde{u}^{(n)})$$

同样，当 $\widetilde{u}$ 不能满足边界条件时，代入(5.48)和(5.49)式可以得到边界残数：

$$R_{sj}=S_j(\widetilde{u}_j,\widetilde{u'}_j,\widetilde{u''}_j,\cdots\cdots,\widetilde{u}_j^{(n)})-s_j,j=1,2,\cdots\cdots,m$$

$$R_{gk}=G_k(\widetilde{u}_k,\widetilde{u'}_k,\widetilde{u''}_k,\cdots\cdots,\widetilde{u}_k^{(n)})-s_k,k=1,2,\cdots\cdots,r$$

加权残数法就是采用下式的加权方法使残数在加权平均的意义上为零，相当于弱化要求，获得的解自然就是原来问题的近似解：

$$\int_0^l Rw_i dz+\sum_{j=1}^m w_{ij}R_{sj}+\sum_{k=1}^r w_{ik}R_{sk}=0 \quad i=1,2,\cdots\cdots,N \tag{5.51}$$

如何选择权函数是不同的加权残数法的区别所在。Galerkin 法把(5.51)式中的已知假设函数 $f_i(z)(i=1,2,\cdots\cdots,N)$ 作为权函数。一般情况下 Galerkin 法要求假设的位移函数满足几何和自然边界条件，这时 Galerkin 法为

$$\int_0^l L(z,\widetilde{u},\widetilde{u'},\widetilde{u''},\cdots\cdots,\widetilde{u}^{(n)})f_i dz=0, \qquad i=1,2,\cdots,N \tag{5.52}$$

式 (5.52) 可以提供 N 个方程来决定 N 个未知待定系数 C_i, $i=1,2,\cdots\cdots,N$。

Galerkin 法也可以在假设的位移函数不满足自然边界条件(5.48)式的情况下使用。这时有：

$$\int_0^l L(z,\widetilde{u},\widetilde{u'},\widetilde{u''},\cdots\cdots,\widetilde{u}^{(n)})f_i dz+\sum_{j=1}^m R_{sj}f_{ij}=0, \qquad i=1,2,\cdots,N \tag{5.53}$$

其中 f_{ij} 的量纲与 R_{sj} 匹配。如果问题有总势能，则上面的解与 Ritz 法的结果是一样的。

5.4.2　Galerkin 法与虚位移原理

Galerkin 法是解微分方程的一般数学方法，当用来解力学问题时，可以把它与虚位移原理联系起来。(5.32)式是压杆弯曲屈曲的虚位移原理表达式，轴力以压为正，分部积分，我们得到

$$[EIv''\delta v'-(EIv'''+Pv')\delta v]|_0^l+\int_0^l (EIv^{(4)}+Pv'')\delta v dz=0 \tag{5.54}$$

如果 Galerkin 法中假设的位移函数仅满足位移边界条件，对于压杆一端固定一端铰支的情况：

$z=0$：$\delta v=0$，$\delta v'=0$；

$z=l$：$\delta v=0$。

则(5.54)式成为

$$EIv''\delta v'|_{z=l}+\int_0^l (EIv''''+Pv'')\delta v dz=0 \tag{5.55}$$

比较(5.55)式和(5.53)式知道，Galerkin 法相当于虚位移原理中取 $\delta v=f_i\delta C_i$，同时力学边界条件变为 Galerkin 法的拉格朗日乘子项，$\delta v'=f_i'\delta C_i$，因此可以认为，Galerkin 法是一种应用虚位移原理的数值方法，它把结构可能发生的虚位移限制在 N 个自由度内。

通过以上的联系，可以得到如下几点值得注意的地方：

(1) 应尽可能选用能够满足几何边界条件的已知函数 f_i，并使近似解 u 能满足自然边界条件。这样解题最简单。

(2) 当近似解不能满足自然边界条件时，在计算公式中必须包含自然边界残数项。为了能够得到合适的解，用于自然边界残数项前面的加权函数不能任意选择，(5.53)式中的

f_{ij} 也不能任意选择，而必须根据虚位移原理的表达式选择对应的加权函数和位移函数（及其导数），这样可以同时保证自然边界残数加权后的项的量纲与微分方程项的量纲相同，保证两项可以相加。

（3）不能选择不满足几何边界条件的已知函数 f_i 作为构造近似解的基础，因为这样的话，边界条件中的许多项不会消失，给问题的求解带来很大的困难。

例题：求一端固定一端简支的压杆的临界荷载及近似屈曲波形。这里可以利用（5.55）式，设

$$v = C(z^3 - 1.5z^2 l)(l - z)$$
$$v' = C(-3l^2 z + 7.5z^2 l - 4z^3)$$
$$v'' = C(-3l^2 + 15lz - 12z^2)$$
$$v''' = C(15l - 24z), \quad v'''' = -24C$$

它能够满足所有的边界条件，记 $k^2 = P/EI$，代入（5.54）式得到

$$R = v'''' + k^2 v'' = C(-24 - 3k^2 l^2 + 15k^2 lz - 12k^2 z^2)$$
$$f = (z^3 - 1.5z^2 l)(l - z)$$
$$\int_0^l Rf \mathrm{d}z = Cl^5 \left(\frac{9}{5} - \frac{3}{35} k^2 l^2 \right) = 0 \quad \therefore \quad (kl)^2 = 21$$

精确解为 $(kl)^2 = 20.2$，误差仅 4%。

读者也可以采用下式作为近似函数

$$v = C_1 z^2 (l - z) + C_2 z^3 (l - z)$$

它满足几何边界条件，但不满足自然边界条件，所以必须采用（5.55）式计算。

5.5　有限单元法－**Ritz** 法的应用

有限单元法将构件分成若干段（即单元），对每一段（单元）采用试解函数来逼近压杆的真实位移，而且将节点位移取为 Ritz 法中试解函数的未知量，代入总势能，通过变分得到一组以节点位移为未知量的线性代数方程，求解以后得到问题的解。

由于构件划分成若干单元，每一个单元一样，仅节点位移的大小不同，因此就可以取出典型的一段进行分析。对于弯曲失稳，设单元长度为 l，两个节点分别为 i，j，节点未知量为 v_i，v_i'，v_j，v_j'，单元内部的位移取为

$$v = n_{31} v_i + n_{32} v_i' l + n_{33} v_j + n_{34} v_j' l = \langle n_3 \rangle \{\delta\}_e \tag{5.56}$$

式中 $\{\delta\}_e = <v_i, \ v_i' l, \ v_j, \ v_j' l>^{\mathrm{T}}$

$$\langle n_3 \rangle = \langle n_{31}, n_{32}, n_{33}, n_{34} \rangle \tag{5.57}$$

下标 3 代表三次多项式，记 $\beta = z/l$，$<n_3>$ 中各个元素的表达式为

$$n_{31} = 1 - 3\beta^2 + 2\beta^3, \quad n_{32} = \beta - 2\beta^2 + \beta^3$$
$$n_{33} = 3\beta^2 - 2\beta^3, \quad n_{34} = -\beta^2 + \beta^3$$

它们就是有限元法中的形函数。满足在位移列阵中第 $k(k=1, 2, 3, 4)$ 元素 $\delta_k = 1$ 时 $n_{3k} = 1$，其他三个 $n_{3m} = 0 (m \neq k)$ 的要求。

将（5.56）式代入总势能表达式（先取轴向分布荷载 $q = 0$）得到：

$$\Pi_i = \frac{1}{2}\int_0^l (EIv''^2 - Pv'^2)\ \mathrm{d}z =$$

$$= \frac{1}{2l^4}\int_0^l EI\{\delta\}_e^T < n_3'' >^T < n_3'' > \{\delta\}_e \mathrm{d}z - \frac{1}{2l^2}P\int_0^l \{\delta\}_e^T < n_3' >^T < n_3' > \{\delta\}_e \mathrm{d}z$$

式中在 $<n_3>$ 上的 $()'$ 是对 β 求导，对 z 求导 $\dfrac{d}{\mathrm{d}z}=\dfrac{d}{l\,\mathrm{d}\beta}$，

$$< n_3' > = < -6\beta+6\beta^2,\ 1-4\beta+3\beta^2,\ 6\beta-6\beta^2,\ -2\beta+3\beta^2 > \tag{5.58a}$$

$$< n_3'' > = < -6+12\beta,\ -4+6\beta,\ 6-12\beta,\ -2+6\beta > \tag{5.58b}$$

代入总势能表达式，积分得到

$$\Pi = \frac{1}{2l^3}EI\{\delta\}_e^T[K_{33}^{220}]\{\delta\}_e - \frac{1}{2l}P\{\delta\}_e^T[K_{33}^{110}]\{\delta\}_e$$

$$= \frac{1}{2}\{\delta\}_e^T\left[\frac{1}{l^3}EI\ [K_{33}^{220}] - \frac{1}{l}P\ [K_{33}^{110}]\right]\{\delta\}_e$$

式中 $[K_{33}^{220}] = \displaystyle\int_0^l < n_3'' >^T < n_3'' > \mathrm{d}\beta = \begin{bmatrix} 12 & 6 & -12 & 6 \\ 6 & 4 & -6 & 2 \\ -12 & -6 & 12 & -6 \\ 6 & 2 & -6 & 4 \end{bmatrix}$ \hfill (5.59a)

$$[K_{33}^{110}] = \int_0^l < n_3' >^T < n_3' > \mathrm{d}\beta = \begin{bmatrix} 6/5 & 1/10 & -6/5 & 1/10 \\ 1/10 & 2/15 & -1/10 & -1/30 \\ -6/5 & -1/10 & 6/5 & -1/10 \\ 1/10 & -1/30 & -1/10 & 2/15 \end{bmatrix} \tag{5.59b}$$

由于各个单元长度有可能划分得不一样，所以必须将节点位移返回到与单元长度无关的形式，即定义 $\{\Delta_e\} = < v_i,\ v_i',\ v_j,\ v_j' >^T$，总势能重新表示成如下形式：

$$\Pi_i = \frac{1}{2}\{\Delta_e\}^T([K_e]+[K_{\sigma e}])\{\Delta_e\}$$

式中 $[K_e]$ 为单元的物理刚度矩阵，$[K_{\sigma e}]$ 为单元的几何刚度矩阵（或称为初应力矩阵，与初应力问题的变分原理对应），它们的表达式为

$$[K_e] = \frac{EI}{l}\begin{bmatrix} 12/l^2 & 6/l & -12/l^2 & 6/l \\ 6/l & 4 & -6/l & 2 \\ -12/l^2 & -6/l & 12/l^2 & -6/l \\ 6/l & 2 & -6/l & 4 \end{bmatrix} \tag{5.60}$$

$$[K_{\sigma e}] = -\frac{P}{l}\begin{bmatrix} 6/5 & l/10 & -6/5 & l/10 \\ l/10 & 2l^2/15 & -l/10 & -l^2/30 \\ -6/5 & -l/10 & 6/5 & -l/10 \\ l/10 & -l^2/30 & -l/10 & 2l^2/15 \end{bmatrix} \tag{5.61}$$

对每一个单元求总势能，所有单元的总势能相加得到系统的总势能：

$$\Pi = \sum \Pi_i = \frac{1}{2}\{\Delta\}^T([K_E]+[K_\sigma])\{\Delta\}$$

式中 $\{\Delta\}$ 是所有节点的位移向量，$[K_E]$ 是由各单元的物理刚度矩阵按照节点位移的顺序集合而成的整体物理刚度矩阵，$[K_\sigma]$ 由各单元的几何刚度矩阵按照节点位移的顺序集合而成的整体几何刚度矩阵。集合的方法与结构力学中的矩阵位移法完全相同。对总势能求

一阶变分可以得到求解临界荷载的方程。

$$\delta\pi=\delta\{\Delta\}^{\mathrm T}([K_{\mathrm E}]+[K_\sigma])\{\Delta\}=0$$

得到

$$([K_{\mathrm E}]+[K_\sigma])\{\Delta\}=0$$

引入边界条件，令系数行列式的值为零得到求临界荷载的特征值方程：

$$|[K_{\mathrm E}]+[K_\sigma]|=0 \tag{5.62}$$

节点力向量为 $\{F_{\mathrm e}\}=<Q_{ij}$, M_{ij} , Q_{ji} , $M_{ji}>^{\mathrm T}$

如果惯性矩和轴力在单元内线性变化

$$I=I_1+(I_2-I_1)\frac{z}{l}=I_1+I_{21}\beta,P=P_1+P_{21}\beta \tag{5.63a，b}$$

则我们得到

$$\pi=\frac12\{\delta\}_{\mathrm e}^{\mathrm T}\left[\frac{1}{l^3}(EI_1[K_{33}^{220}]+EI_{21}[K_{33}^{221}])-\frac{P_1}{l}[K_{33}^{110}]-\frac{P_{21}}{l}[K_{33}^{111}]\right]\{\delta\}_{\mathrm e} \tag{5.64}$$

式中
$$[K_{33}^{221}]=\int_0^l<n_3''>^{\mathrm T}<n_3''>\beta\mathrm d\beta=\begin{bmatrix}6&2&-6&4\\2&1&-2&1\\-6&-2&6&-4\\4&1&-4&3\end{bmatrix} \tag{5.59c}$$

$$[K_{33}^{111}]=\int_0^l<n_3'>^{\mathrm T}<n_3'>\beta\mathrm d\beta=\begin{bmatrix}3/5&1/10&-3/5&0\\1/10&1/30&-1/10&-1/60\\-3/5&-1/10&3/5&0\\0&-1/60&0&1/30\end{bmatrix} \tag{5.59d}$$

此时单元物理刚度矩阵变为

$$[K_{\mathrm e}]=\frac{EI_1}{l}\begin{bmatrix}12/l^2&6/l&-12/l^2&6/l\\6/l&4&-6/l&2\\-12/l^2&-6/l&12/l^2&-6/l\\6/l&2&-6/l&4\end{bmatrix}+\frac{EI_{21}}{l}\begin{bmatrix}6/l^2&2/l&-6/l^2&4/l\\2/l&1&-2/l&1\\-6/l^2&-2/l&6/l^2&-4/l\\4/l&1&-4/l&3\end{bmatrix} \tag{5.65a}$$

如果第一项采用平均惯性矩 $\overline I=0.5(I_1+I_2)$，则第二部分的系数矩阵变为 $[K_{33}^{221}]-0.5$ $[K_{33}^{220}]$，展开后的刚度矩阵是

$$[K_{\mathrm e}]=\frac{\overline{EI}}{l^3}\begin{bmatrix}12&6l&-12&6l\\6l&4l^2&-6l&2l^2\\-12&-6l&12&-6l\\6l&2l^2&-6l&4l^2\end{bmatrix}+\frac{EI_{21}}{l^2}\begin{bmatrix}0&-1&0&1\\-1&-l&1&0\\0&1&0&-1\\1&0&-1&l\end{bmatrix} \tag{5.65b}$$

几何刚度矩阵，采用平均轴力 $\overline P=0.5(P_1+P_2)$ 和轴力差 P_{21} 表示是

$$[K_\sigma]=-\frac{\overline P}{l}\begin{bmatrix}6/5&l/10&-6/5&l/10\\l/10&2l^2/15&-l/10&-l^2/30\\-6/5&-l/10&6/5&-l/10\\l/10&-l^2/30&-l/10&2l^2/15\end{bmatrix}-\frac{P_{21}}{20}\begin{bmatrix}0&1&0&-1\\1&-2l/3&-1&0\\0&-1&0&1\\-1&0&1&-2l/3\end{bmatrix} \tag{5.66}$$

采用(5.65)式分析实际的变截面构件，比用(5.60)式精度高，在不增加节点未知量的情况下，收敛速度增加一倍以上。大量计算表明，实际工程中遇到的任何的楔形变截面构件，不管是线性的内力分析还是稳定性分析，划分 4 个单元，就有足够的精度。

对于框架结构，需要将轴向位移和轴向力引入单元刚度矩阵，这样物理刚度矩阵变为 6×6 的方阵，对于变截面构件，假设面积沿杆长线性变化，轴向变形对应的物理刚度矩阵为：

$$[K_{\text{eaxial}}] = \frac{EA_1}{l}\begin{bmatrix} 1 & -1 \\ -1 & 1 \end{bmatrix} + \frac{1}{2}\frac{EA_{21}}{l}\begin{bmatrix} 1 & -1 \\ -1 & 1 \end{bmatrix} = \frac{E\overline{A}}{l}\begin{bmatrix} 1 & -1 \\ -1 & 1 \end{bmatrix} \tag{5.67}$$

式中 $\overline{A} = 0.5(A_2 + A_1)$，$A_{21} = A_2 - A_1$，$A_1$，$A_2$ 分别为单元两端的截面面积。轴向变形对应的几何刚度矩阵为 0。(5.65a)(5.67)两式合并成 6×6 的刚度矩阵如下

$$[K_e] = \begin{bmatrix}
\dfrac{EA_1}{l} & 0 & 0 & -\dfrac{EA_1}{l} & 0 & 0 \\
0 & \dfrac{12i_1}{l^2} & \dfrac{6i_1}{l} & 0 & -\dfrac{12i_1}{l^2} & \dfrac{6i_1}{l} \\
0 & \dfrac{6i_1}{l} & 4i_1 & 0 & -\dfrac{6i_1}{l} & 2i_1 \\
-\dfrac{EA_1}{l} & 0 & 0 & \dfrac{EA_1}{l} & 0 & 0 \\
0 & -\dfrac{12i_1}{l^2} & -\dfrac{6i_1}{l} & 0 & \dfrac{12i_1}{l^2} & -\dfrac{6i_1}{l} \\
0 & \dfrac{6i_1}{l} & 2i_1 & 0 & -\dfrac{6i_1}{l} & 4i_1
\end{bmatrix} +$$

$$\begin{bmatrix}
\dfrac{EA_{21}}{2l} & 0 & 0 & -\dfrac{EA_{21}}{2l} & 0 & 0 \\
0 & \dfrac{6i_{21}}{l^2} & \dfrac{2i_{21}}{l} & 0 & -\dfrac{6i_{21}}{l^2} & \dfrac{4i_{21}}{l} \\
0 & \dfrac{2i_{21}}{l} & i_{21} & 0 & -\dfrac{2i_{21}}{l} & i_{21} \\
-\dfrac{EA_{21}}{2l} & 0 & 0 & \dfrac{EA_{21}}{2l} & 0 & 0 \\
0 & -\dfrac{6i_{21}}{l^2} & -\dfrac{2i_{21}}{l} & 0 & \dfrac{6i_{21}}{l^2} & -\dfrac{4i_{21}}{l} \\
0 & \dfrac{4i_{21}}{l} & i_{21} & 0 & -\dfrac{4i_{21}}{l} & 3i_{21}
\end{bmatrix} \tag{5.68a}$$

或者采用平均刚度：

$$[K_e] = \begin{bmatrix}
\dfrac{E\overline{A}}{l} & 0 & 0 & -\dfrac{E\overline{A}}{l} & 0 & 0 \\
0 & \dfrac{12\bar{i}}{l^2} & \dfrac{6\bar{i}}{l} & 0 & -\dfrac{12\bar{i}}{l^2} & \dfrac{6\bar{i}}{l} \\
0 & \dfrac{6\bar{i}}{l} & 4\bar{i} & 0 & -\dfrac{6\bar{i}}{l} & 2\bar{i} \\
-\dfrac{E\overline{A}}{l} & 0 & 0 & \dfrac{E\overline{A}}{l} & 0 & 0 \\
0 & -\dfrac{12\bar{i}}{l^2} & -\dfrac{6\bar{i}}{l} & 0 & \dfrac{12\bar{i}}{l^2} & -\dfrac{6\bar{i}}{l} \\
0 & \dfrac{6\bar{i}}{l} & 2\bar{i} & 0 & -\dfrac{6\bar{i}}{l} & 4\bar{i}
\end{bmatrix} + \frac{EI_{21}}{l^2}\begin{bmatrix}
0 & 0 & 0 & 0 & 0 & 0 \\
0 & 0 & -1 & 0 & 0 & 1 \\
0 & -1 & -l & 0 & 1 & 0 \\
0 & 0 & 0 & 0 & 0 & 0 \\
0 & 0 & 1 & 0 & 0 & -1 \\
0 & 1 & 0 & 0 & -1 & l
\end{bmatrix}$$

$$\tag{5.68b}$$

式中 $i_1=EI_1/l$，$\bar{i}=E\bar{I}/l$，$i_{21}=EI_{21}/l$。几何刚度矩阵也扩充为 6×6 的形式：

$$[K_\sigma]=-\frac{\bar{P}}{l}\begin{bmatrix} 0 & 0 & 0 & 0 & 0 & 0 \\ 0 & 6/5 & l/10 & 0 & -6/5 & l/10 \\ 0 & l/10 & 2l^2/15 & 0 & -l/10 & -l^2/30 \\ 0 & 0 & 0 & 0 & 0 & 0 \\ 0 & -6/5 & -l/10 & 0 & 6/5 & -l/10 \\ 0 & l/10 & -l^2/30 & 0 & -l/10 & 2l^2/15 \end{bmatrix}-\frac{P_{21}}{20}\begin{bmatrix} 0 & 0 & 0 & 0 & 0 & 0 \\ 0 & 0 & 1 & 0 & 0 & -1 \\ 0 & 1 & -2l/3 & 0 & -1 & 0 \\ 0 & 0 & 0 & 0 & 0 & 0 \\ 0 & 0 & -1 & 0 & 0 & 1 \\ 0 & -1 & 0 & 0 & 1 & -2l/3 \end{bmatrix}$$

$$(5.69)$$

框架结构需要将单元刚度矩阵向整体坐标系转换，转换矩阵与结构力学中介绍的矩阵位移法完全相同。这里不再加以介绍。

对于边界条件的处理，也与结构力学的矩阵位移法相同，并且物理刚度矩阵和几何刚度矩阵一起进行同样的处理。

下面是对线性变截面压杆采用有限元方法的计算结果：

（1）柱顶承受集中压力的抗弯刚度线性变化的悬臂柱（$r_B=I_n/I_1$）

$$P_{cr}=\frac{\pi^2 EI_{eq}}{4H^2},I_{eq}=\chi I_1,\chi=\frac{1}{3}(2+r_B) \qquad (5.70)$$

柱顶集中荷载下等效抗弯刚度系数对比　　　　　　表 5.1

r_B	0.3	0.4	0.5	0.6	0.7	0.8	0.9	1
χ_{FEM}	0.757	0.798	0.837	0.874	0.908	0.94	0.972	1
公式(5.70)	0.767	0.8	0.833	0.867	0.9	0.933	0.967	1

（2）竖向均布荷载、抗弯刚度线性变化时悬臂柱的稳定性

$$0.28\left(1+\frac{1}{8}r_B\right)qH=\frac{\pi^2 E(2I_1+I_n)/3}{4H^2} \qquad (5.71)$$

均布荷载下公式的精度　　　　　　表 5.2

r_B	0.3	0.4	0.5	0.6	0.7	0.8	0.9	1
$\dfrac{q_{cr,FEM}}{q_{cr,eqn()}}$	0.9967	0.9959	0.9953	0.9959	0.9958	0.9970	0.9985	0.9993

（3）既有柱顶集中力 P，又有均布竖向力 q 的情况下

$$P+0.28\left(1+\frac{1}{8}r_B\right)qH=\frac{\pi^2 E(2I_1+I_n)/3}{4H^2} \qquad (5.72)$$

记 $P_1=P+qH$，$P_n=P$，$r_P=P_n/P_1$，则

$$\left\{0.28(1+\frac{1}{8}r_B)+\left[1-0.28(1+\frac{1}{8}r_B)\right]r_P\right\}P_1=\frac{\pi^2 E(2I_1+I_n)/3}{4H^2} \qquad (5.73)$$

在 $r_P=0\sim1$，$r_B=0.3\sim1$ 的范围内，此式的误差是 $-2.1\%\sim1.3\%$。

变截面变轴力悬臂柱临界荷载计算式（5.73）的精度　　　　　　表 5.3

r_P	r_B							
	0.3	0.4	0.5	0.6	0.7	0.8	0.9	1
0（均布）	0.997	0.996	0.995	0.996	0.996	0.997	0.999	0.999

r_P	r_B							
	0.3	0.4	0.5	0.6	0.7	0.8	0.9	1
0.1	0.986	0.983	0.982	0.982	0.983	0.985	0.986	0.989
0.2	0.985	0.981	0.979	0.979	0.98	0.98	0.982	0.986
0.3	0.987	0.982	0.979	0.979	0.979	0.981	0.983	0.986
0.4	0.992	0.985	0.981	0.979	0.981	0.981	0.985	0.987
0.5	0.996	0.988	0.985	0.982	0.982	0.983	0.987	0.988
0.6	1	0.991	0.987	0.985	0.985	0.986	0.988	0.991
0.7	1.003	0.994	0.988	0.987	0.988	0.989	0.99	0.994
0.8	1.006	0.997	0.991	0.99	0.989	0.991	0.993	0.995
0.9	1.009	1	0.994	0.99	0.99	0.993	0.995	0.998
1(集中)	1.013	1.003	0.997	0.994	0.994	0.994	0.997	1

上式可以这样来直观地理解，离底部 $0.7095H(r_B=0.3)\sim 0.685H(r_B=1)$ 的层称为荷载代表层，其轴压力记为 P_{eq}；而离底部 $\frac{1}{3}H$ 处的楼层称为刚度代表层，刚度记为 I_{eq}，

$$P_{eq}=0.28\left(1+\frac{1}{8}r_B\right)P_1+\left[1-0.28\left(1+\frac{1}{8}r_B\right)\right]P_n, \quad I_{eq}=\frac{1}{3}(2I_1+I_n)$$

$$P_{eqcr}=\frac{\pi^2EI_{eq}}{4H^2} \tag{5.74}$$

在高层结构中，$r_B=0.3\sim0.6$ 居多，可取竖向荷载代表值 P_{eq} 为离地 $0.7H$ 处的轴力，以简化计算。P_{eqcr} 是变刚度柱抗侧刚度的一个重要指标。

两端简支，轴力线性变化的等截面压杆弯曲失稳，压力较小端的压力是 βP，总势能是：

$$\Pi=\frac{1}{2}\int_0^l\left[EIy''^2-P[1+(1-\beta)\xi]y'^2\right]\mathrm{d}x$$

通过有限元求解可以得到

$$P_{cr}=\beta_mP_E, \qquad \beta_m=1.7-1.1\beta+0.4\beta^2 \tag{5.75}$$

(5.75) 式的精度 表 5.4

β	$\beta_{m,FEM}$	$\beta_m,\mathrm{Eqn}(5.75)$	β	$\beta_{m,FEM}$	$\beta_m,\mathrm{Eqn}(5.76)$
-1.000	3.220	3.200	0.091	1.603	1.603
-0.667	2.618	2.611	0.231	1.475	1.467
-0.429	2.238	2.245	0.333	1.391	1.378
-0.250	1.989	2.000	0.500	1.271	1.250
-0.111	1.818	1.827	0.714	1.140	1.118
0.000	1.695	1.700	1.000	1.000	1.000

需要指出的是，在杆系结构的屈曲分析中可以采用上述有限元方法，但是不能简单地认为上述方法可以不加修改地用于在框架的非线性分析中，因为上述刚度矩阵不能通过刚体检验：单元发生刚体转动时，会产生虚假内力。框架的非线性分析也是基于变分原理的，有关这部分的内容将在第十八，十九章展开。

习　题

5.1　采用 Rayleigh－Ritz 法或 Galerkin 法求图 P5.1 所示的两端铰支等截面压杆的临界荷载，压杆承受：(1)均布的轴向荷载 q；(2)压杆承受抛物线分布的轴向分布荷载 $q(x)=4q_0\dfrac{x}{L}\left(1-\dfrac{x}{L}\right)$

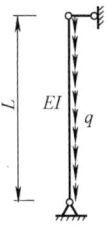
图 P5.1

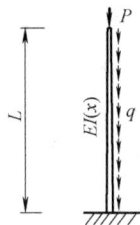
图 P5.2

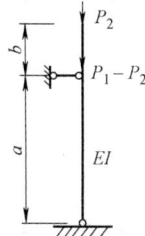
图 P5.3

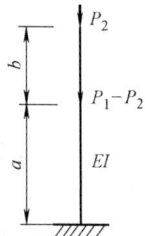
图 P5.4

5.2　采用 Rayleigh－Ritz 法或 Galerkin 法求图 P5.2 所示的变截面悬臂柱的临界荷载。设截面的抗弯刚度为 $EI=EI_1+(EI_2-EI_1)\dfrac{x}{L}$，$EI_2>EI_1$，轴向均布荷载为 q，柱顶作用集中的竖向荷载 P。

5.3　采用 Rayleigh-Ritz 法或 Galerkin 法求图 P5.3 所示等截面压杆的临界荷载，下段柱子长度是 a，轴力是 P_1，上段柱子长度是 b，轴力是 P_2。设 $P_2=0.5P_1$，$a=2b$，求出下段柱子的计算长度系数，并解释为什么这个柱子的计算长度系数不等于 1.0。与精确解进行比较。

5.4　采用 Rayleigh-Ritz 法或 Galerkin 法求图 P5.4 所示悬臂柱的临界荷载，要求尽可能精确。

5.5　采用屈曲问题的变分原理（5.21）式，不做任何简化推导压杆弯曲屈曲的变分式，并通过分部积分导出平衡微分方程和边界条件。将这种推导与 5.2 节的推导过程进行比较，指出其中的不同。

5.6　图 P5.5 所示的压杆，两端有转动约束，发生有侧移屈曲，利用下式表示的屈曲模式：$y=f_1(x)\theta_A+f_2(x)\theta_B+f_4(x)\Delta$，采用 Rayleigh-Ritz 法或 Galerkin 法求其临界荷载。式中 $f_1(x)=1-3\dfrac{x^2}{L^2}+2\dfrac{x^3}{L^3}$，$f_2(x)=\dfrac{x}{L}\left(1-\dfrac{x}{L}\right)^2$，$f_4(x)=-\dfrac{x^2}{L^2}+\dfrac{x^3}{L^3}$，$\Delta$ 是 B 端的侧移。

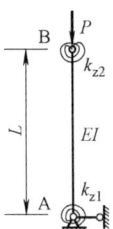
图 P5.5

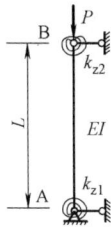
图 P5.6

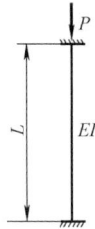
图 P5.7

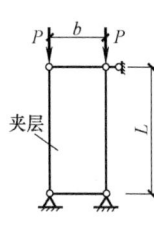
图 P5.8

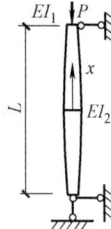
图 P5.9

5.7　图 P5.6 所示的压杆，假设 $y=f_1(x)\theta_A+f_2(x)\theta_B$，采用 Rayleigh-Ritz 法或 Galerkin 法求其临界荷载。

5.8　图 P5.7 所示的两端固定的压杆，设划分两根单元，采用有限元方法，手工计算其临界荷载，并比较精度。

5.9　设两根完全相同的两端铰支压杆(承受轴压力 P)之间有一个剪切刚度为 G，厚度为 t 的夹层，夹层不具有承受纵向正应力的能力，但却能够使得两根压杆保持距离不变，求压杆的临界荷载。

5.10　试论述势能驻值原理和最小势能原理在研究结构稳定性时的区别。

5.11　采用 Rayleigh-Ritz 法求图 P5.9 所示两端铰支梭形变截面压杆的临界荷载，设截面抗弯刚度

为 $EI = EI_2 + (EI_1 - EI_2)\dfrac{x^2}{L^2}$，坐标 x 原点在压杆中间截面上。

5.12　Ritz 法推导图 P5.6 的两端转动约束无侧移压杆的计算长度系数，假设位移是均布荷载产生的挠度曲线。

参 考 文 献

［1］　童根树，张磊. 薄壁构件弯扭失稳的一般理论，建筑结构学报，2003 年第 3 期

［2］　K. Washizu, Variational Methods in Elasticity and Plasticity, Pergamon Press, Oxford, Third Edition, 1982.

［3］　F. 柏拉希. 金属结构的屈曲强度，科学出版社，1965 年

［4］　S. P. Timoshenko J. G. Gere, Theory of Elastic Stability 2nd Edition, McGraw Hill, 1961.

［5］　吕烈武等.《钢结构构件稳定理论》，中国建筑工业出版社，北京，1983 年

［6］　郭耀杰. 悬臂构件稳定性理论及其应用. 华中理工大学出版社，武汉 1997.

［7］　C M. Wang，S..Kitipornchai，On the Stability of mono-symmetric cantilevers，Engineering Structures，1986，Vol. 8，July. pp169-180

［8］　N. S. Trahair, Flexural-Torsional Buckling of Structures, E & FN PON , London, 1993.

［9］　张磊，童根树. 悬臂钢梁的稳定性及其试验验证. 工程力学，2003，4.

［10］　夏志斌，潘有昌. 结构稳定理论. 北京：高等教育出版社，1988.

［11］　Simitses，G. J.，An Introduction to the Elastic Stablility of Structures，Prentice Hall，New Jersey，1976.

［12］　易大义. 数值分析. 杭州：浙江大学出版社，1986.

第 6 章　框架的弹性稳定（1）

6.1　引言，分析模型

第二、四两章讨论的是杆件稳定问题，然而实际工程中遇到的压杆和压弯杆，很多不是单独的，而是与其他构件联系在一起，最典型的是梁柱组成的框架。这样柱子的两端不是简单的铰支或固支，而是受到梁的约束。必须将梁和柱组成的框架作为整体共同分析才能得到框架柱的临界荷载。

先研究图 6.1a 所示在梁上作用有梁间均布荷载的单跨单层框架，柱脚固定。这个框架，按照结构力学线性分析的弯矩和轴力图，在跨度等于高度，梁柱截面抗弯刚度相同的情况下内力图见图 6.1b 和图 6.1c，梁柱也发生了变形（挠度），记柱子和梁的挠度分别为 y_{c0} 和 y_{b0}。需要注意的是，此时梁内有轴力 $N_b = 0.0834ql$，因此理论上讲，不仅框架柱子承受轴压力，有失稳的可能性，梁也承受轴压力，存在着失稳的可能。

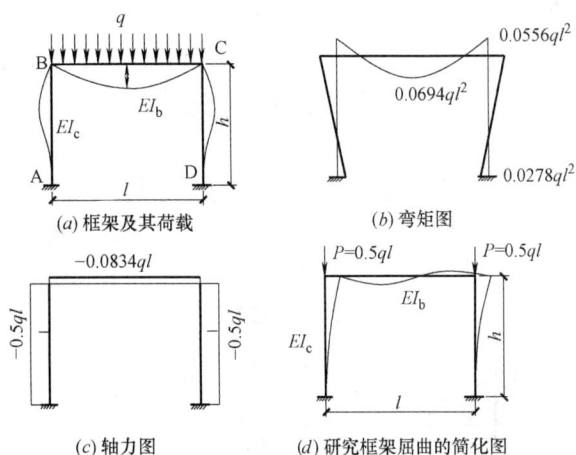

图 6.1　单跨单层框架

图 6.2 所示的是实际工程中的一个两跨三层框架，在竖向荷载作用下，二层梁内不仅没有压力，反而产生了拉力。三层梁内虽有压力但很小，只有在顶层才产生一定的远比柱子轴力小的轴力。

对图 6.1 和图 6.2 所示的结构，要研究它们的稳定性，与第二章研究有初弯矩的压杆的稳定性的方法一样，给框架一个干扰，在干扰后的位置上建立平衡条件，约去干扰前处于平衡状态的有关项，得到一组齐次的平衡微分方程。例如对图 6.1 的框架，可以得到

对左柱：$EIy_1'''' + Py_1'' = 0$

对右柱：$EIy_2'''' + Py_2'' = 0$

对梁：$EIy_b'''' + N_b y_b'' = 0$

对图 6.2 中的每一个构件，也可以写出相似的方程。分析钢梁的方程，由于钢梁的内力比较小，尤其是多层建筑，梁内轴力总的来说对框架的稳定性质没有什么影响。图 6.1a 这个例子，柱子轴力全部来自钢梁，梁内的轴力仅为柱子的 0.1668 倍，因此钢梁的

失稳倾向远远小于柱子,因此钢梁将对柱子提供约束。钢梁内轴力对钢梁能够提供的约束刚度的影响,可以通过第二章的(2.16a,b,c)式进行研究,这一内容我们将在 6.5 节中进行。下面先假设钢梁内力如此小,因此对框架的稳定性没有影响,可以假设钢梁内轴力为零进行研究,此时计算模型可以取图 6.1d 所示的荷载直接作用在柱顶的模型,无需采用图 6.1a 的模型。

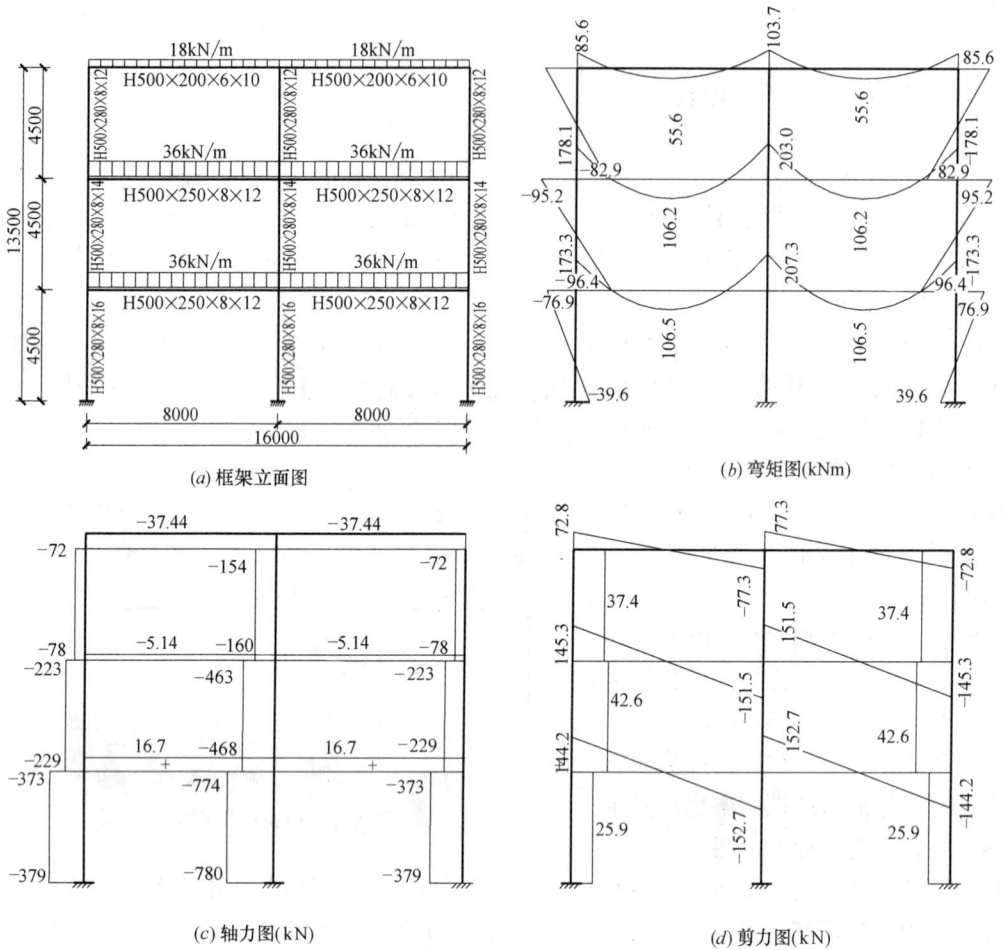

(a) 框架立面图

(b) 弯矩图(kNm)

(c) 轴力图(kN)

(d) 剪力图(kN)

图 6.2　两跨三层框架

6.2　简单框架的稳定性:位移法与线性抗侧刚度

下面研究图 6.1d 所示的简单框架的稳定。

记框架在 B,C 点的转角为 θ_B,θ_C,框架的侧移为 Δ。压杆的转角位移方程为 (2.16a,b,c),根据结构力学的位移法,可以写出如下表达式:

$$M_{BA} = si_c\theta_B - \frac{(s+c)}{h}i_c\Delta, \qquad M_{BC} = 4i_b\theta_B + 2i_b\theta_C$$

$$M_{CD} = si_c\theta_C - \frac{(s+c)}{h}i_c\Delta, \qquad M_{CB} = 4i_b\theta_C + 2i_b\theta_B$$

$$Q_{BA} = -(s+c)i_c\frac{\theta_B}{h} + [2(s+c)-u^2]i_c\frac{\Delta}{h^2}$$

$$Q_{CD} = -(s+c)i_c\frac{\theta_C}{h} + [2(s+c)-u^2]i_c\frac{\Delta}{h^2}$$

式中　$s = \dfrac{u}{\tan u}\dfrac{\tan u - u}{2\tan(u/2) - u}$, $c = \dfrac{u}{\sin u}\dfrac{u - \sin u}{2\tan(u/2) - u}$

$$s + c = \frac{u^2\tan(u/2)}{2\tan(u/2) - u}$$

可以利用节点 B 和节点 C 的弯矩平衡以及层总水平剪力为零的条件建立如下三个方程：

$$(4i_b + si_c)\theta_B + 2i_b\theta_C - \frac{(s+c)}{h}i_c\Delta = 0, \tag{6.1a}$$

$$2i_b\theta_B + (4i_b + si_c)\theta_C - \frac{(s+c)}{h}i_c\Delta = 0, \tag{6.1b}$$

$$-(s+c)i_c\frac{(\theta_B + \theta_C)}{h} + 2[2(s+c)-u^2]i_c\frac{\Delta}{h^2} = 0 \tag{6.1c}$$

三个方程三个未知量，要使上述齐次方程有解，其系数行列式必须为零：

$$\begin{vmatrix} 4i_b + si_c & 2i_b & -(s+c)i_c/h \\ 2i_b & 4i_b + si_c & -(s+c)i_c/h \\ -(s+c)i_c/h & -(s+c)i_c/h & [4(s+c)-2u^2]i_c/h^2 \end{vmatrix} = 0$$

展开化简得到

$$\{[2(s+c)-u^2](6K+s) - (s+c)^2\}(2K+s) = 0$$

式中 $K = i_b/i_c =$ 梁柱线刚度比。由此得到

$$[2(s+c)-u^2](6K+s) - (s+c)^2 = 0 \tag{6.2a}$$

$$s + 2K = 0 \tag{6.2b}$$

$(6.2a)$式实际上是框架发生反对称失稳的临界方程，而$(6.2b)$式是框架发生对称失稳的临界方程。将 s，c 代入$(6.2a)$式，化简得到

$$6K\tan u + u = 0 \tag{6.3}$$

如果图 6.1d 所示的框架改为柱脚铰支，则可以利用修正的方程$(2.17a, b)$式建立临界方程如下：

$$M_{BA} = s'i_c\left(\theta_B - \frac{\Delta}{h}\right), \qquad M_{BC} = 4i_b\theta_B + 2i_b\theta_C$$

$$M_{CD} = s'i_c\left(\theta_C - \frac{\Delta}{h}\right), \qquad M_{CB} = 4i_b\theta_C + 2i_b\theta_B$$

$$Q_{BA} = -s'i_c\frac{\theta_B}{h} + (s'-u^2)i_c\frac{\Delta}{h^2}$$

$$Q_{CD} = -s'i_c\frac{\theta_C}{h} + (s'-u^2)i_c\frac{\Delta}{h^2}$$

式中 $s'=\dfrac{u^2\tan u}{\tan u-u}$。同样可以利用节点弯矩的平衡和层剪力的平衡得到

$$(s'i_c+4i_b)\theta_B+2i_b\theta_C-s'i_c\dfrac{\Delta}{h}=0$$

$$2i_b\theta_B+(s'i_c+4i_b)\theta_C-s'i_c\dfrac{\Delta}{h}=0$$

$$-s'i_c\dfrac{(\theta_B+\theta_C)}{h}+2(s'-u^2)i_c\dfrac{\Delta}{h^2}=0$$

令上述齐次方程的系数行列式为零，得到

$$\begin{vmatrix} s'i_c+4i_b & 2i_b & -s'i_c/h \\ 2i_b & s'i_c+4i_b & -s'i_c/h \\ -s'i_c/h & -s'i_c/h & 2(s'-u^2)i_c/h^2 \end{vmatrix}=0$$

展开得到

$$(s'i_c+2i_b)[6s'i_b-u^2(s'i_c+6i_b)]=0$$

从上式得到控制框架反对称和对称屈曲的临界方程为

反对称失稳　　　　　　　　$6s'K-u^2(s'+6K)=0$ 　　　　　　　(6.4a)

对称失稳　　　　　　　　　$s'+2K=0$ 　　　　　　　　　　　(6.4b)

将 s' 代入，（6.4a）式可以进一步化简为

$$u\tan u-6K=0 \qquad\qquad (6.5)$$

可以给定梁柱线刚度比 K，利用(6.2b)(6.3)(6.4b)，(6.5)式求得无量纲参数 u，再利用下式得到框架柱的计算长度系数：

$$\mu=\dfrac{\pi}{u} \qquad\qquad (6.6)$$

框架柱的临界荷载为

$$P_E=\dfrac{\pi^2 EI_c}{(\mu h)^2} \qquad\qquad (6.7)$$

表 6.1 给出计算结果，可以根据梁柱线刚度比直接查出柱子计算长度系数。

单跨单层框架柱计算长度系数 μ 　　　　　　　表 6.1

柱脚		K						近似公式
		0	0.2	1	2	5	10	∞	
无侧移失稳	铰接	1.0	0.964	0.875	0.820	0.760	0.732	0.7	$\mu=\dfrac{1.4K+3}{2K+3}$
	固接	0.7	0.679	0.626	0.590	0.546	0.524	0.5	$\mu=\dfrac{K+2.188}{2K+3.125}$
有侧移失稳	铰接	∞	3.420 (3.742)	2.330 (2.449)	2.170 (2.236)	2.070 (2.098)	2.030 (2.049)	2.0	$\mu=2\sqrt{1+\dfrac{0.38}{K}}$
		∞						2.0	
	固接	2.0	1.5 (1.537)	1.160 (1.195)	1.080 (1.109)	1.030 (1.047)	1.020 (1.024)	1.0	$\mu=\sqrt{\dfrac{7.5K+4}{7.5K+1}}$
		2.0						1.0	

分析表中两个有侧移失稳的情况，可以对框架有侧移失稳的本质有更好的了解。在柱脚固接时，在框架柱顶作用单位水平力，得到框架柱顶侧移，并求得框架的抗侧刚度如下：

$$S_F = \frac{24EI_c}{h^3} \frac{6K+1}{6K+4}$$

根据第 2.8 节轴压力等效负刚度的概念，在框架柱顶作用的轴力的负刚度为 2 ($\alpha P/h$)

$$\alpha = \frac{6}{\pi^2} \cdot \frac{1+6K}{2+3K} \cdot \frac{4+7.5K}{1+7.5K}$$

令总的抗侧刚度为零：$S_F - 2(\alpha P/h) = 0$，即得到表中的公式。这里利用了正负刚度之和为零，且 α 已知的情况下，可以精确地得到了表中的公式。如果 α 简单地取为 1.0 或 1.216，则可以得到框架柱计算长度系数的上下限，特别是上限为（取 $\alpha = \frac{12}{\pi^2}$，用于实际工程中偏安全）

$$\mu_{上限} = \sqrt{\frac{6K+4}{6K+1}}$$

它的值见表中的带括号的值。

当柱脚铰接时，线性抗侧刚度和 α 为

$$S_F = \frac{6EI_c}{h^3} \frac{6K}{6K+3}$$

$$\alpha = \frac{6}{\pi^2} \frac{1.52+4K}{1+2K}$$

$$\mu_{上限} = 2\sqrt{1+\frac{1}{2K}}$$

从上面两个简单的例子可以看出，简单框架的有侧移失稳是抗侧刚度减小到零的结果，利用框架的线性抗侧刚度和轴压力的负刚度的计算公式，取 α 为 1.216，可以得到偏安全但精度很高的计算长度系数公式。

从上面的例子也可以知道，对于稳定问题，通常不能利用结构的对称性取一半计算。相反，上面的对称结构发生反对称屈曲时的临界荷载比发生对称屈曲的临界荷载低，所以反对称屈曲的临界荷载起控制作用。那么上面的对称屈曲的计算长度系数有什么应用价值？在框架受到侧向支撑、无法发生有侧移屈曲时，最低的临界荷载是对应于对称屈曲的。

6.3 多跨多层框架的稳定性：无侧移屈曲的简化模型（七杆模型）

图 6.3a 由于设置了足够强的支撑，框架发生无侧移失稳。

如果取出结构整体进行研究，节点未知量太多，无法得到有用的结果。因此必须进行一定的简化。对框架无侧移屈曲，取出图 6.3a 中要确定其计算长度系数的柱子（AB 柱）以及与这个柱子相连的梁和柱子，总共 7 根杆件，简称为七杆模型。对这个模型进行研究。采用如下假定：

1. AB 柱与上下两层柱子同时屈曲；
2. 刚架屈曲时同层的各横梁两端转角大小相等方向相反；
3. 横梁中的轴力对梁本身的抗弯刚度的影响可以忽略不计；

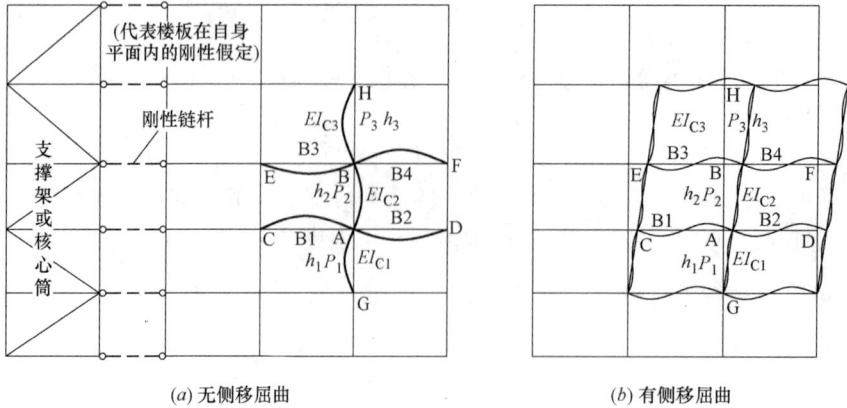

(a) 无侧移屈曲　　　　　　　　　(b) 有侧移屈曲

图 6.3　多层多跨框架的屈曲

4. 柱端转角隔层相等；

5. 各柱的 $\pi\sqrt{P/P_E}$ 相等，这里 P 是柱子的轴力，P_E 是以柱子几何长度计算的欧拉荷载。

记各梁线刚度为 i_{b1}，i_{b2}，i_{b3}，i_{b4}，柱子的线刚度为 i_{c1}，i_{c2}，i_{c3}。在上述假设下得到

$$M_{AB}=si_{c2}\theta_A+ci_{c2}\theta_B \qquad (a)$$
$$M_{AG}=si_{c1}\theta_A+ci_{c1}\theta_B \qquad (b)$$
$$M_{AC}=4i_{b1}\theta_A+2i_{b1}\theta_C=2i_{b1}\theta_A \qquad (c)$$
$$M_{AD}=4i_{b2}\theta_A+2i_{b2}\theta_D=2i_{b2}\theta_A \qquad (d)$$
$$M_{BA}=si_{c2}\theta_B+ci_{c2}\theta_A, \qquad M_{BH}=si_{c3}\theta_B+ci_{c3}\theta_A$$
$$M_{BE}=4i_{b3}\theta_B+2i_{b3}\theta_F=2i_{b3}\theta_B, \qquad M_{BF}=4i_{b4}\theta_B+2i_{b4}\theta_F=2i_{b4}\theta_B$$

由节点 A，B 弯矩平衡得到

$$[s(i_{c1}+i_{c2})+2(i_{b1}+i_{b2})]\theta_A+c(i_{c1}+i_{c2})\theta_B=0$$
$$c(i_{c2}+i_{c3})\theta_A+[s(i_{c2}+i_{c3})+2(i_{b3}+i_{b4})]\theta_B=0$$

记 $K_1=\dfrac{i_{b1}+i_{b2}}{i_{c1}+i_{c2}}$，$K_2=\dfrac{i_{b3}+i_{b4}}{i_{c2}+i_{c3}}$，上面两式可以简化为

$$[s+2K_1]\theta_A+c\theta_B=0$$
$$c\theta_A+[s+2K_2]\theta_B=0$$

令系数行列式为零得到

$$(s+2K_1)(s+2K_2)-c^2=0$$

将 s 和 c 代入，得到

$$[u^2+2(K_1+K_2)-4K_1K_2]u\sin u-2[(K_1+K_2)u^2+4K_1K_2]\cos u+8K_1K_2=0 \qquad (6.8)$$

给定 K_1，K_2 从上式可以得到 u，从(6.6)式得到柱子 AB 的计算长度系数。钢结构设计规范 GB 50017—2003 附表 D.1 的系数就是这样得到的。由此得到的计算长度系数还可以很精确地用下式表示：

$$\mu_b=\frac{0.64K_1K_2+1.4(K_1+K_2)+3}{1.28K_1K_2+2(K_1+K_2)+3} \qquad (6.9a)$$

142

或

$$\mu_b = \sqrt{\frac{(0.41K_1+1)(0.41K_2+1)}{(0.82K_1+1)(0.82K_2+1)}} \qquad (6.9b)$$

框架柱无侧移屈曲计算长度系数 μ_b 表 6.2

0	0	0.05	0.1	0.2	0.3	0.4	0.5	1	2	3	4	5	10	20
0	1	0.99	0.981	0.964	0.949	0.935	0.922	0.875	0.821	0.791	0.773	0.76	0.732	0.716
0.05	0.99	0.981	0.971	0.955	0.94	0.926	0.914	0.867	0.814	0.784	0.766	0.754	0.726	0.711
0.1	0.981	0.971	0.962	0.946	0.931	0.918	0.906	0.86	0.807	0.778	0.76	0.748	0.721	0.705
0.2	0.964	0.955	0.946	0.93	0.916	0.903	0.891	0.846	0.795	0.767	0.749	0.738	0.711	0.696
0.3	0.949	0.94	0.931	0.916	0.902	0.889	0.878	0.834	0.784	0.756	0.739	0.728	0.701	0.687
0.4	0.935	0.926	0.918	0.903	0.889	0.877	0.866	0.823	0.774	0.747	0.73	0.719	0.693	0.678
0.5	0.922	0.914	0.906	0.891	0.878	0.866	0.855	0.813	0.765	0.738	0.721	0.71	0.685	0.671
1	0.875	0.867	0.86	0.846	0.834	0.823	0.813	0.774	0.729	0.704	0.688	0.677	0.654	0.640
2	0.821	0.814	0.807	0.795	0.784	0.774	0.765	0.729	0.686	0.663	0.648	0.638	0.615	0.603
3	0.791	0.784	0.778	0.767	0.756	0.747	0.738	0.704	0.663	0.64	0.625	0.616	0.593	0.581
4	0.773	0.766	0.76	0.749	0.739	0.73	0.721	0.688	0.648	0.625	0.611	0.601	0.58	0.568
5	0.76	0.754	0.748	0.738	0.728	0.719	0.71	0.677	0.638	0.616	0.601	0.592	0.57	0.558
10	0.732	0.726	0.721	0.711	0.701	0.693	0.685	0.654	0.615	0.593	0.58	0.57	0.549	0.537
20	0.716	0.711	0.705	0.696	0.687	0.678	0.671	0.64	0.603	0.581	0.568	0.558	0.537	0.525

  框架屈曲时，梁对柱子提供约束，约束的大小由$(c)(d)$式确定。如果梁的远端的支承条件使得远端转角与近端不同，利用$(6.8a,b)$式计算时还要对 K_1，K_2 进行修正。例如梁 B1 远端固支，则 $M_{AC}=4i_{b1}\theta_A+2i_{b1}\theta_C=2(2i_{b1})\theta_A$，因此计算 K_1 时要将梁 B1 的线刚度乘以 2 参与计算。同样可以得到远端为铰支时梁线刚度的修正系数为 1.5。

  柱子发生无侧移失稳的计算长度系数在 0.5～1.0 之间。

  当用于框架底层柱子的计算长度系数计算时，实际框架柱柱脚可能铰支或固定，铰支时，不可能实现真正的铰支，可以取 $K_2=0.1$ 参与计算。固定时取 $K_2=10$ 或 20 参与计算。

  七杆模型引入的假定，看上去偏离实际，但是结果却是可以采用的，这源于我们的设计方法：设计每一根杆件，差不多同时达到自身的极限承载力，这样杆件与杆件之间的相互影响，被限制在有限的范围内。七杆模型的这些假定，实际上就是假设上下柱同时屈曲。梁在节点部位对柱子提供的约束，要分配给上下柱，在七杆模型的这些假定下，转动约束是按照上下柱的线刚度进行分配的。即柱子 AB 在上下端得到的转动约束是：

$$K_{zA}=\frac{i_{c2}}{i_{c1}+i_{c2}}\cdot 2(i_{b1}+i_{b2}),\ K_{zB}=\frac{i_{c2}}{i_{c2}+i_{c3}}\cdot 2(i_{b3}+i_{b4})$$

  研究两端转动约束的柱子的屈曲，可以得到与(6.8)式相同的临界方程，从而验证了梁的转动约束在上下柱之间的这个分配方式。

6.4 多跨多层框架的稳定性：有侧移屈曲的简化模型（七杆模型）

图 6.3b 所示的框架发生有侧移失稳。对有侧移失稳，同样取出要确定其计算长度的柱子和与之相连的四根梁和上下两根柱（图 6.3b），对这个七杆模型，采用如下理想化假定[1]：

1. AB 柱与上下两层柱子同时失稳；
2. 刚架屈曲时同层的各横梁两端转角大小相等方向相同；
3. 横梁中的轴力对梁本身的抗弯刚度的影响可以忽略不计；
4. 柱端转角隔层相等；
5. 各柱的 $\pi\sqrt{P/P_E}$ 相等，这里 P 是柱子的轴力；
6. 失稳时各层的层间位移角相同，记为 $\rho_1 = \rho_2 = \rho_3 = \rho$。

在上述假设下，得到

$$M_{AB} = si_{c2}\theta_A + ci_{c2}\theta_B - (s+c)i_{c2}\rho \tag{a}$$

$$M_{AG} = si_{c1}\theta_A + ci_{c1}\theta_B - (s+c)i_{c3}\rho \tag{b}$$

$$M_{AC} = 4i_{b1}\theta_A + 2i_{b1}\theta_C = 6i_{b1}\theta_A \tag{c}$$

$$M_{AD} = 4i_{b2}\theta_A + 2i_{b2}\theta_D = 6i_{b2}\theta_A \tag{d}$$

$$M_{BA} = si_{c2}\theta_B + ci_{c2}\theta_A - (c+s)i_{c2}\rho, \qquad M_{BH} = si_{c3}\theta_B + ci_{c3}\theta_A - (c+s)i_{c3}\rho$$

$$M_{BE} = 4i_{b3}\theta_B + 2i_{b3}\theta_F = 6i_{b3}\theta_B, \qquad M_{BF} = 4i_{b4}\theta_B + 2i_{b4}\theta_F = 6i_{b4}\theta_B$$

由节点 A，B 弯矩平衡得到

$$[s(i_{c1}+i_{c2}) + 6(i_{b1}+i_{b2})]\theta_A + c(i_{c1}+i_{c2})\theta_B - (s+c)(i_{c1}+i_{c2})\rho = 0$$

$$c(i_{c2}+i_{c3})\theta_A + [s(i_{c2}+i_{c3}) + 6(i_{b3}+i_{b4})]\theta_B - (s+c)(i_{c2}+i_{c3})\rho = 0$$

由 AB 柱的水平剪力平衡得到

$$Q_{BA}h = -(s+c)i_{c2}(\theta_B+\theta_A) + [2(s+c) - u^2]i_{c2}\rho = 0$$

记 $K_1 = \dfrac{i_{b1}+i_{b2}}{i_{c1}+i_{c2}}$，$K_2 = \dfrac{i_{b3}+i_{b4}}{i_{c2}+i_{c3}}$，上面各式可以简化为

$$[s+6K_1]\theta_A + c\theta_B - (s+c)\rho = 0$$

$$c\theta_A + [s+6K_2]\theta_B - (s+c)\rho = 0$$

$$-(s+c)(\theta_B+\theta_A) + [2(s+c) - u^2]\rho = 0$$

令系数行列式为零：

$$\begin{vmatrix} s+6K_1 & c & -(c+s) \\ c & s+6K_2 & -(c+s) \\ -(c+s) & -(c+s) & 2(c+s)-u^2 \end{vmatrix} = 0$$

上式是一个对称行列式，展开化简得到

$$(36K_1K_2 - u^2)\tan u + 6(K_1+K_2)u = 0 \tag{6.10}$$

给定 K_1，K_2 从上式可以得到 u，从(6.6)式得到柱子 AB 的计算长度系数。钢结构设计规范 GB 50017—2003 附表 D.2 的系数就是这样得到的。由此得到的计算长度系数还可以很精确地用下式表示：

$$\mu_{ub}=\sqrt{\frac{7.5K_1K_2+4(K_1+K_2)+1.52}{7.5K_1K_2+K_1+K_2}} \tag{6.11}$$

此式的误差在$-3.2\%\sim1.6\%$.

框架柱有侧移屈曲计算长度系数 μ_b

表 6.3

K_1	K_2										
	0	0.025	0.05	0.075	0.1	0.15	0.2	0.3	0.4	0.5	0.75
0	999	8.313	6.021	5.031	4.456	3.796	3.423	3.007	2.779	2.634	2.433
0.025	8.313	5.807	4.797	4.225	3.85	3.38	3.094	2.76	2.571	2.448	2.275
0.05	6.021	4.797	4.157	3.752	3.47	3.099	2.864	2.58	2.415	2.307	2.152
0.075	5.031	4.225	3.752	3.435	3.206	2.894	2.691	2.442	2.294	2.196	2.054
0.1	4.456	3.85	3.47	3.206	3.01	2.738	2.558	2.332	2.196	2.106	1.974
0.15	3.796	3.38	3.099	2.894	2.738	2.515	2.363	2.168	2.049	1.969	1.851
0.2	3.423	3.094	2.864	2.691	2.558	2.363	2.228	2.052	1.943	1.87	1.76
0.3	3.007	2.76	2.58	2.442	2.332	2.168	2.052	1.898	1.802	1.735	1.636
0.4	2.779	2.571	2.415	2.294	2.196	2.049	1.943	1.802	1.711	1.649	1.555
0.5	2.634	2.448	2.307	2.196	2.106	1.969	1.87	1.735	1.649	1.589	1.499
0.75	2.433	2.275	2.152	2.054	1.974	1.851	1.76	1.636	1.555	1.499	1.413
1.0	2.328	2.183	2.069	1.978	1.903	1.786	1.7	1.581	1.503	1.449	1.365
1.5	2.22	2.088	1.983	1.899	1.828	1.719	1.637	1.523	1.448	1.395	1.313
2	2.166	2.04	1.939	1.858	1.79	1.684	1.604	1.493	1.419	1.367	1.286
2.5	2.133	2.01	1.913	1.833	1.767	1.662	1.584	1.474	1.401	1.35	1.269
3	2.111	1.991	1.895	1.816	1.751	1.648	1.57	1.462	1.389	1.338	1.258
3.5	2.095	1.977	1.882	1.804	1.74	1.638	1.561	1.453	1.381	1.33	1.25
4	2.083	1.966	1.872	1.795	1.731	1.63	1.553	1.446	1.374	1.324	1.244
4.5	2.074	1.958	1.865	1.788	1.725	1.624	1.548	1.441	1.369	1.319	1.239
5	2.067	1.951	1.859	1.783	1.719	1.619	1.543	1.437	1.365	1.315	1.235
10	2.033	1.921	1.831	1.757	1.695	1.597	1.523	1.418	1.347	1.297	1.218
20	2.017	1.906	1.818	1.745	1.683	1.586	1.512	1.408	1.338	1.288	1.21

K_1	K_2										
	1	1.5	2	2.5	3	3.5	4	4.5	5	10	20
0	2.328	2.22	2.166	2.133	2.111	2.095	2.083	2.074	2.067	2.033	2.017
0.025	2.183	2.088	2.04	2.01	1.991	1.977	1.966	1.958	1.951	1.921	1.906
0.05	2.069	1.983	1.939	1.913	1.895	1.882	1.872	1.865	1.859	1.831	1.818
0.075	1.978	1.899	1.858	1.833	1.816	1.804	1.795	1.788	1.783	1.757	1.745
0.1	1.903	1.828	1.79	1.767	1.751	1.74	1.731	1.725	1.719	1.695	1.683
0.15	1.786	1.719	1.684	1.662	1.648	1.638	1.63	1.624	1.619	1.597	1.586
0.2	1.7	1.637	1.604	1.584	1.57	1.561	1.553	1.548	1.543	1.523	1.512
0.3	1.581	1.523	1.493	1.474	1.462	1.453	1.446	1.441	1.437	1.418	1.408
0.4	1.503	1.448	1.419	1.401	1.389	1.381	1.374	1.369	1.365	1.347	1.338

K_1	K_2										
	1	1.5	2	2.5	3	3.5	4	4.5	5	10	20
0.5	1.449	1.395	1.367	1.35	1.338	1.33	1.324	1.319	1.315	1.297	1.288
0.75	1.365	1.313	1.286	1.269	1.258	1.25	1.244	1.239	1.235	1.218	1.21
1.0	1.317	1.266	1.24	1.224	1.213	1.205	1.199	1.194	1.19	1.173	1.165
1.5	1.266	1.216	1.19	1.174	1.163	1.155	1.149	1.145	1.141	1.124	1.116
2	1.24	1.19	1.164	1.148	1.137	1.129	1.123	1.119	1.115	1.098	1.09
2.5	1.224	1.174	1.148	1.132	1.121	1.113	1.107	1.103	1.099	1.082	1.074
3	1.213	1.163	1.137	1.121	1.11	1.102	1.097	1.092	1.088	1.072	1.063
3.5	1.205	1.155	1.129	1.113	1.102	1.095	1.089	1.084	1.081	1.064	1.056
4	1.199	1.149	1.123	1.107	1.097	1.089	1.083	1.078	1.075	1.058	1.05
4.5	1.194	1.145	1.119	1.103	1.092	1.084	1.078	1.074	1.07	1.054	1.045
5	1.19	1.141	1.115	1.099	1.088	1.081	1.075	1.07	1.066	1.05	1.042
10	1.173	1.124	1.098	1.082	1.072	1.064	1.058	1.054	1.05	1.033	1.025
20	1.165	1.116	1.09	1.074	1.063	1.056	1.05	1.045	1.042	1.025	1.017

框架屈曲时，梁对柱子提供约束，约束的大小由$(c)(d)$式确定。如果梁的远端的支承条件使得远端转角与近端不同，利用(6.11)式计算时还要对K_1，K_2进行修正。例如梁 B1 远端固支，则$M_{AC}=4i_{b1}\theta_A+2i_{b1}\theta_C=6\left(\frac{2}{3}i_{b1}\right)\theta_A$，因此计算$K_1$时要将梁 B1 的线刚度乘以 2/3 参与计算。同样可以得到远端为铰支时梁线刚度的修正系数为 0.5。

柱子发生有侧移失稳的计算长度系数在 1.0～∞ 之间。

当用于框架底层柱子的计算长度系数计算时，实际框架柱柱脚可能铰支或固定，铰支时，不可能实现真正的铰支，可以取$K_2=0.1$参与计算。固定时取$K_2=10$或 20 参与计算。

比较有侧移失稳和无侧移失稳的分析过程，同样一根梁，框架失稳模式不同对柱子产生约束是不同的，有侧移失稳时柱子得到的约束是无侧移失稳时的三倍。

第三节末尾的评论也适用于有侧移屈曲的七杆模型，此时梁提供的转动约束在上下柱之间的分配也是按照上下柱的线刚度进行的：

$$K_{zA}=\frac{i_{c2}}{i_{c1}+i_{c2}}\cdot 6(i_{b1}+i_{b2}),\quad K_{zB}=\frac{i_{c2}}{i_{c2}+i_{c3}}\cdot 6(i_{b3}+i_{b4})$$

研究这样一个两端转动约束的柱子的有侧移屈曲，同样可以得到(6.10)式。

下面分析如果立柱的屈曲方向与梁的方向不垂直的情况。如图 6.4，设柱子的主方向是x，y，而梁的方向是s，t。

设柱端的转角是θ_x，θ_y，则s，t方向的梁的转角是

$$\theta_t=\theta_x\sin\alpha+\theta_y\cos\alpha,\qquad \theta_s=\theta_x\cos\alpha-\theta_y\sin\alpha$$

有侧移失稳，梁端弯矩是

$$M_s=6i_{b2}\theta_s,\qquad M_t=6i_{b1}\theta_t$$

分解到x，y方向的弯矩是

$$M_{\mathrm{x}}=M_{\mathrm{t}}\sin\alpha+M_{\mathrm{s}}\cos\alpha,\quad M_{\mathrm{y}}=M_{\mathrm{t}}\cos\alpha-M_{\mathrm{s}}\sin\alpha$$

将 M_{s}，M_{t} 代入得到

$$M_{\mathrm{x}}=6(i_{\mathrm{b}1}\sin^2\alpha+i_{\mathrm{b}2}\cos^2\alpha)\theta_{\mathrm{x}}+6(i_{\mathrm{b}1}-i_{\mathrm{b}2})\sin\alpha\cos\alpha\theta_{\mathrm{y}}$$

$$M_{\mathrm{y}}=6(i_{\mathrm{b}2}\sin^2\alpha+i_{\mathrm{b}1}\cos^2\alpha)\theta_{\mathrm{y}}+6(i_{\mathrm{b}1}-i_{\mathrm{b}2})\sin\alpha\cos\alpha\theta_{\mathrm{x}}$$

因此，斜方向的梁在柱子屈曲时对柱子提供的转动约束可以近似地对梁的线刚度进行折减，折减系数是梁轴线与柱子屈曲方向的夹角的余弦的平方。如果 s，t 方向的两根梁相同，则可以直接取一根线刚度计算。

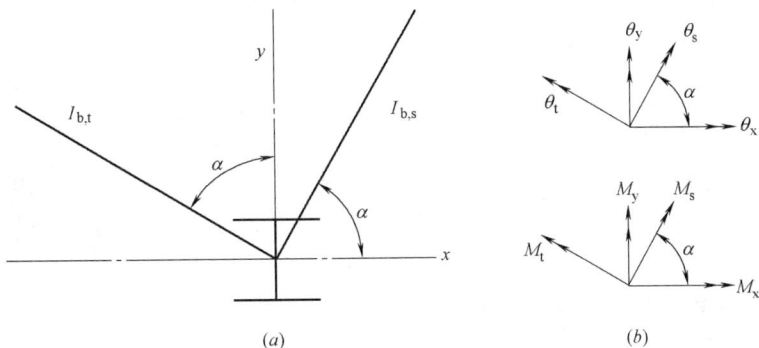

图 6.4 立柱主轴方向与梁方向不一致的情况

6.5 同层各柱轴力不等时框架的有侧移失稳：各柱的相互支援作用

图 6.1d 所示的单层单跨框架，如果左柱的轴力为 P_1，右柱的轴力为 P_2，采用位移法研究它的稳定性：

$$M_{\mathrm{BA}}=s_1 i_{\mathrm{c}}\theta_{\mathrm{B}}-\frac{(s_1+c_1)}{h}i_{\mathrm{c}}\Delta,\qquad M_{\mathrm{BC}}=4i_{\mathrm{b}}\theta_{\mathrm{B}}+2i_{\mathrm{b}}\theta_{\mathrm{C}}$$

$$M_{\mathrm{CD}}=s_2 i_{\mathrm{c}}\theta_{\mathrm{C}}-\frac{(s_2+c_2)}{h}i_{\mathrm{c}}\Delta,\qquad M_{\mathrm{CB}}=4i_{\mathrm{b}}\theta_{\mathrm{C}}+2i_{\mathrm{b}}\theta_{\mathrm{B}}$$

$$Q_{\mathrm{BA}}=-(s_1+c_1)i_{\mathrm{c}}\frac{\theta_{\mathrm{B}}}{h}+[2(s_1+c_1)-u_1{}^2]i_{\mathrm{c}}\frac{\Delta}{h^2}$$

$$Q_{\mathrm{CD}}=-(s_2+c_2)i_{\mathrm{c}}\frac{\theta_{\mathrm{C}}}{h}+[2(s_2+c_2)-u_2{}^2]i_{\mathrm{c}}\frac{\Delta}{h^2}$$

其中 $u_1=h\sqrt{P_1/EI_{\mathrm{c}}}$，$u_2=h\sqrt{P_2/EI_{\mathrm{c}}}$。平衡方程为

$$(4i_{\mathrm{b}}+s_1 i_{\mathrm{c}})\theta_{\mathrm{B}}+2i_{\mathrm{b}}\theta_{\mathrm{C}}-\frac{(s_1+c_1)}{h}i_{\mathrm{c}}\Delta=0 \qquad\qquad (a)$$

$$2i_{\mathrm{b}}\theta_{\mathrm{B}}+(4i_{\mathrm{b}}+s_2 i_{\mathrm{c}})\theta_{\mathrm{C}}-\frac{(s_2+c_2)}{h}i_{\mathrm{c}}\Delta=0 \qquad\qquad (b)$$

$$-(s_1+c_1)i_{\mathrm{c}}\frac{\theta_{\mathrm{B}}}{h}-(s_2+c_2)i_{\mathrm{c}}\frac{\theta_{\mathrm{C}}}{h}+[2(s_1+c_1+s_2+c_2)-u_1{}^2-u_2{}^2]i_{\mathrm{c}}\frac{\Delta}{h^2}=0 \qquad (c)$$

三个方程三个未知量，要使上述齐次方程有解，其系数行列式必须为零：

$$\begin{vmatrix} 4i_b+s_1 i_c & 2i_b & -(s_1+c_1)i_c/h \\ 2i_b & 4i_b+s_2 i_c & -(s_2+c_2)i_c/h \\ -(s_1+c_1)i_c/h & -(s_2+c_2)i_c/h & [2(s_1+c_1+s_2+c_2)-u_1^2-u_2^2]i_c/h^2 \end{vmatrix}=0$$

可以发现，如果各个柱子的轴力不相等，研究框架的稳定性在数学上就复杂得多。但是这个框架仍是可以采用解析方法进行研究的范围。将 $K=i_b/i_c$ 代入，消去 h，上式变为

$$\begin{vmatrix} 4K+s_1 & 2K & -(s_1+c_1) \\ 2K & 4K+s_2 & -(s_2+c_2) \\ -(s_1+c_1) & -(s_2+c_2) & [2(s_1+c_1+s_2+c_2)-u_1^2-u_2^2] \end{vmatrix}=0 \quad (6.12)$$

给定 K 和 $P_1/(P_1+P_2)$，利用 $P_2/(P_1+P_2)=1-P_1/(P_1+P_2)$，可以求出 u_1 及对应的 u_2。表 6.4 给出取 $I_c=15\times10^8\ \text{mm}^4$，$h=3600\text{mm}$，$l=6000\text{mm}$，$E=206\ \text{kN/mm}^2$，$K=0.01$，$0.1$ 和 1.0，从 (6.12) 式计算得到的结果。从此表可以看出，即使两柱的轴力相差非常悬殊（比如 $P_1/(P_1+P_2)=0.1$，此时 $P_1/P_2=1/9$），框架总的临界荷载与两柱轴力相等时的总临界荷载几乎完全相等（相差 1%）。

单层单跨框架两柱轴力不等时总的临界荷载 $(P_{1cr}+P_{2cr})$（$\times10^4\text{N}$）　　　　表 6.4

K	$P_1/(P_1+P_2)$				
	0.1	0.2	0.3	0.4	0.5
0.01	12202	12258	12299	12323	12331
0.1	16658	16741	16802	16838	16850
1.0	34925	35040	35112	35172	35188

如果我们掌握了框架有侧移失稳的本质，就不难理解上述结果。框架失稳表明框架的抗侧刚度消失。框架的线性抗侧刚度与各柱子内的轴力大小并无关系，而作用在框架柱上的轴力等效的负刚度可以根据 $\alpha_i P_i/h(i=1,2)$ 计算，框架失稳表明正负刚度抵消，因此：

$$(\alpha_1 P_1+\alpha_2 P_2)/h=S_F$$

由于 α_1，α_2（$=1\sim1.216$）只取决于梁柱的线刚度比，两者基本相等，因此从上式得到的框架总的临界荷载基本不变，为 $P_{1cr}+P_{2cr}=S_F h/\alpha_1$，与轴力在各柱子内的分布无关。

根据上述规律，也可以反过来根据查表得到的框架柱计算长度系数，求得各柱子的临界荷载，进而求得抗侧刚度，叠加后得到各层总的抗侧刚度：

$$S_F=\sum\alpha_i P_{cri}/h \quad (6.13)$$

其中 P_{cri} 是各个柱子按照同时失稳得到的计算长度系数（查规范表格或用前面介绍的计算长度系数公式 (6.11) 式得到）计算得到的柱子临界荷载。然后由下式得到各柱子轴力分布不均时的临界荷载

$$\sum\alpha_i P_i/h=\sum\alpha_i P_{cri}/h \quad (6.14)$$

由式 (6.14) 得到第 j 根柱子修正的计算长度系数及临界荷载

$$P'_{\text{cr}j} = \frac{\pi^2 EI_{cj}}{(\mu'_j h)^2} \tag{6.15}$$

$$\mu'_j = \frac{\pi}{h}\sqrt{\frac{EI_{cj}\sum \alpha_i P_i}{P_j \sum \alpha_i P_{\text{cri}}}} = \frac{\pi}{h}\sqrt{\frac{EI_{cj}\sum P_i}{P_j \sum P_{\text{cri}}}} \tag{6.16a}$$

如果各个柱子高度不同，则

$$\mu'_j = \frac{\pi}{h_j}\sqrt{\frac{EI_{cj}\sum \alpha_i P_i/h_i}{P_j \sum \alpha_i P_{\text{cri}}/h_i}} = \frac{\pi}{h_j}\sqrt{\frac{EI_{cj}\sum P_i/h_i}{P_j \sum P_{\text{cri}}/h_i}} \tag{6.16b}$$

如果直接采用线性的抗侧刚度，则

$$\mu'_j = \frac{\pi}{h_j}\sqrt{\frac{EI_{cj}\sum \alpha_i P_i/h_i}{P_j S_F}} \tag{6.16c}$$

(6.16a)式中 P_i 是对各个柱子求和，其中包括第 j 根柱子。分母中除以 P_j 表明，修正以后的计算长度系数与各柱子的轴力分布有关，而与轴力的具体大小无关。应用(6.16a)式时必须先进行了结构的初步设计，已经知道了梁柱截面尺寸后才能根据具体的截面大小和轴力的分布进行计算长度系数的修正，然后逐个地对各柱子重新进行设计。这在具体的操作上并没有困难，因为进行内力分析及传统的计算长度系数确定也需要预先设定梁柱的截面。

(6.16)式已经被许多钢结构设计规范和规程采用，但是有两个特殊情况要引起注意：

(1) 某些受力较大的柱子，得到其他受力小的柱子对它提供的支撑作用。当这种支撑作用足够大时，按照(6.16)计算求得的计算长度系数就可能小于框架发生无侧移失稳时的计算长度系数 μ_b，此时必须按照无侧移失稳来决定计算长度，因为后者控制该柱的稳定性。无侧移失稳的计算长度系数作为(6.16)式的一个下限引入后，在下限起控制作用的情况下，其他柱子的计算长度系数长度，仍按照(6.16)计算。

(2) 对某些轴力非常小的柱子(例如风荷载工况下)，因为它为其他柱子提供了约束，按照(6.16)式计算，因为分母出现非常小的数，计算长度系数非常大，设计时柱子的长细比(刚度指标)将难以控制。此时仍应采用未加修正的计算长度系数来进行柱子的长细比验算。

(3) 除了刚度指标外，这些轴力很小的柱子、轴力为零的柱子、以及甚至轴力为拉力的柱子，由于对其他柱子提供了支持，计算长度很大。根据这个计算长度算出的长细比查柱子稳定系数表格，稳定系数将很小(有可能超出范围查不到，作者在实际工程中已经多次遇到这种情况)。这并不表明它的承载力已经消耗掉，但是如果按照常规方法计算，就会出现异常现象。此时设计者对结果的判断就非常重要，而这依赖于设计人员对稳定理论的理解。第 13 节我们将提供一个按照整层计算稳定性的一个思路，可以避免出现这种计算结果异常的情况。

上述现象表明了同一层内各柱子在保持稳定性方面的相互支援作用。受力最大的柱子得到了支援，计算长度系数变小，而受力较小的柱子，稳定性就其本身来讲较好，有能力向其他柱子提供支援，计算长度系数变大。相互支援的结果是同一层各个柱子同时失稳，表现为层整体失稳的现象。因此按层整体计算框架稳定性是未来的一个发展方向，也能够克服对(6.16)式提出的上面三点困难。

6.6　设有摇摆柱的框架的稳定性

图 6.5a 所示的单层两跨框架，中柱上下端均为铰接，这种柱子本身没有抗侧刚度，其稳定性完全依赖于与该柱相连的框架，这种柱子我们称为摇摆柱（leaning column）。

对设有摇摆柱的框架结构，其他柱子必须为摇摆柱提供侧向支承，这些提供支承的柱子的稳定性如何计算必须加以研究。

设框架发生有侧移失稳，如图 6.5a 所示，由于结构的对称性，框架失稳时是反对称的，因此采用位移法研究时未知量为柱顶转角 $\theta_B=\theta_F=\theta$ 及柱顶侧移 Δ。摇摆柱的顶部是梁的反弯点，因此

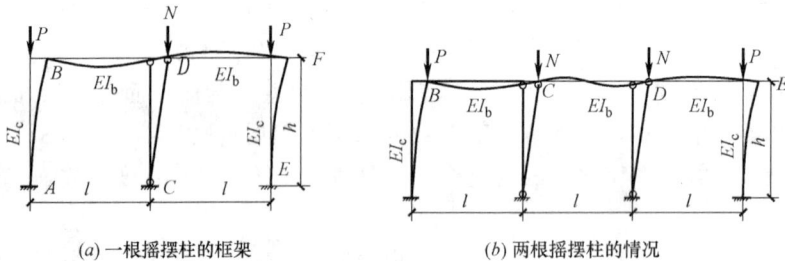

(a) 一根摇摆柱的框架　　　　　　　(b) 两根摇摆柱的情况

图 6.5　设有摇摆柱的框架

$$M_{BA}=si_c\theta-(s+c)i_c\Delta/h,\qquad M_{BD}=3i_b\theta$$
$$Q_{AB}=-(s+c)i_c\theta/h+[2(s+c)-u^2]i_c\Delta/h^2$$

节点 B 的弯矩平衡要求

$$(si_c+3i_b)\theta-(s+c)i_c\Delta/h=0 \qquad\qquad (a)$$

框架层剪力的平衡要求 $Q_{BA}+Q_{FE}+Q_{DC}=0$。这里需要注意 Q_{DC} 是垂直于压杆变形前轴线方向的内力，中间的摇摆柱虽然不存在弯矩，但是由于随框架一起发生倾斜，就会产生 $Q_{DC}=-N\Delta/h$，所以得到

$$-2(s+c)i_c\theta/h+2[2(s+c)-u^2]i_c\Delta/h^2-N\Delta/h=0$$

上式改写成

$$-(s+c)i_c\theta/h+[2(s+c)-u^2\chi^2]i_c\Delta/h^2=0,\chi=\sqrt{1+\frac{N}{2P}} \qquad (b,\ c)$$

令系数行列式为零，同样记 $K=i_b/i_c$，得到

$$(3K+s)[2(s+c)-u^2\chi^2]-(s+c)^2=0 \qquad\qquad (6.17)$$

给定 χ 和 K，从上式可以求得 u，进而求得计算长度系数。在给出计算长度系数前，先看如果没有摇摆柱，框架柱的计算长度系数为(注意这里将梁柱线刚度比定义为 $[EI_b/(2l)]/i_c=K/2$ 就可以利用表 6.1 中的公式)

$$\mu_0=\sqrt{\frac{7.5(K/2)+4}{7.5(K/2)+1}}$$

由它计算的总的临界荷载为 $2P_{E0}$。表 6.5 是根据(6.17)式求得的总临界荷载及其边柱(框架柱)的计算长度系数。表中数据取 $I_c = 15 \times 10^8\,\text{mm}^4$，$h = 3600\text{mm}$，$l = 6000\text{mm}$ 得到。

根据框架物理正刚度与荷载负刚度相加等于 0 的框架失稳准则，以及荷载负刚度计算公式得到

$$2\alpha \frac{P}{h} + \frac{N}{h} = 2\alpha \frac{P_{E0}}{h} = S_F$$

由此得到框架柱的计算长度系数

$$\mu = \mu_0 \sqrt{1 + \frac{N}{\alpha(2P)}} \qquad (6.18)$$

表 6.5 中还给出了按照上式的值。

α 根据(2.37)式为

$$\alpha = \frac{6}{\pi^2} \cdot \frac{1+3K}{2+1.5K} \cdot \frac{4+3.75K}{1+3.75K} \geqslant 1 \qquad (6.19)$$

由表可见，精确解与公式(6.18)的结果非常符合。

摇摆柱框架的稳定性计算　　　　　　　　　　　　　　　　表 6.5

K	0.01			0.1			1		
χ	μ	μ^*	比值[1]	μ	μ^*	比值[1]	μ	μ^*	比值[1]
1.5	2.345	2.345	1.0654	2.145	2.131	1.0611	1.533	1.533	1.0442
2.0	2.665	2.666	1.1002	2.440	2.430	1.0933	1.752	1.752	1.0668
2.5	2.950	2.953	1.1218	2.704	2.695	1.1131	1.946	1.947	1.0806

注：μ^*：(6.18)式计算；[1]：比值 $= \dfrac{2P_{E0}}{2P+N}$。

框架的抗侧刚度可以用 $2P_{E0}/h$ 表示，而荷载的负刚度可以用 $2\alpha P/h + N/h$ 表示（摇摆柱失稳过程中只产生刚体运动，因此 N/h 前面的 α 系数为 1.0。由正负刚度相加等于零可以得到(6.18)式。(6.18)式也可以由(6.14)式得到，此时 $\sum P_{cri}$ 只包含提供侧向刚度的框架柱，不包含摇摆柱，因为摇摆柱根据柱上下端梁对柱子的转动约束为零的条件，有侧移失稳的计算长度系数为 ∞。(6.18)式也只能用于非摇摆柱。

那么摇摆柱本身的计算长度系数为多少？得到框架总的临界荷载，自然得到摇摆柱上的临界荷载值。但是我们不能根据这个临界荷载值确定计算长度系数，因为在整个的计算过程中，摇摆柱的截面抗弯刚度没有参与计算，这表明摇摆柱的截面抗弯刚度与框架的有侧移失稳没有任何的关系。框架抵抗有侧移失稳的能力是由与梁刚接的框架柱子来保证的。只要摇摆柱不发生无侧移失稳，上面的分析就成立。因此摇摆柱的计算长度系数的确定就可以按照无侧移失稳的模式取，即 $\mu = 1.0$，摇摆柱只要保证其不要发生无侧移失稳就可以了。

要利用一般框架现成的公式(表 6.1 中的公式或公式(6.11))计算设有摇摆柱的框架柱的计算长度系数时，要注意梁线刚度的取法：如果梁的线刚度按照跨度 l 计算，则梁的线

刚度前要乘以折减系数 0.5，因为此时摇摆柱柱顶是反弯点，而无摇摆柱时，梁的反弯点在梁中。

当图 6.5a 框架的两根边柱轴力不等时，可以利用下式求得修正以后的计算长度系数：

$$\alpha\left(\frac{P_1}{h}+\frac{P_2}{h}\right)+\frac{N}{h}=2\alpha\frac{P_{EO}}{h}=S_F$$

$$P'_j=\frac{\pi^2 EI_{cj}}{(\mu'_j h)^2} \tag{6.20a}$$

$$\mu'_j=\frac{\pi}{h}\sqrt{\frac{EI_{cj}(\sum\alpha_i P_i+N)}{P_j\sum\alpha_i P_{cri}}}=\frac{\pi}{h}\sqrt{\frac{EI_{cj}(\sum\alpha_i P_i+N)}{P_j S_F h}},j=1,2 \tag{6.20b}$$

如果各个柱子的高度不等，且框架柱有多根，摇摆柱也有多根，则

$$\mu'_j=\frac{\pi}{h_j}\sqrt{\frac{EI_{cj}(\sum\alpha_i P_i/h_i+\sum N_k/h_k)}{P_j\sum\alpha_i P_{cri}/h_i}}=\frac{\pi}{h_j}\sqrt{\frac{EI_{cj}(\sum\alpha_i P_i/h_i+\sum N_k/h_k)}{P_j S_F}} \tag{6.20c}$$

式中 N_k，h_k 分别是摇摆柱的轴力和高度。

在存在两根或者三根摇摆柱的情况下，边框架柱的计算长度系数的确定需要用到梁对柱子的约束。对图 6.5b 这个很规则的框架，梁对边柱的约束推导如下：

$$M_{CB}=2i_b\theta_B+4i_b\theta_C, \qquad M_{CD}=6i_b\theta_C$$

$$M_{CB}+M_{CD}=10i_b\theta_C+2i_b\theta_B=0$$

$$\theta_C=-0.2\theta_B$$

$$M_{BC}=4i_b\theta_B+2i_b\theta_C=3.6i_b\theta_B$$

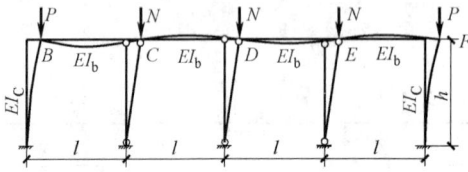

图 6.6 三根摇摆柱的情况

即 $K_z=3.6i_b$，比图 6.5a 所示仅一个摇摆柱、两跨情况的 $K_z=3i_b$ 大 20%。

对图 6.6 所示的三根摇摆柱的情况，

$$M_{CB}=2i_b\theta_B+4i_b\theta_C, \qquad M_{CD}=3i_b\theta_C$$

$$M_{CB}+M_{CD}=7i_b\theta_C+2i_b\theta_B=0$$

$$\theta_C=-\frac{2}{7}\theta_B$$

$$M_{BC}=4i_b\theta_B+2i_b\theta_C=\frac{24}{7}i_b\theta_B=3.4286i_b\theta_B$$

即 $K_z=3.4286i_b$。

总结以上的几种情况可以总结如下：边柱的计算长度系数采用柱顶约束刚度是 $3i_b$ 是偏安全的，此时梁柱线刚度比为 $K_2=\frac{0.5i_b}{i_c}$。

6.7 单跨两层框架的屈曲：层与层的相互支援

图 6.7 示出了一个单跨两层框架，二层柱子的轴力为 P_2，一层柱子的轴力为 P_1，它发生反对称形式的屈曲。下面用位移法对它进行屈曲分析，节点未知量为 θ_C，θ_E，Δ_1，Δ_2，

后两个分别为 C 和 E 点的侧移。本题的研究可以采用无剪力转角位移方程 (2.19)式。

记 $s_0 = \dfrac{u}{\tan u}$，$c_0 = -\dfrac{u}{\sin u}$，则有

$$M_{CA} = s_{01} i_c \theta_C, \qquad\qquad M_{CD} = 6 i_b \theta_C$$

$$M_{CE} = s_{02} i_c \theta_C + c_{02} i_c \theta_E, \qquad M_{EC} = s_{02} i_c \theta_E + c_{02} i_c \theta_C$$

$$M_{EF} = 6 i_b \theta_E$$

平衡条件为

$$[(s_{01} + s_{02}) i_c + 6 i_b] \theta_C + c_{02} i_c \theta_E = 0$$

$$c_{02} i_c \theta_C + (s_{02} i_c + 6 i_b) \theta_E = 0$$

令系数行列式的值为零，记 $K = i_b / i_c$

$$(s_{01} + s_{02} + 6K)(s_{02} + 6K) - c_{02}^2 = 0 \tag{6.21}$$

给定 P_2/P_1 和 K，从上式可以得到临界荷载和上下层柱子的计算长度系数，表 6.6 是计算结果。表中 μ_1，μ_2 是根据(6.10)式计算得到的系数，而 μ_1'，μ_2' 是根据 (6.21) 式求得的，$\mu' = \pi/u_1$，$\mu_2' = \pi/u_2$。计算时数据取 $I_c = 15 \times 10^8\ \text{mm}^4$，$h = 3600\text{mm}$，$l = 6000\text{mm}$。由于计算结果无量纲化，对其他参数结果也是正确的。

单跨两层对称框架柱计算长度系数　　　　　　　　　　　表 6.6

K	P_2/P_1	μ_1	μ_2	μ_1'	μ_2'
	0.2			2.300	5.143
0.01	0.6	1.973	10.138	3.078	3.974
	1.0			3.739	3.739
	0.2			1.730	3.867
0.1	0.6	1.784	3.392	2.186	2.822
	1.0			2.628	2.628
	0.2			1.152	2.577
1	0.6	1.277	1.465	1.216	1.570
	1.0			1.383	1.383

根据上述计算结果我们可以知道，框架的失稳是整体失稳，上下层存在相互作用。μ_1，μ_2 是上下层不存在相互作用的假定下得到的，下层柱的计算长度系数比上层计算长度系数小，因为下层柱脚固定，柱子两端的约束较二层柱子强。在 $P_2/P_1 = 1$ 时，下层柱子向上层柱子提供约束，相互支援的结果是上下层柱子的计算长度系数相等，即同时失稳。在 $P_2/P_1 = 0.2$，$K = 1$ 时 $\mu_1 = 1.277 > \mu_1' = 1.152$，即上层柱子轴力小，失稳的倾向小，除了抵抗本身在轴力下的失稳外还有潜力对下层柱子提供约束，使下层柱子的计算长度系数减小，同时上层柱子的计算长度系数增加。

如何考虑上下层柱子的相互作用，后面将提供一个对二，三层框架是精确的，对更多层框架是精度很高的计算方法。根据上面的分析，我们可以得到如下的结论：不考虑上下

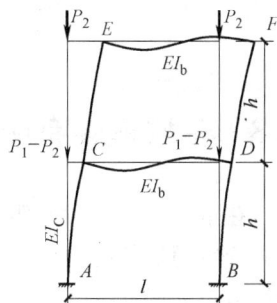

层的相互作用，按照(6.11)式计算柱子的计算长度系数，对于最容易失稳的那一层柱子是偏于安全的。对于轴力较小的柱子，则计算长度系数偏小。

6.8　多层框架有侧移失稳的计算长度系数：柱子抗侧柔度指标

在本节，我们对框架有侧移失稳的计算长度系数的物理意义再做一次分析。框架有侧移失稳表明框架的层抗侧刚度变为零。设柱子上下两端有约束刚度分别为 K_{z1} 和 K_{z2} 的转动约束。柱截面抗弯刚度 EI_c，层高 h。无轴压力作用时，柱子的抗侧刚度为[2]：

$$K_0 = \frac{\beta EI_c}{h^3}, \beta = \frac{12(K_{z1}i_c + K_{z2}i_c + K_{z1}K_{z2})}{12i_c^2 + 4(K_{z1} + K_{z2})i_c + K_{z1}K_{z2}} \tag{6.22}$$

定义 $K_1 = K_{z1}/6i_c$，$K_2 = K_{z2}/6i_c$，在轴力作用后，柱子不再保持稳定的临界荷载为：

$$P_{cr} = \frac{\pi^2 EI_c}{(\mu h)^2}, \mu = \sqrt{\frac{1.52 + 4(K_1 + K_2) + 7.5K_1K_2}{K_1 + K_2 + 7.5K_1K_2}} \tag{6.23, 6.11}$$

原先有抗侧刚度 K_0，而在 $P = P_{cr}$ 柱子不再有抗侧刚度，是因为轴力的负刚度。轴力的负刚度为

$$K_p = -\alpha \frac{P}{h} \tag{6.24}$$

其中 α 为竖向荷载与柱局部弯曲变形产生的二阶效应对侧向刚度的影响系数，由 (2.37) 式给出，它的最大和最小值分别为 $\alpha_{max} = 1.216$，$\alpha_{min} = 1.0$，见表 2.2。

注意到结构力学中 D 值法中框架柱的 D 值通常表示为

$$D = \alpha_z \frac{12EI_c}{h^2} \frac{1}{h} \tag{6.25}$$

它实际上就是柱子的抗侧刚度，而 (6.22) 式表示的就是柱子的抗侧刚度。我们发现可以利用计算长度系数来反求框架柱的 D 值：

$$D = K_0 = \alpha \frac{\pi^2 EI_c}{\mu^2 h^3} \tag{6.26}$$

对比(6.25)式和(6.26)式得到

$$\alpha_z = \alpha \frac{\pi^2}{12\mu^2} = \frac{K_1 + K_2 + 6K_1K_2}{2 + 4(K_1 + K_2) + 6K_1K_2} \tag{6.27a}$$

在工程上，为了简化计算，甚至可以近似取 $\alpha \frac{\pi^2}{12} = 1.0$，因此

$$\alpha_z = 1/\mu^2 \tag{6.27b}$$

计算长度的几何意义是框架柱失稳模态上反弯点之间的距离，从(6.27)式我们得到了计算长度系数的另一个含义：它反映的是柱子的一个抗侧柔度系数。这个抗侧柔度系数的倒数比一般的结构力学书籍中给出的抗侧刚度系数表达式适用范围更加广泛，因为结构

力学教科书经常在更加理想化的情况下（如上下两层梁的线刚度相同，或下端固定，未考虑上下层柱子的影响）才给出 α_z 值，在非标准的情况下补充给出修正系数（见文献 [8]），而这里的 $(6.27a)$ 式则适用于任何的情况。可以采用稳定理论的研究结果来改进 D 值法的叙述方式。

框架柱的 D 值决定于柱子反弯点的位置。根据对图 6.3b 失稳模式的假定求得的柱子反弯点的位置见下表。通过计算，得到相应的计算结果，列在表 6.7。并有实用公式可以采用，实用公式为：（x 是反弯点到柱底的距离，h 是柱高）

$$\frac{x}{h}=\lg\frac{\sqrt{10}K_1K_2+0.3497K_1+1.106K_2}{K_1K_2+0.3497K_1+0.1106K_2} \tag{6.28}$$

柱端转角隔层相等假定下的柱子反弯点位置 （x/h）　　　表 6.7

K_2	K_1							
	0.05	0.1	0.2	0.8	2	6	10	∞
0.05	0.5000	0.3535	0.2433	0.1363	0.1131	0.1029	0.1009	0.0980
	0.5000	0.3676	0.2637	0.1519	0.1240	0.1108	0.1081	0.1040
0.1	0.6465	0.5000	0.3700	0.2227	0.1877	0.1721	0.1690	0.1644
	0.6324	0.5000	0.3827	0.2393	0.1998	0.1806	0.1766	0.1705
0.2	0.7567	0.6300	0.5000	0.3267	0.2806	0.2595	0.2553	0.2490
	0.7363	0.6174	0.5000	0.3385	0.2897	0.2652	0.2600	0.2520
0.8	0.8637	0.7773	0.6733	0.5000	0.4449	0.4183	0.4129	0.4048
	0.8481	0.7607	0.6616	0.5000	0.4444	0.4149	0.4085	0.3987
1	0.8715	0.7888	0.6883	0.5175	0.4622	0.4354	0.4299	0.4217
	0.8571	0.7733	0.6769	0.5171	0.4614	0.4316	0.4252	0.4153
2	0.8869	0.8123	0.7194	0.5551	0.5000	0.4729	0.4674	0.4591
	0.8760	0.8002	0.7103	0.5556	0.5000	0.4700	0.4635	0.4534
8	0.8983	0.8299	0.7431	0.5851	0.5305	0.5035	0.4979	0.4896
	0.8909	0.8219	0.7381	0.5891	0.5341	0.5041	0.4975	0.4874
10	0.8991	0.8310	0.7447	0.5871	0.5326	0.5055	0.5000	0.4917
	0.8919	0.8234	0.7400	0.5915	0.5365	0.5065	0.5000	0.4898
∞	0.9020	0.8356	0.7510	0.5952	0.5409	0.5139	0.5083	0.5000
	0.8960	0.8295	0.7480	0.6013	0.5466	0.5167	0.5102	0.5000

下面举一个例题说明 (6.27) 式的正确性。

设四层三跨框架，两边柱 H600×300×6/10 （$I=0.6197\times10^9\,\text{mm}^4$），两中柱 H400×300×8/12 （$I=0.3064\times10^9\,\text{mm}^4$），楼层梁为 H600×240×8/12 （$I=0.6252\times10^9\,\text{mm}^4$），屋顶梁 H440×240×6/10 （$I=0.2589\times10^9\,\text{mm}^4$），柱脚固定。跨度为 8+6+8=22m，高为 4.5+4+4+4=16.5m。表 6.8 为钢结构设计规范 GB 50017—2003 附表 D.2 得到的计算长度系数和各柱子的抗侧刚度的估计值 P_{cr}/h。表 6.9 是根据计算长度系数法得到的层抗侧刚度和经过框架矩阵位移法在顶层施加单位水平力得到的层间位移计算的层抗侧刚度的比较。本框架中柱的截面惯性矩仅为边柱的一半不到，而柱轴力根据从属面积计算，中柱是边柱的 1.8 倍，按照规范表格计算的临界荷载，中柱是边柱的 0.78，因此实际情况边柱将对中柱提供很大的支援作用。由表可见，第一层受到柱脚固定的影响，此时 α 因子为 1.15，而上部几层的 α 系数均接近于 1。而线性分析得到的层抗侧刚度与采用计算长度系数得到的层抗侧刚度几乎相等（表中数值不等于 1.0 很可能是计算长度系数及 α 计算公式本身的误差引起的，第 2 个原因可能是线性分析得到的结果中包含了影响较小的柱轴向拉压引起的层间位移）。可见上面我们对柱子计算长度系数的物理意义的理解是正确的。

框架柱临界荷载　表 6.8

		K_1	K_2	μ	层高	$I_c(10^9)$	α	P_{cr}	P_{cr}/h
边柱	一层	0.2671	∞	1.433	4500	0.6197	1.15	30299175	6733
	二层	0.2522	0.2671	2.030	4000	0.6197	1.01	19108920	4777
	三层	0.2522	0.2522	2.030	4000	0.6197	1.01	19108920	4777
	四层	0.2089	0.2522	2.122	4000	0.6197	1.01	17487902	4372
中柱	一层	1.2603	∞	1.1382	4500	0.3064	1.15	23746167	5277
	二层	1.1903	1.2603	1.2832	4000	0.3064	1.06	23645420	5911
	三层	1.1903	1.1903	1.2832	4000	0.3064	1.06	23645420	5911
	四层	0.9858	1.1903	1.308	4000	0.3064	1.05	22757275	5689

两种方法抗侧刚度对比　表 6.9

	边柱节点转角	中柱节点转角	$S=1/\delta$	$\sum \alpha P_{cr}/h$	比值
一层	$-5.3290E-07$	$-2.4395E-07$	27048	27623	0.979
二层	$-5.4521E-07$	$-2.8913E-07$	22016	22180	0.993
三层	$-5.6906E-07$	$-2.9142E-07$	21462	22180	0.968
四层	$-6.2154E-07$	$-3.4174E-07$	20517	20778	0.987

　　在表 6.9 中还给出了线性分析得到的梁柱节点的转角，边柱和中柱节点的转角同号，但是数值有很大的不同。在这里我们将转角列出是为了表明，线性分析的结果中同一层各个节点转角不同，而柱子计算长度系数法假定同层各节点转角相同，虽然两种方法得到的单个柱子的层抗侧刚度误差较大。但是两种方法得到的各层总的层抗侧刚度几乎相等。

　　按照 6.5 节，考虑有侧移失稳的整体性质对柱子计算长度系数进行修正后，计算长度系数的物理意义是否有改变？

　　（6.16a）式给出了计算长度系数的一个修正方法，它要求先按照规范方法求计算长度系数。也可以不求计算长度系数，而采用下式直接计算：

$$\mu'_i = \sqrt{\frac{\pi^2 E I_{ci}}{h^3 S_F} \sum_{j=1}^{n}\left(\alpha_j \frac{P_j}{P_i}\right)} \tag{6.29}$$

　　如果采用（6.16a）式，你只需确定计算长度，而采用（6.29）式，则必须采用其他方法确定层抗侧刚度，两者结果几乎是一样的。由（6.16a）或（6.29）式计算得到的计算长度系数如果小于 1，则应该与无侧移失稳的计算长度系数进行比较，取两者的较大值。也可以偏安全地取 1（相当于无侧移失稳控制）。

　　对柱子计算长度系数进行修正的方法，如果采用轴力包络图确定各柱子的轴力，则计算结果偏离实际，因此考虑计算长度系数修正的稳定性计算应该对各种荷载组合一种组合一种组合地进行计算才符合实际情况，否则就部分失去了修正带来的好处。一种组合一种组合地进行稳定性计算后，我们会发现风力等水平荷载对层的弹性整体失稳没有什么影响，但是它改变了各个柱子的轴力分布，受压力较大的柱子（背风面的柱子）受到受力较小柱子（向风面的柱子）的支援，计算长度系数减小，承载力得以提高，可以取得较好的经济效益，克服目前计算长度系数法比二阶分析法偏安全的特点。

　　表 6.10 列出了上面算例中的框架柱修正后的计算长度系数，表中还列出了有限元方法分两种荷载情况计算的柱子临界荷载。第一种是在顶层柱顶施加轴力，各层柱子轴力相同。第二种是在每一层的柱顶都施加相同的竖向荷载，这样第一层轴力最大，最上层最小。中柱和边柱轴力的比值为 1.73，它是线性分析的结果。采用有限元计算得到的临界荷载除了能够考虑同一层各柱子之间的相互作用外，还考虑了层与层之间的相互作用。对第一种荷载情况，这种层与层之间的相互作用使得各层柱子的临界荷载相同。对后一种荷载情况，它使得各层柱子的临界荷载成一个固定的比例关系。两种情况的屈曲模式有很大的不同，见图 6.8。工况 1 表示出上层较易失稳，下层对上层提供支持。而工况 2 是下层受力大，容易失稳，上层对下层提供支持。

　　通过上述分析可知，（1）如果框架层数较多，各层柱的轴力变化相对平缓，比较接近工况一的情形，层与层的相互作用不是很明显，比如上面的第 2，3 层。（2）如果层数少，且柱子惯性矩沿高度不变化，因为轴力每层增加，支持作用还是比较明显的，影响最大的是在底层。

框架柱修正后的计算长度系数及对应的临界荷载　　　　　　表 6.10

	层数	P_j	$\alpha P_j/h$	μ'	P'_{cr}	有限元（仅顶层加）	有限元（每层加）
边柱	一	1000	0.2556	**1.773**	19792742	15200888(2.023)	21678872(**1.694**)
	二	1000	0.2525	2.247	15596327	15200888(2.276)	16259154(2.201)
	三	1000	0.2525	2.247	15596327	15200888(2.276)	10839436(2.695)
	四	1000	0.2525	**2.314**	14706244	15200888(**2.276**)	5419718(3.812)
中柱	一	1730	0.4421	**0.948**	34230562	26297536(1.082)	37504448(**0.906**)
	二	1730	0.4585	1.201	26992911	26297536(1.218)	28128336(1.176)
	三	1730	0.4585	1.201	26992911	26297536(1.218)	18752224(1.441)
	四	1730	0.4541	**1.237**	25444642	26297536(**1.218**)	9376112(2.038)

　　但是，根据图 6.8a，b 呈现的屈曲模式，我们还是可以看到，图 6.8a 是顶层层间侧移最大，图 6.8b 是底层层间侧移最大，我们可以判断这两层分别是各自的关键层（薄弱层）。在关键层临界荷载的计算上，经过修正的方法还是有良好的精度（见表 6.8 中的粗体字）。

　　图 6.8a 顶层按照有限元分析得到的临界力反算的计算长度系数和采用修正方法获得的计算长度系数的比值为 0.984（边柱和中柱比值相同），图 6.8b 底层由有限元分析得到的临界力反算的计算长度系数和采用修正方法获得的计算长度系数的比值为 0.956（边柱和中柱比值相同）。由此可见：

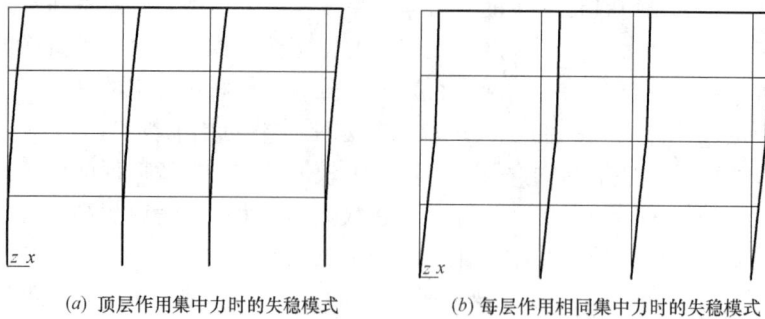

(a) 顶层作用集中力时的失稳模式　　　　　　(b) 每层作用相同集中力时的失稳模式

图 6.8　框架的屈曲模式随加载方式的变化

（1）对于关键层，不考虑上下层对它的约束，偏于安全；

（2）从这个简单的分析还知道，层对层的约束，对同一层的每个柱子而言，获得的好处（临界力的增加）或贡献出来的刚度（临界荷载的减小）具有相同的比例。这成为第 7 章我们寻找简单的考虑层与层相互支援的方法的一个重要线索。

按照线性分析计算层抗侧刚度的方法，求得的结果与施加水平力的方式有关。如果在每一层都施加单位水平力，每层剪力不同，会影响反弯点的位置。对于上面的例题，这样求得的各层的抗侧刚度分别为 29150，22423，21311 和 16263。与仅在顶层作用单位水平力的线性分析获得的结果相比（表 6.9），可见顶层刚度下降，而底层刚度增加。线性分析能够在某种意义上包含了层与层的相互作用，但是线性分析获得的位移模式和屈曲分析获得的位移模式是不同的，采用线性分析方法来考虑层与层之间的相互作用并不能精确反应稳定问题中层与层的相互作用（见 6.9 节）。

下面再分析一个例子，它是上面例子加以变化得到的，以考察一些极端情况下上面的结论的适用性。

四层三跨框架，底层边柱改为 H700×350×8/12（$I=1.2001×10^9$ mm^4），中柱 H600×300×6/10（$I=0.6198×10^9$ mm^4），二层至四层：边柱为 H600×300×6/10，中柱为 H400×300×8/12（$I=0.3065×10^9$ mm^4）；楼层梁为 H600×240×8/12（$I=0.6253×10^9$ mm^4）；屋顶梁与柱铰接，截面为 H440×240×6/10（$A=7320$ mm^2）；柱脚固定；跨度为 8+6+8=22m，高为 4.5+4+4+4=16.5m。表 6.11 为根据计算长度系数和各柱子的抗侧刚度的估算值 P_{cr}/h。表 6.12 是根据计算长度系数法得到的层抗侧刚度和经过框架矩阵位移法在三种施加单位水平力的方法得到的层间位移计算的层抗侧刚度的比较。三种水平力施加方式得到的层抗侧刚度不相同，这是因为层与层的相互影响。例如仅底层施加侧向力，上部楼层也会产生层间侧移，这会使上部楼层的抗侧刚度计算值下降。

各层刚度变化大的框架柱临界荷载　　　　　　　　　　　表 6.11

		K_1	K_2	π/μ	h(mm)	$I_c(10^9$ mm$^4)$	α	P_{cr}(N)	P_{cr}/h
边柱	一层	0.18538	∞	2.0649	4500	1.2001	1.1628	52056210	11568
	二层	0.25222	0.18538	1.4566	4000	0.6198	1.0076	16930852	4233
	三层	0.25222	0.25222	1.5481	4000	0.6198	1.0085	19125203	4781
	四层	0	0.25222	0.9910	4000	0.6198	1.0242	7837050	1959

续表

		K_1	K_2	π/μ	$h(\text{mm})$	$I_c(10^9\text{mm}^4)$	α	$P_{cr}(\text{N})$	P_{cr}/h
中柱	一层	0.85081	∞	2.6610	4500	0.6198	1.1363	44646555	9921
	二层	1.19008	0.85081	2.3828	4000	0.3065	1.0563	22406967	5602
	三层	1.19008	1.19008	2.4744	4000	0.3065	1.0650	24162598	6041
	四层	0	1.19008	1.3799	4000	0.3065	1.1094	7513908	1878

由表 6.12 可见，虽然这个例子比较特殊，底层比二层刚度大了近一倍，而顶层刚度比下层又小一半，层与层相互作用非常明显，上面给出的计算长度系数的物理意义在工程应用的精度范围内近似成立。其中水平力产生的层剪力与临界荷载计算的层刚度成比例的话，两者最为接近。

第七章提出一个简单的考虑层与层之间相互支援的方法，它克服了目前计算长度法不能考虑层与层相互作用的缺点，并且计算简单，具有推广应用的价值。

两种方法抗侧刚度对比 表 6.12

	边柱节点转角(rad)(×10⁻⁹)	中柱节点转角(rad)(×10⁻⁹)	$S=1/\delta$ (仅顶层加)	$\sum\dfrac{\alpha P_{cr}}{h}$	比值	$S=1/\delta$ (每层加相同侧向力)	比值	$S=1/\delta$ (层剪力与层临界力同比例)	比值
一层	−7.622	−4.262	40449	49449	0.818	44768.8	0.905	49323	0.997
二层	−9.768	−5.350	22917	20365	1.125	23867.7	1.172	19788	0.972
三层	−15.13	−6.275	18230	22511	0.810	19367.8	0.860	22000	0.977
四层	−31.79	−35.94	9562	8180	1.169	7946.98	0.972	7225.1	0.883

6.9 梁柱半刚性连接的影响

如果梁柱半刚性，则梁和柱子不再能够保持直角，相当于梁 A'，B' 和柱子 A，B 之间插入一个转动弹簧，设弹簧的转动刚度为 K_z（在实际结构中 K_z 是节点弯矩达到与之相连的梁的塑性极限弯矩的 2/3 时的割线刚度）。

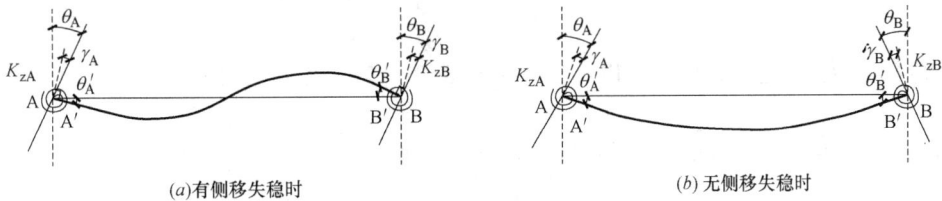

(a)有侧移失稳时　　　　　　　　　(b)无侧移失稳时

图 6.9　梁柱半刚性连接的影响

有侧移失稳时(图 6.9a)，设柱端产生转角 θ_A，θ_B，如果梁柱完全刚性连接，则梁端转角和柱端转角相同。但是这里有半刚性连接，梁端转角 θ'_A，θ'_B 没有这么大，设转动弹簧的转角为 γ_A，γ_B，则存在如下的关系

$$\theta_A = \theta'_A + \gamma_A, \quad \theta_B = \theta'_B + \gamma_B \qquad (6.30a, b)$$

在框架有侧移失稳的情况下，梁端的弯矩为

$$M_{A'B'} = 4i_b\theta'_A + 2i_b\theta'_B, \quad M_{B'A'} = 2i_b\theta'_A + 4i_b\theta'_B$$

即

$$\theta'_A = \frac{1}{6i_b}(2M_{A'B'} - M_{B'A'}), \quad \theta'_B = \frac{1}{6i_b}(2M_{B'A'} - M_{A'B'})$$

半刚性节点的转角是 $\gamma_A = \dfrac{M_{A'B'}}{K_{ZA}}$，$\gamma_B = \dfrac{M_{B'A'}}{K_{ZB}}$，因此

$$\frac{1}{6i_b}(2M_{A'B'} - M_{B'A'}) + \frac{1}{K_{ZA}}M_{A'B'} = \theta_A$$

$$\frac{1}{6i_b}(2M_{B'A'} - M_{A'B'}) + \frac{1}{K_{ZB}}M_{B'A'} = \theta_B$$

记　$r_A = \dfrac{6i_b}{K_{zA}}$，$r_B = \dfrac{6i_b}{K_{zB}}$，则

$$(2+r_A)M_{A'B'} - M_{B'A'} = 6i_b\theta_A$$

$$-M_{A'B'} + (2+r_B)M_{B'A'} = 6i_b\theta_B$$

这样得到节点半刚性情况下，梁的弯矩—转角方程：

$$M_{AB} = \frac{6i_b}{(2+r_A)(2+r_B)-1}\left[(2+r_B)\theta_A + \theta_B\right] \tag{6.31a}$$

$$M_{BA} = \frac{6i_b}{(2+r_A)(2+r_B)-1}\left[(2+r_A)\theta_B + \theta_A\right] \tag{6.31b}$$

在屈曲问题中，我们一般假设 $\theta_B = \theta_A$，因此

$$M_{AB} = \frac{3+r_B}{(2+r_A)(2+r_B)-1}6i_b\theta_A = 6i'_b\theta_A = 6\alpha_A i_b\theta_A \tag{6.32a}$$

$$M_{BA} = \frac{6i_b(3+r_A)}{(2+r_A)(2+r_B)-1}\theta_B = 6i''_b\theta_B = 6\alpha_B i_b\theta_B \tag{6.32b}$$

即因为节点的半刚性，梁对柱子的约束可以通过对梁的线刚度进行折减来考虑，折减系数
分别是

$$\alpha_A = \frac{3+r_B}{(2+r_A)(2+r_B)-1}, \quad \alpha_B = \frac{3+r_A}{(2+r_A)(2+r_B)-1} \tag{6.33a, b}$$

在两个弹簧刚度相等时

$$\alpha_A = \alpha_B = \frac{1}{1+r} \tag{6.34}$$

即通过对梁线刚度进行拆减就可以考虑半刚性连接对框架有侧移失稳（即计算长度系数）的
影响。

如果框架发生无侧移失稳，如图 6.9b 所示，则 $\theta_B = -\theta_A$，代入 (6.31a, b) 式得到

$$M_{AB} = \frac{6i_b(1+r_B)}{(2+r_A)(2+r_B)-1}\theta_A = 2\alpha_A i_b\theta_A \tag{6.35a}$$

$$M_{BA} = \frac{6i_b(1+r_A)}{(2+r_A)(2+r_B)-1}\theta_B = 2\alpha_B i_b\theta_B \tag{6.35b}$$

$$\alpha_A = \frac{3(1+r_B)}{(2+r_A)(2+r_B)-1}, \quad \alpha_B = \frac{3(1+r_A)}{(2+r_A)(2+r_B)-1} \tag{6.36a, b}$$

在两个弹簧刚度相等时

$$\alpha_{A} = \alpha_{B} = \frac{3}{3+r} \tag{6.37}$$

对于半刚性连接节点的应用，关键在于 K_z 如何确定，影响 K_z 的因素很多，而且存在顺时针转动和逆时针转动时转动刚度不一样的可能性，对于梁柱采用端板螺栓连接的节点，现在已经有转动刚度计算公式，但是转动刚度受到梁内拉应力的影响。

半刚性连接节点的优点是：（1）一般的刚架，梁端弯矩大于跨中弯矩，采用半刚性连接节点，梁端弯矩就可以向跨中分布了，使得梁端弯矩和跨中弯矩接近，减小梁的截面；（2）目前的震害调查表明，半刚性连接节点很少在地震作用下破坏的；（3）半刚性连接节点在现场一般采用螺栓连接，安装速度快。

半刚性连接节点的缺点是：降低框架的抗侧刚度，因此目前主要应用于双重抗侧力结构中水平力主要由支撑体系承担的结构。

6.10　单跨两层框架的稳定性：纯框架无侧移失稳控制的情况

通常认为纯框架的失稳是有侧移失稳，无侧移失稳是高阶的失稳波形，不会控制框架的稳定性设计。但是单跨二层框架可能有所不同，因为根据第一节介绍，框架的屋面梁会因为下面较大的楼面荷载的作用而出现较大的轴压力。另一方面，钢结构屋面由于采用了彩色压型钢板和玻璃纤维保温棉等的构造，荷载很小，为满足规范的设计要求而选择的屋面梁通常也很小。因此抵抗轴压力而不失稳的能力小。对这种结构，我们必须进行单独的分析。

图 6.10，屋面坡度 1：10，二层竖向荷载设计值为 70kN/m，屋面荷载设计值为 7kN/m，$L=15$m，层高为 $h_1=h_2=6$m。由竖向荷载设计得到的梁柱截面如图 6.10 所示，斜梁轴力图也在图中示出。

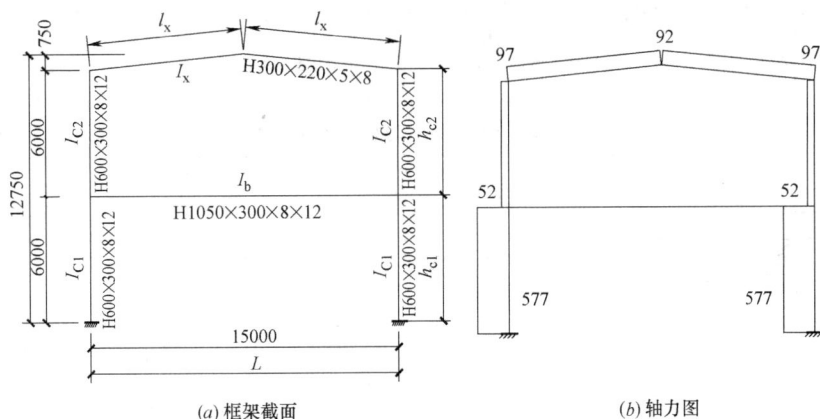

(a) 框架截面　　　　　　　　　　　(b) 轴力图

图 6.10　单跨二层框架

如果按照钢结构设计规范 GB 50017—2003 关于有侧移失稳的规定来确定计算长度系数，则

一层柱子：$K_1=0.732$，$K_2=\infty$，$\mu_1=1.22$；

二层柱子：$K_1 = 0.046$，$K_2 = 0.732$，$\mu_2 = 2.21$。

其中在斜梁线刚度的计算中取斜长之和进行计算。由于上述计算长度系数是在斜梁轴力为零的情况下得到的，斜梁的计算长度系数无法求出（为∞），隐含着无需计算斜梁平面内稳定性的意思。

为了进一步了解斜梁内轴力对框架稳定性的影响，并得到斜梁的计算长度系数，对图 6.10 的框架在所示的各个构件轴力比的情况下采用位移法进行稳定性分析，发现这个结构的第一失稳波形为对称失稳，而不是第 6.2 节的那样为有侧移失稳。计算结果为：一层柱子 $\mu_1 = 1.459$，二层柱子 $\mu_2 = 4.66$；斜梁的计算长度系数 $\mu_x = 0.953$（这个计算长度系数是对单坡斜长 l_x 而言的）。

因此有必要对这种结构进行比较系统的分析，见文献 [7]。分析发现，对这种结构，由下面三个参数决定其稳定性：

$$K_1 = \frac{I_x / l_x}{I_{c1} / h_{c1}}, \eta_1 = \sqrt{\frac{N_x l_x}{N_{c1} h_{c1}}}, \eta_2 = \frac{h_{c2}}{h_{c1}} \sqrt{\frac{N_{c2}}{N_{c1}}}$$

变化上面三个参数对框架进行稳定分析，求出斜梁和柱子的计算长度系数见表 6.13。表中斜体字部分由对称失稳控制，对称失稳时计算长度系数小于 1.0。由表可见，绝大多数是反对称失稳控制，少数由对称失稳控制，而两层轻钢框架属于这个少数范围。对称失稳发生在 K_1 小（斜梁线刚度小），η_1 较大（斜梁轴力大、斜梁长度大）的情况。对前面的例子，$K_1 = 0.1$，$\eta_1 = 0.45$，$\eta_2 = 0.3$，正好是对称失稳的范围。

即使是反对称失稳，求得的计算长度系数也与规范给出的有侧移失稳计算长度系数表相差甚远。这是因为，上下两层柱子截面相同时（设计经常采用这种上下柱截面相同的做法，一是制作方便，二是使得上段柱子分配到与下柱基本相同的弯矩，减小下柱的截面），上柱轴力小，失稳倾向小，对下柱以及对斜梁都提供了约束。结果是，自身的计算长度系数增加，斜梁的计算长度系数减小（上面的例子从∞减小到 0.953）。

对表 6.13 的数据进行了计算公式拟合，结果为：

$$\mu_x = \frac{a + bK_1}{1 + cK_1} (0.9775 + 0.075 \eta_2) \tag{6.38}$$

单跨二层框架斜梁的计算长度系数　　　　　　　　　　　　　　表 6.13

η_2	K_1	η_1									
		0.05	0.1	0.15	0.2	0.25	0.3	0.4	0.5	0.6	0.7
0.1	0.1	7.045	3.523	2.349	1.763	1.411	1.176	*0.903*	*0.901*	*0.900*	*0.900*
	0.2	9.944	4.972	3.315	2.487	1.990	1.659	1.246	*0.999*	*0.933*	*0.932*
	0.3	12.16	6.081	4.055	3.041	2.433	2.208	1.522	1.220	1.020	*0.955*
	0.4	14.03	7.014	4.676	3.507	2.806	2.339	1.755	1.405	1.173	1.009
	0.6	17.15	8.577	5.718	4.289	3.431	2.859	2.145	1.717	1.432	1.229
	0.9	20.98	10.49	6.993	5.245	4.197	3.498	2.623	2.099	1.750	1.501
0.3	0.1	7.139	3.565	2.378	1.784	1.429	1.192	*0.912*	*0.907*	*0.904*	*0.903*
	0.2	10.04	5.019	3.348	2.511	2.010	1.676	1.260	1.014	*0.937*	*0.935*
	0.3	12.26	6.130	4.087	3.066	2.454	2.046	1.536	1.233	1.034	*0.959*

η_2	K_1	η_1									
		0.05	0.1	0.15	0.2	0.25	0.3	0.4	0.5	0.6	0.7
0.3	0.4	14.13	7.065	4.710	3.533	2.827	2.357	1.769	1.417	1.185	1.023
	0.6	17.26	8.628	5.753	4.315	3.452	2.878	2.159	1.729	1.442	1.239
	0.9	21.09	10.54	7.030	5.272	4.218	3.515	2.637	2.111	1.760	1.510
0.5	0.1	7.635	3.822	2.554	1.921	1.544	1.296	1.000	*0.918*	*0.912*	*0.908*
	0.2	10.53	5.267	3.516	2.641	2.119	1.772	1.344	1.100	*0.913*	*0.941*
	0.3	12.71	6.357	4.241	3.184	2.551	2.130	1.607	1.301	1.109	*0.994*
	0.4	14.55	7.274	4.851	3.641	2.916	2.433	1.831	1.475	1.244	1.092
	0.6	17.63	8.818	5.880	4.411	3.531	2.944	2.211	1.774	1.485	1.283
	0.9	21.44	10.72	7.147	5.361	4.290	3.576	2.683	2.149	1.794	1.542

当 $\eta_1 < 0.4$ 时

$$a = \frac{97.617 + 28.2\eta_1}{509.1\eta_1 - 1}, b = \frac{2306.88 - 276.5\eta_1}{1 + 1224.2\eta_1}, c = 0.851 - 0.013\eta_1$$

当 $\eta_1 \geqslant 0.4$ 时

$$a = \frac{1.96 - 6.9\eta_1}{1 - 6.21\eta_1}, b = \frac{66.28\eta_1 - 44.66}{1 - 13.31\eta_1}, c = 2.497 - 4.21\eta_1$$

求得 μ_x 后由下式得到柱子的计算长度系数

$$\mu_{c1} = \mu_x \frac{l_x}{h_{c1}} \sqrt{\frac{N_x/I_x}{N_{c1}/I_{c1}}}, \mu_{c2} = \mu_x \frac{l_x}{h_{c2}} \sqrt{\frac{N_x/I_x}{N_{c2}/I_{c2}}} \tag{6.39}$$

对于斜梁为变截面的情况，还需要单独进行研究，得到与斜梁等效的等截面梁的惯性矩。但是可以偏安全地取一个中间偏小的截面进行计算。

6.11 一个四层八跨钢框架的弹性稳定分析

本节对一个按照计算长度系数法设计的、位于七度二组地震区的多层厂房框架进行弹性屈曲分析。该结构平面是长 80m×宽 72m，柱网为纵向 8m×跨度 9m，顶层抽柱形成跨度为 80m×18m 无柱空间，二层楼面活荷载为 $10kN/m^2$，三层四层是 $8kN/m^2$，采用轻钢屋面。图 6.11 所示的八跨四层框架，其截面尺寸在表 6.14 中给出。

<table>
<tr><td colspan="5" align="center">梁柱截面</td><td align="right">表 6.14</td></tr>
</table>

柱	截面	层高	$I_x(mm^4)$	梁		截面	跨度	$I_x(mm^4)$
一层柱	H540×360×14/20	5.4m	1119753333	一层梁		H650×300×12/18	9m	1310211944
二层柱	H540×320×14/20	5.4m	1011540000	二层梁		H650×300×12/16	9m	1200928232
三层柱	H540×320×12/16	5.4	856078944	三层梁		H650×300×12/16	9m	1200928232
四层边柱	H540×320×12/16	4.8	856078944	四层	1	H700-400×180×6×10	6m	585736000
四层中柱 1	H400×240×8/12	5.65	252290730.7		2	H400×180×6×10	6m	164356000
四层中柱 2	H400×240×8/12	6.5	252290730.7		3	H400-700×180×6×10	6m	585736000

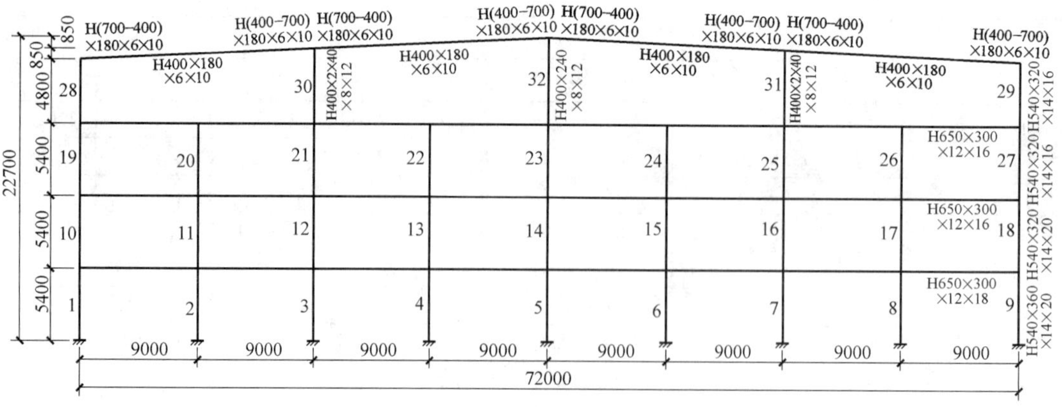

图 6.11　算例框架

分别采用传统的计算长度系数法和有限元线性分析方法对该框架进行分析。其中变截面梁对第四层柱子提供的转动约束 K_z 的计算公式见第 11 章的计算公式。K_z 的结果见表 6.15。

变截面梁对柱子的转动约束　　　　　　　　　　　　　　　　　　　　表 6.15

R_1	$K_{11,1}$(Nmm)	$K_{12,1}$(Nmm)	$K_{22,1}$(Nmm)	$3i_{b2}$(Nmm)	K_z(Nmm)
0.2806	46738113553	−68903494820	24383160993	33820133853	25698264450

（1）采用传统的计算长度系数法时，首先根据梁和柱的线刚度求得梁柱线刚度比 K_1 和 K_2（4 层柱上端：边柱 $K_2 = K_z/6i_c$，中柱 $K_z = 2K_z/6i_c$）由式（6.11）得到该框架柱的计算长度系数 μ，依据欧拉公式可以求得框架柱的临界荷载 P_{cr}，进而可以由（6.13）式求得其层抗侧刚度。具体求解过程见表 6.16 所示。

框架柱临界荷载　　　　　　　　　　　　　　　　　　　　表 6.16

	K_1	K_2	μ	数量	α	P_{cr}(N)	$\alpha P_{cr}/h$	P(kN)	μ_i'
1 层边柱	∞	0.369	1.340	2	1.142	43457800.2	9188.1	2070.19	1.708
2 层边柱	0.369	0.386	1.754	2	1.016	22922090.4	4313.7	1353.5	2.093
3 层边柱	0.386	0.396	1.733	2	1.017	19863209.6	3741.2	723.21	1.868
4 层边柱	0.396	0.117	2.135	2	1.021	16566479.5	3522.8	97.7	3.262
1 层中柱 1	∞	0.738	1.208	4	1.135	53502988.6	11247.6	4118.35	1.211
2 层中柱 1	0.738	0.772	1.431	4	1.040	34460729.4	6636.7	2602.44	1.510
3 层中柱 1	0.772	1.683	1.315	4	1.066	34533141.3	6816.9	1304.31	1.391
4 层中柱 1	抽柱			0		0			
1 层中柱 2	∞	0.738	1.208	2	1.135	53502988.6	11247.6	4222.83	1.196
2 层中柱 2	0.738	0.772	1.431	2	1.040	34460729.4	6636.7	2743.7	1.470
3 层中柱 2	0.772	1.313	1.343	2	1.057	33110704.7	6480.8	1464.89	1.312
4 层中柱 2	1.313	0.931	1.313	2	1.061	9326407.1	1750.6	189.23	1.081
1 层中柱 3	∞	0.738	1.208	1	1.135	53502988.6	11247.6	4212.23	1.197

	K_1	K_2	μ	数量	α	$P_{cr}(N)$	$\alpha P_{cr}/h$	$P(kN)$	μ_i'
2层中柱3	0.738	0.772	1.431	1	1.040	34460729.4	6636.7	2730.69	1.474
3层中柱3	0.772	1.352	1.339	1	1.058	33287270	6521.7	1452.04	1.318
4层中柱3	1.352	1.071	1.289	1	1.065	7307052.1	1197.0	175.78	0.975

（2）采用有限元进行线性分析时，需在框架的顶层施加单位水平力，经过矩阵位移法的运算可以得到框架各层的层间位移，从而求得层抗侧刚度。计算层抗侧刚度时，对于高度大于宽度的框架，为了消除整体弯曲变形的影响，在顶部施加水平力的同时，还要在左柱和右柱上分别施加向上和向下的力，以抵消水平力产生的弯矩。框架上荷载施加方式2如图6.12所示。因为楼层抗侧刚度的计算结果与荷载施加方式有关，下面计算了四种水平力的施加方式，求得的各楼层的抗侧刚度见表6.17，表中给出了按照传统的临界荷载计算的抗侧刚度。

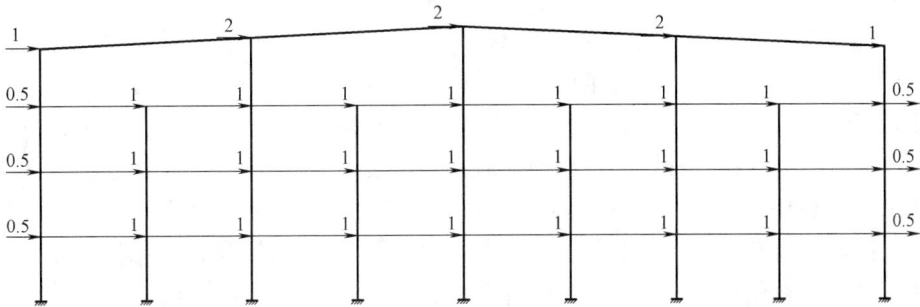

图 6.12　加载方式2

不同加载方式下抗侧刚度的比值　　　　　　　　　　　　　表 6.17

		一层	二层	三层	四层	备注
计算长度系数法	$\sum \alpha_i P_{cri}/h$	97109.2	55084.2	54233.3	11743.9	由传统临界荷载计算
	比值	1	0.567	0.558	0.121	
方式1	水平力	0	0	0	1	仅顶层加
	层剪力比	1	1	1	1	
	层抗侧刚度	90090.1	57803.5	45871.6	13774.1	
	比值	1.078	0.953	1.182	0.853	
方式2	水平力	1	1	1	1	沿高度均布
	剪力比	1	0.75	0.5	0.25	
	层抗侧刚度	96999.1	58838.0	47775.5	12755.1	
	比值	1.00113	0.9362	1.13517	0.92072	
方式3	水平力	1	1.728	2.592	0.25	按照地震力沿高度分布
	剪力比	1	0.82	0.51	0.045	
	层抗侧刚度	95581.3	60489.7	52230.7	7722.0	
	比值	1.016	0.911	1.038	1.521	

		一层	二层	三层	四层	备注
方式4	水平力	432	8	440	120	各层剪力比=传统临界荷载计算的抗侧刚度比
	剪力比	1	0.568	0.56	0.12	
	层抗侧刚度	101242.2	53044.0	55648.3	10928.0	
	比值	0.959	1.038	0.975	1.075	

对表 6.17 进行分析：

（1）加载方式 1 是仅在顶层加水平力，各楼层剪力一样，但是下部的楼层刚度远大于顶层，这样下面几层的侧移比较小，第四层楼面作为第四层框架的"柱脚"，更加接近于柱脚固定，因此这样求得的第四层的抗侧刚度比(6.13)式的结果要大。注意(6.13)式是假设上下层没有相互作用的，但是加载方式 1 恰恰是下层对第四层有较大的约束作用。

（2）设想一下，仅在 2，3，4 层的楼面施加水平力，屋顶不施加或施加很小的水平力，此时，下部三层产生侧移，第 4 层的楼面梁产生位移，梁柱节点有转角，带动屋顶产生侧移，此时按照水平力除以侧移计算层抗侧刚度，会发现第四层的抗侧刚度会很小，因为第四层的力很小，位移却因为第四层梁柱节点转动的带动而不小。这说明，在下部楼层施加了水平力的情况下，顶层施加的水平力过小，对顶层会求得过小的抗侧刚度。

加载方式 3 是按照各楼层的恒载与活载的组合设计值，沿高度按照地震力在各楼层上的分配的规律作用水平力。顶部质量小，分配得到的地震力小，按照这个规律施加水平力，顶层的层间位移包含了由底部楼层产生的梁柱节点转角带动的顶层侧移，使得侧移增加，表观的层抗侧刚度减小。这样由临界荷载计算的顶层的抗侧刚度就显得偏大。

（3）加载方式 2 在各楼层施加了相同的侧向力，相对于下部各层的抗侧刚度，顶部施加 1，相对来说仍然偏大，这样在顶部楼层得到的抗侧刚度仍然比（6.13）式的结果略大。类似的，第 2 和第 3 层的抗侧刚度相当，但第 2 层的剪力是 3，第 3 层的剪力是 2，第 2 层相对于第 3 层来说，负担的剪力较大，第二层会得到第 3 层和第 1 层的支援，求得的抗侧刚度较大，(6.13)式与它的比值就相对较小。

（4）水平力施加方式 4：各层施加的荷载使得各层的剪力与(6.13)式求得的抗侧刚度成比例，此时矩阵位移法得到的层抗侧刚度与(6.13)式相比，各层的比值相对比较接近。(6.13)式比矩阵位移法的大，原因在于，矩阵位移法计算结果中，中柱的梁柱节点转角比边柱梁柱节点转角小，中柱抗侧刚度的发挥不如边柱，按照(6.13)式计算结果会偏大。

但是第 4 种加载方式出现第 2 层的抗侧刚度还小于第 3 层的现象，从这个框架的截面尺寸看，这是不应该的。这说明第 1 层的层剪力太大，一层产生的较大的侧移，通过梁柱节点的转角，增大了二层的侧移，从而减小了第二层的表观抗侧刚度。

按照第 4 种加载方式求得的各层的抗侧刚度，代入(6.16c)式计算修正的计算长度系数，其结果由表 6.16 最后一列给出。有两点结论：

（1）边柱的计算长度系数都增加了，这是因为边柱的轴力小一半的缘故；但是中柱的计算长度系数减小不明显，这是因为中柱数量多，边柱的支援作用被分配到了 7 根中柱，每根柱子得到的份额有限，系数变化不明显。二层中柱还出现了计算长度系数反而有所增加，这是因为抗侧刚度计算方法（水平荷载施加的比例）导致二层的抗侧刚度比较小的缘故。

（2）四层最中间的柱子，计算长度系数减小到了 1.0 以下，显示其发生无侧移屈曲的可能。

表 6.18 给出了按照传统的计算方法得到的框架各层的总的临界荷载，框架在 1.2D+1.4L 组合下各层的总的轴力，以及两者的比值。从表看出，第二层似乎是最薄弱层，而第 1 层也几乎同时屈曲，接近于薄弱层，在整体屈曲分析中，三层将给二层提供支持而使第 1 层成为最薄弱的层，四层是最不易发生侧移失稳的，四层对三层提供支持。因此在考虑层与层的相互作用后，初步判断各层发生屈曲的次序是 1，2，3，4。

各层发生失稳的倾向不同，就会发生层与层的相互作用。既考虑同层各柱之间的相互作用，又考虑层与层之间的相互作用，一个自然的想法是做整体屈曲分析。为此需要知道框架的轴力图。表 6.16 给出了各柱的轴力。

判断弹性稳定薄弱层   表 6.18

	1 层	2 层	3 层	4 层	屋面梁轴力
$\sum P_{cr,j}$	461436.5	287069.3	277367.7	51129.599	3574
$\sum P_j$	33150	21274	11012	749.6	127（平均）
比值 $\sum P_{cr,j}/\sum P_j$	13.92	13.49	25.19	37.19（79.06）	28.0
按需分配 $\sum P'_{cr,j}$	452904.6	306154.4	246387.1	25382.1	
$\sum P'_{cr,j}/\sum P_j$	13.66	14.39	22.37	33.86	
层层相互作用 $\sum P''_{cr,j}$	475058	304878	271998.7	15974.3	
$\sum P''_{cr,j}/\sum P_j$	14.33	14.33	24.70	24.70	

需要专门说明的是梁内的轴力，屋顶梁跨度大截面小，在恒活组合下的轴力达到：边跨 133.4～124.6kN（中间 129kN），中间跨 128.8～120kN（平均 124.4kN），如果按最小截面 H400×180×6/10，按照计算长度是 18m 计算，$P_{Emin}=1031.4$kN，与轴力的比值是 8.12，因此屋面梁也存在较早发生屈曲的可能。

对框架整体进行屈曲分析，对恒活组合下的轴力作为 1 个单位，乘以荷载因子 χ，使得轴力增大直到框架发生屈曲，此时的荷载因子称为临界荷载因子，记为 χ_{cr}。

采用 SAP2000 计算的框架屈曲波形与临界荷载因子在图 6.13 给出，下面给出点评：

（1）第 1 屈曲模态的屈曲因子是 14.634，与表 6.18 给出的最薄弱层的结果一致，第 1 屈曲模态层间侧移角是第一层的略大一些，说明第一层最薄弱，第二层因为第三层对其约束，临界荷载略有增加，成为第二薄弱层，但是其临界荷载因子与底层相差很小，一，二层可以同时看成是薄弱层。

在这个模态中，注意到第三层和四层的侧移角很小，他们产生的位移是因为第一第二层屈曲发生侧移而产生的随动为主，不是自身屈曲产生的位移。因此这个临界荷载因子对于第三层和第四层没有意义。

（2）第 2 屈曲模态是第二层层间侧移最大，但是此时第一层的侧移方向与第二层相反，导致二层梁仿佛对二层和一层的柱子提供了倾向于"固定"的约束，因而对二层没有实际意义。这个模态表示，一层和二层之间的第二阶屈曲模态的临界荷载，比第三第四层屈曲的临界荷载小，因此首先出现。因此从这个屈曲模态猜测，第三层的屈曲荷载因子大于 21.55。

（3）第三屈曲模态是屋面梁的屈曲，屈曲因子是 27.85577，是有意义的。

将顶层的柱子看成是远端固定的对屋顶梁提供约束的梁，然后考虑柱内轴力的影响，乘以 0.95 系数对柱子提供的转动刚度进行折减，则本算例的屋面梁计算长度系数 μ_{roof} 为

0.568，变截面梁等效为等截面梁的等效惯性矩是 $I_{\text{beq}} = 1.118 I_{\text{bmin}}$（第 15.6 节），屋顶梁的临界荷载是 3574kN，是轴力 127kN 的 28 倍，与第 3 屈曲模态的临界荷载因子基本相等。

（4）第四模态以第三层侧移为主，四层的侧移也很大。那么这个屈曲模态对三层有意义吗？注意二层的侧移方向是与三层相反的，因此导致三层梁对第三层的柱子提供了近乎"固定"的约束，因而不能真实反映第三层的屈曲，但是可以说第三层的临界荷载因子必定小于 34.37。

（5）随后有二个屋面梁的高阶屈曲模态，接下去的模态是图 6.13f 所示，看上去是第四层的屈曲，但是同样因为第三层的屈曲方向是相反的，导致这个模态的临界荷载因子 45.356 对第四层偏高。

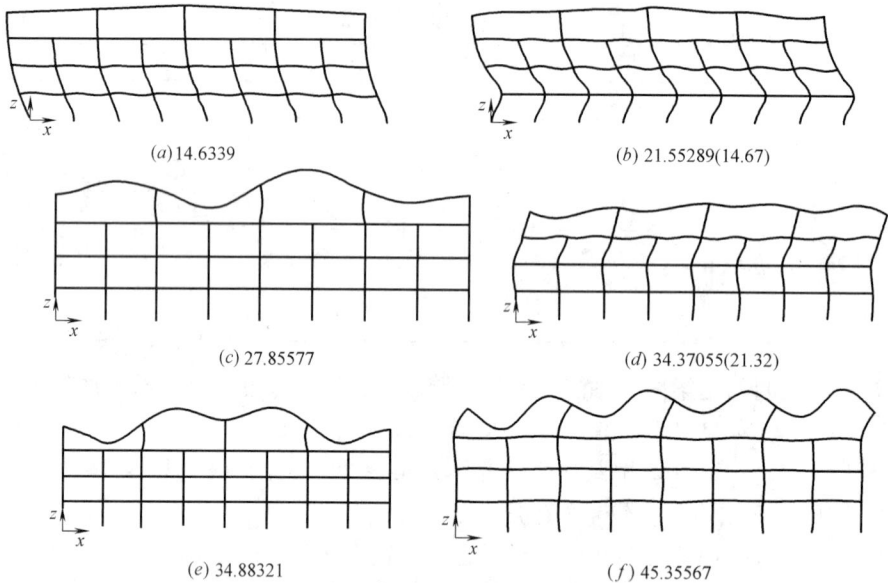

(a) 14.6339　　(b) 21.55289(14.67)

(c) 27.85577　　(d) 34.37055(21.32)

(e) 34.88321　　(f) 45.35567

图 6.13　框架的屈曲模态及其临界荷载因子

通过上面对整体屈曲分析结果的解读，发现第三层和第四层的临界荷载因子只知道范围，无法确定比较精确的数值。那么应该如何确定第三层和第四层的临界荷载因子？

先分析第四层。第四层柱发生有侧移失稳时柱顶的约束的估算：

屋面梁各跨单波屈曲临界荷载因子是 27.85，第四层有侧移屈曲不会超过 45.356，因此第四层屈曲时，屋面梁内的轴力按照屈曲因子 $0.5(27.85 + 45.36) = 36.60$ 计算，屋面梁对柱子的约束考虑轴力影响的折减系数是 $1 - \dfrac{\chi P}{4 P_{\text{E1}}} = 1 - \dfrac{36.60 \times 127}{4 \times 1153.1} = 0.018$ 倍 $\left(P_{\text{E1}} = \dfrac{\pi^2 EI_{\text{beq}}}{L^2} \right)$，按照这个结果，屋面梁对第四层柱子的约束基本上消失了。按照这个计算第四层的临界荷载因子是 37.19（列在表 6.18），仍然比三层大，这样第四层对第三层提供支持，可能第四层楼层梁对柱子的转动约束绝大全部被分配给了第三层的柱子。

作为一个上限，将第四层单独取出，并且使得屋面梁内的轴力基本上与整体模型中的相等，经 SAP2000 分析得到柱脚固支时的临界荷载因子是 47.65（此时屋面梁提供的约束已经下降到原来的 $1 - \dfrac{47.65 \times 127}{4 \times 1153.1} = -0.306$，已经是柱子对屋面梁提供约束）。因此是可以确定，因为屋面梁内轴力的影响，表 6.18 中的临界荷载因子 79.06，是按照传统的方法得到的，未考虑横梁内轴力的影响，对于第 4 层误差很大，不具有实用价值。

第 4 层梁的约束刚度按照如下的公式分配给第四层的柱子：

$$\frac{(\sum P_j)_4/(\sum P_{crj})_4}{(\sum P_j)_3/(\sum P_{crj})_3+(\sum P_j)_4/(\sum P_{crj})_4} \tag{6.40}$$

这种分配方式称为按需分配，哪一层柱子最薄弱，分配得到的转动约束最多。而屋面梁，考虑到它的屈曲先于第四层，认为第四层柱子的柱顶得到的转动约束为 0，即 $K_2=0$。按照按需分配得到的各层的临界荷载也在表 6.18 中列出，被记为 $\sum P'_{crj}$。可以得到第四层的屈曲因子是 33.86，减小了，第三层也减小了，唯一略有增加的是第二层。

按照第 7 章的二层和三层模型得到的临界荷载与框架层压力的比值也在表 6.18 给出。层模型反应的是"局部整体"的失稳，以避免出现图 6.13d，f 中的失稳模型无法应用于顶部两层的情况，是最好的计算框架柱临界荷载的方法，它避免了整体屈曲对非薄弱层不能应用，又能够比较准确地反映层与层相互作用对计算长度系数的影响。

上面的分析，得到了如下对工程应用有价值的结论：

（1）分析了采用传统的计算长度系数，求框架层的抗侧刚度的方法，并对求解框架抗侧刚度的有限元线性分析采用的水平力施加方式对结果的影响进行了分析，指出了为求得合理的层抗侧刚度，必须使水平力产生的层剪力与各层的临界荷载计算的层抗侧刚度成比例，这样求得的抗侧刚度才能够应用于式（6.16c）用于确定修正的计算长度系数。

（2）对恒活组合下的这榀框架的屈曲进行了分析，指出了第 1 屈曲波形仅仅是薄弱层的屈曲，对二阶及更高阶屈曲模态的物理意义进行了分析，指出二阶及以上屈曲波形，因过高地反映了梁对柱子的约束而不能在设计中应用。

（3）研究发现，对于多跨多层，在顶层采用抽柱以增加跨度（增加无柱空间）、同时又是轻钢屋面的情况下，有可能屋面梁的弯曲屈曲早于上部楼层的屈曲。因而屋面梁的平面内稳定可能成为一个需要验算的内容，见第 15 章第 6 节。

（4）更有价值的发现是，因为屋面梁内产生的较大的压力，已经使得屋面梁对顶层的柱子无法提供转动约束（$k_z=0$），因此传统的计算长度系数在顶层不适用，设计时需要加以注意。在本算例框架中，第四层柱的计算长度系数从传统的 2.135，1.313，1.289，分别增大到 2.800，2.271，2.264，因此设计时要加以特别注意。

6.12 框架中有摇摆柱时框架柱的弹塑性稳定系数

6.12.1 对摇摆柱提供侧向支持的轴压框架柱的弹塑性稳定

框架中设置摇摆柱后，框架柱采用按照（6.18）式放大了计算长度系数计算长细比、确定框架柱的稳定系数。这种方法的合理性至今没有受到质疑，带摇摆柱的框架柱的稳定性和一个按照（6.18）式的系数放大了长度的柱子的稳定性有什么区别？因为（6.18）式来源于弹性稳定分析，因此对于弹性失稳的框架，这种方法无疑是完全等效的。但是在弹塑性阶段会出现什么情况？我们进行如下的分析。

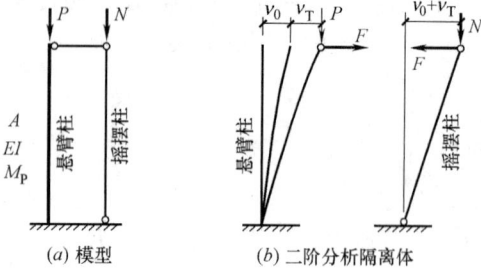

图 6.14　框架柱-摇摆柱模型

我们知道，对于压杆的弹塑性稳定，我们可以采用边缘纤维屈服准则来近似确定其稳定系数，见（4.25）式。在存在摇摆柱的情况下，压杆的稳定系数如何变化？我们可以考察此时的边缘纤维屈服准则。此时压杆的轴力仍然是 P，但是二阶效应弯矩变化了，摇摆柱上的轴力 N 也产生二阶弯矩，这个二阶弯矩也要由框架柱承受（图 6.14b）。另外，由于有了 N，二阶效应增加了，挠度也增加到：

$$(v_{0\mathrm{T}}+v_{\mathrm{T}})=\frac{d_0}{1-(0.822N+P)/P_{\mathrm{E}}} \tag{6.41}$$

记 $\alpha_{\mathrm{N}}=\dfrac{N}{P}$，框架柱的边缘纤维屈服准则为：

$$\frac{P}{A}+\frac{(P+N)d_0}{W_{\mathrm{x}}[1-(1+0.822\alpha_{\mathrm{N}})P/P_{\mathrm{E}}]}=f_{\mathrm{y}} \tag{6.42}$$

上式可以写成

$$(f_{\mathrm{y}}-\sigma)[\sigma_{\mathrm{E}}-\sigma(1+0.822\alpha_{\mathrm{N}})]=\sigma\sigma_{\mathrm{E}}(1+\alpha_{\mathrm{N}})\varepsilon_0$$

即

$$\sigma^2-\sigma\left[\frac{[1+(1+\alpha_{\mathrm{N}})\varepsilon_0]\sigma_{\mathrm{E}}}{(1+0.822\alpha_{\mathrm{N}})}+f_{\mathrm{y}}\right]+\frac{\sigma_{\mathrm{E}}f_{\mathrm{y}}}{(1+0.822\alpha_{\mathrm{N}})}=0$$

定义 $\sigma_{\mathrm{E}}'=\dfrac{\sigma_{\mathrm{E}}}{(1+0.822\alpha_{\mathrm{N}})}$ 是新的欧拉弹性临界应力，它是采用放大了的计算长度系数计算的欧拉临界应力，则

$$\sigma=\frac{1}{2}\left(\sigma_{\mathrm{E}}'[1+(1+\alpha_{\mathrm{N}})\varepsilon_0]+f_{\mathrm{y}}-\sqrt{\{\sigma_{\mathrm{E}}'[1+(1+\alpha_{\mathrm{N}})\varepsilon_0]+f_{\mathrm{y}}\}^2-4\sigma_{\mathrm{E}}'f_{\mathrm{y}}}\right) \tag{6.43}$$

对比（6.43）式和（4.24）式可知，除了采用新的欧拉应力外，缺陷因子也被放大了，而且缺陷的放大倍数不小。考虑到缺陷因子往往和压杆的长度联系，且正比于压杆长度，而此时的欧拉临界应力 σ_{E}' 是采用放大了的长度，因此目前的方法实际上也是采用了放大了的缺陷来计算稳定系数的。但是目前隐含的缺陷放大的程度是否足够？例如 EC3 的柱子曲线 b 的缺陷因子是 $\varepsilon_0=0.339\bar{\lambda}=0.339\dfrac{\lambda}{\pi}\sqrt{E/f_{\mathrm{y}}}$，则（6.42）式中的缺陷因子为

$$(1+\alpha_{\mathrm{N}})\varepsilon_0=0.339\frac{1+\alpha_{\mathrm{N}}}{\sqrt{1+0.822\alpha_{\mathrm{N}}}}\frac{(\sqrt{1+0.822\alpha_{\mathrm{N}}})\lambda}{\pi\sqrt{E/f_{\mathrm{y}}}}=\frac{1+\alpha_{\mathrm{N}}}{\sqrt{1+0.822\alpha_{\mathrm{N}}}}\cdot 0.339\bar{\lambda}'$$

$$\tag{6.44}$$

从上式看，摇摆柱除了使得欧拉临界荷载按照修正后的计算长度系数计算以外，还要将缺陷放大到 $\dfrac{1+\alpha_{\mathrm{N}}}{\sqrt{1+0.822\alpha_{\mathrm{N}}}}$ 倍。如果 $\alpha_{\mathrm{N}}=1.1$，（中间是摇摆柱的两跨门式刚架，中间柱子的轴力要大于两个边柱的轴力之和），则缺陷项变为 $0.516\bar{\lambda}'$。参照 EC3 的规范，这使得柱子曲线从 b 曲线降到比 c 曲线还低（c 曲线的缺陷因子的系数是 0.489）。

我国的钢结构设计规范对压杆的稳定系数值也采取了类似表达式。例如 GB 50017 规范 b 曲线，当 $\bar{\lambda} > 0.215$ 时，稳定系数为：

$$\varphi = \frac{1}{2}\left[1 + \frac{0.965 + 0.3\bar{\lambda}}{\bar{\lambda}^2} - \sqrt{\left[1 + \frac{0.965 + 0.3\bar{\lambda}}{\bar{\lambda}^2}\right]^2 - \frac{4}{\bar{\lambda}^2}}\right] \tag{6.45}$$

相当于采用的缺陷因子是 $\varepsilon_0 = (-0.035 + 0.3\bar{\lambda})$。

残余应力的影响可以采用切线模量理论分析，即

$$P_t + \frac{\pi^2}{12}N = \frac{\pi^2 E I_e}{4L^2}$$

其中 I_e 只受到 P_t 大小的影响。从此式可知，残余应力的影响只需通过对计算长度系数进行放大来考虑。因为存在不同的缺陷，摇摆柱使得框架柱稳定系数降低的程度到底是如何的，要加以更加精确的分析。

6.12.2 有限元分析

下面就这个问题，给出五种框架柱截面，考虑 $N/P = 0$、0.5、1.0、1.5、2.0 五个摇摆柱轴力和框架柱轴力比例，在每一个 N/P 点下，按照 $H = \frac{\lambda i_x}{\mu}$（注：$i_x = \sqrt{I/A}$，$I$ 为截面惯性矩，A 为截面面积，μ 为受压柱计算长度系数）公式，其中放大了以后的长细比依次取为 $\lambda = 10$、20、……150，共 15 个点，调整受压柱的高度，计算该受压柱的实际承载力，进而得到一条柱子曲线，5 个 N/P 点共可得到 5 条柱子曲线。而按照目前规范方法计算的框架柱的承载力与 N/P 无关，这样总共可以获得 6 条柱子曲线。将规范所得柱子曲线和 $N/P = 0$、0.5、1.5 点下 3 条柱子曲线在同一个图中绘出，同样将规范所得柱子曲线和 $N/P = 0$、1.0、2.0 点下 3 条柱子曲线在同一个图中绘出。

取定五个框架柱截面，三个为焊接的双轴对称工字型钢柱，后两个受压柱则为焊接的双轴对称箱型钢柱。如表 6.19。赋予截面初始应力来考虑残余应力，通过施加第一阶失稳模态来模拟初始变形的影响，设置约束使该受压柱仅发生绕强轴 x 轴的平面内侧移和失稳。摇摆柱及连梁采用只承受轴力不考虑二阶效应的杆单元，且刚度很大。受压柱材料取为 Q235 钢，理想弹塑性模型，屈服强度 $f_y = 235\text{MPa}$，弹性模量 $E = 206\text{kN/mm}^2$，泊松比 $\nu = 0.3$。H 截面的残余应力采用三角形分布，峰值 $\sigma_r = 0.7f_y$，箱形截面分布如图 6.15；初始变形曲线为屈曲分析对应的第一阶模态，最大位移 $\delta = L/375$（相当于两端简支时的 $L/750$）。根据计算结果，得到图 6.15 所示的柱子曲线。

结构几何参数　　　　　　　　　　　　　　　　　表 6.19

编号	柱截面(mm)	箱形截面残余应力
J1	H500×500×14×20	
J2	H600×400×14×16	
J3	H600×300×14×16	
J4	Box 400×400×12×12	
J5	Box 600×400×14×16	

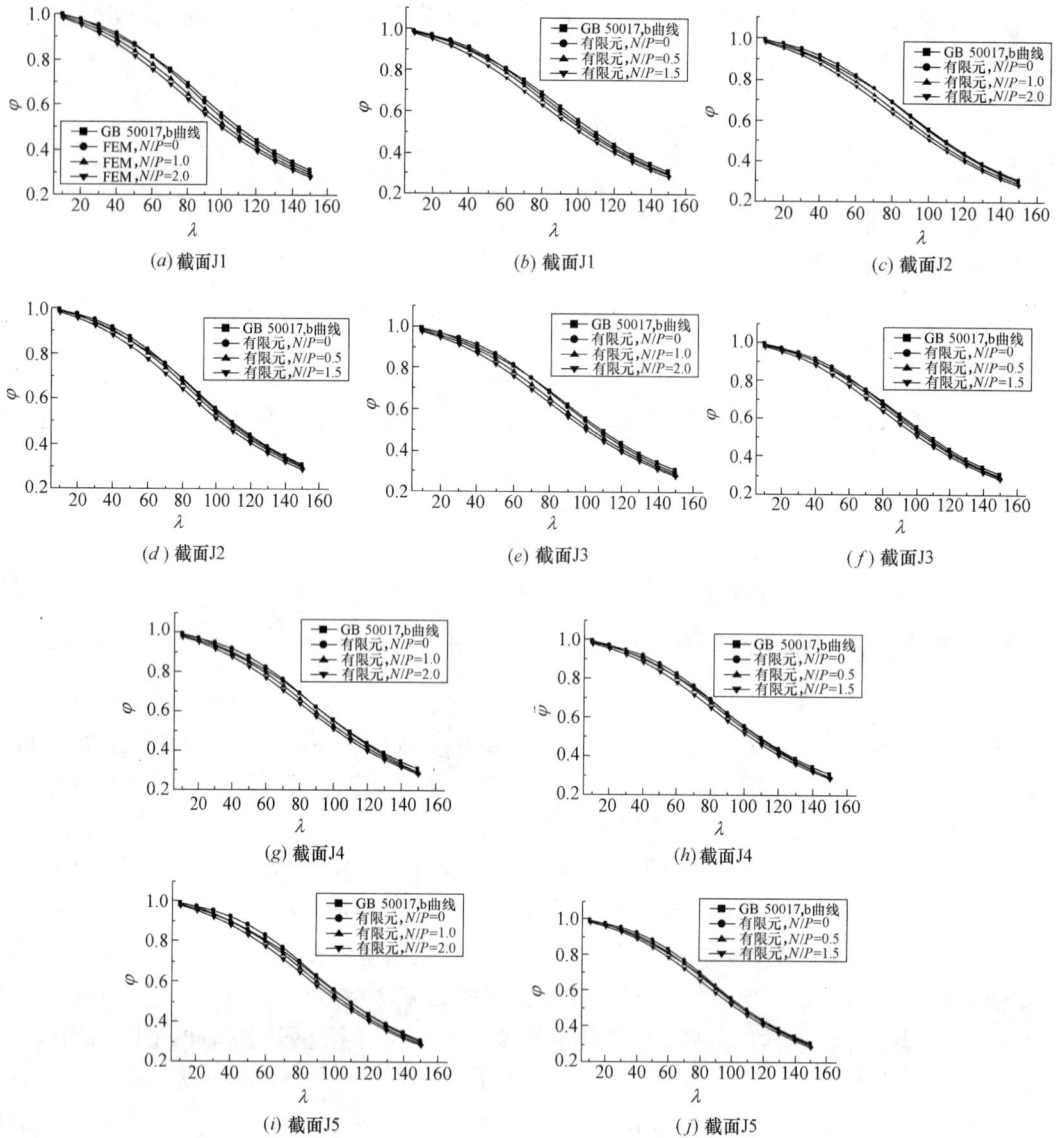

图 6.15　柱子曲线

由以上 5 组截面（J1～J5）柱子曲线比较可以看出，在表 6.19 中所取的残余应力模式及初始变形模式下，目前规范方法得到的框架柱轴压承载力偏大，尤其是 α_N 较大时。对应每一个 $\alpha_N = N/P$ 值，计算框架柱稳定系数的下降幅度，即：

$$下降率_{(\alpha_N)} = \frac{\varphi_{(\alpha_N = 0)} - \varphi_{(\alpha_N)}}{\varphi_{(\alpha_N = 0)}}$$

将每一个 α_N 下 5 组截面（J1～J5）柱子曲线的下降幅度曲线和按照 GB 50017 规范 b 曲线将（6.45）式的 $0.3\bar{\lambda}$ 调整为 $0.3\sqrt{1+0.822\alpha_N}\bar{\lambda}'$ 得到柱子曲线相对于缺陷因子为 $0.3\bar{\lambda}'$ 的柱子曲线的下降幅度曲线绘制成图，见图 6.16。

从图 6.16 可以看出，（1）不同截面柱子的下降幅度接近；（2）对规范 GB 50017 的 b 曲线，如果缺陷因子按照 $\sqrt{1+0.822\alpha_N}$ 继续放大，预测的稳定系数下降幅度太大。这表

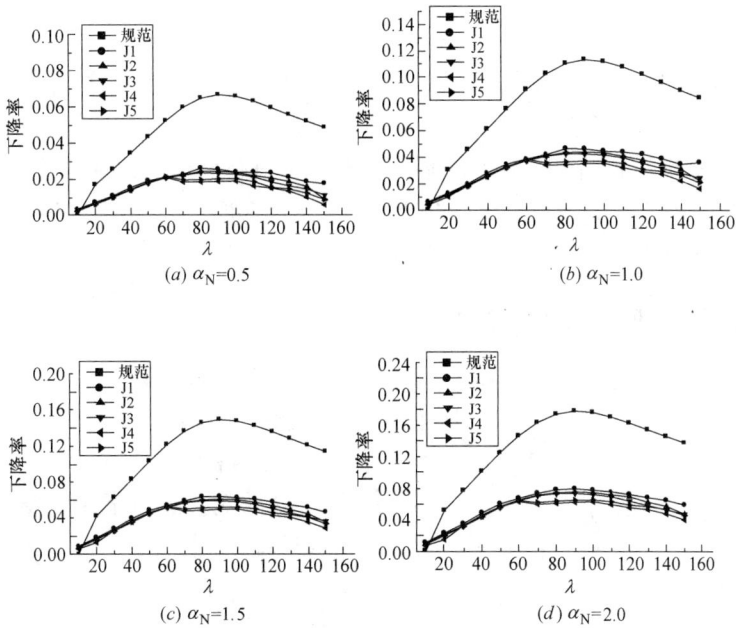

图 6.16 柱子曲线下降幅度比较

明，残余应力对框架柱的不利影响并没有像初始弯曲的不利影响那样被放大。

对 J3 截面分别调整残余应力峰值分别为 $0.7f_y$（相当于焊接），$0.3f_y$（相当于轧制），0（即不考虑残余应力的影响）。得到实际柱子曲线的下降幅度曲线如图 6.17。所有柱子初始变形均为 $\delta=h/375$。图 6.17 表明，残余应力幅值越大，柱子稳定系数下降比例越大。

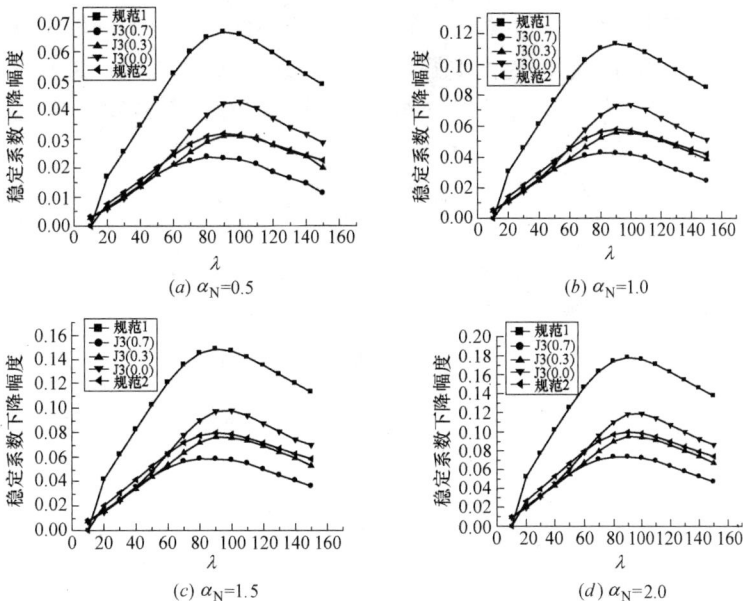

图 6.17 柱子曲线下降幅度与残余应力关系比较

观测图 6.16 和图 6.17，可以我们可以将缺陷放大因子调整为

$$\varepsilon_0' = -0.035 + 0.3\sqrt{1 + 0.5\alpha_N\lambda'} \tag{6.46}$$

利用此更改后的缺陷因子对规范柱子曲线进行修正，可获得新的柱子曲线，在图 6.17 中被标注为"规范 2"的曲线。

从上图可以看出，利用更改后的缺陷因子对规范进行修正后得到的柱子曲线下降幅度与残余应力峰值取 $0.3f_y$ 的实际柱子曲线下降幅度较为吻合。利用更改后的缺陷因子对规范进行修正可以更好地符合实际情况，保证设计安全的同时也更加经济。

6.12.3 总承载力的分析及其结论

根据计算结果我们还注意到，带摇摆柱框架的框架柱，就其自身的承载力来说，是降低了，因为它要对摇摆柱提供支持。但是框架总的承载力是 $(P_u + N_u) = P_u(1 + \alpha_N)$。图

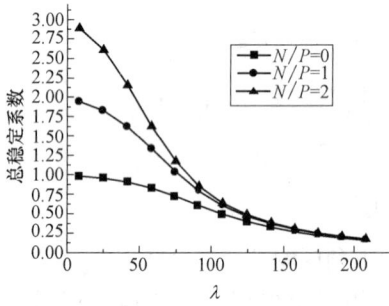

图 6.18 框架总的承载力与框架高度关系曲线

6.18 给出第三组截面（H600×300×14×16）在不同 α_N 下的总承载力除以框架柱截面屈服轴力的比值（总稳定系数），图中横坐标是传统的未经放大的长细比。

由图 6.18 可知，在框架高度较大时，框架总的承载力与框架柱悬臂时（$\alpha_N = 0$）自身承载力接近。但是在高度较小时，总的稳定承载力却比框架柱悬臂时自身承载力要大，且随着框架柱高度的减小，总的承载力逐步接近框架柱悬臂时自身承载力的 $(1 + \alpha_N)$ 倍。

这个现象说明，虽然框架柱要向摇摆柱提供抗侧刚度，但是框架总的承载力可以超出框架柱独自的极限承载力，超出框架柱截面的轴压强度。出现这个现象是因为，对于稳定问题，刚度可以为结构体系提供承载力。框架柱对摇摆柱的侧向支持是采用侧向刚度的形式提供的，而不是以本身的强度提供支持，有点类似于防屈曲压杆。如果按照框架稳定的荷载负刚度理论，摇摆柱上承担轴力 N 时，为阻止摇摆柱的有侧移失稳，对框架柱的附加的抗侧刚度要求是

$$\frac{3(EI)_{req}}{L^2} = N \tag{6.47}$$

即框架柱在抵抗作用于自身的轴力（负刚度）之后，只要有 $(EI)_{req} = NL^2/3$ 这么大的剩余物理刚度，就能够为摇摆柱提供侧向支持了。在压杆本身长度不大时（L 值较小时），这个刚度需求是不大的。这是在长细比较小时以一个柱子的抗侧刚度换取另一个柱子的承载力的极佳的例子。

对图 6.14a 的模型，有

$$1.216\frac{P}{h} + \frac{N}{h} = \frac{3EI}{h^3} = 1.216\frac{P_E}{h}$$

$$\frac{N}{P_E} = \frac{1}{1.216 + \alpha_N}$$

当 $\alpha_N = 1$ 时，上式约为 45%。所以当高度较大时，由于框架柱的抗侧刚度近乎一半被摇

摆柱消耗,这样框架柱自身承载力下降幅度较大,计算长度系数增大;而当高度小时,框架柱的弹性抗侧刚度 $3EI/h^3$ 很大,弹塑性抗侧刚度 $3(EI)_t/h^3$ 随应力水平增加而减小,但是只要应力稍微下降一点,弹塑性抗侧刚度就会有可观的增加量,来抵消摇摆柱上轴力的等效抗侧负刚度,这样就使得总的承载力接近单个框架柱承载力的 $1+\alpha_N$ 倍。

6.13 轴压框架弹塑性失稳的层稳定系数

6.13.1 层长细比和层稳定系数

考虑同层各柱的相互作用,来修正框架柱的计算长度系数,以反映框架实际上是整层屈曲的方法,为我国规程 CECS102 采用,但是框架柱的设计计算仍然是逐根计算。但是这种逐根柱子计算的方法,实际上是一种层稳定的计算。

考虑同层各柱相互作用后第 j 个柱子的临界荷载由(6.15)式给出。假设柱子长细比较大,在弹性范围内失稳,稳定系数为 $\varphi_j = P'_{crj}/A_j f_y$,且先不忙引入抗力分项系数,则有

$$\frac{P_j}{\varphi_j A_j} = \frac{P_j}{(P'_{crj}/A_j f_y)A_j} = \frac{P_j}{P'_{crj}} f_y \qquad j=1,2,\cdots,m(框架柱) \qquad (6.48)$$

由(6.16c)式,$\dfrac{P_j}{P'_{crj}} = \dfrac{\sum_{i=1}^{n}\alpha_i P_i}{S_F h}$,$i=1,2,\cdots m,m+1\cdots,n$(含摇摆柱,$m\leqslant n$),因此(6.48)式成为

$$\frac{P_j}{\varphi_j A_j} = (\sum_{i=1}^{n}\alpha_i P_i/S_F h)f_y \qquad j=1,2,\cdots,m(框架柱) \qquad (6.49)$$

上式右边括弧内是该层荷载负刚度和框架线性正刚度的比值,定义为层负刚度系数,记为 η_{story}:

$$\eta_{story} = \sum_{i=1}^{n}\alpha_i P_i/S_F h \qquad (P_i 以压力为正) \qquad (6.50)$$

从(6.49)式可知,考虑整层失稳后,任何一个轴压柱子稳定计算公式是完全相同的,不管这个柱子轴力的大小还是受拉力。因此逐根计算实际上只需计算一根即可(有弯矩的除外)。下面利用这个性质提出框架的层稳定性计算方法。

轴心受压框架平面内的弹性稳定按下式计算

$$\eta_{story} \leqslant 1 \qquad (6.51)$$

在计算负刚度系数时,如果结构处在弹塑性阶段工作,对 S_F 还宜作弹塑性调整。调整方法可以参照压杆的弹塑性稳定计算方法确定。定义层通用长细比为

$$\bar{\lambda}_{storey} = \bar{\lambda}_{st} = \sqrt{\sum_{j=1}^{m}\alpha_j P_{Pj}/S_F h} \cdot \sqrt{1 + \sum_{摇摆柱} P_k / \sum_{框架柱} \alpha_j P_j} \qquad (6.52)$$

式中 P_{pi} 是第 i 根柱全截面屈服时的轴力。定义层稳定系数为

$$\varphi_{\text{story}} = \frac{S_{\text{F}}h}{\sum\limits_{i=1}^{m} \alpha_i P_{\text{P}i}} = \frac{\sum\limits_{i=1}^{m} \alpha_i P_{\text{E}i}}{\sum\limits_{i=1}^{m} \alpha_i P_{\text{P}i}} \tag{6.53}$$

$i=1，2，\cdots，m$ 为非摇摆柱。注意上述长细比的定义中包含了摇摆柱上的荷载，而稳定系数的定义中不能包含摇摆柱。由于上述层稳定系数未考虑弹塑性影响，正如单根压杆一样，可能出现稳定系数大于 1 的情况。考虑弹塑性和缺陷影响的层稳定系数采用与规范柱子曲线相同的公式形式：

$$\varphi_{\text{story}} = 1 - \alpha_1 \bar{\lambda}_{\text{st}}^2 \qquad\qquad\qquad 当 \bar{\lambda}_{\text{st}} \leqslant 0.215 时 \tag{6.54a}$$

$$\varphi_{\text{story}} = \frac{1}{2\bar{\lambda}_{\text{st}}^2} \left[\alpha_2 + \alpha_3 \bar{\lambda}_{\text{st}} + \bar{\lambda}_{\text{st}}^2 - \sqrt{(\alpha_2 + \alpha_3 \bar{\lambda}_{\text{st}} + \bar{\lambda}_{\text{st}}^2)^2 - 4\bar{\lambda}_{\text{st}}^2} \right] \quad 当 \bar{\lambda}_{\text{st}} > 0.215 时 \tag{6.54b}$$

式中系数 α_1，α_2，α_3 按照普钢规范附录中表 C-5 取值（本书表 4.2）。到底取 b 曲线还是取 c 曲线，需要研究确定。

这样轴心受压框架平面内稳定性计算公式成为

$$\sum_{j=1}^{n} \alpha_j P_j \leqslant \varphi_{\text{story}} \sum_{i=1}^{m} \alpha_i A_i f_y \tag{6.55}$$

上述方法整层只要计算一次，利用稳定系数 φ_{story} 可以直接计算框架稳定极限荷载，不必逐一求出计算长度系数，也不必逐一进行单个构件有侧移稳定验算，并且具有统一的稳定极限荷载参数值。

上述的层稳定系数法可以消除第 5 节提到的第 2、3 个问题，对于第 1 个问题，则必须逐个计算柱子的无侧移失稳，即计算本层所有框架柱的 $N_j/\varphi_{jb}A_jf_y$，其中 φ_{jb} 为第 j 根柱按钢规 GB 50017 查得的无侧移失稳稳定系数。假设轴压框架薄弱层中第 k 柱为最薄弱柱，柱顶作用比例荷载为 $P_k = \beta_k P$，P 为轴向荷载参数，β_k 为荷载比例系数，φ_{kb} 为弱柱无侧移稳定系数；若框架中该柱发生无侧移失稳，根据比例加载性质，此时作用在框架上总的极限荷载为

$$\sum_{j}^{n} \beta_j P_{\text{u}} = \sum_{j=1}^{n} \beta_j \frac{\varphi_{\text{kb}}A_k f_y}{\beta_k} = \frac{\varphi_{\text{kb}}A_k f_y}{\beta_k} \sum_{j=1}^{n} \beta_j \tag{6.56}$$

式中 P_{u} 为结构的广义极限荷载参数。按照层稳定系数的定义，将弱柱的无侧移失稳承载力整理成层稳定承载力的形式，即

$$\varphi_{\text{storyb}} = \frac{\sum\limits_{j=1}^{n} \beta_j P_{\text{u}}}{\sum\limits_{j=1}^{m} A_j f_y} = \frac{\sum\limits_{j=1}^{n} \beta_j}{\beta_k \sum\limits_{j=1}^{m} A_j} \varphi_{\text{kb}}A_k \tag{6.57}$$

式中 φ_{storyb} 为框架柱 k 发生无侧移失稳时相应的层稳定系数，引入该系数可以将框架无侧移失稳和整体有侧移失稳统一地绘制成 $\bar{\lambda} - \varphi_{\text{story}}$ 层稳定系数曲线，与有限元解进行对比，从而分析取两种失稳形式的较小值（简称双控条件）作为框架稳定极限承载力的精确程度。

6.13.2　有限元分析

平面规则框架的平面内稳定，分析过程中对框架模型引入如下基本假定：（1）组成框

架的梁柱都是等截面直杆；（2）同一层所有框架柱的高度都相等；（3）梁柱连接及柱与基础连接均为理想铰接或固接，不考虑节点半刚性影响；（4）材料理想弹塑性；（5）没有水平力作用，集中荷载均沿柱的轴线作用；（6）各个柱子按比例单调加载。

几何缺陷主要有两类：（1）框架整体或层间倾斜；根据施工允许偏差和实测的统计资料，整体或层间倾斜取为结构总高或层高的 1/750。（2）构件初始弯曲；构件的初弯曲幅值取构件长度的 1/1000。采用 ANSYS 弹性屈曲分析，提取一、二阶模态作为缺陷基准形状，分别形成有限元非线性分析模型；同时对这两种有缺陷的模型进行极限承载力分析，选择两者之中的小值作为框架的极限承载力。

残余应力采用欧洲钢结构协会 ECCS 推荐的截面残余应力分布模式[12]，具体形式如图 6.19 所示。设钢材弹性模量 $E=206\text{kN/mm}^2$，泊松比 $\upsilon=0.3$，屈服强度 $f_y=235\text{N/mm}^2$，不考虑材料强化作用。

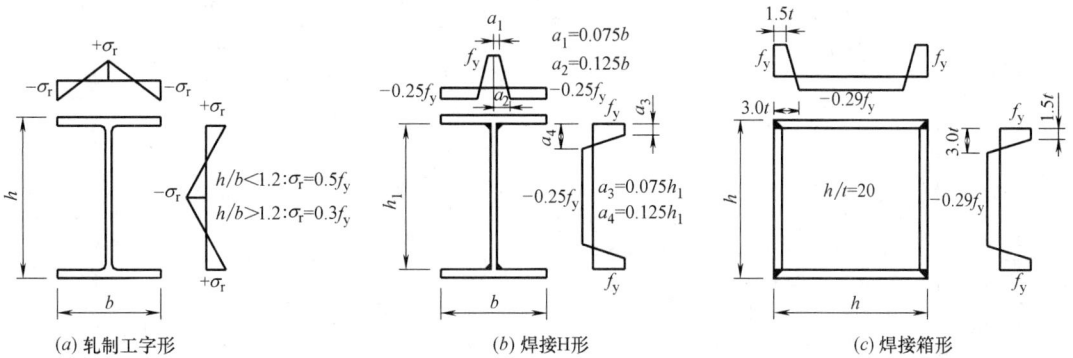

图 6.19 残余应力分布

分析了 33 种框架模型，考察层稳定系数公式的适用性。为突出某些因素的影响，采用了一些实际工程中不一定会遇到的特殊情形（层的高跨比较大、各柱轴力不均匀程度大或刚度差异很大等）。框架跨度均取 $L=4\text{m}$，层正则化长细比的变化可以通过改变框架层高 H 或调整框架柱截面尺寸两种方式来实现。框架模型示意、参数和每个模型的研究重点见图 6.20 和表 6.21。

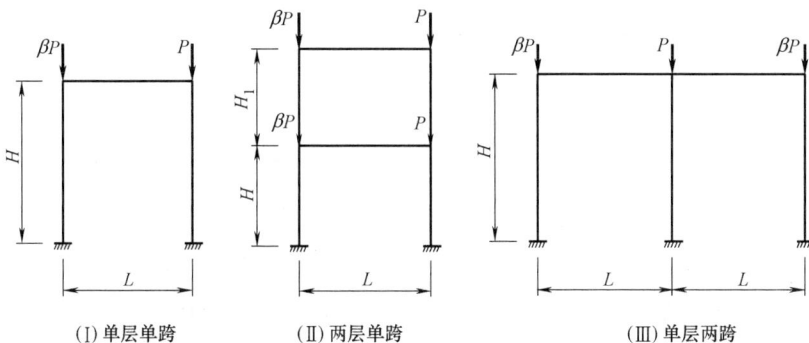

图 6.20 框架模型

框架模型参数 表 6.20

模型编号	截面形式	梁柱截面尺寸	模型	柱曲线	荷载参数 β	基础、节点连接
FM1	焊接 H 形绕强轴	H400×240×8×12	Ⅰ	b	0	刚接
FM2			Ⅰ		0.5	
FM3			Ⅰ		1.0	
FM4			Ⅰ		0	柱底铰接
FM5			Ⅰ		0.5	
FM6			Ⅰ		1.0	
FM7			Ⅰ		0	梁端铰接
FM8			Ⅰ		0.5	
FM9			Ⅰ		1.0	
FM10			Ⅱ		0	刚接
FM11			Ⅱ		0.5	
FM12			Ⅱ		1.0	
FM13			Ⅲ		0	
FM14			Ⅲ		0.5	
FM15			Ⅲ		1.0	
FM16		左柱 H340×200×6×10 右柱 H400×240×8×12 梁 H400×240×8×12	Ⅰ		0	刚接
FM17			Ⅰ		0.5	
FM18			Ⅰ		1.0	
FM19		左柱 H200×150×6×8 右柱 H200r_c×150r_c×6r_c×8r_c 梁 H200×150×6×8	Ⅰ		1.0	刚接
FM20			Ⅰ		1.0	
FM21			Ⅰ		1.0	
FM22	轧制宽翼缘工字形	柱 H290×300×8.5×14 梁 H290×300×8.5×14	Ⅰ	b	0	刚接
FM23			Ⅰ		0.5	
FM24			Ⅰ		1.0	
FM25	焊接箱形	柱 □300×10 梁 H400×240×8/12	Ⅰ	a	0	刚接
FM26					0.5	
FM27					1.0	
FM28	轧制窄翼缘工字形	HZ400	Ⅰ	c	0	刚接
FM29					0.5	
FM30					1.0	
FM31	焊接 H 形绕弱轴	H400×240×8×12	Ⅰ		0	刚接
FM32					0.5	
FM33					1.0	
备 注		框架跨度 $L=4$m；其中框架 FM1～FM18 和 FM22～FM33，层高 $H=2\sim30$m，$H_1=4$m；FM19～FM21 层高分别为 $H=6,8,10$m，右柱截面尺寸比例系数 $r_c=1.0\sim3.0$，变化步长为 0.1					

图 6.21a 给出了单层单跨框架的 ANSYS 计算结果，图中 FM1，FM2，FM3 三条曲

线是 ANSYS 的分析结果，FM1（无侧移），FM2（无侧移）是按照规范 GB 50017 对受力较大的弱柱按照无侧移失稳计算得到的承载力，然后整理成层稳定承载力的形式，即式（6.57）的计算结果。图 6.21b 则是截面采用轧制窄翼缘工字形钢（残余应力不同）的计算结果，图 6.21a，b 同时也给出了柱子曲线 b 和 a。

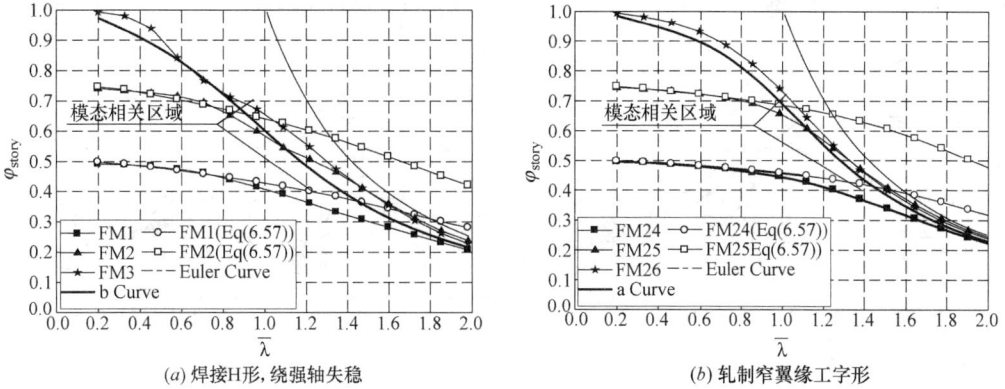

图 6.21　单层单跨框架的层稳定承载力

从图 6.21 可见，当框架的层长细比小时，FM1 和 FM2 的曲线更接近无侧移失稳的曲线；而长细比很大时，计算结果接近于按照有侧移失稳计算的柱子曲线。但是分析图 6.21a，b 的整条曲线发现，在小长细比和大长细比之间，计算结果总是小于按照整体有侧移失稳计算的承载力，也小于按照无侧移失稳计算的承载力。在这个区域内，框架的破坏模式呈现有侧移失稳和无侧移失稳相互作用的性质，单纯依靠式（6.53）和（6.57）无法安全地预测框架的承载力。不同层正则化长细比的 FM2 模型破坏模式见图 6.22a～c。层正则化长细比较小时，左边超载柱出现较大的单向弯曲变形，而层整体侧移很小，破坏模式表现为单柱无侧移失稳；中等长细比时，变形中既包含层整体侧移又有左柱的单向弯曲，模态相互作用明显；大长细比时，基本上层整体侧移和框架柱双向弯曲变形为主，为典型的层有侧移失稳破坏模式。

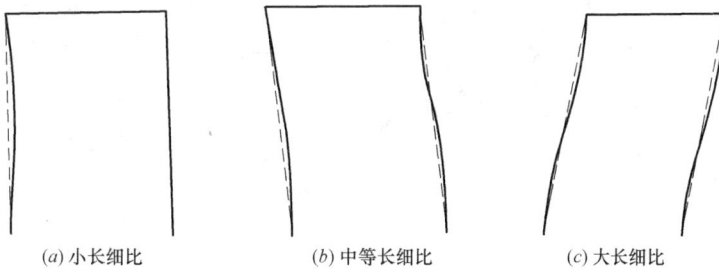

图 6.22　不同层正则化长细比 FM2 模型的破坏模式

6.13.3　考虑失稳模式相互作用的层稳定系数的折减系数

框架层整体弹性屈曲的临界荷载与荷载在各个柱子上的分布基本无关，而无侧移失稳的承载力和荷载分布密切相关。由于任何实际结构都存在一定的有侧移层间缺陷和柱子本身初始弯曲，因此每一榀框架都或多或少地存在有侧移失稳和无侧移失稳的相互作用。为了比较精确地把握有侧移和无侧移的相互影响，需要引入折减系数 κ 对框架稳定承载力进行折减以得到比较满意的结果。

图 6.21 和 6.23～27 显示，对模态相互作用位置、区域大小以及稳定承载力降低程度起决定作用因素主要包括截面类型、跨层数、层有侧移失稳和无侧移失稳承载力的相对比值、失稳主轴方向、荷载的分布形式等。但是主要的控制参数是：

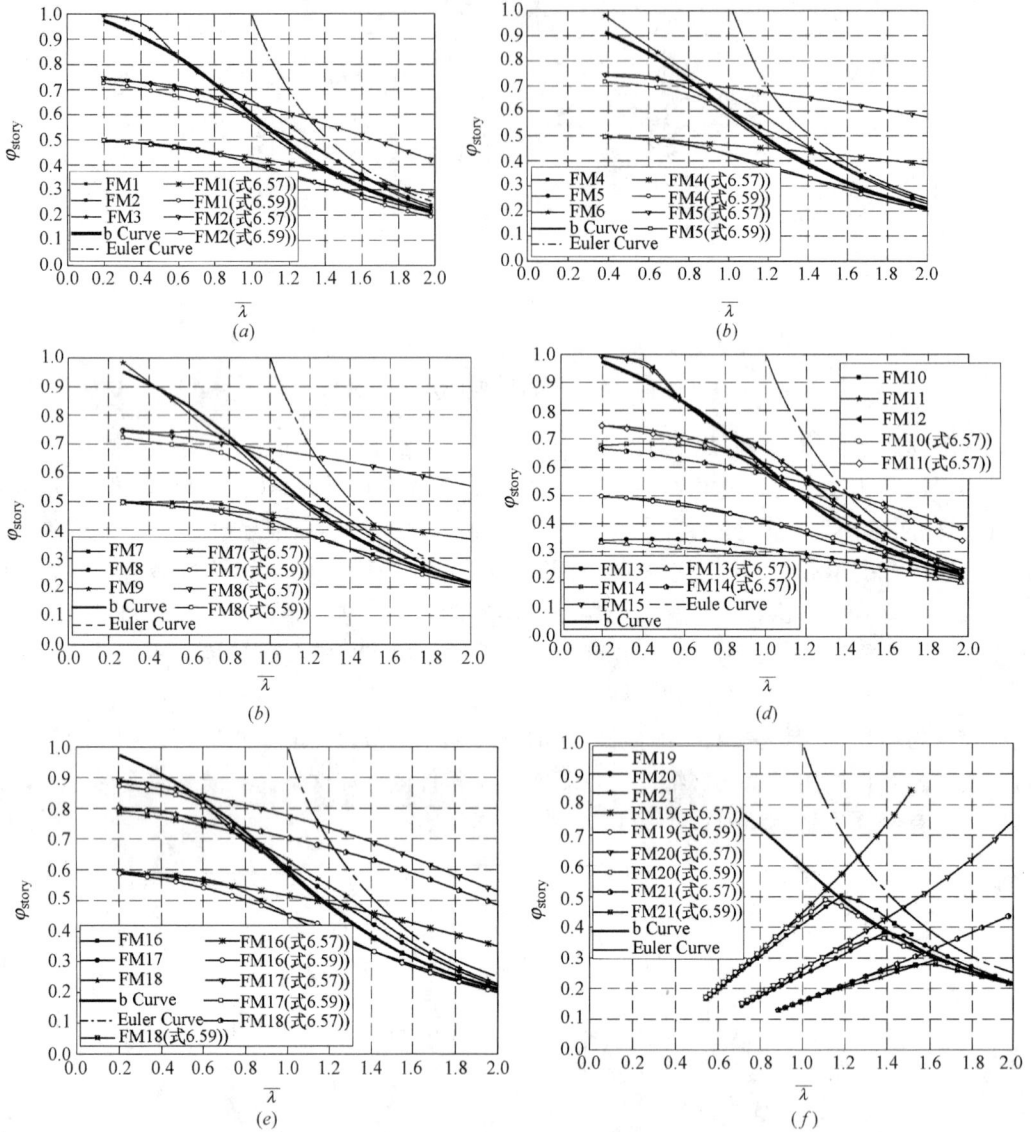

图 6.23　焊接 H 形，绕强轴失稳

（1）比值 $\varphi_{story}/\varphi_{storyb}$。若该比值为 1.0，框架可能同时发生有侧移和无侧移失稳，根据近代稳定理论，这种情况下会出现较强的模态相关作用，致使结构的极限承载力被削弱；而当两种稳定承载力相差较大时，模态相关性很小。图 6.21 确实也印证了这一特点。因此折减系数公式应该满足如下条件，当 $\varphi_{story}/\varphi_{storyb}=1.0$ 时折减系数应该取最小值；当 $\varphi_{story}/\varphi_{storyb}=0$ 或 ∞ 时，折减系数应取 1.0。

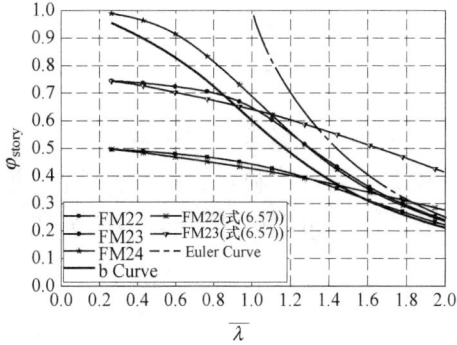

图 6.24 轧制宽翼缘工字形

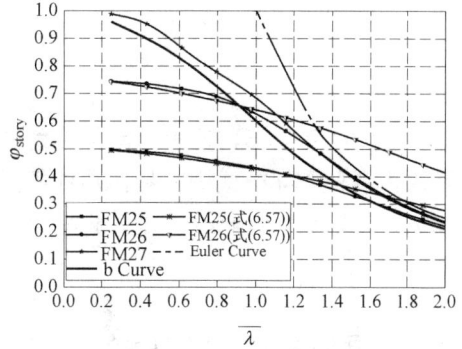

图 6.25 焊接箱形

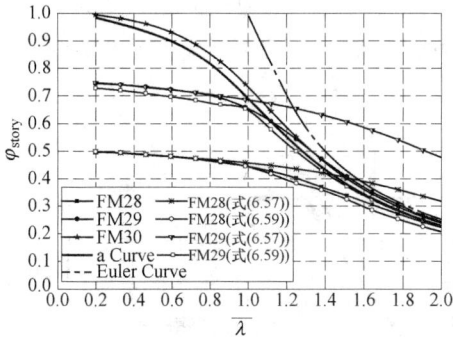

图 6.26 轧制窄翼缘工字

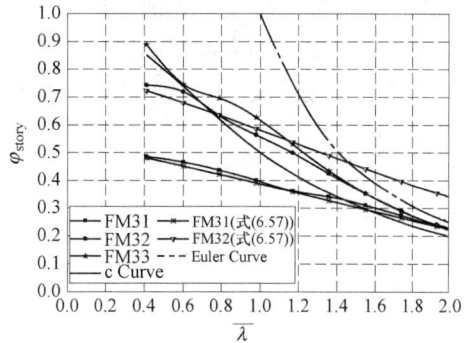

图 6.27 焊接 H 形，绕弱轴失稳

(2) $\dfrac{P_k/P_{kb}}{\sum\limits_{j=1}^{n} P_j/P_{jb}}$ 为框架负载均匀性指标，它反映荷载和框架柱刚度分布的均匀程度。

其中 $P_{jb} = \varphi_{jb} A_j f_y$，$n$ 为框架薄弱层的柱子总数。由弱柱的判定准则有 $\dfrac{P_k}{P_{kb}} = \max$

$\left(\dfrac{P_1}{P_{1b}}, \dfrac{P_2}{P_{2b}}, \cdots\cdots \dfrac{P_n}{P_{nb}} \right)$，因此得到该参数取值变化范围 $\left[\dfrac{1}{n}, 1 \right]$，当框架柱荷载和框架柱

刚度分布完全均匀时，所有框架柱具有相同的 P_j/P_{jb} 值，框架负载均匀性为 $\dfrac{1}{n}$，此时模

态相关作用可以忽略；当框架只有单个柱顶作用轴力时，该柱必为弱柱，而且框架负载均

匀性为 1，此时模态相关作用最大，稳定系数需要较大程度折减。从图 6.21 看出，荷载

及框架柱刚度越不均匀，模态相关性表现越明显。

根据分析并经过数据拟合得到框架考虑模态相关作用的稳定系数折减公式：

$$\kappa = \begin{cases} 1 - 0.15 \left[\dfrac{n P_i / P_{ib}}{(n-1) \sum\limits_{j=1}^{n} P_j / P_{jb}} - \dfrac{1}{n-1} \right] e^{-6.25 \left(\frac{\varphi_{storb}}{\varphi_{storb}} - 1 \right)^2} & \text{（单层焊接 H 形、绕强轴或轧制窄翼缘）} \\ 1.0 & \text{（其他）} \end{cases}$$

$$(6.58)$$

修正后的框架承载力稳定系数采用下式计算

$$\varphi_{storym} = \min(\kappa \varphi_{storyb}, \kappa \varphi_{story}) \tag{6.59}$$

框架承受轴向荷载时稳定验算公式则可以修改为

$$\sum_{j=1}^{n} \alpha_j P_j \leqslant \varphi_{\text{storym}} \sum_{j=1}^{m} \alpha_j A_j f_y \tag{6.60}$$

κ 最小值为 0.85，这表示两种失稳模式的相互作用导致的承载力的下降并不是很大。这是因为两种破坏模式中在最薄弱柱中形成塑性铰位置不同，不利效应叠加不严重。第二种原因是，毕竟各柱相互作用，强柱会帮助弱柱，使得弱柱可以尽全力抵抗无侧移失稳。

6.14 梁对柱子稳定性的竖向约束作用

本节考察框架柱发生无侧移屈曲时横梁的作用，为了简单，取图 6.28a 所示的模型，两端简支的柱子上部有两端简支的梁，承受轴压力 P。如果仅以这个模型进行线性分析，则柱子的轴力按照其总的竖向刚度分配得到

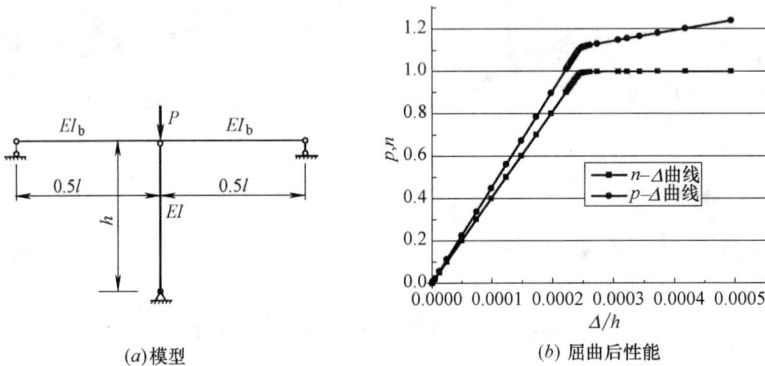

图 6.28 横梁对压杆失稳的提起作用

$$N = \frac{EA}{h} \bigg/ \left(\frac{EA}{h} + \frac{48EI_b}{l^3} \right) \cdot P$$

增加荷载直到柱子发生屈曲，下面研究屈曲荷载。根据 Timoshenko 能量法，建立总势能。压杆的部分是

$$U_c = \frac{1}{2} \int_0^h EI y''^2 \, dx, \quad W = -\frac{1}{2} \int_0^h N y'^2 \, dx$$

压杆屈曲后，与梁相连的柱上端向下位移 Δ，因此梁内储存了应变能，

$$U_b = \frac{1}{2} \frac{48EI_b}{l^3} \Delta^2 = \frac{1}{2} \frac{48EI_b}{l^3} \left(\frac{1}{2} \int_0^h y'^2 \, dx \right)^2 = \frac{6EI_b}{l^3} \left(\int_0^h y'^2 \, dx \right)^2$$

这样，总势能是

$$\Pi = \frac{1}{2} \int_0^h (EI y''^2 - N y'^2) \, dx + \frac{6EI_b}{l^3} \left(\int_0^h y'^2 \, dx \right)^2$$

假设 $y = D \sin \frac{\pi x}{h}$，则 $\int_0^h y'^2 \, dx = \frac{\pi^2}{2h} D^2$

$$\Pi = \frac{1}{4} (N_E - N) \frac{\pi^2}{h} D^2 + \frac{6EI_b}{4l^3} \frac{\pi^4}{h^2} D^4$$

$$\frac{\mathrm{d}\Pi}{\mathrm{d}D}=\frac{1}{2}(P_E-P)\frac{\pi^2}{h}D+\frac{6EI_b}{l^3}\frac{\pi^4}{h^2}D^3=0$$

从上式得到

$$N=N_E+\frac{12\pi^2 EI_b}{l^3 h}D^2$$

屈曲时 $N=N_E$，可见，横梁的作用是提供屈曲后的强度，并不能提高屈曲荷载。

假设压杆有初始缺陷 $y_0(x)=d_0\sin\frac{\pi x}{h}$，则非线性方程是

$$\Delta=\frac{Nh}{EA}+\frac{1}{2}d_0^2 h\left(\frac{\pi}{h}\right)^2\frac{N(N_E-0.5N)}{(N_E-N)^2}=\frac{(P-N)l^3}{48EI_b}$$

无量纲化 $n=N/N_E$，$p=P/N_E$，$d_0=h/m$，$\lambda=h/i_x$，则可以得到

$$p=n\left\{1+\frac{48I_b h^3}{Il^3}\left[\frac{1}{\lambda^2}+\frac{1}{2m^2}\frac{(1-0.5n)}{(1-n)^2}\right]\right\}$$

$$\frac{\Delta}{h}=\frac{\pi^2}{\lambda^2}n+\frac{\pi^2}{2m^2}\frac{n(1-0.5n)}{(1-n)^2}$$

从上两式发现，$n=1$ 是一个永远无法达到的上限，除非初始缺陷等于 0。屈曲后的强度取决于梁柱刚度比。图 6.28b 画出了 $m=10^5$，$\frac{I_b h^3}{Il^3}=100$ 时的屈曲后荷载变形曲线，可见屈曲后强度增长不易。

习　题

6.1　采用位移法推导图 P6.1ab 所示两个框架的有侧移屈曲的临界方程，并进行比较。

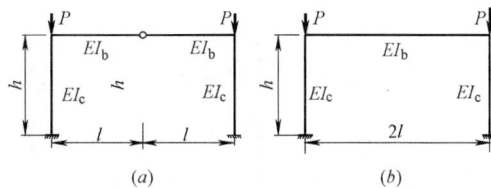

图 P6.1

6.2　采用位移法研究图 P6.2 所示的两跨压杆的屈曲。其中第 2 跨的中间带一个中间铰。确定左跨柱子的计算长度系数。第 2 跨的右段柱子的计算长度系数是多少？

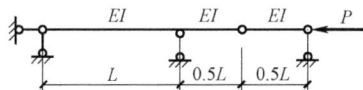

图 P6.2

6.3　采用转角位移方程写出图 P6.3 的所示带摇摆柱框架的屈曲临界方程。设框架跨度和高度相等，梁柱截面的抗弯刚度相等，计算出 $N/P=0$，0.5 和 1.0 时的总临界荷载，并对三个结果进行比较。

6.4　思考：分析图 P6.1a，b 的框架的屈曲时能否采用无剪力转角位移方程？如果图中左右两个柱子的轴力不相同，能否采用无剪力的转角位移方程？图 P6.3 的框架能否采用无剪力转角位移方程？

6.5　图 P6.4 所示的框架，左柱下段轴力为 $N_{L1}=P_1+P$，右柱下段轴力是 $N_{R1}=P_2+P$。采用位移法推导临界方程，设 $\frac{h_2}{h_1}=0.3$，0.4，0.5，0.6，$\frac{l}{h_1+h_2}=2$，2.5，3，$\frac{P_2}{P_1}=0.2$，上下柱截面的抗弯刚度

相同，$\dfrac{EI_b}{EI}=0.5$，0.75，1.0，1.25，1.5，1.75，2，$P/P_1=0.25$，0.5，0.75，1.0，通过计算机方法求解左下柱的计算长度系数，并且与 $P_2=P_1$ 时的下柱计算长度系数进行比较。（注：本习题与单跨有吊车厂房的稳定性有密切关系，此时吊车桥架可以看成是刚性杆件，P_1，P_2 则是牛腿反力，通过本习题的计算，可以了解有吊车厂房框架屈曲时柱与柱的相互作用）。

6.6　写出图 P6.5 所示门式刚架屈曲时的临界方程，并与图 P6.1b 的框架临界方程进行比较。

6.7　比较图 P6.6 所示两个柱子不等高的框架的屈曲临界方程的差别，并采用特定的算例进行比较。

6.8　图 P6.7 是单跨两层框架，顶部作用集中力。设二层顶部有侧向位移约束（比如，高层建筑底部有大堂，框架跨层侧向支承在刚度很大的核心筒体上），采用位移法求框架柱的计算长度系数，设跨度是高度的两倍，柱截面惯性矩是梁截面惯性矩的两倍。并与柱子顶部没有侧移约束的框架柱的计算长度系数相比较。

6.9　写出图 P6.8 和图 P6.9 所示框架的屈曲临界方程，并进行比较。设柱子的轴压刚度无限大。图中的荷载虽然按照水平投影线画出，实际上是作用在梁上的。

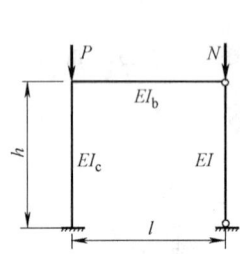

图 P6.3

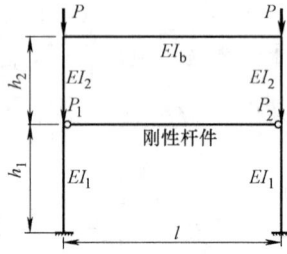

图 P6.4

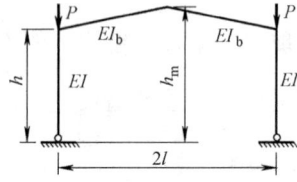

图 P6.5

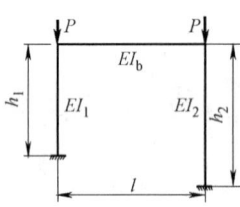

(a)

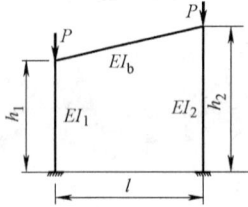

(b)

图 P6.6

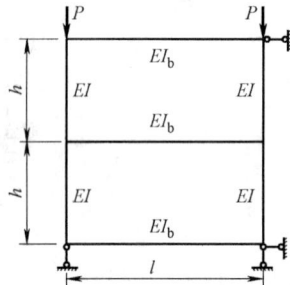

图 P6.7

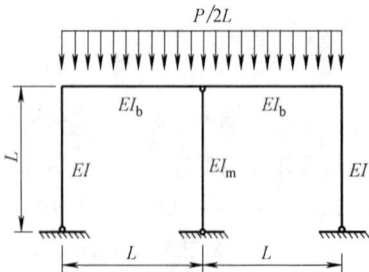

图 P6.8

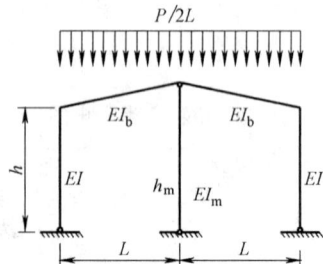

图 P6.9

184

参 考 文 献

[1] 陈骥. 钢结构稳定理论和应用. 北京：科学出版社，2001.

[2] 童根树，胡达明. 带摆柱门式刚架的稳定性. 建筑结构，1999，Vol. 21，No. 6.

[3] 中华人民共和国国家规范. 钢结构设计规范. GB 50017—2003.

[4] E. M. Lui，W. F. Chen，The Structural Engineer，61B，No. 1，1983

[5] 梁启智. 高层建筑结构分析和设计. 广州：华南理工大学出版社，1992.

[6] BS5950，Structural Use of Steelwork in Building--Part1，Code of Practice for design：rolled and welded sections. 2000 年

[7] 程鹏，童根树. 单跨两层框架的稳定性. 钢结构，2001，Vol. 16，No. 2.

[8] 中国建筑科学研究院建筑结构研究所编. 高层建筑结构设计，北京：科学出版社，1982.

[9] 童根树，施祖元，李志飚. 计算长度系数的物理意义及对各种钢框架稳定设计方法的评论. 建筑钢结构进展. 2004 (4)，Vol. 6，1-8

[10] 饶芝英，童根树. 钢结构稳定性的新诠释. 建筑结构，2002，5，Vol. 32，No. 4.

[11] N. Kishi，W. F. Chen，and Y. Goto (1997) Effective length factor of columns in semirigid and unbraced frames. J. Struct. Engrg.，ASCE，123 (3)，313-320.

[12] Salem，A. H. Discussion of "Buckling Analysis of One-Story Frames" by A. Zweig and H. Kahn，Journal of the Structural Division. ASCE，Vol. 95，No. ST5，May，1969

[13] Dumonteil P. (1999) Historical Note on K-Factor Equations，Engineering Journal，Vol. 36，No. 2，102-103

[14] McGuire，W.，(1968) Steel Structures，Prentice - Hall Inc.，Englewood Cliffs，NJ.

[15] LeMessurier W J. A practical method of second-order analysis. Part1：rigid frames. [J]. Engineering Journal，AISC，1976，13 (4)：89-96.

[16] LeMessurier W J. A practical method of second-order analysis. Part2：pin jointed systems. [J]. Engineering Journal，AISC，1977，14 (2)：49-67.

[17] Chen W F，Kim S E. LRFD steel design using advanced analysis [M]，New York：CRC Press，1997.

[18] Tong GS；Wang JP Column effective length considering the inter-story interaction：ADVANCES IN STRUCTURAL ENGINEERING：7 (5)：415-425，2004

[19] Tong，Geng-shu；Zhang，Lei；Xing，Guo-ran Inelastic storey-buckling factor of steel frames，Journal of Constructional Steel Research，65 (2)：443-451，2009

[20] Tong GS；Wang JP，Column effective lengths considering inter-story and inter-column interactions in sway-permitted frames JOURNAL OF CONSTRUCTIONAL STEEL RESEARCH：62 (5)：413-423，2006

[21] 童根树，黄山，饶芝英. 框架中有摇摆柱时框架柱的稳定系数，建筑钢结构进展；2009；6：8-13

[22] 翁赟，童根树. 考虑层与层相互支援的框架层抗侧刚度，土木工程学报，2012，4：71-80

第7章 框架的弹性稳定 (2)

7.1 考虑层与层相互作用的框架柱计算长度：二层框架

第六章第四节的理想化假定下得到的计算长度系数，难免与实际情况不符合。在以下几个方面进行改进，可以得到符合实际的柱子计算长度系数：

(1) 考虑梁远端的约束情况，对梁线刚度进行修正；

(2) 考虑同层各柱的相互支援，包括存在摇摆柱的情况；

(3) 梁柱连接半刚性的影响；

上述几点都已经分别在第六章第四、五、六、九节得到解决。

(4) 考虑柱端实际约束条件，比如铰支或固定，这对二层及二层以上的框架还没有得到解决。Duan & Chen[7]在保留传统计算长度系数法的其他假定下对相邻层柱子远端为固定或铰接的情况进行了分析，但是对第六章第七节的二层框架，结果比传统方法离精确解反而更远。原因在于传统假定导致梁的转动约束按照柱子的线刚度分配。考虑柱脚固定后，下层柱刚度更大，分配得到更多的梁转动约束，计算长度系数就更小更偏离精确解了。

(5) 考虑层与层的相互作用的修正。在这方面目前还没有简单的方法。梁启智[3]提出了判断薄弱层，从顶层和底层开始，分别往下和往上逐层计算到薄弱层，把各层的可资利用的潜力收集到薄弱层的两个柱端，再确定薄弱层的计算长度系数的方法。

下面介绍的方法仅采用如下的假定，放弃第六章传统方法的不合理假定：

(1) 刚架屈曲时同层的各横梁两端转角大小相等、方向相同；

(2) 横梁中的轴力对梁本身的抗弯刚度的影响可以忽略不计；

(3) 各层柱按比例加载。

对第 (1) 个假定带来的误差，在后面我们将介绍一个修正方法。

对图 7.1 框架设 $\chi_2 = \chi_4 = 1$，$\chi_3 = \chi_1$，$I_{c3} = I_{c1}$，$I_{c4} = I_{c2}$，上柱 AB 的计算长度系数 μ_2，下柱 BC 的计算长度系数 μ_1。引入记号 $K_c = \dfrac{i_{c1}}{i_{c2}}$，$K_{b1} = \dfrac{i_{b1}}{i_{c2}}$，$K_{b2} = \dfrac{i_{b2}}{i_{c2}}$，$\gamma = \dfrac{\chi_2}{\chi_1} \dfrac{l_{c2}}{l_{c1}} \dfrac{i_{c1}}{i_{c2}}$，

由比例加载假定得 $u_1 = l_{c1}\sqrt{\dfrac{\chi_1 P}{EI_{c1}}} = \dfrac{l_{c1}}{l_{c2}}\sqrt{\dfrac{\chi_1 I_{c2}}{\chi_2 I_{c1}}} u_2 = \sqrt{\dfrac{l_{c1}}{l_{c2}} \dfrac{l_{c1}}{l_{c2}} \dfrac{\chi_1 I_{c2}}{\chi_2 I_{c1}}} u_2 = \sqrt{\dfrac{l_{c1}}{l_{c2}} \dfrac{\chi_1 i_{c2}}{\chi_2 i_{c1}}} u_2 = u_2/\sqrt{\gamma}$。

用柱的无剪力转角位移方程建立 A，B 节点弯矩平衡：

$$\left(6 \cdot K_{b2} + \frac{u_2}{\tan u_2}\right)\theta_A - \frac{u_2}{\sin u_2}\theta_B = 0 \tag{7.1a}$$

$$\left[6 \cdot K_{b1} + \frac{u_2/\sqrt{\gamma}}{\tan(u_2/\sqrt{\gamma})} \cdot K_c + \frac{u_2}{\tan u_2} \right] \theta_B - \frac{u_2}{\sin u_2} \theta_A = 0 \tag{7.1b}$$

两柱计算长度系数之间的关系为

$$\mu_1 = \sqrt{\gamma} \cdot \mu_2 \tag{7.2}$$

由(7.1a, b)式得到的特征方程需要迭代求解，实际工程应用不便。

考虑层与层的相互影响，就是要突破传统假定导致的梁约束刚度按上下柱线刚度分配的情况。只要能够求出柱端约束，就能够得到计算长度。

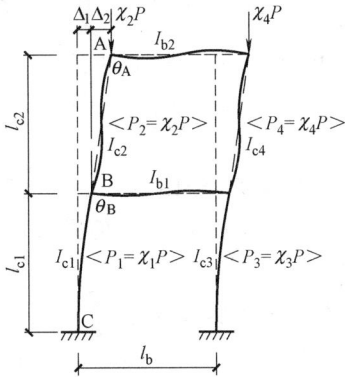

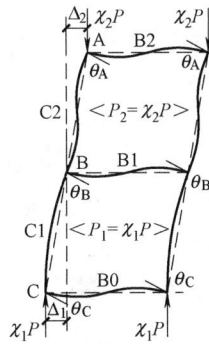

图 7.1　二层框架　　　　图 7.2　一般二层框架　　　　图 7.3　三层框架

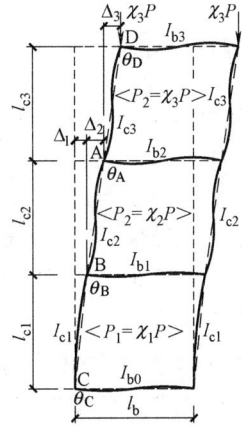

设柱上下两端各有转动刚度为 m_1、m_2 的转动弹簧，令 $K_1 = m_1/6i_c$，$K_2 = m_2/6i_c$，利用(6.11)式直接写出临界荷载为

$$P_{cr} = \frac{\pi^2 i_c}{\mu^2 l_c} = \frac{\pi^2 i_c}{l_c} \frac{7.5 m_1 m_2 + 6(m_1 + m_2) i_c}{7.5 m_1 m_2 + 24(m_1 + m_2) i_c + 54.72 i_c^2} \tag{7.3}$$

记下柱 BC 的 B 端获得的转动约束为 m_{B1}，B 端平衡要求得到 $M_{BC} + m_{B1} \theta_B = 0$，则

上节点：$m_{B1} \theta_B = -M_{BC} = -\dfrac{u_1}{\tan u_1} i_{c1} \theta_B$，

下节点：$m_2 = \infty$。

上柱 AB 节点 A，B 的弯矩平衡分别得到：

上节点：$m_1 \theta_A = -M_{AB} = 6 i_{b2} \theta_A$

下节点：$m_2 \theta_B = -M_{BA} = 6 i_{b1} \theta_B + M_{BC} = 6 i_{b1} \theta_B + \dfrac{u_1}{\tan u_1} i_{c1} \theta_B$

记 $\eta = m_{B1}/i_{c2} = -K_c u_1/\tan u_1$，将上下柱的 m_1 和 m_2 分别代入 (7.3) 式得到：

$$\chi_1 P_{cr} = \frac{\pi^2 i_{c1}}{l_{c1}} \frac{7.5\eta + 6K_c}{7.5\eta + 24K_c}$$

$$\chi_2 P_{cr} = \frac{\pi^2 i_{c2}}{l_{c2}} \frac{7.5 K_{b2}(6K_{b1} - \eta) + 6K_{b2} + 6K_{b1} - \eta}{7.5 K_{b2}(6K_{b1} - \eta) + 4(6K_{b2} + 6K_{b1} - \eta) + 9.12}$$

令两式得到的临界荷载 P_{cr} 相等，得到 η 的一元二次方程：

$$a\eta^2 + b\eta + c = 0 \tag{7.4}$$

式中

$$a = \gamma b_1 - b_2 \tag{7.5a}$$

$$b = 6c_1 - 3.2K_c b_2 + 0.8\gamma K_c b_1 - 6\gamma c_2 \tag{7.5b}$$

$$c = 19.2K_c c_1 - 4.8\gamma K_c c_2 \tag{7.5c}$$

$$b_1 = 7.5K_{b2} + 4 \tag{7.6a}$$

$$b_2 = 7.5K_{b2} + 1 \tag{7.6b}$$

$$c_1 = 7.5K_{b1}K_{b2} + K_{b1} + K_{b2} \tag{7.6c}$$

$$c_2 = 7.5K_{b1}K_{b2} + 4(K_{b1} + K_{b2}) + 1.52 \tag{7.6d}$$

解此方程得到 $\eta = \dfrac{-b - \sqrt{b^2 - 4ac}}{2a}$（另一个解没有意义）。这样就得到了图 7.1 中上下柱的柱端在考虑上下柱相互支援的情况下按需分配得到的转动约束刚度，对上柱 AB：$m_1 = 6i_{b2}$，$m_2 = 6i_{b1} - (\eta/K_c)i_{c1}$，下柱 BC：$m_1 = (\eta/K_c)i_{c1}$，$m_2 = \infty$。利用 $K_1 = m_1/6i_c$，$K_2 = m_2/6i_c$，代入公式（6.11）计算各柱的计算长度。

为了比较（7.4）式和精确解（7.1a，b）式的差别，表 7.1 列出 $K_c = 1$，$K_{b1} = 1$，$K_{b2} = 1$ 时的计算结果。表中最后一列是近似解和精确解的比值，对 μ_1 和 μ_2，比值是一样的。可以发现按照上述方法计算的 μ 值非常理想，并且满足（7.2）式。

图 7.2 所示为更为一般的两层框架，其底层柱脚 C 点与线刚度为 i_{b0} 的梁 B0 刚接。以下柱 BC 上节点获得的转动约束 m_{B1} 为未知量（在柱脚固定时 $m_{B1} = -(u_1/\tan u_1)\,i_{c1}$，柱脚铰支时 $m_{B1} = u_1 \tan u_1 i_{c1}$，现在因为节点 C 的转角，$m_{B1}$ 不能简单地表示出来，但是在屈曲模型中 θ_C 与 θ_B 成一个固定的比例（只是这个比例我们不能事先知道），所以仍然可以假设节点获得转动约束 m_{B1}）。由 B 节点弯矩平衡，知上柱在下端获得的转动约束 $m_{B2} = 6i_{b1} - m_{B1}$。因此各柱的柱端约束为

AB 柱：$m_1 = 6i_{b2}$，$m_2 = m_{B2} = 6i_{b1} - m_{B1}$

BC 柱：$m_1 = m_{B1}$，$m_2 = 6i_{b0}$

代入（7.3）式，得到 AB、BC 柱各自的临界荷载。记 $K_{b0} = \dfrac{i_{b0}}{i_{c2}}$，按照同样步骤得到（7.4）式，但式中的系数变为：

$$a = a_1 b_1 \gamma - a_2 b_2 \tag{7.7a}$$

$$b = 6[K_{b0}K_c \gamma b_1 - \gamma c_2 a_1 - K_c a_3 b_2 + c_1 a_2] \tag{7.7b}$$

$$c = 36K_c(c_1 a_3 - K_{b0} c_2 \gamma) \tag{7.7c}$$

$$a_1 = 7.5K_{b0} + K_c \tag{7.8a}$$

$$a_2 = 7.5K_{b0} + 4K_c \tag{7.8b}$$

$$a_3 = 4K_{b0} + 1.52K_c$$

	$K_c = K_{b1} = K_{b2} = 1.0$ 时二层框架柱的计算长度系数						表 7.1
γ	η 精确值	η 近似值	μ_1 精确值	μ_1 近似值	μ_2 精确值	μ_2 近似值	近似解/精确解
0.1	6.5436	6.4598	1.1447	1.1535	3.6199	3.6477	1.0077
0.3	5.7729	5.7854	1.1620	1.1681	2.1215	2.1326	1.0052
0.5	4.7445	4.7587	1.1924	1.1966	1.6863	1.6922	1.0035
1	1.9179	1.7392	1.3828	1.3947	1.3828	1.3947	1.0086

γ	η 精确值	η 近似值	μ_1 精确值	μ_1 近似值	μ_2 精确值	μ_2 近似值	近似解/精确解
2	0.1850	0.1232	1.8695	1.8973	1.3219	1.3416	1.0149
5	0.5795	0.4927	2.9162	2.9680	1.3042	1.3273	1.0177
10	0.7972	0.6548	4.1103	4.1871	1.2998	1.3241	1.0187

得到 η 值后，即可求得各柱柱端分配得到的转动约束刚度，进而求得柱端刚度参数：

$$\text{BC 柱：} K_1 = K_{b0}/K_c, K_2 = \eta/(6K_c)$$

$$\text{AB 柱：} K_1 = K_{b1} - \eta/6, K_2 = K_{b2}$$

代入公式(6.11)求解 μ_1、μ_2。当 $K_{b0} \to \infty$ 时，(7.7a，b，c)各式都除以 $7.5K_{b0}$ 就得到(7.5a，b，c)。取 $K_{b0}=0$ 就得到柱脚铰接的结果：

$$a = \gamma K_c b_1 - 4K_c b_2 \tag{7.9a}$$

$$b = -6\gamma K_c c_2 - 9.12K_c^2 b_2 + 24K_c c_1 \tag{7.9b}$$

$$c = 54.72K_c^2 c_1 \tag{7.9c}$$

7.2 考虑层与层相互作用的框架柱计算长度：三层框架

图 7.3 是几何和荷载均对称的三层框架，记 BC 柱 B 端的转动约束为 m_{B1}，由 B 节点的弯矩平衡得到 AB 柱的 B 端转动约束为 $m_{B2} = 6i_{b1} - m_{B1}$。记 DA 柱 A 端的转动约束为 m_{A3}，则 AB 柱的 A 端转动约束 $m_{A2} = 6i_{b2} - m_{A3}$。将 m_{B1}、m_{A3} 当作未知量，记 $\dfrac{m_{B1}}{i_{c2}} = \eta$，$\dfrac{m_{A3}}{i_{c2}} = \xi$，$\dfrac{i_{b0}}{i_{c2}} = K_{b0}$，$\dfrac{i_{b1}}{i_{c2}} = K_{b1}$，$\dfrac{i_{b2}}{i_{c2}} = K_{b2}$，$\dfrac{i_{b3}}{i_{c2}} = K_{b3}$，$\dfrac{i_{c1}}{i_{c2}} = K_{c1}$，$\dfrac{i_{c3}}{i_{c2}} = K_{c3}$，$\dfrac{\chi_2 l_{c2}}{\chi_1 l_{c1}}\dfrac{i_{c1}}{i_{c2}} = \gamma_1$，$\dfrac{\chi_2 l_{c2}}{\chi_3 l_{c3}}\dfrac{i_{c3}}{i_{c2}} = \gamma_3$，可以分别得到 DA 柱、AB 柱、BC 柱各自的临界荷载：

下柱：$P_{cr} = \dfrac{\pi^2 [7.5K_{b0}\eta + 6K_{b0}K_{c1} + K_{c1}\eta]}{7.5K_{b0}\eta + 4(6K_{b0}K_{c1} + K_{c1}\eta) + 9.12K_{c1}^2} \cdot \dfrac{i_{c1}}{\chi_1 l_{c1}}$

中柱：$P_{cr} = \dfrac{\pi^2 [7.5(6K_{b2} - \xi)(6K_{b1} - \eta) + 6(6K_{b2} - \xi + 6K_{b1} - \eta)]}{7.5(6K_{b2} - \xi)(6K_{b1} - \eta) + 24(6K_{b2} - \xi + 6K_{b1} - \eta) + 54.72} \cdot \dfrac{i_{c2}}{\chi_2 l_{c2}}$

上柱：$P_{cr} = \dfrac{\pi^2 [7.5K_{b3}\xi + 6K_{b3}K_{c3} + K_{c3}\xi]}{7.5K_{b3}\xi + 4(6K_{b3}K_{c3} + K_{c3}\xi) + 9.12K_{c3}^2} \cdot \dfrac{i_{c3}}{\chi_3 l_{c3}}$

两两相等可得两个方程，其中第 1 个和第 3 个相等化简得到：

$$\frac{\xi}{6} = \frac{e_3 \eta + e_4}{e_1 \eta + e_2} \tag{7.10}$$

式中

$$e_1 = a_2 b_1 \gamma_1 - a_1 b_2 \gamma_3 \tag{7.11a}$$

$$e_2 = 6K_{c1}(K_{b0}\gamma_1 b_1 - a_3 b_2 \gamma_3) \tag{7.11b}$$

$$e_3 = K_{c3}[\gamma_3 K_{b3} a_1 - b_3 a_2 \gamma_1] \tag{7.11c}$$

$$e_4 = 6K_{c1}K_{c3}(\gamma_3 K_{b3} a_3 - \gamma_1 K_{b0} b_3) \tag{7.11d}$$

$$a_1 = 7.5K_{b0} + 4K_{c1}$$

$$a_2 = 7.5K_{b0} + K_{c1}$$
$$a_3 = 4K_{b0} + 1.52K_{c1}$$
$$b_1 = 7.5K_{b3} + 4K_{c3}$$
$$b_2 = 7.5K_{b3} + K_{c3}$$
$$b_3 = 4K_{b3} + 1.52K_{c3}$$

消去 ξ 得到关于 η 的一个一元三次方程：

$$a\eta^3 + b\eta^2 + c\eta + d = 0 \tag{7.12}$$

式中
$$a = \gamma_1 a_2 g_4 - a_1 g_1 \tag{7.13a}$$
$$b = \gamma_1 a_2 g_5 + 6\gamma_1 K_{b0} K_{c1} g_4 - a_1 g_2 - 6K_{c1} a_3 g_1 \tag{7.13b}$$
$$c = \gamma_1 a_2 g_6 + 6\gamma_1 K_{b0} K_{c1} g_5 - a_1 g_3 - 6K_{c1} a_3 g_2 \tag{7.13c}$$
$$d = 6K_{c1}(\gamma_1 K_{b0} g_6 - a_3 g_3) \tag{7.13d}$$
$$c_1 = 7.5K_{b1} + 4$$
$$d_1 = 7.5K_{b2} + 4$$
$$f_1 = 7.5K_{b1}K_{b2} + K_{b2} + K_{b1}$$
$$c_2 = 7.5K_{b1} + 1$$
$$d_2 = 7.5K_{b2} + 1$$
$$f_2 = 7.5K_{b1}K_{b2} + 4(K_{b2} + K_{b1}) + 1.52$$
$$g_1 = -\frac{1}{6}d_2 e_1 + 1.25e_3 \tag{7.13e}$$
$$g_2 = f_1 e_1 - c_2 e_3 - \frac{1}{6}d_2 e_2 + 1.25e_4 \tag{7.13f}$$
$$g_3 = f_1 e_2 - c_2 e_4 \tag{7.13g}$$
$$g_4 = -\frac{1}{6}d_1 e_1 + 1.25e_3 \tag{7.13h}$$
$$g_5 = f_2 e_1 - c_1 e_3 - \frac{1}{6}d_1 e_2 + 1.25e_4 \tag{7.13i}$$
$$g_6 = f_2 e_2 - c_1 e_4 \tag{7.13j}$$

令 $m = \dfrac{3ac - b^2}{3a^2}$，$n = \dfrac{2b^3 - 9abc + 27a^2 d}{27a^3}$，$\Delta = \dfrac{n^2}{4} + \dfrac{m^3}{27}$，$\Delta$ 总是负值，方程（7.12）有三个实根。令 $r = \sqrt{-\dfrac{m^3}{27}}$，$\theta = \arccos \dfrac{-3\sqrt{3}n}{2\sqrt{-m^3}}$，三个实根分别为：

$$\eta_i = 2\sqrt[3]{r}\cos\left[\frac{\theta + 2(i-2)\pi}{3}\right] - \frac{b}{3a}, i = 1,2,3 \tag{7.14}$$

代入（7.10）式得到对应的 ξ_1，ξ_2，ξ_3。得到 η 值和相应的 ξ 值后，分别写出各柱的 K_1、K_2 值，

$$\text{下柱 BC：} K_1 = K_{b0}/K_{c1}, K_2 = \eta/(6K_{c1}) \tag{7.15a}$$
$$\text{中柱 AB：} K_1 = K_{b1} - \eta/6, K_2 = K_{b2} - \xi/6 \tag{7.15b}$$
$$\text{上柱 DA：} K_1 = \xi/(6K_{c3}), K_2 = K_{b3}/K_{c3} \tag{7.15c}$$

三层柱子都满足关系式

$$K_1 > -\frac{1}{7.5} \tag{7.16a}$$

$$K_2 > -\frac{1}{7.5} \qquad\qquad (7.16b)$$

$$7.5K_1K_2 + K_1 + K_2 > 0 \qquad\qquad (7.16c)$$

的解即为我们所要求的解。

K_1 或 K_2 小于 0，表示柱子对其他柱子提供支援。如果一个柱子的一端固定（$K_1 = \infty$），并且 $K_2 = -\frac{1}{7.5}$，按照(6.10)式，这个柱子的临界荷载为零。因此 $K_2 = -\frac{1}{7.5}$ 是这个柱子能够向其他柱子提供约束的上限，$K_2 < -\frac{1}{7.5}$ 是不可能的。所以必须满足 $(7.16a，b，c)$ 式。

将(7.15a，b，c)式代入(6.11)式中即可得到各柱的 μ 值。各柱的 μ 值满足关系

$$\mu_1 = \sqrt{\gamma_1} \cdot \mu_2 \qquad\qquad (7.17a)$$

$$\mu_3 = \sqrt{\gamma_3} \cdot \mu_2 \qquad\qquad (7.17b)$$

图 7.3 中，令 $K_{b1} = K_{b2} = K_{b3} = 1.0$，$K_{b0} = \infty$，$K_{c3} = 0.6$，而 K_{c1}、γ_1 和 γ_3 在 0.2~5 之间变化，根据以上方法所得的 μ 值与精确解的误差都在 2% 以内，最大的也才达到 2.2%。

7.3 不对称框架的屈曲：合并解法

7.3.1 合并方法

对于承受非对称荷载的例子，如图 7.1，令 $\chi_1 = 4$，$\chi_2 = 1$，$\chi_3 = 2$，$\chi_4 = 2$，各柱和梁长度相等为 l，线刚度相等为 i。根据第六章第八节三跨四层框架实例分析得到的一个结论：层对层的约束，对同一层的每个柱子而言，获得的好处（临界力的增加）或贡献出来的刚度（临界荷载的减小）具有相同的比例，这为我们提出下面的方法提供了一个重要的线索。

对于这种几何和荷载都不对称的问题，可以采用梁柱合并的方法求解。将每层的柱线刚度之和作为合成柱的线刚度，各柱端的梁对柱子的转动约束相加作为的合成柱的转动约束，轴力相加作为合成柱的轴力，求解这个合成的模型。

图 7.1 的框架，上层柱线刚度相加得到总的柱线刚度为 $2i$。柱 C2 和柱 C4 上端梁的约束刚度均为 $6i$，相加得到总的柱上端梁的约束刚度为 $12i$。下层两个柱的线刚度相加得到总的线刚度为 $2i$。柱 C2 和柱 C1 连接点处梁的约束刚度为 $6i$，柱 C4 和柱 C3 连接点处梁的约束刚度为 $6i$，相加得到上层和下层之间的梁的总约束刚度为 $12i$。合成后柱脚仍为固定。合成柱 C2 的轴力为上层柱总的轴力，合成柱 C1 的轴力为下层柱总的轴力，这样相应就得到合成柱的轴力参数 $\chi_1 = \frac{4+2}{1+2} = 2$，$\chi_2 = 1$。然后根据前面对图 7.1 的计算方法对这个合成柱模型进行计算，得到上、下层合成柱的计算长度系数分别为 1.7046、1.2053，这样就得到了各层各个柱子考虑了层与层相互影响的总的临界荷载 $\sum P_{cri}$（按层分别求和），利用 (6.16) 式，可以直接得到该层各柱考虑了同层各柱相互支援、又考虑

了层与层相互支援的计算长度系数 μ。对于本例，采用上述步骤得到 $\mu_1 = 1.0438$，$\mu_2 = 2.0877$，$\mu_3 = \mu_4 = 1.4762$，精确解为 $\mu_1 = 1.0333$，$\mu_2 = 2.0666$，$\mu_3 = \mu_4 = 1.4613$，各柱误差相同，仅为 1%。更多的例子见表 7.2。

对于柱脚铰接的问题，上述方法同样有效。

按照上述方法求得的各个柱子的 μ 值之间符合如下关系：

$$\mu_i = \sqrt{\gamma_i} \mu_k \tag{7.18}$$

式中　$\gamma_i = \dfrac{l_{ck} \chi_k i_{ci}}{l_{ci} \chi_i i_{ck}}$。

合并方法得到的两层框架柱计算长度系数　　　　　　　表 7.2

i_{c1}	i_{c2}	i_{c3}	i_{c4}	χ_1	χ_2	χ_3	χ_4	i_b	μ_2	精确值	误差
1	1	1	1	4	1	2	2	1	2.0725	2.0666	0.3%
1	1	0.5	0.5	4	1	2	2	1	2.2989	2.3156	0.7%
1	1	1	0.5	4	1	2	2	1	2.1014	2.1082	0.3%
2	1	0.9	0.3	4	1	2	1	1	1.8260	1.8802	2.9%
2	1	0.9	0.3	4	1	2	1	2	1.6495	1.6883	2.3%
2	1	0.9	0.3	4	1	2	1	0.5	2.0863	2.1545	3.2%

7.3.2　底层柱脚连接方式不同的一般问题

当不对称问题中出现底层部分柱脚固定，部分铰接时，如图 7.4 所示，合成的柱子采用什么柱脚形式？最直接的方法就是将图 7.4 中底层柱脚铰接的柱转化为柱脚固定的柱，在其他参量不变的情况下，将下柱的 i_{c3} 等效为 $\kappa \cdot i_{c3}$，等效的原则是等效的柱脚固定的柱子与原柱脚铰接的柱子在不考虑层与层相互作用的情况下临界荷载相等。等效前 C3 柱的 $K_1 = \dfrac{i_{b1}}{i_{c3} + i_{c4}}$，$K_2 = 0$，等效后 $K_1' = \dfrac{i_{b1}}{Ki_{c3} + i_{c4}}$，$K_2' = \infty$，分别写出等效前后 C3 柱的计算长度系数：等效前 $\mu_3 = \sqrt{\dfrac{4K_1 + 1.52}{K_1}}$，等效后，$\mu_3' = \sqrt{\dfrac{7.5K_1' + 4}{7.5K_1' + 1}}$。等效前 C3 柱临界荷载，$\chi_3 P_{cr} = \dfrac{\pi^2 E I_{c3}}{\mu_3^2 l_{c3}^2}$，等效后的临界荷载 $\chi_3 P_{cr} = \dfrac{\pi^2 E \kappa I_{c3}}{\mu_3'^2 l_{c3}^2}$，两者相等得到 $\dfrac{\pi^2 i_{c3}}{\mu_3^2 l_{c3}} = \dfrac{\pi^2 \kappa i_{c3}}{\mu_3'^2 l_{c3}}$，经整理得到关于未知量 κ 的一元二次方程：

$$\kappa^2 + \left(7.5K_1 - \frac{4K_1}{4K_1 + 1.52}\right)\kappa - \frac{7.5K_1^2}{4K_1 + 1.52} = 0 \tag{7.19}$$

上式的根总是一正一负，取正根即可。将底层柱脚铰接的部分柱转换为柱脚固定的柱后，再同层合并求解，得到每层的总临界荷载，再按照 (6.16) 式获得各个柱子的计算长度系数。

若图 7.4 中，$l_{c1} = l_{c2} = l_b = 1$，$i_{c1} = i_{c3} = i_{b1} = i_{b2} = 1$，$i_{c2} = i_{c4} = 2$，$\chi_1 = \chi_2 = 2$，$\chi_3 = 1$，$\chi_4 = 2$。先取出 C3 和 C4 柱，按图 7.5 转换为底层柱脚固定的情况，得到 $K_1 = 0.3333$，$\kappa = 0.1347$。再按底层都是固定的情况，同层合并后求解，得到 $\mu_2 = 1.2480$。由于 C3 柱为等效柱，须回到原图 7.4 中，由 (7.18) 式得到 $\mu_3 = 1.7874$。根据平衡法，利用精确的位移法得到的精确解为 $\mu_2 = 1.2693$，$\mu_1 = \mu_3 = \mu_4 = 1.7950$。误差是 1.7%。更多的

例子见表7.3。

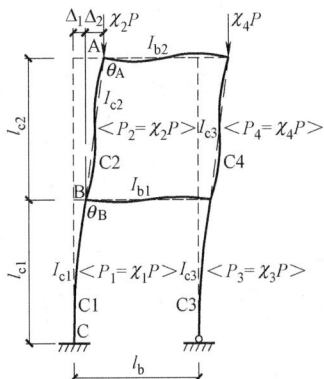

图 7.4 混合柱脚框架

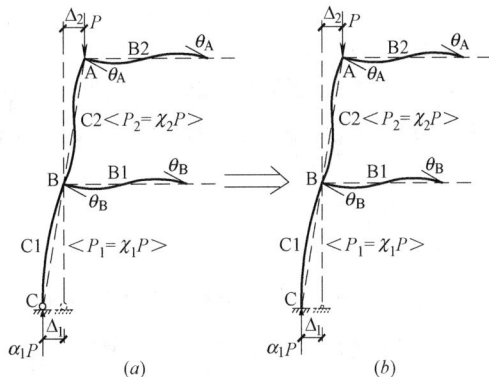

图 7.5 铰接柱脚等效为刚接柱脚

一柱脚铰接的框架的计算长度（等效刚度法）（$l_{c1}=l_{c2}=l_b=1$） 表 7.3

例题	i_{c1}	i_{c2}	i_{c3}	i_{c4}	i_{b1}	i_{b2}	χ_1	χ_2	χ_3	χ_4	精确解	近似解	error
1	1	1	2	2	1	1	1	1	1	1	1.9610	1.9976	1.9%
2	2	1	3	1	1	1	1	1	1	1	1.3820	1.3790	0.2%
3	1	1	1	1	1	1	2	1	2	1	2.0845	2.0569	1.3%
4	2	1	1	2	1	1	2	1	2	1	1.5123	1.4757	2.4%
5	2	1	2	1	1	1	2	1	2	1	1.6304	1.6793	2.9%

7.4 多层框架有侧移失稳的柱子计算长度

对于三层以上框架（图 7.6a），上述方法不宜推广。因为四层模型需要求解一元四次方程。但考虑到与计算层隔了一层的楼层对计算层影响已经很小，可以每次取出三层进行计算：计算层和它的上、下相邻层。这种三层模型可以采用 7.2 和 7.3 节的方法分析。

首先计算下列参数，并判断薄弱层：

① 采用传统的计算长度系数计算每层的临界荷载 $\left(\sum\limits_{j=1}^{n} P_{crj}\right)_i$；

② 计算 $\left(\sum\limits_{j=1}^{n} \chi_{ji}P\right)_i / \left(\sum\limits_{j=1}^{n} P_{crj}\right)_i$；

③ 比值 $\left[\left(\sum\limits_{j=1}^{n} \chi_{ji}P\right)_i / \left(\sum\limits_{j=1}^{n} P_{crj}\right)_i\right]$ 最大的层是薄弱层；

然后可以通过下列步骤获得很精确的解。

（1）选择需要确定计算长度的层（可以从下到上逐层选取，底层和顶层选择两层模型，中间层选择三层模型）：中间层模型包括三层柱四层梁，见图 7.6b；

（2）采用 7.2 与 7.3 节方法对图 7.6b 模型进行研究，求得中间层柱子的计算长度系数；

（3）每层各个柱子的计算长度系数由(6.16)式计算。

上面步骤基于这样一个观察：与薄弱层（计算层）不直接相邻的楼层对最薄弱层（计算层）的影响是很小的。

图 7.6b 模型顶部和底部的梁实际上对与它们相连的上下层柱子提供约束，参与上述计算的梁的刚度是否要按照某个比例进行折减？严格说来应该折减，折减的方法可以有多种，最合理的方法是：

$$i'_{\mathrm{b}i+1}=\frac{\chi_{i+1}/P_{\mathrm{cr},i+1}}{\chi_{i+1}/P_{\mathrm{cr},i+1}+\chi_{i+2}/P_{\mathrm{cr},i+2}}i_{\mathrm{b}i+1} \tag{7.20}$$

但是也可以采用其他的假定，因为底部和顶部的梁的影响已经不是很大，例如采用

$$i'_{\mathrm{b}i+1}=\frac{i_{\mathrm{c}+1}}{i_{\mathrm{c}+1}+i_{\mathrm{c}+2}}i_{\mathrm{b}i+1} \tag{7.21}$$

甚至可以取 $i'_{\mathrm{b}i+1}=i_{\mathrm{b}i+1}$。大量的例子表明，由于将 100% 的刚度给了这个三层模型，求得的中间层计算长度系数是偏小的，但是误差小于 -3%。

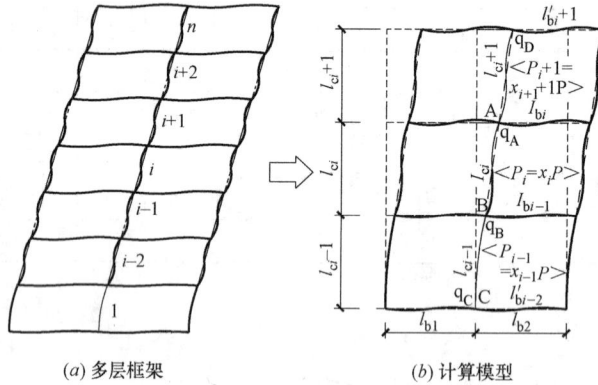

(a) 多层框架   (b) 计算模型

图 7.6 多跨多层框架薄弱层计算模型

下面举几个例子，四层单跨框架有侧移失稳，左右柱的几何和荷载均对称。只进行薄弱层的计算，并将计算结果应用于整个框架。柱高等于梁跨度，各参数见表 7.4，结果与精确值和规范值的比较见表 7.5，可见本章的方法精度非常好。在薄弱层在底层或顶层时，只要取两层的模型进行分析。

四层框架例题   表 7.4

	楼层	一层	二层	三层	四层		楼层	一层	二层	三层	四层
例题1	柱线刚度	2	1	1	1	例题4	柱线刚度	1	1	0.5	0.5
	梁线刚度	1	1	1	1		梁线刚度	1	1	0.5	0.5
	柱轴力	4	3	2	1		柱轴力	6	5	4	1
例题2	柱线刚度	1	1	0.5	0.5	例题5	柱线刚度	1	1	1	1
	线刚度	1	1	0.5	0.5		梁线刚度	1	1	1	1
	柱轴力	6	5	4	2		柱轴力	6	3	2	1
例题3	柱线刚度	1	1	1	1	例题6	柱线刚度	1	1	1	0.5
	梁线刚度	1	1	1	0.5		梁线刚度	1	1	1	0.5
	柱轴力	1	1	1	1		柱轴力	4	3	2	2

表 7.6 是荷载及几何对称的单跨八层框架有侧移失稳例子，$l_{ci} = l_b$（$i = 1, 2, 3, \cdots, 8$），易知第二层是薄弱层，取下面三层按图 7.3 模型求解。

将下部四层柱惯性矩加大一倍，其余不变，薄弱层在第二层，取下面三层按图 7.4 模型求解，结果与精确解比较见表 7.7。

单跨四层框架计算结果及其比较　　　　　　　　表 7.5

		一层	二层	三层	四层	误差	薄弱层
例题1	本文方法	1.7117	1.3976	1.7117	2.4207	0.9%	二层
	精确值	1.6963	1.3850	1.6963	2.3989		
	规范法	1.39	1.71	1.59	1.45		
例题2	本文方法	1.5064	1.6502	1.3046	1.8450	0.87%	三层
	精确值	1.4934	1.6359	1.2933	1.8290		
	规范法	1.28	1.54	1.54	1.45		
例题3	本文方法	1.5461	1.5461	1.5461	1.5461	1%	一层二层三层
	精确值	1.5624	1.5624	1.5624	1.5624		
	规范法	1.28	1.59	1.59	1.59		
例题4	本文方法	1.4841	1.6258	1.2853	2.5706	0.95%	三层
	精确值	1.4702	1.6106	1.2733	2.5465		
	规范法	1.28	1.54	1.54	1.45		
例题5	本文方法	1.1966	1.6922	2.0725	2.9310	0.3%	一层
	精确值	1.1935	1.6879	2.0672	2.9235		
	规范法	1.28	1.59	1.59	1.45		
例题6	本文方法	1.2729	1.4698	1.8002	1.2729	1.5%	以四层算
	本文方法	1.2837	1.4823	1.8155	1.2837	0.7%	以二层算
	精确值	1.2925	1.4925	1.8279	1.2925		
	规范法	1.28	1.59	1.54	1.41		

八层框架计算例题（1）　　　　　　　　表 7.6

	柱 i_{ci}	梁 i_{bi}	轴力 α_i	精确值	计算值	误差	规范值
八层	1	0.6	1	3.8867	3.8792	0.2%	1.56
七层	1	1	2	2.7483	2.7430	0.2%	1.59
六层	1	1	3	2.2440	2.2397	0.2%	1.59
五层	1	1	4	1.9434	1.9396	0.2%	1.59
四层	1	1	5	1.7382	1.7348	0.2%	1.59
三层	1	1	6	1.5867	1.5836	0.2%	1.59
二层	1	1	7	1.4690	1.4662	0.2%	1.59
一层	1	1	8	1.3742	1.3715	0.2%	1.28

单跨八层框架计算结果对比（2）　　　　　　　　表 7.7

	柱 i_{ci}	梁 i_{bi}	轴力 α_i	精确值	计算值	误差	规范值
八层	1	0.6	1	3.3997	3.3209	2.3%	1.56
七层	1	1	2	2.4039	2.3482	2.3%	1.59
六层	1	1	3	1.9628	1.9173	2.3%	1.59
五层	1	1	4	1.6998	1.6605	2.3%	1.71

续表

	柱 i_{ci}	梁 i_{bi}	轴力 α_i	精确值	计算值	误差	规范值
四层	2	1	5	2.1502	2.1003	2.3%	1.93
三层	2	1	6	1.9628	1.9173	2.3%	2.03
二层	2	1	7	1.8172	1.7751	2.3%	2.03
一层	2	1	8	1.6998	1.6604	2.3%	1.43

上述算例仅对薄弱层取三层模型计算，并将结果应用于所有楼层，相当于框架整体屈曲分析的第一屈曲波形。对其他层，这一结果并不宜用于设计。对其他层，要取出它自己的三层模型进行分析，其结果才可以用于设计。

7.5　多跨框架的稳定性

以上的研究中，所举例子均为单跨框架，结果的精度都很理想。若推广到多跨框架，便可以发现精度下降了很多。以第 6 章的四层三跨框架为例，按照 7.3 节里所介绍的梁柱合成的方法求解，将每层柱的线刚度之和作为合成柱的线刚度，各柱端的梁约束相加作为

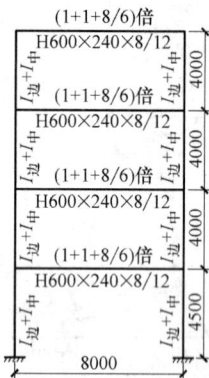

图 7.7　梁柱合成
后的等效框架

合成的梁端转动约束，轴力相加作为合成柱的轴力。这里为了简明起见，将该半框架模型等效为如图 7.7 所示的对称单跨框架，该框架的跨度为 8m，高 $4.5+4+4+4=16.5$(m)，楼层梁惯性矩 $I=0.6252\times10^9\times(2+8/6)=2.084\times10^9$ mm^4，屋顶梁惯性矩 $I=0.2589\times10^9\times(2+8/6)=0.863\times10^9$ mm^4。当仅在顶层加载时，薄弱层在顶层，取出顶层和第三层按图 7.2 一般的两层框架求解。本例中，$K_c=1$，$K_{b0}=\dfrac{2.084/8}{0.9261/4}=1.125$，$K_{b1}=\dfrac{2.084/8}{0.9261/4}=1.125$，$K_{b2}=\dfrac{0.863/8}{0.9261/4}=0.466$，$\gamma=1$，代入（7.4，7.7a～c）式，求解得到顶层柱 $\mu=1.527$，于是顶层总的临界荷载 $\sum P_{cri}=\dfrac{\pi^2 E\cdot(0.9261\times2)\times10^{-3}}{1.527^2\times4^2}$。

求得了顶层总的临界荷载，便可以利用(6.16)式得到顶层各根柱的计算长度系数值，这样顶层边柱的计算长度系数值为 $\mu_{AB}=2.064$，而第 6 章得到的较精确的值为 $\mu_{AB}=2.276$，利用梁柱合成的方法求解，结果小了 9.3%，不理想。

当每层加载时，薄弱层在底层，取出底层和第二层按图 7.1 柱脚固定的两层框架求解。本例中，$K_c=\dfrac{4}{4.5}=0.8889$，$K_{b1}=\dfrac{2.084/8}{0.9261/4}=1.125$，$K_{b2}=\dfrac{2.084/8}{0.9261/4}=1.125$，$\gamma=\dfrac{3\times4}{4\times4.5}=0.6667$，代入(7.5a～c，7.4)式，求解得到底层柱 $\mu=1.181$，底层总的临界荷载 $\sum P_{cri}=\dfrac{\pi^2 E\cdot(0.9261\times2)\times10^{-3}}{1.181^2\times4.5^2}$，利用(6.16)式得到底层边柱的计算长度系数值为 $\mu_{CD}=1.597$，较为精确的值为 $\mu_{CD}=1.694$，结果值小了 5.7%。相比前面例子，精度有下降。

实际上，上面的合成法被用于简化计算多层多跨框架在水平荷载下的位移[12]，这种合成方法在位移的计算精度上很少有著作提及。对上面例子进行了分析，分析时对于等效单跨框架柱的截面面积也根据框架整体弯曲分量等效的原则进行了等效。对合并前的框架和合并后图 7.7 所示框架分别进行线性分析，顶层施加横向单位力，可以得到各层的抗侧刚度见表 7.8。

计算结果表明，合并后的单跨框架的抗侧刚度比原框架的抗侧刚度大，表 7.8 中列出了各层抗侧刚度提高的幅度。由于合并后层抗侧刚度提高，屈曲荷载将增加，因而计算长度系数偏小。因此合成方法导致的框架抗侧刚度的提高是上面采用合成方法计算的计算长度系数偏小的原因。

框架合并前后各层总的抗侧刚度的比较　　　　　　　　　　　表 7.8

	顶层	三层	二层	底层
原框架	2.0925×10^7	2.1877×10^7	2.2385×10^7	2.7169×10^7
图 7.7 框架	2.4372×10^7	2.5628×10^7	2.6234×10^7	3.0188×10^7
合并后刚度提高	16%	17%	17%	11%

合并法对于同层各个梁柱节点转角相同的情况是精确的。合并方法导致框架抗侧刚度提高，是因为上面例子中内部柱的节点转角小于边柱的节点转角。由于中柱较小的节点转角，它们承担的剪力比转角更大时承担的剪力要小，也即提供的抗剪刚度要比合并法算出的更小。

图 7.8 是只在一边加载的单跨框架，薄弱层的梁两端转角的比值（$\theta_B : \theta_F$）是 1.078 : 1。即使荷载这么不对称，两者也接近相等，所以合并法对于单跨框架，结果都很理想。

合并后多跨框架抗侧刚度提高的问题，有一个比较合理的解决方法。抗侧刚度的提高将反映到合并后的框架临界荷载上，分别计算薄弱层在合并前后的 $\sum P_{cr}/h$，得到合并后层抗侧刚度的变化幅度 $\dfrac{(\sum P_{cr}/h)_{后}}{(\sum P_{cr}/h)_{前}}$。再将合并方法得到的计算长度系数值作相应调整，由于 $P_{cr} = \dfrac{\pi^2 EI}{(\mu l)^2}$，容易得到：

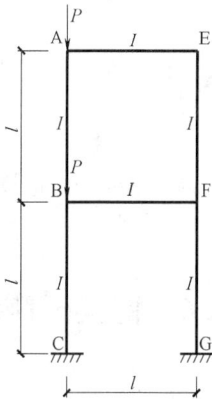

图 7.8　单跨荷载不对称框架

$$\mu_{修正} = \mu_{合并法} \cdot \sqrt{\frac{(\sum P_{cr}/h)_{合并后}}{(\sum P_{cr}/h)_{合并前}}} \tag{7.22}$$

如前例框架顶层加载时，薄弱层在顶层，可以得到合并后顶层抗侧刚度的变化幅度 $\dfrac{(\sum P_{cr}/h)_{后}}{(\sum P_{cr}/h)_{前}} = 1.152$，顶层边柱计算长度系数修正后的值为 $\mu_{AB修正} = \mu_{AB合并法} \sqrt{\dfrac{(\sum P_{cr}/h)_{后}}{(\sum P_{cr}/h)_{前}}} = 2.064 \times \sqrt{1.152} = 2.215$，比精确值 2.276 只偏小 2.7%。

当框架逐层加载时，薄弱层在底层，得到合并后底层抗侧刚度的变化幅度 $\dfrac{(\sum P_{cr}/h)_{后}}{(\sum P_{cr}/h)_{前}} = 1.111$，由（7.22）式得到底层边柱修正后的计算长度系数为，$\mu_{CD修正} = \mu_{CD合并法} \sqrt{1.111} = 1.597 \sqrt{1.111} = 1.683$，比精确值 1.694 只偏小 0.6%。

不等高的如何合并？不等高的各个柱子的抗侧刚度之和是

$$S_{\mathrm{F}} = \sum_{j=1}^{n} \frac{12(k_{\mathrm{z}1j}i_{\mathrm{c}j} + k_{\mathrm{z}2j}i_{\mathrm{c}j} + k_{\mathrm{z}1j}k_{\mathrm{z}2j})}{12i_{\mathrm{c}j}^2 + 4(k_{\mathrm{z}1j} + k_{\mathrm{z}2j})i_{\mathrm{c}j} + k_{\mathrm{z}1j}k_{\mathrm{z}2j}} \frac{EI_{\mathrm{c}j}}{h_j^3} = \sum \alpha_j \frac{P_{\mathrm{E},j}}{h_j}$$

现在集中为一个柱子，其抗侧刚度应该相同

$$\frac{12(K_{\mathrm{z}1}i_{\mathrm{c}\mathrm{T}} + K_{\mathrm{z}2}i_{\mathrm{c}\mathrm{T}} + K_{\mathrm{z}1}K_{\mathrm{z}2})}{12i_{\mathrm{c}\mathrm{T}}^2 + 4(K_{\mathrm{z}1} + K_{\mathrm{z}2})i_{\mathrm{c}\mathrm{T}} + K_{\mathrm{z}1}K_{\mathrm{z}2}} \frac{EI_{\mathrm{c}\mathrm{T}}}{h_1^3} = S_{\mathrm{F}}$$

其中 $I_{\mathrm{c}\mathrm{T}}$ 是合并了的柱子的截面惯性矩，$i_{\mathrm{c}\mathrm{T}}$ 是其线刚度。不同高度的柱子，抗侧刚度要相同，例如

$$\frac{12EI_{\mathrm{c}j}}{h_j^3} = \frac{12EI_{\mathrm{c}1}}{h_1^3}, \text{则} \ I_{\mathrm{c}1} = \frac{h_1^3}{h_j^3}I_{\mathrm{c}j}$$

然后，转动约束也要等效。因为两端转动约束的刚体发生有侧移失稳的临界荷载是 $P_{\mathrm{sw}} = \frac{k_{\mathrm{z}1} + k_{\mathrm{z}2}}{h}$，按照抗侧刚度等效为

$$k'_{\mathrm{z}1} = \frac{k_{\mathrm{z}j1}}{h_j^2}, k'_{\mathrm{z}2} = \frac{k_{\mathrm{z}j2}}{h_j^2},$$

即上下端的转动刚度都要等效。这样合并后的柱子的抗侧刚度是

$$S'_{\mathrm{F}} = \frac{12\Big(\sum \frac{k_{\mathrm{z}1}}{h_j^2} \cdot \frac{E}{h_1} \sum \frac{h_1^3}{h_j^3}I_{\mathrm{c}j} + \sum \frac{k_{\mathrm{z}2}}{h_j^2} \frac{E}{h_1} \sum \frac{h_1^3}{h_j^3}I_{\mathrm{c}j} + \sum \frac{k_{\mathrm{z}1}}{h_j^2} \sum \frac{k_{\mathrm{z}2}}{h_j^2}\Big)}{12\Big(\frac{E}{h_1} \sum \frac{h_1^3}{h_j^3}I_{\mathrm{c}j}\Big)^2 + 4\Big(\frac{k_{\mathrm{z}1}}{h_j^2} + \sum \frac{k_{\mathrm{z}2}}{h_j^2}\Big)\frac{E}{h_1} \sum \frac{h_1^3}{h_j^3}I_{\mathrm{c}j} + \sum \frac{k_{\mathrm{z}1}}{h_j^2} \sum \frac{k_{\mathrm{z}2}}{h_j^2}} \frac{E}{h_1^3} \sum \frac{h_1^3}{h_j^3}I_{\mathrm{c}j}$$

压力的等效也是负刚度相等：

$$\alpha_1 \frac{P_{\mathrm{T}}}{h_1} = \sum \alpha_j \frac{P_j}{h_j}, \text{所以} \ P_{\mathrm{T}} = \frac{h_1}{\alpha_1} \sum \alpha_j \frac{P_j}{h_j}$$

上述合并方法只适用于单层。

7.6　框架无侧移失稳的计算长度系数：两层框架

对于框架无侧移失稳，6.3 节的传统计算长度系数同样存在与实际不符合的情况，例如各楼层柱子轴力及刚度相差较大，或在确定底层柱、二层柱以及顶层柱子的计算长度系数时。对传统的计算长度法进行如下几个方面的改进，就可以获得较好的计算长度系数：

（1）考虑梁远端的约束情况，对梁线刚度进行修正。这在 6.3 节已经介绍；

（2）梁柱连接半刚性的影响。这在 6.9 节中介绍过。

（3）考虑柱端实际约束条件，比如铰支或固定。这对二层及二层以上框架还没有得到合理解决。

（4）考虑层与层的相互作用的修正。这一方面目前还没有满意的方法。

下面介绍的方法放弃了 6.3 节传统计算长度法的不合理假定，仅采用如下假定：

（1）刚架屈曲时同层的各横梁两端转角大小相等、方向相反。这条假定对框架无侧移失稳的计算结果影响不大，因此这里仍保留这条假定。

（2）横梁中的轴力对梁本身的抗弯刚度的影响可以忽略不计。

（3）各层柱按比例加载。

无侧移框架柱失稳时的计算长度系数，(6.9b)式，即

$$\mu=\sqrt{\frac{(1+0.41K_1)(1+0.41K_2)}{(1+0.82K_1)(1+0.82K_2)}}\qquad(7.23)$$

图 7.9 是左右对称柱脚固定的两层框架，记 BC 柱 B 端的转动约束为 m_{B1}，由 B 节点的弯矩平衡得到 AB 柱的 B 端转动约束为 $m_{B2}=2i_{b1}-m_{B1}$。将 m_{B1} 当作未知量，令 $\frac{m_{B1}}{i_{c2}}=\eta$，$\frac{i_{c1}}{i_{c2}}=K_c$，$\frac{i_{b1}}{i_{c2}}=K_{b1}$，$\frac{i_{b2}}{i_{c2}}=K_{b2}$，$\frac{\chi_2 l_{c1}}{\chi_1 l_{c1}}\frac{i_{c1}}{i_{c2}}=\gamma_1$，则上下柱的各自的 K_1，K_2 值：

下柱 BC：$K_1=\infty$，$K_2=\eta/(2K_c)$ (7.24a)

上柱 AB：$K_1=K_{b1}-\eta/2$，$K_2=K_{b2}$ (7.24b)

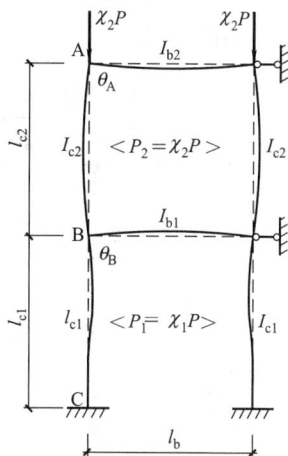

图 7.9 柱脚固定的二层框架

利用 (7.23) 式得到上下柱临界荷载为 $\chi_i P_{cr}=\frac{\pi^2 i_{ci}}{\mu_i^2 l_{ci}}$ $(i=1,2)$：

$$P_{cr}=\frac{\pi^2}{\mu_1^2}\cdot\frac{i_{c1}}{\chi_1 l_{c1}}=\pi^2\frac{2(1+0.82K_2)}{1+0.41K_2}\cdot\frac{i_{c1}}{\chi_1 l_{c1}}=\pi^2\frac{2(2K_c+0.82\eta)}{2K_c+0.41\eta}\cdot\frac{i_{c1}}{\chi_1 l_{c1}}$$

$$P_{cr}=\frac{\pi^2}{\mu_2^2}\cdot\frac{i_{c2}}{\chi_2 l_{c2}}=\pi^2\frac{(1+0.82K_{b2})(2+1.64K_{b1}-0.82\eta)}{(1+0.41K_{b2})(2+0.82K_{b1}-0.41\eta)}\cdot\frac{i_{c2}}{\chi_2 l_{c2}}$$

由两式相等，经过简化得到关于 η 的一个一元二次方程：

$$a\eta^2+b\eta+c=0\qquad(7.25)$$

式中

$$a=0.3362[2\gamma c_2-c_1]\qquad(7.26a)$$
$$b=0.82[c_1(b_1-2K_c)+2\gamma c_2(K_c-2b_2)]\qquad(7.26b)$$
$$c=4K_c[c_1 b_1-2\gamma c_2 b_2]\qquad(7.26c)$$
$$b_1=1+0.82K_{b1}\qquad(7.27a)$$
$$b_2=1+0.41K_{b1}\qquad(7.27b)$$
$$c_1=1+0.82K_{b2}\qquad(7.27c)$$
$$c_2=1+0.41K_{b2}\qquad(7.27d)$$

解为 $\eta=\frac{-b-\sqrt{b^2-4ac}}{2a}$（另一个解没有意义），代入(7.24a，b)式，再将(7.24a，b)式代入(7.23)式中即可得到各柱的 μ 值。求得的计算长度系数满足：

$$\mu_1=\sqrt{\gamma}\cdot\mu_2\qquad(7.28)$$

举个例子，图 7.9 中若令 $l_{ci}=l_b$ $(i=1,2)$，$i_{c1}=i_{c2}=i_{b1}=i_{b2}=1$，$\chi_1=\chi_2=1$，于是 $K_c=1$，$K_{b1}=K_{b2}=1$，$\gamma=1$。代入(7.25)式解得 $\eta=-0.5688$，代入(7.24a)式得到下柱 C1 的 $K_1=\infty$，$K_2=\eta/(2K_c)=-0.2844$。因为 $K_1=\infty$，(7.23)式化为

$$\mu=\sqrt{\frac{(1+0.41K_2)}{2(1+0.82K_2)}}\qquad(7.29)$$

计算得到 C1 柱 $\mu_1=0.7590$，由(7.28)式得到 $\mu_2=0.7590$，也可以由(7.23)式计算 μ_2，结果相同。精确解为 $\mu_1=\mu_2=0.7522$，误差 0.9%。

表 7.9 是 $K_c=K_{b1}=K_{b2}=1$，γ 值在 0.1 到 10 之间变化时，两层框架柱计算长度系数的精确值与计算值的比较。由表可见，上述方法的精度极其好。虽然(7.23)式是在柱两

199

端约束为正时得到的，但是在 $\gamma=1\sim10$ 之间，下柱柱端约束是负时（表明下柱不仅得不到梁的约束，反而还要对上柱提供约束），得到的结果仍然相当好。

底层柱脚固定 $y=1$，$z=1$，$x=1$ 时的两层框架柱计算长度系数的比较　　　　表 7.9

γ	η 值	μ_1 精确值	μ_1 近似值	μ_2 精确值	μ_2 近似值	误差
0.1	4.1284	0.5798	0.5855	1.8335	1.8515	1.0%
0.3	3.2617	0.5959	0.5975	1.0880	1.0909	0.3%
0.5	2.0000	0.6238	0.6224	0.8822	0.8802	0.2%
1	0.5688	0.7522	0.7590	0.7522	0.7590	0.9%
2	1.7063	1.0192	1.0403	0.7207	0.7356	2.1%
5	2.1850	1.5861	1.6279	0.7093	0.7280	2.6%
8	2.2855	1.9999	2.0550	0.7071	0.7266	2.8%
10	2.3176	2.2336	2.2961	0.7063	0.7261	2.8%

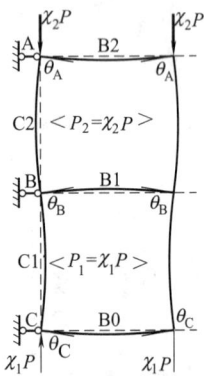

图 7.10　一般
二层框架

图 7.10 是更为一般的两层框架，底层柱脚 C 点与线刚度为 i_{b0} 的梁 B0 刚接。除了上面引入的记号外，附加引入 $\dfrac{i_{b0}}{i_{c2}}=K_{b0}$，各柱柱端的 K_1，K_2 为

$$下柱 BC: K_1=K_{b0}/K_c, K_2=\eta/(2K_c), \qquad (7.30a)$$

$$上柱 AB: K_1=K_{b1}-\eta/2, K_2=K_{b2}, \qquad (7.30b)$$

采用同样的步骤得到 (7.25) 式，但是式中的系数为：

$$a=0.3362[\gamma a_1 c_2-a_2 c_1] \qquad (7.31a)$$

$$b=0.82[a_2 c_1(b_1-2K_c)+\gamma a_1 c_2(K_c-2b_2)] \qquad (7.31b)$$

$$c=4K_c[a_2 b_1 c_1-\gamma a_1 b_2 c_2] \qquad (7.31c)$$

$$a_1=K_c+0.82K_{b0} \qquad (7.31d)$$

$$a_2=K_c+0.41K_{b0} \qquad (7.31e)$$

底层柱脚固定时 $K_{b0}\to\infty$，（7.31a，b，c）式退化为（7.26a，b，c）式。底层柱脚铰支时 $K_{b0}=0$，（7.31a，b，c）式简化为

$$a=0.3362(\gamma c_2-c_1) \qquad (7.32a)$$

$$b=0.82[c_1(b_1-2K_c)+\gamma c_2(K_c-2b_2)] \qquad (7.32b)$$

$$c=4K_c[b_1 c_1-\gamma b_2 c_2] \qquad (7.32c)$$

例如图 7.10 中 B0 梁的线刚度 $i_{b0}=0$，令 $l_{ci}=l_b(i=1,2)$，$i_{c1}=i_{c2}=i_{b1}=i_{b2}=1$，$\chi_1=\chi_2=1$，于是 $K_c=K_{b1}=K_{b2}=1$，$\gamma=1$，$K_{b0}=0$。代入（7.32a，b，c）式和（7.25）式得到 $\eta=2$，代入（7.30a）式得到下柱 C1 的 $K_1=0$，$K_2=1$，代入（7.23）式得到 C1 柱的 $\mu_1=0.8802$，由（7.28）式可得 $\mu_2=0.8802$。本例精确解为 $\mu_1=\mu_2=0.8749$，误差 0.6%。

表 7.10 是柱脚铰支两层框架无侧移失稳时，$K_c=K_{b1}=K_{b2}=1$，γ 值在 0.1 到 10 之间变化，上下柱计算长度系数的精确值与上述方法计算值的比较。由表 7.10 可见，精度同样很好。

底层柱脚铰支 $K_c = K_{b1} = K_{b2} = 1$ 时的两层框架柱计算长度系数的比较　表 7.10

γ	η 值	μ_1 精确值	μ_1 近似值	μ_2 精确值	μ_2 近似值	误差
0.1	4.2920	0.8029	0.8253	2.5390	2.6098	2.8%
0.3	3.9459	0.8119	0.8313	1.4823	1.5177	2.4%
0.5	3.5148	0.8237	0.8395	1.1649	1.1872	1.9%
1	2.0000	0.8749	0.8802	0.8749	0.8802	0.6%
2	0.5688	1.0716	1.0733	0.7577	0.7589	0.2%
5	1.8807	1.6240	1.6384	0.7263	0.7327	0.9%
8	2.1140	2.0402	2.0621	0.7213	0.7291	1.1%
10	2.1850	2.2763	2.3022	0.7198	0.7280	1.1%

7.7　框架无侧移失稳的计算长度系数：三层框架

图 7.11 是左右柱几何和荷载均对称的一般的三层无侧移框架，可以按照上面两层框架的解决方法建立求解柱端转动约束的方程。记 BC 柱 B 端的转动约束为 m_{B1}，由 B 节点的弯矩平衡得到 AB 柱的 B 端转动约束为 $m_{B2} = 2i_{b1} - m_{B1}$。记 DA 柱 A 端的转动约束为 m_{A3}，则 AB 柱的 A 端转动约束 $m_{A2} = 2i_{b2} - m_{A3}$。将 m_{B1}、m_{A3} 当作未知量，令 $\dfrac{m_{B1}}{i_{c2}} = \eta$，$\dfrac{m_{A3}}{i_{c2}} = \xi$，$\dfrac{i_{c1}}{i_{c2}} = K_{c1}$，$\dfrac{i_{c3}}{i_{c2}} = K_{c3}$，$\dfrac{i_{b0}}{i_{c2}} = K_{b0}$，$\dfrac{i_{b1}}{i_{c2}} = K_{b1}$，$\dfrac{i_{b2}}{i_{c2}} = K_{b2}$，$\dfrac{i_{b3}}{i_{c2}} = K_{b3}$，$\dfrac{\chi_2}{\chi_1}\dfrac{l_{c2}}{l_{c1}}\dfrac{i_{c1}}{i_{c2}} = \gamma_1$，$\dfrac{\chi_2}{\chi_3}\dfrac{l_{c2}}{l_{c3}}\dfrac{i_{c3}}{i_{c2}} = \gamma_3$，可以得到 DA 柱、AB 柱、BC 柱的 K_1，K_2：

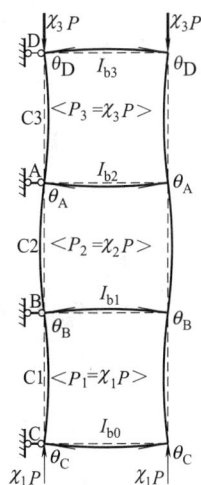

图 7.11　更为一般的三层框架

$$下柱 BC : K_1 = K_{b0}/K_{c1}, K_2 = \eta/(2K_{c1}) \qquad (7.33a)$$
$$中柱 AB : K_1 = K_{b1} - \eta/2, K_2 = K_{b2} - \xi/2 \qquad (7.33b)$$
$$上柱 DA : K_1 = \xi/(2K_{c3}), K_2 = K_{b3}/K_{c3} \qquad (7.33c)$$

代入(7.23)式得到各个柱子的临界荷载 $\chi_i P = \dfrac{\pi^2 i_{ci}}{\mu_i^2 l_{ci}}$ ($i = 1$，2，3)，得到 P_{cr} 的三个表达式。两两相等得到两个方程，经过简化得到：

$$\frac{\xi}{2} = \frac{e_3 \eta + e_4}{e_1 \eta + e_2} \qquad (7.34)$$

式中

$$e_1 = 0.3362[\gamma_3 a_2 b_1 - \gamma_1 a_1 b_2] \qquad (7.35a)$$
$$e_2 = 0.82 K_{c1}[2\gamma_3 a_2 b_1 - \gamma_1 a_1 b_2] \qquad (7.35b)$$
$$e_3 = 0.41 K_{c3}[2\gamma_1 a_1 b_2 - \gamma_3 a_2 b_1] \qquad (7.35c)$$
$$e_4 = 2K_{c1} K_{c3}[\gamma_1 a_1 b_2 - \gamma_3 a_2 b_1] \qquad (7.35d)$$
$$a_1 = K_{c1} + 0.82 K_{b0} \qquad (7.36a)$$

$$a_2 = K_{c1} + 0.41K_{b0} \tag{7.36b}$$

$$b_1 = K_{c3} + 0.82K_{b3} \tag{7.36c}$$

$$b_2 = K_{c3} + 0.41K_{b3} \tag{7.36d}$$

从另一个方程消去 ξ 得到关于 η 的一个一元三次方程：

$$a\eta^3 + b\eta^2 + c\eta + d = 0 \tag{7.37}$$

式中

$$a = 0.82\gamma_1 a_1 g_4 - 0.41 a_2 g_1 \tag{7.38a}$$

$$b = \gamma_1 a_1 [0.82 g_5 + 2K_{c1} g_4] - a_2 [0.41 g_2 + 2K_{c1} g_1] \tag{7.38b}$$

$$c = \gamma_1 a_1 [0.82 g_6 + 2K_{c1} g_5] - a_2 [0.41 g_3 + 2K_{c1} g_2] \tag{7.38c}$$

$$d = 2K_{c1} \gamma_1 a_1 g_6 - 2K_{c1} a_2 g_3 \tag{7.38d}$$

$$c_1 = 1 + 0.82K_{b1} \tag{7.39a}$$

$$c_2 = 1 + 0.41K_{b1} \tag{7.39b}$$

$$d_1 = 1 + 0.82K_{b2} \tag{7.39c}$$

$$d_2 = 1 + 0.41K_{b2} \tag{7.39d}$$

$$g_1 = -0.82(d_1 e_1 - 0.82 e_3) \tag{7.40a}$$

$$g_2 = -0.82(d_1 e_2 - 0.82 e_4) + 2c_1(d_1 e_1 - 0.82 e_3) \tag{7.40b}$$

$$g_3 = 2c_1(d_1 e_2 - 0.82 e_4) \tag{7.40c}$$

$$g_4 = -0.41(d_2 e_1 - 0.41 e_3) \tag{7.40d}$$

$$g_5 = -0.41(d_2 e_2 - 0.41 e_4) + 2c_2(d_2 e_1 - 0.41 e_3) \tag{7.40e}$$

$$g_6 = 2c_2(d_2 e_2 - 0.41 e_4) \tag{7.40f}$$

令 $m = \dfrac{3ac - b^2}{3a^2}$，$n = \dfrac{2b^3 - 9abc + 27a^2 d}{27a^3}$，$\Delta = \dfrac{n^2}{4} + \dfrac{m^3}{27}$，$\Delta$ 总是负值。令 $r = \sqrt{-\dfrac{m^3}{27}}$，$\theta = \arccos \dfrac{-3\sqrt{3}\,n}{2\sqrt{-m^3}}$，(7.37)式的三个实根分别为：

$$\eta_i = 2\sqrt[3]{r}\cos \frac{1}{3}[\theta + (i-2)\pi] - \frac{b}{3a}, \quad i = 1, 2, 3 \tag{7.41}$$

从(7.34)式可得到与 η_i 值对应的 ξ_i，再由(7.33a, b, c)式分别计算各柱的 K_1、K_2 值。三组解中对每一根柱子都满足

$$K_1 > -1.2195 \tag{7.42a}$$

$$K_2 > -1.2195 \tag{7.42b}$$

$$(1 + 0.82K_1)(1 + 0.82K_2) > 0 \tag{7.42c}$$

的解即为要求的解。计算表明，三组解中只有一组满足这个条件，因而解的选择是唯一的。求得满足要求的 K_1，K_2 后，代入(7.23)式中即可得到各柱的 μ 值。各柱的 μ 值满足关系

$$\mu_1 = \sqrt{\gamma_1} \cdot \mu_2 \tag{7.43a}$$

$$\mu_3 = \sqrt{\gamma_3} \cdot \mu_2 \tag{7.43b}$$

图 7.11 中，设柱脚固定 $K_{b0} = \infty$，令 $l_{ci} = l_b (i = 1, 2, 3, 4)$，$i_{c1} = i_{c2} = i_{c3} = i_{b1} =$

$i_{b2}=1$，$i_{b3}=0.6$，$\chi_3=0.5$，$\chi_2=1$，$\chi_1=1.5$，于是，$K_{c1}=K_{c3}=K_{b1}=K_{b2}=1$，$K_{b3}=0.6$，$\gamma_1=2/3$，$\gamma_3=2$。代入（7.37）式得到 $\eta_1=72.58$，$\eta_2=-9.00$，$\eta_3=1.19$，代入（7.34）式求得 $\xi_1=0.42$，$\xi_2=16.51$，$\xi_3=-1.22$。取 η_1、ξ_1 得到中柱 AB 的 $K_1=-35.29<-1.2195$，所以此解无意义。取 η_2、ξ_2 得到中柱 AB 的 $K_2=-7.23<-1.2195$，此解也无意义。取 η_3、ξ_3 时各柱的 K_1、K_2 值，均满足（7.43）式，这是唯一的正确解。接下去可以取任意一层计算 μ 值，而后利用（7.43）式得到另外两层柱的 μ 值，也可直接采用（7.23）式计算，结果相同。我们先计算中柱 AB，$K_1=K_{b1}-\eta/2=0.4027$，$K_2=K_{b2}-\xi/2=1.6103$，由（7.23）式得 $\mu_2=0.7916$，由（7.43）式得 $\mu_1=\sqrt{\gamma_1}\cdot\mu_2=0.6464$，$\mu_3=\sqrt{\gamma_3}\cdot\mu_2=1.1195$，此例的精确解为 $\mu_1=0.6451$，$\mu_2=0.7901$，$\mu_3=1.1174$，误差为 0.2%。

当底层柱脚铰支时 $K_{b0}=0$，图 7.11 中令 B0 梁的线刚度 $i_{b0}=0$，其他参数同上例。经过代数计算得到 $\mu_1=0.8448$，$\mu_2=1.0346$，$\mu_3=1.4632$。精确解为 $\mu_1=0.8280$，$\mu_2=1.0141$，$\mu_3=1.4342$，误差为 2%。

同样的思路求解多于三层的框架，代数运算就变得非常复杂，这时可以从三层模型入手求解。一根柱子的计算长度系数，跟离该层柱较远层（即非相邻层）的梁柱关系较小，可以取出计算层和与该层相邻的上下层作为一个一般的三层框架模型（图 7.12）进行分析。定义 $\dfrac{i_{b00}+i_{b0}}{i_{c2}}=K_{b0}$，$\dfrac{i_{b10}+i_{b1}}{i_{c2}}=K_{b1}$，$\dfrac{i_{b20}+i_{b2}}{i_{c2}}=K_{b2}$，$\dfrac{i_{b30}+i_{b3}}{i_{c2}}=K_{b3}$，其他参数定义不变。但是这时顶层和底层梁的线刚度如何取值，需要做出假定。可以和有侧移失稳的框架一样，采用（7.20）式的假定。

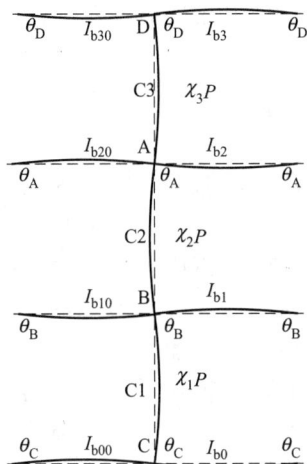

图 7.12　薄弱层计算模型

上述方法同样具有很好的精度，更多的例子参见文献 [6]。

7.8　框架整体弯曲变形的影响

先考察单跨十层框架，总高度 33m，跨度 8m，梁柱截面均为 H600×300×10/16，柱脚固定，$E=206\text{kN/mm}^2$，$A=15280\text{mm}^2$，$I=9.71448\times10^8\text{mm}^4$，这个框架的高跨比是 $33/8=4.125$，如果仅在柱顶部承受集中力，则总屈曲荷载是 59116kN（有限元分析结果，每层柱子四个单元，截面的抗剪刚度放大 100 倍以消除剪切变形的影响），如果按照计算长度系数计算，则 $K_1=K_2=K=\dfrac{i_b}{2i_c}=0.206$，$\mu=\sqrt{\dfrac{7.5K^2+8K+1.52}{7.5K^2+2K}}=2.184$，$2P_{cr}=76054\text{kN}$（这个值是一个略微偏低的估计，因为顶层和低层的临界荷载都超过这个值），两个结果差别达 $\dfrac{76054-59116}{76024}=22.27\%$，为什么会出现如此大的差别？

如果将柱子的轴压刚度放大 10^6 倍，则有限元计算总屈曲荷载是 77791kN，与计算长度法得到的结果差别是 2.28%，因此，可以解释是框架整体弯曲变形（按照惯性矩为 $I = \frac{1}{2} \times 15280 \times 8000^2 = 4.8896 \times 10^{11} \text{mm}^4$ 的截面计算）影响了框架的临界荷载。

如果每层都作用相同的集中力，则以底层柱子轴力计算的总临界荷载是 99368kN，将柱子轴压刚度放大到 10^6 倍的计算结果是 106953kN，两者相差 7.63%。即沿高度变轴力的情况下，整体弯曲变形影响减小，但仍然会达到不宜忽略的程度。

要考虑框架整体弯曲的影响，必须把框架看成是一个整体弯剪型悬臂抗侧力结构，按照第 8 章的方法计算。我们也注意到，高层结构中采用的双重抗侧力结构，框架部分的高跨比经常超过 4，此时的框架实际上是一个弯剪型构件，框架的整体弯曲变形也宜加以考虑。

7.9 计算长度系数法的总结

本章我们以较大的篇幅讨论了考虑层与层以及柱子与柱子相互作用的框架柱计算长度系数，提供了一个代数的方法，与对整个框架进行有限元屈曲分析得到的结果相比，精度很好。

对于有侧移失稳的框架，传统的计算长度系数有比较明确的物理意义，它是一个抗侧刚度系数。它与框架中荷载的分布无关。

整个框架进行屈曲分析获得的结果，各个柱子的计算长度系数与荷载分布有关，符合 (7.18) 所示的关系。只有对于最薄弱层，计算长度系数才反映薄弱层的抗侧刚度。对于其他层，计算长度系数仅仅是表示其他层和薄弱层荷载分布的一个比例关系，并不代表该层的抗侧刚度。

因此，就应用价值来说，薄弱层的计算长度系数可以应用于设计，其他层的计算长度系数，如果是按照 (7.18) 式求得的，则不能应用于设计。

对于其他层，要进行较为精确的设计，则还是要取出该层及其与它相连的上下层，按照图 7.6b 的模型单独计算，这时得到的计算长度系数才反映该层考虑层与层相互作用以后的抗侧刚度，才可以应用于设计。

对于无侧移失稳，上述的论述也适用。即对任何一根柱子，都要取出图 7.12 所示的模型进行分析，得到的计算长度系数才能够应用于设计。

对第 6 章和本章进行总结：计算长度系数法应用于框架柱的设计，就计算长度系数的精度来讲有三个不同的水平：

(1) 水平 1：传统的计算长度系数法，这是规范方法；

(2) 水平 2：考虑同层各个柱子相互支援的计算长度系数，见(6.16)式；

(3) 水平 3：考虑层与层相互作用和同层各柱之间相互作用的方法，即本章介绍的逐层取三层（底层和顶层取二层）的方法。

用于设计计算的精度排列是：水平 3 > 水平 2 > 水平 1。

习　题

7.1　框架结构层与层的相互作用有什么特点?

7.2　对结构进行整体屈曲的分析，经常采用比例加载的假定。推导比例加载假定下，任意两根柱子的计算长度系数之间的关系。设第 i 根柱子的长度 h_i，截面抗弯刚度 EI_i，轴力 P_i。

7.3　采用合并解法求图 P7.1 所示框架的临界荷载 P_{cr}。

7.4　请思考：合并后的框架的抗侧刚度会增加（图 7.7），那么为什么由柱子计算长度系数确定的框架抗侧刚度又那么精确?

7.5　推导 (7.10) 式和 (7.12) 式中的各个系数。

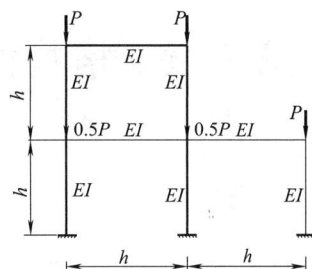

图 P7.1

参 考 文 献

[1]　Tong GS；Wang JP，Column effective lengths considering inter-story·and inter-column interactions in sway-permitted frames JOURNAL OF CONSTRUCTIONAL STEEL RESEARCH：62 (5)：413-423，2006.

[2]　Tong GS；Wang JP Column effective length considering the inter-story interaction：ADVANCES IN STRUCTURAL ENGINEERING：7 (5)：415-425，2004.

[3]　沈永欢等编. 实用数学手册. 北京：科学出版社，1992.

[4]　童根树，王金鹏. 有侧移失稳框架层与层相互支援的特点. 钢结构工程研究 (5)，中国钢协结构稳定与疲劳分会 2004 年会议论文集，2004，8，太原.

[5]　Duan，L. and Chen，W. F. (1989). "Effective length factor for columns in unbraced frames." J. struct. Engrg.，ASCE，115 (1)，149. 165.

[6]　饶芝英，童根树. 钢结构稳定性的新诠释. 建筑结构，2002. 4.

[7]　Bridge，R. Q. and Fraser，D. J. (1986). "Improved G. factor method for evaluating effective lengths of columns." Journal of Structural Engineering.，ASCE，113 (6)，1341. 1356.

[8]　Hellesland，J. and Bjorhovde，R. (1996a). "Restraint demand factors and effective lengths of braced columns." J. Struct. Engrg.，ASCE，122 (10)，1216. 1224.

[9]　Hellesland，J. and Bjorhovde，R. (1996b). "Improved Frame Stability Analysis with Effective Lengths ." J. Struct. Engrg.，ASCE，122 (11)，1275. 1283.

[10]　Duan，L. and Chen，W. F. (1988). "Effective Length factors for Columns in Braced Frames." J. Struct. Engrg.，ASCE，114 (10)，2357. 2370.

[11]　Yura，J. A. (1971)，"Effective length of columns in unbraced frame"，Engineering Journal，AISC，8 (2)，37. 42.

[12]　Dumonteil P. (1999) Historical Note on K. Factor Equations，Engineering Journal，Vol. 36，No. 2，102. 103

[13]　Smith，B. S，Coull A. (1993)，Tall building structures，analysis and design (a Chinese translation)，Seismic Press，Beijing.

[14]　王金鹏，童根树. 考虑层间相互作用的框架柱的计算长度，钢结构，Vol. 19，No. 3，2004.

[15]　王金鹏，童根树. 框架无侧移失稳的计算长度，建筑结构增刊，纪念陈绍蕃教授从事土木工程 60 周年学术交流会，西安，2004，8.

[16]　翁赟，童根树. 考虑层与层相互支援的框架层抗侧刚度. 土木工程学报：2012，4：71-80.

第 8 章　格构式压杆和 Timoshenko 梁的稳定性

8.1　引言：格构式杆件的计算模型

钢结构厂房当吊车吨位大，起吊高度高时，采用格构式柱子可以获得良好的经济指标。这种柱子的稳定性，可以按照实腹式压杆进行研究，也可以按照框架或桁架结构体系进行稳定性研究。与真正的实腹杆不同的是，格构式压杆腹杆体系的变形的影响必须加以考虑。

采用实腹杆模型进行研究，必须按照等效的原则确定压杆截面的轴压刚度、抗弯刚度和抗剪刚度。轴压刚度的等效要求在相同的轴压力作用下，格构式压杆产生的缩短与等效实腹式压杆的轴向缩短相同。对图 8.1b、图 8.1c 和图 8.1e 所示的格构式压杆，等效的轴压刚度为 $EA = E(A_1 + A_2)$。对图 8.1d 的压杆，因为腹杆体系是超静定的，腹杆将对轴压刚度产生贡献。取出一个标准单元，如图 8.2a 所示，使单元产生竖向压缩变形 w，斜腹杆内产生压力，水平腹杆内产生拉力，因而节点产生水平位移 v。斜杆的应变为（以拉为正）

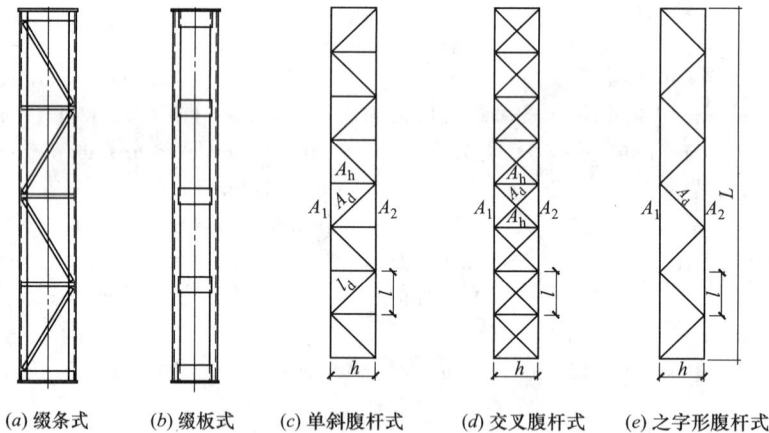

(a) 缀条式　　(b) 缀板式　　(c) 单斜腹杆式　　(d) 交叉腹杆式　　(e) 之字形腹杆式

图 8.1　格构式压杆

$$\varepsilon_d = \frac{\sqrt{(h+2v)^2 + (l-w)^2}}{l_d} - 1 \approx \frac{2v\cos\alpha - w\sin\alpha}{l_d}$$

式中 $\sin\alpha = l/l_d$，$\cos\alpha = h/l_d$。水平腹杆的拉应变为

$$\varepsilon_h = \frac{2v}{h}$$

节点平衡要求（汇交一个节点有两根斜杆）：

$$EA_h\varepsilon_h = -2EA_d\varepsilon_d\cos\alpha$$

由此得到

$$\upsilon = \frac{1}{2}\frac{A_d\sin2\alpha\cos\alpha}{(2A_d\cos^3\alpha + A_h)}w$$

斜腹杆轴压力为

$$EA_d\varepsilon_d = \frac{EA_dw}{l_d}\frac{A_h\sin\alpha}{2A_d\cos^3\alpha + A_h}$$

上式表明，斜杆内力依赖于水平腹杆。斜腹杆的内力在竖向的分量和弦杆内力的和为

$$\frac{E(A_1+A_2)}{l}w + \frac{2EA_dw}{l_d}\frac{A_h\sin^2\alpha}{2A_d\cos^3\alpha + A_h} = EA\frac{w}{l}$$

因此等效轴压刚度为

$$EA = E(A_1+A_2) + 2EA_d\left(\frac{A_h\sin^3\alpha}{2A_d\cos^3\alpha + A_h}\right) \tag{8.1}$$

下面求等效抗弯刚度。求抗弯刚度必须给格构式压杆一个曲率，如图 8.2b，设横杆面积是 A_h，左右节点的水平位移是 υ_1，υ_2，则横缀条的拉力是

$$F_h = \frac{EA_h}{h}(\upsilon_2+\upsilon_1)$$

斜杆拉力

$$F_d = \frac{EA_d}{l_d}\Delta l_d = \frac{EA_d}{l_d}\left[(\upsilon_2+\upsilon_1)\cos\alpha + 2(w_1-w_2)\sin\alpha\right]$$

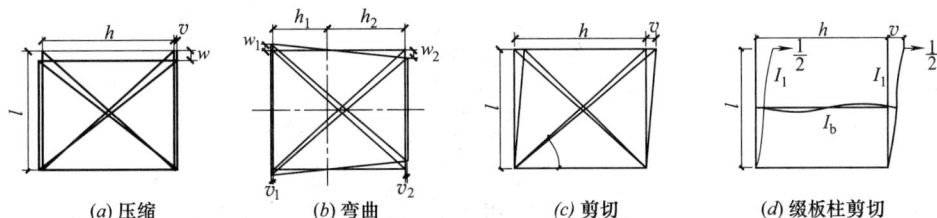

(a) 压缩　　　　　(b) 弯曲　　　　　(c) 剪切　　　　　(d) 缀板柱剪切

图 8.2　等效刚度的计算

横杆的拉力 F_h 与斜杆拉力 F_d 的关系：

$$F_h + 2F_d\cos\alpha = 0$$

可以得到

$$\upsilon_2+\upsilon_1 = -\frac{2A_d\sin2\alpha\sin\alpha}{[A_h+A_d\sin2\alpha\cos\alpha]}(w_1-w_2)$$

$$F_d = \frac{2EA_d}{l_d}\frac{A_h(w_1-w_2)\sin\alpha}{[A_h+A_d\sin2\alpha\cos\alpha]}$$

弦杆中的轴力：

$$N_1 = \frac{EA_1}{l}2w_1，拉为正； \qquad N_2 = \frac{EA_2}{l}2w_2，压为正$$

作用在左边弦杆上的节点力是（向上拉为正）

$$P_1 = N_1 + F_d\sin\alpha = \frac{2EA_1}{l}w_1 + \frac{2EA_d}{l_d}\frac{A_h\sin\alpha}{(A_h+A_d\sin2\alpha\cos\alpha)}(w_1-w_2)$$

右边节点的压力是

$$P_2 = N_2 - F_\mathrm{d}\sin\alpha = \frac{2EA_2}{l}w_2 - \frac{2EA_\mathrm{d}}{l_\mathrm{d}}\frac{A_\mathrm{h}\sin\alpha}{A_\mathrm{h}+A_\mathrm{d}\sin2\alpha\cos\alpha}(w_1-w_2)$$

因为施加的是纯弯矩，这要求 $P_1 = P_2$，所以

$$w_1 = \frac{A_2(A_\mathrm{h}+A_\mathrm{d}\sin2\alpha\cos\alpha)+2A_\mathrm{d}A_\mathrm{h}\sin^2\alpha}{A_1(A_\mathrm{h}+A_\mathrm{d}\sin2\alpha\cos\alpha)+2A_\mathrm{d}A_\mathrm{h}\sin^2\alpha}w_2$$

$$w_1 - w_2 = \left(\frac{(A_2-A_1)(A_\mathrm{h}+A_\mathrm{d}\sin2\alpha\cos\alpha)}{A_2(A_\mathrm{h}+A_\mathrm{d}\sin2\alpha\cos\alpha)+2A_\mathrm{d}A_\mathrm{h}\sin^2\alpha}\right)w_1$$

$$P_1 = \left(\frac{2EA_1}{l}+\frac{2EA_\mathrm{d}}{l_\mathrm{d}}\frac{(A_2-A_1)A_\mathrm{h}\sin\alpha}{A_2(A_\mathrm{h}+A_\mathrm{d}\sin2\alpha\cos\alpha)+2A_\mathrm{d}A_\mathrm{h}\sin^2\alpha}\right)w_1$$

$$\Phi = \frac{2w_1+2w_2}{hl} = \frac{2}{hl}(w_1+w_2) = \frac{2}{hl}\left(1+\frac{w_2}{w_1}\right)w_1$$

$$M = P_1 h = \left[\frac{2EA_1}{l}+\frac{2EA_\mathrm{d}}{l_\mathrm{d}}\cdot\frac{(A_2-A_1)A_\mathrm{h}\sin\alpha}{A_2(A_\mathrm{h}+A_\mathrm{d}\sin2\alpha\cos\alpha)+2A_\mathrm{d}A_\mathrm{h}\sin^2\alpha}\right]w_1 h$$

$$= \frac{lh^2}{2(1+w_2/w_1)}\left[\frac{2EA_1}{l}+\frac{2EA_\mathrm{d}}{l_\mathrm{d}}\cdot\frac{(A_2-A_1)A_\mathrm{h}\sin\alpha}{A_2(A_\mathrm{h}+A_\mathrm{d}\sin2\alpha\cos\alpha)+2A_\mathrm{d}A_\mathrm{h}\sin^2\alpha}\right]\Phi$$

$$= Eh^2\left[\frac{A_1A_2(A_\mathrm{h}+A_\mathrm{d}\sin2\alpha\cos\alpha)+(A_2+A_1)A_\mathrm{d}A_\mathrm{h}\sin^2\alpha}{(A_1+A_2)(A_\mathrm{h}+A_\mathrm{d}\sin2\alpha\cos\alpha)+4A_\mathrm{d}A_\mathrm{h}\sin^2\alpha}\right]\Phi$$

因此交叉腹杆体系截面的等效抗弯刚度是

$$EI = E\frac{A_1A_2(A_\mathrm{h}+A_\mathrm{d}\sin2\alpha\cos\alpha)+A_\mathrm{h}A_\mathrm{d}(A_1+A_2)\sin^2\alpha}{(A_1+A_2)(A_\mathrm{h}+A_\mathrm{d}\sin2\alpha\cos\alpha)+4A_\mathrm{h}A_\mathrm{d}\sin^2\alpha}h^2 \tag{8.2a}$$

$A_\mathrm{h}=0$ 时

$$EI = E\frac{A_1A_2}{A_1+A_2}h^2 \tag{8.2b}$$

$A_1=A_2$ 时

$$EI = \frac{1}{2}EA_1 h^2 \tag{8.2c}$$

即，如果 $A_1=A_2$，则交叉腹杆体系不会提供额外的抗弯刚度。但是我们注意到，如果是交叉体系，即使 $A_2=0$，截面也存在一定的抗弯刚度：

$$EI = E\frac{A_\mathrm{h}A_\mathrm{d}\sin^2\alpha}{A_\mathrm{h}+A_\mathrm{d}\sin2\alpha\cos\alpha+4A_\mathrm{h}A_\mathrm{d}\sin^2\alpha/A_1}h^2$$

等效的抗剪刚度参照图 8.2c 确定。图 8.2c 标准单元只产生侧移，斜杆的拉压力为

$$EA_\mathrm{d}\varepsilon_\mathrm{d} = EA_\mathrm{d}\frac{v\cos\alpha}{l_\mathrm{d}}$$

总的水平分力为

$$Q = 2EA_\mathrm{d}\frac{v\cos^2\alpha}{l_\mathrm{d}}$$

图 8.2c 的剪切变形角为 $\gamma = v/l$，根据 $Q = GA\gamma$ 得到截面的等效抗剪刚度为

$$S = 2EA_\mathrm{d}\cos^2\alpha\sin\alpha \tag{8.3a}$$

如果腹杆是单斜杆，则

$$S = EA_\mathrm{d}\cos^2\alpha\sin\alpha \tag{8.3b}$$

按照上述方法得到截面的各个等效刚度后，可以参照实腹式截面压杆的稳定性研究方法对格构式压杆的稳定性进行研究。

对于缀板式压杆，因为两肢的间距较小，且缀板高度较大，等效抗弯刚度实际上是介于按照两个肢的形心间距计算的值（即(8.2b)式）和按照实腹式压杆计算的值之间，后者等于 $E(A_1 h_1^2 + A_2 h_2^2) + EI_1 + EI_2$，$I_1$，$I_2$ 为两个肢绕自己形心轴的惯性矩，对缀板柱，两肢一般相同，因此

$$EI = \frac{1}{2}EA_1 h^2 + 2\eta EI_1, \qquad 0 < \eta < 1 \qquad (8.4)$$

等效剪切刚度按照图 8.2d 所示的简图确定：取出一个标准节，施加单位剪力，每个柱肢各 0.5，计算层间侧移是

$$\delta = \frac{1}{2EI_1} \times \frac{1}{2}l \times \frac{1}{4}l \times \frac{2}{3} \times \frac{1}{4}l \times 4 + \frac{1}{2EI_b} \times \frac{1}{2}h \times \frac{1}{2}l \times \frac{2}{3} \times \frac{1}{2}l \times 2 = \frac{l^3}{24EI_1} + \frac{hl^2}{12EI_b}$$

剪切刚度是层间位移角的倒数：

$$S = \frac{1}{\delta/l} = \left(\frac{l^2}{24EI_1} + \frac{hl}{12EI_b} \right)^{-1} \qquad (8.5)$$

8.2　Timoshenko 梁（格构式压杆）的稳定性

普通梁采用了变形前的平截面变形后仍为平面，且变形后的平面仍然垂直于变形后的梁轴线这一假定（Bernoulli's Assumption），而 Timoshenko 梁假定变形前的平截面，在变形后仍然为平面，但它与变形后的轴线不再保持垂直。设梁的挠度为 v，变形后截面的转角为 θ

$$\theta \neq \frac{\mathrm{d}v}{\mathrm{d}z}$$

两者的差值为 $\gamma = \frac{\mathrm{d}v}{\mathrm{d}z} - \theta$ 是剪切变形引起的截面转角。

但是实际上，考虑剪切变形后，由于剪应力在截面上不均匀分布，梁的横截面不再保持平面，因此可以放弃平截面假设。

考虑剪切变形后，梁的挠度增加，增加后的挠度可以根据外力虚功和内力虚功相等的条件得到。截面上的应力为

$$\sigma = \frac{M}{I}y, \tau = \frac{Q_y S_x(y)}{I_x t}$$

在要计算其挠度的地方作用单位力，对应的应力和内力记号带横杠，则

$$1 \times \Delta = \int_0^l \int_A \sigma \frac{\bar{\sigma}}{E} \mathrm{d}A \mathrm{d}z + \int_0^l \int_A \tau \frac{\bar{\tau}}{G} \mathrm{d}A \mathrm{d}z = \int_0^l \frac{M\overline{M}}{EI} \mathrm{d}z + \int_0^l \int_A \frac{Q\overline{Q}S_x^2(s)}{GI^2 t^2(s)} \mathrm{d}A \mathrm{d}z$$

$$\Delta = \int_0^l \frac{M\overline{M}}{EI} \mathrm{d}z + \int_0^l \int_A \frac{k_s Q\overline{Q}}{GA} \mathrm{d}z \qquad (8.6)$$

式中 $k_s = \frac{A}{I^2} \int_A \frac{S_x^2}{t^2} \mathrm{d}A$ 称为截面的剪切形状系数，

对矩形实心截面：$k_s = 1.2$

实心圆：$k_s = 10/9$

薄壁圆环：$k_s = 2$

工字形截面：$k_s = \dfrac{A}{A_w} + \dfrac{b^2}{3h^2} \dfrac{(bt+0.5ht_w)(bt+h^3 t_w/30b^2)}{(bt+ht_w/6)^2} \approx \dfrac{A}{A_w} + \dfrac{b^2}{3h^2}$

根据(8.6)式，考虑剪切变形后，梁的挠度由两部分组成，$v = v_b + v_s$。弯曲部分与弯矩对应：

$$M = -EIv_b'' \tag{8.7}$$

剪切部分的挠度 v_s 与剪力的关系为

$$Q = \frac{GA}{k_s}\gamma = S\gamma$$

式中 γ 应视为截面按照能量等效的原则加权平均的剪应变角。根据图 $8.2c$，$8.2d$，剪切变形不引起纵向位移，纵向位移由弯曲变形引起，所以

$$\gamma = \frac{\partial w}{\partial y} + \frac{\partial(v_s + v_b)}{\partial z} = \frac{\partial(-yv_b')}{\partial y} + \frac{\partial(v_s + v_b)}{\partial z} = \frac{dv_s}{dz}$$

从而

$$Q = S\frac{dv_s}{dz}$$

利用 $Q = \dfrac{dM}{dz}$ 得到

$$Sv_s' = -EIv_b''' \tag{8.8}$$

对于格构式柱子，截面等效的抗弯刚度已经得到，而抗剪刚度也已经得到。注意到实腹式截面的抗剪刚度为 GA/k_s，应该被（8.3a，8.3b，8.5）式代替。

两端铰支直压杆考虑剪切变形后的平衡方程为

$$M - Pv = M - P(v_b + v_s) = 0$$
$$EIv_b'' + P(v_b + v_s) = 0 \tag{8.9}$$

由（8.8）式和（8.9）式，消去 v_s 可以得到

$$EIv_b''' + P\left(v_b' - \frac{EI}{S}v_b'''\right) = 0$$

$$EI\left(1 - \frac{P}{S}\right)v_b''' + Pv_b' = 0 \tag{8.10}$$

从上式可以得到考虑剪切变形后的临界荷载为

$$P_{cr} = \frac{\pi^2 EI}{l^2}\left(1 - \frac{P_{cr}}{S}\right)$$

改写后得到

$$P_{cr} = \frac{\pi^2 EI}{l^2\left(1 + \dfrac{\pi^2 EI}{l^2 S}\right)} \tag{8.11}$$

上式即为考虑剪切变形后的压杆临界荷载。由上式可见，考虑剪切变形后，压杆的临界荷载降低了。

两端简支压杆在存在初始弯曲的情况下，平衡方程是

$$EIv_b'' + P(v_b + v_s) = -Pv_0 \tag{8.12}$$

消去剪切位移得到

$$EI\left(1-\frac{P}{S}\right)v''_{\rm b}+Pv_{\rm b}=-Pv_0 \qquad (8.13)$$

假设初始弯曲的形状是正弦半波，中间最大值是 d_0，则同样假设 $v_{\rm b}=C\sin\frac{\pi z}{l}$，代入上式得到

$$-EI\left(1-\frac{P}{S}\right)\frac{\pi^2}{l^2}C+PC=-Pd_0$$

记 $P_{\rm E}=\frac{\pi^2 EI}{l^2}$，则 $C=\dfrac{Pd_0}{P_{\rm E}-P\left(1+\dfrac{P_{\rm E}}{S}\right)}$，剪切挠度是

$$y_{\rm s}=-\frac{EI}{S}y''_{\rm b}=\frac{EI}{S}\frac{\pi^2}{l^2}C\sin\frac{\pi z}{l}=\frac{P_{\rm E}}{S}C\sin\frac{\pi z}{l}$$

总挠度是

$$y_{\rm b}+y_{\rm s}+y_0=\left(1+\frac{P_{\rm E}}{S}\right)\frac{Pd_0}{P_{\rm E}-P\left(1+\dfrac{P_{\rm E}}{S}\right)}+d_0=\frac{d_0}{1-P\left(\dfrac{1}{P_{\rm E}}+\dfrac{1}{S}\right)}=\frac{d_0}{1-\dfrac{P}{P_{\rm cr}}} \qquad (8.14)$$

考虑剪切变形的方法还有下面在经典的力学著作中经常采用的理论，虽然叙述方式不一样，但结果与上面一样。

由于截面的转角为 θ，根据平截面假定，截面上任意一点的位移为

$$w=-y\theta$$

应变
$$\varepsilon_z=-y\theta'$$

应力
$$\sigma_z=-Ey\theta'$$

弯矩
$$M_x=-EI\theta'$$

截面上的剪力为
$$Q=\frac{{\rm d}M_x}{{\rm d}z}=-EI\theta''$$

另一方面，截面上的剪切变形为：如果截面的转角是 $\dfrac{{\rm d}v}{{\rm d}z}$，则截面上没有剪切应变，这里 v 是总挠度。现在转角为 θ，则 $\dfrac{{\rm d}v}{{\rm d}z}-\theta$ 是由于剪应变产生的截面的平均转角，它与按照能量平衡的剪切刚度的关系为

$$Q=S\left(\frac{{\rm d}v}{{\rm d}z}-\theta\right)$$

因此我们可以建立平衡方程：

$$EI\theta''+S\left(\frac{{\rm d}v}{{\rm d}z}-\theta\right)=0 \qquad (8.15a)$$

$$S\left(\frac{{\rm d}^2 v}{{\rm d}z^2}-\theta'\right)-P\frac{{\rm d}^2 v}{{\rm d}z^2}+q(z)=0 \qquad (8.15b)$$

第一个是弯矩平衡，第二个是考虑二阶效应后的微段剪力平衡。

引入位移函数 $v_{\rm b}$

$$\theta=\frac{{\rm d}v_{\rm b}}{{\rm d}z},v=v_{\rm b}-\frac{EI}{S}\frac{{\rm d}^2 v_{\rm b}}{{\rm d}z^2} \qquad (8.16)$$

则(8.15a)式自然得到满足，(8.15b)式为

$$EI\frac{\mathrm{d}^4 v_\mathrm{b}}{\mathrm{d}z^4} + P\left(\frac{\mathrm{d}^2 v_\mathrm{b}}{\mathrm{d}z^2} - \frac{EI}{S}\frac{\mathrm{d}^4 v_\mathrm{b}}{\mathrm{d}z^4}\right) = q(z) \tag{8.17}$$

此式与(8.10)式相似。因此我们得到，所谓的位移函数 v_b 就是弯曲位移。弯矩只与弯曲位移有关。正应力和正应变也只与弯曲位移有关。变形后截面的转角也只与弯曲位移有关。变形后轴线与截面不垂直，是由于剪切变形角引起的。

对于变截面、变轴力的情况，像等截面剪切柱那样进行平衡微分方程求解难以得到变截面柱的临界荷载，必须使用能量法近似计算。下面将采用位移表示的能量表达式对变截面变轴力柱进行弹性稳定分析，对于任意截面（实腹式或缀条式）的变截面柱有位移形式的 Timoshenko 梁的总势能表达式：

$$\Pi = \frac{1}{2}\int[EI\theta'^2 + S(v'-\theta)^2 - Pv'^2]\mathrm{d}z \tag{8.18}$$

或用剪切挠度和弯曲挠度表示成如下的形式

$$\Pi = \frac{1}{2}\int[EIv_\mathrm{b}''^2 + Sv_\mathrm{s}'^2 - P(v_\mathrm{b}'+v_\mathrm{s}')^2]\mathrm{d}z \tag{8.19}$$

式中 S 是截面抗剪刚度。令它的变分等于零

$$
\begin{aligned}
\delta\Pi &= \int_0^l[EIv_\mathrm{b}''\delta v_\mathrm{b}'' + Sv_\mathrm{s}'\delta v_\mathrm{s}' - P(v_\mathrm{b}'+v_\mathrm{s}')(\delta v_\mathrm{b}'+\delta v_\mathrm{s}')]\mathrm{d}z \\
&= (EIv_\mathrm{b}'')\delta v_\mathrm{b}'\big|_0^l - [(EIv_\mathrm{b}'')' + P(v_\mathrm{b}'+v_\mathrm{s}')]\delta v_\mathrm{b}\big|_0^l + [Sv_\mathrm{s}' - P(v_\mathrm{b}'+v_\mathrm{s}')]\delta v_\mathrm{s}\big|_0^l \\
&\quad + \int_0^l[(EIv_\mathrm{b}'')'' + [P(v_\mathrm{b}'+v_\mathrm{s}')]']\delta v_\mathrm{b}\mathrm{d}z - \int_0^l[Sv_\mathrm{s}' - P(v_\mathrm{b}'+v_\mathrm{s}')]'\delta v_\mathrm{s}\mathrm{d}z = 0
\end{aligned}
\tag{8.20}
$$

可以得到平衡方程和支座边界条件

$$(EIv_\mathrm{b}'')'' + [P(v_\mathrm{b}'+v_\mathrm{s}')]' = 0$$
$$[Sv_\mathrm{s}' - P(v_\mathrm{b}'+v_\mathrm{s}')]' = 0$$

铰支端 $EIv_\mathrm{b}''=0$，$v_\mathrm{b}=0$，$v_\mathrm{s}=0$

自由端 $EIv_\mathrm{b}''=0$，$(EIv_\mathrm{b}'')'+P(v_\mathrm{b}'+v_\mathrm{s}')=0$，$Sv_\mathrm{s}'-P(v_\mathrm{b}'+v_\mathrm{s}')=0$

固定端 $v_\mathrm{b}=0$，$v_\mathrm{b}'=0$，$v_\mathrm{s}=0$

8.3 纯剪切失稳

对于缀板柱，存在如下的情况，两个肢的距离增大，而柱肢截面不变，这时截面的抗弯刚度很大，而抗剪刚度相对很小，这时压杆将发生一种新的失稳形式：剪切失稳。我们来考察抗弯刚度无穷大，而抗剪刚度有限的情况。

给压杆一个干扰，因为抗弯刚度无穷大，干扰产生的挠度为剪切挠度，轴压力 P 在截面上产生分量 Pv_s'，剪切平衡要求

$$Pv_\mathrm{s}' = Sv_\mathrm{s}' \tag{8.21}$$

因此剪切失稳的临界荷载为

$$P_\mathrm{crs} = S = 截面的抗剪刚度 \tag{8.22}$$

而且我们发现剪切失稳的临界荷载与边界条件无关。

进一步，如果假设抗剪刚度沿纵向变化，（8.22）式仍然成立。这表示，抗剪刚度最小的截面决定了剪切失稳的临界荷载：

$$P_{crs} = 构件截面的抗剪刚度最小值。 \tag{8.23}$$

剪切失稳临界荷载的应用在于框架的失稳。框架一般柱距较大，因此按照(8.2)式计算的抗弯刚度很大，而框架的抗侧刚度是有限值。第6章提到框架失稳是负刚度等于抗侧刚度，而框架抗侧刚度乘以层高后得到的抗剪刚度正好等于剪切失稳的临界荷载。因此两个概念得到的结果是一样的。

有了剪切失稳的概念后，对于考虑剪切变形影响的压杆失稳，可以看成是纯弯曲失稳和纯剪切失稳相互影响的结果：（8.11）式可以表示为

$$\frac{P_{cr}}{P_E} + \frac{P_{cr}}{P_{crs}} = 1 \tag{8.24}$$

上式明显表示，剪切失稳和弯曲失稳处于同样重要的地位。我们在这里看到，这个式子与 Merchant-Rankine 公式(4.30)式具有完全相同的形式。

8.4 考虑剪切变形影响的梁柱构件的转角位移方程

如图 8.3 所示，θ_A、θ_B 分别为单元两端节点 A、B 的转角，M_{AB}、M_{BA} 分别为单元两端节点 A、B 的弯矩，都是顺时针为正，Δ 为节点 B 相对节点 A 的横向位移，Q_{AB}、Q_{BA} 为节点 A、B 的剪力；均以图 8.3 所示方向为正，P 为轴向压力，i 为单元的抗弯线刚度。EI 和 S 分别为截面的抗弯刚度和抗剪刚度；杆端转角 θ_A、θ_B 仅为弯曲变形引起的转角，Δ 为杆件两端弯曲变形和剪切变形总的相对侧移。

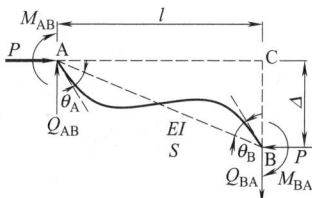

图 8.3 有轴向压力的梁单元

记杆件弯曲变形曲线函数 y_b，剪切变形曲线函数 y_s。

引入系数 $i_s = Sl$，定义为杆件的抗剪线刚度；$\gamma = \dfrac{EI}{Sl^2}$，系数 γ 可以认为是杆件的抗弯线刚度 i 与抗剪线刚度 i_s 的比值，简称弯剪线刚度比。

8.4.1 轴力为压力时的二阶转角位移方程

图 8.3 所示杆件截面弯矩平衡条件：

$$-EIy_b'' = M_{AB} + Q_{AB}x + P(y_b + y_s) \tag{8.25a}$$

杆件截面剪力平衡条件：
$$-EIy_b''' = Sy_s' \tag{8.25b}$$

消去 y_s' 可得关于 y_b 的方程：

$$EI\left(1 - \frac{P}{S}\right)y_b''' + Py_b' = -Q_{AB} \tag{8.26}$$

记 $EI' = EI\left(1 - \dfrac{P}{S}\right), \dfrac{EI}{EI'} = \dfrac{S}{S-P} = \dfrac{1}{1-P/S}$，$k^2 = \dfrac{P}{EI'}$，将微分方程（8.26）改写为：

$$y_b''' + k^2 y_b' = -\frac{Q_{AB}}{EI'} \tag{8.27}$$

y_b 与 y_s 的解为：

$$y_b = A\sin(kx) + B\cos(kx) + C - \frac{Q_{AB}x}{EI'k^2}$$

$$y_s = \frac{EI}{S}Ak^2\sin(kx) + \frac{EI}{S}Bk^2\cos(kx) + D$$

其中 A，B，C 和 D 为待定系数。根据边界条件 $x=0$ 时，$y_b(0)=0$，$y_s(0)=0$，$y_b' = \theta_A$；$x=l$ 时，$y_b(l) + y_s(l) = \Delta$，$y_b'(l) = \theta_B$ 可得：

$$A = \frac{Q_{AB}}{EI'k^3} + \frac{\theta_A}{k}, B = \frac{1}{\tan kl}A - \frac{\theta_B}{k\sin(kl)} - \frac{Q_{AB}}{EI'k^3\sin(kl)}, C = -B, D = -\frac{EI}{S}k^2 \cdot B$$

$$\left(1 + \frac{EI}{S}k^2\right)(A\sin(kl) + B\cos(kl)) + C + D - \frac{Q_{AB}l}{EI'k^2} = \Delta$$

将 θ_A、θ_B 及 Δ 作为已知量；A，B，C，D 及 Q_{AB} 作为五个未知量，则五个线性方程，五个未知量，可求得 y_b、y_s 的函数表达式，从而获得构件端部弯矩及剪力与端部转角及相对侧移之间的关系：

$$M = -EIy_b''$$

$$M_{AB} = si\theta_A + ci\theta_B - (s+c)\frac{i}{l} \cdot \Delta \tag{8.28a}$$

$$M_{BA} = ci\theta_A + si\theta_B - (s+c)\frac{i}{l} \cdot \Delta \tag{8.28b}$$

$$Q_{AB} = Q_{BA} = -(s+c)\frac{i}{l}(\theta_A + \theta_B) + \left[2(s+c) - \left(1 - \frac{P}{S}\right) \cdot u^2\right]\frac{i}{l^2} \cdot \Delta \tag{8.28c}$$

其中：$u = kl = \pi\sqrt{\dfrac{P}{P_E(1-P/S)}}$，$P_E = \dfrac{\pi^2 EI}{l^2}$

$$s = \frac{u}{\tan u} \cdot \frac{\tan u - u(1-P/S)}{2\tan 0.5u - u(1-P/S)} \tag{8.29a}$$

$$c = \frac{u}{\sin u} \cdot \frac{u(1-P/S) - \sin u}{2\tan 0.5u - u(1-P/S)} \tag{8.29b}$$

$$s + c = \frac{u^2(1-P/S)\tan 0.5u}{2\tan 0.5u - u(1-P/S)} \tag{8.29c}$$

同时考虑构件截面的剪切变形及轴压力引起的二阶效应后，构件的各项刚度如下所述：

（1）构件 AB 的抗弯刚度为 si。它的物理意义是在远端 B 固定，A、B 两端无相对侧移，近端 A 铰支时，使近端 A 产生单位弯曲转角所需要施加的弯矩。s 定义为抗弯刚度系数。

（2）构件 AB 的修正抗弯刚度 $s'i$。它的物理意义是在远端 B 铰支，A、B 两端无相对侧移，近端 A 铰支时，使近端 A 产生单位弯曲转角所需要施加的修正抗弯刚度系数。

由于远端 B 铰支，可得 $M_{BA} = 0$，由方程（8.28a、b）可得：

$$s' = \frac{u^2(1-P/S)\tan u}{\tan u - u(1-P/S)} \tag{8.30}$$

（3）构件 AB 的抗侧刚度 K。它的物理意义是 A、B 两端固定，使两端产生单位相对侧移时，在端部所需要施加的横向力。根据方程（8.29c）可得：

$$K = \left[2(s+c) - \frac{EI'}{EI} \cdot u^2 \right] \frac{i}{l^2} = \frac{u^3(1-P/S)^2}{2\tan 0.5u - u(1-P/S)} \cdot \frac{i}{l^2} \quad (8.31)$$

（4）构件 AB 的修正抗侧刚度 K'。它的物理意义是构件 AB 近端 A 固定，远端 B 铰支，使两端产生单位相对侧移时，在端部所需要施加的横向力。根据方程（8.29b、c）可得：

$$K' = -(s+c)\frac{i}{l}\theta_B + \left[2(s+c) - \frac{EI'}{EI} \cdot u^2 \right]\frac{i}{l^2} = \frac{u^3(1-P/S)^2}{\tan u - u(1-P/S)} \cdot \frac{i}{l^2} \quad (8.32)$$

图 8.4 显示了弯剪线刚度比分别为 $\gamma=0$、$\gamma=0.01$ 及 $\gamma=0.05$ 时，各刚度系数 s、s'、$\frac{Kl^3}{EI}$、$\frac{K'l^3}{EI}$ 随轴压力增加的变化趋势。由图可见：随 γ 增加，刚度系数逐渐减小，构件的稳定临界荷载显著减小。

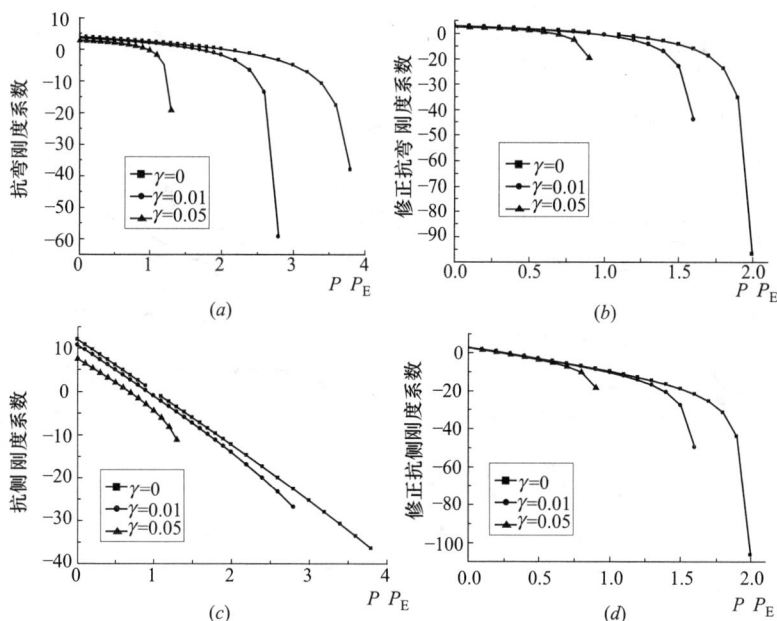

图 8.4　各刚度系数随轴压力变化情况（a）抗弯刚度系数 s；
（b）修正抗弯刚度系数 s'；（c）抗侧刚度系数 Kl^3/EI；
（d）修正抗侧刚度系数 $K'l^3/EI$

8.4.2　轴力为拉力时的二阶转角位移方程

对拉杆，同样的推导可得：

$$M_{AB} = s_t i\theta_A + c_t i\theta_B - (s_t + c_t)\frac{i}{l} \cdot \Delta \quad (8.33a)$$

$$M_{BA} = c_t i\theta_A + s_t i\theta_B - (s_t + c_t)\frac{i}{l} \cdot \Delta \quad (8.33b)$$

$$Q_{AB}=Q_{BA}=-(s_t+c_t)\frac{i}{l}(\theta_A+\theta_B)+\left[2(s_t+c_t)+(1+\frac{P}{S})\cdot v^2\right]\frac{i}{l^2}\cdot\Delta \quad (8.33c)$$

其中：$v=\alpha l=\pi\sqrt{\dfrac{P}{P_E(1+P/S)}}$，

$$s_t=\frac{v}{\tanh v}\cdot\frac{v(1+P/S)-\tanh v}{v(1+P/S)-2\tanh0.5v},\quad c_t=\frac{v}{\sinh v}\cdot\frac{\sinh v-v(1+P/S)}{v(1+P/S)-2\tanh0.5v},$$

$$(8.34a, b)$$

$$s_t+c_t=\frac{v^2(1+P/S)\tanh0.5v}{v(1+P/S)-2\tanh0.5v}$$

考虑轴向拉力的二阶效应，及截面的剪切变形影响后，构件的各项刚度如下所述：

(1) 构件 AB 的抗弯刚度为 $s_t i$。s_t 定义为抗弯刚度系数。

(2) 构件 AB 的修正抗弯刚度 $s'_t i$。s'_t 定义为修正抗弯刚度系数。

$$s'_t=\frac{v^2(1+P/S)\tanh v}{v(1+P/S)-\tanh v} \tag{8.35}$$

(3) 构件的抗侧刚度 K：$\qquad K=\dfrac{v^3(1+P/S)^2}{v(1+P/S)-2\tanh0.5v}\cdot\dfrac{i}{l^2}$ $\qquad$ (8.36)

(4) 构件的修正抗侧刚度 K'：$\qquad K'=\dfrac{v^3(1+P/S)^2}{v(1+P/S)-\tanh v}\cdot\dfrac{i}{l^2}$ $\qquad$ (8.37)

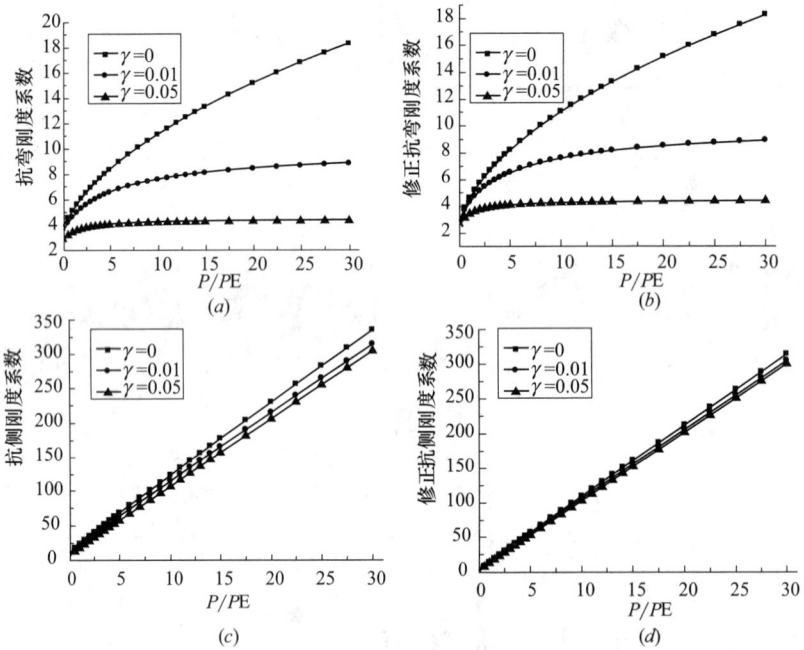

图 8.5 各刚度系数随轴拉力变化情况

(a) 抗弯刚度系数 s_t；(b) 修正抗弯刚度系数 s'_t；

(c) 抗侧刚度系数 Kl^3/EI；(d) 修正抗侧刚度系数 $K'l^3/EI$

给定构件的弯剪线刚度比 γ，可得上述刚度系数 s_t、s'_t、$\dfrac{Kl^3}{EI}$、$\dfrac{K'l^3}{EI}$ 随轴拉力无量纲参数 P/P_E 的增减而变化的趋势。图 8.5 显示了弯剪线刚度比分别为 $\gamma=0$、$\gamma=0.01$ 及

$\gamma=0.05$ 时，各刚度系数随轴压力增加的变化趋势。由图可见：γ 增加，各刚度系数增加变慢。

8.5 两端转动约束的轴压杆，考虑剪切变形时的稳定性

8.5.1 有侧移失稳临界荷载 P_{cr0}

如图 8.6a，两端转动约束的轴压杆 AB，侧向无支撑，两端转动约束的转动刚度分别为 K_{Z1} 和 K_{Z2}，量纲为 N·m，物理意义为：使杆端转动约束弹簧产生单位转角所需施加的弯矩值。分析杆件发生有侧移失稳的解析解，考虑杆件剪切变形的影响。

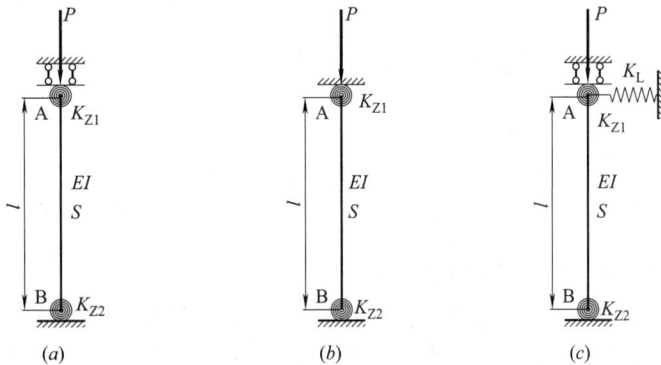

图 8.6 弯剪杆分析模型

(a) 无侧向支撑轴压杆；(b) 有侧向支撑轴压杆；(c) 侧向弹性支撑轴压杆

截面弯矩平衡方程：

$$y_b''' + k^2 \cdot y_b' = 0，其中 k^2 = \frac{P}{EI}；$$

上述微分方程的解为：$y_b = A\sin kx + B\cos kx + C$，其中 A，B 和 C 为待定系数。

压杆的位移及转角边界条件为：$y_b(0) = 0$；

$M_{AB} = -EIy_b''(0) = -K_{Z1}\theta_A = -K_{z1}y_b'(0)$（剪切变形不引起转动弹簧的转角）

$x = l$ 时：$M_{BA} = EIy_b''(l) = -K_{Z2}\theta_B = -K_{z2}y_b'(l)$（剪切变形不引起转动弹簧的转角）

根据上述边界条件可得：

$$B + C = 0$$

$$K_{Z1} \cdot A + EIk \cdot B = 0$$

$$(K_{Z2}\cos u - EIk\sin u) \cdot A + (-K_{Z2}\sin u - EIk\cos u) \cdot B = 0$$

令系数行列式为 0，展开化简可得：

$$36K_1K_2\sin u + 6(K_1 + K_2)u \cdot \cos u - \sin u \cdot u^2 = 0 \tag{8.38}$$

其中：$K_1 = \dfrac{K_{Z1}}{6i}$，$K_2 = \dfrac{K_{Z2}}{6i}$，$u = kl$。上式与(6.10)式相同。

将压杆有侧移失稳的临界荷载用计算长度系数 μ 表示，则 $P_{cr0}=\dfrac{\pi^2 EI}{\mu^2 l^2}$，系数 u 可表示为关于关于计算长度系数 μ 的函数：$u=\dfrac{\pi}{\sqrt{\mu^2-\pi^2\gamma}}$。根据方程（8.38），给定参数 K_1、K_2 和 γ，即可确定压杆的计算长度系数 μ。

杆件纯弯曲失稳临界荷载、纯剪切失稳临界荷载以及实际的临界荷载之间存在近似关系：

$$\frac{1}{P_{cr0}}=\frac{1}{P_{crS}}+\frac{1}{P_{crB}} \tag{8.39}$$

其中，P_{cr0} 为考虑杆件弯曲变形与剪切变形时，杆件的有侧移失稳临界荷载；

P_{crS} 为杆件的纯剪切失稳临界荷载，$P_{crS}=S$；

P_{crB} 为杆件的纯弯曲有侧移失稳的临界荷载，$P_{crB}=\dfrac{\pi^2 EI}{\mu_b^2 l^2}$，$\mu_b$ 为杆件纯弯曲失稳时的计算长度系数。将 P_{cr0} 用计算长度系数 μ' 表示为 $P_{cr0}=\dfrac{\pi^2 EI}{\mu'^2 l^2}$，根据（8.39）式，计算长度系数 μ' 为：

$$\mu'=\sqrt{\frac{1.52+4(K_1+K_2)+7.5K_1 K_2}{K_1+K_2+7.5K_1 K_2}+\pi^2\gamma}=\sqrt{\mu_b^2+\pi^2\gamma} \tag{8.40}$$

表 8.1 将解析解（8.38）和近似式（8.40）进行了对比。从表 8.1 中的数据可以得出：

（1）随着参数 γ 的增大，即杆件的抗弯刚度相对抗剪刚度逐渐增大时，杆件的失稳将从弯曲失稳模式逐渐变为剪切失稳模式。当 $\gamma=10$ 时，杆件的失稳已经近似于纯剪切失稳，因此从表中可以看出，杆件两端的转动约束的变化对杆件的临界荷载影响很小，杆件的临界荷载主要由截面的抗剪刚度决定。

（2）近似公式的解 μ' 与解析解 μ 相比，对于杆端转动约束系数 K_1 与 K_2 均大于等于 1.0 时，近似解与精确解得误差在 1% 以内，并且近似公式求得的计算长度系数略大于精确解。对于杆件一端转动约束非常小，接近于自由端时，近似解略小于精确解，但两者误差不超过 2%。大多数框架结构中，框架柱两端由于横梁对其存在一定量的转动约束，因此采用近似公式计算框架柱考虑剪切变形影响的有侧移失稳临界荷载具有很好的精度。

对比压杆有侧移失稳计算长度系数解析解 μ 与近似解 μ′　　　　　表 8.1

$\gamma=0.05$		K_2					$\gamma=0.1$		K_2				
K_1		0.1	1.0	10	100	∞	K_1		0.1	1.0	10	100	∞
0.1	μ	3.091	2.028	1.835	1.815	1.813	0.1	μ	3.170	2.147	1.965	1.946	1.944
	μ'	3.034	2.025	1.817	1.794	1.791		μ'	3.114	2.143	1.948	1.926	1.924
1.0	μ	2.028	1.494	1.368	1.355	1.353	1.0	μ	2.147	1.650	1.537	1.526	1.525
	μ'	2.025	1.512	1.377	1.361	1.359		μ'	2.143	1.667	1.545	1.531	1.530
10	μ	1.835	1.368	1.249	1.237	1.236	10	μ	1.965	1.537	1.433	1.423	1.421
	μ'	1.817	1.377	1.254	1.240	1.238		μ'	1.948	1.545	1.438	1.425	1.424

续表

$\gamma=0.05$		K_2				
K_1		0.1	1.0	10	100	∞
100	μ	1.815	1.355	1.237	1.225	1.223
	μ'	1.794	1.361	1.240	1.225	1.224
∞	μ	1.813	1.353	1.236	1.223	1.222
	μ'	1.791	1.359	1.238	1.224	1.222

$\gamma=0.1$		K_2				
K_1		0.1	1.0	10	100	∞
100	μ	1.946	1.526	1.423	1.412	1.411
	μ'	1.926	1.531	1.425	1.412	1.411
∞	μ	1.944	1.525	1.421	1.411	1.410
	μ'	1.924	1.530	1.424	1.411	1.410

$\gamma=0.5$		K_2				
K_1		0.1	1.0	10	100	∞
0.1	μ	3.741	2.925	2.794	2.781	2.780
	μ'	3.694	2.922	2.783	2.767	2.766
1.0	μ	2.925	2.583	2.512	2.505	2.504
	μ'	2.922	2.594	2.517	2.509	2.508
10	μ	2.794	2.512	2.450	2.444	2.443
	μ'	2.783	2.517	2.452	2.445	2.444
100	μ	2.781	2.505	2.444	2.438	2.437
	μ'	2.767	2.509	2.445	2.438	2.437
∞	μ	2.780	2.504	2.443	2.437	2.436
	μ'	2.766	2.508	2.444	2.437	2.436

$\gamma=1.0$		K_2				
K_1		0.1	1.0	10	100	∞
0.1	μ	4.351	3.673	3.570	3.560	3.558
	μ'	4.310	3.671	3.561	3.549	3.547
1.0	μ	3.673	3.407	3.354	3.348	3.348
	μ'	3.671	3.415	3.357	3.351	3.350
10	μ	3.570	3.354	3.307	3.303	3.302
	μ'	3.561	3.357	3.309	3.304	3.303
100	μ	3.560	3.348	3.303	3.298	3.297
	μ'	3.549	3.351	3.304	3.298	3.298
∞	μ	3.558	3.348	3.302	3.297	3.297
	μ'	3.547	3.350	3.303	3.298	3.297

$\gamma=5$		K_2				
K_1		0.1	1.0	10	100	∞
0.1	μ	7.643	7.278	7.226	7.221	7.221
	μ'	7.620	7.277	7.222	7.216	7.215
1.0	μ	7.278	7.147	7.122	7.120	7.119
	μ'	7.277	7.151	7.124	7.121	7.120
10	μ	7.226	7.122	7.100	7.098	7.098
	μ'	7.222	7.124	7.101	7.099	7.098
100	μ	7.221	7.120	7.098	7.096	7.096
	μ'	7.216	7.121	7.099	7.096	7.096
∞	μ	7.221	7.119	7.098	7.096	7.096
	μ'	7.215	7.120	7.098	7.096	7.096

$\gamma=10$		K_2				
K_1		0.1	1.0	10	100	∞
0.1	μ	10.38	10.12	10.08	10.07	10.07
	μ'	10.36	10.11	10.08	10.07	10.07
1.0	μ	10.12	10.02	10.00	10.00	10.00
	μ'	10.11	10.02	10.01	10.00	10.00
10	μ	10.08	10.00	9.988	9.987	9.986
	μ'	10.08	10.01	9.989	9.987	9.987
100	μ	10.07	10.00	9.987	9.985	9.985
	μ'	10.07	10.00	9.987	9.985	9.985
∞	μ	10.07	10.00	9.986	9.985	9.985
	μ'	10.07	10.00	9.987	9.985	9.985

如果约束是框架梁提供的，而框架梁有剪切变形的影响，则在有侧移失稳时一根梁提供的扭转约束取 $K_z=\dfrac{6i_b}{1+12\gamma_b}$。

剪切变形对由工字形截面构成的框架的稳定性的影响，长期以来得不到重视，认为实腹式构件，剪切变形的影响可以忽略，其实不然。因为工字形截面仅腹板参与抗剪，且设计时为了节省用钢量，腹板用得尽可能薄，这样剪切变形变成了具有影响的因素。以第六章介绍的四层八跨框架为例，如果考虑剪切变形的影响，前三阶屈曲模态的临界荷载，为不考虑剪切变形影响的临界荷载的 0.896，0.874 和 0.904 倍，由此可见，对工字形截面的框架，虽然是实腹式构件，剪切变形的影响也不可忽略，在风荷载和地震荷载作用下，考虑剪切变形影响后侧移也增加 10% 左右。

8.5.2　无侧移失稳临界荷载 $P_{cr\infty}$

当两端转动约束的轴压杆，侧向完全支撑时，如图 8.6（b），杆件将发生无侧移失稳。根据考虑剪切变形的二阶转角位移方程（8.28a、8.28b）可得：

$$M_{AB} = si\theta_A + ci\theta_B = -K_{Z1}\theta_A \qquad (8.41a)$$

$$M_{BA} = ci\theta_A + si\theta_B = -K_{Z2}\theta_B \qquad (8.41b)$$

令（8.41a、8.41b）的系数行列式为零，展开化简得：

$$u^3 \sin u + 6\left(\frac{u}{1-P/S}\sin u - u^2\cos u\right)(K_1 + K_2) + 36\left[\frac{2(1-\cos u)}{1-P/S} - u\sin u\right]K_1 K_2 = 0$$

$$(8.42)$$

采用计算长度系数 μ_n 表示，则 $u = \dfrac{\pi}{\sqrt{\mu_n^2 - \pi^2\gamma}}$，且 $1 - \dfrac{P}{S} = 1 - \dfrac{\pi^2\gamma}{\mu_n^2}$。$K_1 = \dfrac{K_{z1}}{zi}$，$K_2 = \dfrac{K_{z2}}{zi}$。

无侧移屈曲时杆件纯弯曲失稳临界荷载、纯剪切失稳临界荷载以及实际的临界荷载三者之间仍存在如下式的关系。

$$\frac{1}{P_{cr\infty}} = \frac{1}{P_{crS}} + \frac{1}{P_{crB\infty}} \qquad (8.43)$$

其中，$P_{crB\infty}$ 为杆件的纯弯曲无侧移失稳的临界荷载，$P_{crB\infty} = \dfrac{\pi^2 EI}{\mu_{nb}^2 l^2}$，$\mu_{nb}$ 为杆件纯弯曲无侧移失稳的计算长度系数。将 $P_{cr\infty}$ 用计算长度系数 μ_n' 表示为 $P_{cr\infty} = \dfrac{\pi^2 EI}{\mu_n'^2 l^2}$，计算长度系数 μ_n' 为：

$$\mu_n' = \sqrt{\frac{(1+0.41K_1)(1+0.41K_2)}{(1+0.82K_1)(1+0.82K_2)} + \pi^2\gamma} = \sqrt{\mu_{nb}^2 + \pi^2\gamma} \qquad (8.44)$$

表 8.2 给出了解析解（8.42）和近似式（8.44）的对比。从表 8.2 中的数据可以得出：

（1）随着参数 γ 的增大，杆件的失稳将从弯曲失稳模式逐渐变为剪切失稳模式。当 $\gamma > 5$ 时，杆件的失稳已经近似于纯剪切失稳，杆件两端的转动约束的变化，对杆件的临界荷载影响很小。对比表 8.1 和表 8.2 的数据，当 $\gamma = 10$ 时，杆件有侧移失稳和无侧移失稳的计算长度系数非常接近，这表明当杆件发生纯剪切模式失稳时，临界荷载均等于最小截面的抗剪刚度，与侧向有无支撑无关。

（2）当 $\gamma = 0.05$ 时，两端刚接的轴压杆的计算长度系数为 0.862，两端铰接的轴压杆无侧移失稳的计算长度系数为 1.222。而当不考虑杆件的剪切变形时，两者分别为 0.5 和

1.0。据此，考虑与不考虑剪切变形，得到的临界荷载分别相差 66.3% 与 33%。对于交叉杆腹杆体系的缀条式格构柱 [ ] 40a，双肢弱轴间距 400mm，腹杆与弦杆夹角为 45 度，腹杆截面为 L100X63X6，柱高 4m，柱截面的抗剪刚度为：$S=1.4013×10^8 N$；格构柱绕主轴的抗弯刚度为：$EI=1.2604×10^{14} N·mm^2$，$\gamma=0.056$。因此，格构柱由于抗剪刚度较小，剪切变形影响较大，柱的临界荷载有很大的削弱。

对比压杆无侧移失稳计算长度系数解析解 μ_n 与近似解 μ'_n 表 8.2

$\gamma=0.05$		K_2					$\gamma=0.1$		K_2				
K_1		0.1	1.0	10	100	∞	K_1		0.1	1.0	10	100	∞
0.1	μ_n	1.143	1.040	0.993	0.987	0.986	0.1	μ_n	1.342	1.260	1.226	1.221	1.221
	μ'_n	1.143	1.037	0.981	0.973	0.972		μ'_n	1.341	1.252	1.206	1.200	1.199
1.0	μ_n	1.040	0.950	0.910	0.905	0.904	1.0	μ_n	1.260	1.182	1.150	1.146	1.146
	μ'_n	1.037	0.953	0.910	0.904	0.903		μ'_n	1.252	1.184	1.150	1.145	1.144
10	μ_n	0.993	0.910	0.872	0.868	0.867	10	μ_n	1.226	1.150	1.120	1.116	1.116
	μ'_n	0.981	0.910	0.874	0.869	0.868		μ'_n	1.206	1.150	1.121	1.117	1.117
100	μ_n	0.987	0.905	0.868	0.863	0.863	100	μ_n	1.221	1.146	1.116	1.113	1.113
	μ'_n	0.973	0.904	0.869	0.863	0.863		μ'_n	1.200	1.145	1.117	1.113	1.113
∞	μ_n	0.986	0.904	0.867	0.863	0.862	∞	μ_n	1.221	1.146	1.116	1.113	1.112
	μ'_n	0.972	0.903	0.868	0.863	0.862		μ'_n	1.199	1.144	1.117	1.113	1.112
$\gamma=0.5$		K_2					$\gamma=1.0$		K_2				
K_1		0.1	1.0	10	100	∞	K_1		0.1	1.0	10	100	∞
0.1	μ_n	2.398	2.364	2.354	2.353	2.352	0.1	μ_n	3.269	3.247	3.242	3.242	3.241
	μ'_n	2.397	2.349	2.324	2.321	2.321		μ'_n	3.268	3.233	3.215	3.213	3.213
1.0	μ_n	2.364	2.312	2.296	2.295	2.295	1.0	μ_n	3.247	3.206	3.195	3.194	3.194
	μ'_n	2.349	2.313	2.296	2.293	2.293		μ'_n	3.233	3.207	3.194	3.193	3.192
10	μ_n	2.354	2.296	2.281	2.279	2.279	10	μ_n	3.242	3.195	3.184	3.183	3.182
	μ'_n	2.324	2.296	2.281	2.279	2.277		μ'_n	3.215	3.194	3.184	3.183	3.183
100	μ_n	2.353	2.295	2.279	2.277	2.277	100	μ_n	3.242	3.194	3.181	3.181	3.181
	μ'_n	2.321	2.293	2.279	2.277	2.277		μ'_n	3.213	3.193	3.181	3.181	3.181
∞	μ_n	2.352	2.295	2.279	2.277	2.277	∞	μ_n	3.241	3.194	3.182	3.181	3.181
	μ'_n	2.321	2.293	2.277	2.277	2.277		μ'_n	3.213	3.192	3.183	3.181	3.181
$\gamma=5$		K_2					$\gamma=10$		K_2				
K_1		0.1	1.0	10	100	∞	K_1		0.1	1.0	10	100	∞
0.1	μ_n	7.082	7.075	7.073	7.073	7.073	0.1	μ_n	9.975	9.970	9.969	9.969	9.969
	μ'_n	7.082	7.066	7.058	7.057	7.057		μ'_n	9.975	9.964	9.958	9.957	9.957

续表

γ=5		0.1	1.0	10	100	∞	γ=10		0.1	1.0	10	100	∞
K_1			K_2				K_1			K_2			
1.0	μ_n	7.075	7.054	7.049	7.049	7.049	1.0	μ_n	9.970	9.955	9.952	9.951	9.951
	μ'_n	7.066	7.054	7.049	7.048	7.048		μ'_n	9.964	9.955	9.951	9.951	9.951
10	μ_n	7.073	7.049	7.044	7.043	7.043	10	μ_n	9.969	9.952	9.948	9.948	9.948
	μ'_n	7.058	7.049	7.044	7.043	7.043		μ'_n	9.958	9.951	9.948	9.948	9.948
100	μ_n	7.073	7.049	7.043	7.043	7.043	100	μ_n	9.969	9.951	9.948	9.947	9.947
	μ'_n	7.057	7.048	7.043	7.043	7.043		μ'_n	9.957	9.951	9.948	9.947	9.947
∞	μ_n	7.073	7.049	7.043	7.043	7.043	∞	μ_n	9.969	9.951	9.948	9.947	9.947
	μ'_n	7.057	7.048	7.043	7.043	7.043		μ'_n	9.957	9.951	9.948	9.947	9.947

（3）近似公式的解 μ'_n 与解析解 μ_n 相比，当轴压杆两端转动约束 K_1 与 K_2 相差悬殊时，如一端铰接，$K_1=0$，一端刚接 $K_2=\infty$，近似解较解析解偏小，所得的临界荷载偏大，但最大误差在 3% 以内。当 K_1 与 K_2 两者接近时，近似解的误差很小，小于 1%，且偏于安全。

在无侧移失稳时，单跨对称的框架梁提供的转动约束 $K_z=2i_b$（因为梁内无剪力，因此框架梁内不发生剪切变形，所以框架梁内的剪切柔度对框架柱的无侧移屈曲无影响）。

关系

8.6　两端转动约束轴压杆的抗侧刚度与有侧移失稳临界荷载的

图 8.6a 所示两端转动约束的压杆，在柱顶作用水平集中力 H，当轴力 $P=0$ 时，根据考虑剪切变形的一阶转角位移方程可得杆件两端的相对侧移 Δ，从而确定杆件的线性抗侧刚度为：

$$K_0=\frac{H}{\Delta}=\beta_0 \cdot \frac{EI}{l^3};\beta_0=\frac{36K_1K_2+6(K_1+K_2)}{(36\gamma+3)K_1K_2+(6\gamma+2)(K_1+K_2)+1} \tag{8.45}$$

当柱顶同时作用竖向集中荷载 P 以及水平集中荷载 $H=1$ 时，根据考虑剪切变形影响的二阶转角位移方程（8.28a、8.28b、8.28c）可得杆件两端的相对侧移 Δ_p，从而确定杆件在有轴压力 P 时的抗侧刚度：

$$K_p=\frac{H}{\Delta_p}=\beta_p\frac{EI}{l^3} \tag{8.46a}$$

$$\beta_p=\frac{6u^3\tan u \cdot (K_1+K_2)+72u^2\tan 0.5u\tan u \cdot K_1K_2}{u^3\tan u+6u[(1+\gamma u^2)\tan u-u](K_1+K_2)+36\tan u[2(1+\gamma u^2)\tan 0.5u-u]K_1K_2}-\frac{u^2}{1+\gamma u^2} \tag{8.46b}$$

图 8.7 给出了不同的端部转动约束参数 K_1、K_2 及杆件的弯剪线刚度比 γ，采用（8.46）式计算的不同轴压力水平 $\dfrac{P}{P_{cr0}}$ 下，杆件的二阶抗侧刚度与一阶抗侧刚度的比值 $\dfrac{K_p}{K_0}$，由图 8.7 可以

得到如下结论:

(1) 对于不同的 K_1、K_2 及 γ 值,当 $\dfrac{P}{P_{cr0}} \leqslant 1$ 时,杆件抗侧刚度与其轴向压力 P 之间,呈现出线性关系,直线方程为:

$$\frac{K_p}{K_0} = 1 - \frac{P}{P_{cr0}} \tag{8.47}$$

由大量计算可知,直线方程(8.47)与计算结果的相对误差小于 2%,绝大多数情况下,小于 1%。且(8.47)式所得的 K_p/K 值较解析解略偏小,结果偏于安全。

(2) 当 $P/P_{cr0} > 1$ 时,K_p/K 为负值,表明压杆若要在轴压力 P 作用下继续保持平衡,需要外界对其提供一定的侧向支撑。给定压杆两端的转动刚度系数 K_1、K_2,随着 γ 的增大,杆件的抗侧刚度与轴压力 P 之间的非线性将越来越显著。这是因为随 γ 增大,压杆无侧移失稳临界荷载 $P_{cr\infty}$ 与有侧移失稳临界荷载 P_{cr0} 的比值逐渐减小,当 $\gamma \geqslant 10$ 时,杆件的失稳模式将会接近于纯剪切失稳,此时 $P_{cr\infty} \approx P_{cr0}$。当轴压力逐渐增大,$P/P_{cr0}$ 接近 $P_{cr\infty}/P_{cr0}$ 时,压杆将发生无侧移失稳,此时,即使压杆的侧向支撑无穷大,压杆本身仍将发生屈曲。图 8.7 中各曲线随着 P/P_{cr0} 增大,K_p/K_0 逐渐趋向于 $-\infty$,正是由于轴力趋近于无侧移失稳临界荷载 $P_{cr\infty}$ 的原因。

(3) 当 γ 的值较大时,如图 8.7,$\gamma = 1$ 或 $\gamma = 5$ 时,压杆的抗剪刚度很小,当 P/P_{cr0} 增大至某一特定值时,参数 u 为一复数,继续增大 P/P_{cr0} 已没有任何物理意义了。

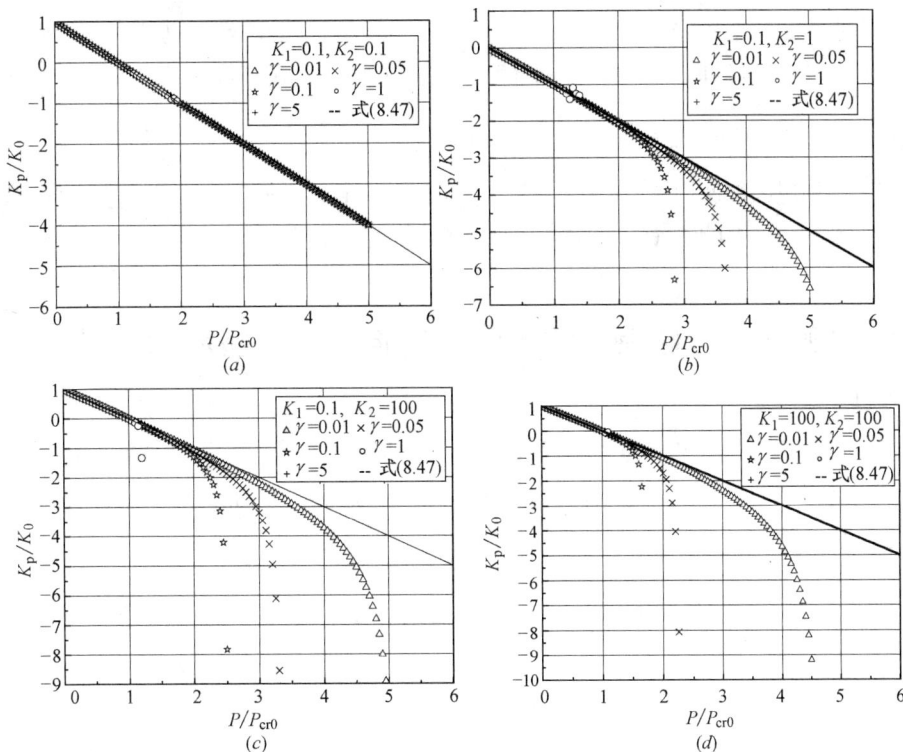

图 8.7 两端转动约束轴压杆抗侧刚度随轴压力的变化情况

由式（8.47）可以得到：

$$K_p = K_0 - \alpha_s \frac{P}{l} \tag{8.48}$$

其中，$\alpha_s = \beta_0 \frac{\mu_0^2}{\pi^2}$，$\mu_0$ 为压杆有侧移失稳的计算长度系数。由(8.48)式可知，由于轴压力 P 的作用，压杆的水平抗侧刚度减小了 $\alpha_s \frac{P}{l}$，因此，在考虑压杆的剪切变形影响后，轴压力 P 的等效负刚度为 $\alpha_s \frac{P}{l}$。采用计算 μ_0 的近似公式（8.40）式，可得 α_s 的近似解：

$$\alpha_s = \frac{6}{\pi^2} \cdot \frac{\dfrac{7.5K_1K_2 + 4(K_1+K_2) + 1.52}{7.5K_1K_2 + K_1 + K_2} + \pi^2\gamma}{\dfrac{3K_1K_2 + 2(K_1+K_2) + 1}{6K_1K_2 + K_1 + K_2} + 6\gamma} \geqslant 1 \tag{8.49}$$

根据(8.49)式，当参数 γ 趋向于无穷大时，即压杆的抗弯刚度相对抗剪刚度无穷大时，压杆将发生纯剪切失稳，此时，$\alpha_s = 1$。这表明，无论压杆两端的转动约束系数 K_1、K_2 如何取值，轴压力 P 作用的等效负刚度均为 $\frac{P}{l}$。对于一纯剪切变形的压杆，在顶端单位水平集中力的作用下，其侧向变形 $y = \frac{1}{S}x$，斜率为常数 $\frac{1}{S}$。线性抗侧刚度为 $K_0 = \frac{S}{l}$，失稳临界荷载为 $P_{cr0} = S$，根据（8.48）式易得到系数 α_s 恒等于 1。系数 α_s 的取值取决于杆件发生相对侧向变形时的变形模式。当杆件不发生弯曲变形时，α_s 值为 1。

值得重点讨论的是系数 α_s 的取值范围。对于图 8.6a 所示的两端转动约束轴压杆，当转动约束系数 K_1、K_2 均在区间 $[0, \infty]$ 内取值，系数 α_s 的取值范围仍为 $1 \leqslant \alpha_s \leqslant 1.216$。

当 $K_1 = K_2 = \infty$ 时 $\alpha_s = \dfrac{\gamma + 1/\pi^2}{\gamma + 1/12} \geqslant 1$

由于实际情况的构件均为弯剪型构件，构件侧向变形 y 中同时包含弯曲变形 y_b 以及剪切变形 y_s，系数 $\gamma > 0$。因此，对于不同的 γ 值，系数 α_s 的取值范围为：$1 < \alpha_s < 1.216$。

8.7　考虑剪切变形影响、侧向弹性支撑、两端转动约束轴压杆的稳定性

图 8.6c 所示为两端任意转动约束 K_{Z1} 和 K_{Z2} 的轴压杆 AB，压杆顶部具有侧向弹簧支撑，刚度为 K_L，单位为 N/m。研究压杆的稳定性，根据考虑剪切变形的转角位移方程（8.28a、8.28b、8.28c）可得：

$$M_{AB} = si\theta_A + ci\theta_B - (s+c)\frac{i}{l}\Delta = -K_{Z1}\theta_A \tag{8.50a}$$

$$M_{BA} = ci\theta_A + si\theta_B - (s+c)\frac{i}{l}\Delta = -K_{Z2}\theta_B \tag{8.50b}$$

$$Q_{AB} = -(s+c)\frac{i}{l}(\theta_A + \theta_B) + \left[2(s+c) - \frac{EI'}{EI}u^2\right]\frac{i}{l^2}\Delta = -K_L\Delta \tag{8.50c}$$

令系数行列式为零，可得压杆的屈曲方程为：

$$\frac{36K_1K_2\sin u+6(K_1+K_2)u\cdot\cos u-u^2\sin u}{1+\gamma u^2}+$$

$$+\left[36K_1K_2\left(2\tan\frac{u}{2}(1+\gamma u^2)-u\right)\frac{\sin u}{u^3}+6(K_1+K_2)\left((1+\gamma u^2)\frac{\sin u}{u^2}-\frac{\cos u}{u}\right)+\sin u\right]G_L=0$$

$$(8.51)$$

式中 $G_L=\dfrac{K_L l^3}{EI}$，为侧向弹簧支撑刚度的无量纲参数。若侧向支撑刚度 K_L 为零，则上式退化为压杆有侧移失稳的屈曲方程(8.38)；若侧向支撑刚度为无穷大，上式退化为压杆无侧移失稳的屈曲方程(8.42)。给定参数 K_1、K_2、γ 的值，对 G_L 不同的取值，可得相应的计算长度系数。图8.8中绘出了临界荷载的无量纲参数 P_{cr}/P_E 与支撑刚度系数 G_L 的关系曲线，其中，$P_E=\dfrac{\pi^2 EI}{L^2}$。

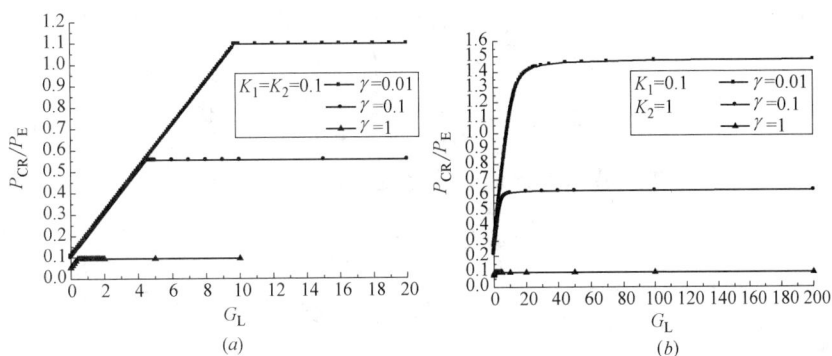

图 8.8　压杆临界荷载变化曲线

由图 8.8a、8.8b 可知，当 K_1、K_2、γ 给定，随着侧向弹簧支撑的刚度逐渐增加，压杆的临界荷载也将增加，当支撑刚度增加到一定程度，由方程(8.51)得到的临界荷载将等于压杆无侧移失稳的临界荷载。继续增加侧向支撑刚度，再也无法提高压杆的临界荷载了。

定义有侧移失稳临界荷载与无侧移失稳的临界荷载相等时的最小侧向支撑刚度为门槛刚度，并记它的无量纲值为 G_{th}。由图 8.8 可知，当支撑刚度小于门槛刚度时，压杆临界荷载与侧向支撑刚度之间将近似于线性关系。且对于不同的弯剪线刚度比 γ，两者之间均保持近似的线性关系。因此可得侧向支撑门槛刚度的近似公式：

$$K_{L,th}=\frac{\alpha_s P_{cr\infty}-P_{cr0}}{l}，\qquad \text{或}\ G_{th}=\pi^2\left(\frac{\alpha_s}{\mu_\infty^2}-\frac{1}{\mu_0^2}\right) \qquad (8.52a，b)$$

偏于安全的计算压杆失稳临界荷载的近似公式为：

当 $G_L\leqslant G_{th}$ 时，$\qquad\qquad P_{cr}=P_{cr0}+\dfrac{G_L}{G_{th}}(P_{cr\infty}-P_{cr0})$ $\qquad\qquad\qquad (8.53a)$

当 $G_L>G_{th}$ 时，$\qquad\qquad\qquad\qquad P_{cr}=P_{cr\infty}$ $\qquad\qquad\qquad\qquad\qquad (8.53b)$

采用计算长度系数 μ' 表示压杆的临界荷载，则：

当 $G_L \leqslant G_{th}$ 时，
$$\frac{1}{\mu'^2} = \frac{1}{\mu_0^2} + \frac{G_L}{G_{th}}\left(\frac{1}{\mu_\infty^2} - \frac{1}{\mu_0^2}\right) \qquad (8.54a)$$

当 $G_L > G_{th}$ 时，
$$\mu' = \mu_\infty \qquad (8.54b)$$

其中 μ_0、μ_∞ 可分别由近似公式（8.40）、（8.44）求得。

8.8　分布轴心压力作用下等截面悬臂柱的稳定性

分布压力下悬臂柱的稳定性研究，能够提供高层结构稳定性的一个初步的判断。此时只能采用能量法。一个精细的近似解可用以下的方式获得。悬臂柱在均布横向荷载作用下的水平挠度

$$y = q_h\left[\frac{z^2(6H^2 - 4Hz + z^2)}{24EI} + \frac{Hz - 0.5z^2}{S}\right]$$

这个挠度公式，以给定的方式规定了剪切挠度和弯曲挠度的比例。如果把剪切挠度和弯曲挠度的比例引入一个修正系数 δ，最后假设位移函数是

$$y = q_h\left[\frac{z^2(6H^2 - 4Hz + z^2)}{24EI\delta} + \frac{Hz - 0.5z^2}{S(1-\delta)}\right]$$

其中第一部分是弯曲挠度，第二部分是剪切挠度。顶部挠度是

$$\Delta = \frac{1}{2}q_h H^2\left[\frac{H^2}{4EI\delta} + \frac{1}{S(1-\delta)}\right]$$

因此 $q_h = \dfrac{8\Delta \cdot EI\delta \cdot S(1-\delta)}{H^2\left[S(1-\delta)H^2 + 4\delta EI\right]}$，代入挠度公式得到

$$y = \left[S(1-\delta)\frac{z^2(6H^2 - 4Hz + z^2)}{3H^2(4EI\delta + S(1-\delta)H^2)} + \delta\frac{8EI(Hz - 0.5z^2)}{L^2(4EI\delta + S(1-\delta)H^2)}\right]\Delta \qquad (8.55)$$

弯矩和剪力是

$$M(z) = q\int_z^H[y(\xi) - y(z)]\mathrm{d}\xi, \quad V = \frac{\mathrm{d}M}{\mathrm{d}z} \qquad (8.56a,\ 8.56b)$$

应变能是

$$\Pi = \frac{1}{2}\int_0^H\left(\frac{M^2}{EI} + \frac{V^2}{S}\right)\mathrm{d}z - \frac{1}{2}q\int_0^H(H-z)y'^2\mathrm{d}z$$

将式（8.55）（8.56a，8.56b）代入总势能公式，可以得到

$$q_{cr}H = \frac{3,465S\left[9\beta^2(\delta-1)^2 - 80\beta(\delta-1)\delta + 360\delta^2\right]}{3969\beta^3(\delta-1)^2 + 997920\delta^2 - 19800\beta\delta(5\delta-9) - 3080\beta^2(\delta-1)(5+6\delta)}$$

式中 $\beta = \dfrac{SH^2}{EI}$。令 $\dfrac{\mathrm{d}(qH)_{cr}}{\mathrm{d}\delta} = 0$ 得到

$$\delta = \frac{5\beta(63\beta - 1859)}{85,932 + \beta(-27,196 + 315\beta) - 3\sqrt{415,588,536 - 176,793,496\,\beta + 30,476,889\beta^2}}$$

回代得到

$$q_{cr}H = \frac{284130S}{184,932 + 19,661 + 3\sqrt{415,588,536 - 176,793,496\,\beta + 30,476,889\beta^2}}$$

$$(8.57)$$

经与更加精确的结果对比，上式的误差很小。图 8.9 以弯曲屈曲与剪切屈曲相互关系的形式示出了临界荷载曲线，比较精确的曲线公式是

$$\frac{0.3148qH}{P_E}+0.5\frac{qH}{S}+0.1\left(\frac{qH}{S}\right)^5=1$$

$$qH \leqslant S \qquad (8.58)$$

式中 $P_E=\dfrac{\pi^2EI}{4H^2}$。简化的线性化公式是

$$\frac{0.315qH}{P_E}+\frac{0.6qH}{S}=1$$

$$qH \leqslant S \qquad (8.59)$$

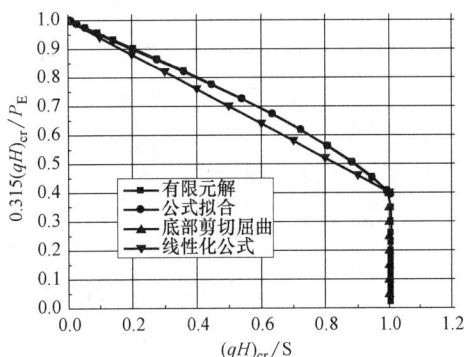

图 8.9 等截面悬臂柱均布竖向力下的屈曲

相当于剪切时取离地 $(1-0.6)H=0.4H$ 处的竖向轴力作为荷载代表值，弯曲时荷载取离地 $(1-0.315)H=0.685H$ 为荷载代表值。

8.9 考虑截面剪切变形时等截面柱的单元刚度矩阵

总势能（8.19）式的一阶变分为零得到

$$\delta\Pi=\int_0^l[EIv''_b\delta v''_b+Sv'_s\delta v'_s-P(v'_b+v'_s)(\delta v'_b+\delta v'_s)]\mathrm{d}z$$

$$-Q_1\delta v_1-M_1\delta v'_{b1}-Q_2\delta v_2-M_2\delta v'_{b2}=0 \qquad (8.60)$$

注意 $v=v_b+v_s$，因此节点位移分为两部分 $\{\delta_b\}_e$ 和 $\{\delta_s\}_e$，弯曲挠度与第五章介绍的完全相同，后者是 $\{\delta_s\}_e=<v_{s1},\ v_{s2}>^T$，对应于剪切变形引起的挠度。单元端部剪力 Q_1，Q_2 对应总位移 δv_1，δv_2。假设单元内部截面的惯性矩和截面的抗剪刚度都是常数的，轴力不变。单元内部的位移取为

$$v_b=n_{31}v_{bi}+n_{32}v'_{bi}l+n_{33}v_{bj}+n_{34}v'_{bj}l=<n_3>\{\delta_b\}_e \qquad (8.61a)$$

$$v_s=n_{11}v_{s1}+n_{12}v_{s2}=\langle n_{11},n_{12}\rangle\{\delta_s\}_e=<n_1>\{\delta_s\}_e \qquad (8.61b)$$

其中 $n_{11}=1-\beta$，$n_{12}=\beta$，$\beta=z/l$。

$$v'_b=\frac{1}{l}<n'_3>\{\delta_b\}_e$$

$$<n'_3>=<-n'_{33},n'_{32},n'_{33},n'_{34}>=<-6\beta+6\beta^2,1-4\beta+3\beta^2,6\beta-6\beta^2,-2\beta+3\beta^2>$$

$$<n''_3>=<-6+12\beta,\quad-4+6\beta,\quad6-12\beta,\quad-2+6\beta>$$

$$<n'''_3>=<12,6,-12,6>$$

我们知道只有四个平衡方程，却有 6 个未知量，因此在利用 $\delta\Pi=0$ 获得平衡方程之前，必须消去两个。我们希望节点位移是总的位移，而转角又是弯曲变形引起的节点转动，即

$$\{\delta\}_e=\langle v_1,v'_{b1}l,v_2,v'_{b2}l\rangle^T=\langle v_{b1}+v_{s1},v'_{b1}l,v_{b2}+v_{s2},v'_{b2}l\rangle^T \qquad (8.62)$$

这样做的目的是，求出来的位移是总的位移，在梁柱连接处，由于节点转角只保留了弯曲位移对应的部分，汇交于一个节点的各杆件弯曲位移对应的转角是相同的（连续性要

求），这样节点未知量不增加，便于程序的处理。如果将剪切转角引入节点未知量，则汇交于一个节点的每一根杆件都有一个节点剪切角，极大地增加了未知量的数量。实际上可以利用单元内部的平衡方程，使得节点只保留两个节点位移。根据(8.8)式，

$$Sv'_{\mathrm{s}} = -EIv'''_{\mathrm{b}} = -\frac{EI}{l^3}<n'''_3>\{\delta_{\mathrm{b}}\}_{\mathrm{e}},$$

$$v'_{\mathrm{s}} = -\frac{\Phi}{l}<1, \quad 0.5, \quad -1, \quad 0.5>\{\delta_{\mathrm{b}}\}_{\mathrm{e}}$$

式中 $\Phi = \dfrac{12EI}{Sl^2}$。因为剪切挠度是线性的，$v'_{\mathrm{s}}l = v_{\mathrm{s}2} - v_{\mathrm{s}1}$，因此，

$$v_{\mathrm{s}2} - v_{\mathrm{s}1} = -\Phi<1, 0.5, -1, 0.5>\{\delta_{\mathrm{b}}\}_{\mathrm{e}} = \Phi[(v_{\mathrm{b}2} - v_{\mathrm{b}1}) - 0.5(v'_{\mathrm{b}2} + v'_{\mathrm{b}1})l]$$

$$v_2 - v_1 = v_{\mathrm{b}2} - v_{\mathrm{b}1} + v_{\mathrm{s}2} - v_{\mathrm{s}1} = (v_{\mathrm{b}2} - v_{\mathrm{b}1})(1 + \Phi) - 0.5\Phi(v'_{\mathrm{b}2} + v'_{\mathrm{b}1})l$$

所以我们得到如下两个式子

$$v_{\mathrm{b}2} - v_{\mathrm{b}1} = \frac{1}{(1+\Phi)}(v_2 - v_1) + \frac{\Phi l}{2(1+\Phi)}(v'_{\mathrm{b}2} + v'_{\mathrm{b}1}) \tag{8.63a}$$

$$v_{\mathrm{s}2} - v_{\mathrm{s}1} = \frac{\Phi}{(1+\Phi)}(v_2 - v_1) - \frac{\Phi l}{2(1+\Phi)}(v'_{\mathrm{b}2} + v'_{\mathrm{b}1}) \tag{8.63b}$$

这样

$$v'_{\mathrm{s}} = \frac{1}{l}<-1 \quad 1>\begin{Bmatrix} v_{\mathrm{s}1} \\ v_{\mathrm{s}2} \end{Bmatrix} = \frac{\Phi}{(1+\Phi)l}<-1, \quad -0.5, \quad 1, \quad -0.5>\{\delta\}_{\mathrm{e}} \tag{8.64}$$

下面把 v'_{b} 也用 $\{\delta\}_{\mathrm{e}}$ 表达出来，以便在变分公式中应用。因为位移函数满足 $n'_{31} = -n'_{33}$，所以 v'_{b} 可以分两部分表示如下

$$v'_{\mathrm{b}} = \frac{1}{l}n'_{33}<-1, \quad 1>\begin{Bmatrix} v_{\mathrm{b}1} \\ v_{\mathrm{b}2} \end{Bmatrix} + \frac{1}{l}<n'_{32}, \quad n'_{34}>\begin{Bmatrix} v'_{\mathrm{b}1}l \\ v'_{\mathrm{b}2}l \end{Bmatrix}$$

而

$$<-1, \quad 1>\begin{Bmatrix} v_{\mathrm{b}1} \\ v_{\mathrm{b}2} \end{Bmatrix} = \frac{1}{(1+\Phi)}<-1, \quad 1>\begin{Bmatrix} v_1 \\ v_2 \end{Bmatrix} + \frac{\Phi}{2(1+\Phi)}<1, \quad 1>\begin{Bmatrix} v'_{\mathrm{b}1}l \\ v'_{\mathrm{b}2}l \end{Bmatrix}$$

所以

$$v'_{\mathrm{b}} = \frac{1}{(1+\Phi)l}<n'_{31}, \quad n'_{33}>\begin{Bmatrix} v_1 \\ v_2 \end{Bmatrix} + \frac{1}{l}<n'_{32} + \frac{n'_{33}\Phi}{2(1+\Phi)}, \quad n'_{34} + \frac{n'_{33}\Phi}{2(1+\Phi)}>\begin{Bmatrix} v'_{\mathrm{b}1}l \\ v'_{\mathrm{b}2}l \end{Bmatrix}$$

利用 $n'_{32} + 0.5n'_{33} = 1 - \beta$，$n'_{34} + 0.5n'_{33} = \beta$，上式可化为两部分之和：

$$v'_{\mathrm{b}} = \frac{1}{l(1+\Phi)}\langle n'_3 \rangle \{\delta\}_{\mathrm{e}} + \frac{\Phi}{l(1+\Phi)}\langle 0, \quad 1-\beta, \quad 0, \quad \beta \rangle \{\delta\}_{\mathrm{e}} \tag{8.65a}$$

求导一次得到

$$v''_{\mathrm{b}} = \frac{1}{(1+\Phi)l^2}\langle n''_3 \rangle \{\delta\}_{\mathrm{e}} + \frac{\Phi}{(1+\Phi)l^2}\langle 0, \quad -1, \quad 0, \quad 1 \rangle \{\delta\}_{\mathrm{e}} \tag{8.65b}$$

将位移代入(8.60)式得到：

(1) 弯曲应变的部分

$$\int_0^l EIv''_{\mathrm{b}}\delta v''_{\mathrm{b}}\mathrm{d}z = \delta\{\delta\}_{\mathrm{e}}^{\mathrm{T}}\frac{EI}{(1+\Phi)^2 l^3}\left\{[K_{33}^{220}] + (2+\Phi)\Phi\begin{bmatrix} 0 & 0 & 0 & 0 \\ 0 & 1 & 0 & -1 \\ 0 & 0 & 0 & 0 \\ 0 & -1 & 0 & 1 \end{bmatrix}\right\}\{\delta\}_{\mathrm{e}}$$

上式和后面的推导时利用了如下式子：

$$\int_0^l < n''_3 > \mathrm{d}\beta = < 0, -1, 0, 1 >$$

$$\int_0^l < n'_3 > \mathrm{d}\beta = <-1, 0, 1, 0 >$$

$$\int_0^l < n'_3 > \beta\mathrm{d}\beta = <-\frac{1}{2}, -\frac{1}{12}, \frac{1}{2}, \frac{1}{12} >$$

$$\int_0^l < n'_3 > \beta^2 \mathrm{d}\beta = <-\frac{3}{10}, -\frac{1}{15}, \frac{3}{10}, \frac{1}{10} >$$

（2）剪切应变的部分

$$\int_0^l Sv'_s \delta v'_s \mathrm{d}z = \frac{EI}{(1+\Phi)^2 l^3} \delta\{\delta\}_e^T \Phi \begin{bmatrix} 12 & 6 & -12 & 6 \\ 6 & 3 & -6 & 3 \\ -12 & -6 & 12 & -6 \\ 6 & 3 & -6 & 3 \end{bmatrix} \{\delta\}_e$$

$$\delta U = \int_0^l [EIv''_b \delta v''_b + Sv'_s \delta v'_s]\mathrm{d}z = \delta\{\delta\}_e^T [k]\{\delta\}_e$$

式中[k]是物理刚度矩阵，表示成实际应用的量纲形式是：

$$[k] = \frac{EI}{l^3(1+\Phi)} \begin{bmatrix} 12 & 6l & -12 & 6l \\ 6l & (4+\Phi)l^2 & -6l & (2-\Phi)l^2 \\ -12 & -6l & 12 & -6l \\ 6l & (2-\Phi)l^2 & -6l & (4+\Phi)l^2 \end{bmatrix} \tag{8.66}$$

（3）轴压力的势能变分部分推导如下

$$-P\int_0^l v'_b \delta v'_b \mathrm{d}z = -\frac{P}{l^2(1+\Phi)^2} \delta\{\delta\}_e^T \{[K_{33}^{110}] + [K_{bs}^{110}] + [K_{ss}^{110}]\}\{\delta\}_e$$

式中 $[K_{bs}^{110}] = \frac{1}{2}\Phi \begin{bmatrix} 0 & -1 & 0 & -1 \\ -1 & 1/3 & 1 & -1/3 \\ 0 & 1 & 0 & 1.0 \\ -1 & -1/3 & 1 & 1/3 \end{bmatrix}$, $[K_{ss}^{110}] = \frac{1}{6}\Phi^2 \begin{bmatrix} 0 & 0 & 0 & 0 \\ 0 & 2 & 0 & 1 \\ 0 & 0 & 0 & 0 \\ 0 & 1 & 0 & 2 \end{bmatrix}$

$$-P\int_0^l (v'_b \delta v'_s + v'_s \delta v'_b)\mathrm{d}z = \frac{-P\Phi}{l^2(1+\Phi)^2} \delta\{\delta\}_e^T \left\{ \begin{bmatrix} 2 & 0.5 & -2 & 0.5 \\ 0.5 & 0 & -0.5 & 0 \\ -2 & -0.5 & 2 & -0.5 \\ 0.5 & 0 & -0.5 & 0 \end{bmatrix} + \right.$$

$$\left. \frac{1}{2}\Phi \begin{bmatrix} 0 & -1 & 0 & -1 \\ -1 & -1 & 1 & -1 \\ 0 & 1 & 0 & 1 \\ -1 & -1 & 1 & -1 \end{bmatrix} \right\}\{\delta\}_e$$

$$-P\int_0^l v'_s \delta v'_s \mathrm{d}z = \delta\{\delta\}_e^T \frac{-P\Phi^2}{4(1+\Phi)^2 l^2} \begin{bmatrix} 4 & 2 & -4 & 2 \\ 2 & 1 & -2 & 1 \\ -4 & -2 & 4 & -2 \\ 2 & 1 & -2 & 1 \end{bmatrix} \{\delta\}_e$$

最后可以表示成

$$\delta V = -P\int_0^l\left[(v_b'+v_s')(\delta v_b'+\delta v_s')\right]\mathrm{d}z = \delta\{\delta\}_e^{\mathrm{T}}[k_g]\{\delta\}_e$$

式中 $[k_g]$ 是几何刚度矩阵（压力的负刚度矩阵），表示成实际应用的量纲形式是：

$$[k_g] = \frac{-P}{l}\begin{bmatrix} 1+2\psi & \psi l & -1-2\psi & \psi l \\[6pt] \psi l & \frac{1}{2}\psi l^2+\frac{1}{12}l^2 & -\psi l & \frac{1}{2}\psi l^2-\frac{1}{12}l^2 \\[6pt] -1-2\psi & -\psi l & 1+2\psi & -\psi l \\[6pt] \psi l & \frac{1}{2}\psi l^2-\frac{1}{12}l^2 & -\psi l & \frac{1}{2}\psi l^2+\frac{1}{12}l^2 \end{bmatrix} \tag{8.67}$$

式中 $\psi=\dfrac{1}{10(1+\Phi)^2}$。实际应用时节点位移列阵变为 $\{\delta\}_e=<v_1,\ v_{b1}',\ v_2,\ v_{b2}'>$，(8.66)
(8.67)式量纲形式已经与此对应。

8.10　考虑截面剪切变形时变截面柱的刚度矩阵

下面研究需考虑剪切变形影响的变截面柱子的稳定性。由于变截面和变轴力，必须使用能量法或有限元方法进行计算。在变截面的情况下，首先要确定剪切位移和弯曲位移之间的关系。此时

$$Sv_s' = (S_1+S_{21}\beta)v_s' = -(EIv_b'')' = -EIv_b''' - \frac{1}{l}EI_{21}v_b'', \tag{8.68}$$

因为变截面，获得两者之间精确的关系很难，作为一阶近似，假设各变量沿长度线性变化，两端截面的刚度和轴力是 I_1，I_2，S_1，S_2，P_1，P_2。沿单元长度表示成平均刚度如下形式

$$S = S_1+(S_2-S_1)\frac{z}{l} = S_1+S_{21}\beta = S_{av}+(\beta-0.5)S_{21} \tag{8.69a}$$

$$EI = EI_1+E(I_2-I_1)\frac{z}{l} = EI_1+EI_{21}\beta = EI_{av}+(\beta-0.5)EI_{21} \tag{8.69b}$$

$$P = P_1+(P_2-P_1)\frac{z}{l} = P_1+P_{21}\beta = P_{av}+(\beta-0.5)P_{21} \tag{8.69c}$$

式中　　　　　$S_{av}=\frac{1}{2}(S_1+S_2), I_{av}=\frac{1}{2}(I_1+I_2), P_{av}=\frac{1}{2}(P_1+P_2),$

$$(8.70a,\ 8.70b,\ 8.70c)$$

则剪切位移和弯曲位移的一阶近似的关系如下

$$S_{av}v_s' = -\frac{EI_{av}}{l^3}<n_3'''>\{\delta_b\}_e \tag{8.71a}$$

$$v_s' = -\frac{\Phi}{l}<1,0.5,-1,0.5>\{\delta_b\}_e \tag{8.71b}$$

式中 $\Phi=\dfrac{12EI_{av}}{S_{av}l^2}$。等截面成立的关系式 (8.63a，8.63b)(8.64) 此时近似成立。

截面的刚度等可以表示成平均的部分和变截面的部分，平均的部分可以直接借用上节的刚度矩阵公式，下面只对变截面的部分进行推导。即推导

$$\int_0^l EI_{21}(\beta-0.5)v_b''\delta v_b''\mathrm{d}z + \int_0^l S_{21}(\beta-0.5)v_s'\delta v_s'\mathrm{d}z$$

$$\int_0^l EI_{21}\beta v''_b\delta v''_b \mathrm{d}z$$

$$=\frac{EI_{21}}{(1+\Phi)^2 l^3}\delta\{\delta\}_e^T\int_0^1\left(\begin{matrix}\langle n''_3\rangle^T\langle n''_3\rangle\beta+\Phi^2\langle 0,\ -1,\ 0,\ 1\rangle^T\langle 0,\ -1,\ 0,\ 1\rangle\beta\\+\Phi\langle 0,\ -1,\ 0,\ 1\rangle^T\langle n''_3\rangle\beta+\Phi\langle n''_3\rangle^T\beta\langle 0,\ -1,\ 0,\ 1\rangle\end{matrix}\right)\mathrm{d}\beta\cdot\{\delta\}_e$$

$$=\frac{EI_{21}}{(1+\Phi)^2 l^3}\delta\{\delta\}_e^T\left\{[K_{33}^{221}]+\Phi\begin{bmatrix}0 & -1 & 0 & 1\\ -1 & 0 & 1 & -1\\ 0 & 1 & 0 & -1\\ 1 & -1 & -1 & 2\end{bmatrix}+\frac{1}{2}\Phi^2\begin{bmatrix}0 & 0 & 0 & 0\\ 0 & 1 & 0 & -1\\ 0 & 0 & 0 & 0\\ 0 & -1 & 0 & 1\end{bmatrix}\right\}\{\delta\}_e$$

$$\int_0^l EI_{21}(\beta-0.5)v''_b\delta v''_b\mathrm{d}z=\delta\{\delta\}_e^T[k_{e21}]\{\delta\}_e$$

对位移列阵采用分析时实际采用的量纲，则

$$[k_{e21}]=\frac{EI_{21}}{(1+\Phi)^2 l^3}\begin{bmatrix}-6\Phi & -(1+4\Phi)l & 6\Phi & (1-2\Phi)l\\ -(1+4\Phi)l & -(1+2.5\Phi)l^2 & (1+4\Phi)l & -1.5\Phi l^2\\ 6\Phi & (1+4\Phi)l & -6\Phi & (-1+2\Phi)l\\ (1-2\Phi)l & -1.5\Phi l^2 & (-1+2\Phi)l & (1-0.5\Phi)l^2\end{bmatrix}$$

$$(8.72)$$

$$\int_0^l (\beta-0.5)S_{21}v'_s\delta v'_s\mathrm{d}z=0$$

几何刚度矩阵是：

$$-P_{21}\int_0^l v'_b\delta v'_b\beta\mathrm{d}z=-\frac{P_{21}}{l(1+\Phi)^2}\delta\{\delta\}_e^T\left\{[K_{33}^{111}]+[K_{bs}^{111}]+[K_{ss}^{111}]\right\}\{\delta\}_e$$

式中

$$[K_{33}^{111}]=\frac{1}{60}\begin{bmatrix}36 & 6 & -36 & 0\\ 6 & 2 & -6 & -1\\ -36 & -6 & 36 & 0\\ 0 & -1 & 0 & 2\end{bmatrix},\quad [K_{bs}^{111}]=\frac{\Phi}{60}\begin{bmatrix}0 & -12 & 0 & -18\\ -12 & -2 & 12 & -5\\ 0 & 12 & 0 & 18\\ -18 & -5 & 18 & 12\end{bmatrix},$$

$$[K_{ss}^{111}]=\frac{\Phi^2}{12}\begin{bmatrix}0 & 0 & 0 & 0\\ 0 & 1 & 0 & 1\\ 0 & 0 & 0 & 0\\ 0 & 1 & 0 & 3\end{bmatrix}$$

$$-P_{21}\int_0^l(\beta v'_b\delta v'_s+\beta v'_s\delta v'_b)\mathrm{d}z=\frac{-P_{21}}{12l(1+\Phi)^2}\delta\{\delta\}_e^T\left\{\Phi\begin{bmatrix}12 & 4 & -12 & 2\\ 4 & 1 & -4 & 0\\ -12 & -4 & 12 & -2\\ 2 & 0 & -2 & -1\end{bmatrix}+\right.$$

$$\left.\Phi^2\begin{bmatrix}0 & -2 & 0 & -4\\ -2 & -2 & 2 & -3\\ 0 & 2 & 0 & 4\\ -4 & -3 & 4 & -4\end{bmatrix}\right\}\{\delta\}_e$$

$$-P_{21}\int_0^l v'_s\beta\delta v'_s\mathrm{d}z=\frac{-P_{21}}{8(1+\Phi)^2 l}\delta\{\delta\}_e^T\begin{bmatrix}4 & 2 & -4 & 2\\ 2 & 1 & -2 & 1\\ -4 & -2 & 4 & -2\\ 2 & 1 & -2 & 1\end{bmatrix}\Phi^2\{\delta\}_e$$

三项相加得到

$$
= \frac{-P_{21}}{l(1+\Phi)^2}\delta\{\delta\}_e^T\left\{\frac{1}{60}\begin{bmatrix} 36 & 6 & -36 & 0 \\ 6 & 2 & -6 & -1 \\ -36 & -6 & 26 & 0 \\ 0 & -1 & 0 & 2 \end{bmatrix} + \frac{\Phi}{60}\begin{bmatrix} 60 & 8 & -60 & -8 \\ 8 & 3 & -8 & -5 \\ -60 & -8 & 60 & 8 \\ -8 & -5 & 8 & 7 \end{bmatrix}\right.
$$

$$
\left. + \frac{\Phi^2}{24}\begin{bmatrix} 12 & 2 & -12 & -2 \\ 2 & 1 & -2 & -1 \\ -12 & -2 & 12 & 2 \\ -2 & -1 & 2 & 1 \end{bmatrix}\right\}\{\delta\}_e
$$

按照 $(\beta-0.5)P_{21}$ 计算的几何刚度矩阵，即要将上式减去常数项 $0.5P_{21}$ 部分：

$$
= \frac{-P_{21}}{l(1+\Phi)^2}\delta\{\delta\}_e^T\left\{\frac{1}{60}\begin{bmatrix} -36 & -3 & 36 & -3 \\ -3 & -4 & 3 & 1 \\ 36 & 3 & -36 & 3 \\ -3 & 1 & 3 & -4 \end{bmatrix} + \frac{\Phi}{12}\begin{bmatrix} -12 & 0 & 12 & 0 \\ 0 & -1 & 0 & 1 \\ 12 & 0 & -12 & 0 \\ 0 & 1 & 0 & -1 \end{bmatrix}\right.
$$

$$
\left. + \frac{\Phi^2}{24}\begin{bmatrix} -12 & 0 & 12 & 0 \\ 0 & -1 & 0 & 1 \\ 12 & 0 & -12 & 0 \\ 0 & 1 & 0 & -1 \end{bmatrix}\right\}\{\delta\}_e
$$

$$
-P_{21}\int_0^1(\beta-0.5)(v_b'+v_s')\delta(v_b'+v_s')\mathrm{d}z = \delta\{\delta\}_e^T[k_{g21}]\{\delta\}_e
$$

$$
[k_{g21}] = \frac{-P_{21}}{l^2(1+\Phi)^2}\left\{\frac{1}{60}\begin{bmatrix} 0 & 3 & 0 & -3 \\ 3 & -2 & -3 & 0 \\ 0 & -3 & 0 & 3 \\ -3 & 0 & 3 & -2 \end{bmatrix} + \frac{\Phi}{30}\begin{bmatrix} 0 & 4 & 0 & -4 \\ 4 & -1 & -4 & 0 \\ 0 & -4 & 0 & 4 \\ -4 & 0 & 4 & 1 \end{bmatrix}\right.
$$

$$
\left. + \frac{\Phi^2}{12}\begin{bmatrix} 0 & 1 & 0 & -1 \\ 1 & 0 & -1 & 0 \\ 0 & -1 & 0 & 1 \\ -1 & 0 & 1 & 0 \end{bmatrix}\right\}
$$

得到几何刚度矩阵的第二部分

$$
[k_{g21}] = \frac{-P_{21}}{l(1+\Phi)^2}\begin{bmatrix} 0 & k_{g2,12} & 0 & -k_{g2,12} \\ k_{g2,12} & -\dfrac{1+\Phi}{30}l^2 & -k_{g2,12} & 0 \\ 0 & -k_{g2,12} & 0 & k_{g2,12} \\ -k_{g2,12} & 0 & k_{g2,12} & -\dfrac{1-\Phi}{30}l^2 \end{bmatrix} \tag{8.73}
$$

式中　$k_{g2,12} = \left(\dfrac{1}{20}+\dfrac{2\Phi}{15}+\dfrac{\Phi^2}{12}\right)l$

这样总的物理和几何刚度矩阵分别是

$$
[k_{etot}] = [k_e] + [k_{e21}] \tag{8.74a}
$$

$$
[k_{gtot}] = [k_g] + [k_{g21}] \tag{8.74b}
$$

形成总体刚度矩阵，引入边界条件，按照特征值问题进行求解，即可以对屈曲问题进行分析。

如果是二阶分析，采用刚度矩阵和节点位移计算节点力时，刚度矩阵采用 $([K_{etot}]+[K_{gtot}])\{\delta\}_e$ 计算的，得到的剪力是与变形前的轴线垂直的剪力，而弯矩是二阶弯矩；采用 $[K_{etot}]\{\delta\}_e$ 计算得到弯矩与前一种方法相同，但是得到的剪力是垂直于变形后的轴线的，且在数值上比第一种方法的结果大。

8.11 考虑截面剪切变形影响时变截面悬臂柱的屈曲荷载

对图 8.10 所示的抗弯刚度、抗剪刚度、轴力沿着高度均为线性变化的悬臂柱的临界荷载进行了计算，定义柱顶(下标为 n)和柱底(下标为 1)截面的轴力 P、抗剪刚度 S 和惯性矩 I 的比值分别为 r_P，r_S，r_B：

$$r_P=\frac{P_n}{P_1}, r_S=\frac{S_n}{S_1}, r_B=\frac{I_n}{I_1} \tag{8.75}$$

参数范围是 $r_B=0.3\sim1.0$，$r_P=0\sim1$，$r_s=0.3\sim1.0$。$r_P=0$ 时曲线图 8.11 给出，其他无量纲化的结果在图 8.12a~f 给出。图中 P_{beq} 是弯曲型变截面构件的临界荷载，由第 5 章的式（5.73）给出，即

$$P_{beq}=P_{1cr}=\frac{\pi^2 EI_{eq}}{4\gamma H^2} \tag{8.76}$$

式中 $\gamma=0.28(1+\frac{1}{8}r_B)+[1-0.28(1+\frac{1}{8}r_B)]r_P$，$I_{eq}=\frac{1}{3}(2I_1+I_n)$。

对照这几个图可以发现如下的规律：

（1）r_S 和 r_P 相同，$\frac{P}{P_{beq}}\sim\frac{P}{S_1}$ 曲线基本相同，与 r_B 无关；

（2）直线相关关系 $\frac{P}{P_{beq}}+\frac{P}{S_1}=1$ 在 $r_P=r_S$ 时精确成立；$r_P<r_S$ 时相关曲线在直线之上，$r_P>r_S$ 相关曲线在这条直线之下。

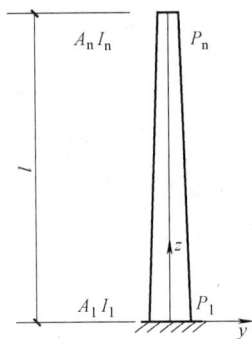

图 8.10 变截面柱子

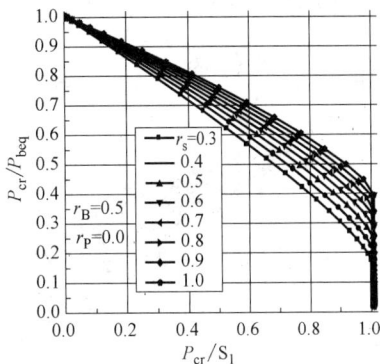

图 8.11 $r_P=0$ 时的相关曲线

（3）$r_P=1$ 时（柱顶集中荷载），相关曲线在横坐标轴上的位置是 $\frac{P_{cr}}{S_1}=r_S$，这代表顶

层剪切屈曲。

（4）根据上一条可以推测 $r_S < r_P < 1$ 时，相关曲线在横坐标轴上的点是顶部发生剪切屈曲对应的荷载。由

$$P_1[1+(r_P-1)\beta]=S_1[1+(r_S-1)\beta]$$

取 $\beta=1$ 得到

$$\frac{P_1}{S_1}=\frac{r_S}{r_P}$$

并且，$r_S < r_P \leqslant 1$ 时，在横坐标附近有一段竖直段。

（5）对照图 8.12f 和图 8.13 可见，r_B 不同，但是 r_S 相同，$\dfrac{P_1}{P_{beq}} \sim \dfrac{r_P P_1}{r_S S_1}$ 曲线相同。对无量纲相关曲线也有少量影响。

根据以上规律，可以拟合出如下的公式

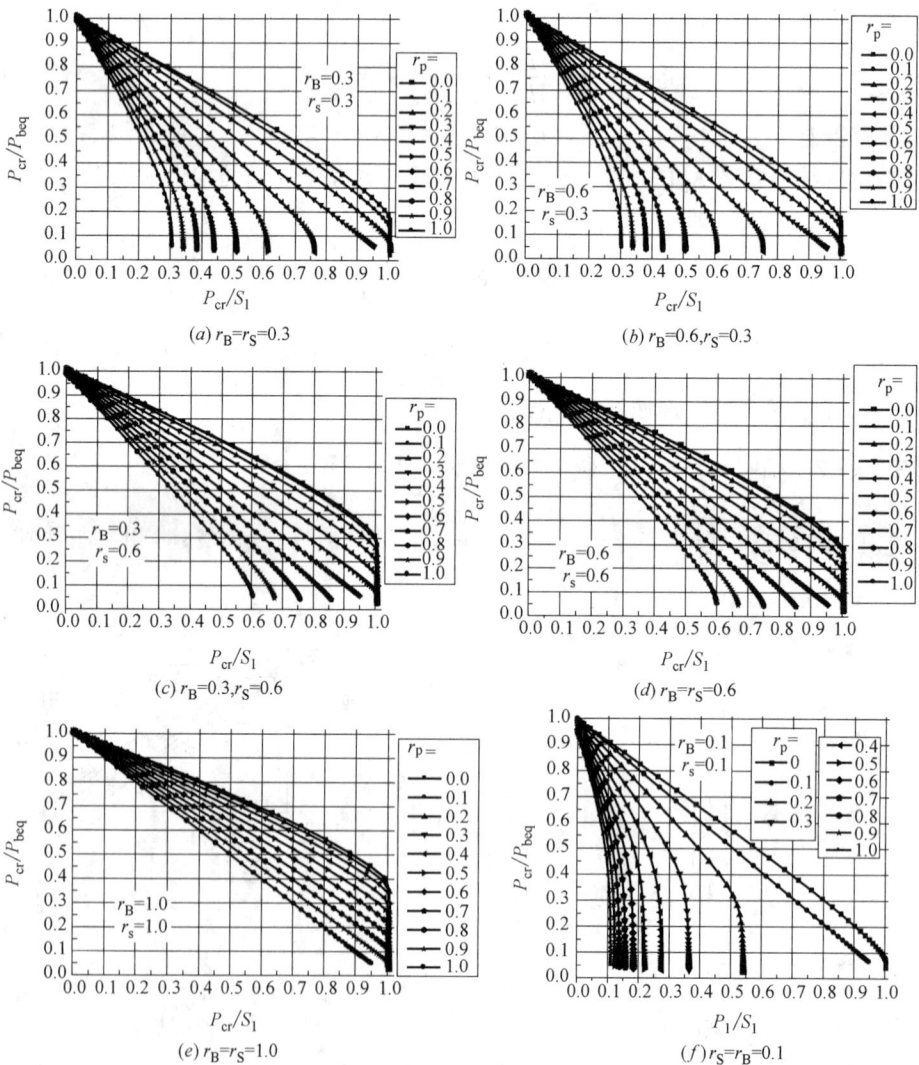

(a) $r_B=r_S=0.3$

(b) $r_B=0.6, r_S=0.3$

(c) $r_B=0.3, r_S=0.6$

(d) $r_B=r_S=0.6$

(e) $r_B=r_S=1.0$

(f) $r_S=r_B=0.1$

图 8.12　变刚度变荷载悬臂柱剪切和弯曲屈曲相关关系

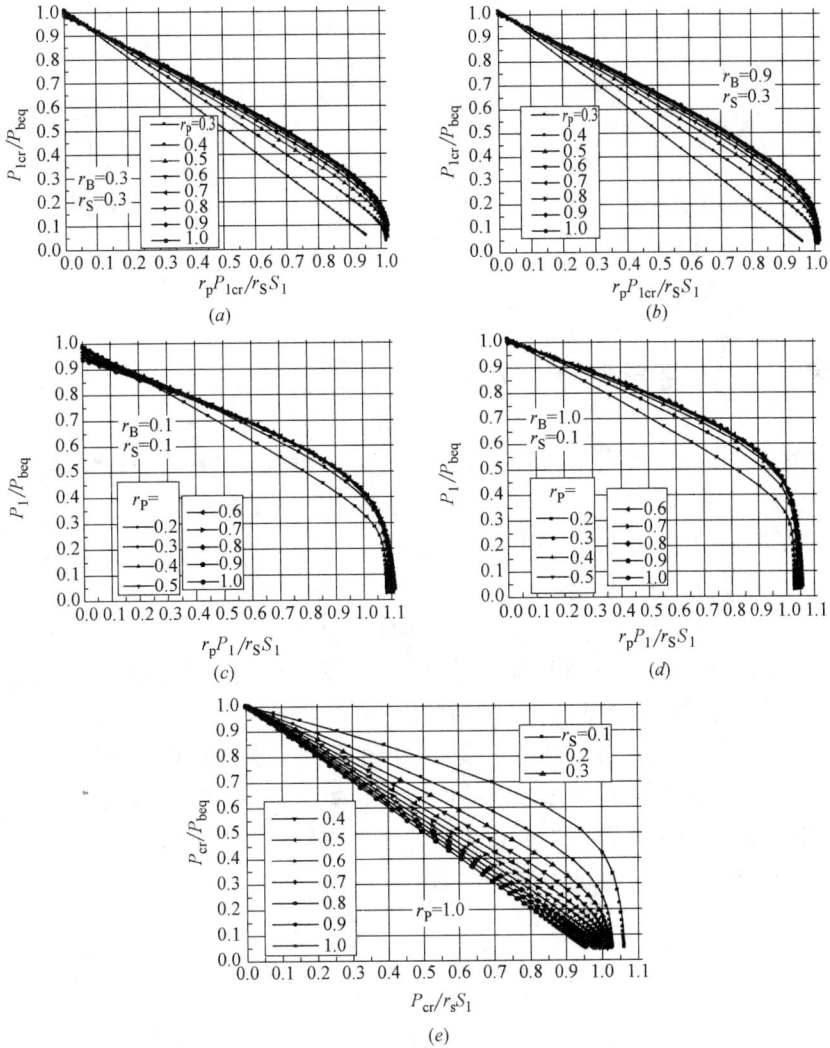

图 8.13 横坐标归一化的相关曲线

$$r_\mathrm{P} \leqslant r_\mathrm{S}: \quad \frac{P_1}{P_\mathrm{beq}} + \left[1 - 0.4(r_\mathrm{S} - r_\mathrm{P})^{0.7}\right]\frac{P_1}{S_1} = 1, \qquad P_1 \leqslant S_1 \qquad (8.77a)$$

$$r_\mathrm{P} > r_\mathrm{S}: \frac{P_1}{P_\mathrm{beq}} + \left[1 - 0.086\left(\frac{1}{r_\mathrm{S}} - 1\right)^{0.7}\left(\frac{r_\mathrm{P} - r_\mathrm{S}}{1 - r_\mathrm{S}}\right)^{r_s}\right]\frac{r_\mathrm{P}P_1}{r_\mathrm{S}S_1} = 1, \ P_1 \leqslant \frac{r_\mathrm{S}}{r_\mathrm{P}}S_1\,(\text{即}\ P_\mathrm{n} \leqslant S_\mathrm{n})$$

$$(8.77b)$$

或直接写出临界荷载：

$$r_\mathrm{P} \leqslant r_\mathrm{S}: \quad P_1 = \frac{P_\mathrm{beq}S_1}{S_1 + \left[1 - 0.4(r_\mathrm{S} - r_\mathrm{P})^{0.7}\right]P_\mathrm{beq}} \qquad P_1 \leqslant S_1 \qquad (8.77c)$$

$$r_\mathrm{P} > r_\mathrm{S}: P_1 = \frac{P_\mathrm{beq}r_\mathrm{S}S_1}{r_\mathrm{S}S_1 + \left[1 - 0.086\left(\frac{1}{r_\mathrm{S}} - 1\right)^{0.7}\left(\frac{r_\mathrm{P} - r_\mathrm{S}}{1 - r_\mathrm{S}}\right)^{r_s}\right]r_\mathrm{P}P_\mathrm{beq}} \leqslant \frac{r_\mathrm{S}}{r_\mathrm{P}}S_1 \qquad (8.77d)$$

更为精确的公式是

235

$$r_P \leqslant r_S: \quad \frac{P_1}{P_{beq}} + \frac{1}{6} \left[1 - 0.4(r_S - r_P)^{0.7} \right] \left[\left(5 + \frac{r_P}{r_S} \right) \frac{P_1}{S_1} + \left(1 - \frac{r_P}{r_S} \right) \left(\frac{P_1}{S_1} \right)^5 \right] = 1$$

$$P_1 \leqslant S_1 \tag{8.78a}$$

$$r_P > r_S: \frac{P_1}{P_{beq}} + \frac{1}{6} \left[1 - 0.086 \left(\frac{1}{r_S} - 1 \right)^{0.7} \left(\frac{r_P - \gamma_S}{1 - \gamma_S} \right)^{r_S} \right] \left[\left(5 + \frac{r_S}{r_P} \right) \frac{r_P P_1}{r_S S_1} + \left(1 - \frac{r_S}{r_P} \right) \left(\frac{r_P P_1}{r_S S_1} \right)^5 \right] = 1$$

$$P_n \leqslant S_n \tag{8.78b}$$

本节目的是获得考虑截面剪切变形影响的变截面柱临界荷载的简单计算公式，便于在第 10 章中应用。

8.12　考虑剪切变形影响时柱的屈曲模态

为了更深入地了解柱弯剪失稳，有必要对考虑剪切影响时柱的屈曲模态进行分析。

假设一变截面柱，柱高 $H = 8000\text{mm}$，底端截面惯性矩为 $I_1 = 6.095 \times 10^8 \text{mm}^4$，柱截面惯性矩和轴力沿高度方向线性变化，变化系数分别为 r_B、r_P。为了模态分析方便，假设柱截面分 10 段变化，在每一段柱截面保持不变。第 i 段截面抗剪刚度为 S_i，$r_S = r_B$。

在图 8.14 中，$r_B = 1$，$r_P = 0.1$，底层截面抗剪刚度 $S_1 = 381.8\text{kN}$。根据前一节的讨论，由于 $r_B > r_P$，柱底段最不利，柱最低模态表现为在底段处的剪切失稳，临界荷载 396.0kN，非常接近截面纯剪模态对应的临界荷载 S_1（8.77a，8.77b）式。在随后的高阶模态中，柱的剪切失稳位置逐渐升高，模态对应的临界荷载值也逐渐增大。但是高阶模态仍然是剪切失稳的模态，而且并不象高阶的弯曲失稳那样屈曲位移出现变号的现象。这是因为，按照剪切刚度＝轴力即发生剪切失稳的准则，我们可以对每一段得到一个剪切失稳的临界荷载，相当于剪切失稳的不同的模态。

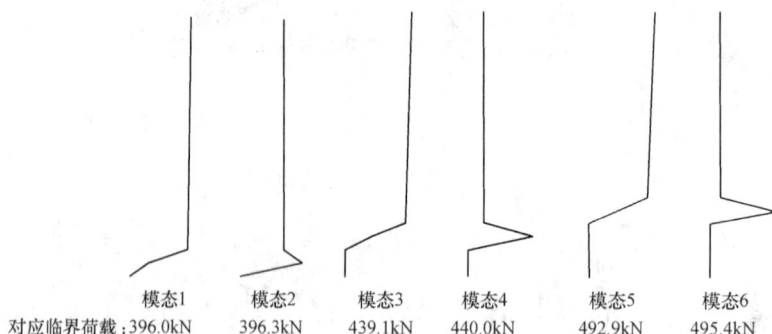

| 模态1 | 模态2 | 模态3 | 模态4 | 模态5 | 模态6 |

对应临界荷载：396.0kN　396.3kN　439.1kN　440.0kN　492.9kN　495.4kN

图 8.14　变截面柱屈曲模态（$r_B = 1$，$r_P = 0.1$）

在图 8.15 中，$r_B = 0.1$，$r_P = 1.0$，底层截面抗剪刚度 $S_1 = 381.8\text{kN}$。根据前一节的讨论，由于 $r_B < r_P$，柱顶端最不利，柱第一阶模态表现为在顶层处的剪切失稳。第一阶模态对应的临界荷载 39.45kN，非常接近柱子纯剪失稳模态对应的临界荷载 $S_1 r_B / r_P$（式 (8.77b)）。在随后的高阶模态中，支撑柱的剪切失稳位置逐渐降低，模态对应的临界荷载值也逐渐增大。

在图 8.16 中，$r_B = r_P = 0.1$，$S_1 = 381.8\text{kN}$。此时柱子的每一段同时剪切失稳，柱的

屈曲模态类似于纯弯曲时的失稳模态。但是由于截面抗剪刚度很小，各阶模态的临界荷载非常接近，并不像纯弯曲失稳那样高阶模态的临界荷载比低阶失稳模态的临界荷载大很多的现象。第一阶模态的临界荷载趋近于截面的剪切刚度值。

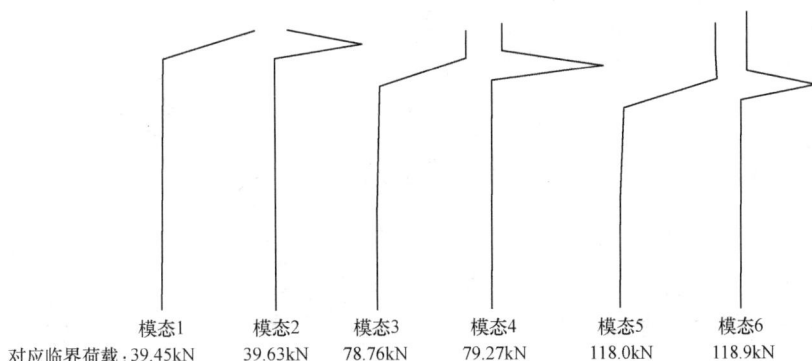

模态1	模态2	模态3	模态4	模态5	模态6
对应临界荷载：39.45kN	39.63kN	78.76kN	79.27kN	118.0kN	118.9kN

图 8.15　变截面柱屈曲模态（$r_B=0.1$，$r_P=1.0$）

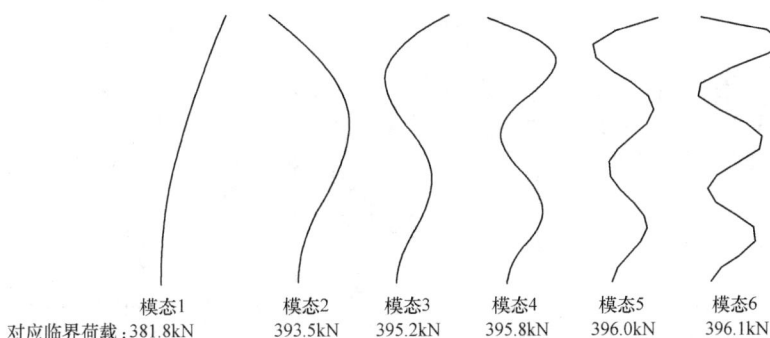

模态1	模态2	模态3	模态4	模态5	模态6
对应临界荷载：381.8kN	393.5kN	395.2kN	395.8kN	396.0kN	396.1kN

图 8.16　变截面柱屈曲模态（$r_B=0.1$，$r_P=0.1$）

在图 8.17 中，$r_B=r_P=1.0$，$S_1=381.8$kN。此时柱子的每一段也同时剪切失稳，柱的屈曲模态与图 8.16 大致相同，各阶模态的临界荷载也非常接近。只是此时第一阶模态对应的临界荷载要低于图 8.16 中第一阶模态对应的临界荷载。

在图 8.18 中，$r_B=1$，$r_P=0.1$，底层截面抗剪刚度 $S_1=381.8$kN，但第五层发生突变，第 5 层抗剪刚度 $S_5=38.18$kN，抗剪刚度突然减小，在第六层恢复到按照层高的变化规律。这个柱子首先在第五层发生剪切失稳（第 1、2 阶模态）。在随后的模态中，柱将由底至顶发生剪切失稳，第 3、4、5、6 阶模态和临界荷载即为抗剪刚度无突变时（图 8.14）的第 1、2、3、4 阶模态和临界荷载。

在图 8.19 中，$r_B=0.1$，$r_P=1.0$，底段截面抗剪刚度 $S_1=381.8$kN，柱子第五段发生抗剪刚度突变，$S_5=38.18$kN。由于抗剪刚度突然减小，柱首先在第五段发生剪切失稳（第 1、2 阶模态）。在随后的模态中，柱子向无突变时（图 8.15）由顶至底发生剪切失稳，第 3、4、5、6 阶模态和临界荷载即为抗剪刚度无突变时（图 8.15）的第 1、2、3、4 阶模态和临界荷载。

在图 8.20 中，$r_B=1.0$，$r_P=1.0$，底段截面抗剪刚度 $S_1=381.8$kN，柱第五段发生抗剪刚度突变。$S_5=38.18$kN，由于抗剪刚度突然减小，柱首先在第五段发生剪切失稳

237

（第 1、2 阶模态）。在随后的模态中，柱将以无突变时的屈曲模态发生失稳（图 8.17），第 3、4、5、6 阶模态和临界荷载趋近于抗剪刚度无突变时（图 8.17）的第 1、2、3、4 阶模态和临界荷载。

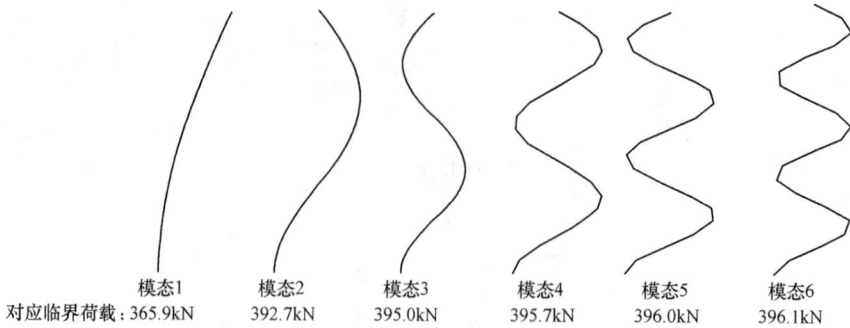

模态1	模态2	模态3	模态4	模态5	模态6
对应临界荷载：365.9kN	392.7kN	395.0kN	395.7kN	396.0kN	396.1kN

图 8.17　变截面柱屈曲模态（$r_B=1.0$，$r_P=1.0$）

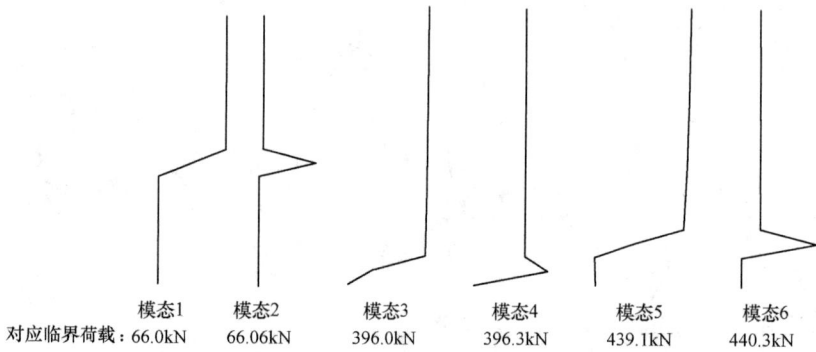

模态1	模态2	模态3	模态4	模态5	模态6
对应临界荷载：66.0kN	66.06kN	396.0kN	396.3kN	439.1kN	440.3kN

图 8.18　变截面柱屈曲模态（$r_B=1.0$，$r_P=0.1$，截面有突变）

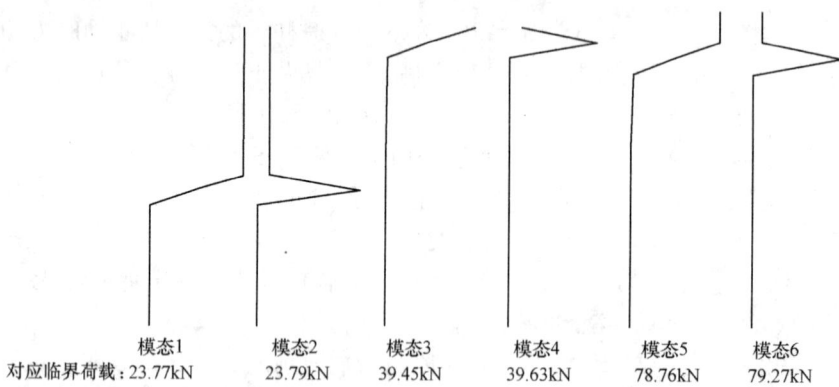

模态1	模态2	模态3	模态4	模态5	模态6
对应临界荷载：23.77kN	23.79kN	39.45kN	39.63kN	78.76kN	79.27kN

图 8.19　变截面柱屈曲模态（$r_B=0.1$，$r_P=1.0$，截面有突变）

在图 8.21 中，$r_B=r_P=1$，支撑柱截面剪切刚度 $S_1=38180kN$，在第二、五、八段截面剪切刚度突变为 $S=3818kN$。图 8.21 给出了支撑柱首阶屈曲模态的位移和转角分布图。从图中可以看出，在截面剪切刚度无突变的支撑段上，柱段以光滑的弯剪模态发生失稳，而在剪切刚度突减的区间内，位移突然增大，位移的一阶导数突然增大，柱段表现为剪切失稳的模态。

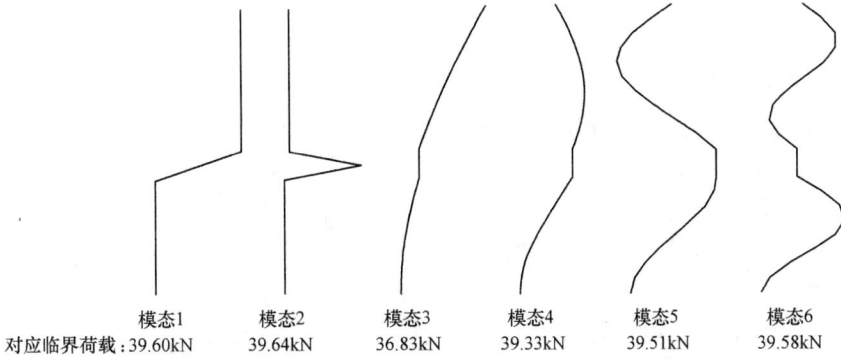

| 模态1 | 模态2 | 模态3 | 模态4 | 模态5 | 模态6 |

对应临界荷载：39.60kN　39.64kN　36.83kN　39.33kN　39.51kN　39.58kN

图 8.20 变截面柱屈曲模态（$r_B=1.0$，$r_P=1.0$，截面有突变）

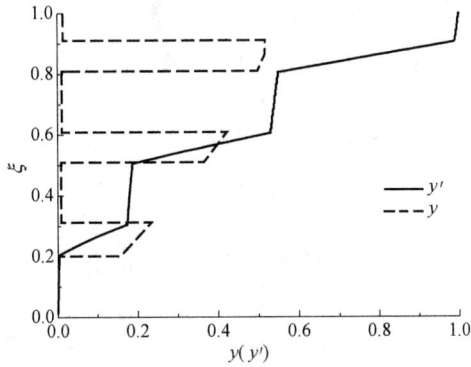

图 8.21 变截面柱截面抗剪刚度有突变时的位移和位移一次导数曲线

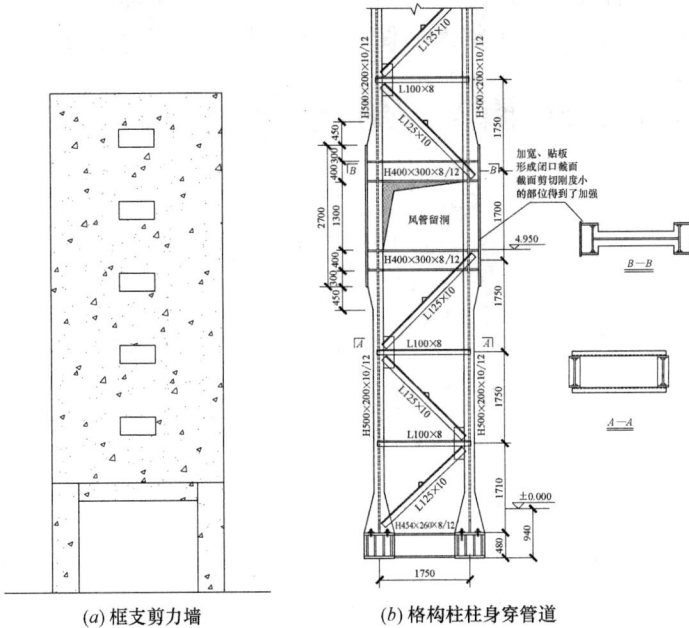

(a) 框支剪力墙　　　(b) 格构柱柱身穿管道

图 8.22 剪切刚度遭到极大削弱的两种实例

239

从以上在 $r_\text{S}=r_\text{B}$ 的约定下进行的模态分析和讨论中，对剪切变形起重要作用的柱子，可以得出以下结论：

1. $r_\text{B}=r_\text{P}$ 时，由于柱子各段同时剪切失稳，柱子以光滑的曲线模态发生失稳，而且各阶模态对应的临界荷载基本相同。

2. 在 $r_\text{B}>r_\text{P}$ 时，柱先在底层发生剪切失稳，随后由底段至顶段逐阶失稳；在 $r_\text{B}<r_\text{P}$ 时，柱先在顶部发生剪切失稳，随后由顶部至底部逐阶失稳；

3. 无论 r_B、r_P 为何大小关系，当截面抗弯刚度很大时，最低阶模态对应的临界荷载都趋近于纯剪切模态对应的临界荷载。

4. 当支撑柱某一层的截面剪切刚度突然减小时，位移模态在该层将发生突变。当剪切刚度减小很多时，柱将以该层的剪切失稳作为首阶失稳模态。

对剪切失稳影响不大的柱子，例如，弯曲失稳荷载为剪切失稳荷载的 10% 时，也进行了分析。分析发现，剪切失稳对高阶失稳的影响更大，使得各个高阶失稳模态对应的临界荷载差别减小，并且不会超过剪切失稳的临界荷载。

本节进行的介绍，旨在避免剪切薄弱层的出现，例如高层建筑中的框支剪力墙的框支层；还有工业厂房中的格构柱，当柱子的截面范围内的空间需要加以利用，有很大的管道穿过柱身时，例如变压器厂，大量的柱身上穿有空调管。

8.13　格构式压杆单肢失稳和整体失稳的相互作用

第二节介绍了格构式压杆考虑剪切变形的方法。实际上格构柱中存在着复杂的失稳现象。在钢结构教科书中我们了解到，除了验算整体稳定外，还要验算柱肢的单肢稳定性。对格构柱来说这是一种局部失稳。在使用和试验中观察到过单肢失稳和格构柱整体失稳的复杂的相互影响[2]。要从理论上把握这种单肢失稳和整体失稳的相互影响，必须采用下面的理论。

设单肢也是两端铰支的。格构柱存在的初始缺陷比实腹柱子多了一项：柱肢本身的初

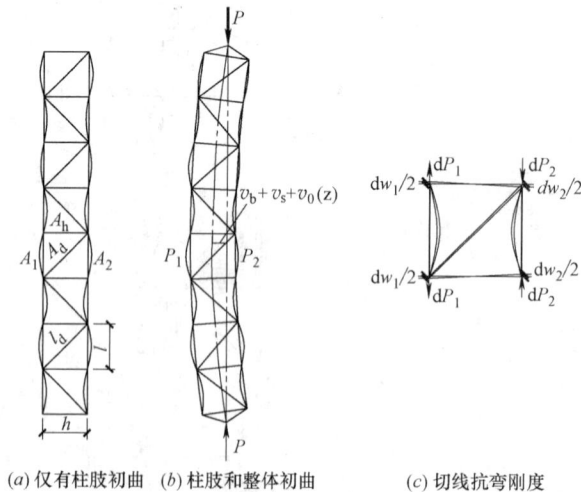

(a) 仅有柱肢初曲　(b) 柱肢和整体初曲　　(c) 切线抗弯刚度

图 8.23　格构柱单肢屈曲与整体屈曲的相互作用

始弯曲。因此整体的初始弯曲和荷载的偏心被看成为整体初始缺陷，柱肢初弯曲和残余应力被看成是局部的初始缺陷。

因为柱肢有缺陷，作为轴压杆，其轴力与两端相对位移的曲线关系受到初始缺陷的影响，其轴压切线刚度见第二章 2.7 节 (2.28) 式。在柱子发生整体弯曲变形时，左右两个柱肢是按照切线刚度变形，参照图 8.2b 和图 8.23c，左肢上拉伸切线刚度 $\overline{E_1A_1}$，右肢是压缩切线刚度 $\overline{E_2A_2}$，两者计算公式相同。因此考虑单肢初始弯曲后的格构式柱截面连续化以后的抗弯刚度为

$$\overline{EI}=\frac{\overline{E_1A_1}\cdot\overline{E_2A_2}}{\overline{E_1A_1}+\overline{E_2A_2}}h^2 \tag{8.79}$$

式中

$$\overline{E_iA_i}=EA_i\left\{1+\frac{w_{0i}^2}{2i_i^2}\Big/\left(1-\frac{P_i}{P_{Ei}}\right)^3\right\}^{-1},i=1,2 \tag{8.80}$$

代入 (8.17) 式得到格构式压杆的能够考虑单肢弯曲(失稳)和整体弯曲(失稳)相互影响（作用）的相关屈曲理论：

$$\overline{EI}\left(1-\frac{P}{S}\right)\frac{\mathrm{d}^4v_\mathrm{b}}{\mathrm{d}z^4}+P\frac{\mathrm{d}^2v_\mathrm{b}}{\mathrm{d}z^2}=0 \tag{8.81}$$

式中 S 是格构柱的抗剪刚度。从上式得到考虑柱肢初始弯曲影响的格构柱的临界荷载是

$$\frac{1}{P_{\mathrm{cr}}}=\frac{1}{P_\mathrm{E}'}+\frac{1}{S} \tag{8.82}$$

式中 $P_\mathrm{E}'=\dfrac{\pi^2\overline{EI}}{L^2}=k_1P_\mathrm{E}$，$P_\mathrm{E}$ 是无任何初始缺陷的压杆的弯曲屈曲荷载。即柱肢初始弯曲的影响是体现在对截面抗弯刚度的影响中的。定义 $n=P_{\mathrm{cr}}/2P_{E1}$，$\beta=\sqrt{2P_{E1}/P_{\mathrm{cro}}}$，$P_{\mathrm{cro}}=\dfrac{P_\mathrm{E}S}{P_{\mathrm{E}+}S}$，可以得到

$$n=\frac{1}{\beta^2}\frac{(S+P_\mathrm{E})k_1}{S+k_1P_\mathrm{E}},\quad k_1=\left[1+\frac{w_{0\mathrm{m}}^2}{2i_1^2}\frac{1}{(1-n)^3}\right]^{-1} \tag{8.83}$$

再考察柱肢无缺陷但是整体有初始弯曲的情况。此时截面的整体抗弯刚度在 $\varphi_2=1$ 时消失，压杆达到极限状态。在此之前截面抗弯刚度保持不变，因此可以采用解析解。平衡方程是

$$EI\left(1-\frac{P}{S}\right)\frac{\mathrm{d}^2v_\mathrm{b}}{\mathrm{d}z^2}+Pv_\mathrm{b}=-Pv_0(z) \tag{8.84}$$

在 EI 始终不变的情况下，可假设 $v_\mathrm{b}=C\sin\dfrac{\pi z}{L}$，代入上式得到 $C=\dfrac{Pd_0}{P_\mathrm{E}(1-P/P_{\mathrm{cro}})}$。并求得剪切挠度 $v_\mathrm{s}=\dfrac{P_\mathrm{E}}{S}C\sin\dfrac{\pi z}{L}$，总挠度是

$$v_\mathrm{b}+v_\mathrm{s}+v_0=\frac{v_{0\mathrm{m}}}{1-P/P_{\mathrm{cr0}}}\sin\frac{\pi z}{L} \tag{8.85}$$

附加的中点挠度记为 v_m，则

$$v_\mathrm{m}=\left(1+\frac{P_\mathrm{E}}{S}\right)C=\frac{Pd_0}{P_{\mathrm{cr}}(1-P/P_{\mathrm{cro}})} \tag{8.86}$$

跨中截面两个柱肢的轴力是

$$P_1 = \frac{1}{2}P - \frac{Pv_{0m}}{(1-P/P_{cro})h}$$

$$P_2 = \frac{1}{2}P + \frac{Pv_{0m}}{(1-P/P_{cro})h}$$

令 $P_2 = P_{E1}$，可以得到

$$n = \frac{1}{1 + \dfrac{2v_{0m}/h}{1-P/P_{cro}}} = \frac{1}{1+2(v_{0m}+v_m)/h} \tag{8.87}$$

$$n = \frac{1}{2}\left[1 + \frac{1+\varepsilon_0}{\beta^2} - \sqrt{\left(1+\frac{1+\varepsilon_0}{\beta^2}\right)^2 - \frac{4}{\beta^2}}\right] \tag{8.88}$$

式中 $\varepsilon_0 = 2v_{0m}/h$。注意上式与(4.25)式的相似性。

如果柱肢有初始缺陷，压杆有整体初始弯曲，则问题的性质发生变化：从分枝屈曲变为极值型失稳。此时记 P_1，P_2 分别为两柱肢的轴力，$P_{E1} = \pi^2 EI_1/l^2$ 是柱肢本身的欧拉荷载，$\varphi_i = P_i/P_{Ei}(i=1,2)$，我们有

$$P_1 + P_2 = P \tag{8.89a}$$

假设 S 保持不变，则 $V = \dfrac{dM}{dx} = Sy_s'$，积分一次得

$$Sy_s = M \tag{8.89b}$$

$$(P_1 - P_2)\frac{h}{2} = M = P(v_b + v_s + v_0) = P\left[v_b + \frac{M}{S} + v_0(z)\right]$$

上式进一步改写成

$$(P_1 - P_2)\frac{h}{2}\left(1 - \frac{P}{S}\right) = P[v_b + v_0(z)] \tag{8.89c}$$

柱肢每一个节间的压缩量是

$$w_1 = \frac{P_1 l}{EA_1} + \frac{1}{2}w_{0m}^2 l\left(\frac{\pi}{l}\right)^2 \frac{P_1(P_{E1}-0.5P_1)}{(P_{E1}-P_1)^2} \tag{8.90a}$$

$$w_2 = \frac{P_2 l}{EA_2} + \frac{1}{2}w_{0m}^2 l\left(\frac{\pi}{l}\right)^2 \frac{P_2(P_{E2}-0.5P_2)}{(P_{E2}-P_2)^2} \tag{8.90b}$$

弯曲曲率与柱肢压缩的关系是

$$v''_b = \frac{w_1 - w_2}{hl} \tag{8.91}$$

上面各式是一组非常复杂的非线性方程，需要迭代及数值积分。下面进行简化的分析。

设长为 L 的两端铰支完全弹性缀条柱有图 8.1d 所示的缀条体系。令两柱肢的截面相同。柱肢的初始缺陷为 $w_0 = w_{0m}\sin\dfrac{\pi z}{l}$，$w_{0m} = \dfrac{l}{500}$，整体初始弯曲为 $v_0(z) = v_{0m}\sin\dfrac{\pi z}{L}$，$v_{0m} = \dfrac{L}{500}$。为了简单，我们仍然假设 $v_b = D\sin\dfrac{\pi z}{L}$，则对跨中截面得到以下两式

$$(P_2 - P_1)\frac{h}{2}\left(1 - \frac{P_1+P_2}{S}\right) = (P_1+P_2)(D+v_{0m}) \tag{a}$$

$$\frac{\pi^2}{L^2}D = \frac{w_2 - w_1}{hl} = \frac{(P_2-P_1)}{EA_1 h} + \frac{\pi^2 w_{0m}^2}{2hl^2}\left[\frac{P_2(P_{E1}-0.5P_2)}{(P_{E1}-P_2)^2} - \frac{P_1(P_{E1}-0.5P_1)}{(P_{E1}-P_1)^2}\right] \tag{b}$$

我们的目的是从以上各式求得荷载 P—跨中位移曲线。对以上两式无量纲化得到

$$(\varphi_2-\varphi_1)\left(1-\frac{\varphi_1+\varphi_2}{S/P_{E1}}\right)=2(\varphi_1+\varphi_2)\left(\frac{D}{h}+\frac{L}{h}\cdot\frac{v_{0m}}{L}\right) \qquad (c)$$

$$\frac{D}{h}=\frac{L^2}{h^2}\frac{(\varphi_2-\varphi_1)}{\lambda_1^2}+\frac{L^2}{h^2}\frac{w_{0m}^2}{2l^2}\left[\frac{\varphi_2(1-0.5\varphi_2)}{(1-\varphi_2)^2}-\frac{\varphi_1(1-0.5\varphi_1)}{(1-\varphi_1)^2}\right] \qquad (d)$$

将 (d) 式代入 (c) 式得到

$$(\varphi_2-\varphi_1)\left(1-\frac{\varphi_1+\varphi_2}{S/P_{E1}}\right)=2(\varphi_1+\varphi_2)\frac{L^2}{h^2}\bigg(\frac{(\varphi_2-\varphi_1)}{\lambda_1^2}+\frac{w_{0m}^2}{2l^2}\left[\frac{\varphi_2(1-0.5\varphi_2)}{(1-\varphi_2)^2}-\frac{\varphi_1(1-0.5\varphi_1)}{(1-\varphi_1)^2}\right]$$
$$+\frac{h}{L}\cdot\frac{v_{0m}}{L}\bigg) \qquad (8.92)$$

已知截面和初始缺陷，给定 φ_2，从(8.92)式可以求得 φ_1，然后从 (d) 式求得位移，从而获得荷载位移曲线，曲线有极值点。取 $A_1=1851\text{mm}^2$（槽钢[14a]，$A_d=349\text{mm}^2$（L45×4），$h=l=1190\text{mm}$，柱肢长细比为 $\lambda_1=70$。图 8.24 给出了计算结果，图中 $n=P_{cr}/2P_{E1}$，P_{cr} 为柱子整体失稳的临界荷载。$\gamma=P'_E/P_{E1}$。

图中还给出了柱肢无缺陷时的二阶弹性分析曲线（8.87）式，即

$$4\left(1+\frac{P_E}{S}\right)\frac{1}{\lambda_1^2}\frac{L^2}{h^2}n=\frac{v_m/h}{v_m/h+v_{0m}/h} \qquad (8.93)$$

图 8.24 给我们的深刻印象是弹性柱子的极值型失稳。其次是(8.87)式是非线性曲线的上限，当初始缺陷越小时，非线性分析的曲线就越接近这条上限曲线。再次是在荷载比较小的时候，荷载位移曲线接近(8.93)式。

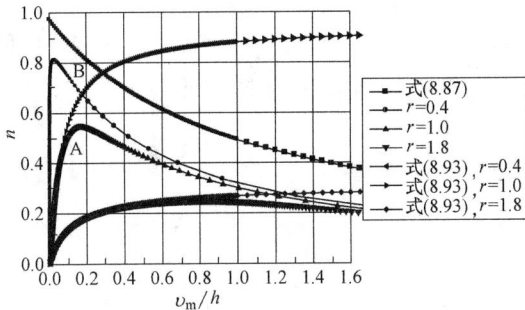

图 8.24 弹性缀条柱的极值失稳

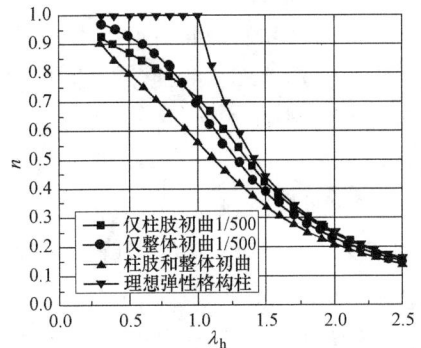

图 8.25 初始弯曲对柱承载力的影响

（8.89～8.91）式代表了非线性平衡状态，这个状态的稳定与不稳定的分界线，可以通过对这个状态在荷载不变的要求下实施一个微小的干扰得到，也可以对荷载位移曲线求极值得到。参照工字形截面弹塑性稳定的方法，可以知道，控制格构柱极限荷载的方程是

$$\widetilde{EI}\left(1-\frac{P}{S}\right)\frac{d^2v_b}{dz^2}+Pv_b=0 \qquad (8.94a)$$

式中

$$\widetilde{EI}=\frac{k_1k_2}{k_1+k_2}EA_1h^2 \qquad (8.94b)$$

$$k_i = \left\{ 1 + \frac{w_{0m}^2}{2i_1^2} \frac{1}{(1-\varphi_i)^3} \right\}^{-1} \tag{8.94c}$$

式中 $\lambda_1 = l/i_1$ 为柱肢的单肢长细比。注意 $\widetilde{EI}$ 沿长度的变化的。假设屈曲波形是正弦曲线，且假设只考虑跨中截面，则得到极限荷载应该满足的条件

$$-\frac{\pi^2}{L^2}\widetilde{EI}\left(1-\frac{P_{max}}{S}\right) + P_{max} = 0$$

将有关式子代入得到

$$\left(1+\frac{P_E}{S}\frac{2k_1k_2}{k_1+k_2}\right)P_{max} = P_E\frac{2k_1k_2}{k_1+k_2}$$

注意 $P_{max} = (\varphi_1+\varphi_2)P_{E1}$，所以

$$\left(1+\frac{P_E}{S}\frac{2k_1k_2}{k_1+k_2}\right)(\varphi_1+\varphi_2) = \frac{1}{2}\lambda_1^2\frac{h^2}{L^2}\frac{2k_1k_2}{k_1+k_2} \tag{8.95}$$

与 (8.92) 式联合求解可以得到极限承载力。取 $A_1 = 1851\text{mm}^2$（槽钢［14a］，$A_d = 349\text{mm}^2$（L45×4），$h = l = 1190\text{mm}$，柱肢长细比为 $\lambda_1 = 70$。图 8.25 给出了计算结果，$\beta = \lambda_h/\lambda_1$，$\lambda_h$ 是换算长细比，由下式计算

$$\lambda_h = L\sqrt{\frac{2EA_1}{EI}\left(1+\frac{\pi^2EI}{SL^2}\right)} \tag{8.96}$$

图 8.25 中同时给出的还有理想情况、仅柱肢有初始缺陷和仅有整体初始缺陷时的结果。由图可以得到如下的结论：

（1）柱肢初始弯曲对承载力有相当大的影响，特别是在 λ_1 较大时；其影响相当于实腹式压杆的残余应力；

（2）整杆初始弯曲对承载力的影响也相当大，特别是在 λ_h 较大时；

（3）存在着不利的柱肢弯曲和整体弯曲的相互作用；特别是 $\beta = 1$ 及其附近各种缺陷对承载力的影响最大。这说明在整体长细比与单肢长细比相等时，格构柱对缺陷特别敏感；

（4）单肢欧拉临界应力 $\sigma_E = \pi^2E/\lambda_1^2$ 是格构柱整体临界应力的上限，它可以当做格构柱的"受压屈服应力"来看待。在对曲线进行无量纲处理时，λ_1 的作用与实腹柱的欧拉长细比 $\lambda_{Ey} = \pi\sqrt{E/f_y}$ 的作用等价。

上述结论也适用于缀板柱，并且也可以推广到弹塑性情形。特别是结论(4)，它对我们提出格构柱的考虑整体和局部相互作用的承载力设计公式非常有用。

我国对格构柱采用换算长细比法，即用 (8.96) 计算换算长细比，再查实腹驻的稳定系数表格，按照实腹柱进行稳定性验算。这种算法没有考虑单肢失稳和整体失稳的相互作用。为了避免实际工程中可能出现的不利的相互作用，必须将这种相互作用限制在很小的范围。根据计算，当单肢的临界荷载和不考虑任何缺陷的整体失稳临界荷载相比达到一倍以上时，这种相互作用带来的不利影响可以限制在 5% 左右。因此要求

$$\frac{\pi^2E}{\lambda_1^2} \geqslant 2\frac{\pi^2E}{\lambda_h^2}$$

即 $\lambda_1 \leqslant 0.7\lambda_h$。这就是我国钢结构设计规范对格构式柱子单肢长细比的其中一个要求。

在欧洲 EC3 采用一种称之为单肢验算法的格构柱设计方法，这种方法来源于上面的

结论（4）。既然单肢临界应力可以作为"受压屈服应力"，就可以根据极限分析的概念对柱子进行"二阶塑性极限分析"：当某一柱肢的轴力等于其欧拉力时，柱子整体达到极限状态，这种分析也类似于边缘纤维屈服准则。其结果是（8.88）式，由图 8.25 所示的第 2 条曲线表示。

推广到弹塑性阶段应用，这时 P_{E1} 被单肢的极限承载力 $\varphi_1 A_1 f_y$ 所代替。EC3 的方法比换算长细比法更加合理的一面是，它可以考虑所有缺陷的影响：单肢初始弯曲和残余应力在 φ_1（单肢稳定系数）中考虑，整体初始弯曲和荷载初始偏心在 d_0 的取值中考虑。而且它反映了柱肢临界应力是整体临界应力的上限这样一个正确的结论。因此采用它，无需对单肢的长细比进行限制。有可能得到更加经济的设计。

EC3 确定承载力的方法具有应用价值，但是概念上要进行一定的澄清。根据稳定性的概念，压杆失去稳定是由于荷载的负刚度所致，失稳时构件的总刚度为零。从这个对失稳的理解我们应该马上推论到：失稳时截面的刚度不为零。因为失稳时荷载有负刚度，构件的截面有正刚度才能使构件的总刚度等于零而不是负值。(8.88)式代表的是"二阶塑性极限分析"得到的结果，此时截面刚度为零，因此它将得出一个偏高的承载力。当然通过指定一个偏大的初始弯曲，可以使结果降下来，使承载力趋于合理，例如，作为一个补偿，ECCS 对 d_0 取了一个较大的值：$L/500$。

但是按照图 8.24，按照单肢验算法，我们发现在 $\beta=1$ 时的承载力由 B 点控制，而实际上应该为 A 点，B 比 A 高很多。因此在 $\beta=1$ 附近，采用单肢验算法也可能得到偏大的承载力，因为在 $\beta=1$ 附近局部和整体弯曲的相互影响非常不利，而（8.88）式并不能非常精确地把握这个相互作用。

对（8.88）式进行改写，得到类似 Perry-Roberson 公式的式子。

$$\overline{\varphi}=\frac{\sigma}{\sigma_{crl}}=\frac{1}{2}\left[1+\frac{1+\varepsilon_0}{\overline{\lambda}^2}-\sqrt{\left[1+\frac{1+\varepsilon_0}{\overline{\lambda}^2}\right]^2-\frac{4}{\overline{\lambda}^2}}\right] \tag{8.97}$$

式中，$\overline{\lambda}=\lambda_{Eh}/\lambda_{cr}$，$\lambda_{cr}=\pi\sqrt{E/\sigma_{crl}}$，$\sigma_{crl}$ 是单肢失稳的最大应力，由单肢的长细比查柱子曲线确定 $\sigma_{crl}=\varphi_1 f_y$。(8.97)式可以加以调整以考虑单肢长细比不同时，整体和局部相互作用的不同，以及柱子的整体二阶非线性效应的差异。参考欧洲规范 Eurocode 3 对压杆稳定系数的计算公式，（8.97）式调整为

$$\overline{\varphi}=\frac{\sigma}{\sigma_{crl}}=\frac{1}{2}\left[1+\frac{1+\alpha(\overline{\lambda}-0.2)}{\overline{\lambda}^2}-\sqrt{\left[1+\frac{1+\alpha(\overline{\lambda}-0.2)}{\overline{\lambda}^2}\right]^2-\frac{4}{\overline{\lambda}^2}}\right] \tag{8.98}$$

注意 $\varphi=\overline{\varphi}\varphi_1$ 才是考虑局部和整体相互作用后的格构式柱子的稳定系数。(8.98)式提供了格构柱的另一个设计方法，这种方法在有的文献中被称为 Q 系数法，$Q=\varphi_1$，用于对钢材的屈服应力进行折减，整体稳定计算公式成为

$$\frac{P}{A_{total}}\leqslant\varphi f=\overline{\varphi}\varphi_1 f=\overline{\varphi}\sigma_{crl} \tag{8.99}$$

式中 A_{total} 为两个柱肢的截面积的和。应用这种方法是要查两次柱子稳定系数表格：由 λ_1 查出 Q，计算 $\overline{\lambda}$，查出 $\overline{\varphi}$。这种方法可以考虑单肢和整体的相互作用。

缀材的作用之一是承受柱子在轴力作用下发生挠曲时所引起的剪力。剪力 Q 是柱子挠曲时轴力 P 在垂直于轴线分析的分量，确定它的原则是：剪力取值应使缀材不会在柱达到整体承载力之前破坏。设柱子的挠曲线为正弦曲线，则

$$Q = P \frac{\pi(v_{0m} + v_m)}{L}$$

由上式及（8.88）式，令 $\lambda_x = 2L/h$ 得到

$$\frac{Q}{A f_y} = \frac{\pi}{\lambda_x} \left(\frac{\sigma_{E1}}{f_y} - \frac{\sigma_{cr}}{f_y} \right)$$

式中 σ_{E1}，σ_{cr} 分别是单肢和整体的临界应力。以换算长细比代替上式的 λ_x（分母放大），同时也取 $\sigma_{E1}/f_y = 1$（分子也放大），得到

$$\frac{Q}{A f_y} = \frac{\pi(1-\varphi)}{\lambda_h} = \frac{\pi(1-\varphi)}{\lambda_h / \lambda_{Ey}} \frac{1}{\lambda_{Ey}}$$

$$= \frac{\pi(1-\varphi)}{\bar{\lambda}_h} \frac{1}{\pi} \sqrt{\frac{f_y}{E}} \geqslant 0.01 \quad (8.100)$$

图 8.26　格构柱剪力取值

上式与试验结果的比较见图 8.26。式中大于 0.01 的要求是人为增加的一个限制值，是为了考虑到当长细比趋向于零时剪力不要也趋于零。从图中可以看出（8.100）式的基本合理性。按照（8.100）式，Q 与 f_y 的 1.5 次方成正比。

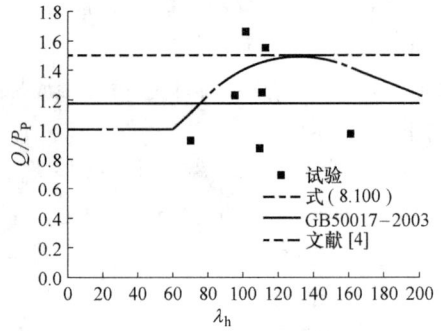

8.14　缀板柱的稳定性

传统的缀板柱与缀条柱采用同一个模型，仅剪切刚度计算有所区别。下面采用连续化模型，建立缀板柱失稳时的平衡微分方程，推导出整体屈曲荷载的解析解表达式。

如图 8.27 所示缀板柱，两柱肢各自的抗弯刚度分别为 I_1、I_2，柱肢的中心距为 h，缀板折算抗弯刚度为 EI_{zb}（指缀板考虑了剪切变形影响后对抗弯刚度的折减）。两柱肢分别受到顶部集中荷载 P_1、P_2 的作用。为了得到一般的规律，采用连续化方法，将缀板的作用沿高度均摊，用等效连续介质替代。假定：柱肢和缀板的截面沿高度保持不变；各构件变形符合平截面假定；考虑剪切变形后的等效抗弯刚度为 EI_{zb} 的各个缀板可以等效为单位高度上抗弯刚度为 EI_{zb}/l 的连续介质，l 为缀板到缀板中心间距；两柱肢由于弯曲变形引起的转角沿高度处处相等。

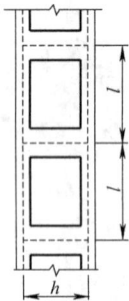

图 8.27　缀板柱及其一个标准节

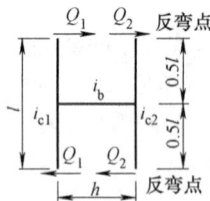

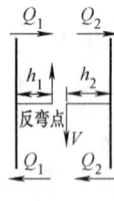

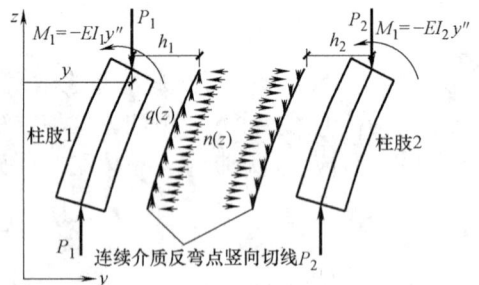

图 8.28　柱肢的隔离体图

根据以上假定，缀板的轴向力，弯矩及剪力可以分别由等效连续分布的单位高度上的荷载集度 n、q 替代。沿连续介质的反弯点连线竖向切开，此处只存在单位高度上分布的

剪力流集度 $q(z)$ 和轴向力集度 $n(z)$，任一高度 z 处的任一片柱肢上的轴向力 N 等于该层以上的连续介质中剪力流的积分：

$$N = \int_z^H q\,\mathrm{d}z \qquad (8.101a)$$

表示成微分形式为：

$$q = -\frac{\mathrm{d}N}{\mathrm{d}z} \qquad (8.101b)$$

缀板的反弯点处竖向变形协调条件是：

$$\delta_1 + \delta_2 + \delta_3 = 0 \qquad (8.102)$$

其中 δ_1 是柱身斜率使得缀板切口（反弯点）处产生的上下错动：

$$\delta_1 = h\frac{\mathrm{d}y}{\mathrm{d}z}$$

δ_3 是两柱肢一拉一压的轴力作用，在两个柱肢产生有差别的轴压变形，使缀板切口处产生上下错动：

$$\delta_3 = -\frac{1}{EA_1}\int_0^z N\,\mathrm{d}z - \frac{1}{EA_2}\int_0^z N\,\mathrm{d}z$$

δ_2 则是因为柱肢自身弯曲和缀板弯曲变形产生的切口左右的错动。假设柱子截面上作用单位剪力，分配到两个柱肢分别是 Q_1 和 Q_2：$Q_1 + Q_2 = 1$，缀板反弯点把缀板长度变为两段，长度为 $h_1 = \alpha_1 h$，$h_2 = \alpha_2 h = (1 - \alpha_1)h$，$h_1 + h_2 = h$，缀板的剪力是 $V = ql$。经过推导可以得到

$$i_{c2} = EI_2/l,\ i_{c1} = EI_1/l,\ i_b = EI_{zb}/h$$

$$\alpha_1 = \frac{i_{c1}(i_b + 6i_{c2})}{(i_{c1} + i_{c2})i_b + 12i_{c2}i_{c1}},\ \alpha_2 = 1 - \alpha_1$$

$$\delta_2 = -\left(\frac{lh_1^2}{12EI_1} + \frac{lh_2^2}{12EI_2} + \frac{h_1^3}{3EI_b} + \frac{h_2^3}{3EI_b}\right)V = -\left(\frac{\alpha_1^2 l}{12EI_1} + \frac{\alpha_2^2 l}{12EI_2} + \frac{\alpha_1^3 h}{3EI_b} + \frac{\alpha_2^3 h}{3EI_b}\right)qlh^2$$

$$= -\left(\frac{\alpha_1^2}{4i_1} + \frac{\alpha_2^2}{4i_2} + \frac{\alpha_1^3}{i_b} + \frac{\alpha_2^3}{i_b}\right)\frac{1}{3}qlh^2 = -\frac{1}{s}\frac{\mathrm{d}N}{\mathrm{d}z}$$

式中

$$s = \left(\frac{\alpha_1^2}{4i_1} + \frac{\alpha_2^2}{4i_2} + \frac{\alpha_1^3 + \alpha_2^3}{i_b}\right)^{-1}\frac{3}{lh^2}$$

在两个柱肢相同，且考虑缀板的剪切变形的情况下，

$$s = \left(\frac{l^2 h^2}{24EI_c} + \frac{lh^3}{12EI_{zb}}\right)^{-1}$$

将以上各式代入得到变形协调条件是：

$$h\frac{\mathrm{d}y}{\mathrm{d}z} + \frac{1}{s}\cdot\frac{\mathrm{d}N}{\mathrm{d}z} - \frac{1}{E}\left(\frac{1}{A_1} + \frac{1}{A_2}\right)\int_0^z N\,\mathrm{d}z = 0 \qquad (8.103)$$

记缀板截面的惯性矩是 I_b，面积是 A_b，剪切系数 k_s，则 $\dfrac{h^2}{12EI_{zb}} = \dfrac{h^2}{12EI_b} + \dfrac{k_s}{GA_b}$，故 $I_{zb} = I_b\dfrac{GA_b}{GA_b/k_s + 12EI_b/h^2}$。

给缀板柱一个水平扰动，将变形后的结构沿缀板连续介质反弯点切开，取任意截面 z

处以上部分作为隔离体，如图 8.28 所示，弯矩以顺时针方向为正，$y(z)$ 为隔离体中任意高度截面处的水平相对位移。对截面 z 的形心取矩，得到两个柱肢平衡微分方程分别为：

$$-EI_1 y'' - P_1 y - \int_z^L n(\zeta - z)\mathrm{d}\zeta - \int_z^L [h_1 + (y(\zeta) - y)]q\mathrm{d}\zeta = -P_1 \Delta$$

$$-EI_2 y'' - P_2 y + \int_z^L n(\zeta - z)\mathrm{d}\zeta - \int_z^L [h_2 - (y(\zeta) - y)]q\mathrm{d}z = -P_2 \Delta$$

其中 $\int_z^H n(\zeta - z)\mathrm{d}\zeta$ 为缀板轴力集度 n 对截面 z 形心产生的弯矩，Δ 是悬臂柱顶部侧移。上两式相加，记 $I_\mathrm{w} = I_1 + I_2$，$P = P_1 + P_2$，得到：

$$-EI_\mathrm{w} y'' - Py - h\int_z^H q\mathrm{d}z = -P\Delta$$

将 $N = \int_z^H q\mathrm{d}z$ 并代入上式得：

$$N = \frac{1}{h}(-EI_\mathrm{w} y'' - Py) + \frac{P\Delta}{h} \tag{8.104a}$$

对上式分别求一阶和二阶导数得：

$$\frac{\mathrm{d}N}{\mathrm{d}z} = \frac{1}{h}(-EI_\mathrm{w} y''' - Py') \tag{8.104b}$$

$$\frac{\mathrm{d}^2 N}{\mathrm{d}z^2} = \frac{1}{h}(-EI_\mathrm{w} y^{(4)} - Py'') \tag{8.104c}$$

记 $I_0 = \dfrac{A_1 A_2}{A_1 + A_2} h^2$，注意到 s 的量纲是 $\mathrm{N/m^2}$，sh^2 的量纲是力，记为 P_S，

$$P_\mathrm{S} = sh^2 = \frac{1.0}{\left(\dfrac{\alpha_1^2 l}{12EI_1} + \dfrac{\alpha_2^2 l}{12EI_2} + \dfrac{(\alpha_1^3 + \alpha_2^3)h}{3EI_\mathrm{b}}\right)l} \tag{8.105}$$

对 (8.103) 式微分一次得

$$y'' + \frac{h}{P_\mathrm{S}} \cdot \frac{\mathrm{d}^2 N}{\mathrm{d}z^2} - \frac{h}{EI_0}N = 0 \tag{8.106}$$

将式 (8.104a，8.104c) 代入式 (8.106)，记 $I = I_0 + I_\mathrm{w}$，得到缀板柱屈曲的平衡微分方程：

$$-\frac{EI_\mathrm{w} EI_0}{P_\mathrm{S}} y^{(4)} + EI\left(1 - \frac{PI_0}{P_\mathrm{S} I}\right)y'' + Py = P\Delta \tag{8.107}$$

此式显然与缀条柱的屈曲微分方程不同。再微分一次就得到适用于任意边界条件的缀板柱的屈曲方程。

(8.107) 式的特征方程为：

$$-\frac{EI_\mathrm{w} EI_0}{P_\mathrm{S}}\lambda^4 + \left(EI - \frac{P}{P_\mathrm{S}}EI_0\right)\lambda^2 + P = 0$$

上式的 4 个根分别为：$\lambda_{1,2} = \pm\alpha$，$\lambda_{3,4} = \pm\beta i$，其中

$$\frac{\alpha}{\beta} = \sqrt{\frac{\sqrt{(EIP_\mathrm{S} - EI_0 P)^2 + 4P_\mathrm{S} PEI_\mathrm{w} EI_0} \pm (EIP_\mathrm{S} - PEI_0)}{2EI_\mathrm{w} EI_0}} \tag{8.108}$$

屈曲平衡微分方程的解为：

$$y = C_1 \cosh\alpha z + C_2 \sinh\alpha z + C_3 \cos\beta z + C_4 \sin\beta z + C_5 \tag{8.109a}$$

其各阶导数是：

$$y' = \alpha(C_1 \sinh\alpha z + C_2 \cosh\alpha z) + \beta(-C_3 \sin\beta z + C_4 \cos\beta z) \tag{8.109b}$$

$$y'' = \alpha^2(C_1 \cosh\alpha z + C_2 \sinh\alpha z) - \beta^2(C_3 \cos\beta z + C_4 \sin\beta z) \tag{8.109c}$$

$$y''' = \alpha^3(C_1 \sinh\alpha z + C_2 \cosh\alpha z) - \beta^3(-C_3 \sin\beta z + C_4 \cos\beta z) \tag{8.109d}$$

$$y^{(4)} = \alpha^4(C_1 \cosh\alpha z + C_2 \sinh\alpha z) + \beta^4(C_3 \cos\beta z + C_4 \sin\beta z) \tag{8.109e}$$

两端简支柱的边界条件：$y(0)=0$；排除刚体位移项，$C_5=0$

截面上的弯矩是

$$M = -EI_{\mathrm{w}}y'' - hN \tag{8.110}$$

因为在铰支端，施加的轴力在屈曲过程中保持不变，因此 $N(0)=0$，铰支端弯矩为 0 要求 $y''(0)=0$。两端四个条件足够。将边界条件代入

$$C_1 + C_3 = 0$$

$$\alpha^2 C_1 - \beta^2 C_3 = 0$$

所以 $C_1=C_3=0$。上端的边界条件要求

$$C_2 \sinh\alpha L + C_4 \sin\beta L = 0$$

$$\alpha^2 C_2 \sinh\alpha L - \beta^2 C_4 \sin\beta H = 0$$

因为 $\sinh\alpha L \neq 0$，所以必须 $C_2=0$ 和 $\sin\beta L=0$ 才能有非零解，从而得到 $\beta L = \pi$，因此：

$$\beta = \sqrt{\frac{\sqrt{(EIP_{\mathrm{s}} - EI_0 P)^2 + 4P_{\mathrm{s}}PEI_{\mathrm{w}}EI_0} - (EIP_{\mathrm{s}} - PEI_0)}{2EI_{\mathrm{w}}EI_0}} = \frac{\pi}{L}$$

解得：

$$P_{\mathrm{cr}} = \frac{\pi^2 EI_{\mathrm{w}}}{L^2} + \frac{\pi^2 EI_0}{L^2}\Big/\left(1 + \frac{\pi^2 EI_0}{L^2 P_{\mathrm{S}}}\right) \tag{8.111}$$

从上式可见缀板柱与缀条柱的不同在于第一项，柱肢绕自身抗弯刚度对应的临界荷载不受缀板柱整体的剪切变形的影响。如果套用缀条柱的方法，这部分或者被忽略，或者也受柱子剪切变形的影响，其结果就有误差了。

缀板柱设计时采用换算长细比，从(8.81)式推导得到换算长细比如下

$$P_{\mathrm{S}} = \frac{24EI_1}{l^2(1 + 2i_1/i_{\mathrm{b}})}, \lambda_{\mathrm{w}} = \frac{L}{\sqrt{I_{\mathrm{w}}/A}}, \lambda_0 = \frac{L}{0.5h}, \lambda_1 = \frac{l}{i_1}$$

$$\sigma_{\mathrm{cr}} = \frac{\pi^2 E}{\lambda_{\mathrm{hy}}^2} = \frac{\pi^2 E}{\lambda_{\mathrm{w}}^2} + \frac{\pi^2 E}{\lambda_0^2}\Big/\left(1 + \rho\frac{\lambda_1^2}{\lambda_0^2}\right) \tag{8.112}$$

式中 $\rho = \frac{\pi^2}{12}\left(1 + \frac{2i_1}{i_{\mathrm{b}}}\right)$。因此得到缀板柱的换算长细比公式为

$$\lambda_{\mathrm{hy}} = \frac{\lambda_{\mathrm{w}}\sqrt{\lambda_0^2 + \rho\lambda_1^2}}{\sqrt{\lambda_{\mathrm{w}}^2 + \lambda_0^2 + \rho\lambda_1^2}} \tag{8.113}$$

8.15 夹层梁的稳定性

从上节的推导可知，缀板柱代表了一种不同于缀条柱的构件。缀条柱的抗弯刚度和截面的抗剪刚度，两者是串联的关系。而缀板柱，柱肢自身的抗弯刚度(式(8.111)的第一部分)与该式的第二部分是并联的关系，EI_0 与 P_{s} 是串联的关系。

本节将缀板柱的理论一般化，推导夹层梁的稳定理论。工程结构中夹层板理论在造船和航空领域具有广泛的用途，其退化为一维的形式是夹层梁理论，高层建筑的很多结构体系可以简化成变截面的夹层梁，例如联肢剪力墙。下面进行推导。

如图 8.29 所示的夹层板，上下表层具有轴压和弯曲刚度，表层自身的弯曲符合平截面假定。表层的厚度分别是 t_1，t_2，宽度是 b，材料弹性模量是 E，两个表层之间有厚度为 h_{core} 的剪切层，这一层在纵向不能承受正应力，但是能够提供抗剪能力，其剪切模量是 G_{core}。记挠度是 v，上下表层的形心的纵向位移记为 w_{c1}，w_{c2}；截面的形心到表层的距离分别是 h_1，h_2。上下表层的纵向位移是

$$w_1 = w_{c1} - (y - h_1)v', \qquad w_2 = w_{c2} - (y + h_2)v' \qquad (8.114a, 8.114b)$$

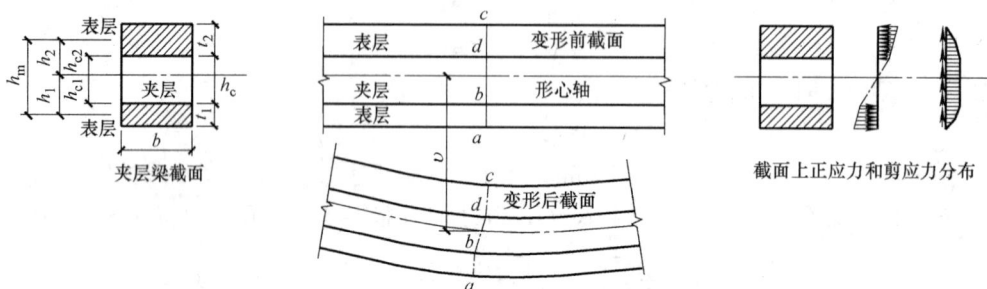

图 8.29　夹层梁理论（Sandwich Beam）

表层与夹芯层界面上的纵向位移分别是

$$w_{1b} = w_{c1} + 0.5t_1 v', \qquad w_{2d} = w_{c2} - 0.5t_2 v' \qquad (8.115a, 8.115b)$$

在夹芯层内，纵向位移线性变化：

$$w_c = w_{2d} + \frac{w_{1b} - w_{2d}}{h_c}\left[y - (-h_2 + 0.5t_2)\right] \qquad (8.116)$$

夹芯层的剪应变是

$$\gamma = \frac{\partial w}{\partial y} + \frac{\partial v}{\partial z} = \frac{w_{1b} - w_{2d}}{h_c} + v' = \frac{w_{c1} + 0.5t_1 v' - w_{c2} + 0.5t_2 v'}{h_c} + v' = \frac{w_{c1} - w_{c2}}{h_c} + \frac{h_m}{h_c}v'$$

$$(8.117)$$

式中 $h_1 + h_2 = h_m = h_c + 0.5(t_1 + t_2)$，$h_1 = \dfrac{A_2}{A_1 + A_2}h_m$，$h_2 = h_m - h_1 = \dfrac{A_1}{A_1 + A_2}h_m$

表层中的正应力和合成的轴力：

$$\sigma_1 = Ew'_{c1} - E(y - h_1)v''$$
$$\sigma_2 = Ew'_{c2} - E(y + h_2)v''$$
$$N_1 = EA_1 w'_{c1} - Ev''b\,\frac{1}{2}(y - h_1)^2\,\Big|_{h_1 - 0.5t_1}^{h_1 + 0.5t_1} = EA_1 w'_{c1}$$
$$N_2 = EA_2 w'_{c2}$$

弯矩是

$$M_x = EA_1 h_1 w'_{c1} - EA_2 h_2 w'_{c2} - E(I_1 + I_2)v''$$

夹芯层的剪应力

$$\tau_{\text{core}} = G_c \left(\frac{w_{c1} - w_{c2}}{h_c} + \frac{h_m}{h_c} v' \right)$$

表层的正应力已知，剪应力可以从平衡方程 $\frac{\partial \sigma}{\partial z} + \frac{\partial \tau}{\partial y} = 0$ 求得，并利用上下表面剪应力为 0 得到：

$$\tau_1 = E(h_1 + 0.5t_1 - y)w_{c1}'' + \frac{1}{2}E\left[(y - h_1)^2 - \frac{1}{4}t_1^2\right]v'''$$

$$\tau_2 = -E(y + h_2 + 0.5t_2)w_{c2}'' + \frac{1}{2}E\left[(y + h_2)^2 - \frac{1}{4}t_2^2\right]v'''$$

合成的剪力是

$$Q_1 = Ew_{c1}''\left(\frac{1}{2}bt_1^2\right) - EI_1 v'''$$

$$Q_2 = -Ew_{c2}''\left(\frac{1}{2}bt_2^2\right) - EI_2 v'''$$

$$Q_c = G_c b h_c \left(\frac{w_{c1} - w_{c2}}{h_c} + \frac{h_m}{h_c} v'\right)$$

在剪切层的界面，应该满足

$$\tau_{1c} = Et_1 w_{c1}'' = \tau_{\text{core}} = G_c \left(\frac{w_{c1} - w_{c2}}{h_c} + \frac{h_m}{h_c} v'\right)$$

$$\tau_{2c} = -Et_2 w_{c2}'' = \tau_{\text{core}} = G_c \left(\frac{w_{c1} - w_{c2}}{h_c} + \frac{h_m}{h_c} v'\right)$$

利用上面两式，总剪力可以表示为

$$Q_y = Q_1 + Q_2 + Q_c = \frac{1}{2}Ebt_1^2 w_{c1}'' - \frac{1}{2}bEt_2^2 w_{c2}'' + G_c b h_c \left(\frac{w_{c1} - w_{c2}}{h_c} + \frac{h_m}{h_c} v'\right) - E(I_1 + I_2)v'''$$

$$Q_y = EA_1 h_1 w_{c1}'' - EA_2 h_2 w_{c2}'' - E(I_1 + I_2)v''' \tag{8.118}$$

微段的平衡与材料力学的完全一样。在线性分析的情况下是

$$N_1 + N_2 = N, \qquad \frac{\mathrm{d}N}{\mathrm{d}z} = -q_z \tag{8.119a, b}$$

$$Q_y = \frac{\mathrm{d}M_x}{\mathrm{d}z}, \qquad \frac{\mathrm{d}Q_y}{\mathrm{d}z} = -q_y \tag{8.119c, d}$$

下面将先进行线性的分析，从中得到一个规律，然后用于稳定性的研究。

夹层梁不存在轴力，从（8.119a）式得到：

$$A_1 w_{c1}' = -A_2 w_{c2}'$$

这样

$$M_x = EA_1 h_m w_{c1}' - E(I_1 + I_2)v''$$

$$Q_y = EA_1 h_m w_{c1}'' - E(I_1 + I_2)v''' = M_x'$$

$$w_{c1}' = \frac{E(I_1 + I_2)}{EA_1 h_m} v' + \frac{M_x}{EA_1 h_m} \tag{a}$$

界面处剪应力的连续要求提供了一个方程：

$$Ebt_1 w_{c1}''' = G_c b \left(\frac{w_{c1}' - w_{c2}'}{h_c} + \frac{h_m}{h_c} v'\right) = G_c b \left(\frac{A}{h_c A_2} w_{c1}' + \frac{h_m}{h_c} v''\right)$$

化简后得到：

$$w'''_{\mathrm{c1}} - \frac{G_{\mathrm{c}}bA}{EA_1 h_{\mathrm{c}}A_2}w'_{\mathrm{c1}} - \frac{G_{\mathrm{c}}bh_{\mathrm{m}}}{EA_1 h_{\mathrm{c}}}v'' = 0 \qquad (b)$$

(a) (b) 两式，微分消去 w_{c1} 得到

$$\frac{E(I_1+I_2)}{EA_1 h_{\mathrm{m}}}v^{(4)} + \frac{M'_{\mathrm{x}}}{EA_1 h_{\mathrm{m}}} - \frac{G_{\mathrm{c}}bA}{EA_1 h_{\mathrm{c}}A_2}\left(\frac{E(I_1+I_2)}{EA_1 h_{\mathrm{m}}}v'' + \frac{M_{\mathrm{x}}}{EA_1 h_{\mathrm{m}}}\right) - \frac{G_{\mathrm{c}}bh_{\mathrm{m}}}{EA_1 h_{\mathrm{c}}}v'' = 0$$

化简得到

$$EI v^{(4)} - \overline{S}\frac{I_{\mathrm{g}}}{I_0}v'' = \frac{\overline{S}}{EI_0}M_{\mathrm{x}} - M'_{\mathrm{x}} \qquad (8.120)$$

式中 $I_{\mathrm{g}} = I + I_0$，$I = I_1 + I_2$，$I_0 = \dfrac{A_1 A_2}{A_1 + A_2}h_{\mathrm{m}}^2$，$\overline{S} = G_{\mathrm{c}}bh_{\mathrm{c}}\dfrac{h_{\mathrm{m}}^2}{h_{\mathrm{c}}^2}$

因为是常系数，这个方程很容易求解，这里不展开。下面介绍这个方程的一个重要性质，它使得挠度可以按照叠加的方式得到。令

$$v = \frac{I}{I_{\mathrm{g}}}v_{\mathrm{F}} + \frac{I_0}{I_{\mathrm{g}}}v_{\mathrm{SF}} \qquad (c)$$

其中 v_{F} 按照下式得到

$$EI v_{\mathrm{F}}^{(4)} = q_y \qquad (8.121a)$$

$$EI v''_{\mathrm{F}} = -M_{\mathrm{x}} \qquad (8.121b)$$

这是普通梁的微分方程。代入公式得到

$$EI\left(\frac{I}{I_{\mathrm{g}}}v'''_{\mathrm{F}} + \frac{I_0}{I_{\mathrm{g}}}v'''_{\mathrm{SF}}\right) - \overline{S}\frac{I_{\mathrm{g}}}{I_0}\left(\frac{I}{I_{\mathrm{g}}}v''_{\mathrm{F}} + \frac{I_0}{I_{\mathrm{g}}}v''_{\mathrm{SF}}\right) = \overline{S}\frac{M_{\mathrm{x}}}{EI_0} - M'_{\mathrm{x}} = \overline{S}\frac{M_{\mathrm{x}}}{EI_0} + q_y$$

消去 $v_{\mathrm{F}}^{(4)}$ 和 V''_{F} 得到

$$EI v''''_{\mathrm{SF}} - \overline{S}\frac{I_{\mathrm{g}}}{I_0}v''_{\mathrm{SF}} = q_y \qquad (8.122)$$

这个方程是框架－剪力墙结构在水平力作用下的侧移的求算方程。

上述分解可以如下理解：荷载 q_y 分解为两部分，

$$q_y = q_{yw} + q_{y0} = \frac{I}{I_{\mathrm{g}}}q_y + \frac{I_0}{I_{\mathrm{g}}}q_y$$

这有点荷载按照刚度分配的味道。

$$EI v_1^{(4)} = q_{yw}$$

$$EI v_2^{(4)} - \overline{S}\frac{I_{\mathrm{g}}}{I_0}v''_2 = q_{y0}$$

然后 $v = v_1 + v_2$。

在研究稳定的情况下，(8.119d) 变为

$$\frac{\mathrm{d}Q_y}{\mathrm{d}z} - Pv'' = -q_y \qquad (8.123a)$$

内外弯矩平衡得到

$$EA_1 h_{\mathrm{m}}w'_{\mathrm{c1}} - E(I_1 + I_2)v'' - Pv = M_{\mathrm{x}} \qquad (8.123b)$$

其中 M_{x} 是横向荷载产生的弯矩。这样

$$w'_{\mathrm{c1}} = \frac{E(I_1 + I_2)v'' + Pv'}{EA_1 h_{\mathrm{m}}} + \frac{M_{\mathrm{x}}}{EA_1 h_{\mathrm{m}}}$$

代入界面剪应力连续条件方程，得到

$$\frac{E(I_1+I_2)v^{(4)}+Pv''}{EA_1h_{\mathrm{m}}}+\frac{M'_{\mathrm{x}}}{EA_1h_{\mathrm{m}}}-\frac{G_{\mathrm{c}}bA}{EA_1h_{\mathrm{c}}A_2}\left(\frac{E(I_1+I_2)v''+Pv}{EA_1h_{\mathrm{m}}}+\frac{M_{\mathrm{x}}}{EA_1h_{\mathrm{m}}}\right)-\frac{G_{\mathrm{c}}bh_{\mathrm{m}}}{EA_1h_{\mathrm{c}}}v''=0$$

化简后即得到

$$-\frac{EIEI_0}{P_{\mathrm{S}}}v^{(4)}+EI_{\mathrm{g}}\left(1-\frac{PI_0}{P_{\mathrm{S}}I_{\mathrm{g}}}\right)v''+Pv=-M_{\mathrm{x}}+\frac{EI_0}{P_{\mathrm{S}}}M'_{\mathrm{x}} \tag{8.124}$$

上式与缀板柱的方程（8.107）式完全一样，因此缀板柱是一种夹层梁。

在研究稳定的情况下，我们仿照线性情况，研究两种情况。令

$$EIV'_{\mathrm{F}}+PV_{\mathrm{F}}=0 \tag{8.125a}$$

$$EIV^{(4)}_{\mathrm{SF}}+\left(P-S\frac{I_{\mathrm{g}}}{I_0}\right)V''_{\mathrm{SF}}=0 \tag{8.125b}$$

它们分别是压杆和框架－剪力墙结构的屈曲微分方程，同样令 $v=\frac{I}{I_{\mathrm{g}}}v_{\mathrm{F}}+\frac{I_0}{I_{\mathrm{g}}}v_{\mathrm{SF}}$，代入（8.124）式得到

$$\frac{I}{I_0}\left[EIV^{(4)}_{\mathrm{F}}+PV''_{\mathrm{F}}-\frac{S}{EI_0}(EIV''_{\mathrm{F}}+PV_{\mathrm{F}})\right]+EIV^{(4)}_{\mathrm{SF}}+\left(P-S\frac{I_{\mathrm{g}}}{I_0}\right)V''_{\mathrm{SF}}=\frac{PS}{EI_0}(V_{\mathrm{SF}}-V_{\mathrm{F}})$$

方程的左边等于 0，右边等于 $\frac{SP}{EI_0}(V_{\mathrm{SF}}-V_{\mathrm{F}})$，因此在特定的情况才能分解。但是因为是屈曲问题，屈曲波形都是正弦曲线，波形曲线的幅值又是不定的，这给了我们信心，认为这种分解仍然可以加以利用。考虑到线性分析的挠度代表了柔度，而屈曲临界荷载反映的是刚度，因此我们可以假设下式成立：

$$\frac{1}{P_{\mathrm{cr}}}=\frac{I}{I_{\mathrm{g}}}\frac{1}{P_{\mathrm{Ew}}}+\frac{I_0}{I_{\mathrm{g}}}\frac{1}{P_{\mathrm{Ew}}+SI/I_0}$$

式中 $P_{\mathrm{Ew}}=\frac{\pi^2 EI}{L^2}$。代入步步化简得到：

$$P_{\mathrm{cr}}=\frac{\pi^2 EI}{L^2}+\frac{\pi^2 EI_0}{L^2}\Big/\left(1+\frac{\pi^2 EI_0}{L^2 P_{\mathrm{S}}}\right)$$

与缀板柱推导得到的一样。

对缀条柱，如果不考虑柱肢的抗弯刚度，令 $I=0$，则 $I_{\mathrm{g}}=I_0$

$$EI_0\left(1-\frac{P}{P_{\mathrm{S}}}\right)v''+Pv=-M_{\mathrm{x}}+\frac{EI_0}{P_{\mathrm{S}}}M'_{\mathrm{x}} \tag{8.126}$$

习　题

8.1　求图 P8.1 各压杆的临界荷载，压杆截面的抗弯刚度是 EI，抗剪刚度是 S。从结果观察边界条件对总临界荷载的影响。（挑 2 个小题计算）

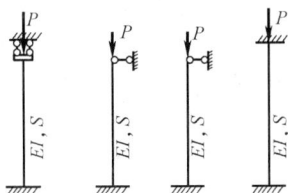

图 P8.1

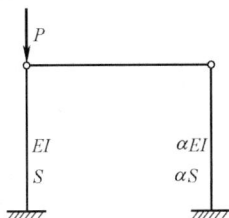

图 P8.2

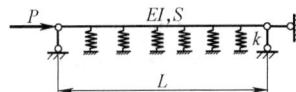

图 P8.3

8.2　图 P8.2 所示的排架，求临界荷载。并与抗剪刚度为无穷大的排架的临界荷载相比较。

8.3　求弹性地基上的压杆的临界荷载，压杆要考虑截面剪切变形的影响。与剪切刚度无穷大时的临界荷载相比较。

8.4　推导截面抗弯刚度线性变化，截面抗剪刚度也线性变化的压杆的单元物理刚度矩阵和单元几何刚度矩阵。假设压杆弯曲变形仍然假设为三次函数，此时剪切位移应取为几次多项式？

8.5　格构式压杆的屈曲是哪几种屈曲相互作用的结果？请描述相互作用是如何发生的。

8.6　阐述缺陷敏感性的概念。度量结构或构件缺陷敏感性的指标是什么？以缀条式压杆为例，说明在什么情况下结构的缺陷敏感性大？

8.7　设图 P8.4 所示的梭形压杆，截面抗弯刚度是中间大两端小的抛物线变化，但是截面的剪切刚度却是中间小，两端大的抛物线分布：$S=S_2+(S_1-S_2)\dfrac{x^2}{L^2}$，$S_2<S_1$ 采用能量法求其临界荷载。

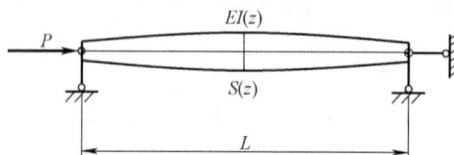

图 P8.4

参 考 文 献

[1]　中国科学院北京力学研究所固体力学理论研究室板壳组.《夹层板壳的弯曲、稳定和振动》，北京，科学出版社，1977 年

[2]　Uhlmann W，Ramm E，Centrally compressed built-up structures，in Axially compressed Structures，Edited by R. Narayanan，London，Applied Science Publishers Ltd.，1982：217-248

[3]　Svensson S E Kragerup J，Collapse loads of laced columns，Journal of the Strutural Division，ASCE，108（ST6），Junw，1982

[4]　Porter D M：Battened columns-recent developments，in ≪Axially compressed Structures≫，Edited by R Narayanan，London，Applied Science Publishers Ltd.，1982：249-278.

[5]　季渊，童根树. 施祖元，弯曲型支撑框架结构的临界荷载与临界支撑刚度研究. 浙江大学学报（工学版）2002，5.

[6]　丁浩江等. 弹性和塑性力学中的有限单元法（修订本）. 北京：机械工业出版社，北京，1989.

[7]　刘书江，童根树. 格构式压弯杆平面内稳定计算. 钢结构，2004，Vol. 19，No. 3.

[8]　Tong G. S.，Chen S. F.，An interactive buckling theory for built-up beam-columns and its application to centrally compressed built-up members. Journal of Constructional Steel Research. 1989，Vol. 14（No. 3）：221-241.

[9]　Zalka，K. A. ＿2000＿. Global structural analysis of buildings，E & FN Spon，London.

[10]　M. C. M. Bakker Shear-Flexural Buckling of Cantilever Columns under Uniformly Distributed Load，Journal of Engineering Mechanics，ASCE，132（11），2006.

[11]　Rutenberg A.，Leviathan I.，etc.（1986），Stability of shear-wall structures，Journal of Structural Engineering，ASCE，114（3）：707-716.

[12]　刘冬梅，孙香花，贾征（2002），剪切变形对刚框架结构二阶效应的影响，石家庄铁道学院学报，15（1）：46-49。

[13]　童根树，翁赟. 考虑剪切变形影响的框架柱弹性稳定. 工程力学，录用，2007.

［14］ 翁赟，童根树. 考虑剪切变形影响的框架结构稳定性. 土木工程学报，录用，2008

［15］ 张杨，张耀春. 三角形截面空间格构斜腿刚架平面内整体稳定性能研究. 工业建筑，2005，35 （3）：71-74。

［16］ Timoshenko S. P., Gere J. M. (1961). Theory of Elastic Stability, 2nd edition, McGraw-Hill, New York.

［17］ 翁赟，童根树，考虑层与层相互支援的框架层抗侧刚度，土木工程学报：2012，4：71-80.

［18］ Thompson J. M. T., Hunt G. W., A General Theory of Elastic Stability John Wiley & Sons, London，1973

［19］ 季渊. 多高层框架—支撑结构的弹塑性稳定性分析及其支撑研究 ［D］. 浙江大学博士学位论 文，2003.

［20］ 翁赟. 考虑剪切变形影响的框架及巨型框架稳定理论. 浙江大学博士学位论文，2009.

［21］ 童根树. 均布压力作用下变截面 Timoshenko 悬臂柱的稳定性. 工业建筑，2013：43（4）：8- 12，18.

第9章 压弯构件的平面内稳定

9.1 引言

通常柱子承受轴力，而梁承受弯矩，刚架柱几乎都同时承受弯矩和轴力，因此承受弯矩和轴力的构件是压弯构件，也可以称为梁柱(beam-column)。

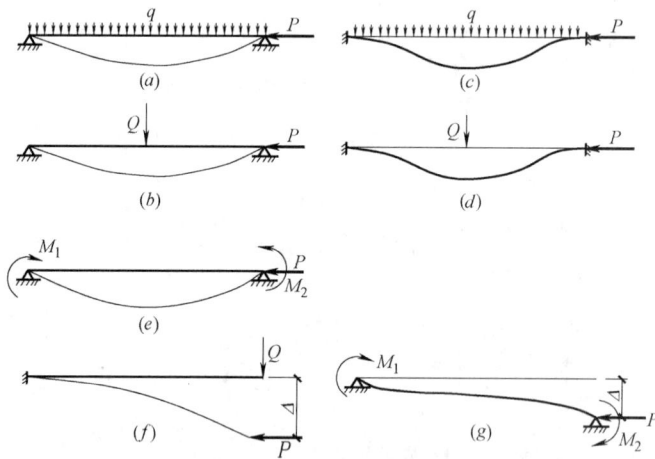

图 9.1 几种压弯构件

压弯构件的工作性能可以参照图 9.2 来说明。图 9.2(a)是两端简支，承受轴力和两端相同弯矩作用的压弯杆。图 9.2(b)是在弯矩不变，轴力增加的情况下的轴力—柱中点挠度曲线。

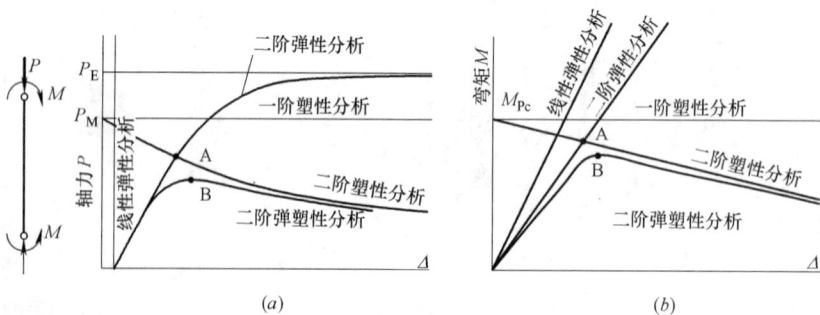

图 9.2 压弯构件的荷载-挠度曲线

分析方法不同，则轴力—挠度曲线也不同。

（1）线性弹性分析，轴力—挠度关系是线性的；

（2）二阶弹性分析，轴力—挠度关系是非线性的，在轴力接近欧拉临界荷载时，挠度趋向无穷大；

（3）一阶塑性分析，塑性分析不考虑形成塑性铰以前的挠度，因此轴力小于塑性铰荷载时，挠度为零，一旦达到塑性铰荷载（P_M），挠度可以无限大；

（4）二阶塑性分析，与一阶塑性分析的区别是，要考虑挠度和轴力相乘引起的弯矩，这个附加弯矩使得塑性铰状态下的轴力必须减小，因为这时外弯矩是假设不变的。这时塑性铰上的内力发生图 3.11 中从 A 到 B 的流动；

（5）二阶弹塑性分析，这是最精确的分析，它考虑了变形的逐步发展，塑性区的逐步开展。二阶弹塑性分析得到的轴力—挠度曲线永远处于二阶弹性分析和二阶塑性分析曲线的下方。表明二阶弹性分析和二阶塑性分析的曲线是真实曲线的上限。

二阶弹塑性分析得到的轴力最大值在 B 点，二阶弹性分析和二阶塑性分析曲线的交点在 A 点，A 点永远处在 B 点的上方，而且有时 A 点对应的挠度要比 B 点对应的挠度小很多。

从图中还可以看出这样一个重要的现象：在压弯杆达到极限承载力时（B 点），跨中受力最大截面没有形成塑性铰。只有二阶弹塑性分析曲线与二阶塑性分析的曲线相交时，截面才形成塑性铰。

还要提醒的是，图 9.2（b）所示曲线的斜率没有具体的物理意义，它不是切线刚度，更不是割线刚度。因为竖坐标是轴力，是竖向的，而挠度是水平的，竖向荷载与水平挠度相除，是没有刚度对应的。

图 9.2（c）是轴力先施加并保持不变，然后施加弯矩得到的弯矩—水平挠度曲线。在这张图上，二阶弹性分析的曲线仍然是一条直线。这是因为，轴力不变则构件的弹性刚度不变。二阶塑性分析的曲线是一条下降的直线。图 9.2（c）的曲线的斜率代表了构件的抗弯刚度。

9.2 横向荷载作用下压弯杆的二阶弹性分析

9.2.1 两端铰支横向均布荷载作用下的压弯杆

图 9.1（a）示出了两端铰支的承受横向均布荷载的压弯杆，压杆的平衡微分方程为

$$EIy'' + Py = -\frac{1}{2}qx(L-x) \tag{9.1}$$

上式的通解为

$$y = A\sin kx + B\cos kx - \frac{qx(L-x)}{2P} - \frac{q}{Pk^2}$$

式中 $k = \sqrt{P/EI}$。利用边界条件 $x=0$ 和 L：$y=0$ 得到待定常数 A，B，最后得到

$$y = \frac{q}{k^4 EI}\left(\tan\frac{kl}{2}\sin kx + \cos kx - 1\right) - \frac{qx(L-x)}{2P}$$

跨中最大挠度为

$$y_{\max}=\frac{qL^4}{16EIu^4}\left(\frac{1-\cos u}{\sin u}\right)-\frac{qL^4}{32EIu^2}=\frac{5qL^4}{384EI}\left[\frac{12(2\sec u-u^2-2)}{5u^4}\right] \tag{9.2}$$

式中 $u=kL/2$。利用级数展开

$$\sec u=1+\frac{1}{2}u^2+\frac{5}{24}u^4+\frac{61}{720}u^6+\frac{277}{8064}u^8+\cdots\cdots$$

$$\sec u=1+\frac{\pi^2}{8}\frac{P}{P_E}+\frac{5\pi^4}{24\times16}\left(\frac{P}{P_E}\right)^2+\frac{61\pi^6}{720\times64}\left(\frac{P}{P_E}\right)^3+\frac{277\pi^8}{8064\times256}\left(\frac{P}{P_E}\right)^4+\cdots\cdots$$

$$=1+1.2337\frac{P}{P_E}+1.2683\left(\frac{P}{P_E}\right)^2+1.2727\left(\frac{P}{P_E}\right)^3+1.2732\left(\frac{P}{P_E}\right)^4+\cdots\cdots$$

$$\approx1+1.25\frac{P}{P_E}\Big/\left(1-\frac{P}{P_E}\right)=\frac{1+0.25P/P_E}{1-P/P_E}$$

得到

$$y_{\max}=\frac{5qL^4}{384EI}\left[1+1.0034\frac{P}{P_E}+1.0038\left(\frac{P}{P_E}\right)^2+\cdots\cdots\right]\approx\frac{y_0}{1-P/P_E} \tag{9.3}$$

构件中点的最大弯矩为

$$M_{\max}=-EIy''(L/2)=\frac{1}{8}qL^2+Py_{\max}$$

$$M_{\max}\approx\frac{1}{8}qL^2\left[1+\frac{5PL^2}{48EI(1-P/P_E)}\right]=M_0\left[1+\frac{1.028P/P_E}{1-P/P_E}\right]\approx\frac{M_0}{1-P/P_E} \tag{9.4}$$

式中 $M_0=\frac{1}{8}qL^2$。

9.2.2 两端铰支跨中集中荷载作用下的压弯杆

如图 9.1 (b)，在 $0\leqslant x\leqslant L/2$ 时的平衡微分方程为

$$EIy''+Py=-Qx/2 \tag{9.5}$$

其通解为

$$y=A\sin kx+B\cos kx-\frac{Qx}{2P}$$

利用边界条件 $x=0$，$y=0$；$x=L/2$，$y'=0$，得到

$$y=\frac{Q}{2kP}(\sec u\sin kx-kx)$$

跨中最大挠度为

$$y_{\max}=\frac{QL}{4uP}(\tan u-u)=\frac{QL^3}{48EI}\frac{3}{u^3}(\tan u-u)=y_0\frac{3(\tan u-u)}{u^3} \tag{9.6}$$

式中 y_0 是线性分析的最大挠度。因为

$$\tan u=u+\frac{u^3}{3}+\frac{2u^5}{15}+\frac{17u^7}{315}+\cdots\cdots$$

所以

$$y_{\max}=y_0\left[1+0.987\frac{P}{P_E}+0.986\left(\frac{P}{P_E}\right)^2+\cdots\cdots\right]\approx\frac{y_0}{1-P/P_E} \tag{9.7}$$

跨中最大弯矩为

$$M_{\max}=\frac{1}{4}QL+Py_{\max}=\frac{1}{4}QL\left[1+\frac{PL^2}{12EI(1-P/P_{\mathrm{E}})}\right]=M_0\left[\frac{1-0.178P/P_{\mathrm{E}}}{1-P/P_{\mathrm{E}}}\right] \quad (9.8)$$

注意图 9.1（f）的悬臂柱的最大弯矩和最大挠度在悬臂长度为 $L/2$ 时与本例子是相同的。

9.2.3 两端固支横向均布荷载作用下的压弯杆

图 9.1（c）所示，平衡微分方程为

$$EIy''''+Py''=q \quad (9.9)$$

通解为

$$y=A\sin kx+B\cos kx+\frac{q}{2P}x^2+Cx+D$$

边界条件为：$x=0$ 和 L：$y=0$，$y'=0$，可以得到

$$y=\frac{qL}{2k^3EI}\left(\sin kx+\frac{\cos kx-1}{\tan u}-kx+\frac{kx^2}{L}\right) \quad (9.10)$$

$$y''=\frac{qL}{2kEI}\left(-\sin kx-\frac{\cos kx}{\tan u}+\frac{2}{kL}\right)$$

式中 $u=kL/2$。跨中挠度为

$$y_{\max}=\frac{qL^4}{16u^3EI}\left(\sin u+\frac{\cos u-1}{\tan u}-\frac{u}{2}\right)=\frac{qL^4}{384EI}\frac{24}{u^3}\left(\csc u-\cot u-\frac{u}{2}\right) \quad (9.11)$$

$$\cot u=\frac{1}{u}-\left(\frac{u}{3}+\frac{u^3}{45}+\frac{2u^5}{945}+\frac{u^7}{4725}+\cdots\cdots\right)$$

$$\csc u=\frac{1}{u}+\frac{u}{6}+\frac{7u^3}{360}+\frac{31u^5}{15120}+\frac{127u^7}{604800}+\cdots\cdots$$

$$\csc u-\cot u=\frac{u}{2}+\frac{u^3}{24}+\frac{u^5}{240}+\frac{17u^7}{40320}+\cdots\cdots$$

$$y_{\max}=y_0\left(1+\frac{u^2}{10}+\frac{17u^4}{1680}+\cdots\right)=y_0\left(1+0.987\frac{P}{P_{\mathrm{cr}}}+0.986\left(\frac{P}{P_{\mathrm{cr}}}\right)^2+\cdots\right)=\frac{y_0}{1-P/P_{\mathrm{cr}}} \quad (9.12)$$

固端弯矩为 $M_{\mathrm{F}}=-EIy''(0)=\frac{qL^2}{12}\frac{3}{u}\left(\cot u-\frac{1}{u}\right)=M_{\mathrm{F0}}\left(1+\frac{u^2}{15}+\frac{2u^4}{315}+\frac{u^6}{1575}+\frac{2u^8}{31185}\cdots\right)$

$$M_{\mathrm{F}}=M_{\mathrm{F0}}\left[1+0.658\frac{P}{P_{\mathrm{cr}}}+0.618\left(\frac{P}{P_{\mathrm{cr}}}\right)^2+0.610\left(\frac{P}{P_{\mathrm{cr}}}\right)^3+0.608\left(\frac{P}{P_{\mathrm{cr}}}\right)^4\cdots\right]\approx$$

$$M_{\mathrm{F0}}\frac{1-0.38P/P_{\mathrm{cr}}}{1-P/P_{\mathrm{cr}}} \quad (9.13)$$

跨中弯矩为

$$M_{+\max}=-EIy''=\frac{qL^2}{24}\frac{6}{u}\left(\csc u-\frac{1}{u}\right)$$

$$M_{+\max}=M_0\left(1+\frac{7u^2}{60}+\frac{31u^4}{2520}+\frac{127u^6}{100800}+\cdots\right)$$

$$=M_0\left[1+1.151\frac{P}{P_{\mathrm{cr}}}+1.198\left(\frac{P}{P_{\mathrm{cr}}}\right)^2+1.211\left(\frac{P}{P_{\mathrm{cr}}}\right)^3+\cdots\right]$$

$$M_{+\max}=M_0\left[\frac{1+0.2P/P_{cr}}{1-P/P_{cr}}\right] \tag{9.14}$$

9.2.4　两端固支跨中集中荷载作用下的压弯杆

如图 9.1 （d） 所示，可以利用横向剪力的平衡得到微分方程为

$$EIy'''+Py'=-Q/2，\quad 0\leqslant x\leqslant L/2 \tag{9.15}$$

通解为

$$y=A\sin kx+B\cos kx+C-\frac{Q}{2P}x$$

边界条件　$x=0$：$y=0$，$y'=0$；$x=L/2$：$y'=0$。得到构件的挠曲线为

$$y=\frac{Q}{2k^3EI}\left[\sin kx+\frac{1-\cos u}{\sin u}(1-\cos kx)-kx\right]$$

$$y''=\frac{Q}{2kEI}\left[\frac{1-\cos u}{\sin u}\cos kx-\sin kx\right]$$

跨中最大挠度

$$y_{\max}=\frac{QL^3}{192EI}\frac{24}{u^3}\left[\csc u-\cot u-\frac{u}{2}\right]=\frac{y_0}{1-P/P_{cr}} \tag{9.16}$$

固端弯矩 $M_F=-EIy''(0)\ =-\frac{QL}{8}\frac{2}{u}\ (\csc u-\cot u)$

$$M_F=M_{F0}\left[1+0.822\frac{P}{P_{cr}}+0.812\left(\frac{P}{P_{cr}}\right)^2+0.811\left(\frac{P}{P_{cr}}\right)^2+\cdots\right]=M_{F0}\frac{1-0.2P/P_{cr}}{1-P/P_{cr}} \tag{9.17}$$

跨中弯矩

$$M_{+\max}=-EIy''=M_0\frac{2}{u}\left[\csc u-\cot u\right]=M_0\frac{1-0.2P/P_{cr}}{1-P/P_{cr}} \tag{9.18}$$

从上面可知，二阶分析下，跨中弯矩和支座弯矩也相等。

9.2.5　端弯矩作用下两端简支压弯杆的二阶弹性分析

图 9.1 （e） 是两端作用不等弯矩的压弯杆，平衡微分方程为

$$EIy''+Py=-M_1+\frac{M_1-M_2}{L}x \tag{9.19a}$$

式中 M_2 以与 M_1 产生同向曲率为正，$|M_1|>|M_2|$。通解为

$$y=A\sin kx+B\cos kx+\frac{M_1-M_2}{P}\frac{x}{L}-\frac{M_1}{P}$$

边界条件为 $y(0)=0$，$y(L)=0$，最后求得的挠曲线为　（$u=kL/2$）

$$y=-\frac{M_1\cos 2u-M_2}{P\sin 2u}\sin kx+\frac{M_1}{P}\cos kx+\frac{M_1-M_2}{PL}x-\frac{M_1}{P}$$

$$y''=\frac{M_1\cos 2u-M_2}{EI\sin 2u}\sin kx-\frac{M_1}{EI}\cos kx$$

任意截面的弯矩为

$$M=-EIy''=M_1\cos kx-(M_1\cos 2u-M_2)\frac{\sin kx}{\sin 2u}$$

我们需要知道最大弯矩。对上式求导得到弯矩最大的截面在离支座 $\bar{x}$ 处：

$$\tan k\,\bar{x} = -\frac{M_1\cos 2u - M_2}{M_1\sin 2u} \tag{9.19b}$$

如果从上式得到的 $0 \leqslant \bar{x} \leqslant L$，则最大弯矩出现在压弯杆内，最大弯矩为

$$M_{\max} = M_1\sqrt{\frac{(M_2/M_1)^2 - 2(M_2/M_1)\cos 2u + 1}{\sin^2 2u}} \tag{9.20}$$

如果 $\bar{x} < 0$ 或 $\bar{x} > L$，则最大弯矩出现在杆端：

$$M_{\max} = M_1$$

如果两端弯矩相等，则

$$M_{\max} = M_1\sec u = \frac{1 + 0.25P/P_{\mathrm{E}}}{1 - P/P_{\mathrm{E}}}M_1 \tag{9.21}$$

9.3　矩形截面压弯杆的承载力：Jezek 解法

下面我们来考察图 9.3（a）所示压杆的极限承载力，压杆截面是矩形的，材料的应力应变曲线是理想弹塑性的。

这是一个几何和物理双重非线性问题，在没有计算机的时代，求解起来非常复杂。对于这个问题，Jezek[1] 提出了一个近似解析解。虽然这种方法并不能推广，但是这里特地进行介绍，主要目的是

（1）了解极值型稳定问题的特点；

（2）了解计算稳定承载力采用的方法的粗放程度；

（3）了解弯矩如何影响压弯杆的稳定性。

Jezek（1937）提出他的模型时，未考虑初始弯曲的影响，在下面为了与有初始弯曲的压杆相互衔接，我们考虑初始弯曲为 $v_0(z) = v_{0\mathrm{m}}\sin\dfrac{\pi z}{L}$。

假设（1）压杆的附加挠曲线是正弦曲线：

$$v = v_{\mathrm{m}}\sin\frac{\pi z}{L} \tag{a}$$

（2）只考虑中央截面的平衡。中央截面的曲率为

$$\phi = -v'' = \frac{\pi^2}{L^2}v_{\mathrm{m}}\sin\frac{\pi z}{L} \tag{b}$$

中央截面的弯矩　　　　$M_{\mathrm{m}} = M + P(v_{\mathrm{m}} + v_{0\mathrm{m}})$　　　　(c)

假设中央截面的应力分布如图 9.3（b）所示，则有

$$P = f_{\mathrm{y}}A - \frac{1}{2}(f_{\mathrm{y}} + \sigma_{\mathrm{t}})bh_{\mathrm{e}}$$

$$f_{\mathrm{y}} + \sigma_{\mathrm{t}} = \frac{2(P_{\mathrm{P}} - P)}{bh_{\mathrm{e}}} \tag{d}$$

$$M_{\mathrm{m}} = \frac{1}{2}(f_{\mathrm{y}} + \sigma_{\mathrm{t}})bh_{\mathrm{e}}\left(\frac{h}{2} - \frac{h_{\mathrm{e}}}{3}\right) \tag{e}$$

由$(d)$$(e)$式得到

$$h_e = \frac{3}{2}h - \frac{3[M+P(v_m+v_{0m})]}{P_P - P} \qquad (f)$$

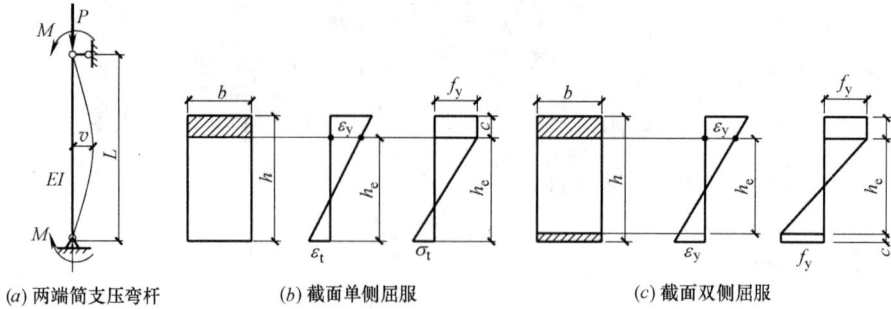

(a) 两端简支压弯杆　　　(b) 截面单侧屈服　　　(c) 截面双侧屈服

图 9.3　矩形截面压弯杆的极限承载力－Jezek 法

曲率

$$\Phi_m = \frac{\varepsilon_y + \varepsilon_t}{h_e} = \frac{f_y + \sigma_t}{E h_e} = \frac{2(P_P - P)}{E b h_e^2} = v_m \frac{\pi^2}{L^2} \qquad (g)$$

由(f)式和(g)式消去 h_e 得到

$$v_m \left[\frac{h}{2}\left(1 - \frac{P}{P_P}\right) - \frac{M+P(v_m+v_{0m})}{P_P} \right]^2 = \frac{2L^2 P_P}{9\pi^2 bE}\left(1 - \frac{P}{P_P}\right)^3 \qquad (h)$$

上式给出的是 $P \sim v_m$ 关系曲线，曲线有一个极值点。上式对 v_m 求导，求这个极值：
$\dfrac{\mathrm{d}P}{\mathrm{d}v_m} = 0$ 得到

$$v_m = \frac{1}{3}\frac{P_P}{P}\left[\frac{h}{2}\left(1 - \frac{P}{P_P}\right) - \frac{M+P v_{0m}}{P_P} \right] \qquad (j)$$

代入 (h) 式得到

$$P_u = \frac{\pi^2 EI}{L^2}\left[1 - \frac{(M+P_u v_{0m})}{2M_P(1-P_u/P_P)} \right]^3 \qquad (k)$$

此时截面的弹性区高度为

$$\frac{h_e}{h} = 1 - \frac{M+P v_{0m}}{2M_P(1-P/P_P)}$$

$$P = \frac{\pi^2 EI_e}{L^2} \qquad (9.22a)$$

从上面我们可以知道，弯矩在这里的作用是：使得压杆截面上应力增大，提前进入塑性，截面抗弯刚度减小，减小后压杆的轴向稳定承载力由切线模量理论计算。

记轴压的时候的承载力是 P_{u0}，记 $\varphi = \dfrac{P_{u0}}{P_p}$，$p = \dfrac{P_u}{P_{u0}}$，$m = \dfrac{M}{M_p}$，则 $P_u = \varphi p P_P$。

$$P_{u0} = P_E\left[1 - \frac{P_{u0} v_{0m}}{2M_P(1-P_{u0}/P_p)} \right]^3 \qquad (m)$$

两式相除得到

$$\left[1 - \frac{2\varphi}{(1-\varphi)}\frac{v_{0m}}{h} \right]^3 p = \left[1 - \frac{m}{2(1-\varphi p)} - \frac{2\varphi p}{(1-\varphi p)}\frac{v_{0m}}{h} \right]^3 \qquad (n)$$

设 $\dfrac{v_{0m}}{h} = \dfrac{L}{nh} = \dfrac{L}{n 2\sqrt{3}\,i} = \dfrac{31\sqrt{3}}{2n}\bar{\lambda}$，则上式可以化为

$$p\varphi\bar{\lambda}^2(1-p\varphi)^3 = \left[1 - \frac{1}{2}m - p\varphi\left(1 + \frac{31\sqrt{3}}{n}\bar{\lambda}\right) \right]^3 \qquad (9.23a)$$

上述推导的适用条件是 $\dfrac{\sigma_{\mathrm{t}}}{f_{\mathrm{y}}}=\dfrac{2(P_{\mathrm{P}}-P)}{bh_{\mathrm{e}}f_{\mathrm{y}}}-1=\dfrac{2h}{h_{\mathrm{e}}}(1-\varphi)-1=\dfrac{2(1-p\varphi)}{h_{\mathrm{e}}/h}-1\leqslant 1$，即 $\dfrac{h_{\mathrm{e}}}{h}\geqslant 1-p\varphi$。

如果压杆中央截面的两边缘都屈服，参考图 9.3c，则有

$$P=P_{\mathrm{P}}-bh_{\mathrm{e}}f_{\mathrm{y}}-2bcf_{\mathrm{y}} \tag{p}$$

力矩平衡条件

$$M_{\mathrm{x}}=M+P(v_{\mathrm{m}}+v_{\mathrm{0m}})=bh_{\mathrm{e}}f_{\mathrm{y}}(h/2-h_{\mathrm{e}}/3-c)+2bcf_{\mathrm{y}}(h/2-c/2) \tag{q}$$

由应变计算的曲率

$$\frac{2\varepsilon_{\mathrm{y}}}{h_{\mathrm{e}}}=\varPhi=\frac{\pi^2}{L^2}v_{\mathrm{m}} \tag{r}$$

从式（r）

$$h_{\mathrm{e}}=\frac{2P_{\mathrm{y}}L^2}{v_{\mathrm{m}}\pi^2 Ebh} \tag{s}$$

$$c=\frac{P_{\mathrm{P}}-P}{2bf_{\mathrm{y}}}-\frac{h_{\mathrm{e}}}{2}=\frac{P_{\mathrm{P}}-P}{2bf_{\mathrm{y}}}-\frac{f_{\mathrm{y}}L^2}{v_{\mathrm{m}}\pi^2 E} \tag{t}$$

从（p，q，b）式得到

$$\frac{1}{108}\bar{\lambda}^4=\frac{v_{\mathrm{m}}^2}{h^2}\left[1-\frac{P^2}{P_{\mathrm{P}}^2}-\frac{M+P(v_{\mathrm{m}}+v_{\mathrm{0m}})}{M_{\mathrm{P}}}\right]=\frac{1}{108}\left(\frac{P_{\mathrm{P}}}{P_{\mathrm{E}}}\right)^2 \tag{u}$$

上式给出的是 $P-v_{\mathrm{m}}$ 关系曲线，曲线有一个极值点，求这个极值：$\dfrac{\mathrm{d}P}{\mathrm{d}v_{\mathrm{m}}}=0$ 得到

$$\frac{v_{\mathrm{m}}}{h}=\frac{1}{6}\frac{P_{\mathrm{P}}}{P}\left[1-\left(\frac{P}{P_{\mathrm{P}}}\right)^2-\frac{M}{M_{\mathrm{P}}}-\frac{4Pv_{\mathrm{0m}}}{P_{\mathrm{P}}h}\right] \tag{v}$$

此时弹性区的高度为

$$\frac{h_{\mathrm{e}}}{h}=\sqrt{1-\frac{P_{\mathrm{u}}^2}{P_{\mathrm{P}}^2}-\frac{M_{\mathrm{u}}}{M_{\mathrm{P}}}-\frac{4P_{\mathrm{u}}v_{\mathrm{0m}}}{P_{\mathrm{P}}h}}$$

代入（r）式得到

$$P_{\mathrm{u}}=\frac{\pi^2 EI}{L^2}\sqrt{\left[1-\frac{P_{\mathrm{u}}^2}{P_{\mathrm{P}}^2}-\frac{M}{M_{\mathrm{P}}}-\frac{4P_{\mathrm{u}}v_{\mathrm{0m}}}{P_{\mathrm{P}}h}\right]^3}=\frac{\pi^2 EI_{\mathrm{e}}}{L^2} \tag{9.22b}$$

上式再次表明，压弯杆的承载力可以采用切线模量理论计算，弯矩对压弯杆稳定性的影响是通过影响截面的刚度间接的反映出来的。这从另一个方面验证了第二章提出的一个论断：对于无限弹性的压杆，弯矩对它的稳定性没有影响。

第 2 种情况适用条件是 $\dfrac{c}{h}=\dfrac{1}{2}(1-\varphi p)-\dfrac{h_{\mathrm{e}}}{2h}\geqslant 0$，即 $\dfrac{h_{\mathrm{e}}}{h}\leqslant 1-\varphi p$。因为

$$\frac{h_{\mathrm{e}}}{h}=\sqrt{1-p^2\varphi^2-m-4p\varphi\frac{v_{\mathrm{0m}}}{h}}$$

$$m>2\left(1-\frac{31\sqrt{3}\lambda}{n}\right)\varphi p-2p^2\varphi^2$$

（9.22b）式采用无量纲化的参数表达是

$$p\varphi\bar{\lambda}^2=\sqrt{(1-p^2\varphi^2-m-2p\varphi\frac{31\sqrt{3}}{n}\bar{\lambda})^3} \tag{9.23b}$$

实际上，(9.22a，9.22b)式等价于总势能的二阶变分为零的条件，也是对平衡方程进行微小的干扰得到的结果。对于任意的弹塑性压弯杆，平衡方程是

$$M_内 - Py = M_外$$

对上述平衡方程在外力不变的假设下进行干扰得到

$$M_内 + \dot{M}_内 - P(y + \dot{y}) = M_外$$

两式相减得到

$$\dot{M}_内 - P\dot{y} = 0$$

采用切线模量理论 $\dot{M}_内 = -EI_t \dot{y}''$，则

$$EI_t \dot{y}'' + P\dot{y} = 0$$

因为上述干扰相当于总势能的二阶变分等于零，因此，达到极值点时的荷载必然就是切线模量理论的临界荷载。从这里我们再次看到，弯矩的影响是使压杆截面提前进入屈服，使截面刚度下降，从而减小临界荷载。

给定 v_{0m}/h，计算 $m=0$ 时的 φ（此式 $p=1$）；

然后给定 $m=0.1, 0.2 \sim 0.9$，从以上式子，通过迭代计算出 p，判断适用条件，得到所需要的 p。图 9.4 给出了两种初始弯曲大小下，三种正则化长细比下的相关曲线，可见不同正则化长细比下的相关曲线不一样，但是不同缺陷下的相关曲线形状差别不大，缺陷大的相关曲线还在外侧。

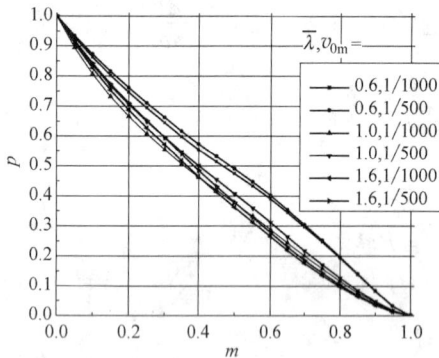

图 9.4　不同初始缺陷下相关曲线对比

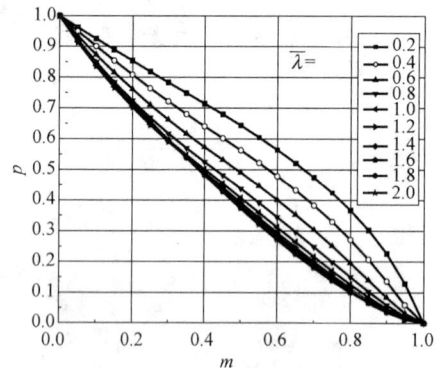

图 9.5　不同正则化长细比下矩形截面弯矩轴力相关曲线

图 9.5 给出初始缺陷是 $L/500$ 时不同正则化长细比下的相关曲线，长细比小的，接近截面的弯矩和轴力相关关系，长细比大的出现了曲线下凹的现象，但是正则化长细比大于 1.0 的，相关曲线的形状基本一致。

9.4　工字形截面压弯杆的极限承载力：设计公式的构建

工字形截面的压弯杆极限承载力完全可以采用第四章第 4.4 节的数值积分方法计算。下面介绍压弯杆设计公式的构建方法。

从图 9.2 (a) 可知，可以用 A 点的承载力近似 B 点的承载力。A 点的内力是二阶弹

性分析得到的，同时 A 点处在二阶塑性分析曲线上，所以此点的内力满足截面形成塑性铰时轴力和弯矩的相关关系。

工字形截面的边缘纤维屈服时

$$\frac{P}{P_p}+\frac{M_{max}}{M_y}=1 \tag{9.24}$$

考虑压杆存在三种缺陷，等效为初始弯曲 e_0，将初弯曲引起的放大后的弯矩和纯弯弯矩放大后的弯矩代入上式：

$$\frac{P}{P_p}+\frac{(1+0.25P/P_E)M+Pe_0}{(1-P/P_E)M_y}=1 \tag{a}$$

e_0 的取值是：当外弯矩等于零时，由上式应得到轴压杆的承载力：$P=P_{u0}=\varphi Af_y$，因此

$$\frac{e_0}{M_y}=(\frac{1}{P_{u0}}-\frac{1}{P_p})(1-\frac{P_{u0}}{P_E}) \tag{9.25}$$

重新代入（a）式得到

$$\frac{P}{P_p}+\frac{(1+0.25P/P_E)M}{(1-P/P_E)M_y}+\frac{P}{(1-P/P_E)}(\frac{1}{P_{u0}}-\frac{1}{P_p})(1-\frac{P_{u0}}{P_E})=1$$

$$(\frac{P}{P_p}-\frac{P}{P_E}\frac{P}{P_p})+(1+\frac{P}{4P_E})\frac{M}{M_y}+(\frac{P}{P_{u0}}-\frac{P}{P_p})(1-\frac{P_{u0}}{P_E})=(1-\frac{P}{P_E})$$

$$(\frac{P}{P_p}-\frac{P}{P_E}\frac{P}{P_p})+(1+\frac{P}{4P_E})\frac{M}{M_y}+(\frac{P}{P_{u0}}-\frac{P}{P_p}-\frac{P}{P_E}+\frac{P_{u0}}{P_p}\frac{P}{P_E})=1-\frac{P}{P_E}$$

$$(1+\frac{P}{4P_E})\frac{M}{M_y}+(1-\frac{P}{P_{u0}})\frac{PP_{u0}}{P_pP_E}=1-\frac{P}{P_{u0}}$$

$$\frac{P}{P_{u0}}+\frac{(1+0.25P/P_E)M}{(1-\varphi P/P_E)M_y}=1 \tag{9.26}$$

钢结构设计规范 GB 50017-2003 对于格构式压弯杆采用下式计算平面内的稳定性

$$\frac{P}{\varphi A}+\frac{M}{W_{x1}(1-\varphi P/P_E)}=f_y \tag{9.27}$$

上式实际上过高地估计了格构式压弯杆的承载力，理由说明如下：

（1）上式与(9.26)式比较，少了因子$(1+0.25P/P_E)$，相当于使得左边的数值减小了，从而使得左右相等时弯矩或轴力可以更大，即导致更大的承载力；

（2）(9.26)式是基于(9.24)式。因为格构式截面几乎没有塑性开展能力，(9.24)式对于格构式压弯杆，几乎就是塑性铰状态方程。在前面我们提到，压弯杆达到承载力极限状态时，截面还没有形成塑性铰；因此基于塑性铰状态方程的结果肯定是承载力的上限。

设计公式也可以直接构建：弯矩等于 0 时应退化压杆的稳定性计算公式，而轴力等于 0 时是梁的强度计算公式。考虑到轴力作用下弯矩会被放大，因此弯矩项应采用放大的弯矩，这样可以得到

$$\frac{P}{\varphi Af_y}+\frac{M}{\gamma_x W_{x1}f_y(1-P/P_E)}=1 \tag{9.28}$$

（9.26)式、(9.27)式、(9.28)式表达的相关曲线的形状如图（9.6a，9.6b，9.6c）所示，(9.27)式的曲线最高，且不同长细比下的曲线的差别很小，长细比大时，比矩形截面的曲线还高，显示该式偏不安全。

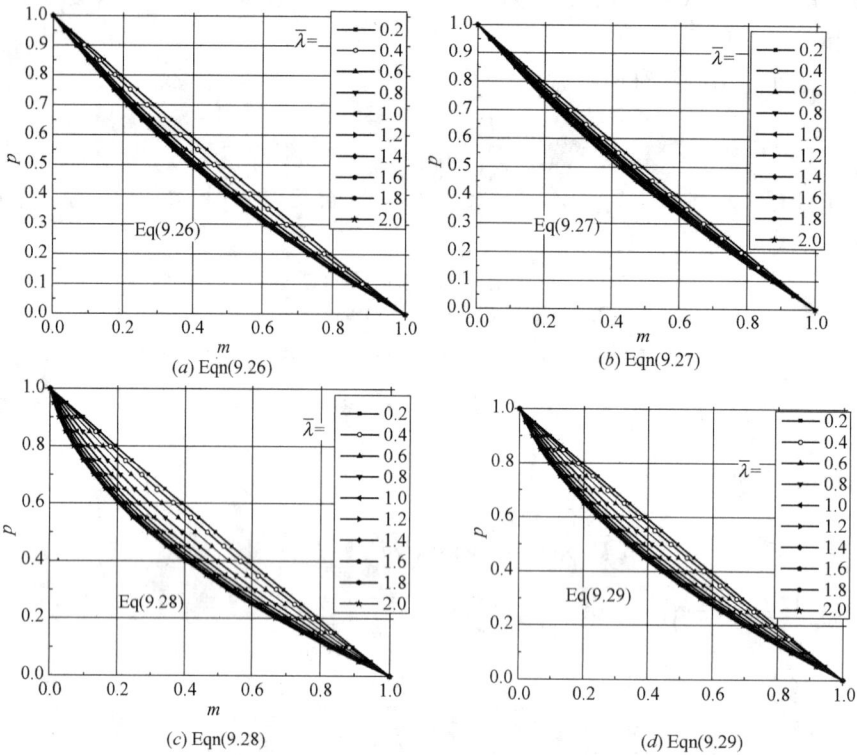

图 9.6 四个公式表示的相关关系曲线的形状

对实腹式工字形截面，进行大量的非线性分析，对数据拟合，在进行比较后发现采用下式，结果有很好的归一性。

$$\frac{P}{\varphi A} + \frac{M}{\gamma_x W_{x1}(1-0.8P/P_E)} = f_y \tag{9.29}$$

上式表示的曲线形状显示在图 9.6（d）中。

（9.29）式形式上是（9.27）式将分母的 φ 改为定值 0.8，两者似乎来自相同的推导过程，但是对于工字形截面压弯杆，却是实际承载力的很好的估计。原因在于工字形截面有塑性开展的能力，（9.24）式对于工字形截面，并不代表塑性铰状态，它离塑性铰状态还有一个距离。

公式的构建需要精确的数值计算和试验的验证。图 9.7 示出了数值方法得到的结果和上面公式的比较，图中 M_P 代表全截面塑性弯矩或弹性极限弯矩或 $\gamma_x W_{x1} f_y$，取决于塑性开展潜力。计算时采用的残余应力模型见图 9.7（j）。截面采用：H1：H600x300x1/10（腹板取得很薄，截面形状系数 1.03，模拟格构式柱子截面形状系数小的特点）。H2：H600x300x5/10（模拟普通工字形截面），H3：H600x300x12/10（模拟厚腹板工字形截面）。

虽然上述截面 H1 和 H3 在模拟格构式压杆和箱形柱压杆的残余应力方面可能存在不准确的缺点，但残余应力主要影响的是轴压杆的稳定系数，不太影响无量纲的相关曲线。计算中采用的初始弯曲变形为 $L/1000$。由图可见，公式（9.27）高估了上述三种截面的承载力。（9.28）式可同样应用于格构式压弯杆及腹板允许局部失稳的压弯杆的平面内稳定性计算。

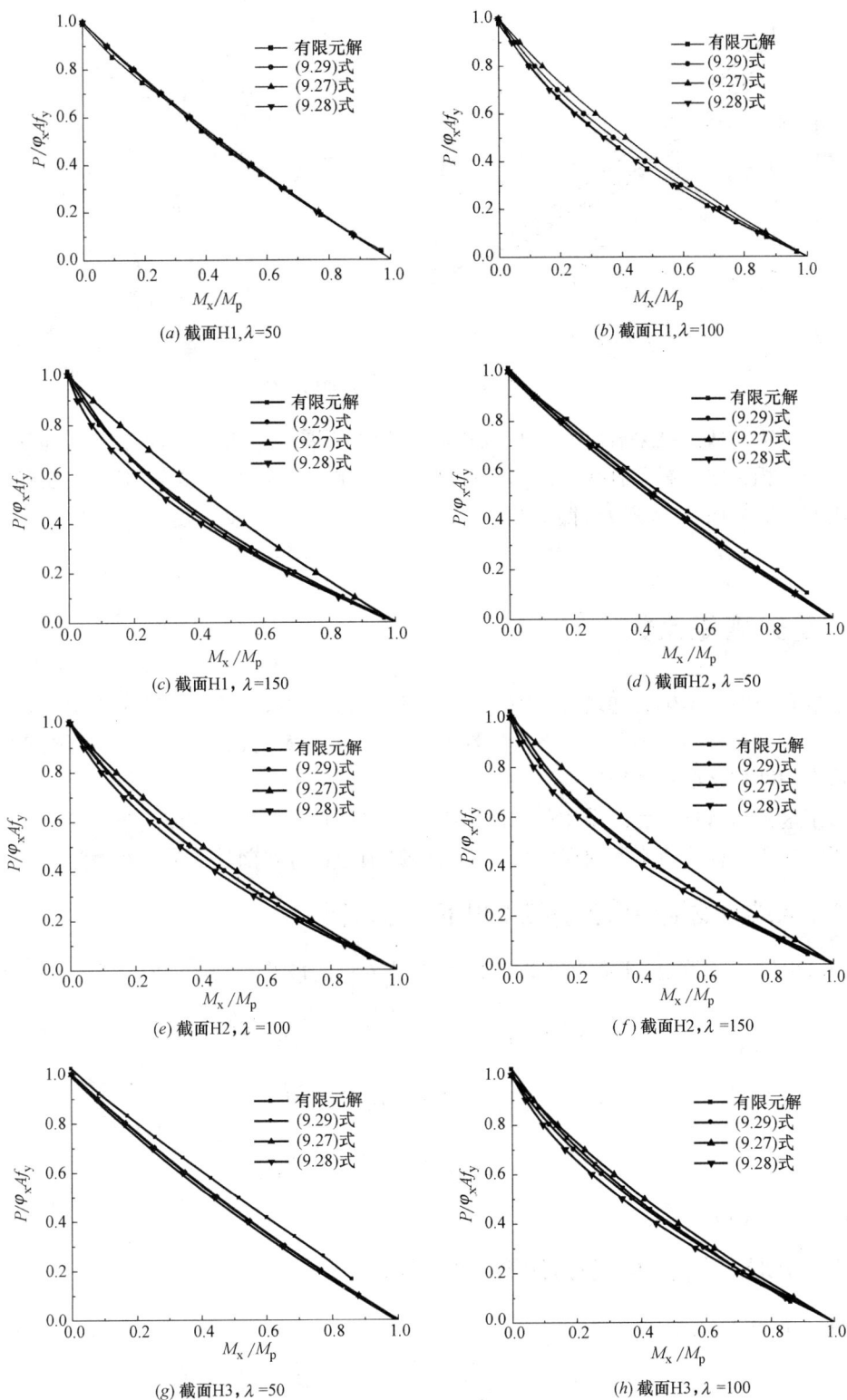

(a) 截面H1, $\lambda=50$

(b) 截面H1, $\lambda=100$

(c) 截面H1, $\lambda=150$

(d) 截面H2, $\lambda=50$

(e) 截面H2, $\lambda=100$

(f) 截面H2, $\lambda=150$

(g) 截面H3, $\lambda=50$

(h) 截面H3, $\lambda=100$

图 9.7　平面内稳定性相关曲线

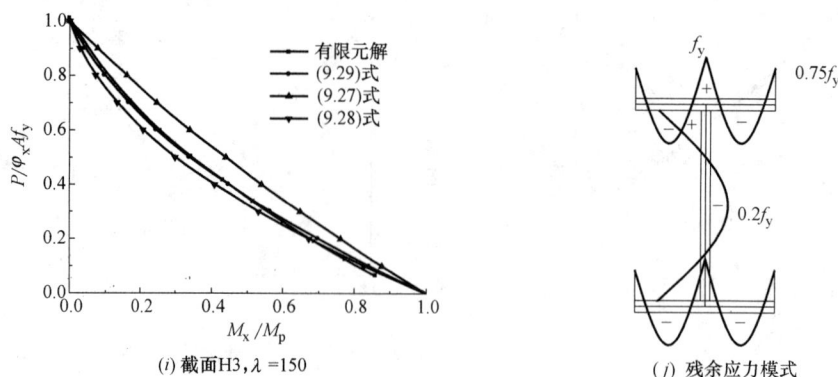

(i) 截面H3, $\lambda=150$

(j) 残余应力模式

图 9.7 平面内稳定性相关曲线（续）

从图 9.7 的数值结果看，对于长细比小、塑性开展潜力比较大（即截面形状系数大）的压弯杆，相关曲线高于直线，图 9.5 就显示了这样一个现象，这样，对于高层建筑中广泛应用的箱形截面，(9.29)式偏于安全。

9.5 等效弯矩系数

上节介绍的承受轴力和均匀弯矩的压弯杆设计公式的构建。对于弯矩不均匀分布的压弯杆，弯矩对压杆刚度削弱最具有决定性影响的截面是弯矩最大截面。压弯杆在弯矩最大截面形成塑性铰之前失去稳定性。

对于这种压弯杆，各国采用的方法是将不均匀分布的弯矩等效成均布弯矩，然后按照均布弯矩的压弯杆计算平面内稳定性。等效的原则是：等效前后的最大弯矩相等。

9.5.1 两端铰支横向均布荷载作用下的压弯杆

$M_{\max}$ 由(9.4)式给出，记等效均匀弯矩为 M_{eq}，对应的最大弯矩由(9.21)式给出，因此

$$M_{\max}=\frac{M_0}{1-P/P_E}=\frac{(1+0.25P/P_E)M_{eq}}{1-P/P_E}$$

$$M_{eq}=\frac{M_0}{1+0.25P/P_E}=\beta_m M_0$$

$$\beta_m=\frac{1}{1+0.25P/P_E}\approx1-0.25\frac{P}{P_E} \tag{9.30}$$

取 $\beta_m=1.0$ 是偏于安全的。

9.5.2 两端铰支跨中集中力作用下的压弯杆

$M_{\max}$ 由(9.8)式给出：

$$M_{\max}=\frac{(1-0.18P/P_E)M_0}{1-P/P_E}=\frac{(1+0.25P/P_E)M_{eq}}{1-P/P_E}$$

$$\beta_m=\frac{1-0.18P/P_E}{1+0.25P/P_E}\approx1-0.43\frac{P}{P_E} \tag{9.31}$$

规范 GB 50017-2003 取为 $\beta_m = 1 - 0.2\dfrac{P}{P_E}$，它们都可以进一步近似为 1.0。

9.5.3 非均匀弯矩的作用

此时要复杂得多。对于最大弯矩出现在跨内的情况，由（9.20）式得到

$$M_{max} = M_1\sqrt{\frac{(M_2/M_1)^2 - 2(M_2/M_1)\cos 2u + 1}{\sin^2 2u}}, M_{max} = M_{eq}\sec u$$

$$M_{eq} = M_1\sqrt{\frac{(M_2/M_1)^2 - 2(M_2/M_1)(1 - 2\sin^2 u) + 1}{4\sin^2 u}}$$

$$M_{eq} = M_1\sqrt{\frac{(M_2/M_1 - 1)^2 + 4(M_2/M_1)\sin^2 u}{4\sin^2 u}}$$

$$M_{eq} = M_1\sqrt{\frac{(M_2/M_1 - 1)^2}{4\sin^2 u} + \frac{M_2}{M_1}} = \beta_m M_1$$

$$\beta_m = \sqrt{\frac{(M_2/M_1 - 1)^2}{2(1 - \cos 2u)} + \frac{M_2}{M_1}} = \sqrt{m + \frac{(m-1)^2}{2[1 - \cos(\pi\sqrt{p})]}} \tag{9.32}$$

上式用图表示在图 9.8 中。对每一个 $p = P/P_E$ 有一条曲线，曲线在左侧最低点中断，这是因为上式有适用范围。中断处表示最大弯矩已经出现在杆端。曲线的斜率为（$m = M_2/M_1$）

$$\frac{d\beta_m}{dm} = \frac{1}{2}\left(\frac{(m-1)^2}{2(1 - \cos 2u)} + m\right)^{-0.5}\frac{2(m-1)}{2(1 - \cos 2u)} + 1$$

在 $m = 1$ 时，曲线的斜率是 0.5。（9.32）式的下限曲线是 $0.5 + 0.5m$。

对于 β_m，国外提出过大量的简化计算公式。利用三角函数展开

$$2(1 - \cos 2u) = 4u^2\left(1 - \frac{4u^2}{12} + \frac{16u^4}{360} - \frac{64u^6}{20160} + \cdots\right)$$

$$= \pi^2\frac{P}{P_E}\left(1 - \frac{\pi^2}{12}\frac{P}{P_E} + \frac{\pi^4}{360}(\frac{P}{P_E})^2 - \frac{\pi^6}{20160}(\frac{P}{P_E})^3 + \cdots\right)$$

$$= \pi^2\frac{P}{P_E}\left[1 - 0.8225\frac{P}{P_E} + 0.2706(\frac{P}{P_E})^2 - 0.0477(\frac{P}{P_E})^3 + \cdots\right] \approx$$

$$\pi^2\frac{P}{P_E}\left(1 - 0.63\frac{P}{P_E}\right)$$

$$\beta_m = \sqrt{\frac{(m-1)^2}{p(10 - 6.3p)} + m} \tag{9.33a}$$

式（9.33a）曲线示于图 9.9。对比图 9.8 和图 9.9 可以看出（9.33a）式的精度非常好。

我国规范采用

$$\beta_m = 0.65 + 0.35\frac{M_2}{M_1} \tag{9.33b}$$

如果最大弯矩发生在杆端，则

$$M_{max} = M_1 = M_{eq}\sec u, \qquad M_{eq} = \beta_m M_1 = \cos u \cdot M_1$$

$$\beta_m \approx \frac{1 - P/P_E}{1 + 0.25P/P_E} \tag{9.34}$$

上式可以看作为（9.32）式的下限。但是，我们不必对最大弯矩出现在杆端的情况过于

在意，因为两端铰接的杆件，杆端形成塑性铰后还是两端铰接杆件，压杆整体刚度和稳定性受到的影响很小，况且还要对杆端截面进行强度计算，杆端截面实际不会形成塑性铰。目前采用的计算方法是，不管二阶最大弯矩出现在杆中还是在杆端，稳定性计算都采用（9.32，9.33a，9.33b）式的等效弯矩系数，而杆端截面的弯矩采用强度计算来控制。例如 $p=0.3$，$m=-0.6$，此时最大的二阶弯矩在杆端，$\beta_{mx}=0.652$，但是我们仍然取 $\beta_{mx}=0.65+0.35\times(-0.6)=0.44$ 进行稳定性计算。

下式可以把（9.34）式和（9.32）式以很高的精度统一起来：

$$\beta_m=\left[\left[\cos(0.5\sqrt{p}\pi)\right]^{3/\sqrt{p}}+(0.5+0.5m)^{3/\sqrt{p}}\right]^{\frac{1}{3}\sqrt{p}} \tag{9.35}$$

9.5.4　两端固支横向均布荷载作用下的压弯杆

支座弯矩最大

$$M_F=M_{F0}\frac{1-0.38P/P_{cr}}{1-P/P_{cr}}=M_{eq}\frac{1+0.25P/P_{cr}}{1-P/P_{cr}}$$

$$M_{Feq}=\beta_m M_{F0}=\frac{1-0.38P/P_{cr}}{1+0.25P/P_{cr}}M_{F0}, \qquad \beta_m=\frac{1-0.38P/P_{cr}}{1+0.25P/P_{cr}}\approx1-0.63\frac{P}{P_{cr}}$$

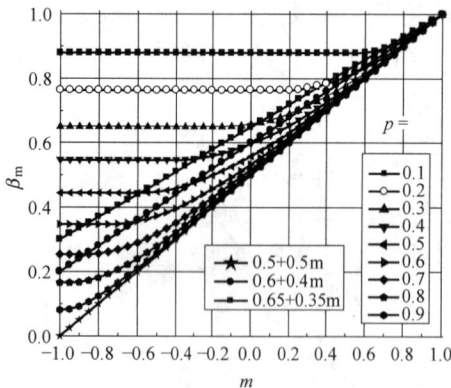

图 9.8　等效弯矩系数随弯矩
和轴力的变化（精确值）

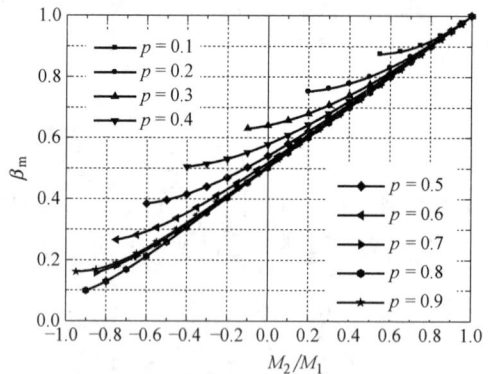

图 9.9　等效弯矩系数随弯矩和
轴力的变化：（9.33a）式

9.5.5　两端固支跨中集中荷载作用下的压弯杆

支座弯矩和跨中弯矩一样大：

$$M_{+max}=M_0\frac{1-0.2P/P_{cr}}{1-P/P_{cr}}=M_{eq}\frac{1+0.25P/P_{cr}}{1-P/P_{cr}}$$

$$M_{eq}=\beta_m M_{F0}=\frac{1-0.2P/P_{cr}}{1+0.25P/P_{cr}}M_{F0}, \qquad \beta_m=\frac{1-0.2P/P_{cr}}{1+0.25P/P_{cr}}\approx1-0.45\frac{P}{P_{cr}}$$

9.5.6　平面内稳定性计算的一般公式

引入等效弯矩系数后，压弯杆平面内稳定性的计算公式成为

$$\frac{P}{\varphi A}+\frac{\beta_{mx}M}{\gamma_x W_{x1}(1-0.8P/P_E)}=f_y \tag{9.36}$$

对于弹塑性失稳压弯杆的等效弯矩系数，也有学者进行了研究，研究表明，弹塑性阶

段的等效弯矩系数与弹性阶段的相当。

9.6 竖向荷载作用下无侧移失稳的框架柱

如图 9.10 (a) 所示的框架柱，它没有侧移。按照线性分析，柱子

$$M_{AB}=si_c\theta_A+ci_c\theta_B, \qquad M_{BA}=si_c\theta_B+ci_c\theta_A$$
$$M_{AC}=3i_b\theta_A, \qquad M_{BD}=3i_b\theta_B$$

设 M_A，M_B 是节点 A，B 处作用的外弯矩。节点弯矩的平衡要求

$$M_A=(3i_b+si_c)\theta_A+ci_c\theta_B, \qquad M_B=ci_c\theta_A+(3i_b+si_c)\theta_B$$

所以得到

$$\theta_A=\frac{(3i_b+si_c)M_A-ci_cM_B}{(3i_b+si_c)^2-c^2i_c^2}, \theta_B=\frac{(3i_b+si_c)M_B-ci_cM_A}{(3i_b+si_c)^2-c^2i_c^2}$$

柱端弯矩为

$$M_{AB}=\frac{[(3i_b+si_c)si_c-c^2i_c^2]M_A+3ci_ci_bM_B}{(3i_b+si_c)^2-c^2i_c^2},$$
$$M_{BA}=\frac{[(3i_b+si_c)si_c-c^2i_c^2]M_B+3ci_ci_bM_A}{(3i_b+si_c)^2-c^2i_c^2}$$

如果采用线性分析，则柱端弯矩为

$$M_{AB0}=\frac{[(3i_b+4i_c)4i_c-4i_c^2]M_A+6i_ci_bM_B}{(3i_b+4i_c)^2-4i_c^2}$$
$$M_{BA0}=\frac{[(3i_b+4i_c)4i_c-4i_c^2]M_B+6i_ci_bM_A}{(3i_b+4i_c)^2-4i_c^2}$$

如果 $i_b=i_c$，则

$$M_{AB}=\frac{(3s+s^2-c^2)M_A+3cM_B}{(3+s)^2-c^2} \tag{9.37a}$$
$$M_{BA}=\frac{(3s+s^2-c^2)M_B+3cM_A}{(3+s)^2-c^2} \tag{9.37b}$$
$$M_{AB0}=\frac{8M_A+2M_B}{15}=0.5333M_A+0.1333M_B \tag{9.38a}$$
$$M_{BA0}=\frac{8M_B+2M_A}{15}=0.5333M_B+0.1333M_A \tag{9.38b}$$

随着柱子轴力的增加，柱子的抗弯刚度减小，而梁的刚度没有变化，因此梁将分配得到更多的弯矩，柱端弯矩减小。当 $P/P_E=0.3$ 时，$s=3.588$，$c=2.109$

$$M_{AB}=\frac{19.190M_A+6.327M_B}{38.954}=0.4924M_A+0.1624M_B$$
$$M_{BA}=0.4924M_B+0.1624M_A$$

上面的结果表明，如果采用二阶分析，柱端弯矩会发生变化，通常是变小（例如在 $M_B=-M_A$，即外弯矩使得柱子产生纯弯变形时，$M_{AB0}=0.4M_A$，$M_{AB}=0.33M_A$）。这样一来，如果对于实际的框架柱，应用(9.32，9.33a 或 9.33b)式，则结果是近似的。

271

(9.32, 9.33a 或 9.33b)式是在柱端弯矩不变的情况下得到的。更进一步, (9.32, 9.33a 或 9.33b) 式是在两端铰支的情况下得到的, 而实际情况是两端受到梁的约束。

知道考虑轴力影响的柱端弯矩后, 仍然可以采用(9.19a)计算最大弯矩出现的位置, 由于推导比较烦琐, 这里不再展开。

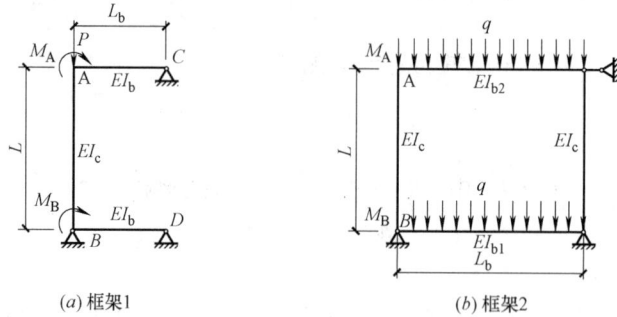

(a) 框架1   (b) 框架2

图 9.10 受到梁约束的无侧移失稳框架柱

进一步, 由于上述结构是超静定结构, 按照上述分析得到最大弯矩截面, 即使真正形成塑性铰, 杆件的刚度也不为零, 还可以增加荷载。因此对于超静定的结构, 按照最大弯矩截面边缘纤维屈服得到的框架柱平面内稳定承载力是实际承载力的一个下限。对于固端条件下的压弯杆弹塑性稳定, 这个评论同样有效。

对于图 9.10 (b) 所示的框架, 则

$$(si_c + 2i_{b2})\theta_A + ci_c\theta_B = \frac{1}{12}ql^2$$

$$ci_c\theta_A + (si_c + 2i_{b1})\theta_B = \frac{1}{12}ql^2$$

$$\theta_A = \frac{1}{12}ql^2 \frac{(s-c)i_c + 2i_{b1}}{(si_c + 2i_{b2})(si_c + 2i_{b1}) - c^2 i_c^2}$$

$$\theta_B = \frac{1}{12}ql^2 \frac{(s-c)i_c + 2i_{b2}}{(si_c + 2i_{b2})(si_c + 2i_{b1}) - c^2 i_c^2}$$

$$M_{AB} = \frac{1}{12}ql^2 i_c \left[\frac{(s^2 - c^2)i_c + 2si_{b1} + 2ci_{b2}}{(si_c + 2i_{b2})(si_c + 2i_{b1}) - c^2 i_c^2} \right] \tag{9.39a}$$

$$M_{BA} = \frac{1}{12}ql^2 i_c \left[\frac{(s^2 - c^2)i_c + 2si_{b2} + 2ci_{b1}}{(si_c + 2i_{b2})(si_c + 2i_{b1}) - c^2 i_c^2} \right] \tag{9.39b}$$

轴力增大, 柱端弯矩减小, 梁跨中弯矩增大。求得杆端弯矩后, 可以利用(9.19a)求最大弯矩出现的位置。实际工程最大弯矩一般都出现在杆端。

9.7 有侧移失稳的框架柱的等效弯矩系数

9.7.1 竖向荷载作用下

图 9.10 (b) 的简单框架, 如果允许发生侧移, 框架则发生有侧移失稳, 柱子的稳定系数按照有侧移失稳的计算长度系数计算。但是在弯矩项, 我们却可以发现, 与线性分析

得到的弯矩相比，考虑二阶效应的弯矩却是按照无侧移失稳的欧拉临界荷载放大的，即 (9.36)式中的 P_E 应该按照无侧移失稳的计算长度系数确定，因为屈曲时的弯矩同样由 (9.39a，9.39b)给出。

因此，严格说来，平面内稳定性的计算公式中，要用到两个计算长度系数。

9.7.2　水平荷载作用下

如果框架柱顶作用有水平力 H，每个柱子分担一半的剪力，则

$$(si_c+6i_{b2})\theta_A+ci_c\theta_B-(s+c)i_c\rho=0,$$

$$ci_c\theta_A+(si_c+6i_{b1})\theta_B-(s+c)i_c\rho=0,$$

$$(s+c)i_c(\theta_A+\theta_B)-[2(s+c)-u^2]i_c\rho=HL$$

为了分析简单，我们下面就几种特例进行分析

设两根梁的线刚度相等，

$$[s+c+6K]\theta_A-(s+c)\rho=0$$

$$-2(s+c)\theta_A+[2(s+c)-u^2]\rho=HL/i_c$$

$$\rho=\frac{(s+c+6K)HL/i_c}{6K[2(s+c)-u^2]-u^2(s+c)}$$

$$\theta_A=\frac{(s+c)HL/i_c}{6K[2(s+c)-u^2]-u^2(s+c)}$$

$$M_{AB}=\frac{-6K(s+c)HL}{6K[2(s+c)-u^2]-u^2(s+c)}$$

与不考虑轴力影响 的线性分析的弯矩相比，得到

$$m=\frac{-12K\tan(u/2)}{6Ku-u^2\tan(u/2)}=\frac{-12K\tan(\frac{\pi}{2}\sqrt{\frac{P}{P_E}})}{6K\pi\sqrt{\frac{P}{P_E}}-\pi^2\frac{P}{P_E}\tan(\frac{\pi}{2}\sqrt{\frac{P}{P_E}})} \tag{9.40}$$

注意此时的临界荷载可以表示为

$$P_{cr}=\frac{7.5K^2+2K}{7.5K^2+8K+1.52}\frac{\pi^2EI_c}{L^2}$$

经过计算可以发现，弯矩放大系数可以近似地表示为

$$m=\frac{1+\alpha P/P_{cr}}{1-P/P_{cr}},\alpha=0.2-\frac{0.4}{\mu^2} \tag{9.41}$$

因此此时的等效弯矩系数是

$$\beta_m=1-(0.2-\frac{0.4}{\mu^2})\frac{P}{P_{cr}} \tag{9.42}$$

由于是超静定结构，最大弯矩截面如果形成塑性铰后，压弯杆还有承载力。但是如果柱子的两端同时达到塑性铰，则它基本上接近了真正的承载力进行状态。

如果框架既有水平荷载，又有竖向荷载，则框架柱的弯矩放大系数有两个，一个是竖向荷载作用下的弯矩以及对应的按照无侧移模式计算的弯矩放大系数，一个是水平力产生的弯矩以及对应的弯矩放大系数。

我国规范 GB 50017—2003 为了简化计算，对纯框架，没有区分两种荷载产生的弯矩，统一按照有侧移失稳的计算长度系数来计算弯矩放大系数，并且等效弯矩系数取

为 1.0。

9.8 受拉侧先屈服的压弯杆

当截面是单轴对称时，压弯杆可能出现受拉侧先屈服的情况，此时同样要进行验算。验算公式是按照如下的步骤构建的。

工字形截面的边缘纤维屈服时

$$\frac{P}{P_y} - \frac{M_{max}}{M_{y2}} = -1 \tag{9.43}$$

考虑压杆存在三种缺陷，等效为初始弯曲 e_0，将初弯曲引起的放大后的弯矩和纯弯弯矩放大后的弯矩代入上式：

$$\frac{P}{P_p} - \frac{(1+0.25P/P_E)M + Pe_0}{(1-P/P_E)M_{y2}} = -1 \tag{a}$$

e_0 的大小取（9.25）式确定的值，但是偏心的方向是使得受拉侧产生拉应力，为了简化取

$$\frac{e_0}{M_{y1}} = \left(\frac{1}{P_{u0}} - \frac{1}{P_p}\right)\left(1 - \frac{P_{u0}}{P_E}\right) \tag{b}$$

代入（a）式得到

$$\frac{P}{P_p} - \frac{(1+0.25P/P_E)M}{(1-P/P_E)M_{y2}} - \frac{M_{y1}}{M_{y2}}\frac{P}{(1-P/P_E)}\left(\frac{1}{P_{u0}} - \frac{1}{P_p}\right)\left(1 - \frac{P_{u0}}{P_E}\right) = -1$$

经过化简得到

$$-\frac{P}{P_p}\left[1 - \frac{P}{P_E} + \frac{M_{y1}}{M_{y2}}\left(1 - \frac{1}{\varphi} - \frac{\varphi P_p}{P_E}\right)\right] + \left(1 + \frac{P}{4P_E}\right)\frac{M}{M_{y2}} = 1 \tag{9.44}$$

上式过于复杂。钢结构设计规范采用下式对受拉区先屈服的情况进行校核，物理意义更加明确：

$$\left|\frac{P}{A} - \frac{M}{\gamma_x W_{x2}(1-1.25P/P_E)}\right| = f_y \tag{9.45}$$

记 $m_2 = \frac{M}{M_{y2}}\left(\frac{M}{\gamma_x M_{y2}}\right)$，$p = \frac{P}{P_p}$，$w = \frac{M_{y1}}{M_{y2}}$，则（9.44）无量纲化为

$$m_2 = \frac{1 + p\left[1 - p\bar{\lambda}^2 + w(1 - \varphi^{-1} - \varphi\bar{\lambda}^2)\right]}{(1 + 0.25p\bar{\lambda}^2)} \tag{9.46a}$$

（9.45）式将系数 1.25 改为 1.25w，改写得到：

$$m_2 = (1+p)(1 - 1.25wp\bar{\lambda}^2) \tag{9.46b}$$

图 9.11 给出了两式的对比，其中 φ 取自 b 曲线。由图可见，在实际工程出现的内力范围（9.46a）（9.46b）两式符合良好。图 9.11（a）取 $w = 1$ 相当于（9.45）式。不等肢角钢长肢相并，$w \approx 2$；等肢角钢相并，$w \approx 2.5$。由图可见，对后两种情况应用（9.45）式可能并不合适。

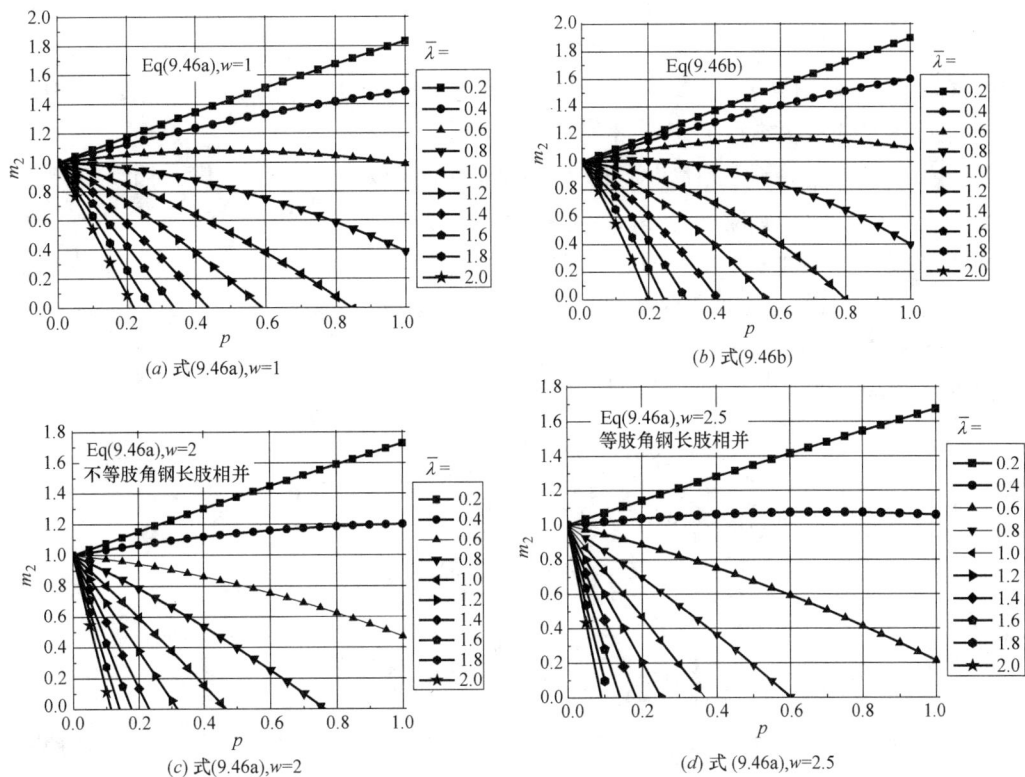

(a) 式(9.46a),w=1

(b) 式(9.46b)

(c) 式(9.46a),w=2

(d) 式(9.46a),w=2.5

图 9.11　受拉区先屈服的公式对比

9.9　框架柱按照整层失稳的模式计算稳定性

由于有侧移失稳的整体性质，合理方法应该采用按照整层计算稳定的方法。整层计算的方法存在两方面的问题：

（1）各个柱子内不同的弯矩对层整体稳定性的影响如何考虑；

（2）层稳定系数如何确定。

如果框架在弹性范围内失稳，可以发现弯矩对层稳定没有任何影响。而按照极限状态设计法设计的结构，极限状态下柱子都会或多或少进入塑性，弯矩作用使截面提前进入塑性从而影响结构的刚度，进而影响框架各层的整体稳定。

英国规范 BS5950 对塑性设计的低层房屋结构允许采用整体计算的方法。介绍如下：在某个荷载组合下，所有荷载都按照比例因子 λ 增加，对结构进行塑性分析，得到塑性机构破坏对应的荷载因子为 λ_p，再对结构进行弹性稳定分析得到临界荷载因子 λ_E，然后得到结构的极限承载力因子 λ_r：

$$\lambda_r = \lambda_p, 当 \lambda_E/\lambda_P \geqslant 10 \tag{9.47a}$$

$$\lambda_r = \frac{\lambda_p}{0.9 + (\lambda_p/\lambda_E)}, 当 4 \leqslant \lambda_E/\lambda_P < 10 \tag{9.47b}$$

上述方法巧妙之处是避开了用轴力和弯矩来计算层整体的承载力，采用了荷载因子，从而为整体计算创造了前提。第 2 个巧妙的地方是，结构中轴力的影响主要通过 λ_E 考虑，因为只有轴力才对弹性稳定性有影响，而弯矩的影响通过 λ_p 体现，因为低层结构中弯矩对塑性机构的形成有决定性的影响。

上述方法的应用并不是很简单，因为要确定两个荷载因子，λ_E 可以采用第六章和第七章介绍的方法，λ_p 则要通过机构分析的方法确定。这种方法的应用还有很多条件，首先必须满足塑性设计的条件，采用有塑性转动能力的截面，还要求不能形成局部的塑性破坏机构（如梁机构），必须是平面框架，平面外依靠支撑承受水平力，等等，详细的规定见英国规范 BS5959，PART 1 (2000)。

参照第 6 章，框架柱平面内稳定性计算公式变为：

$$\frac{\sum\limits_{j=1}^{m}(\alpha P_j/h_j)}{\varphi_{story}\sum\limits_{j=1}^{m}(\alpha P_{pj}/h_j)}+\frac{\beta_{mx}M_x}{\gamma_x W_x f_y(1-0.8\eta_{story})}=1 \tag{9.48a}$$

应用于标准的框架（无摇摆柱，各柱等高），可以简化为：

$$\frac{\sum\limits_{j=1}^{n}P_j}{\varphi_{story}\sum\limits_{i=1}^{m}A_i}+\frac{\beta_{mx}M_x}{\gamma_x W_x(1-0.8\eta_{story})}=f_y \tag{9.48b}$$

上述方法实际上可以用于任何一个柱子（不仅仅是轴力小的柱子）的计算，这种算法是按层计算稳定性的方法。经过仔细的弹塑性数值分析验证表明，上述公式应用于实际结构是偏于安全的。

采用 (9.48) 式验算时，柱子还需要逐个按照无侧移失稳验算平面内稳定。

计算表明，采用 (9.48) 式计算，最不利的柱子更容易通过平面内稳定性的验算，从而可以取得一定的经济效益，也使计算更加符合框架有侧移失稳的本质。

9.10　按照二阶分析方法进行内力分析的框架柱的设计

目前很多国家规范都同时列入内力采用二阶分析的框架柱设计方法，下面简单介绍这个方法。

9.10.1　近似的二阶分析

对框架进行二阶分析，目的是要考虑 P-Δ 效应产生的内力。二阶分析可以精确地进行，也可以近似地进行。实际工程中的 P-Δ 效应并没有想像中的那么大，通常仅为 10% 左右。因此只需要作近似的计算就可以了。近似的方法如下。

对图 9.12 (a) 所示的框架，第 i 层的竖向荷载和水平力分别记为 P_i，W_i。每一层的 P-Δ 可以用假想水平力 Q 等效，$Q=P\Delta/h$（图 9.12b）。记

$$\rho_i=(\Delta_{i+1}-\Delta_i)/h_i, \quad \rho_{i-1}=(\Delta_i-\Delta_{i-1})/h_{i-1} \tag{9.49}$$

每一层所有柱子轴力的和记为 V_i，它是本层以上各层柱子竖向荷载的和。则

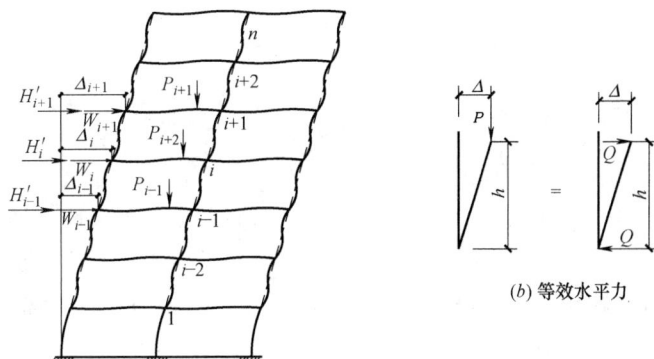

(a) 多层框架

(b) 等效水平力

图 9.12 近似的二阶分析

$$Q_i = V_i \rho_i, \qquad Q_{i+1} = V_{i+1} \rho_{i+1} \tag{9.50}$$

注意在第 i 楼层上，上面两个力是反向的，因此

$$H'_i = 1.1(Q_{i+1} - Q_i) \tag{9.51}$$

式中系数 1.1 是为了考虑 $P-\delta$ 效应的影响。

将假想水平力和真实水平力相加，再作一次分析，得到新的位移。将新的侧移和前一次计算的位移比较，如果相差很小，计算就算完成。否则还要继续。

注意上面的方法是近似的二阶弹性分析。

9.10.2 二阶分析下框架柱的平面内稳定设计

对于二阶弹性分析，规范允许采用近似二阶分析方法，规范[2]规定：

(1) 对 $\dfrac{V_i \cdot \Delta u}{H_i \cdot h_i} > 0.1$ 的框架结构宜采用二阶弹性分析，此时应在每层柱顶附加考虑假想水平力

$$H_{ni} = \frac{\alpha_y V_i}{250} \sqrt{0.2 + \frac{1}{n_s}} \tag{9.52}$$

式中 $H_i = \sum\limits_{j=i}^{n} W_j$，$\alpha_y$ 是钢材强度影响系数，V_i、n_s 分别为第 i 层的总重力荷载设计值、框架总层数，并且式中根号的值要小于 1.0。这条规定实际上是通过一个假想水平力来考虑结构初始缺陷的影响。

(2) 对纯框架结构，当采用二阶弹性分析时，各杆件杆端的弯矩 M_{II} 可用下列近似公式进行计算：

$$M_{\mathrm{II}} = M_{\mathrm{I}b} + \alpha_{2i} M_{\mathrm{I}s} \tag{9.53}$$

$$\alpha_{2i} = 1 \Big/ \left(1 - \frac{V_i \cdot \Delta u}{H_i \cdot h_i}\right) \tag{9.54}$$

式中：$M_{\mathrm{I}b}$、$M_{\mathrm{I}s}$ 分别为假定框架无侧移、有侧移时按一阶弹性分析求得的各杆件端弯矩；α_{2i} 为考虑二阶效应第 i 层杆件的侧移弯矩放大系数；Δu 为按一阶弹性分析求得的所计算楼层的层间侧移；h 为所计算楼层的高度。

框架柱采用二阶弹性分析方法设计时，要按照下式进行强度和平面内稳定性计算，但是此时的弯矩为二阶分析得到的弯矩：

277

$$\frac{P_2}{A_n} \pm \frac{M_{x2}}{\gamma_x W_{nx}} \leqslant f \tag{9.55}$$

$$\frac{P_2}{\varphi_{x2} A} + \frac{\beta_{mx2} M_{x2}}{\gamma_x W_{1x}(1-0.8P_2/P'_{Ex2})} \leqslant f \tag{9.56}$$

(9.55)式和(9.56)式中的量带有下标 2，表示是二阶分析得到的量。特别是 $P'_{Ex2}=\pi^2 EA/$ $(1.1\lambda_{x2}^2)$；$\lambda_{x2}=h/i_x$；φ_{x2} 由 λ_{x2} 查表确定；P_2 则近似地取一阶分析的结果；特别是，即使对于纯框架，由于已经进行了二阶分析，弯矩等效系数的意义在此时就发生了变化，变为无侧移失稳时对应的等效弯矩系数 $\beta_{mx2}=0.35+0.65M_2/M_1$（纯框架采用一阶分析设计法时等效弯矩系数为 1.0）。

9.10.3 为什么内力采用二阶分析时框架柱计算长度系数取 1.0?

严格地讲，考虑结构的稳定问题就必须采用二阶分析，因为分析结构的稳定性就是要在结构变形以后的位置上建立平衡关系，也就必须要考虑二阶效应。因此，框架柱无论采用计算长度系数法还是二阶分析设计法进行稳定性设计，都必须考虑二阶效应的影响，但是两种方法的考虑途径有所不同。

设悬臂压杆存在初始缺陷 $y_0=d_0(1-\cos\frac{\pi x}{2h})$，$y''_0=d_0\left(\frac{\pi}{2h}\right)^2\cos\frac{\pi x}{2h}$，则压杆平衡微分方程为：

$$EIy^{(IV)}+Py''=-Py''_0$$

令 $y=d(1-\cos\frac{\pi x}{2h})$ 由逆解法得：$d+d_0=\frac{d_0}{1-P/P_E}$，其中 $P_E=\frac{\pi^2 EI}{4h^2}$。根据边缘纤维屈服准则得到：

$$\frac{P}{A}+\frac{Pd_0}{W_x(1-P/P_E)}=f_y$$

上式化为：

$$\sigma^2-[f_y+\sigma_E(1+\varepsilon)]\sigma+\sigma_E f_y=0$$

式中 $\sigma=P/A$，$\sigma_E=P_E/A$，$\varepsilon=Ad_0/W_x$。根据上式得到著名的 Perry-Robertson 公式：

$$\sigma_{max}=\frac{1}{2}\left[(f_y+(1+\varepsilon)\sigma_E)-\sqrt{(f_y+(1+\varepsilon)\sigma_E)^2-4\sigma_E f_y}\right]$$

比值 σ_{max}/f_y 被定义为稳定系数 φ：

$$\varphi=\frac{1}{2}\left[\left(1+\frac{1+\varepsilon}{\bar{\lambda}^2}\right)-\sqrt{\left(1+\frac{1+\varepsilon}{\bar{\lambda}^2}\right)^2-\frac{4}{\bar{\lambda}^2}}\right]$$

式中 $\bar{\lambda}=\lambda/\lambda'_{E,y}$，$\lambda'_{E,y}=\pi\sqrt{E/f_y}$。欧洲钢结构规范 EC3 采用的柱子稳定系数公式与上面的相似。

从上面推导过程可知，稳定系数 φ 可以近似地看作：(1)考虑初始缺陷；(2)进行二阶内力分析；(3)进行最不利截面的强度计算；等三个步骤得到的。因此如果内力采用二阶分析方法确定，又考虑了初始缺陷（规范中的假想水平力），那么只要进行强度校核就可以了，无需再进行稳定验算。

但是考虑目前的二阶分析方法是近似的，仅考虑了有侧移的 P-Δ 效应，而没有考虑无侧移的 P-δ 效应，例如在上面悬臂柱的例子中：$1/(1-P/P_E)$ 是二阶效应放大因子，但在规范中这个系数为 $1/(1-Ph^3/3EI)$ 是近似的；而且初始缺陷的影响也无法非常真实地加以模拟，为了安全起见，规范仍然规定取计算长度系数为1.0进行稳定性计算。

为了进一步解释内力采用二阶分析时，计算长度系数无需查表确定，我们再回忆框架柱平面内稳定计算公式(9.26)式的来源，它就是用考虑了初始缺陷影响的二阶分析内力进行强度计算来代替稳定计算得到的。因此可以说，采用一阶分析内力的平面内稳定计算是等效于采用二阶分析内力和考虑初始缺陷影响的强度计算。既然是强度计算，当然没有必要查计算长度系数。稳定系数中已经部分地包含了二阶效应，还包含了初始缺陷的影响。

但是稳定系数中仅仅包含了部分的二阶效应，荷载产生的弯矩也有二阶效应，这部分的二阶效应在稳定计算公式中用 $1/(1-0.8P/P'_{Ex})$ 考虑。

9.11 与我国规范配套、基于单根杆件承载力等效的假想荷载

假想荷载法是配合二阶弹性内力分析采用的，确定假想荷载取值的原则是：假想荷载法预测的极限状态荷载(承载力)与非线性分析获得的极限承载力相等或者接近。本节按照假想荷载法与传统方法相比要获得基本相同的承载力这一原则，确定配套的假想荷载。

9.11.1 轴压杆的假想荷载

通过比较计算长度系数法和假想荷载法，可以直接推导假想荷载。图9.13（a）所示的柱顶作用集中竖向力 P 的悬臂柱（底部可以是弹簧约束，以变化计算长度系数），计算长度系数法要求承载力：

$$P=\varphi_{sw}P_p \tag{a}$$

式中下标 sw 代表 sway，φ_{sw} 是有侧移屈曲稳定系数，按柱子曲线 b 确定，P_p 是全截面屈服承载力。

假想荷载法：在柱顶施加假想力 Q_n，进行二阶弹性分析，柱上下端弯矩分别是 M_1，$M_2(M_1>M_2)$，记 $m=\dfrac{M_2}{M_1}$（单曲率弯曲为正），$Q_n=\dfrac{M_1}{H}(1-m)$，经过二阶效应放大后框架柱的较大弯矩是 $\dfrac{Q_nH}{(1-m)(1-P/P_{E,sw})}$，较小弯矩是 $\dfrac{mQ_nH}{(m-1)(1-P/P_{E,sw})}$。采用放大了的弯矩，按照计算长度系数为1.0计算柱子的平面内稳定。

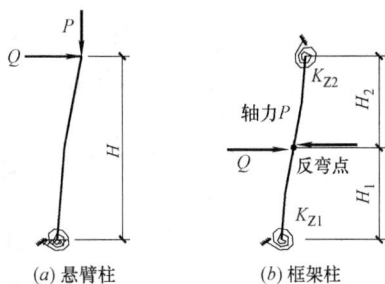

图 9.13　计算模型

$$\frac{P}{\varphi_1 P_P}+\frac{\beta_{mx,II}Q_nH/(1-P/P_{Ex,sw})}{(1-m)\gamma_x W_{x1}f_y(1-0.8P/P_{Ex,1})}=1 \tag{b}$$

强度控制时

$$\frac{P}{P_P}+\frac{Q_nH}{(1-m)\gamma_x W_{x1}(1-P/P_{Ex,sw})}=1 \tag{c}$$

式中下标带1的量表示按照计算长度系数为1.0计算。

对框架柱，一般的无侧移屈曲的等效弯矩系数 $\beta_{mx,II}=0.65+0.35\dfrac{M_{2,II}}{M_{1,II}}=0.65+0.35m$。

记 $Q_P=\dfrac{\gamma_x W_x f_y}{H}$，因为要求从(b)，(c)式得到与(a)式相同的承载力，所以将(a)式代

入 (b) 式，得到

$$Q_{n,1} = \frac{1-m}{\beta_{mx,II}}(1-0.8\varphi_{sw}\bar{\lambda}_1^2)(1-\varphi_{sw}\bar{\lambda}_{sw}^2)\left(1-\frac{\varphi_{sw}}{\varphi_1}\right)Q_P \tag{d}$$

式中 $\bar{\lambda}_1 = \frac{\lambda_1}{\lambda_{Ey}}$，$\bar{\lambda}_{sw} = \frac{\lambda_{sw}}{\lambda_{Ey}}$，$\lambda_{Ey} = \pi\sqrt{\frac{E}{f_y}}$。从强度公式 (c) 得到的假想荷载则是

$$Q_{n,2} = (1-m)(1-\varphi_{sw})(1-\varphi_{sw}\bar{\lambda}_{sw}^2)Q_P \tag{e}$$

假想荷载的取值，从补偿的机制看（即采用假想荷载法后，压杆的稳定承载力因为取计算长度系数为 1.0 而比原先的值增加的部分，应通过施加假想水平力、使得柱子承担弯矩而使压杆的竖向承载力的减小量来扣除），如果是稳定性控制，假想荷载应该主要与框架柱无侧移屈曲与有侧移屈曲承载力的差值 $(\varphi_1 - \varphi_{sw})$ 发生关系。 (d)，(e) 式中的 Q_P 对不同截面有不同的简化：

(1) 工字形截面，绕强轴

$$Q_p = \frac{\gamma_x W_x f_y}{H} = \frac{\gamma_x I_x f_y}{0.5hH} = \frac{\gamma_x i_x^2 A f_y}{0.5hH} = \frac{\gamma_x i_x^2 P_P}{0.5h(H/i_x)} \approx \frac{0.42h\gamma_x P_P}{0.5h\lambda_1} = 0.84\gamma_x \frac{P_P}{\lambda_1} \tag{f}$$

(2) 工字形截面，弱轴

$$Q_p = \frac{\gamma_y W_y f_y}{H} = \frac{\gamma_y i_y P_P}{0.5b\lambda_1} \approx \frac{0.24b\gamma_y P_P}{0.5b\lambda_1} = 0.48\frac{\gamma_y P_P}{\lambda_1} \tag{g}$$

(3) 方钢管截面

$$Q_p = \frac{\gamma_x W_x f_y}{H} = \frac{i_x \gamma_x P_P}{0.5h(H/i_x)} \approx \frac{0.39h\gamma_x P_P}{0.5h\lambda_1} = 0.78\frac{\gamma_x P_P}{\lambda_1} \tag{h}$$

记以上各式的系数 $0.84\gamma_x$，$0.48\gamma_y$，$0.78\gamma_x$ 等为 ξ。因此：

$$Q_{n1} = \frac{1-m}{\beta_{mx,II}}(1-0.8\varphi_{sw}\bar{\lambda}_1^2)(1-\varphi_{sw}\bar{\lambda}_{sw}^2)\left(1-\frac{\varphi_{sw}}{\varphi_1}\right)\frac{\xi}{\varphi_{sw}\lambda_1} \cdot \varphi_{sw}P_p = (1-m)\alpha_1 \cdot \varphi_{sw}P_p = \beta_1 P \tag{9.57a}$$

$$Q_{n2} = (1-m)(1-\varphi_{sw})(1-\varphi_{sw}\bar{\lambda}_{sw}^2)\frac{\xi}{\varphi_{sw}\lambda_1}\varphi_{sw}P_p = (1-m)\alpha_2\varphi_{sw}P_p = \beta_2 P \tag{9.57b}$$

根据以上式子，对计算长度系数 $\mu = 1 \sim 4$ 的框架柱，取几何长细比 $\lambda_1 = 10 \sim 80$，钢材屈服强度为 $f_y = 235 N/mm^2$，得到图 9.14a，b 所示 $m = -1$，$\beta_{mx,II} = 0.3$ 时的假想荷载系数。由图可见：

(a) 随几何长细比增大，假想荷载系数首先较快增大，然后趋于平稳；

(b) 随着计算长度系数增大，假想荷载系数也增大。

因为框架柱的计算长度系数代表的是框架柱的抗侧柔度，计算长度系数越大，抗侧刚度越小，这说明，假想荷载是随着框架抗侧刚度减小（框架柱计算长度系数增加）而增加的。这个结果与 Bridge & Clarke(1997) 等通过框架的非线性分析得到的结果相同。

以几何长细比为 40 的结果为 1.0，得到不同计算长度系数下假想荷载系数与几何长细比的倒数的关系如图 9.15a，b 所示，据此我们获得拟合公式：

稳定确定的系数 $K_{\lambda_1} = \frac{\alpha_1(\lambda_1)}{\alpha_1(\lambda_1=40)} = 0.971 + \frac{0.404}{\mu} - (0.131 + \frac{10.832}{\mu})\frac{1}{\lambda_1}$ (9.58a)

强度确定的系数 $K_{\lambda_2} = \frac{\alpha_2(\lambda_1)}{\alpha_2(\lambda_1=40)} = 1 + \frac{0.316}{\mu} - (0.574 + \frac{9.344}{\mu})\frac{1}{\lambda_1}$ (9.58b)

以上两个系数比较接近，可以取中间值为：

$$K_\lambda = 1 + \frac{1}{3\mu} - (\frac{1}{3} + \frac{10}{\mu})\frac{1}{\lambda_1} \tag{9.59}$$

　　图 9.16 表示出几何长细比为 40、$m=-1$ 和 0 时，工字形截面框架柱绕强轴屈曲的假想荷载因子随计算长度系数的变化。由图可见，由稳定和强度确定的假想荷载系数均与计算长度系数成线性增加的关系。在计算长度系数较小时稳定确定的假想荷载系数较小，而计算长度系数较大时，强度条件确定的假想荷载系数较小。实际应用时取小值即可。

　　图 9.17 则是屈服强度变化对假想荷载系数的影响，由图可见，除了几何长细比为 10 的数据较大，不必在意外，屈服强度的影响因子平均值，对 Q345，Q390，Q420 钢材，分别是 1.235，1.321，和 1.376，是 $(f_y/235)^{0.55}$，长细比较大时接近 $\sqrt{f_y/235}=1.211$，1.288，1.337。通过大量的计算发现，对不同截面绕不同轴屈曲，屈服强度的影响基本相同。另外如果压杆稳定系数曲线式（4.25）中的缺陷因子表示成 $\varepsilon_0=\alpha\bar{\lambda}\sqrt{\dfrac{235}{f_y}}$，即缺陷因子不与钢号发生关系，见（4.26$a$，$b$）式，则获得的假想荷载与屈服强度基本无关，如果表示成 $\varepsilon_0=\dfrac{1}{2}\alpha\bar{\lambda}\left(1+\sqrt{\dfrac{235}{f_y}}\right)$，则与屈服强度的关系可近似为 $\dfrac{1}{2}(1+\sqrt{\dfrac{f_y}{235}})$。

　　考虑到几何长细比变化的影响较小，取几何长细比为 40 的数据作为回归公式的依据，对悬臂柱和框架柱，对绕强轴和绕弱轴屈曲进行计算，将数据进行回归得到表 9.1 所示的公式。这些公式对于几何长细比在 20 以上的情况均相当精确。

　　理论上讲，实际应用时，强度和稳定性确定的两个公式中，取小值即可：

$$\beta=\min(\beta_1,\beta_2) \tag{9.60}$$

之所以取小值，是因为，如果求得的系数小，表明使得对应的全算公式刚好满足的假想荷载较小，这个公式起控制作用。

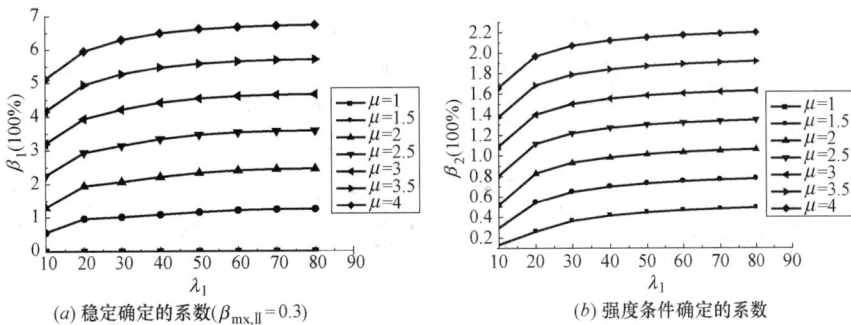

(a) 稳定确定的系数($\beta_{mx,\parallel}=0.3$)　　(b) 强度条件确定的系数

图 9.14　框架柱假想荷载系数随长细比的变化

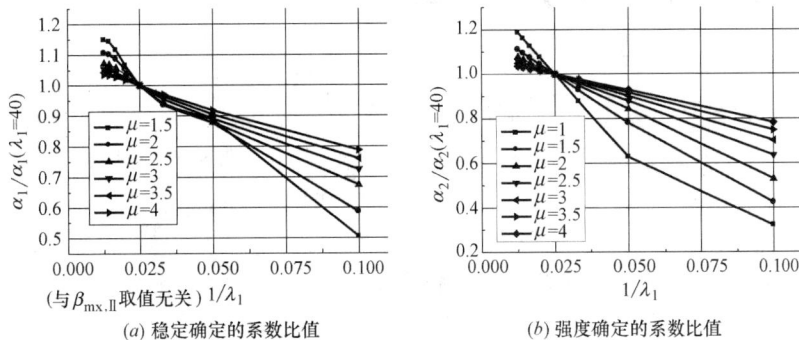

(a) 稳定确定的系数比值　　(b) 强度确定的系数比值

图 9.15　假想荷载系数与长细比倒数的关系

281

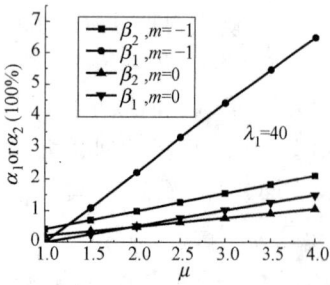

图 9.16　计算长度系数对假想荷载
系数的影响

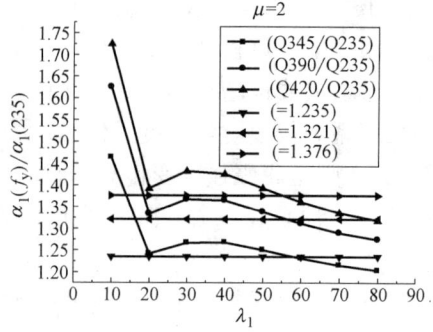

图 9.17　屈服强度对假想荷载的影响

各种情况下的假想荷载系数回归公式　　　　　　　　　表 9.1

	稳定性确定的系数	强度确定的系数
工字形,强轴	$\beta_1 = \dfrac{1-m}{308\beta_{mx,II}} K_{\lambda 1}(\mu-1)\varepsilon_k$	$\beta_2 = \dfrac{1-m}{360} K_{\lambda 2}(\mu-0.25)\varepsilon_k$
工字形,弱轴	$\beta_1 = \dfrac{1-m}{472\beta_{mx,II}} K_{\lambda 1}(\mu-1)\varepsilon_k$	$\beta_2 = \dfrac{1-m}{550} K_{\lambda 2}(\mu-0.25)\varepsilon_k$
方钢管	$\beta_1 = \dfrac{1-m}{331\beta_{mx,II}} K_{\lambda 1}(\mu-1)\varepsilon_k$	$\beta_2 = \dfrac{1-m}{380} K_{\lambda 2}(\mu-0.25)\varepsilon_k$
注:$\varepsilon_k = \sqrt{f_y/235}$	计算长度系数大时控制	计算长度系数小时控制

将表 9.1 对单个柱子得到的公式推广到框架结构,μ,λ_1,m,$\beta_{mx,II}$ 四个参数都需要找到替代的量。因为计算长度系数是柱子的抗侧柔度系数的一个度量,框架结构一个类似的系数是:

$$\chi = \sqrt{\left(\sum \frac{12EI}{H^3}\right)/S_F} \tag{9.61a}$$

式中 S_F 是框架的层抗侧刚度。几何长细比应采用各个柱子的平均的几何长细比或层长细比:

$$\lambda_{1,av} = \frac{1}{n}\sum_{i=1}^{n}\lambda_{1,i} \qquad \text{或} \qquad \overline{\lambda}_{storey} = \sqrt{\frac{\sum \alpha_j A_j}{S_F h}} \tag{9.61b}$$

m 的值与柱子下端和上端的转动约束有关,经过推导可以得到

$$m = \frac{M_2}{M_1} = -\frac{K_{Z2}(2i_c + K_{Z1})}{K_{Z1}(2i_c + K_{Z2})} = -\frac{K_2 + 3K_1 K_2}{K_1 + 3K_2 K_1} \tag{9.62}$$

式中 $K_1 = K_{z1}/6i_c$,$K_2 = K_{z2}/6i_c$。我们注意到,有侧移屈曲的计算长度系数也是与 K_1,K_2 有关。对多个框架柱,则采用所有柱上端获得的转动约束和所有柱下端获得的转动约束来代替 K_{z1},K_{z2},所有柱惯性矩相加来计算柱线刚度 i_c,利用这样求得的 m 计算 $\beta_{mx,II}$。

对绕强轴失稳的工字形截面框架,假想荷载是

稳定性确定的值　　　　　$$Q_{ni1} = K_\lambda \frac{1-m}{\beta_{mx,II}} \frac{W_i}{308}(\chi-1)\sqrt{\frac{f_y}{235}} \tag{9.63a}$$

强度确定的值：
$$Q_{ni2} = K_\lambda \frac{(1-m)W_i}{360}(\chi - 0.25)\sqrt{\frac{f_y}{235}} \tag{9.63b}$$

表 9.2 给出了工字形截面绕强轴的假想荷载因子，按照(9.60，9.57a，9.57b，9.62)等式子计算，其中取 $\beta_{mx,II} = 0.65 + 0.35m$ 和 1 两种情况。由表可见，对于计算长度系数大的，现在的假想荷载系数(0.4%)偏小。从式(9.63a，9.63b)可见，要精确地做到等效，则假想荷载的取值是相当复杂的，如果按照表 9.1 的公式来应用，也就失去了假想荷载法的实际使用价值。

Bridge & Clarke(1997)在与单根压杆非线性弹塑性分析结果校准的基础上，综合考虑各种因素的影响提出假想荷载系数是：

$$\xi = \frac{1}{134.5}\sqrt{\frac{f_y}{235}}(\chi - 1)\bar{\lambda}_{1,av}\min(1, \sqrt{0.5 + 1/n_z}) \tag{9.64}$$

式中 n_z 是每层的柱子数，该式反映出的规律与表 9.1 给出的公式类似。

式 (9.60) 的假想荷载因子 (100%) 表 9.2

K_1	K_2	μ	m	$\beta_{mx,II}=0.65+0.35m, \lambda_1$				$\beta_{mx,II}=1.0, \lambda_1$			
				20	40	60	80	20	40	60	80
0.05	0.05	4.041	−1	1.911	2.105	2.170	2.202	1.774	1.943	2.005	2.027
0.1	0.05	3.392	−0.565	1.207	1.359	1.409	1.435	1.088	1.210	1.259	1.275
0.2	0.05	2.826	−0.348	0.822	0.953	0.996	1.018	0.711	0.803	0.844	0.857
0.5	0.05	2.302	−0.217	0.561	0.679	0.719	0.738	0.455	0.518	0.555	0.565
1	0.05	2.068	−0.174	0.463	0.577	0.615	0.634	0.359	0.408	0.443	0.452
2	0.05	1.934	−0.152	0.410	0.522	0.559	0.578	0.308	0.349	0.382	0.390
5	0.05	1.846	−0.139	0.377	0.488	0.525	0.543	0.275	0.312	0.343	0.351
10	0.05	1.815	−0.135	0.366	0.476	0.513	0.531	0.264	0.299	0.329	0.337
0.1	0.1	2.951	−1	1.291	1.485	1.550	1.582	1.129	1.271	1.332	1.352
0.2	0.1	2.525	−0.615	0.847	1.004	1.056	1.082	0.710	0.806	0.856	0.870
0.5	0.1	2.099	−0.385	0.558	0.692	0.737	0.760	0.436	0.496	0.537	0.548
1	0.1	1.899	−0.308	0.453	0.580	0.622	0.643	0.336	0.381	0.418	0.427
2	0.1	1.781	−0.269	0.397	0.520	0.561	0.582	0.283	0.320	0.353	0.362
5	0.1	1.703	−0.246	0.362	0.483	0.523	0.543	0.250	0.282	0.312	0.321
10	0.1	1.676	−0.238	0.350	0.470	0.510	0.530	0.238	0.269	0.298	0.306
0.2	0.2	2.210	−1.000	0.870	1.064	1.128	1.161	0.695	0.790	0.851	0.868
0.5	0.2	1.870	−0.625	0.549	0.707	0.759	0.786	0.404	0.458	0.502	0.514
1	0.2	1.702	−0.500	0.435	0.581	0.629	0.654	0.300	0.339	0.375	0.385
2	0.2	1.600	−0.438	0.376	0.515	0.562	0.585	0.246	0.276	0.307	0.316
5	0.2	1.532	−0.400	0.339	0.466	0.520	0.536	0.212	0.238	0.265	0.273
10	0.2	1.508	−0.388	0.326	0.436	0.487	0.503	0.200	0.224	0.251	0.259
0.5	0.5	1.604	−1	0.525	0.719	0.783	0.816	0.344	0.387	0.430	0.443
1	0.5	1.465	−0.8	0.401	0.576	0.634	0.663	0.238	0.266	0.297	0.307

K_1	K_2	μ	m	$\beta_{\mathrm{mx,II}}=0.65+0.35m,\lambda_1$				$\beta_{\mathrm{mx,II}}=1.0,\lambda_1$			
				20	40	60	80	20	40	60	80
2	0.5	1.379	-0.7	0.337	0.502	0.557	0.582	0.183	0.203	0.228	0.236
5	0.5	1.32	-0.64	0.298	0.388	0.434	0.450	0.149	0.165	0.185	0.192
10	0.5	1.299	-0.62	0.284	0.351	0.394	0.408	0.137	0.152	0.170	0.177
1	1	1.338	-1	0.374	0.568	0.632	0.665	0.192	0.213	0.239	0.247
2	1	1.259	-0.875	0.308	0.442	0.495	0.512	0.137	0.152	0.170	0.176
5	1	1.204	-0.8	0.267	0.309	0.345	0.358	0.104	0.114	0.128	0.132
10	1	1.184	-0.775	0.244	0.268	0.300	0.310	0.092	0.101	0.114	0.118
2	2	1.182	-1.000	0.285	0.378	0.423	0.438	0.103	0.113	0.127	0.131
5	2	1.129	-0.914	0.212	0.232	0.259	0.268	0.070	0.076	0.085	0.088
10	2	1.110	-0.886	0.172	0.188	0.210	0.217	0.059	0.064	0.071	0.074
5	5	1.077	-1	0.145	0.158	0.176	0.182	0.043	0.047	0.053	0.054
10	5	1.058	-0.969	0.104	0.113	0.126	0.130	0.032	0.035	0.039	0.040
10	10	1.039	-1	0.074	0.080	0.089	0.092	0.022	0.024	0.027	0.028

9.11.2 水平荷载作用时的假想水平力

上述假想荷载是在"轴压框架"中求得的。所谓的轴压框架是指重力荷载直接作用在柱顶的框架。而实际结构有重力荷载作用在梁上，产生弯矩，还有水平力也产生弯矩。重力荷载产生的弯矩比较复杂，设只考虑水平力产生的弯矩。假想荷载法要求：给定竖向荷载的情况下，假想荷载取值多少才能使得一阶分析加计算长度系数设计法和二阶分析加几何长度的设计法，预测得到的水平承载力相同？或者在给定水平荷载的情况下，预测得到的竖向承载力相同？

按照一阶分析的水平承载力（无量纲化）是

$$q=\frac{Q}{Q_{\mathrm{P}}}=(1-m)\left(1-\frac{P}{\varphi_{\mathrm{sw}}P_{\mathrm{p}}}\right)\left(1-0.8\frac{P}{P_{\mathrm{Ex,sw}}}\right)$$

给定比值$\dfrac{P}{\varphi_{\mathrm{sw}}P_{\mathrm{p}}}=\gamma$，则

$$q=(1-m)(1-0.8\gamma\varphi_{\mathrm{sw}}\overline{\lambda}_{\mathrm{sw}}^2)(1-\gamma) \tag{9.65a}$$

按照假想荷载法，稳定验算公式的水平承载力是

$$\frac{P}{\varphi_1 P_{\mathrm{p}}}+\frac{\beta_{\mathrm{mx,II}}(Q+Q_{\mathrm{n}})H}{(1-m)\gamma_{\mathrm{x}}W_{\mathrm{x}}(1-0.8P/P_{\mathrm{E,1}})\left(1-\dfrac{P}{P_{\mathrm{Ex,sw}}}\right)}=1$$

$$\frac{Q_{\mathrm{n1}}}{Q_{\mathrm{P}}}=\frac{1-m}{\beta_{\mathrm{mx,II}}}\left(1-\frac{P}{\varphi_1 P_{\mathrm{p}}}\right)\left(1-0.8\frac{P}{P_{\mathrm{Ex,1}}}\right)\left(1-\frac{P}{P_{\mathrm{Ex,sw}}}\right)-\frac{Q}{Q_{\mathrm{P}}}$$

因为$\dfrac{Q_{\mathrm{n}}}{Q_{\mathrm{P}}}=\dfrac{\beta_1 P}{\xi P_{\mathrm{p}}}\lambda_1=\dfrac{\beta_1}{\xi}\gamma\varphi_{\mathrm{sw}}\lambda_1$，将（9.65a）式代入得到

$$\beta_{1\mathrm{Q}}=\frac{\xi(1-m)}{\gamma\varphi_{\mathrm{sw}}\lambda_1}\left[\frac{1-\gamma\varphi_{\mathrm{sw}}\overline{\lambda}_{\mathrm{sw}}^2}{\beta_{\mathrm{mx,II}}}\left(1-\gamma\frac{\varphi_{\mathrm{sw}}}{\varphi_1}\right)(1-0.8\gamma\varphi_{\mathrm{sw}}\overline{\lambda}_1^2)-(1-\gamma)(1-0.8\gamma\varphi_{\mathrm{sw}}\overline{\lambda}_{\mathrm{sw}}^2)\right]$$

$$\tag{9.65b}$$

按照假想荷载法的强度验算公式的水平承载力是

$$\frac{\beta_{2Q}P}{Q_P}=(1-m)\left(1-\frac{P}{P_p}\right)\left(1-\frac{P}{P_{\text{Ex,sw}}}\right)-\frac{Q}{Q_P}$$

$$\beta_{2Q}=\frac{\xi(1-m)}{\gamma\varphi_{\text{sw}}\lambda_1}\left[(1-\gamma\varphi_{\text{sw}})(1-\gamma\varphi_{\text{sw}}\overline{\lambda}_{\text{sw}}^2)-(1-0.8\gamma\varphi_{\text{sw}}\overline{\lambda}_{\text{sw}}^2)(1-\gamma)\right] \qquad (9.65c)$$

$$\beta_{Q}=\min(\beta_{1Q},\beta_{2Q})$$

表 9.3 给出了 $\gamma=0.5$ 时取不同 $\beta_{mx,II}$ 的假想荷载系数，发现如果取 $\beta_{mx,II}=1.0$，则 $\mu+\gamma<2$ 就会出现假想荷载小于 0 的情况，这是因为，目前的假想荷载法对侧移弯矩放大了两次：既按照有侧移放大（$P\text{-}\Delta$ 效应），又在平面内稳定验算公式中按照计算长度系数为 1.0 进行放大。

9.11.3 采用梁上有横向荷载的框架模型

图 9.18（a）显示了梁上荷载产生的弯矩图，观察图 9.18（b）可以发现，竖向荷载和水平力产生的弯矩在左柱中的方向是相反的，竖向荷载产生的左柱弯矩，仿佛是一种"预应力反弯矩"，对框架整体有侧移失稳的承载力是有利的。而且随着水平力的增加，右边柱子首先出现截面的屈服，刚度下降，随后施加的水平力绝大部分将转移到左边柱子。而假想荷载法在实施时，因为要求按照向左和向右分两个荷载工况施加，假想荷载与竖向荷载的弯矩都是叠加的。从这个方面说，假想荷载法会偏于安全。或者说，采用梁上有横向荷载的单跨框架模型的极限状态来校准假想荷载的取值，得到的假想荷载因子会较小。

但是，随着跨数的增多，例如经常采用多层多跨框架的超市大卖场钢结构，竖向荷载在中柱产生的弯矩较小，这种起有利作用的"预应力反弯矩"占比就减小，此时校准的假想荷载因子就会增加，而且柱子数量越多，假想荷载越接近按照单个压杆无重力荷载弯矩下推导的假想荷载。

考虑到实际结构的框架梁都有竖向荷载，如果按照目前我国的二阶分析设计法，采用 $\beta_{mx,2}=0.65+0.35m$ 将能够考虑竖向荷载产生的部分弯矩对侧向稳定的有利作用。

式（9.65a，9.65b）的较小值（$\gamma=0.5$，100%） 表 9.3

K_1	K_2	μ	m	$\beta_{mx,II}=0.65+0.35m$, $\lambda_1=$				$\beta_{mx,II}=1.0$, $\lambda_1=$			
				20	40	60	80	20	40	60	80
0.05	0.05	4.041	-1	2.281	5.621	8.855	11.846	1.984	5.029	7.985	10.653
0.1	0.05	3.392	-0.565	1.260	2.961	4.822	6.534	1.019	2.494	4.140	5.599
0.2	0.05	2.826	-0.348	0.785	1.659	2.806	3.876	0.570	1.253	2.218	3.070
0.5	0.05	2.302	-0.217	0.507	0.926	1.599	2.274	0.307	0.550	1.067	1.547
1	0.05	2.068	-0.174	0.411	0.704	1.202	1.737	0.215	0.334	0.688	1.038
2	0.05	1.934	-0.152	0.361	0.600	1.006	1.469	0.168	0.232	0.501	0.784
5	0.05	1.846	-0.139	0.330	0.540	0.891	1.308	0.138	0.172	0.390	0.631
10	0.05	1.815	-0.135	0.320	0.520	0.853	1.254	0.128	0.153	0.354	0.581
0.1	0.1	2.951	-1	1.255	2.729	4.577	6.290	0.938	2.129	3.704	5.094
0.2	0.1	2.525	-0.615	0.782	1.524	2.621	3.675	0.519	1.031	1.916	2.710
0.5	0.1	2.099	-0.385	0.496	0.857	1.467	2.117	0.266	0.422	0.862	1.292

续表

K_1	K_2	μ	m	$\beta_{\mathrm{mx,II}}=0.65+0.35m, \lambda_1=$				$\beta_{\mathrm{mx,II}}=1.0, \lambda_1=$			
				20	40	60	80	20	40	60	80
1	0.1	1.899	-0.308	0.397	0.656	1.094	1.600	0.178	0.236	0.520	0.823
2	0.1	1.781	-0.269	0.346	0.561	0.912	1.343	0.132	0.148	0.353	0.590
5	0.1	1.703	-0.246	0.314	0.505	0.805	1.190	0.103	0.097	0.254	0.452
10	0.1	1.676	-0.238	0.303	0.487	0.770	1.139	0.094	0.080	0.222	0.405
0.2	0.2	2.210	-1.000	0.780	1.388	2.392	3.423	0.449	0.766	1.518	2.230
0.5	0.2	1.870	-0.625	0.481	0.790	1.310	1.921	0.208	0.267	0.597	0.956
1	0.2	1.702	-0.500	0.378	0.607	0.968	1.430	0.124	0.116	0.305	0.541
2	0.2	1.600	-0.438	0.324	0.520	0.803	1.188	0.080	0.043	0.164	0.337
5	0.2	1.532	-0.400	0.291	0.469	0.708	1.044	0.053	0.000	0.082	0.217
10	0.2	1.508	-0.388	0.280	0.452	0.676	0.997	0.043	-0.014	0.055	0.177
0.5	0.5	1.604	-1	0.453	0.726	1.123	1.661	0.113	0.062	0.234	0.477
1	0.5	1.465	-0.8	0.343	0.558	0.822	1.208	0.036	-0.050	0.013	0.144
2	0.5	1.379	-0.7	0.287	0.476	0.680	0.988	-0.004	-0.105	-0.091	-0.016
5	0.5	1.32	-0.64	0.252	0.427	0.598	0.859	-0.029	-0.137	-0.152	-0.110
10	0.5	1.299	-0.62	0.240	0.411	0.571	0.817	-0.037	-0.148	-0.171	-0.141
1	1	1.338	-1	0.317	0.532	0.750	1.083	-0.026	-0.154	-0.161	-0.099
2	1	1.259	-0.875	0.259	0.451	0.620	0.878	-0.063	-0.198	-0.244	-0.232
5	1	1.204	-0.8	0.223	0.403	0.544	0.759	-0.086	-0.224	-0.292	-0.309
10	1	1.184	-0.775	0.211	0.387	0.520	0.720	-0.094	-0.233	-0.307	-0.334
2	2	1.182	-1.000	0.237	0.435	0.584	0.809	-0.107	-0.264	-0.348	-0.379
5	2	1.129	-0.914	0.201	0.386	0.512	0.697	-0.128	-0.286	-0.387	-0.444
10	2	1.110	-0.886	0.189	0.370	0.489	0.660	-0.136	-0.294	-0.400	-0.465
5	5	1.077	-1	0.184	0.374	0.490	0.655	-0.161	-0.333	-0.457	-0.542
10	5	1.058	-0.969	0.171	0.358	0.468	0.620	-0.168	-0.339	-0.468	-0.560
10	10	1.039	-1	0.164	0.353	0.460	0.606	-0.180	-0.356	-0.493	-0.595

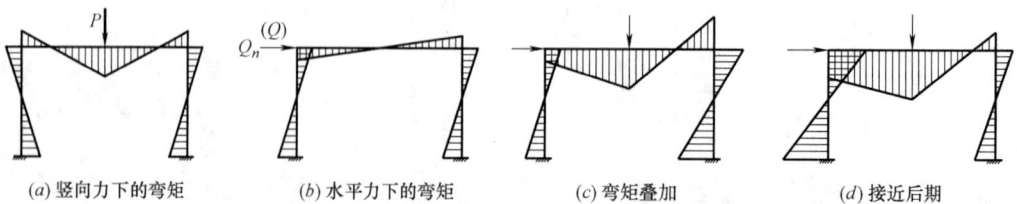

(a) 竖向力下的弯矩　　(b) 水平力下的弯矩　　(c) 弯矩叠加　　(d) 接近后期

图 9.18　非线性分析反映的柱与柱相互支援

9.12 框架稳定设计方法对比研究

9.12.1 框架柱设计方法

钢框架柱弯矩作用平面内的稳定设计的方法有：

（1）传统计算长度系数法；

（2）修正计算长度系数法：考虑柱与柱相互作用；

（3）假想荷载法：二阶弹性分析设计法，须加假想荷载；下面将对比中国和美国的假想荷载法；

（4）层稳定系数法。

按照美国规范 AISC LRFD[5]，构件极限承载力采用平面内强度和稳定统一相关公式进行验算：

$$\frac{P_{II}}{P_n} + \frac{8}{9}\frac{M_{xII}}{M_n} = 1.0 \qquad 当 \frac{P_{II}}{P_n} \geqslant 0.2 \qquad (9.66a)$$

$$\frac{P_{II}}{2P_n} + \frac{M_{II}}{M_n} = 1.0 \qquad 当 \frac{P_{II}}{P_n} < 0.2 \qquad (9.66b)$$

式中：P_n 为计算长度系数取 1.0，按 AISC LRFD 柱稳定系数曲线计算得到的轴向承载力；M_n 为构件塑性弯矩（因为不考虑弯扭屈曲）。构件二阶弹性端弯矩和轴力可采用如下近似公式计算：

$$P_{II} = P_{nt} + B_2 P_{lt} \qquad (9.67a)$$

$$M_{xII} = B_1 M_{nt} + B_2 M_{lt} \qquad (9.67b)$$

$$B_1 = \frac{C_m}{1 - P_{II}/P_{el}} \geqslant 1 \qquad (9.68)$$

$$B_2 = \frac{1}{1 - \sum P_{nt}/\sum P_{e2}} \geqslant 1 \qquad (9.69)$$

式中 M_{nt}、M_{lt} 分别为假定框架无侧移和有侧移时按一阶弹性分析求得的各杆件的端弯矩；P_{nt}、P_{lt} 分别为假定框架无侧移和有侧移时按一阶弹性分析求得的各杆件轴力；B_1、B_2 分别为无侧移和有侧移内力放大系数；$P_{el} = \pi^2 EI/h^2$ 弹性无侧移稳定荷载，I 是柱截面的惯性矩；$P_{e2} = 0.85 S_F h$ 为弹性层有侧移失稳荷载，等效弯矩系数 $C_m = 0.6 + 0.4$ $(M_{x1,I}/M_{x2,I})_{nt}$，$(M_{x1,I})_{nt}$ 和 $(M_{x2,I})_{nt}$ 为无侧移框架一阶弹性分析得到的端弯矩。为了有一个统一的比较基础，美国和中国的假想荷载均取为竖向荷载的 1/250。

假想荷载法与计算长度系数比较 表 9.4

	假想荷载法	计算长度系数法
内力分析方法	二阶弹性分析	一阶弹性分析
缺陷考虑方法	用假想水平力考虑初始倾斜 柱子本身初始弯曲用稳定系数 残余应力的影响包含在上面两个因素中	确定柱子稳定系数时考虑了各种缺陷的影响
计算长度取值	几何长度	计算长度系数

续表

	假想荷载法	计算长度系数法
二阶效应	$P\text{-}\Delta$ 效应已经包含在内力中 $P\text{-}\delta$ 效应通过柱子稳定系数考虑	用平面内稳定计算公式的弯矩项 的弯矩放大系数考虑

9.12.2　算例框架

采用塑性区法分析框架柱的极限承载力。只研究轴心受力框架，是因为此时框架的失稳倾向表现得最为明显。框架梁柱采用 Beam189 单元计算并约束平面外自由度。框架的几何缺陷：整体或层间倾斜取为结构总高或层高的 1/750；构件初弯曲取构件长度的 1/1000。利用 ANSYS 弹性屈曲分析，提取一、二阶模态作为缺陷基准形状，分别形成非线性分析模型，选择两者较小值作为框架的极限承载力。

残余应力采用欧洲钢结构协会 ECCS 推荐的截面残余应力分布模式（图 9.19d）。设计了 7 种框架模型各两种荷载分布，框架模型示意和参数分别见表 9.5 和图 9.19。这些算例包含了框架柱长细比、柱端约束、荷载分布、摇摆柱效应、框架层数和柱数等影响假想荷载法计算精度的主要因素。其中模型 FM1a，b～FM3a，b 用来研究单层单跨框架约束条件的影响，FM4a、FM4b 用来研究摇摆柱效应的影响，FM5a、FM5b 和 FM6a、FM6b 分别用来研究框架层数和柱数的影响；采用 a，b 不同编号模型分别考虑了不均匀和均匀两种不同荷载分布方式的影响。为反映出纯框架弹塑性失稳和弹性失稳性质以及无侧移失稳现象，模型参数采用了一些实际工程中不一定会遇到的特殊情形（如框架高度变动范围较大和各柱轴力较不均匀等）。同时为方便计算，框架跨度固定不变，柱长细比变化通过改变框架层高来实现。梁、柱截面均为焊接 H 型，钢材弹性模量 $E=206\mathrm{kN/mm^2}$，泊松比 $\upsilon=0.3$，屈服强度 $f_\mathrm{y}=235\mathrm{N/mm^2}$，不考虑材料强化作用。

根据根据第 6 章的方法得到整层稳定系数 φ_story 是整层的，为了与有限元分析结果进行对比，需要换算得到整层失稳时一个柱子的承载力。对 FM1a～3a，FM5a，FM7a 取柱稳定系数为 $2\varphi_\mathrm{story}$，FM6a 为 $3\varphi_\mathrm{story}$ 与有限元结果进行比较，同时还要取左柱的无侧移屈曲稳定系数 φ_ns 作为上限，即取 min（$2\varphi_\mathrm{story}$ or $3\varphi_\mathrm{story}$，φ_ns）与有限元结果进行比较。对于 FM4a 和 FM1b～7b，则直接取 φ_story 进行比较，长细比与按传统方法计算完全一样。

框架模型参数　　　　　表 9.5

框架编号	框架类型	荷载参数 β	跨度(m)	层高(m)	梁柱截面	梁柱连接	基础约束
FM1a	1	0	4	2～30	柱：焊接 H400×240×8×12 梁：焊接 H400×240×8×12	刚接	固支
FM1b	1	1.0	4	2～30		刚接	固支
FM2a	1	0	4	2～30		刚接	铰支
FM2b	1	1.0	4	2～30		刚接	铰支
FM3a	1	0	4	2～30		铰接	固支
FM3b	1	1.0	4	2～30		铰接	固支
FM4a	1	0	4	2～30		左柱刚接 右柱铰接	左柱固支 右柱铰支
FM4b	1	1.0	4	2～30		左柱刚接 右柱铰接	左柱固支 右柱铰支
FM5a	2	0	4	$H_1=4$ $H=2～30$		刚接	固支
FM5b	2	1.0	4			刚接	固支
FM6a	3	0	4	2～30		刚接	固支
FM6b	3	1.0	4	2～30		刚接	固支

框架编号	框架类型	荷载参数β	跨度(m)	层高(m)	梁柱截面	梁柱连接	基础约束
FM7a	1	0	4	1~15	柱：H400×240×8×12	刚接	铰支
FM7b	1	1.0	4	1~15	梁：H200×100×6×8		
备注	其中 FM4a,FM4b 为带摇摆柱框架						

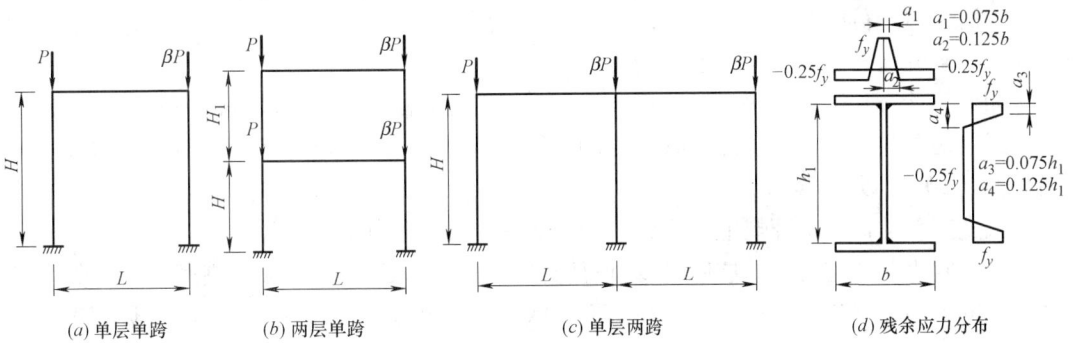

图 9.19 框架模型

图 9.20~图 9.26 分别给出了有限元（FEM）、中国假想荷载法、美国假想荷载法，层稳定系数法以及改进计算长度系数法的计算结果。图中坐标纵轴为稳定系数 $\varphi = P/(A f_y)$，坐标横轴为框架柱正则化长细比 $\lambda_n = \dfrac{\mu \lambda}{\pi} \sqrt{f_y/E}$；$\mu$ 是按照传统方法计算的框架柱计算长度系数，有摇摆柱的情况，还要考虑摇摆柱轴力的影响，计算长度系数乘以 $\sqrt{1 + P_L/P}$，P_L 是摇摆柱轴力。在梁远端铰接的情况下，对梁的线刚度乘以 0.5 确定梁对柱子的约束。P 是按最不利（关键）构件计算和 FEM 分析得到的极限荷载。根据框架模型示意图可以直接判断出关键构件为图 9.19（a）、9.19（c）左柱和图 9.19（b）底层左柱。

通过对图 9.20~图 9.26 的分析，对三种方法的比较得到如下认识：

（1）柱顶荷载均匀分布时，单层单跨、单跨两层和单层双跨刚接对称框架（FM1b、FM5b 和 FM6b），框架柱的传统计算长度系数比 1.0 略大，各种方法比较接近，假想荷载法均低于 FEM，美国假想荷载法略好于中国假想荷载公式，假想荷载法在长细比较大时偏安全。

单层有摇摆柱的框架，FM4a，FM4b，考虑框架柱对摇摆柱的支援后的计算长度系数大部分小于 2，假想荷载法仅略低于 FEM，误差约为 8%，对于设计用公式，这是可以接受的。

（2）柱脚铰接和柱顶铰接单层框架（FM2b 和 FM3b），这时的框架柱计算长度系数大于等于 2.0，假想荷载法均略高于 FEM，误差约为 8%；对于柱子计算长度系数更大的 FM7a，b，假想荷载法偏高的程度更大。

（3）荷载不均匀分布时，对单层单跨、两层单跨和单层两跨刚接对称框架（FM1a、FM5a 和 FM6a），在考虑了柱与柱的相互作用后，这些柱子的计算长度系数在 0.7~1.0，假想荷载法曲线均偏低较多，其中我国的假想荷载法偏低更多。

（4）底端铰接和梁端铰接单层单跨框架，荷载不均匀分布时（FM2a 和 FM3a），考虑柱与柱相互作用后的框架柱计算长度系数 1.87（小长细比）～1.34（大长细比时），假想荷载法与 FEM 比较接近，小长细比略偏小，大长细比略偏大。带摇摆柱单层框架（FM4a），左柱计算长度系数 1.06～1.47，假想荷载法偏低较多，误差约为 25%。

因此，如果存在同层各柱的相互作用，使得受力较大柱的修正的计算长度系数小于等于 1.0 时，假想荷载配合二阶分析的方法就过于保守。而计算长度系数大于 2 时，假想荷载配合二阶分析的方法就偏于不安全。

而修正计算长度系数法对各种框架，与 FEM 结果相比，有比较好的一致性，但是层稳定系数法因为考虑了柱子无侧移屈曲的可能性，计算结果与 FEM 最为符合，这一点从图 9.26（a）可以明显看出。

因此对目前极力推荐规范采用的假想荷载法，有如下几点

（1）假想荷载与框架的抗侧刚度（框架柱的计算长度系数、梁柱线刚度比）有关，与框架柱的平均几何长细比有关，也与截面形状、弯曲的方向、柱子曲线类别归属有关。现在绝大多数国家规范采用的假想荷载系数的基本值是 $\frac{1}{250} \sim \frac{1}{200}$，这种取值对框架柱的计算长度系数为 2、柱几何长细比 $\bar{\lambda}_{1,av} = 0.5 - 0.7$ 的 H 形截面绕强轴或箱形截面框架比较准确；

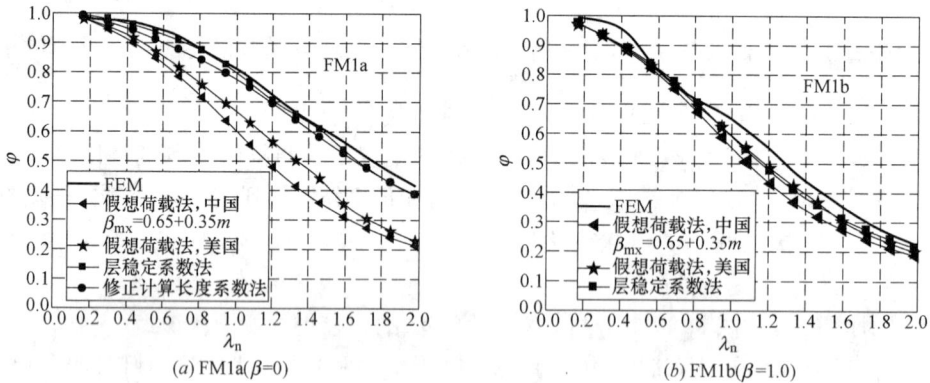

(a) FM1a($\beta=0$)　　　　(b) FM1b($\beta=1.0$)

图 9.20　单层单跨，刚接框架

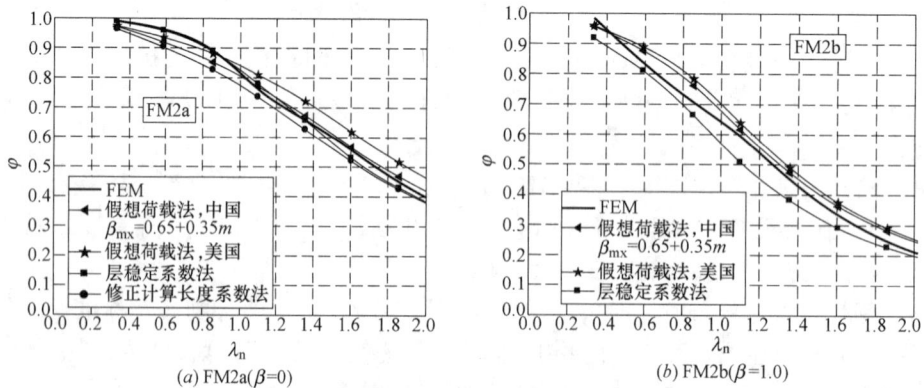

(a) FM2a($\beta=0$)　　　　(b) FM2b($\beta=1.0$)

图 9.21　单层单跨，底端铰接框架

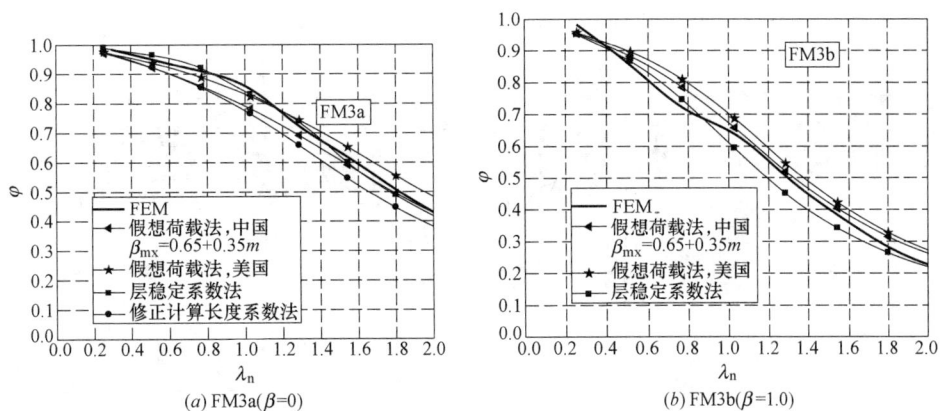

(a) FM3a(β=0)

(b) FM3b(β=1.0)

图 9.22 单层单跨，梁端铰接框架

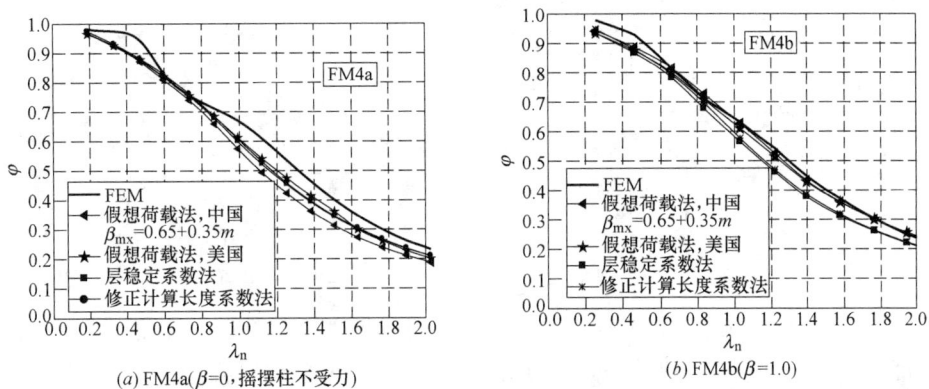

(a) FM4a(β=0，摇摆柱不受力)

(b) FM4b(β=1.0)

图 9.23 单层单跨，右柱是摇摆柱

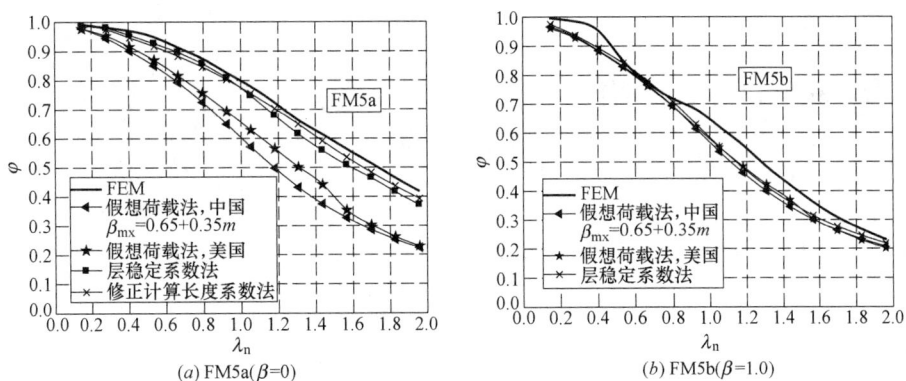

(a) FM5a(β=0)

(b) FM5b(β=1.0)

图 9.24 两层单跨，刚接框架

（2）假想荷载法与传统计算长度系数法一样，不能考虑同层各个柱子之间的相互作

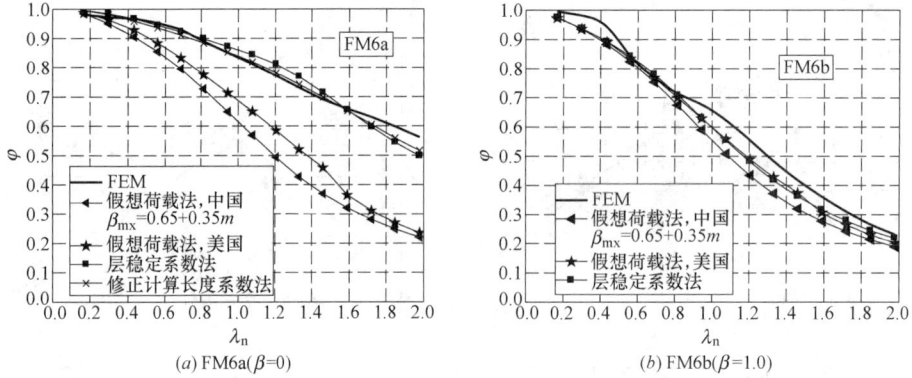

(a) FM6a($\beta=0$)　　　　　　　　　　(b) FM6b($\beta=1.0$)

图 9.25　单层两跨，刚接框架

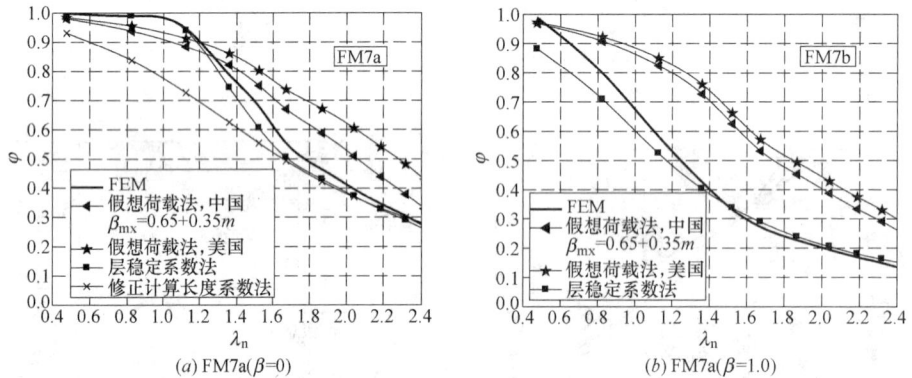

(a) FM7a($\beta=0$)　　　　　　　　　　(b) FM7a($\beta=1.0$)

图 9.26　单层单跨，底端铰接框架（$\mu=2.54\sim6.02$）

用。这是因为实际结构的竖向荷载水平相对于弹性屈曲的临界荷载是很低的，这个荷载水平还不能揭示出柱与柱之间如图 9.18 所揭示的弹塑性相互作用。而修正的计算长度系数法和层稳定系数法能够。

（3）如取 0.4% 重力荷载作为假想荷载美国的假想荷载法预测的承载力比我国的假想荷载法略高；

习　题

9.1　确定图 P9.1 所示悬臂压弯构件的弹性挠曲线式子、最大挠度和最大弯矩以及沿高度各个 8 分点的弯矩放大系数。图中 EI 是截面的抗弯刚度，S 是截面的抗剪刚度。要注意分析剪切变形对弯矩放大系数的影响，并提出简化的计算公式。

9.2　确定图 P9.2 所示悬臂压弯构件的弹性挠曲线式子、最大挠度和最大弯矩以及弯矩放大系数。

9.3　对图 P9.3 承受均布横向荷载的两端简支压弯杆，考虑剪切变形的影响，计算其弯矩放大系数和挠度放大系数。

图 P9.1

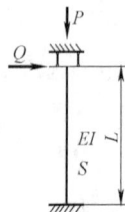

图 P9.2

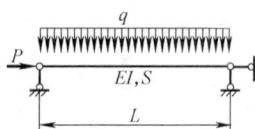

图 P9.3

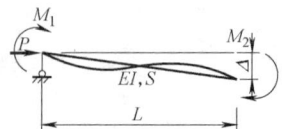

图 P9.4

9.4 图 P9.4 的需要考虑剪切变形的压弯杆，求出其转角位移关系。

9.5 阐述弯矩在压弯杆弹性和弹塑性屈曲中的作用。

9.6 为什么说承受均匀弯矩的压弯杆在达到极限承载力状态时，截面的刚度大于 0? 对于两端简支，可以忽略剪切变形影响的均匀受弯的压弯杆，能否定量地或近似定量地确定极限状态时压弯杆的截面抗弯刚度？

9.7 设定一些单轴对称截面参数，对压弯杆受拉侧先屈服的情况，对比（9.46a）式和（9.46b）式。

9.8 请复习第 4.4 节的数值积分求解极限承载力的过程，并在这个积分过程中加入考虑剪切变形影响。设研究的是工字形截面，设仅腹板对截面剪切刚度有贡献，设屈服区面积上的材料剪切刚度取为 $G_t = 0.2G$。

9.9 压杆的有侧移屈曲是抗侧刚度等于 0，压杆的无侧移屈曲认为是抗弯刚度等于 0。抗弯刚度被定义为压杆中间截面产生单位侧移所需要施加的力，求图 9.1a~d 所示四种压杆的抗弯刚度。

9.10 对两端转动约束的一般等截面压杆，推导其抗弯刚度表达式，并推导简化的计算公式。

9.11 通过 9.3 节的推导和论述，重新认识切线模量理论和双模量理论在有初弯矩压杆极限承载力求解中的价值。

9.12 图 P9.5 所示的三框架，右柱是摇摆柱，仅荷载分布不同，三种荷载分布下弹性有侧移屈曲临界荷载 $(P+N)_{cr}$ 基本相同，试判断三者的弹塑性承载力是否也基本相同。

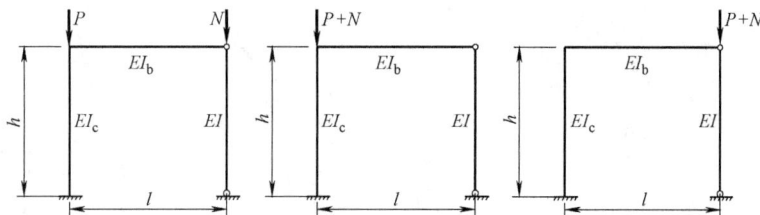

图 P9.5

参 考 文 献

［1］ EC3 _ prEN1993-1-1：2003，Eurocode 3：Design of steel structures，Part 1-1：General rules and rules for buildings，CEN，2003.

［2］ 钢结构设计规范 GB 50017—2003. 北京：中国计划出版社，2003.

［3］ ANSI/AISC 360-05，Specification for Structural Steel Buildings ［S］. American Institute of Steel Construction，INC，2005.

［4］ Clarke，M. J，Bridge R. Q. Application of the notional load approach to the design of multistory steel frames ［C］. Proceeding 1995 Annual technical Session SSRC，191-211.

［5］ Bridge R. Q，Clarke，M. J，etc.，Effective Length and Notional Load Approach for assessing Frame Stability：Implications for American Steel Design ［M］. Task Committee on Effective Length ASCE，1997.

［6］ Schmidt J. A. Design of steel columns in unbraced frames using notional loads ［C］. Practice periodical on structural design and construction，24-28.

［7］ Kim S. E，Chen W. F. Practical advanced analysis for unbraced steel frame design. ［J］. Journal of Structural Engineering，ASCE，1996，122（11）：1259-1265.

［8］ Maleck A. E，White D. W. Alternative approaches for elastic analysis and design of steel frames，I：Overview ［J］. Journal of Structural Engineering，ASCE，2004，130 (8)：1186-1196.

［9］ Maleck A. E，White D. W. Alternative approaches for elastic analysis and design of steel frames，II：Verification studies ［J］. Journal of Structural Engineering，ASCE，2004，130 (8)：1197-1205.

［10］ White D. W，Clarke M. J. Design of beam-columns in steel frames，I：Philosophies and procedures ［J］. Journal of Structural Engineering，ASCE，1997，123 (12)：1556-1564.

［11］ White D. W，Clarke M. J. Design of beam-columns in steel frames，II：Comparison of standards ［J］. Journal of Structural Engineering，ASCE，1997，123 (12)：1565-1575.

［12］ Tong G. S. , Xing G. R. (2007)，A comparative study of alternative approaches for stability design of steel frames，*Advances in Structural Engineering*，10 (4)：453-466.

［13］ 童根树，金阳. 框架柱计算长度系数法和二阶分析设计法的比较 ［J］. 钢结构，2005，20 (2)：8-11.

［14］ 童根树. 钢结构设计方法，中国建筑工业出版社，北京，2007.

［15］ Jezek，K. , Die festigkeit von druckstaeben aus stahl, Julius Springer, Vienna, 1937.

［16］ 钢结构设计规范 GB 50017—2003，北京：中国计划出版社，2003.

［17］ 陈惠发. 周绥平译. 钢框架稳定设计. 世界图书出版公司，1999.

［18］ 童根树. 饶芝英. 基于单根杆件承载力等效的假想荷载. 建筑钢结构进展，2009，4：5-14.

第 10 章　双重和多重抗侧力结构的屈曲

10.1　引言

由第 6 章对框架的稳定性的研究结果可以知道，框架发生有侧移模式的失稳。框架无侧移的失稳模式是高阶模式，对应的临界荷载较大，通常不控制框架的稳定性。对于框架—支撑架构成的双重抗侧力体系结构，其稳定性受到支撑的影响，失稳模式到底是有侧移的还是无侧移的，需要通过研究确定。因此判断这种双重抗侧力结构的失稳模式并提出这种结构稳定性的计算方法具有重要的应用价值。

支撑架可以是交叉支撑（或人字形，单斜杆支撑）组成的竖向桁架体系，也可以是钢筋混凝土剪力墙或核心筒体。当框架的层数不多时，支撑体系的变形主要是剪切变形，这种支撑我们称为剪切型支撑。当支撑体系的变形主要是弯曲变形时，支撑称为弯曲型支撑，例如高度较大的单片剪力墙。实际结构大多数为弯剪型支撑，这时两种变形都不能忽略。

剪切型支撑和弯曲型支撑工作性能上的区别可以从图 10.1 看出。在某一层产生相对位移时，剪切型支撑体系的相邻层内不产生剪力，而弯曲型支撑相邻层内必须施加剪力才能使其他层的层间不产生相对侧移。

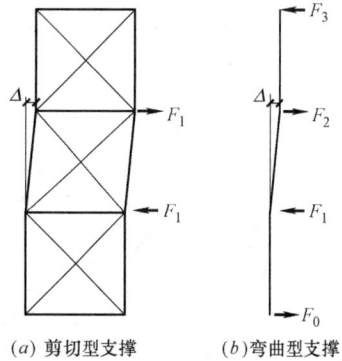

(a) 剪切型支撑　　　(b)弯曲型支撑

图 10.1　支撑类型

下面根据支撑的类型分别论述双重抗侧力结构的稳定性。

10.2　剪切型支撑框架的稳定性

10.2.1　临界方程

图 10.2 是带有支撑的多层多跨框架，记支撑的抗剪刚度为 S_B，它是支撑层抗侧刚度和层高的乘积，具有力的量纲，如果是交叉支撑，则

$$S_B = \frac{2EA_d l_z^2 h}{d^3} \tag{10.1}$$

式中 A_d 是支撑杆的面积，l_z 是支撑跨的跨度，d 是斜杆的长度，h 为层高。为确定 AB 柱的计算长度系数，与第 6 章一样引入如下假定[10]：

(1) 所研究的刚架中 AB 柱与其他相邻柱 AG 和 BH 同时屈曲；

(2) 刚架屈曲时同一层的各横梁两端的转角相同、方向也相同；

(3) 刚架屈曲时每一层的层间倾斜角相同；

(4) 各柱子的 $u(=\pi\sqrt{P/P_E})$ 相同；

(5) 忽略梁内轴力对梁刚度的影响。

与无支撑框架的有侧移屈曲一样建立节点 A 和 B 的弯矩平衡方程

$$M_{AC}=6i_{b1}\theta_A$$
$$M_{AD}=6i_{b2}\theta_A$$
$$M_{AB}=i_{c2}[s\theta_A+c\theta_B-(c+s)\rho]$$
$$M_{AG}=i_{c1}[s\theta_A+c\theta_B-(c+s)\rho]$$

式中 θ_A，θ_B 和 ρ 节点 A，B 的转角和层间位移角，i_{b1}、i_{b2}、i_{c1}、i_{c2} 是梁柱的线刚度，节点 A、B 的弯矩平衡为

$$(s+6K_1)\theta_A+c\theta_B-(c+s)\rho=0 \tag{10.2}$$
$$c\theta_A+(s+6K_2)\theta_B-(c+s)\rho=0 \tag{10.3}$$

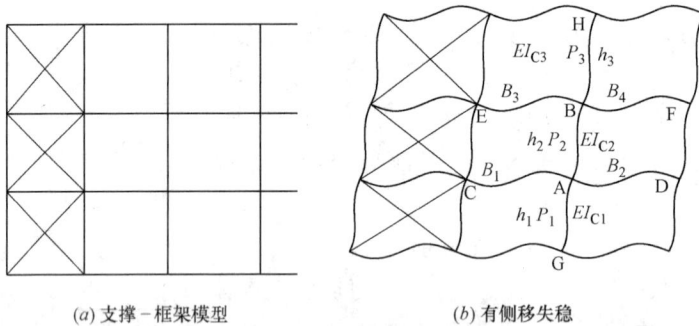

(a) 支撑－框架模型　　　(b) 有侧移失稳

图 10.2　有支撑框架的有侧移失稳

式中 K_1、K_2 是节点 A 和节点 B 的梁柱线刚度之和的比值。楼层水平剪力的平衡条件为

$$\sum(M_{AB}+M_{BA}+P\rho h)_i+S_B\rho h=0$$

假设本楼层所有柱子相同，将支撑对各个柱子的支撑作用均摊，记 S_b 为均摊到柱子 AB 上的支撑刚度，上式成为

$$M_{AB}+M_{BA}+P\rho h+S_b\rho h=0 \tag{10.4}$$

由 (10.2) 式，(10.3) 式，(10.4) 式得到临界方程为

$$[(36K_1K_2-u^2)\tan u+6(K_1+K_2)u]u^3+$$

$$[6u(\tan u-u)(K_1+K_2)+36K_1K_2(2\tan\frac{u}{2}-u)\tan u+u^3\tan u]G=0 \tag{10.5}$$

式中 $G=S_b h^2/EI_c$。如果支撑刚度为零，则上式变为框架有侧移失稳的临界方程(6.10)式。框架有侧移失稳时的柱子计算长度系数由(6.11)式给出。

对无侧移失稳的框架，临界方程为 (6.8) 式，无侧移失稳的框架柱计算长度系数由 (7.23) 式给出。

10.2.2　支撑的门槛刚度

如果 K_1 和 K_2 给定，被支撑框架柱的临界荷载将随着支撑刚度 S_b 的增加而增加（图10.3），框架柱的计算长度系数减小。当支撑刚度增加到一定程度，从(10.5)式得到的临界荷载就会超过从(7.23)式得到的临界荷载，说明这时框架的屈曲模式将是无侧移模式。进一步增加支撑的刚度对增加临界荷载没有任何作用。定义有侧移失稳的临界荷载与无侧移失稳的临界荷载相等时的支撑刚度为支撑的门槛刚度，并记它的无量纲化的值为 G_{TH}。G_{TH} 可以将(7.23)式代入(10.5)式得到。记 $u_1=\pi/\mu_1$，μ_1 是柱子无侧移失稳的计算长度系数。G_{TH} 为

$$G_{TH}=\frac{-\left[(36K_1K_2-u_1^2)\tan u_1+6(K_1+K_2)u_1\right]u_1^3}{\left[6u_1(\tan u_1-u_1)(K_1+K_2)+36K_1K_2(2\tan\frac{u_1}{2}-u_1)\tan u_1+u_1^3\tan u_1\right]} \quad (10.6)$$

表10.1给出了(10.6)式计算的门槛刚度值。图10.4表示了 $K_1=0$ 和 $K_2=\infty$ 时的情况。理论分析可以揭示，这时铰支端的屈曲位移即使在支撑刚度很大时仍不为零，门槛刚度为无穷大。这就是表10.1中在两个刚度比相差很大时门槛刚度增加的原因。进一步的研究发现，当 $S_b=60EI/h^3$ 时，柱子的临界荷载已经达到一端铰支一端固支压杆临界荷载的95%，这表明进一步增加支撑刚度对增加临界荷载贡献已经不多，实用上取 $G_{TH}=60$ 是没有问题的。表10.1中大部分的值在 $\pi^2\sim4\pi^2$ 之间，并且可以偏安全地表示为

$$G_{TH}=\frac{1}{2}\left(\alpha\frac{\pi^2}{\mu_1^2}-\frac{\pi^2}{\mu_0^2}\right)\left[\left(\frac{K_1}{K_2}\right)^{0.18}+\left(\frac{K_2}{K_1}\right)^{0.18}\right]\leqslant60 \quad (10.7)$$

$$\alpha=\frac{6}{\pi^2}\cdot\frac{K_1+K_2+6K_1K_2}{1+2(K_1+K_2)+3K_1K_2}\cdot\frac{1.52+4(K_1+K_2)+7.5K_1K_2}{K_1+K_2+7.5K_1K_2}\geqslant1 \quad (10.8)$$

式中 μ_0 是柱子有侧移失稳的计算长度导致。上式在柱子两端的约束相同时几乎是精确的。只有在 K_1 和 K_2 相差30倍及以上时会偏小，此时支撑刚度的进一步增加，临界荷载增加很缓慢（见图10.5）。小于60的要求是因为再增加支撑的刚度，对提高临界荷载没有什么帮助。

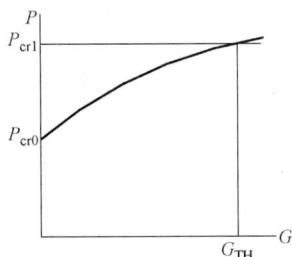

图10.3　临界荷载和支撑刚度的关系

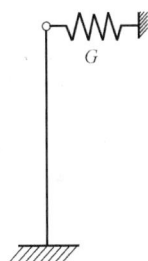

图10.4　柱子模型 $K_1=0$ and $K_2=\infty$

根据前面第6章已经获得的理解，纯框架的层抗侧刚度可以无量纲化表示为

$$G_0=u_0^2=\pi^2/\mu_0^2 \quad (10.9)$$

支撑的门槛刚度　　　　　　　　　　　　　　　　　　表 10.1

K_2 \ K_1	0	0.05	0.1	0.2	0.3	0.4	0.5	1	2	3	5	10	20	∞
0	π^2	10.2	10.5	11.2	11.8	12.4	12.9	15.5	19.5	22.9	28.5	40.2	60.7	∞
0.05		9.70	9.75	10.2	10.6	11.1	11.6	13.8	17.2	19.9	24.0	31.0	40.0	77.3
0.1			9.58	9.71	10.0	10.4	10.8	12.8	15.8	18.0	21.3	26.3	31.6	46.1
0.2				9.47	9.57	9.79	10.1	11.6	14.1	15.9	18.4	21.8	24.7	30.2
0.3					9.50	9.61	9.80	11.1	13.3	14.9	17.1	19.8	21.9	25.3
0.4						9.63	9.75	10.8	12.9	14.4	16.4	18.8	20.6	23.2
0.5							9.83	10.8	12.8	14.2	16.1	18.3	20.0	22.2
1								11.4	13.2	14.6	16.5	18.6	20.1	22.0
2									15.1	16.6	18.6	20.1	22.6	24.7
3										18.3	20.5	23.0	24.8	27.0
5											22.8	25.7	27.6	30.1
10												28.8	30.9	33.7
20													33.3	36.2
∞														$4\pi^2$

（10.7）式明确地说明，要使框架发生无侧移失稳，支撑的抗侧刚度必须与无侧移失稳的临界荷载和有侧移失稳的临界荷载的差值（即临界荷载的增量）联系起来。

10.2.3　弱支撑框架的稳定性

当支撑的抗侧刚度达不到表 10.1 或（10.7）式的要求时，框架仍将发生有侧移失稳。但是与纯框架的有侧移失稳相比，由于存在支撑的作用，框架柱的临界荷载仍然有提高。图 10.5 是根据（10.5）式计算的临界荷载和支撑刚度的关系曲线。计算发现，当 $K_1 = K_2$ 时，临界荷载和支撑刚度的关系几乎完全线性，只有在 K_1 和 K_2 相差很大时，曲线才出现比较明显的非线性，而且曲线位于直线的上方。这些曲线可以近似地表示为

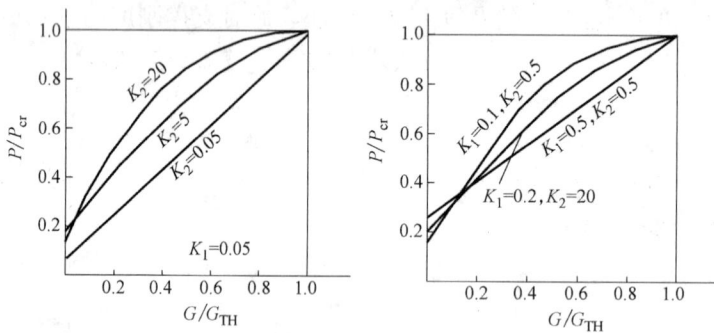

图 10.5　弱支撑框架临界荷载和支撑刚度的关系

$$P = P_{cr0} + (P_{cr_1} - P_{cr0})\left(\frac{G}{G_{TH}}\right)^{\left[1+10\left(\frac{G}{G_{TH}}\right)^{0.9}\left(\frac{K_1-K_2}{K_1+K_2}\right)^{80}\right]^{-0.5}} \qquad (10.10)$$

式中 P_{cr0} 是框架柱按照（6.11）式的计算长度系数计算的临界荷载，P_{cr1} 是无侧移失稳的临界荷载。上式误差最大偏安全方面 10%（发生在 $G/G_{TH} = 0.3 \sim 0.5$）。从式（10.10）得到

弱支撑框架柱的计算长度系数：

$$\frac{1}{\mu^2}=\frac{1}{\mu_0^2}+\left(\frac{1}{\mu_1^2}-\frac{1}{\mu_0^2}\right)\left(\frac{G}{G_{TH}}\right)^{\left[1+10\left(\frac{G}{G_{TH}}\right)^{0.9}\left(\frac{|K_1-K_2|}{K_1+K_2}\right)^{80}\right]^{-0.5}} \tag{10.11}$$

式中 μ_0 由(6.11)式计算，μ_1 由(7.23)式计算。在绝大多数多层框架结构中，可以非常精确地用线性公式表示临界荷载和支撑刚度的关系：

$$P=P_{cr0}+(P_{cr1}-P_{cr0})\frac{G}{G_{TH}} \tag{10.12}$$

这样，计算长度系数为

$$\frac{1}{\mu^2}=\frac{1}{\mu_0^2}+\left(\frac{1}{\mu_1^2}-\frac{1}{\mu_0^2}\right)\frac{G}{G_{TH}} \tag{10.13}$$

上式在所有情况下都是偏安全的。将（10.7）式进一步近似，取式中括号中的数为 2.0，并取 $\alpha=1.216$ 得到

$$G_{TH}=1.216\frac{\pi^2}{\mu_1^2}-\frac{\pi^2}{\mu_0^2} \tag{10.14}$$

或

$$S_{bTH}=\alpha\frac{\pi^2EI_c}{\mu_1^2h^2}-\frac{\pi^2EI_c}{\mu_0^2h^2}=1.216P_{cr}-P_{cr0} \tag{10.15}$$

（10.12)式告诉我们一个非常重要的具有实际应用价值的规律：临界荷载的增加量几乎正比于支撑的刚度。反过来，如果要使框架柱从有侧移失稳变为无侧移失稳，所需要的支撑刚度基本上正比于临界荷载的增加量，并且在数值上就近似地等于临界荷载增量。（10.14)式中的 1.216 是由于有侧移失稳和无侧移失稳的 $P-\delta$ 效应不同而引入的。

10.3 弯曲型支撑—框架体系的屈曲：连续模型分析

剪力墙一般被简化为弯曲型的构件，框架则被简化为剪切型结构，两者通过楼板体系连接后，可以导致有利的相互作用，每层的侧移角沿高度变得均匀(图 10.6)，使框架梁的剪力基本均匀。在稳定性方面，双重抗侧力结构的性能又是如何？

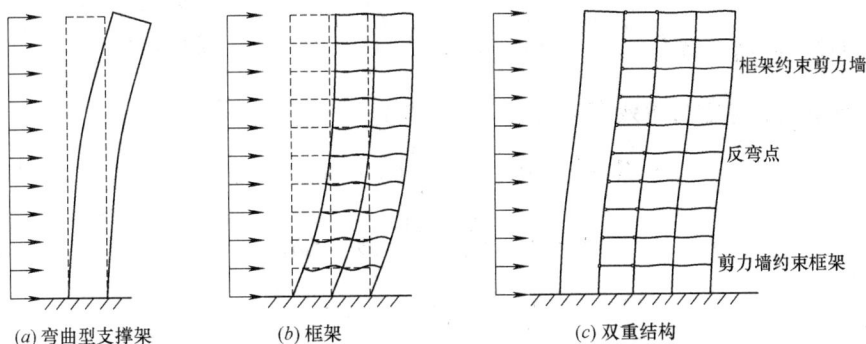

(a) 弯曲型支撑架　　(b) 框架　　(c) 双重结构

图 10.6　框架-剪力墙之间的相互作用

框架—剪力墙结构可表示为一个框架和剪力墙在相同平面内的结构，框架和剪力墙同时产生平移，他们可以由一个用刚性链杆连接的平面模型表示。采用以下假定将结构用一

个均匀的连续模型代替：

（1）在整个高度上，框架和剪力墙的几何和力学性质不变。

（2）剪力墙可由一个受弯悬臂构件代替，即仅产生弯曲变形。

（3）框架可由一个连续的受剪悬臂构件代替，即仅产生剪切变形。即框架的变形仅由柱和梁的弯曲变形产生，且柱的轴向刚度为无限大。

（4）连接杆件由水平刚性连接介质代替，它仅传递水平力并使受弯和受剪悬臂构件的变形协调。

图 10.7 中 w 为水平分布荷载，q 为框架和剪力墙之间的相互作用力。Q_H 为作用在框架和剪力墙顶点的集中力。P_1 为作用在每根框架柱上的竖向荷载之和，P_2 为作用在剪力墙上的竖向荷载，V 为作用在结构上的竖向荷载总和 $V=P_1+P_2$。受弯构件的抗弯刚度为 EI_B，剪切构件的抗剪刚度为 S。下面各个量的下标 I 和 II 分别表示线性分析和稳定分析的量。

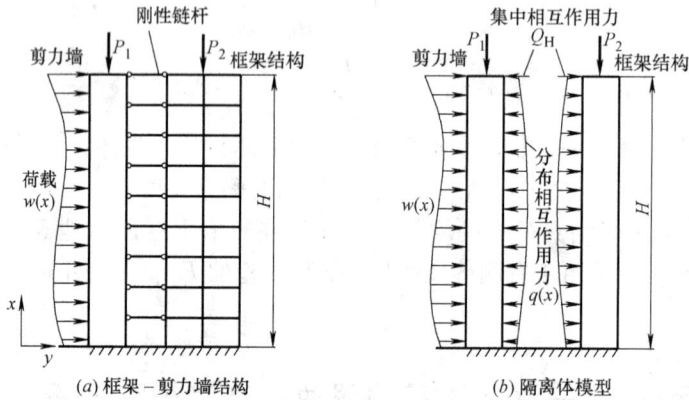

图 10.7　悬臂柱分析模型

受弯构件的平衡方程为：

$$-EI_B y_I''' = \int_x^H (w-q)\,\mathrm{d}x - Q_H \qquad (10.16a)$$

受剪构件的平衡方程为：

$$S y_I' = \int_x^H q\,\mathrm{d}x + Q_H \qquad (10.16b)$$

两式相加并微分一次得到：

$$y_I^{(4)} - \alpha^2 y_I'' = -\frac{w}{EI_B} \qquad (10.17)$$

式中 $\alpha^2 = S/EI_B$。考虑二阶效应后以上各方程变为

受弯构件：

$$-EI_B y_{II}''' - P_1 y_{II}' = \int_x^H (w-q)\,\mathrm{d}x - Q_H \qquad (10.16c)$$

受剪构件：

$$(S-P_2) y_{II}' = \int_x^H q\,\mathrm{d}x + Q_H \qquad (10.16d)$$

两式相加微分一次得到：

$$y_{II}^{(4)} - \beta^2 y_{II}'' = -\frac{w}{EI_B} \qquad (10.18)$$

式中 $\beta^2 = \dfrac{S-V}{EI_B}$。

根据 β^2 的正负号，(10.18)式存在两种可能：$\beta^2 > 0$ 和 $\beta^2 < 0$。边界条件为：

$y(0)=0$，$y'(0)=0$；$y''|_{x=H}=0$（顶点弯矩为 0）；

结构顶点总剪力为 0，对于方程(10.17)边界条件为 $(EI_B y''' - Sy')|_{x=H} = 0$；方程 (10.18)的边界条件为 $EI_B y''_{\text{II}} - (S-V)\, y'_{\text{II}}|_{x=H} = 0$。

本章研究图 10.7 所示的框架—剪力墙结构整体屈曲的临界荷载，即 $w=0$。此时须考虑(10.18)式中 $\beta^2 < 0$ 的情况，此时我们重新定义 $\beta^2 = \dfrac{V-S}{EI_B}$，因为是考虑屈曲问题，没有水平荷载作用，所以(10.18)式变为

$$y^{(4)} + \beta^2 y'' = 0 \tag{10.19}$$

上式与轴心受压悬臂柱弯曲屈曲的微分方程完全相同，边界条件也相同，因此可以参照悬臂柱的临界荷载，得到框架—剪力墙结构的临界荷载如下：

$$(V-S)_{\text{cr}} = \frac{\pi^2 EI_B}{4H^2}$$

$$V_{\text{cr}} = \frac{\pi^2 EI_B}{4H^2} + S \tag{10.20}$$

上式告诉我们如下的重要的结论：

（1）虽然在水平荷载下框架和剪力墙之间存在图 10.6（c）所显示的有利的相互作用，但是框架-剪力墙双重抗侧力结构的临界荷载是两者的简单相加。

（2）总的临界荷载与框架和剪力墙上的荷载分布没有关系，即总的临界荷载与荷载的比值 P_1/P_2 没有关系。因此剪力墙（除了抵抗自身承受的内力外）还有剩余能力有抵抗失稳的承载力时，可以用来帮助框架提高稳定承载力。

（3）因为临界荷载代表的是结构的刚度，（10.20）表示，框架—剪力墙共同作用后，总的刚度并没有增加，总的刚度是框架和剪力墙各自的简单相加。

10.4　框架—弯剪型结构支撑的屈曲

图 10.7 所示结构，如果支撑架是弯剪型结构，支撑架截面的剪切刚度是 S_B，则弯剪型子结构的平衡方程是

$$EI_B y_b^{(4)} + P_2(y''_b + y''_s) = -q \tag{10.21a}$$

$$-(S - P_1)y'' = q \tag{10.21b}$$

两式相加得到

$$EI_B y_b^{(4)} + (P_1 + P_2 - S)(y''_b + y''_s) = 0 \tag{10.22}$$

对于弯剪型支撑架，利用 $S_B y'_s = -EI_B y'''_b$，代入上式得到

$$EI_B \left(1 - \frac{V-S}{S_B}\right) y_b^{(4)} + (V-S) y''_b = 0 \tag{10.23}$$

边界条件为：

$y_b(0) = 0$，$y'_b(0) = 0$，$y_s(0) = 0$；$y''_b|_{x=H} = 0$（顶点弯矩为 0）；

顶端 $(EI_B y''_b)' + (V-S)(y'_b + y'_s) = 0$，　$S_B y'_s - (V-S)(y'_b + y'_s) = 0$ 即

$$EI_B(1 - \frac{V-S}{S_B}) y'''_b + (V-S) y'_b = 0$$

同样可以参照悬臂柱弯曲屈曲的公式直接写出临界荷载如下：

$$(V-S)_{cr} = \frac{\pi^2 EI_B}{4H^2}\left(1-\frac{V-S}{S_B}\right) = P_E\left(1-\frac{V-S}{S_B}\right)$$

即总的临界荷载是

$$V_{cr} = S + \frac{P_E}{1+P_E/S_B} = P_{cr} + S \tag{10.24}$$

即临界荷载是两个子结构单独作用时各自的临界荷载的简单相加。10.3 节末尾的三点结论，对本节仍然成立。对弯剪型支撑架，我们还可以做出第 4 个结论：我们注意到框架作为一种剪切型构件，其剪切刚度增加了总的临界荷载。而支撑架的剪切柔度（剪切刚度不是无限大）却是削弱了支撑架的刚度，从而削弱了总的临界荷载。各个子结构的抗弯刚度和抗剪刚度对结构整体性能的影响，见第 10.6 节的串并联模型。

弯剪型支撑架-框架的线性分析的微分方程是

$$EI_B\left(1+\frac{S}{S_B}\right)y_b^{(4)} - Sy_b'' = 0$$

两个剪切刚度，一个在分子，一个在分母，看上去它们的作用是相反的，但是实际上是相同的：S 直接增加了结构的总刚度，而 S_B 越大，支撑架的刚度也越大，只不过大到一定程度就不那么明显了。

10.5　双重弯剪型抗侧力结构的屈曲

实际的双重抗侧力结构的构成变化多样，最一般的是双重弯剪型抗侧力结构，双重弯曲型、双重剪切型、弯曲－剪切型都是它的特例。两个并列的简体结构可以认为是双重弯剪型的，两个并列的联肢剪力墙、并列的钢支撑架也是双重弯剪型的。因此下面从这个最一般的双重抗侧力结构出发来进行稳定性和效应放大系数的研究。

图 10.8 所示为双重弯剪型结构在水平和竖向荷载共同作用下的分析模型。采用如下基本假定：

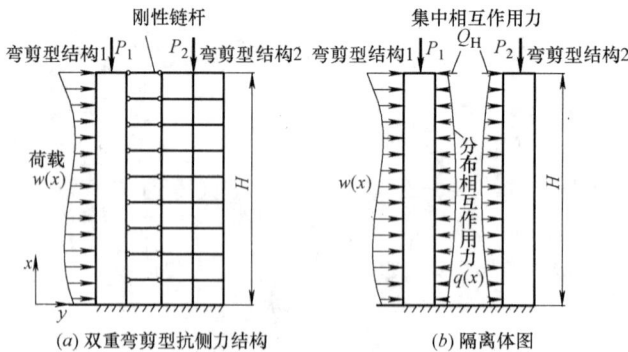

图 10.8　双重弯剪型结构的相互作用

1）材料是线弹性的，结构平面布置规则，刚度分布均匀；

2）考虑两个结构的弯曲变形和剪切变形，并考虑竖向荷载的二阶效应；

3）连接杆件为刚度无穷大的水平刚性连接介质，它仅传递水平力并使两个抗侧力结构变形协调。

记 $w(x)$ 是作用的分布外荷载，$q(x)$ 是两个结构之间通过链杆的相互作用力，其值随高度变化，P_1 和 P_2 分别为作用在结构 1 和结构 2 顶端的竖向集中荷载。结构 1 截面的抗弯刚度和抗剪刚度分别为 EI_1 和 S_1，结构 2 截面的抗弯刚度和抗剪刚度分别为 EI_2 和 S_2，结构的高度为 H。

如图 10.8b 所示，对两弯剪型结构体系，记第一个结构的弯曲侧移为 y_{b1}，剪切侧移为 y_{q1}，第二个结构的弯曲侧移为 y_{b2}，剪切侧移为 y_{q2}，y 为结构的总侧移。对结构 1 和结构 2 分别建立平衡方程：

$$-EI_1\frac{\mathrm{d}^3 y_{b1}}{\mathrm{d}x^3}-P_1\frac{\mathrm{d}y}{\mathrm{d}x}=\int_x^H[w(x)-q(x)]\mathrm{d}x-Q_H \tag{10.25a}$$

$$S_1\frac{\mathrm{d}y_{q1}}{\mathrm{d}x}-P_1\frac{\mathrm{d}y}{\mathrm{d}x}=\int_x^H[w(x)-q(x)]\mathrm{d}x-Q_H \tag{10.25b}$$

$$-EI_2\frac{\mathrm{d}^3 y_{b2}}{\mathrm{d}x^3}-P_2\frac{\mathrm{d}y}{\mathrm{d}x}=\int_x^H q(x)\mathrm{d}x+Q_H \tag{10.26a}$$

$$S_2\frac{\mathrm{d}y_{q2}}{\mathrm{d}x}-P_2\frac{\mathrm{d}y}{\mathrm{d}x}=\int_x^H q(x)\mathrm{d}x+Q_H \tag{10.26b}$$

另对子结构分析可得：

$$EI_1\frac{\mathrm{d}^3 y_{b1}}{\mathrm{d}x^3}=-S_1\frac{\mathrm{d}y_{q1}}{\mathrm{d}x} \tag{10.27a}$$

$$EI_2\frac{\mathrm{d}^3 y_{b2}}{\mathrm{d}x^3}=-S_2\frac{\mathrm{d}y_{q2}}{\mathrm{d}x} \tag{10.27b}$$

连续性条件有：

$$y=y_{q1}+y_{b1}=y_{q2}+y_{b2} \tag{10.28a}$$

$$y'_{q1}+y'_{b1}=y'_{q2}+y'_{b2} \tag{10.28b}$$

由式（10.25a）和式（10.26a）相加，将式（10.28a）和式（10.28b）代入并整理可得：

$$EI_1(1-\frac{P_1}{S_1})y'''_{b1}+EI_2(1-\frac{P_2}{S_2})y'''_{b2}+P_1 y'_{b1}+P_2 y'_{b2}=-\int_x^H w(x)\mathrm{d}x \tag{10.29a}$$

由式（10.28b）和（10.27a，10.27b）可得：

$$y'_{b1}-\frac{EI_1}{S_1}y'''_{b1}=y'_{b2}-\frac{EI_2}{S_2}y'''_{b2} \tag{10.29b}$$

下面假设 $w(x)$ 是均布荷载。记算子

$$L_1=\frac{EI_1}{S_1}\frac{d^3}{\mathrm{d}x^3}-\frac{d}{\mathrm{d}x} \tag{10.30a}$$

$$L_2=\frac{EI_2}{S_2}\frac{d^3}{\mathrm{d}x^3}-\frac{d}{\mathrm{d}x} \tag{10.30b}$$

$$L_3=EI_1\left(1-\frac{P_1}{S_1}\right)\frac{d^3}{\mathrm{d}x^3}+P_1\frac{d}{\mathrm{d}x} \tag{10.30c}$$

$$L_4=EI_2\left(1-\frac{P_2}{S_2}\right)\frac{d^3}{\mathrm{d}x^3}+P_2\frac{d}{\mathrm{d}x} \tag{10.30d}$$

则（10.29a，b）式可表示为：

$$L_1 y_{b1} = L_2 y_{b2}, \qquad L_3 y_{b1} + L_4 y_{b2} = w(x - H)$$

方程两边进行算子运算，消去 y_{b1} 得到：

$$L_3 L_2 y_{b2} + L_1 L_4 y_{b2} = -w$$

展开得到：

$$EI_2 EI_1 \left[\frac{S_1 + S_2 - V}{S_2 S_1} \right] \frac{\mathrm{d}^6 y_{b2}}{\mathrm{d}x^6} - \left[EI_1 + EI_2 - (\frac{EI_1}{S_1} + \frac{EI_2}{S_2})V \right] \frac{\mathrm{d}^4 y_{b2}}{\mathrm{d}x^4} - V \frac{\mathrm{d}^2 y_{b2}}{\mathrm{d}x^2} = -w$$

$$(10.31)$$

上式积分两次并化简得：

$$\frac{\mathrm{d}^4 y_{b2}}{\mathrm{d}x^4} - \beta^2 \frac{\mathrm{d}^2 y_{b2}}{\mathrm{d}x^2} - \gamma^4 y_{b2} = -\frac{1}{2} w \xi x^2 + C_{01} x + C_{02} \qquad (10.32)$$

其中

$$\xi = 1 / \left[EI_2 EI_1 \cdot \frac{S_1 + S_2 - V}{S_2 S_1} \right] \qquad (10.33a)$$

$$\beta^2 = \left[EI_1 + EI_2 - (\frac{EI_1}{S_1} + \frac{EI_2}{S_2})V \right] / \left[EI_2 EI_1 \cdot \frac{S_1 + S_2 - V}{S_2 S_1} \right] \qquad (10.33b)$$

$$\gamma^4 = V / \left[EI_2 EI_1 \cdot \frac{S_1 + S_2 - V}{S_2 S_1} \right] \qquad (10.33c)$$

式中 $V = P_1 + P_2$。令 $w = 0$ 即可以得到研究双重抗侧力结构屈曲的微分方程。此时方程 (10.32) 的解为

$$y_{b2} = A \sinh r_1 x + B \cosh r_1 x + C \sin r_2 x + D \cos r_2 x + Rx + F \qquad (10.34a)$$

$$y'_{b2} = r_1 (A \cosh r_1 x + B \sinh r_1 x) + r_2 (C \cos r_2 x - D \sin r_2 x) + R \qquad (10.34b)$$

$$y''_{b2} = r_1^2 (A \sinh r_1 x + B \cosh r_1 x) - r_2^2 (C \sin r_2 x + D \cos r_2 x) \qquad (10.34c)$$

其中 A，B，C，D 是待定系数，$R = -\dfrac{C_{01}}{\gamma^4}$，$F = -\dfrac{C_{02}}{\gamma^4}$，

$$r_1 = \sqrt{\frac{1}{2}(\beta^2 + \sqrt{\beta^4 + 4\gamma^4})}, \quad r_2 = \sqrt{\frac{1}{2}(\sqrt{\beta^4 + 4\gamma^4} - \beta^2)} \qquad (10.35a, b)$$

由 (10.27a，b) 式积分一次得：

$$y_{q1} = -\frac{EI_1}{S_1} \cdot \frac{\mathrm{d}^2 y_{b1}}{\mathrm{d}x^2} + J_1 \qquad (10.36a)$$

$$y_{q2} = -\frac{EI_2}{S_2} \cdot \frac{\mathrm{d}^2 y_{b2}}{\mathrm{d}x^2} + J_2 \qquad (10.36b)$$

由 (10.28a) 式和 (10.36a，10.36b) 式可得：

$$\frac{\mathrm{d}^2 y_{b1}}{\mathrm{d}x^2} - \frac{S_1}{EI_1} y_{b1} = -A(1 - \frac{EI_2}{S_2}r_1^2)\frac{S_1}{EI_1}\sinh r_1 x - B(1 - \frac{EI_2}{S_2}r_1^2)\frac{S_1}{EI_1}\cosh r_1 x$$

$$-C(1 + \frac{EI_2}{S_2}r_2^2)\frac{S_1}{EI_1}\sin r_2 x - D(1 + \frac{EI_2}{S_2}r_2^2)\frac{S_1}{EI_1}\cos r_2 x - E\frac{S_1}{EI_1}x - (F + J_2 - J_1)\frac{S_1}{EI_1}$$

$$(10.37)$$

(10.37) 式的解可表示为：

$$y_{b1} = \alpha_1 A \sinh r_1 x + \alpha_1 B \cosh r_1 x + \alpha_2 C \sin r_2 x + \alpha_2 D \cos r_2 x$$
$$+ Rx + F + J_2 - J_1 + G \sinh r_3 x + K \cosh r_3 x \qquad (10.38)$$

其中：

$$\alpha_1 = (1 - \frac{EI_2}{S_2}r_1^2) / (1 - \frac{EI_1}{S_1}r_1^2) \qquad (10.39a)$$

$$\alpha_2 = (1 + \frac{EI_2}{S_2} r_2^2) / (1 + \frac{EI_1}{S_1} r_2^2) \tag{10.39b}$$

$$r_3 = \sqrt{S_1 / EI_1} \tag{10.39c}$$

因为要求

$$EI_1 (1 - \frac{P_1}{S_1}) \frac{\mathrm{d}^3 y_{b1}}{\mathrm{d}x^3} + EI_2 (1 - \frac{P_2}{S_2}) \frac{\mathrm{d}^3 y_{b2}}{\mathrm{d}x^3} + P_1 \frac{\mathrm{d}y_{b1}}{\mathrm{d}x} + P_2 \frac{\mathrm{d}y_{b2}}{\mathrm{d}x} = 0 \tag{10.40}$$

将 y_{b1} 和 y_{b2} 的解析式求导并代入整理可得：

$$\left[EI_1 (1 - \frac{P_1}{S_1}) \alpha_1 r_1^2 + EI_2 (1 - \frac{P_2}{S_2}) r_1^2 + P_1 \alpha_1 + P_2 \right] r_1 (A\cosh r_1 x + B\sinh r_1 x)$$

$$- \left[EI_1 \left(1 - \frac{P_1}{S_1}\right) \alpha_2 r_2^2 + EI_2 \left(1 - \frac{P_2}{S_2}\right) r_2^2 - P_1 \alpha_2 - P_2 \right] r_2 (C\cos r_2 x - D\sin r_2 x)$$

$$+ \left[EI_1 \left(1 - \frac{P_1}{S_1}\right) r_3^3 + P_1 r_3 \right] (G\cosh r_3 x + K\sinh r_3 x) + VR = 0 \tag{10.41}$$

经计算推导发现：

$$EI_1 \left(1 - \frac{P_1}{S_1}\right) \alpha_1 r_1{}^2 + EI_2 \left(1 - \frac{P_2}{S_2}\right) r_1{}^2 + P_1 \alpha_1 + P_2 = EI_2 EI_1 \left[\frac{S_1 + S_2 - V}{S_2 S_1} \right] (r_1^4 - \beta^2 r_1^2 - \gamma^4) = 0$$

$$-EI_1 \left(1 - \frac{P_1}{S_1}\right) \alpha_2 r_2{}^2 - EI_2 \left(1 - \frac{P_2}{S_2}\right) r_2{}^2 + P_1 \alpha_2 + P_2 = EI_2 EI_1 \left[\frac{S_1 + S_2 - V}{S_2 S_1} \right] (r_2^4 - \beta^2 r_2^2 - \gamma^4) = 0$$

因此 (10.41) 式要求

$$\left[EI_1 \left(1 - \frac{P_1}{GA_1}\right) r_3^3 + P_1 r_3 \right] (G\cosh r_3 x + K\sinh r_3 x) + VR = 0$$

但是 $EI_1 \left(1 - \frac{P_1}{GA_1}\right) r_3^3 + P_1 r_3 \neq 0$，所以要使上式成立，$G = K = 0$，进而要求 $R = 0$，所以

$$y_{b1} = \alpha_1 A\sinh r_1 x + \alpha_1 B\cosh r_1 x + \alpha_2 C\sin r_2 x + \alpha_2 D\cos r_2 x + F + J_2 - J_1 \tag{10.42a}$$

$$y'_{b1} = \alpha_1 r_1 (A\cosh r_1 x + B\sinh r_1 x) + \alpha_2 r_2 (C\cos r_2 x - D\sin r_2 x) \tag{10.42b}$$

$$y''_{b1} = \alpha_1 r_1^2 (A\sinh r_1 x + B\cosh r_1 x) - \alpha_2 r_2^2 (C\sin r_2 x + D\cos r_2 x) \tag{10.42c}$$

另外的边界条件如下：

1）当 $x = 0, y_{b1} = y_{b2} = y_{q1} = y_{q2} = 0, \dfrac{\mathrm{d}y_{b1}}{\mathrm{d}x} = \dfrac{\mathrm{d}y_{b2}}{\mathrm{d}x} = 0$ $\tag{10.43a}$

2）当 $x = H, \dfrac{\mathrm{d}^2 y_{b1}}{\mathrm{d}x^2} = \dfrac{\mathrm{d}^2 y_{b2}}{\mathrm{d}x^2} = 0$ $\tag{10.43b}$

将有关式子代入得到

$$B + D + F = 0 \tag{10.44a}$$

$$r_1 A + r_2 C = 0 \tag{10.44b}$$

$$r_1^2 (A\sinh r_1 H + B\cosh r_1 H) - r_2^2 (C\sin r_2 H + D\cos r_2 H) = 0 \tag{10.44c}$$

$$\alpha_1 B + \alpha_2 D + F + J_2 - J_1 = 0 \tag{10.44d}$$

$$\alpha_1 r_1 A + \alpha_2 r_2 C = 0 \tag{10.44e}$$

$$\alpha_1 r_1^2 (A\sinh r_1 H + B\cosh r_1 H) - \alpha_2 r_2^2 (C\sin r_2 H + D\cos r_2 H) = 0 \tag{10.44f}$$

从剪切位移等于 0 得到

$$J_1 = \frac{EI_1}{S_1}(\alpha_1 r_1^2 B - \alpha_2 r_2^2 D) \tag{10.45a}$$

$$J_2 = \frac{EI_2}{S_2}(r_1^2 B - r_2^2 D) \tag{10.45b}$$

由 (10.44b, e) 式得到 $C=0$, $A=0$

然后令 (10.44c, f) 式的系数行列式等于 0 得到临界方程 $\cos r_2 H = 0$,从而

$$r_2 H = H\sqrt{\frac{1}{2}\left(\sqrt{\beta^4 + 4\gamma^4} - \beta^2\right)} = \frac{\pi}{2}$$

$$4\gamma^4 = \frac{\pi^4}{4H^4} + \frac{\pi^2}{H^2}\beta^2$$

将 (10.33b, c) 代入,得到:

$$V_{cr} = \frac{\pi^4 EI_2 EI_1}{16H^4}\left[\frac{1}{S_1} + \frac{1}{S_2} - \frac{V_{cr}}{S_2 S_1}\right] + \frac{\pi^2}{4H^2}\left[EI_1 + EI_2 - \left(\frac{EI_2}{S_2} + \frac{EI_1}{S_1}\right)V_{cr}\right]$$

记 $P_{E1} = \dfrac{\pi^2 EI_1}{4H^2}$,$P_{E2} = \dfrac{\pi^2 EI_2}{4H^2}$,从上式得到

$$V_{cr}\left[1 + \frac{P_{E2}}{S_2} + \frac{P_{E1}}{S_1} + \frac{P_{E1}P_{E2}}{S_2 S_1}\right] = P_{E1}P_{E2}\left[\frac{1}{S_1} + \frac{1}{S_2}\right] + P_{E1} + P_{E2}$$

上式可以进一步改写为

$$V_{cr} = P_{1cr} + P_{2cr} = \frac{P_{E1}}{\left(1 + \dfrac{P_{E1}}{S_1}\right)} + \frac{P_{E2}}{\left(1 + \dfrac{P_{E2}}{S_2}\right)} = P_{1ub} + P_{2ub} \tag{10.46}$$

其中 V_{cr} 是双重体系的总临界荷载,P_{1ub} 和 P_{2ub} 分别为子结构 1 和子结构 2 单独的考虑剪切变形影响的临界荷载。

对于屈曲波形,因为 $\cos r_2 H = 0$,则 $D \neq 0$,所以 $B=0$,

$$F = -D, J_1 = -\frac{EI_1}{S_1}\alpha_2 r_2^2 D, J_2 = -\frac{EI_2}{S_2}r_2^2 D$$

$$y_{b1} = D\frac{(1 + P_{E2}/S_2)}{(1 + P_{E1}/S_1)}\left(\cos\frac{\pi x}{2H} - 1\right) \tag{10.47a}$$

$$y_{b2} = D\left(\cos\frac{\pi x}{2H} - 1\right) \tag{10.47b}$$

$$y_{q1} = D\frac{(1 + P_{E2}/S_2)}{(1 + P_{E1}/S_1)}\frac{P_{E1}}{S_1}\left[\cos\frac{\pi x}{2H} - 1\right] \tag{10.47c}$$

$$y_{q2} = D\frac{P_{E2}}{S_2}\left(\cos\frac{\pi x}{2H} - 1\right) \tag{10.47d}$$

从 (10.46) 式可以得出以下结论:

1) 虽然在水平荷载下的两弯剪型子结构之间存在有利的相互作用,但是弯剪型双重抗侧力结构的临界荷载是两者的简单相加。

2) 总的临界荷载与双重体系中的荷载分布没有关系,因此其中一个子结构有富裕的抵抗失稳的承载力时,可以用来帮助另一个子结构提高稳定承载力。

这个结论对于双重抗侧力结构中的框架具有非常重要的意义:框架(子结构 2)获得核心筒(子结构 1)的支持后的临界荷载 P_{2cr} 与框架本身发生无侧移屈曲的临界荷载 P_{2ns} 比

较，如果 $P_{2ns}＜P_{2cr}$，则框架将首先发生无侧移屈曲，此时我们称呼框架为强支撑的框架；否则是弱支撑框架。弱支撑框架因为仍然发生有侧移屈曲，所以(10.46)式仍然有效。设此时两个子结构上的荷载分别是 P_1，P_2，刚好使框架(子结构 2)发生无侧移屈曲时的刚度(用子结构 1 的临界荷载来代表其刚度) 记为$(P_{1ub})_{TH}$：

$$V_{cr}＝P_{1ub}＋P_{2ub}＝P_1＋P_2＝P_1＋P_{2ns}$$

即 $$P_{1ub}＝(P_{1ub})_{TH}＝P_{2ns}-P_{2ub}＋P_1, \tag{10.48}$$

则弱支撑框架柱的临界荷载由(10.46)式推导得到：

$$P_2＝P_{2ub}＋P_{1ub}-P_1＝P_{2ub}＋(P_{2ns}-P_{2ub})\frac{P_{1cr}-P_1}{P_{2ns}-P_{2ub}}$$

$$＝P_{2ub}＋(P_{2ns}-P_{2ub})\frac{P_{1ub}-P_1}{(P_{1ub})_{TH}-P_1} \tag{10.49}$$

式中 P_{2ub} 是框架部分有侧移屈曲的临界荷载。$P_{1ub}-P_1$ 代表子结构 1 扣除用于抵抗自身荷载后剩余的抗侧刚度，是用于提高子结构 2 的稳定承载力的。而 $(P_{1ub})_{TH}-P_1＝P_{2ns}-P_{2ub}$ 是使得子结构 2 发生无侧移屈曲所需要的子结构 1 的刚度。

我们注意到，(10.20) 式、(10.24)式仅仅是(10.46)式的特例。当 $\pi^2EI_1/4H^2 \gg S_1$ 和 $\pi^2EI_2/4H^2 \gg S_2$ 时，即两个都是框架结构时

$$V_{cr}＝S_1＋S_2 \tag{10.50}$$

10.6 双重和多重弯剪型抗侧力结构屈曲分析的串并联电路模型

(10.46)式表达的两个弯剪型结构相互作用后的屈曲荷载，仅仅是两个子结构独立作用的临界荷载的简单相加，对这个公式的构成进行分析，可以揭示双重抗侧力结构中各个子结构的刚度分量的作用。

通过对双重弯剪型抗侧力结构的屈曲分析，我们提出图 10.9 所示的电路模型来协助我们认识两个弯剪型抗侧力结构之间的相互作用。一个子结构的弯曲柔度和剪切柔度分别被模拟为两个串联的电阻，子电路上电流在屈曲问题中则被模拟为这个子结构单独作用时的临界荷载，总电流代表总临界荷载。各个子结构通过楼板的刚性横隔膜作用，使各个子结构共同工作，这相当于各个串联子电路被并联地连接在一起。各个子结构的变形 Δ 相同，在电路中是各个串联子电路两端的电压 U 相等。

在屈曲问题中，结构顶点的侧移(屈曲波形)$\Delta＝1.0$，相当于电路的电压 $U＝1.0$，因此电流 $I＝I_1＋I_2＋\ldots$，在结构中相当于临界荷载 $V_{cr}＝P_{1cr}＋P_{2cr}＋\ldots$。

因为 $U＝1$，在图 10.9，两个串联子电路的电流为 I_1 和 I_2，所以

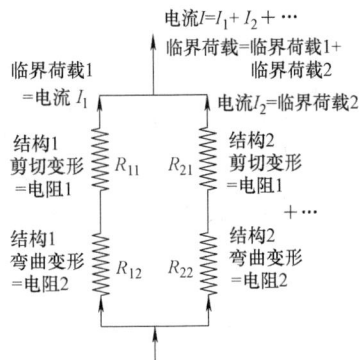

图 10.9 双重和多重弯剪型抗侧力结构相互作用的电路比拟

$$I = I_1 + I_2 = \frac{1}{R_{11} + R_{12}} + \frac{1}{R_{21} + R_{22}}$$

结构中相应的量为

$$P_{1\mathrm{ub}} = \frac{1}{\dfrac{1}{S_1} + \dfrac{1}{P_{\mathrm{E1}}}} = \frac{P_{\mathrm{E1}} S_1}{P_{\mathrm{E1}} + S_1}, \quad P_{2\mathrm{ub}} = \frac{1}{\dfrac{1}{S_2} + \dfrac{1}{P_{\mathrm{E2}}}} = \frac{P_{\mathrm{E2}} S_2}{P_{\mathrm{E2}} + S_2}, \quad V_{\mathrm{cr}} = P_{1\mathrm{ub}} + P_{2\mathrm{ub}}$$

图 10.9 的电路模拟推广到多重抗侧力结构，则增加串联子电路即可，这样一个电路中，总电流是各个串联子串联电流的电流之和：

$$I = I_1 + I_2 + I_3 + \cdots\cdots$$

返回到原结构，则得到总的临界荷载是各个子结构单独作用时的临界荷载之和：

$$V_{\mathrm{cr}} = P_{1\mathrm{ub}} + P_{2\mathrm{ub}} + P_{3\mathrm{ub}} + \cdots\cdots \tag{10.51}$$

10.7　弯曲型支撑—框架的稳定性：离散模型

以上几节是连续模型，本节采用离散的分层的模型，看看结果有什么不同。

10.7.1　刚性柱模型的研究

下面先分析一些刚性柱的结构模型，以便得到侧向支撑刚度与框架临界荷载关系的一些启示。

（1）如图 10.10 框架柱模型，假设柱无限刚性，框架柱的高度为 h，柱脚铰接，柱顶设置线刚度为 k 的侧向支撑弹簧；柱两端存在转动约束，约束刚度分别为 k_{r1}，k_{r2}。

1）无侧向支撑时：设柱顶侧移 Δ，则刚性柱转角 Δ/h，弯矩平衡得到：

$$P\Delta - k_{\mathrm{r1}} \frac{\Delta}{h} - k_{\mathrm{r2}} \frac{\Delta}{h} = 0$$

从而得到无侧向支撑时框架柱有侧移失稳的临界荷载：

$$P_{\mathrm{ub}} = \frac{k_{\mathrm{r1}} + k_{\mathrm{r2}}}{h} \tag{10.52}$$

当 $k_{\mathrm{r1}} = k_{\mathrm{r2}} = 0$，柱子几何可变，有侧移失稳的临界荷载为 0。

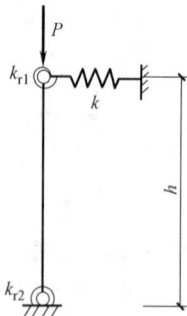

图 10.10　刚性柱模型

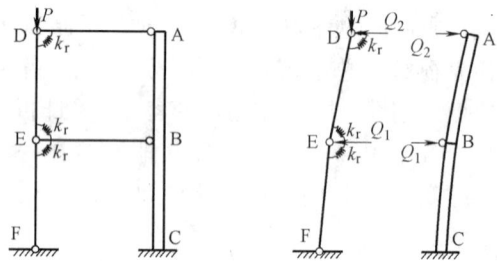

(a) 两层刚性柱–弹性支撑柱模型　　(b) 刚性柱和支撑的平衡

图 10.11　两层刚性框架-支撑柱模型，两层框架柱平衡状态

2）有支撑时：

$$P\Delta - k_{r1}\frac{\Delta}{h} - k_{r2}\frac{\Delta}{h} - k\Delta h = 0$$

从而得到有侧向支撑时框架柱的临界荷载：

$$P_{cr} = \frac{k_{r1}+k_{r2}}{h} + kh = P_{ub} + kh$$

如果这个 k 是由悬臂柱提供的，则 $k = \frac{3EI_B}{h^3}$，即

$$P_{cr} = P_{ub} + kh = P_{ub} + 1.216\frac{\pi^2 EI_B}{h^2} = P_{ub} + 1.216P_{Bcr} \tag{10.53}$$

式（10.53）表明，从无支撑时的临界荷载开始，临界荷载增加量正比于柱顶侧向支撑刚度的大小。由于柱为刚性，不会发生无侧移失稳。反过来，从(10.53)式可以得到：

$$k = \frac{P_{cr} - P_{ub}}{h} \tag{10.54}$$

式（10.54）表明，如果希望柱的临界荷载达到 P_{cr}，支撑刚度必须与柱子实际要承担的荷载 P_{cr} 与无支撑时的临界荷载 P_{ub} 的差值发生关系。

（2）如图 10.11(a) 两层框架模型，框架层高 h，框架梁和柱刚度都为无限大，支撑柱刚度 EI_B，梁柱间有刚度为 k_r 的转动弹簧，柱与支撑柱之间由刚性连杆相连。从单层模型推广到多层时，梁柱之间存在二种可能的模型，见图 10.12(a)、10.12(b)。图 10.12(a)表示梁与柱之间存在转动约束，图 10.12(b)表示上下层柱之间存在转动约束。对于图 10.12(b)的转动约束模型，在柱子产生整体刚体侧移时(图 10.12c)，转动约束将没有作用，不符合框架实际。因此采用图 10.12(a)的模型比较合理，即采用图 10.11（a）的模型。

1）无支撑时：当框架不存在侧向支撑时，设框架一层侧移 Δ_1，顶层侧移 Δ_2，则有：

一层柱子的弯矩平衡：$\qquad P\Delta_1 - k_r\frac{\Delta_1}{h} - k_r\frac{\Delta_1}{h} = 0$

二层柱子的弯矩平衡：$P(\Delta_2 - \Delta_1) - k_r\frac{\Delta_2 - \Delta_1}{h} - k_r\frac{\Delta_2 - \Delta_1}{h} = 0$

从上面两式可以看出，两层相互独立，各层可以单独得到各自的临界荷载。在本例题中，两层轴力一样，都得到无支撑时二层刚性框架柱有侧移失稳的临界荷载：

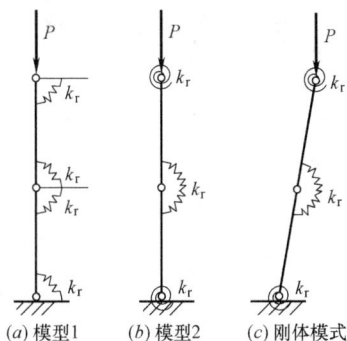

图 10.12 二层理想框架梁柱约束模型

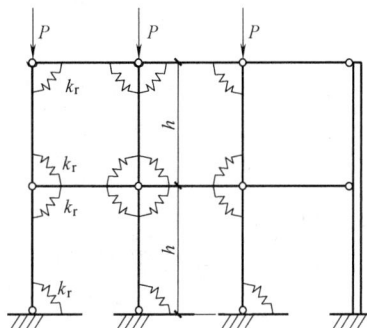

图 10.13 多跨二层支撑—框架模型

$$P_{ub} = \frac{2k_r}{h} \tag{10.55}$$

2）有支撑时：当框架存在侧向支撑时，记 Q_1、Q_2 为两连杆内的轴力，由左侧框架柱（图 10.11b）的平衡方程可以得到：

$$Q_2 = P\frac{\Delta_2 - \Delta_1}{h} - 2k_r\frac{\Delta_2 - \Delta_1}{h^2}$$

$$Q_1 = P\frac{\Delta_1}{h} - 2k_r\frac{\Delta_1}{h^2} - Q_2 = P\frac{2\Delta_1 - \Delta_2}{h} - 2k_r\frac{2\Delta_1 - \Delta_2}{h^2}$$

对图 10.11(c) 的支撑柱有：

$$M_{AB} = 4i\theta_A + 2i\theta_B - \frac{6i(\Delta_2 - \Delta_1)}{h}$$

$$M_{BA} = 2i\theta_A + 4i\theta_B - \frac{6i(\Delta_2 - \Delta_1)}{h}$$

$$M_{BC} = 4i\theta_B - \frac{6i\Delta_1}{h}$$

$$M_{CB} = 2i\theta_B - \frac{6i\Delta_1}{h}$$

同时对于支撑柱有弯矩和剪力平衡条件：

$$M_{AB} = 0$$
$$M_{BA} + M_{BC} = 0$$
$$(M_{AB} + M_{BA})/h + Q_2 = 0$$
$$(M_{CB} + M_{BC})/h - (M_{AB} + M_{BA})/h + Q_1 = 0$$

由上面的式子综合得到有支撑框架柱临界荷载为：

$$P_{cr} = \frac{2(15 - 9\sqrt{2})EI_B}{7h^2} + \frac{2k_r}{h} \tag{10.56a}$$

或

$$P_{cr} = \frac{2(15 + 9\sqrt{2})EI_B}{7h^2} + \frac{2k_r}{h} \tag{10.56b}$$

上两式分别对应图 10.14(a)、图 10.14(b) 的屈曲模态，图 10.14(a) 为有侧移屈曲模态，图 10.14(b) 是高阶的模态，支撑柱出现了反弯点，所以临界荷载极大地提高。由于此处采用了刚性柱模型，框架本身并不存在无侧移屈曲模态。由式(10.56a)可得：

$$P_{cr} = \frac{0.649EI_B}{h^2} + \frac{2k_r}{h} = 1.053\frac{0.617EI_B}{h^2} + \frac{2k_r}{h} = 1.053\frac{\pi^2 EI_B}{4(2h)^2} + \frac{2k_r}{h} = 1.053P_{Bcr} + P_{ub}$$

$$\tag{10.57}$$

其中，P_{Bcr} 为支撑柱柱顶作用集中竖向轴力时侧向失稳的临界荷载，P_{ub} 为无支撑柱时框架有侧移失稳的临界荷载。从 (10.57) 式得到如下具有实际应用价值的结论：

（1）由于支撑柱的临界荷载是支撑柱抗侧刚度的一个度量，

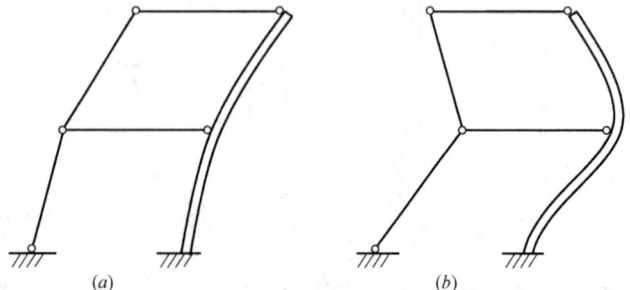

图 10.14　二层刚性框架模型屈曲模态

(10.57)式表明了这样一个重要的规律：在这种弯曲型支撑框架中，框架总的临界荷载在除以总高 H 后近似等于框架部分的抗侧刚度和支撑柱的抗侧刚度之和。

（2）（10.57)式同样表明：框架柱临界荷载的增加量跟弯曲型侧向支撑的抗侧刚度成线性关系。

（3）框架总的临界荷载值就等于框架无支撑时的临界荷载值 P_{ub} 加上支撑柱自身作用有竖向轴力时发生侧移屈曲的临界荷载值 P_{Bcr}。

（4）对照(10.57)式和(10.53)式，随着层数的增多，P_{Bcr} 前的系数很快趋于 1.0。

10.7.2　框架-弯曲型支撑柱双重结构的失稳模态

纯框架发生有侧移失稳。设置支撑柱后，随支撑柱刚度增加，框架临界荷载也随之增加，同时也改变了框架的失稳模态。当支撑柱的刚度达到某一门槛值时，框架发生无侧移失稳。

采用有限元方法分析了图 10.15 所示的 20 层理想框架-支撑柱结构体系的屈曲。仅在柱顶作用竖向荷载 P，框架跨度 8m，层高 3.3m，所有框架梁和柱截面相同：H600×300×10/16，弯曲型支撑采用跨度是 6m 的铰接框架，立柱截面也是 H600×300×10/16，每层内填剪切膜单元（无拉压刚度），剪切膜的剪切刚度取大值，使得支撑架的剪切变形的影响可以完全忽略。增加支撑架立柱面积到 R 倍，使得支撑架截面的抗弯刚度增大。有限元分析的临界荷载随支撑柱刚度参数 R 的变化如图 10.16 所示。由图可见，最低阶的失稳模式始终与纯框架的有侧移失稳模式类似，随着支撑架抗弯刚度的增加，最低阶失稳模式中不会出现反弯点。这种现象一直保持到支撑柱的刚度足够大，框架出现无侧移失稳模式为止。

注意这里与常规想象不同的现象：无侧移失稳相当于框架柱每层都有反弯点，支撑柱则保持不动，因此相对于整个结构来说是一种局部失稳，即仅框架失稳。而纯框架有侧移失稳是整体失稳。在这两个极端情况之间，最低阶失稳模式不会随支撑架刚度的逐步增加出现有一个反弯点、两个反弯点等反弯点数量逐步增加的情况。有反弯点的失稳模式是高阶失稳模式，其对应的临界荷载以更快的速度增加，如图 10.16 所示的模式 2、模式 3 等。

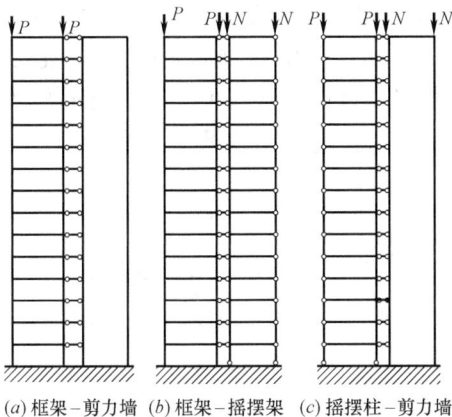

(a) 框架-剪力墙　(b) 框架-摇摆架　(c) 摇摆柱-剪力墙

图 10.15　多层和高层理想框架

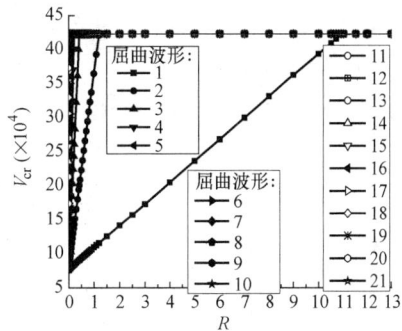

图 10.16　临界荷载与支撑架刚度参数的关系

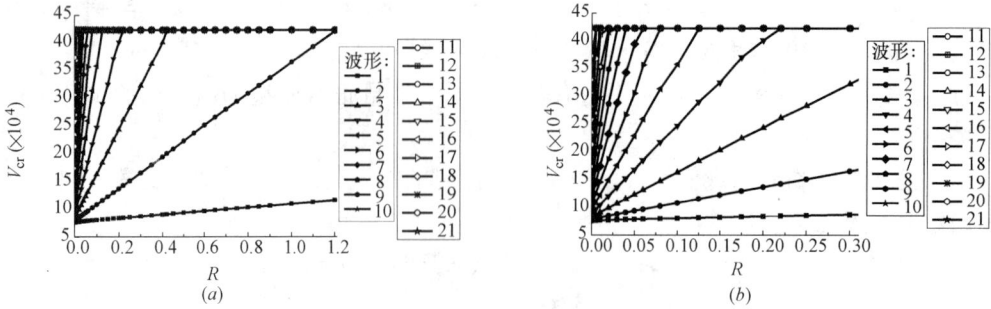

图 10.17　临界荷载与支撑架刚度参数的关系

上述现象反映到图 10.16、图 10.17(a)、(b)中就是各个模态的临界荷载与支撑刚度关系的曲线不相交。这使得我们拟合公式变得非常简单。这表明，按有侧移屈曲第一模态和无侧移屈曲第一模态的临界荷载相等的条件来决定支撑柱的门槛刚度就可以了。

为了拟合公式，先考察两种特例：设剪切膜的抗剪刚度等于 0，此时支撑架实际上变为多层"摇摆框架"，受到框架的支撑，此时的临界荷载，经过分析可以得到

$$P+\frac{1}{\alpha}N=P_{F,sw} \tag{10.58}$$

式中 α 取为薄弱层的侧移屈曲波形系数，$P_{F,sw}$ 是框架有侧移屈曲的临界荷载。此式表明，多层摇摆柱的情况下，临界荷载与单层的相同，这是因为，框架的失稳主要是薄弱层的失稳。

第 2 个特例是"多层摇摆框架"受到弯曲型支撑架的支撑，此时的临界荷载经过计算发现是

$$\frac{1}{\alpha_n}P+N=\frac{\pi^2 EI_B}{4H^2} \tag{10.59}$$

α_n 是柱身弯曲屈曲波形系数，一层时 $\alpha_1=1.216$，二层时 $\alpha_2=1.053$，即 α_n 随着层数增加快速接近于 1，$n\geqslant3$ 时已经可以取 1.0，因此

$$P+N=\frac{\pi^2 EI_B}{4H^2} \tag{10.60}$$

此时临界荷载公式中不带有柱身弯曲效应系数 α。

实际结构，框架和支撑架共同抵抗侧向失稳，其临界荷载的计算公式，必须考虑以上两种特例。计算了四个算例，二十层，如表 10.2 所示。其中算例 1 的计算结果已经在图 10.16、图 10.17 中表示出来，算例 3 和算例 4 框架梁的刚度比较大，梁柱线刚度比较大，柱身弯曲效应系数 α 不可忽略，是为了考察框架柱自身弯曲效应影响系数 α 对公式的影响，这种效应正是连续化模型无法反映的。

四个二十层算例　　　　　　　　　　　　　　　　表 10.2

	框架梁	框架柱	支撑柱	剪切膜刚度	$N:P$
	H600×300×10/16 不考虑剪切变形	H600×300×10/16 不考虑剪切变形	H600×300×10/16 铰接	10000G	
算例 1	1.0	1.0	$R=0\sim13$	1.0	$0:1$
算例 2	1.0	1.0	$R=0\sim25$	1.0	$1:1$
算例 3	10.0	1.0	$R=0\sim45$	1.0	$1:1$

	框架梁	框架柱	支撑柱	剪切膜刚度	$N:P$
	H600×300×10/16 不考虑剪切变形	H600×300×10/16 不考虑剪切变形	H600×300×10/16 铰接	10000G	
算例4	10.0	1.0	$R=0\sim20$	1.0	$0:1$
特例1	1	1	$R=0$	1.0	
特例2	铰接	铰接	$R\neq0$	1.0	

图 10.18 示出了算例 1 和算例 3 的屈曲波形的对比，显示的都是第一屈曲模态的临界荷载接近无侧移屈曲临界荷载时的情况。对比可见，算例 3 的柱身弯曲比较明显，而算例 1 的梁弯曲比较明显。

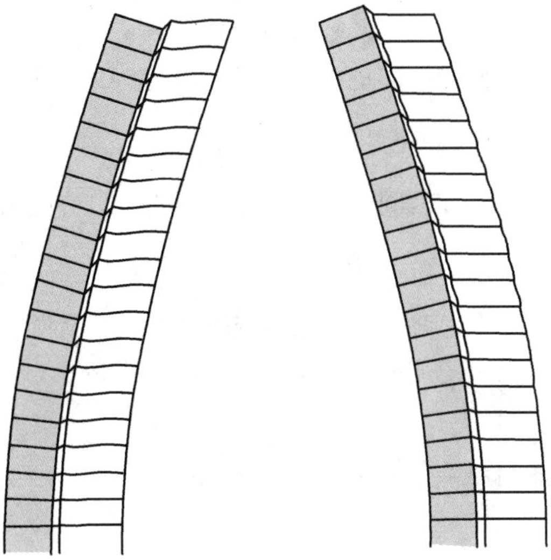

在支撑架上没有轴力，即 $N=0$ 时(算例 1 和算例 4)，计算发现

$$P_F = P_{F,sw} + \frac{\pi^2 EI_B}{4\alpha H^2} \tag{10.61}$$

而不是 $P_F = P_{F,sw} + \frac{\pi^2 EI_B}{4H^2}$，这个 α 可以理解为框架柱自身弯曲（或柱自身无侧移屈曲的倾向）对整体侧移屈曲的影响使得整体

(a) 算例1　　　　　*(b)* 算例3

图 10.18　第一屈曲波形临近转化为无侧移屈曲之前的失稳波形

屈曲的临界荷载降低的系数，连续化模型无法反映这样一种现象。

仔细分析四个算例的结果，参照(10.58)式和(10.61)式，提出下式计算弯曲型支撑—框架的临界荷载：

$$P_F + \frac{1}{\alpha}N = P_{F,sw} + \frac{\pi^2 EI_B}{4\alpha H^2} \tag{10.62}$$

其中 α 由(2.37)式计算。(10.62)式与框架整体分析结果误差不超过 2.4%，见表 10.3 提供的对比。

(10.62) 式和四个算例有限元结果的对比　　　　　表 10.3

算例	$R=0$ $P_{cr}+N_{cr}$	$R=R_{TH}$ P_{cr}	N_{cr}	R_{TH}	α	$\frac{\pi^2 EI_B}{4\alpha H^2}$	$P_{F,sw}$	$\frac{\pi^2 EI_B}{4\alpha H^2}+P_{F,sw}$	$P_{cr}+\frac{N_{cr}}{\alpha}$	比值
1	75730	422911	0	10.95	1.0063	349218	75730	424948	422911	1.005
2	38006×2	422909	422909	24.12	1.0063	769237	75730	844967	843170	1.002
3	141910×2	780950	780950	42.44	1.0979	1240585	270298	1510883	1492263	1.012
4	270298	780998	0	18.112	1.0979	529441	270298	799739	780998	1.024

10.7.3　变刚度变轴力框架临界荷载与支撑柱刚度的关系

实际的多层框架，构件(包括支撑架)的截面以及荷载随高度变化。假设框架柱刚度、

支撑架刚度和框架柱轴力沿高度方向均线性变化。即

框架轴力　　$P = P_1 - (P_1 - P_n)\zeta$

支撑架轴力　$N = N_1 - (N_1 - N_n)\zeta$

支撑架惯性矩　$I_B = I_{B1} - (I_{B1} - I_{Bn})\zeta$

框架侧倾刚度　$S_F = S_{F1} - (S_{F1} - S_{Fn})\zeta$

结构上总轴力　$V = V_1 - (V_1 - V_n)\zeta$

式中 $\zeta = z/H$，H 是总高。定义框架柱刚度、轴力变化参数：

顶层与底层支撑架抗弯刚度的比值 $r_B = I_{Bn}/I_{B1}$

顶层与底层框架柱轴压力的比值 $r_P = r_N = r_V = V_n/V_1 = P_n/P_1 = N_n/N_1$

顶层与底层框架抗侧刚度的比值 $r_F = S_{Fn}/S_{F1}$

综合系数：$r_{VF} = \dfrac{V_n - S_{Fn}}{V_1 - S_{F1}} = \dfrac{S_{Fn} - V_n}{S_{F1} - V_1}$

前三个参数都在区间（0，1］之间变化。总势能为

$$\Pi = \frac{1}{2}\int_0^H \left\{ EI_B(z)v''^2 - [V(z) - S_F(z)]v'^2 \right\}\mathrm{d}z \tag{10.63}$$

对照这个总势能与变截面变轴力弯曲型悬臂柱的总势能可知，只要将此时的 $V(z) - S_F(z)$ 视作为作用在弯曲型变截面柱子上的荷载，则第 5 章（5.74）式可以直接加以应用，即

$$0.28\left(1 + \frac{1}{8}r_B\right)(V_1 - S_{F1}) + \left[1 - 0.28\left(1 + \frac{1}{8}r_B\right)\right](V_n - S_{Fn}) = \frac{\pi^2 E(2I_{B1} + I_{Bn})/3}{4H^2} \tag{10.64}$$

也就是说，可以取离底部 $0.7095H$（$r_B = 0.3$）$\sim 0.685H$（$r_B = 1$）的层称为荷载代表层和框架侧倾刚度代表层，此高度处支撑架和框架上轴压力之和记为 V_{eq}，框架侧倾刚度记为 S_{Feq}；而离底部 $\frac{1}{3}H$ 处的楼层称为刚度代表层，刚度记为 $I_{Beq} = \frac{1}{3}(2I_{B1} + I_{Bn})$，

$$V_{eq} = \gamma_V V_1$$

$$S_{Feq} = \gamma_F S_{F1}$$

$$N_{eq} = \gamma_V N_1$$

$$P_{eq} = \gamma_V P_1$$

$$\gamma_V = 0.28\left(1 + \frac{1}{8}r_B\right) + \left[1 - 0.28\left(1 + \frac{1}{8}r_B\right)\right]r_V \tag{10.65a}$$

$$\gamma_F = 0.28\left(1 + \frac{1}{8}r_B\right) + \left[1 - 0.28\left(1 + \frac{1}{8}r_B\right)\right]r_F \tag{10.65b}$$

（10.64）可以简写成

$$V_{eqcr} = \frac{\pi^2 EI_{Beq}}{4H^2} + S_{Feq} \tag{10.66a}$$

采用底层的量来表示

$$P_{1cr} + N_{1cr} = S_{F1}\frac{\gamma_F}{\gamma_V} + \frac{\pi^2 EI_{B1}}{4H^2}\frac{2 + r_B}{3\gamma_V} \tag{10.66b}$$

但是（5.74）式中的 r_P 代表比例加载，是给定的，且大于 0。而此处与 r_P 对应的综合参数 r_{VF} 很可能是负的，也可能大于 1.0，因此超出了（5.74）式的适用范围。在新的参数范

围内是否成立，需要进一步验证。因此采用有限元法进行了计算，其中 $\frac{1}{2}\int_0^H S_F(z)v'^2$ dz 对应的物理刚度矩阵是(参照(5.69)式)：

$$[K_S]=\frac{\overline{S}_F}{l}\begin{bmatrix}0&0&0&0&0&0\\0&6/5&l/10&0&-6/5&l/10\\0&l/10&2l^2/15&0&-l/10&-l^2/30\\0&0&0&0&0&0\\0&-6/5&-l/10&0&6/5&-l/10\\0&l/10&-l^2/30&0&-l/10&2l^2/15\end{bmatrix}+\frac{S_{F21}}{20}\begin{bmatrix}0&0&0&0&0&0\\0&0&1&0&0&-1\\0&1&-2l/3&0&-1&0\\0&0&0&0&0&0\\0&0&-1&0&0&1\\0&-1&0&0&1&-2l/3\end{bmatrix}$$

$$(10.67)$$

式中 $\overline{S}_F$ 是单元两端抗剪刚度 S_{F1} 与 S_{F2} 平均值，$S_{F21}=S_{F2}-S_{F1}$。

单元刚度矩阵是 $[K_e]+[K_S]+[K_g]$。

取 $I_{B1}=43.2\times10^6$，$S_{F1}=38.46$，$H=1500$，$r_B=0.3\sim1$，$r_F=0.3\sim1$，$r_P=0\sim1$，进行有限元分析得到以底层总轴力计量的屈曲荷载，计算 (10.66b) 式的屈曲荷载与有限元解的比值，发现，当获得的结果使得 r_{VF} 为负值时，(10.66b)式结果偏大，当 $r_{VF}=-0.1906$ 时（对高层建筑，该值可能是负的，因为经常会出现 $S_{F1}<V_1$），偏大 7.16%，表明框架的贡献在此时被略微高估；而当 r_{VF} 大于 0，直到 2.7 时，精度也非常好。因此总体来说(10.66b)式精度不错。但是精度更好的公式是

$$P_{1cr}+N_{1cr}=S_{F1}\frac{\gamma_F}{\gamma_V}\eta_{VF}+\frac{\pi^2EI_{B1}}{4H^2}\frac{2+r_B}{3\gamma_V}\tag{10.68}$$

式中 $\eta_{VF}=1-0.04\sqrt{\dfrac{12H^2P_{F,sw,1}}{(2+r_B)\pi^2EI_{B1}}}\left(\dfrac{\gamma_F}{\gamma_V}-1\right)^2$

(10.68)式的误差在(1.87% ～ -2.74%)。

将 S_{F1} 放大 2.6 倍到 $S_{F1}=100$，使得框架提供的部分占比增大，(10.68)式的误差是(1.10% ～ -10.66%)；

将 S_1 继续放大 2.6 倍到 $S_{F1}=260$，使得框架提供的部分占比进一步增大（达到了 60% ～ 80%），(10.68)式的误差也是(1.10% ～ -10.66%)；

应用到离散体系，可以得到

$$\left(P_{eq}+\frac{N_{eq}}{\alpha}\right)_{cr}=P_{F,sw,eq}+\frac{\pi^2EI_{Beq}}{4\alpha H^2}\tag{10.69a}$$

$$P_{1cr}+\frac{N_{1cr}}{\alpha}=P_{F,sw,1}\frac{\gamma_F}{\gamma_V}+\frac{\pi^2EI_{B1}}{4\alpha H^2}\frac{2+r_B}{3\gamma_V}\tag{10.69b}$$

精度更好的公式是：

$$\left(P_{eq}+\frac{N_{eq}}{\alpha}\right)_{cr}=P_{F,sw,eq}\eta_{VF}+\frac{\pi^2EI_{Beq}}{4\alpha H^2}\tag{10.70a}$$

$$P_{1cr}+\frac{N_{1cr}}{\alpha}=P_{F,sw,1}\frac{\gamma_F}{\gamma_V}\eta_{VF}+\frac{\pi^2EI_{B1}}{4\alpha H^2}\frac{2+r_B}{3\gamma_V}\tag{10.70b}$$

10.7.4 支撑柱的门槛刚度

与剪切型支撑一样，弯曲型支撑也存在一个门槛刚度，其大小正好使得框架按照无侧移模

式失稳。令框架的临界荷载等于框架无侧移屈曲的临界荷载，就可以得到支撑架的门槛刚度。

上面假设框架的抗侧刚度是线性变化，也就是假设框架每层的有侧移屈曲临界荷载沿高度线性变化。在这样的假设下，框架柱无侧移屈曲的临界荷载沿高度如何变化？可以加以如下的考察：

（1）如果框架梁和柱子的截面同时按照相同的比例变化惯性矩，则无侧移屈曲荷载沿高度的变化也是线性的，并且线性的斜率相同；

（2）如果框架梁沿高度不变，通过变化柱子的惯性矩来变化框架的抗侧刚度，则框架柱的惯性矩以高于线性的速度沿高度减小，而无侧移屈曲计算长度系数则仅有较小的变化。这样框架柱无侧移屈曲最薄弱的楼层可能在中间的某个楼层。

这样设无侧移屈曲最薄弱的楼层是第 k 层，此层发生无侧移屈曲的荷载是 $P_{k,ns}$，按照比例加载的假定，此时底层的荷载是 $P_{1,k,ns}$，将其代入（10.70b）式可以得到

$$(EI_{B1})_{TH} = \frac{3\alpha\gamma_V}{2+r_B} P_{1,k,ns} \left(1 + \frac{N_1}{\alpha P_1} - \frac{P_{F,sw,1}}{P_{1,k,ns}} \frac{\gamma_F}{\gamma_V} \eta_{VF}\right) \frac{4H^2}{\pi^2} \tag{10.71}$$

注意上式的 N_1/P_1 应理解为比例加载系数。有了这个门槛刚度，则如果支撑架截面的抗弯刚度小于这个门槛刚度，则临界荷载可按照下式计算

$$P_{1cr} + \frac{N_{1cr}}{\alpha} = P_{F,sw,1} \frac{\gamma_F}{\gamma_V} \eta_{VF} \left(1 - \frac{EI_{B1}}{(EI_{B1})_{TH}}\right) + P_{1,k,ns} \left(1 + \frac{N_1}{\alpha P_1}\right) \frac{EI_{B1}}{(EI_{B1})_{TH}} \tag{10.72}$$

10.7.5　简单相加的公式

将框架和支撑架作为独立的结构，求得在相同 r_V 下的临界荷载，将这两个临界荷载相加以求得弯曲型支撑架-框架双重结构的临界荷载。

框架结构的临界荷载是

如果 $r_F > r_V$，则薄弱层在底层，此时 $P_{1cr} = S_{F1}$

如果 $r_F < r_V$，在薄弱层在顶层，此时 $P_{ncr} = S_n$，即 $P_{1cr} = \frac{r_F}{r_V} S_{F1}$

综合起来是

$$P_{1cr} = P_{1F} = S_{F1} \min\left(1, \frac{r_F}{r_V}\right) \tag{10.73}$$

支撑架的临界荷载是 $N_{1cr} = \frac{\pi^2 EI_{B1}}{4H^2} \frac{2+r_B}{3\gamma_V}$

两式相加得到双重抗侧力结构的一个估计

$$P_{1cr} + N_{1cr} = S_{F1} \min\left(1, \frac{r_F}{r_V}\right) + \frac{\pi^2 EI_{B1}}{4H^2} \frac{2+r_B}{3\gamma_V} \tag{10.74}$$

计算结果表明，上式在 $r_F > r_P$ 较多时可以偏保守达 $30\% \sim 50\%$，$r_F < r_P$ 时偏保守达 10% 以上，只有 $r_F = r_P$ 时上式才是精确的。因此此式仅可以作为一个宏观的度量。

对照（10.66b）式，仅右边第 1 项因子 $\frac{\gamma_F}{\gamma_V}$ 与 $\min\left(1, \frac{r_F}{r_V}\right)$ 的差别，在所分析的参数范围内，$\frac{\gamma_F}{\gamma_V} = 0.5 \sim 3.44$，而 $\min\left(1, \frac{r_F}{r_V}\right) = 0.3 \sim 1.0$。$\frac{\gamma_F}{\gamma_V}$ 的引入是因为有了弯曲型支撑后，框架的薄弱层失稳的性质不再出现，结构的有侧移失稳永远具有整体性质。

一个总是偏于安全、但偏安全程度小于 18% 的公式是取（10.66b）式和（10.74）式的一

个平均值：

$$P_{1cr} + N_{1cr} = \frac{1}{2} S_{F1} \left[\frac{\gamma_F}{\gamma_V} + \min\left(1, \frac{r_F}{r_V}\right) \right] + \frac{\pi^2 E I_{B1}}{4H^2} \frac{2 + r_B}{3\gamma_V} \qquad (10.75a)$$

对离散分层体系

$$P_{1cr} + \frac{N_{1cr}}{\alpha} = \frac{1}{2} S_{F1} \left[\frac{\gamma_F}{\gamma_V} + \min\left(1, \frac{r_F}{r_V}\right) \right] + \frac{\pi^2 E I_{B1}}{4\alpha H^2} \frac{2 + r_B}{3\gamma_V} \qquad (10.75b)$$

10.8 变轴力变刚度弯剪型支撑—框架结构的稳定性

在多高层结构中，实际的支撑结构都介于理想的剪切型和弯曲型支撑之间，被称为弯剪型支撑。与弯曲型支撑一样，弯剪型支撑的稳定性也必须进行结构的整体分析才能确定。本节将进一步把第 10.6 节的结果推广为更为普遍的弯剪型支撑的情况。

同样地，首先考察几个特例。表 10.3 给出了四个算例，原型框架的梁柱截面都是 H600×300×10/16，并且不考虑梁柱截面的剪切变形。但是通过刚度放大系数调节刚度。弯剪型支撑架采用跨度是 $l = 6m$ 的铰接框架，立柱截面也是 H600×300×10/16，每层内填剪切膜单元(无拉压刚度)，剪切膜的剪切刚度取 Glt，t 是膜厚度，$t = 1mm$ 时 $S_{B0} = 475385$ kN，支撑架抗弯刚度 $\frac{\pi^2 E I_{B0}}{4H^2} = 32093.3$。通过修改柱子截面面积到 R 倍来实现抗弯刚度增大到 R 倍，$I_B = R I_{B0}$。

两个支撑架上不受力的算例如表 10.4 所示，$R = 10$，$\frac{\pi^2 E I_B}{4H^2} = 32093.3$ 得到的结果如表 10.4 所示。在支撑架上没有轴力，即 $N = 0$ 时(算例 1 和算例 4)，计算发现

$$P_F = P_{F,sw} + \frac{1}{\alpha} P_{Bcr} \qquad (10.76)$$

式中 $P_{Bcr} = \frac{P_{BE} S_B}{P_{BE} + S_B}$ 是弯剪型支撑架自身的临界荷载 $P_{BE} = \frac{\pi^2 E I_B}{4H^2}$，$P_{F,sw}$ 是框架自身发生有侧移屈曲的临界荷载。按照简单相加的概念，公式似乎是 $P_F = P_{F,sw} + P_{Bcr}$，(10.76) 式的 α 可以理解为框架柱自身弯曲(或框架柱自身无侧移屈曲的倾向) 对结构整体侧移屈曲的影响使得整体屈曲的临界荷载略有降低的系数，连续化模型无法反映这样一种现象。

如果框架上没有轴力，则必然有

$$N = P_{F,sw} + P_{Bcr} \qquad (10.77)$$

最后分析框架和支撑架上均有轴力的例子。仔细分析表 10.4 四个算例的结果，参照 (10.76) 式和 (10.77) 式，提出下式计算弯曲型支撑—框架的临界荷载：

$$P_F + \frac{1}{\alpha} N = P_{F,sw} + \frac{P_{Bcr}}{\alpha} \qquad (10.78)$$

其中 α 由 (2.37) 式计算。(10.78) 式与框架整体分析结果误差不超过 1.0%，见表 10.4 提供的对比。

表 10.5 的算例 5、6、7、8、框架与算例 1、2、3、4 相同，剪切膜刚度变化，该表给出了在支撑达到门槛刚度时 (10.78) 式与有限元计算结果的对比。可见精度很好。

四个二十层算例　　　　　　　　　　　　表 10.4

算例	框架梁/柱刚度放大系数	α	$P_{F,sw}$	$R=10$		$\dfrac{P_{Bcr}}{\alpha}+P_{F,sw}$	$P_{cr}+\dfrac{N_{cr}}{\alpha}$	比值
				P_{cr}	N_{cr}			
1	1.0/1.0	1.0063	75740	267351	0	266130	267351	1.005
2	20.0/1.0	1.1398	310840	475966	0	478926	475966	0.994
3	1.0/1.0	1.0063	75740	134294	134294	266130	267746	1.006
4	20.0/1.0	1.1398	310840	256075	256075	478926	480735	1.004

（10.78）式和四个算例有限元结果的对比　　　　表 10.5

算例	剪切膜刚度	$R=0$	$R=R_{TH}$		R_{TH}	P_{Bcr}	$\dfrac{P_{Bcr}}{\alpha}+P_{F,sw}$	$P_{cr}+\dfrac{N_{cr}}{\alpha}$	比值
		$P_{cr}+N_{cr}$	P_{cr}	N_{cr}					
5	Gl	75740	423424	0	41.24	349758.5	423308.8	423424	1.000
6	$3Gl$	310840	981665	0	58.20	808690.8	1020317	981665	0.962
7	$2Gl$	38012×2	423424	423424	128.87	773056.2	843956.4	844197.1	1.000
8	$5Gl$	166262×2	981664	981664	226.01	1790260	1881464	1842894	0.979

对应变截面变轴力的模型，总势能是

$$\Pi=\frac{1}{2}\int_0^H\left[EI_B(z)v_b''^2+S_Bv_s'^2+S_F(z)(v_b'+v_s')^2-V(z)(v_b'+v_s')^2\right]\mathrm{d}z$$

(10.79)

对照上式与变截面 Timoshenko 压杆的总势能可以发现，只要将此时的 $V(z)-S_F(z)$ 视作为作用在弯曲型变截面柱子上的荷载，则第 8 章（8.77a，b）式可以直接加以应用。同样记

$$r_{VF}=\frac{V_n-S_n}{V_1-S_1},\quad r_{BS}=\frac{S_{Bn}}{S_{B1}},\quad r_B=\frac{I_{Bn}}{I_{B1}},\quad r_V=\frac{V_n}{V_1}=r_P=\frac{P_n}{P_1}=r_N=\frac{N_n}{N_1},\quad r_F=\frac{S_{Fn}}{S_{F1}}$$

先考察临界荷载随支撑架刚度增加而增加的规律是不是线性的。

算例 9：　$I_{B1}=k_B43.2\times10^6$，$S_{B1}=38.46\times2.6^k$（$k=0$，1，2），$S_{F1}=38.46\times2.6^m$（$m=-1$，0，1），$r_P=0.05$，$r_B=0.4$，$r_{BS}=0.5$，$r_F=0.6$，以底层总轴力计量的临界荷载随支撑架截面刚度参数 k_B 变化的情况如图 10.19(a) 所示，可见临界荷载增加与 k_B 的关系是非线性的，并且在截面抗剪刚度小（$k=0$）的时候，临界荷载有上限（$k=1$，2 时也有上限，出现在 k_B 更大时），这个上限是截面的抗剪刚度决定的。临界荷载非线性增加的原因是弯剪型支撑架截面的抗剪刚度保持不变，未与抗弯刚度同步变化。

算例 10：　$I_{B1}=43.2\times10^6\times2.6^i$（$i=-1$，0，1），$S_{B1}=38.46k_{BS}$，$S_{F1}=38.46\times2.6^m$（$m=-1$，0，1），$r_P=0.05$，$r_B=0.4$，$r_{BS}=0.5$，$r_F=0.6$，以底层总轴力计量的临界荷载随刚度参数 k_{BS} 的变化见图 10.19(b)，可以注意到，抗弯刚度小的成曲线，成曲线表示最低临界荷载被支撑架截面的抗弯刚度控制。抗弯刚度大的（$i=1$）三条线几乎是直线，临界荷载由抗剪刚度控制，如果 k_{BS} 继续增加，这三条曲线也会呈现出曲线，由截面的抗弯刚度控制了临界荷载。

(a) 仅支撑架截面抗弯刚度增加

(b) 仅支撑架截面抗剪刚度增加

(c) 仅框架侧倾刚度增加

(d) 支撑架截面抗弯和抗剪刚度等比例增加

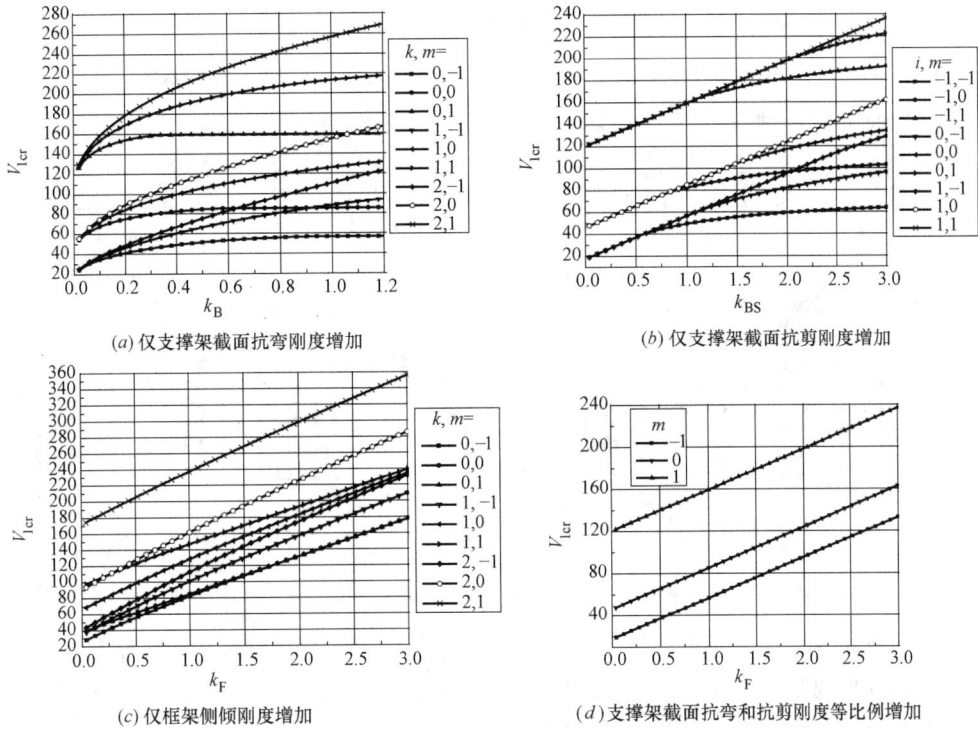

图 10.19 双重抗侧力结构临界荷载随刚度变化规律

算例 11：$I_{B1} = 43.2 \times 10^6 \times 2.6^m (m = -1, 0, 1)$，$S_{B1} = 38.46 \times 2.6^k (k = 0, 1, 2)$，$S_{F1} = k_F 38.46$，$r_P = 0.05$，$r_B = 0.4$，$r_{BS} = 0.5$，$r_F = 0.6$，以底层总轴力计量的临界荷载随框架刚度参数 k_F 增加而增加，并且几乎是线性地增加。但是仔细观察还是可以注意到，临界荷载的增加量大于框架抗侧刚度的增加量，尤其是框架抗侧刚度较小时，临界荷载增加的速度更快。这与前面几节得到的临界荷载随刚度线性增加的结论不一样，分析出现这种现象的原因是：在有支撑架时，改变了框架按照薄弱层失稳的特点，这样临界荷载就能够以快于线性的规律增长。

算例 12：$I_{B1} = k_B 43.2 \times 10^6$，$S_{B1} = 38.46 k_B$，$S_{F1} = 38.46 \times 2.6^m (m = -1, 0, 1)$，$r_P = 0.05$，$r_B = 0.4$，$r_{BS} = 0.5$，$r_F = 0.6$，以底层总轴力计量的临界荷载随支撑架刚度参数 k_B 增加其曲线见图 10.19(d)。由图可见，临界荷载随 k_B 严格地按照线性增加。

上述算例 11 和算例 12 的结论表明，如果要采用两项相加的方式拟合公式，支撑架本身的临界荷载可以直接引用，而框架部分的临界荷载，需要考虑由于薄弱层失稳现象的改变而导致的临界荷载的增加。

先研究支撑架和框架均为等截面，但是总轴力沿高度线性变化的情况。$I_{B1} = 43.2 \times 10^6$，$H = 1500$，$S_{B1} = 38.46 \times 2.6^k (k = 0, 1, 2)$ （即变化三次），$S_{F1} = 38.46 \times 2.6^m (m = -1, 0, 1)$ （也变化三次），$r_V = 0 \sim 1$ 变化，求以底层总荷载计量的临界荷载随 r_V 的变化情况，图 10.20 示出计算结果，其中竖坐标将临界荷载采用 $r_V = 1$ 的临界荷载无量纲化。

考察图 10.20，对 $k=0$（弯剪型支撑截面的抗剪刚度较弱），$\dfrac{V_{1cr,rv}}{V_{1cr,rv=1}} \sim r_v$ 曲线存在一个水平段，出现水平段的原因是弯剪型支撑本身的屈曲特点：存在剪切屈曲段，临界荷载等于支撑截面的剪切刚度。这一阶段还因为框架的存在而得到了延长。

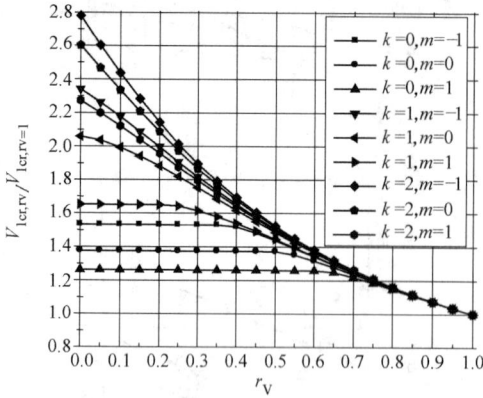

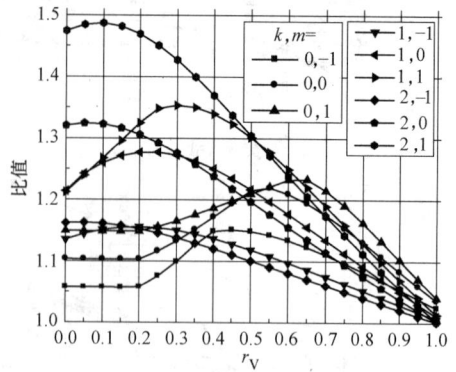

图 10.20　等截面变轴力弯剪型支撑-框架临界荷载曲线　　图 10.21　临界荷载与简单相加公式的比值

对弯剪型支撑，采用有限元程序计算出自身的以底部轴力计量的临界荷载，记为 N'_{B1}，框架自身的临界荷载以底部轴力计量是 S_F，两者简单相加得到一个临界荷载值 $N'_{B1}+S_F$。对双重抗侧力结构，采用有限元法求出相同 r_V 下的临界荷载 V_{cr}，得到比值 $\dfrac{V_{cr}}{N'_{B1}+S_F}$，这个比值与 r_V 的关系见图 10.21。差值 $V_{cr}-N_B$ 可以理解为框架的贡献和两个子结构相互作用带来的额外贡献，计算 $\alpha_{BF}=\dfrac{V_{cr}-N_B}{S_F}$，如图 10.22 所示。由图 10.20、10.22 可见，（1）这个比值总是大于 1，这说明，双重抗侧力结构的总的临界荷载，大于两者的简单和。简单和仅在特定情况下成立。（2）支撑架截面的抗剪刚度越弱，额外的增量（$\alpha_{BF}-1$）越小；框架的刚度越小，额外的增加量（$\alpha_{BF}-1$）越大。

简单相加的临界荷载是

$$V_{1cr0}=\left[\frac{1}{N_{Beq}}+\left[1-0.4(1-r_v)^{0.7}\right]\frac{1}{S_{B1}}\right]^{-1}+S_F \tag{10.80}$$

$$N_{Beq}=\frac{\pi^2 E(2I_{B1}+I_{Bn})}{12\gamma_V H^2}$$

如果参照 (8.77a) 式，临界荷载是

$$r_{VF}\leqslant 1:\ V_1=S_F+\left[\frac{1}{N_{Beq1}}+\left[1-0.4(1-r_{VF})^{0.7}\right]\frac{1}{S_{B1}}\right]^{-1}\leqslant S_{B1}+S_F$$

$$N_{Beq1}=\frac{\pi^2 E(2I_{B1}+I_{Bn})}{12\gamma_{vF}H^2},$$

$\gamma_{VF}=0.28\left(1+\dfrac{1}{8}r_B\right)+\left[1-0.28\left(1+\dfrac{1}{8}r_B\right)\right]r_{VF}$，$r_{VF}=\dfrac{V_n-S_{Fn}}{V_1-S_{F1}}$，就本算例来说，此式不适用，因为 $r_{VF}<0$ 超出了范围。因此参照前一节公式 (10.68)，提出

$$r_{VF}\leqslant 1:\ V_{1cr}=S_F\frac{\gamma_F}{\gamma_V}\eta_{FV}+N_{Bcr1}\leqslant S_{B1}+S_F \tag{10.81a}$$

式中

$$N_{\text{Bcr1}} = \frac{N_{\text{Beq}} S_{\text{Beq}}}{N_{\text{Beq}} + S_{\text{Beq}}} \tag{10.81b}$$

$$\eta_{\text{VF}} = 1 - 0.04 \sqrt{\frac{S_{\text{Beq}}}{N_{\text{Beq}}}} \left| \frac{\gamma_{\text{F}}}{\gamma_{\text{V}}} - 1 \right|^{1.4} \tag{10.81c}$$

$$\gamma_{\text{V}} = 0.28 \left(1 + \frac{1}{8} r_{\text{B}}\right) + \left[1 - 0.28 \left(1 + \frac{1}{8} r_{\text{B}}\right)\right] r_{\text{V}} \tag{10.81d}$$

$$\gamma_{\text{F}} = 0.28 \left(1 + \frac{1}{8} r_{\text{B}}\right) + \left[1 - 0.28 \left(1 + \frac{1}{8} r_{\text{B}}\right)\right] r_{\text{F}} \tag{10.81e}$$

$$N_{\text{Beq}} = \frac{\pi^2 E I_{\text{Beq}}}{4 \gamma_{\text{V}} H^2}, \qquad I_{\text{Beq}} = \frac{1}{3} (2 I_{\text{B1}} + I_{\text{Bn}}), \qquad S_{\text{Beq}} = \frac{S_{\text{B1}}}{1 - 0.4 (1 - r_{\text{V}})^{0.7}} \tag{10.81f}$$

计算表明，针对算例，(10.81a) 式与有限元的比值在 0.87~1.13 之间，且绝大多数小于 1。

第 2 批算例取 $r_{\text{V}} = r_{\text{BS}} = r_{\text{F}} = 0.1 \sim 1.0$，$r_{\text{B}} = 0.1 \sim 1.0$，底层刚度参数与上面相同，计算结果表明，线性相加的公式非常精确。也即只要前面三个参数相同，r_{B} 的影响采用 I_{Beq} 代表之后，线性关系就精确成立。

第 3 批算例，$r_{\text{V}} = r_{\text{BS}} = 0.3 \sim 0.3$，$r_{\text{B}} = 0.1 \sim 1.0$，$r_{\text{F}} = 0.1 \sim 1.0$。图 10.23 示出了部分结果，图中横坐标是 r_{F}，竖坐标是 $\frac{\Delta V_{1\text{cr}}}{\Delta V_{1\text{cr}, r_{\text{F}} = 1}}$，$\Delta V_{1\text{cr}}$ 是总临界荷载与支撑架独立作用时提供的临界荷载之差，即

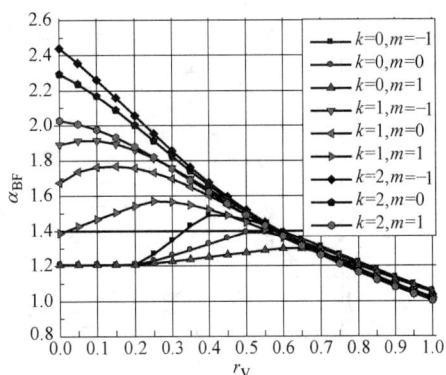

图 10.22 α_{BF} 与 r_{V} 的关系

$$\Delta V_{1\text{cr}} = V_{1\text{cr}} - N_{1\text{cr}}$$

对图中的每一条曲线，变化的仅是 r_{F}，因此它可以用来考察框架抗侧刚度沿高度的变化使得临界荷载增加的幅度。图中曲线总体来讲是随着沿高度越均匀，临界荷载越大。但是也有部分曲线在 r_{F} 达一定值后总临界荷载不再增加。分析这几条曲线发现是框架抗侧刚度比较大（$m=1$）而支撑架截面抗剪刚度较小（$k=0$）的情况，此时整体结构具有一定的薄弱层失稳的特点，但是总的临界荷载仍然高于简单相加的结果。

针对更广泛的参数范围进行了计算，归纳整理得到如下的公式

$$r_{\text{V}} \leqslant r_{\text{BS}}: \ V_{1\text{cr}} = S_{\text{F1}} \frac{\gamma_{\text{F}}}{\gamma_{\text{V}}} \eta_{\text{VF}} + \frac{N_{\text{Beq}} S_{\text{B1}}}{S_{\text{B1}} + [1 - 0.4 (r_{\text{BS}} - r_{\text{V}})^{0.7}] N_{\text{Beq}}} \leqslant S_{\text{B1}} + S_{\text{F1}} \tag{10.82}$$

在如下的参数范围内 $r_{\text{B}} = 0.2 \sim 0.8$，$r_{\text{BS}} = r_{\text{B}} \pm 0.2 \leqslant 1.0$，$r_{\text{F}} = r_{\text{B}} \sim r_{\text{B}} + 0.3$，该式的误差范围是 $-13\% \sim 6.87\%$。当 $V_{1\text{cr}} = S_{\text{B1}} + S_{\text{F1}}$ 控制时总是偏安全，误差 $-13\% \sim 0$。另外线性相加的公式总是偏于保守。

对实际上不可能出现的 $r_{\text{V}} > r_{\text{BS}}$ 的情况，下面简单相加的公式总是给出非常保守的结果

$$r_{\text{V}} > r_{\text{BS}}: \ V_1 = N'_{\text{Bcr1}} + S_{\text{F1}} \min\left(1.0, \frac{r_{\text{F}}}{r_{\text{V}}}\right) \tag{10.83a}$$

式中

(a) $k=0, r_{BS}=r_V=0.1$

(b) $k=1, r_{BS}=r_V=0.1$

(c) $k=0, r_{BS}=r_V=0.3$

(d) $k=1, r_{BS}=r_V=0.3$

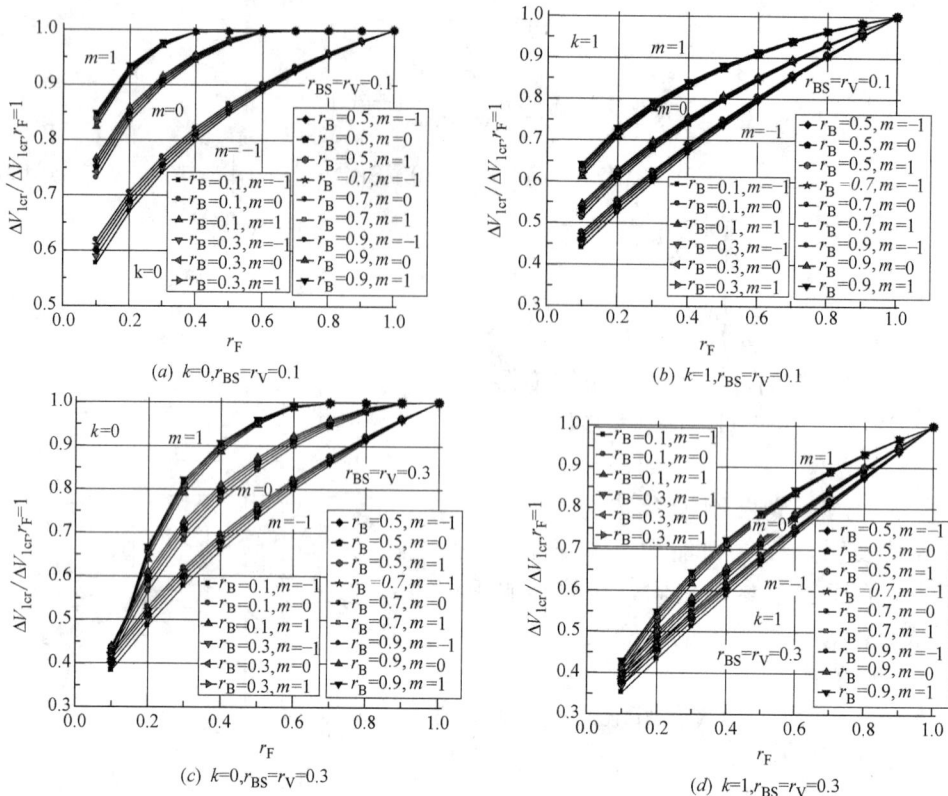

图 10.23　临界荷载增量随刚度变化参数的变化

$$N'_{Bcr1}=\left[\frac{1}{N_{Beq}}+\frac{r_V}{r_{BS}}\frac{1}{S'_{Beq}}\right]^{-1} \tag{10.83b}$$

$$S'_{Beq}=S_{B1}\left[1-0.086\left(\frac{1}{r_{BS}}-1\right)^{0.7}\left(\frac{r_V-r_{BS}}{1-r_{BS}}\right)^{r_{BS}}\right]^{-1} \tag{10.83c}$$

应用于离散的多层体系，则

$$r_V\leqslant r_{BS}:\left(P_1+\frac{N_1}{\alpha}\right)_{1cr}=P_{F,sw1}\frac{\gamma_F}{\gamma_V}\eta_{VF}+$$

$$\frac{N_{Beq}S_{B1}/\alpha}{S_{B1}+[1-0.4(r_{BS}-r_V)^{0.7}]N_{Beq}/\alpha}\leqslant P_{F,sw1}+\frac{1}{\alpha}S_{B1} \tag{10.84}$$

10.9　变轴力变刚度弯剪型支撑—弯剪型框架结构的稳定性

此时总势能是

$$\varPi=\frac{1}{2}\int_0^H\left[EI_{B1}(z)v''^2_{b1}+S_{B1}v'^2_{s1}+EI_{B2}(z)v''^2_{b2}+S_{B2}v'^2_{s2}-[N(z)+P(z)]v'^2\right]dz \tag{10.85}$$

开展系统的研究并提出精度合适的公式非常困难，但是可以对特例开展一些分析。

此时采用(10.85)进行有限元分析，同一层的节点位移有三个：总侧移 v，子结构 1

的转角 v'_b 和子结构2的转角 v'_{b2}。

简单相加的公式是

$$V_{cr,1} = N_{B1cr,1} + P_{B2cr,1} \tag{10.86}$$

式中

$$r_V \leqslant r_{BS1}: N_{Bcr1,1} = \left[\frac{1}{N_{B1eq}} + \left[1 - 0.4(r_{BS1} - r_v)^{0.7}\right]\frac{1}{S_{B1}}\right]^{-1} \leqslant S_{B1,1} \tag{10.87a}$$

$$r_V \leqslant r_{BS2}: P_{B2cr,1} = \left[\frac{1}{P_{B2eq}} + \left[1 - 0.4(r_{BS2} - r_v)^{0.7}\right]\frac{1}{S_{B2}}\right]^{-1} \leqslant S_{B2,1} \tag{10.87b}$$

$$r_V > r_{BS1}: N_{B1cr,1} = \left[\frac{1}{N_{B1eq}} + \frac{r_v}{r_{BS1}}\frac{1}{S'_{B1eq}}\right]^{-1} \leqslant \frac{r_{BS1}}{r_V}S_{B1,1} \tag{10.87c}$$

$$r_V > r_{BS2}: P_{B2,cr1} = \left[\frac{1}{P_{B2eq}} + \frac{r_v}{r_{BS2}}\frac{1}{S'_{B2eq}}\right]^{-1} \leqslant \frac{r_{BS2}}{r_V}S_{B2,1} \tag{10.87d}$$

$$S'_{B1eq} = S_{B1}\left[1 - 0.086\left(\frac{1}{r_{BS1}} - 1\right)^{0.7}\left(\frac{r_V - r_{BS1}}{1 - r_{BS1}}\right)^{r_{BS1}}\right]^{-1} \tag{10.87e}$$

$$S'_{B2eq} = S_{B2}\left[1 - 0.086\left(\frac{1}{r_{BS2}} - 1\right)^{0.7}\left(\frac{r_V - r_{BS2}}{1 - r_{BS2}}\right)^{r_{BS2}}\right]^{-1} \tag{10.87f}$$

$$N_{B1eq} = \frac{\pi^2 E}{4H^2}\frac{(2I_{B1,1} + I_{B1,n})}{3\gamma_{V1}}, \quad P_{B2eq} = \frac{\pi^2 E}{4H^2}\frac{(2I_{B2,1} + I_{B2,n})}{3\gamma_{V2}} \tag{10.87g, h}$$

$$\gamma_{V1} = 0.28\left(1 + \frac{1}{8}r_{B1}\right) + \left[1 - 0.28\left(1 + \frac{1}{8}r_{B1}\right)\right]r_V \tag{10.87i}$$

$$\gamma_{V2} = 0.28\left(1 + \frac{1}{8}r_{B2}\right) + \left[1 - 0.28\left(1 + \frac{1}{8}r_{B2}\right)\right]r_V \tag{10.87j}$$

（1）等截面，变轴力

先研究支撑架和框架均为等截面，但是总轴力沿高度线性变化的情况。$I_{B11} = 43.2 \times 10^6$，$H = 1500$，$I_{B22} = 5I_{B11}$，$S_{B11} = 38.46 \times 2.6^k$（$k = 0, 1, 2, 3$）（即变化四次），$S_{B21} = 38.46 \times 2.6^m$（$m = 0, 1, 2, 3$）（也变化四次），$r_V = 0 \sim 1$ 变化，求以底层总荷载计量的临界荷载随 r_V 的变化情况，取 $N/(P+N) = 0.3, 0.5, 0.7$ 三种，这样共 27 个算例。计算结果表明：①（10.86）式，总是偏于安全；②当其中一个由剪切临界荷载控制的时候（即 $N_{B1cr,1} = S_{B1,1}$ 或 $P_{B2cr,1} = S_{B2,1}$），偏安全的程度较多，可以达 27%；③总临界荷载与 $N/(P+N)$ 无关。

（2）计算了 $r_{B1} = r_{B2} = r_V = r_{BS1} = r_{BS2} = 0.3, 0.5, 0.7, 0.9$，发现线性相加公式精确成立。

（3）$I_{B11} = 43.2 \times 10^6$，$H = 1500$，$I_{B22} = 5I_{B11}$，$S_{B11} = 38.46 \times 2.6^k$（$k = 0, 1, 2, 3$）（即变化四次），$S_{B21} = 38.46 \times 2.6^m$（$m = 0, 1, 2, 3$）（也变化四次），$r_{B1} = 0.3, 0.5, 0.7, 0.9$；$r_{B2} = 0.3, 0.5, 0.7, 0.9$；$r_{BS1} = r_{B1} \pm 0.15 \leqslant 1.0$；$r_{BS2} = r_{B2} \pm 0.15 \leqslant 1.0$，$r_V = 0, 0.05, 0.1 \sim 0.95, 1$，求以底层总荷载计量的临界荷载随 r_V 的变化情况，共 27216 个数据。计算结果表明（10.86）式，总是偏于安全，偏安全最大 27.7%，偏安全大的出现在 r_B 小，r_{BS} 大，r_V 小且一个子结构出现剪切屈曲控制的情况。

因此可判定，线性叠加的公式基本成立，而且偏于安全。

习　题

10.1　图 P10.1 所示的两根压杆，设 $EI_1 > EI_2$，而 $P_1 < P_2$，因此第 1 根柱子对第 2 根柱子提供支援作

用，求使第 2 根柱子首先发生无侧移屈曲所需的柱子 1 截面的抗弯刚度。

10.2 如果 10.1 题的压杆 2 处于弹塑性阶段工作，使压杆 2 出现无侧移屈曲的柱子 1 的刚度该如何确定？

10.3 图 P10.2 所示的双重抗侧力结构，一个是纯弯曲型的，截面抗弯刚度是 EI，一个是纯剪切型的，截面抗剪刚度是 S，两者之间的链杆表示实际工程中楼板的作用，使得两结构侧向变形协调。两子结构的顶部分别作用集中力 P_1 和 P_2，采用连续化方法求其临界荷载。顶部作用水平力，分别进行线性和二阶分析，计算其顶部位移放大系数。

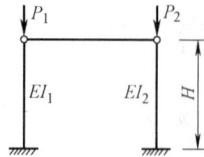

图 P10.1

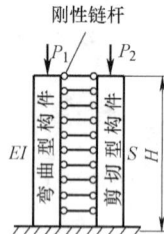

图 P10.2

参 考 文 献

[1] 中华人民共和国国家标准：《钢结构设计规范》GB 50017—2003，北京：中国计划出版社，1989.

[2] Eurcode 3, Design and Construction of Steel Structures，1993.

[3] 饶芝英，童根树. 钢结构稳定的新诠释. 建筑结构，2002，5.

[4] Galambos, T. V., Guide to Stability Design Criteria Metal Structures, fifth Edition, John & Wiley & Sons, NewYork, 1998.

[5] Aristizabal-Ochoa, J. D. (1997), "Theory stability of braced, partially braced and unbraced frames: classical approach", Journal of Structural Engineering. ASCE, Vol. 123, No. 6.

[6] BS5950：Structural Use of Steelwork in Building, Part 1,：Code of Practice for design in simple and continuous construction：Hot rolled sections, British Standards Institution, 1990

[7] 童根树，施祖元. 非完全支撑框架的稳定性. 土木工程学报，1998，4.

[8] 季渊，童根树，施祖元. 弯曲型弱支撑框架的稳定性. 浙江大学学报（工学版），2002，5.

[9] 中华人民共和国行业标准. 高层民用建筑钢结构技术规程. JGJ 99—98.

[10] European Convention for Constructional Steel work, Manual on the Stability of Steel Structures, 1977，Chapter 8，pp. 236.

[11] Rosman R., Stability and Dynamics of Shear-Wall Frame Structures? Build. Sci., 1974, Vol. 9：pp55-63.

[12] 饶芝英，童根树. 多高层钢结构的分类及其稳定性计算. 建筑结构，2002，5.

[13] Wood, R. H. (1974), 掏 ffective Lengths of columns in multistorey buildings? The Structural Engineer., 52 (9)：.341-346.

[14] 童根树，季渊. 弯剪型支撑框架的稳定性. 土木工程学报，2005，5.

[15] 林同炎，斯多特斯伯利. 结构概念和体系. 北京：中国建筑工业出版社，1999.

[16] 陈红英，童根树. 弯曲型支撑框架的弹性稳定分析. 土木工程学报. 2001：06：17-22.

[17] Tong Gengshu; Pi Yong-Lin; Bradford Mark Andrew; Buckling and Second-Order Effects in Dual Shear-Flexural Systems：JOURNAL OF STRUCTURAL ENGINEERING-ASCE：134 (11)：1726-1732

第 11 章　双重和多重抗侧力结构的一阶和二阶分析的串并联模型

11.1　引言

　　本章利用连续模型，对刚度和轴力均匀的双重抗侧力结构的侧移进行分析，推导该双重结构体系在水平荷载和顶端竖向集中荷载共同作用下的弯曲侧移和剪切侧移的解析解。通过简单模型的研究，对两个弯剪型结构并联构成双重抗侧力结构时，两者之间的相互作用得到理论上的认识。双重抗侧力体系在水平力作用下侧向位移的分析，传统方法采用剪力墙由一个受弯悬臂构件代替，仅产生弯曲变形；框架由一个连续的受剪悬臂构件代替，仅产生剪切变形的假定。本章对两个弯剪型抗侧力结构在水平荷载作用下的共同工作进行了分析，推导了基本微分方程并得到了水平均布荷载作用下的解析解。算例表明，一个结构的抗弯刚度参与另一个结构共同工作的能力受到自身抗剪刚度的影响，反之，一个结构的抗剪刚度参与另一个结构共同作用的能力也受到自身抗弯刚度的影响。本章将提出一个简单的、利用两个弯剪型子结构作为独立结构在水平力作用下的挠度，构造双重弯剪型结构在相同水平力作用下水平挠度的方法，通过这种模型，对双重弯剪型结构之间的相互作用有非常直观的了解和理解。

11.2　简单模型弯剪型抗侧力体系的相互作用

11.2.1　双重弯剪型结构的线性解析解

　　如图 11.1b 隔离体计算简图，对两弯剪型结构分别分析可得平衡微分方程如下：

$$-EI_1\frac{\mathrm{d}^3 y_{b1}}{\mathrm{d}x^3} = \int_x^H \left[w(x) - q(x)\right]\,\mathrm{d}x - Q_H \tag{11.1a}$$

$$-EI_2\frac{\mathrm{d}^3 y_{b2}}{\mathrm{d}x^3} = \int_x^H q(x)\,\mathrm{d}x + Q_H \tag{11.1b}$$

另对结构分析可得：

$$EI_1\frac{\mathrm{d}^3 y_{b1}}{\mathrm{d}x^3} = -S_1\frac{\mathrm{d}y_{q1}}{\mathrm{d}x} \tag{11.2a}$$

$$EI_2\frac{\mathrm{d}^3 y_{b2}}{\mathrm{d}x^3} = -S_2\frac{\mathrm{d}y_{q2}}{\mathrm{d}x} \tag{11.2b}$$

其中 y_{b1}，y_{q1} 和 y_{b2}，y_{q2} 分别为两结构的弯曲侧移和剪切侧移，EI_1 和 S_1 分别为结构 1 的

抗弯和抗剪刚度，EI_2 和 S_2 分别为结构 2 的抗弯和抗剪刚度。对式(11.1a)、(11.1b) 和式(11.2a)、(11.2b)微分并分别相加得：

$$EI_1\frac{\mathrm{d}^4 y_{b1}}{\mathrm{d}x^4}+EI_2\frac{\mathrm{d}^4 y_{b2}}{\mathrm{d}x^4}=w \tag{11.3a}$$

$$S_1\frac{\mathrm{d}^2 y_{q1}}{\mathrm{d}x^2}+S_2\frac{\mathrm{d}^2 y_{q2}}{\mathrm{d}x^2}=-w \tag{11.3b}$$

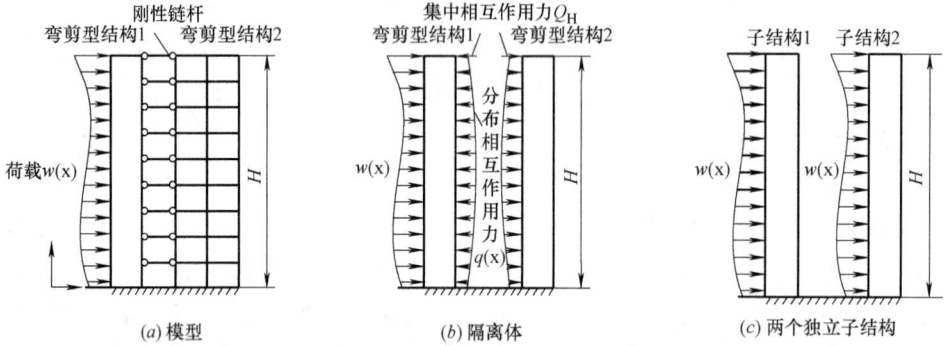

图 11.1　结构分析模型

因采用水平刚性链杆连接，由连续性条件得：

$$y_{b1}+y_{q1}=y_{b2}+y_{q2} \tag{11.4}$$

边界条件如下：

当 $x=0$，$y_{b1}=y_{b2}=y_{q1}=y_{q2}=0$，$\dfrac{\mathrm{d}y_{b1}}{\mathrm{d}x}=\dfrac{\mathrm{d}y_{b2}}{\mathrm{d}x}=0$

当 $x=H$，$\dfrac{\mathrm{d}^2 y_{b1}}{\mathrm{d}x^2}=\dfrac{\mathrm{d}^2 y_{b2}}{\mathrm{d}x^2}=0$，$EI_1\dfrac{\mathrm{d}^3 y_{b1}}{\mathrm{d}x^3}+EI_2\dfrac{\mathrm{d}^3 y_{b2}}{\mathrm{d}x^3}=0$，$S_1\dfrac{\mathrm{d}y_{q1}}{\mathrm{d}x}+S_2\dfrac{\mathrm{d}y_{q2}}{\mathrm{d}x}=0$

对于均布荷载，可以得到

$$y_{b1}+\frac{EI_2}{EI_1}y_{b2}=\frac{w}{EI_1}\left(\frac{1}{24}x^4-\frac{H}{6}x^3+\frac{H^2}{4}x^2\right) \tag{11.5a}$$

$$y_{q1}+\frac{S_2}{S_1}y_{q2}=\frac{w}{GA_1}\left(-\frac{1}{2}x^2+Hx\right) \tag{11.5b}$$

两式相加，并利用(11.4)式：

$$\left(1+\frac{EI_2}{EI_1}\right)y_{b2}+\left(1+\frac{S_2}{S_1}\right)y_{q2}=\frac{w}{EI_1}\left(\frac{1}{24}x^4-\frac{H}{6}x^3+\frac{H^2}{4}x^2\right)+\frac{w}{S_1}\left(-\frac{1}{2}x^2+Hx\right)$$

$$\tag{11.6}$$

因此

$$y_{q2}=-\frac{1+EI_2/EI_1}{1+S_2/S_1}y_{b2}+\frac{w}{1+S_2/S}\left[\frac{1}{EI_1}\left(\frac{1}{24}x^4-\frac{H}{6}x^3+\frac{H^2}{4}x^2\right)+\frac{1}{S_1}\left(-\frac{1}{2}x^2+Hx\right)\right]$$

$$\tag{11.7}$$

把式(11.7)代入式(11.2b)并整理可得求解 y_{b2} 的微分方程：

$$\frac{\mathrm{d}^3 y_{b2}}{\mathrm{d}x^3}-\alpha^2\frac{\mathrm{d}y_{b2}}{\mathrm{d}x}=-w\beta\left[\frac{1}{6}x^3-\frac{H}{2}x^2+\left(\frac{H^2}{2}-\frac{EI_1}{S_1}\right)x+H\frac{EI_1}{S_1}\right] \tag{11.8}$$

其中：$\alpha^2=\dfrac{S_1\cdot S_2}{EI_1\cdot EI_2}\times\dfrac{EI_1+EI_2}{S_1+S_2}=\beta(EI_1+EI_2)$；$\beta=\dfrac{S_1\cdot S_2}{EI_1\cdot EI_2(S_1+S_2)}$。

方程 (11.8) 的解可表示为:

$$y_{b2} = C_1 + C_2 \cosh\alpha x + C_3 \sinh\alpha x + B_1 x^4 + B_2 x^3 + B_3 x^2 + B_4 x \tag{11.9a}$$

利用边界条件可以确定各系数是:

$$B_1 = \frac{w\beta}{24\alpha^2} \quad B_2 = -\frac{w\beta H}{6\alpha^2} \quad B_3 = \frac{w\beta H^2}{2\alpha^2}\left(\frac{1}{2} + \frac{1}{\alpha^2 H^2} - \frac{EI_1}{S_1 H^2}\right) \quad B_4 = -w\beta H\left(\frac{EI_1}{\alpha^2 S_1} - \frac{1}{\alpha^4}\right)$$

$$C_1 = \frac{12B_1 H^2 + 6B_2 H + 2B_3 - B_4 \alpha\, sh\alpha H}{\alpha^2\, ch\alpha H}, \quad C_2 = -C_1, \quad C_3 = -\frac{B_4}{\alpha}$$

y_{b1},y_{q2} 和 y_{q1} 的解析式如下:

$$y_{b1} = -\frac{EI_2}{EI_1} y_{b2} + \frac{w}{EI_1}\left(\frac{1}{24}x^4 - \frac{H}{6}x^3 + \frac{H^2}{4}x^2\right) \tag{11.9b}$$

$$y_{q2} = -\alpha^2 \frac{EI_2}{S_2} y_{b2} + \frac{w}{1 + S_2/S_1}\left[\frac{1}{EI_1}\left(\frac{1}{24}x^4 - \frac{H}{6}x^3 + \frac{H^2}{4}x^2\right) + \frac{1}{S_1}\left(-\frac{1}{2}x^2 + Hx\right)\right]$$

$$\tag{11.9c}$$

$$y_{q1} = -\frac{S_2}{S_1} y_{q2} + \frac{w}{S_1}\left(-\frac{1}{2}x^2 + Hx\right) \tag{11.9d}$$

11.2.2 双重弯剪型结构线性分析的串并联模型

如图 11.1c 所示是将两个悬臂构件作为两个子结构,单独承担相同的水平力 w。对两弯剪子结构分别分析可得平衡微分方程如下:

设子结构 1 作为一个独立的结构,承受水平荷载 w,产生弯曲挠度 u_{b1},则

$$EI_1 u''_{b1} = \frac{1}{2}w(H-x)^2$$

从上式可以得到子结构 1 弯曲挠度是

$$u_{b1} = \frac{wH^4}{24EI_1}\left[\left(\frac{x}{H}\right)^4 - 4\left(\frac{x}{H}\right)^3 + 6\left(\frac{x}{H}\right)^2\right] \tag{11.10}$$

子结构 1 的剪切挠度 u_{q1} 是

$$S_1 u'_{q1} = w(H-x)$$

$$u_{q1} = \frac{wH^2}{S_1}\left[\frac{x}{H} - 0.5\left(\frac{x}{H}\right)^2\right] \tag{11.11}$$

同样,如果将子结构 2 作为一个独立的结构承受均布的水平荷载,则弯曲挠度 u_{b2} 和剪切挠度 u_{q2},分别为:

$$u_{b2} = \frac{wH^4}{24EI_2}\left[\left(\frac{x}{H}\right)^4 - 4\left(\frac{x}{H}\right)^3 + 6\left(\frac{x}{H}\right)^2\right] \tag{11.12}$$

$$u_{q2} = \frac{wH^2}{S_2}\left[\frac{x}{H} - 0.5\left(\frac{x}{H}\right)^2\right] \tag{11.13}$$

有了以上两个子结构作为独立结构的变形,通过下式来求得两个子结构并联后的总挠度 $u(x)$,即:

$$\frac{1}{u(x)} = \frac{1}{u_{b1} + u_{q1}} + \frac{1}{u_{b2} + u_{q2}} \tag{11.14}$$

式(11.14)实际上表示的是一个串联—并联模型,即一个子结构的弯曲柔度和剪切柔度,可分别模拟成两个电阻 R_{11},R_{12},形成一个串联电路,代表一个弯剪型子结构,如

图 11.2 所示。两个串联小电路并联，对应于两个弯剪型子结构通过楼板的刚性横膈板作用链接形成双重抗侧力结构。通过这个电路的总电流是总荷载，各个串联电路的电流是子结构分担的荷载。电压则表示位移，两个串联子电路的两端电压相同，表示两个子结构的侧移相同。

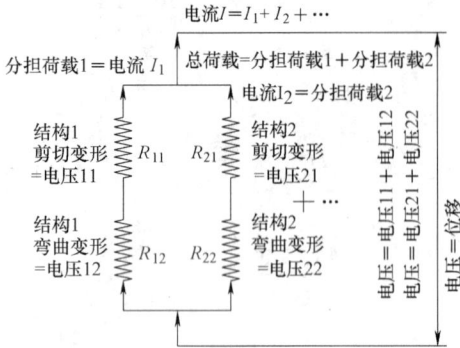

图 11.2　双重抗侧力结构的串并联电路模型

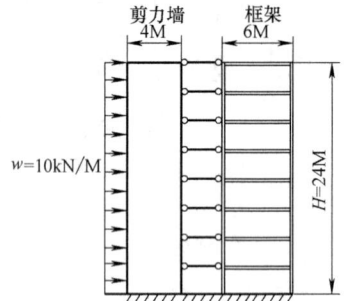

图 11.3　8 层框架-剪力墙结构

设 I，R，U 暂时代表电流、电阻、电压。

总电流是子电路电流之和：$I = I_1 + I_2$

总电压和子电路电压相等：$U = I_1 R_1 = I_1 (R_{11} + R_{12}) = I_2 R_2 = I_2 (R_{21} + R_{22}) = IR$

总电流是子电路电流之和：$I_1 + I_2 = \dfrac{U}{R_{11} + R_{12}} + \dfrac{U}{R_{21} + R_{22}} = I = \dfrac{U}{R}$

因此总电阻和子电路电阻的关系是　$\dfrac{1}{R} = \dfrac{1}{R_{11} + R_{12}} + \dfrac{1}{R_{21} + R_{22}}$

电阻代表了柔度，也即位移，柔度大位移大，因此我们得到（11.14）式。

（11.14）式可以表达为顶点刚度的形式

$$K = K_1 + K_2 = \frac{K_{b1} S_1}{K_{b1} + S_1} + \frac{K_{b2} S_2}{K_{b2} + S_2} \tag{11.15}$$

式中 $K_{b1} = \dfrac{3EI_1}{H^3}$，$K_{b2} = \dfrac{3EI_2}{H^3}$。

（11.14）式改写

$$u(x) = \frac{(u_{b1} + u_{q1})\,(u_{b2} + u_{q2})}{u_{b1} + u_{q1} + u_{b2} + u_{q2}} \tag{11.16}$$

下面将（11.16）式的 $u(x)$ 与解析解 $y_{b1} + y_{q1} = y_{b2} + y_{q2} = y(x)$ 进行比较。即验证式（11.17）

$$u(x) \approx y(x) = y_{b1} + y_{q1} = y_{b2} + y_{q2} \tag{11.17}$$

是否成立。

11.2.3　算例分析

8 层平面钢框架-剪力墙结构如图 11.3 所示，承受水平均布荷载 $w = 10\text{kN/m}$，层高 3m，总高度 24m，剪力墙采用 C30 混凝土，截面高 $h = 4$m，宽 $t = 200$mm，框架结构梁柱采用 H 型钢，梁：H400×200×8/12；柱：H400×250×8/16。计算得到两结构抗弯和抗剪刚度如下：

$EI_1 = 3.20 \times 10^{10} \, \text{N} \cdot \text{m}^2$，$EI_2 = 3.92 \times 10^{10} \, \text{N} \cdot \text{m}^2$，$S_1 = 1.03 \times 10^{10} \, \text{N}$，$S_2 = 2.45 \times 10^7 \, \text{N}$。

　　计算结果列于表 11.1。表中传统方法是指子结构 1 不考虑剪切变形（$S_1 = \infty$），框架不考虑弯曲变形（$EI_2 = \infty$）的方法。三种方法计算所得的顶层楼层位移分别为 12.00mm，11.52mm 和 11.07mm。串并联模型比弯剪型模型解析解位移大 4.17%。本例的层间位移逐层加大，显示本例子总体上以弯曲变形为主的特性。

八层钢框架-剪力墙结构各楼层水平位移（mm） 表 11.1

楼层	串并联模型						解析解		传统方法	
	u_{b1}	u_{q1}	u_{b2}	u_{q2}	u	Δu	y	Δy	y	Δy
8	12.96	0.28	10.58	117.55	12.00	1.83	11.52	1.85	11.07	1.80
7	10.80	0.28	8.82	115.71	10.17	1.88	9.67	1.83	9.27	1.79
6	8.66	0.26	7.07	110.20	8.29	1.89	7.84	1.82	7.48	1.77
5	6.57	0.24	5.36	101.02	6.40	1.84	6.02	1.74	5.71	1.69
4	4.59	0.21	3.75	88.16	4.56	1.69	4.28	1.60	4.02	1.53
3	2.82	0.17	2.30	71.63	2.87	1.43	2.68	1.33	2.49	1.27
2	1.37	0.12	1.12	51.43	1.45	1.02	1.35	0.95	1.22	0.89
1	0.37	0.07	0.30	27.55	0.43	0.43	0.40	0.40	0.33	0.33
0	0.00	0.00	0.00	0.00	0.00	—	0.00	—	0.00	—

注：本文各表中所示 y，u 为楼层位移，Δy，Δu 为层间位移

　　为了进一步认识两子结构之间的相互作用，下面给出一些以上文的算例为基础衍化而来的比较算例，基本算例 Case 1 的抗弯和抗剪刚度值即上文例题所求数值，比较算例的抗弯和抗剪刚度以 Case 1 为基础乘以相应的系数，如表 11.2 所示。对表中的六种情况的计算结果见图 11.4.

比较算例结构抗弯和抗剪刚度变化系数 表 11.2

算例编号	EI_1	S_1	EI_2	S_2	结构特性说明
Case 1	1	1	1	1	普通框架-剪力墙结构
Case 2	1	0.01	1	1	普通框架-强框架结构
Case 3	1	100	1	1	普通框架-强抗剪剪力墙结构
Case 4	1	1	0.001	1	窄框架-剪力墙结构
Case 5	1	1	1000	1	宽框架-剪力墙结构
Case 6	1	1	1	100	弱抗剪剪力墙-剪力墙结构

　　Case 2 的 S_1 为原型的 0.01 倍，其他不变。子结构的 u_{q1} 增大约 100 倍，u_{b1} 变化不大。本例中 S_1 仍然达到 S_2 的 4 倍，但层间位移底层最大，然后逐层减小，但已经显现出剪切型结构的特性。

　　Case 3 的 S_1 为原型的 100 倍，其他不变。u_{q1} 的数值减小至可忽略不计，顶层 u_{b1} 几乎不变。本例子表明，在 S_1 已经较大时，继续增大 S_1，对整体刚度没有什么影响。

　　CASE 4 的 EI_2 为原型的 0.001 倍，其他不变。顶层的 u_{b2} 与原型比较增大约 1000 倍。本例子表明，在结构 2 的抗剪刚度很低的情况下，减小结构 2 的抗弯刚度对整体结构没有太多的不利影响，但是因为整体抗弯刚度下降后，框架承担的剪力产生的剪切变形也变得

几乎可以忽略。

CASE 5 的 EI_2 为原型的 1000 倍，其他不变。u_{b2} 减小至可忽略。本例子表明，不增加抗剪刚度单纯增加子结构 2 的抗弯刚度不能达到减小侧移的目的。

算例 6 的 S_2 为原型的 100 倍，其他不变。顶层的 y_{q2} 减小 99%，顶层楼层位移减小 48.1%。在本例中 S_1 为 S_2 的 4 倍，但 EI_1 比 EI_2 略大，此时两者共同作用明显。

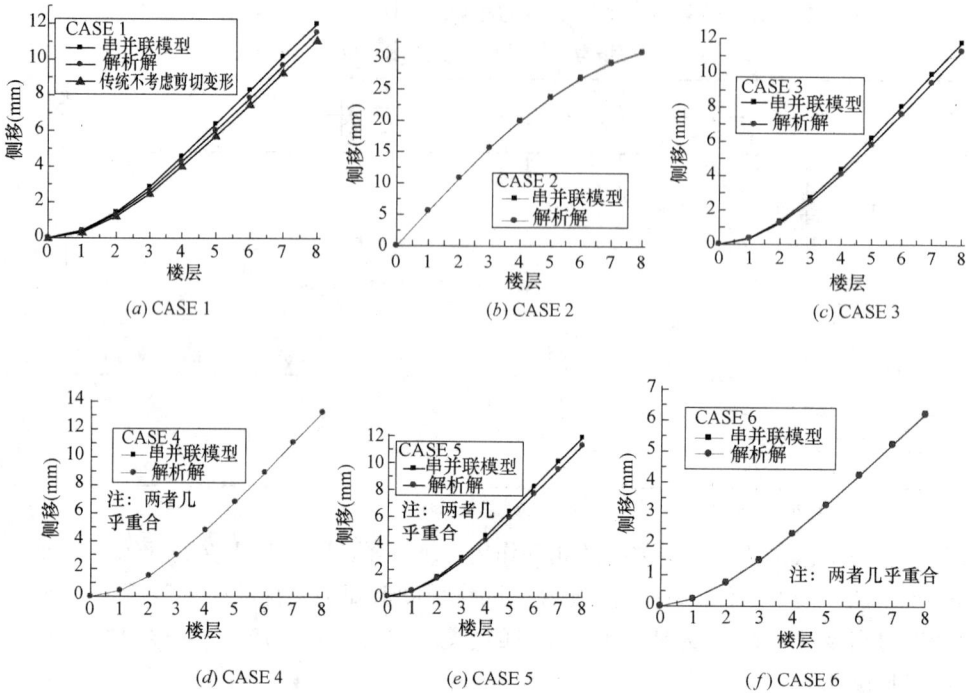

图 11.4 双重弯剪型结构解析解与串并联模型的对比

因为 Case 3 和 Case 5 分别是 S_1 变为原型 100 倍和 EI_2 变为 1000 倍，因此与 Case 1 相比较，顶层楼层位移计算结果更趋近于传统方法，仅分别增大了 6.34% 和 7.49%。而 case 2 和 case 4 分别是 S_1 变为原型的 0.01 倍和 EI_2 变为 0.001 倍，顶层楼层位移计算结果分别比传统方法所得结果增大 180% 和 13.0%。

通过比较分析可知，所有的情况下，串并联模型结果与解析解均非常接近，其中 Case 2，Case 4 和 Case 6，两个结果几乎相等。而对 Case 1，Case 3，Case 5(三者均是传统的剪力墙—框架结构)，(11.14)式偏大 8%，沿高度偏大的比例基本相同。

上述比较的结论是，(11.14)式基本能够精确地反应两个结构的相互作用。将式 (11.10～11.13)代入(11.14)式：

$$\frac{1}{u(x)} = \frac{1}{\frac{wH^4}{24EI_1}(\overline{x}^4 - 4\overline{x}^3 + 6\overline{x}^2) + \frac{wH^2}{S_1}(\overline{x} - 0.5x^2)} +$$

$$\frac{1}{\frac{wH^4}{24EI_2}(\overline{x}^4 - 4\overline{x}^3 + 6\overline{x}^2) + \frac{wH^2}{S_2}(\overline{x} - 0.5\overline{x}^2)}$$

式中 $\overline{x} = x/H$。因为 $\overline{x}^4 - 4\overline{x}^3 + 6\overline{x}^2 \approx 6\overline{x}(\overline{x} - 0.5\overline{x}^2)$，所以

$$u(x) \approx \frac{(\overline{x} - 0.5\overline{x}^2)wH^4}{\cfrac{4EI_1}{\left(\cfrac{4EI_1}{S_1H^2} + \overline{x}\right)} + \cfrac{4EI_2}{\left(\cfrac{4EI_2}{S_2H^2} + \overline{x}\right)}} \tag{11.18}$$

从上式的构成上看，首先是每一个子结构的抗剪刚度和抗弯刚度相互作用，形成子结构自身的一个有效刚度，然后各个子结构的有效刚度相互叠加，共同抵抗外荷载。这就是串并联模型得到的双重抗侧力结构相互作用方式的一个结论。

在底部 $\overline{x}$ 接近于 0，从(11.18)式看，此时抗剪刚度对挠度起决定作用，而在顶部，抗弯刚度的作用在增加。通过(11.18)式揭示的双重弯剪型结构的相互作用，能够解释上面对 ase1～Case 6 分析得到的结论。（11.18)式还可以继续推广到多重抗侧力结构，即：

$$u(x) \approx \frac{(\overline{x} - 0.5\overline{x}^2)wH^4}{\displaystyle\sum_i \cfrac{4EI_i}{\left(\cfrac{4EI_i}{S_iH^2} + \overline{x}\right)}} \tag{11.19}$$

11.3 双重抗侧力结构二阶分析的串并联电路模型

11.3.1 解析解

如图 11.5 所示，两个子结构上分别作用竖向力 P_1，P_2，其他同第 11.2 节。

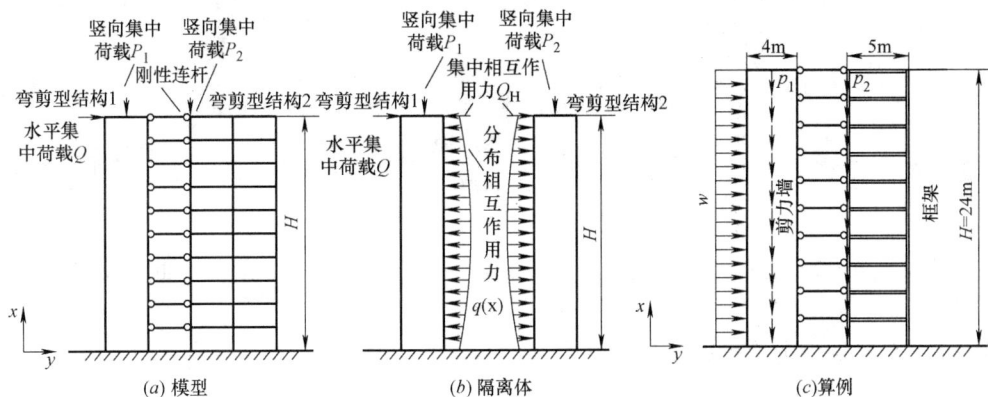

图 11.5 结构二阶分析模型

图 11.5b 是两弯剪型结构的隔离体简图，$q(x)$ 为两个子结构间的相互作用力，随高度变化。Q_H 为作用在顶点的集中力。对结构 1 和结构 2 分别建立平衡方程：

$$-EI_1\frac{\mathrm{d}^3 y_{\mathrm{b}1,\mathrm{II}}}{\mathrm{d}x^3} - P_1\frac{\mathrm{d}y_{\mathrm{II}}}{\mathrm{d}x} = Q - \int_x^H q_{\mathrm{II}}(x)\mathrm{d}x - Q_{\mathrm{H},\mathrm{II}} \tag{11.20a}$$

$$-EI_2\frac{\mathrm{d}^3 y_{\mathrm{b}2,\mathrm{II}}}{\mathrm{d}x^3} - P_2\frac{\mathrm{d}y_{\mathrm{II}}}{\mathrm{d}x} = \int_x^H q_{\mathrm{II}}(x)\mathrm{d}x + Q_{\mathrm{H},\mathrm{II}} \tag{11.20b}$$

以及

$$EI_1 \frac{d^3 y_{b1,\mathrm{II}}}{dx^3} = -S_1 \frac{dy_{q1,\mathrm{II}}}{dx} \tag{11.21a}$$

$$EI_2 \frac{d^3 y_{b2,\mathrm{II}}}{dx^3} = -S_2 \frac{dy_{q2,\mathrm{II}}}{dx} \tag{11.21b}$$

其中 $y_{b1,\mathrm{II}}$、$y_{b2,\mathrm{II}}$、$y_{s1,\mathrm{II}}$、$y_{s2,\mathrm{II}}$ 分别为子结构 1，2 的二阶弯曲侧移和剪切侧移，$q_{\mathrm{II}}(x)$、$Q_{\mathrm{H},\mathrm{II}}$ 分别为二阶分析的两个子结构间的相互作用力和顶点集中力。

求解过程与 10.5 节类似。这里直接给出子结构各个侧移的表达式：

$$y_{b1,\mathrm{II}} = \alpha_1 A \sinh r_1 x + \alpha_1 B \cosh r_1 x + \alpha_2 C \sin r_2 x + \alpha_2 D \cos r_2 x + Rx - \alpha_1 B - \alpha_2 D \tag{11.22a}$$

$$y_{b2,\mathrm{II}} = A \sinh r_1 x + B \cosh r_1 x + C \sin r_2 x + D \cos r_2 x - \frac{Q}{P} x - B - D \tag{11.22b}$$

$$y_{s1,\mathrm{II}} = -\frac{EI_1}{S_1} \left[r_1^2 \alpha_1 (A \sinh r_1 x + B \cosh r_1 x) - r_2^2 \alpha_2 (C \sin r_2 x + D \cos r_2 x) - r_1^2 \alpha_1 B + r_2^2 \alpha_2 D \right] \tag{11.22c}$$

$$y_{s2,\mathrm{II}} = -\frac{EI_2}{S_2} \left[r_1^2 (A \sinh r_1 x + B \cosh r_1 x) - r_2^2 (C \sin r_2 x + D \cos r_2 x) - B r_1^2 + D r_2^2 \right] \tag{11.22d}$$

其中：
$$r_1 = \sqrt{\frac{1}{2}\left(\beta^2 + \sqrt{\beta^4 + 4\gamma^4}\right)}, \quad r_2 = \sqrt{\frac{1}{2}\left(\sqrt{\beta^4 + 4\gamma^4} - \beta^2\right)},$$

$$\alpha_1 = \left(1 - \frac{EI_2}{S_2} r_1^2\right) \Big/ \left(1 - \frac{EI_1}{S_1} r_1^2\right), \quad \alpha_2 = \left(1 + \frac{EI_2}{S_2} r_2^2\right) \Big/ \left(1 + \frac{EI_1}{S_1} r_2^2\right)$$

$$A = \frac{Q}{P} \cdot \frac{\alpha_2 - 1}{(\alpha_2 - \alpha_1) r_1}, \quad B = -\frac{Q}{P} \frac{\alpha_2 - 1}{r_1(\alpha_2 - \alpha_1)} \tanh(r_1 H)$$

$$C = -\frac{Q}{P} \cdot \frac{\alpha_1 - 1}{(\alpha_2 - \alpha_1) r_2}, \quad D = \frac{Q}{P} \frac{\sin(r_2 H)(\alpha_1 - 1)}{r_2 \cos(r_2 H)(\alpha_2 - \alpha_1)},$$

$$R = -(\alpha_1 r_1 A + \alpha_2 r_2), \quad \xi = 1 \Big/ \left[EI_2 EI_1 \cdot \frac{S_1 + S_2 - P}{S_2 S_1}\right], \quad \beta^2 = \xi \left[EI_1 + EI_2 - \left(\frac{EI_1}{S_1} + \frac{EI_2}{S_2}\right)P\right],$$

$$\gamma^4 = \xi P, \quad P = P_1 + P_2 .$$

由于楼板的刚性连接，子结构 1，2 相互变形协调，由式(11.22a-d)也可发现有：

$$y_{\mathrm{II}} = y_{b1,\mathrm{II}} + y_{s1,\mathrm{II}} = y_{b2,\mathrm{II}} + y_{s2,\mathrm{II}} \tag{11.23}$$

其中 y_{II} 为双重抗侧力结构整体的二阶位移。

11.3.2　二阶相互作用的串并联电路模型

串并联模型在二阶分析中不能直接加以采用，原因在于双重抗侧力结构中的两个子结构具有不同的抗侧力性能，具有不同的二阶效应系数。而串并联模型式(11.14)采用了叠加原理，叠加原理在二阶分析中只对具有相同二阶效应系数的子结构成立。

设拆开后独立的两个子结构，每个子结构上都承受竖向力 P（即全部的竖向力，而不是各个子结构自身作用的竖向力）和水平力 Q。为了使拆开后独立计算的两个子结构保持原来子结构的弯曲、剪切刚度相对大小不变，同时还要与合成的结构具有相同的二阶效应系数，引进了子结构刚度放大系数：

$$EI_{1,\text{eq}} = \frac{1}{k_1} EI_1 \qquad (11.24a)$$

$$S_{1,\text{eq}} = \frac{1}{k_1} S_1 \qquad (11.24b)$$

$$EI_{2,\text{eq}} = \frac{1}{k_2} EI_2 \qquad (11.24c)$$

$$S_{2,\text{eq}} = \frac{1}{k_2} S_2 \qquad (11.24d)$$

$$k_1 = \frac{P_{\text{cr}1}}{P_{\text{cr}}} \qquad (11.24e)$$

$$k_2 = \frac{P_{\text{cr}2}}{P_{\text{cr}}} \qquad (11.24f)$$

k_1，k_2为两个子结构的刚度放大系数的倒数。两个子结构在柱顶作用集中荷载时的临界荷载为：

$$P_{\text{cr}1} = \frac{P_{\text{E}1} S_1}{P_{\text{E}1} + S_1}, \quad P_{\text{E}1} = \frac{\pi^2}{4} \frac{EI_1}{H^2} \qquad (11.25a)$$

$$P_{\text{cr}2} = \frac{P_{\text{E}2} S_2}{P_{\text{E}2} + S_2}, \quad P_{\text{E}2} = \frac{\pi^2}{4} \frac{EI_2}{H^2} \qquad (11.25b)$$

$$P_{\text{cr}} = P_{\text{cr}1} + P_{\text{cr}2} \qquad (11.25c)$$

因此，考虑刚度放大后，子结构具有相同的二阶效应系数，可以运用叠加原理进行计算：

$$\frac{1}{u_{\text{II}} \cdot 1} \approx \frac{1}{u_{1,\text{II}} \cdot \frac{1}{k_1}} + \frac{1}{u_{2,\text{II}} \cdot \frac{1}{k_2}} \qquad (11.26)$$

式(11.26)中因为采用放大了的刚度计算挠度，挠度偏小，因此将挠度放大$\dfrac{1}{k_1}$、$\dfrac{1}{k_2}$倍后代入。即

$$\frac{1}{u_{\text{II}}} \approx \frac{k_1}{u_{1,\text{II}}} + \frac{k_2}{u_{2,\text{II}}} = \frac{k_1}{u_{\text{b}1,\text{II}} + u_{\text{s}1,\text{II}}} + \frac{k_1}{u_{\text{b}2,\text{II}} + y_{\text{s}2,\text{II}}} \qquad (11.27)$$

式中 u_{II} 是双重抗侧力结构在水平、竖向荷载作用下的二阶侧移；

$u_{1,\text{II}} = u_{\text{b}1,\text{II}} + u_{\text{s}1,\text{II}}$ 等效刚度放大后的弯剪型子结构1单独在相同荷载作用下的二阶侧移；

$u_{2,\text{II}} = u_{\text{b}2,\text{II}} + u_{\text{s}2,\text{II}}$ 等效刚度放大后的弯剪型子结构2单独在相同荷载作用下的二阶侧移；

$u_{\text{b}1,\text{II}}$，$u_{\text{s}1,\text{II}}$，$u_{\text{b}2,\text{II}}$，$u_{\text{s}2,\text{II}}$ 分别是两个等效刚度放大后的子结构单独在相同荷载作用下的弯曲和剪切二阶位移。

对于独立的作用相同荷载的弯剪型子结构，有如下二阶位移表达式：

$$u_{\text{b}i,\text{II}} = \frac{Q\left[\tan(\gamma_i H) - \gamma_i x + \sin(\gamma_i x) - \tan(\gamma_i H)\cos(\gamma_i x)\right]}{\gamma_i^3 EI_{\text{B,eq}}\left(1 - \dfrac{P}{S_{i,\text{eq}}}\right)} \qquad i=1,2$$

$$(11.28a)$$

$$u_{\text{s}i,\text{II}} = -\frac{Q\left[\tan(\gamma_i H)\cos(\gamma_i x) - \sin(\gamma_i x) - \tan(\gamma_i H)\right]}{\gamma_i(S_{i,\text{eq}} - P)} \qquad i=1,2 \qquad (11.28b)$$

$$u_{i,\mathrm{II}} = u_{bi,\mathrm{II}} + u_{si,\mathrm{II}} \qquad\qquad i=1,\ 2 \qquad\qquad (11.28c)$$

$$\gamma_i^2 = \frac{P}{EI_{i,\mathrm{eq}}(1-P/S_{i,\mathrm{eq}})} \qquad\qquad i=1,\ 2 \qquad\qquad (11.28d)$$

11.3.3　二阶相互作用的侧移模型的验证

下面对上述二阶相互作用侧移模型进行算例验证。模型基本信息：10 层平面钢框架—剪力墙结构如图 11.5a 所示，层高 $h=2.4\mathrm{m}$，总高度 $H=24\mathrm{m}$。子结构 1 是一个剪力墙，子结构 2 是一个框架。分别计算得到两结构抗弯、抗剪刚度、临界荷载如下：$EI_1=32\times10^6$ $\mathrm{kN\cdot m^2}$，$S_1=10.3\times10^6\ \mathrm{kN}$，$EI_2=39.2\times10^6\ \mathrm{kN\cdot m^2}$，$S_2=24.5\times10^3\ \mathrm{kN}$。$P_{E1}=137078\mathrm{kN}$，$P_{cr1}=135277\mathrm{kN}$，$P_{E2}=167920\mathrm{kN}$，$P_{cr2}=21380\mathrm{kN}$。结构 2 的剪切变形占主要地位。根据叠加原理，荷载 P_1、P_2 分别作用于两个子结构与将合力 $P=P_1+P_2$ 作用于任一子结构，具有相同的效果。因此模型中荷载均施加于结构 1，顶部施加竖向集中荷载 P，水平集中荷载 $Q=0.1P$。计算得这个结构的临界荷载比值参数是 $k_1=\dfrac{P_{cr1}}{P_{cr}}=0.864$，$k_2=\dfrac{P_{cr2}}{P_{cr}}=0.136$，因此结构 2 要弱得多。

将 k_1、k_2 代入式(11.24)求得子结构 1，2 的放大后的等效刚度，并分别代入式（11.28a、b、c）得到单独作用荷载时的侧移。通过模型公式(11.27)计算得到模型方法的双重抗侧力结构的二阶侧移，并与式(11.22a, b, c, d)、(11.23)的解析方法及 ANSYS 有限元方法所得结果进行比较。当 $P/P_{cr}=0.2$ 和 0.7 时，比较结果在图 11.6a，b 所示。

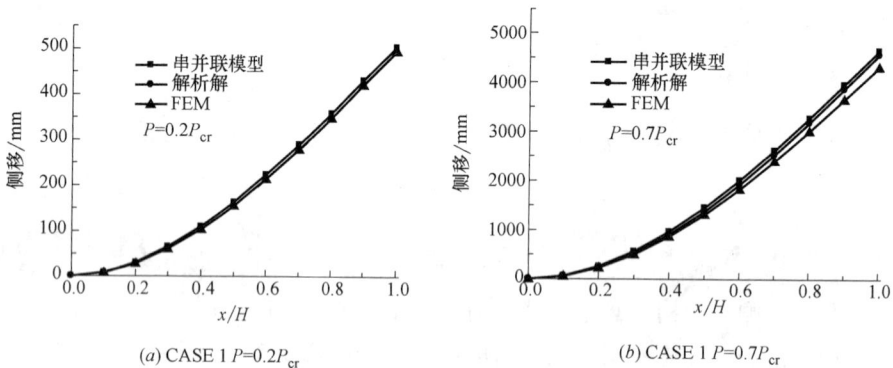

(a) CASE 1 $P=0.2P_{cr}$ 　　　　(b) CASE 1 $P=0.7P_{cr}$

图 11.6　基本算例（CASE 1）解析解与串并联模型的比较

图 11.6a 模型方法与解析方法计算所得的顶部楼层位移分别为 503.95mm 和 494.29mm，模型方法所得数据比解析方法大 1.95%。图 11.6b 所示，顶部楼层模型方法所得数据比解析方法大 2.55%，此时 $P/P_{cr}=0.7$，相对于实际结构，这样的竖向荷载比值偏大。这表明即使在偏大的二阶效应下，本章模型仍然具有很好的精度，对于较小二阶效应的情况则更为精确。

为了进一步认识二阶分析中两个子结构相互作用，下面给出一些以上面算例 CASE1 为基础衍化而来的比较算例，基本算例 CASE 1 的抗弯和抗剪刚度即上文算例所求得值，比较算例的抗弯和抗剪刚度以 CASE 1 为基础乘以相应的系数，如表 11.3 所示。其中 $r_1=\dfrac{\pi^2 EI_1}{1.2H^2 S_1}$、$r_2=\dfrac{\pi^2 EI_2}{1.2H^2 S_2}$。

比较算例结构抗弯刚度、抗剪刚度变化系数　　　　　表 11.3

算例	EI_1	S_1	EI_2	S_2	k_1	k_2	r_1	r_2
CASE1	1	1	1	1	0.864	0.136	0.04	22.85
CASE2	1	1	1	2	0.781	0.219	0.04	11.42
CASE3	1	1	1	1.5	0.818	0.182	0.04	15.23
CASE4	1	0.5	1	1.5	0.779	0.221	0.09	11.42
CASE5	1	0.5	1	1.5	0.816	0.184	0.09	15.23
CASE6	1	1	1	5	0.656	0.344	0.04	4.57
CASE7	1	1	1	10	0.576	0.424	0.04	2.28
CASE8	1	0.5	1	10	0.573	0.427	0.09	2.28
CASE9	1	0.1	1	5	0.631	0.369	0.44	4.57
CASE10	1	0.1	1	10	0.548	0.452	0.44	2.28
CASE11	1	0.05	1	10	0.521	0.479	0.89	2.28

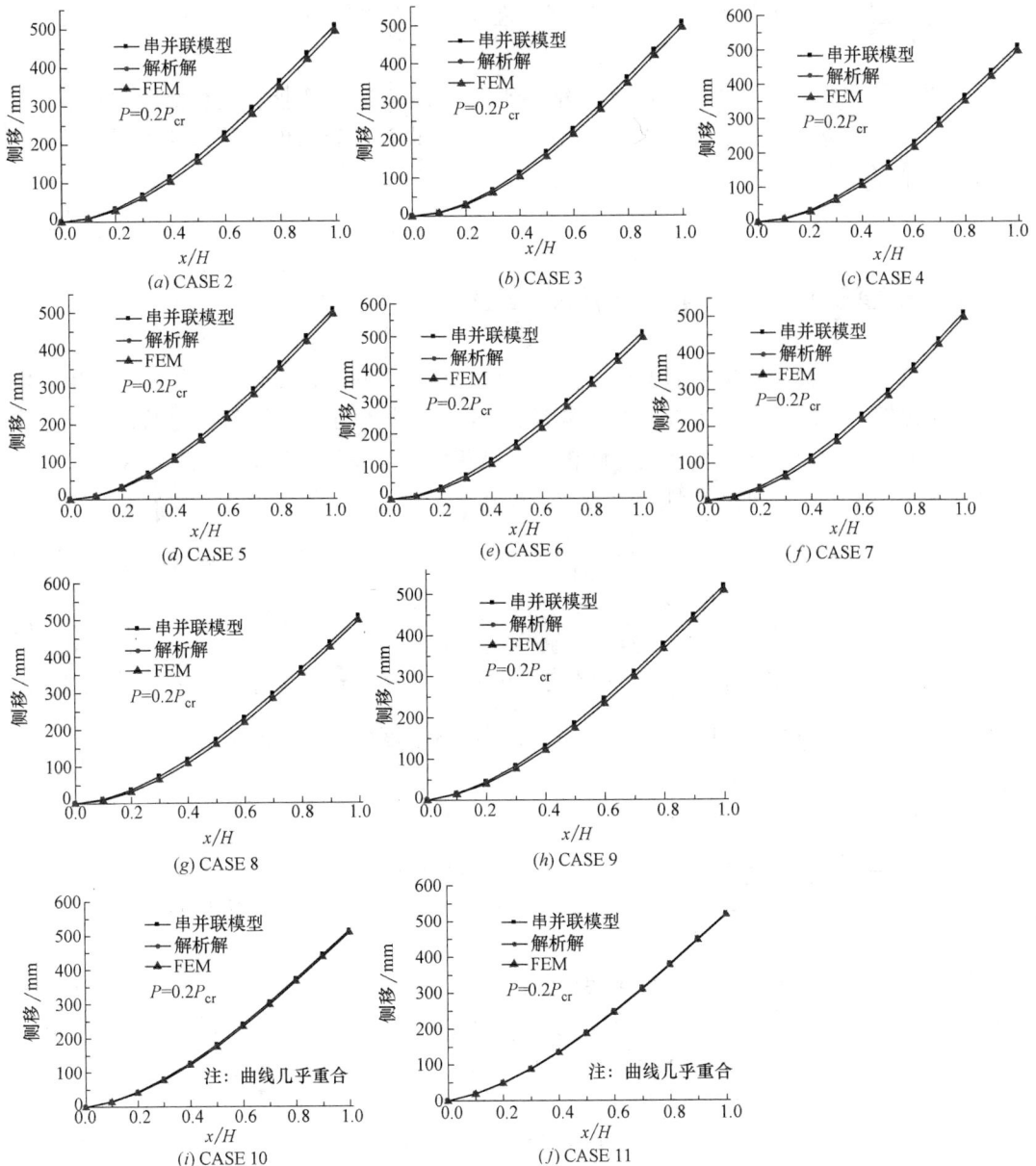

图 11.7　各种情况下解析解与串并联模型的比较

Case 4、5 将子结构 1 的抗剪刚度减半，以考察子结构 1 的抗剪刚度变化对放大系数的影响。

Case 2、4 和 Case 3、5 分别将结构 2 的抗剪刚度放大 2 倍、1.5 倍，以考察子结构 2 的抗剪刚度变化对放大系数的影响。以上刚度变化都保持子结构 1 的 $r_1 < 0.1$，即弯曲变形为主；子结构 2 的 $r_2 > 10$，即剪切变形为主。

Case 6、7、8 中，子结构 1 的 $r_1 < 0.1$，即弯曲变形为主；子结构 2 有 $0.1 < r_2 < 10$，为弯剪型结构。

Case 9、10、11 中，$0.1 < r_1$，$r_2 < 10$，子结构 1、子结构 2 均为弯剪型结构。

分别通过 Case 1-5、Case 6-8、Case 9-11，对弯曲型＋剪切型、弯曲型＋弯剪型、弯剪型＋弯剪型的双重抗侧力结构进行计算，检验上述方法的精度。各算例比较结果如图 11.7 所示。

对以上图表的比较可以得出，通过引进刚度放大系数对原有模型进行修正后，串并联模型能很好模拟等截面二重抗侧力结构的二阶侧移，即使在较大的二阶效应下，仍具有较高的计算精度。

11.4　三重抗侧力结构的串并联模型

三重抗侧力结构，解析解需要求解 8 阶微分方程，因此非常复杂，如果经验证串并联模型仍有足够的精度，不仅在理论上非常有价值，而且提供了一个了解多重抗侧力结构中子结构之间的相互作用的工具，因为解析解难以获得，本节只与有限元分析结果比较。

串并联模型推广到三重抗侧力结构，公式是

$$\frac{1}{y_{\mathrm{I}}} \approx \frac{1}{y_{1,\mathrm{I}}} + \frac{1}{y_{2,\mathrm{I}}} + \frac{1}{y_{3,\mathrm{I}}} \qquad (11.29a)$$

$$\frac{1}{y_{\mathrm{II}}} \approx \frac{k_1}{y_{1,\mathrm{II}}} + \frac{k_2}{y_{2,\mathrm{II}}} + \frac{k_3}{y_{3,\mathrm{II}}} \qquad (11.29b)$$

其中 $y_{3,\mathrm{I}}$ 为单独作用同样荷载时，子结构 3 的一阶侧移。$y_{3,\mathrm{II}}$ 为单独作用同样荷载时，刚度放大后的子结构 3 的二阶侧移。此时三个子结构刚度放大系数的倒数为 $k_1 = \frac{P_{\mathrm{cr1}}}{P_{\mathrm{cr}}}$、$k_2 = \frac{P_{\mathrm{cr2}}}{P_{\mathrm{cr}}}$、$k_3 = \frac{P_{\mathrm{cr3}}}{P_{\mathrm{cr}}}$。其中整体结构临界荷载为 $P_{\mathrm{cr}} = P_{\mathrm{cr1}} + P_{\mathrm{cr2}} + P_{\mathrm{cr3}}$。

下面验证式(11.29a, b)的精度。三个子结构采用 BEAM189 单元建模，每层划分为 10 个单元，弹性模量 $E = 206 \mathrm{kN/mm}^2$；子结构间的水平连杆采用 LINK8 单元，弹性模量为 $E_{\mathrm{L}} = 206 \times 10^4 \mathrm{kN/mm}^2$，截面面积为 $20000 \mathrm{mm}^2$。

模型基本信息：10 层平面钢框架-剪力墙结构，层高 $h = 2.4\mathrm{m}$，总高度 $H = 24\mathrm{m}$。子结构 1 为剪力墙，子结构 2，3 为框架。分别计算得到两结构抗弯、抗剪刚度、临界荷载如下：$EI_1 = 32 \times 10^6 \mathrm{kN \cdot m}^2$，$S_1 = 10.3 \times 10^6 \mathrm{kN}$，$EI_2 = 39.2 \times 10^6 \mathrm{kN \cdot m}^2$，$S_2 = 12.25 \times 10^4 \mathrm{kN}$，$EI_3 = 44.5 \times 10^6 \mathrm{kN \cdot m}^2$，$S_3 = 15.5 \times 10^3 \mathrm{kN}$。$P_{\mathrm{E1}} = 137078 \mathrm{kN}$，$P_{\mathrm{cr1}} = 135277 \mathrm{kN}$，$P_{\mathrm{E2}} = 167920 \mathrm{kN}$，$P_{\mathrm{cr2}} = 70829 \mathrm{kN}$，$P_{\mathrm{E3}} = 194908 \mathrm{kN}$，$P_{\mathrm{cr3}} = 14358 \mathrm{kN}$。结构 1 为弯曲型，结构 2 为弯剪型，结构 3 为剪切型。根据叠加原理，模型中荷载均施加于结构

1,顶部施加总竖向集中荷载 $P=0.2P_{cr}=44093$kN,总水平集中荷载 $Q=0.05P$。

计算得这个结构的临界荷载比值参数是 $k_1=\dfrac{P_{cr1}}{P_{cr}}=0.614$,$k_2=\dfrac{P_{cr2}}{P_{cr}}=0.321$,$k_3=\dfrac{P_{cr3}}{P_{cr}}=0.065$,因此结构 3 最弱,得到另两个子结构的支持也最多,刚度放大系数最大。计算结果如表 11.4,图 11.8 所示:

三重结构算例 Case 12,$P=0.2P_{cr}$各楼层的各种侧移/mm 表 11.4

x/H	一阶					二阶					A_y
	$y_{1,\mathrm{I}}$	$y_{2,\mathrm{I}}$	$y_{3,\mathrm{I}}$	模型方法	有限元方法	$y_{1,\mathrm{II}}$	$y_{2,\mathrm{II}}$	$y_{3,\mathrm{II}}$	模型方法	有限元方法	
0	0	0	0	0	0	0	0	0	0	0	—
0.1	5.12	46.95	344.60	4.55	3.54	3.74	17.37	27.61	5.41	4.16	1.175
0.2	18.81	100.90	695.23	15.50	12.58	13.94	37.89	55.82	18.63	15.03	1.195
0.3	40.11	161.07	1051.22	31.16	26.32	29.95	61.22	84.57	37.72	31.76	1.207
0.4	68.09	226.68	1411.90	50.49	44.05	51.11	87.03	113.78	61.46	53.54	1.216
0.5	101.78	296.95	1776.60	72.70	65.10	76.73	114.98	143.40	88.92	79.59	1.223
0.6	140.23	371.11	2144.65	97.16	88.86	106.10	144.71	173.35	119.34	109.18	1.229
0.7	182.49	448.39	2515.37	123.34	114.74	138.50	175.87	203.57	152.04	141.56	1.234
0.8	227.60	527.99	2888.11	150.74	142.20	173.17	208.12	233.99	186.38	176.03	1.238
0.9	274.63	609.15	3262.18	178.91	170.69	209.38	241.08	264.55	221.76	211.89	1.241
1	322.60	691.09	3636.93	207.39	199.70	246.35	274.41	295.18	257.58	248.45	1.244

为了进一步认识二阶分析中叁个子结构的相互作用,下面给出一些以上文算例为基础衍化而来的比较算例,基本算例 Case 12 的抗弯和抗剪刚度即上文算例所求得值,比较算例的抗弯和抗剪刚度以 Case 12 为基础乘以相应的系数,如表 11.5 所示。各算例计算比较如图 11.9 所示。

通过三重抗侧力结构算例 Case 12-18 的比较结果发现,当组成整体结构的三个子结构抵抗变形性能相差较大时,即子结构的刚度比 $\dfrac{EI_1}{S_1}$、$\dfrac{EI_2}{S_2}$、$\dfrac{EI_3}{S_3}$ 相差较大时,模型误差相对较大。如 Case 12,子结构 1、2、3 分别为弯曲型、弯剪型、剪切型,为所有算例中差距最大的算例,模型方法与有限元方法计算所得的侧移间的误差也相对较大。但即使在这个算例中,侧移最大的顶部模型方法与有限元方法计算得到的一阶、二阶侧移分别为 207.39mm、199.70mm、257.58mm 和 248.45mm,误差别分为 3.85% 和 3.67%,已具足够的精度。

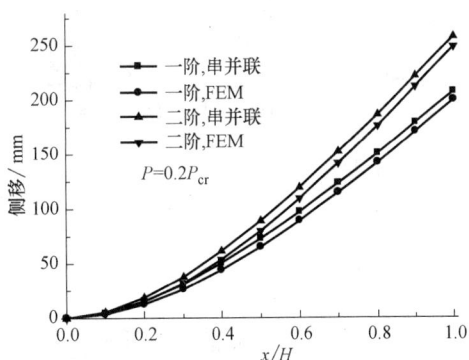

图 11.8 三重结构算例 Case 12 各方法计算侧移值的比较

比较算例结构抗弯刚度、抗剪刚度变化系数 表 11.5

Case	EI_1	S_1	EI_2	S_2	EI_3	S_3	k_1	k_2	k_3	结构特性说明
12	1	1	1	1	1	1	0.614	0.321	0.065	弯曲型+弯剪型+剪切型
13	1	1	1	1	1	4	0.534	0.280	0.186	弯曲型+弯剪型+剪切型

Case	EI_1	S_1	EI_2	S_2	EI_3	S_3	k_1	k_2	k_3	结构特性说明
14	1	1	1	50	1	1	0.432	0.522	0.046	弯曲型＋弯曲型＋剪切型
15	1	1	1	50	1	2	0.416	0.502	0.082	弯曲型＋弯曲型＋剪切型
16	1	1	1	50	1	5	0.382	0.461	0.157	弯曲型＋弯曲型＋弯剪型
17	1	1	1	1	1	5	0.517	0.271	0.212	弯曲型＋弯剪型＋弯剪型
18	1	0.1	1	1	1	5	0.489	0.286	0.224	弯剪型＋弯剪型＋弯剪型

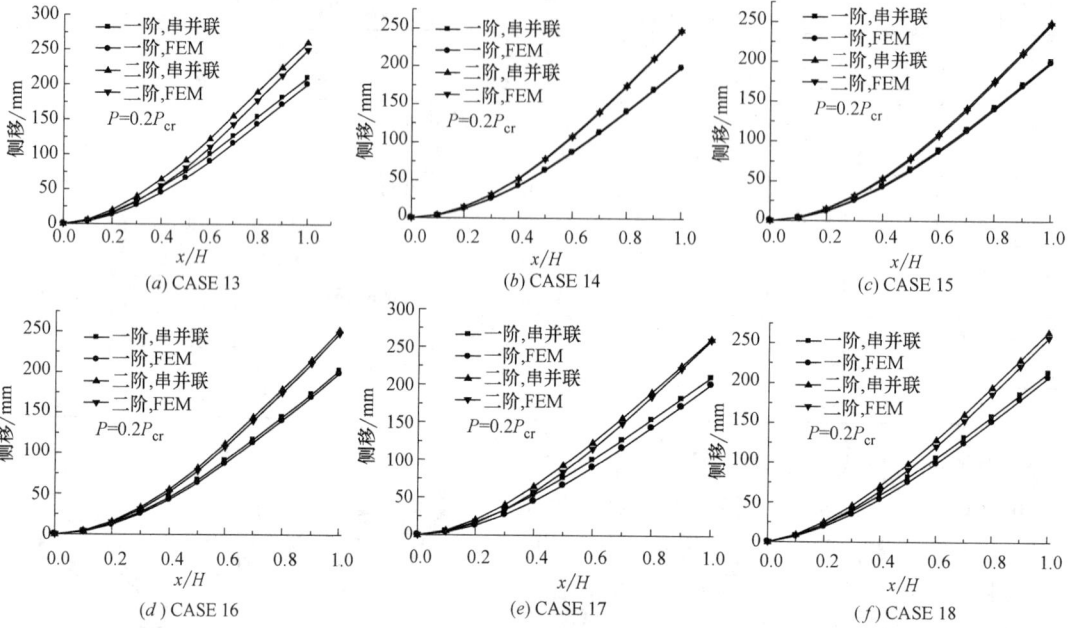

图 11.9　三重结构串并联模型与有限元的比较

11.5　变刚度变轴力多重抗侧力结构的侧移模型

本节研究的双重抗侧力结构如图 11.10 所示，子结构 1、2 分别沿高度作用均布竖向荷载 p_1、p_2，同时子结构 1 沿高度作用水平均布荷载 w。两子结构等效隔离体如图 11.11 所示，其中 $q(x)$ 是两个子结构之间的相互作用力，Q_H 是顶部相互作用力。两子结构刚度沿高度的线性变化可以表示为：

$$EI_{1,x} = EI_1\left(1 - K_{b1}\frac{x}{H}\right), \quad S_{1,x} = S_1\left(1 - K_{s1}\frac{x}{H}\right) \tag{11.30a, b}$$

$$EI_{2,x} = EI_2\left(1 - K_{b2}\frac{x}{H}\right), \quad S_{2,x} = S_2\left(1 - K_{s2}\frac{x}{H}\right) \tag{11.30c, d}$$

其中 $EI_{1,x}$、$S_{1,x}$ 分别为离底部 x 处子结构 1 的抗弯、抗剪刚度；

　　$EI_{2,x}$、$S_{2,x}$ 分别为离底部 x 处子结构 2 的抗弯、抗剪刚度；

　　$K_{b1} = 1 - \dfrac{EI_{1,H}}{EI_1}$、$K_{s1} = 1 - \dfrac{S_{1,H}}{S_1}$ 分别子结构 1 的抗弯、抗剪刚度沿高度变化系数；

$K_{b2}=1-\dfrac{EI_{2,H}}{EI_2}$、$K_{s2}=1-\dfrac{S_{2,H}}{S_2}$ 分别子结构 2 的抗弯、抗剪刚度沿高度变化系数；

$EI_{1,H}$、$S_{1,H}$、$EI_{2,H}$、$S_{2,H}$ 分别为子结构 1、2 顶部截面的抗弯、抗剪刚度；

EI_1、S_1、EI_2、S_2 分别为子结构 1、2 底部截面的抗弯、抗剪刚度。

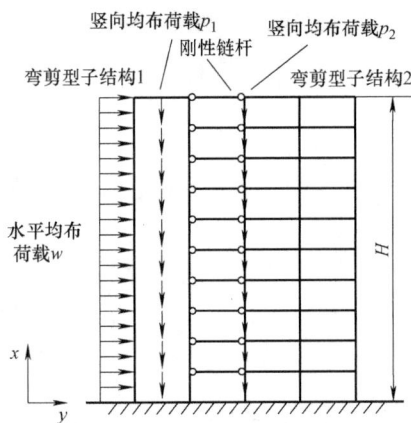

图 11.10　双重抗侧力结构体系

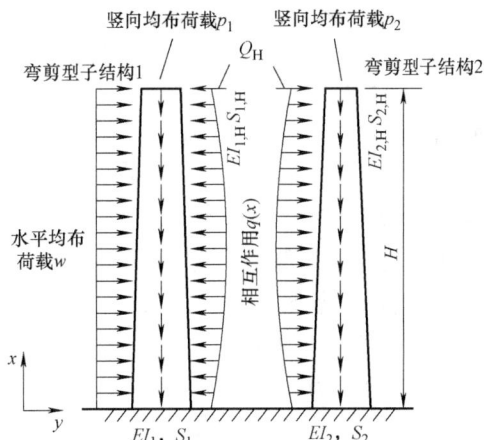

图 11.11　等效子结构隔离体

对于变截面子结构的二阶效应对叠加原理运用的影响，在独立子结构计算时，子结构的刚度需要采用整体结构在刚度代表层的刚度进行放大，即需要采用代表层 $x=0.3H$ 的刚度。等效后两子结构任意截面等效刚度可以表示为：

$$EI_{1,x,eq}=\frac{1}{k_1}EI_{1,x},\quad S_{1,x,eq}=\frac{1}{k_1}S_{1,x}\quad k_1=\frac{P_{cr1,0.3H}}{P_{cr,0.3H}} \qquad (11.31a)$$

$$EI_{2,x,eq}=\frac{1}{k_2}EI_{2,x},\quad S_{2,x,eq}=\frac{1}{k_2}S_{2,x}\quad k_2=\frac{P_{cr2,0.3H}}{P_{cr,0.3H}} \qquad (11.31b)$$

其中 $EI_{1,x,eq}$、$S_{1,x,eq}$、$EI_{2,x,eq}$、$S_{2,x,eq}$ 分别为子结构 1、2 离底面高度 x 处截面的等效抗弯、抗剪刚度；

$P_{cr1,0.3H}=\dfrac{P_{E1,0.3H}S_{1,0.3H}}{P_{E1,0.3H}+S_{1,0.3H}}$、$P_{cr2,0.3H}=\dfrac{P_{E2,0.3H}S_{2,0.3H}}{P_{E2,0.3H}+S_{2,0.3H}}$ 分别为子结构 1、2 代表层 $x=0.3H$ 处刚度计算所得的屈曲荷载；

$P_{E1,0.3H}=\dfrac{\pi^2}{4}\dfrac{EI_{1,0.3H}}{H^2}$、$P_{E2,0.3H}=\dfrac{\pi^2}{4}\dfrac{EI_{2,0.3H}}{H^2}$ 分别为子结构 1、2 代表层 $x=0.3H$ 处刚度计算所得的等效临界荷载；

$P_{cr,0.3H}=P_{cr1,0.3H}+P_{cr2,0.3H}$ 为代表层 $x=0.3H$ 处截面整体结构的总荷载。

刚度放大后两子结构独立施加与整体结构相同荷载竖向荷载和水平荷载，进行一阶和二阶分析，记一阶和二阶侧移分别为 $y_{1,I}(x)$、$y_{2,I}(x)$、$y_{1,II}(x)$、$y_{2,II}(x)$，结合模型表达式（11.14，11.27）可以得到整体结构一阶和二阶侧移 $y_I(x)$、$y_{II}(x)$，因此侧移二阶效应系数可以表示为：

$$A_y=\frac{y_{II}(x)}{y_I(x)} \qquad (11.32)$$

如图 11.10c 所示 10 层平面钢框架—剪力墙结构高 $H=24$m，钢框架与剪力墙的刚度沿高度线性变化，并分别作用竖向均布荷载 p_1、p_1，剪力墙作用均布水平荷载 w。剪力墙采用 C30 混凝土，底部截面高 $h=4\text{m}$、宽 $t=200\text{mm}$；钢框架梁柱结构采用 H 型钢，底层梁柱分别采用 H400×300×12/14 和 H500×300×12/16。

等效计算模型如图 11.11 所示，钢框架与剪力墙均等效为刚度沿高度线性变化的剪切型子结构 1、2，其底部截面刚度分别为 $EI_1=3.2\times10^7\text{kN}\cdot\text{m}^2$，$S_1=1.03\times10^7\text{kN}$，$EI_2=3.92\times10^7\text{kN}\cdot\text{m}^2$，$S_2=1.225\times10^5\text{kN}$。抗弯、抗剪刚度变化系数分别为 $K_{b1}=K_{s1}=0.5$，$K_{s2}=K_{b2}=\dfrac{2}{3}$。由代表层 $x=0.3H$ 处截面的刚度计算得到两子结构与整体结构的临界荷载分别为 $P_{E1,0.3H}=114232\text{kN}$，$P_{cr1,0.3H}=112731\text{kN}$，$P_{E2,0.3H}=130605\text{kN}$，$P_{cr2,0.3H}=55089\text{kN}$ 和 $P_{cr,0.3H}=167821\text{kN}$。两子结构刚度放大系数的倒数分别为 $k_1=0.6717$、$k_2=0.3283$。

子结构 1 以弯曲变形为主，钢框架等效成的子结构 2 则为剪切变形主导。施加于整体结构的竖向总荷载为 $p=p_1+p_2$，为了二阶效应系数在 1.2 左右，p 的取值使 $P_{0.7H}/P_{cr,0.3H}=0.2$。其中 $P_{cr,0.3H}$ 为以代表层 $x=0.3H$ 处刚度计算的临界荷载，$P_{0.7H}$ 是离地 $0.7H$ 处的总轴力。

子结构 1、2 采用 BEAM189 单元，每层划分为 10 个单元。材料弹性模量 $E=2.06\times10^5\text{N/mm}^2$，子结构间的水平连杆采用 LINK8 单元，材料弹性模量为 $E_L=2.06\times10^9\text{N/mm}^2$，截面面积是 20000mm^2。

通过 ANSYS 有限元程序分别对整体结构与独立子结构进行一、二阶弹性分析，分别得到整体结构和独立子结构的一、二阶侧移，并与串联—并联模型计算所得值作比较。一、二阶侧移比较结果及位移二阶效应系数 A_y 如表 11.6，图 11.12 所示。通过比较发现，一阶、二阶串联—并联侧移模型计算结果具有良好的精度，尤其顶部侧移精度很高。

变截面双重结构 Case 1 一、二阶侧移及二阶效应系数 $(P_{0.7H}/P_{cr,0.3H}=0.2)$ (mm)

表 11.6

$\dfrac{x}{H}$	一阶侧移				二阶侧移				A_y
	$y_{1,\text{I}}$	$y_{2,\text{I}}$	串并联	FEM	$y_{1,\text{II}}$	$y_{2,\text{II}}$	串并联	FEM 法	
0.1	9.06	137.63	8.50	7.43	6.75	55.69	9.49	8.29	1.116
0.2	31.49	282.67	28.34	25.07	23.81	115.10	32.19	28.44	1.134
0.3	65.27	433.01	56.72	51.02	49.73	177.12	65.10	58.44	1.145
0.4	108.43	586.36	91.51	83.57	83.07	240.60	105.81	96.39	1.153
0.5	159.08	740.23	130.94	121.16	122.40	304.28	152.28	140.50	1.160
0.6	215.45	891.77	173.53	162.41	166.34	366.77	202.70	189.13	1.165
0.7	275.90	1037.61	217.95	206.09	213.58	426.49	255.44	240.79	1.168
0.8	338.97	1173.49	263.00	251.15	262.95	481.59	309.00	294.20	1.171
0.9	403.38	1293.64	307.50	296.78	313.42	529.70	361.93	348.32	1.174
1	468.18	1389.41	350.18	342.39	364.20	567.65	412.76	402.44	1.175

为了进一步验证模型在更多刚度组合的变截面变轴力双重抗侧力体系中的适用性，在上面算例 Case 1 的基础上，抗弯刚度和抗剪刚度乘以一定的系数，相关系数及由刚度计算所得的 k_1 和 k_2 如表 11.7 所示。

表 11.7 算例的侧移有限元计算结果与串并联模型计算所得结果的比较如图 11.13 所示。这些图的对比结果说明，串并联模型公式分别能很好的模拟变刚度变轴力双重抗侧力

结构体系一阶、二阶侧移沿高度的变化规律。其中 Case 3、Case 6，两种方法所得结果几乎相等，这两个算例有一个特点是：两个子结构的弯剪刚度比接近。由此可以得出结论，如果一个结构是弯曲型一个是剪切型，并且两个结构的总体的抗侧刚度接近，则串联—并联的模型误差较大，例如 Case 4，其主要原因是我们未去求更为精确的临界荷载，但是即使此时，顶部侧移的误差也很小。因此串联—并联模型在变刚度变轴力弯剪型侧力体系中依然成立。

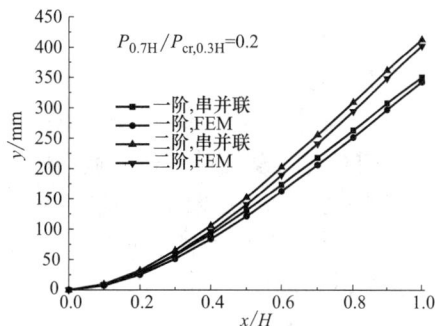

图 11.12 Case 1 一、二阶侧移比较

比较算例结构抗弯刚度、抗剪刚度变化系数 表 11.7

Case	EI_1	S_1	EI_2	S_2	k_1	k_2	结构特性说明
1	1	1	1	1	0.6717	0.3283	弯曲型 + 大框架
2	1	0.1	1	1	0.6466	0.3534	开洞剪力墙+大框架
3	1	0.01	1	1	0.4708	0.5292	开大洞的剪力墙+大框架
4	0.1	0.1	1	0.2	0.4040	0.5960	小剪力墙+框架
5	1	1	1	10	0.4953	0.5047	弯曲型+联肢墙
6	1	1	1	100	0.4667	0.5333	弯曲型+开洞剪力墙
7	1	1	1	0.2	0.8714	0.1286	弯曲型+弯曲型

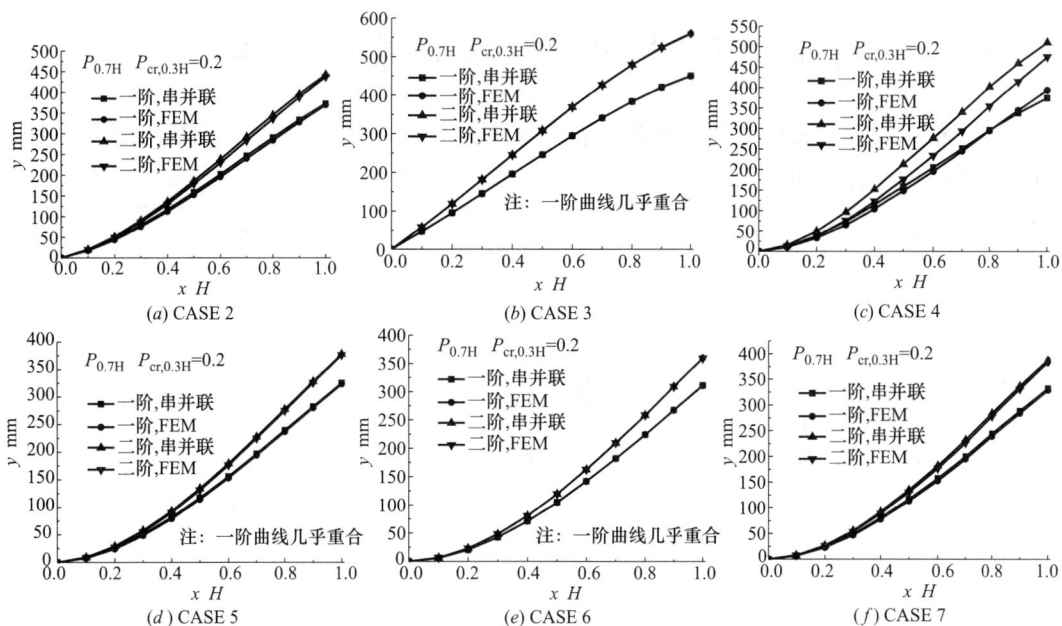

(a) CASE 2 (b) CASE 3 (c) CASE 4

(d) CASE 5 (e) CASE 6 (f) CASE 7

图 11.13 变截面双重抗侧力结构一阶和二阶分析算例

为了进一步验证这个串并联模型，下面补充 3 个算例。

算例 A 的刚度沿高度是抛物线变化，两子结构的刚度分别为 $EI_1\left(1-0.85\dfrac{x}{H}+0.35\dfrac{x^2}{H^2}\right)$，

$$S_1\left(1-0.85\frac{x}{H}+0.35\frac{x^2}{H^2}\right),\ EI_2\left(1-\frac{x}{H}+\frac{x^2}{3H^2}\right),\ S_2\left(1-\frac{x}{H}+\frac{x^2}{3H^2}\right);$$

算例 B 改变水平荷载施加方式，在 Case1 的结构的顶部作用集中水平荷载 $Q=0.07pH$，在中部作用集中水平荷载 $0.7Q$；

算例 C 是等截面的算例，截面取 Case 7 底部的截面性质，是一个等截面的弯曲型—剪切型双重结构，承受倒三角形的水平分布荷载，在顶部的值 1080N/mm。

3 个补充算例底部截面刚度与 Case 1 相同，对比结果如图 11.14 所示。对比结果表明，水平荷载的形式(集中还是均布)以及刚度沿高度的变化规律是线性还是抛物线，不影响串联—并联模型的精度。

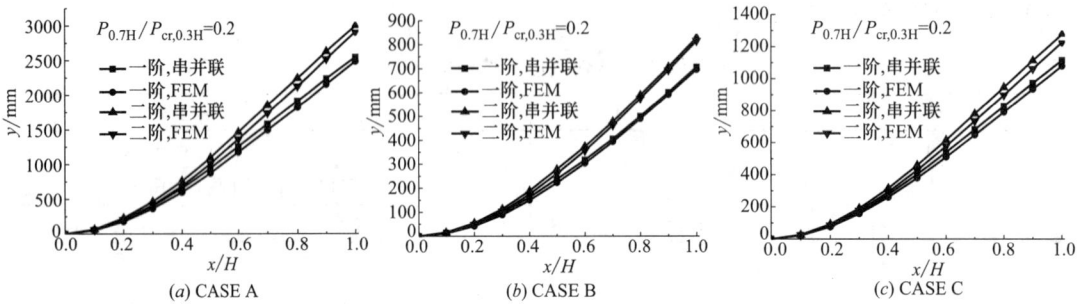

图 11.14　补充的三个算例

11.6　变刚度变轴力三重抗侧力结构的串联—并联模型

相比于双重抗侧力体系，三重弯剪型抗侧力体系子结构间的相互作用更为复杂。但通过大量算例的计算表明，一阶、二阶侧移的串联—并联模型仍然适用，其表达式为

$$\frac{1}{y_{\mathrm{I}}(x)}=\frac{1}{y_{1,\mathrm{I}}(x)}+\frac{1}{y_{2,\mathrm{I}}(x)}+\frac{1}{y_{3,\mathrm{I}}(x)} \tag{11.33a}$$

$$\frac{1}{y_{\mathrm{II}}(x)}=\frac{k_1}{y_{1,\mathrm{II}}(x)}+\frac{k_2}{y_{2,\mathrm{II}}(x)}+\frac{k_3}{y_{3,\mathrm{II}}(x)} \tag{11.33b}$$

下面选取有代表性的五个算例进行比较，各算例刚度变化等相关系数及结构特性如表 11.8 所示，对比结果图 11.15 所示。

其中 Case 8 结构高度为 24m，三个子结构抗弯、抗剪刚度分别为 $EI_1=3.2\times10^7$ kN·m², $S_1=1.03\times10^7$ kN，$EI_2=3.92\times10^7$ kN·m²，$S_2=2.45\times10^5$ kN，$EI_3=13.65\times10^7$ kN·m²，$S_3=1.55\times10^5$ kN。抗弯、抗剪刚度变化系数分别为 $K_{b1}=K_{s1}=0.5$，$K_{s2}=K_{b2}=\frac{2}{3}$，$K_{s3}=K_{b3}=\frac{3}{4}$。由代表层 $x=0.3H$ 处截面的刚度计算得到三个子结构与整体结构的临界荷载分别为 $P_{E1,0.3H}=114,232$kN，$P_{cr1,0.3H}=112,731$kN，$P_{E2,0.3H}=130,605$kN，$P_{cr2,0.3H}=77,492$kN，$P_{E3,0.3H}=438,542$kN，$P_{cr3,0.3H}=91,891$kN，$P_{cr,0.3H}=282,115$kN。刚度放大系数的倒数分别为 $k_1=0.3785$，$k_2=0.2787$，$k_3=0.3428$。

比较算例结构抗弯刚度、抗剪刚度变化系数　　　　　　　　　　表 11.8

Case	EI_1	S_1	EI_2	S_2	EI_3	S_3	k_1	k_2	k_3	结构特性说明
8	1	1	1	1	1	1	0.3785	0.2787	0.3428	弯曲型＋弯剪型＋剪切型
9	1	0.1	1	1	1	1	0.3526	0.2904	0.3571	弯剪型＋弯剪型＋剪切型
10	1	1	1	10	1	10	0.1887	0.2192	0.5921	弯曲型＋弯剪型＋弯剪型
11	1	1	1	100	1	10	0.1862	0.2295	0.5843	弯曲型＋弯曲型＋弯剪型
12	1	0.1	1	10	1	10	0.1722	0.2236	0.6042	弯剪型＋弯剪型＋弯剪型

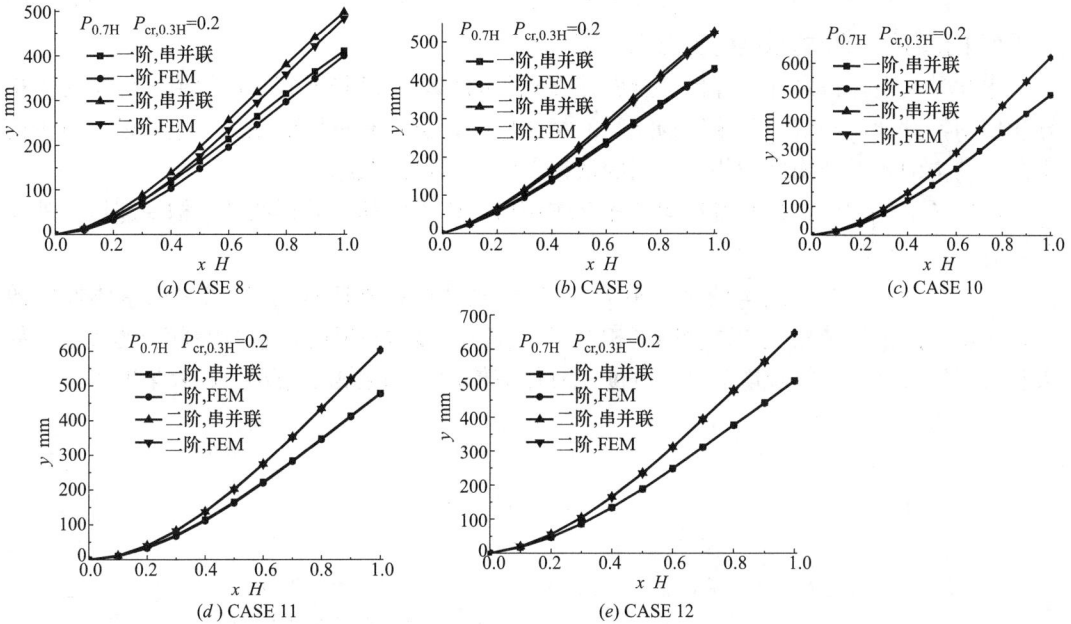

图 11.15　三重变截面结构算例

　　总结上述三重结构的算例，可以发现，串并联模型预测的侧移曲线的形状和大小与有限元分析的结果基本符合，Case 8 的误差最大，是因为这三个结构的性质相差较大，但顶部的侧移误差也很小，仅 2.7%（一阶）、2.9%（二阶）。其他算例的误差都较小。

11.7　结语

　　本章的大量双重和三重抗侧力结构的一阶和二阶分析算例表明，双重和多重抗侧力结构中，各子结构之间的相互作用，可以采用串联－并联电路模型来很精确的计算。这种成功很自然的促使我们将这种串并联模型推广到 N 重抗侧力结构体系：在图 11.2 中只需增加串联小电路的数量即可，在公式上，则可以将(11.33a)、(11.33b)加以推广：

$$\frac{1}{y_{\mathrm{I}}(x)}=\sum_{j=1}^{N}\frac{1}{y_{j,\mathrm{I}}(x)} \tag{11.34a}$$

和

$$\frac{1}{y_{\mathrm{II}}(x)} = \sum_{j=1}^{N} \frac{k_{\mathrm{j}}}{y_{\mathrm{j,II}}(x)} \tag{11.34b}$$

这两个模型为更好的认识剪切型多重抗侧力结构体系中子结构间的相互作用提供了一个新途径。

在采用串联-并联模型求得整体双重结构的侧移 y 后，各个子结构的侧移由以下两个式子，配合边界条件确定：

$$y_{\mathrm{b}i} + y_{\mathrm{s}i} = y \qquad i=1,\ 2 \tag{11.35a}$$

$$EI_i y'''_{\mathrm{b}i} = S_i y'_{\mathrm{s}i} \qquad i=1,\ 2 \tag{11.35b}$$

并进而求出各个子结构承担的剪力和弯矩。

串并联模型，在设计计算已经全面计算机化的今天，已经没有实用价值，但是对于指导我们调整设计，理解各个子结构之间的相互作用，仍具有重要的意义。这种模型对于促进多重结构中各子结构之间相互作用的认识上的作用可以归结为：

（1）各个子结构是自身各种柔度相互作用后，作为整体与并列的子结构一起抵抗外荷载或者抵抗失稳的；

（2）增加某一个子结构的某一种刚度（抗弯刚度或抗剪刚度），所带来的整体性的效果，决定于这个子结构中的这种刚度相对于另一种刚度（抗剪刚度或抗弯刚度）的大小，如果相对已经很大，则继续增大这个刚度没有任何作用；如果相对很小，则效果明显。

参 考 文 献

[1]　高宇. 双重弯剪型抗侧力体系的相互作用. 浙江大学硕士学位论文. 2006.

[2]　岑伟. 简单模型弯剪型抗侧力体系的相互作用. 浙江大学硕士学位论文. 2008.

[3]　赵钦. 多重抗侧力结构体系二阶效应及侧移模型. 浙江大学博士学位论文. 2010.

[4]　高宇，童根树. 两片弯剪型抗侧力体系的相互作用. 建筑结构，2007，07：8-13.

第 12 章　双重抗侧力体系二阶效应放大系数

12.1　引言

高层建筑结构应用广泛，很多高层结构体系可以简化为考虑整体弯曲和剪切变形的悬臂柱。这种结构体系的二阶效应，可以通过二阶的有限元分析来掌握。对剪切型的框架结构，各层的二阶效应系数采用如下公式计算：

$$A_{\mathrm{m}i} = \left(1 - \frac{V_i \delta_i}{Q_i h_i}\right)^{-1} \tag{12.1}$$

式中 V_i，Q_i 分别是第 i 层总的竖向力和总的水平力，h_i，δ_i 是第 i 层的层高和总水平力作用下的位移。

对弯曲型悬臂结构，二阶效应系数可以采用二阶分析的方法加以确定，等截面等轴力的杆件的弯矩放大系数，第 9 章中已经有介绍，一般只关注最大值的放大系数，沿杆长的变化，可以采用现成的推导加以考察。应用于高层的结构，因为涉及到变截面以及变轴力，问题要变得复杂得多，但是通过研究，得到更多类似于(12.1)式的公式，仍然是受欢迎的。

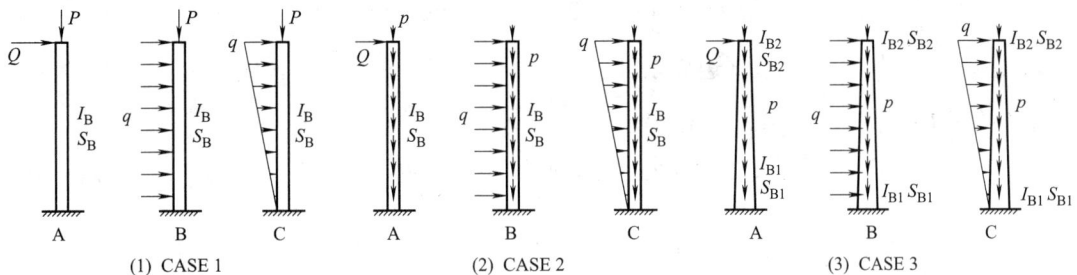

图 12.1　弯剪型悬臂柱弯矩放大系数的六种计算模型

本章取表 12.1 所列算例，研究变截面变轴力悬臂柱的二阶效应系数，以得到一些规律性的认识。

算例主要信息　　　　　　　　　　　表 12.1

算例号		EI、S	竖向荷载	水平荷载
Case1	A	等截面 $r_B=1.0$ $r_S=r_P=1.0$	顶部集中荷载 $r_P=1.0$	顶部集中荷载
	B			沿高度均布荷载
	C			倒三角分布
Case2	A	等截面 $r_B=1.0$ $r_S=1.0>r_P$	沿高度均布荷载 $r_P=0.025$	顶部集中荷载
	B			沿高度均布荷载
	C			倒三角分布

续表

算例号		EI,S	竖向荷载	水平荷载
Case3	A	变截面 $r_B=r_S=0.4$ $r_S>r_P=0.025$	沿高度均布荷载 $r_P=0.025$	顶部集中荷载
	B			沿高度均布荷载
	C			倒三角分布
Case4	A	变截面 $r_B=0.4$ $r_S=r_P=0.3$	沿高度均布荷载 +柱顶集中力 $r_P=0.3$	顶部集中荷载
	B			沿高度均布荷载
	C			倒三角分布

12.2　悬臂构件模型分析二阶效应

如图 12.1 中所示底端固接情况的轴心受压悬臂柱，同时考虑弯曲变形和剪切变形，计算代表二阶效应大小的弯矩和侧移放大系数。其中 Case 1 的等截面等轴力的悬臂柱，可以获得解析解，而 Case 2 是变轴力的等截面悬臂柱，Case 3 是变轴力和截面性质沿高度线性变化的悬臂柱，只能采用数值方法求解。

12.2.1　Case 1 的弯矩放大系数

1 Case 1A　的放大系数：设 H 是柱高，在压力 P 作用下，利用平衡微分方程，求解悬臂柱在柱顶水平荷载下的弯矩放大系数。平衡方程是

$$EI\left(1-\frac{P}{S}\right)y_b^{(4)}+Py_b''=0 \tag{12.2a}$$

其通解为：

$$y_b=C_3+C_4x-C_1\cos(kx)-C_2\sin(kx)$$

式中 $k^2=\dfrac{P}{EI(1-P/S)}$。根据边界条件 $y_b(0)=0$，$y_b'(0)=0$，$y_b''(H)=0$ 以及 $V(H)=-EIy_b'''-P(y_b'+y_s')\mid_{x=H}=Q$ 得：

$$y_b=\frac{Q[\tan u-kx+\sin(kx)-\tan u\cos(kx)]}{k^3EI_B(1-P/S)} \tag{12.2b}$$

$$y_s=-\frac{Q[\tan u\cos(kx)-\sin(kx)-\tan u]}{k(S-P)} \tag{12.2c}$$

$$y_{\rm II}=y_{b,\rm II}+y_{s,\rm II} \tag{12.2d}$$

其中 $u=kH=\dfrac{\pi}{2}\sqrt{\dfrac{P}{P_E(1-P/S)}}$，$P_E=\dfrac{\pi^2EI}{4H^2}$，$\bar{x}=\dfrac{x}{H}$。悬臂柱任意截面的二阶弯矩和剪力为：

$$M_{\rm II}=-EIy_{b,\rm II}''=\frac{Q\sin[k(H-x)]}{k(1-P/S)\cos kH}$$

$$Q_{\rm II}=M_{\rm II}'=-EIy_{b,\rm II}'''=-\frac{Q\cos[k(H-x)]}{(1-P/S)\cos kH}=Sy_{s,\rm II}'$$

由一阶弹性内力分析得截面的一阶弯矩和剪力为：

$$y_{\rm I}=y_{b,\rm I}+y_{s,\rm I}=\frac{QH^3}{EI}\left[\frac{1}{6}\bar{x}^2(3-\bar{x})+\frac{EI}{SH^2}\bar{x}\right]$$

　　柱顶承受水平力 Q 和竖向压力 P 时，考虑二阶效应的柱子各部位的弯矩和斜率放大系数为：

$$A_\text{y}=\frac{y_\text{II}}{y_\text{I}}, \quad A_\text{y}'=\frac{y'_\text{II}}{y'_\text{I}}, \quad A_\text{m}=\frac{M_\text{II}}{M_\text{I}}, \quad A_\text{Q}=\frac{M'_\text{II}}{M'_\text{I}} \qquad (12.3a, \ b, \ c, \ d)$$

图 12.2 画出了各个放大系数沿高度的变化，其中 $p=\dfrac{P}{P_\text{cr}}=0.2$，$P_\text{cr}=\dfrac{P_\text{E}S}{P_\text{E}+S}$，$1-\dfrac{P}{S}=$ $1-\dfrac{\gamma}{1+\gamma}p$，$u^2=\dfrac{\pi^2 p}{4 \ (1+\gamma-p\gamma)}$，$\gamma=\dfrac{\pi^2 EI}{4SH^2}=\dfrac{P_\text{E}}{S}$。$\gamma$ 是弯曲屈曲临界荷载和剪切屈曲临界荷载的比值，$\gamma=0.0005$，0.02，0.1，0.5，1.0，2.0，10 和 50.0，代表了弯曲型到弯剪型再到剪切型悬臂结构的变化。

　　图 12.2a 是弯曲型构件的放大系数（剪切变形可以忽略），此时挠度和斜率的放大系数在底部的值要通过求极限的方法来确定，得到

$$A_\text{y,S=∞}=A_\text{y',S=∞}=A_\text{y'',S=∞}=A_\text{M,S=∞}=\frac{\tan u}{u}=\frac{1-0.178P/P_\text{E}}{1-P/P_\text{E}} \qquad (12.4a)$$

随剪切变形的影响变得不可忽略（图 12.2b～h），底部的挠度、斜率放大系数与截面剪力放大系数接近或相同。在底部，如果剪切刚度有限，则

$$A_\text{y,bot}=A_\text{y',bot}=A_\text{Q,bot}=\frac{1}{1-P/S}=\frac{1}{1-\dfrac{\gamma}{1+\gamma}\dfrac{P}{P_\text{cr}}} \qquad (12.4b)$$

传统的放大系数是

$$A=\frac{1}{1-P/P_\text{cr}} \qquad (12.5)$$

采用如下近似计算公式：

$$\frac{\tan u}{u}=1+\frac{u^2/3}{1-4u^2/\pi^2} \qquad (12.6a)$$

$$\frac{1}{\cos u}\approx 1+\frac{0.5u^2}{1-4u^2/\pi^2} \qquad (12.6b)$$

顶部的线性位移和非线性位移是

$$y_\text{I,TOP}=\frac{QH^3}{3EI}\left(1+\frac{3EI}{SH^2}\right)=\frac{QH^3}{3EI}+\frac{QH}{S} \qquad (12.7a)$$

$$y_\text{II,top}=\frac{QH^3}{EI \ (1-P/S)}\left[\frac{1}{u^2}\left(\frac{\tan u}{u}-1\right)+\frac{EI}{SH^2}\frac{\tan u}{u}\right]=\frac{QH^3}{3EI} \cdot \frac{1}{1-P/P_\text{cr}}+\frac{QH}{S \ (1-P/S)} \qquad (12.7b)$$

对照以上两式可知，考虑二阶效应后，线性的弯曲变形以 $\dfrac{1}{(1-P/S)} \cdot \dfrac{1}{1-P/P_\text{cr}}$ 的形式（双重放大）的规律被放大，其中 $\dfrac{1}{1-P/S}$ 部分是因为考虑剪切变形后截面的抗弯刚度被折减到 $\left(1-\dfrac{P}{S}\right)$ 倍，见（12.2a）式。剪切变形是以 $\dfrac{1}{1-P/S}$ 的系数放大。顶部位移放大系数是

$$A_\text{y,TOP}=\frac{1}{(1-P/P_\text{cr})(1-P/S)} \cdot \left(1-\frac{1+P_\text{E}/S}{0.82247+P_\text{E}/S} \cdot \frac{P}{S}\right)\leqslant \frac{1}{(1-P/P_\text{cr})} \qquad (12.8a)$$

顶部斜率及斜率放大系数是

$$y'_{\text{II,TOP}} = \frac{QH^2}{EI(1-P/S)}\left(\frac{1-\cos u}{u^2\cos u}+\frac{EI}{SH^2}\frac{1}{\cos u}\right)=\frac{QH^2}{EI(1-P/P_{\text{cr}})}\left[\frac{1}{2}+\frac{EI}{SH^2}+\frac{0.935P}{\pi^2 S(1-P/S)}\right]$$

$$A_{\text{y',top}}=\frac{1}{(1-P/P_{\text{cr}})}\left[1+\frac{(\pi^2-8)P/S}{\pi^2\left[1+2EI/(SH^2)\right](1-P/S)}\right]>\frac{1}{1-P/P_{\text{cr}}} \qquad (12.8b)$$

弯矩放大系数是

$$A_{\text{M}}=\frac{1}{(1-P/S)\cos u}\cdot\frac{\sin\left[u(1-\overline{x})\right]}{u(1-\overline{x})} \qquad (12.8c)$$

在顶部和底部分别是

$$A_{\text{M,TOP}}=\frac{1}{(1-P/S)\cos u}=\frac{1}{(1-P/S)}\frac{1+0.935u^2/\pi^2}{1-4u^2/\pi^2}=\frac{1}{1-P/P_{\text{cr}}}\left[1+\frac{0.234P}{P_{\text{E}}(1-P/S)}\right]$$

$$A_{\text{M,BOT}}=\frac{\tan u}{(1-P/S)u}=\frac{1}{(1-P/S)}\left(\frac{u^2/3}{1-4u^2/\pi^2}+1\right)=\frac{1}{1-P/P_{\text{cr}}}\left[1-\frac{0.1775P}{P_{\text{E}}(1-P/S)}\right]$$

沿高度弯矩放大系数可以很精确地表示为：

$$A_{\text{M}}=\frac{1}{1-P/P_{\text{cr}}}\left[1+\frac{\alpha P}{P_{\text{E}}(1-P/S)}\right]=\frac{1}{1-p}\left[1+\left[0.234-0.4115(1-\overline{x})^2\right]\frac{p}{1+\gamma-\gamma p}\right]$$

$$(12.9)$$

图 12.2 画出了 6 个 γ 参数时的放大系数。

（1）就其最大值来说，挠度放大系数最低。

（2）弯矩和剪力放大系数最大。下部小于(12.5)式，上部大于(12.5)式。

（3）弯曲型构件或弯曲为主的弯剪型构件，截面剪力放大系数在下部最低。

2 Case 1B 的放大系数：水平荷载 q 沿高度均匀分布，柱顶竖向集中荷载为 P。微分方程是：

$$y_{\text{b}}^{(4)}+k^2 y''_{\text{b}}=\frac{q}{EI(1-P/S)} \qquad (12.10)$$

根据边界条件 $y_{\text{b}}(0)=0$，$y'_{\text{b}}(0)=0$，$y''_{\text{b}}(H)=0$ 以及 $Q(H)=-EI\left(1-\dfrac{P}{S}\right)y'''_{\text{b}}-Py'_{\text{b}}$
$|_{x=H}=0$ 得：

$$y_{\text{b,II}}=\frac{qH^2}{P}\left[-\frac{(1-u\sin u)}{u^2\cos u}(1-\cos u\overline{x})-\overline{x}+\frac{1}{2}\overline{x}^2+\frac{1}{u}\sin u\overline{x}\right] \qquad (12.11a)$$

$$y_{\text{s,II}}=\frac{EI}{SH^2}\frac{qH^2}{P}\left[-\frac{(1-u\sin u)}{\cos u}(1-\cos u\overline{x})+u\sin u\overline{x}\right] \qquad (12.11b)$$

$$y_{\text{II}}=y_{\text{b,II}}+y_{\text{s,II}} \qquad (12.11c)$$

线性结果是

$$y_{\text{I}}=y_{\text{b,I}}+y_{\text{s,I}}=\frac{qH^4}{EI}\left[\left(\frac{1}{24}\overline{x}^4-\frac{1}{6}\overline{x}^3+\frac{1}{4}\overline{x}^2\right)+\frac{EI}{SH^2}\ (\overline{x}-0.5\overline{x}^2)\right] \qquad (12.11d)$$

同样可以计算四个放大系数，图 12.3 给出部分图。由图可见：

（1）弯矩和剪力的放大系数随高度的增加而快速增加，对顶部，取极限发现，弯矩和剪力的放大系数为无限大；

（2）侧移的放大系数为最小，斜率次之；

（3）式(12.5)对于位移，给出了上限；

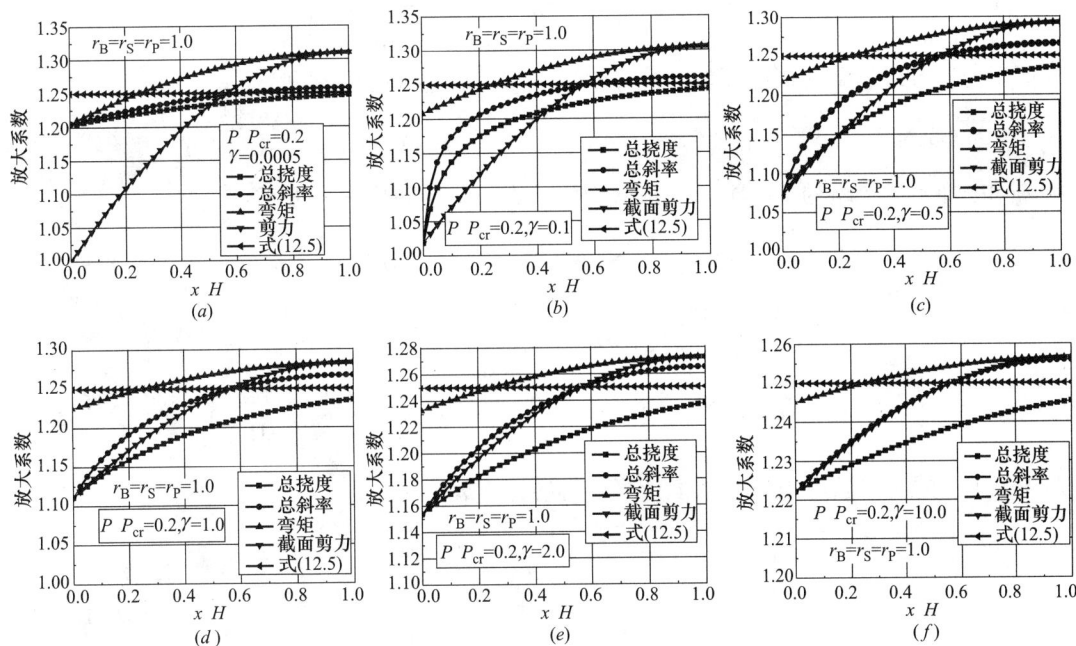

图 12.2 悬臂柱 Case1A 的放大系数

（4）在剪切变形影响大时，斜率的放大系数也是快速增加（图 12.3d）。

顶部侧移的公式是

$$y_{\mathrm{II,TOP}}=\frac{qH^4}{u^2EI(1-P/S)}\left[\frac{1-\sec u}{u^2}+\frac{\tan u}{u}-\frac{1}{2}-\frac{EI}{SH^2}(\sec u-u\tan u-1)\right]$$

$$=\frac{qH^4}{EI(1-P/P_{\mathrm{cr}})}\left[\frac{\pi^2-6}{3\pi^2}+\frac{EI}{2SH^2}-\frac{12-\pi^2}{3\pi^2}\frac{P}{S}\frac{1}{(1-P/S)}\left(1+\frac{4SH^2}{5\pi^2EI}\right)\right]$$

$$\approx\frac{qH^4}{EI(1-P/P_{\mathrm{cr}})}\left[\frac{1}{8}+\frac{EI}{2SH^2}-\left(\frac{12-\pi^2}{3\pi^2}\right)\frac{P}{S(1-P/S)}\right]$$

而线性分析的顶部侧移是

$$y_{\mathrm{I,TOP}}=\frac{qH^4}{EI}\left(\frac{1}{8}+\frac{EI}{2SH^2}\right)$$

$$A_{y,\mathrm{top}}=\frac{1}{1-P/P_{\mathrm{cr}}}\left[1-\frac{8(12-\pi^2)P}{3\pi^2S(1-P/S)}\cdot\frac{1}{1+4EI/(SH^2)}\right]<\frac{1}{1-P/P_{\mathrm{cr}}} \quad (12.12a)$$

弯矩放大系数是

$$A_{\mathrm{M}}=\frac{M_{\mathrm{II}}}{M_{\mathrm{I}}}=2\frac{\left[\cos u-\cos u\bar{x}+u\sin(u(1-\bar{x}))\right]}{(1-P/S)u^2(1-\bar{x})^2\cos u}$$

底部弯矩的放大系数

$$A_{\mathrm{M,bot}}=\frac{2}{(1-P/S)}\left(\frac{\cos u-1}{u^2\cos u}+\frac{\tan u}{u}\right)=\frac{1}{1-P/P_{\mathrm{cr}}}\left[1-\frac{0.355P}{P_{\mathrm{E}}(1-P/S)}\right] \quad (12.12b)$$

在顶部，弯矩放大系数通过取极限得到是

$$A_{\mathrm{M,top}}=\lim_{\bar{x}\to1}\frac{\sin u-u}{(\bar{x}-1)(1-P/S)u\cos u}=\infty$$

截面剪力放大系数是

$$A_Q = \frac{1}{(1-P/S)} \frac{\left[u\cos u(1-\overline{x}) - \sin u\,\overline{x} \right]}{u(1-\overline{x})\cos u}$$

在剪切变形可以忽略的情况下，底部截面的剪力、斜率和挠度放大系数是

$$A_{y,S=\infty} = A_{y',S=\infty} = A_{y'',S=\infty} = \frac{2}{u^2}\left[1 - \frac{1}{\cos u} + u\tan u \right] = \frac{1-0.355P/P_E}{1-P/P_E} \tag{12.13a}$$

在剪切变形不可忽略的情况下，底部截面的剪力、斜率和挠度放大系数仍然是

$$A_{y,\mathrm{bot}} = A_{y',\mathrm{bot}} = A_{Q,\mathrm{bot}} = \frac{1}{1-P/S} \tag{12.13b}$$

$$y'_{\mathrm{II},\mathrm{top}} = \frac{qH^3(u-\sin u)}{EI(1-P/S)u^3\cos u}\left(1 + \frac{u^2 EI}{SH^2} \right) = \frac{qH^3}{6EI(1-P/P_{cr})(1-P/S)}$$

$$A_{y',\mathrm{top}} = \frac{1}{(1-P/P_{cr})(1-P/S)} = \frac{1}{(1-P/P_{cr})\left(1-\dfrac{\gamma}{1+\gamma}P/P_{cr}\right)} \tag{12.13c}$$

发现如下公式可以较好地拟合数值计算获得的弯矩放大系数：

$$A_M = \frac{1}{1-P/P_{cr}}\left[1 + \frac{\alpha_2 P}{P_E(1-P/S)} \right] = \frac{1}{1-p}\left[1 + (-0.355+4.41\overline{x}^2)\frac{p}{(1+\gamma-\gamma p)} \right]$$

$$\tag{12.14}$$

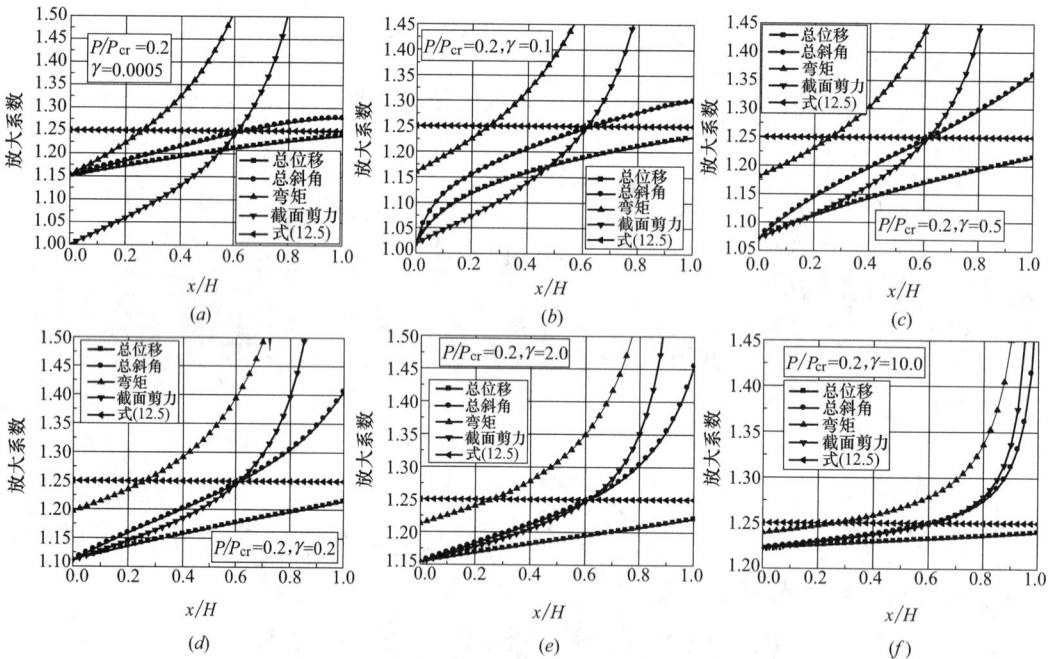

图 12.3　Case 1B 悬臂柱放大系数

　　3 Case 1C 的放大系数：倒三角荷载下的放大系数介于 1A 与 1B 之间，更接近于均布荷载，见图 12.4。图 12.4 将三种荷载情况下的弯矩和剪力，侧移和斜率进行汇总对比。由图可见，分布荷载下，顶部的弯矩和截面剪力的放大系数都比较大。侧移放大系数都在（12.5）式之下；剪切角放大系数与剪力放大系数相同，没有专门给出；总斜率放大系数下部小上部大，剪切型结构接近剪力放大系数。

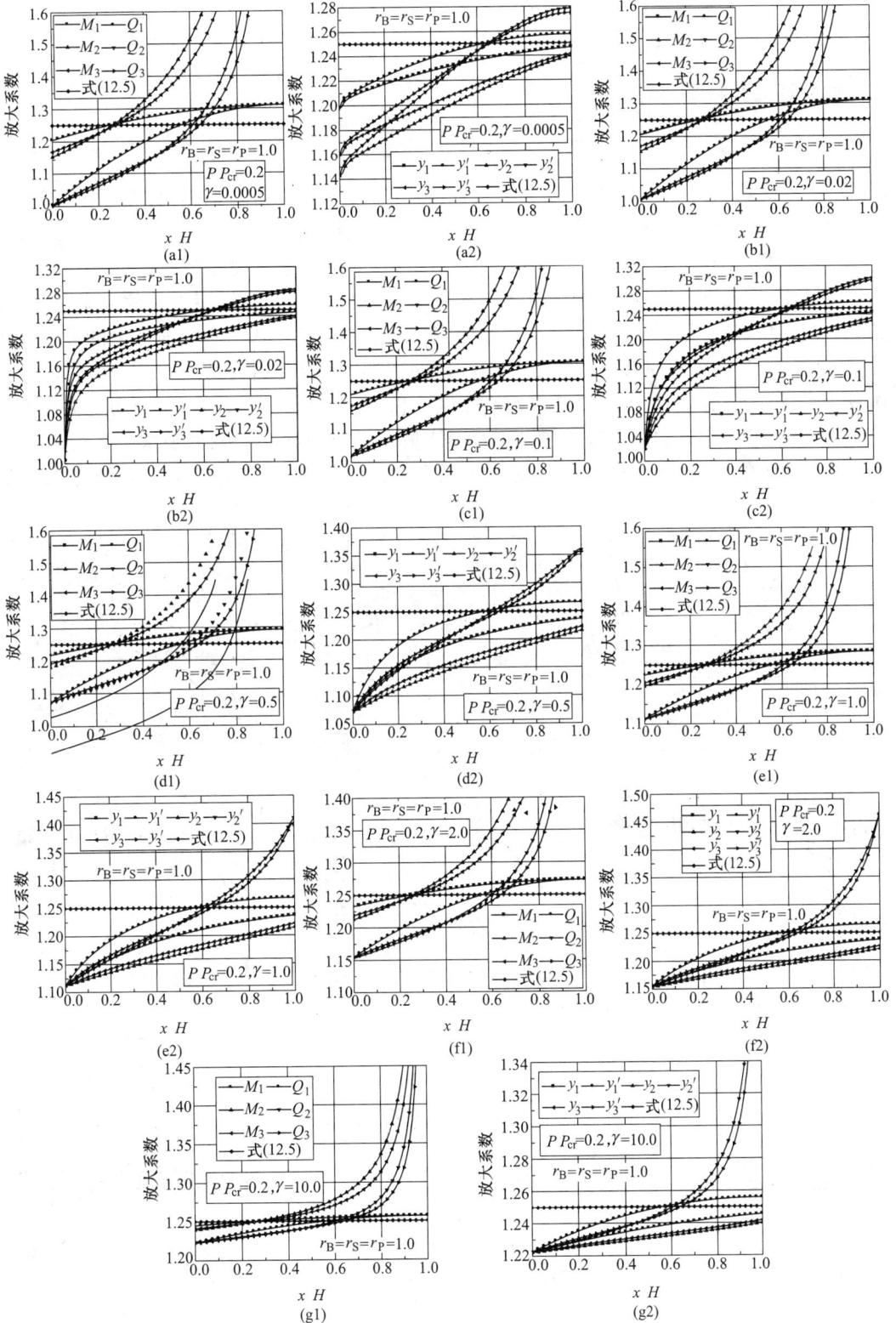

图 12.4　Case 1 悬臂柱放大系数

12.2.2　Case 2 的放大系数

此时定义参数 γ：

$$\gamma = \frac{P_{\text{Beq}}}{S_{\text{B1}}/[1-0.4(r_{\text{S}}-r_{\text{P}})^{0.7}]} \qquad (12.15)$$

P_{Beq} 按照第 8 章的式(8.76)计算。二阶效应系数按照底部截面的轴力计算，$pH/P_{\text{Beq}} = 0.2$。γ 取 7 个不同参数值，三种水平荷载下的计算结果如图 12.5。图中 $r_{\text{P}} = 0.025$ 是设想一个 40 层的结构，顶部的竖向力是总竖向力的 1/40。采用自编程序计算。

将图 12.5 与图 12.4 的图逐个进行对比，可知在分布竖向力作用下，放大系数较小，其中，如下特点对于设计非常有意义：弯曲变形为主的结构，弯矩和截面剪力的放大系数沿高度增加的速度变得平缓了；剪切变形和弯曲变形同一个数量级（$\gamma = 0.5 \sim 2$）时，弯矩和截面剪力放大系数沿高度不变或沿高度下降，仅在顶部会突然增加。在剪切变形为主的结构中（$\gamma \geqslant 10$），所有的放大系数沿高度都是下降的，且位移和斜角的放大系数体现出与水平荷载无关的特点（即三种荷载下的放大系数曲线接近重合），这反映了剪切型结构的特征。

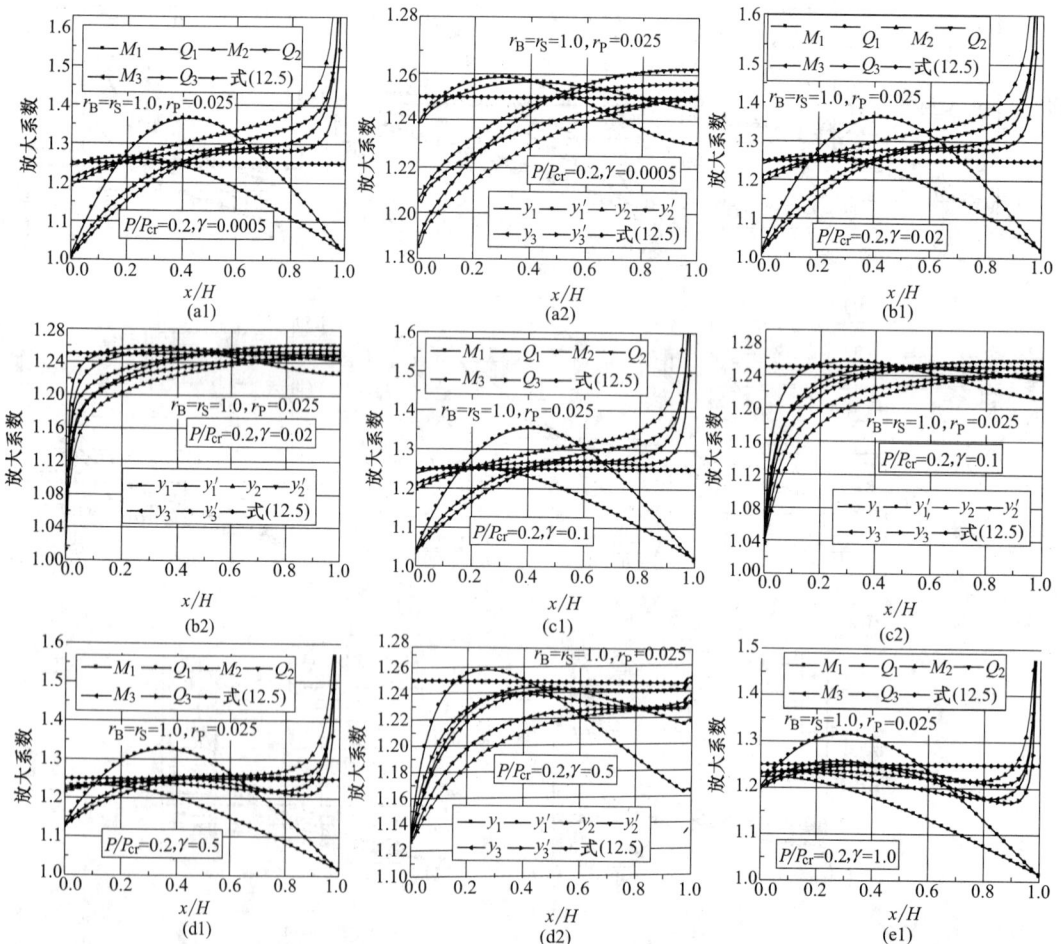

图 12.5　Case 2 悬臂柱放大系数（一）

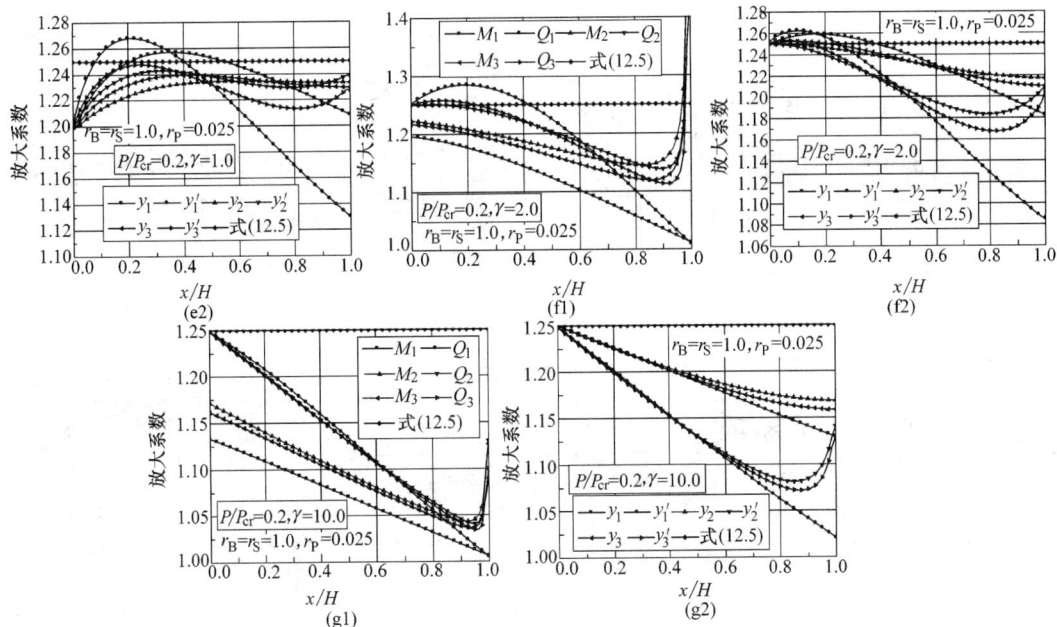

图 12.5 Case 2 悬臂柱放大系数（二）

12.2.3 Case 3 的放大系数

此时截面刚度和竖向力沿高度线性变化，这是一个比较接近实际的悬臂柱模型。此时参数 γ 仍按照（12.15）式计算。施加的轴力按照底部截面的轴力计算是 $P/P_{cr}=P_1/P_{1cr}=0.2$，其中 P_{1cr} 由（8.77a）式计算。$r_B=r_S=0.4$，$r_P=0.025$ 时各放大系数计算结果在图 12.6 中给出。

将图 12.5 和图 12.6 的图形进行逐个对比，可见两者是相似的。可见决定放大系数的是 r_P 的大小。

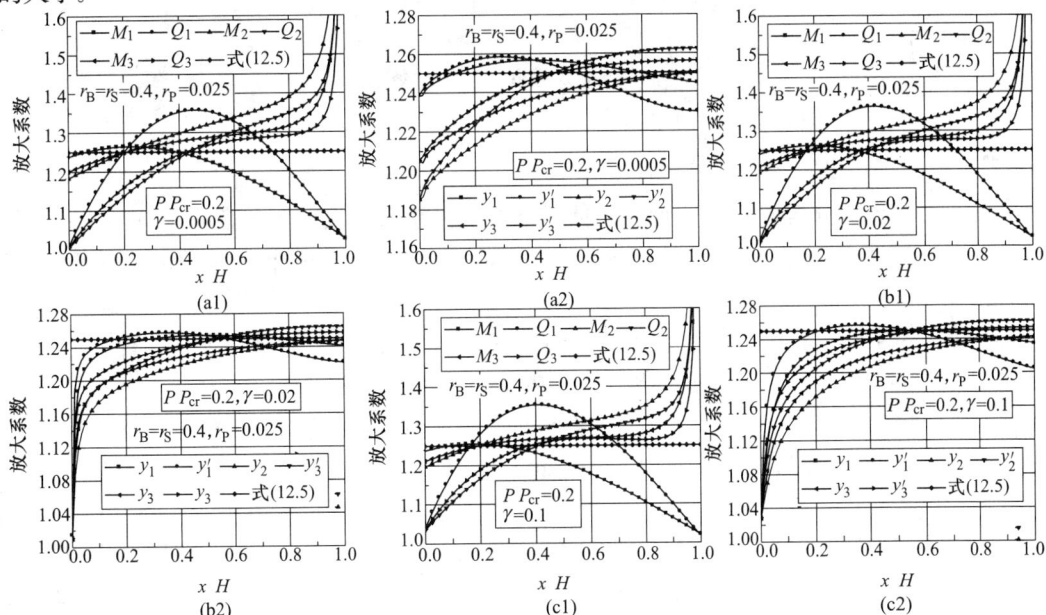

图 12.6 Case 3 悬臂柱放大系数（一）

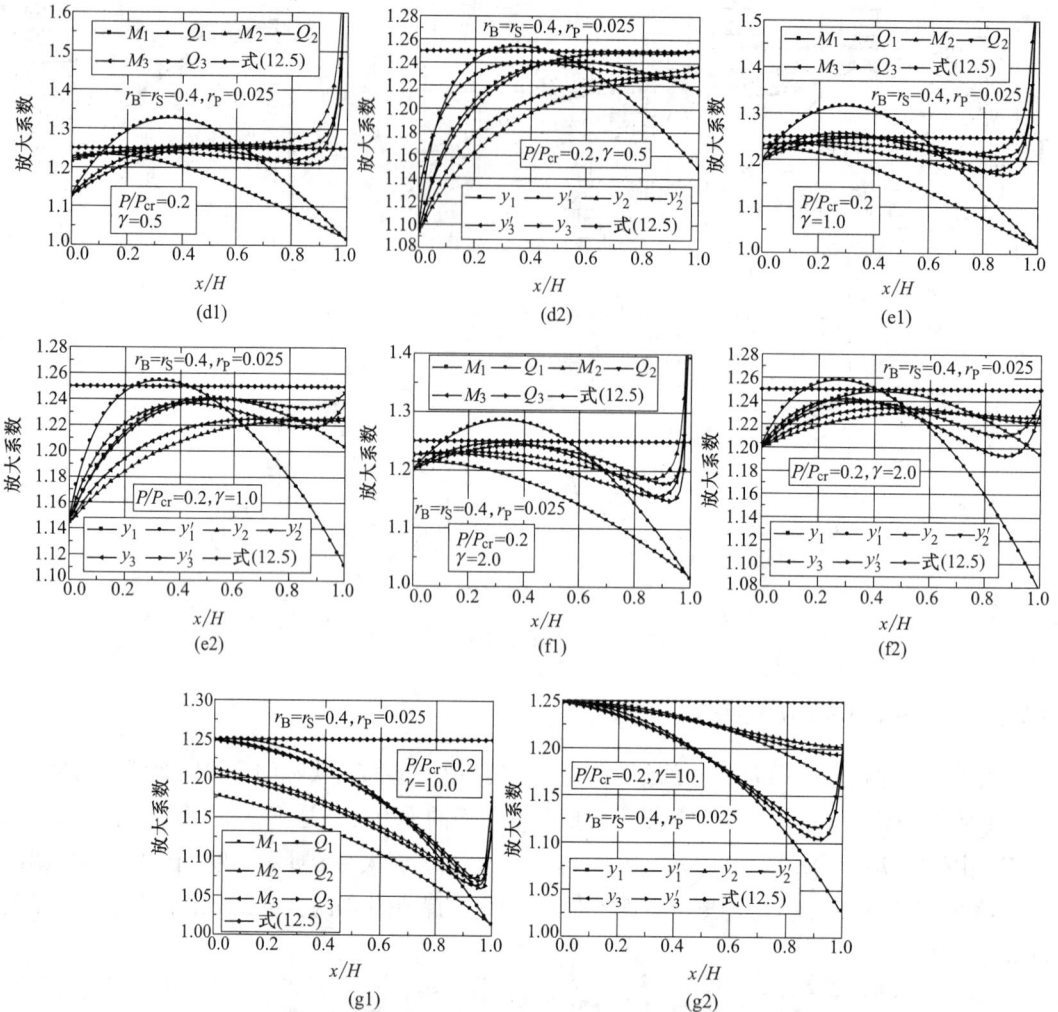

图 12.6 Case 3 悬臂柱放大系数（二）

12.2.4 Case 4 的放大系数

Case 4 是为了分析 $r_S = r_P$ 这种特殊情况下的放大系数，按照第 8 章的分析，此时剪切和弯曲的相关关系是直线式。$r_S = r_P = 0.3$，$r_B = 0.4$ 的情况计算得到的放大系数见图 12.7。

对比发现，图 12.7 与图 12.4 更加接近，而与图 12.5，图 12.6 差别较大。还计算了 $r_B = 1.0$，$r_S = r_P = 0.3$ 的情况，结果与图 12.7 基本相同。

由此可知，差值 $r_S - r_P$ 是决定放大系数曲线形状的决定性因素。但是 $r_P = 0.025$ 时 $r_S = 1$ 和 $r_S = 0.4$ 的曲线差别不是很大，因此参照图 12.5，拟合出弯矩放大系数如下：

$$A_M = \frac{1}{1-P/P_{cr}}\left[1+\frac{\alpha_2 P}{P_E(1-P/S)}\right] = \frac{1}{1-p}\left\{1+[-0.3+(1.05-0.55\gamma)\bar{x}]\frac{p}{(1+\gamma-\gamma p)}\right\}$$

(12.16)

而侧移放大系数可以偏安全地采用(12.5)式。

354

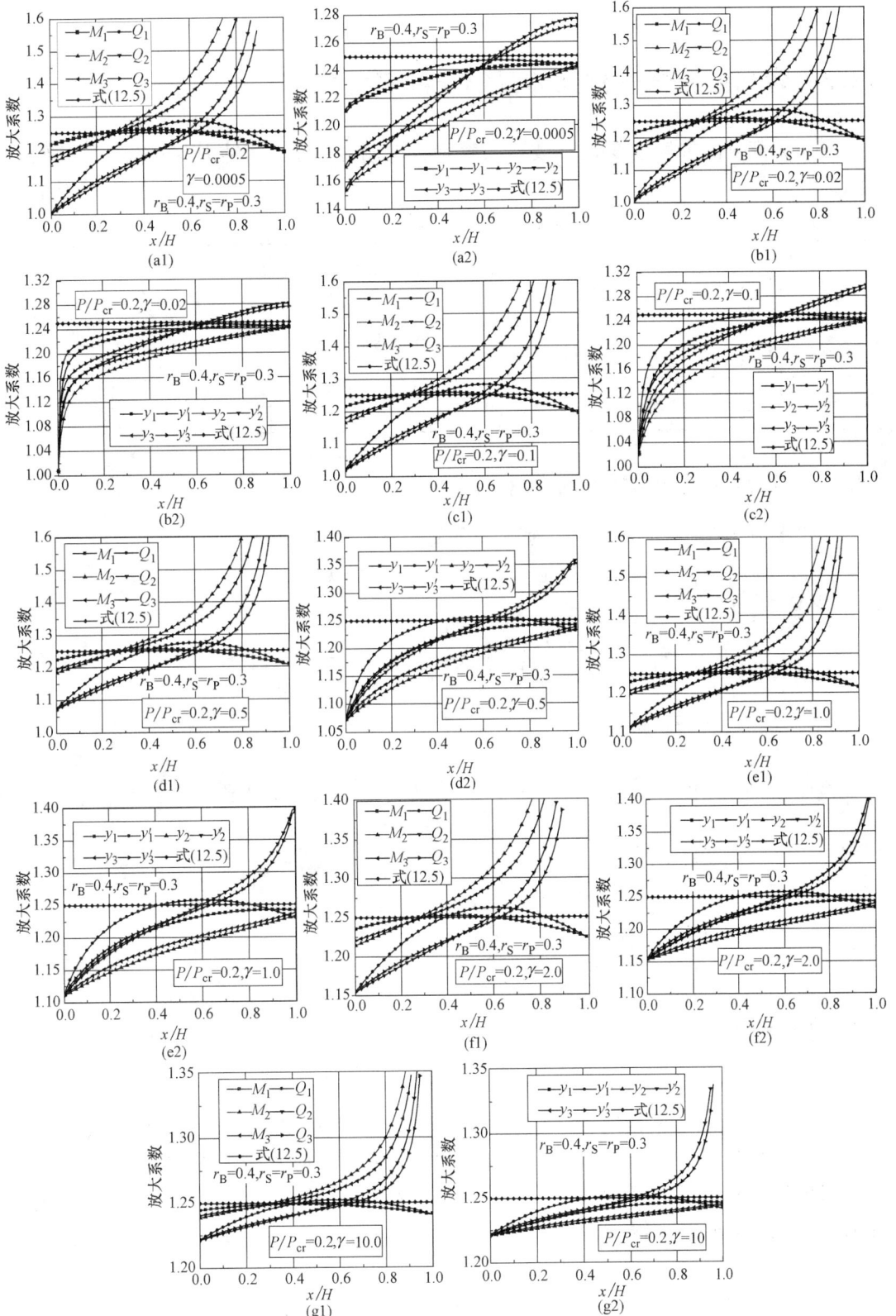

图 12.7 Case 4 悬臂柱放大系数

12.3　弯曲型支撑—框架体系的连续模型分析

记框架部分的抗侧刚度 S_F，支撑架截面抗弯刚度 EI_B，总轴力 V，本节的算例见表 12.2。

双重抗侧力结构算例主要信息　　　　　　　　　　　　　　表 12.2

算例号		EI、S_F	竖向荷载	水平荷载
Case1	A	$r_B=1.0$ $r_F=r_P=1.0$	顶部集中荷载 $r_P=1.0$	沿高度均布荷载
	B			倒三角分布
Case2	A	$r_B=r_F=1.0$	沿高度均布荷载 $r_P=0.025$	沿高度均布荷载
	B			倒三角分布
Case3	A	变截面 $r_F=0.5$,$r_B=0.3$	沿高度均布荷载 $r_P=0.025$	沿高度均布荷载
	B			倒三角分布

12.3.1　连续模型的假定与分析求解

假定水平分布荷载为均布，记为 w_0，平衡微分方程是

$$EI_B y^{(4)} + (V-S_F)y'' = w_0 \tag{12.17}$$

（1a）当 $V < S_F$ 时

$$y_{\mathrm{II}} = \frac{w_0 H^4}{EI_B \lambda^2}\left[\frac{1+\lambda\sinh\lambda}{\lambda^2\cosh\lambda}(\cosh\lambda\xi-1) - \frac{\sinh\lambda\xi}{\lambda} + \xi - \frac{1}{2}\xi^2 \right] \tag{12.18a}$$

式中 $\lambda=\beta H$，$\xi=x/H$，$B=\sqrt{\dfrac{S_F-V}{EI_B}}$

线性分析的结果可以在以上各式中取 $\lambda=\alpha H=\sqrt{\dfrac{S_F}{EI_B}}H=\lambda_0$ 得到。

（1b）$V>S_F$ 时，重新记 $\beta^2=\dfrac{V-S_F}{EI_B}$，

$$\frac{V-S_F}{EI_B}H^2 = \frac{\pi^2}{4}\frac{v(P_E+S_F)-S_F}{\pi^2 EI_B}4H^2 = \frac{\pi^2}{4}\frac{v(P_E+S_F)-S_F}{P_E}$$

$$= \frac{\pi^2}{4}\left[v(1+\gamma_F)-\gamma_F\right], \gamma_F=\frac{S_F}{P_E}$$

（12.17）式的解（$\lambda=\beta H$）：

$$y = \frac{w_0 H^4}{\lambda^2 EI_B}\left[\frac{1-\lambda\sin\lambda}{\lambda^2\cos\lambda}(1-\cos\lambda\xi) - \frac{\sin\lambda\xi}{\lambda} - \frac{1}{2}\xi^2 + \xi \right] \tag{12.18b}$$

在式（12.18a）中，$w_0 H^4/EI_B$ 项决定了结构变形大小，其余项决定了变形曲线的形状。变形曲线的形状是无量纲参数 λ 的函数，λ 代表框架—剪力墙的结构特性。

当水平荷载为倒三角分布时，$w(x)=w_1 x/H$。由式（12.17）得到倒三角分布荷载作用时考虑二阶效应的位移为：

（2a）$V<S_F$ 时：

$$y_{\mathrm{II}} = \frac{w_1 H^2}{\beta^2 EI_B}\left[\left(1+\frac{\lambda^2-2}{2\lambda}\sinh\lambda\right)\frac{(1-\cosh\lambda\xi)}{\lambda^2\cosh\lambda} + \frac{\lambda^2-2}{2\lambda^3}(\sinh\lambda\xi-\lambda\xi) + \frac{1}{6}\xi^3 \right] \tag{12.19a}$$

将考虑二阶效应的 β 系数换为 α 即得到线性解。

(2b) $V>S_F$ 时：

$$y=\frac{w_1H^4}{\lambda^2EI_B}\left[\left(1-\frac{2+\lambda^2}{2\lambda}\sin\lambda\right)\frac{(1-\cos\lambda\xi)}{\lambda^2\cos\lambda}+\frac{2+\lambda^2}{2\lambda^3}(\lambda\xi-\sin\lambda\xi)-\frac{1}{6}\xi^3\right] \quad (12.19b)$$

分析这个问题的总势能表达式是

$$\Pi=\frac{1}{2}\int_0^H[EI_By''^2+(S_F-V)y'^2]dz-\int_0^H wydz \quad (12.20)$$

12.3.2 二阶效应放大系数

考虑二阶效应后，侧移放大系数为

$$A_y=y_{\mathrm{II}}/y_{\mathrm{I}} \quad (12.21)$$

在底部，虽然侧移为 0，但是侧移放大系数和支撑架的弯矩放大系数相等，采用取极限的方法即可验证：

$$A_y(0)=\lim_{z\to0}\frac{y_{\mathrm{II}}(0)}{y_{\mathrm{I}}(0)}=\lim_{z\to0}\frac{y'_{\mathrm{II}}(0)}{y'_{\mathrm{I}}(0)}=\frac{y''_{\mathrm{II}}(0)}{y''_{\mathrm{I}}(0)}=A_{y'}(0)=A_{y''}(0) \quad (12.22)$$

受弯悬臂构件（剪力墙）的弯矩放大系数为：

$$A_{MB}=\frac{-EI_By''_{\mathrm{II}}}{-EI_By''_{\mathrm{I}}}=\frac{y''_{\mathrm{II}}(z)}{y''_{\mathrm{I}}(z)} \quad (12.23a)$$

分别记弯曲型支撑架和框架的弯矩为 $M_{B,\mathrm{I}}$，$M_{S,\mathrm{I}}$，二阶分析的弯矩为 $M_{B,\mathrm{II}}$，$M_{S,\mathrm{II}}$。均布水平力时，框架部分承担的线性分析弯矩为（这部分弯矩在框架柱内产生拉压轴力）

$$M_{S,\mathrm{I}}(x)=\frac{1}{2}w_0(H-x)^2-M_{B,\mathrm{I}}(x)$$

二阶分析的总弯矩是

$$M_{\mathrm{II}}(x)=\frac{1}{2}w(H-x)^2+Vy_{\mathrm{II}}$$

总弯矩放大系数

$$A_M=\frac{M_{\mathrm{II}}(x)}{M_{\mathrm{I}}(x)}=1+\frac{Vy_{\mathrm{II}}}{0.5w(H-x)^2} \quad (12.23b)$$

框架承担的弯矩（这个弯矩在框架柱中产生拉压力）

$$M_{S,\mathrm{II}}(x)=\frac{1}{2}w(H-x)^2+Vy_{\mathrm{II}}-M_{B,\mathrm{II}}(x)$$

框架柱轴力放大系数是

$$A_{MF}=\frac{M_{S,\mathrm{II}}(x)}{M_{S,\mathrm{I}}(x)}=\frac{0.5w(H-x)^2+Vy_{\mathrm{II}}-M_{B,\mathrm{II}}(x)}{0.5w(H-x)^2-M_{B,\mathrm{I}}(x)} \quad (12.23c)$$

记 A_Q 为受剪构件（即框架）中考虑 $P-\Delta$ 效应前后的水平剪力（注意不是截面剪力）之比：

$$A_Q=\frac{Q_{s\mathrm{II}}}{Q_{s\mathrm{I}}}=\frac{(S_F-P_1)y'_{\mathrm{II}}}{S_Fy'_{\mathrm{I}}}=\left(1-\frac{P_1}{S_F}\right)A_{y'} \quad (12.24)$$

P_1 是框架承担的竖向力。因为前面有 $(1-P_1/S_F)$ 这一小于 1 的因子，特别是，框架因为有剪力墙的支撑，P_1 可以大于 S_F（S_F 近似等于框架部分自身作为独立结构时发生有侧移屈曲的临界荷载，而在支撑架的支持下，P_1 可以达到框架无侧移屈曲的临界荷载），因此

A_Q 可能小于 1.0，极端情况甚至为负，出现这种情况表示框架承担的水平力比线性分析的小，在 A_Q 为负值的情况下，支撑架分担的荷载大于外加水平力。

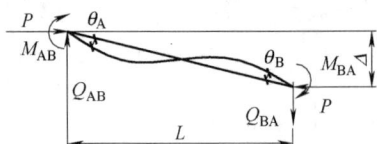

图 12.8　柱子的二阶平衡

如图 12.8 为一等截面直杆，承受轴压力 P，当杆端发生转角位移 θ_A，θ_B 以及相对线位移 Δ 时，杆端需要施加弯矩，并产生构件剪力 Q_{AB}，Q_{BA}，在分析中，假定所有 θ 和杆轴的相对转角 Δ/L 均以顺时针为正，弯矩以顺时针作用于杆端截面为正，剪力以使杆轴顺时针转动为正。

对 A 点的力矩平衡条件得：

$$M_{AB}+M_{BA}=-(Q_{BA}L+P_1\Delta)$$

于是得到框架柱中上下端平均的弯矩放大系数 A_{MS}：

$$A_{MS}=\frac{(M_{AB}+M_{BA})_{II}}{(M_{AB}+M_{BA})_{I}}=\frac{-(Q_{BAII}L+P_1\Delta_{II})}{-Q_{BAI}L}=A_Q+\frac{P_1}{Q_{BAI}}y'_{II}$$

将 (12.10) 式的 A_Q 代入上式，且 $Q_{BAI}=S_Fy'_I$，得到框架柱弯矩的平均放大系数：

$$A_{MS}=A_Q+\frac{P_1}{Q_{BAI}}y'_{II}=(1-\frac{P_1}{S_F})\frac{y'_{II}}{y'_{I}}+\frac{P_1}{S_F}\frac{y'_{II}}{y'_{I}}=\frac{y'_{II}}{y'_{I}}=A_{y'} \tag{12.25}$$

即框架—弯曲型支撑结构中，考虑二阶效应后结构的侧移角放大系数即为剪切构件(框架柱，框架梁)的弯矩放大系数。

注意框架构件截面剪力的比值是 $\frac{S_Fy'_{II}}{S_Fy'_{I}}=A_{y'}$，等于框架构件的弯矩比。而 A_Q 是框架分摊到的整体水平剪力的比值，是不一样的。因为 $A_{y'}>A_Q$，我们有可能遇到框架承担的总的水平力在减小，而框架柱的柱端弯矩却在增大的现象。

12.3.3　效应放大系数算例与结果分析

下面对弯矩放大系数进行算例分析。引入如下无量纲参数：

$$v=\frac{V}{V_{CR}}, \quad \gamma_F=\frac{S_F}{P_E}, \quad \lambda=\beta H=\frac{\pi}{2}\sqrt{(1-v)\gamma_F-v}$$

$$V_{cr}=\frac{\pi^2 EI_B}{4H^2}+S_F=P_E(1+\gamma_F), \quad 1-\frac{V}{S_F}=1-\left(1+\frac{1}{\gamma_F}\right)v>0$$

如果 $\frac{S_F}{P_E}<0.1$，表示支撑架为主；$\frac{S_F}{P_E}>10$ 是框架为主；$0.1<\frac{S_F}{P_E}<10$ 两者都很重要。实际的高层结构，应该在 $\frac{S_F}{P_E}\leqslant1$ 的范围。

图 12.9 给出了均布水平力情况下的放大系数，其中取 $V/V_{cr}=0.2$。由图可见

(1) $A_y<A_{y'}<A_{y''}$，即侧移放大系数<框架柱弯矩放大系数<支撑架弯矩放大系数；

(2) 支撑架截面的剪力放大系数 $A_{y''}$ 在顶部和上部与支撑架弯矩放大系数 $A_{y''}$ 相同和接近，底部不放大；

(3) $A_y<\frac{1}{1-V/V_{cr}}$；

（4）总弯矩放大系数（图 12.9e）、框架柱轴力放大系数（图 12.9f）和支撑架弯矩放大系数，在 $\dfrac{S_F}{P_E} \leqslant 1$ 范围内是基本接近的，但是在 $\dfrac{S_F}{P_E} = 5$，10 时（实际情况少出现），支撑架弯矩放大系数较大。

图 12.9a 的位移放大系数沿高度几乎线性变化；总弯矩放大系数增长很快；支撑架的弯矩和剪力放大系数、框架柱轴力放大系数因为存在反弯点，在上部呈现不规律，但是底部的弯矩放大系数是有简单规律的。支撑架的反弯点的位置在一阶和二阶分析中不一样，导致线性分析的弯矩反弯点处的二阶效应放大系数非常大，这种很大的数值没有实际的应用价值。剪力放大系数也出现很大的数值则是因为支撑架的弯矩图形状中弯矩取极值的位置在一阶和二阶分析中是不一样、从而剪力反号位置出现变化的缘故。

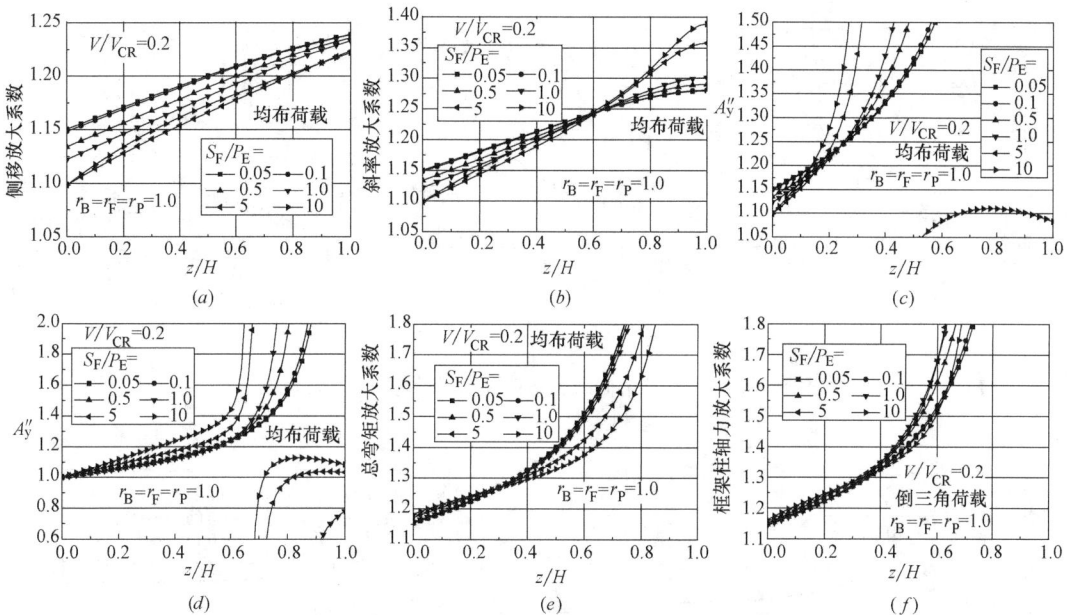

图 12.9　均布荷载下弯曲型支撑-框架的放大系数

在底部，侧移放大系数、框架柱弯矩放大系数都趋向于支撑架弯矩放大系数：

$$\lim_{\gamma_F \to \infty} A_{MS}(H) = \frac{1}{(1 - V/S_F)^{1.5}} \tag{12.26a}$$

$$\lim_{\gamma_F \to 0} A_{MS}(H) = \frac{1 + 0.13 V/P_E}{1 - V/P_E} \tag{12.26b}$$

根据悬臂柱和框架柱的弯矩放大系数计算公式，提出如下的式子来拟合框架体系各层的位移放大系数及框架柱端的弯矩放大系数：

$$A_y(H) = 1/(1 - V/V_{cr}) \tag{12.27a}$$

$$A_y(0) = A_{MB}(0) = 1 + \frac{V/V_{cr}}{1 - V/V_{cr}} \left(0.6 - 0.4 \sqrt{\frac{V}{V_{cr}}} \tanh\left(\frac{2}{3} \sqrt{\frac{S_F}{P_E}} \right) \right) \tag{12.27b}$$

$$A_y = \left[1 - \frac{0.8 + 0.2\bar{x} + (0.4 + 0.5\bar{x})\gamma_F}{1 + \gamma_F} \cdot \frac{V}{V_{CR}} \right]^{-1} \tag{12.27c}$$

由表可知，（12.27a）式用于整体结构顶部位移的估计比较精确，并且应用于全高也偏于安全。

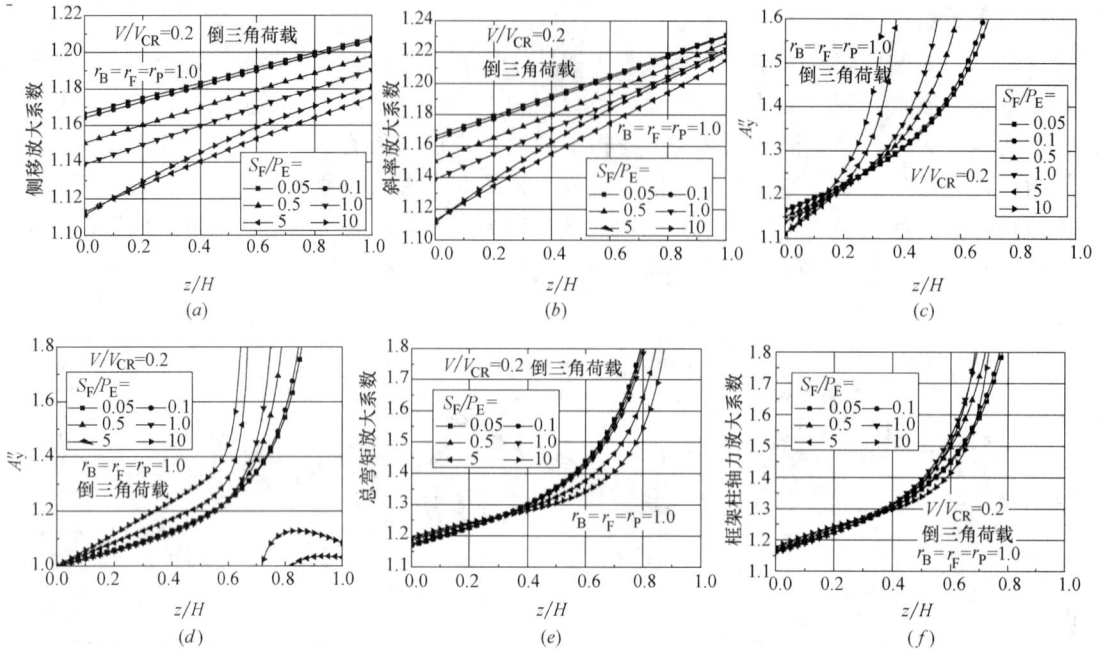

图 12.10　倒三角荷载下弯曲型支撑-框架的放大系数

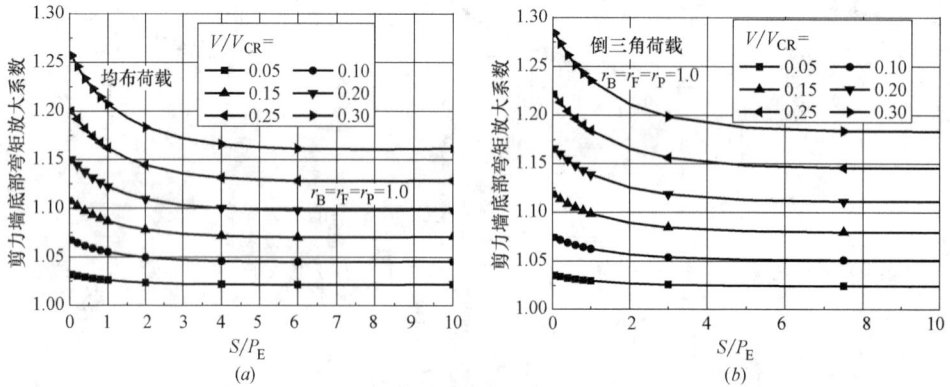

图 12.11　弯曲型支撑架底部弯矩放大系数

12.3.4　变截面和变轴力结构放大系数算例与结果分析

图 12.12 是等截面结构承受均布竖向力时的放大系数。此时的 V 是按照底部截面计算的荷载，$V_{cr} = P_E + S_F$，P_E 是以底部轴力计量的临界荷载，$P_E = \dfrac{\pi^2 E I_B}{4 H^2 \gamma_v}$，$\gamma_F = S_F / P_E$ 对比图 12.9，$\gamma_F > 0.1$ 后，各放大系数沿高度有下降。

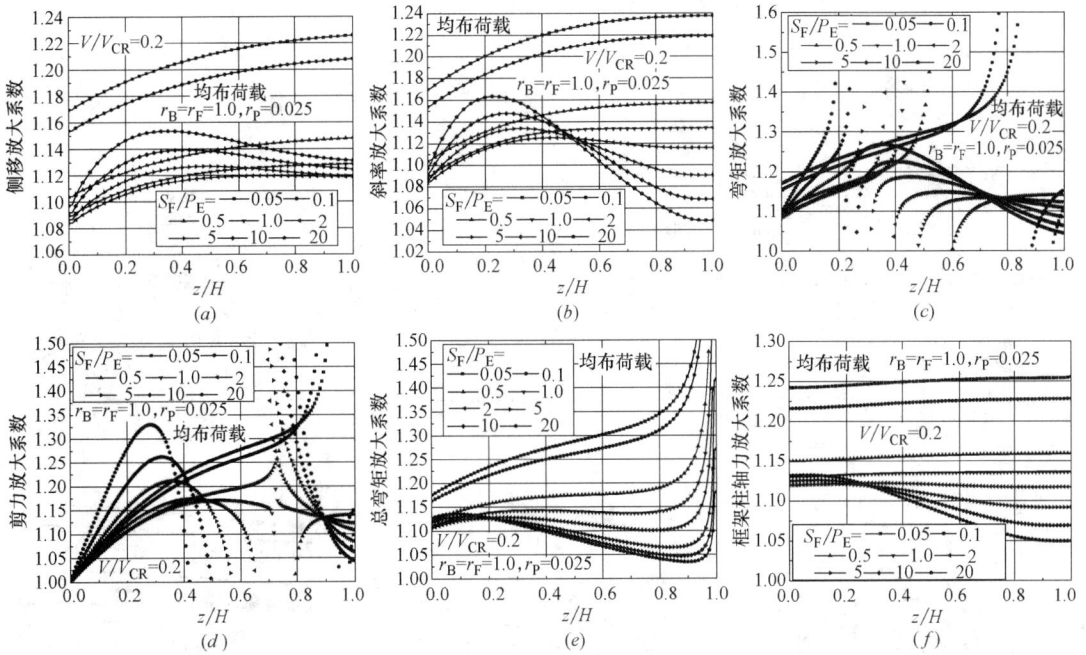

图 12.12　均布竖向力作用下等截面弯曲型支撑-框架的放大系数（一）

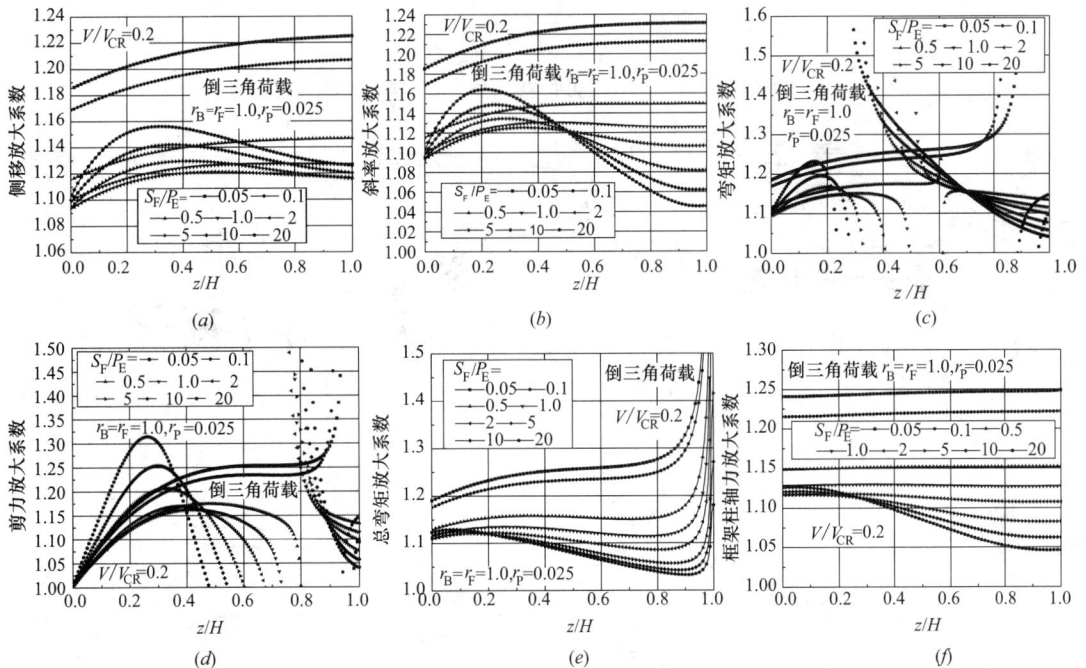

图 12.13　均布竖向力作用下等截面弯曲型支撑-框架的放大系数（二）

　　计算表明，如果 r_P 增加，则各放大系数沿高度的变化曲线就往图 12.9 靠近，即沿高度增加对于 $\gamma_F = 0.05$，0.1 的情况，各放大系数保持沿高度增加的现象，这时整个结构以弯曲型的支撑为主，甚至可以被看成是单重抗侧力体系。

图 12.14 和图 12.15 是变截面变轴力的双重结构体系，$r_F = 0.5$，$r_B = 0.3$，$r_P = 0.025$ 的计算结果。图中 $V_{cr} = P_E + S_{F1}$，$S_F = S_{F1}$。由图可见，他们是与图 12.12 和 12.13 接近的。这说明，决定曲线形状的主要是参数 r_P。

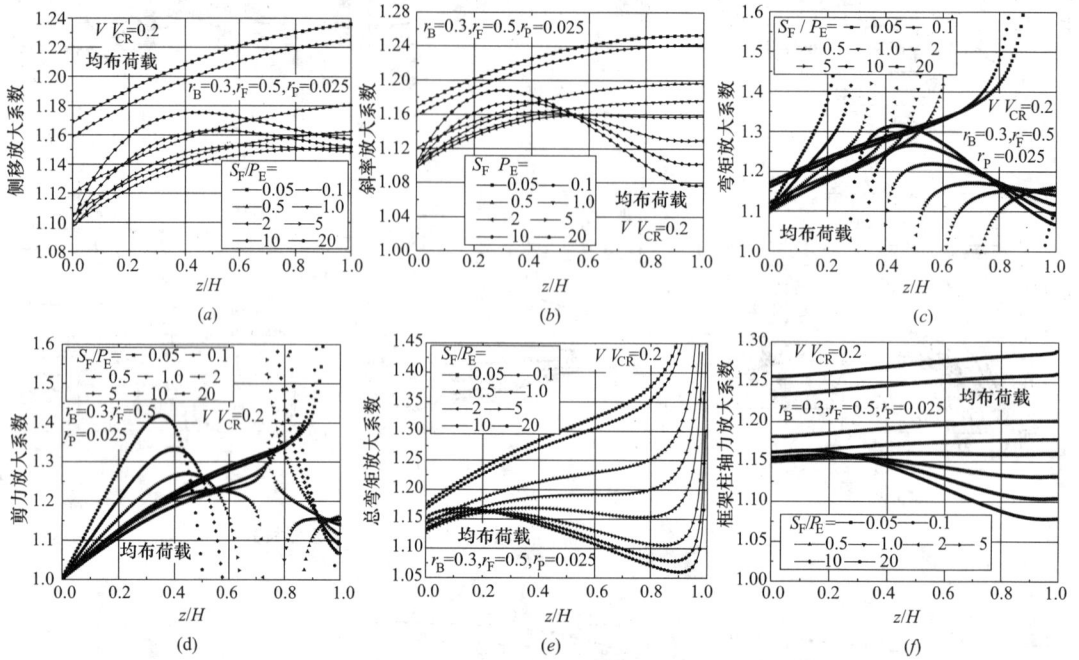

图 12.14　均布竖向力作用下变截面弯曲型支撑-框架的放大系数（一）

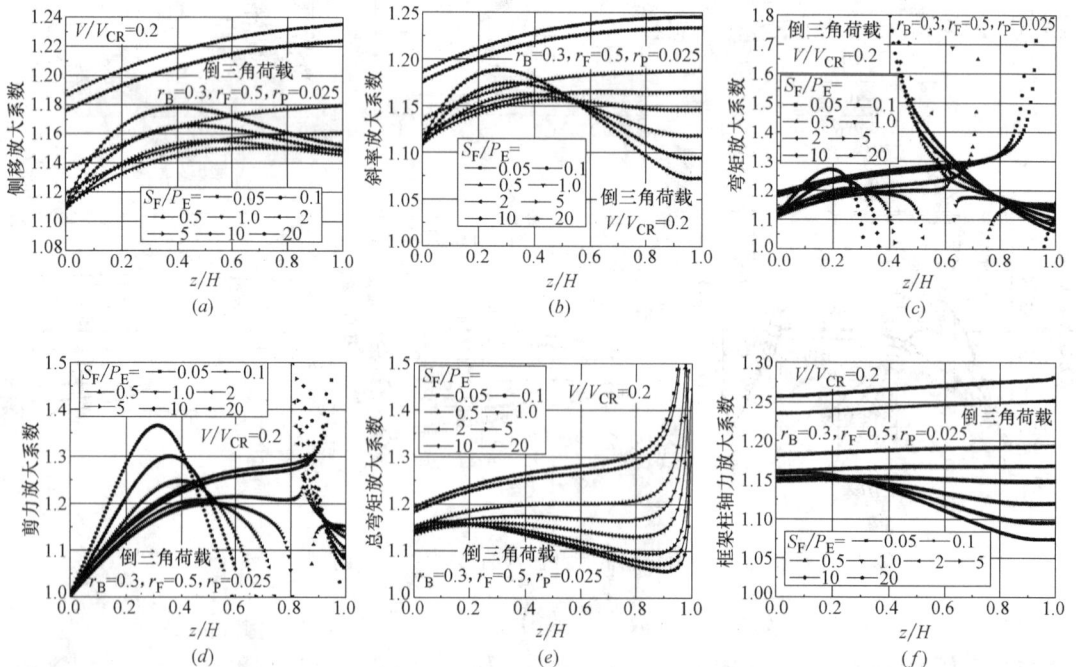

图 12.15　均布竖向力作用下变等截面弯曲型支撑-框架的放大系数（二）

对 $r_B = r_F = r_P = 0.3$ 的情况也进行了计算，其中 $V/V_{cr} = 0.2$，结果表明，放大系数曲线与图 12.10 比较接近。从理论上分析两组曲线接近的原因如下：在变截面的情况下，平衡微分方程是：

$$(EI_B y'')'' + [(V - S_F) y']' = w_0$$

展开

$$[2(EI_B)' y''' + (V - S_F)' y'] + EI_B y^{(4)} + (V - S_F) y'' = w_0$$

因为三个参数沿高度变化规律相同，因此它们可以提出一个公因子，这个公因子在求与线性的分析结果的比值时是可以约去的，而上式的中括号 [] 内的项影响比较小，因此这样得到的结果就与图 12.10 所示的情况接近。

实际工程中框架的上部是对弯曲型支撑架提供支持作用的，框架梁沿高度的变化也很小，因此框架抗侧刚度沿高度变化的程度不及弯曲型支撑架，即 $r_B < r_F$，图 12.14 是一个比较切合实际的算例。

12.4 弯剪型支撑—框架的结构的二阶效应

记 I_B 是弯剪型支撑的抗弯刚度，S_B 是其抗剪刚度，S_F 是框架的抗剪刚度。如果作用有均布的水平力 w，y，y_b，y_s 分别是总挠度、弯曲挠度和剪切挠度，支撑架上作用轴力 P_2，框架上作用轴力 P_1，两者之间的链杆的作用力是 q，则两个子结构的平衡方程是

$$EI_B y_b^{(4)} + P_2 (y_b'' + y_s'') = -q + w$$

$$-(S_F - P_1) y'' = q$$

叠加，并记 $V = P_1 + P_2$，在

$$EI_B y_b^{(4)} + (P_1 + P_2 - S_F)(y_b'' + y_s'') = w$$

因为 $S_B y_s' = -EI_B y_b'''$，所以

$$EI_B \left(1 + \frac{S_F - V}{S_B}\right) y_b^{(4)} + (V - S_F) y_b'' = w \tag{12.28}$$

总势能是

$$\Pi = \frac{1}{2} \int_0^H [EI_B y_b''^2 + S_B y_s'^2 + (S_F - V) y'^2] \mathrm{d}z - \int_0^H w y \mathrm{d}z \tag{12.29}$$

它的解可以分为两段：$V < S_F$ 和 $V > S_F$，可以直接参考 12.3 节的解得到 y_b，然后求出 y_s，最后得到总挠度 y。然后可以计算各个效应（位移和内力）的放大系数。

(1a) $V < S_F$ 时

$$y_{bII} = \frac{wH^4}{EI'_B \lambda^2} \left[\frac{1 + \lambda \sinh\lambda}{\lambda^2 \cosh\lambda}(\cosh\lambda\xi - 1) - \frac{\sinh\lambda\xi}{\lambda} + \xi - \frac{1}{2}\xi^2\right] \tag{12.30a}$$

$$y_{s,II} = \frac{wH^2}{(S_B + S_F - V)} \left[\frac{1 + \lambda \sinh\lambda}{\lambda^2 \cosh\lambda}(1 - \cosh\lambda\xi) + \frac{\sinh\lambda\xi}{\lambda}\right] \tag{12.30b}$$

式中 $\lambda^2 = \beta^2 H^2 = \dfrac{(S_F - V)}{EI'_B} H^2 = \dfrac{\pi^2}{4} \dfrac{S_F - V}{P_E \left(1 + \dfrac{S_F - V}{S_B}\right)} = \dfrac{\pi^2}{4} \dfrac{\gamma_F - (1 + \gamma_F) v}{[1 + \gamma_B + \gamma_F \gamma_B - v (1 + \gamma_F) \gamma_B]}$

$P_{cr} = \dfrac{P_E S_B}{S_B + P_E}$, $\quad V_{cr} = S_F + P_{cr}$, $\quad \gamma_F = \dfrac{S_F}{P_{cr}}$, $\quad \gamma_B = \dfrac{P_E}{S_B}$, $\quad EI'_B = EI_B \left(1 + \dfrac{S_F - V}{S_B}\right)$, $\quad \dfrac{S_F}{P_E} = \dfrac{\gamma_F}{1 + \gamma_B}$,

$\dfrac{S_F}{S_B} = \dfrac{\gamma_F \gamma_B}{1 + \gamma_B}$

$\qquad \dfrac{S_F - V}{S_B} = \dfrac{(\gamma_F - v - v\gamma_F) \gamma_B}{1 + \gamma_B}$, $\quad v = \dfrac{V}{V_{cr}}$

线性分析的结果可以在以上各式中取 $v = 0$ 得到。

(1b) $V > S_F$ 时，重新记 $\beta^2 = \dfrac{V - S_F}{EI'_B}$

$$y_{b,II} = \frac{wH^4}{\lambda^2 EI'_B} \left[\frac{1 - \lambda \sin\lambda}{\lambda^2 \cos\lambda} (1 - \cos\lambda\xi) - \frac{\sin\lambda\xi}{\lambda} - \frac{1}{2}\xi^2 + \xi \right] \qquad (12.30c)$$

$$y_{s,II} = \frac{wH^2}{(S_B + S_F - V)} \left[\frac{1 - \lambda \sin\lambda}{\lambda^2 \cos\lambda} (1 - \cos\lambda\xi) - \frac{\sin\lambda\xi}{\lambda} \right] \qquad (12.30d)$$

当水平荷载为倒三角分布时，$w(x) = wx/H$。由式(12.19)则得到倒三角分布荷载作用时考虑二阶效应的位移为：

(2a) $V < S_F$ 时：$\beta^2 = \dfrac{S_F - V}{EI'_B}$

$$y_{bII} = \frac{wH^2}{\beta^2 EI'_B} \left[\left(1 + \frac{\lambda^2 - 2}{2\lambda} \sinh\lambda \right) \frac{(1 - \cosh\lambda\xi)}{\lambda^2 \cosh\lambda} + \frac{\lambda^2 - 2}{2\lambda^3} (\sinh\lambda\xi - \lambda\xi) + \frac{1}{6}\xi^3 \right] \qquad (12.31a)$$

$$y_{s,II} = \frac{wH^2}{(S_B + S_F - V)} \left[\left(\frac{1}{\cosh\lambda} + \frac{\lambda^2 - 2}{2\lambda} \tanh\lambda \right) (\cosh\lambda\xi - 1) - \frac{\lambda^2 - 2}{2\lambda} \sinh\lambda\xi - \xi \right] \qquad (12.31b)$$

(2b) $V > S_F$ 时：$\beta^2 = \dfrac{V - S_F}{EI'_B}$

$$y_{b,II} = \frac{wH^4}{\lambda^2 EI'_B} \left[\left(1 - \frac{2 + \lambda^2}{2\lambda} \sin\lambda \right) \frac{(1 - \cos\lambda\xi)}{\lambda^2 \cos\lambda} + \frac{2 + \lambda^2}{2\lambda^3} (\lambda\xi - \sin\lambda\xi) - \frac{1}{6}\xi^3 \right] \qquad (12.31c)$$

$$y_{s,II} = \frac{wH^2}{(S_F + S_B - V)} \left[\left(\frac{1}{\cos\lambda} - \frac{2 + \lambda^2}{2\lambda} \tan\lambda \right) (1 - \cos\lambda\xi) - \frac{2 + \lambda^2}{2\lambda} \sin\lambda\xi + \xi \right] \qquad (12.31d)$$

图 12.16 和 12.17 给出了均布荷载下 $\gamma_B = 0.1$ 和 $\gamma_B = 1.0$ 时的放大系数曲线，对比可见，(1) 参数 $\gamma_B = 1.0$ 较大(支撑架的剪切刚度较小)时，底部的放大系数会增加，沿高度增加的速度则会减小。（2）总弯矩放大系数随高度增加的速度远高于侧移增加的速度。（3）支撑架的弯矩和剪力、框架柱的轴力放大系数，因为出现反弯点而变得不规律，但是这种不规律出现在弯矩为 0 处和支撑架的弯矩图变化出现变化处（即支撑架截面的剪力反号了），从而对于设计是没有意义的。

图 12.18 和 12.19 给出了均布荷载下 $\gamma_B = 0.1$ 和 $\gamma_B = 1.0$ 时，$r_B = r_S = 0.3$，$r_F = 0.5$，$r_P = 0.025$ 时的放大系数曲线，其中 V_{cr} 按(10.81)计算对比可见，参数 $\gamma_B = 1.0$ 较大(支撑架的剪切刚度较小)时，底部的放大系数会增加，沿高度增加的速度则会减小。

从这两个图看，(12.5)式对预测内力的放大系数，在 $\gamma_B > 1.0$ 时已经有所偏小。

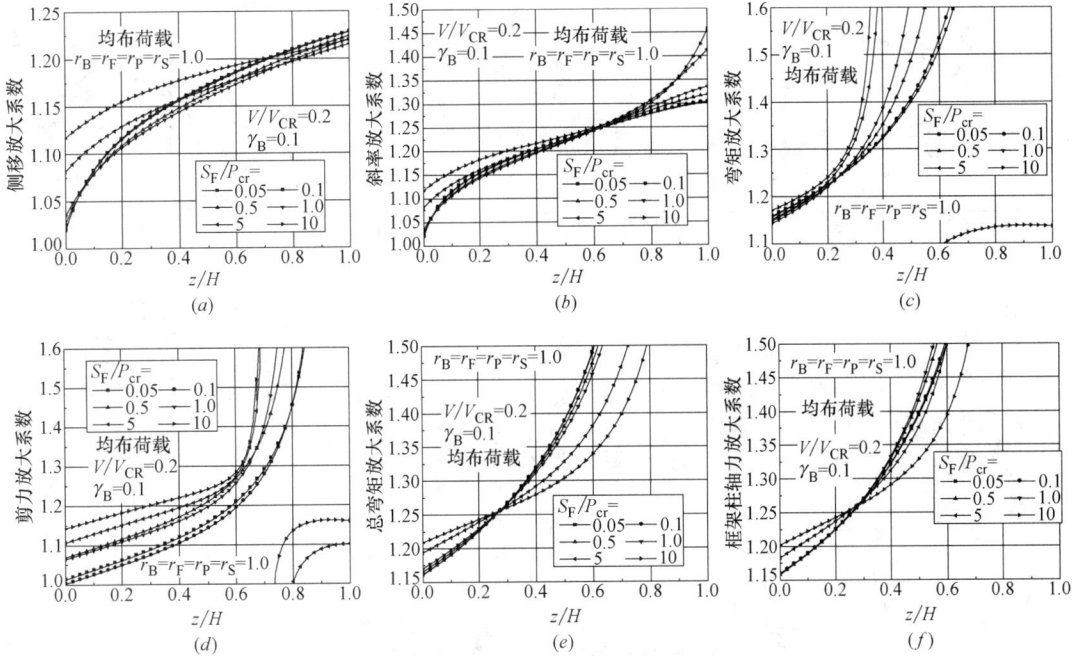

图 12.16 弯剪型支撑-框架的放大系数：$\gamma_B = 0.1$

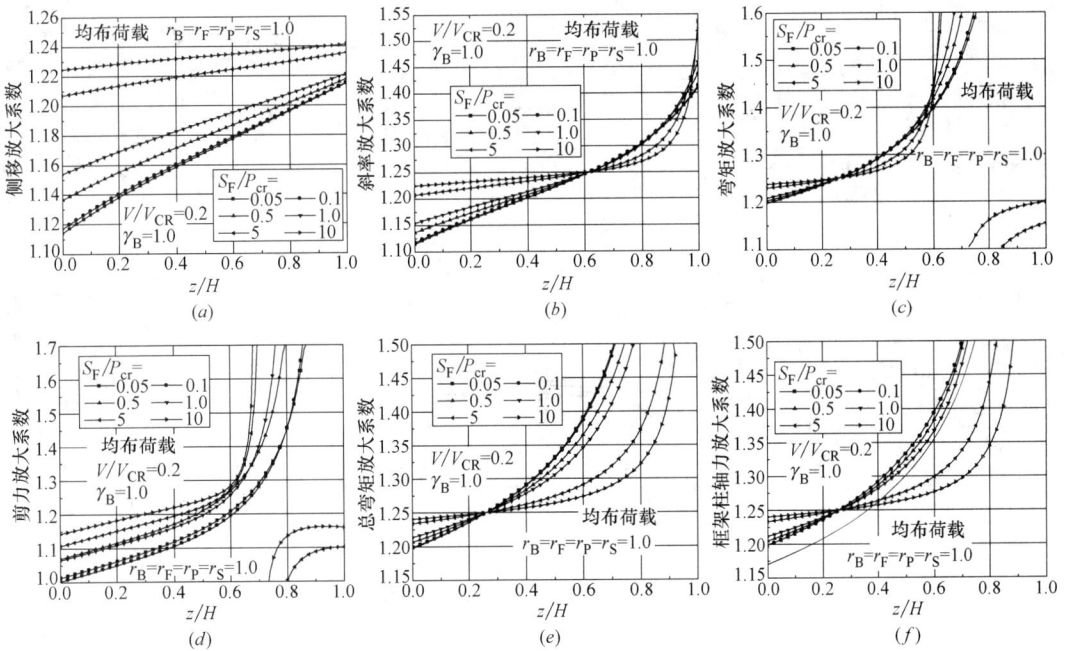

图 12.17 弯剪型支撑-框架的放大系数：$\gamma_B = 1.0$

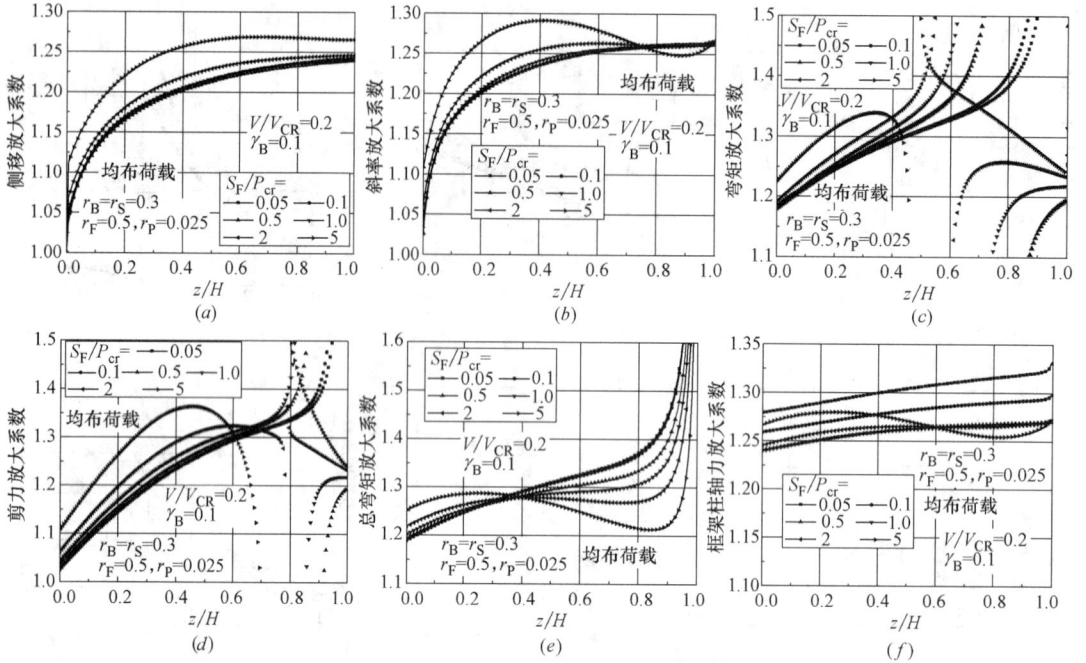

图 12.18　弯剪型支撑-框架的放大系数：$\gamma_B = 0.1$

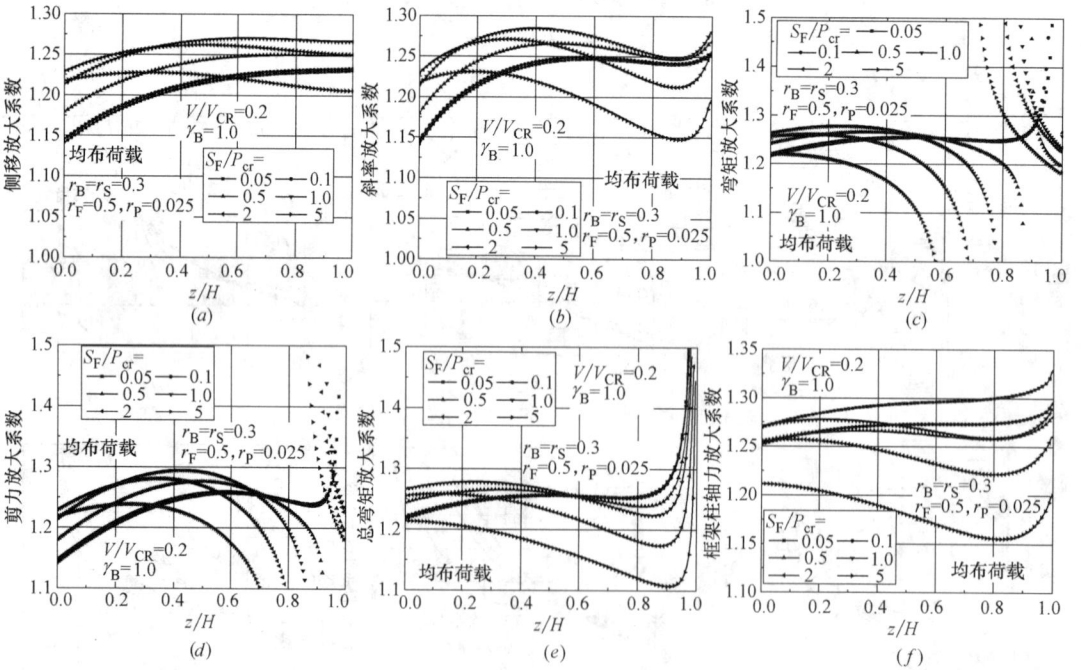

图 12.19　弯剪型支撑-框架的放大系数：$\gamma_B = 1.0$

第 13 章　双重抗侧力结构的弹塑性稳定

13.1　引言

我国钢结构设计规范[3]（GBJ 17—88）规定：框架支撑体系的抗侧刚度等于或大于框架本身抗侧刚度的 5 倍时，框架柱按无侧移屈曲设计。对于没达到 5 倍的结构，其中的框架则归入有侧移框架。按照此规定进行设计将会使大部分框架的支撑得不到有效利用。规范[4]（GB 50017—2003）提出了弱支撑框架和强支撑框架的概念，并给出划分标准：

$$S_B \geqslant 3(1.2\sum P_{bi} - \sum P_{0i}) \tag{13.1}$$

式中 P_{bi}，P_{0i} 分别为框架柱 i 的无侧移和有侧移稳定承载力；支撑刚度若满足上式，支撑框架将发生无侧移失稳。该式表明支撑框架的支撑门槛刚度与框架柱的无侧移和有侧移承载力直接相关；但是由于没有计入水平力的影响，存在很大的局限性。

Galambos[5]采用铰接柱支撑框架模型，提出了计入水平力的支撑面积门槛值公式：

$$A_d = \frac{L_d\sum H}{L_g f_y} + \frac{L_d^3\sum P_w}{EL_g^2 h} \tag{13.2}$$

式中 L_d，L_g，h 分别为支撑长度、支撑跨跨长和层高；$\sum H$ 为楼层总水平力设计值；P_w 为竖向荷载设计值；E，f_y 分别为弹性模量和屈服强度。式(13.2)考虑了支撑抵抗水平力和保持结构稳定性的双重作用，但是仍存在一些问题：（1）忽略了梁柱节点刚度和框架本身的侧向刚度；（2）右式的第二项仅与竖向荷载相关，未反映出失稳模式的变化与框架稳定承载力的关系；（3）没有考虑弹塑性和初始缺陷的影响。

Lee & Basu[6]利用集中塑性铰法分析了平面支撑框架的弹塑性稳定，得出了使框架发生无侧移失稳交叉支撑的最小支撑面积的近似公式，其中也考虑了侧向荷载的影响。但是他们的结果都是基于下端固支的层框架模型，另外没能考虑结构的几何缺陷和残余应力的影响。

通过对剪切型支撑框架模型分析，本章提出可以考虑水平力、材料塑性以及各种初始缺陷影响的支撑-框架结构的支撑门槛刚度公式，并进行有限元验证。

13.2　剪切型支撑—框架的弹塑性稳定计算模型

13.2.1　基本假定

分析引入如下基本假定：（1）研究对象为平面支撑框架；（2）材料各向同性、理想弹塑性;(3)节点均为理想铰接或刚接;(4)水平力和竖向力均为节点荷载;(5)认为交叉支撑在水平荷载作用下,支撑受压杆件很快屈曲,支撑作用仅由拉杆提供,可等效为对角支撑模型;忽略支撑杆件的初始缺陷。

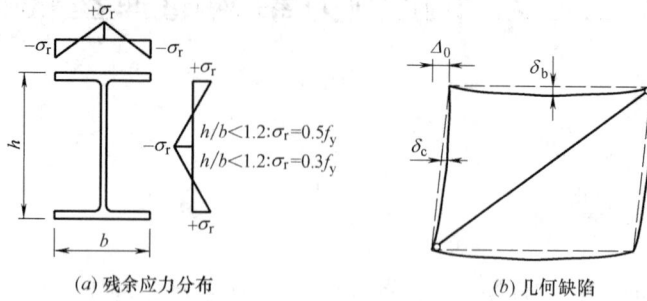

(a) 残余应力分布 (b) 几何缺陷

图 13.1 初始缺陷

图 13.2 框架模型柱截面均为 H300×250×6×10(面积 $A_c = 6680\text{mm}^2$,惯性矩 $I_c = 116.1 \times 10^6 \text{mm}^4$,回转半径 $i_c = 131.9\text{mm}$);框架层高 $h = \lambda i_c$,跨度 $l = \lambda_b i_c$,参数 λ,λ_b 为框架柱和梁的几何长细比;模型 BF2,BF3,BF4,BF8 底梁截面为 H300r_{g1}×250r_{g1}× 6r_{g1}×10r_{g1},顶梁截面为 H300r_{g2}×250r_{g2}×6r_{g2}×10r_{g2},$r_{gi} = (K_i l/h)^{0.25} \cdots$($i = 1$,2);模型 BF1,BF5,BF6,BF7 的框梁截面为 H272×178×6×8;K_1,K_2 为底端和顶端梁柱节点线刚度比;r_{g1},r_{g2} 为底梁和顶梁截面与柱截面的比例系数。如未特别注明,取弹性模量 $E = 2.06 \times 10^5 \text{N/mm}^2$,泊松比 $\nu = 0.3$,屈服强度 $f_y = 235\text{N/mm}^2$。构件截面残余应力取欧洲规范 EC3[1] 推荐的分布模式(图 13.1a);框架层初始侧移 $\Delta_0 = h/1000$,梁柱初弯曲取半波正弦曲线,幅值为 $\delta_c = h/2000$(柱)、$\delta_b = l/1000$(梁)(图 13.1b)。框架顶端作用水平力:

$$Q = \frac{\alpha_h E I_c}{100 h^2} \tag{13.3}$$

式中 α_h 为无量纲水平荷载参数,表 13.1 列出了框架模型其余参数。

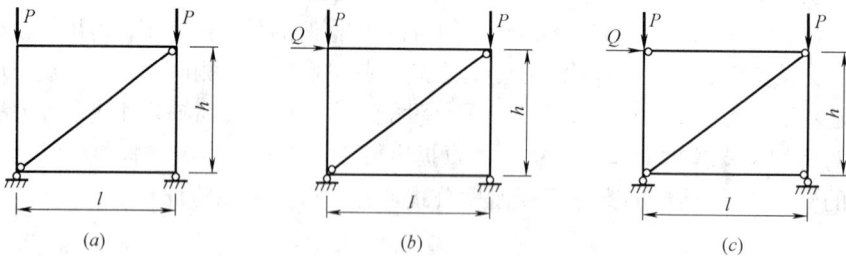

(a) (b) (c)

图 13.2 剪切型支撑框架层单元模型

支撑框架模型参数   表 13.1

模型编号	变 参	常 参		模型示意	荷 载 工 况
BF1	$\lambda = \lambda_b$	$K_1 = K_2 = 0.5$	支撑斜角 45°	(a)	竖向力单独作用
BF2	K_1,K_2	$\lambda = \lambda_b = 60$	支撑斜角 45°	(a)	

模型编号	变　参	常　参		模型示意	荷载工况
BF3	f_y	$\lambda = \lambda_b = 110$ $K_1 = K_2 = 1.0$	支撑斜角 $45°$	(a)	竖向力单独作用
BF4	K_1, K_2	$\lambda = 90, \lambda_b = 150$ $\lambda = 150, \lambda_b = 180$	支撑斜角 $30.964°$， 支撑斜角 $39.806°$	(a)	
BF5	α_h	$\lambda = 30, \lambda_b = 90$	支撑斜角 $18.435°$	(b)	水平力和竖向力 共同作用
BF6	f_y	$\lambda = 150, \lambda_b = 180$	支撑斜角 $39.806°$	(c)	
BF7	λ, λ_b			(c)	
BF8	$\lambda, \lambda_b, K_1, K_2$	$\alpha_h = 10$		(b)	

为了得到较为精确的支撑框架极限承载力和支撑门槛刚度公式，有限元模拟必须能够全面地考虑各种影响因素，包括荷载工况、几何缺陷、残余应力、框架柱几何长细比、梁柱线刚度比、材料屈服强度等。模型 BF1～BF4 是用来考察竖向力单独作用时框架弹塑性稳定与支撑刚度关系；模型 BF5～BF8 是用来考察水平力和竖向力共同作用情形。

利用 ANSYS 建模时，梁柱采用 BEAM189 单元，支撑采用 LINK8 单元。BEAM189 是基于 Timoshenko 梁理论的空间三维薄壁杆单元；LINK8 是三维杆轴向的拉压单元。几何缺陷直接按节点坐标形式定义，并约束所有节点的面外自由度；残余应力作为初应力输入。

13.2.2　竖向力作用下框架极限承载力与支撑刚度的关系

13.2.2.1　支撑作用效果分区

图 13.2a 为承受竖向力作用的框架模型。在弹性情况下，随着支撑刚度的增加，框架的临界荷载从有侧移失稳临界荷载增加到无侧移失稳临界荷载，失稳模态发生改变。在弹塑性情况下，框架还有可能更接近强度破坏。如果纯框架就接近于强度破坏，则轴压框架极限荷载与支撑的抗侧刚度关系不大。所以，有必要先根据框架柱的长细比来确定支撑刚度对框架稳定性有影响的参数范围。

记框架柱全截面屈服荷载为 $P_P = A_c f_y$，框架柱无支撑时有侧移弹性失稳的临界荷载为 P_{E1}，框架柱无侧移弹性失稳的临界荷载为 P_{E2}：

$$P_{E1} = \frac{\pi^2 E I_c}{(\mu_1 h)^2} \tag{13.4a}$$

$$P_{E2} = \frac{\pi^2 E I_c}{(\mu_2 h)^2} \tag{13.4b}$$

其中 μ_1，μ_2 分别为是框架柱有侧移和无侧移弹性失稳计算长度系数；且有 $\mu_1 > \mu_2$，$P_{E1} < P_{E2}$。为叙述方便，可将传统意义上的长细比 λ_1，λ_2 表示为柱几何长细比形式：

$$\lambda_1 = \mu_1 h / i_c = \mu_1 \lambda \tag{13.5a}$$

$$\lambda_2 = \mu_2 h / i_c = \mu_2 \lambda \tag{13.5b}$$

显然 P_{E1}、P_{E2}、P_p 的大小关系，可由 λ_{Ey}、λ_1、λ_2 三者的大小关系决定；根据无缺陷柱弹塑性稳定曲线图，可将支撑作用效果划分为三个典型区域（图 13.3）。

（a）当 $\lambda_1 < \lambda_{Ey}$ 时，有 $P_p < P_{E1} < P_{E2}$，为 Ⅰ 区，此时支撑对框架稳定承载力的提高作用很小；

（b）当 $\lambda_2 < \lambda_{Ey} < \lambda_1$ 时，有 $P_{E1} < P_p < P_{E2}$，为 Ⅱ 区，此时支撑对框架稳定性的提高作用中等；

（c）当 $\lambda_2 > \lambda_{Ey}$ 时，有 $P_{E1} < P_{E2} < P_p$，为 Ⅲ 区，此时支撑作用效果显著。

可以观察到，当框架位于 Ⅱ、Ⅲ 区时，若有侧移和无侧移长细比相差越大，支撑对稳定性的提高作用就越大。

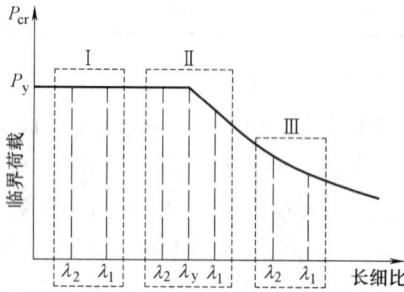

图 13.3 弹塑性无缺陷支撑框架柱临界荷载的提高幅值

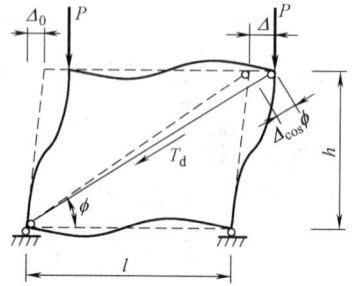

图 13.4 轴力作用下支撑框架变形图

13.2.2.2 竖向力作用下框架临界支撑刚度

图 13.4 所示对角支撑框架存在初始侧移 Δ_0，柱顶作用竖向荷载 P，支撑面积 A_d，支撑长度 l_d。记框架部分抗剪刚度为 S_F，支撑抗剪刚度为 $S_B = EA_d \sin\phi \cos^2\phi$，支撑框架总抗剪刚度 $S = S_F + S_B$。因为框架有侧移失稳的本质是结构正负刚度相互抵消，因而框架弹性临界荷载与结构抗剪刚度具有如下近似关系[11]

$$2P_{cr} = S_F + S_B = 2P_{E1} + S_B \tag{13.6}$$

在轴力作用下支撑框架的柱顶二阶弹性侧移可表示为：

$$\Delta = \Delta_0 \frac{2P/(2P_{E1} + S_B)}{1 - 2P/(2P_{E1} + S_B)} \tag{13.7}$$

根据位移协调条件和虎克定律可得支撑轴向拉力：

$$T_d = \frac{EA_d}{l_d} \Delta \cos\phi \tag{13.8}$$

由于支撑杆件的拉力作用，致使框架两侧柱轴力发生变化；右柱压力为 $P + T_d \sin\phi$。随着支撑面积的增加，框架有侧移失稳承载力不断提高；当支撑面积大到一定程度即支撑门槛刚度时，失稳模式产生改变，右柱将先出现无侧移失稳。此时有：

$$P = P_{E2} - T_d \sin\phi \tag{13.9}$$

若使框架发生无侧移失稳所需支撑正好屈服：

$$\frac{EA_d}{l_d} \Delta \cos\phi = f_y A_d \tag{13.10}$$

联立式（13.6）～（13.10），经过整理得：

370

$$\left(1+\frac{E\sin\phi\cos\phi}{1000f_y}\right)2P_{E2}-2P_{E1}=\left(\frac{2f_y}{E\cos^2\phi}+\frac{\tan\phi}{500}+1\right)EA_d\sin\phi\cos^2\phi \quad (13.11)$$

上式右端括号内系数约为 1.0，表明支撑门槛刚度受柱轴力变化的影响很小，可按一阶线性分析轴力处理。

通常支撑倾角设置为 $\phi=30°\sim60°$，取中间值 $\phi=45°$，则上式可简化为：

$$S_B=\left(1+\frac{103\sin2\phi}{f_y}\right)(2P_{E2})-2P_{E1} \quad (13.12a)$$

上式表明支撑门槛刚度约等于框架无侧移失稳承载力和有侧移失稳承载力的差值。推广到弹塑性失稳的情形是

$$S_B=\left(1+\frac{103\sin2\phi}{f_y}\right)\sum P_{nsi}-\sum P_{swi} \quad (13.12b)$$

式中 P_{nsi}，P_{swi} 分别是第 i 柱的无侧移和有侧移弹塑性屈曲承载力。

考虑弹塑性、残余应力和梁柱约束以及设计安全度等因素影响引入 2.2 倍放大系数。式 (13.12) 演化为

$$S_B=2.2\left[\left(1+\frac{103\sin2\phi}{f_y}\right)\sum P_{nsi}-\sum P_{swi}\right] \quad (13.13)$$

在各柱轴力不等、按比例竖向加载情况下，存在某个柱子（设是第 i 个）率先发生无侧移屈曲的情况，此时有限元分析再也无法继续或者分析不能获得更高的承载力，此时支撑的刚度对应是：

$$S_{Bcr}=2.2\left[\left(1+\frac{103\sin2\phi}{f_y}\right)P_{nsi}\frac{\sum P_j}{P_i}-\sum P_{swj}\right] \quad (13.14)$$

式中 $\dfrac{\sum P_j}{P_i}$ 实为比例加载的约定；P_{swj} 为柱 j 有侧移失稳承载力；P_{nsi} 为薄弱柱的无侧移失稳承载力，可以通过比较所有柱的 $\dfrac{P_j}{\varphi_{nsj}A_jf_y}$ 值来判定，比值最大的框架柱为薄弱柱，其中 φ_{nsj} 为第 j 柱按钢规 GB 50017 查得的无侧移失稳稳定系数。

由支撑刚度与支撑面积的关系，支撑框架的弹塑性支撑面积门槛值为：

$$A_{dcr}=A_{Bcr}=\frac{2.2}{E\sin\phi\cos^2\phi}\left[\left(1+\frac{103}{f_y}\sin2\phi\right)P_{nsi}\frac{\sum P_j}{P_i}-\sum P_{swj}\right] \quad (13.15)$$

式 (13.15) 是按照弹性稳定理论推导并进行修正的结果，其合理性需要得到验证。下面应用 ANSYS 对轴力框架模型 BF1~BF4 进行分析，图 13.5$a\sim c$ 表示无量纲框架极限荷载 P_u/P_p 与支撑面积 A_d 的关系曲线；表 13.2~表 13.6 为有限元与式 (13.12b) 的比较结果，以验证 (13.14，13.15) 式引入 2.2 系数的合理性。

不同几何长细比时，BF1 框架临界支撑面积　　　　表 13.2

λ	40	60	80	100	120	160	200
式(13.12b)	23.27	27.74	30.11	28.55	24.79	17.13	11.94
FEM	35	40	55	50	40	32	20
FEM/式(13.12b)	1.50	1.44	1.83	1.75	1.61	1.87	1.67

不同梁柱线刚度比时，BF2 框架临界支撑面积　　　表 13.3

$K_1 = K_2$	0.01	0.1	0.3	1.0
式(13.12b)	48.86	40.81	31.64	24.50
FEM	70	65	50	40
FEM/式(13.12b)	1.43	1.59	1.58	1.63

不同屈服强度时，BF3 框架临界支撑面积　　　表 13.4

f_y	80	235	345
式(13.12b)	19.27	26.81	29.44
FEM	25	50	55
FEM/式(13.12b)	1.30	1.86	1.87

BF4 框架临界支撑面积　（$\lambda=90$，$\lambda_b=150$）　　　表 13.5

K_2 \ K_1		0.1	0.3	0.5	1.0	2.0
0.1	式(13.12b)	31.54	30.05	29.52	29.34	29.73
	FEM	45	41	42	44	46
	FEM/式(13.12b)	1.43	1.36	1.42	1.50	1.55
0.3	式(13.12b)		28.09	27.29	26.74	26.85
	FEM		45	43	43	46
	FEM/式(13.12b)		1.60	1.58	1.61	1.71
0.5	式(13.12b)			26.33	25.57	25.51
	FEM			46	45	46
	FEM/式(13.12b)			1.75	1.76	1.80
1.0	式(13.12b)				24.54	24.25
	FEM		对称		52	55
	FEM/式(13.12b)				2.12	2.27
2.0	式(13.12b)					23.76
	FEM					53
	FEM/式(13.12b)					2.23

BF4 框架临界支撑面积　（$\lambda=150$，$\lambda_b=180$）　　　表 13.6

K_2 \ K_1		0.1	0.3	0.5	1.0	2.0
0.1	式(13.12b)	17.27	17.30	17.62	18.61	20.17
	FEM	25	26	27	26	28
	FEM/式(13.12b)	1.45	1.50	1.53	1.40	1.39
0.3	式(13.12b)		17.14	17.36	18.21	19.68
	FEM		31	28	27	29
	FEM/式(13.12b)		1.81	1.61	1.48	1.47

续表

K₂ \ K₁		0.1	0.3	0.5	1.0	2.0
0.5	式(13.12b)			17.51	18.28	19.68
	FEM			32	31	30
	FEM/式(13.12b)			1.83	1.70	1.52
1.0	式(13.12b)				18.94	20.25
	FEM		对称		37	36
	FEM/式(13.12b)				1.95	1.78
2.0	式(13.12b)					21.47
	FEM					42
	FEM/式(13.12b)					1.96

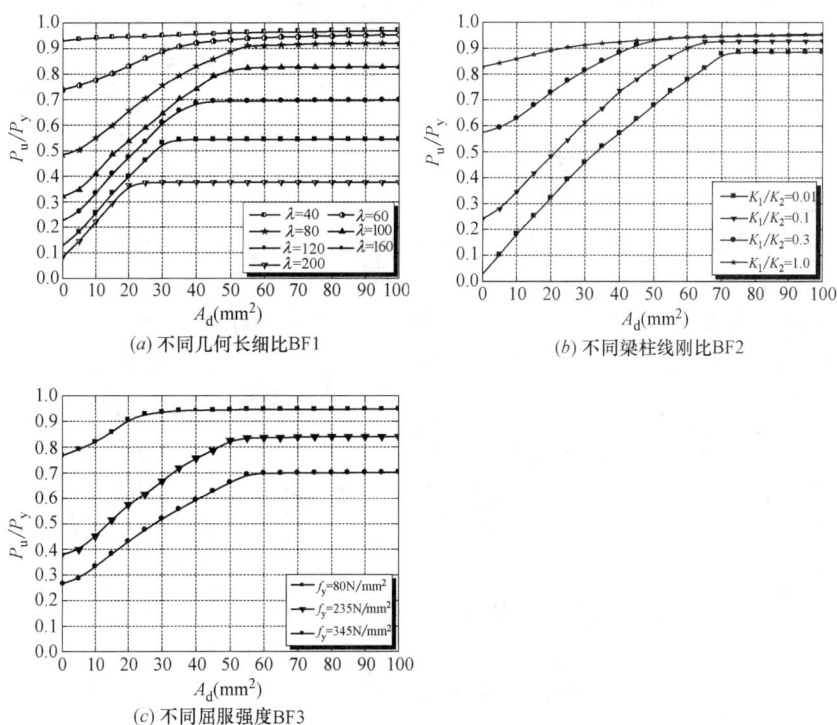

(a) 不同几何长细比BF1

(b) 不同梁柱线刚比BF2

(c) 不同屈服强度BF3

图 13.5　轴力框架临界荷载与支撑面积的关系

模型 BF1 的框架柱计算长度系数分别为 $\mu_1 = 1.59$ 和 $\mu_2 = 0.855$；框架柱全截面屈服荷载 $P_P = 1569.8\text{kN}$。与理想框架不同，由于存在框架的初始倾斜，开始施加竖向荷载时，支撑斜杆就产生拉力；随着二阶效应增大，斜杆拉力不断增大直至屈服。图 13.5a 表明随着框架柱几何长细比的改变，支撑作用效果区域也在改变。

(1) $\lambda = 40$ 时，$\lambda_1 = 63.6 < \lambda_{Ey} = 93$，处于图 13.3 的 I 区。按照规范柱子 b 曲线，$\varphi_1 = 0.788$，$\lambda_2 = 34.2$，$\varphi_2 = 0.921$，支撑对极限承载力提高的最大幅度仅为 $\varphi_2/\varphi_1 - 1 = 16.9\%$。

373

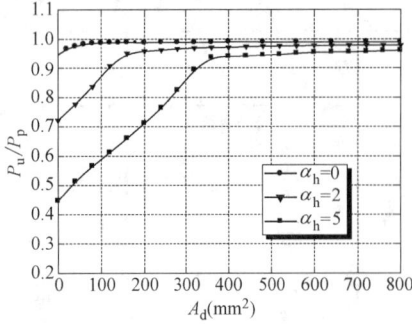

图 13.6　不同水平荷载 BF5 框架临界
荷载与支撑面积的关系

（2）$\lambda = 80$ 时，$\lambda_1 = 127.2 > \lambda_{Ey} = 93 > \lambda_2 = 68.4$，处于Ⅱ区。此时 $\varphi_1 = 0.402$，$\varphi_2 = 0.761$，有 $\varphi_2 / \varphi_1 = 1.893$，即支撑最多可以使框架柱稳定承载力提高 89.3%。

（3）$\lambda = 120$ 时，$\lambda_1 = 190.8 > \lambda_2 = 102.6 > \lambda_{Ey} = 93$，处于Ⅲ区。此时 $\varphi_1 = 0.202$，$\varphi_2 = 0.539$，有 $\varphi_2 / \varphi_1 = 2.668$ 支撑的作用非常明显。若 λ 很大时（$\lambda = 200$），框架处于弹性失稳状态；有 $P_{sw} \approx P_{E1}$，$P_{ns} \approx P_{E2}$ 框架极限荷载的提高最为显著。

（4）图 13.5a 显示：① 框架柱稳定承载力随支撑面积的增大而增加，但是当支撑面积达到支撑面积门槛值（曲线的转折点处）后，承载力几乎不再继续增加，曲线接近水平状态。表明框架由有侧移失稳转变为无侧移失稳或强度破坏。

② 当 $\lambda \geqslant 80$ 时，框架稳定承载力的提高与支撑面积基本成线性关系，直到框架达到各自的无侧移失稳承载力，而且斜率几乎相等。因为支撑抗剪刚度为 $EA_d \sin\phi \cos^2\phi$，而模型 BF1 的支撑斜角均为 45^0，这与支撑框架的弹性稳定的研究结论一致。

③ 注意到 $\lambda = 60$ 时，框架稳定承载力随支撑面积的增加速率较慢，因为此时长细比较小，支撑作用较小。$\lambda = 40$ 时，由于无侧移和有侧移承载力几乎无差别，稳定承载力随支撑面积增加的比例非常小。

模型 BF2 的框架柱几何长细比 $\lambda = 60$，取 4 组梁柱线刚度比参数进行计算：

（1）$K_1 = K_2 = 0.01$ 时，$\mu_1 = 8.78$，$\mu_2 = 1.0$，$\lambda_1 = 526.8$，$\lambda_2 = 60$，属于Ⅱ区；

（2）$K_1 = K_2 = 0.1$ 时，$\mu_1 = 3.01$，$\mu_1 = 0.963$，$\lambda_1 = 180.6$，$\lambda_2 = 57.8$，属于Ⅱ区；

（3）$K_1 = K_2 = 0.3$ 时，$\mu_1 = 1.90$，$\mu_2 = 0.902$，$\lambda_1 = 114.0$，$\lambda_2 = 54.1$，属于Ⅱ区；

（4）$K_1 = K_2 = 1.0$ 时，$\mu_1 = 1.32$，$\mu_2 = 0.774$，$\lambda_1 = 79.2$，$\lambda_2 = 46.4$，属于Ⅰ区。

（5）图 13.5b 给出了不同梁柱线刚度比模型 BF2 的框架极限承载力和支撑面积的关系，由图可知：

① $K_1 = K_2$ 越小，两个长细比相差越大，支撑提高稳定承载力的效果也就越明显；

② 与几何长细比的影响相似，随着斜支撑面积的增加，稳定承载力接近线性地增加；

③ 参数在Ⅰ区的框架，使得框架以无侧移模式失稳所需要的支撑截面较小；稳定承载力随支撑刚度增加的速率较慢。

模型 BF3 的框架柱几何长细比 $\lambda = 110$，$K_1 = K_2 = 1.0$，材料屈服强度 f_y 变化时，会改变框架柱全截面屈服荷载 P_p，从而改变参数 λ_{Ey} 和 λ_1，λ_2 的相对大小。框架柱 $\mu_1 = 1.32$，$\mu_2 = 0.774$，$\lambda_1 = 145.2$，$\lambda_2 = 85.1$。$f_y = 80 \text{N/mm}^2$ 时，$\lambda_1 < \lambda_{Ey} = 159.4$，处于支撑作用不明显的区域Ⅰ；$f_y = 235 \text{N/mm}^2$ 时，$\lambda_2 < \lambda_{Ey} < \lambda_1$，处于支撑作用明显的区域Ⅱ；$f_y = 345 \text{N/mm}^2$ 时，$\lambda_2 > \lambda_{Ey} = 76.8$，处于支撑作用最明显的区域Ⅲ。计算结果绘制于图 13.5c，它与图 13.5a，b 具有相似的规律，对比 Q235 和 Q345 钢材，后者需要的支撑截面略大。

从表 13.2～表 13.6 可知：按式（13.15）确定的支撑面积与考虑各种因素影响的有限

元结果相比，具有一定的安全系数。

13.2.3　水平力对支撑门槛的刚度的影响

水平力在支撑杆内产生应力，使得支撑杆提前屈服，刚度下降，从而可能影响框架的失稳模式。支撑体系应能：（1）承担大部分水平剪力；（2）抵抗竖向荷载的侧向二阶效应，保证框架的侧向稳定性。

模型 BF5 用来考察水平力对框架稳定承载力的影响和阐明支撑作用效果与竖向力大小不同时的特性。图 13.6 给出了框架在不同水平荷载下框架极限承载力与支撑面积的关系，框架柱几何长细比 $\lambda=30$，梁柱线刚比 $K_1=K_2=0.5$，$\lambda_1=47.7$，$\lambda_2=25.7$，位于图 13.3 的 I 区。根据前面讨论，无水平荷载时，支撑对提高框架柱的极限承载力作用不明显。图 13.6 则显示，随着水平荷载的增大，完全支撑框架的临界荷载值 P_{ns} 基本保持不变，而纯框架必须抵抗水平力产生的柱内弯矩和轴力，临界荷载 P_{sw} 下降很多，直接导致无支撑和完全支撑临界荷载两者的差值 $P_{ns}-P_{sw}$ 增大，支撑作用变得显著。

支撑框架体系中水平剪力由支撑和框架共同承担。记 η_f 为框架承担的水平剪力占总水平力百分比，图 13.7 给出了 BF5 模型 η_f 随支撑面积、轴力以及水平力的变化曲线。水平力较小时，由于材料和几何非线性的影响较小，框架承担剪力比例与水平力的大小无关。从图 13.7 看出：当框架作用有竖向荷载，且水平力一定时，随着轴力的增大，η_f 不断减小。因为轴力的等效负刚度抵消了部分框架正刚度，致使框架总抗侧刚度（物理刚度＋荷载负刚度）减小，框架承受水平剪力比例相应减少。

另外，随着支撑面积增大，当柱轴力接近无侧移失稳承载力时，框架承担剪力比例 η_f 很小，以致可以忽略框架对水平剪力的承受能力，下面的推导会自动要求在框架柱发生无侧移屈曲时支撑承担全部的水平力。

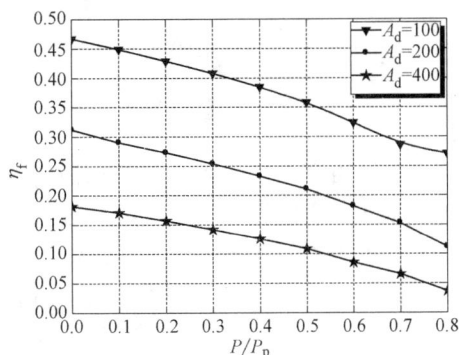

图 13.7　BF5 框架承担水平剪力比例

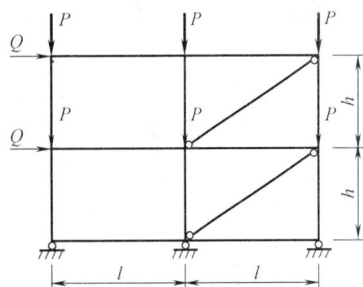

图 13.8　两层两跨支撑框架

13.2.3.1　水平力和竖向力作用下框架临界支撑刚度

此时支撑框架 $P-\Delta$ 效应由两部分引起，包括初始侧移和水平荷载下楼层侧移的影响。初始侧移为 Δ_0，水平力产生的一阶弹性侧移为 $\Delta_Q=Q/(S_F+S_B)$。考虑二阶弹性挠度放大系数后，支撑框架的二阶总的附加侧移（不含作为缺陷的初始侧移）为：

$$\Delta=\frac{2P/(2P_{E1}+S_B)}{1-2P/(2P_{E1}+S_B)}\Delta_0+\frac{\Delta_Q}{1-2P/(2P_{E1}+S_B)} \tag{13.16}$$

375

支撑刚好屈服时

$$\frac{E\Delta\cos\phi}{l_d}=f_y \tag{13.17}$$

此时设右侧柱子刚好发生无侧移屈曲，则 $P=P_{E2}-T_d\sin\phi$，T_d 是支撑内力，取支撑屈服轴力。根据平衡方程和变形协调条件得：

$$\left(1+\frac{E\sin\phi\cos\phi}{1000f_y}\right)2P_{E2}-2P_{E1}+EA_Q\sin\phi\cos^2\phi=\left[\frac{2f_y}{E\cos^2\phi}+\frac{\tan\phi}{500}+1\right]EA_d\sin\phi\cos^2\phi \tag{13.18}$$

式中 A_Q 是承担水平力所需要的面积，按下式计算：

$$A_Q=\frac{Q}{\cos\phi f_y} \tag{13.19}$$

水平力支撑抗剪刚度为 $S_Q=EA_Q\sin\phi\cos^2\phi$；支撑屈服时的水平力为 $Q_y=A_df_y\cos\phi$。

对比(13.11)式和(13.18)式可知，承担水平力所需刚度和保证框架无侧移所需刚度可以线性叠加，因此可以得到：

$$S_{Bth}=S_{Bcr}+S_Q \tag{13.20a}$$

或

$$\frac{S_{Bcr}}{S_{Bth}}+\frac{S_Q}{S_{Bth}}=1 \tag{13.20b}$$

注意到 $\dfrac{S_Q}{S_{Bth}}=\dfrac{Q}{Q_y}$，上式可以改写为

$$\frac{S_{Bcr}}{S_{Bth}}+\frac{Q}{Q_y}=1 \tag{13.20c}$$

上式即为存在水平力时，使得框架柱发生无侧移失稳时，支撑必须满足的最小刚度要求，下面称为支撑门槛刚度。当支撑刚度使得(13.20c)式的左边小于等于1，框架为强支撑框架，失稳模式为无侧移失稳；反之，则为弱支撑框架，失稳模式为有支撑参与的有侧移失稳。

考虑缺陷影响后，假设(13.20)式仍成立，但是 S_{Bcr} 由(13.14)式求得。

(13.20a)式用面积来表示，则：

$$A_{Bth}=A_Q+A_{Bcr} \tag{13.21}$$

式(13.21)的正确性需分步进行验证，用模型 BF6 和 BF7 来检验水平力支撑面积 A_Q；接着采用模型 BF8 来检验总临界支撑面积 A_{Bth}。计算结果表明，(13.13)式的 2.2 系数仍然能够包得住，但是对框架柱几何长细比很小(小于 35)的情况，系数则可达 3.6。

式（13.21）有一点需要特别说明：A_Q 是按照支撑承受水平力 Q（100%水平力）来计算的。但是在（13.16）式中 $\Delta_Q=Q/(S_F+S_B)$，表示框架和支撑斜杆共同承受水平力 Q，这是怎么回事呢？

实际上，框架发生有侧移失稳时即彻底丧失了水平刚度，而在此处我们还要求框架柱发生无侧移失稳，框架柱无侧移失稳的时候，其总抗侧刚度（物理刚度＋荷载负刚度）是负的，根本无力承受水平力。这说明，二阶分析后，框架内原本承受的水平力被重分配给了支撑。框架不仅不分担水平力，反而还要给支撑增加负担，使支撑承担超过外加水平力的荷载，超过部分即为式(13.14)。

13.2.3.2 两层两跨支撑框架

支撑门槛刚度公式是基于框架层分析的结果，也适用于多层多跨框架，下面以实际算

例来进行说明。图 13.8 为两层两跨支撑框架，跨度 $l=8000\text{mm}$，层高 $h=6000\text{mm}$，梁、柱截面为 H300×250×6×10；材料特性均同单层框架示例；框架柱顶水平荷载 $Q=2\times10^4\text{N}$。

（1）分别计算底层、顶层框架模型的临界支撑面积

两层框架模型的梁柱截面、几何长度相同，且梁柱节点约束对称。底层框架竖向荷载为 $2P$，水平荷载为 $2Q$；顶层框架竖向荷载为 P，水平荷载为 Q。由于支撑面积 A_{Bcr} 仅与分层模型的无侧移失稳极限承载力和有侧移失稳承载力差值有关，故知两层的 A_{Bcr} 相同；但是由于水平力不同，分层框架模型具有不同的水平力支撑面积 A_Q，因此各层要求的总支撑面积不同。对于底层框架，按式(13.21)计算的支撑面积门槛值 $A_{\text{Bth}}=308\text{mm}^2$；而对于顶层框架，计算结果 $A_{\text{Bth}}'=202\text{mm}^2$。

（2）选取整个框架分析

完全支撑框架稳定极限荷载 $P_b=762.7\text{kN}$。按照层模型的计算结果设置支撑，即底层框架支撑面积 308mm^2，顶层框架支撑面积 202mm^2。有限元分析表明，此时框架极限荷载已经达到完全支撑框架临界荷载的 97.0%，大于 95% 的无侧移失稳的承载力。说明框架层模型的结果可以应用到多层多跨交叉支撑框架体系。

13.2.4 支撑是压杆时

当支撑是压杆时，支撑压杆的轴压-轴向压缩变形呈现非线性关系，要求框架发生无侧移屈曲时支撑杆仍然未达到极限状态。作为一个极其简化的推导，把(13.10)式的右边变为

$$\frac{EA_d}{l_d}\Delta\cos\phi=0.9\varphi_d A_d f_y$$

式中 φ_d 是支撑作为压杆的稳定系数。考虑缺陷的影响，可以得到

$$S_B=2.2\left[\left(1+\frac{115\sin2\phi}{\varphi_d f_y}\right)\sum P_{nsi}-\sum P_{swi}\right] \tag{13.22}$$

13.3 剪切型支撑框架的假想荷载法

13.3.1 支撑结构假想荷载法及其与框架结构假想荷载法的区别

钢框架的稳定性设计发展出了假想荷载法，是否可以推广到双重抗侧力结构？目前的假想荷载法算例中还没有出现过支撑框架，因此需要加以分析。传统上认为，设置支撑架后，框架柱计算长度系数本就可以按无侧移屈曲模式确定，为了取框架柱计算长度系数为 110 而将假想荷载法推广到这里是否显得多余？所以，首先需要解决带支撑架框架柱的计算长度系数问题，这时会出现 3 种情况：

1）如果支撑架本身很刚强，已足以使框架发生无侧移失稳，则不再需要施加假想荷载；

2）如果支撑架的全部刚度都用于承受水平荷载而不能为框架柱提供二阶意义上的侧

向支撑，则框架柱的计算长度还是应按照有侧移屈曲确定。此时框架改用假想荷载法设计是有意义的；

3）处于以上两者之间的框架发生有支撑参与的有侧移失稳。

如果是第 2）种情况，在结构上施加假想水平力会出现怎样的结果？假想荷载法采用弹性分析，实际工程的二阶效应不大。重力荷载作为负刚度，抵消了框架的正刚度，框架剩余刚度 $S_{F,re}$；而支撑架斜杆的抗侧刚度受到重力荷载影响较小，记为 $S_{B,re}$。通常框架刚度下降的比例更大，因而二阶弹性分析导致更多的实际水平荷载和假想水平力被分配到支撑架，支撑架将比不施加假想力的一阶分析设计法得到的更刚强；框架部分仅承担了小部分假想力，并且按照假想力法，此时框架柱的计算长度按照无侧移屈曲取或者取层高。这样一来，在第 2）种带支撑架的结构中采用假想荷载法，导致的结果是得到接近第 1）种情况的支撑结构。对处于第 1）和第 2）种之间的支撑架，采用假想力法，也会得到第 1）种支撑架。

因此，在有支撑结构中采用假想荷载法，假想荷载大小的确定实际上与以下问题几乎等效：支撑的侧向刚度和强度的最小值应该多大，才能够使框架柱发生无侧移屈曲？根据本章第 2 节，为使框架以无侧移的模式失稳，支撑本身除了承担真实的水平荷载外还必须有剩余的刚度和剩余的承载力，这个剩余的承载力是否能够转化为假想力？

13.3.2　计算模型

图 13.9 为一单层剪切型支撑框架，支撑和框架分离。P 为作用在框架上的荷载，记 Q_n 为所求的假想荷载。设框架材料为理想弹塑性，梁柱刚接；支撑架节点均为铰接；框架与支撑架之间设刚性链杆；支撑为只考虑拉杆作用的交叉支撑，材料为弹塑性；支撑架不参与承受竖向力，其梁柱保持弹性不屈曲，截面与框架相同。框架构件截面残余应力分布如图 13.1（a），但 $\sigma_r=0.7f_y$。初始弯曲与第 2 节相同。

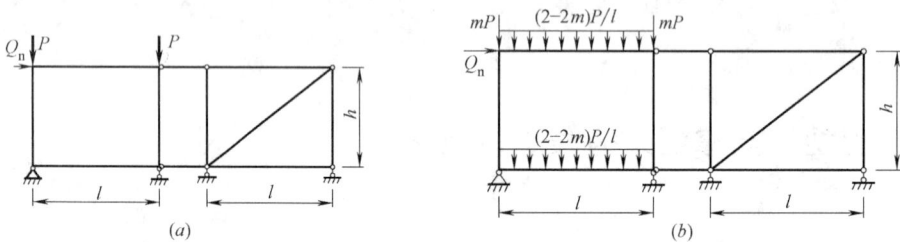

图 13.9　支撑框架基本模型

在柱顶作用假想荷载 Q_n，框架处于无侧移屈曲的极限状态，假想荷载全部由支撑架承受：

$$Q_n = T_{dcr}\cos\phi \tag{13.23}$$

式中：$T_{dcr}=f_y A_{dcr}$ 为框架破坏时支撑正好屈服的拉力，A_{dcr} 是此时的支撑面积，ϕ 为支撑与梁的夹角。利用 ANSYS 可求得不同支撑面积下框架的极限荷载，从中定出使框架无侧移失稳的 A_{dcr}，即得到 Q_{nA}：

$$Q_{nA}=A_{dcr}f_y\cos\phi \tag{13.24}$$

令比例因子 K 为

$$K = Q_{nA} / \sum P_u \qquad (13.25)$$

式中：P_u 为框架竖向极限荷载。通过改变各种参数，可以得到一系列的 K。

第 2 节得到了支撑的门槛刚度，换算成假想荷载，记为 Q_m，计算公式是

$$Q_m = \frac{2.2 \left[(1 + 100/f_y) \sum P_{nsi} - \sum P_{swi} \right] f_y \cos\phi}{E \sin\phi \cos^2\phi} \qquad (13.26)$$

Q_m 与 Q_{nA} 的对比也在表 13.7～13.13 中列出。

算例柱截面均为 H300×200×8×12（面积 $A_c = 7010\text{mm}^2$，惯性矩 $I_c = 113.6 \times 10^6\text{mm}^4$，$W_x = 7.57 \times 10^5\text{mm}^3$，回转半径 $i_c = 127.3\text{mm}$），梁截面根据模型而变；框架层高 $h = \lambda i_c$，跨度 $l = \lambda_b i_c$，λ、λ_b 分别为框架柱和梁的几何长细比；弹性模量取 $E = 206\text{GPa}$，泊松比 $\nu = 0.3$，$f_y = 235\text{MPa}$。

13.3.3 柱顶集中力作用

13.3.3.1 单跨无水平力作用

算例 1：图 13.9a 模型，梁柱截面相等，改变梁柱几何长细比。计算结果如表 13.7，Q_n 表示取 $K = 0.45\%$（即式(13.27)）的结果。表 13.7 中 K 的最大值是 0.45%，最小值是 0.29%，大致的规律是：计算长度系数大的，K 比较大。表中列出 S_F/S_B 的值，这个比值反映了弹性时框架和支撑分担的水平力的百分比。

算例 1 不同几何长细比时的结果 表 13.7

λ	λ_b	$K(\%)$	S_F/S_B	Q_n/Q_{nA}	Q_m/Q_{nA}	λ	λ_b	$K(\%)$	S_F/S_B	Q_n/Q_{nA}	Q_m/Q_{nA}
50	50	0.31	0.580	1.344	0.861	110	50	0.37	0.369	1.001	1.302
	70	0.33	0.556	1.263	0.900		70	0.31	0.343	1.165	1.290
	90	0.35	0.550	1.168	0.976		90	0.30	0.318	1.216	1.273
	110	0.40	0.521	1.023	1.012		110	0.31	0.287	1.166	1.221
	130	0.44	0.504	0.918	1.069		130	0.29	0.281	1.172	1.271
	150	0.45	0.528	0.900	1.000		150	0.29	0.292	1.223	1.398
70	50	0.35	0.463	1.154	0.920	130	50	0.44	0.308	0.846	1.329
	70	0.32	0.450	1.244	0.989		70	0.33	0.313	1.093	1.394
	90	0.32	0.425	1.200	1.034		90	0.30	0.295	1.188	1.368
	110	0.35	0.399	1.112	1.073		110	0.29	0.283	1.233	1.365
	130	0.40	0.358	0.969	1.057		130	0.30	0.240	1.091	1.207
	150	0.41	0.358	0.935	1.153		150	0.32	0.214	0.994	1.126
90	50	0.32	0.460	1.208	1.249	150	50	0.43	0.314	0.852	1.567
	70	0.31	0.386	1.216	1.145		70	0.36	0.290	1.009	1.455
	90	0.33	0.327	1.119	1.059		90	0.34	0.238	0.967	1.219
	110	0.34	0.311	1.095	1.093		110	0.31	0.261	1.163	1.365
	130	0.35	0.287	1.016	1.094		130	0.31	0.214	1.011	1.572
	150	0.34	0.302	1.058	1.242		150	0.30	0.209	1.020	1.584

算例 2：柱截面不变，上下框架梁截面为 $H300r_{gi} \times 200r_{gi} \times 8r_{gi} \times 12r_{gi}$，$r_{gi} = (K_i l / h)^{0.25}$（$i = 1，2$），$K_1$、$K_2$ 为底端和顶端梁柱线刚度比，梁柱几何长细比统一取 80。计算结果在表 13.8 给出，$K = 0.28\% \sim 0.42\%$。

算例 3：f_y 分别取 235、345、390MPa。表 13.9 表明不同屈服强度的 K 是呈一定比例关系的，将 K 除以 $\sqrt{f_y/235}$ 得到 $\overline{K}$，结果较稳定，故认为其与 $\sqrt{f_y/235}$ 呈正比。

算例 4：算例 1、2、3 残余应力的峰值取 0.7，本例取残余应力最大值为 $0.3f_y$，其他与算例 1 相同，结果列于表 13.10。此时 K 仅略有下降，这是因为极限荷载增大了。

算例 2 不同梁柱线刚度比时的结果　　　　　　　表 13.8

K_1	K_2	$K(\%)$	S_F/S_B	Q_n/Q_{nA}	Q_m/Q_{nA}
0.1	0.1	0.40	0.092	0.971	1.342
0.1	0.5	0.41	0.163	0.937	1.133
0.1	1.0	0.40	0.194	0.966	1.108
0.1	1.5	0.42	0.195	0.915	1.027
0.1	2.0	0.42	0.200	0.930	1.039
1.0	1.0	0.32	0.392	1.185	1.316
1.0	1.5	0.32	0.403	1.201	1.334
1.0	2.0	0.32	0.422	1.213	1.348
0.5	0.5	0.28	0.362	1.356	1.360
0.5	1.0	0.30	0.377	1.264	1.182
0.5	1.5	0.30	0.392	1.283	1.179
0.5	2.0	0.32	0.407	1.299	1.170
1.5	1.5	0.32	0.422	1.216	1.005
1.5	2.0	0.32	0.434	1.220	0.986
2.0	2.0	0.32	0.454	1.239	0.971

算例 3 不同屈服强度时的结果　　　　　　　表 13.9

f_y	λ	$K(\%)$	$\overline{K}$	S_F/S_B	Q_n/Q_{nA}	Q_m/Q_{nA}
235	50	0.29	0.29	0.632	1.465	0.940
345	50	0.34	0.28	0.694	1.446	0.993
390	50	0.41	0.32	0.646	1.312	0.948
235	70	0.29	0.29	0.490	1.356	1.079
345	70	0.35	0.29	0.482	1.290	1.189
390	70	0.41	0.32	0.433	1.151	1.127
235	90	0.28	0.28	0.392	1.342	1.271
345	90	0.38	0.31	0.328	1.094	1.184
390	90	0.42	0.33	0.311	1.021	1.159
235	110	0.28	0.28	0.318	1.294	1.357
345	110	0.33	0.27	0.336	1.282	1.495
390	110	0.36	0.28	0.341	1.261	1.527

算例 4 不同残余应力时的结果　　　　　　　表 13.10

λ	λ_b	$K(\%)$	S_F/S_B	Q_n/Q_{nA}	Q_m/Q_{nA}
70	50	0.34	0.463	1.154	0.920
70	70	0.31	0.450	1.244	0.989
70	90	0.29	0.467	1.320	1.138
70	110	0.35	0.399	1.112	1.073
70	130	0.36	0.391	1.057	1.153
70	150	0.38	0.390	1.020	1.257
90	50	0.32	0.460	1.208	1.249
90	70	0.30	0.386	1.216	1.145
90	90	0.30	0.357	1.221	1.155
90	110	0.33	0.311	1.095	1.093
90	130	0.35	0.287	1.016	1.094
90	150	0.36	0.275	0.962	1.129

13.3.3.2 单跨有水平力作用

算例 5：模型同算例 2，$\lambda=80$，$\lambda_b=120$，水平力为(13.3)式，α 取 10 时水平力为 22kN，对应 $A_Q=115mm^2$，计算 Q_{nA} 时有限元所得面积 $A_{d,FEM}$ 减去 A_Q 即得到此时的 A_{dcr}。计算 S_B 时不扣除 A_Q，因为抵抗水平力的支撑面积也要参与到假想荷载的分配。图 13.10 绘制了 $K_1=0.5$，$K_2=0.5\sim2.0$ 时 P_u 与 A_d（$=A_{d,FEM}-A_Q$）的关系。

从表 13.11 可见，有水平力作用时，K 值也处于 $0.30\sim0.43$，平均比没有水平力作用的情况仅高 1.9%。同时注意到 K 的变化情况与例 2 相似，只有在 $K_1=0.1$ 的极端情况下才明显高于平均水平，这是因为端部约束太弱降低了承载力所致，其他线刚度比时几乎不变．

算例 6：框架的梁柱截面不变，$K_1=K_2=1.0$，令 α 为变量，计算结果见表 13.12，由表可见，水平力的变化并没有使 K 产生大的变化，这是因为，增大了的水平力是用增大了的支撑截面来抵抗的，达到极限状态时的侧移，按照式(13.10)并没有增大。

13.3.3.3 算例 7

算例 7：5 跨框架，每跨荷载及模型尺寸同单跨情况，右侧为一单跨支撑架。柱截面均为 H300×200×8×12，表 13.13 上半部分梁为 H300×200×8×12，下半部分梁截面为 H400×300×10×16．表 13.13 中的 K 值在 $0.26\sim0.4$，比单跨时略小的原因是：多跨时一个柱子有左右 2 根框架梁提供约束，柱的无侧移屈曲和有侧移屈曲差值较小，所以 K 值较小。

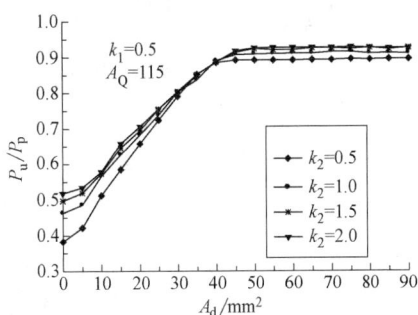

图 13.10　算例 5 极限荷载与支撑面积关系

综合以上算例，总结出如下结论：在有支撑的情况下，假想荷载系数在 $0.26\%\sim0.47\%$，95% 保证率在 0.45%，因此，建议

$$Q_n = 0.45\% \sum P_{ui} \sqrt{\frac{f_y}{235}} \tag{13.27}$$

P_{ui}取规范公式得到的无侧移屈曲极限荷载。Q_n与有限元结果 Q_{nA} 的对比，列在表13.7~表 13.13。

算例 5 单跨模型柱顶作用水平力时的结果　　　　　表 13.11

K_1	K_2	$K(\%)$	S_F/S_B	Q_n/Q_{nA}	Q_m/Q_{nA}
0.1	0.1	0.37	0.033	1.081	1.618
0.1	0.5	0.42	0.060	0.936	1.225
0.1	1.0	0.43	0.070	0.918	1.141
0.1	1.5	0.43	0.076	0.932	1.133
0.1	2.0	0.42	0.078	0.963	1.165
1.0	1.0	0.32	0.131	1.218	1.139
1.0	1.5	0.32	0.135	1.235	1.140
1.0	2.0	0.32	0.141	1.247	1.114
0.5	0.5	0.30	0.104	1.293	1.404
0.5	1.0	0.32	0.116	1.192	1.206
0.5	1.5	0.32	0.120	1.210	1.204
0.5	2.0	0.32	0.125	1.224	1.194
1.5	1.5	0.32	0.141	1.251	1.120
1.5	2.0	0.32	0.145	1.255	1.098
2.0	2.0	0.32	0.152	1.274	1.082

算例 6 单跨模型柱顶水平力为变量时结果　　　　　表 13.12

α	$K(\%)$	S_F/S_B	Q_n/Q_{nA}	Q_m/Q_{nA}
0	0.32	0.309	1.209	1.130
2	0.30	0.216	1.288	1.204
4	0.33	0.221	1.166	1.090
6	0.32	0.155	1.191	1.113
8	0.30	0.309	1.267	1.185
15	0.30	0.098	1.288	1.205
20	0.28	0.079	1.367	1.278
25	0.30	0.065	1.299	1.215
30	0.28	0.055	1.379	1.290
35	0.30	0.048	1.311	1.225
40	0.28	0.043	1.392	1.301
45	0.30	0.038	1.322	1.236
50	0.28	0.035	1.405	1.313

算例7 五跨支撑框架 表 13.13

梁截面 H300×200×8×12

λ	λ_b	$K(\%)$	S_F/S_B	Q_n/Q_{nA}	Q_m/Q_{nA}
40	40	0.26	0.777	1.679	0.959
40	80	0.29	0.816	1.455	1.098
60	40	0.33	0.575	1.250	0.887
60	60	0.30	0.579	1.395	0.945
60	80	0.30	0.583	1.384	1.010
80	40	0.40	0.470	1.013	0.981
80	80	0.31	0.450	1.292	1.063
100	100	0.27	0.408	1.414	1.350
120	120	0.30	0.318	1.283	1.340

梁截面 H400×300×10×16

λ	λ_b	$K(\%)$	S_F/S_B	Q_n/Q_{nA}	Q_m/Q_{nA}
40	40	0.28	0.729	1.553	0.865
40	80	0.32	0.688	1.355	1.098
60	40	0.33	0.618	1.310	1.224
60	60	0.34	0.545	1.256	0.799
60	80	0.38	0.671	1.148	1.119
80	40	0.35	0.578	1.204	1.529
80	80	0.33	0.476	1.256	0.949
100	100	0.35	0.364	1.142	1.016
120	120	0.33	0.323	1.206	1.206

对比所有算例中 Q_n 和 Q_m 的精度：表 13.7～13.12 共 103 个数据，Q_n/Q_{nA} 的平均值为 1.244，方差 0.1654；Q_m/Q_{nA} 的平均值为 1.183，方差 0.1513。两者精度相似，两者虽然都有小于 Q_{nA} 的例子，但大部分相差不显著，表 13.13 共 18 个数据，Q_n/Q_{nA} 平均值为 1.311，方差 0.1522；Q_m/Q_{nA} 平均值为 1.080，方差 0.1845。此时，Q_m 的精度相对单跨要高，但存在个别例子 Q_m/Q_{nA} 过小；Q_n 精度有所降低，但偏保守。

13.3.4 柱端有弯矩影响时

梁上作用梁间荷载，柱端有弯矩，此时假想荷载如何取值，用图 13.9b 模型进行分析。柱所受压力总和是 P。由荷载因子 m 控制弯矩大小，m 小时均布力大。

1）梁上均布荷载在柱上产生弯矩，对弹塑性分析得到的破坏模式有不同的影响。框架向右有侧移失稳时，左柱上弯矩与侧移产生的弯矩反向，左柱是卸载的，有可能全过程或长时间内处于弹性状态，出现框架左柱向右柱提供支持的情况。在相当多的情况下，仅左柱提供的侧向支持作用就会使得右柱发生无侧移屈曲，这种情况尤其出现在均布力大的情况。此时对支撑杆的抗侧强度要求 A_{dcr} 较小。

2）均布力大时易形成梁式机构破坏，这种极限状态下框架柱没有发生失稳，如果按照此时确定假想荷载，数值也会偏小，这种情况要加以排除。

通过如下公式可分别求出截面强度验算公式下的极限荷载 P_{us}、有侧移极限荷载 P_{u1}、无侧移极限荷载 P_{u2}：

$$\frac{P_{us}}{A_n} + \frac{M_{x2}}{\gamma_x W_{nx}} \leqslant f_y \tag{13.28}$$

$$\frac{P_{u1}}{\varphi_{x1} A} + \frac{M_{x1}}{\gamma_x W_{1x}(1 - 0.8 P_{u1}/P_{E1})} \leqslant f_y \tag{13.29}$$

$$\frac{P_{u2}}{\varphi_{x2} A} + \frac{\beta_{mx} M_{x2}}{\gamma_x W_{1x}(1 - 0.8 P_{u2}/P_{E2})} \leqslant f_y \tag{13.30}$$

式中：φ_{x1} 为有侧移屈曲稳定系数，φ_{x2} 为无侧移屈曲稳定系数，$\beta_{mx} = 0.3$. 轴压情况下，支撑的作用是使框架由有侧移失稳变为无侧移失稳，所以极限荷载取 P_{u2}；在柱端有弯矩时，支撑使框架从无支撑时的有侧移失稳向无侧移失稳和截面强度破坏中的一种发展。此时假想荷载公式依然为式（13.27），只是

$$P_u = \min(P_{us}, P_{u2}) \tag{13.31}$$

算例 8：梁柱截面均为 H300×200×8×12，长细比和荷载因子 m 为变量。由式（13.27）和（13.31）式计算出不同情况下所需的 Q_n 和对应的 A_{dcr}；然后将假想荷载施加到支撑框架上，支撑的面积取为 A_{dcr}，由 ANSYS 分析得到支撑面积达到 A_{dcr} 时框架的极限荷载 P_{max1}；在框架柱顶约束侧移，得到此时框架的极限荷载 P_{max2}. 求出二者差值绝对值相对于 P_{max2} 的比值 $\delta = |P_{max2} - P_{max1}|/P_{max2}$，验证 Q_n 取式(13.27)、(13.31)的可行性，结果列于表 13.14，由结果可见，支撑面积达到临界值后，框架柱的竖向极限荷载与柱顶侧移完全限制的差别很小，二者的极限荷载偏差不超过 2%，所以式(13.27)、(13.31)适用于有梁间荷载的情况。

算例 8 梁上作用有均布力时的结果　　　　　　　　　　表 13.14

λ	λ_b	m	A_{bcr}	Q_n	P_{max1}	P_{max2}	δ
40	40	0.6	27	4.57	666.87	665.93	0.1
40	40	0.7	33	5.52	828.56	828.53	0.0
40	40	0.8	42	6.98	1080.85	1091.23	1.0
40	40	0.9	57	9.50	1321.64	1343.67	1.6
40	40	1.0	83	13.82	1626.84	1629.49	0.2
60	40	0.6	38	4.95	666.39	666.20	0.0
60	40	0.7	46	5.94	827.63	828.24	0.1
60	40	0.8	57	7.42	1084.60	1088.80	0.4
60	40	0.9	76	9.89	1360.37	1371.71	0.8
60	40	1.0	101	13.12	1594.19	1603.94	0.6

上面实际上是采用弹塑性分析对 A_{dcr} 进行验证，而假想荷载法是进行弹性二阶分析，Q_n 将在框架和支撑之间分配，支撑分担的水平荷载是

$$Q_B \approx \frac{S_B}{S_B + S_F} Q_n \tag{13.32}$$

框架分担的是 $Q_F \approx Q_n - Q_B$，这样对支撑的强度要求减小了，对框架的承载力要求则提高

了。如果根据这个新的剪力 Q_B 选择新的支撑截面，得到支撑面积 A_{d2}，$A_{d2}<A_{dcr}$，这样一个减弱了的支撑并不能真正使一个被 Q_F 增大了的框架发生无侧移屈曲，因而其计算长度并不一定小于 1，但是二阶分析设计法规定了此时框架柱的计算长度系数取 1.0。这样做并不会带来安全性问题，原因在于，使计算长度系数减小的任务，一部分由支撑提供，一部分由框架自己承担，就像在纯框架中的假想荷载法一样。见文献[12]的验证。

13.4　基于 Jezek 模型的弯曲型支撑—框架弹塑性稳定的简化计算

弯曲型支撑-框架的弹塑性稳定要复杂得多。但是仍然可以通过简化模型的研究，得到真实的弯曲型支撑-框架如何进行稳定性设计的信息。图 13.11 就是这样的模型，弯曲型支撑用窄矩形截面的构件代表，框架被简化成了多层摇摆柱，是 Jezek 模型的推广。弯曲型支撑可以是等截面，也可以是变截面，可以承受沿高度均布的竖向荷载。

对框架被简化为摇摆柱需要加以解释：理论上说，如果要求框架柱达到无侧移屈曲的临界荷载，则框架柱此时的总抗侧刚度（物理刚度和荷载负刚度之和 S_F-P）是负的，而摇摆柱上作用荷载后就具有负刚度，将摇摆柱上的荷载与框架柱的负刚度等效，即取摇摆柱上的荷载为 S_F-P，即得到图 13.11 所示的简化模型。

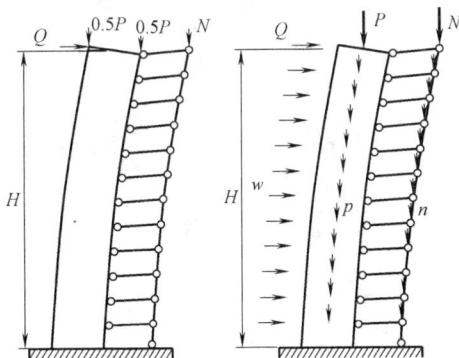

图 13.11　弯曲型支撑框架简化模型

13.4.1　带多层摇摆柱的 Jezek 悬臂柱模型的稳定性

设初始挠度为：

$$v_0=v_{0T}\left(1-\cos\frac{\pi z}{2H}\right) \tag{13.33a}$$

式中 $v_{0T}=\dfrac{H}{500}$。在轴力 P，N 以及水平力作用下的附加挠度：

$$v=v_T\left(1-\cos\frac{\pi z}{2H}\right) \tag{13.33b}$$

同时施加水平力 Q，竖向力 N 和 P 时，支撑是一个压弯的构件，需要分两种情况讨论

（1）仅受压边屈服。此时满足 $\dfrac{P}{P_p}\geqslant\dfrac{QH+(P+N-S_F)v_{0T}}{2M_P(1-P/P_p)}$。按照图 4.10b

$$P = f_y bh - \frac{1}{2}(f_y + \sigma_t)bh_e$$

即

$$f_y + \sigma_t = \frac{2(P_p - P)}{bh_e}$$

底部截面力矩平衡

$$M_{B\text{外}} = QH + (P + N - S_F)(v_T + v_{0T}) = M_{B\text{内}} = \frac{1}{2}(f_y + \sigma_t)bh_e\left(\frac{h}{2} - \frac{h_e}{3}\right)$$

如果是均布竖向力 p，n，则上式中取 $P = 0.3634p$，$N = 0.3634n$ 即可。

底部曲率：$\Phi_B = \dfrac{\varepsilon_y + \varepsilon_t}{h_e} = \dfrac{\sigma_y + \sigma_t}{Eh_e} = \dfrac{2(P_p - P)}{Ebh_e^2} = v_T\dfrac{\pi^2}{4H^2}$

从上两式消去 h_e 得到：

$$v_T\left[\frac{h}{2}\left(1 - \frac{P}{P_p}\right) - \frac{QH + (P + N - S_F)(v_T + v_{0T})}{P_p}\right]^2 = \frac{8L^2 P_p}{9\pi^2 bE}\left(1 - \frac{P}{P_p}\right)^3 \quad (13.34)$$

求极值：$\dfrac{dP}{dv_T} = 0$ 得到：

$$v_T = \frac{1}{3}\frac{P_p}{(P + N - S_F)}\left[\frac{h}{2}\left(1 - \frac{P}{P_p}\right) - \frac{QH}{P_p} - \frac{(P + N - S_F)v_{0T}}{P_p}\right]$$

代入（13.34）式得到：

$$P + N - S_F = P_{EB}\left[1 - \frac{QH + (P + N - S_F)v_{0T}}{2M_P(1 - P/P_p)}\right]^3 \quad (13.35a)$$

即

$$P + N - S_F = \frac{\pi^2 E \cdot bh^3/12}{4H^2}\left[1 - \frac{QH + (P + N - S_F)v_{0T}}{0.5f_y bh^2(1 - P/f_y bh)}\right]^3 \quad (13.35b)$$

（2）受拉压边都屈服　$\dfrac{P}{P_p} < \dfrac{QH + (P + N - S_F)v_{0T}}{2M_p(1 - P/P_p)}$。参照图 4.10c

$$P = P_p - bh_e f_y - 2bc f_y$$

底部截面力矩平衡

$$M_B = M + (P + N - S_F)(v_T + v_{0T}) = bh_e f_y(h/2 - h_e/3 - c) + 2bc f_y(h/2 - c/2)$$

底部曲率：$\Phi_B = \dfrac{\varepsilon_y + \varepsilon_y}{h_e} = \dfrac{f_y + f_y}{Eh_e} = \dfrac{2f_y}{Eh_e} = v_T\dfrac{\pi^2}{4H^2}$

消去 h_e 和 c 得到：

$$v_T^2\left[\frac{h}{4}\left(1 - \frac{P^2}{P_p^2}\right) - \frac{QL + (P + N - S_F)(v_T + v_0)}{P_p}\right] = \frac{16L^4 f_y^2}{3\pi^4 Eh} \quad (13.36)$$

求极值：$\dfrac{\mathrm{d}P}{\mathrm{d}v_T} = 0$ 得到：

$$v_T = \frac{1}{3}\frac{P_p}{(P + N - S_F)}\left[\frac{h}{2}\left(1 - \frac{P^2}{P_p^2}\right) - \frac{2QH + 2(P + N - S_F)v_{0T}}{P_p}\right]$$

代入（13.36）式得到

$$P + N - S_F = P_{EB}\sqrt{\left[1 - \frac{P^2}{P_p^2} - \frac{QH + (P + N - S_F)v_{0T}}{M_P}\right]^3} \quad (13.37a)$$

或

$$P+N-S_{\mathrm{F}}=\frac{\pi^2 E \cdot bh^3/12}{4H^2}\sqrt{\left[1-\frac{P^2}{(f_{\mathrm{y}}bh)^2}-\frac{QH+(P+N-S_{\mathrm{F}})v_{0\mathrm{T}}}{0.25f_{\mathrm{y}}bh^2}\right]^3} \qquad (13.37b)$$

13.4.2 计算结果及其对设计的含义

13.4.2.1 水平力 Q 和竖向力 N 作用下的支撑刚度需求

当只施加水平力 Q 的时候，悬臂柱是一个受弯构件，极限状态是柱底截面形成塑性铰：$QL=M_{\mathrm{P}}$，M_{P} 是塑性极限弯矩。可以得到支撑所需要的刚度：

$$(EI_{\mathrm{x}})_{\mathrm{Q}}=E \cdot \frac{bh_{\mathrm{Q}}^3}{12}=\frac{E \cdot QL \cdot h_{\mathrm{Q}}}{3f_{\mathrm{y}}} \qquad (13.38)$$

只在摇摆柱施加竖向力 N 的时候，支撑柱也是一个受弯构件。参照受弯构件的强度计算公式[10]：

$$\frac{M}{\gamma_{\mathrm{x}}W_{\mathrm{x}}}=\frac{Nv_0}{\gamma_{\mathrm{x}}W_{\mathrm{x}}(1-N/P_{\mathrm{E}})}\leqslant f_{\mathrm{y}}$$

式中 $(1-N/P_{\mathrm{E}})^{-1}$ 为图 13.11a 所示体系按照弹性计算的侧移放大系数。γ_{x} 是塑性开展系数，其值代表摇摆柱-悬臂柱体系在稳定极限状态时，悬臂柱底部截面的塑性开展深度。因为悬臂柱底部截面的弹性核大小对于整个体系的稳定性至关重要，这个弹性核的大小与摇摆柱上的轴力的大小是相关的，摇摆柱轴力大，弹性核就必须大。如果假设悬臂柱的抗侧刚度完全决定于这个底部截面，则稳定极限状态时有：$\dfrac{\pi^2 E \,(bh_{\mathrm{e}}^3/12)}{4H^2}=N$。记悬臂柱面积为 A，悬臂柱的长细比 $\lambda=\dfrac{4H}{h/\sqrt{3}}$，从上式，得到弹性核的高度：

$$\frac{h_{\mathrm{e}}}{h}=\sqrt[3]{\frac{N\lambda^2}{12EA}}=\left(\frac{N}{P_{\mathrm{P}}}\bar{\lambda}^2\right)^{1/3}$$

此时底部截面的弯矩是 $M=M_{\mathrm{p}}-\dfrac{1}{12}bh_{\mathrm{e}}^2 f_{\mathrm{y}}$，所以得到底部截面的塑性开展系数：

$$\gamma_{\mathrm{x,N}}=\frac{M}{M_{\mathrm{y}}}=1.5-\frac{h_{\mathrm{e}}^2}{2h^2}=1.5-0.5\left(\frac{N}{P_{\mathrm{P}}}\bar{\lambda}^2\right)^{2/3} \qquad (13.39)$$

这样对悬臂柱截面抗弯刚度需求是（$\bar{\lambda}_{i1}$ 为 $\bar{\lambda}_{\mathrm{N}}$）：

$$(EI_{\mathrm{x}})_{\mathrm{N}}=\left(1+\frac{1}{\gamma_{\mathrm{x,N}}}\frac{1}{6.2071\varepsilon_{\mathrm{k}}\bar{\lambda}_{\mathrm{N}}}\right)\frac{4NL^2}{\pi^2} \qquad (13.40)$$

其中 $\bar{\lambda}=\lambda/\lambda_{\mathrm{Ey}}$，$\lambda_{\mathrm{Ey}}=\pi\sqrt{E/f_{\mathrm{y}}}$，$\varepsilon_{\mathrm{k}}=\sqrt{f_{\mathrm{y}}/235}$。

经与有限元分析结果比较发现，（13.40）式的最大误差为不超过 1.2%，且随着通用长细比 $\bar{\lambda}$ 的增大，误差变得越来越小，这说明式(13.40)精度很高，且偏于保守。分析误差来源，主要是弹性挠度放大系数，应用在弹塑性阶段有一定偏差，同时式（13.40）中 γ_{x} 为一近似算法获得。

同时施加水平力 Q 和竖向力 N 时，支撑受力还是一个纯弯的构件。因为 N 作用于 Q 产生的水平位移，产生二阶效应，使得对支撑柱截面刚度的要求 $(EI)_{\mathrm{NQ}}$ 提高了；另一方面，作用 Q 之后截面需要加大，刚度增大了，二阶效应可以减小；这样一来，事先不能判断此时对悬臂柱截面的刚度要求 $(EI)_{\mathrm{NQ}}$ 是比两种荷载分别单独作用时对刚度的要求 $(EI)_{\mathrm{N}}$ 和 $(EI)_{\mathrm{Q}}$ 的简单相加大了还是小了。作为一种近似，可以建立如下的方程：

$$\frac{QH}{1.5W_x f_y} + \frac{N(v_0 + v_Q)}{\gamma_{x,N} W_x f_y \left(1 - \dfrac{N}{P_E}\right)} = 1 \tag{a}$$

上式第 1 项的塑性开展系数取 1.5 是为了使得轴力＝0 时的公式得到精确的满足，塑性开展系数仍为 $\gamma_{x,N}$ 是因为负刚度仍然只有 N。考虑悬臂柱在 Q 作用下的弹性挠度是 $v_Q = \dfrac{QL^3}{3EI}$，$\dfrac{v_Q}{v_0} = \dfrac{QH^2 500}{3EI} = \dfrac{1.5 W_{xQ} f_y \cdot 500H}{3EI} = \dfrac{(EI)_Q}{(EI)_{NQ}} \cdot \dfrac{500H f_y}{Eh_Q}$，代入式（$a$）化简得到：

$$\frac{\left(1 - \dfrac{N}{P_{EN}}\right)}{\left(1 - \dfrac{N}{P_{ENQ}}\right)} \cdot \frac{(EI)_N}{(EI)_{NQ}} \cdot \left[1 + \frac{(EI)_Q}{(EI)_{NQ}} \cdot \frac{500L f_y}{Eh_Q}\right] + \frac{(EI)_Q}{(EI)_{NQ}} = 1$$

式中 $P_{EN} = \dfrac{\pi^2 (EI)_N}{4L^2}$，$P_{ENQ} = \dfrac{\pi^2 (EI)_{NQ}}{4L^2}$，$P_{EN} < P_{ENQ}$。因为水平剪力 Q 产生的侧移增加了二阶效应，可以推测 $(EI)_{NQ} > (EI)_Q + (EI)_N$。上式暗示了公式形式，下式与有限元分析的结果误差范围在 $-5.6\% \sim +4.8\%$ 以内：

$$\left[1 + 1.3 \frac{(EI)_Q}{(EI)_{NQ}}\right] \cdot \frac{(EI)_N}{(EI)_{NQ}} + \frac{(EI)_Q}{(EI)_{NQ}} = 1 \tag{13.41}$$

这说明在水平力和摇摆柱上的轴力作用下，对悬臂柱抗弯刚度的需求，确实存在着如式 (13.41) 所讨论的这种近似的内在关系，比 (13.7)(13.38) 的直接相加要更大一些。

13.4.2.2　水平力 Q、竖向力 N 和 P 共同作用下的支撑柱刚度

P 单独作用下对支撑柱的刚度要求：此时支撑柱是一根压杆，这里的问题是：已知轴力，求对支撑柱截面的刚度要求。仿照压杆稳定系数的推导过程，由

$$\frac{P}{A} + \frac{P v_0}{\gamma_{x,P} W_x (1 - P/P_E)} = f_y$$

令 $\varepsilon_0 = \dfrac{A v_0}{\gamma_{x,P} W_x} = \dfrac{AL}{500 \gamma_{x,P} W_x} = \dfrac{\bar{\lambda}_P}{6.2071 \gamma_{x,P} \varepsilon_k}$，$\bar{\lambda}_P$ 是仅有 P 作用时悬臂柱的正则化长细比。得到：

$$\left(\frac{P}{P_E}\right)^2 - \left(1 + \frac{\bar{\lambda}_P}{6.2071 \gamma_{x\varepsilon}} + \bar{\lambda}_P^2\right) \cdot \frac{P}{P_E} + \bar{\lambda}_P^2 = 0$$

记此时所需要的支撑柱截面抗弯刚度为 $(EI)_P$，则：

$$(EI_x)_P = \left(\Phi_P - \sqrt{\Phi_P^2 - 4\bar{\lambda}_P^2}\right)^{-1} \frac{8PL^2}{\pi^2} \tag{13.42}$$

其中 $\Phi_P = \bar{\lambda}_P^2 + 1 + \dfrac{\bar{\lambda}_P}{6.2071 \gamma_{x,P\varepsilon}}$，类比于式 (13.37)，

$$\gamma_{x,P} = 1.5 - 0.5 \left(\frac{P}{P_p} \bar{\lambda}_P^2\right)^{2/3} \tag{13.43}$$

记竖向力 N 和 P 共同作用下对支撑柱的刚度要求为 $(EI_x)_{PN}$。P 的存在使支撑构件变为压弯构件，应力消耗了极限状态下截面的刚度，而压力 N 使得二阶效应增加了。同样仿照压杆稳定系数的推导过程，由

$$\frac{P}{A} + \frac{(P+N) v_0}{\gamma_x W_x \left(1 - \dfrac{P+N}{P_{EPN}}\right)} = f_y$$

式中 $P_{EPN}=\dfrac{\pi^2(EI)_{PN}}{4L^2}$。记 $\eta=N/P$，从上式得到此时需要的截面刚度为：

$$(EI_x)_{PN}=\left(\Phi-\sqrt{\Phi^2-4\bar\lambda_a{}^2}\right)^{-1}\cdot\frac{8\cdot(P+N)H^2}{\pi^2} \tag{13.44}$$

其中：

$$\bar\lambda_a=\sqrt{\frac{Af_y(1+\eta)}{P_{EPN}}}=\bar\lambda_{PN}\sqrt{(1+\eta)}$$

$$\Phi=1+\bar\lambda_a^2+\frac{\bar\lambda_{PN}(1+\eta)}{6.2071\gamma_{x,PN}\varepsilon_k}$$

$$\gamma_{x,PN}=1.5-0.5\left(\frac{P+N}{P_p}\bar\lambda_{PN}^2\right)^{2/3}$$

水平力 Q、竖向力 N 和 P 共同作用下的支撑柱刚度需求记为 $(EI)_{PQN}$。参考式 (13.41)，对支撑柱的刚度需求 $(EI)_{PQN}$ 可以表示为如下的形式：

$$\left[1+\left(4.3-\frac{3}{1+1/\eta^2}\right)\frac{(EI)_Q}{(EI)_{PQN}}\right]\frac{(EI)_{PN}}{(EI)_{PQN}}+\frac{(EI)_Q}{(EI)_{PQN}}=1 \tag{13.45}$$

取竖向力 $P+N=1.0\times10^8$N，$L=30$m，$b=150$mm 计算不同水平力 Q，以及不同 η 的情况下，支撑所需要的刚度。从表 13.15 中可以看出，最后结果与式矩形(13.45)吻合比较好，偏差范围在 $\pm13.5\%$ 以内。同时可以发现 η 越大，偏差的波动趋向于平缓，而 η 越小，偏差的波动却越厉害。这主要是由于 η 越小时，支撑柱上的力 P 所占的比例就越大，那么此时由于水平力 Q 带来的对于 P 所放大的二阶效应也就更加明显，而从(13.45)式的构成可以发现，它对于 P 的放大是线性的。

上述研究结果对于实际的弯曲型支撑-框架的联系是，摇摆柱上轴力 N 被理解为框架柱无侧移屈曲承载力和有侧移失稳承载力的差值，因为对于实际的框架，只有这个差值部分才需要悬臂柱来支撑。悬臂柱上的轴力 P 是核心筒分担的竖向荷载。水平力 Q 是风力或者水平地震力。

$P\neq0$ 情况下不同水平力 Q 不同 η 所需要的支撑刚度 $(EI)_{PQN}$ 比较　　　　表 13.15

$\dfrac{Q}{P+N}$	η						
	0.1	0.25	0.5	1	1.5	2	3
0.001	0.931	0.934	0.949	0.947	0.951	0.953	0.958
0.002	0.902	0.903	0.925	0.937	0.938	0.940	0.941
0.005	0.876	0.890	0.922	0.938	0.942	0.945	0.949
0.01	0.926	0.946	0.982	0.988	0.991	0.993	0.985
0.02	0.972	1.005	1.057	1.077	1.060	1.034	1.041
0.05	1.115	1.117	1.096	1.074	1.040	1.047	1.039
0.1	1.063	1.074	1.065	1.062	1.022	1.028	1.017
0.2	1.001	1.003	0.988	0.986	0.994	0.990	0.997
0.5	0.959	0.972	0.963	0.976	0.988	0.985	0.994
1	0.966	0.974	0.971	0.975	0.981	0.989	0.971

在目前的设计中，核心筒部分的稳定性，如果是剪力墙，则除了在剪力墙的强度计算

中考虑了 P 以外，对剪力墙自身的稳定性，并没有额外的验算；如果是钢支撑架，则仅仅对组成钢支撑架的柱子（单肢）进行稳定性计算，没有采取整体性的验算措施。这些计算，均未包含核心筒部分的稳定性计算部分，这样的验算结果，均没有包含核心筒与框架的相互作用部分，也未包含核心筒自身的整体稳定部分，如果没有额外的富余度的话，会导致结构的可靠性下降。

13.5　弯曲型支撑—框架的假想荷载法

关于假想荷载法，第 13.3 节开始的推论也适用于弯曲型支撑。但是有一点不同：在框架-弯曲形支撑结构的上部，框架对支撑架起支持作用，所以，加上假想水平力，配合二阶分析，框架上部得到更大的内力，但是因为计算长度系数可以取层高，这种设计方法的结果就类似于纯框架结构的假想荷载法：以较大的内力换取较小的计算长度系数。剪力墙顶部的剪力被放大，弯矩则不一定，因为考虑二阶作用后，剪力墙的反弯点上移，部分抵消了侧移增大带来的上部弯矩的增大。

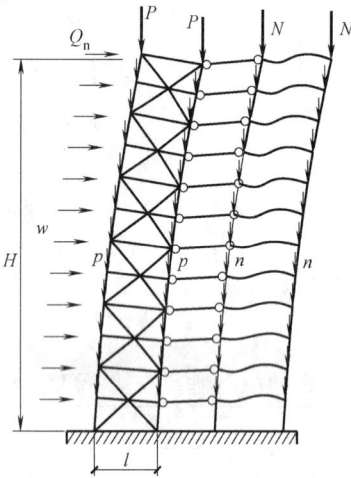

图 13.12　双重抗侧弯曲型支撑
框架基本模型

由于假想荷载法中框架柱的计算长度取几何长度或者无侧移屈曲的计算长度，根据支撑能否使被支撑的框架发生无侧移失稳，框架分为强支撑框架和弱支撑框架。强支撑框架以无侧移的模式失稳，为满足强支撑框架的要求，支撑本身除了承担外部水平荷载和竖向荷载外还必须具有一定的剩余刚度（和剩余的承载力）。这个剩余的刚度可以转化为剩余的承载力，并用假想荷载把这个剩余的承载力表示出来。

图 13.12 为一多层弯曲型支撑框架的简化模型，P 为作用在支撑柱的荷载，N 为作用在框架部分的荷载，Q_n 为水平假想荷载。几何缺陷取顶部初始侧移为 $v_{0T} = H/500$。

记支撑柱的截面是 A_B，两个支撑柱之间的距离是 l，他们与斜支撑一起构成一弯曲形的支撑架。根据稳定性要求，在整个结构的极限状态，支撑柱本身不能达到极限状态，设达到支撑柱极限承载力的 0.9 倍，则在没有水平力的情况下，可以近似写出如下式子

$$P + \frac{QH + (\sum P_i + \sum N_j) v_{0T}}{\left[1 - \frac{(\sum P_i + \sum N_j)}{S_B + \sum N_{E,sw}}\right] l} = 0.9 \varphi_B A_B f_y \tag{13.46}$$

式中 S_B 是支撑架的抗侧刚度，$\sum N_{E,sw}$ 是框架的抗侧刚度。

在水平力和竖向力都是均布荷载的情况下，$0.5 w H^2 + 0.3634 (p+n) H v_{0T}$ 代替第 2 项的分子。

首先设 $P=0$，$Q=0$，此时

$$\frac{\sum N_j \upsilon_{0\mathrm{T}}}{\left[1-\dfrac{\sum N_j}{S_\mathrm{B}+\sum N_{\mathrm{E,sw}}}\right]l}=0.9\varphi_\mathrm{B}A_\mathrm{B}f_\mathrm{y}$$

展开得到

$$(S_\mathrm{B}+\sum N_{\mathrm{E,sw}})\frac{H}{500l}\sum N_j=0.9\varphi_\mathrm{B}A_\mathrm{B}f_\mathrm{y}\left[S_\mathrm{B}+\sum N_{\mathrm{E,sw}}-\sum N_j\right]$$

因为要求被支撑的框架的柱子的临界荷载达到无侧移失稳的临界荷载，同时引入缺陷影响系数 2.2，我们得到

$$S_{\mathrm{Bth}}=\frac{\pi^2 E(2A_\mathrm{B})}{\lambda_\mathrm{B}^2}=2.2\left[\left(1+\frac{1}{900}\frac{\pi^2 E}{\varphi_\mathrm{B}f_\mathrm{y}\lambda_\mathrm{B}}+\frac{\lambda_\mathrm{B}}{1800}\frac{\sum N_{swj}}{\varphi_\mathrm{B}A_\mathrm{B}f_\mathrm{y}}\right)\sum N_{nsj}-\sum N_{swj}\right] \quad (13.47)$$

式中 $\lambda_\mathrm{B}=\dfrac{4H}{l}$ 是支撑架的长细比。如果 $\varphi_\mathrm{B}=0.9$，$H/l=10$，$f_\mathrm{y}=235\mathrm{N/mm}^2$，$\sum N_{swj}=0.3\times 6A_\mathrm{B}f_\mathrm{y}$，式中右边第一项的括号内的值是 1.3115，比（13.13）式的第一项的系数略小。

再考察支撑柱本身承受轴力 P，但是 $Q=0$ 的情况：（13.46）式展开，移项，并用弹塑性临界荷载表达对应的项，得到门槛刚度是

$$S_{\mathrm{Bth0}}=2.2\left(\left[1+\frac{\pi^2 E}{1000(0.9\varphi_\mathrm{B}f_\mathrm{y}-\sigma_\mathrm{P})\lambda_\mathrm{B}}+\frac{\lambda_\mathrm{B}\sum N_{swj}}{2000A_\mathrm{B}(0.9\varphi_\mathrm{B}f_\mathrm{y}-\sigma_\mathrm{P})}\right](\alpha_{\mathrm{PN}}+1)\sum N_{nsj}-\sum N_{swj}\right)$$

$$(13.48)$$

式中 $\alpha_{\mathrm{PN}}=\dfrac{\sum P_i}{\sum N_j}$，代表支撑柱和框架柱的比例加载约定，$\sigma_\mathrm{P}=\dfrac{P}{A_\mathrm{B}}$，代表支撑柱承受的竖向力消耗了的承载力。

对比（13.47）和（13.48）式有几点结论：

（1）支撑架立柱自身承受荷载的话，那么扣除自身压力的剩余承载力才是用来对框架提供支持的；

（2）不仅框架要被支持，自身荷载也要被支持；

取同样的参数，并取 $\sigma_\mathrm{P}=0.45\varphi_\mathrm{B}f_\mathrm{y}$，则（13.48）式右边第一项中括号内的系数是 1.623，增大很多。

如果还有水平力，则经推导可以得到

$$S_\mathrm{B}=\left(1+\frac{\pi^2 E}{1000\lambda_\mathrm{B}(0.9\varphi_\mathrm{B}f_\mathrm{y}-\sigma_\mathrm{P})}+\frac{\lambda_\mathrm{B}\sum N_{\mathrm{E,sw}}}{2000(0.9\varphi_\mathrm{B}f_\mathrm{y}-\sigma_\mathrm{P})A_\mathrm{B}}\right)(\sum P_i+\sum N_j)-\sum N_{\mathrm{E,sw}}$$

$$+\frac{QH}{(0.9\varphi_\mathrm{B}f_\mathrm{y}-\sigma_\mathrm{P})A_\mathrm{B}l}(\sum N_{\mathrm{E,sw}}+S_\mathrm{B}) \quad (13.49)$$

考虑弹塑性和缺陷影响后，表示成类似于（13.20）相关公式的形式，则

$$\frac{S_{\mathrm{Bth0}}}{S_\mathrm{B}}+\frac{M}{M'_{\mathrm{B,P}}}\left(1+\frac{\sum N_{swj}}{S_\mathrm{B}}\right)=1 \quad (13.50)$$

式中 M 是全部的水平荷载在底部截面产生的弯矩，即全部水平力由支撑架承受；$M'_{\mathrm{B,P}}$ 代表扣除 σ_P 影响后的支撑架塑性弯矩，由下式计算

$$M'_{\mathrm{B,P}}=A_\mathrm{B}(0.9\varphi_\mathrm{B}f_\mathrm{y}-\sigma_\mathrm{P})l \quad (13.51)$$

关于弯曲型支撑的假想荷载法，考虑到（13.47，13.48）式与（13.13）式的相似性，可以大胆地推测，对剪切型支撑分析得到的假想荷载也基本适用。

参 考 文 献

[1]　童根树，郭峻. 剪切型支撑框架的假想荷载法 [J]. 浙江大学学报（工学版），2011，45（12）：2142-2149.

[2]　邢国然. 纯框架和支撑框架弹塑性稳定分析 [D]. 浙江大学博士学位论文，2007.

[3]　GBJ 17—88. 钢结构设计规范 [S]. 北京：中国计划出版社，1989.

[4]　GB 50017—2003. 钢结构设计规范 [S]. 北京：中国计划出版社，2003.

[5]　GalambosT. V. Guide to stability design criteria for metal structures. 4th Ed. [M]. John Wiley and sons，Newyork，N. Y.

[6]　Lee S. L，Basu，P. K. Bracing requirements of plane frames [J]. Journal of the Structural Engineering，ASCE，1992，118（6）：1527-1546.

[7]　BRIDGE R Q，CLARKE M J，et al. Effective length and notional load approach for assessing frame stability：implications for american steel design [M]. Task Committee on Effective Length ASCE，1994.

[8]　童根树，邢国然. 剪切型支撑-框架弹塑性失稳模式判定准则 [J]. 浙江大学学报：工学版，2007，41（7）：1136-1142.

[9]　TONG Geng-shu，SHI Zu-yuan. The stability of weakly braced frames [J]. Advances in Structural Engineering，2001，4（4）：211-215.

[10]　郝仕玲，陈瑞金. 框架支撑类型判别中的若干问题 [J]. 工业建筑，2003，33（5）：13-15，19.

[11]　童根树，饶芝英. 基于单根杆件承载力等效的假想力 [J]. 建筑钢结构进展，2009，11（4）：5-14.

[12]　童根树，俞一弓. 弯曲型支撑-框架弹塑性稳定的简化分析 [J]. 工程力学，2011，1：186-191.

第 14 章　伸臂、悬挂和联肢结构的稳定性

14.1　伸臂结构引言

　　带伸臂的结构作为巨型结构的一种，在高层和超高层中得到大量的应用。伸臂结构是由内核心筒体、外框架柱以及连接外框架柱和内核心筒的水平伸臂组成的结构体系，伸臂部分可以是钢筋混凝土巨型梁或钢桁架，核心筒部分可以是钢筋混凝土剪力墙或是钢支撑框架。水平巨型伸臂梁通常选择在设备层或者避难层，为一层或两层楼高，对于超高层建筑也可以是两层甚至三层楼高。由于其抗弯刚度比其他水平构件(框架梁、连梁)大几十甚至上百倍，因此也被称为水平加强层或刚性层。典型的伸臂-支撑体系有天津国际贸易中心主塔楼，新锦江大酒店，北京京城大厦，东京新宿行政大厦；伸臂-混凝土内筒体系有深圳地王商业大厦，深圳赛格广场大厦等。

　　单伸臂或多道伸臂结构，大多会考虑在顶部设置一道伸臂巨型梁，这样使伸臂带动外框架柱最大程度地参与结构的抗侧机制。图 14.1 所示的是天津国际贸易中心主塔楼，主塔楼建筑为地上 64 层，地下 3 层，建筑高度至顶部为 251m。其中第 22、34、53 层为避难及设备层。结构利用这些设备及避难层设置伸臂桁架构成加强层，其中 34 和 53 层的伸臂为单层层高，22 层为两个桁架组成的伸臂层。

　　伸臂可以提高结构的整体抗侧刚度，Smith B. S.[2]对以水平力作用下侧移最小为目标，对伸臂结构的最优位置进行了分析。相同水平力下侧移最小，表明结构的整体刚度最大，而结构稳定取决于结构的刚度，在竖向荷载作用下有侧移失稳的屈曲荷载与结构的抗侧刚度成正比的关系，因此可以推测，伸臂最优位置，基本上也是对结构的整体稳定最为有利的位置。

　　历史上对伸臂巨型结构的整体稳定性的研究甚少。除了 Smith B. S. & Coull A. (1991) 的专著外，J. C. D. Hoenderkamp 等进行了一系列关于伸臂结构的研究，重点也集中在伸臂的最优位置。童根树 & 曹志毅(2005)推导了顶部单伸臂结构的屈曲荷载；翁赟 & 童根树(2008)，同样研究的是单伸臂结构，考虑伸臂

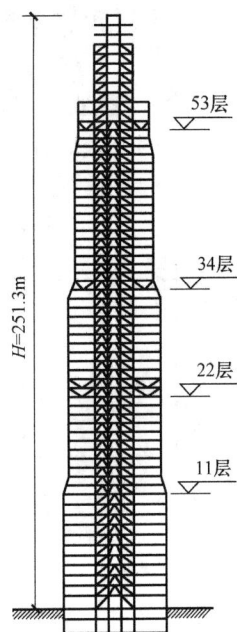

图 14.1　天津国际贸易中心主塔楼

及核心筒体剪切变形对整体结构抗侧能力的影响，阐述了伸臂对稳定性的贡献，并且运用连续化方法，推导出伸臂-框架-核心筒的屈曲荷载，推出了伸臂结构的位移和弯矩放大系数。我们认为，伸臂结构也可以称为"巨型半框架结构"，仍然可以运用传统的框架理论

以及双重抗侧力体系理论进行研究。

伸臂结构的工作特点通过图 14.2 来揭示：伸臂的存在将外框架柱与核心筒联系起来，在水平荷载作用下，结构发生侧移，刚度巨大的伸臂产生变形，带动边柱产生拉压力，两个边柱产生的拉压力形成力偶，阻止核心筒产生变形，减小核心筒承受的弯矩，因此核心筒体的水平位移和弯矩比单纯的悬臂核心筒承受水平荷载时要小。

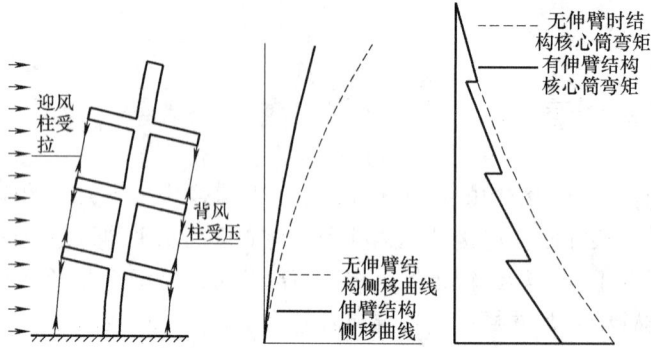

图 14.2 伸臂结构提高抗侧刚度的机理

14.2 单伸臂结构的屈曲分析

假设外框柱、伸臂和内核心筒体的截面尺寸和材料属性沿高度（长度）均匀不变；材料是线弹性的；核心柱仅考虑其弯曲变形；伸臂层的抗剪刚度也为无穷大。

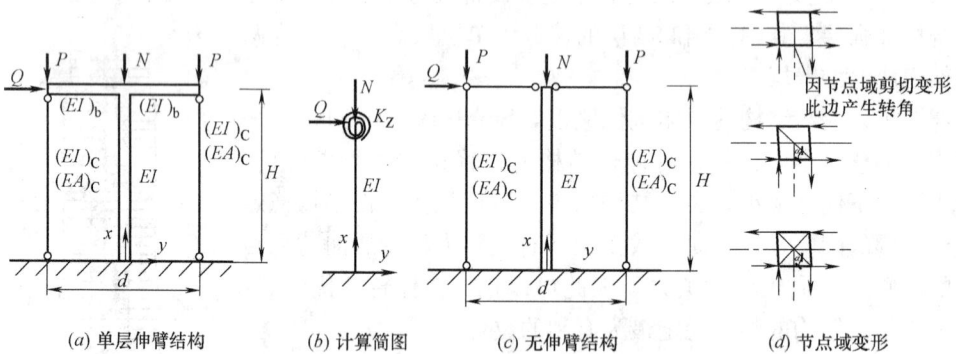

图 14.3 单层简单伸臂结构的稳定性

14.2.1 伸臂提高结构抗侧刚度和整体稳定性的机理

首先采用单层伸臂结构的简化模型对伸臂的作用机理进行分析。如图 14.3a 所示，外框柱上下铰接，伸臂位于结构顶部。顶部作用水平力 Q，当不考虑伸臂和伸臂/核心筒节点域的剪切变形时，结构顶端水平侧移为：

$$\Delta = \frac{QH^3}{3EI}\left[\frac{\dfrac{H}{EA_c} + \dfrac{d^3}{24EI_b} + \dfrac{d^2 H}{8EI}}{\dfrac{H}{EA_c} + \dfrac{d^3}{24EI_b} + \dfrac{d^2 H}{2EI}}\right]$$

其中 EI 为核心筒抗弯刚度，EI_b 为伸臂抗弯刚度，EA_c 为边框柱截面轴压刚度。令 $i = EI/H$ 表示核心筒抗弯线刚度；$i_{ob} = EI_b/(0.5d)$ 表示伸臂抗弯线刚度；$i_{cb} = 0.5EA_c d^2/H$ 表示边柱等效抗弯线刚度。引入无量纲线刚度比：$\xi = \dfrac{i}{i_{cb}}$；$\beta = \dfrac{i}{i_{ob}}$，将参数代入可得到结构的水平抗侧刚度：

$$K = \frac{Q}{\Delta} = \frac{36 + 6\beta + 36\xi}{3 + 2\beta + 12\xi} \cdot \frac{EI}{H^3} \tag{14.1a}$$

当考虑伸臂的剪切变形时，外框架柱的拉压力是

$$T = \frac{QH^2 d}{4EI} \cdot \frac{1}{\dfrac{d^3}{24EI_b} + \dfrac{d}{2S_b} + \dfrac{Hd^2}{2EI} + \dfrac{H}{EA_c}}$$

结构顶端水平侧移是：

$$\Delta' = \frac{QH^3}{3EI}\left[\frac{\dfrac{H}{EA_c} + \dfrac{d^3}{24EI_b} + \dfrac{d^2 H}{8EI} + \dfrac{d}{2S_b}}{\dfrac{H}{EA_c} + \dfrac{d^3}{24EI_b} + \dfrac{d^2 H}{2EI} + \dfrac{d}{2S_b}}\right]$$

其中：S_b 为伸臂抗剪刚度。令 $i_{os} = 0.5S_b d$，表示伸臂的抗剪线刚度。同样引入无量纲线刚度比：$\zeta = \dfrac{i}{i_{os}}$，将参数代入，化简可得到结构的水平抗侧刚度：

$$K' = \frac{Q}{\Delta'} = \frac{36 + 6\beta + 36\xi + 18\zeta}{3 + 2\beta + 12\xi + 6\zeta} \cdot \frac{EI}{H^3} \tag{14.1b}$$

记不存在伸臂时结构的抗侧刚度为 $K_0 = \dfrac{3EI}{H^3}$，(14.1a)式、(14.1b)式分别改写为：

$$K = \left(\frac{9}{3 + 12\xi + 2\beta} + 1\right)K_0 \tag{14.2a}$$

$$K' = \left(\frac{9}{3 + 12\xi + 2\beta + 6\zeta} + 1\right)K_0 \tag{14.2b}$$

当伸臂的剪切刚度无穷大时，伸臂对结构抗侧刚度的贡献为

$$\Delta K = \frac{9}{3 + 12\xi + 2\beta}K_0 \tag{14.3a}$$

当伸臂存在剪切变形时，伸臂对结构抗侧刚度的贡献为

$$\Delta K' = \frac{9}{3 + 12\xi + 2\beta + 6\zeta}K_0 \tag{14.3b}$$

因此结构抗侧刚度的提高(从而结构有侧移屈曲临界荷载的提高)量，受到 ξ、β、ζ 三个参数的影响。

(1) 当伸臂的抗弯和抗剪刚度无穷大时，$\zeta = \beta = 0$，结构的抗侧刚度为

$$\frac{12 + 12\xi}{3 + 12\xi}K_0 = \frac{4EI}{0.5EA_c d^2 + 4EI} \cdot \frac{3(0.5EA_c d^2 + EI)}{H^3} \tag{14.4a}$$

核心筒和外框架柱最理想的共同工作状态是外框架柱仿佛和核心筒保持平截面假定那样共

同工作，结构抗侧刚度为 $\dfrac{3(0.5EA_c d^2 + EI)}{H^3}$。可以注意到，虽然在 $\zeta = \beta = 0$ 时外框架柱子能最充分地参与核心筒共同抵抗使结构侧倾的弯矩，但是，结构的抗侧刚度并不能达到最为理想的状态。这是由于外框架柱不能承担剪力，使得外框架柱所提供的效用打折扣。

极端的情况：即使此时外框架柱的轴压刚度无穷大，即 $\zeta = \beta = \xi = 0$，伸臂结构的抗侧刚度为

$$\frac{12EI}{H^3} = 4K_0 \tag{14.4b}$$

即影响伸臂结构抗侧刚度的三个因素，无论三者的刚度如何增加，其抗侧刚度的数值也跨不过(14.4b)式这个门槛。这就是伸臂结构本身的特性。它告诉我们，增加外围三个因素对提高结构整体的抗侧刚度不太有效时，必须增加核心筒本身截面的抗弯刚度。

在伸臂刚度无穷大的情况下，如果 $\xi = 1$，即外框架柱提供的截面抗弯刚度 $0.5EA_c d^2$ 与核心筒截面的抗弯刚度 EI 相同，则结构整体的抗侧刚度提高到 $1.6K_0$。$\xi = 0.5$ 时提高到 $2K_0$。

（2）下面分析伸臂的弯曲变形和剪切变形的影响的相对大小。

伸臂承受外框架柱子的反作用力 N，所以弯曲变形为 $\dfrac{N(0.5d)^3}{3EI_b}$，剪切变形为 $\dfrac{N(0.5d)}{S_b}$，弯曲变形除以剪切变形得到的比值为 $\dfrac{\beta}{3\zeta}$，所以在(14.3b)式中，β 和 ζ 的系数有 3 倍之差。假设伸臂是桁架，上下弦和腹杆采用同一个截面，单斜腹杆，斜角 45 度，伸臂长度是高度的 3 倍。经推导可知，剪切变形是弯曲变形的 1/2。要使得剪切变形影响在 10% 以下，斜腹杆面积必须达到上下弦截面面积的 4 倍，通常达不到这个要求，所以必须考虑剪切变形。

情况不同的是，核心筒由于本身高度大，截面宽度相对小，剪切变形的影响经常可以忽略不计。

（3）三个影响抗侧力效率的因素中，达到相同的影响时三者的比例关系是 $\beta = 3\zeta = 6\xi$，因此对 ξ 的变化最为敏感，在 β 和 ξ 基本相同时，减小 ξ 对增加结构抗侧刚度最为有效。设 $\xi = 0.5$，$\beta = 1$，$\zeta = 1/6$，则抗侧刚度增加到 $K' = 1.75K_0$，此时伸臂的变形对抗侧刚度的影响是 $0.25K_0$。

14.2.2 伸臂对结构的稳定性的贡献

伸臂与外框柱共同工作约束核心筒顶部的转动，其约束效应可以用核心筒顶端的转动约束 K_z 来代替，如图 14.3a 所示。由竖向力的等效负刚度理论[3]，结构的有侧移失稳临界荷载为

$$(\alpha_N N + 2P)_{cr} = KH$$

式中 α_N 为竖向荷载与柱局部弯曲变形产生的二阶效应对侧向刚度的影响系数。

当考虑伸臂剪切变形时，临界荷载为：

$$\left(N + \frac{2P}{\alpha_N}\right)_{cr} = \frac{36 + 6\beta + 36\xi + 18\zeta}{3 + 2\beta + 12\xi + 6\zeta} \cdot \frac{EI}{\alpha_N H^2} \tag{14.5a}$$

另一方面，对图 14.3b 所示的模型，临界荷载为：

$$\left(N+\frac{2P}{\alpha_N}\right)_{cr}=\frac{7.5K_1+1}{7.5K_1+4}\cdot\frac{\pi^2EI}{H^2}\tag{14.5b}$$

其中 $K_1=\dfrac{K_z}{6i}$，K_z 是伸臂对核心筒柱子的转动约束：

$$K_z=\frac{6i}{6\xi+\beta+3\zeta}\tag{14.6}$$

$$K_1=\frac{1}{6\xi+\beta+3\zeta}\tag{14.7}$$

在无伸臂的情况下，结构有侧移失稳临界荷载为：$\left(N+\dfrac{2\pi^2P}{12}\right)_{cr0}=\dfrac{\pi^2EI}{4H^2}$。伸臂的存在对于结构稳定性的贡献可以从下式得到。

$$\frac{(2P/\alpha_N+N)_{cr}}{(2\pi^2P/12+N)_{cr0}}=\frac{4(7.5K_1+1)}{7.5K_1+4}\tag{14.8}$$

伸臂的存在对于提高结构整体稳定性的作用机理可以归纳为伸臂与外框柱共同作用对核心筒提供转动约束作用，转动刚度 K_z 的大小由公式(14.6)求得。

不同的 ξ，ζ，β 时，伸臂的存在对于结构稳定性的贡献值 $\dfrac{(2P/\alpha_N+N)_{cr}}{(2\pi^2P/12+N)_{cr0}}$　　表 14.1

ξ	ζ / β	0	0.02	0.04	0.1	0.2	0.4	1.0	2.0
0	0	4.000	3.885	3.778	3.500	3.143	2.667	2.000	1.600
	0.25	3.571	3.486	3.406	3.195	2.915	2.525	1.947	1.581
	0.5	3.250	3.184	3.123	2.957	2.731	2.406	1.900	1.563
	2.5	2.125	2.108	2.092	2.047	1.978	1.865	1.643	1.450
	5	1.692	1.686	1.680	1.662	1.634	1.584	1.474	1.360
	50	1.087	1.087	1.087	1.087	1.086	1.085	1.083	1.078
	∞	1.000	1.000	1.000	1.000	1.000	1.000	1.000	1.000
0.5	0	2.000	1.987	1.974	1.938	1.882	1.789	1.600	1.429
	0.25	1.947	1.936	1.924	1.891	1.841	1.756	1.581	1.419
	0.5	1.900	1.889	1.879	1.849	1.804	1.726	1.563	1.409
	2.5	1.643	1.637	1.632	1.616	1.592	1.549	1.450	1.346
	5	1.474	1.471	1.468	1.459	1.446	1.421	1.360	1.290
	50	1.083	1.082	1.082	1.082	1.082	1.081	1.078	1.074
	∞	1.000	1.000	1.000	1.000	1.000	1.000	1.000	1.000
2.5	0	1.273	1.272	1.271	1.268	1.263	1.254	1.231	1.200
	0.5	1.265	1.264	1.263	1.260	1.256	1.247	1.225	1.196
	5	1.209	1.209	1.208	1.206	1.204	1.198	1.184	1.164
	50	1.068	1.068	1.068	1.067	1.067	1.066	1.065	1.062
	∞	1.000	1.000	1.000	1.000	1.000	1.000	1.000	1.000

14.2.3　伸臂结构巨型节点域剪切变形的影响

伸臂与外柱对核心筒的约束可以等效成筒体顶部的一个转动约束，如图 14.3b，其刚度为 K_z。在核心筒柱顶施加弯矩 M_0，伸臂与核心筒柱顶的交界面产生转角，这个转角由几部分组成：外框架柱的拉压变形 θ_1，伸臂的弯曲变形 θ_2，伸臂的剪切变形 θ_3 以及节点域的剪切变形 0.5γ。

$$\theta=\theta_1+\theta_2+\theta_3+0.5\gamma=\frac{2M_0H}{d^2EA_c}+\frac{M_0d}{12EI_b}+\frac{M_0}{S_bd}+\frac{M_0}{2GV_p}$$

式中如果节点域类似于两个工字形截面相交的节点域，则 $V_p=h_bh_ct_{panel}$；如果节点域是交叉支撑，则 $V_P=\frac{1}{2G}h_bEA_d\sin\alpha\cos^2\alpha$，单斜支撑 $V_P=\frac{1}{4G}h_bEA_d\sin\alpha\cos^2\alpha$。

$$K_z=\frac{M_0}{\theta}=\cfrac{1}{\cfrac{2H}{d^2EA_c}+\cfrac{d}{12EI_b}+\cfrac{1}{S_bd}+\cfrac{1}{4GV_p}}=\cfrac{1}{\cfrac{1}{i_{bc}}+\cfrac{1}{6i_b}+\cfrac{1}{2i_{os}}+\cfrac{1}{4GV_p}} \tag{14.9}$$

临界荷载仍然由 $(14.5b)$ 计算，但是

$$K_1=\frac{K_z}{6i}=\frac{1}{6\xi+\beta+3\zeta+3i/GV_p} \tag{14.10}$$

从上式可以定量计算节点域剪切变形对稳定性的影响。如果节点域很弱（例如，核心筒经常需要设楼梯和电梯通道和门洞和设备检修门洞，削弱了节点域），则伸臂的作用会大打折扣。节点域变形对抗侧刚度的影响通过下式反映出来：

$$K=\frac{12(i_c+K_z)}{4i_c+K_z}\frac{EI_c}{l^3}$$

伸臂的边柱是摇摆柱，其侧移稳定性完全依赖核心筒-伸臂体系，自身的计算长度系数应该取 1.0。

14.2.4　外框柱和伸臂刚接，和基础固接模型的分析

边柱上端与伸臂刚接，下端与基础固接。利用位移法求得其线性抗侧刚度为：

$$K_a=\frac{3EI}{H^3}\cdot\frac{4\beta'^2(2+\omega)+12(2+\omega)[2\omega+2\xi(2+\omega)]+4\beta'[4+24\xi(2+\omega)+\omega(22+\omega)]}{\omega\{4\beta'^2+4\beta'(2+24\xi+\omega)+6[\omega+4\xi(2+\omega)]\}} \tag{14.11}$$

式中 $\omega=EI/EI_c$，$\beta'=\beta+3\zeta$。上式过于复杂，可以采用叠加的方法近似求总的抗侧刚度。由于伸臂抗弯刚度远大于边柱的抗弯刚度，所以两边柱的抗侧刚度可表示为 $K_F=\frac{24EI_c}{H^3}$。总抗侧刚度是外框架柱自身抗侧刚度与核心筒-伸臂-外框柱拉压刚度构成的体系的抗侧刚度之和。即

$$K_a=K_h+K_F=\frac{36+6\beta+36\xi+18\zeta}{3+2\beta+12\xi+6\zeta}\cdot\frac{EI}{H^3}+\frac{24EI_c}{H^3} \tag{14.12}$$

表 14.2 的比较证实，(14.12) 式可以以很好的精度近似 (14.11) 式。随着核心筒相对于边柱抗弯刚度的增大，式 (14.12) 与精确的抗侧刚度 (14.11) 越来越接近。当 ω 大于 100 时（实际工程要大得多），两者最大相差仅 5.55%；一般仅相差 1% 左右。

抗侧刚度即为临界荷载，(14.12)式的成立，表示单层伸臂结构，总的临界荷载是伸臂体系的临界荷载和框架部分临界荷载的简单相加。

抗侧刚度比值：(14.11) 式/(14.12) 式　　　　　　表 14.2

ω	β	ξ						
		0.0005	0.005	0.05	0.5	5	50	500
50	0.5	1.0087	1.0075	0.9976	0.9530	0.9082	0.8979	0.8967
	5	1.0472	1.0462	1.0369	0.9809	0.9106	0.8980	0.8967
	50	1.0094	1.0092	1.0073	0.9909	0.9291	0.8988	0.8967
100	0.5	1.0046	1.0040	0.9990	0.9757	0.9511	0.9452	0.9445
	5	1.0277	1.0272	1.0224	0.9927	0.9527	0.9454	0.9445
	50	1.0240	1.0238	1.0227	1.0124	0.9697	0.9460	0.9445
200	0.5	1.0024	1.0021	0.9995	0.9876	0.9747	0.9716	0.9712
	5	1.0150	1.0147	1.0123	0.9971	0.9756	0.9716	0.9712
	50	1.0203	1.0202	1.0196	1.0140	0.9884	0.9722	0.9712
300	0.5	1.0016	1.0014	0.9997	0.9917	0.9830	0.9808	0.9805
	5	1.0103	1.0101	1.0085	0.9982	0.9836	0.9808	0.9805
	50	1.0160	1.0159	1.0155	1.0117	0.9935	0.9813	0.9806

14.2.5　伸臂位于顶部的伸臂-框架-核心筒结构的屈曲-连续体模型

采用连续化模型，对伸臂-框架-核心筒结构进行整体稳定性分析，如图 14.4 所示。假定核心筒与框架的构件截面属性沿着高度方向保持不变；核心筒只考虑弯曲变形；框架近似为一个剪切型的悬臂构件。框架与核心筒之间连续地采用刚性链杆连接。

注意到框架部分参与伸臂作用的部分是其轴压刚度，从线性分析的角度考察，它与框架的层间抗侧刚度无关，因此伸臂对核心筒的作用仍然可以用设置在核心筒顶部的转动弹簧 K_z 来考虑。在只有一根柱子时 K_z 由(14.9)式给出。

图 14.4 中 S_1 为框架一的抗剪刚度，S_2 为框架二的抗剪刚度，EI 为核心筒的抗弯刚度。框架一、框架二以及核心筒顶部分别作用竖向集中荷载 N_1、N_2、N_3。$q_1(x)$ 为框架一与核心筒之间的水平相互作用分布荷载，$q_2(x)$ 为框架二与核心筒之间的水平相互作用分布荷载。$Q_1(H)$ 为框架一与核心筒之间顶部相互作用集中力，$Q_2(H)$ 为框架二与核心筒之间顶部相互作用集中力。令 $S=S_1+S_2$，表示框架部分总的抗剪刚度；$N=N_1+N_2+N_3$，表示总的竖向荷载。

框架 1 水平剪力平衡：

$$S_1 \cdot y' - N_1 y' = \int_x^H q_1(x)\mathrm{d}x + Q_1(H) \tag{14.13a}$$

框架二水平剪力平衡：

$$S_2 \cdot y' - N_2 y' = \int_x^H [-q_2(x)]\mathrm{d}x + Q_2(H) \tag{14.13b}$$

核心筒水平剪力平衡：

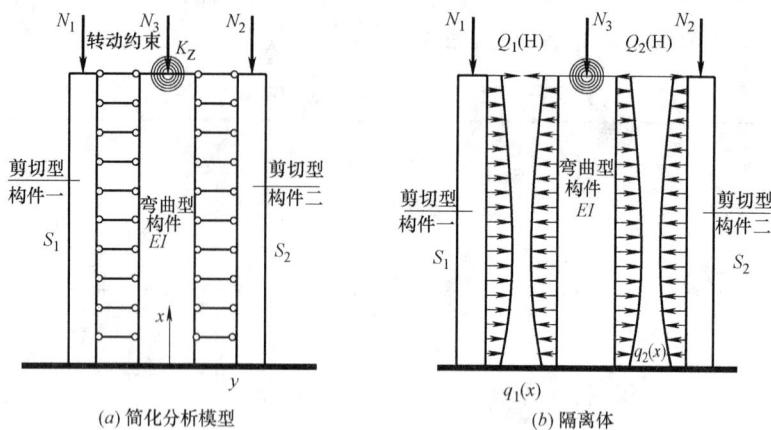

(a) 简化分析模型　　　　　　　　(b) 隔离体

图 14.4　伸臂结构分析模型

$$-EIy''' - N_3 y' = \int_x^H [q_2(x) - q_1(x)]\mathrm{d}x - Q_1(H) - Q_2(H) \tag{14.13c}$$

将(14.13a、b、c)三式相加得到：

$$-EIy''' + (S-N)y' = 0 \tag{14.14}$$

设 $N > S$，将 （14.14） 式改写为

$$y''' + r^2 y' = 0 \tag{14.15}$$

其中 $r^2 = \dfrac{N-S}{EI}$。方程 （14.15） 的解为：

$$y = A_1 + A_2 \cos rx + A_3 \sin rx$$

A_1，A_2，A_3 为待定系数。边界条件：

1、$x = 0$ 时，$y(0) = y'(0) = 0$。得 $A_1 = -A_2$；$A_3 = 0$

2、$x = H$ 时，$EIy'' = -K_z y'$。得到

$$A_2(EI \cdot r^2 \cos rH + K_z \cdot r \cdot \sin rH) = 0$$

由于 A_2 不能为 0，所以得到伸臂结构整体屈曲方程为：

$$\frac{EI}{K_z H} = -\frac{\tan(rH)}{rH} \tag{14.16}$$

根据(14.16)式，即可求出伸臂结构整体失稳的临界荷载。

将总的临界荷载 N 用计算长度系数 μ 来表示：$N = \dfrac{\pi^2 EI}{(\mu H)^2}$，将屈曲方程(14.16)改写为：

$$\frac{1}{K_1} = -\frac{6\tan(\sqrt{(\pi/\mu)^2 - (kH)^2})}{\sqrt{(\pi/\mu)^2 - (kH)^2}} \tag{14.17}$$

其中：$K_1 = K_z/6i$，表示伸臂对核心筒提供转动约束的大小的无量纲参数；令 $i_s = SH$，表示框架的抗剪线刚度；$(kH)^2 = i_s/i = SH^2/EI$，表示框架的抗剪线刚度与核心筒的抗弯线刚度之比。根据方程(14.17)，确定系数 K_1、kH 即可确定伸臂结构的临界荷载 N。

虽然框架柱参与了伸臂的作用，但是参与作用的是轴压刚度。如果将框架的轴压刚度和层抗侧刚度分离，则带伸臂的结构仍可以看作是双重抗侧力结构体系。可以假设伸臂结

构整体稳定临界荷载等于框架独自作为结构时的临界荷载与顶部带有等效伸臂作用的转动约束的核心筒的临界荷载的简单相加。框架部分单独的临界荷载为：$N_S = S$；总的临界荷载：

$$N_{cr} = \frac{7.5K_1 + 1}{7.5K_1 + 4} \cdot \frac{\pi^2 EI}{H^2} + S \tag{14.18}$$

将总的临界荷载 N_{cr} 用计算长度系数 μ' 来表示，由(14.18)式可得：

$$\mu' = \frac{1}{\sqrt{\dfrac{7.5K_1 + 1}{7.5K_1 + 4} + \dfrac{(kH)^2}{\pi^2}}} \tag{14.19}$$

表 14.3 中对不同的 $(kH)^2$、K_1 值，给出公式(14.15)和(14.17)的计算结果。由表 14.3 中的数据我们看到，近似公式（14.19）得到的计算长度系数 μ' 与解析解 μ 相比，最大误差在 1% 以内。

$\boldsymbol{\mu'}$ 与 $\boldsymbol{\mu}$ 的对比 　　　　　　　　　　　　　　　　表 14.3

$(kH)^2$		K_1						
		0	0.5	1	5	10	100	∞
0	μ	2.000	1.279	1.157	1.033	1.017	1.002	1.000
	μ'	2.000	1.277	1.163	1.038	1.020	1.002	1.000
0.1	μ	1.961	1.269	1.149	1.028	1.011	0.997	0.995
	μ'	1.961	1.267	1.155	1.033	1.014	0.997	0.995
0.2	μ	1.924	1.259	1.141	1.022	1.006	0.992	0.990
	μ'	1.924	1.257	1.148	1.027	1.009	0.992	0.990
0.5	μ	1.824	1.229	1.119	1.006	0.991	0.977	0.976
	μ'	1.824	1.228	1.125	1.011	0.994	0.977	0.976
1	μ	1.687	1.185	1.085	0.982	0.967	0.954	0.953
	μ'	1.687	1.183	1.091	0.986	0.970	0.955	0.953
2	μ	1.486	1.109	1.026	0.937	0.924	0.913	0.912
	μ'	1.486	1.107	1.030	0.941	0.927	0.913	0.912
5	μ	1.150	0.946	0.893	0.832	0.824	0.816	0.815
	μ'	1.150	0.945	0.896	0.835	0.825	0.816	0.815
10	μ	0.890	0.785	0.754	0.716	0.711	0.705	0.705
	μ'	0.890	0.784	0.755	0.718	0.712	0.705	0.705

14.2.6 不同水平荷载作用下，伸臂结构的位移和弯矩放大系数

设 $w(x)$ 为任意分布的水平外荷载。当水平外荷载为均布荷载时，$w(x) = w_0$；倒三角形分布荷载时，$w(x) = w_0 \dfrac{x}{H}$；顶部集中荷载时，$w(x) = 0$。二阶分析：考虑顶部竖向集中荷载引起的二阶效应分析，水平侧移记为 y_2

框架一水平剪力平衡：

$$S_1 \cdot y'_2 - N_1 \cdot y'_2 = \int_x^H [w(x) + q_1(x)] \mathrm{d}x + Q_1(H) \tag{14.20a}$$

框架二水平剪力平衡：

$$S_2 \cdot y'_2 - N_2 \cdot y'_2 = \int_x^H [-q_2(x)] \mathrm{d}x + Q_2(H) \tag{14.20b}$$

核心筒水平剪力平衡：

$$-EIy'''_2 - N_3 \cdot y'_2 = \int_x^H [q_2(x) - q_1(x)] \mathrm{d}x - Q_1(H) - Q_2(H) \tag{14.20c}$$

将以上三式相加得到：

$$-EIy'''_2 + (S - N)y'_2 = \int_x^H w(x) \mathrm{d}x \tag{14.21}$$

方程(14.21)即为二阶分析得到的平衡微分方程。

14.2.6.1　水平外荷载为均布荷载，$w(x) = w_0$

将 $w(x) = w_0$ 代入方程（14.21）：

$$-EIy'''_2 + (S - N)y'_2 = w_0(H - x)$$

当 $S > N$ 时，令 $r^2 = \dfrac{S - N}{EI}$；当 $S \leqslant N$ 时，令 $r_1^2 = \dfrac{N - S}{EI}$。上式改写为：

$$y'''_2 - r^2 y'_2 = \frac{w_0(x - H)}{EI}; \quad S > N \text{ 时} \tag{14.22a}$$

$$y'''_2 + r_1^2 y'_2 = \frac{w_0(x - H)}{EI}; \quad S \leqslant N \text{ 时} \tag{14.22b}$$

方程（14.22a）的解为：

$$y_2 = C_1 + C_2 \cosh rx + C_3 \sinh rx - \frac{w_0}{EIr^2}\left(\frac{1}{2}x^2 - Hx\right) \tag{14.23a}$$

$$C_2 = -C_1 = \frac{w_0 H^4}{(rH)^3 EI} \cdot \frac{6K_1 \cosh(rH) + \beta H \sinh(rH) + 1}{\beta H \cosh(rH) + 6K_1 \sinh(rH)}, C_3 = -\frac{w_0 H^4}{(rH)^3 EI}$$

方程（14.22b）的解为：

$$y_2 = D_1 + D_2 \cos(r_1 x) + D_3 \sin(r_1 x) + \frac{w_0}{EIr_1^2}\left(\frac{1}{2}x^2 - Hx\right) \tag{14.23b}$$

$$D_2 = -D_1 = \frac{w_0 H^4}{(r_1 H)^3 EI} \cdot \frac{6K_1 \cos(r_1 H) - r_1 H \sin(r_1 H) + 1}{r_1 H \cos(r_1 H) + 6K_1 \sin(r_1 H)}, D_3 = \frac{w_0 H^4}{(r_1 H)^3 EI}$$

14.2.6.2　水平外荷载为倒三角分布荷载，$w(x) = w_0 \cdot \dfrac{x}{H}$

$S \geqslant N$ 的解为：

$$y_2 = F_1 + F_2 \cosh(\beta x) + F_3 \sinh(\beta x) - \frac{w_0 x^3}{6EI\beta^2 H} - \frac{w_0 x}{EI\beta^4 H} + \frac{w_0 Hx}{2EI\beta^2} \tag{14.24a}$$

$$F_2 = \frac{w_0 H^4}{EI} \frac{6K_1(rH)^2 \cosh(rH) + (rH)^3 \sinh(rH) + 2(rH)^2 + 12K_1 - 12K_1 \cosh(rH) - 2(rH)\sinh(rH)}{2(rH)^6 \cosh(rH) + 12K_1(rH)^5 \sinh(rH)}$$

$$F_1 = -F_2, F_3 = \frac{w_0 H^4}{EI}\left(\frac{1}{(rH)^5} - \frac{1}{2(rH)^3}\right)$$

$S \leqslant N$ 的解为：

$$y_2 = G_1 + G_2 \cos(r_1 x) + G_3 \sin(r_1 x) + \frac{w_0 x^3}{6EIr_1^2 H} - \frac{w_0 x}{EIr_1^4 H} - \frac{w_0 H x}{2EIr_1^2} \qquad (14.24b)$$

$$G_2 = \frac{w_0 H^4}{EI} \frac{6K_1 (r_1 H)^2 \cos(r_1 H) - (r_1 H)^3 \sin(r_1 H) + 2(r_1 H)^2 - 12K_1 + 12K_1 \cos(r_1 H) - 2(r_1 H)\sin(r_1 H)}{2(r_1 H)^6 \cos(r_1 H) + 12K_1 (r_1 H)^5 \sin(r_1 H)}$$

$$G_1 = -G_2, \quad G_3 = \frac{w_0 H^4}{EI}\left(\frac{1}{(r_1 H)^5} + \frac{1}{2(r_1 H)^3}\right)$$

14.2.6.3　水平外荷载为顶部作用水平集中荷载 Q

$S \geqslant N$ 的解为：

$$y_2 = I_1 + I_2 \cosh(rx) + I_3 \sinh(rx) + \frac{Qx}{EIr^2} \qquad (14.25a)$$

$$I_2 = -I_1 = \frac{PH^3}{(rH)^2 EI} \frac{6K_1 \cosh(rH) + rH \sinh(rH) - 6K_1}{rH \cosh(rH) + 6K_1 \sinh(rH)}, \quad I_3 = -\frac{QH^3}{(rH)^3 EI}$$

$S < N$ 时的解为：

$$y_2 = J_1 + J_2 \cos(r_1 x) + J_3 \sin(r_1 x) - \frac{Qx}{EIr_1^2} \qquad (14.25b)$$

$$J_2 = -J_1 = \frac{PH^3}{(r_1 H)^3 EI} \cdot \frac{6K_1 \cos(r_1 H) - r_1 H \sin(r_1 H) - 6K_1}{(r_1 H)\cos(r_1 H) + 6K_1 \sin(r_1 H)}, \quad J_3 = \frac{QH^3}{(r_1 H)^3 EI}$$

14.2.6.4　结构位移放大系数和各构件的弯矩放大系数

水平均布荷载的作用下，考虑顶部作用竖向集中荷载引起的二阶效应，结构侧向位移放大系数为 A_y，剪切型构件(框架)柱中弯矩放大系数为 A_{M1}，弯曲型构件（核心筒）的弯矩放大系数为 A_{M2} 分别为

$$A_y = \frac{y_2}{y_1} \qquad A_{M1} = \frac{y_2'}{y_1'} \qquad A_{M2} = \frac{y_2''}{y_1''} \qquad (14.26a, b, c)$$

上小节的解析解，系数 B_1，B_2，$B_3 \sim G_1$，G_2，G_3 均可表示为 $\frac{w_0 H^4}{EI}$ 与以 K_1、kH（或 $r_1 H$，rH）为变量的函数的乘积。系数 I_1，I_2，I_3，J_1，J_2，J_3 均可表示为 $\frac{QH^3}{EI}$ 与以 K_1、kH（或 $r_1 H$，rH）为变量的函数的乘积。已知 K_1、kH（或 $r_1 H$，rH）以及 x/H 的值，将各系数分别代入相应的 A_y，A_{M1}，A_{M2} 公式中，即可确定结构的 A_y，A_{M1}，A_{M2}。因为

$$S > N: \qquad rH = kH\sqrt{1 - \frac{N}{S}} = kH\sqrt{1 - \frac{N}{N_{cr}}\left(\frac{7.5K_1 + 1}{7.5K_1 + 4}\frac{\pi^2}{(kH)^2} + 1\right)} \qquad (14.27a)$$

$$N > S: \qquad r_1 H = kH\sqrt{\frac{N}{N_{cr}}\left(\frac{7.5K_1 + 1}{7.5K_1 + 4}\frac{\pi^2}{(kH)^2} + 1\right) - 1} \qquad (14.27b)$$

其中 N_{cr} 为伸臂结构的整体失稳临界荷载，用(14.18)式计算。已知 K_1、kH 和 N/N_{cr} 的值，即可通过相应的公式求得伸臂结构任意高度处的位移放大系数和弯矩放大系数。

引入近似公式(14.28)与解析解进行比较。

$$A_M = \frac{1}{1 - N/N_{cr}} \qquad (14.28)$$

具体算例：伸臂结构如图 14.4 所示，左右框架均为单跨十层框架，框架层高为 5m，

每层高跨比为 1。核心筒截面惯性矩为 I，框架梁与柱截面惯性矩均为 I_c。核心筒截面的抗弯刚度是框架柱截面的抗弯刚度的 100 倍。核心筒底部与基础刚接，框架柱底部设有一根横梁，以避免算例中抗剪的层抗侧刚度突变。本例中框架的抗剪刚度为：$S_1 = S_2 = \dfrac{8EI_c}{h^2}$。由此可以确定 $kH = 4$。

情况一：取 $K_1 = 0.1$，表示伸臂对于核心筒的转动约束大小；$N/N_{cr} = 0.1$，表示总的竖向荷载大小为结构临界荷载的 10%。

$K_1 = 0.1$、$kH = 4$、$N/N_{cr} = 0.1$ 时，伸臂结构的弯矩位移放大系数　　表 14-4a

荷载	x/H	0.1	0.2	0.3	0.4	0.5	0.6	0.7	0.8	0.9	1.0
均布荷载	A_y	1.055	1.062	1.069	1.075	1.080	1.085	1.089	1.094	1.098	1.102
	A_{M1}	1.059	1.071	1.081	1.091	1.101	1.112	1.124	1.139	1.155	1.163
	A_{M2}	1.075	1.116	1.240	0.735	0.984	1.026	1.044	1.055	1.069	1.163
倒三角荷载	A_y	1.061	1.068	1.074	1.079	1.084	1.088	1.092	1.096	1.100	1.104
	A_{M1}	1.065	1.075	1.084	1.092	1.101	1.110	1.120	1.133	1.147	1.155
	A_{M2}	1.079	1.109	1.166	1.746	0.932	1.014	1.038	1.050	1.063	1.155
集中荷载	A_y	1.074	1.081	1.087	1.092	1.097	1.100	1.103	1.105	1.107	1.108
	A_{M1}	1.078	1.088	1.097	1.104	1.110	1.114	1.116	1.117	1.118	1.118
	A_{M2}	1.092	1.118	1.144	1.169	1.195	1.227	1.355	1.047	1.117	1.118
(14.28)式		1.111									

$K_1 = 1.0$、$kH = 5.0$、$N/N_{cr} = 0.2$ 时的各放大系数：　　表 14-4b

荷载	x/H	0.1	0.2	0.3	0.4	0.5	0.6	0.7	0.8	0.9	1.0
均布荷载	A_y	1.139	1.159	1.176	1.190	1.202	1.213	1.221	1.228	1.234	1.238
	A_{M1}	1.151	1.182	1.208	1.232	1.253	1.272	1.292	1.315	1.342	1.364
	A_{M2}	1.198	1.328	2.131	0.887	1.099	1.171	1.211	1.242	1.279	1.364
倒三角荷载	A_y	1.153	1.172	1.187	1.200	1.210	1.219	1.226	1.232	1.237	1.241
	A_{M1}	1.164	1.192	1.215	1.234	1.250	1.264	1.279	1.297	1.320	1.340
	A_{M2}	1.205	1.297	1.501	0.302	1.077	1.170	1.209	1.233	1.262	1.340
集中荷载	A_y	1.175	1.195	1.211	1.224	1.233	1.240	1.244	1.245	1.245	1.243
	A_{M1}	1.187	1.216	1.238	1.253	1.262	1.263	1.259	1.248	1.233	1.223
	A_{M2}	1.229	1.305	1.377	1.439	1.500	1.381	1.405	1.361	1.296	1.223
(14.28)式		1.250									

分别取 $N/N_{cr} = 0.1$，0.2，0.3，0.4，$K_1 = 0.1$，1，10 以及 $kH = 0.1$，1，5，10，50 共 60 种不同组合，计算了结构在不同类型水平荷载作用下，各构件的位移、弯矩放大系数的解析解，以及公式(14.28)求得的近似解。通过对解的对比分析，发现如下规律：

(1) 位移放大系数和框架柱的弯矩放大系数比较接近，后者略大。

(2) 当水平荷载为均布荷载或倒三角分布荷载时，位移放大系数和框架柱的弯矩放大系数随着高度增加，逐渐增加。

（3）公式(14.28)与解析解对比发现，它对于结构顶部位移放大系数估计比较精确，应用于全高也偏于安全。

（4）(14.28)式可以提供框架柱的弯矩放大系数的合理估计，在结构的中下部偏于安全，在结构的上部则偏小。

（5）近似公式可以用于核心筒顶部和底部的弯矩放大系数的估计。在中部，弯矩很小，弯矩存在反弯点，(14.28)式不能准确估计其弯矩放大系数。

注意到：核心筒顶部的弯矩放大系数，就是伸臂的弯矩放大系数，也是参与伸臂工作的框架柱的轴力放大系数。

14.2.7 单层伸臂，多层荷载的情况

如果框架是多层结构，在顶部设置顶架。为了简单和便于理解，先考虑图 14.5a 的模型。边柱上下都是铰接。层高相同均为 h。核心筒二层柱顶作用竖向力 N_2，一层柱顶作用竖向力 $N_1 = \chi N_2$；边框柱二层顶部作用竖向力 P_2，一层顶部作用竖向力 $P_1 = \chi P_2$。一层和二层核心筒柱的刚度系数为

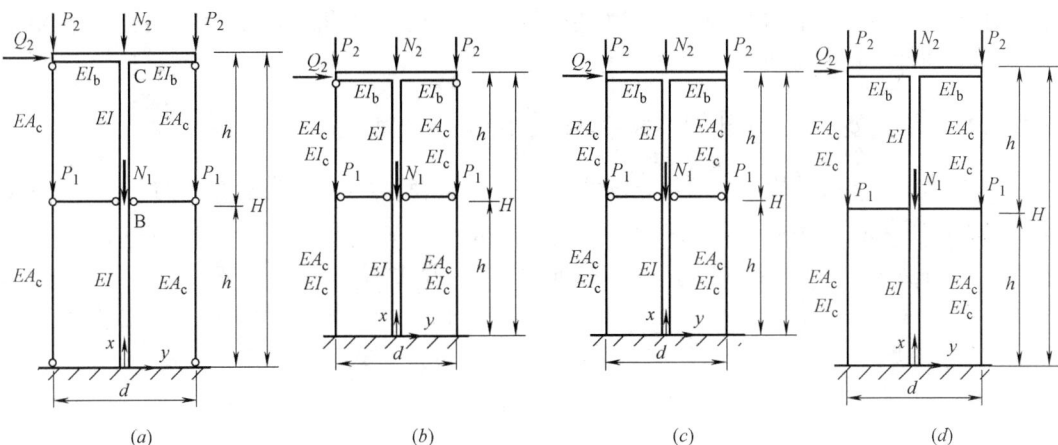

图 14.5 边柱两层的伸臂结构

$$s_i = \frac{u_i}{\tan u_i} \cdot \frac{\tan u_i - u_i}{2\tan 0.5 u_i - u_i}, c_i = \frac{u_i}{\sin u_i} \cdot \frac{u_i - \sin u_i}{2\tan 0.5 u_i - u_i}, g_i = s_i + c_i = \frac{u_i^2 \tan 0.5 u_i}{2\tan 0.5 u_i - u_i}, i = 1, 2$$

式中 $u_1 = h\sqrt{\dfrac{(1+\chi)\ N_2}{EI}}$，$u_2 = h\sqrt{\dfrac{N_2}{EI}}$。记节点 B 的转角为 θ_1，节点 C 转角为 θ_2。一层楼盖处的水平位移 Δ_1，二层楼盖（伸臂层）处的水平位移 Δ_2，$\rho_1 = \dfrac{\Delta_1}{h}$，$\rho_2 = \dfrac{\Delta_2 - \Delta_1}{h}$；记核心筒线刚度 $i = \dfrac{EI}{h}$，伸臂线刚度 $i_b = \dfrac{2EI_b}{d}$，$\beta = i/i_b$，$\xi = i / \dfrac{(EA)_c d^2}{2H}$；边柱顶部的轴向变形 Δ_h，$\alpha_{PN} = P_2/N_2$，同样可以得到这个问题的临界方程为：

$$\begin{vmatrix} s_1+s_2 & c_2 & -g_1 & -g_2 & 0 \\ c_2\beta & s_2\beta+6 & 0 & -g_2\beta & -12 \\ g_1 & 0 & (1+\chi)(1+2\alpha_{PN})u_2^2-2g_1 & 0 & 0 \\ g_2 & g_2 & 0 & (1+2\alpha_{PN})u_2^2-2g_2 & 0 \\ 0 & 3\xi & 0 & 0 & -(6\xi+\beta) \end{vmatrix}=0$$

$$(14.29)$$

给定 χ 和 α_{PN}，从上式可以得到临界荷载。

图 14.5a 所示的带伸臂的筒体-框架结构两层模型与图 14.3 所示的单层模型比较，当结构发生整体侧移失稳时，一层荷载的二阶效应小于顶部荷载的二阶效应。利用二阶效应等效的原则将一层荷载换算到顶部，然后按照图 14.3 的模型进行屈曲分析，就可以得到问题的近似解，避免求解上式这个复杂的超越方程。设 Δ_1，Δ_2 分别是 N_1，N_2 作用位置屈曲波形中的侧移，等效的原则为

$$N_1\Delta_1=\psi N_1\Delta_2$$

因此等效系数 $\psi=\Delta_1/\Delta_2$，最简单的等效方法是按照高度等效，即假设侧移曲线是直线。作用在高度为 x 处的竖向荷载 N_1，简化到顶部的荷载是 $(x/H)N_1$。

如果边柱自身具有抗侧刚度，作为近似计算，简化到顶部的荷载的临界值等于框架提供的部分和伸臂机制提供的部分之和。

14.2.8　多层变截面的单伸臂结构及其小结

如果框架是多层结构，在顶部设置顶架。核心筒截面的抗弯刚度从底部的 EI_1 变化到顶部的 EI_n，每层承受荷载 N_n，框架柱的轴压刚度从 EA_{c1} 变化到 EA_{cn}，抗弯刚度从 EI_{c1} 变化到 EI_{cn}，每层承受相同的荷载 P_i，伸臂截面的抗弯刚度为 EI_b，每层的层高为 h_i，总高 H。

对于这种情况，首先要确定伸臂对核心筒柱顶提供的等效转动约束 K_z，很容易求得 K_z 的表达式仍为(14.9)式给出，但是边柱的轴压刚度用下式计算

$$\frac{H}{EA_c}=\sum_{i=1}^{n}\frac{h_i}{EA_{ci}}$$

$$(14.30)$$

顶部有 K_z 约束的变截面核心筒柱子的临界荷载为

$$N_{crh}=\frac{K_1+0.133}{K_1+0.533\chi}\frac{\pi^2EI_1}{H^2}$$

$$(14.31)$$

式中
$$K_1=K_z/6i_{ceq},i_{ceq}=\chi i_{c1},i_{c1}=EI_1/H,\chi\approx\left[0.6+0.4\left(\frac{I_n}{I_1}\right)^{0.416}\right]^{2.6}$$

$$(14.32)$$

(14.31)式实际是核心筒伸臂结构抗侧刚度的一个指标，每层的荷载按照二阶效应等效的原则换算到顶部，即

$$\sum_{i=1}^{n}P_i\Delta_i=\left(\sum_{i=1}^{n}\gamma_i P_i\right)\Delta_n$$

$$(14.33)$$

设按照高度来简化，即 $\gamma_i=\dfrac{H_i}{H}$，H_i 是第 i 层的高度。则可以得到如下的临界荷载计算公式

$$\left(\sum_{i=1}^{n}\frac{H_i}{H}(P_i+N_i)\right)_{cr}=N_{crh}+P_F$$

$$(14.34)$$

式中 P_F 是核心筒柱子的抗弯刚度等于 0（从而整个结构成为框架）得到的临界荷载代表值（作为近似，可以取框架抗侧刚度最小的一层的抗侧刚度乘以该层的层高作为 P_F）。

14.3 双伸臂结构的稳定性

如图 $14.6(a)$ 所示的双伸臂结构，采用以下假定：

（1）结构始终处于线弹性阶段

（2）边框架柱只考虑轴力作用（忽略其弯曲影响）

（3）伸臂与核心筒刚接，核心筒与基础固接

（4）核心筒、框架柱、伸臂的截面为常数

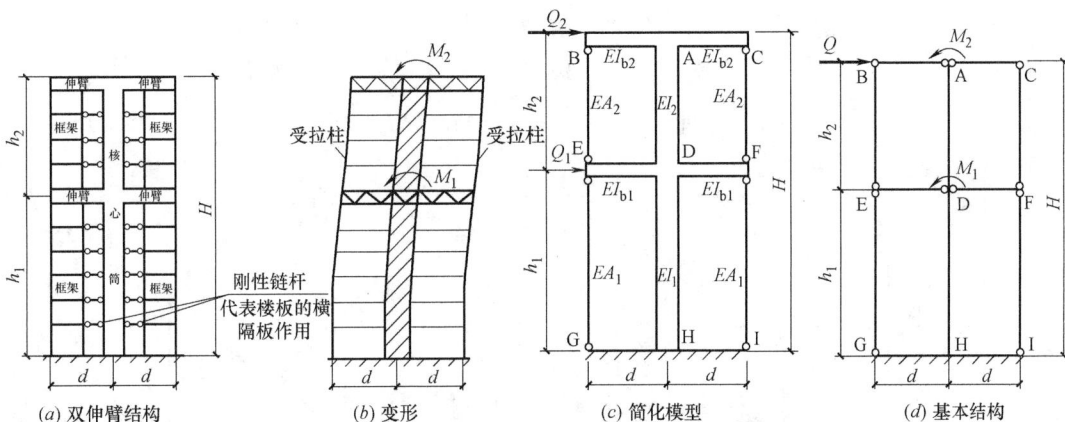

图 14.6 顶部带伸臂的双伸臂结构

14.3.1 双伸臂结构抗侧刚度

双伸臂结构的简化模型如图 14.6c 所示，外框柱上下铰接，结构总高为 H，中部伸臂将结构分成 h_1、h_2 两段。EI_1，EI_2 为下段和上段核心筒的抗弯刚度。在伸臂端 E、B 处作用水平荷载 Q_1、Q_2。将 A、D 处转动约束释放，并施加反向弯矩 M_1、M_2，基本结构如图 14.6d。基本结构在外荷载 Q_1、Q_2 及弯矩 M_1、M_2 作用下在结构中产生的弯矩如图 14.7 所示（以顺时针为正），由此在 A、D 处的转角分别为（设 $\theta_D=\theta_1$、$\theta_A=\theta_2$ 分别表示一、二层伸臂的转角）：

$$\theta_1 = \frac{1}{EI_1}\int_{h_2}^{h_2+h_1}(Q_2 x + Q_1(x-h_2) - M_1 - M_2)\cdot \mathrm{d}x = \frac{1}{i_{c1}}\left(\frac{1}{2}Q_2 h_1 + Q_2 h_2 + \frac{1}{2}Q_1 h_1 - M_1 - M_2\right)$$

$$(14.35a)$$

$$\theta_2 = \frac{1}{EI_2}\int_0^{h_2}(Q_2 x - M_2)\cdot \mathrm{d}x + \frac{1}{EI_1}\int_{h_2}^{h_2+h_1}(Q_2 x + Q_1(x-h_2) - M_1 - M_2)\cdot \mathrm{d}x$$

$$= \frac{1}{i_{c1}}\left(\frac{1}{2}Q_2 h_1 + Q_2 h_2 + \frac{1}{2}Q_1 h_1 - M_1 - M_2\right) + \frac{1}{i_{c2}}\left(\frac{1}{2}Q_2 h_2 - M_2\right) = \theta_1 + \frac{1}{i_{c2}}\left(\frac{1}{2}Q_2 h_2 - M_2\right)$$

$$(14.35b)$$

407

M_1、M_2作用下，上层伸臂的剪力和上层柱子的轴力是$\pm\dfrac{M_2}{2d}$，下层伸臂的剪力是$\pm\dfrac{M_1}{2d}$，下层柱子的轴力是$\pm\dfrac{M_1+M_2}{2d}$。伸臂的弯曲和剪切变形以及边框柱的轴压变形，在 A、D 处产生的转角分别为：

$$\theta_1=\frac{M_1d}{6EI_{b1}}+\frac{M_1}{2dS_{b1}}+\frac{(M_1+M_2)h_1}{2d^2EA_1}=\left(\frac{1}{6i_{b1}}+\frac{1}{2i_{os1}}+\frac{1}{i_{cb1}}\right)M_1+\frac{1}{i_{cb1}}M_2 \quad (14.36a)$$

$$\theta_2=\frac{M_2d}{6EI_{b2}}+\frac{M_2}{2dS_{b2}}+\frac{M_2h_2}{2d^2EA_2}+\frac{(M_1+M_2)h_1}{2d^2EA_1}=\frac{1}{i_{cb1}}M_1+\left(\frac{1}{6i_{b2}}+\frac{1}{2i_{os2}}+\frac{1}{i_{cb1}}+\frac{1}{i_{cb2}}\right)M_2$$

$$(14.36b)$$

其中 $EI_i(i=1,2)$ 为第 i 层核心筒抗弯刚度，EI_{bi} 为第 i 层伸臂抗弯刚度，EA_i 为第 i 层边框柱截面轴压刚度，S_{bi} 为第 i 层伸臂剪切刚度。令 $i_{ci}=EI_i/h_i$ 为第 i 层核心筒抗弯线刚度；$i_{bi}=EI_{bi}/d$，为第 i 层伸臂抗弯线刚度；$i_{cbi}=2EA_id^2/h_i$，表示第 i 层边框柱等效抗弯线刚度；$i_{osi}=S_{bi}d$，表示第 i 层伸臂的抗剪线刚度。

观察（14.36a，b）式，令 $i_{osi}/3i_{bi}=\eta$，令 $i_{bsi}=i_{bi}/(1+\eta)$，则有：

$$\theta_1=\frac{1}{6i_{bs1}}M_1+\frac{1}{i_{cb1}}(M_1+M_2) \quad (14.37a)$$

$$\theta_2=\frac{1}{6i_{bs2}}M_2+\left(\frac{1}{i_{cb1}}+\frac{1}{i_{cb2}}\right)M_2+\frac{1}{i_{cb1}}M_1 \quad (14.37b)$$

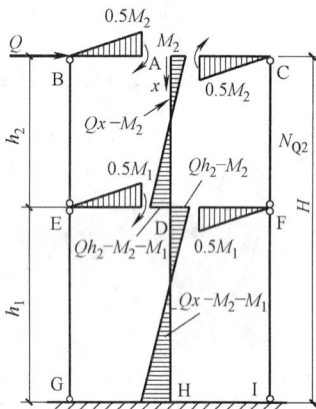

图 14.7　基本结构弯矩图　　图 14.8　双伸臂结构的弹簧模型　　图 14.9　双伸臂结构的屈曲

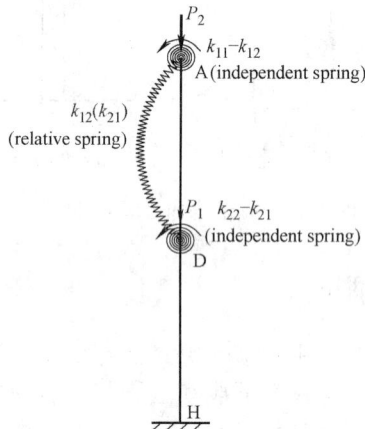

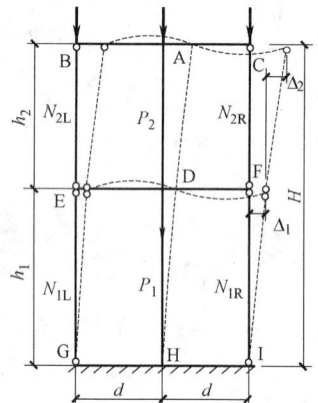

i_{bsi} 综合考虑了伸臂弯曲和剪切变形影响，因此称 i_{bsi} 等效弯剪线刚度。对应的 $(EI)_{bsi}=i_{bsi}\cdot d$ 称为等效弯剪刚度。

根据变形协调条件，（14.35a，b）式分别等于（14.37a，b）式，解得：

$$M_1=\frac{1}{\text{Det}}\left[\frac{1}{i_{c1}}\left(\frac{1}{2}Q_2h_1+Q_2h_2+\frac{1}{2}Q_1h_1\right)\cdot\left(\frac{1}{6i_{bs2}}+\frac{1}{i_{cb2}}+\frac{1}{i_{c2}}\right)-\frac{1}{2}\frac{1}{i_{c2}}Q_2h_2\left(\frac{1}{i_{cb1}}+\frac{1}{i_{c1}}\right)\right]$$

$$(14.38a)$$

$$M_2=\frac{1}{\text{Det}}\left[\frac{Q_2h_2}{2i_{c2}}\left(\frac{1}{6i_{bs1}}+\frac{1}{i_{cb1}}+\frac{1}{i_{c1}}\right)+\frac{1}{6i_{bs1}i_{c1}}\left(\frac{1}{2}Q_2h_1+Q_2h_2+\frac{1}{2}Q_1h_1\right)\right] \quad (14.38b)$$

式中 $\text{Det}=\left(\frac{1}{6i_{bs2}}+\frac{1}{i_{cb1}}+\frac{1}{i_{cb2}}+\frac{1}{i_{c1}}+\frac{1}{i_{c2}}\right)\cdot\left(\frac{1}{6i_{bs1}}+\frac{1}{i_{cb1}}+\frac{1}{i_{c1}}\right)-\left(\frac{1}{i_{cb1}}+\frac{1}{i_{c1}}\right)^2$

伸臂结构顶部的整体侧移为 Δ 为：

$$\Delta_1 = \frac{Q_1 h_1^3}{3EI_1} + \frac{Q_2 h_1^2 (3h_2 + 2h_1)}{6EI_1} - \frac{(M_1 + M_2)}{2EI_1} h_1^2 \tag{14.39a}$$

$$\Delta = \Delta_1 + \Delta_2 = \frac{Q_2 h_2^3}{3EI_2} + \frac{Q_2 h_1}{3EI_1}(h_1^2 + 3h_2^2 + 3h_1 h_2) + \frac{Q_1 h_1^2 (3h_2 + 2h_1)}{6EI_1} - \left[\frac{(M_1 + M_2) h_2}{2EI_1}(2h_1 + h_2) + \frac{M_2 h_1^2}{2EI_2} \right]$$

$$\tag{14.39b}$$

$$\Delta_2 = \frac{Q_2 h_2^3}{3EI_2} + \frac{Q_2 h_1 h_2}{2EI_1}(2h_2 + h_1) + \frac{Q_1 h_1^2 h_2}{2EI_1} - \left[\frac{(M_1 + M_2)}{2EI_1}(2h_1 h_2 + h_2^2 - h_1^2) + \frac{M_2 h_1^2}{2EI_2} \right]$$

$$\tag{14.39c}$$

上式右边的前两项为核心筒作为悬臂构件在荷载 Q 单独作用下的顶点侧移，中括号项表示约束弯矩 M_1 和 M_2 对核心筒顶点侧移的减少量。整体抗侧刚度为 $K = \mathrm{d}Q / \mathrm{d}\Delta$。

14.3.2 双伸臂巨型结构的关联弹簧

从 $(14.37a，b)$ 式中解出 M_1、M_2：

$$M_1 = k_{11}\theta_1 - k_{12}\theta_2 \tag{14.40a}$$

$$M_2 = -k_{21}\theta_1 + k_{22}\theta_2 \tag{14.40b}$$

其中　　　$k_{11} = \frac{1}{D_k}\left(\frac{1}{6i_{bs2}} + \frac{1}{i_{cb1}} + \frac{1}{i_{cb2}}\right); \quad k_{22} = \frac{1}{D_k}\left(\frac{1}{6i_{bs1}} + \frac{1}{i_{cb1}}\right), \quad k_{12} = k_{21} = \frac{1}{D_k}\frac{1}{i_{cb1}}$

$$\tag{14.41a，b，c}$$

$$D_k = \left(\frac{1}{6i_{bs2}} + \frac{1}{i_{cb1}} + \frac{1}{i_{cb2}}\right) \cdot \left(\frac{1}{6i_{bs1}} + \frac{1}{i_{cb1}}\right) - \frac{1}{i_{cb1}}^2 \tag{14.41d}$$

将 $(14.40a，b)$ 两式改为如下形式：

$$M_1 = (k_{11} - k_{12})\theta_1 + k_{12}(\theta_1 - \theta_2) \tag{14.42a}$$

$$M_2 = (k_{22} - k_{21})\theta_2 + k_{21}(\theta_2 - \theta_1) \tag{14.42b}$$

观察上式，约束弯矩 M_1、M_2 由两部分组成，第一部分是只与本层转角 θ_1 或 θ_2 相关的表达式，这部分对约束弯矩的贡献方式相当于一个弹性常数为 $(k_{11} - k_{12})$ 的弹簧发生转角时弹簧产生的约束弯矩，称此弹簧为独立弹簧（independent spring），因为它只与本层转角有关。第二部分是与相对转角 $(\theta_1 - \theta_2)$ 或 $(\theta_2 - \theta_1)$ 相关，这部分对约束弯矩的贡献是由于两层的相对转角引起的，相当于一个弹性常数为 k_{12} 的弹簧在两层出现相对转角时在本层产生的约束弯矩，称此弹簧为关联弹簧（Relative spring），"关联"表示它不仅只与本层转角有关，还与相邻层转角有关。图 14.8 形象地表示出两种弹簧对约束弯矩 M_1 和 M_2 不同的贡献方式。这种"关联弹簧"之所以"关联"，本质是下层柱的轴向变形不仅会影响到下层伸臂的转角，亦会影响到顶层伸臂的转角。反观 $(14.36a，b)$ 式可以发现，对于一层伸臂转角 θ_1，除了由本层弯矩 M_1 引起的 $\left(\frac{1}{6i_{b1}} + \frac{1}{2i_{os1}} + \frac{1}{i_{cb1}}\right)M_1$ 外，还有由于二层弯矩 M_2 引起的 $\frac{1}{i_{cb1}}M_2$，$\frac{1}{i_{cb1}}M_2$ 是 M_2 产生的一层边框柱轴压变形所引起的转角。同样地对于二层伸臂转角 θ_2 也一样。通过分析，有如下结论：

（1）伸臂结构相对于核心筒结构的抗侧力效率的提高，强烈地依赖伸臂端柱子的轴压刚度。如果这些柱子的轴压刚度无限大，则：

$$k_{11}=6i_{bs1}, k_{12}=k_{21}=0, k_{22}=6i_{bs2}$$

即此时图 14.8 所示的关联弹簧不再存在。双伸臂结构就变为设有轴压刚度无限大摇摆柱的巨型半框架。此时，M_1、M_2 不再相互耦合，变成只与本层核心筒转角相关的独立的未知量。

（2）如果伸臂的抗弯刚度和抗剪刚度均为很大，此时

$$k_{11}=i_{cb1}+i_{cb2}, k_{12}=k_{21}=i_{cb2}, k_{22}=i_{cb2}$$

代入（14.42a，b）式：

$$M_1=i_{cb1}\theta_1+i_{cb2}(\theta_1-\theta_2), M_2=i_{cb2}(\theta_2-\theta_1)$$

即上部伸臂的独立转动弹簧完全消失。

14.3.3　双伸臂巨型结构的稳定性

如图 14.9 所示的双伸臂结构，截面参数与图 14.6 相同。设一层左、右边框柱中轴力分别为 $N_{1L}=\chi_{1L}P_1$、$N_{1R}=\chi_{1R}P_1$；二层左、右边框柱中轴力分别为 $N_{2L}=\chi_{2L}P_2$、$N_{2R}=\chi_{2R}P_2$；一、二层核心筒轴力分别为 P_1、P_2（$P_2=\alpha P_1$）。图 14.9 中，记巨型半框架在 D、A 点的转角分别为 θ_1、θ_2，记底层和顶层的相对侧移分别为 Δ_1、Δ_2。根据带轴力压杆的转角-位移方程，可以写出表达式如下：

$$M_{AD}=s_2i_{c2}\theta_2+c_2i_{c2}\theta_1-\frac{(s_2+c_2)}{h_2}i_{c2}\cdot\Delta_2$$

$$M_{DA}=c_2i_{c2}\theta_2+s_2i_{c2}\theta_1-\frac{(s_2+c_2)}{h_2}i_{c2}\cdot\Delta_2$$

$$M_{DH}=s_1i_{c1}\theta_1-\frac{(s_1+c_1)}{h_1}i_{c1}\cdot\Delta_1$$

$$Q_{AD}=-(s_2+c_2)i_{c2}\cdot\frac{\theta_1+\theta_2}{h_2}+\frac{[2(s_2+c_2)-u_2{}^2]}{h_2}i_{c2}\cdot\Delta_2$$

$$Q_{DH}=-(s_1+c_1)i_{c1}\cdot\frac{\theta_1}{h_1}+\frac{[2(s_1+c_1)-u_1{}^2]}{h_1}i_{c1}\cdot\Delta_1$$

对于一层核心筒（HD 段）：

$$s_1=\frac{u_1}{\tan u_1}\cdot\frac{\tan u_1-u_1}{2\tan(u_1/2)-u_1}; c_1=\frac{u_1}{\sin u_1}\cdot\frac{u_1-\sin u_1}{2\tan(u_1/2)-u_1}$$

对于二层核心筒（AD 段）：

$$s_2=\frac{u_2}{\tan u_2}\cdot\frac{\tan u_2-u_2}{2\tan(u_2/2)-u_2}; c_2=\frac{u_2}{\sin u_2}\cdot\frac{u_2-\sin u_2}{2\tan(u_2/2)-u_2}$$

其中 $u_1=h_1\sqrt{P_1/EI_1}$，$u_2=h_2\sqrt{P_2/EI_2}$。

边框柱中由于随核心筒发生倾斜，会产生水平剪力：

一层：$Q_{EG}=-(\chi_{1L}P_1\Delta_1)/h_1$，$Q_{FI}=-(\chi_{1R}P_1\Delta_1)/h_1$；

二层：$Q_{BE}=-(\chi_{2L}P_2\Delta_2)/h_2$，$Q_{CF}=-(\chi_{2R}P_2\Delta_2)/h_2$

伸臂对核心筒产生的弯矩为 M_1、M_2 表达式见(14.42a，b)。利用节点 D、A 及一、二层的水平总剪力为零的条件有：

$$(k_{11}+s_1 i_1 + s_2 i_2)\theta_1 + (c_2 i_2 - k_{12})\theta_2 - \frac{(s_1+c_1)i_1}{h_1}\Delta_1 - \frac{(s_2+c_2)i_2}{h_2}\Delta_2 = 0 \quad (14.43a)$$

$$(c_2 i_2 - k_{21})\theta_1 + (k_{22}+s_2 i_2)\theta_2 - \frac{(s_2+c_2)i_2}{h_2}\Delta_2 = 0 \quad (14.43b)$$

$$\frac{-(s_1+c_1)i_1}{h_1}\theta_1 + \left[\frac{2(s_1+c_1)-u_1^2}{h_1^2}i_1 - \frac{\chi_{1L}+\chi_{1R}}{h_1}P_1\right]\cdot\Delta_1 = 0 \quad (14.43c)$$

$$\frac{-(s_2+c_2)i_2}{h_2}\theta_1 + \frac{-(s_2+c_2)i_2}{h_2}\theta_2 + \left[\frac{2(s_2+c_2)-u_2^2}{h_2^2}i_2 - \frac{\chi_{2L}+\chi_{2R}}{h_2}P_2\right]\cdot\Delta_2 = 0$$

$$(14.43d)$$

以上四个方程有四个未知量，为使其有非零解，需令其系数行列式为零。即：

$$\begin{vmatrix} k_{11}+s_2 i_2 + s_1 i_1 & c_2 i_2 - k_{12} & -\dfrac{(s_1+c_1)i_1}{h_1} & -\dfrac{(s_2+c_2)i_2}{h_2} \\ c_2 i_2 - k_{21} & k_{22}+s_2 i_2 & 0 & -\dfrac{(s_2+c_2)i_2}{h_2} \\ -\dfrac{(s_1+c_1)i_1}{h_1} & 0 & \dfrac{2(s_1+c_1)-u_1^2}{h_1^2}i_1 - \dfrac{\chi_{1L}+\chi_{1R}}{h_1}P_1 & 0 \\ -\dfrac{(s_2+c_2)i_2}{h_2} & -\dfrac{(s_2+c_2)i_2}{h_2} & 0 & \dfrac{2(s_2+c_2)-u_2^2}{h_2^2}i_2 - \dfrac{\chi_{2L}+\chi_{2R}}{h_2}P_2 \end{vmatrix}=0$$

$$(14.44)$$

式 (14.44) 便是双伸臂巨型半框架发生失稳时的临界方程。设 $\chi_{1L}+\chi_{1R}=\chi_1$，$\chi_{2L}+\chi_{2R}=\chi_2$。设 $W_1=(1+\chi_1)P_1$，$W_2=(1+\chi_2)P_2$ 分别为一、二层层间总轴力。当结构各个参数给定，并给定比值 W_2/W_1 时，可求出结构的临界荷载。

算例 1：不同加载比例对结构的整体稳定性的影响：核心筒对边框柱的支援作用

图 14.6c 所示的双伸臂巨型结构简化模型中，中部伸臂将结构分为两个巨型层，设每个巨型层层高 $h_1=h_2=45\text{m}$，总高 $H=90\text{m}$，结构一半宽度 $d=7.5\text{m}$。取 $EI_1=3.56\times10^8\text{kN}\cdot\text{m}^2$，$EI_2=0.5EI_1$，$EI_{bs1}=EI_{bs2}=1.483\times10^8\text{kN}\cdot\text{m}^2$，$EA_1=1.03\times10^7\text{kN}$，$EA_2=0.5EA_1$。表 14.5 为当层间总轴力比 W_2/W_1 给定，核心筒以及边框柱轴力以不同比例加载时得到的临界轴力 P_{1cr}、P_{2cr} 以及层间总轴力 $(W_1)_{cr}$、$(W_2)_{cr}$。表中 P_2/P_1、χ_1、χ_2 的数值为随机选取，并不代表实际工程情况的受力状态。

观察对比表 14.5 中数据发现：当层间总轴力比 W_2/W_1 给定时，无论边框柱及核心筒内轴力以何种比例加载，得到的层间总临界轴力是大致相等的。表 14.5 中列举了当 W_2/W_1 分别等于 0.2、0.4、0.6、0.8、1.0 时的情形，按不同比例加载时计算得到的层间临界荷载相差最大为 3%。这说明双伸臂巨型结构的层间总临界轴力的大小不随加载方式的变化而变化。不论边框柱轴力及核心筒轴力按何种比例加载，层间总临界轴力是不变的。当层间总轴力比 W_2/W_1 给定，层间总临界轴力和各柱子的轴力并没有关系。这说明边框柱本身没有抗侧能力，在这个意义上，边框柱仍然是摇摆柱，它的抗侧能力是由核心筒支援的。

$\dfrac{W_2}{W_1}$	上下柱轴力比 P_2/P_1	边柱轴力比 χ_1	边柱轴力比 χ_2	P_{1cr} $(\times 10^8 \text{N})$	P_{2cr} $(\times 10^8 \text{N})$	$(W_1)_{cr}$ $(\times 10^8 \text{N})$	$(W_2)_{cr}$ $(\times 10^8 \text{N})$
	0.2	1.0	1.0	4.37	0.874	8.73	1.74
0.2	0.25	1.0	1.5	3.53	0.883	8.82	1.77
	1.0	4.0	0	1.80	1.80	8.98	1.79
	0.4	1.0	1.0	3.13	0.125	6.26	2.50
0.4	0.5	4.0	3.0	1.28	0.639	6.39	2.56
	0.6	2.0	1.0	2.11	1.26	6.32	2.52
	0.6	0	0	4.49	2.69	4.49	2.69
0.6	0.4	1.0	2.0	2.32	0.928	4.64	2.78
	1.5	1.5	0	1.83	2.75	4.58	2.75
	0.8	1.0	1.0	1.81	1.45	3.62	2.89
0.8	0.8	0	0	3.52	2.82	3.52	2.82
	1.2	2.0	1.0	1.21	0.970	3.63	2.91
	1.0	1.0	1.0	1.41	1.41	2.96	2.96
1.0	0.5	0	1.0	1.30	0.650	2.93	2.93
	2.0	1	0	1.46	2.92	2.92	2.92

算例 2：双伸臂结构巨型层之间的相互作用

由于顶部和中部伸臂的存在，结构被分为两个巨型层。发生失稳时，巨型层之间也会发生类似框架的层与层相互作用。

图 14.6c 中，结构总高 $H = 90\text{m}$，结构一半宽度 $d = 7.5\text{m}$。取 $EI_1 = 3.56 \times 10^8 \text{kN} \cdot \text{m}^2$，$EI_2 = 0.5EI_1$，$EI_{bs1} = EI_{bs2} = 1.483 \times 10^8 \text{kN} \cdot \text{m}^2$，$EA_1 = 1.03 \times 10^7 \text{kN}$，$EA_2 = 0.5EA_1$。图 14.10 为 $h_2/H = 1/3$、$1/2$、$2/3$ 时，不同的层间总轴力比 W_2/W_1 对应的第一层屈曲总轴力。随层间总轴力比 W_2/W_1 的增大，一层的总临界轴力 W_1 减小，这说明当 W_2/W_1 增大时，一层会牺牲一部分承载能力，对二层提供支援，结果是一层的层间临界轴力 W_{1cr} 减小、而二层的 W_{2cr} 增大。图 14.10 还显示出如下的规律：伸臂设置得高（h_2/H 小），下部荷载大（W_2/W_1 小），则临界荷载就越低；而在伸臂设置得高（h_2/H 小），下部荷载小（W_2/W_1 大）时，临界荷载就较高。

算例 1 与算例 2 的结论似乎表明，伸臂结构的稳定性似乎与普通框架类似。但是实际上不然。例如算例 1 的结论是，伸臂的各层的总临界荷载与轴力在边柱和核心筒内的分配无关。这在暗示可以采用某种合并的方法。由于关联弹簧的存在，第 7 章介绍的框架结构屈曲分析的合并方法，不能在伸臂结构中加以应用。另外，因为伸臂结构的层数有限，层与层之间的相互作用，因为外框架柱的轴向刚度参与工作而变得更加强烈，因此框架结构基于层屈曲的概念，在伸臂结构中不复存在。

对于多于二个伸臂的结构，关联弹簧不仅在相邻层之间存在，不相邻的层之间也存在，如图 14.11 所示。

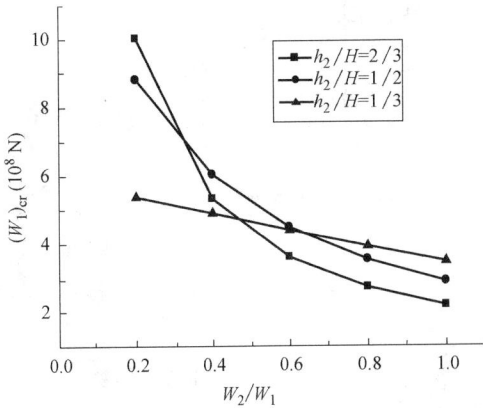

图 14.10 不同伸臂位置及加载比例下的底层屈曲轴力

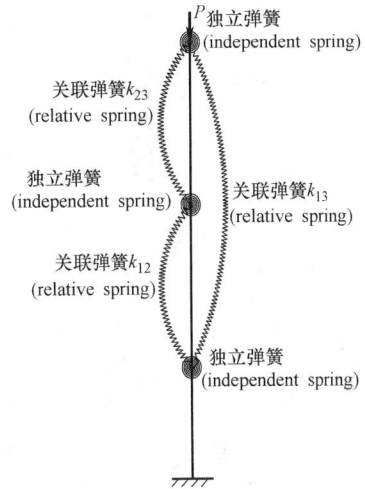

图 14.11 三伸臂结构的关联弹簧

14.4 悬挂结构应用介绍

　　悬挂结构是一种多层和高层结构形式，所谓"悬挂"就是内框架"挂"在巨型框架或巨型柱（核心筒）上，所有的重力荷载都由巨型框架或巨型柱承担，小框架的梁柱铰接或近似铰接连接以确保内框架梁没有竖向剪力，内框架柱尽量不受弯矩。内框架承担的所有荷载都通过悬挂的链杆（柱）传至巨型框架梁（桁架梁）上，梁再将竖向荷载传递给巨型柱。内框架柱都为拉杆，只须计算其强度，故可以最大程度的发挥材料的强度。内框架本身没有抗侧能力，柱子是从上至下"吊"下来的，因此可以任意设置内部大空间而不损失整体的抗侧刚度（如图 14.13）。香港汇丰银行是典型的巨型框架悬挂结构（图 14.14）。该建筑总共 43 层，总高 180m，主体结构由 8 根巨柱，沿高度 5 层悬挂桁架组成；建筑横向用十字交叉杆系将平面框架连接成三跨框架。其整体为巨型空间框架，悬挂部分通过竖向吊杆和斜拉杆传递到主体框架上，整体受力性能良好。大厦内部空间具有相当的灵活性，自 1985 年建筑投入使用以来，已多次改变办公布置。1995年，仅仅用了 6 个星期的时间，就在建筑内新增了一个证券厅。

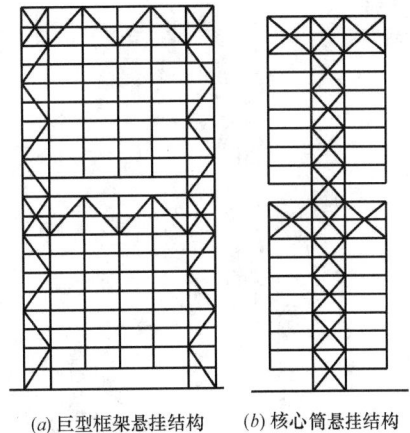

(a) 巨型框架悬挂结构　　(b) 核心筒悬挂结构

图 14.12 悬挂结构

　　1968 年新建的法国巴黎某大学学生公寓也是典型的悬挂结构（图 14.15）。由于建筑使用功能要求底层有整体大空间用做门厅、办公室和阅览室，中间层（第六层）也要留有大空间做活动室，因此结构设计师选择巨型悬挂结构，设置两个巨型层，将下部二到五层结构

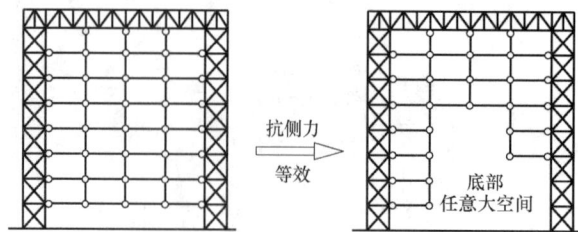

图 14.13 悬挂结构等效（内框架抗侧刚度为零）

悬挂在第六层的巨型梁上，将七到十层悬挂在顶层巨型梁上。这样平面上形成图 14.15 (b)所示的框架标准榀，此标准榀在纵向上布置三跨形成空间巨型悬挂结构体系。空间巨型框架支撑了整个结构。

1970 年建成的南非约翰内斯堡标准银行大厦(图 14.16)是比较典型的核心筒悬挂结构。该楼的核心筒由四个方形的混凝土筒组成，方筒变截面设计，从底部厚度 690mm 变至顶部 190mm，四个方筒由连梁连接形成束筒体系。束筒兼做电梯井以及楼梯、管道通道。筒体在中部和顶部三个不同水平标高处伸出巨型混凝土预应力悬臂梁，如图 14.16a。每层悬臂梁悬挑 10 层子框架。图 14.16b 所示的大楼立面图上可以清楚的看到巨型悬臂梁以及吊杆。吊杆为预制混凝土柱，柱中间预留孔道，待后张拉预应力筋。由于悬挂结构中子结构的链杆轴力是从底部至顶部变大的，因此这个结构中的预应力钢筋束也是变化的，顶部至底部逐渐减少。

建于 1972 年的德国慕尼黑 BMW 公司行政大楼(BMW Management Center，图 14.17)，也是比较典型的核心筒悬挂结构。四个混凝土圆筒由连梁连接成整体，组成束筒核心筒体系，核心筒兼做楼梯和电梯通道。核心筒顶部悬挑出巨型梁，四个外筒悬挂在巨型梁上，用做办公室。

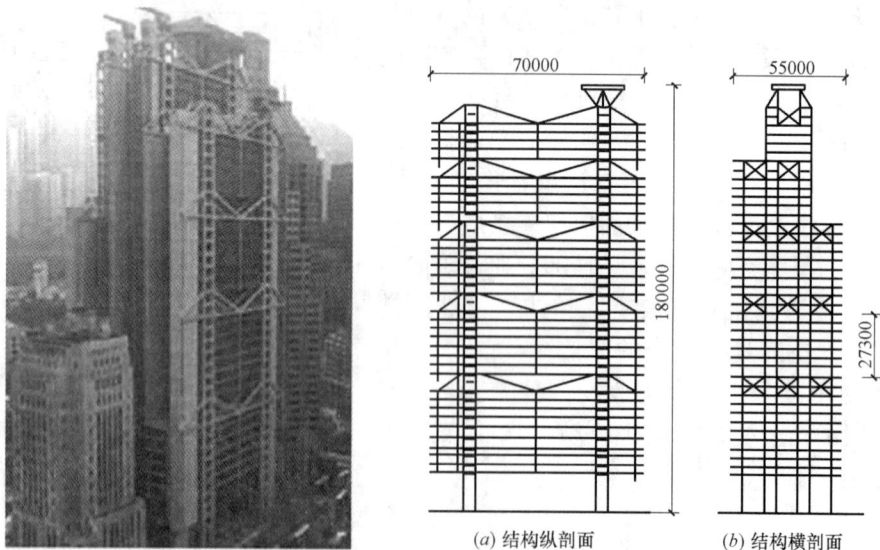

(a) 结构纵剖面   (b) 结构横剖面

图 14.14 香港汇丰银行

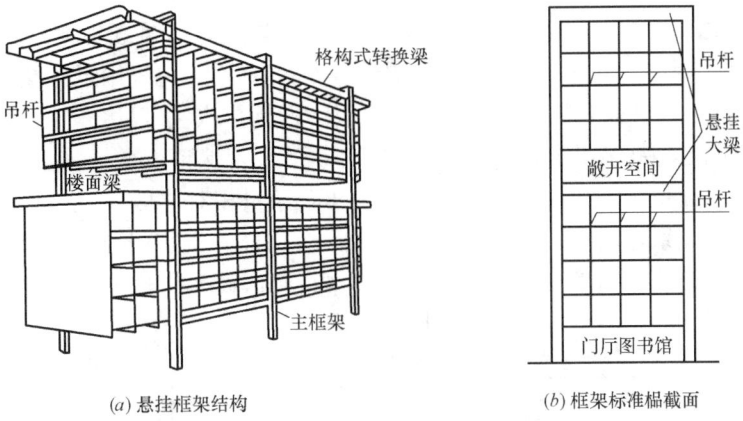

(a) 悬挂框架结构　　　　　　　　(b) 框架标准榀截面

图 14.15　巴黎某大学学生公寓

(a) 核心筒和巨型梁　　　　　　　(b) 大楼立面图

图 14.16　南非约翰内斯堡标准银行大厦

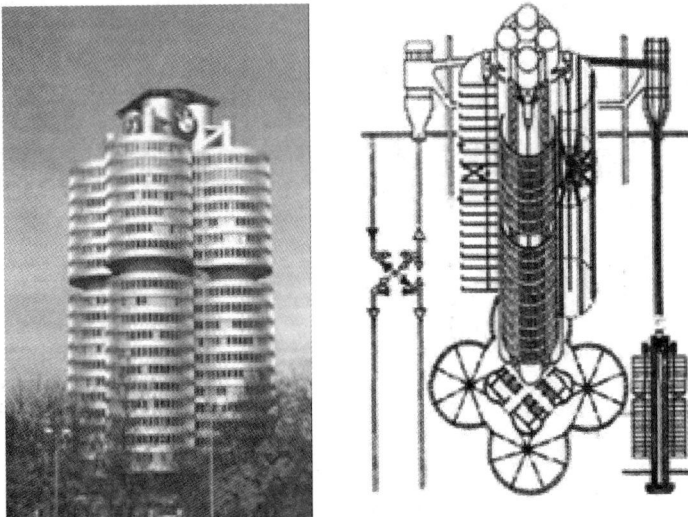

图 14.17　德国慕尼黑 BMW 公司行政大楼

415

除以上比较经典的例子外，加拿大温哥华 Westcoast transmission Building，12 层、美国 MINNEAPOLIS 联邦储备银行（悬链线拉杆加桁架的方式悬挂）、哥廷根大学 XLAB 跨学科实验室（五层吊在顶部的巨型井字架上，四根柱子支承起井字架）也采用了悬挂结构形式。在工业建筑上，悬挂结构也有应用，如火力发电厂巨大的锅炉汽包（重达 3500～8000t）悬挂在高达 50～90m 处的巨型井字梁上，沿高度设置 3～5 道平台保证汽包不能随意晃动（锅炉与平台之间设有减震弹簧，允许锅炉与平台之间出现小量相对位移）。

对于悬挂结构体系，已有的研究对象如图 14.18 那样直接将吊重简化到吊点的高度，然后按照普通框架结构计算悬挂结构的稳定性。本章则假设，荷载作用点的高度不变，吊重的侧移与相同高度的巨型结构的侧移相同。

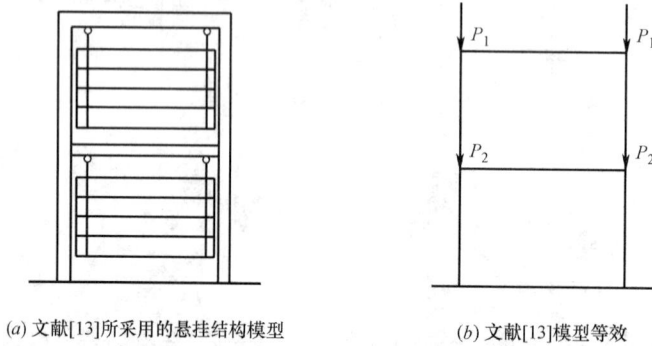

(a) 文献[13]所采用的悬挂结构模型　　　　　(b) 文献[13]模型等效

图 14.18　文献［13］所采用的悬挂结构模型

通过构建悬挂结构基本微分方程，研究了这种特殊结构的失稳特性。通过能量法，求得竖向均布荷载作用下单层框架结构的稳定性，并考虑层与层的相互作用，阐述了两个巨型层悬挂结构稳定性的求解方法。

14.5　悬挂结构屈曲分析

14.5.1　单个吊挂荷载

图 14.19（a）所示的单根悬臂柱，总高度是 H，在高度 H_1 处有吊重 P，通过吊杆悬吊在

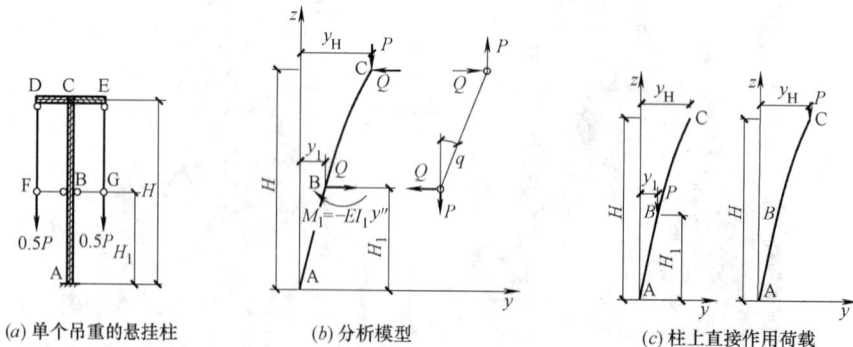

(a) 单个吊重的悬挂柱　　　　　(b) 分析模型　　　　　(c) 柱上直接作用荷载

图 14.19　单吊挂结构分析

高度 H 的刚臂上。吊重在高度 H_1 处与立柱由刚性链杆相连，代表吊重的侧移与相同高度处的立柱的侧移保持一致。给结构一个干扰，取如图 14.19 (b) 所示的隔离体，对 C 点取矩得：

$$Q=\frac{(y_H-y_1)}{H-H_1}P \tag{14.45}$$

建立失稳时的平衡方程得：

当 $0<z<H_1$ 时,$M+P(y_H-y)-Q(H-H_1)=0$,

将 Q 代入上式得：$M+P(y_1-y)=0$

由内弯矩 $M=-EIy''$，因此平衡微分方程为

$$EIy''+Py=Py_1 \tag{14.46a}$$

当 $H_1<z<H$ 时：

$$M+P(y_H-y)-Q(H-z)=0,$$

将 Q 代入得

$$EIy''+Py=P\left[y_1+(y_H-y_1)\frac{z-H_1}{H-H_1}\right] \tag{14.46b}$$

记 BC 段的结构变形曲线记为 y_{BC}，AB 段的结构变形曲线记为 y_{AB}。

式 (14.46a) 的解为：$y_{AB}=A_1\cos(\alpha z)+A_2\sin(\alpha z)+y_1$

其中 $\alpha=\sqrt{\frac{P}{EI}}$。当 $z=0$ 时，$y_{AB}=0$，$y'_{AB}=0$，得：$A_1+y_1=0$，$A_2=0$。

$$y_{AB}=y_1(1-\cos\alpha z)$$
$$y'_{AB}=\alpha y_1\sin(\alpha z)$$
$$y''_{AB}=\alpha^2 y_1\cos(\alpha z)$$

从式 (14.46a) 可以注意到，在 $z=H_1$ 时，有 $EIy''=0$，说明此时 H_1 高度处是柱子的反弯点。因此 $\alpha^2 y_1\cos(\alpha H_1)=0$，$\alpha H_1=\frac{\pi}{2}$，因此可以得到：$\sqrt{\frac{P}{EI}}\cdot H_1=\frac{\pi}{2}$，故

$$P_{cr}=\frac{\pi^2 EI}{4H_1^2} \tag{14.47}$$

即通过(14.46a)式，无需考虑(14.46b)式就得到了临界荷载，临界荷载与柱脚固定的悬臂柱，集中力直接作用在柱上高度为 H_1 处的相同。

上柱的位移是

$$y_{BC}=y_1+B_2\cos(\alpha z)+B_3\sin(\alpha z)+\frac{(y_H-y_1)}{H-H_1}(z-H_1)$$

$$y'_{BC}=-\alpha B_2\sin(\alpha z)+\alpha B_3\cos(\alpha z)+\frac{(y_H-y_1)}{H-H_1}$$

$$y''_{BC}=-\alpha^2 B_2\cos(\alpha z)-\alpha^2 B_3\sin(\alpha z)$$

由 $z=H_1$，$z=H$ 处弯矩为 0 得到：

$$y''_{BC}=-\alpha^2 B_2\cos(\alpha H_1)-\alpha^2 B_3\sin(\alpha H_1)=0$$
$$y''_{BC}=-\alpha^2 B_2\cos(\alpha H)-\alpha^2 B_3\sin(\alpha H)=0$$

$z=H_1$ 时，$y_{BC}=y_1$ 得到

$$B_2\cos(\alpha H_1)+B_3\sin(\alpha H_1)=0$$

从而得到 $B_2 = B_3 = 0$，$y_{BC} = y_{H1} + \dfrac{(y_H - y_1)}{H - H_1}(z - H_1)$，即上部柱子发生随动，保持直线，没有发生变形。因此，悬挂结构的稳定性，虽然较低位置的竖向荷载通过吊杆传递到柱顶，但其稳定性是与竖向荷载直接作用在较低位置的悬臂柱稳定性是一样的。

14.5.2　多个吊挂悬挂结构的稳定性连续化分析

如图 14.20，一个立柱，但是有多个悬挂的质量，一个质量代表一层。设悬挂层的层高为 h，每层的重量为 G，取任意连续的质点 $i+1$、i、$i-1$，隔离体如图 14.20 所示。上部吊杆对质点 i 的拉力为 T_{i+1}，其水平分力为 F_{i+1}，竖向分力 N_{i+1}。下部吊杆对质点 i 的拉力为 T_i，水平分力为 F_i，竖向分力 N_i。

$$F_{i+1} = \frac{y_{i+1} - y_i}{h} N_{i+1}, \quad F_i = \frac{y_i - y_{i-1}}{h} N_i,$$

这样质点 i 处水平链杆的水平力：$Q_i = F_{i+1} - F_i$。由于 $N_{i+1} = N_i + G$

$$Q_i = \frac{y_{i+1} - y_i}{h}(N_i + G) - \frac{y_i - y_{i-1}}{h} N_i = \frac{y_{i+1} - 2y_i + y_{i-1}}{h} N_i + \frac{y_{i+1} - y_i}{h} G$$

为得到更为一般的规律，将每层的集中荷载 G 沿层高均匀分布 $w = G/h$，$q(z) = Q_i/h$，这样得到悬挂结构的连续化模型：

$$q(z) = \frac{Q_i}{h} = \frac{y_{i+1} - 2y_i + y_{i-1}}{h^2} N_i + \frac{y_{i+1} - y_i}{h} w = y'' N + y' w = (y' N)'$$

其中

$$\frac{\mathrm{d}N}{\mathrm{d}z} = \frac{N_{i+1} - N_i}{h} = \frac{N_i + wh - N_i}{h} = w.$$

被悬挂部分作为独立的隔离体，水平方向也要平衡，这样可以获得顶部一个集中的水平力

$$Q_H = \int_0^H q(z)\mathrm{d}z = \int_0^H (y' N)' \mathrm{d}z = y' N \big|_0^H = P y'(H)$$

取柱子任意高度 z 至柱顶下截面为隔离体，如图 14.20b。对 z 处截面取矩，建立平衡方程：

$$M - M_H + P(y_H - y) - Q_H(H - z) + \int_z^H q(z)(\zeta - z)\mathrm{d}\zeta = 0$$

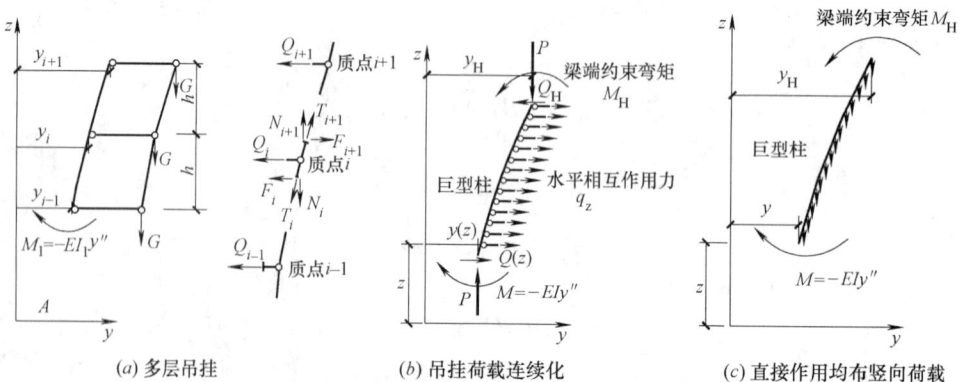

(a) 多层吊挂　　　　(b) 吊挂荷载连续化　　　　(c) 直接作用均布竖向荷载

图 14.20　悬挂结构的隔离体平衡方程

因为

$$\int_z^H q(z)(\zeta-z)\mathrm{d}\zeta = \int_z^H (y'N)'(\zeta-z)\mathrm{d}\zeta = \int_z^H (y'N)'\zeta\mathrm{d}\zeta - z\int_z^H (y'N)'\mathrm{d}\zeta$$

$$= \xi y'N\,|_z^H - \int_z^H y'N\mathrm{d}\xi - zy'N\,|_z^H$$

$$= Hy'(H)P - zy'N(z) - \int_z^H y'N\mathrm{d}\xi + zy'N(z) - zy'(H)P$$

$$= Hy'(H)P - \int_z^H y'N\mathrm{d}\xi - zy'(H)P$$

$$= Py'(H)(H-z) - \int_z^H Ny'\mathrm{d}\zeta$$

将上式和 $M=-EIy''$，$Q_\mathrm{H}=Py'(H)$，$N=wz$ 代入得到

$$-EIy'' + P(y_\mathrm{H}-y) - w\int_z^H y'\zeta\mathrm{d}\zeta = M_\mathrm{H}$$

因为 $\int_z^H y'\zeta\mathrm{d}\zeta = y\zeta\,|_z^H - \int_z^H y\mathrm{d}\zeta = Hy_\mathrm{H} - yz - \int_z^H y\mathrm{d}\zeta$，所以微分方程进一步化为

$$-EIy'' + P(y_\mathrm{H}-y) - wHy_\mathrm{H} + wyz + w\int_z^H y\mathrm{d}\zeta = M_\mathrm{H}$$

由于 $P=wH$，代入可得：

$$EIy'' + [w(H-z)]y - w\int_z^H y\mathrm{d}\zeta = -M_\mathrm{H} \tag{14.48}$$

观察上式，我们进一步讨论巨型柱上直接作用竖向均布荷载 w 的稳定问题，隔离体如图 14.20（c）所示，很容易可以建立平衡方程：

$$-EIy'' - M_\mathrm{H} + w\int_z^H [y(\zeta)-y(z)]\mathrm{d}\zeta = 0$$

进一步展开化简得：

$$-EIy'' - M_\mathrm{H} + w\int_z^H y(\zeta)\mathrm{d}\zeta - wy(H-z) = 0 \tag{14.49}$$

通过上述推导过程，我们发现式（14.48）和式（14.49）是一致的。这说明将连续化的竖向吊挂荷载，作用在巨型梁上，然后传递到柱子上所得到的稳定平衡微分方程，与直接将竖向均布荷载作用于巨型柱上的屈曲平衡微分方程是一致的。边界条件也一样，所以临界荷载也一样。因此，可以得出本节的最重要结论：研究悬挂结构的整体稳定性，只需将吊挂荷载集中到相同高处的巨型柱上，进而研究巨型框架（一级框架）的稳定性就可以了。

有了上述的结论，下面只需要研究巨形框架柱沿柱高承受竖向均布荷载时的稳定性。

14.5.3 两端约束柱承担竖向均布荷载的稳定性

框架柱承担均布竖向荷载，柱子变轴力，采用能量法得到近似公式，配合有限元方法验证并对公式修正以获得精度较高的临界荷载公式。采用如下简化假定：

1. 单跨框架结构是对称的，因此结构的屈曲变形为反对称。

2. 忽略巨型横梁的轴力对结构的稳定性影响（对普通框架，横梁内因为柱内剪力使得横梁内产生轴力，对框架屈曲的影响可以忽略不计，对巨型框架，这种轴力的影响也不会超过 10%）。

3. 各个悬挂层的荷载相等。

图 14.21 所示悬臂柱，沿柱子高度作用均布轴向力 q，柱高 H，柱截面抗弯刚度为 EI，柱顶约束刚度 k_{z1}，k_{z2}。假设该柱子的位移曲线符合式：$-EIy''=1$，对其积分可得满足边界条件：$y(0)=0$，$M(0)=-EIy''(0)=k_{z1}y'(0)$，$M(H)=-EIy''(H)=k_{z2}y'(H)$ 的曲线是

$$y=-\frac{1}{6EI}z^3+\frac{1}{2}C_1z^2+C_2z \qquad (14.50)$$

令 $K_1=\dfrac{k_{z1}}{6i_c}$，$K_2=\dfrac{k_{z2}}{6i_c}$。则 $C_1=\dfrac{K_1+3K_1K_2}{6K_1K_2+K_2+K_1}\dfrac{1}{i_c}$，$C_2=\dfrac{H}{6K_1}C_1=\dfrac{H}{6i_c}\dfrac{1+3K_2}{6K_1K_2+K_2+K_1}$。

弯曲屈曲时总势能为：

$$\Pi=\frac{1}{2}\int_0^H EIy''^2 \mathrm{d}z-\frac{1}{2}\int_0^H Py'^2 \mathrm{d}z-\frac{1}{2}\int_0^H q\left[\int_0^z y'^2 \mathrm{d}\zeta\right]\mathrm{d}z+\frac{1}{2}k_{z1}[y'(0)]^2+\frac{1}{2}k_{z2}[y'(H)]^2 \qquad (14.51)$$

将位移方程式（14.50）代入得到临界荷载：

$$q_{cr}=\frac{12EI}{H^3}\frac{\dfrac{1}{3\gamma}-1+\dfrac{1}{6}\gamma(6+K_1^{-1})+K_2\left[\dfrac{3}{2\gamma}+\dfrac{\gamma}{6}(6+K_1^{-1})^2-(6+K_1^{-1})\right]}{\left[\dfrac{1}{10}\gamma+\dfrac{\gamma}{6}\left(6+\dfrac{4}{K_1}+\dfrac{1}{K_1^2}\right)-\dfrac{1}{6K_1}-\dfrac{3}{5}\right]+\dfrac{P}{qH}\left[\dfrac{3}{5\gamma}+\dfrac{\gamma}{3}\left(\dfrac{1}{K_1^2}+\dfrac{4}{K_1}+12\right)-\dfrac{2}{3K_1}-3\right]} \qquad (14.52)$$

式中

$$\gamma=\frac{K_1+3K_1K_2}{6K_1K_2+K_2+K_1}$$

如果没有柱顶轴力，上式可以化为

$$q_{cr0}=\frac{2(3K_1K_2+K_1+K_2)^2+3K_1K_2(K_1+K_2)+6K_1K_2+K_1+K_2}{3(3.6K_2^2+3.6K_2+1)K_1^2+3(4.8K_2^2+4.2K_2+1)K_1+6.6K_2^2+5K_2+1}\frac{12EI}{H^3} \qquad (14.53)$$

在仅有 P 时，临界荷载早已熟知为下式：

$$P_{cr0}=\frac{7.5K_1K_2+K_1+K_2}{7.5K_1K_2+4(K_1+K_2)+1.52}\cdot\frac{\pi^2EI}{H^2} \qquad (14.54)$$

柱脚固定时

$$(qH)_{cr}=\frac{1+7.5K+9K^2}{1.5+5.4K+5.4K^2}\cdot\frac{12EI}{H^2} \qquad (14.55)$$

利用现有的上端自由以及上端可滑动固接的屈曲荷载，我们可以做如下比较来验证精度：

上端自由即 $K=0$ 时，$(qH)_{cr}=\dfrac{8EI}{H^2}$，精确解为 $0.3147(qH)_{cr}=\pi^2EI/4H^2$，即 $q_{cr}H=\dfrac{7.837EI_c}{H^2}$，误差是 2.08%。

上端固接 $K=\infty$，$(qH)_{cr}=20EI/H^2$，精确解为 $(qH)_{cr}=\dfrac{2\pi^2EI}{H^2}$，误差是 1.32%。

可见上述公式有很高的精度。但是对于实际的吊挂结构，因为层数是有限的，连续化的模型本身会带来误差，总误差在 5~6%。

下面用有限元程序 ANSYS 建立模型，求得两端无量纲转动约束刚度为 K_1，K_2 的柱子的临界荷载，以验证公式（14.52）的精确度。表 14.6 和表 14.7 分别列举了不同高度和

线刚度的柱子，变化上下端约束刚度、K_1、K_2，当 $P=0$ 及 $P=qH_2$ 时，式(14.52)以及有限元程序 ANSYS 求得的屈曲荷载。对比表明，在两种情况下式(14.52)的精度都非常好。当 $P=0$ 时，最大误差在 6% 左右；当 $P=qH_2$ 时，最大误差在 4% 左右，说明假设的曲线可能更符合柱顶有集中荷载的悬挂结构柱的变形。

由于(14.52)式过于复杂，可以尝试用下式代替：

$$\frac{P}{P_{cr0}}+\frac{q}{q_{cr0}}=1 \qquad (14.56a)$$

由上式得到 $P=qH_2$ 时的临界力是

$$q_{cr}=\frac{P_{cr0}q_{cr0}}{q_{cr0}H_2+P_{cr0}} \qquad (14.56b)$$

表 14.7 列出了式(14.56b)与 ANSYS 解的比较，可以看出式(14.56b)有更好的精度。

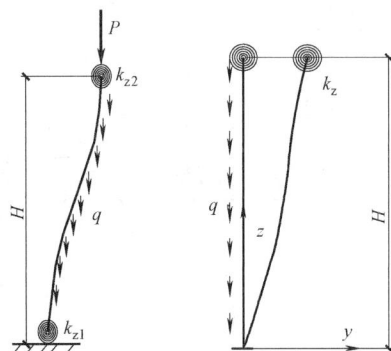

(a) 两端约束的悬挂结构柱 　　　*(b)* 底部固接柱

图 14.21　单层悬挂柱模型

式 (14.52) 的精确性验证 (m, N)　　　　　　表 14.6

算例	H	$i_c\times10^{10}$	K_1	K_2	式(14.52)	ANSYS	误差
1	4	2.318	1.00	1.00	16553.57	15540.00	6.52%
2	4	2.318	1.59	0.30	14966.23	14278.75	4.81%
3	4	2.318	2.37	0.30	16233.52	15508.75	4.67%
4	4	2.318	4.63	0.22	16429.99	15783.75	4.09%
5	4	2.318	18.96	0.04	12805.36	12493.25	2.50%
6	4	2.318	$+\infty$	0.00	11589.02	11353.88	2.07%
7	4	2.318	0.00	$+\infty$	5268.05	5021.50	4.91%
8	4	2.318	18.96	$+\infty$	28218.62	26922.50	4.81%
9	4	2.318	$+\infty$	1.00	24729.10	23333.75	5.98%
10	4	2.318	64.00	1.00	24546.18	23160.00	5.99%
11	4	2.318	125.00	1.00	24635.37	23243.75	5.99%
12	4	2.318	$+\infty$	1.00	24717.64	23323.75	5.98%
13	4	2.318	1.00	1.00	16553.57	15540.00	6.52%
14	4	2.318	0.30	0.30	7863.55	7461.25	5.39%
15	4	2.318	0.04	0.04	1241.20	1224.86	1.33%
16	4	2.318	0.00	0.00	160.20	159.88	0.20%
17	5	4.395	0.53	527.34	18284.66	17144.60	6.65%
18	6	3.662	1.50	0.63	12148.15	11468.00	5.93%
19	10	7.416	2.00	0.74	9706.37	9142.60	6.17%
20	12	6.18	2.00	0.74	5617.11	5296.17	6.06%
21	12	14.72	4.37	0.36	13033.19	12422.50	4.92%
22	12	14.72	4.37	2.92	17311.08	16288.33	6.28%

$P=qH_2$ 时式（14.52）及式（14.56b）的精确性验证（m，N）　表 14.7

算例	H	$i_c\times10^{10}$	K_1	K_2	H_2	式(14.52)	ANSYS	误差	式(14.56b)	误差
1	4	2.32	1.00	1.00	4	5517.86	5443.00	1.38%	5384.03	−1.08%
2	4	2.32	1.00	1.00	3	6621.43	6512.75	1.67%	6476.54	−0.56%
3	4	2.32	2.37	0.30	3	3969.98	3951.25	0.47%	3937.66	−0.34%
4	4	2.32	4.63	0.22	3	4953.96	4931.50	0.46%	4958.34	0.54%
5	4	2.32	18.96	0.04	5	2650.11	2635.75	0.54%	2656.82	0.80%
6	4	2.32	$+\infty$	$\to 0$	5	2317.88	2305.00	0.56%	2293.69	−0.49%
7	4	2.32	$\to 0$	$+\infty$	5	1869.28	1821.85	2.60%	1853.52	1.74%
8	5	1.85	23.70	1.25	2	6756.58	6601.60	2.34%	6674.01	1.09%
9	5	1.85	23.70	1.25	1	8837.78	8549.20	3.38%	8766.84	2.55%
10	5	1.85	23.70	1.25	0.5	10446.71	10008.80	4.38%	10396.99	3.88%
11	5	1.85	23.70	1.25	50	549.16	542.62	1.21%	535.69	−1.28%
12	6	7.15	2.59	0.77	8	6938.06	6848.67	1.31%	6774.94	−1.08%
13	12	3.58	41.47	1.54	6	2104.67	2050.42	2.65%	2075.80	1.24%

14.5.4　考虑层与层相互作用的悬挂结构的稳定性：两个巨型层

如图 14.22 所示。由于结构发生屈曲时上下柱相互作用，而上下柱的均布竖向荷载 q 相等，故整体失稳时有 $q_{AB}=q_{BC}$。

如图 14.22b，设一、二层柱子线刚度分别为 i_{c1}、i_{c2}；一、二层梁线刚度 i_{b1}、i_{b2}。B 节点处的总约束 $k_B=6i_{b1}$，设其分配到 AB 柱下端的弯矩为 $k_{BA}=6i_{b1}\cdot\eta$，分配到 BC 柱上端的弯矩 $k_{BC}=6i_{b1}\cdot(1-\eta)$。对于 AB 柱：

$$q_{AB}=\frac{2(3\eta K_1K_2+\eta K_1+K_2)^2+3\eta K_1K_2(\eta K_1+K_2)+6\eta K_1K_2+\eta K_1+K_2}{3(3.6K_2^2+3.6K_2+1)\eta^2K_1^2+3(4.8K_2^2+4.2K_2+1)\eta K_1+6.6K_2^2+5K_2+1}\frac{12Ei_{c2}}{H_2^3}$$

$$(14.57a)$$

其中 $K_1=\dfrac{k_{BA}}{6i_{c2}}=\dfrac{i_{b1}}{i_{c2}}$，$K_2=\dfrac{k_{AB}}{6i_{c2}}=\dfrac{i_{b2}}{i_{c2}}$。对于 BC 柱，$K_1=\infty$，故

$$q_{BC}=\frac{2+15(1-\eta)K_3+18(1-\eta)^2K_3^2}{1+3.6(1-\eta)K_2+3.6(1-\eta)^2K_2^2}\cdot\frac{4EI_{c1}}{H_1^3} \qquad(14.57b)$$

其中 $K_3=\dfrac{i_{b1}}{i_{c1}}$。

假设上层吊挂荷载与下层的吊挂荷载一样，即 $q_{AB}=q_{BC}$，则从（14.57a，b）式可以得到关于 η 的一元四次方程

$$a\eta^4+b\eta^3+c\eta^2+d\eta+e=0 \qquad(14.58)$$

由于系数非常复杂，这里不再列出，读者可以用 maple 等程序求解。解此一元四次方程，得到两个实根，两个虚根。取最小的实根作为有效解，代入屈曲荷载表达式即可求得 q_{AB} 或者 q_{BC}。表 14.8 是考虑这种相互作用后按本节方法求得的屈曲荷载 q_{cr} 与 ANSYS 有限元分析得到屈曲荷载的比较，可以看出误差大都在 5% 左右。

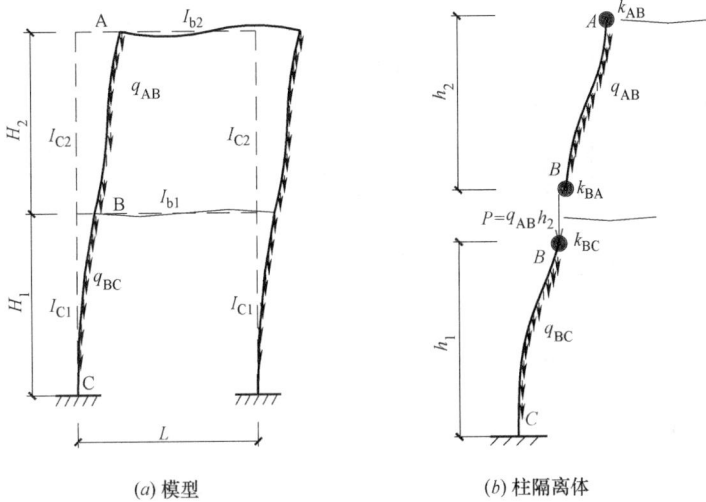

(a) 模型　　　　　　(b) 柱隔离体

图 14.22　双层悬挂结构分析

算例 1 取一、二层梁截面分别为 3m×2m、3m×1m；取一、二层柱都为 4m×2m。上下柱截面一致且层高相同上下柱线刚度相等，如果按传统的依据按照线刚度分配弯矩，则分配系数应为 $\eta=0.5$。按照本节的考虑层与层相互作用的求解方法求得的分配系数为 $\eta=0.37$。即上层柱子分配到的约束较小。这是因为，两柱刚度一致，上下层抗侧刚度相差不太大，而由于下层柱子承受了更大的轴力（本层的均布竖向荷载加上层传来的集中力）因此底层比较薄弱，所以底层柱上端获得更大的约束以保持其稳定性，上层则因获得较小约束，提早失稳，最终是两层同时失稳。

假设 i_{c1} 大于 i_{c2} 较多，算例 5 反应的就是这种情况，取一、二层梁截面分别为 3m×1.5m、3m×1m；取一、二层柱截面分别为 4m×2m、1m×1m。上柱较下柱刚度小很多，此时的计算所得的分配系数为 $\eta=1.62>1$。原因是上柱线刚度较小，上下层相互支援的结果使得下柱牺牲自己部分刚度对上柱支援（极限情况是下层框架柱和梁成为上层框架的固定支座），此时横梁和下柱一起对上柱提供约束，结构表现为上层失稳。

若 i_{c1} 比较小，上部柱子在失稳过程中将会拿出部分刚度对下柱支援，从而达到同时失稳的效果。极端地，若 i_{c1} 很小，则梁柱一起对其提供支援，这种相互作用的结果使得 $\eta<0$。算例 6 一、二层梁截面分别为 5m×2m、5m×2m；取一、二层柱截面分别为 6m×2m、6m×30m，i_{c1} 远小于 i_{c2}，此时上柱和梁端弯曲方向一致，结构表现为下层薄弱层失稳。

考虑层与层相互作用的两个巨型层悬挂结构的屈曲荷载（m，N）　　　　表 14.8

算例	总高	H_1	H_2	层数	l	i_{c1} (×10^{12})	i_{c2} (×10^{12})	i_{b1} (×10^{12})	i_{b2} (×10^{12})	η	ANSYS (10^8)	式 (14.58)	误差 (%)
1	80	40	40	40	40	54.9	54.9	23.2	11.6	0.37	2.40	2.45	2.19
2	80	40	40	40	36	54.9	23.2	19.3	12.9	0.50	2.07	2.14	3.54
3	80	40	40	40	36	54.9	54.9	19.3	12.9	0.36	2.26	2.32	2.29
4	80	40	40	40	50	54.9	68.7	13.9	9.27	1.05	1.17	1.23	5.63
5	80	40	40	40	50	54.9	0.429	13.9	9.27	1.62	0.0998	0.1055	5.64

续表

算例	总高	H_1	H_2	层数	l	i_{c1} $(\times10^{12})$	i_{c2} $(\times10^{12})$	i_{b1} $(\times10^{12})$	i_{b2} $(\times10^{12})$	η	ANSYS (10^8)	式 (14.58)	误差 $(\%)$
6	100	50	50	40	50	148	2220	85.8	85.8	−0.20	3.46	3.52	1.88
7	160	80	80	80	50	92.7	92.7	43.9	43.9	0.23	1.11	1.14	2.49
8	160	90	70	64	40	82.4	106	54.9	54.9	0.03	1.37	1.41	2.51
9	160	70	90	64	40	106	47.7	54.9	54.9	0.58	1.47	1.49	1.12
10	210	120	90	70	60	146	195	71.5	53.6	0.07	1.54	1.57	1.96
11	210	120	90	70	60	98.1	195	71.5	53.6	−0.02	1.25	1.2	−3.80

14.5.5 核心筒悬挂结构的稳定性

对于等截面核心筒悬挂结构，可以利用悬臂柱屈曲荷载的结论：

$$0.3147(qh)_{cr}=\pi^2EI/4H^2 \quad 有：q_{cr}=\pi^2EI/(1.2588H^3) \tag{14.59}$$

在两层的情况下，因为核心筒悬挂结构没有梁提供约束，则式(14.57a, b)变为

$$q_{AB}=\frac{2\beta^2+\beta}{3\beta^2+3\beta+1}\frac{12EI_{c2}}{H_2^3}, \quad q_{BC}=\frac{2-15\beta K_c+18\beta^2 K_c^2}{1-3.6\beta K_c+3.6\beta^2 K_c^2}\cdot\frac{4EI_{c1}}{H_1^3}$$

其中利用了如下的记号：

$$\beta=\eta K_1=\frac{k_{BA}}{6i_{c2}}, k_{BC}=-k_{AB}, (1-\eta)K_3=\frac{k_{BC}}{6i_{c1}}=\frac{-k_{BA}}{6i_{c1}}=-\frac{k_{BA}}{6i_{c2}}\frac{i_{c2}}{i_{c1}}=-\beta K_c$$

令两式相等可以得到一元四次方程，可以用于研究上下巨型悬挂层的相互影响。经过比较，对于核心筒悬挂结构，上述方法与有限元解几乎是相同的，误差在 0.5% 以内。

14.6 联肢剪力墙屈曲分析的连续化方法

实际工程中，建筑的墙体上往往有大量竖向排列的门洞或者窗洞，洞口将整片墙体分割成两个墙肢，而洞口之间的混凝土梁或者混凝土墙体可以起到对墙肢的弯曲约束作用，称之为连梁。如图 14.23 所示。这种由平面内墙体和与其相连的抗弯连梁组成的结构称为双肢剪力墙结构。连梁的存在极大的提高了墙体系统的刚度和抗侧效率。图 14.23b 左右两片钢支撑，中间有一跨无支撑跨充当了连梁的作用，这种结构也构成了联肢结构体系。

Stafford & Coull(1984)[1]是高层结构方面非常有影响的专著，其中的第 10 章专门介绍了联肢剪力墙的线性分析方法，包括连续介质法和模拟框架分析法。Rosman (1973)[4]研究了剪力墙结构的振动和稳定性，其中包含有联肢剪力墙，给出了一些表格。王寿康 & 张毛心(1996)[16]采用能量法，假设位移函数，求得厚度变化的联肢剪力墙的临界荷载，提供了表格。陈波(2003)[17]建立总势能，采用级数形式的位移函数，研究了多肢剪力墙的稳定性，给出了级数形式的近似解。

联肢剪力墙一阶分析的重点是考察连梁对整体结构的抗侧刚度的贡献。如图 14.24，

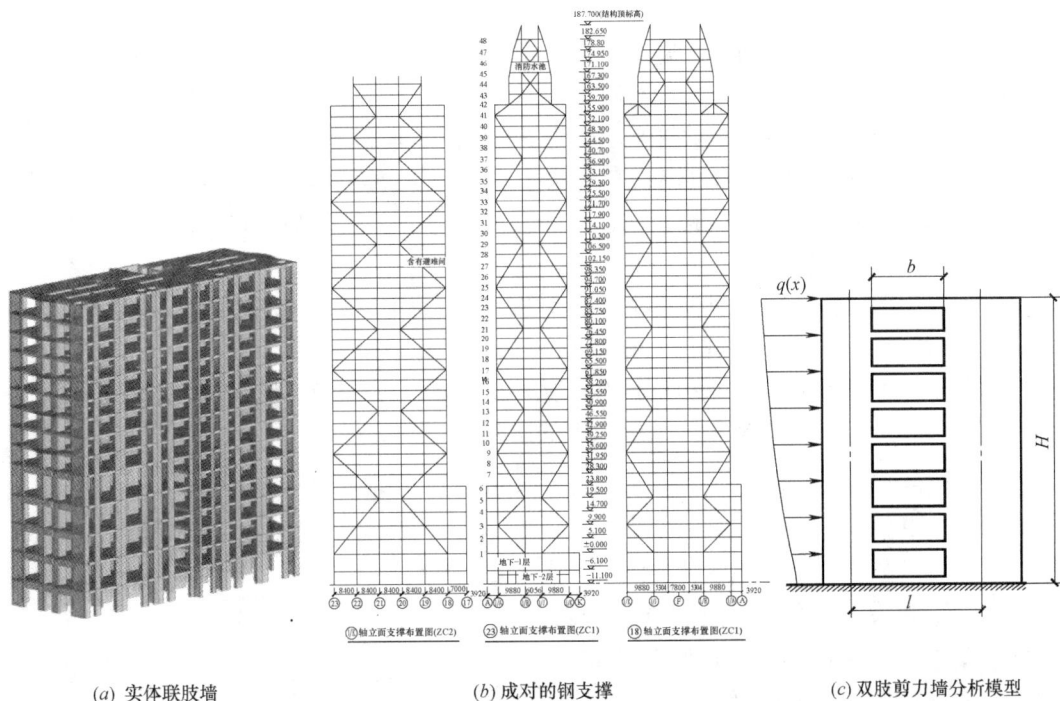

(a) 实体联肢墙   (b) 成对的钢支撑   (c) 双肢剪力墙分析模型

图 14.23 联肢剪力墙

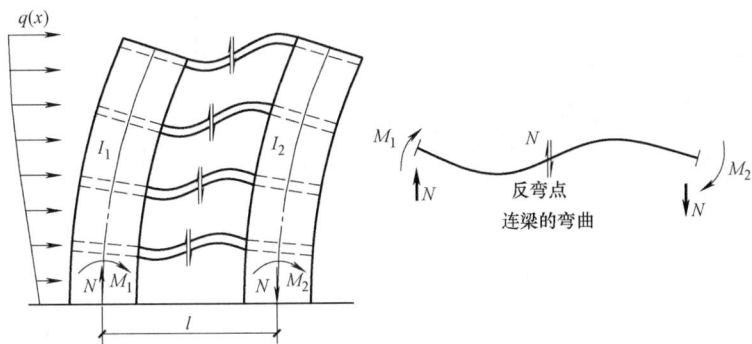

图 14.24 双肢剪力墙发生水平侧移时的内力和变形

在水平荷载作用下联肢剪力墙结构发生侧移变形，墙肢发生绕自身形心轴的弯曲，与墙肢相连的连梁端部被迫发生转动，产生相反方向的弯矩，阻止墙肢的自由弯曲，而弯曲作用使得梁内产生竖向剪力，这个剪力对墙肢发生反作用，从而形成与外弯矩相反的抵抗力矩。同时竖向高度上所有连梁的剪力作用使得两个墙肢中出现相反方向的轴力，这两个轴力形成抗倾覆弯矩，参与到对整体结构的抗侧贡献当中。连梁使得两个子结构在水平荷载作用下产生竖向轴力，从而形成类似桁架"上下弦"拉压杆的抗弯机制。由此得到内外弯矩的平衡方程式：$M = M_1 + M_2 + Nl$。其中 M_1、M_2 为墙肢各自弯曲产生的抵抗弯矩，Nl 为桁架机制提供的弯矩。

    可以将每层以单个构件形式出现的连梁在竖向高度上连续化，连续化方法采用以下假设：

（1）墙肢和连梁的截面沿高度保持不变并且层高相同；

（2）各结构构件变形符合平截面假定；

（3）考虑剪切变形后的等效抗弯刚度为 EI_c 的各个连梁可以等效为单位高度上抗弯刚度为 EI_c/h 的连续介质，h 为层高；

（4）两墙肢的水平方向位移相同；两墙肢由于弯曲变形引起的转角沿建筑高度处处相等。

根据以上假定，连梁上分布的轴向力、弯矩及剪力可以分别由连续分布的每单位高度上的等效荷载集度 n、m、q 替代。沿连续介质的反弯点连线竖向切开，此处只存在单位高度上分布的剪力流集度 $q(z)$ 和轴向力集度 $n(z)$，$m(z)$ 为零。如图 14.25，任一高度 z 处的任一片墙肢上的轴向力 N 等于该层以上的连续介质中

剪力流的积分：

$$N = \int_z^H q\,\mathrm{d}z \tag{14.60a}$$

表示成微分形式为：

$$q = -\frac{\mathrm{d}N}{\mathrm{d}z} \tag{14.60b}$$

连续体的平衡微分方程是根据反弯点处的变形协调条件建立的，因此首先要研究反弯点处的变形情况。设墙肢 1、2 各自的截面高度为 $2d_1$、$2d_2$，各自的横截面积为 A_1、A_2，连梁的长度为 b，层高为 h，则竖向任意高度上连续介质反弯点切线处的变形由图 14.26 所示的三种：

（a）墙肢绕自身形心轴的弯曲变形导致切口相对位移，$\delta_1 = ly'$。

（b）反弯点处剪力流作用下产生的连梁的弯曲和剪切变形，由于连续化，

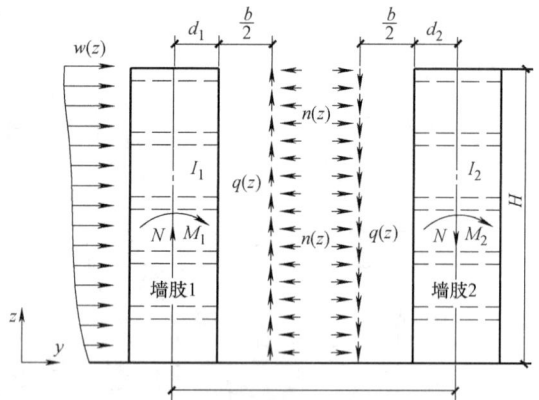

图 14.25　联肢剪力墙的连续化模型内力图

$\mathrm{d}z$ 高度上的抗弯刚度为 $(EI_b/h)\mathrm{d}z$，反弯点处的剪力为 $q\mathrm{d}z$。考虑到连梁的剪切变形，引入等效弯剪刚度 I_c，满足 $I_c = I_b / \left(1 + \dfrac{12EI_b}{b^2 GA_s}\right)$，单位等效弯剪刚度为 EI_c/h。

因此剪力 q 引起的弯剪变形为 $\delta_2 = \dfrac{(q\delta)\, b^3}{12\,(EI_{c/h})}$，将式（14.60b）代入得 $\delta_2 = \dfrac{b^3 h}{12EI_c}\dfrac{\mathrm{d}N}{\mathrm{d}z}$。

（c）反弯点剪力流引起的轴力 N 对应的墙肢的轴向变形 δ_3。

由反弯点竖向位移为零的条件可以得到变形协调方程：$\delta_1 + \delta_2 + \delta_3 = 0$ 得：

$$l\frac{\mathrm{d}y}{\mathrm{d}z} + \frac{b^3 h}{12EI_c}\frac{\mathrm{d}N}{\mathrm{d}z} - \frac{1}{E}\left(\frac{1}{A_1} + \frac{1}{A_2}\right)\int_0^z N\mathrm{d}z = 0 \tag{14.61}$$

图 14.27(a)，两墙肢顶部作用集中力 P_1、P_2。给墙肢一个水平干扰，将变形后的结构沿连梁连续介质反弯点切开，取任意截面 z 处以上部分作为隔离体，如图 14.27(b) 所示。弯矩以顺时针方向为正，$y(z)$ 为隔离体中任意高度截面处的水平位移。对截面 z 的形心取矩，得到两个墙肢平衡微分方程分别为：

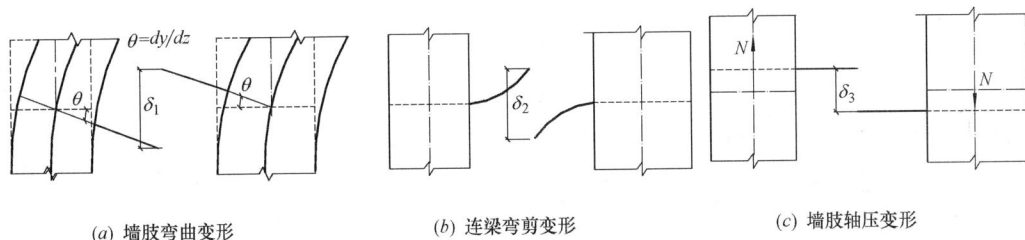

(a) 墙肢弯曲变形   (b) 连梁弯剪变形   (c) 墙肢轴压变形

图 14.26 联肢剪力墙连续化模型的中点变形条件

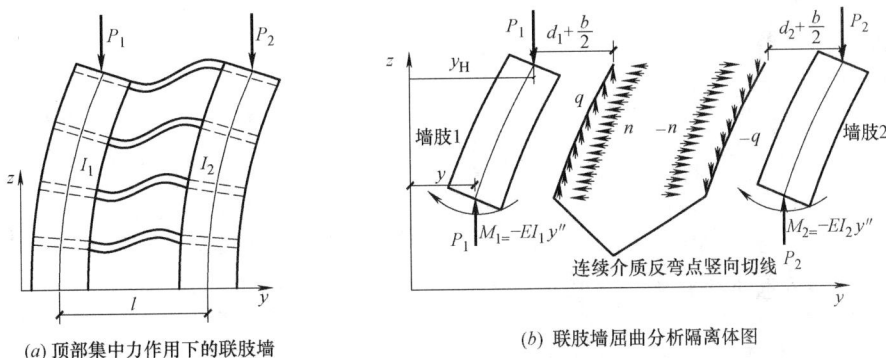

(a) 顶部集中力作用下的联肢墙   (b) 联肢墙屈曲分析隔离体图

图 14.27 联肢剪力墙的屈曲分析模型

$$-EI_1 y'' + P_1(y_H - y) - \int_z^H n(\zeta - z)\mathrm{d}\zeta - \int_z^H \left[(0.5b + d_1) + (y(\zeta) - y)\right]q\mathrm{d}\zeta + M = 0$$

$$(14.62a)$$

$$-EI_2 y'' + P_2(y_H - y) + \int_z^H n(\zeta - z)\mathrm{d}\zeta - \int_z^H \left[(0.5b + d_2) - (y(\zeta) - y)\right]q\mathrm{d}z = 0$$

$$(14.62b)$$

其中 $\int_z^H n(\zeta - z)\mathrm{d}\zeta$ 为连梁轴力集度 n 对截面 z 形心产生的弯矩，连梁剪力集度 q 产生的弯矩为 $\int_z^H \left[(0.5b + d_1) + (y(\zeta) - y)\right]q\mathrm{d}\zeta$、$\int_z^H \left[(0.5b + d_1) + (y(\zeta) - y)\right]q\mathrm{d}\zeta$，$M$ 是外荷载的弯矩。上两式相加，记 $I_w = I_1 + I_2$，$P = P_1 + P_2$，得到：

$$-EI_w y'' + P(y_H - y) - l\int_z^H q\mathrm{d}z + M = 0 \tag{14.63}$$

将式(14.60a)代入得：

$$N = \frac{1}{l}\left(-EI_w y'' - Py + Py_H + M\right) \tag{14.64}$$

对上式分别求一阶和二阶导数得：

$$\frac{\mathrm{d}N}{\mathrm{d}z} = \frac{1}{l}\left(-EI_w y''' - Py' + M'\right) \tag{14.65}$$

$$\frac{\mathrm{d}^2 N}{\mathrm{d}z^2} = \frac{1}{l}\left(-EI_w y^{(4)} - Py'' + M''\right) \tag{14.66}$$

记 $I_0 = \dfrac{A_1 A_2}{A_1 + A_2}l^2$，注意到 $\dfrac{12EI_c}{hb^3}$ 是沿高度 h 的平均，量纲是 $\mathrm{N/m^2}$，$\dfrac{12EI_c}{hb^3}l^2$ 是力的量纲，

记为 S，

$$S=\frac{12EI_c}{hb^3}l^2=P_s \tag{14.67}$$

P_s 的物理意义在后面解释，式(14.67)代入式(14.61)，并微分一次得

$$y''+\frac{l}{P_s}\cdot\frac{\mathrm{d}^2N}{\mathrm{d}z^2}-\frac{l}{EI_0}N=0 \tag{14.68}$$

将式(14.64)、(14.66)代入式(14.68)，有：

$$-\frac{EI_w}{P_s}y^{(4)}+\left(1-\frac{P}{P_s}+\frac{EI_w}{EI_0}\right)y''+\frac{1}{EI_0}P(y-y_H)-\frac{1}{EI_0}M+\frac{1}{P_s}M'=0$$

两边同乘 EI_0，并记 $I=I_0+I_w$，得：

$$-\frac{EI_wEI_0}{P_s}y^{(4)}+EI\left(1-\frac{PI_0}{P_sI}\right)y''+P(y-y_H)-M+\frac{EI_0}{P_s}M'=0 \tag{14.69}$$

研究联肢墙的屈曲，此时 $M=0$、$M'=0$，所以

$$-\frac{EI_wEI_0}{P_s}y^{(4)}+EI\left(1-\frac{PI_0}{P_sI}\right)y''+P(y-y_H)=Py_H \tag{14.70}$$

式(14.70)就是联肢剪力墙结构的屈曲平衡微分方程，其特征方程为：

$$-\frac{EI_wEI_0}{P_s}\lambda^4+\left(EI-\frac{P}{P_s}EI_0\right)\lambda^2+P=0$$

上式的 4 个根分别为：$\lambda_{1,2}=\pm\alpha$，$\lambda_{3,4}=\pm\beta i$，其中：

$$\genfrac{}{}{0pt}{}{\alpha}{\beta}=\sqrt{\frac{\sqrt{(EIP_S-EI_0P)^2+4P_SPEI_wEI_0}\pm(EIP_s-PEI_0)}{2EI_wEI_0}}$$

屈曲平衡微分方程的解为：

$$y=C_1\cosh\alpha z+C_2\sinh\alpha z+C_3\cos\beta z+C_4\sin\beta z+y_H \tag{14.71}$$

以上 $C_1\sim C_4$、y_H，五个待定系数，需要五个边界条件。对于联肢剪力墙结构，边界条件为：

1. 底部固端位移为零：$z=0$，$y=0$，$y'=0$；顶部自由端弯矩为零：$z=H$, $y''(H)=0$；

2. $z=0$ 时，将 $y(0)=0$，$\int_0^z N\mathrm{d}z=0$ 代入变形协调方程(14.61)可得 $N'(0)=0$，再代入式(14.65) $N'(0)=\frac{1}{l}(-EI_wy'''-Py'+M')=0$ 得到：$y'''(0)=0$；

3. $z=H$ 时，将 $y''(H)=0$，$N(H)=0$ 代入式(14.68)得 $N''(H)=0$，再代入式(14.66)：

$$N''(H)=\frac{1}{l}(-EI_wy^{(4)}-Py''+M')=0,可得\ y^{(4)}(H)=0。$$

将式(14.71)代入边界条件，可得 $C_2=C_4=0$。其余三个系数的方程是：

$$C_1+C_3+y_H=0$$
$$\alpha^2C_1\cosh\alpha H-\beta^2C_3\cos\beta H=0$$
$$\alpha^4C_1\cosh\alpha H+\beta^4C_3\cos\beta H=0$$

要使得问题有非零解，应有 $(\alpha^2\beta^4+\alpha^4\beta^2)\cosh\alpha H\cos\beta H=0$，因此必须 $\cos\beta H=0$。由此得到 $\beta H=\frac{\pi}{2}$，将 β 代入，化简得：

$$P_{cr}=\frac{\pi^2 EI_w}{4H^2}+\frac{\pi^2 EI_0}{4H^2}\Big/\left(1+\frac{\pi^2 EI_0}{4H^2 P_S}\right) \qquad (14.72)$$

由此我们发现对于联肢剪力墙结构，临界荷载表达式是两项相加，即 $P_{cr}=P_{1ub}+P_{2ub}$，P_{1ub} 和 P_{2ub} 所对应的是两个子结构，两个剪力墙肢绕自身形心轴的弯曲是其一（图 14.28b）。由于连梁的弯曲将两个墙肢的独立变形联系起来，使得两个墙肢在独立弯曲变形之外还产生轴向拉压变形，这个拉压变形与连梁的变形一起成为一个类似桁架的第二个子结构（图 14.28c），这个子结构有独立的弯曲和剪切刚度 I_0、P_s。弯曲型子结构 1 和弯剪型子结构 2 是隐含在整体结构中的，因此我们称联肢剪力墙结构为隐式的双重抗侧力结构。

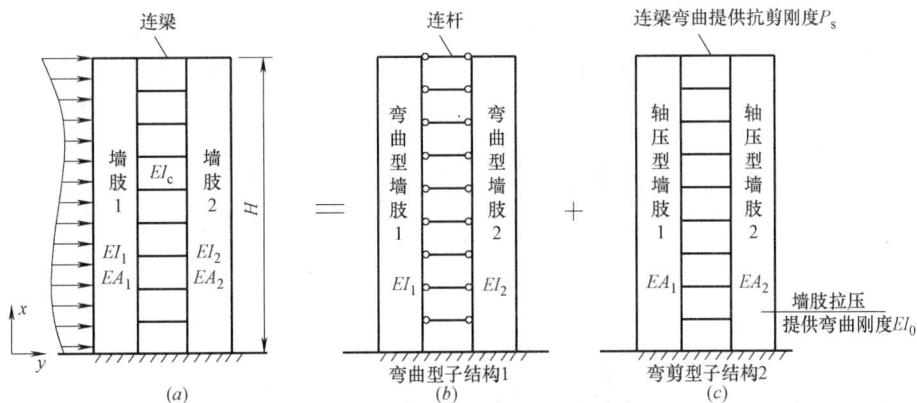

图 14.28 联肢剪力墙：隐式双重抗侧力结构

联肢剪力墙结构的这种双重抗侧力结构的特性，使得我们能够直接应用第十章有关变截面变轴力的双重抗侧力结构稳定性的结果：将变截面变轴力的联肢剪力墙结构的临界荷载取为一个弯曲型结构的临界荷载与一个弯剪型结构的临界荷载的相加。

14.7 联肢剪力墙的稳定性及抗侧刚度

分析式(14.72)可知，双肢剪力墙结构的屈曲荷载由三个抗侧柔度决定。这三个柔度分别为：墙肢绕自身形心轴弯曲对应的抗侧柔度、联肢墙的轴压柔度组成的整体抗侧柔度、连梁变形提供的整体结构的剪切抗侧柔度。将这些柔度比拟为电路中的电阻，按照图 14.29 所示的方式连接成一个串并联电路，通过对电路的分析，可以形象的揭示出双肢剪力墙的抗侧机理。

图 14.29(a)的电路中，总电流是两个分电路电流之和：$I=I_1+I_2$；对应于双肢剪力墙结构，则是总的临界荷载是各个子结构单独作用时的临界荷载之和 $P_{cr}=P_{1ub}+P_{2ub}$，这两个临界荷载分别是(14.72)式的第 1 项和第 2 项。电压被比拟为位移，两个子电路的两端的电压相同代表了子结构的侧向位移相同。

上述的比拟关系可以推广到线性分析。电压 U 与电流 I 和电阻 R 的关系为 $U=IR$，变形与荷载、柔度的关系为 $\Delta=F\delta$。在图 14.29(b)，电学方面的关系是

$$I_1=\frac{U}{R_1}, \quad I_2=\frac{U}{R_{21}+R_{22}}$$

在结构中对应的关系式为：$F_1 = \dfrac{\Delta}{\delta_1}$，$F_2 = \dfrac{\Delta}{\delta_{21}+\delta_{22}}$

所以 $F = F_1 + F_2 = \dfrac{\Delta}{\delta_1} + \dfrac{\Delta}{\delta_{21}+\delta_{22}}$

从上式得到

$$\frac{F}{\Delta} = \frac{1}{\delta_1} + \frac{1}{(\delta_{21}+\delta_{22})} = \frac{F}{\Delta_1} + \frac{F}{\Delta_2} \tag{14.73}$$

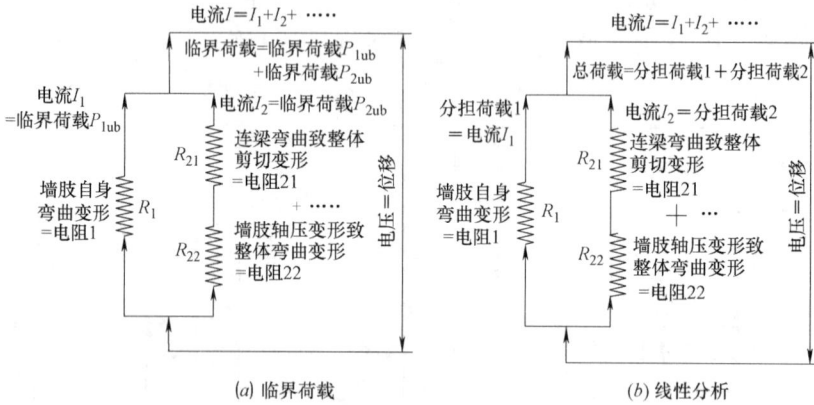

图 14.29　联肢剪力墙内部各部分相互作用的电路比拟

式中 Δ_1 和 Δ_2 分别是两个子结构单独承受 F 时的侧移。因此式(14.73)的物理意义为：整体结构的刚度等于两个子结构刚度的简单相加。这相当于电路图中总电流等于分电流之和。相对应的子结构 1 为：由刚性铰接链杆连接的两个墙肢，这相当于只考虑两墙肢自身弯曲变形时的结构。子结构 2 为：两墙肢的抗弯刚度无穷大时的双肢剪力墙，这相当于只考虑连梁的变形以及墙肢的拉压变形的结构。子结构 1 只发生弯曲变形，因此 $\Delta_1 = \dfrac{H^3}{3EI_{\mathrm{w}}}$。子结构 2 的整体位移 Δ_2 由连梁的弯曲变形以及墙肢的轴压变形提供，根据前面分析，子结构 2 的结构特征与格构柱完全一致。因此对于子结构 2，可以当成其为抗弯刚度为 EI_0，抗剪刚度为 P_{s} 的悬臂柱。故 $\Delta_2 = \dfrac{H}{P_{\mathrm{s}}} + \dfrac{H^3}{3EI_0}$。因此式(14.73)改用刚度表示即为：

$$K = \frac{3EI_{\mathrm{w}}}{H^3} + \frac{3EI_0}{H^3}\frac{1}{1+\dfrac{3EI_0}{H^2 P_{\mathrm{s}}}} \tag{14.74}$$

为验证上述的串并联模型的精确性，下面对顶部作用水平集中力 F 的双肢剪力墙进行精确的线性分析。此时的平衡微分方程是：

$$-\frac{EI_{\mathrm{w}}EI_0}{P_{\mathrm{s}}}y^{(4)} + EIy'' = M - \frac{EI_0}{P_{\mathrm{s}}}M' \tag{14.75}$$

其中 $M = F(H-z)$。结构位移曲线为：

$$y = C_1 + C_2 z + C_3 \cosh(k\varphi z) + C_4 \sinh(k\varphi z) + \frac{k^2-1}{k^2}\cdot\frac{1}{EI_{\mathrm{W}}}\cdot\frac{1}{6}\cdot(H-z)^3$$

其中 $k = \sqrt{1 + \dfrac{A_1+A_2}{A_1 A_2 l^2}}$，$\varphi = \sqrt{\dfrac{12I_{\mathrm{c}}l^2}{b^3 hI}}$。因此顶部位移：

$$y_{z=H} = C_1 + C_2 H + C_3 \cosh(k\varphi H) + C_4 \sinh(k\varphi H)$$

相应的边界条件：$y(0)=0$，$y'(0)=0$，$y''(H)=0$（顶端弯矩为0）以及

$$y'''(H)-(k\phi)^2 \cdot y'(H)=-\frac{1+0.5\varphi^2 H^2(k^2-1)}{EI_w}$$

可以求得：$C_2=\frac{1}{EI_w}\left(\frac{1}{k^4\varphi^2}+\frac{H^2}{2}-\frac{H^2}{2k^2}\right)$，$C_4=-\frac{1}{EI_w \cdot k^5\varphi^3}$，$C_3=-C_4 \cdot \tanh(k\varphi H)$

$$C_1=C_4 \cdot \tanh(k\varphi H)-\frac{k^2-1}{k^2} \cdot \frac{H^3}{6EI_w}$$

所有结构截面参数都给定后，即可求得抗侧刚度

$$K=\frac{1}{y_{z=H}} \tag{14.76}$$

表 14.9 对比了式(14.74)以及抗侧刚度的精确解式(14.76)，可见，(14.74)式偏低不到 10%。

抗侧刚度近似解与理论解的比较 　　　　　　　　　　　　　表 14.9

算例	H/m	l/m	$EI_0(\times10^9)$ $kN \cdot m^2$	$EI_w(\times10^9)$ kNm^2	P_s/kN $(\times10^6)$	$\frac{3EI_0}{P_sH^2}$	式 (14.74)	式 (14.76)	误差(%)
1	25	15	46.4	1.72	1.42	156.845	386192.7	397256.7	−2.79
2	50	8	7.91	0.371	3.24	2.9296	57210.83	61850.08	−7.50
3	50	8	5.93	0.278	3.24	2.1963	51208.45	54826.28	−6.60
4	75	10	12.4	0.371	1.85	3.575	21857.21	23681.56	−7.70
5	75	12	29.7	1.72	2.66	5.955	42537.85	46657.67	−8.83
6	100	15	46.4	1.72	1.42	9.803	18066.11	19960.73	−9.49
7	120	20	132	7.03	1.46	18.836	23796.72	25804.06	−7.78
8	150	20	183	13.0	2.71	9.004	27786.15	30322.5	−8.36
9	175	22	256	21.1	2.39	10.493	24273.36	26308.51	−7.74
10	200	25	376	32.1	2.14	13.178	21978.4	23666.81	−7.13

14.8　不同水平荷载作用下联肢剪力墙结构的位移和弯矩放大系数

记结构水平位移放大系数为 A_y，记墙肢弯矩放大系数为 A_M，墙肢轴力放大系数 A_N，则：

$$A_y=\frac{y_2}{y_1} \text{；} A_M=\frac{y''_2}{y''_1}, A_N=\frac{M-EI_w y''_2+P(y_{2H}-y_2)}{M-EI_w y''_1} \tag{14.77a}$$

连梁弯矩正比于 q，因此连梁的弯矩放大系数等于 q 的放大系数，而 q 放大系数 A_q 为：

$$A_q=\frac{q_2}{q_1}=\frac{N'_2}{N'_1}=\frac{M'-EI_w y'''_2-Py'_2}{M'-EI_w y'''_1} \tag{14.77b}$$

引入简化公式(14.78)与理论解(14.77a)、(14.77b)相比较。

$$A_m=\frac{1}{1-P/P_{cr}} \tag{14.78}$$

算例：图 14.23c 所示的双肢剪力墙结构。总高为 $H=50m$，两墙肢的中心距 $l=8m$，

层高 $h=5\mathrm{m}$。取 $EI_0 = 7.9104 \times 10^9 \mathrm{kN \cdot m^2}$，$EI_\mathrm{w} = 13.708 \times 10^8 \mathrm{kN \cdot m^2}$，$P_\mathrm{s} = 3.2401 \times 10^6 \mathrm{kN}$。分别取 $P/P_\mathrm{cr} = 0.1$，0.2，0.3，0.4，根据式(14.77)求出结构的位移以及弯矩放大系数的解析解，与式(14.78)求得的近似解比较，结果列在表 14.10 和表 14.11，发现如下规律：

（1）对于在三种不同的荷载形式作用下，双肢剪力墙结构的位移放大系数 A_y 从底部到顶部不断地变大，顶部的位移放大系数与式(14.78)相比略小但十分接近。式(14.78)可以比较精确地求得结构顶部的位移放大系数，偏安全地，也可用于求解结构任意高度的位移放大系数。

（2）两墙肢的弯矩放大系数 A_M 总体来说是底部大，顶部小，在墙肢的反弯点附近不规律，这是因为一阶分析和二阶分析反弯点位置的变化引起的。单片的剪力墙在上述三种荷载下，墙肢不会出现反弯点，而本文研究的墙肢出现反弯点，也正好验证了联肢剪力墙具有双重抗侧力结构的特性。

我们注意到，在墙肢的最底部，其墙肢弯矩放大系数小于式(14.78)的值，因此采用式(14.78)的值来代替，也是偏于安全的。

（3）墙肢轴力放大系数 A_N 是底部小、顶部大。这表示，二阶分析相对应一阶分析，弯矩更多的是由格构柱的抗侧力机制承担。考虑到实际结构的二阶效应也在 10% 左右，因此式(14.78)可以提供轴力放大系数的合理估计。

（4）连梁的弯矩放大系数 A_q 与墙肢轴力放大系数类似，底部小、顶部大。

$P/P_\mathrm{cr} = 0.1$ 时的各个放大系数　　　　　　　　　　　　　　　　表 14.10

荷载	z/H	0.1	0.2	0.3	0.4	0.5	0.6	0.7	0.8	0.9	1.0
均布荷载	A_y	1.050	1.057	1.064	1.0694	1.075	1.080	1.085	1.090	1.095	1.100
	A_M	1.069	1.109	1.213	-0.292	0.909	0.978	1.002	1.012	1.015	—
	A_N	1.099	1.104	1.112	1.121	1.131	1.143	1.156	1.170	1.182	—
	A_q	1.049	1.060	1.070	1.081	1.093	1.107	1.125	1.147	1.173	1.188
倒三角	A_y	1.056	1.063	1.069	1.074	1.079	1.083	1.088	1.093	1.097	1.102
	A_M	1.073	1.103	1.155	1.363	0.703	0.945	0.989	1.005	1.010	—
	A_N	1.101	1.105	1.111	1.118	1.127	1.136	1.148	1.160	1.170	—
	A_q	1.055	1.064	1.074	1.083	1.093	1.105	1.120	1.139	1.162	1.175
集中荷载	A_y	1.071	1.078	1.084	1.089	1.093	1.097	1.100	1.103	1.105	1.107
	A_M	1.088	1.113	1.137	1.158	1.176	1.190	1.200	1.207	1.210	—
	A_N	1.107	1.109	1.112	1.114	1.116	1.118	1.120	1.121	1.121	—
	A_q	1.068	1.079	1.089	1.098	1.105	1.111	1.116	1.119	1.121	1.122
(14.78)式		1.111									

$P/P_\mathrm{cr} = 0.3$ 时的各个放大系数　　　　　　　　　　　　　　　　表 14.11

荷载	z/H	0.1	0.2	0.3	0.4	0.5	0.6	0.7	0.8	0.9	1.0
均布荷载	A_y	1.182	1.207	1.232	1.255	1.277	1.298	1.319	1.340	1.361	1.381
	A_M	1.253	1.409	1.829	−4.379	0.571	0.855	0.957	1.003	1.022	—
	A_N	1.377	1.400	1.431	1.468	1.512	1.563	1.621	1.680	1.731	—
	A_q	1.175	1.216	1.257	1.300	1.350	1.409	1.485	1.583	1.692	1.753

续表

荷载	z/H	0.1	0.2	0.3	0.4	0.5	0.6	0.7	0.8	0.9	1.0
倒三角	A_y	1.205	1.230	1.252	1.273	1.293	1.312	1.332	1.351	1.370	1.389
	A_M	1.269	1.388	1.600	2.473	−0.307	0.716	0.906	0.977	1.004	—
	A_N	1.385	1.403	1.428	1.458	1.494	1.535	1.583	1.634	1.679	—
	A_q	1.196	1.234	1.234	1.310	1.351	1.401	1.465	1.548	1.644	1.699
集中荷载	A_y	1.264	1.291	1.315	1.336	1.354	1.370	1.383	1.394	1.404	1.411
	A_M	1.332	1.433	1.532	1.623	1.702	1.766	1.814	1.847	1.866	—
	A_N	1.410	1.419	1.430	1.441	1.450	1.459	1.465	1.470	1.472	—
	A_q	1.252	1.297	1.337	1.373	1.403	1.428	1.448	1.462	1.471	1.473
(14.78)式		1.429									

参 考 文 献

[1] 苏健. 高层结构体系整体弹性稳定研究 [D]. 浙江大学博士学位论文，2012.

[2] 翁赟. 考虑剪切变形影响的框架及巨型框架稳定理论 [D]. 杭州：浙江大学博士学位论文，2009.

[3] Bryan Stafford Smith，Alex Coull. Tall Building Structures：Analysis And Design [M]. New York：John Wiley & Sons，INC，1991.

[4] J. C. D. Hoenderkamp，M. C. M. Bakker. Analysis Of High-Rise Braced Frames With Outriggers [J]. Struct. Design Tall Spec. Build.，2003，12：335-350.

[5] J. C. D. Hoenderkamp，M. C. M. Bakker. Shear Wall With Outrigger Trusses On Wall And Column Foundations [J]. Struct. Design Tall Spec. Build.，2003，13：73-87.

[6] J. C. D. Hoenderkamp，H. H. Snijder (2000)，Simplified Analysis of Fa? ade Rigger Braced High-Rise Structures，The Structural Design of Tall Buildings，9，309-319.

[7] J. C. D. Hoenderkamp (2002)，Critical Loads of Lateral Load Resisting Structures for Tall Buildings，The Structural Design of Tall Buildings，11，221-232.

[8] J. C. D. Hoenderkamp，H. H. Snijder (2003)，Preliminary Analysis of High-Rise Braced Frames with Facade Riggers，Journal of Structural Engineering，ASCE，129 (5)：640-647.

[9] 曹志毅. 顶部带伸臂的筒体-框架结构的稳定性 [D]. 浙江大学硕士学位论文，2006.

[10] 翁赟，童根树. 顶部带伸臂的框架核心筒结构的稳定性和位移、弯矩放大系数 [J]. 工程力学，25 (3)：132-138

[11] Stephen P. Timoshenko，James M. Gere. Theory of Elastic Stability，second edition [M]. New York：McGraw Hill Book Company，INC. 1961.

[12] 余影. 慕尼黑 BMW 公司办公楼联邦德国 [J]，世界建筑，1980 (1)，32-35.

[13] Thirty Floors Hang from Core Branches. Engineering. News-Record，1968 (14)：34

[14] Rosman R. Dynamics and stability of shear wall building structures [J]. Proc. Instn Civil Engrs，1973，55：411-23.

[15] 王寿康，张毛心. 厚度有突变的联肢剪力墙的整体稳定 [J]. 建筑结构学报，1996，17 (1)：40-45.

[16] 陈波. 高层多肢剪力墙结构的整体稳定 [J]. 土木工程学报，2003，36 (8)：43-47.

[17] 童根树，胡进秀. 弯曲型支撑-框架结构的屈曲及位移和弯矩放大系数 [J]. 建筑钢结构进展，2007，9 (1)：52-56

[18] Rosman R. Stability and dynamics of shear-wall frame structures [J]. Build. Sci，1974，9：pp55-63

[19] 苏健，童根树. 双伸臂巨型结构整体稳定分析，建筑结构学报，31 (12)：32-39，2010

[20] 童根树，苏健. 联肢剪力墙的刚度、稳定性和二阶效应，工程力学，29 (11)：115-122，2012

[21] 童根树，苏健. 巨型悬挂结构的稳定性研究，工程力学，30 (5)：75-82，2013

第 15 章　楔形变截面压杆的稳定性

15.1　变截面构件的应力

随着钢结构建筑的发展，特别是轻钢厂房越来越多的出现，变截面构件被广泛应用。从 20 世纪六十年代起，对变截面构件稳定的研究已相继展开。本章首先分析在横向荷载、轴向荷载作用下变截面构件的应力，然后进行稳定性分析。

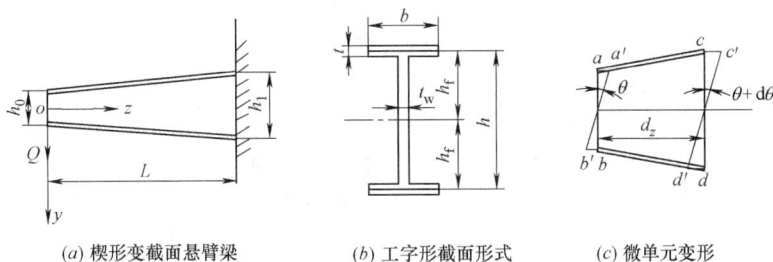

(a) 楔形变截面悬臂梁　　　(b) 工字形截面形式　　　(c) 微单元变形

图 15.1　变截面构件

15.1.1　横向荷载作用下应力

如图 15.1a 所示，楔形变截面构件大端固定，小端自由且在自由端受集中荷载 Q。截面形式如图 15.1b，将上下翼缘和腹板分别进行应力应变分析。仍然采用平截面假定，从梁中截取长为 dz 的微段 $abcd$(图 15.1c)，两个横截面分别绕中性轴旋转 θ 和 $\theta+d\theta$ 的角度。变形前翼缘微段长为

$$ds = \sqrt{(dz)^2 + (dh/2)^2} \tag{15.1}$$

记 w 和 v 分别为上翼缘中面截面上任意一点的纵向和横向位移，变形后上翼缘的长度变为

$$ds' = \sqrt{(dw+dz)^2 + (dv - dh_f)^2} \tag{15.2}$$

故上翼缘自身中面平面内的纵向应变为

$$\varepsilon_{fT} = \frac{ds'-ds}{ds} = \frac{dw}{ds}\frac{dz}{ds} - \frac{dv}{ds}\frac{dh_f}{ds} + \frac{1}{2}\left(\frac{dw}{ds}\right)^2 + \frac{1}{2}\left(\frac{dv}{ds}\right)^2 \tag{15.3}$$

其中后两项是非线性项，线性理论中忽略不计，故

$$\varepsilon_{fT} = \frac{dw}{ds}\frac{dz}{ds} - \frac{dv}{ds}\frac{dh_f}{ds} = \left(\frac{dz}{ds}\right)^2\frac{dw}{dz} - \left(\frac{dz}{ds}\right)^2\left(\frac{dh_f}{dz}\right)\frac{dv}{dz}$$
$$= \cos^2\alpha(w' - \tan\alpha v') \tag{15.4}$$

式中 α 是翼缘相对形心轴的倾角。上翼缘纵向位移用截面形心上的纵向位移 w_0 表示为

$$w = w_0 + h_f v' \tag{15.5}$$

代入(15.4)式可得

$$\varepsilon_{fT}=\cos^2\alpha\big[(w_0'+h_f'v'+h_fv'')-\tan\alpha\cdot v'\big]=\cos^2\alpha(w_0'+h_fv'') \tag{15.6a}$$

同样可得到下翼缘的应变

$$\varepsilon_{fB}=\cos^2\alpha\big[(w_0'-h_f'v'-h_fv'')+\tan\alpha\cdot v'\big]=\cos^2\alpha(w_0'-h_fv'') \tag{15.6b}$$

腹板部分,由平截面假定得

$$\varepsilon_w=w_0'-v''y \tag{15.6c}$$

由胡克定律可得上下翼缘和腹板的应力为

$$\sigma_{fT}=E\varepsilon_{fT}=E\cos^2\alpha(w_0'+h_fv'') \tag{15.7a}$$

$$\sigma_{fB}=E\varepsilon_{fB}=E\cos^2\alpha(w_0'-h_fv'') \tag{15.7b}$$

$$\sigma_w=E\varepsilon_w=E(w_0'-v''y) \tag{15.7c}$$

任一截面的轴向力

$$N=N_{fT}\cos\alpha+N_{fB}\cos\alpha+N_w$$

$$=E\cos^3\alpha A_{fT}(w_0'+h_fv'')+E\cos^3\alpha A_{fB}(w_0'-h_fv'')+Ew_0'\int_{A_w}t_w\,ds-Ev''\int_{A_w}yt_w\,ds$$

其中 A_{fT},A_{fB} 分别为上下翼缘的横截面积。对于双轴对称工字形截面 $A_{fT}=A_{fB}$,记为 A_f,并且由于坐标轴通过截面形心,故 $\int_{A_w}yt_w\,ds=0$,所以上式可化为

$$N=(2EA_f\cos^3\alpha+EA_w)w_0' \tag{15.8}$$

对于梁,由于轴力 $N=0$,故 $w_0'=0$。于是各部分应力分别为

$$\sigma_{fT}=E\varepsilon_{fT}=Eh_f\cos^2\alpha v'' \tag{15.9a}$$

$$\sigma_{fB}=E\varepsilon_{fB}=-Eh_f\cos^2\alpha v'' \tag{15.9b}$$

$$\sigma_w=E\varepsilon_w=-Ev''y \tag{15.9c}$$

绕 x 轴的弯矩为

$$M=-N_{fT}\cos\alpha h_f+N_{fB}\cos\alpha h_f+\int_{-h_f}^{h_f}\sigma_{web}yt_w\,dy=-EIv'' \tag{15.10}$$

式中

$$I=2\cos^3\alpha A_fh_f^2+\frac{1}{12}t_w(2h_f)^3 \tag{15.11}$$

正应力也可以表示为

$$\sigma_{fT}=\frac{M}{I}h_f\cos^2\alpha \tag{15.12a}$$

$$\sigma_{fB}=-\frac{M}{I}h_f\cos^2\alpha \tag{15.12b}$$

$$\sigma_w=\frac{M}{I}y \tag{15.12c}$$

15.1.2　横向荷载作用下的剪应力

取图 15.2 所示上翼缘 efgh 与腹板交界处的微单元 ijk 进行分析。由于翼缘上 ef 和 gh 两截面的正应力大小不等,分别为 σ_f 和 $\sigma_f+d\sigma_f$,翼缘与腹板交界处存在剪应力 τ_f。

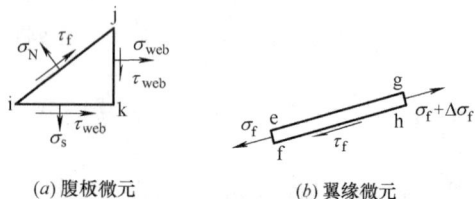

(a)腹板微元　　　(b)翼缘微元

图 15.2　翼缘腹板交界处微单元

由受力分析可知

$$\tau_{fT}t_w ds + q\sin\alpha\cos\alpha ds = (\sigma_{fT} + d\sigma_{fT} - \sigma_{fT})A_f$$

$$\tau_{fT}t_w = EA_f\cos^3\alpha(h_f'v'' + h_f v''') - q\sin\alpha\cos\alpha \qquad (15.13a)$$

式中 q 是作用在上翼缘上垂直于梁轴线的分布荷载。上翼缘法线方向的平衡得到

$$\sigma_N = -q\cos^2\alpha \qquad (15.13b)$$

对交界处的腹板微元 ijk，由平面问题中一点的应力状态可知

$$\tau_{fT} = \frac{1}{2}\sin2\alpha(\sigma_s - \sigma_w) - \cos2\alpha\tau_w \qquad (15.14a)$$

$$\sigma_N = \sin^2\alpha\sigma_w + \cos^2\alpha\sigma_s + \sin2\alpha\tau_w \qquad (15.14b)$$

由此可得腹板在交界处的横向应力 σ_s 和剪应力为

$$\sigma_s = \tan^2\alpha\sigma_w + 2\tan\alpha\tau_{fT} + \frac{\cos2\alpha}{\cos^2\alpha}\sigma_N \qquad (15.15a)$$

$$\tau_w = -\tan\alpha\sigma_w - \tau_{fT} + \sigma_N\tan\alpha \qquad (15.15b)$$

将 τ_{fT} 和 σ_N 中与 q 有关的项和其他项分离，发现垂直于梁轴线的横向分布荷载 q 只对腹板上 σ_s 有影响，腹板上的剪应力没有影响。即如果记没有 q 的部分

$$\tau_{fT}t_w = EA_f\cos^3\alpha(h_f'v'' + h_f v'''), \sigma_N = 0 \qquad (15.16a, b)$$

则(15.15a, b)式成为

$$\sigma_s = \tan^2\alpha\sigma_w + 2\tan\alpha\tau_{fT} \qquad (15.17a)$$

$$\tau_w = -\tan\alpha\sigma_w - \tau_{fT} \qquad (15.17b)$$

腹板微元的平衡条件如下

$$\frac{\partial(\sigma_w t_w)}{\partial z} + \frac{\partial(\tau_w t_w)}{\partial y} = 0$$

积分，并利用 $y = -h_f$ 时，$\tau_w t_w = -\tan\alpha\sigma_w t_w - \tau_f t_w$，得到腹板上剪力流为

$$\tau_w t_w = \frac{1}{2}Et_w v'''(y^2 - h_f^2) - E\cos^3\alpha A_f h_f v''' - E(\tan\alpha t_w h_f + \cos^3\alpha\tan\alpha A_f)v'' \qquad (15.18)$$

腹板剪应力的合力为

$$Q_w = \int_{-h_f}^{h_f}\tau_w t_w ds = Ev'''\left(-\frac{2}{3}h_f^3 t_w - 2\cos^3\alpha A_f h_f^2\right) - 2E\tan\alpha v''(t_w h_f^2 + \cos^3\alpha A_f h_f) \qquad (15.19)$$

上下翼缘板由于与水平方向呈一角度，板件中面方向轴向力 N_f 产生竖直方向的分力：

$$Q_{fT} = N_{fT}\sin\alpha = EA_f\sin\alpha\cos^2\alpha h_f v''$$

$$Q_{fB} = N_{fB}\sin\alpha = -EA_f\sin\alpha\cos^2\alpha h_f v''$$

利用 $h_f = h_{f0} + z\tan\alpha$，$h_f' = \tan\alpha$，$I' = 2t_w h_f^2\tan\alpha + 4A_f h_f\tan\alpha\cos^3\alpha$，截面总剪力为

$$Q = Q_{web} - Q_{fT} + Q_{fB}$$

$$= -Ev'''\left(\frac{2}{3}h_f^3 t_w + 2\cos^3\alpha A_f h_f^2\right) - Ev''(2\tan\alpha t_w h_f^2 + 4A_f\tan\alpha\cos^3\alpha h_f)$$

$$= -EIv''' - EI'v'' = -E(Iv'')' = \frac{dM}{dz} \qquad (15.20)$$

因为 $v'' = -\dfrac{M}{EI}$，$v''' = -\dfrac{Q}{EI} + \dfrac{M(I)'}{EI^2}$

令 $S = A_f h_f \cos^3\alpha + \dfrac{(h_f - y)(h_f + y) t_w}{2}$ (15.21a)

$S' = (\cos^3\alpha A_f + h_f t_w)\tan\alpha$ (15.21b)

(15.18) 式可化为

$$\tau_w = \frac{1}{t_w}\left[\left(\frac{Q}{I} - \frac{MI'}{I^2}\right)S + \frac{MS'}{I}\right] = \frac{1}{t_w}\left[\left(\frac{M}{I}\right)'S + \frac{MS'}{I}\right]$$ (15.22)

算例：图 15.1 所示悬臂梁长 $L = 4m$，大端截面为 H600×200×8/10，小端截面分别为 H100~300×200×8/10，用楔率 $\gamma = (h_1 - h_0)/h_0$ 来表示，则分别为 $\gamma = 5$，2，1。自由端作用竖向荷载 $Q = 200kN$，用式(15.22)计算 $z = 0.5m$，1.5m，2.5m 和 3.5m 截面处腹板上剪应力，$\gamma = 5$ 时的分布如图 3。由图可知，腹板的剪应力呈抛物线分布。当楔率 γ 较大时，在接近小端的截面处(即 z 较小时)剪应力分布以中性轴处最大，腹板和翼缘交线处较小；随着 z 的增大，剪应力以中性轴处最小，腹板和翼缘交线处较大。这与等截面梁的剪应力分布有很大区别。但随着楔率减小到 $\gamma = 1$ 时，除 $z = 3500$ 截面仍略微以中性轴处最小，其余截面都以中性轴处为最大，剪应力的分布形式便渐渐与等截面分布接近。

为了验证上面推导公式的正确性，将上述算例用有限元方法进行了计算，与 (15.22) 式计算值进行比较，符合很好。这表明在楔形变截面构件中，即使 γ 达到 5，采用平截面假设仍然是合适的。

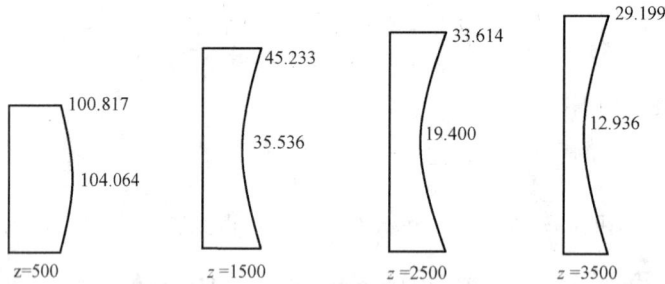

图 15.3 $\gamma = 5$ 变截面梁腹板剪应力分布图

15.2 楔形变截面柱子的稳定性

实际工程中楔形构件翼缘倾斜角 α 比较小，例如一根 4m 长的柱子，从 200mm 变到 600mm，角度 $\alpha = 2.8624^0$，$\cos^3\alpha = 0.99626$，因此截面惯性矩的计算公式(15.11)式与等截面没有什么区别。

楔形变截面压杆的弯矩曲率关系与等截面压杆相同，则压杆的稳定平衡微分方程也没有什么区别。参照图 2.1，微段的平衡方程为(挠度 v 改记为 y)

$$Qx + Py - M + M_1 = 0$$

这里 M_1 和 Q 是待定常数。Q 是与变形前轴线垂直的一个力，它不是材料力学中的截面上的剪力，截面的剪力是与变形后的轴线垂直的，其计算式为 $V = -(EIy'')'$。将(15.10)式代入

$$EIy'' + Py = -(M_1 + Qx)$$ (15.23)

微分一次和两次得到

$$(EIy'')' + Py' = -Q \tag{15.24}$$

$$(EIy'')'' + Py'' = 0 \tag{15.25}$$

对两端铰支的轴压杆，(15.23)式右侧的两个反力(待定系数)为零，平衡微分方程为：

$$EIy'' + Py = 0 \tag{15.26}$$

上式是一个变系数微分方程。因为截面高度 $h = h_0 + z(h_1 - h_0)/L$，截面的惯性矩为

$$I = \frac{1}{2}bt(h-t)^2 + \frac{1}{12}t_w h_w^3$$

因此惯性矩通常为坐标 z 的 3 次多项式。文献［1］的计算表明，这个三次多项式可以以非常高的精度用一个二次多项式表示

$$I = I_0 \left(1 + D_1 \frac{z}{L} + D_2 \frac{z^2}{L^2}\right)$$

式中 $D_1 = (4I_m - I_1 - 3I_0)/I_0$，$D_2 = 2(I_0 + I_1 - 2I_m)/I_0$
I_0，I_m，I_1 分别是小端截面、构件中间截面和大端截面的惯性矩。

可以用等截面构件的有限元法对变截面压杆的稳定性进行研究，取单元中间截面的惯性矩作为这个单元的惯性矩的代表。文献［1］假设惯性矩在单元内线性变化，得到了适合于变截面构件分析的有限单元法（见第五章）。

文献［1］取三种截面的压杆为计算对象，压杆 1 大端截面为 H600×200×8/10，代表腹板较厚，翼缘较薄的情况；压杆 2 大端截面为 H600×250×6/10，代表腹板和翼缘都适中的情况，压杆 3 大端截面为 H600×300×5/10，代表腹板较薄，翼缘较宽的情况。小端截面高度取 100，200，300，400 和 500。进行了大量的分析，得到两端铰支楔形变截面压杆的临界荷载可以表示为：

$$P_{cr} = \frac{\pi^2 EI_0}{L^2}(1 + 0.48D_1 + 0.12D_2) \tag{15.27}$$

进一步，在大端有刚度为 K_z 的转动弹簧约束时，可以引入计算长度系数来表示压杆的无侧移失稳的临界荷载：

$$P_{cr} = \frac{\pi^2 EI_0}{(\mu L)^2}(1 + 0.48D_1 + 0.12D_2) \tag{15.28}$$

幸运的是，式中的计算长度系数可以采用等截面压杆得到的公式(见表 6.1)：

$$\mu = \frac{1.4K + 3}{2K + 3} \tag{15.29a}$$

只是 K 的计算有所区别：

$$K = K_z/2i_{ceq}, i_{ceq} = EI_0(1 + 0.48D_1 + 0.12D_2)/L \tag{15.29b}$$

(15.28)式的误差一般在 4.5% 以内，在小端截面为 100（楔率为 5）时，误差仍不到 10%。完全能够满足工程的要求。

对于大端固定，小端自由的楔形变截面压杆，它发生的是有侧移失稳，临界荷载为

$$P_{cr} = \frac{\pi^2 EI_0}{(2L)^2}(1 + 0.72D_1 + 0.28D_2) \tag{15.30}$$

在大端不为固定，而是刚度为 K_z 的转动弹簧约束时，临界荷载为

$$P_{cr} = \frac{\pi^2 EI_0}{(\mu L)^2}(1 + 0.72D_1 + 0.28D_2) \tag{15.31}$$

$$\mu = 2\sqrt{1 + 0.38/K} \tag{15.32a}$$

$$K = K_z/6i_{ceq}, i_{ceq} = EI_0(1 + 0.72D_1 + 0.28D_2)/L \tag{15.32b}$$

(15.31) 式的误差不到 4%。

15.3　变截面梁对柱子提供的约束

15.3.1　楔形构件的转角位移方程

图 15.4 是两端无侧移受弯的楔形构件，两端分别作用顺时针方向的弯矩 M_{AB} 和 M_{BA}，转角分别为 θ_A、θ_B，约定 A 端为大端。其转角位移方程为：

$$M_{AB} = \overline{K}_{11}\theta_A + \overline{K}_{12}\theta_B \tag{15.33a}$$

$$M_{BA} = \overline{K}_{12}\theta_A + \overline{K}_{22}\theta_B \tag{15.33b}$$

由于构件为变截面，刚度系数 $\overline{K}_{ij}$ 没有简单的表示形式。经过数值拟合得到

$$\overline{K}_{11} = 4i_1 R^{0.22} \tag{15.34a}$$

$$\overline{K}_{12} = \overline{K}_{21} = 2i_1 R^{0.488} \tag{15.34b}$$

$$\overline{K}_{22} = 4i_1 R^{0.734} \tag{15.34c}$$

式中 $i_1 = EI_1/L$，$R = I_0/I_1$。表 15.1 为 (15.34a)、(15.34b)、(15.34c) 式与数值解的比较，可见具有较高的精度。精度与杆件的长度无关。

对图 15.5 所示有相对侧移的楔形构件，其转角位移方程可以利用 (15.34a)、(15.34b)、(15.34c) 式获得。图 15.5 中两端总的转角 θ_A 和 θ_B 都包括了构件的侧移角 Δ/L。将这侧移角从中扣除掉，构件的转角位移方程与图 15.4 无侧移楔形构件的完全相同，因此方程是：

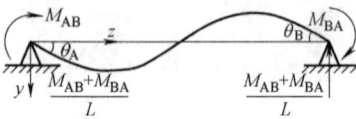

图 15.4　无侧移受弯的楔形构件

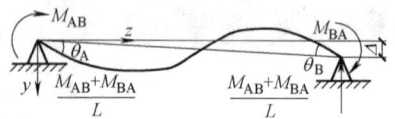

图 15.5　有侧移受弯的楔形构件

(15.34a，b，c) 式与数值解之比　　　　　　　　　　　表 15.1

大端截面	H600×200×8/10			H600×250×6/10			H600×300×5/10		
小端高度	$\overline{K}_{11}$	$\overline{K}_{12}$	$\overline{K}_{22}$	$\overline{K}_{11}$	$\overline{K}_{12}$	$\overline{K}_{22}$	$\overline{K}_{11}$	$\overline{K}_{12}$	$\overline{K}_{22}$
100	1.0127	0.9958	1.0517	0.9943	0.9743	0.9982	0.9943	0.9743	0.9738
200	1.0107	0.9961	1.0145	1.0026	0.9906	1.0018	1.0026	0.9906	0.9953
300	0.9973	0.9982	1.0112	0.9934	0.9962	1.0068	0.9934	0.9962	1.0044
400	0.9888	0.9984	1.0085	0.9874	0.9977	1.0070	0.9874	0.9977	1.0061
500	0.9892	0.9985	1.0047	0.9892	0.9984	1.0043	0.9892	0.9984	1.0040

$$M_{AB} = \overline{K}_{11}\theta_A + \overline{K}_{12}\theta_B - (\overline{K}_{11} + \overline{K}_{12})\Delta/L \tag{15.35a}$$

$$M_{BA} = \overline{K}_{12}\theta_A + \overline{K}_{22}\theta_B - (\overline{K}_{12} + \overline{K}_{22})\Delta/L \tag{15.35b}$$

$$Q_{AB} = Q_{BA} = -(\overline{K}_{11} + \overline{K}_{12})\theta_A/L - (\overline{K}_{12} + \overline{K}_{22})\theta_B/L + (\overline{K}_{11} + \overline{K}_{22} + 2\overline{K}_{12})\Delta/L^2$$

$$(15.35c)$$

因此楔形变截面杆件的抗侧刚度为 $(\overline{K}_{11} + 2\overline{K}_{12} + \overline{K}_{22})/L^2$，

小端铰支时的修正抗侧移刚度为 $(\overline{K}_{11}\overline{K}_{22} - \overline{K}_{12}^2)/(\overline{K}_{22}L^2)$，

小端铰支时大端的修正抗弯刚度为 $(\overline{K}_{11}\overline{K}_{22} - \overline{K}_{12}^2)/\overline{K}_{22}$。

15.3.2 单段楔形梁的四个约束刚度

在确定柱子计算长度时，需要用到楔形梁对柱子的转动约束。图 15.6a 所示的变截面简支梁在大端施加单位力矩，求得大端和小端的转角 θ_{11}，θ_{21}，进而求得转动刚度

$$K_{11} = \frac{1}{\theta_{11}} = 1 \Big/ \int_0^L \frac{(L-z)^2}{EIL^2}\mathrm{d}z = \frac{\overline{K}_{11}\overline{K}_{22} - \overline{K}_{12}^2}{\overline{K}_{22}} = \frac{16i_1^2 - 4i_1^2}{4i_1R^{0.734}}R^{0.954} = 3i_1R^{0.22}$$

$$(15.36a)$$

$$K_{21} = 1 \Big/ \int_0^L \frac{z(L-z)}{EIL^2}\mathrm{d}x = \frac{\overline{K}_{11}\overline{K}_{22} - \overline{K}_{12}^2}{\overline{K}_{12}} = \frac{16i_1^2 - 4i_1^2}{2i_1R^{0.488}}R^{0.954} = 6i_1R^{0.466} \quad (15.36b)$$

图 15.6b 变截面梁小端作用单位弯矩，大端转角的倒数 $K_{12} = 1/\theta_{12} = K_{21}$。小端的转动约束刚度为：

$$K_{22} = \frac{1}{\theta_{22}} = 1 \Big/ \int_0^L \frac{z^2}{EIL^2}\mathrm{d}z = \frac{\overline{K}_{11}\overline{K}_{22} - \overline{K}_{12}^2}{\overline{K}_{11}}$$

$$(15.36c)$$

虽然楔形变截面构件的转角位移方程的各个系数已经知道，但计算经常用到的是以上几个刚度系数，直接对这四个系数拟合公式得到

$$K_{11} = 3i_1R^{0.2}$$

$$(15.37a)$$

$$K_{12} = 6i_1R^{0.44}$$

$$(15.37b)$$

$$K_{22} = 3i_1R^{0.712}$$

$$(15.37c)$$

式中 $i_1 = EI_1/L$。表 15.2 给出的（15.37a，b，c）式和数值解的比较。

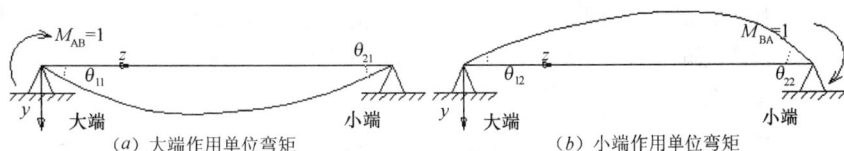

图 15.6 单段变截面梁的四个约束作用

（15.37a，b，c）式 K_{11}、K_{12}、K_{22} 与相应数值方法解之比 表 15.2

大端截面	H600×200×8/10			H600×250×6/10			H600×300×5/10		
小端高度	K_{11}	K_{12}	K_{22}	K_{11}	K_{12}	K_{22}	K_{11}	K_{12}	K_{22}
H100	0.9938	1.0157	1.0365	0.9728	0.9666	0.9801	1.0317	1.0308	1.0109
H200	1.0454	1.0548	1.0331	1.0365	1.0390	1.0184	1.0412	1.0462	1.0249
H300	1.0486	1.0571	1.0336	1.0438	1.0500	1.0279	1.0328	1.0381	1.0224
H400	1.0366	1.0432	1.0261	1.0341	1.0400	1.0237	1.0176	1.0209	1.0128
H500	1.0191	1.0228	1.0141	0.9625	0.9438	0.9544	0.9625	0.9438	0.9544

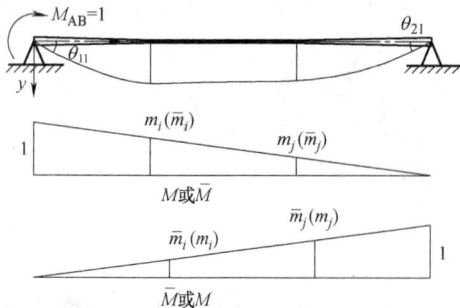

图 15.7　多段变截面梁的转动约束

15.3.3　多段变截面梁的转动约束刚度

图 15.7 所示的多段变截面梁，两端简支，总长 L，分段长 l_k（$k=1$，2，$\cdots$，n）。在单位端弯矩作用下，梁端转角可表示为：

$$\theta_{11} = \int_0^L \frac{\overline{M}M}{EI} \mathrm{d}z = \sum_{k=1}^n \int_0^{l_k} \frac{\overline{M}_k M_k}{EI_k} \mathrm{d}z_k \tag{15.38}$$

$\overline{M}_k$ 和 M_k 是线性变化的。记 m_i，m_j 为梁在梁端 1 单位力矩作用下第 k 段变截面构件大端和小端的弯矩值，$\overline{m}_i$，$\overline{m}_j$ 为在梁端 p 单位力矩作用下第 k 段变截面构件大端和小端的弯矩值，则

$$\overline{M}_k = \overline{m}_i \frac{l_k - z_k}{l_k} + \overline{m}_j \frac{z_k}{l_k},\ 0 \leqslant z_k \leqslant l_k \tag{15.39a}$$

$$M_k = m_i \frac{l_k - z_k}{l_k} + m_j \frac{z_k}{l_k},\ 0 \leqslant z_k \leqslant l_k \tag{15.39b}$$

$$\int_0^{l_k} \frac{\overline{M}_k M_k}{EI_k} \mathrm{d}x = \overline{m}_i m_i \frac{1}{K_{11}^k} + \overline{m}_i m_j \frac{1}{K_{12}^k} + \overline{m}_j m_i \frac{1}{K_{12}^k} + \overline{m}_j m_j \frac{1}{K_{22}^k}$$

故 (15.38) 式可以表示为：

$$\theta_{11} = \sum_{k=1}^n \left(\overline{m}_i m_i \frac{1}{K_{11}^k} + \overline{m}_i m_j \frac{1}{K_{12}^k} + \overline{m}_j m_i \frac{1}{K_{12}^k} + \overline{m}_j m_j \frac{1}{K_{22}^k} \right) \tag{15.40}$$

其中 K_{11}^k、K_{12}^k、K_{22}^k 为前文所述的第 k 段变截面构件三个转动约束刚度。利用 (15.40) 式可以得到任意需要的刚度。

15.3.4　有侧移失稳时楔形梁在刚架平面内对柱的约束刚度

单跨门架的横梁如图 15.8，发生有侧移失稳时，在屋脊处形成反弯点。横梁对柱的约束作用可取半跨梁研究，用转动约束来模拟。图 15.8a 横梁的转动约束，可根据 (15.37a) 式直接计算。

(a) 梁单段变截面　　　　　　(b) 梁两段变截面　　　　　　(c) 梁三段变截面

图 15.8　变截面门式刚架

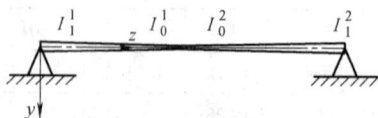

图 15.9　两段变截面构件组成的梁

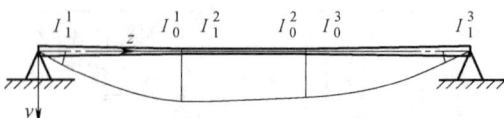

图 15.10　三段变截面构件组成的梁

图 15.8b 横梁的转动约束分析如图 15.9，在左端施加单位弯矩，求得左端支座转角

θ，可得梁的转动约束刚度 $K_z=1/\theta$：

$$\frac{1}{K_z}=\theta=\frac{1}{K_{11}^1}+2\frac{l_2}{L}\frac{1}{K_{12}^1}+\left(\frac{l_2}{L}\right)^2\frac{1}{K_{22}^1}+\left(\frac{l_2}{L}\right)^2\frac{1}{K_{22}^2} \tag{15.41}$$

式中 l_1，l_2 为第 1 段（与柱子相连的梁段）和第 2 段的梁长，$K_{ij}^k(k=1,2;i,j=1,2)$ 是第 k 段按照(15.37a，b，c)式计算的刚度系数。表 15.3 为(15.41)式和数值解的比较，其中单段变截面梁的三个约束刚度按(15.37a，b，c)式求解。由表可见，（15.41）式具有极好的精度且大多比数值解略偏小。对腹板较厚、翼缘较窄的情况用该式计算常用的变截面情况也有很好的精度。

(15.41) 式 K_z 与有限元数值解比较　　　　　表 15.3

大端截面		H600×200×8/10			H600×250×6/10		
右端高度 h_2(mm)	中间高度 h_0(mm)	梁段长度比 l_2/l_1			梁段长度比 l_2/l_1		
		1.0	2.0	3.0	1.0	2.0	3.0
600	100	0.95340	0.94828	0.94680	1.02579	1.03369	1.03721
500	100	0.96341	0.96482	0.96673	1.02275	1.02810	1.03019
400	100	0.96791	0.97186	0.97491	1.01671	1.01798	1.01799
300	100	0.96784	0.97132	0.97389	1.00748	1.00381	1.00163
200	100	0.96585	0.96786	0.96949	0.99739	0.99008	0.98662
100	100	0.98326	0.99047	0.99379	1.00796	1.00587	1.00479
600	200	0.96639	0.96433	0.96382	0.98526	0.98400	0.98374
500	200	0.96737	0.96625	0.96627	0.98384	0.98143	0.98052
400	200	0.96813	0.96768	0.96803	0.98263	0.97943	0.97813
300	200	0.97043	0.97166	0.97280	0.98334	0.98093	0.98009
200	200	0.98022	0.98746	0.99129	0.99160	0.99479	0.99660
600	300	0.97920	0.97397	0.97175	0.98746	0.98166	0.97911
500	300	0.98005	0.97590	0.97438	0.98757	0.98216	0.97989
400	300	0.98205	0.98001	0.97975	0.98898	0.98519	0.98395
300	300	0.98740	0.99017	0.99252	0.99369	0.99434	0.99558

图 15.8c 横梁的转动约束模型见如图 15.10，在左端施加单位弯矩，得到 K_z 的计算公式为：

$$\frac{1}{K_z}=\frac{1}{K_{11}^1}+2\left(\frac{l_2+l_3}{L}\right)\frac{1}{K_{12}^1}+\left(\frac{l_2+l_3}{L}\right)^2\left(\frac{1}{K_{22}^1}+\frac{1}{K_{11}^2}\right)+2\frac{l_3(l_2+l_3)}{L^2}\frac{1}{K_{12}^2}+\left(\frac{l_3}{L}\right)^2\left(\frac{1}{K_{22}^2}+\frac{1}{K_{22}^3}\right)$$

$$\tag{15.42}$$

(15.42) 式 K_z 与数值解之比　　　　　表 15.4

左端截面		H600×200×8/10				H600×250×6/10			
右端高度 h_2	中段高度 h_0	长度比 $l_1:l_2:l_3$				长度比 $l_1:l_2:l_3$			
		1:1:1	2:1:1	1:2:1	1:1:2	1:1:1	2:1:1	1:2:1	1:1:2
600	100	0.9869	0.9809	0.9919	0.9850	0.9982	0.9987	0.9996	0.9939
500	100	0.9879	0.9817	0.9922	0.9880	0.9992	0.9995	1.0000	0.9969
400	100	0.9883	0.9820	0.9923	0.9891	0.9996	0.9998	1.0001	0.9980
300	100	0.9881	0.9819	0.9922	0.9886	0.9993	0.9995	1.0000	0.9972
200	100	0.9875	0.9815	0.9920	0.9869	0.9985	0.9989	0.9997	0.9950
100	100	0.9897	0.9833	0.9927	0.9927	1.0004	1.0004	1.0003	1.0003
600	200	0.9849	0.9790	0.9898	0.9845	0.9907	0.9873	0.9941	0.9889
500	200	0.9850	0.9790	0.9898	0.9847	0.9907	0.9874	0.9941	0.9891
400	200	0.9850	0.9791	0.9898	0.9848	0.9907	0.9874	0.9941	0.9891
300	200	0.9853	0.9793	0.9899	0.9855	0.9909	0.9876	0.9942	0.9897
200	200	0.9870	0.9804	0.9905	0.9905	0.9927	0.9887	0.9948	0.9948

表 15.4 为上式和数值解的比较。中间段是等截面的，整个长度范围内翼缘宽度和板件厚度不变。

由(15.37a)、(15.41)和(15.42)式计算转动约束刚度 K_z 后，代入(15.32a，b)式确定变截面或等截面柱子的计算长度，进行柱子的稳定性设计。

15.3.5　框架无侧移失稳时变截面梁对柱的转动约束刚度

图 15.8 的单跨门架发生无侧移失稳时，横梁对柱的约束作用须用转动约束来模拟。图 15.8a，b 横梁的转动约束如图 15.11a，b 所示，转动约束为：

图 15.11a： $K_z = i_1 R^{0.52262}$ 　　　　　　　　　　　　　　(15.43)

图 15.11b： $\dfrac{1}{K_z} = \dfrac{R_1^{0.8} + R_1^{0.56} + R_1^{0.288}}{3i_1^1 R_1} + \dfrac{R_2^{0.8} + R_2^{0.56} + R_2^{0.288}}{3i_1^2 R_2}$ 　　(15.44)

图 15.8c 刚架发生无侧移失稳时，对柱子提供的转动约束为

$$\frac{1}{K_z} = \frac{R_1^{0.8} + R_1^{0.56} + R_1^{0.288}}{3i_1^1 R_1} + \frac{R_2^{0.8} + R_2^{0.56} + R_2^{0.288}}{3i_1^2 R_2} + \frac{R_3^{0.8} + R_3^{0.56} + R_3^{0.288}}{3i_1^3 R_3} \quad (15.45)$$

以上两式中 $i_1^k = EI_1^k / l_k (k=1, 2, 3)$ 是第 k 段梁按照大端截面的惯性矩计算的线刚度，$R_k = I_0^k / I_1^k (k=1, 2, 3)$ 是第 k 段梁小端和大端截面惯性矩的比值。表 15.5、15.6 和 15.7 分别是 (15.43，15.44，15.45) 式和数值解的比较，可知它们具有较高的精度。

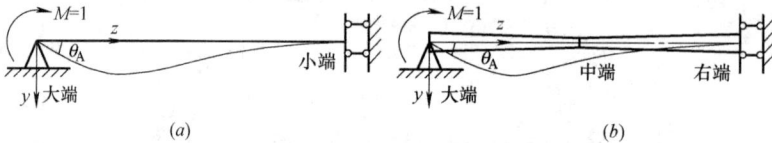

图 15.11　门架无侧移失稳时单段和两段变截面梁对柱的约束作用

(15.43) 式解答与数值解之比　　　　　　表 15.5

截面形式	(15.43)式	截面形式	(15.43)式
H100-600×200×8/10	1.07443	H100-600×300×5/10	0.98376
H200-600×200×8/10	0.99387	H200-600×300×5/10	0.97039
H300-600×200×8/10	0.98395	H300-600×300×5/10	0.97594
H400-600×200×8/10	0.98592	H400-600×300×5/10	0.98370
H500-600×200×8/10	0.99195	H500-600×300×5/10	0.99181

(15.44) 式 K_z 与数值解的比值　　　　　　表 15.6

h_2 (mm)	h_0 (mm)	l_2/l_1（左端 H600×200×8/10）			l_2/l_1（左端 H600×300×8/10）		
		1.0	2.0	3.0	1.0	2.0	3.0
600	100	0.95025	0.95025	0.95025	1.02850	1.02850	1.02850
500	100	0.96139	0.96479	0.96643	1.02292	1.02128	1.02050
400	100	0.96733	0.97184	0.97392	1.01471	1.01130	1.00975
300	100	0.97057	0.97487	0.97674	1.00508	1.00051	0.99855
200	100	0.97622	0.98009	0.98164	0.99859	0.99452	0.99291
100	100	0.99295	0.99621	0.99740	1.00371	1.00199	1.00136

续表

h_2 (mm)	h_0 (mm)	l_2/l_1（左端 H600×200×8/10）			l_2/l_1（左端 H600×300×8/10）		
		1.0	2.0	3.0	1.0	2.0	3.0
600	200	0.96430	0.96430	0.96430	0.98421	0.98421	0.98421
500	200	0.96856	0.96981	0.97041	0.98426	0.98428	0.98429
400	200	0.97391	0.97630	0.97738	0.98569	0.98606	0.98623
300	200	0.98202	0.98550	0.98699	0.99002	0.99116	0.99165
200	200	0.99144	0.99513	0.99660	0.99618	0.99783	0.99848
600	300	0.97612	0.97612	0.97612	0.98436	0.98436	0.98436
500	300	0.98084	0.98222	0.98288	0.98699	0.98776	0.98813
400	300	0.98691	0.98956	0.99076	0.99103	0.99268	0.99343
300	300	0.99231	0.99541	0.99673	0.99488	0.99694	0.99782

（15.45）式 K_2 与数值解的比值　　　　表 15.7

左端截面		H600×200×8/10				H600×250×6/10			
右端高度 h_2	中段高度 h_0	长度比 $l_1:l_2:l_3$				长度比 $l_1:l_2:l_3$			
		1:1:1	2:1:1	1:2:1	1:1:2	1:1:1	2:1:1	1:2:1	1:1:2
600	100	0.9877	0.9835	0.9929	0.9835	1.0010	1.0013	1.0005	1.0013
500	100	0.9899	0.9856	0.9942	0.9876	1.0009	1.0012	1.0005	1.0012
400	100	0.9907	0.9865	0.9946	0.9892	1.0000	1.0000	1.0000	0.9996
300	100	0.9906	0.9865	0.9944	0.9890	0.9983	0.9988	0.9990	0.9968
200	100	0.9907	0.9870	0.9943	0.9895	0.9969	0.9975	0.9981	0.9949
100	100	0.9962	0.9929	0.9974	0.9974	1.0003	1.0005	1.0002	1.0002
600	200	0.9862	0.9826	0.9914	0.9826	0.9912	0.9890	0.9946	0.9890
500	200	0.9871	0.9835	0.9919	0.9844	0.9913	0.9891	0.9945	0.9893
400	200	0.9885	0.9848	0.9926	0.9867	0.9919	0.9897	0.9948	0.9903
300	200	0.9912	0.9875	0.9942	0.9912	0.9938	0.9915	0.9959	0.9934
200	200	0.9951	0.9914	0.9966	0.9966	0.9969	0.9946	0.9978	0.9978

15.4　楔形变截面压杆的弹塑性稳定

变截面压杆稳定性计算时，《门式刚架轻型房屋钢结构技术规程》CECS 102：102[2] 将它等效成以小端截面为截面的等截面压杆，由两者的弹性临界荷载相等的原则得到等效压杆的长度。本节则将其等效成以大端截面为截面的等截面压杆。对变截面压杆与等效的等截面压杆的弹塑性工作性能进行了比较分析，发现等效的压杆塑性开展总是在悬臂柱的固定端截面开始出现，而变截面压杆的塑性区一般在离固定端一定高度的地方先出现，这一现象导致在弹塑性范围失稳的变截面压杆比与之等效的等截面压杆的弹塑性承载力要高。

15.4.1　变截面柱在刚架平面内的等效计算长度

1　绕弱轴屈曲

双轴对称的工字形截面绕弱轴的惯性矩可表示为

$$I_y = \frac{1}{12} t_f b^3 \times 2 + \frac{1}{12} h_w t_w^3 \approx \frac{1}{6} t_f b^3$$

式中 t_f, b 分别为翼缘的厚度和宽度, t_w, h_w 分别为腹板的厚度和高度。对于线性变化的工字形变截面构件, 若翼缘厚度和宽度均不变, 只有腹板高度 h_w 变化, 构件绕弱轴的惯性矩可看成是常数, 即 $I_y = I_{1y} = I_{0y}$, 两端简支压杆弹性临界力为

$$P_{cry} = \frac{\pi^2 E I_{0y}}{L^2} = \frac{\pi^2 E I_{1y}}{L^2}$$

即变截面构件不论是用小端截面还是用大端截面将其等效成相应的等截面压杆, 绕弱轴弯曲的等效长度与原长相同。

  2 绕强轴屈曲

  大端弹性转动约束, 小端自由的楔形变截面轴心压杆的弹性临界荷载为 (15.31) 式, 将其等效为一大头截面的等截面压杆, 等效压杆的长度 $\mu_1 L$ 按照下式确定

$$P_{cr} = \frac{\pi^2 E I_1}{(\mu_1 L)^2} = \frac{\pi^2 E I_1}{(\mu L)^2} \cdot \frac{I_0}{I_1} (1 + 0.72 D_1 + 0.28 D_2) \tag{15.46}$$

式中 $K = K_z / 6 i_{ceq}$, 因此 $M_1 = 2 \sqrt{1 + \frac{0.38}{K}} \sqrt{\frac{I_1}{(1 + 0.72 D_1 + 0.28 D_2) I_0}}$

$$i_{ceq} = i_{c1} (1 + 0.72 D_1 + 0.28 D_2) I_0 / I_1 = \chi i_{c1},$$

$$i_{c1} = E I_1 / L, \qquad \chi \approx \left[0.6 + 0.4 \left(\frac{I_0}{I_1} \right)^{0.416} \right]^{2.6} \tag{15.47}$$

故

$$\mu_1 = 2 \kappa \sqrt{1 + 0.38 \chi \frac{6 i_{c1}}{K_z}} \big/ \sqrt{\chi} \tag{15.48}$$

式中 κ 是计算长度折减系数, 引入它是为了考虑铰接柱脚实际上具有嵌固作用而使得柱子稳定性得到改善的有利影响。κ 一般取 0.85。

  表 15.8 是数值计算得到的结果, (15.48) 式和表 15.8 相比误差不到 5%。

  《门式刚架轻型房屋钢结构技术规程》CECS102：2002[2] 给出了以小头截面为准的计算长度系数 μ_0 表格(规程中的表 6.1.3)。和上面以大头为准的计算长度系数 μ_1 的关系为

$$\mu_1 = \mu_0 \sqrt{I_1 / I_0} \tag{15.49}$$

柱脚铰接楔形柱的计算长度系数 μ_1（已经包含 $K=0.85$）　　　表 15.8

$\frac{I_0}{I_1}$	$K_z / 6 i_{c1}$											
	0.1	0.2	0.3	0.4	0.5	0.75	1.0	2.0	5.0	11.0	20.0	∞
0.01	4.280	3.650	3.420	3.31	3.240	3.160	3.120	3.050	3.030	3.020	3.020	3.020
0.02	4.228	3.521	3.274	3.147	3.083	2.991	2.942	2.871	2.835	2.821	2.814	2.807
0.03	4.174	3.453	3.198	3.072	2.991	2.887	2.835	2.760	2.714	2.702	2.696	2.690
0.05	4.114	3.359	3.090	2.947	2.862	2.750	2.697	2.616	2.571	2.554	2.545	2.536
0.07	4.063	3.300	3.024	2.869	2.782	2.665	2.604	2.525	2.468	2.453	2.445	2.438
0.10	4.026	3.241	2.982	2.802	2.701	2.580	2.514	2.422	2.369	2.350	2.340	2.334
0.15	3.979	3.181	2.871	2.709	2.610	2.481	2.414	2.316	2.257	2.236	2.228	2.215
0.20	3.947	3.133	2.817	2.652	2.551	2.413	2.343	2.238	2.176	2.156	2.147	2.135
0.25	3.922	3.096	2.776	2.608	2.502	2.36	2.288	2.178	2.116	2.092	2.080	2.070

$\dfrac{I_{c0}}{I_{c1}}$	$K_z/6i_{c1}$											
	0.1	0.2	0.3	0.4	0.5	0.75	1.0	2.0	5.0	11.0	20.0	∞
0.30	3.902	3.069	2.744	2.571	2.465	2.319	2.244	2.131	2.065	2.041	2.028	2.019
0.40	3.874	3.028	2.696	2.519	2.408	2.255	2.177	2.059	1.987	1.964	1.951	1.942
0.50	3.851	2.998	2.660	2.479	2.365	2.208	2.127	2.004	1.930	1.905	1.892	1.881

15.4.2 楔形变截面压杆极限荷载求解

轴心受压构件截面上有残余应力,构件存在着初弯曲,荷载存在初偏心,属于第二类弹塑性失稳问题,采用数值积分法进行求解。弹塑性阶段的平衡方程为:

$$-\int_A \sigma y\,\mathrm{d}y + P(y_0 + y) = 0$$

式中 σ 为截面上的应力,必须将截面划分成几百个小块,求出小块的应力用求和代替上式的积分求解。具体步骤见第 4 章。

图 15.12 所示的模型,取压杆初始挠度为

$$y_0(0) = \frac{L}{500}\left(1 - \cos\frac{\pi z}{2L}\right)$$

截面残余应力取图 15.13 的模式,以拉应力为正。取三种截面的压杆为计算对象,压杆 1 大端截面为 H600×200×8/10,压杆 2 大端截面为 H600×250×6/10,压杆 3 大端截面为 H600×300×5/10。屈服强度 $f_y = 235\text{N/mm}^2$。对等截面构件极限荷载进行了计算,得到稳定系数 $\phi = P_u/Af_y$ 与钢结构设计规范 GB50017-2003 的 b 曲线进行了对比发现,两者相差均在 3% 以内,从而验证了对焊接工字形截面绕强轴弯曲失稳时,利用 b 曲线是合适的。

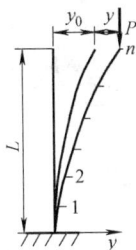

图 15.12 大端固接小端
自由变截面压杆

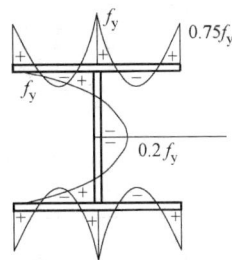

图 15.13 残余应力模式

取压杆 1 为例,杆长 $L = 6\text{m}$、12m,小端截面高度分别为 100mm、300mm、600mm,计算得到的荷载位移曲线如图 15.14 所示,由图可见,变截面轴压杆的极限荷载不仅与杆件长度有关,而且与变截面的楔率 γ 有关。

15.4.3 变截面压杆与弹性等效的等截面压杆的弹塑性承载力比较

运用弹性临界荷载相等的条件将变截面压杆等效成等截面压杆,进入弹塑性阶段时,

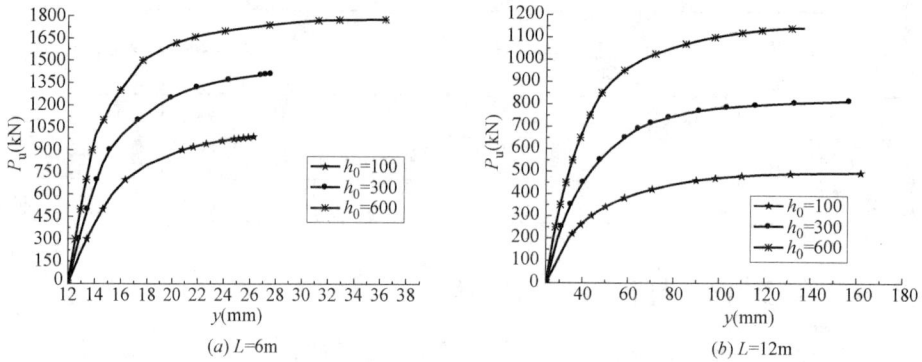

图 15.14 压杆 1 的荷载-位移曲线

由于等效前后两者截面不同，塑性发展就可能存在差异，稳定极限承载力可能不同，导致在弹塑性范围失稳时两者并不能像弹性失稳的情况那样等效。下面选取六种变截面压杆，长度由 1m 至 18m，将它们以小头截面为准等效成等截面压杆，分别对它们进行弹塑性计算，变截面与等截面结果比较如表 15.9 所示。表中 α 为变截面压杆承载力和弹性等效的等截面压杆承载力之比。之所以以小头截面为准，是因为这样在长细比为零时两者稳定系数都为 1，而弹性范围失稳时两者承载力也相等。

变截面压杆与弹性等效的等截面压杆的弹塑性承载力比较 表 15.9

截面	长度	2m	4m	6m	8m	10m	12m	14m	18m	20m
H100-600× 200×8/10	λ	20.6	41.2	61.8	82.4	103	123.6	144.2	185.4	206
	α	1.032	1.084	1.122	1.198	1.132	1.079	1.044	1.008	1.000
H200-600× 200×8/10	λ	18.8	37.6	56.4	75.2	94	112.8	131.6	169.2	188
	α	1.024	1.078	1.157	1.195	1.151	1.098	1.065	1.030	1.015
H300-600× 200×8/10	λ	18	36	54	72	90	108	126	162	180
	α	1.021	1.069	1.142	1.168	1.137	1.091	1.063	1.030	1.024
H100-600× 300×5/10	λ	21.2	42.4	63.6	84.8	106	127.2	148.4	190.8	212
	α	1.031	1.076	1.123	1.131	1.099	1.072	1.054	1.038	1.031
H200-600× 300×5/10	λ	18.6	37.2	55.8	74.4	93	111.6	130.2	167.4	186
	α	1.025	1.070	1.122	1.130	1.110	1.080	1.063	1.042	1.034
H300-600× 300×5/10	λ	17.8	35.6	53.4	71.2	89	106.8	124.6	160.2	178
	α	1.019	1.061	1.107	1.118	1.093	1.070	1.053	1.031	1.023

由上表可见，变截面压杆与以小头截面等效的等截面压杆的弹塑性极限承载力在等效长细比 λ 在 50～100 之间差别较明显。将两种截面比较，可见 H600×200×8/10 截面相对于 H600×300×5/10 截面这种差别更明显。对前者来说，当等效长细比 λ＝80 时，变截面压杆相对等截面压杆承载力最大可高出 19% 以上。变截面压杆承载力高的原因是沿杆件长度塑性开展不一定在固定端先出现，刚度减小速度较慢，塑性开展的范围更宽广，而等截面压杆塑性必定在固定端截面先出现，塑性较集中地出现在固定端及其附近的截面上，截面的刚度削弱较快，导致承载力较低。

15.4.4 按大头截面及其内力为准的变截面压杆稳定承载力计算

1 绕强轴屈曲的稳定承载力计算

取上述的三种变截面压杆，长度从 2m 到 20m，计算它们在大端固定、小端自由时的轴心受压极限承载值 $P_u{}^*$，以大头截面为准求出稳定系数 $\varphi^* = P_u{}^* / A_1 f_y$，同时由式(15.48)式可得到等效计算长度系数 μ_1，按照等截面压杆计算长细比 $\lambda_{1x} = \mu_1 L / i_{x1}$，查规范 GB50017-2003 得到稳定系数 φ，求出比值 $\eta_{t1} = \varphi^* / \varphi$。图 15.15a～e 示出了小端截面高度从 100 到 500 变化时，稳定系数 φ^* 及 φ 与正则化长细比 $\bar{\lambda}_{1x} = \dfrac{\lambda_{1x}}{\pi}\sqrt{\dfrac{f_y}{E}}$ 之间的关系。其中计算值（1）（2）（3）分别表示用截面（1）（2）（3）计算所得的稳定系数 φ^*。

对这些曲线进行分析可知，当变截面构件的楔率较小时，四条柱子曲线偏差较小，随着楔率的增大，偏差越来越大。对同一楔率来说，当 $\bar{\lambda}_{1x}$ 较小时差别比较明显，随着 $\bar{\lambda}_{1x}$ 的增大而越来越小，当 $\bar{\lambda}_{1x}$ 大于 1.1 时，杆件失稳基本由弹性稳定承载力控制，各曲线基本重合。变截面压杆承载力可表示为

$$P_u = \eta_t \varphi A_1 f_y \tag{15.50}$$

$$\bar{\lambda}_1 \geqslant 1.1 \qquad \eta_t = 1 \tag{15.51a}$$

$$\bar{\lambda}_1 < 1.1 \qquad \eta_t = \frac{A_0}{A_1} + \left(1 - \frac{A_0}{A_1}\right) \times \frac{\bar{\lambda}_1{}^2}{1.21} \tag{15.51b}$$

式中 A_0，A_1 分别是压杆小端和大端截面的面积。等截面压杆 η_t 退化为 1，上式与等截面公式相吻合。对于小端铰接，大端有侧移，但有转动弹性约束时，（15.50）（15.51a，b）式同样适用。边界条件的差别只反映在计算长度系数上。

与 CECS102：2002 的方法比较，上面方法计算的承载力提高 2%～12%，这是因为弹性等效的压杆弹塑性并不等效的缘故。实际压杆的承载力更高。

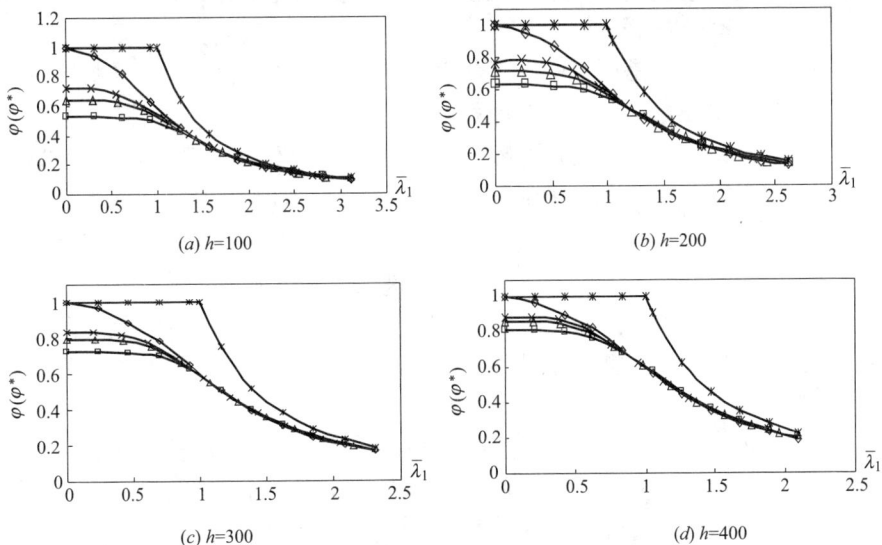

图 15.15 变截面压杆稳定系数

449

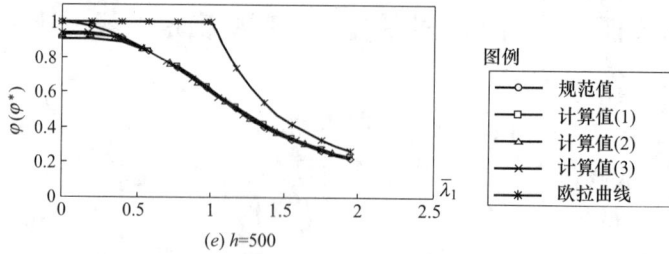

(e) h=500

图 15.15　变截面压杆稳定系数（续）

2　绕弱轴屈曲的稳定承载力计算

同样取上述三种截面，用数值方法算出在不同长细比 λ_{1y} 下（将其无量纲化 $\bar{\lambda}_{1y}=\dfrac{\lambda_{1y}}{\pi}\sqrt{\dfrac{f_y}{E}}$）绕弱轴屈曲的临界荷载 P_u^*，然后以大端截面为准求出稳定系数 $\varphi^*=P_u^*/A_1 f_y$，同时通过 λ_{1y} 可查规范得到稳定系数 φ，求出比值 $\eta_{t1}=\varphi^*/\varphi$，绕弱轴的极限荷载表示为

$$P_{uy}=\eta_{t1}\varphi A_1 f_y \tag{15.52}$$

对这些曲线分析可知，η_{t1} 主要与 $\bar{\lambda}_{1y}$ 和大小头面积比 A_0/A_1 有关。当 $\bar{\lambda}_{1y}$ 小于 1.2 时，杆件处于弹塑性阶段，φ^* 与 φ 差别较大，但当 $\bar{\lambda}_{1y}$ 大于 1.2 时，两者比接近 1，即 $\eta_{t1}=1$。通过拟合得

$$\bar{\lambda}_{1y}\geqslant 1.2 \qquad \eta_{t1}=1 \tag{15.53a}$$

$$\bar{\lambda}_{1y}<1.2 \qquad \eta_{t1}=\frac{A_0}{A_1}+\left(1-\frac{A_0}{A_1}\right)\times\frac{\bar{\lambda}_{1y}^{\,2}}{1.44} \tag{15.53b}$$

等截面构件 η_{t1} 将退化为 1。

15.5　楔形变截面压弯构件的平面内弹塑性稳定

变截面构件的真正用途是压弯构件，截面高度随弯矩图变化，以节省材料。因此必须提供弯矩和轴力作用下压弯构件稳定性计算方法。

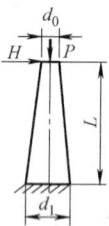

图 15.16　变截面压弯构件

要构建变截面压弯杆的相关关系，必须研究作为稳定承载力上限的强度。变截面构件在弯矩和轴力作用下的强度的复杂性在于，轴力作用下全截面屈服在小端，在弯矩作用下，由于实际结构中小端是弯矩为零的简支端，进入塑性的截面是大端或靠近大端的截面上。

短构件不发生失稳，以图 15.16 所示大端固接、小端自由的悬臂变截面杆，材料为理想弹塑性，小端作用水平力 H 和轴力 P，固端弯矩为 $M=HL$。分别取大端截面为 H600×200×8/10（截面 1）、H600×300×5/10（截面 3），小端高度为 100～600，杆长取为 2m 使之不发生失稳，也考虑初始弯曲和截面残余应力，用数值积分法算出他们在不同水平荷载 H 作用下（即不同弯矩 M）绕强轴弯曲时的极限荷载 P 的值。图 15.17 给出了这些构件的强度相关曲线，图中 $P_{y1}=\eta_t A_1 f_y$（$\eta_t=A_0/A_1$），$M_{p1}=W_{p1}f_y$，W_{p1} 是大端截

面的塑性抵抗矩。由图 15.17 可见，引入 η_t 后，变截面压弯构件绕强轴弯曲的极限强度相关关系与等截面压弯构件的相关关系相差不大，可以近似表示为

$$\frac{P}{P_{y1}} + \frac{M}{M_{P1}} = 1 \tag{15.54}$$

对于稳定性计算，取大端截面 H600×300×5/10，小端截面高度从 500～100 的变截面压弯构件进行计算，取不同长度，得到 P/P_{u1} 和 M/M_{p1} 之间的相关曲线，如图 15.18 所示，P_{u1} 为变截面压杆的平面内稳定承载力，$P_{u1} = \eta_t \varphi A_1 f_y$。

参照等截面压弯杆的平面内稳定计算公式，变截面压弯杆平面内稳定性计算公式可以利用 (15.54) 式推导，考虑初始弯曲和二阶效应使弯矩增大

$$\frac{P}{P_{y1}} + \frac{(1+0.25 P/P_{Ex1})/M + P e_0}{M_{p1}(1 - P/P_{Ex1})} = 1$$

利用 $M=0$ 时，$P=P_{u1}$，得到 $\dfrac{e_0}{M_{px1}} = \dfrac{P_{y1} - P_{u1}}{P_{y1} P_{u1}}\left(\dfrac{P_{u1}}{1 - P_{Ex1}}\right)$，代回上式得到

$$\frac{P}{P_{u1}} + \frac{(1+0.25 P/P_{Ex1})/M_x}{M_{px1}\left(1 - \dfrac{P_{u1}}{P_{y1}}\dfrac{P}{P_{Ex1}}\right)} = 1 \tag{15.55}$$

$P_{Ex1} = \dfrac{\pi^2 E I_1}{(\mu_1 L)^2}$，$\mu_1$ 为以大端截面为准的压杆等效计算长度系数。$1/\left(1 - \dfrac{P}{P_{Ex1}}\right)$ 是弯矩放大系数。(15.55) 式表示为

$$\frac{P}{\eta_t \varphi_x A_1} + \frac{(1+0.25 P/P_{Ex1})/M_x}{W_{px1}\left(1 - \varphi\dfrac{P}{P_{Ex1}}\right)} = f_y \tag{15.56}$$

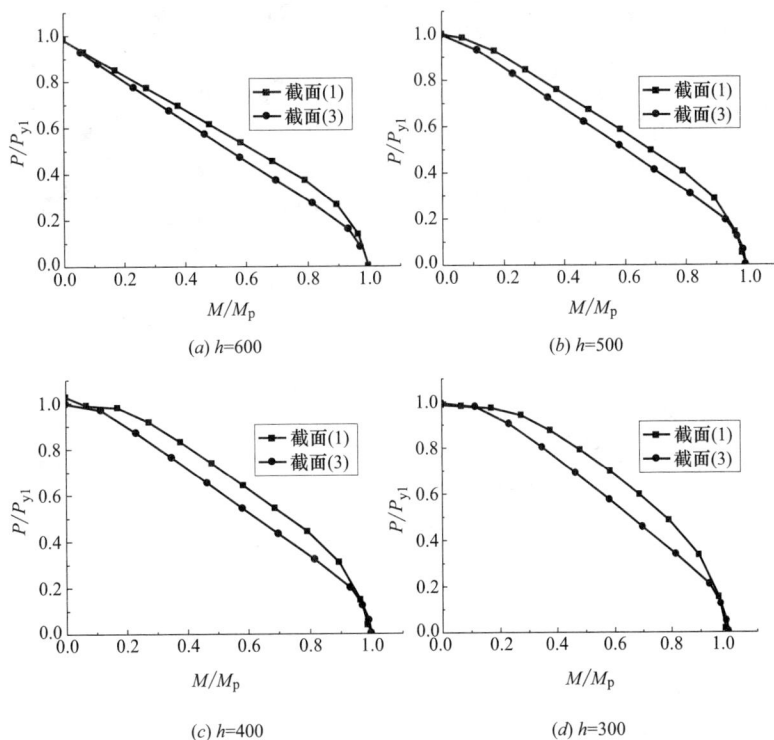

(a) h=600 (b) h=500

(c) h=400 (d) h=300

图 15.17 变截面短构件的轴力-弯矩相关作用曲线（一）

(e) h=200　　　　　　　(f) h=100

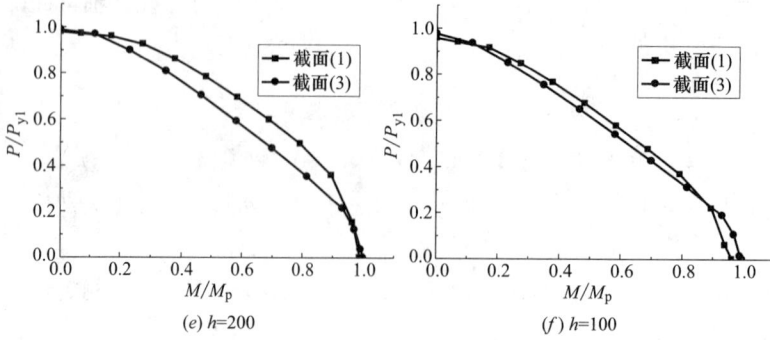

图 15.17　变截面短构件的轴力-弯矩相关作用曲线（二）

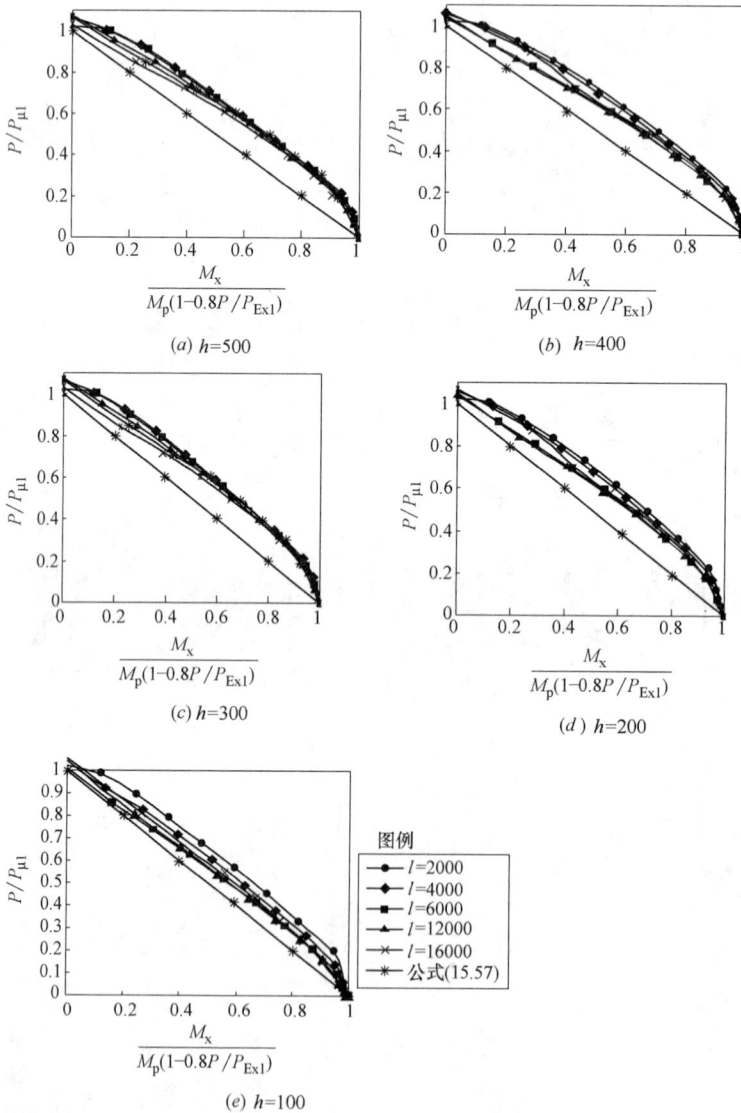

(a) h=500　　　　　　　(b) h=400

(c) h=300　　　　　　　(d) h=200

(e) h=100

图 15.18　变截面压弯构件弯矩平面相关公式验证

　　将数值分析结果按照（15.56）式整理成曲线，发现对所有的变截面压弯杆，曲线的归一性并不理想，并且当小端截面高度为 300，200 和 100 时，计算曲线有部分在 (15.56) 式下方，故将其作为变截面压弯构件弯矩平面内稳定的设计公式是欠安全的。参照 GB50017 规范把上式中的 P_{ul}/P_{y1} 改为 0.8，得到变截面压弯构件绕强轴弯曲时平面内稳定的计算公式

$$\frac{P}{\eta_t \varphi_x A_1} + \frac{M_x}{W_{px1}(1-0.8P/P_{Ex1})} = f_y \tag{15.57}$$

（15.57）式对不同截面和不同的长细比，归一性非常好，见图 15.18a-e。计算曲线均在 (15.57) 式上方，故将其作为变截面压弯构件弯矩平面内稳定的设计公式是偏安全的。

15.6　变截面屋面梁的弹性稳定

　　屋顶梁作为变截面的压杆，其屈曲荷载可以表示为

$$P_{cr} = \frac{\pi^2 E I_{beq}}{(\mu_{roof} L)^2} \tag{15.58}$$

其中

$$\mu_{roof} = \sqrt{\frac{(0.41K_{r1}+1)(0.41K_{r2}+1)}{(0.82K_{r1}+1)(0.82K_{r2}+1)}} \tag{15.59}$$

$K_{r1} = \dfrac{K_{C1}}{2\sum i_{beq}}$，$K_{r2} = \dfrac{K_{C2}}{2\sum i_{beq}}$，$K_{C1}$，$K_{C2}$ 是分段变截面梁两端的柱子对梁提供的转动约束。

$\sum i_{beq}$ 是汇交于梁的一端的所有变截面梁的换算线刚度之和，$i_{beq} = \dfrac{E I_{beq}}{L}$。

　　图 15.19 所示对称分段变截面梁，换算成等截面梁的截面惯性矩计算如下

$$I_{beq} = I_{bmin}\left[1 + (R^{0.3}-1)\left[\tan(0.5\pi\beta_1)\right]^{2R^{0.17}}\right] \tag{15.60}$$

式中 $R = \dfrac{I_{bmax}}{I_{bmin}}$，$\beta_1 = \dfrac{s_1}{L}$，$L = 2s_1 + s_2$。

　　上述公式适用于"大→小——等截面中间段——小→大"的屋面梁变截面形式，且两个变截面段长度相等，截面一样。表 15.10、表 15.11 及图 15.20 给出了上述公式的比较，公式精度良好。

两端简支变截面梁的受压临界荷载　　　　　　表 15.10

s_1	梁 1 截面	$\frac{I_{beq}}{I_{bmin}}$	梁 2 截面	$\frac{I_{beq}}{I_{bmin}}$	梁 3 截面	$\frac{I_{beq}}{I_{bmin}}$
3		1.014		1.020		1.026
4	H700-400×180×6×10	1.034	H900-400×180×6×10	1.049	H1200-400×180×6×10	1.063
5	H400×180×6×10	1.068	H400×180×6×10	1.096	H400×180×6×10	1.126
6	H400-700×180×6×10	1.118	H400-900×180×6×10	1.170	H400-1200×180×6×10	1.234
7	$L=18m$	1.190	$L=18m$	1.280	$L=18m$	1.382
8	$R=3.564$	1.309	$R=6.411$	1.473	$R=12.753$	1.675
9		1.463		1.755		2.172

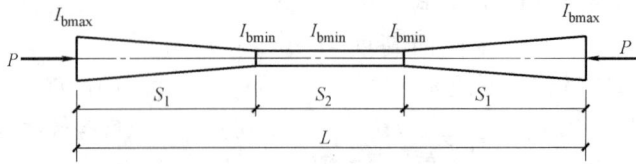

图 15.19　对称分段变截面梁

两端转动约束变截面梁的计算长度系数　　　　　　　　　表 15.11

K_{r1}	K_{r2}	梁 1		梁 2		梁 3		Eqn(8)
		8m	6m	8m	6m	8m	6m	
0.25	0.25	0.9276	0.9242	0.9316	0.9278	0.9316	0.932	0.9149
0.5	0.5	0.8717	0.8673	0.8776	0.8712	0.8776	0.8773	0.8546
1	1	0.7907	0.7846	0.7972	0.7885	0.7972	0.7943	0.7747
2	2	0.6929	0.6845	0.6964	0.6847	0.6964	0.6873	0.6894
2	0.025	0.8136	0.8085	0.8137	0.8064	0.8151	0.8074	0.8261
2	0.25	0.7922	0.7865	0.7942	0.7861	0.7971	0.7883	0.7942
2	0.5	0.7717	0.7655	0.775	0.7662	0.7792	0.7692	0.7676
2	1	0.7386	0.7315	0.743	0.7329	0.7482	0.7366	0.7308

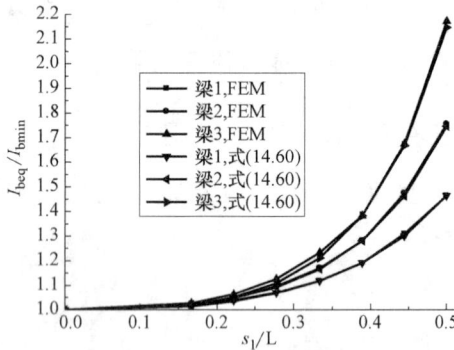

图 15.20　两端简支变截面梁等效刚度比较

参 考 文 献

[1]　饶芝英，童根树. 变截面门式刚架的平面内弹性稳定计算. 建筑结构，2000，4.

[2]　门式刚架轻型房屋钢结构技术规程 CECS 102：2002。

[3]　陈绍藩. 轻型钢结构变截面门式刚架的稳定计算. 建造结构，1998，8.

[4]　Baptista, A. M. and Muzeau, J. P., "Design of Tapered Compression Members According to Eurecode 3", J. Construct. Steel Res., Vol. 46, 1998.

[5]　Smith, W. G., "Analytic Solutions for Tapered Columns Buckling", Computers & Structures, 28 (5)：1988.

[6]　Takabatake, H, "Cantilevered and Linearly Tapered Thin-Walled Members", Journal of Engineering

Mechanics，116（4），1990，ASCE.

［7］ Russo，E. P. and Garic，G.，"Shear-Stress Distribution in Symmetrically Tapered Cantilever Beam"，Journal of Structual Engineering，118（11），1992，ASCE.

［8］ Salter，J. B.，Anderson，D.，and May，I. M.，"Tests on Tapered Steel Columns"，the Structural Engineering，58（6），1980.

［9］ Shiomi，H.，and Kurata，M.，"Strength Formula for Tapered Beam-Columns"，Journal of Structural Engineering，110（7），ASCE，1984.

［10］ Chong，K. P.，and Swanson，W. D.，"Shear Analysis of Tapered Beams"，Journal of the Structural Division，102（9），1976，ASCE.

［11］ Davies，G.，Lamb，R. S. and Snell，C.，"Stress Distribution in Beams of Varying Depth"，The Structural Engineer，51（11），1973.

［12］ Lee，G．C.，Morrell，M. L. and Ketter，R. L.，"Design of Tapered Members"，Welding Research Council Bulletin，No. 173，June，1972.

［13］ Lee，G. C.，Chen，Y. C.，and Hsu，T. L.，"Allowable Axial Stress of Restrained Multi-Segment Tapered Roof Girders"，Welding Research Council Bulletin，No. 248，May，1979.

［14］ Liew，J. Y.，Shanmugam，N. E.，and Lee，S. L.，"Tapered Box Columns under Biaxial Loading"，Journal of Structural Engineering，ASCE Vol. 115，No. 7，July，1989.

［15］ O'Rourke，M.，and Zebrowsk，T.，"Buckling Load for Nonuniform Columns"，Computers & Structures，Vol. 7，1977.

［16］ Prawel，S. P.，et al.，"Bending and Buckling Strength of Tapered Structural Members"，Welding Journal，53（2），Res. Suppl.，Feb.，1974.

［17］ 陈婷，童根树. 楔形变截面压杆的弹塑性稳定. 工业建筑，2004，10.

［18］ 童根树，陈婷. 楔形变截面压杆绕弱轴的弹塑性稳定. 钢结构，2003，5.

［19］ 童根树，陈婷. 楔形变截面压杆绕强轴的弹塑性稳定. 钢结构，2003，5.

［20］ 饶芝英，童根树. 门式刚架轻型房屋钢结构设计的几点问题. 建筑结构，2000，4.

第16章 工业厂房框架的稳定性

16.1 柱脚固接单阶柱的计算长度系数

钢结构大量应用在各种有吊车的工业厂房中，这种厂房框架的稳定性有一些特殊性，表现在同一根柱子分上下柱，上下柱轴力不等。图 16.1 所示柱脚固接有吊车厂房门式刚架，框架柱下段轴力、长度和惯性矩为 N_2、H_2、I_2，上段柱轴力、长度、惯性矩分别为 N_1、H_1、I_1，框架发生有侧移失稳。我国国家规范[1]给出了柱顶铰支或夹支时的计算长度系数表。对图 16.1 所示的框架，梁对柱的约束作用介于两者之间，必须加以正确考虑。

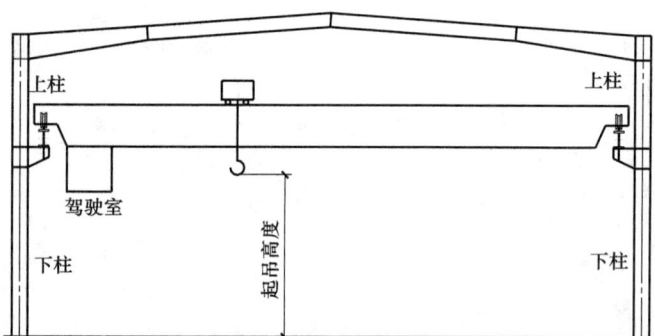

图 16.1　柱脚固接有吊车门式刚架

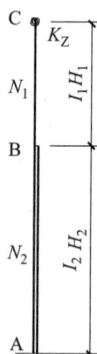

图 16.2　计算模型

图 16.2 所示阶型柱，柱脚固接，柱顶受到梁的转动约束，约束刚度为 K_z。梁是变截面时 K_z 的计算方法已由第十五章介绍。如果梁是等截面的，则 $K_z = 6i_b$，$i_b = EI_b/2S$，$2S$ 是斜梁的总长。记 i_1，i_2 分别为上段柱和下段柱的线刚度，屈曲时节点 B，C 的转角为 θ_B，θ_C。框架发生有侧移失稳时可以利用无剪力转角位移方程建立临界方程：

$$M_{BA} = \frac{u_2}{\tan u_2} i_{c2} \theta_B, \qquad M_{BC} = \frac{u_1}{\tan u_1} i_{c1} \theta_B - \frac{u_1}{\sin u_1} i_{c1} \theta_C$$

$$M_{CB} = \frac{u_1}{\tan u_1} i_{c1} \theta_C - \frac{u_1}{\sin u_1} i_{c1} \theta_B, \qquad M_{C约束} = 6i_b \theta_C$$

由节点 B 和节点 C 的弯矩平衡得到：

$$\left(\frac{u_2}{\tan u_2} i_{c2} + \frac{u_1}{\tan u_1} i_{c1} \right) \theta_B - \frac{u_1}{\sin u_1} i_{c1} \theta_C = 0$$

$$-\frac{u_1}{\sin u_1}i_{c1}\theta_B+\left(\frac{u_1}{\tan u_1}i_{c1}+6i_b\right)\theta_C=0$$

令系数行列式为零得到临界方程:

$$(K_c u_1 \cos u_1 \sin u_2 + u_2 \sin u_1 \cos u_2)(u_1 \cos u_1 + 6K_b \sin u_1) - u_1^2 K_c \sin u_2 = 0 \quad (16.1)$$

式中 $u_1=H_1\sqrt{N_1/EI_1}$, $u_2=H_2\sqrt{N_2/EI_2}$, $i_{c1}=EI_1/H_1$, $i_{c2}=EI_2/H_2$, $K_b=i_b/i_{c1}$,

$K_c=i_{c1}/i_{c2}$。记 $\eta=\dfrac{H_1}{H_2}\sqrt{\dfrac{N_1 I_2}{N_2 I_1}}$, 下柱 AB 和上柱 BC 的计算长度系数分别为 μ_2 和 μ_1。两者之间的关系为

$$\mu_1=\mu_2/\eta \quad (16.2)$$

给定参数,利用(16.1)式可以求得柱子的计算长度系数。下面先介绍一种代数方法,以清晰地了解上下柱子的相互作用。

设柱上下两端各有转动刚度为 m_1、m_2 的转动弹簧,$K_1=m_1/6i_c$,$K_2=m_2/6i_c$,i_c 是要确定计算长度系数的柱子的线刚度,则柱子的计算长度系数由(6.11)式计算。但是(6.11)式在约束是正值时比较合适,对于本节考虑柱子和柱子相互约束的问题,当下柱对上柱提供约束时,下柱本身相当于受到一个负的转动约束,此时用(6.11)式需要修改。

对于多层框架,取出上下相邻层的柱子及柱子上下端的梁的模型,在传统假定下得到临界方程为(6.10)式,用计算长度系数表示为

$$\left[36K_1K_2-\left(\frac{\pi}{\mu}\right)^2\right]\sin\frac{\pi}{\mu}+6(K_1+K_2)\frac{\pi}{\mu}\cos\frac{\pi}{\mu}=0 \quad (16.3)$$

当 $\mu=\infty$ 时,K_1,K_2 必须满足

$$6K_1K_2+K_1+K_2=0 \quad (16.4)$$

如果上式满足,则(6.11)式根号内是负值,这说明在约束是负值时,采用(6.11)式精度不是很好。经分析发现采用下式确定计算长度系数,则在正负约束范围内都具有可以接受的精度:

$$\mu=\sqrt{\frac{6K_1K_2+4(K_1+K_2)+1.52}{6K_1K_2+K_1+K_2}} \quad (16.5)$$

上式在几个特定情况下是精确的:

（a）约束刚度无穷大时,计算长度系数等于 1;

（b）一端无约束一端固定时计算长度系数等于 2;

（c）满足(16.4)式时计算长度系数无限大;

（d）一端约束一端无约束时计算长度系数为 $\mu=2\sqrt{\dfrac{K_2+0.38}{K_2}}$。

在一端固定 $K_1=\infty$ 时,一端负约束系数最大值为 $K_2=-1/6$,可以以此来判断一个柱子能够从另外一个柱子得到的最大支援。

我们注意到,$K_2=-1/6$,表示柱端转动约束 $m_2=-(1/6)\times 6i_c=-i_c$,也即当柱脚固定,柱子轴力为 0,则这个柱子能够对上柱提供的转动约束为 i_c。为什么只能提供这么小的转动约束?这是因为,柱子不仅有转动,还有侧移。柱上端的弯矩与转角和侧移的关系为

$$M_{12}=2i_c\theta_2-6i_c\Delta/l, \quad M_{21}=4i_c\theta_2-6i_c\Delta/l,$$

柱子剪力为 $Q=(M_{21}+M_{12})/l=(6\theta_2-12\Delta/l)i_c/l$

有侧移失稳时，要求柱子内剪力为零，所以 $\Delta/l=0.5\theta_2$，因此

$$M_{21}=4i_c\theta_2-6i_c\left(\frac{1}{2}\theta_2\right)=i_c\theta_2,$$

所以柱子对上部柱子提供的约束就是这么小。

如果一端不是固定，而是约束刚度为 $K_1>0$，则 K_2 可能的最小值为

$$K_2=-\frac{K_1}{6K_1+1}>-\frac{1}{6} \tag{16.6}$$

在单阶柱中（图 16.2），按照考虑上下柱相互约束的方法，由上柱 BC 节点 B，C 的弯矩平衡分别得到：$m_1\theta_C=-M_{CB}=6i_b\theta_C$，$m_2\theta_B=-M_{BC}=M_{AB}=\dfrac{u_2}{\tan u_2}i_{c2}\theta_B$，对下柱 AB 同理得到：$m_1\theta_B=-M_{AB}=-\dfrac{u_2}{\tan u_2}i_{c2}\theta_B$，$m_2=\infty$。所以下柱的 m_1 和上柱的 m_2 都随着 u_2 变化。记 $\xi=-u_2/(K_c\tan u_2)$，将上下柱的 m_1 和 m_2，计算 $K_1=m_1/6i_c$，$K_2=m_2/6i_c$，分别代入（16.5）式得到上下柱的临界荷载，令两个临界荷载符合给定的比例关系，经整理可以得到 ξ 的一元二次方程：

$$a\xi^2+b\xi+c=0 \tag{16.7}$$

式中
$$a=(6K_b+4)\eta^2-(6K_b+1) \tag{16.8a}$$

$$b=6[K_b-\eta^2(4K_b+1.52)]+[\eta^2(6K_b+4)-4(6K_b+1)]/K_c \tag{16.8b}$$

$$c=6[4K_b-\eta^2(4K_b+1.52)]/K_c \tag{16.8c}$$

解此方程得到 $\xi=\dfrac{-b-\sqrt{b^2-4ac}}{2a}$（另一个解没有意义）。这样就得到了图 16.2 中上下柱的柱端在考虑上下柱相互支援的情况下按需分配得到的转动约束刚度，对上柱 BC：$m_1=6i_{b2}$，$m_2=-(\xi K_c)i_{c2}$，下柱 AB：$m_1=(\xi K_c)i_{c2}$，$m_2=\infty$。利用 $K_1=m_1/6i_c$，$K_2=m_2/6i_c$，代入公式（16.5）式计算各柱的计算长度。

如果柱顶铰接，如钢结构规范附表 D-3，令 $K_b=0$，得到

$$a=4\eta^2-1 \tag{16.9a}$$

$$b=-4/K_c+4\eta^2/K_c-9.12\eta^2 \tag{16.9b}$$

$$c=-9.12\eta^2/K_c \tag{16.9c}$$

按照上述方法得到的计算长度系数与精确解的比较见表 16.1，可见误差在 1% 以内。

如果柱顶刚接，如钢结构设计规范附表 D-4，令 $K_b=\infty$，得到

$$a=\eta^2-1 \tag{16.10a}$$

$$b=1+\eta^2/K_c-4(1/K_c+\eta^2) \tag{16.10b}$$

$$c=4(1-\eta^2)/K_c \tag{16.10c}$$

按照上述方法得到的计算长度系数与精确解的比较见表 16.2，可见精度也极其好。

表 16.3 给出 $K_c=1$，$K_b=1$，$\gamma=K_c\eta^2$ 从 0.1～10 之间变化的计算结果。γ 变化，上下柱就表现出很强的相互作用，表中所有结果近似解和精确解差别很小，并且满足（16.2）式。

经过详细分析，柱脚固定时下柱的计算长度系数可以很精确的用下列式子表示：

柱脚固定柱顶自由时单阶柱下柱计算长度系数的比较　　　　　　　　表 16.1

η		0.2	0.6	1.0	1.4	2.0	2.4	3.0
$K_c=0.1$	近似解	2.007	2.092	2.484	3.234	4.508	5.378	6.694
	精确解	2.01	2.10	2.48	3.22	4.48	5.34	6.64
	比值	1.000	0.996	1.0016	1.0043	1.00625	1.0071	1.008
$K_c=0.5$	近似解	2.036	2.410	3.260	4.314	5.996	7.140	8.871
	精确解	2.04	2.44	3.29	4.33	6.00	7.14	8.86
	比值	0.998	0.9977	0.9909	0.9963	0.9993	1.000	1.0012

柱脚固定柱顶滑动固支时单阶柱下柱计算长度系数的比较　　　　　表 16.2

η		0.2	0.6	1.0	1.4	2.0	2.4	3.0
$K_c=0.1$	近似解	1.933	1.951	2.000	2.113	2.503	2.876	3.499
	精确解	1.93	1.95	2.00	2.11	2.46	2.81	3.41
	比值	1.002	1.000	1.000	1.001	1.017	1.023	1.026
$K_c=0.5$	近似解	1.740	1.811	2.001	2.343	3.045	3.564	4.372
	精确解	1.72	1.80	2.0	2.33	3.00	3.50	4.27
	比值	1.012	1.006	1.000	1.006	1.015	1.018	1.024

$$\frac{\mu_2^2}{\pi^2}=\frac{(3+15M+20M^2)r+(3+15N+20N^2)\eta^4+5(1+2M)(3+6M+2\eta^2+6\eta^2N)}{20[1+3N+3N^2]\eta^2+20(1+3M^2+3M)r+90K_b\beta^2/rK_c}$$

$$(16.11)$$

式中

$$r=\frac{H_2}{H_1}\frac{N_2}{N_1}=\frac{1}{K_c\eta^2}$$

$$M=\beta\frac{3K_b}{r}-1-K_c\eta^2,\quad N=(1+M)r,$$

$$\beta=\frac{1+2K_c+K_cr}{6K_bK_c+6K_b+1}$$

(16.11) 式与精确解的误差在 $K_c \geqslant 0.2$ 时不超过 2%（见表 16.3）。

柱脚固定柱顶弹性约束（$K_c=K_b=1$）单阶柱下柱计算长度系数比较　　　表 16.3

γ	精确值	近似值	比值	γ	精确值	近似值	比值
0.1	1.6332	1.6559	1.0105	1	2.1637	2.1789	1.0073
0.2	1.6833	1.6998	1.0073	1.5	2.4655	2.4977	1.0132
0.3	1.7371	1.7490	1.0051	2	2.7457	2.7944	1.0176
0.4	1.7941	1.8027	1.0037	2.5	3.0048	3.0682	1.0208
0.5	1.8534	1.8605	1.0031	3	3.2458	3.3223	1.023
0.6	1.9144	1.9213	1.0033	5	4.0773	4.1956	1.0291
0.8	2.0388	2.0486	1.0049	8	5.0818	5.2456	1.032
1	2.1637	2.1789	1.0073	10	5.6543	5.8428	1.033

16.2　柱脚铰接有吊车厂房门式刚架柱的计算长度

轻型厂房当吊车吨位不大，地基条件较差时，为节省地基基础费用，可将柱脚设计为铰接，减小传递到柱脚的弯矩。这种柱脚铰接的阶形柱发生有侧移失稳的临界方程如下：

无剪力转角位移方程中，如果远端为铰接，则近端的弯矩转角关系为

$$M_{BA} = -(u_2 \tan u_2) i_{c2} \theta_B$$

同样

$$M_{BC} = \frac{u_1}{\tan u_1} i_{c1} \theta_B - \frac{u_1}{\sin u_1} i_{c1} \theta_C, \qquad M_{CB} = \frac{u_1}{\tan u_1} i_{c1} \theta_C - \frac{u_1}{\sin u_1} i_{c_1} \theta_B, \qquad M_C = 6 i_b \theta_C$$

利用节点 B 和节点 C 的弯矩平衡得到如下的方程

$$\left(-u_2 \tan u_2 i_{c2} + \frac{u_1}{\tan u_1} i_{c1} \right) \theta_B - \frac{u_1}{\sin u_1} i_{c1} \theta_C = 0$$

$$-\frac{u_1}{\sin u_1} i_{c1} \theta_B + \left(\frac{u_1}{\tan u_1} i_{c1} + 6 i_b \right) \theta_C = 0$$

令系数行列式为零得到

$$(K_c u_1 \cos u_1 \cos u_2 - u_2 \sin u_1 \sin u_2)(u_1 \cos u_1 + 6 K_b \sin u_1) - u_1^2 K_c \cos u_2 = 0 \quad (16.12)$$

同样可以采用上节介绍的方法计算计算长度系数。柱脚铰支时 $m_{B1} = u_2 \tan u_2 i_{c2}$，对 AB 柱：$m_1 = m_{B1}$，$m_2 = 0$；对 BC 柱，$m_1 = 6 i_b$，$m_2 = m_{B2} = -m_{B1}$；同样记 $\frac{m_{B1}}{i_{c1}} = \xi$，按照同样步骤得到(16.7)式，但式中的系数变为：

$$a = (6K_b + 4)\eta^2 - 4(6K_b + 1) \quad (16.13a)$$

$$b = -6\eta^2(4K_b + 1.52) - 9.12(6K_b + 1)/K_c + 24K_b \quad (16.13b)$$

$$c = 54.72 K_b / K_c \quad (16.13c)$$

得到 $\xi = \dfrac{-b - \sqrt{b^2 - 4ac}}{2a}$ 值后，即可求得各柱柱端分配得到的转动约束刚度，对下柱 AB：$K_1 = 0$，$K_2 = \xi K_c / 6$，上柱 BC：$K_1 = -\xi/6$，$K_2 = K_b$。代入(16.5)式计算 μ_1、μ_2。

如果柱顶与梁铰支 $K_b = 0$，此时框架柱相当于摇摆柱。该柱的有侧移失稳依赖其他柱子对它提供侧向支持，从而只需要验算该柱的无侧移失稳承载力。柱子的计算长度系数见后面的(16.36)式。

对柱脚铰接的柱，如果梁柱刚性连接，梁对柱提供转动约束，上下柱的计算长度与 i_b 有关。经详细分析，下柱的计算长度系数可以很精确的用下列式子表示：

$$\frac{\mu_2^2}{\pi^2} = \frac{8r + (3 + 15r + 20r^2)\eta^4 + 5W\left[4r + \eta^2\left(1 + \dfrac{1+r}{K_b} \right) + 3rW \right]}{20(r + \eta^2) + 60r(1+r)\eta^2 + 10\eta^2(1+r)^2/K_b} \quad (16.14)$$

式中 $\eta = \dfrac{H_1}{H_2}\sqrt{\dfrac{N_1 I_2}{N_2 I_1}}$，$r = \dfrac{1}{K_c \eta^2}$，$W = \eta^2\left(1 + 2r + \dfrac{1+r}{3K_b} \right)$。(16.14)式与(16.12)式的误差不超过 2%。利用(16.2)式可以获得上柱的计算长度系数。

柱脚铰支，$K_b = 0.05$ 时的下柱计算长度系数见表 16.4，$K_b = 5$ 时见表 16.5。

柱脚铰支下柱平面内计算长度系数 μ_{21}（$K_b = 0.05$）　　　　　　　表 16.4

η \ K_1	0.05	0.10	0.15	0.20	0.25	0.30	0.50	0.60	0.80	0.90	1.00
0.20	29.33	20.79	17.02	14.78	13.26	12.13	9.49	8.71	7.62	7.22	6.88
0.40	29.39	20.89	17.14	14.91	13.40	12.29	9.70	8.93	7.87	7.48	7.15
0.60	29.51	21.05	17.33	15.14	13.65	12.56	10.03	9.29	8.27	7.90	7.60

η \ K_1	0.05	0.10	0.15	0.20	0.25	0.30	0.50	0.60	0.80	0.90	1.00
0.80	29.67	21.27	17.60	15.44	13.99	12.93	10.49	9.79	8.82	8.48	8.19
1.00	29.87	21.55	17.94	15.83	14.42	13.39	11.06	10.39	9.49	9.18	8.91
1.20	30.12	21.90	18.36	16.30	14.93	13.94	11.72	11.10	10.27	9.97	9.73
1.40	30.41	22.30	18.83	16.84	15.52	14.57	12.47	11.89	11.12	10.85	10.64
1.60	30.74	22.75	19.37	17.44	16.18	15.27	13.29	12.75	12.04	11.80	11.60
1.80	31.12	23.26	19.97	18.11	16.89	16.03	14.17	13.66	13.01	12.78	12.60
2.00	31.53	23.82	20.62	18.83	17.67	16.85	15.09	14.62	14.02	13.81	13.64
2.20	31.98	24.42	21.32	19.60	18.49	17.71	16.06	15.62	15.06	14.86	14.71
2.40	32.48	25.07	22.07	20.41	19.35	18.61	17.05	16.64	16.12	15.94	15.80
2.60	33.00	25.76	22.85	21.26	20.25	19.55	18.08	17.69	17.20	17.03	16.90
2.80	33.56	26.48	23.68	22.15	21.18	20.52	19.12	18.76	18.30	18.14	18.02
3.00	34.16	27.24	24.53	23.06	22.14	21.51	20.19	19.84	19.41	19.26	19.15
3.20	34.78	28.04	25.41	24.01	23.12	22.52	21.27	20.94	20.53	20.40	20.29
3.40	35.44	28.86	26.33	24.97	24.13	23.55	22.36	22.05	21.67	21.54	21.43
3.60	36.13	29.71	27.26	25.96	25.15	24.60	23.46	23.17	22.81	22.68	22.58
3.80	36.84	30.58	28.22	26.96	26.19	25.66	24.58	24.30	23.95	23.83	23.74
4.00	37.58	31.48	29.19	27.99	27.24	26.74	25.70	25.44	25.10	24.99	24.90

柱脚铰支平面内下柱计算长度系数 μ_{22} ($K_b \geqslant 5.00$) 表 16.5

η \ K_1	0.05	0.10	0.15	0.20	0.25	0.30	0.50	0.60	0.80	0.90	1.00
0.20	14.40	10.27	8.45	7.38	6.65	6.12	4.89	4.53	4.04	3.86	3.71
0.40	14.42	10.29	8.48	7.41	6.68	6.15	4.93	4.57	4.08	3.90	3.75
0.60	14.44	10.32	8.52	7.45	6.73	6.21	4.99	4.63	4.15	3.97	3.82
0.80	14.47	10.37	8.57	7.51	6.80	6.28	5.08	4.73	4.25	4.07	3.93
1.00	14.52	10.43	8.64	7.59	6.89	6.37	5.19	4.85	4.38	4.21	4.07
1.20	14.57	10.50	8.73	7.69	7.00	6.49	5.33	4.99	4.54	4.37	4.24
1.40	14.63	10.59	8.83	7.81	7.12	6.63	5.49	5.17	4.73	4.57	4.44
1.60	14.70	10.68	8.95	7.94	7.27	6.78	5.68	5.37	4.95	4.80	4.68
1.80	14.79	10.80	9.09	8.09	7.44	6.96	5.90	5.60	5.20	5.06	4.94
2.00	14.88	10.92	9.23	8.26	7.62	7.16	6.13	5.85	5.47	5.34	5.23
2.20	14.98	11.06	9.40	8.45	7.82	7.37	6.39	6.12	5.76	5.64	5.54
2.40	15.09	11.21	9.58	8.65	8.04	7.61	6.66	6.41	6.07	5.96	5.87
2.60	15.20	11.37	9.77	8.86	8.27	7.86	6.95	6.71	6.40	6.29	6.20
2.80	15.33	11.55	9.98	9.09	8.52	8.12	7.26	7.03	6.73	6.63	6.55
3.00	15.47	11.73	10.20	9.34	8.79	8.40	7.58	7.36	7.08	6.99	6.91
3.20	15.62	11.93	10.43	9.59	9.06	8.69	7.90	7.70	7.44	7.35	7.28
3.40	15.77	12.14	10.67	9.86	9.35	8.99	8.24	8.05	7.80	7.71	7.65
3.60	15.93	12.36	10.92	10.14	9.64	9.30	8.59	8.40	8.17	8.09	8.02
3.80	16.11	12.59	11.19	10.43	9.95	9.62	8.94	8.76	8.54	8.46	8.40
4.00	16.29	12.83	11.46	10.73	10.27	9.95	9.30	9.13	8.92	8.84	8.79

16.3 柱脚平面外铰支时阶形柱的平面外计算长度系数

按规范规定，平面外计算长度一般取侧向支撑点之间的距离。对于柱脚铰支的轻钢厂房柱(图 16.3)，下柱与上柱一般有 $A_1 = A_2$，$I_1 = I_2$，而上柱长度 l_{c1} 远小于 l_{c2}，上柱平面外的稳定性远远好于下柱。上柱对下柱提供约束作用，设计中可加以利用。对图 16.3

所示模型，屈曲临界方程为：

$$\frac{u_1^2 \tan u_1}{\tan u_1 - u_1} i_{c1} + \frac{u_2^2 \tan u_2}{\tan u_2 - u_2} i_{c2} = 0 \tag{16.15}$$

文献〔2〕给出了上柱计算长度的图，见图 16.4。下面给出一个代数算法。

设柱子两端有刚度分别为 m_1，m_2 的转动约束，无侧移失稳时柱子计算长度系数采用 (6-9b) 式，式中 $K_1 = m_1/2i_c$，$K_2 = m_2/2i_c$。但是在约束刚度是负时，(6-9b) 式的误差增加，而且还可能出现根号内是负值的情况，因此需要寻找新的公式。

两端弹性约束柱发生无侧移失稳时的临界方程为 (6.8) 式，用计算长度系数表示为：

$$\frac{1}{4K_1 K_2}\left(\frac{\pi}{\mu}\right)^2 + \left(\frac{K_1 + K_2}{2K_1 K_2}\right)\left(1 - \frac{\pi}{\mu}\cot\frac{\pi}{\mu}\right) + \tan\frac{\pi}{2\mu} / \frac{\pi}{2\mu} = 1 \tag{16.16}$$

当 $\mu = \infty$ 时，要使上式成立，K_1，K_2 必须满足下式

$$K_1 K_2 + 2(K_1 + K_2) + 3 = 0 \tag{16.17}$$

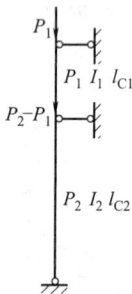

图 16.3　厂房柱平面外稳定

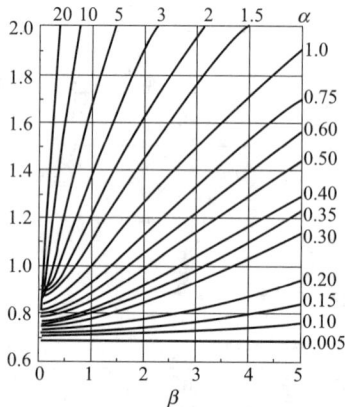

图 16.4　阶形柱平面外计算长度系数

当约束满足上式，计算长度系数为无穷大。设 $K_1 = \infty$，则 $K_2 = -2$，即 $m_2 = -4i_c$，表示柱子对相邻柱子能够提供刚度为 $4i_c$ 的转动约束，对于无侧移失稳，这是不言而喻的。K_1 为有限值时，K_2 要更大。设 $K_1 = 0$（铰支），则 $K_2 = -1.5$，$m_2 = -3i_c$。$K_1 = K_2 = -1$ 时，计算长度系数为无穷大。因此约束刚度 K_1 和 K_2 必须满足：

$$K_2 > -\frac{3 + 2K_1}{2 + K_1} \tag{16.18}$$

新的计算长度系数公式必须满足如下条件：

　　(a) $K_1 = \infty$，$K_2 = \infty$ 时，$\mu = 0.5$；

　　(b) $K_1 = \infty$，$K_2 = 0$ 时，$\mu = 0.6993$；

　　(c) $K_1 = 0$，$K_2 = 0$ 时，$\mu = 1.0$；

　　(d) K_1，K_2 满足 (16.17) 式时，$\mu = \infty$；

与 (6.9b) 式形式相同，且满足如上四个条件的计算长度系数公式为：

$$\mu = \frac{1}{2}\sqrt{\frac{K_1 K_2 + 3.912(K_1 + K_2) + 12}{K_1 K_2 + 2(K_1 + K_2) + 3}} \tag{16.19}$$

与精确值比较，(16.19) 式的误差在负刚度的情况下可以达到 -13%（偏小）。考虑到负约束下计算长度系数可达到无穷大，这个误差是可以接受的。在正约束的范围内，最大误差

为偏大 6%，虽然用于设计时偏安全，但是作者并不主张在柱端约束为正时采用(16.19)式计算。

但是利用(16.19)式来解图 16.3 柱子的计算长度系数，精度却很好。设下柱 AB 的 B 端获得的转动约束刚度为 m_{B1}，则 AB 柱 $m_1=0$，$m_2=m_{B1}$，由于 $K_i=m_i/2i_c$，由(16.19)式得到 AB 柱的临界荷载为

$$P_2=\chi_2 P=\frac{4\pi^2 EI_{c2}}{l_{c2}^2}\frac{m_{B1}+3i_{c2}}{1.956m_{B1}+12i_{c2}}$$

上柱两端的转动约束为 $m_1=-m_{B1}$（负值是因为 AB 柱得到约束，则 BC 柱付出约束），$m_2=0$，得到

$$P_1=\chi_1 P=\frac{4\pi^2 EI_{c1}}{l_{c1}^2}\frac{-m_{B1}+3i_{c1}}{-1.956m_{B1}+12i_{c1}}$$

由以上两式得到的 P 应该相等，记 $K_c=i_{c2}/i_{c1}$，$\eta^2=\dfrac{P_1 I_{c2} l_{c1}^2}{P_2 I_{c1} l_{c2}^2}$，$\xi=m_{B1}/i_{c1}$，得到

$$1.956(1-\eta^2)\xi^2+[12(\eta^2+K_c)-5.868(K_c\eta^2+1)]\xi+36K_c(\eta^2-1)=0 \quad (16.20)$$

由(16.20)式得到 $\xi=\dfrac{-b-\sqrt{b^2-4ac}}{2a}$（另一个解无意义），从而得到上柱和下柱两端的转动约束，再由(16.19)式计算柱的计算长度系数。采用(16.19)式计算，由于更好地考虑了约束为负时的刚度计算问题，得到的结果在整个范围内，误差均在 0-2.4% 范围内，见表 16.6 的对比。比采用(7.23)式精度更好。

经过仔细分析，发现上柱的计算长度可以用下式计算：

$$\frac{\mu_1^2}{\pi^2}=\frac{3+13\alpha+17\alpha^2+14\alpha^2\beta+21\alpha^3\beta+21\alpha^3\beta^2+14\alpha^4\beta^2+17\alpha^4\beta^3+13\alpha^5\beta^3+3\alpha^6\beta^3}{63+231\alpha+168\alpha^2+210\alpha^2\beta+210\alpha^3\beta+168\alpha^3\beta^2+231\alpha^4\beta^2+63\alpha^5\beta^2}$$

$$(16.21)$$

其中 $\alpha=i_{c1}/i_{c2}=1/K_c$，$\beta=\dfrac{P_2 l_{c2}}{P_1 l_{c1}}$，$\alpha\beta=1/\eta^2$。由上柱平面外计算长度系数 μ_1，按下式可获得下柱平面外计算长度系数 μ_2

$$\mu_2=\mu_1/\sqrt{\alpha\beta} \quad (16.22)$$

16.4 柱脚平面外固支时阶形柱的平面外计算长度系数

对于柱脚固定的情况，由牛腿节点的弯矩平衡可以得到临界方程为

$$\frac{u_2}{\tan u_2}\frac{\tan u_2-u_2}{2\tan(u_2/2)-u_2}i_{c2}+\frac{u_1^2\tan u_1}{\tan u_1-u_1}i_{c1}=0 \quad (16.23)$$

同样设下柱 AB 的 B 端获得的转动约束刚度为 m_{B1}，则 AB 柱 $m_1=\infty$，$m_2=m_{B1}$，上柱两端的转动约束为 $m_1=-m_{B1}$，$m_2=0$，代入(16.19)式得到 AB，BC 柱的临界荷载为（$\xi=m_{B1}/i_{c1}$，$K_c=i_{c2}/i_{c1}$，$\eta^2=\dfrac{P_1 I_{c2} l_{c1}^2}{P_2 I_{c1} l_{c2}^2}$）

$$\chi_2 P=\frac{4\pi^2 EI_{c2}}{l_{c2}^2}\frac{\xi+4K_c}{\xi+7.824K_c}$$

463

$$\chi_1 P = \frac{4\pi^2 E I_1}{l_{c1}^2} \frac{-2\xi+6}{-3.912\xi+24}$$

由以上两式得到的 P 相等，得到

$$(1.956\eta^2-1)\xi^2 + [(3-12\eta^2)+7.824K_c(\eta^2-1)]\xi + 12K_c(1.956-4\eta^2)=0$$

$$(16.24)$$

由 (16.24) 式得到 $\xi = \dfrac{-b-\sqrt{b^2-4ac}}{2a}$（另一个解无意义），从而得到上柱和下柱两端的转动约束，再由 (16.19) 式计算柱子的计算长度系数。精确解和近似解的比较见表 16.7，所有情况下误差均小于 2.8%。

单阶柱柱脚铰支采用 (16.19，16.20) 式得到的结果　　　　表 16.6

K_c	0.5		1.0		1.5		2.0	
γ	精确解	近似解	精确解	近似解	精确解	近似解	精确解	近似解
0.1	0.7989	0.8181	0.8510	0.8684	0.8819	0.8976	0.9022	0.9150
0.2	0.8088	0.8257	0.8601	0.8750	0.8897	0.9023	0.8944	0.9197
0.5	0.8558	0.8641	0.8972	0.9043	0.9198	0.9257	0.9342	0.9392
1.0	1.0	1.0	1.0	1.0	1.0	1.0	1.0	1.0
1.5	1.1664	1.1694	1.1339	1.1379	1.1128	1.1171	1.0978	1.1022
2.0	1.3211	1.3283	1.2689	1.2789	1.2374	1.2460	1.2103	1.2221
5	2.0323	2.0566	1.9231	1.9566	1.8550	1.8920	1.8084	1.8464
10	2.8529	2.8934	2.6909	2.7461	2.5922	2.6523	2.5262	2.5870

柱脚固定单阶柱平面外计算长度（采用 (16.19，16.24) 式计算）　　　　表 16.7

K_c	0.5		1.0		1.5		2.0	
η^2	精确解	近似解	精确解	近似解	精确解	近似解	精确解	近似解
0.1	0.5807	0.5969	0.6161	0.6292	0.6352	0.6459	0.6474	0.6562
0.2	0.5993	0.6108	0.6305	0.6396	0.6467	0.6541	0.6567	0.6629
0.3	0.6264	0.6326	0.6494	0.6544	0.6612	0.6654	0.6685	0.6720
0.4	0.6623	0.664	0.6735	0.6753	0.6794	0.6810	0.6832	0.6845
0.5	0.7040	0.7041	0.7026	0.7027	0.7019	0.7020	0.7014	0.7015
0.7	0.7924	0.7934	0.7708	0.7719	0.7577	0.7589	0.7488	0.7500
1.0	0.9189	0.9239	0.8788	0.8852	0.8541	0.8610	0.8370	0.8441
1.5	1.1040	1.1149	1.0458	1.0599	1.0109	1.0261	0.9873	1.0027
2.0	1.2640	1.2797	1.1932	1.2133	1.1516	1.1729	1.1243	1.1454
5	1.9718	2.0061	1.8529	1.8952	1.7863	1.8296	1.7440	1.7860
10	2.7773	2.8321	2.6070	2.6731	2.5130	2.5797	2.4541	2.5182

经过仔细的分析得到下柱的计算长度系数 μ_2 为：

$$\frac{\mu_2^2}{\pi^2} = \frac{6+\alpha(30+48\alpha+2\beta^2+49\eta+84\alpha\eta+126\eta^2+98\alpha\eta^2+153\eta^3+156\alpha\eta^3+48\alpha^2\eta^3)}{13(18+78\alpha+72\alpha^2+90\alpha^2\beta+120\alpha^3\beta+108\alpha^3\beta^2+198\alpha^4\beta^2+72\alpha^5\beta^2)}$$

$$(16.25)$$

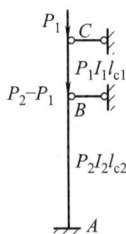

图 16.5　柱脚固定厂房
柱平面外稳定

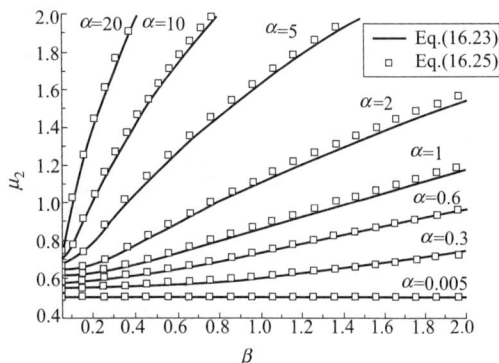

图 16.6　柱脚固定上段柱子平面外计算长度系数

式中 $\alpha=i_{c2}/i_{c1}=K_c$，$\beta=\dfrac{P_1 l_{c1}}{P_2 l_{c2}}$，$\eta^2=\alpha\beta=\dfrac{l_{c1}^2}{l_{c2}^2}\cdot\dfrac{P_1 I_2}{P_2 I_1}$。图 16.6 示出了根据（16.25）式计算的下柱计算长度系数和参数 α，β 的关系。(16.25)式作为近似计算公式与精确结果的对比也在图中示出，两者的误差不到 5%。由 μ_2 计算 μ_1 的式子为

$$\mu_1=\mu_2/\sqrt{\alpha\beta}=\mu_2/\sqrt{\eta} \tag{16.26}$$

16.5　厂房纵向抽撑时柱子的平面外计算长度

在某些情况下，厂房纵向柱列某标高以下不允许设置支撑，纵向水平力要靠柱子绕弱轴弯曲来抵抗。如果这一标高以上的部分允许设置支撑，采用设置支撑的方法，在相当多的情况下仍然比采用纵向刚接框架的方法经济。这时下部柱子的计算长度需要另行确定。

图 16.7 所示，设交叉支撑体系的抗侧刚度足够大，在轴力 P 的作用下发生屈曲时 A、B 两点的水平位移相同，那么图 16.7a 的结构形式可转换为图 16.7b，其计算简图为图 16.7c。记屈曲时节点 B 的转角为 θ_B，则

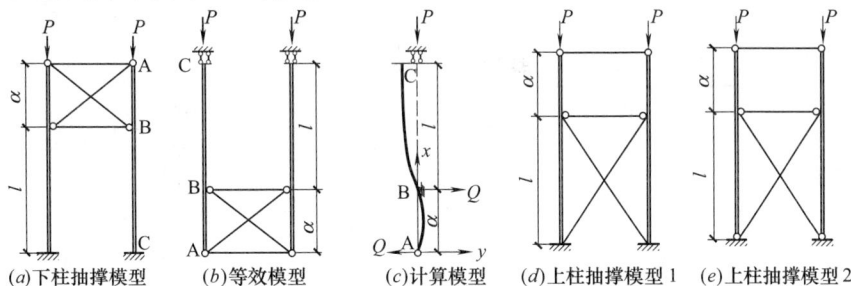

(a)下柱抽撑模型　(b)等效模型　(c)计算模型　(d)上柱抽撑模型 1　(e)上柱抽撑模型 2

图 16.7　平面内抽撑时的柱子的稳定性

$$M_{BC}=\frac{u}{\tan u}i\theta_B,\ M_{BA}=\frac{\alpha u^2\tan(\alpha u)}{\tan\alpha u-\alpha u}i\theta_B$$

式中 $u=l\sqrt{P/EI}$，$i=EI/l$，$\alpha=a/l$。由 B 点弯矩平衡得到临界方程为

$$\alpha\frac{\pi}{\mu}\cot\alpha\frac{\pi}{\mu}-\alpha\frac{\pi}{\mu}\tan\frac{\pi}{\mu}=1 \tag{16.27}$$

式中 μ 为无支撑段柱子的计算长度系数。以不同的 α 值代入式(16.27)后，即可得到相应的计算长度系数 μ，见表 16.8。经拟合，μ 与支撑高度参数 α 之间的关系可表示为

$$\mu = \frac{2.87 + 0.62\alpha + 0.705\alpha^2}{\sqrt{8 + \alpha^2}} \tag{16.28}$$

柱脚刚接下部支撑抽空时的计算长度系数　　　　　　表 16.8

α	0	0.1	0.2	0.4	0.5	0.7	0.8	0.9	1.0
μ 精确解	1.00	1.033	1.067	1.138	1.18	1.257	1.302	1.350	1.398
(16.28)式	1.01	1.038	1.066	1.131	1.17	1.252	1.299	1.347	1.398
α	1.2	1.4	1.6	1.8	2.0	2.4	2.6	2.8	3.0
μ 精确解	1.504	1.619	1.741	1.868	2.0	2.271	2.410	2.549	2.689
(16.28)式	1.507	1.622	1.744	1.870	2.0	2.270	2.407	2.546	2.686

当柱脚固定上段柱的支撑抽空时（图 16.7d），压杆失稳临界方程

$$\sin(1+\alpha)\frac{\pi}{\mu} - 2\sin\alpha\frac{\pi}{\mu} + \sin\alpha\frac{\pi}{\mu}\cos\frac{\pi}{\mu} - \frac{\pi}{\mu}\cos(1+\alpha)\frac{\pi}{\mu} = 0 \tag{16.29}$$

由上式得到表 16.9 所示的计算长度系数表。μ 的近似公式为

$$\mu = 0.84 + 2\alpha - \frac{1.16}{1+\alpha} + \frac{1.02}{(1+\alpha)^2} \tag{16.30}$$

柱脚固定上部支撑抽空时的计算长度系数　　　　　　表 16.9

α	0	0.1	0.2	0.3	0.5	0.6	0.7	0.9	1.0
μ	0.7	0.825	0.980	1.154	1.529	1.722	1.918	2.312	2.510
(16.30)式	0.7	0.828	0.982	1.151	1.520	1.713	1.911	2.312	2.515

柱脚铰接上部支撑抽空时，压杆失稳临界方程

$$\frac{\pi}{\mu}\left(\tan\frac{\alpha\pi}{\mu} + \tan\frac{\pi}{\mu}\right) - \tan\frac{\alpha\pi}{\mu}\tan\frac{\pi}{\mu} = 0 \tag{16.31}$$

由上式计算得到表 16.10 所示的计算长度系数表。μ 的近似公式为：

$$\mu = 2.386\alpha - 0.52 + \frac{1.52}{1+0.97\alpha} \tag{16.32}$$

柱脚铰接上部支撑抽空时的计算长度系数　　　　　　表 16.10

α	0.1	0.2	0.3	0.5	0.6	0.7	0.8	0.9	1.0
精确值	1.11	1.25	1.40	1.74	1.927	2.115	2.307	2.50	2.695
(16.32)式	1.104	1.23	1.38	1.70	1.873	2.056	2.249	2.44	2.64
α	1.1	1.2	1.3	1.5	1.6	1.7	1.8	1.9	2.0
精确值	2.89	3.088	3.286	3.682	3.88	4.079	4.278	4.477	4.676
(16.32)式	2.84	3.046	3.254	3.678	4.893	4.110	4.329	4.549	4.769

对柱脚铰接下部支撑抽空的情况，可以先按(16.32)式计算出支撑柱(上柱)的计算长度系数 μ，再按下式计算下柱的计算长度系数 μ_2：

$$\mu_2 = \frac{a}{l}\mu \tag{16.33}$$

16.6 单层厂房框架双阶柱的平面内计算长度系数

如图 16.8 所示的双阶柱，下中上柱的轴力，高度和截面惯性矩分别为 N_1，H_1，I_1；N_2，H_2，I_2；N_3，H_3，I_3。计算长度系数分别为 μ_1，μ_2，μ_3。记 $G_1 = I_3 H_1 / I_1 H_3$，$G_2 = I_2 H_1 / I_1 H_2$，$\eta_1 = \dfrac{H_3}{H_1}\sqrt{\dfrac{N_3 I_1}{N_1 I_3}}$，$\eta_2 = \dfrac{H_2}{H_1}\sqrt{\dfrac{N_2 I_1}{N_1 I_2}}$，$i_{c1} = EI_1 / H_1$，$i_{c2} = EI_2 / H_2$，$i_{c3} = EI_3 / H_3$，下柱的计算长度系数求出后，上柱和中柱的计算长度系数为

$$\mu_3 = \mu_1 / \eta_1 \tag{16.34a}$$

$$\mu_2 = \mu_1 / \eta_2 \tag{16.34b}$$

记 $u_i = H_i \sqrt{N_i / EI_i}$，利用无剪力转角位移方程：

$$M_{BA} = \frac{u_1}{\tan u_1} i_{c1} \theta_B, \quad M_{BC} = \frac{u_2}{\tan u_2} i_{c2} \theta_B - \frac{u_2}{\sin u_2} i_{c2} \theta_C$$

$$M_{CB} = \frac{u_2}{\tan u_2} i_{c2} \theta_C - \frac{u_2}{\sin u_2} i_{c2} \theta_B$$

柱顶铰接时：$M_{CD} = u_3 \tan u_3 \, i_{c3} \theta_C$

柱顶滑动固支时：$M_{CD} = \dfrac{u_3}{\tan u_3} i_{c3} \theta_C$

节点 B 和 C 的弯矩平衡得到一组方程，系数行列式为零得到：

（1）柱顶铰接时：

$$\frac{\eta_1 G_1}{\eta_2 G_2} \tan \frac{\pi \eta_1}{\mu_1} \tan \frac{\pi \eta_2}{\mu_1} + \eta_1 G_1 \tan \frac{\pi \eta_1}{\mu_1} \tan \frac{\pi}{\mu_1} + \eta_2 G_2 \tan \frac{\pi \eta_2}{\mu_1} \tan \frac{\pi}{\mu_1} - 1 = 0 \tag{16.35}$$

（2）柱顶滑动固支时：

$$\frac{\eta_1 G_1}{\eta_2 G_2} \cot \frac{\pi \eta_1}{\mu_1} \cot \frac{\pi \eta_2}{\mu_1} + \frac{\eta_1 G_1}{(\eta_2 G_2)^2} \cot \frac{\pi \eta_1}{\mu_1} \cot \frac{\pi}{\mu_1} + \frac{1}{\eta_2 G_2} \cot \frac{\pi \eta_2}{\mu_1} \cot \frac{\pi}{\mu_1} - 1 = 0 \tag{16.36}$$

给定 G_1，G_2，η_1，η_2，从上两式可以得到下柱的计算长度系数。GB50017 附表 D-5，D-6 给出了计算长度系数表。由于参数太多，应用起来不是很方便。陈骥[11]提出了近似计算公式，但是误差较大。

第七章的代数方法应用于二阶柱，可以应用于柱顶是弹性约束的情况。

图 16.9 是几何和荷载均对称的双阶柱框架，记 BC 柱 B 端的转动约束为 m_{B1}，由 B 节点的弯矩平衡得到 AB 柱的 B 端转动约束为 $m_{B2} = -m_{B1}$。记 DA 柱 A 端的转动约束为 m_{A3}，则 AB 柱的 A 端转动约束 $m_{A2} = -m_{A3}$。将 m_{B1}，m_{A3} 当作未知量，利用（16.5）式，分别得到 DA 柱、AB 柱、BC 柱各自的临界荷载，再由三段柱同时屈曲，临界荷载因子相等的条件，可以得到一个一元三次方程，求得代数解，从而得到各段柱的计算长度系数。

记 $K_{c1} = \dfrac{i_{c1}}{i_{c2}}$，$K_{c3} = \dfrac{i_{c3}}{i_{c2}}$，$K_b = \dfrac{i_{b3}}{i_{c2}} = \dfrac{K_z}{6 i_{c2}}$，$\gamma_2 = \dfrac{\chi_2 l_{c2}}{\chi_1 l_{c1}} \dfrac{i_{c1}}{i_{c2}}$，$\gamma_3 = \dfrac{\chi_3 l_{c3}}{\chi_1 l_{c1}} \dfrac{i_{c1}}{i_{c3}}$，$\xi = \dfrac{m_{B1}}{i_{c2}}$，$\eta = \dfrac{m_{A3}}{i_{c2}}$

$$a_1 = \gamma_3 (6K_b + 4K_{c3}) - (6K_b + K_{c3}) \tag{16.37a}$$

$$a_2 = \gamma_3 K_{c1} (6K_b + 4K_{c3}) - 4K_{c1} (6K_b + K_{c3}) \tag{16.37b}$$

$$a_3 = 6K_{c3} [K_b - \gamma_3 (4K_b + 1.52K_{c3})] \tag{16.37c}$$

$$a_4 = 6K_{c1}K_{c3}[4K_b - \gamma_3(4K_b + 1.52K_{c3})] \qquad (16.37d)$$
$$b_1 = \gamma_2(K_{c1} - 4) - 4K_{c1} + 1 \qquad (16.37e)$$
$$b_2 = 4K_{c1}(\gamma_2 - 1) - 9.12\gamma_2 \qquad (16.37f)$$

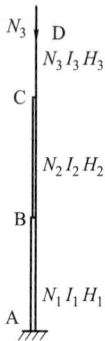

图 16.8　双阶柱平
面内稳定

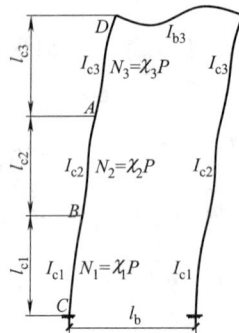

图 16.9　柱顶弹性约束的双
阶柱平面内稳定性

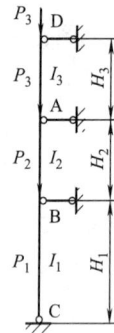

图 16.10　双阶柱平
面外计算长度

可以得到如下的一元三次方程

$$c_3\xi^3 + c_2\xi^2 + c_1\xi + c_0 = 0 \qquad (16.38)$$

式中

$$c_3 = a_1(4\gamma_2 - 1) - a_3(\gamma_2 - 1) \qquad (16.39a)$$
$$c_2 = a_2(4\gamma_2 - 1) + a_1b_2 - a_3b_1 - a_4(\gamma_2 - 1) \qquad (16.39b)$$
$$c_1 = -9.12K_{c1}\gamma_2 a_1 + a_2b_2 - a_4b_1 + 4K_{c1}(\gamma_2 - 1)a_3 \qquad (16.39c)$$
$$c_0 = -9.12K_{c1}\gamma_2 a_2 + 4K_{c1}(\gamma_2 - 1)a_4 \qquad (16.39d)$$

从上式得到 ξ 后，可以利用下式得到 η

$$\eta = \frac{a_3\xi + a_4}{a_1\xi + a_2} \qquad (16.40)$$

各柱段的计算长度系数仍由(16.5)式计算，对各柱段，K_1，K_2 分别为：

下柱 BC：　　　　$K_1 = \infty, K_2 = m_{B1}/6i_{c1} = \xi/(6K_{c1})$ $\qquad (16.41a)$

中柱 AB：　　　$K_1 = -m_{B1}/6i_{c2} = -\xi/6, K_2 = -m_{A3}/6i_{c2} = -\eta/6$ $\qquad (16.41b)$

上柱 DA：　　$K_1 = m_{A3}/6i_{c3} = \eta/(6K_{c3}), K_2 = 6i_{b3}/6i_{c3} = K_b/K_{c3}$ $\qquad (16.41c)$

计算表明，（16-38）式在所有的参数范围内都有三个实根：

$$\xi_i = 2\sqrt[3]{r}\cos\left[\frac{\theta}{3} + (i-1)\frac{2}{3}\pi\right] - \frac{c_2}{3c_3}, i = 1, 2, 3 \qquad (16.42)$$

式中 $r = \sqrt{\dfrac{n^2}{4} - \Delta}$，$\Delta = \dfrac{n^2}{4} + \dfrac{m^3}{27}$，$m = \dfrac{3c_3c_1 - c_2^2}{3c_3^2}$，$n = \dfrac{2c_2^3 - 9c_1c_2c_3 + 27c_3^2c_0}{27c_3^3}$，$\theta = \arccos$

$\dfrac{-n}{\sqrt{n^2 - 4\Delta}}$，这里 Δ 总是负值。三个实根，只有一个根是有用的，判断标准是由(16.41a~c)

式计算的柱端约束系数没有一个小于 $-1/6$，并且 $K_2 > -\dfrac{K_1}{6K_1 + 1}$（如果 K_1 是负的话）的。

　　表 16.11 和表 16.12 给出柱顶自由和柱顶滑动固支时计算长度系数的比较，可见上述方法精度极好。表中 $\eta_1 = \sqrt{\gamma_3}$，$\eta_2 = \sqrt{\gamma_2}$，$G_2 = 1/K_{c1}$，$G_1 = K_{c3}/K_{c1}$。上述方法还能够计算柱顶弹性约束的情况。对于屋面梁是变截面梁的情况，变截面梁对柱顶的转动约束计算方法见第十五章。

双阶柱柱顶自由时近似解和精确解的比较 表 16.11

| η_1 | $G_1=0.05,G_2=0.2$ | | | | | | $G_1=0.3,G_2=1.2$ | | | |
| | 0.2 | | 0.8 | | 1.4 | | 0.2 | | 1.4 | |
η_2	近似解	精确解	近似解	精确解	近似解	精确解	近似解	精确解	近似解	精确解
0.2	2.019	2.02	2.283	2.29	3.686	3.66	2.110	2.13	4.373	4.38
0.4	2.071	2.08	2.356	2.37	3.720	3.70	2.399	2.44	4.488	4.51
0.6	2.187	2.20	2.495	2.52	3.780	3.77	2.890	2.95	4.691	4.74
0.8	2.408	2.42	2.715	2.74	3.875	3.87	3.51	3.58	5.001	5.07
1.0	2.738	2.75	3.014	3.04	4.015	4.02	4.195	4.27	5.415	5.51
1.2	3.137	3.13	3.373	3.39	4.207	4.23	4.912	4.99	5.920	6.03
	最大误差 1.0%						最大误差 2.30%			

双阶柱柱顶滑移固定时近似解和精确解的比较 表 16.12

| η_1 | $G_1=0.05,G_2=0.2$ | | | | | | $G_1=0.3,G_2=1.2$ | | | |
| | 0.2 | | 0.8 | | 1.4 | | 0.2 | | 1.4 | |
η_2	近似解	精确解	近似解	精确解	近似解	精确解	近似解	精确解	近似解	精确解
0.2	1.984	1.99	1.999	2.00	2.111	2.10	1.911	1.91	2.348	2.34
0.4	2.023	2.03	2.042	2.05	2.169	2.17	2.111	2.13	2.528	2.55
0.6	2.108	2.12	2.137	2.15	2.285	2.29	2.481	2.52	2.843	2.88
0.8	2.274	2.28	2.315	2.32	2.475	2.48	2.977	3.01	3.275	3.33
1.0	2.541	2.53	2.588	2.59	2.741	2.74	3.541	3.57	3.785	3.84
1.2	2.884	2.86	2.931	2.92	3.065	3.06	4.139	4.17	4.343	4.39
	最大误差 0.6%						最大误差 1.65%			

16.7 单层厂房框架双阶柱的平面外计算长度系数

图 16.10 中，记 BC 柱 B 端的转动约束为 m_{B1}，由 B 节点的弯矩平衡得到 AB 柱的 B 端转动约束为 $m_{B2}=-m_{B1}$。记 DA 柱 A 端的转动约束为 m_{A3}，则 AB 柱的 A 端转动约束 $m_{A2}=-m_{A3}$。将 m_{B1}、m_{A3} 当作未知量，利用 (16.19) 式分别得到 DA 柱、AB 柱、BC 柱各自的临界荷载表达式，得到一个二元一次方程和一个二元二次方程，化简后得到一个一元三次方程，求解后得到各段柱的计算长度系数。

记 $K_{c1}=\dfrac{i_{c1}}{i_{c2}}$，$K_{c3}=\dfrac{i_{c3}}{i_{c2}}$，$\gamma_2=\dfrac{P_2 l_{c2}}{P_1 l_{c1}}\dfrac{i_{c1}}{i_{c2}}$，$\gamma_3=\dfrac{P_3 l_{c3}}{P_1 l_{c1}}\dfrac{i_{c1}}{i_{c3}}$，$\xi=\dfrac{m_{B1}}{i_{c2}}$，$\eta=\dfrac{m_{A3}}{i_{c2}}$

$$a_1=1.956(\gamma_3-1)$$
$$a_2=3K_{c1}(1.956\gamma_3-4)$$
$$a_3=3K_{c3}(1.956-4\gamma_3)$$
$$a_4=36(1-\gamma_3)$$

$$b_1 = 7.824(1-\gamma_2) + 3K_{c1}(\gamma_2 - 4)$$

$$b_2 = 23.472(\gamma_2 K_{c1} + 1) - 48(\gamma_2 + K_{c1})$$

经推导可以得到

$$c_3 \xi^3 + c_2 \xi^2 + c_1 \xi + c_0 = 0 \qquad (16.43)$$

式中 $c_3 = 7.824a_1(\gamma_2 - 1) - (\gamma_2 - 1.956)a_3$

$c_2 = 7.824a_2(\gamma_2 - 1) + a_1 b_2 - a_3 b_1 - (\gamma_2 - 1.956)a_4$

$c_1 = 144K_{c1}(1-\gamma_2)a_1 + a_2 b_2 - 12K_{c1}(4 - 1.956\gamma_2)a_3 - b_1 a_4$

$c_0 = 144K_{c1}(1-\gamma_2)a_2 - 12K_{c1}(4 - 1.956\gamma_2)a_4$

从(16.43)式得到 ξ 后,可以利用下式得到 η

$$\eta = \frac{a_3 \xi + a_4}{a_1 \xi + a_2} \qquad (16.44)$$

各柱段的计算长度系数仍由(16.19)式计算,对各柱段,K_1,K_2 分别为:

下柱 BC: $\quad K_1 = 0, K_2 = m_{B1}/2i_{c1} = \xi/(2K_{c1})$ （16.45a）

中柱 AB: $\quad K_1 = -m_{B1}/2i_{c2} = -\xi/2, K_2 = -m_{A3}/2i_{c2} = -\eta/2$ （16.45b）

上柱 DA: $\quad K_1 = m_{A3}/2i_{c3} = \eta/(2K_{c3}), K_2 = 0$ （16.45c）

(16.43)式在所有的参数范围内都有三个实根,其中只有一个根是有用的,判断哪个根是有用的标准是由式(16.45a～c)计算的柱端约束系数没有一个小于-2,并且满足(16.18)式。

表 16.13 给出计算长度系数近似解和精确解的比较,表中 $\eta_1 = \sqrt{\gamma_3}$,$\eta_2 = \sqrt{\gamma_2}$,$G_2 = 1/K_{c1}$,$G_1 = K_{c3}/K_{c1}$。表中的 η_1,η_2 的参数范围大大超出了实际可能出现的情况,下柱的计算长度系数已经远远大于1,表示下柱要向上柱提供很大的支援,柱端约束系数已经达到了-1.902 的程度,在这些极端的情况下,上面方法仍保持极好的精度。

双阶柱柱脚铰支时近似解和精确解的比较　　　　　　　　　　　表 16.13

η_1	$G_1 = 0.05, G_2 = 0.2$						$G_1 = 0.3, G_2 = 1.2$			
	0.2		1.4		3.2		0.2		3.2	
η_2	近似解	精确解	近似解	精确解	近似解	精确解	近似解	精确解	近似解	精确解
0.2	0.955	0.948	1.067	1.047	2.424	2.374	0.847	0.828	2.442	2.389
0.8	0.973	0.970	1.085	1.068	2.429	2.379	0.902	0.895	2.449	2.397
1.4	1.112	1.096	1.199	1.188	2.440	2.393	1.230	1.212	2.467	2.417
2.0	1.489	1.448	1.529	1.503	2.465	2.421	1.705	1.665	2.510	2.466
2.6	1.913	1.855	1.937	1.892	2.523	2.484	2.198	2.138	2.627	2.591
3.2	2.343	2.270	2.361	2.299	2.668	2.633	2.695	2.617	2.907	2.869
	最大误差 2.1%						最大误差 2.4%			

表中的精确解由下式求得

$$\left[\frac{K_{c3} u_3^2 \tan u_3}{\tan u_3 - u_3} + \frac{u_2}{\tan u_2}\frac{\tan u_2 - u_2}{2\tan(u_2/2) - u_2}\right]\left[\frac{K_{c1} u_1^2 \tan u_1}{\tan u_1 - u_1} + \frac{u_2}{\tan u_2}\frac{\tan u_2 - u_2}{2\tan(u_2/2) - u_2}\right]$$

$$-\left[\frac{u_2}{\sin u_2}\frac{u_2 - \sin u_2}{2\tan(u_2/2) - u_2}\right]^2 = 0$$

式中 $u_2 = u_1\sqrt{\gamma_2}$，$u_3 = u_1\sqrt{\gamma_3}$。

对于柱脚固定的情况，仍然可以得到(16.43，16.44)式，但是各系数变为

$$a_1 = 3.912\gamma_3 - 2$$
$$a_2 = 15.648K_{c1}(\gamma_3 - 1)$$
$$a_3 = 6K_{c3}(1 - 4\gamma_3)$$
$$a_4 = 24K_{c1}K_{c3}(1.956 - 4\gamma_3)$$
$$b_1 = 4(K_{c1}\gamma_2 + 1) - 7.824(K_{c1} + \gamma_2)$$
$$b_2 = 31.296K_{c1}(\gamma_2 - 1) + 12(1 - 4\gamma_2)$$
$$c_3 = 4a_1(1.956\gamma_2 - 1) - (\gamma_2 - 1)a_3$$
$$c_2 = 4a_2(1.956\gamma_2 - 1) + a_1b_2 - a_3b_1 - (\gamma_2 - 1)a_4$$
$$c_1 = 48K_{c1}(1.956 - 4\gamma_2)a_1 + a_2b_2 - 31.296K_{c1}(1 - \gamma_2)a_3 - b_1a_4$$
$$c_0 = 48K_{c1}(1.956 - 4\gamma_2)a_2 - 31.296K_{c1}(1 - \gamma_2)a_4$$

各柱段的计算长度系数仍由(16.19)式计算，对各柱段，K_1，K_2 分别为：

下柱 BC： $\quad K_1 = \infty, K_2 = m_{B1}/2i_{c1} = \xi/(2K_{c1})$ $\qquad$ (16.46a)

中柱 AB： $\quad K_1 = -m_{B1}/2i_{c2} = -\xi/2, K_2 = -m_{A3}/2i_{c2} = -\eta/2$ $\qquad$ (16.46b)

上柱 DA： $\quad K_1 = m_{A3}/2i_{c3} = \eta/(2K_{c3}), K_2 = 0$ $\qquad$ (16.46c)

双阶柱柱脚固定时近似解和精确解的比较 $\qquad$ 表 16.14a

η_1											
		$G_1=0.05, G_2=0.2$					$G_1=0.3, G_2=1.2$				
	0.2		1.4		3.2		0.2		3.2		
η_2	近似解	精确解	近似解	精确解	近似解	精确解	近似解	精确解	近似解	精确解	
0.2	0.677	0.671	1.061	1.039	2.425	2.372	0.613	0.596	2.441	2.386	
0.8	0.709	0.708	1.055	1.074	2.429	2.377	0.731	0.727	2.447	2.393	
1.4	0.997	1.023	1.150	1.163	2.440	2.390	1.168	1.140	2.464	2.411	
2.0	1.443	1.403	1.488	1.464	2.464	2.416	1.650	1.600	2.503	2.454	
2.6	1.870	1.816	1.896	1.855	2.517	2.475	2.13	2.068	2.605	2.562	
3.2	2.299	2.230	2.318	2.260	2.649	2.613	2.539	2.628	2.858	2.811	
	最大误差2.9%						最大误差3%				

双阶柱柱脚固定时近似解和精确解的比较（2） $\qquad$ 表 16.14b

η_1	$G_1=0.05, G_2=0.2$						$G_1=0.3, G_2=1.2$			
	0.1		0.2		0.5		0.1		0.5	
η_2	近似解	精确解	近似解	精确解	近似解	精确解	近似解	精确解	近似解	精确解
0.1	0.676	0.670	0.676	0.670	0.676	0.670	0.611	0.593	0.612	0.595
0.2	0.677	0.671	0.677	0.671	0.677	0.671	0.613	0.596	0.614	0.598
0.3	0.678	0.673	0.678	0.673	0.678	0.673	0.617	0.607	0.618	0.604
0.5	0.683	0.679	0.683	0.679	0.683	0.680	0.634	0.624	0.636	0.628
0.7	0.695	0.694	0.695	0.694	0.696	0.696	0.683	0.680	0.688	0.687
1.0	0.775	0.765	0.775	0.765	0.780	0.771	0.861	0.849	0.867	0.857
	最大误差1.3%						最大误差3%			

对下柱的计算长度系数,精确解和近似解的比较见表16.14a,b。精确解由下式获得

$$\left[\frac{K_{c3}u_3^2\tan u_3}{\tan u_3-u_3}+\frac{\tan u_2-u_2}{2\tan(u_2/2)-u_2}\right]\left[\frac{K_{c1}u_1}{\tan u_1}\frac{\tan u_1-u_1}{2\tan(u_1/2)-u_1}+\frac{u_2}{\tan u_2}\frac{\tan u_2-u_2}{2\tan(u_2/2)-u_2}\right]$$
$$-\left[\frac{u_2}{\sin u_2}\frac{u_2-\sin u_2}{2\tan(u_2/2)-u_2}\right]^2=0$$

16.8　交叉支撑杆系的计算长度系数

图16.11所示的交叉支撑体系,在计算支撑杆的稳定性时,在支撑平面内失稳,计算长度取支撑长度的一半,即节点到节点之间的距离。在计算支撑平面外的稳定性时,计算长度系数的取值就要根据两根支撑杆的内力和支撑杆在交叉点处是否切断来判断。

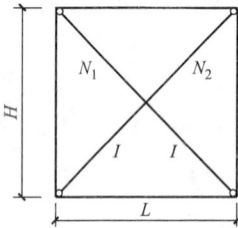

图 16.11　交叉支撑两杆连续

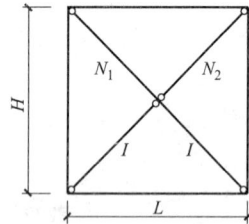

图 16.12　交叉支撑一杆中断

16.8.1　交叉点处两根杆都连续时

设 $N_1>N_2$,两者均为压力,利用远端铰支时修正的抗侧刚度计算式,在交叉点处的支撑平面外剪力之和为零得到

$$\frac{u_1^3}{\tan u_1-u_1}+\frac{u_2^3}{\tan u_2-u_2}=0 \tag{16.47}$$

式中 $u_1=0.5l_d\sqrt{N_1/EI}=0.5\pi\sqrt{\frac{N_1}{P_E}}=\frac{\pi}{2\mu_1}$

$u_2=0.5l_d\sqrt{N_2/EI}=\frac{\pi}{2\mu_2}$, $l_d=\sqrt{H^2+L^2}$

图16.13是式(16.47)的计算结果,计算长度系数与两根压杆轴力比值的关系用式子表示为

$$\mu_1=\sqrt{\frac{1}{2}\left(1+\frac{N_2}{N_1}\right)} \tag{16.48}$$

另一根支撑杆的计算长度系数为

$$\mu_2=\mu_1\sqrt{N_1/N_2}。$$

有意思的是,两根压杆的承载力之和是

$$N_{1cr}+N_{2cr}=\frac{\pi^2EI}{l_d^2}\left(\frac{1}{\mu_1^2}+\frac{1}{\mu_2^2}\right)=\frac{\pi^2EI}{\mu_1^2l_d^2}\left(1+\frac{N_2}{N_1}\right)=\frac{2\pi^2EI}{l_d^2}$$

即,不管两根压杆的轴力是否相等,两根压杆的总的临界荷载总是相等的。因此在塔架的设计中,当两根斜杆连续且几何长细比较大时,有时可以合起来计算压杆的稳定性。

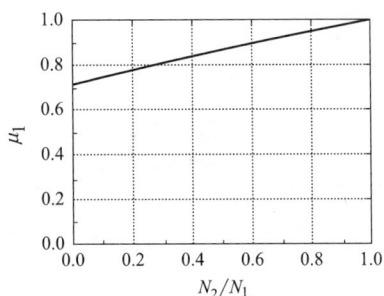

图 16.13 交叉支撑体系压杆的计算长度系数
（两杆连续，两杆受压）

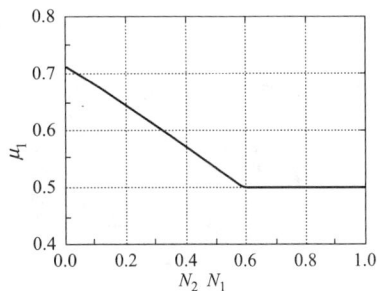

图 16.14 交叉支撑体系压杆的计算
长度系数（两杆连续，一拉一压）

两根平行布置的压杆，除承受压力不同，其他条件完全相同的压杆，中点通过刚性系杆相互连接，由于压力小的压杆对压力大的压杆的支援作用，压力大的压杆的计算长度系数也采用(16.48)式计算。

如果 N_1 是压力，N_2 是拉力，改记为 T，同理可以得到

$$\frac{u_1^3}{\tan u_1 - u_1} + \frac{u_2^3}{u_2 - \tanh u_2} = 0 \tag{16.49}$$

结果见图 16.14，可以表示为

$$\mu_1 = \sqrt{\frac{1}{2}\left(1 - \frac{3}{4}\frac{T}{N_1}\right)} \geqslant 0.5 \tag{16.50}$$

施加不小于 0.5 的限制，是因为此时由交叉点处无侧移的失稳模式控制。因为拉力是一种正的抗弯刚度，因此拉力有利于另一根压杆的稳定性。

16.8.2 交叉点处一根杆中断时

设 $N_1 > N_2$，两者均为压力，承受 N_2 的杆中断。利用远端铰支时修正的抗侧刚度计算式，在交叉点处的支撑平面外剪力之和为零得到

$$\frac{u_1^3}{\tan u_1 - u_1} - u_2^2 = 0 \tag{16.51}$$

图 16.15 是式(16.51) 的计算结果，计算结果用式子表示为

$$\mu_1 = \sqrt{1 + \frac{\pi^2}{12}\frac{N_2}{N_1}} \tag{16.52}$$

另一根中断杆的计算长度系数名义上为 $\mu_2 = \mu_1\sqrt{\dfrac{N_1}{N_2}}$，实际应按摇摆柱对待，取 $\mu_2 = 0.5$。

此时两根压杆的临界荷载之和为

$$N_1 + N_2 = \frac{\pi^2 EI}{l_d^2}\left(\frac{1}{\mu_1^2} + \frac{1}{\mu_2^2}\right) = \frac{\pi^2 EI}{\mu_1^2 l_d^2}\left(1 + \frac{N_2}{N_1}\right) = \frac{\pi^2 EI}{l_d^2}\frac{N_1 + N_2}{N_1 + 0.822 N_2}$$

因此承载力仅仅比单根(连续的)压杆的承载力大一点点，显示出中断的压杆的承载力是由未中断的压杆提供的特性。如果两根压杆承受相同的压力，则计算长度系数为 1.35。如果 $N_2 > N_1$，式(16.52) 仍然成立，且 μ_2 仍为 0.5。

设 N_1 为压力，N_2 为拉力，则得到

$$\frac{u_1^3}{\tan u_1 - u_1} + u_2^2 = 0 \tag{16.53}$$

计算长度系数见图 16.16，近似计算式为

$$\mu_1 = \sqrt{1 - \frac{3}{4}\frac{N_2}{N_1}} \geqslant 0.5 \tag{16.54}$$

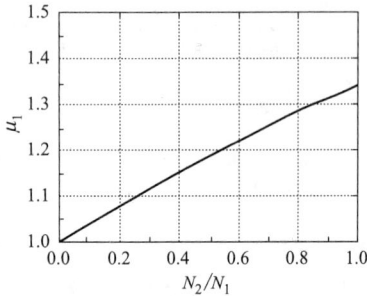

图 16.15　交叉支撑体系压杆的计算长度系数
（一杆中断，两杆受压）

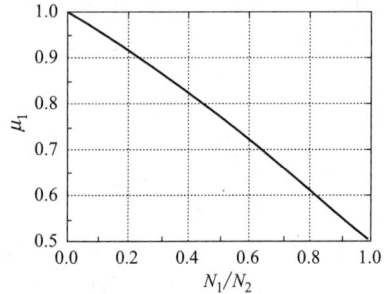

图 16.16　交叉支撑体系压杆的计算长度系数
（一杆中断，一拉一压）

如果 N_1 是拉力，N_2 是压力，则 $\mu_2 = 0.5$。未中断杆的抗裂刚度应以 2 倍的安全度大于 $\frac{1}{12}(N_2 - N_1)l^2$。如果拉压力相等，则自动满足要求。

16.9　再分式腹杆的计算长度

再分式压杆的稳定性，图 16.17 所示，如果两段压杆长度，截面和受力都不一样，则临界方程为

$$M_{\mathrm{BA}} = \frac{u_1^2 \tan u_1}{\tan u_1 - u_1} i_1 \left(\theta_{\mathrm{B}} - \frac{\Delta_{\mathrm{B}}}{l_1}\right)$$

$$Q_{\mathrm{BA}} = -\frac{u_1^2 \tan u_1}{\tan u_1 - u_1} i_1 \left(\frac{\theta_{\mathrm{B}}}{l_1} - \frac{\Delta_{\mathrm{B}}}{l_1^2}\right) - u_1^2 i_1 \frac{\Delta_{\mathrm{B}}}{l_1^2}$$

$$M_{\mathrm{BC}} = \frac{u_2^2 \tan u_2}{\tan u_2 - u_2} i_2 \left(\theta_{\mathrm{B}} + \frac{\Delta_{\mathrm{B}}}{l_2}\right)$$

$$Q_{\mathrm{BC}} = -\frac{u_2^2 \tan u_2}{\tan u_2 - u_2} i_2 \left(\frac{\theta_{\mathrm{B}}}{l_2} + \frac{\Delta_{\mathrm{B}}}{l_2^2}\right) + u_2^2 i_2 \frac{\Delta_{\mathrm{B}}}{l_2^2}$$

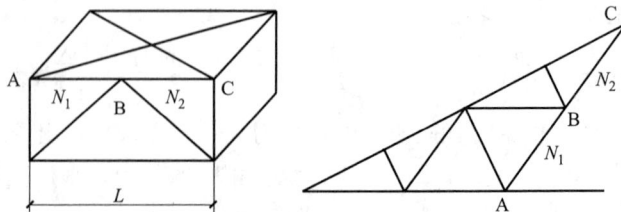

图 16.17　再分式压杆

由节点 B 的弯矩和剪力平衡得到

$$\left[\frac{u_1^2\tan u_1}{\tan u_1-u_1}+\frac{u_2^2\tan u_2}{\tan u_2-u_2}K\right]\theta_B-\left[\frac{u_1^2\tan u_1}{\tan u_1-u_1}-\frac{u_2^2\tan u_2}{\tan u_2-u_2}K\frac{l_1}{l_2}\right]\frac{\Delta_B}{l_1}=0$$

$$-\left[\frac{u_1^2\tan u_1}{\tan u_1-u_1}-\frac{u_2^2\tan u_2}{\tan u_2-u_2}K\frac{l_1}{l_2}\right]\theta_B+\left[\frac{u_1^2\tan u_1}{\tan u_1-u_1}+\frac{u_2^2\tan u_2}{\tan u_2-u_2}K\frac{l_1^2}{l_2^2}-u_1^2-u_2^2K\frac{l_1^2}{l_2^2}\right]\frac{\Delta_B}{l_1}=0$$

临界方程为

$$\left(1+\frac{l_1}{l_2}\right)^2\frac{u_1^2\tan u_1}{\tan u_1-u_1}\cdot\frac{u_2^2\tan u_2}{\tan u_2-u_2}K-\left(u_1^2+u_2^2K\frac{l_1^2}{l_2^2}\right)\left(\frac{u_1^2\tan u_1}{\tan u_1-u_1}+\frac{u_2^2\tan u_2}{\tan u_2-u_2}K\right)=0$$

$$(16.55)$$

式中 $K=i_2/i_1$。表 16.15 是 $I_1=I_2$，$l_1=l_2$ 时的计算长度系数。表中数据可以表示为

$$\mu_1=0.75+0.25\frac{P_2}{P_1}\quad(P_1>P_2)\qquad(16.56a)$$

计算长度为 $\mu_1 L$。在两段长度不同时，计算表明，如果 $I_1=I_2$，则 $K=l_1/l_2$，(16.56) 式仍是计算长度系数的很好的近似，或采用下式精度略高

$$\mu_1=\sqrt{0.53+0.47\frac{P_2}{P_1}}\quad(P_1>P_2)\qquad(16.56b)$$

再分式压杆的计算长度系数　　　　　　　　　　　　　　　　　　表 16.15

P_2/P_1	0.0	0.1	0.2	0.3	0.4	0.5	0.6	0.7	0.8	0.9
μ_1	0.727	0.756	0.785	0.813	0.841	0.869	0.896	0.923	0.949	0.975
(16.56a)式	0.75	0.775	0.800	0.825	0.850	0.875	0.900	0.925	0.950	0.975
(16.56b)式	0.728	0.760	0.790	0.819	0.847	0.875	0.901	0.927	0.952	0.976

16.10　带摇摆柱的斜坡屋面门式刚架的稳定性

图 16.18 是中间设置了 1～3 根摇摆柱的、屋面是斜坡的框架。为了简单起见，设梁柱都是等截面的。先分析图 16.18a，与图 6.5 相比，屋面梁斜了，中间摇摆柱的高度增大了。这个变化会对框架的屈曲带来什么变化？

首先框架发生的还是反对称屈曲，因此 B 和 F 点的侧移相等。发生反对称屈曲时 D 点的侧移为 Δ_D，它与 B 点和 F 点的侧移可能不一样，斜梁内将产生一拉一压的轴力，设

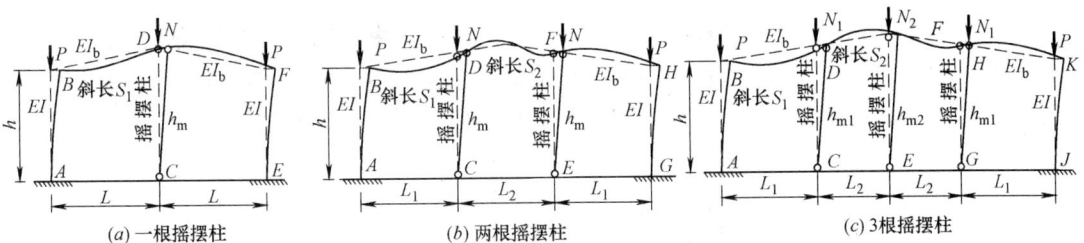

图 16.18　带有摇摆柱的斜梁门式刚架的稳定性

为左拉右压，则两个边柱内将出现同向的剪力，与摇摆柱因屈曲产生倾斜，摇摆柱内的轴力在水平方向的分力相平衡。即斜梁内的轴力的大小基本上等于摇摆柱屈曲时水平分力的一半。这个轴力非常小，是高阶微量，加上梁轴压刚度较大，因此导致的 D 点的水平位移与 B、F 点水平基本相同。因此可以假定，D 点的侧移与 B、F 点的侧移是一样的。

在这样的屈曲模式下，斜梁对柱子的转动约束仍然是 $3i_b$，只是这里斜梁的线刚度要采用斜长计算。节点 B 的弯矩平衡与 6.6 节相同。

但是框架水平剪力的平衡将有所不同，此时摇摆柱内的剪力是 $N\Delta/h_m$，而不是 $N\Delta/h$。因为 $\dfrac{N}{h_m}\Delta=\dfrac{(Nh/h_m)}{h}\Delta$，（6-17）式中的 χ 变为

$$\chi=\sqrt{1+\frac{N/h_m}{2P/h}} \tag{16.57}$$

因此在斜梁框架中，考虑摇摆柱轴力影响的框架柱计算长度系数修正公式变为

$$\mu=\mu_0\sqrt{1+\frac{N/h_m}{\alpha(2P)/h}} \tag{16.58}$$

式中 α 仍由(6.19)式计算。

对于图 16.18b 两根摇摆柱的情况，同样可以假定，四个柱顶的侧移相同，在这种屈曲模式下，梁对边柱的约束需要进行推导。我们可以写出

$$M_{BD}=4i_{b1}\theta_B+2i_{b1}\theta_D$$
$$M_{DB}=2i_{b_1}\theta_B+4i_{b_1}\theta_D,M_{DF}=6i_{b2}\theta_D$$

节点 D 的弯矩平衡要求 $2i_{b1}\theta_B+(4i_{b_1}+6i_{b2})\theta_D=0$，所以 $\theta_D=-\dfrac{i_{b1}}{2i_{b_1}+3i_{b2}}\theta_B$。因此

$$M_{BD}=4i_{b1}\theta_B-2i_{b1}\frac{2i_{b1}}{2i_{b_1}+3i_{b2}}\theta_B=4i_{b1}\left(1-\frac{i_{b1}}{2i_{b_1}+3i_{b2}}\right)\theta_B$$

即在两根摇摆柱的情况下，梁对边柱的转动约束是不同的。设梁截面相同，跨度也相同，则转动约束为 $3.2i_{b1}$，比摇摆柱顶部铰支时的 $3i_{b1}$ 仅大 6.7%。

对图 16.18c 的三根摇摆柱的情况，因为 F 点是个反弯点，所以 $M_{DF}=3i_{b2}\theta_D$，节点 D 的弯矩平衡要求 $2i_{b1}\theta_B+(4i_{b_1}+3i_{b2})\theta_D=0$，所以 $\theta_D=-\dfrac{2i_{b1}}{4i_{b_1}+3i_{b2}}\theta_B$。因此

$$M_{BD}=4i_{b1}\theta_B-2i_{b1}\frac{2i_{b1}}{4i_{b_1}+3i_{b2}}\theta_B=4i_{b1}\left(1-\frac{i_{b1}}{4i_{b_1}+3i_{b2}}\right)\theta_B$$

设梁截面相同，四跨的跨度均相同，则转动约束为 $3.429i_{b1}$，比摇摆柱顶部铰支时的 $3i_{b1}$ 大 14.3%。

总结：(1) 在有多根摇摆柱的情况下，梁对边柱的约束可以近似地看成是摇摆柱柱顶的梁是铰支的，依此计算梁对柱的约束。在梁是多段变截面的情况下，取全跨长度，按照 (15.41) 式、(15.42) 式计算。(2) 摇摆柱高度与边柱不同的效应通过如下的公式进行考虑

$$\mu=\mu_0\sqrt{1+\frac{\sum\limits_{\text{非框架柱}}N_j/h_j}{\sum\limits_{\text{框架柱}}\alpha_iP_i/h_i}} \tag{16.59}$$

α_i 按照（6.19）式计算。

16.11 有吊车厂房框架的弹性屈曲

厂房框架中吊车的桥架实际上是将框架左右两柱联系了起来。框架柱设计时，总是取最大的轮压值在某一边柱子(例如左边柱子)，另一边柱子(右柱)牛腿上的轮压就取最小值，这样左柱达到极限状态时，右柱还处在应力较低的水平，右柱通过吊车桥架，对左柱提供支援作用。本节试图进一步解决以下两个方面的疑问：(1) 通过吊车桥架的联系，两框架柱是如何相互支援的；(2) 作为单跨两层框架的一个特例，下层框架梁是简支梁时，这种框架中的层与层和柱与柱之间是如何相互作用的。

吊车桥架作为厂房内可移动的起吊设备，与两个框架柱的连接，不像真正的固定连接那么可靠，本节的分析仅仅是提供一个参考，以了解这种框架中可能发生的相互作用。作为本节工作的理论意义，我们更加关注的是第（2）方面。

图 16.19a 图所示。将吊车桥架看成刚性杆件，其作用在两边阶形柱牛腿上的力分别为 P_1，P_2；厂房阶形柱上、下柱高分别为 h_2，h_1，对应抗弯刚度分别为 EI_2，EI_1；厂房顶层梁抗弯刚度为 EI_b，跨度为 L，屋面传递到两边阶形柱上柱的轴压力均为 P。

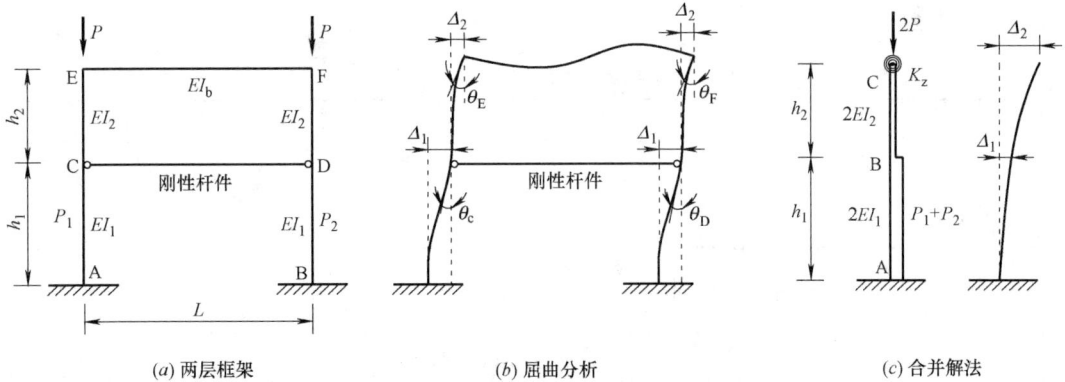

图 16.19 吊车厂房框架及屈曲变形图

设结构在轴向力作用下屈曲时，有侧移失稳变形如上图 16.19(b)，其中 CDEF 四个转角分别为 θ_C，θ_D，θ_E，θ_F。记左柱 $u=h_2\sqrt{\dfrac{P}{EI_2}}$，$u_1=h_1\sqrt{\dfrac{P+P_1}{EI_1}}$，右柱 $u_2=h_1\sqrt{\dfrac{P+P_2}{EI_1}}$，$i_b=\dfrac{EI_b}{L}$，$i_1=\dfrac{EI_1}{h_1}$，$i_2=\dfrac{EI_2}{h_2}$，利用压杆的转角位移方程，可以得到四个节点的弯矩平衡方程和两层的层剪力平衡方程如下：

$$ci_2\theta_C+(si_2+4i_b)\theta_E+2i_b\theta_F+\frac{s+c}{h_2}i_2\Delta_1-\frac{s+c}{h_2}i_2\Delta_2=0$$

$$ci_2\theta_D+2i_b\theta_E+(si_2+4i_b)\theta_F+\frac{s+c}{h_2}i_2\Delta_1-\frac{s+c}{h_2}i_2\Delta_2=0$$

$$(si_2+s_1i_1)\theta_C+ci_2\theta_E+\left(\frac{s+c}{h_2}i_2-\frac{s_1+c_1}{h_1}i_1\right)\Delta_1-\frac{s+c}{h_2}i_2\Delta_2=0$$

$$(si_2+s_2i_1)\theta_D+ci_2\theta_F+\left(\frac{s+c}{h_2}i_2-\frac{s_2+c_2}{h_1}i_1\right)\Delta_1-\frac{s+c}{h_2}i_2\Delta_2=0$$

$$-\frac{s+c}{h_2}i_2\theta_C-\frac{s+c}{h_2}i_2\theta_D-\frac{s+c}{h_2}i_2\theta_E-\frac{s+c}{h_2}i_2\theta_F-\frac{2[2(s+c)-u^2]i_2}{h_2^2}\Delta_1+\frac{2[2(s+c)-u^2]i_2}{h_2^2}\Delta_2=0$$

$$-\frac{s_1+c_1}{h_1}i_1\theta_C-\frac{s_2+c_2}{h_1}i_1\theta_D+\frac{2(s_1+c_1)-u_1^2+2(s_2+c_2)-u_2^2}{h_1^2}i_1\Delta_1=0$$

以上式子中,

$$s=\frac{u}{\tan u}\cdot\frac{\tan u-u}{2\tan 0.5u-u}, \quad c=\frac{u}{\sin u}\cdot\frac{u-\sin u}{2\tan 0.5u-u}$$

s_1,c_1,s_2,c_2是在 s,c 中用 u_1,u_2 替代 u 即可。

上述六个方程,六个未知变量,对于给定的结构体系(包括结构的几何参数和荷载值),令上述方程组系数行列式等于 0,可解得相应柱子计算长度系数。

下面通过算例分析桥式吊车上的吊车横向移动导致其传递给阶形柱轴压力 P_1,P_2 不断变化时,框架层与层之间(即上下柱之间),以及下层左右两柱之间相互作用的规律。分别给定 5 个数据:$2P/(P_1+P_2)$,h_2/h_1,$L/(h_1+h_2)$,EI_b/EI_1,EI_2/EI_1 及 P_2/P_1,即可求解出各个柱子计算长度系数,结果列于表 16.16。表中 μ_2 表示上层柱计算长度系数(两个上柱的计算长度系数相同),μ_{11} 表示下层左边柱计算长度系数,μ_{12} 表示下层右边柱计算长度系数。

吊车厂房各柱计算长度系数 表 16.16

$\dfrac{P_2}{P_1}$	$2P/(P_1+P_2), h_2/h_1, L/(h_1+h_2), EI_b/EI_1, EI_2/EI_1$							
	$(0.25,0.3,2.5,0.3,0.4)$				$(0.5,0.3,2.5,0.3,0.4)$			
	μ_2	μ_{11}	μ_{12}	$\dfrac{1}{\mu_{11}^2}+\dfrac{1}{\mu_{12}^2}$	μ_2	μ_{11}	μ_{12}	$\dfrac{1}{\mu_{11}^2}+\dfrac{1}{\mu_{12}^2}$
0.2	8.631	1.479	2.680	0.596	6.859	1.563	2.520	0.567
0.4	8.622	1.578	2.256	0.598	6.854	1.655	2.221	0.568
0.6	8.617	1.669	2.044	0.598	6.852	1.737	2.056	0.568
0.8	8.616	1.751	1.915	0.599	6.851	1.810	1.950	0.568
1	8.615	1.828	1.828	0.599	6.851	1.876	1.876	0.568
	$(0.25,0.5,2.5,0.3,0.4)$				$(0.5,0.5,2.5,0.3,0.4)$			
0.2	5.442	1.554	2.816	0.540	4.402	1.672	2.696	0.495
0.4	5.437	1.659	2.371	0.541	4.400	1.771	2.376	0.496
0.6	5.434	1.754	2.148	0.542	4.399	1.859	2.199	0.496
0.8	5.433	1.841	2.012	0.542	4.398	1.937	2.086	0.496
1	5.433	1.921	1.921	0.542	4.398	2.007	2.007	0.497
	$(0.25,0.5,2.5,0.3,0.4)$				$(0.5,0.5,2.5,0.3,0.4)$			
0.2	8.336	1.551	2.501	0.576	6.610	1.541	2.793	0.549
0.4	8.331	1.643	2.204	0.576	6.604	1.645	2.352	0.550
0.6	8.328	1.724	2.040	0.577	6.601	1.739	2.130	0.551
0.8	8.327	1.797	1.935	0.577	6.600	1.826	1.996	0.551
1	8.327	1.862	1.862	0.577	6.599	1.905	1.905	0.551

从表 16.16 可以总结出以下两条重要的规律：

（1）对于给定的一组参数（即表头的五个参数给定），框架上层两柱计算长度系数随着 P_2/P_1 值的增大，变化幅度极小，几乎保持不变；

（2）同时，我们注意到，对每一组参数有 $\overline{\mu_{11}}^2 + \overline{\mu_{12}}^2$ 几乎不变，这代表左右两柱总的临界荷载 $\dfrac{\pi^2 EI}{\mu_{11}^2 h_1^2} + \dfrac{\pi^2 EI}{\mu_{12}^2 h_1^2}$ 几乎是不变的。

下层左柱（作用荷载 P_1）的计算长度系数随着 P_2/P_1 值的增大，逐渐增大，而右柱（作用荷载 P_2）计算长度系数却逐步减小。显示左柱对右柱的支持作用逐步增强，但是两个下柱总的临界荷载几乎保持不变。

上述规律表明，由于两个框架柱之间通过桥式吊车的链杆作用，使得两个柱子的上柱先抱成一团，下柱抱成一团，它们各自抱团后再发生上下柱的相互作用。发现了这种抱团作用，就可以采用合并解法对这种框架进行求解。在计算机分析的时代，这种合并解法并没有太多的应用价值，但是通过这种解法，我们更好地了解了框架屈曲时发生的层与层和柱与柱之间的相互作用。

16.12 考虑剪切变形影响的阶形柱的稳定性分析

先考虑上端为自由，下端为固定的轴心受压阶形柱，其截面参数、受力情况如图 16.20 所示。记下柱的侧向挠度为 y_2，高度 H_2，轴力 P_2；截面抗弯刚度 EI_2，抗剪刚度 S_2。上柱的对应项分别为 y_1，H_1，P_1，EI_1，S_1。阶形柱的总高度记为 H。考虑上下段柱中剪力对变形的影响。屈曲时，上下段柱截面剪力的大小分别为：

$$Q_1 = P_1 \frac{\mathrm{d}y_1}{\mathrm{d}x}, \quad Q_2 = P_2 \frac{\mathrm{d}y_2}{\mathrm{d}x};$$

剪力使挠度曲线的斜率的改变分别为：$\dfrac{Q_1}{S_1}$，$\dfrac{Q_2}{S_2}$，所以由剪切引起的附加曲率分别等于 $\dfrac{\mathrm{d}Q_1}{S_1 \mathrm{d}x} = \dfrac{P_1}{S_1} \dfrac{\mathrm{d}^2 y_1}{\mathrm{d}x^2}$，$\dfrac{\mathrm{d}Q_2}{S_2 \mathrm{d}x} = \dfrac{1}{S_2} \dfrac{\mathrm{d}^2 y_2}{\mathrm{d}x^2}$。记 δ_2 为 $x = H_2$ 时的挠度，柱顶总挠度为 $\delta_1 + \delta_2$。计算简图如图 16.21 所示，其中 $M_0 = P_1 \delta_1 + P_2 \delta_2$，$M_1 = -EI_1 \dfrac{\mathrm{d}^2 y_1}{\mathrm{d}x^2}$，$M_2 = -EI_2 \dfrac{\mathrm{d}^2 y_2}{\mathrm{d}x^2}$，则

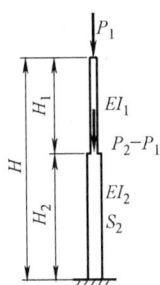

图 16.20 上端为自由下端为固定
的轴心受压阶形柱

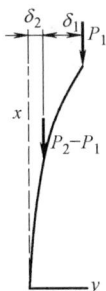

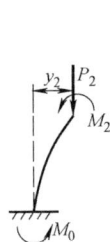

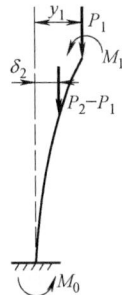

图 16.21 阶形柱计算简图

单阶柱上下两段的挠度曲线微分方程分别为:

$$\left(1-\frac{P_1}{S_1}\right)\frac{\mathrm{d}^2 y_1}{\mathrm{d}x^2}=-\frac{P_1 y_1-(P_1\delta_1+P_1\delta_2)}{EI_1} \qquad (16.60a)$$

$$\left(1-\frac{P_2}{S_2}\right)\frac{\mathrm{d}^2 y_2}{\mathrm{d}x^2}=-\frac{P_2 y_2-(P_1\delta_1+P_2\delta_2)}{EI_2} \qquad (16.60b)$$

引入记号 $k_1^2=\dfrac{P_1}{EI_1(1-P_1/S_1)}$，$k_2^2=\dfrac{P_2}{EI_2(1-P_2/S_2)}$，则 $(16.60a,b)$ 式可简化为:

$$\frac{\mathrm{d}^2 y_1}{\mathrm{d}x^2}+k_1^2 y_1-k_1^2(\delta_1+\delta_2)=0 \qquad (16.61a)$$

$$\frac{\mathrm{d}^2 y_2}{\mathrm{d}x^2}+k_2^2 y_2-k_2^2\left(\frac{P_1}{P_2}\delta_1+\delta_2\right)=0 \qquad (16.61b)$$

方程 $(16.61a,b)$ 的解可表示为:

$$y_1(x)=A_1\sin k_1 x+B_1\cos k_1 x+(\delta_1+\delta_2) \qquad (16.62a)$$

$$y_2(x)=A_2\sin k_2 x+B_2\cos k_2 x+\left(\frac{P_1}{P_2}\delta_1+\delta_2\right) \qquad (16.62b)$$

引入边界条件和连续条件:

在 $x=0$ 时 $y_2(0)=0$，$y'_2(0)=0$；

在 $x=H_2$ 时：$y_1(H_2)=y_2(H_2)=\delta_2$，$\dfrac{\mathrm{d}y_1}{\mathrm{d}x}(H_2)=\dfrac{\mathrm{d}y_2}{\mathrm{d}x}(H_2)$；

在 $x=H$ 时 $y_1(H)=\delta_1+\delta_2$

得到　$A_2=0$，$B_2=-\left(\dfrac{P_1}{P_2}\delta_1+\delta_2\right)$，$A_1=\dfrac{\delta_1}{(\tan k_1 H\cos k_1 H_2-\sin k_1 H_2)}$，$B_1=-A_1\tan k_1$

H，$\delta_2=\dfrac{P_1}{P_2}\dfrac{1-\cos k_2 H_2}{\cos k_2 H_2}\delta_1$。利用 $x=H_2$ 处转角连续得到

$$A_1 k_1(\cos k_1 H_2+\tan k_1 H\sin k_1 H_2)=k_2\left(\frac{P_1}{P_2}\delta_1+\delta_2\right)\sin k_2 H_2$$

最后得到屈曲方程

$$\frac{k_2}{k_1}\cdot\frac{P_1}{P_2}\tan k_1 H_1\tan k_2 H_2-1=0 \qquad (16.63)$$

引入记号 $i_1=\dfrac{EI_1}{H_1}$，$i_2=\dfrac{EI_2}{H_2}$，$K=\dfrac{i_1}{i_2}$，$\eta=\dfrac{H_1}{H_2}\sqrt{\dfrac{P_1}{P_2}\cdot\dfrac{I_2}{I_1}}$，$\mu_1=\dfrac{\pi}{H_1}\sqrt{\dfrac{EI_1}{P_1}}$，$\mu_2=\dfrac{\pi}{H_2}$

$\sqrt{\dfrac{EI_2}{P_2}}$，其中 η 表示上下柱临界力参数，μ_1、μ_2 分别表示上下段柱的计算长度系数，两者

的关系为 $\mu_1=\dfrac{\mu_2}{\eta}$。

一般说来，工业厂房的单阶柱都是由下柱格构式柱，上柱实腹式柱组成的。由于剪切变形对实腹式柱的影响甚微，因此，在下面的计算中仅考虑下段柱剪切变形的影响，上段柱的剪切变形的影响忽略不计，即取 $k_1^2=\dfrac{P_1}{EI_1}$，$k_2^2=\dfrac{P_2}{EI_2(1-P_2/S_2)}$。引入记号 $\omega=$

$\dfrac{\pi^2 EI_2}{H_2^2 S_2}$，方程 (16.63) 可简化为:

$$\frac{\mu_2 K\eta}{\sqrt{\mu_2^2-\omega}} \cdot \tan\frac{\pi\eta}{\mu_2} \cdot \tan\frac{\pi}{\sqrt{\mu_2^2-\omega}} - 1 = 0 \qquad (16.64)$$

不考虑剪切变形影响的方程为：

$$K\eta \cdot \tan\frac{\pi\eta}{\mu_2} \cdot \tan\frac{\pi}{\mu_2} - 1 = 0 \qquad (16.65)$$

令

$$\xi = \sqrt{1-\frac{\omega}{\mu_2^2}}, K' = K/\xi^2, \eta' = \eta\xi, \mu_2' = \mu_2\xi \qquad (16.66)$$

则(16.64)式可以表示为

$$K'\eta' \cdot \tan\frac{\pi\eta'}{\mu_2} \cdot \tan\frac{\pi}{\mu_2} - 1 = 0 \qquad (16.67)$$

上式在形式上与(16.65)式完全相同，因此考虑剪切变形影响的格构柱的计算长度系数，可以借助实腹式阶形柱的计算长度系数确定。

但是我们注意到，换算系数 ξ 与柱子本身的计算长度系数有关，这样格构柱截面惯性矩的折减系数是个不能事先确定的量，在正确的计算长度系数得到以后才能最后确定，因此需要迭代计算。

注意到，对惯性矩 I_2 进行折减（例如设计手册上的 0.9 折减系数），再计算有关参数，得到的就是 K' 和 η'，查阶形柱计算长度系数的图表，得到的是 μ_2'，而不是 μ_2。两者的关系为

$$\mu_2 = \sqrt{\mu_2'^2 + \omega} \qquad (16.68)$$

哪个计算长度系数能够应用于设计？分析发现，如果采用 μ_2 进行设计，则计算柱子的稳定系数时无需采用换算长细比，而采用 μ_2' 时，需要采用换算长细比。

上柱的计算长度系数为

$$\mu_1 = \frac{\mu_2}{\eta} = \frac{\xi\mu_2}{\xi\eta} = \frac{\mu_2'}{\eta'} \qquad (16.69)$$

对于多段阶形柱子，可以通过同样的折算方法来考虑剪切变形对计算长度系数的影响。

16.13 剪切变形对超重型厂房框架柱计算长度影响分析

东方电器广州重型机器有限公司联合厂房是一个平面尺寸为 258m×140m 的建筑，建筑面积为 36120m²。厂房分为四跨，第一跨是辅助跨，设 63/16T 吊车两台，起吊高度 12m，吊车跨度 28m。第二跨是轻型跨，设两台 160/50T 吊车，吊车跨度 28m，其中高度 16m，第 3 跨是中型跨，设两台 400T 吊车，吊车跨度 34m，起吊高度 22m，第 4 跨是重型跨，设 700T 和 650T 吊车各一台，起吊高度为 25m，吊车跨度为 34m。厂房纵向柱矩 18m，框架简图如图 16.22 所示，五个柱子的柱顶标高依此为 17.19，22.81，30.565，36.77，34.78m，四跨吊车的牛腿标高依此为 9.8，12.8，18.3，20.8m。屋面坡度 1:10。

框架梁的截面为

辅助跨和轻型跨：H1400×450×20/24～H1200×450×20/24～H1400×450×20/24

变截面段的长度为 8m＋14m＋8m＝30m

中型跨和重型跨：H1500×450×22/26～H1300×450×22/24～H1500×450×22/26

变截面段的长度为 8.5m＋21＋8.5m＝38m

柱子截面：

ZA：A 列柱的屋盖肢，2L200×20＋(－760×26 钢板)焊接，屋盖肢宽度 800mm。

吊车肢 H800×420×16/20，水平腹杆：L100×12，斜腹杆：L140×12，吊车肢形心离屋盖肢外皮距离 1500mm，两个柱肢各自形心的距离为 1468mm。上柱 H1000×550×18/26。

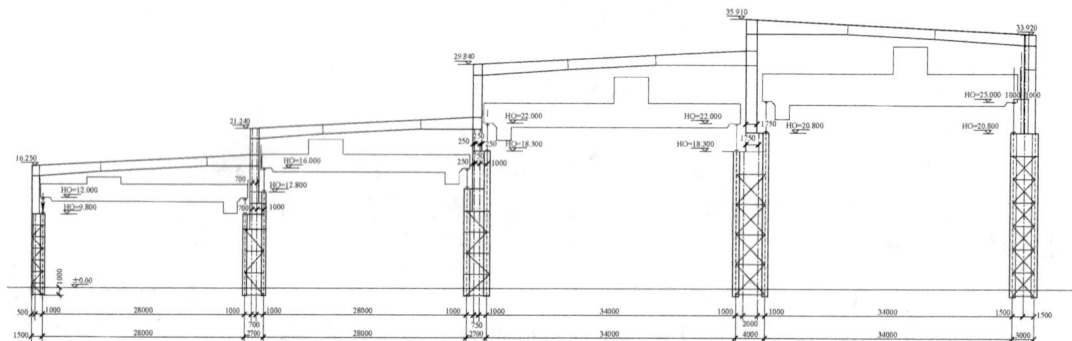

图 16.22　厂房横向剖面图

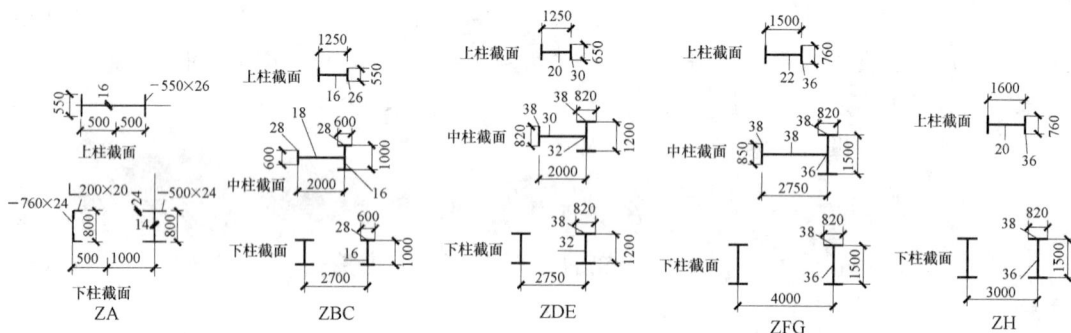

图 16.23　各柱截面

ZBC：两柱肢 H1000×600×18/28，中心到中心间距 2700mm，水平腹杆：L140×12，斜腹杆 L180×16，中柱右侧截面 H1000×600×18/28＋(左侧截面是 2L200×20＋PL760×28)＋(腹板 PL24×2000)＋中间板(加劲肋)PL760×28，上柱 ZBC2：H1250×550×24/26

ZDE：两柱肢 H1200×820×32/38，中心间距 2750mm，水平腹杆 L140×12，斜腹杆 L180×16，中段柱：H1250×1200×38/38（实际上是各日字型截面，复杂），上柱：H1250×650×24/32。

ZFG：两柱肢 H1500×880×38/40 间距 4000mm，水平腹杆 L180×16，斜腹杆 L200×16，交叉腹杆体系，中段柱：工字形 H1500×880×38/40＋翼缘－38×850＋腹板－38×2750，上柱 H1500×760×26/38。

ZH：两柱肢 H1500×820×36/40 间距 3000mm，水平腹杆 L180×16，斜腹杆 L200×16，上柱 ZH2：H1600×760×30/36。

对于设有格构柱的厂房，目前对于格构柱的建模采用对惯性矩乘以 0.9 来考虑剪切变形的影响，对于上述厂房，柱肢截面特别巨大，荷载也特别大，采用乘以 0.9 系数的方法来考虑缀条体系的变形的影响是否合适，需要进行分析。另外对于这种各跨高度均不同，相邻跨起吊高度均不同的厂房，厂房柱子的计算长度系数，软件需要人工干预，如何干预需要预先进行分析。

在有侧移屈曲的情况下，屋面梁对柱子施加的转动约束 K_z 按照 (15.41) 式计算，两种跨度的梁对柱子的约束的计算见表 16.17a。式中 $i_1 = EI_1/l$（按照大端截面计算的梁段线刚度），$R = I_0/I_1$，$L = l_1 + l_2$。

梁对柱子的转动约束　　　　　　　　　　　　　　　表 16.17a

	30m 跨度的屋面梁		38m 跨度的屋面梁	
	第1段	第2段	第1段	第2段
大端截面	H1400×450×20/24	H1200×450×20/24	H1500×450×22/26	H1300×450×22/24
惯性矩 mm^4	0.14343E+11	0.10016E+11	0.18276E+11	0.12063E+11
小端截面	H1200×450×20/24	H1200×450×20/24	H1500×450×22/26	H1300×450×22/24
惯性矩 mm^4	0.10016E+11	0.10016E+11	0.13059E+11	0.12063E+11
长度 mm	8000	7000	8500	10500
R	0.69832	1	0.71454	1
$i_1 = EI_1/l$	3.6933225E+11	2.947566E+11	4.42924E+11	2.3666457E+11
系数 K_{11}	0.10312E+13	0.88427E+12	0.12424E+13	0.70999E+12
系数 K_{12}	−0.18921E+13	−0.17685E+13	−0.22922E+13	−0.14200E+13
系数 K_{22}	85804E+12	88427E+12	0.10460E+13	0.70999E+12
梁对柱的转动约束	0.50940E+12		0.49771E+12	

东方厂房柱子的计算简图和资料如图 16.24 和表 16.17b 所示，其中柱子的轴力取自轴力包络图。计算长度系数见表 16.18，表中还给出了取 0.9 折减系数得到的结果。从表 16.18 可知，

（1）目前软件的计算长度系数，对于中柱和下柱结果偏小；对于所有上柱计算结果均偏小。

（2）采用 0.9 系数对格构柱的截面惯性矩进行折减的方法，得到的下柱计算长度系数，与精确解偏离不大，但是对于上柱，结果偏小较多。特别对于本厂房框架的四段式柱子。

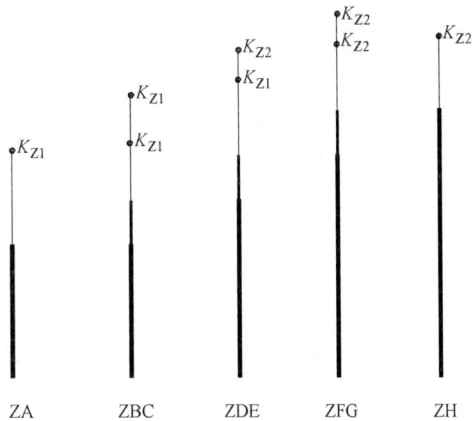

图 16.24　柱子计算简图

阶形柱的资料　　　　　　　　　　　　　　　　　　表 16.17b

柱子		下柱	中柱（下）	中柱（上）	上柱
ZA	惯性矩（mm⁴）	3.44207E+10			0.8061E+10
	轴力（kN）	3539			733
	长度（mm）	10300			6790
	抗剪刚度 S(N)				
ZBC	惯性矩（mm⁴）	1.8642E+11	1.0119E+11	1.4152E+10	1.4152E+10
	轴力（kN）	10644	7718	1598	840
	长度（mm）	10800	3000	5700	3500
	抗剪刚度 S(N)	0.51814E+09			
ZDE	惯性矩（mm⁴）	3.7864E+11	1.5545E+11	1.8491E+10	1.8491E+10
	轴力（kN）	19997	13561	1730	1014
	长度（mm）	13800	5500，	5240	6960
	抗剪刚度 S(N)	0.81568E+09			
ZFG	惯性矩（mm⁴）	1.0040E+12	4.1570E+11	3.5635E+10	3.5635E+10
	轴力（kN）	31850	19950	2112	993
	长度（mm）	19300	2500	11570	4010
	抗剪刚度 S(N)	0.18062E+10			
ZH	惯性矩（mm⁴）	0.55594E+12			0.41198E+11
	轴力（kN）	19112			1109
	长度（mm）	21800			13500
	抗剪刚度 S(N)	0.17754E+10			

各柱段的计算长度系数　　　　　　　　　　　　　　表 16.18

柱子	剪切变形影响考虑方法	下柱	中柱（下）	中柱（上）	上柱	ξ	ω
ZA	0.9	1.970			3.309	0.9	1.4623
	精确法	1.953			3.615	0.7230	
ZBC	0.9	2.401	7.883	3.410	7.660	0.9	6.271
	精确法	2.290	10.571	4.572	10.271	0.4555	
ZDE	0.9	2.532	5.211	5.282	5.194	0.9	4.9558
	精确法	2.453	6.466	6.554	6.455	0.5483	
ZFG	0.9	2.184	14.45	2.81	11.823	0.9	3.034
	精确法	2.160	17.417	3.386	14.250	0.6060	
ZH	0.9	2.028			3.852	0.9	1.4965
	精确法	2.019			4.249	0.7314	

16.14　柱中设铰的钢支架的屈曲

　　2006 年 3 月华东地区发生了一起投产刚半年的 30 万 kW 燃煤电厂的电除尘器钢支架倒塌的事故，钢支架结构形式如图 16.25(a)，(b)所示，除尘器钢支架由底部两层组成，上部 4 层是除尘器本体。除尘器本体内部密布吸尘电极板的钢结构支架，外立面是厚度为 5mm 的钢板和加劲立柱。除尘器本体本身是刚度很大的壳体，实际的结构形式非常复杂，图 16.25(a)，(b) 仅仅是示意，建造好后的除尘器如图 16.25(c) 所示。电除尘器本体的工作温度可以达到摄氏 150 度，热胀冷缩比较大，所以电除尘器都是简单地搁置在下部的钢支架上，但是采取措施不要下滑。

关注下部的除尘器支架。钢支架的平面图如图 16.26(a) 所示，各柱子的截面：四个角柱 ZA：H300×300×10/15，4 个边上的 8 个中柱 ZB：H350×350×12/19，内部中间的 3 个立柱 ZC：H414×405×18/28。总共 15 根柱子，将平面分成 8 个区格，每一个区格布置一个灰斗，并从底部采用气力送灰系统将收集起来的粉煤灰送至堆灰场。

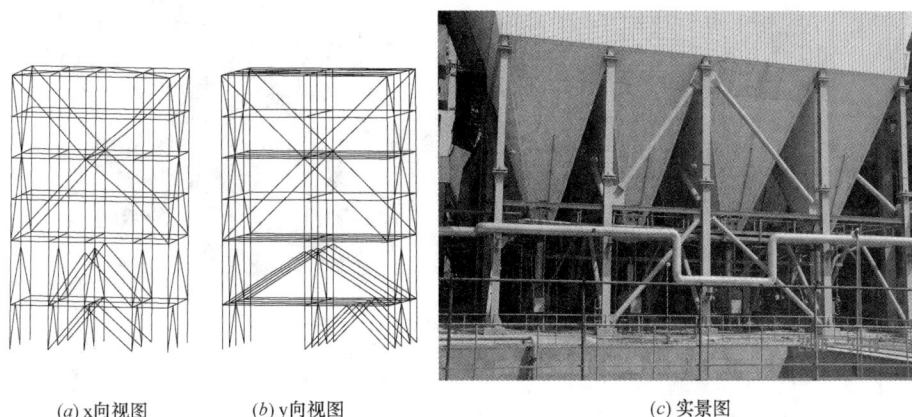

(a) x向视图　　(b) y向视图　　(c) 实景图

图 16.25　除尘器钢支架

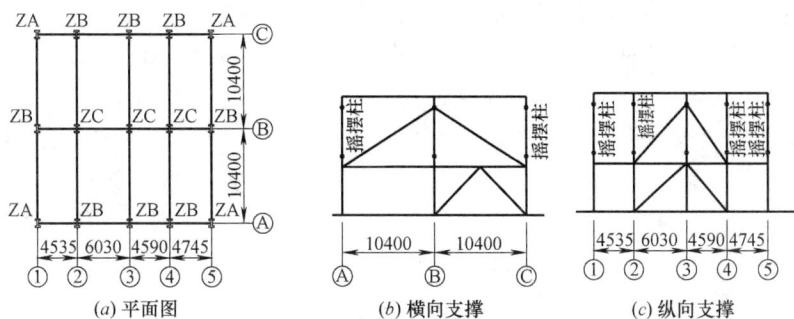

(a) 平面图　　(b) 横向支撑　　(c) 纵向支撑

图 16.26　除尘器钢支架构件布置

横向的每一条轴线上均布置支撑，如图 16.26 (b) 所示；纵向的三片支撑如图 16.26 (c) 所示。下层支撑 (两个方向相同)：Φ219×6；上层支撑 (两个方向相同)：Φ273×8。下层纵向 (跨度为 4～6m) 的横梁：H200×200×8/12；下层横向横梁 (跨度为 10.4m)：H250×250×9/14。

钢支架的上层横梁称为灰斗底梁：灰斗就是吊挂在这一层的灰斗底梁上。灰斗底梁与上部除尘器本体的立柱长为 1130 的箱形截面 □250×250×12×12 的立柱相连，底梁截面刚度很大。采用箱形截面 300×300×12/12 来模拟，而所有的灰斗底梁均采用矩形管截面 550×200×12/12 来模拟。

本结构的奇怪之处是：为了适应热胀冷缩变形，上层柱子设置了两个铰，铰的构造如图 16.27 所示，是柱子焊接端板，端板上焊接长度不等的短钢管，上段柱子的短钢管外径小于下段钢管的内径，长度比下段的短钢管大 20mm，这样上段钢管可以插入下段钢管中。端板四角有长度达到 250mm 的四颗高强螺栓，采用伸缩量为 1mm 的碟形垫片五片（垫片由 2.5mm 厚的钢板制作），外径 50mm，孔径 25mm，如图 16.27（b）所示。这种构造使得这个节点接近铰接，抗弯刚度小，承受弯矩的能力也不大。

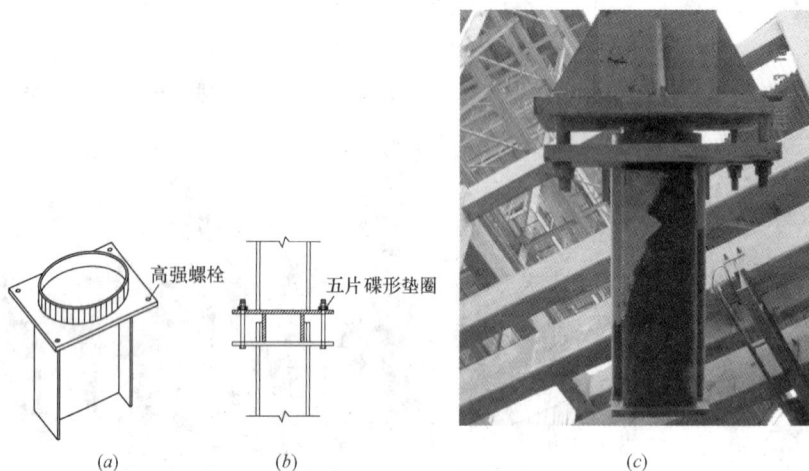

图 16.27　柱子的铰接节点

（一）计算模型和荷载条件

根据上面的介绍，可以得到如图 16.28 所示的计算模型。柱脚按照固定，支撑按照两端铰支，梁柱连接：底层支架纵横向的梁柱均采用刚接，灰斗的纵横底梁以及与长度为 1130 的短支柱均为刚接。以及上层柱子中布置两个铰。顶部的除尘器本体，因为是薄壁钢板，内部带立柱和斜支撑，刚度较大，采用刚度较大的桁架体系外皮覆盖钢板来模拟。上部本体的截面不详，也不是本次计算的对象，在建模时采用四周的钢板，所有构件截面为 Pipe152x6 的钢管，确保本体的刚性。之所以将上部除尘器本体也建立到模型中去，是因为只有这样才能比较准确地模拟风荷载的倾覆作用，对于地震作用也是这样。

值得讨论的是上层立柱长度为 5285mm 的立柱和长度均为 1130 的上下短立柱的连接。此处上下节点均采用 4M24，8.8 级高强螺栓连接，并且螺杆长度达到 220，被连接的两个端板之间设置了的铰，高强螺栓的螺母下面安装了 5 片碟形弹簧片，使得这个节点的刚度大大的降低，下面对此做一个估算：

立柱中最小截面 H300x300x10/15 的截面惯性矩为 $I_x = 205 \times 10^6 \, \text{mm}^4$，$I_y = 67.6 \times 10^6 \, \text{mm}^4$ 四个螺栓布置在间距为 400x400 的正方形的四个角上，它们能够提供的截面的抗弯刚度为 $I_{xBolt} = 452 \times 200^2 \times 4 = 72.38 \times 10^6 \, \text{mm}^4$，但是以下两个因素导致节点截面能够提供的抗弯惯性矩大打折扣：

（1）螺栓杆参与或者说出现伸长变形的长度远远大于被连接件两个端板的净距离：

这个净距离是 70mm，设两块端板厚度各为 30mm，5 个碟形弹簧的厚度为 15mm，螺母厚度约 20，设一半厚度参与螺栓拉伸。则参与螺栓拉伸变形的长度为 30×2＋15＋

$10+70=200$mm，由此螺栓截面提供的抗弯惯性矩减小到

$$I_{xBolt}=\frac{70}{220}\times 72.38\times 10^6 mm^4=23.03\times 10^6 mm^4$$

（2）5 片碟形弹簧片（2.5mm 厚）的变形，它们的变形使得节点截面实际能够提供的截面抗弯惯性矩还要在上述数值上乘以 0.8 左右。

（3）节点采用大钢管套小钢管的构造，由于公差配合很宽，没有任何的嵌固作用。

（4）4 个螺栓在不施加预拉力的情况下能够提供的转动刚度更小。

因此这个连接段截面的抗弯惯性矩是柱子截面惯性矩的 10%～25%，只能在计算模型中简化为铰接连接。

8 个边上的中柱和内部的三个中柱，情况更加严重，因为这些柱子截面的惯性矩更加大，而螺栓大小及其碟形弹簧的厚度均没有加大。

最后的计算简图如图 16.28 所示。图中看似中断的构件表示构件节点铰接化处理，释放弯矩和扭矩，但是 3 个方向的位移是不释放的。支撑铰接，所以也要释放弯矩和扭矩。

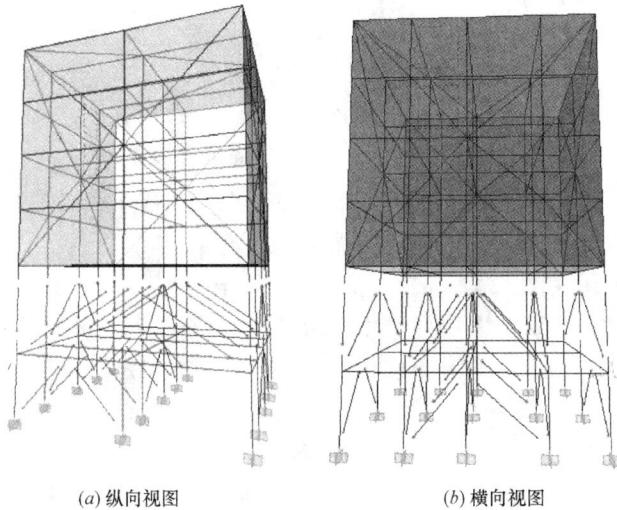

(a) 纵向视图   (b) 横向视图

图 16.28 计算模型

荷载计算采用设计文件提供的计算书的荷载，在支架顶部的方式加载，见表 16.19。

电除尘器对钢支架柱顶的荷载表（kN）   表 16.19

柱号	A1,A3	B1,B3	C1,C3	D1,D3	E1,E3	A2	B2	C2	D2	E2
恒载	368	581	585	513	351	735	1161	1168	1026	702
活载	369	860	865	760	386	738	1720	1729	1520	773

上表中的荷载包括

（1）本体自重：1468t。

（2）保温棉、电器设备和其他围护件重：168t。

（3）按照协议要求，每个灰斗考虑 4t 输灰管道重量，16 个灰斗共 64t。

（4）极板挂灰重：灰厚度按照 5mm 计算，总重 217t。

（5）灰斗积灰：高出灰斗 1m 计算，总体积 2825m³，堆灰密度：按照 0.8t/m³，总计 2260t。

（6）检修平台活荷载：4kN/m²，总计 331t。

恒载是（1）（2）（3）（4），活载包括（5）和（6），基本风压为 0.3kN/m²，雪荷载取 0.45kN/m²，抗震设防烈度六度，地震影响系数最大值为 0.05。计算软件采用 SAP2000，采用钢结构设计规范 GB 50017 计算。

风荷载的计算：0.3×1.25（高度系数）×1.4（整体计算体型系数）/2（背风面和向风面各一半）＝0.2625kN/m²。

采用如下的荷载组合：

1.2恒载＋1.4活载＋0.6×1.4雪；

1.2恒载＋1.4活载＋0.6×1.4风载(共四种)＋0.7雪；

1.2恒载＋1.4风载＋0.7×1.4活载＋0.6×1.4雪(共四种)；

1.2(恒载＋0.7活载＋0.1雪载)＋1.3地震(共4种)。

（二）计算结果及其分析

1. 自振周期和振型

经过计算：第 1 振型是 x 方向的振动，周期 1.43s；第 2 振型是 y 方向的平动，周期是 1.15s；第 3 振型是扭转振动，周期 0.99s。

3 个振型都存在这样一个特点：在支架二层上面的位移较大。这是由于二层立柱中间段两端铰接，无抗侧刚度，上层支撑的上节点没有支撑到灰斗底梁轴线的高度，灰斗底梁下部存在一段没有支撑的开间柱，这段的振动变形较大。

2. 柱子的计算长度系数：

由于结构体系比较特殊（一层柱子中分成 3 段），普通软件不能用来对这个结构进行计算。必须采用钢结构稳定理论进行柱子计算长度系数的确定。方法简要介绍如下

（1）取荷载组合 1.2(恒载)＋1.4(活载)＋0.6×1.4(Snow) 进行内力分析，求得各个柱子、支撑和梁的轴力。

（2）柱子及支撑和梁存在这些轴力，乘以荷载因子 γ，使得各个构件轴力增加或者减小。

（3）对结构进行屈曲分析，求得使得结构方式屈曲的荷载因子 γ_{cr}。

（4）如果第 i 个柱子在标准的荷载组合下的轴力为 N_i，则发生屈曲时这个柱子的轴力为 $\gamma_{cr} N_i$，令 $\gamma_{cr} N_i = \dfrac{\pi^2 E I_{ci}}{(\mu_i h_i)^2}$，可以求得这个柱子的计算长度系数。

对各个构件计算得到的计算长度系数见图 16.29 所示。与以上计算长度系数对应的屈曲模式如图 16.30a，b，c 所示。第 1 模式是横向框架有侧移屈曲，二层的有侧移失稳；第 2 屈曲模式是二层纵向框架有侧移屈曲；第 3 屈曲模式是角柱的屈曲。

第一屈曲模式的荷载因子为 4.13。为了核实软件计算的计算长度系数的正确性，下面通过手工计算决定 B2 柱子的计算长度系数

组合轴力为 3801kN，荷载因子为 4.13，H414×405×18×28 的惯性矩 93000cm⁴，柱子长度为 5300mm，按照上述步骤决定的计算长度系数为

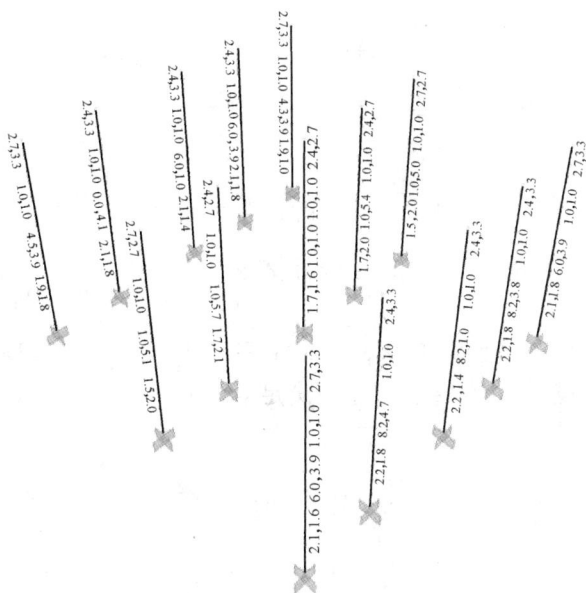

图 16.29 柱子计算长度系数

$$\mu=\sqrt{\frac{\pi^2\times206000\times93000\times10000}{3801000\times4.13\times5300^2}}=2.07$$

而图上显示的是 2.1，因此软件对于计算长度系数的确定是正确的。

结构上下两层都设置了强大的支撑，为什么还会出现大于 1.0 的计算长度系数？这是因为上柱的中间部分是摇摆柱，很不稳定。摇摆柱的稳定要靠上下两个短柱段的抗侧移能力来保证。而短柱段本身又要承受轴力和因为变形和二阶效应产生的弯矩，所以对短柱段的要求很高，这是图 16.29 中短柱段的计算长度系数达到 4～8 的原因。另外短柱段的另一端与下柱和横梁连接，短柱段的抗侧刚度来自于下柱及其横梁对其的嵌固作用。本结构中横梁的截面很小，而柱子本身承受的轴力大，短柱的刚度除用于保证自身稳定，还要用于保证上部短柱段的稳定性，这就要求下柱的计算长度系数大于 1，本结构中达到了 2.0。这是钢支架中的某个柱子中发生的层与层的相互作用。

这种层与层的相互作用可以采用一个更加简单的算例来说明。如图 16.31a 所示，可

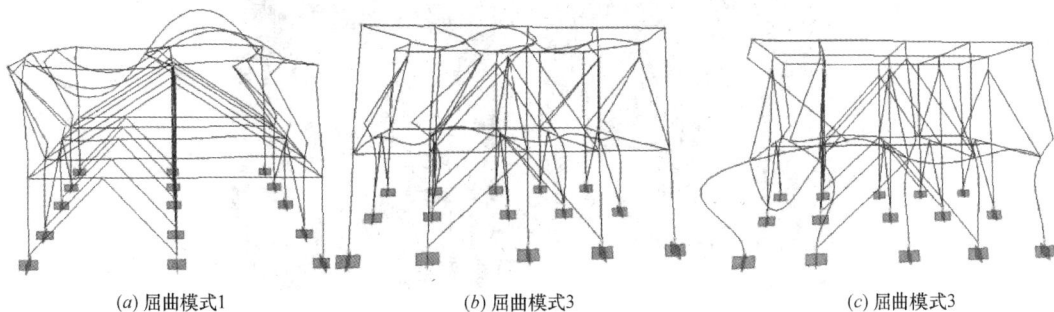

(a) 屈曲模式1   (b) 屈曲模式3   (c) 屈曲模式3

图 16.30 屈曲模式

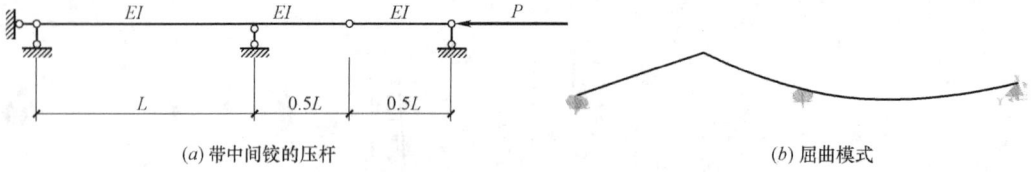

图 16.31　带中间铰压杆的屈曲

以通过计算得到整根压杆的三段的计算长度系数分别为 2.3414，4.6828 和 1.0。

3. 钢支架的应力比

柱子和各个构件的应力比如图 16.32，在 1.2D＋1.4L 及风荷载、雪荷载、检修荷载的最不利组合下，底层柱子有 12 根柱子不满足规范 GB 50017—2003 的要求。超出比例在 10%～28%。

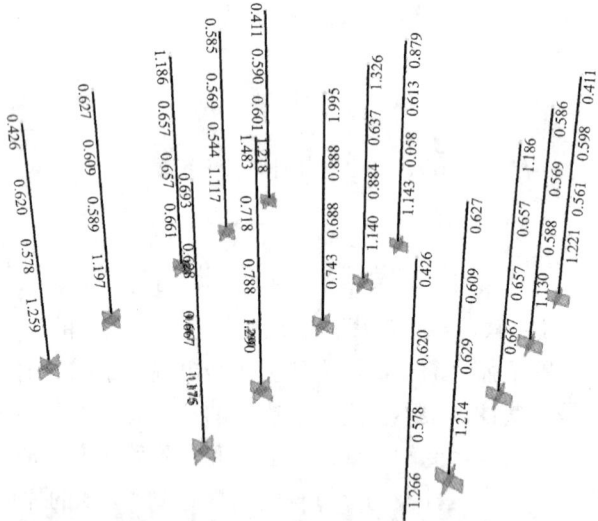

图 16.32　柱子应力比

图 16.33　除尘器钢支架的破坏实景

16.15　单阶柱上下段弹塑性阶段的相互作用

上端自由的阶形柱，上柱的抗侧刚度及稳定性来自上下柱交接处的连续性，即下柱对上柱提供的侧移和转动约束。下柱对上柱提供一个转动约束，而相应地上柱对下柱将产生一个负转动约束效应。由于这种相互作用，阶形柱在屈曲时表现为整体有侧移失稳。弹塑性阶段这种相互作用如何变化，弹性屈曲分析得到的上下柱计算长度系数被用于在弹塑性阶段工作的柱子，是否偏于安全？本节对此进行研究。

16.15.1　单根阶形柱的弹塑性分析

设下柱对上柱的约束用一个刚度为 m（m 未知）的转动弹簧表示，则上柱对下柱约束是转动刚度为 $-m$ 的转动弹簧。为了了解上下柱相互作用在弹塑性阶段的变化，下面采用两种模型进行比较：

（1）利用有限元法对阶形柱整体模型进行弹塑性分析，求解阶形柱轴压承载力。

（2）将控制柱段单独取出，在它与非控制柱连接处施加对应的弹性转动约束，然后利用有限元法对该控制柱单独进行弹塑性分析，求出控制柱段的轴压承载力。

如果这两种模型分析求出的轴压承载力相同，则说明弹性假定下确定的计算长度系数可以应用在弹塑性阶段。

具体计算时，方法（2）对控制柱进行单独分析时，考虑将控制柱取出后，修正其高度，将其等效为一根悬臂柱，其修正后高度为：

$$悬臂柱高度 = \frac{修正前高度 \times 计算长度系数}{2}$$

即保持等效悬臂柱的弹性屈曲荷载和原本控制柱弹性屈曲荷载相同。

取定一组上、下柱均为焊接的双轴对称工字型钢梁，绕强轴失稳。选定截面应保证结构不发生局部失稳，拟定的阶形柱如下：

材料取理想弹塑性模型，屈服强度 $f_y = 235\text{MPa}$，弹性模量 $E = 2.06 \times 10^5 \text{MPa}$，泊松比 $\nu = 0.3$。选用 BEAM189 单元，截面残余应力为三角形分布，峰值 $\sigma_r = 0.7 f_y$，通过施加第一阶失稳模态来模拟初始变形的影响，最大位移 $\delta = L/500$，求出阶形柱的极限承载力。

结构几何参数　　　　　　　　　　　　　　　　表 16.20

序号	截面参数（单位:mm）		高度（单位:m）	
	上柱	下柱	上柱	下柱
1	H500×300×8×12	H600×400×14×16	5	9
2	H500×300×8×12	H600×400×14×16	7	12
3	H400×200×6×10	H500×250×10×12	5	9
4	H400×200×6×10	H500×250×10×12	4	7

以下柱轴力 P_2 值为结构承载力代表值。将方法（1）称为"整体分析"，方法（2）称为"独立分析"。分别将方法（1）（2）所求得的结构极限承载力与规范所求得的承载力进行比较，定义"比值"为二者相除的结果。将这些比值绘成图 16.34，图中再增加一条规范所得比值线（比值恒为 1）为基准进行比较。

四组阶形柱在 $P_1/P_2 \leqslant 0.5$ 时，轴向承载力均由下柱控制，$P_1/P_2 > 0.5$ 时，轴向承载力均由上柱控制。由图可见：（1）整体分析计算结果总是大于独立分析的结果；（2）当阶形柱承载力由下柱控制时，二者相差有限；当阶形柱承载力由上柱控制时，二者相差较大，随着 P_1/P_2 的增大，二者差距进一步拉大。

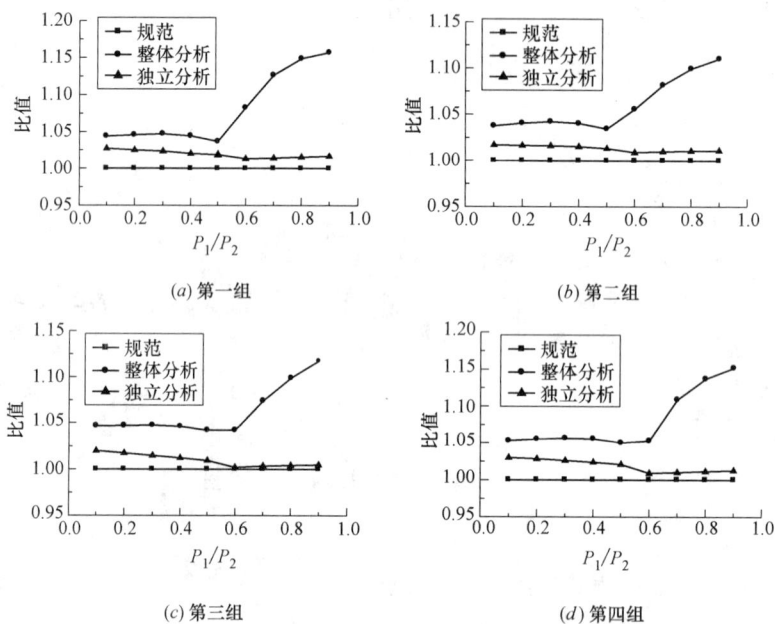

图 16.34　阶形柱轴压承载力比值图

整体分析比值曲线和独立分析比值曲线的不同走势，说明阶形柱上、下柱之间的相互作用在弹性阶段和弹塑性阶段是不同的：当结构受上柱控制（上柱较弱）时，上柱会因为轴力和二阶效应的作用而首先进入部分屈服状态，上柱的刚度减小，表现为更弱，此时下柱相对表现更强，可以对上柱提供比弹性阶段更大的约束，从而使上柱承载力变大，且随着 P_1/P_2 的增大，上柱相对更弱，下柱对弹塑性上柱的约束作用更强，表现为随着 P_1/P_2 的增大，整体分析的承载力较高。比值曲线逐步"翘起"。

相反，当结构下柱更加弱时，下柱首先进入部分屈服状态，下柱刚度减小，表现为更弱，弹塑性阶段的下柱无法对上柱提供弹性阶段时的那么大的约束。因为上柱不控制，这种对上柱约束的减小并不太影响最终的承载力。因为上柱仍处在弹性阶段，上柱的变形表现更为刚性，无需下柱提供约束，从而下柱承载力仅有略微的变大，表现为整体分析比值曲线仅仅略高于独立分析比值曲线。

16.15.2　顶端约束阶形柱弹塑性阶段相互作用分析

选取表 16.20 所列的第一、二两组结构，但将上柱腹板厚度改为 10mm 以满足局部稳定的需求。对于约束刚度 K_z，对应每个结构体系，分别取 $K_z=1.5i_{c1}$ 与 $K_z=3i_{c1}$ 两种约束刚度，这样得到四组数据。将整体分析和独立分析求得的比值绘成图 16.35。

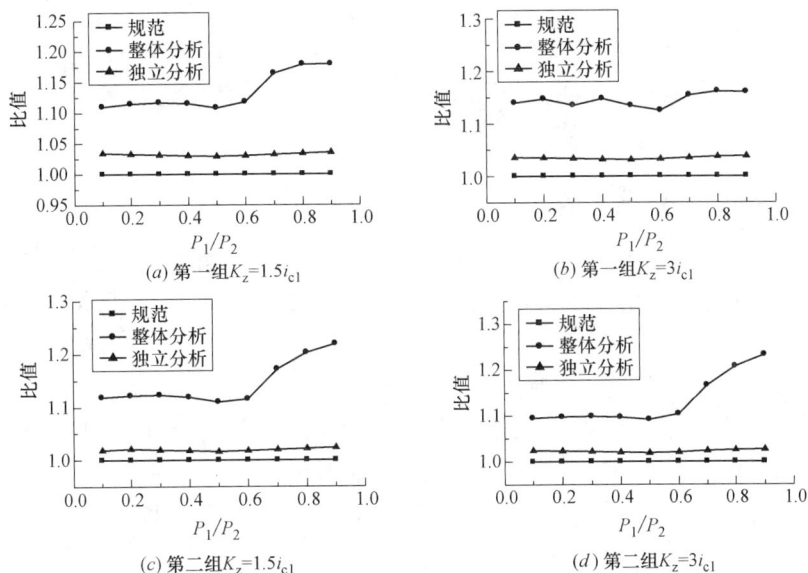

图 16.35　顶端约束阶形柱轴压承载力比值图

由图可知，无论其承载力由上柱控制还是下柱控制，整体分析结果总是大于独立分析所得结果。但有一点发生了变化，即当阶形柱承载力由下柱控制时，ANSYS 整体分析计算结果与 ANSYS 独立分析所得结果不再接近，也有了较大的提高；当阶形柱承载力由上柱控制时，二者相差更大。

出现上述现象的原因是，阶形柱柱顶的转动约束永远是弹性的假定。因为柱子进入弹塑性，而转动约束永远是弹性的，因此，相对于弹塑性柱子来说，约束更强了，弹塑性阶段的计算长度系数更小了，承载力更高了。这是柱顶弹性约束时整体承载力相对于规范方法的承载力的比值更高的原因。如果上柱更弱，因为柱顶转动约束直接连接在上柱柱顶，因此承载力提高的幅度还要大。

16. 16　斜腿框架的层抗侧刚度和稳定性

文献［20］的研究表明使边柱略微倾斜可以有效地减少框架的侧移。计算表明：对于 40 层的楼房，当边柱的斜率为 8% 时，侧向相对位移可以减小 50%。因为框架斜腿柱中的轴力产生一个水平分力抵抗侧向荷载，因此相对于普通框架而言其侧向刚度有了较大的提高。

在进行框架柱设计时，习惯上通过单个柱在整个结构的约束和影响下的稳定分析来代替结构的整体稳定分析，从而确定柱的计算长度。规范的计算长度系数分析计算都是以普通直角矩形框架为模型的。对于斜腿框架，规范方法就不适用了。文献［21］对不同参数的等截面斜腿门式刚架进行了大量的荷载—位移全过程分析，并据此给出了计算长度系数表，但文中没有给出简化的计算公式，也没有理论推导。

　　本节根据斜腿框架的受力特点，分别建立了单层和一般多层斜腿框架简化的层模型，以层模型的抗侧刚度为出发点，引入荷载负刚度的表达式，提出了适用于有侧移失稳的斜腿框架柱计算长度系数的计算公式。以求解特征值的方法，用 ANSYS 通用有限元程序对不同参数的层单元模型进行弹性稳定分析，对所提公式的精度进行复核，给出了适用范围。同时分析了不同高跨比单层斜腿框架的失稳模式。

16.16.1　单层斜腿框架的层抗侧刚度

　　图 16.36a 所示的简化模型：H 为层高，L_1，L_2 为上下梁的几何长度，i_1，i_2，i 分别为上下梁和斜腿柱的线刚度，α 为斜腿柱倾角。在计算层抗侧刚度时，对于图中的框架需做如下假设：

（1）所有构件都等截面且在弹性范围内工作。

（2）忽略构件轴向变形和剪切变形的影响，只考虑截面抗弯刚度 EI 的影响。

（3）荷载简化为集中力形式作用在梁柱节点上且大小相等。

先用结构力学的方法可以计算出如图 16.36b 所示模型的抗侧移刚度。

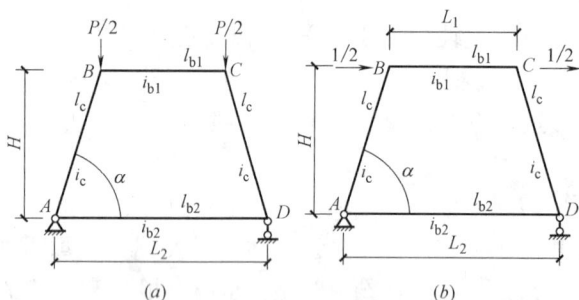

图 16.36　斜腿框架

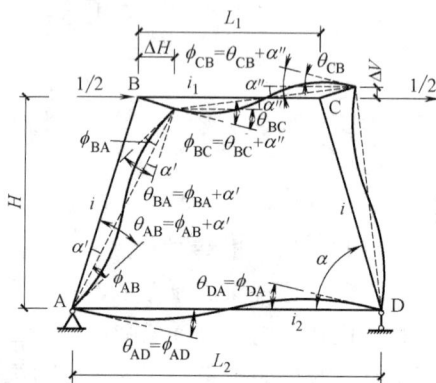

图 16.37　斜腿框架的变形分析

　　如图 16.37 所示的斜腿框架在水平单位力作用下(BC 两端各 1/2)产生变形。柱 AB 的弦转角为 α'，柱顶水平位移为 Δh；相应的梁 BC 弦转角为 α''，B 和 C 的竖向位移为 $0.5\Delta v$

$$\tan\alpha=\frac{\Delta h}{0.5\Delta v} \qquad 即 \ \Delta v=\frac{2\Delta h}{\tan\alpha} \tag{16.70a}$$

$$\tan\alpha'=\frac{\Delta h/\sin\alpha}{H/\sin\alpha}=\frac{\Delta h}{H} \quad 考虑到 \ \alpha' 很小，简化得 \ \alpha'=\frac{\Delta h}{H} \tag{16.70b}$$

$$\tan\alpha''=\frac{\Delta v}{L_1}=\frac{2\Delta h}{\tan\alpha \cdot L_1} \quad 考虑到 \ \alpha'' 很小，简化得 \ \alpha''=\frac{2\Delta h}{\tan\alpha \cdot L_1} \tag{16.70c}$$

梁变形后角位移的关系如下：

$$\phi_{AB}=\theta_{AB}-\alpha',\ \phi_{BA}=\theta_{BA}-\alpha',\ \phi_{BC}=\theta_{BC}+\alpha'',\ \phi_{CB}=\theta_{CB}+\alpha'',\ \phi_{AD}=\theta_{AD},\ \phi_{DA}=\theta_{DA} \tag{16.71a}$$

由结构的对称性可得：

$$\theta_{BC}=\theta_{BA}=\theta_{CB}=\theta_1,\ \theta_{AD}=\theta_{AB}=\theta_{DA}=\theta_2 \tag{16.71b}$$

494

各构件的转角位移方程为：P_{AB} 以拉为正，

$$M_{AD} = 6i_2\theta_2$$

$$M_{AB} = 4i\theta_2 + 2i\theta_1 - 6i\alpha'$$

$$M_{BA} = 2i\theta_2 + 4i\theta_1 - 6i\alpha'$$

$$M_{BC} = 6i_1\theta_1 + 6i_1\alpha''$$

$$M_{CB} = M_{BC}$$

$$Q_{BC} = 2M_{BC}/L_1 = 12i_1(\theta_1 + \alpha'')/L_1$$

$$Q_{AB} = -\frac{6i(\theta_1 + \theta_2)}{H/\sin\alpha} + \frac{12i}{H/\sin\alpha}\alpha' \tag{16.72}$$

由节点 A，B 弯矩平衡和柱 AB 的平衡条件，建立平衡方程如下：

$$\sum M_A = 0: (6i_2 + 4i)\theta_2 + 2i\theta_1 - 6i\alpha' = 0 \tag{16.73a}$$

$$\sum M_B = 0: 2i\theta_2 + (6i_1 + 4i)\theta_1 + 6i_1\alpha'' - 6i\alpha' = 0 \tag{16.73b}$$

$$M_{AB} + M_{BA} + \frac{1}{2}H - Q_{BC}H/\tan\alpha = 0$$

$$6\theta_2 + 6\theta_1 - 12i\alpha' + \frac{1}{2}H - 12i_1(\theta_1 + \alpha'')H/L_1\tan\alpha = 0 \tag{16.73c}$$

由式(16.73a，b)解得 θ_1，θ_2，代入(16.73c)式，并引用(16.70b，c)式化简即得斜腿框架的刚度抗侧为：

$$K = \frac{1}{\Delta h} = \frac{12i}{H}\left(\frac{6i_1i_2 + ii_1 + ii_2}{3i_1i_2 + 2i_1i + 2i_2i + i^2} \cdot \frac{1}{H} + \frac{12i_1i_2 + 4ii_1}{3i_1i_2 + 2i_1i + 2i_2i + i^2} \cdot \frac{1}{\tan\alpha \cdot L_1}\right.$$

$$\left. + \frac{8i_1i_2 + 4ii_1}{3i_1i_2 + 2i_1i + 2i_2i + i^2} \cdot \frac{H}{\tan^2\alpha \cdot L_1^2}\right) \tag{16.74}$$

记 $K_1 = \frac{i_1}{i}$，$K_2 = \frac{i_2}{i}$，分别为上下梁与斜腿柱的线刚度比，上式化为：

$$K = \frac{12i}{H^2}\frac{6K_1K_2 + K_1 + K_2}{3K_1K_2 + 2(K_1 + K_2) + 1}\left[1 + \frac{4K_1 \cdot (H/L_1\tan\alpha)}{6K_1K_2 + K_1 + K_2}\left(3K_2 + 1 + \frac{(2K_2 + 1)H}{L_1\tan\alpha}\right)\right] \tag{16.75}$$

当倾角 α 等于 90 度时，上式退化成直腿框架抗侧刚度：

$$K' = \frac{12i}{H^2}\frac{6K_1K_2 + K_1 + K_2}{3K_1K_2 + 2K_1 + 2K_2 + 1} \tag{16.76}$$

$K > K'$，即斜腿框架的抗侧移刚度比直腿框架的高。

斜腿框架抗侧刚度增加的机理是：柱子倾斜后，柱子轴力产生水平分力抵抗水平力，使柱子内的剪力减小，柱端弯矩也减小，梁内弯矩相应减小，从而使斜腿框架整体位移相应减小。上面的推导中虽然未考虑轴向变形的影响，但斜腿框架抗侧刚度增加的主要机理已经包含在其中，而且计算表明梁和柱轴向变形对抗侧刚度的影响是不大的。

16.16.2 临界荷载和计算长度系数公式

由框架屈曲的负刚度理论，斜柱框架的临界荷载可直接由其抗侧刚度得到：

$$P_{cr} = \frac{KH}{\beta} = \frac{12i}{\beta H^2}\frac{6K_1K_2 + K_1 + K_2}{3K_1K_2 + 2(K_1 + K_2) + 1}\left(1 + \frac{4K_1(H/L_1\tan\alpha)}{6K_1K_2 + K_1 + K_2}\left(3K_2 + 1 + \frac{(2K_2 + 1)H}{L_1\tan\alpha}\right)\right) \tag{16.77}$$

其中二阶效应影响系数 β 可以由以下拟合公式得到：

$$90°>\alpha>70°: \beta=6+\frac{L_2}{124H}-1.117\ln(\alpha) \qquad (16.78)$$

$$\alpha=90°: \beta=1.035$$

对图 16.36(a) 所示的斜腿框架中进行大量一阶分析发现，柱，上下梁的轴力分别为：$P_c=\dfrac{P}{2\sin\alpha}$，$P_{b1}=\dfrac{P}{2\tan\alpha}$，$P_{b2}=-\dfrac{P}{2\tan\alpha}$，其中压力为正，拉力为负。

考虑到单层斜腿框架可以有比较大的倾斜度，故梁中的轴力相对于临界荷载的影响不可忽略，考虑上下梁中的轴力对梁的线刚度的影响，临界状态下对梁的线刚度做以下修正：

$$i'_{b1}=i_{b1}\left(1-\frac{P_{b1}}{4P_{bE1}}\right),\quad i'_{b2}=i_{b1}\left(1-\frac{P_{b2}}{4P_{bE2}}\right),\quad P_{bE1}=\frac{\pi^2EI_{b1}}{L_{b1}^2},\quad P_{bE2}=\frac{\pi^2EI_{b2}}{L_{b2}^2}$$

P_{b1}，P_{b2} 是梁中的轴力，是与柱子内的轴力一样按比例加载直到框架屈曲时的值。失稳临界状态时梁中的轴力作如下简化处理：

$$P_{b1}=\frac{P_{cr}}{2\tan\alpha}=\frac{K\cdot H}{2\tan\alpha},\quad P_{b2}=-\frac{P_{cr}}{2\tan\alpha}=-\frac{K\cdot H}{2\tan\alpha}$$

考虑梁的线刚度修正后，可以由以下公式直接计算斜腿柱的计算长度系数：

$$\frac{\sin^2\alpha}{\mu_c^2}=\frac{K_1'+K_2'+7.5K_1'K_2'}{1.52+4(K_1'+K_2')+7.5K_1'K_2'}+\frac{4K_1'+12K_1'K_2'}{1.52+4(K_1'+K_2')+7.5K_1'K_2'}\cdot\frac{H}{\tan\alpha\cdot L_1}$$
$$+\frac{4K_1'+8K_1'K_2'}{1.52+4(K_1'+K_2')+7.5K_1'K_2'}\cdot\frac{H^2}{\tan^2\alpha\cdot L_1^2} \qquad (16.79)$$

其中 $K_1'=i'_{b1}/i_c$，$K_2'=i'_{b2}/i_c$ 为修正后的梁柱线刚度比。

16.16.3　单层斜腿框架屈曲的有限元分析

用有限元程序对图 16.36a 的模型进行弹性屈曲分析，求出临界荷载和计算长度系数，分别与式(16.77)和式(16.79)的值进行比较。表 16.21 是拟合临界承载力公式与有限元分析结果的比较，表 16.22 是式(16.79)与有限元分析结果的比较。选取实腹等截面工字型截面作为梁柱构件，定层高 H=6000mm，高跨比为 0.15~0.6，框架斜腿倾角取 90 度~70 度，选取相应于跨度的截面高度以及腹板翼缘的厚度，其中高跨比的变化实际上就反映了梁柱线刚度比 K_1 和 K_2 的变化趋势。

定义相对误差为：$\left|\dfrac{P_{cr公式}-P_{cr有限元}}{P_{cr有限元}}\right|\times100\%$。

式 (16.77) 值与有限元数值的比较 (Pcr 单位：KN)　　　　　　表 16.21

α	H/L₂	0.15	0.2	0.25	0.3	0.4	0.5	0.6
90	Pcr 公式值	39575	11855	6345	4437	1417	1007	684
	Pcr 有限元	38772	11804	6359	4446	1420	1004	678
	二阶效应系数 β	1.035	1.035	1.035	1.035	1.035	1.035	1.035
	相对误差	2.1%	0.43%	0.22%	0.18%	0.19%	0.35%	0.89%

α	H/L_2	0.15	0.2	0.25	0.3	0.4	0.5	0.6
85	Pcr 公式值	40965	12422	6729	4763	1558	1134	789
	Pcr 有限元	39746	12280	6705	4747	1553	1123	775
	二阶效应系数 β	1.091	1.079	1.070	1.064	1.057	1.053	1.051
	相对误差	3.0%	1.2%	0.37%	0.35%	0.35%	1.0%	1.8%
80	Pcr 公式值	40021	12309	6766	4861	1641	1235	890
	Pcr 有限元	39735	12531	6963	5008	1687	1255	891
	二阶效应系数 β	1.159	1.145	1.137	1.132	1.125	1.121	1.118
	相对误差	0.7%	1.7%	2.8%	2.9%	2.7%	1.5%	0.04%
75	Pcr 公式值	39200	12256	6854	5015	1762	1387	1053
	Pcr 有限元	38799	12548	7119	5218	1820	1399	1025
	二阶效应系数 β	1.231	1.217	1.209	1.204	1.197	1.193	1.191
	相对误差	1.0%	2.3%	3.7%	3.8%	3.2%	0.8%	0.3%
70	Pcr 公式值	38525	12278	7011	5248	1943	1632	1231
	Pcr 有限元	37120	12346	7173	5369	1946	1550	1170
	二阶效应系数 β	1.308	1.294	1.286	1.281	1.274	1.270	1.267
	相对误差	3.7%	0..6%	2.2%	2.2%	0.2%	5.3%	5.2%

由表 16.21 的对比可以得到看出在高跨比大于 0.15，斜腿倾角大于 70 度的范围内公式(16.77)有很好的精度，误差控制在 5%以内。对于高跨比小于 0.15 且斜腿倾角小于 70 度时，公式的精度降低或不再适用。在进行有限元计算时发现绝大多数情况属于有侧移失稳模式，但当高跨小于 0.15 且框架柱倾斜程度较大时，结构的失稳模式发生了变化，由有侧移失稳变成了无侧移失稳。失稳模式之所以改变，是因为由于框架柱与梁的夹角不是 90 度，而是角度 $\alpha(\alpha<\pi/2)$，使得横梁中的轴力与柱中的轴力在同一个水平上，不考虑梁中轴力影响的假设不再成立，在考虑柱的稳定性的同时，考虑梁的失稳变得非常必要。当梁相对较弱，且梁中轴力比较大时，容易发生无侧移失稳，这时梁有以一个半波失稳的趋势，而柱则不断向它提供支援，变形协调直至一起失稳。当柱相对较弱，而柱中轴力比较大时，则容易发生有侧移失稳，这时柱有侧移失稳的趋势，而梁则不断向它提供支援，变形协调直至一起失稳。所以对于斜腿框架横梁较弱，柱倾角较大时，应该在设计时对横梁的稳定性进行验算。

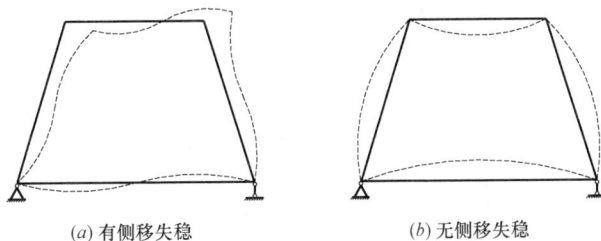

(a) 有侧移失稳   (b) 无侧移失稳

图 16.38　屈曲模态

式（16.79）计算长度系数与精确的计算长度系数的比较　　　　表 16.22

α	H/L_2	1/6.0	1/5.5	1/5.0	1/4.5	1/4.0	1/3.5	1/3.0	1/2.5	1/2.0	1/1.5
90	公式值	2.377	2.295	2.21	2.122	2.029	1.932	1.829	1.72	1.604	1.477
	有限元	2.473	2.377	2.264	2.163	2.06	1.956	1.841	1.724	1.601	1.469
	比较	0.961	0.966	0.976	0.981	0.985	0.987	0.994	0.998	1.002	1.006
86	公式值	2.35	2.267	2.18	2.089	1.994	1.893	1.787	1.673	1.548	1.408
	有限元	2.463	2.361	2.242	2.134	2.025	1.913	1.79	1.664	1.529	1.383
	比较	0.954	0.96	0.972	0.979	0.985	0.99	0.998	1.005	1.012	1.018
82	公式值	2.313	2.226	2.136	2.043	1.944	1.84	1.729	1.609	1.475	1.318
	有限元	2.448	2.339	2.215	2.1	1.983	1.864	1.733	1.597	1.451	1.288
	比较	0.945	0.952	0.965	0.973	0.98	0.987	0.998	1.007	1.016	1.023
78	公式值	2.267	2.176	2.081	1.984	1.881	1.773	1.657	1.529	1.383	1.204
	有限元	2.427	2.311	2.181	2.06	1.936	1.809	1.67	1.525	1.367	1.188
	比较	0.934	0.941	0.954	0.963	0.972	0.98	0.992	1.002	1.011	1.013
74	公式值	2.213	2.116	2.016	1.913	1.805	1.692	1.569	1.432	1.272	1.065
	有限元	2.399	2.277	2.141	2.013	1.882	1.748	1.602	1.448	1.28	1.089
	比较	0.923	0.929	0.942	0.95	0.959	0.967	0.979	0.989	0.994	0.978
72	公式值	2.184	2.083	1.98	1.873	1.763	1.646	1.519	1.378	1.209	0.985
	有限元	2.381	2.257	2.118	1.987	1.853	1.716	1.566	1.409	1.236	1.041
	比较	0.917	0.923	0.935	0.943	0.951	0.959	0.97	0.978	0.978	0.947

从表 16.21 还可以看出这样一个趋势，即：对于相同高跨比且物理参数相同的斜腿框架（$\alpha < 90$ 度）对比直腿框架（$\alpha = 90$ 度），其临界荷载有明显的提高，并且随高跨比的增大提高的幅度更加明显。

16.16.4　多层斜腿框架的层抗侧刚度和计算长度系数

对于多层斜腿框架，其斜腿柱的倾斜程度不会太大，梁中轴力与本层柱中轴力相比较小，故不计梁中轴力对梁线刚度的影响。取如图 16.39a 所示的相连四层有侧移失稳模型做如下理想化假定：

（1）各层柱同时达到失稳状态。

（2）屈曲时同层各梁转角大小相等方向相反，柱端转角隔层相等。

（3）梁中轴力对梁本身的抗弯刚度的影响可以忽略不计。

（4）梁对柱的转动约束按节点处柱的线刚度比进行分配。

（5）各柱的 $\pi \sqrt{P/P_E}$ 相等，这里 P 是柱子的轴力，P_E 是欧拉临界荷载。

根据以上失稳模式的假定可以用以下的公式求得柱子反弯点的相对高度：

$$\frac{x}{H} = \lg \frac{\sqrt{10}K_1 K_2 + 0.3497 K_1 + 1.106 K_2}{K_1 K_2 + 0.3497 K_1 + 0.1106 K_2} \tag{16.80}$$

其中 K_1，K_2 是节点处与同一节点相连的梁线刚度和与柱线刚度和的比值。将一般多层斜腿框架以反弯点为边界取出标准层模型单元如图 16.39b 所示。梁的反弯点取在梁跨中处，由公式(16.80)可以确定上下柱反弯点的位置。上柱 C2 的反弯点相对柱 C2 和梁 B2 交点的高度 H_1 可以有以下表达式得到：

$$H_1 = H \cdot \lg \frac{\sqrt{10}K_1 K_2 + 0.3497 K_1 + 1.106 K_2}{K_1 K_2 + 0.3497 K_1 + 0.1106 K_2} \tag{16.81a}$$

其中 $K_1 = \dfrac{i_{B1}}{i_{c1}+i_{c2}}$，$K_2 = \dfrac{i_{B2}}{i_{c2}+i_{c3}}$。而柱 C3 的反弯点相对柱 C2 和梁 B2 交点的高度 H_2 可以有以下表达式得到：

$$H_2 = H \cdot \left(1 - \lg \frac{\sqrt{10}K_1' K_2' + 0.3497 K_1' + 1.106 K_2'}{K_1' K_2' + 0.3497 K_1' + 0.1106 K_2'} \right) \tag{16.81b}$$

其中 $K_1' = \dfrac{i_{B2}}{i_{c2}+i_{c3}}$，$K_2' = \dfrac{i_{B3}}{i_{c3}+i_{c4}}$。对于以反弯点为边界取出的标准层单元模型，将该层以及上面各层传下来的荷载简化为集中荷载，作用在上面的反弯点处，以此作为下层承受的总荷载。

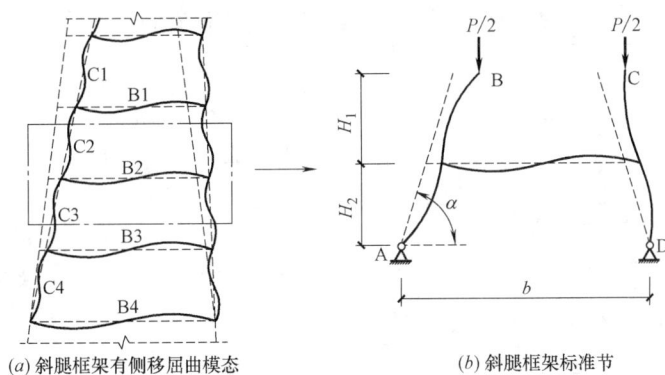

(a) 斜腿框架有侧移屈曲模态　　　　(b) 斜腿框架标准节

图 16.39　多层斜柱框架屈曲

由于结构的对称性，单位水平剪力的作用点 B，C 的水平位移是相等的。故取其一半进行计算，由图乘法(见图 16.40)，可以得到结构在单位剪力作用下侧向位移的表达式为：

$$\Delta = \frac{h_1^3}{6EI_1 \sin\alpha} + \frac{h_2^3}{6EI_2 \sin\alpha}\left(1 - \frac{h_1+h_2}{b\tan\alpha}\right)^2 + \frac{b}{12EI_3}\left(h_1 + h_2 - \frac{h_1 h_2 + h_2^2}{b\tan\alpha}\right)^2$$

需要说明的是：由于结构构件的位移以弯曲变形为主，故不计剪切变形对整个结构位移的影响。则该层模型的侧移刚度为：

$$K = \frac{1}{\Delta} = \frac{1}{\dfrac{h_1^3}{6EI_1 \sin\alpha} + \dfrac{h_2^3}{6EI_2 \sin\alpha}\left(1 - \dfrac{h_1+h_2}{b\tan\alpha}\right)^2 + \dfrac{b}{12EI_3}\left(h_1 + h_2 - \dfrac{h_1 h_2 + h_2^2}{b\tan\alpha}\right)^2}$$

$$\tag{16.82}$$

该层的临界荷载可以表达为：

$$P_{cr} = K \cdot H \tag{16.83}$$

该层柱的临界荷载为：

$$P_{ccr} = \frac{P_{cr}}{2\sin\alpha} = \frac{\pi^2 EI_c}{(\mu_c l_{c3})^2} \tag{16.84}$$

可得柱的计算长度系数为：

$$\mu_c = \sqrt{\frac{2\pi^2 E I_c}{l_{c3}^2} \cdot \left[\frac{h_1^3}{6EI_1 \sin\alpha} + \frac{h_2^3}{6EI_2 \sin\alpha} \left(1 - \frac{h_1+h_2}{b\tan\alpha}\right)^2 + \frac{b}{12EI_3} \left(h_1 + h_2 - \frac{h_1 h_2 + h_2^2}{b\tan\alpha}\right)^2 \right]}$$

$$(16.85)$$

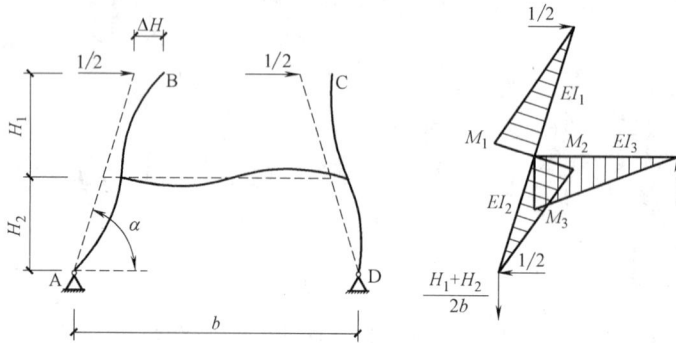

图 16.40 斜腿框架标准节的抗侧刚度

式（16.85）计算长度系数与精确值的比较　　　　表 16.23

α	H/L₂	1/6.0	1/5.5	1/5.0	1/4.5	1/4.0	1/3.5	1/3.0	1/2.5	1/2.0	1/1.5
90	公式值	3.27	3.142	3.008	2.868	2.721	2.565	2.399	2.221	2.028	1.814
	有限元	3.331	3.196	3.043	2.898	2.747	2.591	2.42	2.242	2.049	1.839
	比较	0.982	0.983	0.988	0.99	0.99	0.99	0.991	0.991	0.99	0.986
86	公式值	3.222	3.092	2.957	2.815	2.666	2.508	2.339	2.156	1.957	1.732
	有限元	3.268	3.13	2.975	2.827	2.672	2.512	2.335	2.149	1.946	1.72
	比较	0.986	0.988	0.994	0.996	0.998	0.998	1.002	1.003	1.005	1.007
82	公式值	3.151	3.021	2.885	2.743	2.593	2.433	2.262	2.076	1.87	1.637
	有限元	3.189	3.05	2.893	2.742	2.585	2.421	2.24	2.047	1.835	1.594
	比较	0.988	0.991	0.997	1	1.003	1.005	1.01	1.014	1.019	1.026
78	公式值	3.058	2.929	2.794	2.652	2.502	2.342	2.169	1.981	1.771	1.528
	有限元	3.095	2.955	2.797	2.645	2.486	2.319	2.134	1.936	1.716	1.463
	比较	0.988	0.991	0.999	1.003	1.006	1.01	1.017	1.023	1.032	1.045
74	公式值	2.945	2.818	2.685	2.544	2.395	2.235	2.063	1.874	1.66	1.408
	有限元	2.986	2.846	2.689	2.536	2.375	2.207	2.019	1.816	1.589	1.327
	比较	0.986	0.99	0.998	1.003	1.008	1.013	1.022	1.032	1.044	1.061

参 考 文 献

［1］ 钢结构设计规范（GB 50017—2003）. 北京：中国计划出版社，2003.

［2］ 陈绍蕃. 钢结构设计原理. 北京：科学出版社，1998.

［3］ Timoshenko，S. P. and Gere，J. M. （1961）. "Theory of elastic stability." Engineering Societies Monograph，2nd Ed. ，McGraw Hill Co. Inc，New York.

［4］ 黄山，童根树. 有吊车厂房框架（阶形柱框架）的屈曲. 建筑钢结构进展，2012，14（4）：22-26.

［5］ 童根树，王素俭. 格构柱的剪切变形对超重型厂房框架的稳定性分析. 建筑钢结构进展，2008，10（5）：1-5，44.

［6］ Tong Gen-Shu；Pi Yong-Lin；Bradford Mark，Buckling failure of an unusual braced steel frame supporting an electric dust-catcher，ENGINEERING FAILURE ANALYSIS：16（7）：2400-2407，2009.

［7］ 童根树，陈海啸. 厂房纵向抽撑时柱子的平面外计算长度. 工业建筑，2004，5，Vol. 34.

［8］ 任治章. 旁撑对一端支承一端自由压杆长度系数的影响. 力学与实践，1994，(6).

［9］ 陈骥. 钢结构稳定理论与设计. 北京：科学出版社，2001.

［10］ 童根树，黄山. 单阶柱上下柱弹塑性阶段的相互作用. 建筑结构，2010，02：45-48.

［11］ 陈骥. 单层厂房框架阶形柱计算长度系数. 西安冶金建筑学院学报，1992，Vol. 24，No. 1，1-8.

［12］ 季渊，童根树. 柱脚铰接有吊车厂房门式钢架柱的计算长度. 工业建筑，2004，2，Vol. 34.

［13］ 童根树，王金鹏. 厂房阶形柱平面外的计算长度. 建筑结构增刊，纪念陈绍蕃教授从事土木工程60周年学术交流会，西安，2004，8.

［14］ 童根树，王金鹏. 厂房阶形柱的计算长度等轴力负刚度概念的应用，建筑结构增刊. 纪念陈绍蕃教授从事土木工程60周年学术交流会，西安，2004，8.

［15］ 季渊，童根树. 柱脚固接有吊车厂房门式钢架柱的计算长度，工业建筑，2004，7，67-69，Vol. 34.

［16］ 赵熙元主编. 建筑钢结构设计手册（上册）. 北京：冶金工业出版社，1995，258和373页.

［17］ 陈绍蕃. 厂房框架带牛腿柱的计算长度［J］. 建筑结构学报，2007，28（05）.

［18］ 张文元，张耀春，王忠丽. 等截面斜腿刚架平面内整体稳定性能研究. 钢结构，2004增刊，钢结构工程研究5，295～301.

［19］ 冯进，童根树. 斜腿框架的层抗侧刚度和稳定性. 低温建筑技术：2007，6：103-105.

［20］ 林同炎，S. D. 斯多台斯伯利，结构概念和体系. 北京，中国建筑工业出版社，1999.

［21］ 张文元，张耀春，王忠丽，等截面斜腿框架平面内整体稳定性研究，钢结构，2004年增刊，钢结构工程研究5：295-301.

第17章　增强结构稳定性的支撑

17.1　厂房纵向柱列减小压杆计算长度的支撑

17.1.1　引言

钢材强度高，弹性模量大，构件截面比较小，在重力荷载作用下易失去稳定性。决定构件整体稳定性的最重要因素是构件的长细比。为了充分发挥钢材强度大的优点，构件的长细比越小越好。要使相同截面积下获得尽可能大的惯性矩，截面越展开越好，因而钢结构的截面都采用薄壁截面。使长细比减小的另一个途径是减小构件计算长度。钢结构中最常用的截面是工字形截面，它有强轴和弱轴，如果工字形截面的高和宽分别为 h 和 b，则绕强轴和绕弱轴的回转半径的近似式分别为 $i_x = 0.42h$，$i_y = 0.24b$。一般 $h > b$，因此 $i_x \approx (1.5 \sim 4) i_y$。在绕强轴和绕弱轴的计算长度相当时，平面外（即绕弱轴）的稳定性将决定截面的大小，平面内的稳定性有较大的富余。

有两条路径可以增强平面外的稳定性：一是增大截面以满足平面外稳定的要求，这种方法增加材料用量较多。第二种选择是在柱子的中间（图17.1）绕弱轴失稳的方向设置侧向支撑杆件，使得柱子平面外计算长度减小一半。平面外设置侧向支撑是传统的提高构件稳定性的手段。但是什么样的支撑才能够减少柱子的计算长度？

17.1.2　单根柱子的情况

图 17.1 所示的单层厂房的纵向柱列，厂房柱的柱脚在平面外通常都假定为铰接，所以在图 17.1 的简图中假定柱脚均为铰接。图 17.1a 示出了一个柱子，承受轴力 P，柱子的截面抗弯刚度为 EI，长度为 $L = 2l$。图中的弹簧线刚度为 $K_b = EA_b/b$。图 17.1a 的柱子如果没有支撑，它的承载力为 $P_{EL} = \dfrac{\pi^2 EI}{L^2}$。有了侧向支撑后压杆的承载力的增加量取决于支撑的刚度。如果刚度很大，则压杆的失稳模式中在侧向支撑点处无侧移，压杆的承载力与长度为 l 的两端铰接柱子完全相同：

$$P = P_{El} = \frac{\pi^2 EI}{l^2} \tag{17.1}$$

设支撑因为屈曲而产生的力为 F，则可以建立如下的微分方程：

$$0 \leqslant x \leqslant l : EIy'' + Py = \frac{1}{2}Fx$$

$$l \leqslant x \leqslant 2l : EIy'' + Py = \frac{1}{2}F(2l - x)$$

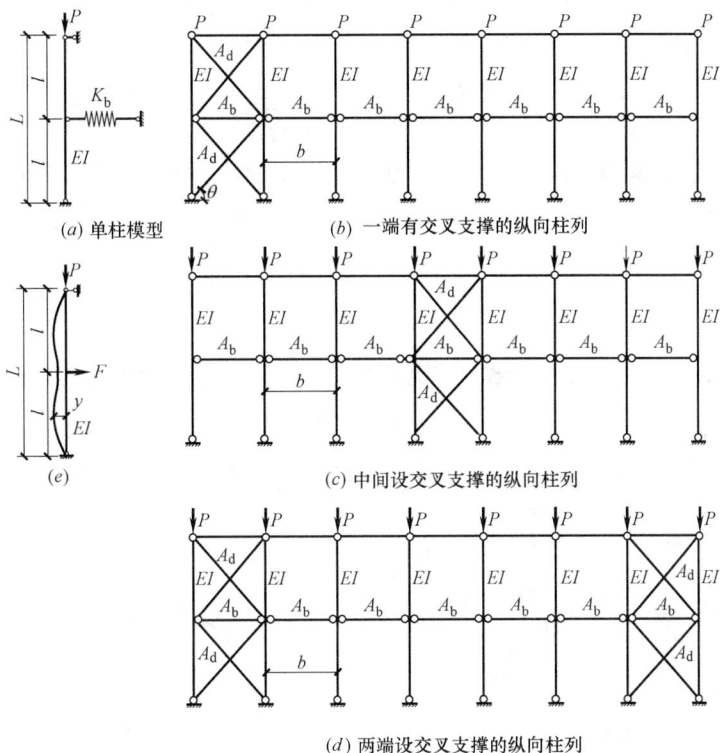

图 17.1　厂房纵向支撑体系

上式的解为（$k=\sqrt{P/EI}$，$F=K_b d$，d 是柱中的屈曲位移）：

$$0\leqslant x\leqslant l：y=A\sin kx+B\cos kx+\frac{F}{2P}x$$

$$l\leqslant x\leqslant 2l：y=C\sin k(2l-x)+D\cos k(2l-x)+\frac{F}{2P}(2l-x)$$

利用支座处位移为零以及中点位移和斜率连续的条件，可以得到如下

$$0\leqslant x\leqslant l：y=\frac{F}{2P}\left(x-\frac{1}{k\cos kl}\sin kx\right)$$

$$l\leqslant x\leqslant 2l：y=\frac{F}{2P}\left[2l-x-\frac{1}{k\cos kl}\sin k(2l-x)\right]$$

中点挠度是

$$d=\frac{Fl}{2P}\left(1-\frac{\tan kl}{kl}\right) \tag{17.2a}$$

将 $F=K_b d$ 代入得到

$$d=\frac{K_b d}{2P}\left(l-\frac{1}{k\cos kl}\sin kl\right)=\frac{K_b l}{2P}\left(1-\frac{\tan kl}{kl}\right)d \tag{17.2b}$$

可以得到如下临界方程：

$$\sin kl=0 \tag{17.3a}$$

或

$$\tan u=\left(1-\frac{2P}{K_b l}\right)u \tag{17.3b}$$

503

前一个方程代表计算长度为 l 的屈曲模式(支撑点无位移),而第二个方程是支撑点发生位移的屈曲模式,记 $p=P/P_{El}$,式 (17.3b) 改写为

$$\frac{K_b l}{2P_{El}}=p \Big/ \left(1-\frac{\tan\pi\sqrt{p}}{\pi\sqrt{p}}\right) \tag{17.4}$$

图 17.2a 表示了这两个模式下临界荷载与支撑刚度的关系。如果支撑刚度小,压杆的失稳模式中在侧向支撑点处有侧移,压杆的承载力的增加量几乎完全正比于支撑的刚度[2]:

$$P_{cr}=P_{EL}+(P_{El}-P_{EL})\frac{K_b}{K_{bth}} \tag{17.5}$$

式中 K_{bth} 为失稳模式发生转化时的支撑刚度。为了使柱子计算长度减小到 l,支撑刚度必须达到[2]:

$$K_{bth}=\frac{2P_{El}}{l} \tag{17.6}$$

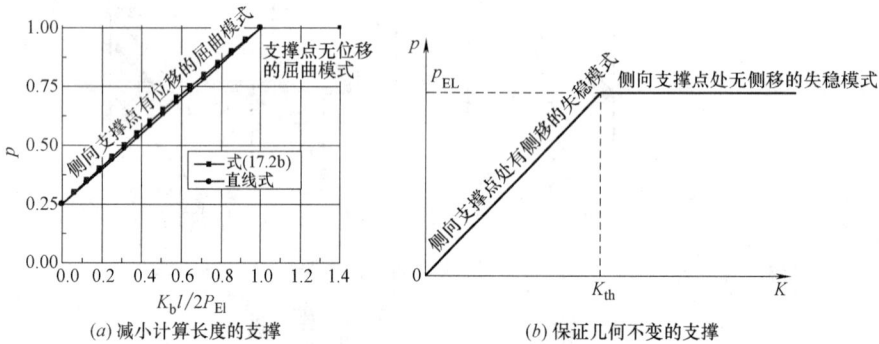

(a) 减小计算长度的支撑　　(b) 保证几何不变的支撑

图 17.2　柱子临界荷载和支撑刚度之间的关系

下面采用能量法来求解上述问题,以考察看似粗糙的能量法所具有的精度。总势能是

$$\Pi=\frac{1}{2}\int_0^L (EIy''^2-Py'^2)\mathrm{d}z+\frac{1}{2}K_b d^2$$

设位移函数是 $y=d\sin\dfrac{\pi z}{L}$,这一位移函数离精确解似乎较远。代入总势能得到

$$\Pi=\frac{1}{2}\left(\frac{\pi^4}{L^4}EI\frac{1}{2}L-P\frac{\pi^2}{L^2}\frac{1}{2}L\right)d^2+\frac{1}{2}K_b d^2=0$$

$$P=\frac{\pi^2 EI}{L^2}+\frac{2K_b L}{\pi^2}$$

令 $P=P_{El}$,得到门槛刚度是 $K_{bth}=\dfrac{\pi^2}{2L}(P_{El}-P_{EL})=\dfrac{3\pi^2 P_{El}}{16l}=\dfrac{1.851P_{El}}{l}$,与精确解的误差是 7.45%(门槛刚度偏低,也就是说,稍微过高地估计了支撑的有效性),可见也有不错的精度。

如果设 $y=d_1\sin\dfrac{\pi z}{L}+d_3\sin\dfrac{3\pi z}{L}$,则总势能是

$$\Pi=\frac{1}{2}\left(\frac{\pi^4}{L^4}EI\frac{1}{2}L\right)(d_1^2+3^4 d_3^2)-\frac{1}{2}P\frac{\pi^2}{L^2}\frac{1}{2}L(d_1^2+9d_3^2)+\frac{1}{2}K_b(d_1-d_3)^2$$

可以求得

$$P=P_{\text{EL}}+\frac{(82P_{\text{EL}}-10P)}{(81P_{\text{EL}}-9P)}\cdot\frac{2K_{\text{b}}L}{\pi^2}=P_{\text{EL}}+(1\sim\frac{14}{15})\frac{2K_{\text{b}}L}{\pi^2}$$

可以求得门槛刚度是 $K_{\text{b}}=\dfrac{45\pi^2}{4\times56}\dfrac{P_{\text{El}}}{l}=\dfrac{1.983P_{\text{El}}}{l}$，误差仅为 0.87%。并且求得的临界荷载与支撑杆刚度之间关系确实是线性关系。

设计规范或手册都规定柱子平面外的计算长度取侧向支承点之间的距离，也即要求柱子按照支撑点处无侧移的模式失稳，则支撑的刚度必须达到(17.6)式表示的最小要求。对理想的体系，进一步增加支撑的刚度并不能进一步提高压杆的承载力。（17.6）式就是对支撑的刚度要求。

在图 17.1b，c，d 中，$K_{\text{d}}=EA_{\text{d}}/l_{\text{d}}$（$l_{\text{d}}$ 为斜杆的长度）代表的是交叉支撑杆本身的线刚度，假设交叉支撑斜杆仅拉杆起作用，斜支撑对压杆的支撑作用为

$$2K_{\text{d}}\cos^2\theta=\frac{2EA_{\text{d}}b^2}{l_{\text{d}}^3} \tag{17.7}$$

如图 17.1b，c，d 中的那样，支撑要对 n 根柱子提供侧向支撑，或交叉支撑有多片，则在水平刚性系杆的轴压刚度无限大的情况下，交叉支撑总的抗侧刚度要满足：

$$\sum 2K_{\text{dth}}\cos^2\theta=2n\frac{\pi^2EI}{l^3} \tag{17.8}$$

实际结构由于制作和安装误差，总是存在缺陷，比如构件的初始弯曲，荷载并不完全作用在构件截面的形心，截面内还有残余应力。假设所有的缺陷都等效为柱子的初始弯曲，在柱中的初始侧移为 Δ_0。轴力作用后柱中附加的水平位移为 Δ，这个附加的位移会在支撑中产生内力，因此对支撑杆还要有承载力方面的要求。对图 17.1a 的柱子，经过简单的二阶分析得到在 $P=P_{\text{El}}$ 时：

$$\Delta=\frac{(2P_{\text{El}})\frac{4}{3}\Delta_0}{Kl-2P_{\text{El}}}$$

支撑所受的内力为

$$F=K_{\text{b}}\Delta=K_{\text{b}}\frac{4}{3}\Delta_0\frac{2P_{\text{El}}}{K_{\text{b}}l-2P_{\text{El}}} \tag{17.9}$$

按照式 17.9，如果要求压杆承载力达到 P_{El}，而此时支撑的刚度按 17.6 式确定，从(17.9)式得到的支撑的内力为无穷大，因为此时(17.9)式的分母为 0。因此从有缺陷的体系出发，对支撑的刚度要求必须在(17.6)式基础之上放大。如果放大到 2 倍，即 $K_{\text{b}}l=4P_{\text{El}}$，且 $\Delta_0=L/500$，则

$$F=\frac{16P_{\text{El}}}{1500}=\frac{P_{\text{El}}}{93.75}$$

如果放大到 3 倍，即 $K_{\text{b}}l=6P_{\text{El}}$，则

$$F=\frac{12P_{\text{El}}}{1500}=\frac{P_{\text{El}}}{125}$$

因此刚度越大，对支撑的承载力要求越小，而刚度越小对支撑的承载力要求越大。理想的设计是在刚度要求和强度要求之间取得某种平衡。

从单根柱子来说，上面对支撑的刚度和强度要求都不是很高，但是在一片交叉支撑要对多个柱子提供侧向支承的情况，对支撑的要求就会提高。特别是交叉支撑并不是上面假

设的那样绝对刚性的工程实际情况，对支撑的刚度要求会迅速增加。

17.1.3 柱列支撑的刚度要求

1. 交叉支撑刚度很大的情况

先考察图 17.1b 所示柱列在交叉支撑刚度为无限大，柱顶刚性系杆因受力要求刚度（例如吊车梁）也较大，而柱中的系杆刚度为有限的情况下，对刚性系杆的刚度要求。由于交叉支撑刚度无限大，支撑跨两个柱子的柱顶可以作为固定点，只要研究其余跨柱子的稳定性。系杆的构件刚度为 $K_b = \dfrac{EA_b}{b}$，对每一根柱子应用 (17.2a) 式，记 $\beta = 1 - \dfrac{\tan kl}{kl}$，则

$$F_1 - F_2 = \frac{2P}{\beta l} d_1 \tag{17.10a}$$

$$F_i - F_{i+1} = \frac{2P}{\beta l} d_i \tag{17.10b}$$

$$F_n = \frac{2P}{\beta l} d_n \tag{17.10c}$$

另外一方面，我们有

$$F_1 = K_b d_1 \tag{17.11a}$$

$$F_i = K_b(d_i - d_{i-1}) \tag{17.11b}$$

$$F_n = K_b(d_n - d_{n-1}) \tag{17.11c}$$

代入式 (17.10a, b, c) 得到（$d_0 = 0$，$F_{n+1} = 0$）

$$K_b(2d_1 - d_2) = \frac{2P}{\beta l} d_1 \tag{17.12a}$$

$$K_b(-d_{i-1} + 2d_i - d_{i+1}) = \frac{2P}{\beta l} d_i \tag{17.12b}$$

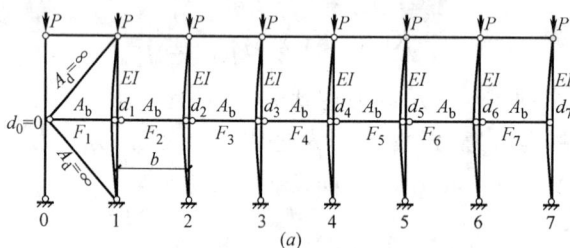

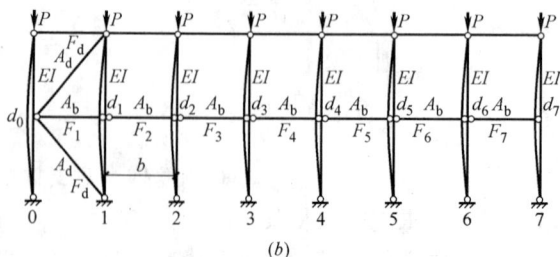

图 17.3 纵向支撑柱列的屈曲

$$K_b(-d_{n-1}+d_n) = \frac{2P}{\beta l}d_n \tag{17.12c}$$

记 $\alpha = \dfrac{K_b \beta l}{2P}$，令上述方程组的系数行列式为 0，得到屈曲控制方程

$$\begin{vmatrix} 1-2\alpha & \alpha & 0 & & & \\ \alpha & 1-2\alpha & \alpha & & & \\ 0 & \alpha & \cdots\cdots & & & \\ & & & 1-2\alpha & \alpha & \\ & & & \alpha & 1-\alpha \end{vmatrix} = 0 \tag{17.13}$$

针对不同的 n，可以求得使上式得以满足的 α，从而得到对刚性系杆的刚度要求。上述方程凑巧可以利用差分方程的精确解法获得精确解为[3,4]：

$$\frac{K_b \beta l}{P} = 1 / \left(1 - \cos\frac{\pi}{2n+1}\right) \tag{17.14}$$

对刚性系杆的刚度要求 （$\kappa = K_{bth}l/2P_{El}$）　　　　　　　表 17.1

n	1	2	3	4	5	7	8	9	10
κ(17.15)式	1	2.618	5.049	8.291	12.344	22.881	29.365	36.66	44.766
κ(17.16)式	1	2.8	5.4	8.8	13	23.8	30.4	37.8	46

如果要使得计算长度系数减半，则 $\beta=1$，得到支撑的门槛刚度：

$$K_{bth} = \frac{P_{El}}{l} / \left(1 - \cos\frac{\pi}{2n+1}\right) \tag{17.15}$$

式中 n 是柱子总数。(17.15) 式可以用代数式非常精确地表示为

$$K_{bth} = (0.4n^2 + 0.6n)\frac{2P_{El}}{l} \tag{17.16}$$

从上式可以看出，对支撑的刚度要求随被支撑的柱子数量增加而快速增长，见表 17.1。由表可见，当柱子数量增加到 10 根时，对系杆的刚度要求增加到单根柱子时的 45 倍。

刚性系杆按照压杆设计，长细比较大，处于弹性阶段失稳的情况据多。K_b 与它自身的弹性失稳临界荷载 F_{Eb} 有如下关系：

$$F_{Eb} = \frac{\pi^2 E I_b}{b^2} = \frac{\pi^2 E A_b}{\lambda_b^2}b = \frac{\pi^2}{\lambda_b^2}(K_b l)\frac{b}{l} \tag{17.17}$$

将(17.16)式代入上式得到

$$\frac{F_{Eb}}{P_{El}} = 2(0.4j^2 + 0.6j)\frac{\pi^2 b}{\lambda_b^2 l} \tag{17.18}$$

上式是用强度要求的形式表达了对刚性系杆的刚度要求。

如果纵向柱列中交叉支撑的位置处在中间，如图 17.1c，经过计算分析，对刚性系杆的刚度要求只需取一侧计算被支撑柱子的数量，按照(17.15)式计算即可。如果在柱列的两头设置交叉支撑，则

$$K_{bth} = \frac{P_{El}}{l} / \left(1 - \cos\frac{\pi}{n+1}\right) \tag{17.19}$$

也即相当于被支撑柱子的数量分成两半，然后按照(17.15)式计算即可。

2. 交叉支撑刚度有限的情况

交叉支撑刚度有限时，其刚度必须大于(17.8)式才有可能使柱列不发生一个半波形式的失稳，同时对刚性系杆的刚度要求也提高了。对支撑体系刚度要求进行分析，其方程为

$$2F_{\mathrm{d}}\cos\theta - F_1 = \frac{2P}{\beta l}d_0 \tag{17.20a}$$

$$F_1 - F_2 = \frac{2P}{\beta l}d_1 \tag{17.20b}$$

$$F_i - F_{i+1} = \frac{2P}{\beta l}d_i \tag{17.20c}$$

$$F_{\mathrm{n}} = \frac{2P}{\beta l}d_{\mathrm{n}} \tag{17.20d}$$

另外一方面，我们有

$$F_{\mathrm{d}} = \frac{EA_{\mathrm{d}}}{b}\cos^2\theta \cdot d_0 \tag{17.21a}$$

$$F_1 = K_{\mathrm{b}}(d_1 - d_0) \tag{17.21b}$$

$$F_i = K_{\mathrm{b}}(d_i - d_{i-1}) \tag{17.21c}$$

$$F_{\mathrm{n}} = K_{\mathrm{b}}(d_{\mathrm{n}} - d_{\mathrm{n}-1}) \tag{17.21d}$$

代入式(17.20a，b，c，d)得到 $\left(F_{\mathrm{n}+1} = 0,\ K_{\mathrm{d}} = \dfrac{EA_{\mathrm{d}}}{b/\cos\theta}\right)$

$$(2K_{\mathrm{d}}\cos^2\theta + K_{\mathrm{b}})d_0 - K_{\mathrm{b}}d_1 = \frac{2P}{\beta l}d_0 \tag{17.22a}$$

$$K_{\mathrm{b}}(-d_0 + 2d_1 - d_2) = \frac{2P}{\beta l}d_1 \tag{17.22b}$$

$$K_{\mathrm{b}}(-d_{i-1} + 2d_i - d_{i+1}) = \frac{2P}{\beta l}d_i \tag{17.22c}$$

$$K_{\mathrm{b}}(-d_{\mathrm{n}-1} + d_{\mathrm{n}}) = \frac{2P}{\beta l}d_{\mathrm{n}} \tag{17.22d}$$

记 $\alpha = \dfrac{K_{\mathrm{b}}\beta l}{2P}$，$\alpha_{\mathrm{d}} = \dfrac{2K_{\mathrm{d}}\beta l}{2P}\cos^2\theta$，令上述方程组的系数行列式为 0，得到屈曲控制方程

$$\begin{vmatrix} 1-\alpha-\alpha_{\mathrm{d}} & \alpha & & & \\ \alpha & 1-2\alpha & \alpha & & \\ & \alpha & 1-2\alpha & \alpha & \\ & & & 1-2\alpha & \alpha \\ & & & \alpha & 1-\alpha \end{vmatrix} = 0 \tag{17.23}$$

在柱列中水平刚性系杆与交叉支撑这两种支撑形成串联的支撑体系。经过分析发现，此时对支撑的刚度要求可以精确地表示为：

$$\frac{K_{\mathrm{bth}}}{K_{\mathrm{b}}} + \frac{K_{\mathrm{dth}}}{K_{\mathrm{d}}} = 1 \tag{17.24}$$

式中 K_{bth} 是交叉支撑刚度无限大时对水平刚性系杆的刚度要求，由(17.15)式给出；K_{dth}

是水平刚性系杆的刚度无限大时对交叉支撑的刚度要求，由(17.8)式给出。如果交叉支撑的刚度正好等于 K_{dth}，则 K_b 必须无穷大。因此为了不对柱间刚性系杆提出过高的要求，K_d 取 $(2\sim3)K_{dth}$ 比较好，此时 $K_b=(1.5\sim2)K_{bth}$，考虑缺陷影响，还要放大。

当支撑刚度不足以使柱子计算长度减小到一半时，柱子临界荷载和支撑刚度之间的关系如下：

$$P_{cr}=P_{EL}+(P_{El}-P_{EL})\frac{K_bl}{(n/\beta_k+\chi_n)P_{El}}=P_{EL}+$$

$$(P_{El}-P_{EL})/\left(\frac{K_{bth}}{K_b}+\frac{K_{dth}}{K_d}\right) \tag{17.25}$$

式中 $\beta_k=K_d\cos^2\theta/K_b$，$\chi_n=1/(1-\cos\left(\dfrac{\pi}{2n+1}\right))$。由上式可见，临界荷载与支撑刚度不再是简单的成正比关系，它与两种支撑刚度的关系可以如下改写。

在交叉支撑刚度无限大时柱子的临界荷载为：

$$P_b=P_{EL}+(P_{El}-P_{EL})\frac{K_b}{K_{bth}} \tag{17.26a}$$

在柱顶刚性系杆刚度无限大时柱子的临界荷载为：

$$P_d=P_{EL}+(P_{El}-P_{EL})\frac{K_d}{K_{dth}} \tag{17.26b}$$

则(17.25)式可以表示为

$$\frac{1}{P_{cr}-P_{EL}}=\frac{1}{P_b-P_{EL}}+\frac{1}{P_d-P_{EL}} \tag{17.27}$$

由上式得到的临界荷载 P_{cr} 不能大于(17.1)式表示的柱子发生两个半波弯曲失稳的临界荷载。

17.1.4 有缺陷的单根柱子

如果柱子有初始缺陷，$y_0=d_0\sin\dfrac{\pi x}{L}$，则建立平衡微分方程如下

$$0\leqslant x\leqslant l: -EIy''-P(y+y_0)+0.5Fx=0 \tag{17.28a}$$

$$l\leqslant x\leqslant 2l: -EIy''-P(y+y_0)+0.5F(2l-x)=0 \tag{17.28b}$$

式中 F 是撑杆中的内力。他们的解是

$$0\leqslant x\leqslant l: y_1=\frac{Fl}{2P}\left(\frac{x}{l}-\frac{\sin kx}{kl\cos kl}\right)+\frac{P}{P_{EL}-P}d_0\sin\frac{\pi x}{L} \tag{17.29a}$$

$$l\leqslant x\leqslant 2l: y_2=\frac{Fl}{2P}\left(\frac{2l-x}{l}-\frac{\sin k(2l-x)}{kl\cos kl}\right)+\frac{P}{P_{EL}-P}d_0\sin\frac{\pi x}{L} \tag{17.29b}$$

记 $\gamma=\dfrac{P}{P-P_{EL}}$，$\beta=1-\dfrac{\tan kl}{kl}$，则得到跨中挠度 d 是 $d=\dfrac{Fl}{2P}\beta-\gamma d_0$，即

$$F=\frac{2P}{\beta l}(d+\gamma d_0) \tag{17.30}$$

另外柱中位移和刚性系杆内力的关系，在考虑系杆本身由于自重和制作误差产生的初始弯曲 w_0 后(系杆初始弯曲的形式假设为正弦半波)，表达式为

$$d=\frac{Fb}{EA_b}+\frac{\pi^2 w_0^2}{2b}\frac{F(F_{Eb}-F/2)}{(F_{Eb}-F)^2} \tag{17.31}$$

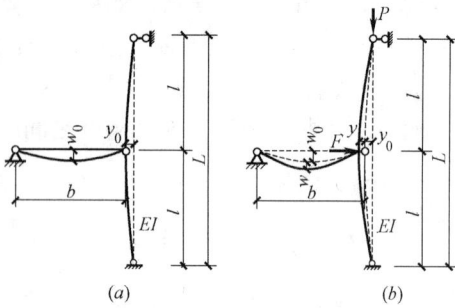

图 17.4　有初始弯曲的柱子

从（17.29，17.30）消去 F，就可以得到柱子上轴力 P 与柱中挠度 d 之间的关系曲线，这条曲线有一个极值点，令 $\dfrac{\mathrm{d}P}{\mathrm{d}(d)}=0$ 可以求得其极值和极值处的位移，该极值即为给定支撑刚度下的柱子的极限承载力。

极值点也可以通过对平衡状态施加一个微小的干扰得到。（17.29，17.30）两式代表了平衡状态，施加微小干扰，干扰的量记为 d^{*}，F^{*}，得到

$$F+F^{*}=\frac{2P}{\beta l}(d+d^{*}+\gamma d_0)$$

相减得到

$$F^{*}=\frac{2P}{\beta l}d^{*} \tag{17.32}$$

对(17.30)式施加干扰，将得到位移增量 d^{*} 和内力增量 F^{*} 之间的关系。因为是无穷小干扰，因此两者之间的关系可以通过求微分 $\dfrac{\mathrm{d}F}{\mathrm{d}(d)}=\dfrac{F^{*}}{d^{*}}$ 得到。

$$\frac{\mathrm{d}F}{\mathrm{d}(d)}=\frac{EA_{\mathrm{b}}}{b}\left[1+\frac{A_{\mathrm{b}}w_0^2}{2I_{\mathrm{b}}(1-F/F_{\mathrm{Eb}})^3}\right]^{-1}=\frac{2P}{\beta l} \tag{17.33}$$

记 $\psi=\dfrac{F}{F_{\mathrm{Eb}}}$，$p=P/P_{\mathrm{El}}$，从 （17.30，17.31，17.33）式可以得到

$$\frac{\pi^2}{\lambda_{\mathrm{b}}^2}\psi+\frac{\pi^2 w_0^2}{2b^2}\frac{\psi(1-\psi/2)}{(1-\psi)^2}=\psi\frac{\pi^2}{\lambda_{\mathrm{b}}^2}\left[1+\frac{w_0^2}{2b^2}\frac{\lambda_{\mathrm{b}}^2}{(1-\psi)^3}\right]-\frac{p}{p-0.25}\frac{d_0}{L}\frac{L}{b} \tag{17.34}$$

给定 $d_0=L/500$，$w_0=b/500$ 以及 b/L、λ_{b} 和 p（如要求柱子计算长度系数减半，则 $p=1$）从上式可以得到 ψ，从 （17.34)式得到需要的刚度，并按照下式转化为对承载力的要求

$$\frac{F_{\mathrm{Eb}}}{P}=\frac{\pi^2}{\lambda_{\mathrm{b}}^2}\left[1+\frac{w_0^2}{2b^2}\frac{\lambda_{\mathrm{b}}^2}{(1-\psi)^3}\right]\frac{2b}{\beta l} \tag{17.35}$$

表 17.2 给出了部分计算结果。从结果看，支撑长细比越小，对支撑的强度要求越大。

单柱支撑力 F_{Eb}/P（%）　　　　　　　　　　　　　　　　表 17.2

λ_{b}	b/L			
	0.4	0.5	0.6	0.7
100	0.8	0.848	0.896	0.943
125	0.742	0.776	0.809	0.843
150	0.711	0.737	0.762	0.787
175	0.691	0.713	0.734	0.754
200	0.679	0.698	0.716	0.733

注意这里采用 F_{Eb} 作为对支撑的强度要求，而不是柱子达到极限承载力时支撑承受的力 $F=\psi F_{\mathrm{Eb}}$。这是因为柱子达到极限状态时，支撑不能达到极限状态，(17.5)式表明。设置支撑后，柱子的稳定承载力之所以能够提高，是因为支撑具有正的刚度。支撑本身如果

达到极限状态了，支撑本身的刚度也就没有了，对柱子提供的支撑作用就没有那么大了。

17.1.5 柱列支撑的强度要求

图 17.5 所示有初曲的结构，第 i 根系杆的压力记为 F_i（$i=1,2,\cdots,n-1$），初曲为 $d_0=L/500\sqrt{n}$。这里考虑到初始缺陷的随机性，不同柱子的初曲方向可能不同，它们的不利影响可能相互抵消，所以初曲值引入统计折减系数 $1/\sqrt{n}$。记第 i 根柱子柱中附加侧移为 d_i，则第 i 根柱子的平衡要求为：

$$(F_{i-1}-F_i)\beta l=2P(d_i+\gamma d_0),i=2,3,\cdots,n(其中\ F_n=0) \tag{17.36}$$

斜支撑杆的拉力为 T，则第一根柱子的平衡要求为

$$2Tl\cos\theta=2P(d_1+\gamma d_0)+F_1\chi l \tag{17.37}$$

$$T=K_d\cos\theta d_1 \tag{17.38}$$

另外柱中位移和刚性系杆内力的关系，在考虑系杆本身由于自重和制作误差产生的初始弯曲 w_0 后（系杆初始弯曲的形式假设为正弦半波），表达式为

$$d_{i+1}-d_i=\frac{F_i b}{EA_b}+\frac{\pi^2 w_0^2}{2b}\frac{F_i(F_{Eb}-F_i/2)}{(F_{Eb}-F_i)^2},i=1,2,\cdots,n-1 \tag{17.39}$$

给定几何条件及系杆和支撑截面，从上面四式可以得到柱子轴力和最大刚性系杆内力 F_1 的关系曲线，这条曲线最高点代表给定条件下柱子的最大承载力 P_{max}。利用下式得到对刚性系杆的强度要求：

$$\frac{F_{Eb}}{P_{max}}=\frac{2\pi^2}{\alpha\lambda_b^2}\frac{b}{\chi l} \tag{17.40}$$

式中 $\alpha=\dfrac{2P_{max}}{K_b\chi l}$。

当柱子达到要求的承载力时系杆的受力只达到 F_1，由 (17.40)式得到的结果是 F_{Eb}/P，而不是 F_1/P。系杆的设计应依据 F_{Eb} 而不是 F_1，因为柱子达到要求的承载力时，支撑体系的刚度不能为零。如果系杆按照 F_1 来设计，当柱子达到要求的承载力时，支撑的刚度也减小为零，违背了支撑刚度不能为零的要求，柱子的承载力将下降。为了达到支撑体系刚度不为零的要求，必须放大系杆设计内力，使得柱子达到要求的承载力时，系杆刚度不为零，仍有富余的承载力（富余的承载力为 $F_{Eb}-F_1$）。

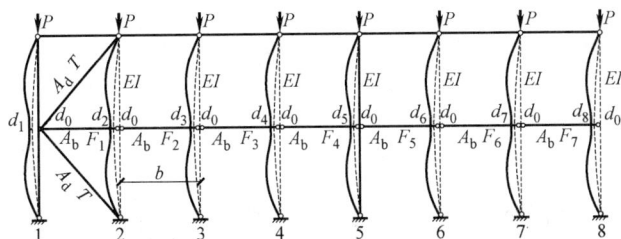

图 17.5 柱子有初始缺陷的柱列

注意到，如果在（17.36～17.39）式中取柱子和刚性系杆的初始弯曲为零，得到的是一个特征值问题，结果即为(17.26a，b，17.27)式表示的临界荷载与支撑刚度的关系。如果柱子有初始倾斜而刚性系杆是理想直杆，得到的是刚性系杆内力与柱荷载的关系，当受力最大的系杆内力达到系杆本身的欧拉临界荷载 F_{Eb} 时，整个结构达到承载力极限状态。在柱子和刚性系杆都有初弯曲时，在给定 n，b/l，λ_b，β 的情况下，得到的 P-F_1 曲线上的极值点是平衡路径上稳定平衡到不稳定平衡的转折点，可以采用二阶变分为零的方法得到决定这个极值点所需的另一个方程。介绍如下：

在刚性系杆有初弯曲后，(17.39)式表示了刚性系杆内力 F_i 和系杆两端相互缩短 $d_{i+1}-d_i$ 的关系曲线，这条曲线的斜率为

$$\frac{\mathrm{d}F_i}{\mathrm{d}(d_{i+1}-d_i)}=K_b\left[1+\frac{A_b w_0^2 F_{Eb}^3}{2I_b(F_{Eb}-F_i)^3}\right]^{-1} \qquad (17.41a)$$

从上式看，支撑的轴压线刚度与理想压杆相比有折减，将 $w_0=b/500$ 代入得到折减系数为

$$k_i=\left[1+\frac{2\times10^{-6}\lambda_b^2}{(1-\psi_i)^3}\right]^{-1},\psi_i=F_i/F_{Eb} \qquad (17.41b)$$

图 17.5 中每一个刚性系杆的内力不同，每根系杆的线刚度折减系数也不同。

（17.36～17.39）式表示的是一个平衡状态，这个平衡状态是否稳定，必须给以一个很微小的干扰。干扰而引起的量带有 ＊ 标记。(17.36，17.37)式干扰后仍然成立，并可以简化为：

$$(F_{i-1}^*-F_i^*)\chi l=2Pd_i^*,i=2,3,\cdots,n,(其中\ F_n^*=0) \qquad (17.42a)$$

$$2T^* l\cos\theta=2Pd_1^*+F_1^*\chi l \qquad (17.42b)$$

而 （17.39)式变为（由于增量微小，内力增量与变形增量为切线刚度关系）：

$$F_i^*=k_i K_b(d_{i+1}^*-d_i^*),i=1,2,\cdots,n-1 \qquad (17.42c)$$

将 $T^*=K_d\cos\theta d_1{}^*$ 代入(17.42b)式得到

$$\frac{2K_d l\cos^2\theta}{K_b\chi l}d_1{}^*=\frac{2P}{K_b\chi l}d_1^*+k_1(d_2^*-d_1^*) \qquad (17.42d)$$

利用上面 3 个式子得到结构体系处于临界状态的条件方程：

$$\begin{vmatrix} 2\beta+k_1-\alpha & -k_1 & 0 & 0 & 0 \\ -k_1 & k_1+k_2-\alpha & -k_2 & 0 & \\ 0 & -k_2 & (k_2+k_3)-\alpha & -k_3 & \\ & & \cdots\cdots & & \\ 0 & & -k_{n-2} & (k_{n-2}+k_{n-1})-\alpha & -k_{n-1} \\ 0 & & & -k_{n-1} & k_{n-1}-\alpha \end{vmatrix}=0 \qquad (17.43)$$

式中 $\beta=\dfrac{K_d\cos^2\theta}{K_b\chi}$，$\alpha=\dfrac{2P}{K_b\chi l}$。可以发现，(17.43)式表示的曲线与 （17.36～17.39）式表示的 P-F_1 曲线的极值点上相交，图 17.6 表示一个典型的计算过程，图中 $\psi_1=F_1/F_E$。

计算长度减小一半时 $\gamma=\dfrac{4}{3}$，$\chi=1$，$P=P_{EI}$。利用(17.36～17.39，17.43)式，对 $b/l=0.75\sim1.5$，$\lambda_b=100\sim200$，$\beta=0.1\sim0.5$ 和 ∞，$n=2\sim11$ 计算了支撑的强度要求。

先考察 $\beta=\infty$ 和 $K_b=\infty$ 两种极端情况。

1. 柱间刚性系杆刚度无穷大，这时斜支撑杆的内力为

$$T\cos\theta=\frac{nP}{l}\left(d+\frac{4}{3}d_0\right)$$

由于 $T=K_d\cos\theta\Delta$，所以

$$T\cos\theta=\frac{8\sqrt{n}P}{1500}\bigg/\left(1-\frac{nP}{lK_d\cos^2\theta}\right) \tag{17.44a}$$

$$F_1=(n-1)\frac{16P}{1500\sqrt{n}}\bigg/\left(1-\frac{nP}{lK_d\cos^2\theta}\right) \tag{17.44b}$$

取 $\qquad K_d\cos^2\theta=(2\sim3)K_{dth}\cos^2\theta=(2\sim3)nP/l$

则 $T\cos\theta=(5.33\sim4)\sqrt{n}/500*P$,

$$F_1=\frac{n-1}{1500\sqrt{n}}(32\sim24)P \tag{17.45}$$

对刚性系杆的这个内力（强度）要求见表 17.3。

柱间系杆刚度无限大时的强度要求 F_1/P（%） 表 17.3

n	2	3	4	6	8	11
$F_1/P(\%)$	1.5～1.13	2.46～1.85	3.20～2.40	4.35～3.27	5.28～3.96	6.43～4.82

2. 如果交叉支撑的刚度为无限大，系杆是弹性的，对系杆的强度要求由表 17.4 给出[2,3]。由表可见，系杆的设计内力与 b/L，λ_b 和 n 的关系非常复杂，国际上习惯于将支撑杆设计内力表示成仅仅是柱子数量和柱子内力的函数。

交叉支撑刚性时柱间刚性系杆设计内力 F_E/P（%） 表 17.4

b/L	λ_1	n					
		2	3	4	6	8	11
0.4	100	1.49	2.35(1.58)	3.21(2.15)	5.16(3.46)	7.61(5.11)	12.07(8.1)
	150	1.40	2.12(1.51)	2.80(2.00)	4.10(2.93)	5.58(3.99)	8.17(5.84)
	200	1.37	2.04(1.49)	2.63(1.92)	3.76(2.74)	4.94(3.61)	6.83(4.99)
0.5	100	1.56	2.46(1.58)	3.46(2.22)	5.73(3.673)	8.69(5.57)	14.05(9.0)
	150	1.45	2.19(1.51)	2.92(2.01)	4.40(3.03)	6.10(4.21)	9.16(6.32)
	200	1.41	2.09(1.48)	2.73(1.94)	3.95(2.80)	5.25(3.72)	7.47(5.30)
0.6	100	1.62	2.61(1.61)	3.71(2.29)	6.28(3.88)	9.79(6.04)	16.02(9.89)
	150	1.48	2.27(1.53)	3.05(2.06)	4.70(3.18)	6.62(4.47)	10.14(6.85)
	200	1.44	2.15(1.49)	2.83(1.97)	4.15(2.88)	5.60(3.89)	8.11(5.63)
0.7	100	1.68	2.74(1.63)	3.96(2.36)	6.86(4.08)	10.89(6.48)	17.99(10.7)
	150	1.52	2.35(1.55)	3.19(2.10)	4.99(3.28)	7.13(4.69)	11.10(7.30)
	200	1.47	2.21(1.50)	2.92(1.99)	4.34(2.95)	5.93(4.03)	8.72(5.93)
0.4+0.6(n-1)		1	1.6	2.2	3.4	4.6	6.4
(17.47)式		1.67	2.67	3.67	5.67	7.67	10.67

由表 17.4 可见，$n=2$ 时，下式是表中数值的上限：

$$F_{E1}=P/60 \tag{17.46}$$

当 n 大于 2 时，通常将支撑杆的设计内力与 F_{E1} 联系起来，表示成 F_{E1} 的倍数关系，表 17.4 中的括号内的值是这个比值，它随各参数的变化仍然是复杂的。为简化计算，可以近似的以下式表示

$$F_{En} = [0.4 + 0.6(n-1)] F_{E1} \tag{17.47}$$

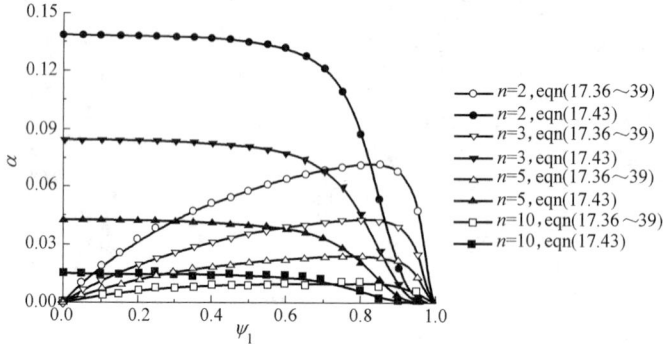

图 17.6　(17.43)式和(17.36~17.39)式的图形（$L/b=1.5$，$\lambda_b=150$，$\beta=0.3$）

当交叉支撑是弹性时，对 $\beta=0.1 \sim 0.5$ 的情况进行了计算，取 β 为这些值是考虑到柱间交叉支撑按照拉杆设计，而柱间刚性系杆按照压杆控制长细比，交叉支撑杆件的截面常小于等于刚性系杆，而长度要大，且 β 中还有一个 $\cos^2\theta$ 的因子。计算发现 β 越小，支撑的内力越大，β 增大支撑内力迅速减小。(17.44b)式能够对 F_{En} 随 β 变化的规律给出提示。(17.44b)式改写为

$$F_1 = F_{Eb} = (n-1) \frac{16P}{1500\sqrt{n}} \bigg/ \left(1 - \frac{\pi^2 nPb}{F_{Eb}\beta \, l\lambda_b^2}\right)$$

由上式得到

$$\frac{F_{Eb}}{P} = \frac{16(n-1)}{1500\sqrt{n}} + \frac{n\pi^2 b}{\beta \, l\lambda_b^2}$$

综合上式和（17.46，17.47）式，考虑到在 $\beta = \infty$ 时支撑强度要求趋近于（17.47）式，得到如下计算式子：

$$F_{En} = [0.4 + 0.6(n-1)] F_{E1} + \frac{n\pi^2 b}{\beta \, l\lambda_b^2} P \tag{17.48}$$

因此理论上讲，当柱子数量多时，对支撑的强度要求是很高的。

17.1.6　单柱多道支撑的情况

图 17.7 是一根柱子被多道支撑分成相等几段的情况，假设初始缺陷是 $y_0 = d_0 \sin\dfrac{\pi x}{L}$，对每一段可以建立平衡微分方程：

$$0 \leqslant x \leqslant l : y_1'' + k^2 y_1 = \frac{F_r}{EI} x - k^2 y_0$$

$$l \leqslant x \leqslant 2l : y_2'' + k^2 y_2 = \frac{F_r}{EI} x - k^2 y_0 - \frac{F_1}{EI}(x-l)$$

……

$$(n-1)l \leqslant x \leqslant nl : y''_n + k^2 y_n = \frac{F_r}{EI}x - k^2 y_0 - \frac{F_1}{EI}(x-l) - \cdots - \frac{F_{n-1}}{EI}(x-(n-1)l) \quad (17.49)$$

式中 $k = \sqrt{P/EI}$，$F_r = \frac{1}{n}F_{n-1} + \frac{2}{n}F_{n-2} + \cdots + \frac{n-2}{n}F_1$，$F_i$ 是第 i 道支撑的内力。

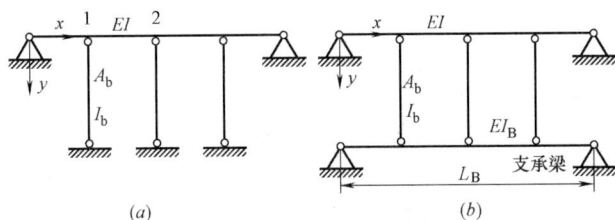

图 17.7　单柱多道支撑的情况

上式的解是

$$y_1 = a_1 \sin kx + b_1 \cos kx - \gamma d_0 \sin \frac{\pi x}{L} + \frac{F_r}{P}x$$

$$y_2 = a_2 \sin kx + b_2 \cos kx - \gamma d_0 \sin \frac{\pi x}{L} + \frac{F_r}{P}x - \frac{F_1}{P}(x-l)$$

$$y_n = a_n \sin kx + b_n \cos kx - \gamma d_0 \sin \frac{\pi x}{L} + \frac{F_r}{P}x - \frac{F_1}{P}(x-l) - \cdots - \frac{F_{n-1}}{P}[x-(n-1)l]$$

式中 $\gamma = P/(P - P_{EL})$，a_i，b_i 是待定系数，利用边界条件和连续性条件：

$$y_{x=0} = y_{x=nl} = 0，y_{i,x=il} = y_{i+1,x=il}，y'_{i,x=il} = y'_{i+1,x=il}$$

得到（$v = kl$）

$$a_i = \frac{1}{Pk}\left[\cot(nv)\sum_{j=1}^{n-1}F_j\sin(jv) - \sum_{j=i}^{n-1}F_j\cos(jv)\right]$$

$$a_n = \frac{1}{Pk}\cot(nv)\sum_{j=1}^{n-1}F_j\sin(jv)$$

$$b_1 = 0.0，b_i = -\frac{1}{Pk}\sum_{j=1}^{i-1}F_j\sin(jv)$$

$$\{\Delta\} = <d_1, d_2, \cdots, d_{n-1}>^T$$

$$\{F\} = <F_1, F_2, \ldots, F_{n-1}>^T$$

$$\{S\} = <\sin\frac{\pi}{n}, \sin\frac{2\pi}{n}, \cdots, \sin\frac{(n-1)\pi}{n}>^T$$

$$记[B_0] = \frac{1}{n}\begin{bmatrix} n-1 & n-2 & n-3 & & 1 \\ n-2 & 2(n-2) & 2(n-3) & & 2 \\ n-3 & 2(n-3) & 3(n-3) & & 3 \\ & & sym & & \\ 1 & 2 & 3 & & n-1 \end{bmatrix}$$

515

$$[B_1] = \frac{-1}{v\sin nv} \begin{bmatrix} \sin(n-1)v\sin v & \sin(n-2)v\sin v & \sin(n-3)v\sin v & \sin v\sin v \\ & \sin(n-2)v\sin 2v & \sin(n-3)v\sin 2v & \sin v\sin 2v \\ & & \sin(n-3)v\sin 3v & \sin v\sin 3v \\ & SYM & & \\ & & & \sin v\sin(n-1)v \end{bmatrix}$$

$$[B] = [B_0] + [B_1] \tag{17.50}$$

则可以得到支撑力和支撑点位移之间的关系式如下

$$\{\Delta\} + \gamma d_0 \{S\} = \frac{l}{P}[B]\{F\} \tag{17.51}$$

另外一方面

$$d_i = \frac{F_i b}{EA_{\mathrm{b}}} + \frac{\pi^2 w_0^2}{2b} \frac{F_i(F_{\mathrm{Eb}} - F_i/2)}{(F_{\mathrm{Eb}} - F_i)^2}, i = 1, 2, \cdots, n-1 \tag{17.52}$$

采用矩阵表示，记

$$\{\psi\} = <\psi_1, \psi_2, \cdots, \psi_{n-1}>^{\mathrm{T}}$$

$$\{\tilde{d}\} = <\frac{\psi_1(1-0.5\psi_1)}{(1-\psi_1)^2}, \frac{\psi_2(1-0.5\psi_2)}{(1-\psi_2)^2}, \cdots, \frac{\psi_{n-1}(1-0.5\psi_{n-1})}{(1-\psi_{n-1})^2}>^{\mathrm{T}}$$

式中 $\psi_i = F_i/F_{\mathrm{Eb}}$，$F_{\mathrm{Eb}} = \pi^2 EA_{\mathrm{b}}/\lambda_{\mathrm{b}}^2$。则

$$\{\Delta\} = \frac{F_{\mathrm{Eb}}}{K_{\mathrm{b}}}\{\psi\} + \frac{\pi^2 w_0^2}{2b}\{\tilde{d}\} \tag{17.53}$$

将(17.53)式代入(17.50)式得到

$$(\alpha[B] - [I])\{\psi\} = \frac{w_0^2}{2b^2}\lambda_{\mathrm{b}}^2\{\tilde{d}\} + \gamma \frac{d_0}{L}\frac{L}{b}\frac{\lambda_{\mathrm{b}}^2}{\pi^2}\{S\} \tag{17.54}$$

式中 $\alpha = K_{\mathrm{b}}l/P$.

式(17.54)是非线性平衡方程，它所代表的平衡状态是否稳定，可以通过对这个状态施加一个微小的干扰来判定。(17.51，17.53)施加干扰，得到两个方程，并与此两式相减后得到

$$\{\Delta^*\} = \frac{l}{P}[B]\{F^*\}$$

$$\{F^*\} = K_{\mathrm{b}}[K]\{\Delta^*\}$$

式中 $[K] = \mathrm{diag}\,[k_1, k_2, \ldots, k_{n-1}]$ 是对角矩阵。$k_i = \left[1 + \frac{A_{\mathrm{b}}w_0^2}{2I_{\mathrm{b}}}\frac{1}{(1-\psi_i)^3}\right]^{-1}$。由以上两式得到判定其稳定性的方程，令系数行列式等于 0 得到

$$|\alpha[K][B] - [I]| = 0 \tag{17.55}$$

给定 n，b/L，d_0/L，w_0/b 以及 P/P_{El}，从上式和(17.54)式可以得到 α，从而得到对支撑杆的设计要求

$$\frac{F_{\mathrm{Eb}}}{P} = \frac{n\pi^2\alpha b}{\lambda_{\mathrm{b}}^2 L} \tag{17.56}$$

式(17.55)代表了刚度要求，式(17.54)代表了强度要求，两者联合求解得到的是统一了刚度要求和强度要求的结果。

如果压杆和支撑都是无缺陷弹性体系，则可以得到图 17.7a 所示的支撑布置的情况下

对支撑的刚度要求为(可以采用对差分方程组求解析解的方法更加简便地求解，参见文献[6])：

$$\frac{K_b l}{2P_{El}} = \frac{P}{P_{El}}\left(1 - \cos\frac{i\pi}{n}\right) \Big/ \left[1 - \frac{\sin\pi\sqrt{P/P_{El}}}{\pi\sqrt{P/P_{El}}} \frac{1-\cos(i\pi/n)}{\cos(\pi\sqrt{P/P_{El}})-\cos(i\pi/n)}\right]$$
$$i = 1, 2, \cdots, n-1 \tag{17.57}$$

$n-1$ 个值中选择一个最大值。如果要求柱子计算长度为支撑点间的距离，则 $i=n-1$，

$$K_{bth} = \frac{2P_{El}}{l}\left(1 + \cos\frac{\pi}{n}\right) \tag{17.58}$$

由上式可见，对支撑的刚度要求随支撑道数的增加仅有有限的增加，式中括号中的系数为：$n=2$ 时是 1，$n=3$ 时是 1.5，$n=4$ 时是 1.707，$n=6$ 时是 1.866，$n=\infty$ 时是 2。

对支撑刚度未达到门槛刚度的情况，式(17.57)也给出了临界荷载与支撑刚度之间的关系，取三道支撑的为例，画出临界荷载与支撑刚度的关系曲线如图 17.8 所示。

当仅支撑杆有初始弯曲，刚度要求仅放大到 $\left[1+\frac{A_b w_0^2}{2I_b}\right]$ 倍。如果仅压杆有初始弯曲，则方程是

$$\left(\alpha[B]-[I]\right)\{\psi\} = \gamma\frac{d_0}{L}\frac{L}{b}\frac{\lambda_b^2}{\pi^2}\{S\}$$

可以令 $\max(\psi_1, \psi_2, \cdots, \psi_{n-1})=1$ 来决定 α 及其他与 $p=P/P_{El}$ 之间的关系。

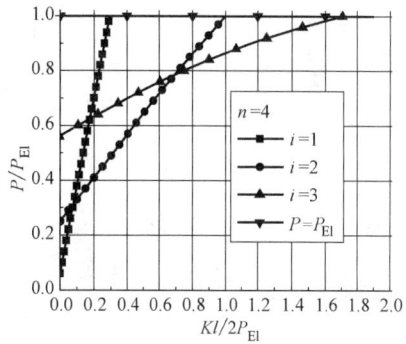

图 17.8 三道侧向支撑时的屈曲荷载于支撑刚度的关系

如果支撑和主压杆都存在初始弯曲，且 $d_0=L/500$，$w_0=b/500$，$n=2,3$ 时的结果见表 17.5。

支撑设计内力 表 17.5

p	b/L	$n=2, \lambda_b=$			$n=3, \lambda_b=$		
		100	150	200	100	150	200
0.4	0.1	1.132	1.122	1.118	0.794	0.780	0.775
	0.3	1.226	1.195	1.184	0.899	0.856	0.841
	0.5	1.299	1.247	1.229	0.986	0.913	0.888
0.6	0.1	1.182	1.166	1.160	0.796	0.781	0.776
	0.3	1.310	1.261	1.243	0.902	0.857	0.841
	0.5	1.413	1.330	1.301	0.990	0.915	0.888
0.8	0.1	1.222	1.202	1.195	0.813	0.796	0.790
	0.3	1.368	1.309	1.288	0.931	0.880	0.863
	0.5	1.487	1.388	1.353	1.031	0.945	0.915
1.0	0.1	1.265	1.243	1.235	0.829	0.811	0.805
	0.3	1.425	1.359	1.335	0.960	0.903	0.884
	0.5	1.556	1.445	1.406	1.074	0.975	0.942

表 17.5 数据可以拟合为[6]

$$100 \frac{F_{Eb}}{P_{El}} = \frac{1}{n} \left[2.6 + 1.3 \frac{b}{L} \left(\frac{100}{\lambda_b} \right)^2 \right] \tag{17.59}$$

上式表明，支撑的道数越多，分配到每个支撑杆上的支撑力越小。

对图 17.7b 所示的支撑体系，如果支撑杆是柔性的，则支撑杆和支撑梁两种构件属于串联的支撑体系。对这种体系的研究方法如下：

$$d_i = d_{i,bar} + d_{i,beam} \tag{17.60}$$

式中 $d_{i,bar}$ 是撑杆自身的压缩量，由(17.53)式给出，$d_{i,beam}$ 是在撑杆内力作用下梁产生的挠度：

$$d_{i,beam} = \sum_{j=1}^{n-1} \delta_{ij} F_j = \sum_{j=1}^{n-1} \bar{\delta}_{ij} F_j \frac{L_B^3}{EI_B} \tag{17.61}$$

式中 δ_{ij} 是柔度系数，其物理意义是在 j 处作用单位力在 i 处产生的挠度。以矩阵形式表示

$$\{\Delta\} = \frac{F_{Eb}}{K_b} \{\psi\} + \frac{\pi^2 w_0^2}{2b} \{\tilde{d}\} + \frac{L_B^3 F_{Eb}}{EI_B} [\bar{\delta}] \{\psi\} \tag{17.62}$$

式中 $[\bar{\delta}]$ 是 $\bar{\delta}_{ij}$ 组成的方阵。与(17.51)式联立得到

$$(\alpha[B] - [I] - \rho[\bar{\delta}]) \{\psi\} = \frac{w_0^2}{2b^2} \lambda_b^2 \{\bar{d}\} + \gamma \frac{d_0}{L} \frac{L}{b} \frac{\lambda_b^2}{\pi^2} \{S\} \tag{17.63}$$

式中 $\rho = EA_b L_B^3 / EI_B b$。在荷载位移曲线的极值点处，应满足的条件是

$$|\alpha[K][B] - [I] - \rho[K][\bar{\delta}]| = 0 \tag{17.64}$$

如果系杆是刚性的，那么撑梁的变形和压杆的变形是一样的，屈曲方程变为

$$|\alpha_B[B] - [\bar{\delta}]| = 0 \tag{17.65}$$

式中 $\alpha_B = \dfrac{EI_B}{PL_B^3}$。上式的解是

$$(EI_B)_p = \frac{nPL_B^3}{L\sin(im\pi/n)} \frac{\sum_{j=1}^{n-1} [-\bar{\delta}_{(i-1)j} + 2\bar{\delta}_{ij} - \bar{\delta}_{(i+1)j}] \sin \dfrac{jm\pi}{n}}{1 - \dfrac{\sin(\pi\sqrt{p})}{\pi\sqrt{p}} \cdot \dfrac{1 - \cos(m\pi/n)}{\cos\pi\sqrt{p} - \cos(m\pi/n)}}, \quad m = 1, 2, \cdots, n-1 \tag{17.66}$$

式中 i 可以取 1 到 $n-1$ 之间的任何值，对 m 取不同值，可以得到 $n-1$ 个刚度值，取最大值即为所需要的支撑梁的刚度，计算表明，$m=1$ 时取最大值。

$$(EI_B)_p = \frac{nPL_B^3}{L\sin(i\pi/n)} \frac{\sum_{j=1}^{n-1} [-\bar{\delta}_{(i-1)j} + 2\bar{\delta}_{ij} - \bar{\delta}_{(i+1)j}] \sin \dfrac{j\pi}{n}}{1 - \dfrac{\sin(\pi\sqrt{p})}{\pi\sqrt{p}} \cdot \dfrac{1 - \cos(\pi/n)}{\cos\pi\sqrt{p} - \cos(\pi/n)}} \tag{17.67a}$$

最简单的情况，$n=2$，$\bar{\delta}_{11} = \dfrac{1}{48}$

$$(EI_B)_p = \frac{\pi^2}{12} \cdot \frac{PL_B^3}{\pi^2 L} \bigg/ \left[1 - \frac{\tan(\pi\sqrt{p})}{\pi\sqrt{p}} \right] \tag{17.68a}$$

$n=3$ 时，$\bar{\delta}_{11} = \dfrac{4}{243}$，$\bar{\delta}_{12} = \dfrac{3.5}{243}$，

$$(EI_B)_p = \frac{5\pi^2}{54} \cdot \frac{PL_B^3}{\pi^2 L} \Big/ \left[1 - \frac{\sin(\pi\sqrt{p})}{\pi\sqrt{p}(2\cos\pi\sqrt{p}-1)} \right] \qquad (17.67b)$$

$n=4$ 时，$\bar{\delta}_{11} = \frac{3}{256}$，$\bar{\delta}_{22} = \frac{1}{48}$，$\bar{\delta}_{33} = \bar{\delta}_{11}$，$\bar{\delta}_{12} = \frac{11}{768}$，$\bar{\delta}_{13} = \frac{7}{768}$，$\bar{\delta}_{23} = \bar{\delta}_{12}$，

$$(EI_B)_p = \frac{(5+3\sqrt{2})\pi^2}{96} \cdot \frac{PL_B^3}{\pi^2 L} \Big/ \left[1 - \frac{\sin(\pi\sqrt{p})}{\pi\sqrt{p}} \cdot \frac{2-\sqrt{2}}{2\cos\pi\sqrt{p}-\sqrt{2}} \right] \qquad (17.67c)$$

根据 4.10 节的知识可知，撑梁的抗弯刚度直接对压杆的稳定承载力作贡献，即

$$P_{cr} \approx \frac{\pi^2 EI}{L^2} + \frac{\pi^2 EI_B}{L^2} \qquad (17.68b)$$

上式对支撑道数大于一道的情况是很精确的，对于只有一道支撑的情况，$P_{cr} = \frac{\pi^2 EI}{L^2} + \frac{12}{\pi^2}\frac{\pi^2 EI_B}{L^2}$。因此，如果要求 $P_{cr} = P_{El} = \frac{\pi^2 EI}{l^2} = \frac{n^2 \pi^2 EI}{L^2}$，则支撑梁截面的抗弯刚度必须达到：

$$(EI_B)_{th} = (n^2-1)EI \qquad (17.69)$$

当支撑本身是有限刚度时，对支撑的刚度要求为

$$\frac{K_{bth}}{K_b} + \frac{(EI_B)_{th}}{EI_B} = 1.0 \qquad (17.70)$$

其中 K_{bth} 由(17.58)式计算，$(EI_B)_{th}$ 由(17.69)式计算。应用时，必须先使 $EI_B = (2\sim3)(EI_B)_{th}$，从 (17.70)式求出 K_b，再放大 $2\sim3$ 倍进行验算。

对于有缺陷的体系，支撑杆的强度要求为

$$100\frac{F_{Eb}}{P_{cr}} = \frac{1}{n}\left[2.6 + 1.3\frac{b}{L}\left(\frac{100}{\lambda_b}\right)^2 \right] \Big/ \left[1 - \frac{(EI_B)_{th}}{EI_B} \right] \qquad (17.71)$$

对支撑梁的强度要求是

$$n=2: M_e = \frac{1}{4}F_{Eb}L_B$$

$$n=3: M_e = \frac{1}{3}F_{Eb}L_B$$

$$n\geq4: M_e = \frac{n}{\pi^2}F_{Eb}L_B \qquad (17.72)$$

17.1.7　多柱多道支撑的情况

图 17.9 显示了多根平行布置的压杆受到多道支撑的情况，图 17.9a 可以简化为图 17.9c 进行研究，图 17.9b 可以简化为图 17.9d 进行研究。图 17.9c 体系的支撑杆的刚度要求为[7]

$$\frac{K_b l}{P_{El}} = \left(1 + \cos\frac{\pi}{n} \right) \Big/ \left(1 - \cos\frac{\pi}{m+1} \right) \qquad (17.73)$$

图 17.9d 所示的支撑体系对撑杆刚度要求为

$$\frac{K_b l}{P_{El}} = \left(1 + \cos\frac{\pi}{n} \right) \Big/ \left(1 - \cos\frac{\pi}{2m+1} \right) \qquad (17.74)$$

图 17.9b（图 17.9d）的支撑体系的刚度要求可以从图 17.9a（图 17.9c）所示体系取

两倍的柱子数量得到刚度要求。对图 17.9b（图 17.9d），考虑压杆和支撑的缺陷后得到支撑的强度要求为

$$100\frac{F_e}{N}=\frac{0.8m+0.4}{n}+0.2\left(2-\frac{4}{n^2}\right)(0.4m^2+0.6m)\frac{b}{l}\left(\frac{100}{\lambda_b}\right)^2 \qquad (17.75)$$

图 17.9a（图 17.9c）体系的强度要求可以取 n 为一半，由 (17.75)式计算。

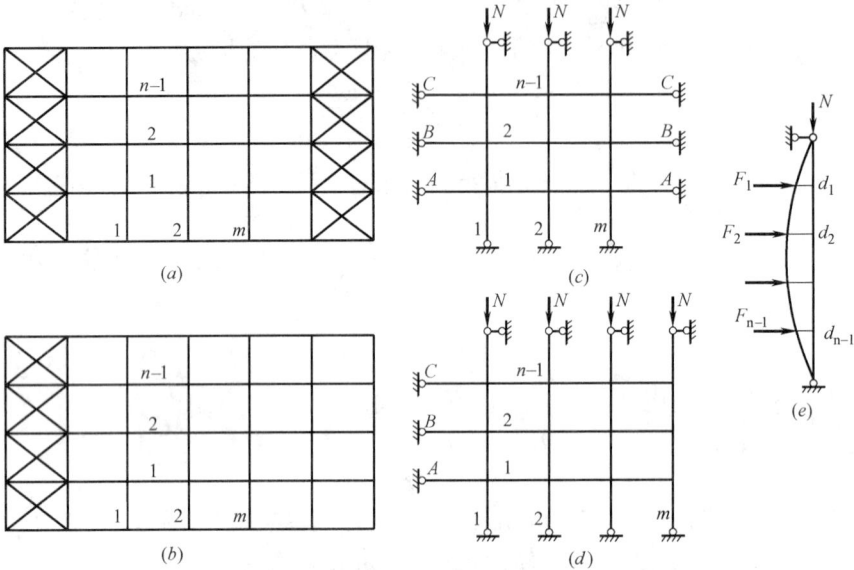

图 17.9　多压杆多支撑的情况

17.1.8　规范 GB 50017—2014 的规定

在上面各小节的分析中，实际结构中的有利因素都被忽略了，例如铰接柱脚的嵌固作用使得柱子的平面外变形没有那么容易发展，且这时柱子达到按照铰接计算的临界荷载时柱子并不会失稳；厂房外墙的作用使得厂房纵向的刚度得到加强，柱间刚性系杆的负担大大减轻。这些因素千变万化，难以在研究工作中得到仔细而全面的考虑。但是这些因素确实存在，而且起着重要的作用。(17.48)式右边第 2 项也不便于应用，因为在设计之前，不知道长细比及支撑刚度比。因此为便于应用，规范建议了如下的公式计算对支撑的强度要求：

$$F_{bn}=(0.4+0.6n)F_{b1} \qquad (17.76a)$$

$$F_{b1}=P/60 \qquad (17.76b)$$

当各柱子轴力不等时，式子变为

$$F_{bn}=\left(\frac{0.4}{n}+0.6\right)\frac{\sum P_i}{60} \qquad (17.77)$$

如果支撑点在离柱端 αL 处，则柱间支撑设计内力可以表示为[5]：

$$F_{b1}=\frac{P}{240\alpha(1-\alpha)} \qquad (17.78a)$$

$$F_{bn}=\left(\frac{0.4}{n}+0.6\right)\frac{\sum P_i}{240\alpha(1-\alpha)} \qquad (17.78b)$$

因为支撑的刚度要求随柱子数量以二次方的速度增加，而强度要求也以高于一次方的速度增加，因此建议一道交叉支撑分担到的被支撑柱子的数量不宜超过 8～10。

当长度为 L 的压杆在设置了 m 道等间距（或不等间距但与平均间距相差不超过 20%）的支撑时[6]，各支承点的支撑力可以简化为：

$$F_{bm1} = \frac{P}{42.43\sqrt{(m+1)}} \tag{17.79a}$$

如果有多根柱子，则支撑杆的强度要求为

$$F_{bmb} = \left(\frac{0.4}{n} + 0.6\right)\frac{\sum P_i}{42.43\sqrt{m+1}} \tag{17.79b}$$

当支撑同时传递作用在结构上的水平力时(风力、地震作用、吊车水平刹车力)，支撑的内力与上面得到的对支撑的强度要求，目前规范不要求进行叠加。但是如果结构体系确实存在两种作用共同存在的情况，还是宜采用适当组合的方法进行设计，特别当交叉支撑仅按照拉杆进行设计时的交叉支撑跨的刚性系杆。

上述建议是通过研究图 17.5 所示的单侧支撑得到的结论，对于图 17.1c 所示的柱列中部有支撑的结构，应该按照左侧和右侧单独按照(17.76，17.77，17.78a 或 17.79a)计算支撑力，然后按照下式计算交叉支撑的水平承载力要求：

$$F_{bn} = \sqrt{F_{bn1}^2 + F_{bn2}^2} \tag{17.80}$$

如果柱列的两头有交叉支撑，则取柱子数量的一半作为 n 进行计算。

在上面的研究中，已经对刚性系杆的刚度要求进行了考虑，但是对应斜杆的刚度要求却没有考虑，因此斜杆的刚度要求必须另外给出。根据前面的研究，要求

$$K_{dth}\cos^2\theta = 3.6n\frac{\pi^2 EI}{l^3} \tag{17.81}$$

规范并没有给出 (17.81)式，但是设计人员仍需注意为使整个柱列的柱子计算长度成为侧向支承点之间的距离，对交叉支撑的最小刚度要求[7]。

与国外规范[9,10,11]比较，我国规范的支撑力最小。这里还要注意到，从表 17.4 到 (17.47)式，再到(17.76)式已经考虑了实际结构的许多不确定的有利作用，而将支撑强度要求大幅度降低了。

例题1：计算单脊双坡两跨门式刚架中间摇摆柱的柱间支撑的设计要求：跨度 $24 \times 2 = 48$m，设柱距 6m，总长 60m，柱高 10m，在 5m 高处设一道柱间刚性系杆，柱列两头设交叉支撑。屋面重力荷载设计值为 1.4kN/m²，$P \approx 26 \times 6 \times 1.4 = 218.4$kN，取 $n = 6$，$F_{E6} = 4 \times 218.4/60 = 14.56$kN，选择 $\varphi 89 \times 2.5$，钢材 Q235B，A $= 679$mm²，$i_x = 30.06$mm，$\lambda_b = 199.6$，$\varphi = 0.186$，$N = 0.186 \times 679 \times 200 = 25.26kN>14.56$kN，可以。

在本例题中，如果中柱柱顶的刚性系杆与中间高度处的刚性系杆截面相同，则对刚性系杆的设计要求还必须提高 30%，参见文献 [22]。

例题2：有吊车厂房柱间支撑设计要求。设 2×24m 两跨有吊车厂房，每跨都有 30/5t 和 16/5t 吊车各一台，厂房纵向长度 96m，柱距 6m，檐口标高 16.6m，牛腿标高 12m，柱子平面外计算长度要求达到 6m，必须设置柱间刚性系杆，求柱间刚性系杆的设计要求并进行设计。中柱最大轴压力：屋面传来的为 218.4kN(同例题1)，柱子自重、吊车梁和轨道系统自重传到中柱的轴力为 55kN，吊车轮压，30/5t 为 287kN，16/5t 为 182kN，四

台吊车的轮压传到下柱的轴力设计值为 0.8(四台吊车组合的组合系数)×(182＋287) ×2 ×2×1.4＝2101kN(这个荷载不是每一根柱子都有)。

纵向柱间支撑有两片，设置在两头的第 4 开间。这时可以取 $n=9$，按照(17.77)式计算刚性系杆的设计要求：

$$F_{b9} = \left(0.6 + \frac{0.4}{9}\right) \frac{9 \times (218.4 + 55) + 2101}{60} = 49kN$$

选择 2L100×63×8(双片支撑)，$i_x = 31.8$，$\lambda_b = 188.7$，$N = 0.206 \times 1258 \times 215 \times 2 = 111.43kN > 49$ kN，满足要求。可见这个要求也很容易得到满足。

值得注意的是，为保证柱子平面外稳定的力和柱间刚性系杆实际可能承受的水平力在规范中不要求进行组合，但是实际上这两个力对某些系杆是同时存在的。对无吊车的厂房，这个水平力主要是风力，而风力在屋面上是吸力，与重力荷载反向，从而支撑力要减小，理论上讲应采用这个减小了的支撑力与风力产生的支撑内力组合。而对于有吊车厂房，柱间支撑还可能承受吊车刹车力，如果某根柱间刚性系杆（例如交叉支撑跨内的刚性系杆）同时传递刹车力的话，要进行组合。

17.2　保证厂房几何不变性的支撑

17.2.1　单根柱子的情况

图 17.10 为单层厂房纵向柱列，柱脚铰接，依赖柱顶系杆和交叉支撑实现纵向结构的几何不变，并使得柱子的计算长度为柱高。图 17.10a 是单根柱子承受轴力 P，柱截面抗弯刚度为 EI，长度为 L，弹簧线刚度为 K_b。首先设柱顶刚性系杆刚度为无限大。交叉支撑按照拉杆设计，图 17.10a 的柱子，压杆发生有侧移失稳的临界力为

$$P = KL = K_d L \cos^2 \theta \tag{17.82}$$

临界力与支撑刚度关系见图 17.2b。支撑刚度增大到一定值时，压杆承载力与两端铰接柱子完全相同：

$$P = P_E = \frac{\pi^2 EI}{L^2} \tag{17.83}$$

图 17.2b 中 K_{dth} 为失稳模式发生转化时的支撑刚度。令 (17.82)式和 (17.83)式相等得到

$$K_{dth} \cos^2 \theta = \frac{\pi^2 EI}{L^3} \tag{17.84}$$

要求柱子计算长度为柱高，则支撑刚度达到(17.84)式给出的最小要求即可。如图 17.10b、c、d，如果支撑是对多根柱子提供支撑，或交叉支撑有多片，在柱顶刚性系杆的轴压刚度无限大的情况下，交叉支撑总的抗侧刚度要满足(n 是纵向柱列中柱子的总数)：

$$\sum K_{dth} \cos^2 \theta = n \frac{\pi^2 EI}{L^3} \tag{17.85}$$

除刚度要求外，对支撑同样有承载力的要求。设柱顶初始侧移为 Δ_0，轴力作用后柱顶附加侧移为 Δ，支撑所受的内力为

$$F = K\Delta = K\Delta_0 \frac{P}{KL - P} \tag{17.86}$$

因此同样得到支撑刚度越大，强度要求越小的结论。

17.2.2 柱列支撑的刚度要求

1. 交叉支撑刚度无限大的情况

如图 17.10 (b) 所示的柱列，先考察交叉支撑为刚性的情况。由于交叉支撑刚度无限大，支撑跨的两个柱子的柱顶可以作为固定点，只要研究其余跨柱子的稳定性。对系杆的刚度要求可以利用差分方程的精确解法获得精确解为[2~4]

$$K_{bth} = \frac{P_E}{2L} \Big/ \left(1 - \cos\frac{\pi}{2j+1}\right) = (0.4j^2 + 0.6j)\frac{P_E}{L} \tag{17.87}$$

式中 j 是不包含与交叉支撑相连的柱子个数。如果柱子总数为 n，则 $j = n-2$，当交叉支撑按照拉杆设计时，$j = n-1$。如图 17.10c 交叉支撑位于中间时，对刚性系杆的刚度要求只需取一侧被支撑柱子的数量，按照 (17.87) 式计算即可。

如图 17.10d 所示交叉支撑设于柱列两端时，则

$$K_{bth} = \frac{P_E}{2L} \Big/ \left(1 - \cos\frac{\pi}{j+1}\right)$$

也即相当于被支撑柱子的数量分成两半，然后按照 (17.87) 式计算。

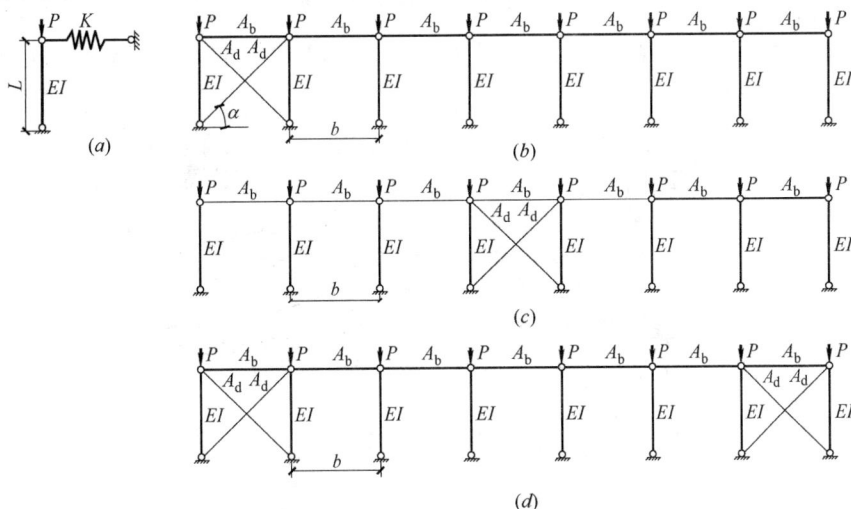

图 17.10　厂房纵向柱列及其支撑体系

(a) 单柱模型；(b) 一端设交叉支撑；(c) 中间设交叉支撑；(d) 两端设交叉支撑

2. 交叉支撑刚度有限的情况

交叉支撑为弹性时，其刚度必须大于(17.85)式才有可能使柱列不发生有侧移失稳，同时对柱顶系杆的刚度要求也提高了。经分析发现此时临界荷载与支撑的刚度的关系为

$$\frac{P_{cr}}{P_b} + \frac{P_{cr}}{P_d} - \frac{1}{n}\frac{P_{cr}}{P_b} \cdot \frac{P_{cr}}{P_d} = 1 \tag{17.88a}$$

式中　$P_b = P_{EL} \cdot \dfrac{K_b}{K_{bth}}$，$P_d = P_{EL} \cdot \dfrac{K_d}{K_{dth}}$。两者刚度均有限时，刚度满足下式时发生无侧移失稳：

$$\frac{K_{bth}}{K_b}+\frac{K_{dth}}{K_d}-\frac{1}{n}\frac{K_{bth}}{K_b}\frac{K_{dth}}{K_d}=1 \qquad (17.88b)$$

17.2.3　有初始缺陷体系的强度要求

图 17.11 是支撑只受拉的有初始缺陷的体系。第 i 根系杆的压力记为 F_i（$i=1$，2，$\cdots$，$n-1$），初始倾斜值为 $d_0=L/500\sqrt{n}$，记第 i 根柱柱顶附加侧移为 d_i，第 i 根柱的平衡方程为

$$(F_{i-1}-F_i)L=P(d_i+d_0),i=2,3,\cdots,n,（其中 F_n=0） \qquad (17.89a)$$

斜支撑杆的拉力为 T，第一根柱子的平衡方程为

$$TL\cos\theta=P(d_1+d_0)+F_1 L \qquad (17.89b)$$

$$T=K_d d_1 \cos\theta \qquad (17.89c)$$

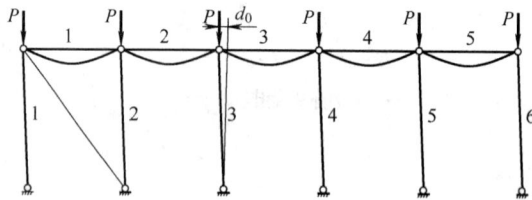

图 17.11　有初始缺陷体系

给定几何条件及系杆和支撑截面，从上面三式和（17.39）式可以得到系杆的承载力相

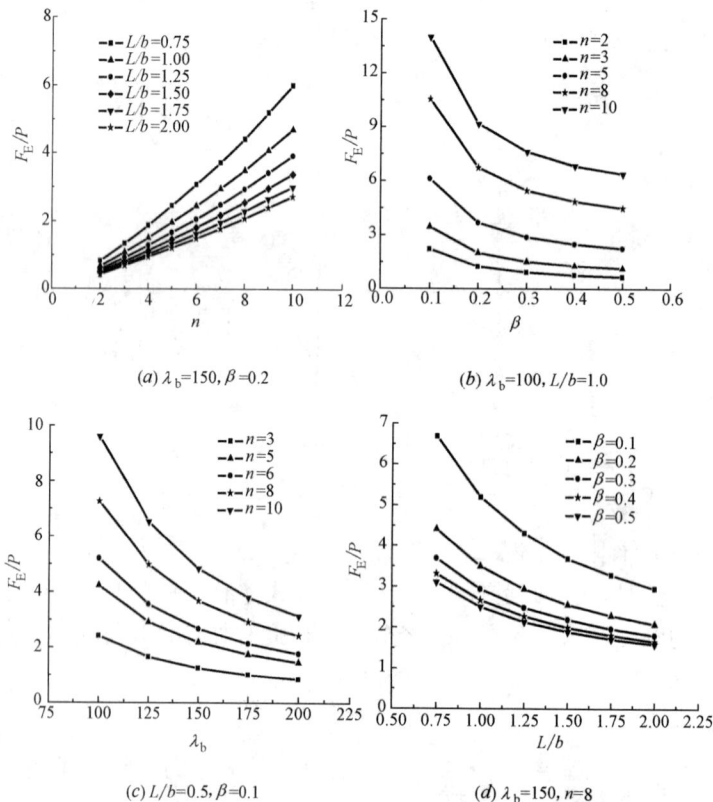

(a) $\lambda_b=150$，$\beta=0.2$　　　　(b) $\lambda_b=100$，$L/b=1.0$

(c) $L/b=0.5$，$\beta=0.1$　　　　(d) $\lambda_b=150$，$n=8$

图 17.12　系杆承载力要求和不同参数的关系曲线

对于柱子轴压力的比值 F_E/P。

对参数范围 $L/b=0.75\sim2.00$，$\lambda_b=100\sim200$，$\beta=K_d\cos^2\theta/K_b=0.1\sim0.5$，$n=2\sim$ 10 计算了对系杆的承载力要求。$F_E/P(\%)$ 与各个参数的关系见图 17.12。从图 17.12 可见：（1）支撑强度要求随柱子数量以高于线性的速度变化；（2）β 越小，支撑的内力越大，β 增大支撑内力迅速减小；（3）排架的柱高与柱距比越小，对支撑的强度要求也越大；（4）因为强度要求中结合了刚度要求，所以柱顶刚性系杆的长细比越小，对支撑的强度要求就越大。

1. 假设柱顶系杆为刚性时支撑杆的内力为

$$T\cos\theta=\frac{\sqrt{n}P}{500}\Big/\Big(1-\frac{nP}{LK_d\cos^2\theta}\Big)$$

这个强度要求是（17.44a）式的 0.375 倍，因此是不大的。

2. 如果交叉支撑体系的刚度为无限大 $\beta=\infty$，$F_E/P(\%)$ 与各个参数的关系见图 17.13。交叉支撑无穷大的时候对系杆的强度要求可以由下公式近似计算

$$F_E/P(100\%)=\frac{[300(n-1)^2+1000(n-1)-600]b}{L\lambda^2}+0.1n \qquad (17.90)$$

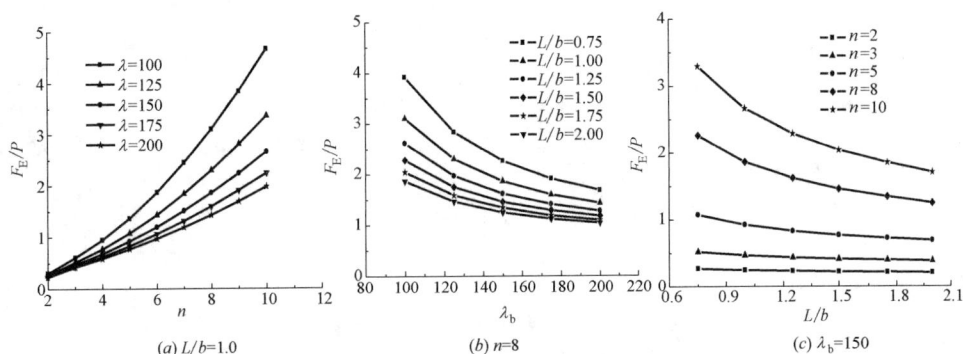

图 17.13 交叉支撑刚度无穷大时系杆承载力要求和不同参数的关系曲线

综合上面两种特殊情况，一般情况下 $F_E/P(100\%)$ 可以由以下公式得出：

$$F_E/P(100\%)=\frac{[300(n-1)^2+1000(n-1)-600]b}{\lambda^2L}+0.1n+\frac{1000nb}{L\lambda^2\beta} \qquad (17.91)$$

当交叉支撑设置在柱列两端时，可以取一半柱子数代入(17.92)式进行计算。

17.3 平台梁设计的刚度和强度要求

火电厂悬挂式锅炉构架的结构简图如图 17.14a 所示。在构架两端部横向框架①和④内设置了刚度很大的交叉支撑，因此四个角柱在两个主轴方向的计算长度均可取为支撑点间的距离。但是对中间横向框架②和③，由于在框架平面内无法设置交叉支撑或横向联系梁，压杆 2-2 和 3-3 在框架平面内的计算长度将很长，可达 $50\sim70$m。为了减少中间框架柱的计算长度，工程上采用的办法是在柱高范围内设置若干道平台梁，如图 17.14(a) 中的 AA$'$、BB$'$、CC$'$，平台梁宽约 3-5m。压杆 2-2 和 3-3 凭借平台梁水平面内的抗弯刚度，

使计算长度得以减小。平台梁对压杆起支撑作用，对平台梁就应提出相应的强度和刚度设计要求。

平台梁支撑在框架①和④的交叉支撑体系上，平台梁支撑着中间压杆。平台梁和压杆之间的作用力最终将传递到框架①④的交叉支撑上。因此交叉支撑除承受风力、地震力外，还要承受附加的支撑力。

17.3.1　刚度要求

由于锅炉构架端部横向框架及屋架结构在自身平面内刚度很大，可假设平台梁简支于两端框架上，中间压杆简支于屋顶和基础上，这样可得图 17.14(b) 所示的计算简图。

对应于 m 榀中间横向框架，设有 m 根压杆，$n-1$ 层平台梁将压杆分成 n 段，每段长为 l。平台梁全长为 L_b，它被 m 根压杆等分为 $m+1$ 段。压杆和平台梁均为简支。压杆抗弯刚度 EI，平台梁水平面内抗弯刚度 EI_b，压杆受轴力 P。记节点 $(i, j-1)$ 和节点 (i, j) 的弯矩 $M_{i,j-1}$ 和 $M_{i,j}$，杆端位移 $d_{i,j-1}$，$d_{i,j}$，转角 $\theta_{i,j-1}$，$\theta_{i,j}$，反力 $R''_{i,j-1}$，$R'_{i,j}$。由文献[12]

$$\theta_{i,j-1}=-\frac{M_{i,j-1}l}{3EI}\psi(u)-\frac{M_{i,j}l}{6EI}\varphi(u)+\frac{d_{i,j}-d_{i,j-1}}{l} \tag{17.92a}$$

$$\theta_{i,j}=\frac{M_{i,j-1}l}{6EI}\varphi(u)+\frac{M_{i,j}l}{3EI}\psi(u)+\frac{d_{i,j}-d_{i,j-1}}{l} \tag{17.92b}$$

$$R''_{i,j-1}=\frac{M_{i,j-1}-M_{i,j}}{l}-P\frac{d_{i,j}-d_{i,j-1}}{l} \tag{17.93a}$$

$$R'_{i,j}=\frac{M_{i,j}-M_{i,j-1}}{l}+P\frac{d_{i,j}-d_{i,j-1}}{l} \tag{17.93b}$$

式中 $u=\pi\sqrt{P/P_{El}}$，$P_{El}=\pi^2EI/l^2$

$$\psi(u)=\frac{3}{u}\left(\frac{1}{u}-\frac{1}{\tan u}\right),\varphi(u)=\frac{6}{u}\left(\frac{1}{\sin u}-\frac{1}{u}\right)。$$

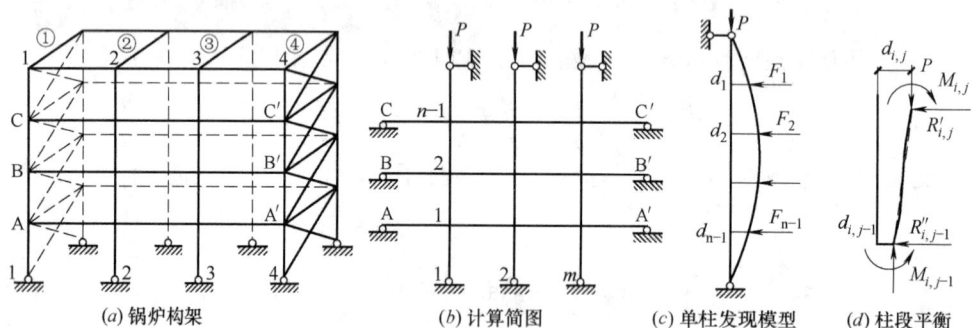

(a) 锅炉构架　　(b) 计算简图　　(c) 单柱发现模型　　(d) 柱段平衡

图 17.14　独立大厅柱子的支撑

图 17.14d 示出第 i 根压杆，记 $n-1$ 个弹性支承截面的弯矩为 $M_{i,1}$，$M_{i,2}$，…，$M_{i,n-1}$，位移为 $d_{i,1}$，$d_{i,2}$，…，$d_{i,n-1}$，支承反力为 $F_{i,1}$，$F_{i,2}$，…，$F_{i,n-1}$，利用转角连续和节点平衡条件

$$\theta_{i,j}\big|_{j段}=\theta_{i,j}\big|_{j+1段}\quad j=1,2,\cdots,n-1 \tag{17.94a}$$

$$F_{i,j}=R'_{i,j}+R''_{i,j} \tag{17.94b}$$

可得如下方程

$$M_{i,j-1}\varphi(u)+4M_{i,j}\psi(u)+M_{i,j+1}\varphi(u)+\frac{6EI}{l^2}(-d_{i,j-1}+2d_{i,j}-d_{i,j+1})=0$$

$$(17.95a)$$

$$F_{i,j}=\frac{-M_{i,j-1}+2M_{i,j}-M_{i,j+1}}{l}+\frac{P}{l}(-d_{i,j-1}+2d_{i,j}-d_{i,j+1}) \quad (17.95b)$$

式中 $F_{i,j}$ 和 $d_{i,j}$ 同时也是作用于平台梁上的力和平台梁在水平面内的挠度。因此对平台梁有

$$\{F_j\}=[K_b]\{d_j\}, \qquad j=1,2,\cdots,n-1 \quad (17.96a)$$

式中 $\{F_j\}=[F_{1,j}, F_{2,j}, \cdots, F_{m,j}]^T$，$\{d_j\}=[d_{1,j}, d_{2,j}, \cdots, d_{m,j}]^T$，$[K_b]$ 为刚度系数矩阵。

对 $m=1$ 的情况

$$F_{1,j}=\frac{48EI_b}{L_b^3}d_{1,j} \quad j=1,2,\cdots,n-1 \quad (17.96b)$$

先研究 $m=1$ 的情况。将(17.96b)式代入(17.95b)式，并令

$$M_{1,j}=\alpha_1\sin\frac{kj\pi}{n}, \ k=1,2,\cdots,n-1 \quad (17.97a)$$

$$d_{1,j}=\beta_1\sin\frac{kj\pi}{n} \quad (17.97b)$$

α_1 和 β_1 为待定系数。代入(17.95a，b)式可得

$$a_1\alpha_1+a_2\beta_1=0 \quad (17.98a)$$

$$a_3\alpha_1+a_4\beta_1=0 \quad (17.98b)$$

式中 $a_1=2\psi(u)+\varphi(u)\cos\frac{k\pi}{n}$；$a_2=\frac{6EI}{l^2}\left(1-\cos\frac{k\pi}{n}\right)$；$a_3=\frac{2}{l}\left(1-\cos\frac{k\pi}{n}\right)$；

$a_4=\frac{2u^2EI}{l^3}\left(1-\cos\frac{k\pi}{n}\right)-\frac{48EI_b}{L_b^3}$，

令(17.98a，b)式系数行列式为零得到柱临界荷载与平台梁的刚度的关系：

$$EI_b=\frac{4P}{\pi^4}\cdot\frac{L_b^3}{l}\left(1-\cos\frac{k\pi}{n}\right)\bigg/\left[1-\frac{\sin u\left(1-\cos\frac{k\pi}{n}\right)}{u\left(\cos u-\cos\frac{k\pi}{n}\right)}\right], k=1,2,\cdots,n-1 \quad (17.99)$$

由上式可得 $n-1$ 个解，最大者即为所需。当压杆计算长度为 l 时所需的抗弯刚度为

$$(EI_b)_{th}=\frac{4P_{El}}{\pi^4}\cdot\frac{L_b^3}{l}\left(1+\cos\frac{\pi}{n}\right) \quad (17.100)$$

当 $m=2$，3，$\cdots$，时，利用同样方法可得

$$EI_b=\frac{2(m+1)P}{\pi^4}\cdot\frac{L_b^3}{l}(1-\cos\frac{k\pi}{n})\bigg/\left[1-\frac{\sin u}{u}\cdot\frac{1-\cos\frac{k\pi}{n}}{\cos u-\cos\frac{k\pi}{n}}\right], k=1,2,\cdots,n-1$$

$$(17.101)$$

在压杆计算长度为 $l(k=n-1)$ 时

$$(EI_b)_{th}=\frac{2(m+1)P_{El}L_b^3}{\pi^4 l}\left(1+\cos\frac{\pi}{n}\right) \quad (17.102)$$

前面公式均由弹性体系导出，对弹塑性压杆，如仍假设体系无几何缺陷，前面的公式中用切线模量 E_t 代替 E 后仍然适用，但 $u=l\sqrt{P/E_t I}$。

如要求压杆计算长度为 l，则压杆处于弹塑性状态时，对平台梁的刚度要求仍由 (17.102) 式给出。当然实际结构中的压杆有初弯曲。考虑这种初弯曲影响，并认为材料是理想弹塑性的，确定平台梁的刚度要求只能用极限承载力分析法。文献[14]曾对压杆有 1 个至 3 个弹性支座的情形做过弹塑性分析，并发现要使压杆达到所要求的承载力，弹性支座的刚度应达到按理想弹性体系决定的刚度 3 倍。文献[14]也认为，将弹性体系所确定的刚度要求放大 3 倍，即可用于工程设计中。

例题：设 $L_b=30\text{m}$，$l=8\text{m}$，6 层平台梁，两榀中间横向框架，各压杆承受锅炉重量及运行荷载各 15000kN，Q235B 钢。由 (17.102) 式，并放大到 3 倍，平台梁的惯性矩应为 $I_b=8.675\times10^{10}\,\text{mm}^4$. 平台梁一般由桁架组成，设两弦杆面积为 A_1，距离为 3m，则 A_1 至少为 $A_1=I_b/(1.7\times1500^2)=22680\text{mm}^2$。

17.3.2 强度要求：平台梁上的支撑力

要得到平台梁和压杆之间的支撑力，必须研究有初曲的结构。一般压杆的初曲取为

$$y_0(x)=d_0\sin\frac{\pi x}{L}$$

$d_0=L/500\sqrt{m}$。设第 i 根压杆和第 j 层平台梁的相互作用力为 $F_{i,j}$，轴力 P 作用后支撑点的附加挠度为 $d_{i,j}$，则有[6]

$$\{d_i\}+\gamma d_0\{S\}=\frac{l}{P}[B]\{F_i\}\quad i=1,2,\cdots,m \tag{17.103}$$

式中 $\{d_i\}=[d_{i,1},d_{i,2},\cdots,d_{i,n-1}]^T$；$\{F_i\}=[F_{i,1},F_{i,2},\cdots,F_{i,n-1}]^T$，$\gamma=P/(P-P_{EL})$，

$$\{S\}=\left\langle\sin\frac{\pi}{n},\sin\frac{2\pi}{n},\sin\frac{3\pi}{n},\cdots,\sin\frac{(n-1)\pi}{n}\right\rangle^T$$

$$[B]=[B_0]+[B_1]$$

将 (17.103) 式和 (17.96a) 式联立求解，即可得给定 d_0 下的支撑力 $\{F_i\}$ 和 $\{F_j\}$。

1. $m=3$，$n=2$ 的情形

即三根压杆一层平台的情况。设最中间压杆处支撑力为 F_{11}，其余两压杆上支撑力 F_{21}，由 (17.103) 式可得

$$\frac{\beta l}{2P}F_{11}=d_{11}+\gamma d_0 \tag{17.104a}$$

$$\frac{\beta l}{2P}F_{21}=d_{21}+\gamma d_0 \tag{17.104b}$$

式中 $\beta=1-\mathrm{tg}u/u$。由 (17.96a) 式有

$$F_{11}=K_{11}d_{11}+2K_{12}d_{21} \tag{17.104c}$$

$$F_{21}=K_{12}d_{11}+K_{11}d_{21} \tag{17.104d}$$

式中 $K_{11}=96EI_b/7l_b^3$，$K_{12}=-66EI_b/7l_b^3$，$l_b=L_b/(m+1)$。由以上四式可得

$$\frac{F_{11}}{P}=\frac{2\gamma}{\beta}\cdot\frac{d_0}{l}\cdot\alpha_{11}\bigg/\left[1-\frac{(EI_b)_{th}}{EI_b}\right] \tag{17.105a}$$

$$\frac{F_{21}}{P}=\frac{2\gamma}{\beta}\cdot\frac{d_0}{l}\cdot\alpha_{21}\bigg/\left[1-\frac{(EI_b)_{th}}{EI_b}\right] \tag{17.105b}$$

式中　$\alpha_{11}=\left[1+0.19025\,\dfrac{(EI_{\mathrm{b}})_{\mathrm{th}}}{EI_{\mathrm{b}}}\right]\Big/\left[1-0.014076\,\dfrac{(EI_{\mathrm{b}})_{\mathrm{th}}}{EI_{\mathrm{b}}}\right]$

$\quad\quad\quad\alpha_{21}=\left[1-0.15854\,\dfrac{(EI_{\mathrm{b}})_{\mathrm{th}}}{EI_{\mathrm{b}}}\right]\Big/\left[1-0.014076\,\dfrac{(EI_{\mathrm{b}})_{\mathrm{th}}}{EI_{\mathrm{b}}}\right]$

当 $EI_{\mathrm{b}}/(EI_{\mathrm{b}})_{\mathrm{th}}=1$，2，3 时，$\alpha_{11}$ 为 1.21，1.10 和 1.07，α_{21} 为 0.85，0.93 和 0.95。当 $EI_{\mathrm{b}}/(EI_{\mathrm{b}})_{\mathrm{th}}$ 继续增加，α_{11} 和 α_{21} 均趋近于 1。即 F_{11} 和 F_{21} 趋近相等，且 α_{11} 和 α_{21} 可取为 1。

2. $m=1$，$n=4$ 的情形

即一根压杆三根平台梁，记压杆中间撑点的支撑力 F_{12}，其余支撑力为 F_{11}。由 (17.103，17.96b) 式

$$\frac{F_{12}}{P}=\frac{\gamma}{\beta_2+\beta_3/\sqrt{2}}\cdot\frac{d_0}{l}\Big/\left[1-\frac{(EI_{\mathrm{b}})_{\mathrm{p1}}}{EI_{\mathrm{b}}}\right] \qquad (17.105c)$$

$$F_{11}=\frac{\sqrt{2}}{2}F_{12} \qquad (17.105d)$$

式中 $\beta_2=1-\dfrac{\sin u}{u}\cdot\dfrac{\cos u}{\cos 2u}$，$\beta_3=1-\dfrac{\sin u}{u}\cdot\dfrac{1}{\cos 2u}$。$(EI_{\mathrm{b}})_{\mathrm{p1}}$ 为 (17.101) 式取 $k=1$ 所得的抗弯刚度。由 (17.105c，d) 式可见，在同一根压杆上，沿高度各支撑力按正弦规律变化，柱中部支撑力最大。

3. 一般情形

在所有的支撑力 $F_{i,j}$（$i=1$，2，$\cdots$，$j=1$，2，$\cdots$，$n-1$）中，最大的支撑力记为 $F_{\max}$，它位于最中间压杆的中间支撑点处。$F_{\max}$ 由下式按轴力 P 的百分比数给出

$$100\frac{F_{\max}}{P}=\frac{2n(1-\cos\frac{\pi}{n})\gamma}{5\sqrt{m}\beta_\gamma}\Big/\left[1-\frac{(EI_{\mathrm{b}})_{\mathrm{p1}}}{EI_{\mathrm{b}}}\right] \qquad (17.106)$$

式中　$\beta_\gamma=1-\dfrac{\sin u}{u}\cdot\dfrac{1-\cos\frac{\pi}{n}}{\cos u-\cos\frac{\pi}{n}}$。如果平台梁使压杆计算长度减至 l，则有

$$100\frac{F_{\max}}{p}=\frac{2n^3\left(1-\cos\frac{\pi}{n}\right)}{5(n^2-1)\sqrt{m}}\Big/\left[1-\frac{(EI_{\mathrm{b}})_{\mathrm{p}}}{\beta_{\mathrm{n}}EI_{\mathrm{b}}}\right] \qquad (17.107)$$

式中 $\beta_{\mathrm{n}}=\left(1+\cos\dfrac{\pi}{n}\right)\Big/\left(1-\cos\dfrac{\pi}{n}\right)$。(17.106) 式中 $(EI_{\mathrm{b}})_{\mathrm{p1}}$ 为 (17.101) 式取 $k=1$ 所得。而 (17.107) 式中 $(EI_{\mathrm{b}})_{\mathrm{p}}$ 由 (17.100) 式取 $k=1$，2，$\cdots$，$n-1$，从得到的 $n-1$ 个 $(EI_{\mathrm{b}})_{\mathrm{p}}$ 值中选出的最大值。由 (17.106) 式可知，如 EI_{b} 接近 $(EI_{\mathrm{b}})_{\mathrm{p1}}$，支撑力将很大，相应地对平台梁的强度要求就很高；反之若 EI_{b} 比 $(EI_{\mathrm{b}})_{\mathrm{p1}}$ 大许多（即刚度要求很高），对平台梁的强度要求就降低。

4. 非弹性修正及实用公式

(17.107) 式太复杂，注意到刚度设计要求安全系数为 3，设取为 3，则 (17.107) 式可以表示为

$$100\frac{F_{\max}}{p}=\chi/\sqrt{m}$$

χ 值见表 17.6，χ 可以偏安全地表示为 $\chi = 3.2/n$。

			χ 值		表 17.6
n	2	3	4	5	6
χ	1.6	0.76	0.53	0.41	0.34
$3.2/n$	1.6	1.067	0.8	0.64	0.533

考虑到与(17.76)式衔接，可以用下式表示对平台梁的设计要求

$$\frac{F_{max}}{p} = \frac{1}{30n\sqrt{m}} \tag{17.108}$$

在设计锅炉构架两端部横向框架的交叉支撑体系时，要考虑到上述平台梁上作用的支撑力将传到交叉支撑上，从而对交叉支撑应提出附加的设计荷载。先确定作用于平台梁上的支撑力，然后将这些力传递至交叉支撑体系上，就成为交叉支撑的附加设计荷载。但是，因为平台梁上的支撑力是由随机的压杆初曲引起的，当锅炉构架作整体考虑时，中间框架柱数目增加到 $2m$，初曲的取值就应该为 $L/500\sqrt{2m}$，相应地 F_{max} 就减少到

$$\frac{F_{max}}{p} = \frac{1}{42.4n\sqrt{m}} \tag{17.109}$$

在设计平台梁本身时应用(17.108)，在设计支撑时应用(17.109)式。F_{max} 一经确定，按以下方式确定所有各撑点的支撑力：（1）同一压杆上，沿高度各撑点的支撑力按正弦规律变化；（2）同一平台梁上，各撑点的支撑力相同。

17.4　双层纵向柱列支撑的设计要求

在 17.1 节的两层支撑，假定柱顶无侧移，实际情况是交叉支撑跨的刚度有限，从斜支撑本身的截面和线刚度看，甚至比水平系杆还小，而且柱顶也是和柱中系杆采用相同或类似的截面。本文研究设有两层支撑的纵向柱列，通过分析理想和有缺陷柱列，得到了为减少柱计算长度至侧向支撑点之间的距离而应该对支撑体系提出的强度和刚度要求。

17.4.1　理想支撑体系的刚度要求

双层支撑的纵向柱列模型如图 17.15 所示，纵向支撑体系由柱间交叉支撑和柱顶横系杆组成，共同为柱列提供侧向支撑。首先研究两种特殊情况下支撑的门槛刚度要求。
17.4.1.1　交叉支撑完全刚性横系杆门槛刚度要求

当交叉支撑完全刚性时，交叉支撑跨可以视作固定的铰支端，在分析纵向柱列横系杆门槛刚度要求之前，首先分析单柱支撑情况，如图 17.16 所示。

记上下系杆线刚度分别为 K_t、K_m，F_1，F_2 是中间和顶部系杆的内力，柱整体弯矩平衡：

$$P\Delta_2 - F_1 l - 2F_2 l = 0 \tag{17.110}$$

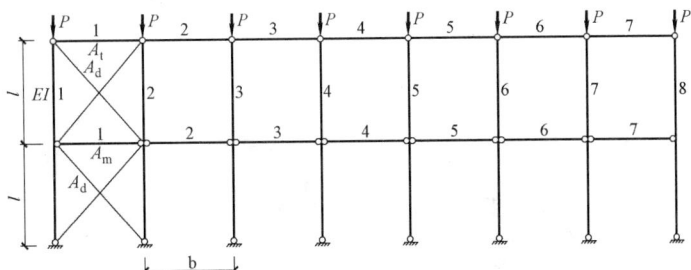

图 17.15 理想柱列模型

如图 17.16c，d 所示，柱分段平衡方程：

当 $0 < x \leq l$ 时：$-EI y_1'' = P y_1 - (F_1 + F_2) x$ （17.111a）

当 $l < x \leq 2l$ 时：$-EI y_2'' = P y_2 - F_1 l - F_2 x$ （17.111b）

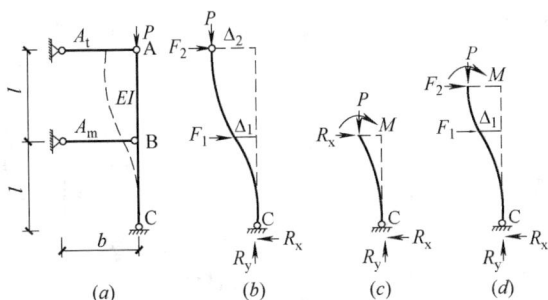

图 17.16 单柱支撑模型内力图

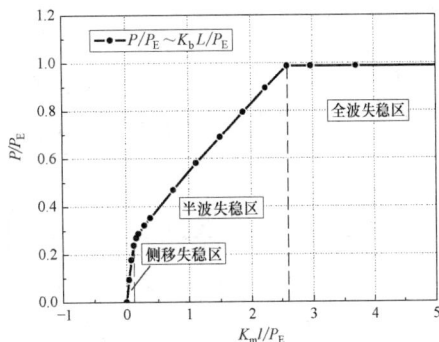

图 17.17 单柱屈曲荷载与支撑刚度的关系

利用边界条件 $y_1(0) = 0$，$y_1(l) = \Delta_1$，并记 $k^2 = P/EI$，得到：

$$y_1 = \frac{P\Delta_1 - (F_1 + F_2)l}{P \sin kL} \sin kx + \frac{F_1 + F_2}{P} x$$

$$y_1'(l) = \frac{P\Delta_1 - (F_1 + F_2)l}{P \sin kl} k \cos kL + \frac{F_1 + F_2}{P}$$

同样利用 $y_2(l) = \Delta_1$，$y_2(2l) = \Delta_2$ 可以得到：

$$y_2 = -\frac{[P\Delta_1 - (F_2 + F_1)l]\cos 2kl}{P \sin kl} \sin kx + 2\left(\Delta_1 - \frac{F_2 + F_1}{P}l\right)\cos kl \cos kx + \frac{F_2 x + F_1 l}{P}$$

$$y_2'(l) = -\frac{[P\Delta_1 - (F_2 + F_1)l]\cos 2kl}{P \sin kl} k \cos kl - \left(\Delta_1 - \frac{F_2 + F_1}{P}l\right) k \sin 2kl + \frac{F_2}{P}$$

由柱子中点 B 的变形协调条件 $y_1'(l) = y_2'(l)$ 可以得到：

$$P\Delta_1 - (F_1 + F_2)l + F_1 l \frac{\tan kl}{2kl} = 0$$ （17.112）

系杆内力和刚度的关系为

$$F_1 = K_m \Delta_1, \quad F_2 = K_t \Delta_2$$ （17.113a, b）

531

将式 (17.113a，b) 代入式 (17.110，17.112) 得到:

$$\left(\alpha(1-\frac{\tan kl}{2kl})-1\right)\Delta_1+\xi\alpha\Delta_2=0 \tag{17.114a}$$

$$\alpha\Delta_1+(2\xi\alpha-1)\Delta_2=0 \tag{17.114b}$$

式中 $\alpha=\dfrac{K_m l}{P}=\dfrac{K_m lEI}{PEI}=\dfrac{1}{k^2l^2}\dfrac{K_m l^3}{EI}$、$\xi=K_t/K_m$。令系数行列式的值为零得到:

$$\xi\alpha^2\left(1-\frac{\tan kl}{kl}\right)-\left[2\xi+(1-\frac{\tan kl}{2kl})\right]\alpha+1=0 \tag{17.115}$$

一般要求横系杆能够使柱计算长度减少一半，即 $k^2l^2=Pl^2/EI=\pi^2$，此时的支撑刚度称为门槛刚度。此时式 (17.115) 的解为:

$$\alpha=\frac{K_{mth0}l}{P_E}=1+\frac{1}{2\xi}+\sqrt{1+\left(\frac{1}{2\xi}\right)^2} \tag{17.116}$$

当 $\xi=1$ 时 $\alpha=2.618$，即对横系杆的刚度要求为 $K_{mth0}=2.618P_E/l$，是柱顶为固定点时对中间横系杆的刚度要求 $K_m=2P_E/l$ 的 1.309 倍。

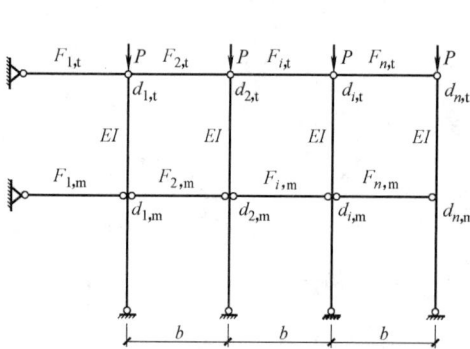

图 17.18　多柱情况

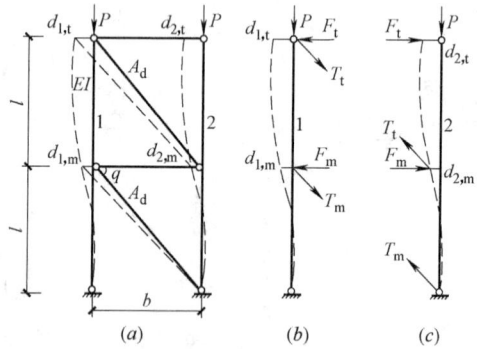

图 17.19　横系杆刚性，两柱
交叉支撑模型及内力图

当有 n 根等间距布置的柱子之间有相同的系杆支撑时，可以对每一个柱子建立 (17.110) 式和 (17.112) 式:

$$P\Delta_{2i}-(F_{1i}-F_{1i+1})l-2(F_{2i}-F_{2i+1})l=0 \tag{17.117a}$$

$$P\Delta_{1i}-(F_{1i}+F_{2i}-F_{1i+1}-F_{2i+1})l+(F_{1i}-F_{1i+1})l\frac{\tan kl}{2kl}=0 \tag{17.117b}$$

(17.113a，b) 式此时变为

$$F_{1i}=K_m(\Delta_{1i}-\Delta_{1i-1}) \tag{17.118a}$$

$$F_{2i}=K_t(\Delta_{2i}-\Delta_{2i-1}) \tag{17.118b}$$

将 (17.118a，b) 式代入 (17.117a，b) 式，利用 $kl=\pi$，得到一组线性齐次平衡微分方程，令其系数行列式等于零得到

532

$$
\begin{bmatrix}
2\alpha & 4\xi\alpha-1 & -\alpha & -2\xi\alpha \\
2\alpha-1 & 2\xi\alpha & -\alpha & -\xi\alpha \\
-\alpha & -2\xi\alpha & 2\alpha & 4\xi\alpha-1 & -\alpha & -2\xi\alpha \\
-\alpha & -\xi\alpha & 2\alpha-1 & 2\xi\alpha & -\alpha & -\xi\alpha \\
& & -\alpha & -2\xi\alpha & 2\alpha & 4\xi\alpha-1 & -\alpha & -2\xi\alpha \\
& & -\alpha & -\xi\alpha & -2\alpha-1 & \xi\alpha & -\alpha & \xi\alpha \\
& & & & & & -\alpha & -2\xi\alpha & 2\alpha & 4\xi\alpha-1 & -\alpha & -2\xi\alpha \\
& & & & & & -\alpha & -\xi\alpha & 2\alpha-1 & 2\xi\alpha & -\alpha & -\xi\alpha \\
& & & & & & & & -\alpha & -2\xi\alpha & \alpha & 2\xi\alpha-1 \\
& & & & & & & & -\alpha & -\xi\alpha & \alpha-1 & \xi\alpha
\end{bmatrix}=0
$$

$$(17.119)$$

利用差分方程的解析解法得到上式的精确解为

$$
K_{\mathrm{mth0}}=\frac{1+\dfrac{1}{2\xi}+\sqrt{1+\left(\dfrac{1}{2\xi}\right)^{2}}}{2\left(1-\cos\dfrac{\pi}{2n+1}\right)}\frac{P_{\mathrm{E}}}{l}\approx\left[1+\dfrac{1}{2\xi}+\sqrt{1+\left(\dfrac{1}{2\xi}\right)^{2}}\right](0.4n^{2}+0.6n)\frac{P_{\mathrm{E}}}{l}
$$

$$(17.120)$$

在支撑达到门槛刚度之前，柱子随着支撑刚度的增加，其屈曲模态发生变化，依次为有侧移屈曲、半波屈曲和全波屈曲，对应的支撑刚度与屈曲荷载的关系为三段折线。如图 17.17 所示。临界荷载和支撑刚度的关系为

侧移失稳区： $$\frac{P_{\mathrm{cr}}}{P_{\mathrm{E}}}=6.8541\frac{K_{\mathrm{m}}}{K_{\mathrm{mth0}}}$$ $$(17.121a)$$

半波失稳区： $$\frac{P_{\mathrm{cr}}}{P_{\mathrm{E}}}=\frac{1}{4}+\frac{3K_{\mathrm{m}}}{4K_{\mathrm{mth0}}}$$ $$(17.121b)$$

17.4.1.2　横系杆支撑完全刚性交叉支撑门槛刚度要求

当横系杆完全刚性时，可以认为横系杆无轴向压缩，两端侧移相同，不考虑柱的竖向位移，取两柱模型如图 17.19a 所示，其中交叉支撑只假设受拉斜杆为柱列提供抗侧刚度，保证柱列的稳定性。记柱 1 顶部水平侧移为 $d_{1,\mathrm{t}}$，柱中点水平侧移为 $d_{1,\mathrm{m}}$，则上、下斜拉杆的拉力分别为：

$$T_{\mathrm{t}}=K_{\mathrm{d}}(d_{1,\mathrm{t}}-d_{1,\mathrm{m}})\cos\theta \qquad (17.122a)$$
$$T_{\mathrm{m}}=K_{\mathrm{d}}d_{1,\mathrm{m}}\cos\theta \qquad (17.122b)$$

柱 1 的受力可以等效的看作受两水平力 $F_{1}=T_{\mathrm{m}}\cos\theta-F_{\mathrm{m}}$， $F_{2}=T_{\mathrm{t}}\cos\theta-F_{\mathrm{t}}$，按照式 (17.110)、式(17.112)，可以得到：

$$Pd_{1,\mathrm{t}}-(T_{\mathrm{m}}\cos\theta-F_{\mathrm{m}})l-2(T_{\mathrm{t}}\cos\theta-F_{\mathrm{t}})l=0 \qquad (17.123a)$$

$$Pd_{1,\mathrm{m}}-(T_{\mathrm{m}}\cos\theta-F_{\mathrm{m}}+T_{\mathrm{t}}\cos\theta-F_{\mathrm{t}})l+(T_{\mathrm{m}}\cos\theta-F_{\mathrm{m}})l\frac{\tan kl}{2kl}=0 \qquad (17.123b)$$

同样对柱 2 可以参照 (17.109, 17.111)式写出（注意 $d_{1,\mathrm{t}}=d_{2,\mathrm{t}}$， $d_{1,\mathrm{m}}=d_{2,\mathrm{m}}$）

$$Pd_{1,\mathrm{t}}-(F_{\mathrm{m}}-T_{\mathrm{t}}\cos\theta)l-2F_{\mathrm{t}}l=0 \qquad (17.124a)$$

$$Pd_{1,\mathrm{m}}-(F_{\mathrm{m}}+F_{\mathrm{t}}-T_{\mathrm{t}}\cos\theta)l+(F_{\mathrm{m}}-T_{\mathrm{t}}\cos\theta)l\frac{\tan kl}{2kl}=0 \qquad (17.124b)$$

由式(17.123a，b)得到：

$$F_m = T_m\cos\theta + \frac{Pk(d_{1,t} - 2d_{1,m})}{kl - \tan kl} \qquad (17.125a)$$

$$F_t = T_t\cos\theta - \frac{Pd_{1,t}}{2l} + \frac{Pk(2d_{1,m} - d_{1,t})}{2(kl - \tan kl)} \qquad (17.125b)$$

将(17.122a，b)式和(17.125a，b)式代入(17.124a，b)式得到

$$[2K_d l\cos^2\theta(\tan kl - kl) + 4klP]d_{1,m} - K_d l\cos^2\theta\tan kl \cdot d_{1,t} = 0 \qquad (17.126a)$$

$$(2P - K_d l\cos^2\theta)d_{1,t} = 0 \qquad (17.126b)$$

从(17.126b)式得到临界荷载为

$$P_{cr} = \frac{K_d l\cos^2\theta}{2} \qquad (17.127)$$

此时(17.126a)式简化为：

$$P\tan kl\left(d_{1,m} - \frac{d_{1,t}}{2}\right) = 0$$

所以得到 $d_{1,m} = \frac{d_{1,t}}{2}$，即柱子发生刚体侧移失稳。

斜支撑使柱子计算长度减少一半时的刚度值称为门槛刚度。从上面的推导可以看出，水平系杆刚性并且斜支撑同时对多个柱子提供侧向支撑时，其门槛刚度要求与柱子个数 n 成正比。门槛刚度为

$$K_{dth0}\cos^2\theta = \frac{nP_E}{l} \qquad (17.128)$$

支撑达到门槛刚度之前，柱的屈曲模态为刚体侧移失稳，越过门槛刚度之后柱子两个半波失稳。

17.4.1.3 横系杆、交叉支撑有限刚性情况的门槛刚度要求

为研究两种支撑构件共同作用情况，取柱列模型如图 17.15 所示。假设仅受拉支撑刚性，当 $\xi=1$ 时，经过计算可以得到不同柱子数量时的门槛刚度如表 17.7 所示。

表 17.7 的横系杆的门槛刚度要求可表示为：

$$\alpha = \frac{K_{mth0}l}{P_E} = 1.112n^2 - 3.04n + 3.625 \qquad (17.129)$$

注意，上式与（17.120）式不同。

斜拉杆刚度无限大时系杆的门槛刚度系数　　　　表 17.7

n	2	3	4	5	6	7	8	9	10
α	1.99	4.107	9.027	16.195	25.447	36.956	50.542	66.323	84.491
(17.129)式	1.99	4.522	9.269	16.24	25.435	36.854	50.497	66.364	84.455

记

$$P_b = \left(0.25 + 0.75\frac{K_m}{K_{mth0}}\right)P_E \qquad (17.130a)$$

$$P_d = \frac{K_d L\cos^2\theta}{n} \qquad (17.130b)$$

它们分别是斜拉杆线刚度无限大时柱列发生单波屈曲时的临界荷载和横系杆刚度无限大时柱列发生侧移失稳的临界荷载，它们实际上是结构体系刚度的标志。

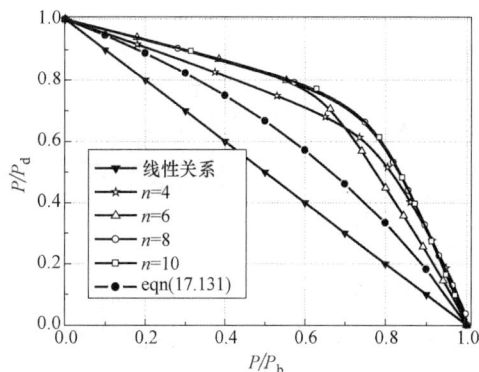

图 17.20　柱列屈曲荷载与支撑刚度关系

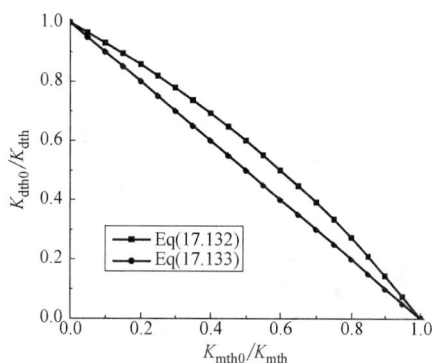

图 17.21　门槛刚度相关关系

当两者刚度均为有限时，临界荷载和两个刚度的关系见图 17.20。注意图中 P/P_d 很小时 P/P_b 就大，这表示 P_d 很大，即斜拉杆的刚度大，柱列的临界荷载由系杆的刚度控制。从图可见，$P/P_d \sim P/P_b$ 曲线总是外凸的。并且可以采用下式偏安全地计算

$$\frac{P}{P_b} + \frac{P}{P_d} - \frac{1}{2}\frac{P}{P_b}\frac{P}{P_d} = 1 \tag{17.131}$$

要使柱列的屈曲荷载达到 P_E，支撑的刚度必须达到一定的大小，记此时的刚度为 K_{dth} 和 K_{mth}。将式 $(17.130a, b)$ 式代入 (17.131) 式，并令 $P = P_E$，可以得到支撑门槛刚度相关关系：

$$\frac{4K_{mth0}}{K_{mth0} + 3K_{mth}} + \frac{K_{dth0}}{K_{dth}} - \frac{1}{2}\frac{K_{dth0}}{K_{dth}}\frac{4K_{mth0}}{K_{mth0} + 3K_{mth}} = 1 \tag{17.132}$$

式中 $K_{mth0} = (1.112n^2 - 3.04n + 3.625)P_E/l$，$K_{dth0} = nP_E/l\cos^2\theta$。作为近似可以用直线表示两者的相关关系：

$$\frac{K_{mth0}}{K_{mth}} + \frac{K_{dth0}}{K_{dth}} = 1 \tag{17.133}$$

(17.132) 式与直线式的对比见图 17.21.

17.4.2　有初始缺陷体系的支撑的强度要求

17.4.2.1　初始弯曲的选取

由前面的特征值屈曲分析可知，柱列随支撑刚度的变化有三种不同的屈曲模态。不同形状的初始缺陷对极限承载力的影响是不同的，首先分析不同初始缺陷对柱列极限承载力的影响。对于横系杆构件的初始弯曲始终取向下方向的正弦半波，幅值 $w_0 = b/500$；对于柱列分别取以下五种不同初始缺陷模型进行结果对比，选择对支撑要求最高的初始缺陷组合作为进一步分析的选择，各种初始缺陷的组合如图 17.22 所示：（1）只考虑纵向柱列的初始侧移（图 17.22a），大小为 $\Delta_0 = 2l/(500\sqrt{n})$，$\sqrt{n}$ 是考虑初始缺陷的随机性引入的初始缺陷折减系数；（2）只考虑纵向柱列半波正弦初始弯曲，初曲幅值 $\delta_0 = 2l/(500\sqrt{n})$，如图 17.22b；（3）只考虑纵向柱列两个半波正弦初始弯曲，初弯曲幅值 $\delta_0 = 2l/(500\sqrt{n})$，如图 17.22c；（4）纵向柱列初始侧移与半波正弦初始弯曲的组合，初曲方向与初始侧移一致，如图 17.22d；（5）纵向柱列初始侧移与两个半波正弦初曲的组合，如图 17.22e。

535

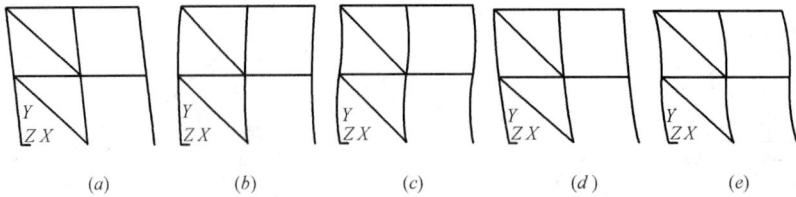

图 17.22　各种初始缺陷的柱列模型

取常见柱距跨度 $b=6$m，$L/b=1$，柱子截面尺寸 H600×338.6×10×12.2，通长柱长细比为 $\lambda_c=160$，对应的理想柱平面外计算长度减少一半时绕弱轴的欧拉荷载为 $P_{Ey,L}=4450$kN。柱子数 $n=4$，取交叉支撑的截面为 $\Phi110×3.96$mm，横系杆截面为 $\Phi114×t_b$，保持中截面直径不变的情况下，变化横系杆截面厚度，对比各种初始缺陷柱列的极限承载力与横系杆支撑刚度的变化关系如图 17.23，图 17.23 中有 3 种情况下的荷载超过了柱子按照无侧移失稳的临界荷载，这是由于非线性分析时步长的选择越过了使刚度矩阵为 0 的临界荷载点，越过以后刚度矩阵不奇异，仍能够得到高于全波屈曲的临界荷载，实际的临界荷载仍是全波屈曲的临界荷载。

由图可见，缺陷 3 和缺陷 5 组合，由于全波初始弯曲与实际柱列的无侧移失稳情况类似，随着支撑刚度达到一定大小后承载力出现水平段，此时支撑刚度的继续增加不再能够提高柱列的承载力。缺陷 3 和缺陷 5 的初始缺陷直接激发了无侧移失稳，且支撑内力在柱子内产生了附加轴力，使得柱子的实际轴力比施加的外荷载大，外荷载达不到其欧拉临界荷载，得到的支撑强度要求也偏低。图 17.23 中各曲线的下限是：开始用缺陷 4，然后是缺陷 5。下面利用最不利的缺陷组合 4 来计算其柱列极限承载力达到 $P_{Ey,L}$ 时对支撑的强度要求。

17.4.2.2　交叉支撑刚性时横系杆支撑的强度设计要求

通过设定很大的斜拉杆线刚度来模拟交叉支撑完全刚性的情况，柱列几何参数取值：$L/b=1\sim1.75$，$\lambda_b=100\sim200$，$n=3\sim8$，计算交叉支撑完全刚性情况横系杆支撑的强度设计要求，计算结果 $F_E/P(\%)$ 列表 17.8。注意这里 $n=3$ 已经加上了交叉支撑跨的两根柱子，实际上是取一根柱子计算得到的，其余也是一样。从表 17.8 的数据看，对横系杆的强度要求随长细比增加而降低，随 L/b 增加而增加。

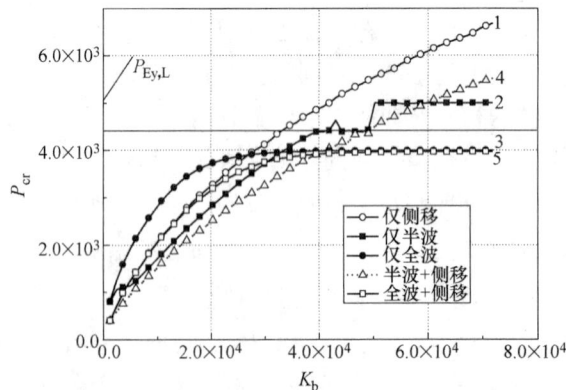

图 17.23　各种柱列初始缺陷模型极限承载力与支撑刚度关系对比

交叉支撑完全刚性时对横系杆强度设计要求 F_E/P（%） 　　　　表 17.8

n	$\lambda_b=150,L/b=$			$L/b=1.75,\lambda_b=$					规范
	1	1.25	1.5	100	125	150	175	200	
3	2.58	2.69	2.81	3.24	3.12	2.95	2.93	2.95	3.667
4	3.71	3.83	3.99	4.69	4.49	4.22	4.18	4.11	4.667
5	4.86	4.99	5.25	6.13	5.84	5.50	5.44	5.32	5.667
6	6.03	6.17	6.53	7.57	7.21	6.80	6.63	6.50	6.667
7	7.31	7.44	7.71	9.38	8.59	8.10	7.85	7.72	7.667
8	8.65	8.76	9.02	11.19	10.16	9.43	9.18	8.99	8.667

表 17.8 中还给出了规范公式（17.76a，b）式的比值。从表中的数据看，规范的数据基本接近本文的计算值，在柱子数量 n 大时偏小。表 17.8 数据是在柱顶系杆和中间系杆刚度相同的假设下得到的，而规范是从柱顶固定的模型得到的数据，为应用简化而取的一个折中的公式，在本章研究的情况中也能够应用。

17.4.2.3　横系杆刚性时交叉支撑的最小设计要求

假定横系杆完全刚性，求有缺陷体系对交叉支撑的门槛刚度要求。此时因为系杆不会失稳，斜拉杆只会强度破坏，斜拉杆本身的线刚度不随荷载而变化，因此临界荷载与斜拉杆刚度成线性关系，并且(17.130b)式仍然成立，直到柱子发生无侧移失稳。唯一要注意的是，初始侧移使得斜拉杆内产生拉力，使得拉力不要超过其抗拉强度，在这个强度要求下，斜拉杆需要的面积比(17.126)式要求的有增加。增加的比例见表 17.9，采用数值方法计算表 17.9 时，$b=6$m 不变，L/b 增加，L 增加，改变截面使得柱子的临界荷载不变。

取参数 $n=3\sim8$，$L/b=1\sim1.75$，采用有限元分析得到对应于横系杆刚度无限大时的交叉支撑门槛刚度要求，记为 $K_{d,\min}$，与理想情况下对斜拉杆刚度的比值 η_1 见表 17.9。即

$$K_{d,\min}=\eta_1 K_{dth0}=\eta_1\frac{nP_E}{l\cos^2\theta} \tag{17.134}$$

利用表 17.9 的计算结果进行交叉支撑刚度要求的无量纲化，可以发现 $\dfrac{K_{d,\min}\cos^2\theta}{P_{cr}}L$ 与柱子个数 n 以较弱的高于线性的速度增加，与高跨比 L/b 基本呈线性变化关系：

$$\eta_1=1.25+0.75\frac{L}{b} \tag{17.135}$$

横系杆刚性，最小交叉支撑刚度要求放大系数 η_1 　　　　表 17.9

n	L/b			
	1	1.25	1.5	1.75
3	1.98	2.28	2.39	2.51
4	1.91	2.20	2.30	2.52
5	1.87	2.15	2.26	2.43
6	1.94	2.12	2.29	2.45
7	1.90	2.09	2.31	2.47
8	1.88	2.14	2.33	2.48
(17.135)式	2.0	2.19	2.38	2.56

17.4.2.4　两者刚度有限时的支撑设计要求

在横系杆和交叉支撑的刚度均为有限的情况，对支撑杆的强度要求比 $(17.76a，b)$ 式要大，本文假设交叉支撑的刚度为 $\eta K_{d,min}$，其中 η 取值为 $1\sim3$。柱子个数 n 分别取 4、6、8，在不同高跨比情况下，对有缺陷双层支撑的纵向柱列进行几何非线性分析，确定柱列承载力达到柱子计算长度减少一半的欧拉荷载时对横系杆支撑的强度要求，结果列表 17.10：

提高交叉支撑刚度，横系杆支撑强度设计要求的有限元计算结果 F_E/P（%）　表 17.10

$\dfrac{L}{b}$	λ_b	n	η						$\left(\dfrac{F_E}{P}\right)_{min}$
			1.125	1.5	1.875	2.25	2.625	3.0	
1	150	4	6.883	5.709	5.206	4.838	4.614	4.483	3.71
		6	10.618	8.918	8.163	7.802	7.437	7.260	6.03
		8	14.601	12.56	11.510	10.963	10.703	10.441	8.65
1.25	150	4	6.909	5.697	5.201	4.868	4.651	4.525	3.83
		6	10.373	8.894	8.170	7.801	7.438	7.260	6.17
		8	14.143	12.281	11.492	10.961	10.447	10.181	8.76
1.5	150	4	6.912	5.812	5.202	4.959	4.838	4.719	3.99
		6	10.182	8.893	8.180	7.814	7.621	7.440	6.53
		8	13.898	12.279	11.484	10.966	10.701	10.441	9.02
1.75	150	4	7.045	6.064	5.569	5.201	4.958	4.843	4.22
		6	10.185	9.080	8.529	8.163	7.991	7.805	6.80
		8	13.886	12.537	11.750	11.225	10.966	10.710	9.43
1.75	175	4	6.842	5.968	5.344	5.099	4.976	4.859	4.18
		6	9.960	8.883	8.352	8.003	7.837	7.659	6.63
		8	13.491	12.103	11.324	11.041	10.789	10.521	9.18

对表 17.10 的数据进行拟合，并且根据文献［23］的结论：当交叉支撑刚度的大小正好等于理想情况下得到的门槛刚度时，对支撑的强度要求就会达到无穷大；而当交叉支撑的刚度达到无穷大时，对支撑的强度要求应该取 $(17.76a，b)$ 式的公式计算。因此我们拟合出如下的公式：

$$F_E/P = \frac{\eta_1\eta}{\eta_1\eta-1}(F_E/P)_{min} \tag{17.136}$$

根据 (17.136) 式，可以提出如下的设计建议：

1. 对于交叉支撑的抗侧刚度，按照钢结构设计规范（2003）的第 5.3.3 条，必须达到理想情况下对支撑刚度要求的 3.6 倍。设交叉支撑的刚度达到

$$K_d\cos^2\theta = \alpha\sum_{i=1}^{n}P_{Ei}/L, \quad \alpha = \eta\eta_1 \geqslant 3.6 \tag{17.137}$$

则对横系杆的强度要求为

$$F_E = \frac{\alpha}{\alpha-1}\left(0.6+\frac{0.4}{n}\right)\frac{\sum\limits_{i=1}^{n}P_{Ei}}{60} \tag{17.138}$$

2. 对交叉支撑的强度要求：（17.138)式表示的水平力向斜支撑方向分解得到斜支撑的拉力，按照拉杆设计斜支撑。

参 考 文 献

[1] 中国国家标准：《钢结构设计规范》GB 50017—2003，北京：中国计划出版社，2003.

[2] Tong GenShu. , Chen S. F. , Design Forces of Horizontal Inter-column Braces. Journal of Constructional Steel Research, Vol, 7（No. 5)，1987. 363~370.

[3] 童根树. 柱间水平撑杆设计的统一方法. 西安冶金建筑学院学报，1988，20（1)，87-93.

[4] 易大义等. 数值分析. 杭州：浙江科技出版社，1986.

[5] Plaut，R. H. , Requirements for lateral braing of columns with two spans, Journal of Struct. Engrg. , ASCE，119（10)：2913-2931. 1993.

[6] Tong G. S. , Chen S. F. A unified approach for multiple lateral bracing of columns, Journal of Constructional Steel Research，Vol. 12，No. 2，1989，pp. 141-149.

[7] 童根树. 平行压杆体系的侧向稳定性支撑. 西安冶金建筑学院学报，1991，4.

[8] 饶芝英，童根树. 钢结构稳定的新诠释. 建筑结构，2002，5.

[9] ISO/TV147，Steel Structures，Material and Design，1996（钢结构设计规范管理组翻译)。

[10] Australian Standards，Steel Structures，AS4100-1990.

[11] Eurocode 3，Design and Construction of Steel Structures，1993.

[12] 周承倜. 弹性稳定理论. 成都：四川人民出版社，1981.

[13] Matsui C，Yagi K. On the lateral bracing required for compression members。Proceedings of the International Colloquium on Stability of Metal Structures，Preliminary Report，Liege：1977.

[14] Lutz L A，Fisher J M. A unified approach for stability bracing requirements. Engineering Journal，AISC，1985，（4)：163-167.

[15] Winter. G. , Lateral bracing of columns and beams. J. S. D. , ASCE，1958，84（2).

[16] 童根树，陈胜平. 柱列支撑的设计要求. 工业建筑，2003，（5)：9~12.

[17] 陈绍蕃. 钢结构设计原理 [M]. 北京：科学出版社，1998. 114~120.

[18] Thompson J. M. T and Hunt G. W. , A general theory of elastic stability，John Wiley & Sons，1973，277~282.

[19] Galambos T. V. , Guide to stability design criteria for metal structures，John Wiley & Sons，Inc. , 1998.

[20] Tong G. S. , The Stiffness and Strength Requirements for the platform beams in an industrial Hall. Journal of Constructional Steel Research，Vol. 16（No. 3)，1990.

[21] 童根树，李东. 厂房纵向支撑体系的设计强度和刚度要求. 浙江大学学报（工学版)，2004 年，38（5)，615-620。

[22] 李东，柱间支撑的设计要求 [D]，浙江大学博士学位论文，2005.

[23] 童根树. 柱间水平撑杆设计方法. 西安冶金建筑学院学报，1986，（3)：110~133.

[24] Heungbae Gil，Joseph A. Yura，Bracing requirements of inelastic columns. Journal of Constructional steel research，1999 Vol. 51，P1-19.

[25] 童根树，李东. 水平和竖向力作用下厂房纵向支撑的设计要求. 科技通报，2006，（2)：241-246.

[26] 童根树，饶芝英. 双层纵向柱列支撑的设计要求. 建筑钢结构进展；2007，（3) 50-57.

第 18 章 非线性分析基础

18.1 引言

非线性分析在过去乃至现在，是稳定性研究的一个非常系统而有力的工具，它是对稳定性的许多概念进行验证，并通过研究获得设计曲线和公式的手段。当前，采用弹塑性非线性分析的方法进行结构设计是结构工程学科，特别是钢结构工程的一个发展方向。因此更有必要比较系统地对非线性分析的基本概念和方法进行详细的介绍。

由于结构工程学科的学生大多对纯力学的高度简练的数学表示方法不太熟悉，本书将近可能以结构工程学生较易理解的方式叙述，这就必须增加一定的篇幅。

结构中的任意一点 P 的初始位置（记为 C_0）用向量表示为

$$\vec{r}_0 = x\,\vec{i} + y\,\vec{j} + z\,\vec{k} \tag{18.1}$$

在 C_1 位置，它已经发生了位移(u, v, w)，位置变为 P_1：

$$\vec{r}_1 = (x+u)\vec{i} + (y+v)\vec{j} + (z+w)\vec{k} \tag{18.2}$$

从 C_1 位置开始又产生了位移增量$(\Delta u, \Delta v, \Delta w)$，位移到 C_2 位置 P_2，记为

$$\vec{r}_2 = (x+u+\Delta u)\vec{i} + (y+v+\Delta v)\vec{j} + (z+w+\Delta w)\vec{k} \tag{18.3}$$

下面为了叙述的方便，我们有时采用 $u_i(i=1, 2, 3)$ 来代表 u, v, w，即

$$u_1 = u, \quad u_2 = v, \quad u_3 = w$$

$\vec{r}_1$ 的偏导数是

$$\frac{\partial \vec{r}_1}{\partial x} = \left(1 + \frac{\partial u}{\partial x}\right)\vec{i} + \frac{\partial v}{\partial x}\vec{j} + \frac{\partial w}{\partial x}\vec{k},$$

$$\frac{\partial \vec{r}_1}{\partial y} = \frac{\partial u}{\partial y}\vec{i} + \left(1 + \frac{\partial v}{\partial y}\right)\vec{j} + \frac{\partial w}{\partial y}\vec{k},$$

$$\frac{\partial \vec{r}_1}{\partial z} = \frac{\partial u}{\partial z}\vec{i} + \frac{\partial v}{\partial z}\vec{j} + \left(1 + \frac{\partial w}{\partial z}\right)\vec{k}$$

18.2 应变定义

18.2.1 Green 应变张量和 Green 应变增量张量

C_1 状态和 C_2 状态的 Green 应变分别记为 e_{ij} 和 $e_{ij} + \Delta e_{ij}$，它们的定义为

$$2e_{ij} = \bar{r}_{1,i}\bar{r}_{1,j} - \bar{r}_{0,i}\bar{r}_{0,j} = u_{i,j} + u_{j,i} + u_{k,i}u_{k,j} \tag{18.4}$$

$$2(e_{ij} + \Delta e_{ij}) = \bar{r}_{2,i}\bar{r}_{2,j} - \bar{r}_{0,i}\bar{r}_{0,j}$$
$$= (u_i + \Delta u_i)_{,j} + (u_j + \Delta u_j)_{,i} + (u_k + \Delta u_k)_{,i}(u_k + \Delta u_k)_{,j} \tag{18.5}$$

按照上述公式计算的应变 e_{ij} 称为 Green 应变，Δe_{ij} 称为 Green 应变增量。它的计算是以变形以后的位置与初始位置的差来计算的，或以初始位置的坐标系(也是不变的坐标系)为基准计算的(这句话的意思是位移求导是对定义初始位置的坐标变量进行的)。Green 应变和 Green 应变增量是最常用的一种应变。

(18.5)式减去(18.4)式得到

$$2\Delta e_{ij} = \Delta u_{i,j} + \Delta u_{j,i} + u_{k,i}\Delta u_{k,j} + u_{k,j}\Delta u_{k,i} + \Delta u_{k,i}\Delta u_{k,j} \tag{18.6}$$

上式可以记为以下三部分：线性部分 ε_{ij1}，初位移部分 ε_{ij2} 和非线性部分 η_{ij}，得到

$$\Delta e_{ij} = \Delta\varepsilon_{ij1} + \Delta\varepsilon_{ij2} + \Delta\eta_{ij} \tag{18.7}$$

$$\Delta\varepsilon_{ij1} = \frac{1}{2}(\Delta u_{i,j} + \Delta u_{j,i}) \tag{18.8a}$$

$$\Delta\varepsilon_{ij2} = \frac{1}{2}(u_{k,i}\Delta u_{k,j} + u_{k,j}\Delta u_{k,i}) \tag{18.8b}$$

$$\Delta\eta_{ij} = \frac{1}{2}\Delta u_{k,i}\Delta u_{k,j} \tag{18.8c}$$

Green 应变张量及其 Green 应变增量张量具有刚体位移下的不变性，即刚体平移和转动下不会产生新的应变。

18.2.2 现时(updated)Green 应变增量张量

在非线性分析中，已知前一步 C_1 的状态(荷载已知，位移已知，结构的弹塑性状态已知)，荷载继续增加一个增量，位移和内部的应力也会产生增量，计算这些增量时也可以前一步状态 C_1 处定义一个坐标系，而不一定要以初始状态的坐标系为基准。如果我们定义：

$$2\Delta^* e_{ij} = \frac{\partial\bar{r}_2}{\partial X_i}\frac{\partial\bar{r}_2}{\partial X_j} - \frac{\partial\bar{r}_1}{\partial X_i}\frac{\partial\bar{r}_1}{\partial X_j} = \frac{\partial(X_k + \Delta u_k)}{\partial X_i}\frac{\partial(X_k + \Delta u_k)}{\partial X_j} - \frac{\partial\bar{r}_1}{\partial X_i}\frac{\partial\bar{r}_1}{\partial X_j}$$
$$= \frac{\partial X_k}{\partial X_i}\frac{\partial\Delta u_k}{\partial X_j} + \frac{\partial X_k}{\partial X_j}\frac{\partial\Delta u_k}{\partial X_i} + \frac{\partial\Delta u_k}{\partial X_i}\frac{\partial\Delta u_k}{\partial X_j} = \frac{\partial\Delta u_i}{\partial X_j} + \frac{\partial\Delta u_i}{\partial X_i} + \frac{\partial\Delta u_k}{\partial X_i}\frac{\partial\Delta u_k}{\partial X_j} \tag{18.9}$$

我们称 $\Delta^* e_{ij}$ 为现时 Green 应变增量(Updated Green Strain Increment)。注意上式位移求导数是对前一步位置 C_1 的坐标系的坐标变量 X_i，$X_i(i=1,2,3)$ 与初始位置的坐标的关系为

$$X_1 = X = x + u \tag{18.10a}$$

$$X_2 = Y = y + v \tag{18.10b}$$

$$X_3 = Z = z + w \tag{18.10c}$$

(18.9)式与(18.5)式相比还有一个区别，就是它是 C_2 位置与 C_1 位置相减计算的，因此应变只有增量部分。(18.9) 式也可以表示成线性部分和非线性部分

$$\Delta^* e_{ij} = \Delta^*\varepsilon_{ij} + \Delta^*\eta_{ij} \tag{18.11}$$

$$\Delta^*\varepsilon_{ij} = \frac{1}{2}\left(\frac{\partial\Delta u_i}{\partial X_j} + \frac{\partial\Delta u_j}{\partial X_i}\right) \tag{18.12a}$$

$$\Delta^* \eta_{ij} = \frac{1}{2} \frac{\partial \Delta u_k}{\partial X_i} \frac{\partial \Delta u_k}{\partial X_j} \qquad (18.12b)$$

注意，上面定义现时 Green 应变增量的 Δu_i 虽然看上去仍然是以初始的坐标计算的，但是要变换或改写为 C_1 坐标系下的位移量，这看起来有点奇怪。但是我们要注意到，X_i ($i=1$, 2, 3)是作为现时的物质坐标（指固定在物质点上，随物质点的位移而位移的坐标系），但是这个坐标系的方向是像指南针一样，位置虽然移动，但是方向却不变的。固体力学的空间应力分析问题，用现时 Green 应变的计算，如果在空间画出现时坐标系的话，则这个坐标系是与初始坐标系 $x_i(i=1$, 2, 3)平行的，C_2 的物质坐标系 $Y_i(i=1$, 2, 3) 也是与初始坐标系 x_i ($i=1$, 2, 3) 平行的。

上文及下面提到的 C_1 坐标系和 C_2 坐标系都是这种物质坐标系。相对于物质坐标系还有空间固定坐标系中的描述，例如永远描述 $x=10$ 这个 yz 平面上各个质点的应力，而不管在某个时刻在这个面上的质点位移到另一个位置上去了。

通过坐标转换，可以将现时 Green 应变增量 $\Delta^* e_{ij}$ 和 Green 应变增量 Δe_{ij} 联系起来。因为

$$\frac{\partial X_i}{\partial x_j} = \frac{\partial (x_i + u_i)}{\partial x_j} = \delta_{ij} + u_{i,j} \qquad (18.13)$$

式中 δ_{ij} 是迪拉克函数：

$$\delta_{ij} = \begin{cases} 1, & \text{当 } i=j \text{ 时} \\ 0, & \text{当 } i \neq j \text{ 时} \end{cases} \qquad (18.14)$$

$$2\Delta^* \varepsilon_{ij} = \frac{\partial \Delta u_i}{\partial X_j} + \frac{\partial \Delta u_j}{\partial X_i} = \frac{\partial \Delta u_i}{\partial x_k} \frac{\partial x_k}{\partial X_j} + \frac{\partial \Delta u_j}{\partial x_k} \frac{\partial x_k}{\partial X_i}$$

$$= \left\langle \frac{\partial x_1}{\partial X_i} \quad \frac{\partial x_2}{\partial X_i} \quad \frac{\partial x_3}{\partial X_i} \right\rangle \left\{ \begin{array}{c} \dfrac{\partial \Delta u_j}{\partial x_1} \\[6pt] \dfrac{\partial \Delta u_j}{\partial x_2} \\[6pt] \dfrac{\partial \Delta u_j}{\partial x_3} \end{array} \right\} + \left\langle \frac{\partial x_1}{\partial X_j} \quad \frac{\partial x_2}{\partial X_j} \quad \frac{\partial x_3}{\partial X_j} \right\rangle \left\{ \begin{array}{c} \dfrac{\partial \Delta u_i}{\partial x_1} \\[6pt] \dfrac{\partial \Delta u_i}{\partial x_2} \\[6pt] \dfrac{\partial \Delta u_i}{\partial x_3} \end{array} \right\}$$

$$2\Delta \varepsilon_{ij} = \Delta u_{i,j} + \Delta u_{j,i} + u_{k,i} \Delta u_{k,j} + u_{k,j} \Delta u_{k,i} = (\delta_{ki} + u_{k,i}) \Delta u_{k,j} + (\delta_{kj} + u_{k,j}) \Delta u_{k,i}$$

$$= \left\langle \delta_{1i} + \frac{\partial u_1}{\partial x_i} \quad \delta_{2i} + \frac{\partial u_2}{\partial x_i} \quad \delta_{3i} + \frac{\partial u_3}{\partial x_i} \right\rangle \left\{ \begin{array}{c} \dfrac{\partial \Delta u_1}{\partial x_j} \\[6pt] \dfrac{\partial \Delta u_2}{\partial x_j} \\[6pt] \dfrac{\partial \Delta u_3}{\partial x_j} \end{array} \right\} + \left\langle \delta_{1j} + \frac{\partial u_1}{\partial x_j} \quad \delta_{2j} + \frac{\partial u_2}{\partial x_j} \quad \delta_{3j} + \frac{\partial u_3}{\partial x_j} \right\rangle \left\{ \begin{array}{c} \dfrac{\partial \Delta u_1}{\partial x_i} \\[6pt] \dfrac{\partial \Delta u_2}{\partial x_i} \\[6pt] \dfrac{\partial \Delta u_3}{\partial x_i} \end{array} \right\}$$

$$= \left\langle \frac{\partial X_1}{\partial x_i} \quad \frac{\partial X_2}{\partial x_i} \quad \frac{\partial X_3}{\partial x_i} \right\rangle \left\{ \begin{array}{c} \dfrac{\partial \Delta u_1}{\partial x_j} \\[6pt] \dfrac{\partial \Delta u_2}{\partial x_j} \\[6pt] \dfrac{\partial \Delta u_3}{\partial x_j} \end{array} \right\} + \left\langle \frac{\partial X_1}{\partial x_j} \quad \frac{\partial X_2}{\partial x_j} \quad \frac{\partial X_3}{\partial x_j} \right\rangle \left\{ \begin{array}{c} \dfrac{\partial \Delta u_1}{\partial x_i} \\[6pt] \dfrac{\partial \Delta u_2}{\partial x_i} \\[6pt] \dfrac{\partial \Delta u_3}{\partial x_i} \end{array} \right\}$$

而 $\dfrac{\partial \Delta u_1}{\partial x_j} = \dfrac{\partial \Delta u_1}{\partial X_k}\dfrac{\partial X_k}{\partial x_j} = \left< \dfrac{\partial \Delta u_1}{\partial X_1} \quad \dfrac{\partial \Delta u_1}{\partial X_2} \quad \dfrac{\partial \Delta u_1}{\partial X_3} \right> \begin{Bmatrix} \dfrac{\partial X_1}{\partial x_j} \\[2mm] \dfrac{\partial X_2}{\partial x_j} \\[2mm] \dfrac{\partial X_3}{\partial x_j} \end{Bmatrix}$

$\dfrac{\partial \Delta u_2}{\partial x_j} = \dfrac{\partial \Delta u_2}{\partial X_k}\dfrac{\partial X_k}{\partial x_j} = \left< \dfrac{\partial \Delta u_2}{\partial X_1} \quad \dfrac{\partial \Delta u_2}{\partial X_2} \quad \dfrac{\partial \Delta u_2}{\partial X_3} \right> \begin{Bmatrix} \dfrac{\partial X_1}{\partial x_j} \\[2mm] \dfrac{\partial X_2}{\partial x_j} \\[2mm] \dfrac{\partial X_3}{\partial x_j} \end{Bmatrix}$

$\dfrac{\partial \Delta u_3}{\partial x_j} = \dfrac{\partial \Delta u_3}{\partial X_k}\dfrac{\partial X_k}{\partial x_j} = \left< \dfrac{\partial \Delta u_3}{\partial X_1} \quad \dfrac{\partial \Delta u_3}{\partial X_2} \quad \dfrac{\partial \Delta u_3}{\partial X_3} \right> \begin{Bmatrix} \dfrac{\partial X_1}{\partial x_j} \\[2mm] \dfrac{\partial X_2}{\partial x_j} \\[2mm] \dfrac{\partial X_3}{\partial x_j} \end{Bmatrix}$

因此

$$\begin{Bmatrix} \dfrac{\partial \Delta u_1}{\partial x_j} \\[2mm] \dfrac{\partial \Delta u_2}{\partial x_j} \\[2mm] \dfrac{\partial \Delta u_3}{\partial x_j} \end{Bmatrix} = \begin{bmatrix} \dfrac{\partial \Delta u_1}{\partial X_1} & \dfrac{\partial \Delta u_1}{\partial X_2} & \dfrac{\partial \Delta u_1}{\partial X_3} \\[2mm] \dfrac{\partial \Delta u_2}{\partial X_1} & \dfrac{\partial \Delta u_2}{\partial X_2} & \dfrac{\partial \Delta u_2}{\partial X_3} \\[2mm] \dfrac{\partial \Delta u_3}{\partial X_1} & \dfrac{\partial \Delta u_3}{\partial X_2} & \dfrac{\partial \Delta u_3}{\partial X_3} \end{bmatrix} \begin{Bmatrix} \dfrac{\partial X_1}{\partial x_j} \\[2mm] \dfrac{\partial X_2}{\partial x_j} \\[2mm] \dfrac{\partial X_3}{\partial x_j} \end{Bmatrix}$$

所以 $2\Delta \varepsilon_{ij} =$

$$= \left< \dfrac{\partial X_1}{\partial x_i} \quad \dfrac{\partial X_2}{\partial x_i} \quad \dfrac{\partial X_3}{\partial x_i} \right> \begin{bmatrix} \dfrac{\partial \Delta u_1}{\partial X_1} & \dfrac{\partial \Delta u_1}{\partial X_2} & \dfrac{\partial \Delta u_1}{\partial X_3} \\[2mm] \dfrac{\partial \Delta u_2}{\partial X_1} & \dfrac{\partial \Delta u_2}{\partial X_2} & \dfrac{\partial \Delta u_2}{\partial X_3} \\[2mm] \dfrac{\partial \Delta u_3}{\partial X_1} & \dfrac{\partial \Delta u_3}{\partial X_2} & \dfrac{\partial \Delta u_3}{\partial X_3} \end{bmatrix} \begin{Bmatrix} \dfrac{\partial X_1}{\partial x_j} \\[2mm] \dfrac{\partial X_2}{\partial x_j} \\[2mm] \dfrac{\partial X_3}{\partial x_j} \end{Bmatrix} +$$

$$\left< \dfrac{\partial X_1}{\partial x_j} \quad \dfrac{\partial X_2}{\partial x_j} \quad \dfrac{\partial X_3}{\partial x_j} \right> \begin{bmatrix} \dfrac{\partial \Delta u_1}{\partial X_1} & \dfrac{\partial \Delta u_1}{\partial X_2} & \dfrac{\partial \Delta u_1}{\partial X_3} \\[2mm] \dfrac{\partial \Delta u_2}{\partial X_1} & \dfrac{\partial \Delta u_2}{\partial X_2} & \dfrac{\partial \Delta u_2}{\partial X_3} \\[2mm] \dfrac{\partial \Delta u_3}{\partial X_1} & \dfrac{\partial \Delta u_3}{\partial X_2} & \dfrac{\partial \Delta u_3}{\partial X_3} \end{bmatrix} \begin{Bmatrix} \dfrac{\partial X_1}{\partial x_i} \\[2mm] \dfrac{\partial X_2}{\partial x_i} \\[2mm] \dfrac{\partial X_3}{\partial x_i} \end{Bmatrix}$$

543

$$= \left\langle \dfrac{\partial X_1}{\partial x_i} \quad \dfrac{\partial X_2}{\partial x_i} \quad \dfrac{\partial X_3}{\partial x_i} \right\rangle \begin{bmatrix} \dfrac{\partial \Delta u_1}{\partial X_1} & \dfrac{\partial \Delta u_1}{\partial X_2} & \dfrac{\partial \Delta u_1}{\partial X_3} \\[2mm] \dfrac{\partial \Delta u_2}{\partial X_1} & \dfrac{\partial \Delta u_2}{\partial X_2} & \dfrac{\partial \Delta u_2}{\partial X_3} \\[2mm] \dfrac{\partial \Delta u_3}{\partial X_1} & \dfrac{\partial \Delta u_3}{\partial X_2} & \dfrac{\partial \Delta u_3}{\partial X_3} \end{bmatrix} \begin{Bmatrix} \dfrac{\partial X_1}{\partial x_j} \\[2mm] \dfrac{\partial X_2}{\partial x_j} \\[2mm] \dfrac{\partial X_3}{\partial x_j} \end{Bmatrix}$$

$$+ \left\langle \dfrac{\partial X_1}{\partial x_i} \quad \dfrac{\partial X_2}{\partial x_i} \quad \dfrac{\partial X_3}{\partial x_i} \right\rangle \begin{bmatrix} \dfrac{\partial \Delta u_1}{\partial X_1} & \dfrac{\partial \Delta u_2}{\partial X_1} & \dfrac{\partial \Delta u_3}{\partial X_1} \\[2mm] \dfrac{\partial \Delta u_1}{\partial X_2} & \dfrac{\partial \Delta u_2}{\partial X_2} & \dfrac{\partial \Delta u_3}{\partial X_2} \\[2mm] \dfrac{\partial \Delta u_1}{\partial X_3} & \dfrac{\partial \Delta u_2}{\partial X_3} & \dfrac{\partial \Delta u_3}{\partial X_3} \end{bmatrix} \begin{Bmatrix} \dfrac{\partial X_1}{\partial x_j} \\[2mm] \dfrac{\partial X_2}{\partial x_j} \\[2mm] \dfrac{\partial X_3}{\partial x_j} \end{Bmatrix}$$

$$2\Delta\varepsilon_{ij} = \left\langle \dfrac{\partial X_1}{\partial x_i} \quad \dfrac{\partial X_2}{\partial x_i} \quad \dfrac{\partial X_3}{\partial x_i} \right\rangle \begin{bmatrix} \Delta^*\varepsilon_{11} & \Delta^*\varepsilon_{12} & \Delta^*\varepsilon_{13} \\[2mm] \Delta^*\varepsilon_{21} & \Delta^*\varepsilon_{22} & \Delta^*\varepsilon_{23} \\[2mm] \Delta^*\varepsilon_{31} & \Delta^*\varepsilon_{32} & \Delta^*\varepsilon_{33} \end{bmatrix} \begin{Bmatrix} \dfrac{\partial X_1}{\partial x_j} \\[2mm] \dfrac{\partial X_2}{\partial x_j} \\[2mm] \dfrac{\partial X_3}{\partial x_j} \end{Bmatrix}$$

即存在如下的关系：

$$\Delta\varepsilon_{ij} = \frac{\partial X_m}{\partial x_i} \frac{\partial X_n}{\partial x_j} \Delta^*\varepsilon_{mn} \tag{18.15}$$

上面是两种线性应变增量之间的关系。进一步，根据 Washizu[1]，总的应变增量存在如下类似的关系：

$$\Delta e_{ij} = \frac{\partial X_m}{\partial x_i} \frac{\partial X_n}{\partial x_j} \Delta^* e_{mn} \tag{18.16a}$$

$$\Delta\varepsilon_{ij} + \Delta\eta_{ij} = \frac{\partial X_m}{\partial x_i} \frac{\partial X_n}{\partial x_j} (\Delta^*\varepsilon_{mn} + \Delta^*\eta_{mn}) \tag{18.16b}$$

也即

$$\Delta\varepsilon_{ij} + \Delta\eta_{ij} = \left\langle \dfrac{\partial X_1}{\partial x_i} \quad \dfrac{\partial X_2}{\partial x_i} \quad \dfrac{\partial X_3}{\partial x_i} \right\rangle$$

$$\left(\begin{bmatrix} \Delta^*\varepsilon_{11} & \Delta^*\varepsilon_{12} & \Delta^*\varepsilon_{13} \\[2mm] \Delta^*\varepsilon_{21} & \Delta^*\varepsilon_{22} & \Delta^*\varepsilon_{23} \\[2mm] \Delta^*\varepsilon_{31} & \Delta^*\varepsilon_{32} & \Delta^*\varepsilon_{33} \end{bmatrix} + \begin{bmatrix} \Delta^*\eta_{11} & \Delta^*\eta_{12} & \Delta^*\eta_{13} \\[2mm] \Delta^*\eta_{21} & \Delta^*\eta_{22} & \Delta^*\eta_{23} \\[2mm] \Delta^*\eta_{31} & \Delta^*\eta_{32} & \Delta^*\eta_{33} \end{bmatrix} \right) \begin{Bmatrix} \dfrac{\partial X_1}{\partial x_j} \\[2mm] \dfrac{\partial X_2}{\partial x_j} \\[2mm] \dfrac{\partial X_3}{\partial x_j} \end{Bmatrix}$$

下面需要验证 $\Delta\eta_{ij} = \left\langle \dfrac{\partial X_1}{\partial x_i} \quad \dfrac{\partial X_2}{\partial x_i} \quad \dfrac{\partial X_3}{\partial x_i} \right\rangle \begin{bmatrix} \Delta^*\eta_{11} & \Delta^*\eta_{12} & \Delta^*\eta_{13} \\ \Delta^*\eta_{21} & \Delta^*\eta_{22} & \Delta^*\eta_{23} \\ \Delta^*\eta_{31} & \Delta^*\eta_{32} & \Delta^*\eta_{33} \end{bmatrix} \begin{Bmatrix} \dfrac{\partial X_1}{\partial x_j} \\ \dfrac{\partial X_2}{\partial x_j} \\ \dfrac{\partial X_3}{\partial x_j} \end{Bmatrix}$ 是否成立。

以验证$(18.16a，b)$式的正确性。

$$2\Delta\eta_{ij} = \Delta u_{k,i}\Delta u_{k,j} = \frac{\partial \Delta u_1}{\partial x_i}\frac{\partial \Delta u_1}{\partial x_j} + \frac{\partial \Delta u_2}{\partial x_i}\frac{\partial \Delta u_2}{\partial x_j} + \frac{\partial \Delta u_3}{\partial x_i}\frac{\partial \Delta u_3}{\partial x_j} =$$

$$\left\langle \frac{\partial \Delta u_1}{\partial x_i} \quad \frac{\partial \Delta u_2}{\partial x_i} \quad \frac{\partial \Delta u_3}{\partial x_i} \right\rangle \begin{Bmatrix} \dfrac{\partial \Delta u_1}{\partial x_j} \\ \dfrac{\partial \Delta u_2}{\partial x_j} \\ \dfrac{\partial \Delta u_3}{\partial x_j} \end{Bmatrix} =$$

$$\left\langle \frac{\partial X_1}{\partial x_i} \quad \frac{\partial X_2}{\partial x_i} \quad \frac{\partial X_3}{\partial x_i} \right\rangle \begin{bmatrix} \dfrac{\partial \Delta u_1}{\partial X_1} & \dfrac{\partial \Delta u_2}{\partial X_1} & \dfrac{\partial \Delta u_3}{\partial X_1} \\ \dfrac{\partial \Delta u_1}{\partial X_2} & \dfrac{\partial \Delta u_2}{\partial X_2} & \dfrac{\partial \Delta u_3}{\partial X_2} \\ \dfrac{\partial \Delta u_1}{\partial X_3} & \dfrac{\partial \Delta u_2}{\partial X_3} & \dfrac{\partial \Delta u_3}{\partial X_3} \end{bmatrix} \begin{bmatrix} \dfrac{\partial \Delta u_1}{\partial X_1} & \dfrac{\partial \Delta u_1}{\partial X_2} & \dfrac{\partial \Delta u_1}{\partial X_3} \\ \dfrac{\partial \Delta u_2}{\partial X_1} & \dfrac{\partial \Delta u_2}{\partial X_2} & \dfrac{\partial \Delta u_2}{\partial X_3} \\ \dfrac{\partial \Delta u_3}{\partial X_1} & \dfrac{\partial \Delta u_3}{\partial X_2} & \dfrac{\partial \Delta u_3}{\partial X_3} \end{bmatrix} \begin{Bmatrix} \dfrac{\partial X_1}{\partial x_j} \\ \dfrac{\partial X_2}{\partial x_j} \\ \dfrac{\partial X_3}{\partial x_j} \end{Bmatrix}$$

$$= \left\langle \frac{\partial X_1}{\partial x_i} \quad \frac{\partial X_2}{\partial x_i} \quad \frac{\partial X_3}{\partial x_i} \right\rangle \begin{bmatrix} \Delta^*\eta_{11} & \Delta^*\eta_{12} & \Delta^*\eta_{13} \\ \Delta^*\eta_{21} & \Delta^*\eta_{22} & \Delta^*\eta_{23} \\ \Delta^*\eta_{31} & \Delta^*\eta_{32} & \Delta^*\eta_{33} \end{bmatrix} \begin{Bmatrix} \dfrac{\partial X_1}{\partial x_j} \\ \dfrac{\partial X_2}{\partial x_j} \\ \dfrac{\partial X_3}{\partial x_j} \end{Bmatrix}$$

也即$(18.16a，b)$式是成立的。反过来下式也成立：

$$\Delta^* e_{ij} = \frac{\partial x_m}{\partial X_i}\frac{\partial x_n}{\partial X_j}\Delta e_{mn} \tag{18.17}$$

18.2.3 Almansi 应变张量

(18.9)式实际上是 C_2 和 C_1 状态下的 Almansi 应变 $\bar{e}_{ij}$ 的差值：

$$2\bar{e}_{ij} = \frac{\partial \vec{r}_1}{\partial X_i}\frac{\partial \vec{r}_1}{\partial X_j} - \frac{\partial \vec{r}_0}{\partial X_i}\frac{\partial \vec{r}_0}{\partial X_j} \tag{18.18}$$

$$2(\bar{e}_{ij} + \Delta^* e_{ij}) = \frac{\partial \vec{r}_2}{\partial X_i}\frac{\partial \vec{r}_2}{\partial X_j} - \frac{\partial \vec{r}_0}{\partial X_i}\frac{\partial \vec{r}_0}{\partial X_j} \tag{18.19}$$

将位移分量代入得到

$$\bar{e}_{ij} = \frac{1}{2}\left(\frac{\partial u_i}{\partial X_j} + \frac{\partial u_j}{\partial X_i} - \frac{\partial u_k}{\partial X_i}\frac{\partial u_k}{\partial X_j} \right) \tag{18.20}$$

Almansi 应变和 Green 应变的变换关系为

$$\bar{e}_{ij} = \frac{\partial x_m}{\partial X_i}\frac{\partial x_n}{\partial X_j}e_{mn} \tag{18.21a}$$

比较$(18.21a)$式和(18.17)式发现，他们之间的转换关系是相同的。因此

$$\bar{e}_{ij} + \Delta^* e_{ij} = \frac{\partial x_m}{\partial X_i} \frac{\partial x_n}{\partial X_j}(e_{mn} + \Delta e_{mn}) \tag{18.21b}$$

注意在计算 Green 应变时，u_i 被看做是 x_i 的函数，即未变形的初始构形内质点位置的函数：$u_i = X_i(x_j, C_1) - x_i$。在计算 Almansi 应变时 u_i 被看做是变形后的构形内质点位置的函数：$u_i = X_i - x_i(X_j, C_1)$。

18.2.4　欧拉应变和欧拉应变增量张量

欧拉应变是以 C_2 状态下的物质坐标定义的 C_2 状态下的应变：

$$\varepsilon_{ij Y} = \frac{1}{2}\left[\frac{\partial(u_i + \Delta u_i)}{\partial Y_j} + \frac{\partial(u_j + \Delta u_j)}{\partial Y_i}\right] \tag{18.22a}$$

欧拉应变增量张量是以 C_2 状态的物质坐标系计算的从 C_1 状态到 C_2 状态增量步内的应变增量

$$2\Delta e_{ij Y} = \frac{\partial \bar{r}_2}{\partial Y_i}\frac{\partial \bar{r}_2}{\partial Y_j} - \frac{\partial \bar{r}_1}{\partial Y_i}\frac{\partial \bar{r}_1}{\partial Y_j} = \frac{\partial \bar{r}_2}{\partial Y_i}\frac{\partial \bar{r}_2}{\partial Y_j} - \frac{\partial(\bar{r}_2 - \Delta \bar{r})}{\partial Y_i}\frac{\partial(\bar{r}_2 - \Delta \bar{r})}{\partial Y_j}$$

$$= \frac{\partial \bar{r}_2}{\partial Y_i}\frac{\partial \Delta u_k}{\partial Y_j} + \frac{\partial \Delta u_k}{\partial Y_i}\frac{\partial \bar{r}_2}{\partial Y_j} - \frac{\partial \Delta u_k}{\partial Y_i}\frac{\partial \Delta u_k}{\partial Y_j} = \frac{\partial \Delta u_i}{\partial Y_j} + \frac{\partial \Delta u_j}{\partial Y_i} - \frac{\partial \Delta u_k}{\partial Y_i}\frac{\partial \Delta u_k}{\partial Y_j} \tag{18.22b}$$

线性的欧拉应变增量张量为

$$\Delta\varepsilon_{ij Y} = \frac{1}{2}\left(\frac{\partial \Delta u_i}{\partial Y_j} + \frac{\partial \Delta u_j}{\partial Y_i}\right) \tag{18.22c}$$

18.3　应力定义

18.3.1　欧拉应力

任意一点 P 在 C_1 和 C_2 位形下的欧拉应力为 σ_{ij}^E 和 $\sigma_{ij}^E + \Delta\sigma_{ij}^E$，它们是以变形以后的位形定义的。在 C_1 位形下的点 P1 处的立方体：

$$X_i = x_i + u_i = \text{Const}, X_i + dX_i = x_i + u_i + dx_i + du_i = \text{Const}, i = 1, 2, 3$$

$$(18.23a, b)$$

在这个立方体上面我们定义应力 σ_{ij}^E。

在 C_2 位形下的点 P2 处的立方体：

$$Y_i = x_i + u_i + \Delta u_i = \text{Const} \tag{18.23c}$$

$$Y_i + dY_i = x_i + u_i + \Delta u_i + dx_i + d(u_i + \Delta u_i) = \text{Const}, i = 1, 2, 3 \tag{18.23d}$$

在这个立方体上面定义 $\sigma_{ij}^E + \Delta\sigma_{ij}^E$。见图 18.1。欧拉应力的方向永远垂直于原始的坐标面。因此这种描述应力的坐标系是空间固定坐标系，欧拉应力是应力的空间坐标描述法（相对于下面的物质坐标描述法）。下面将会看到引入欧拉应力的自然性。

在非线性分析的过程中，欧拉应力可以看成是相对的：C_2 状态下的应力方向定义为与 C_1 方向的应力相同，即可以看成是欧拉应力。

18.3.2 **Kirchhoff 应力**

Kirchhoff 应力定义如下：任意一点 P 在 C_1 和 C_2 位形下的应力分别为 σ_{ij} 和 $\sigma_{ij} + \Delta\sigma_{ij}$，它们是以初始状态作为基准计算的：在初始状态 C_0 下 P 点处的空间微元

$$x_i = \text{Const}, x_i + \mathrm{d}x_i = \text{Const}, i = 1, 2, 3 \tag{18.24}$$

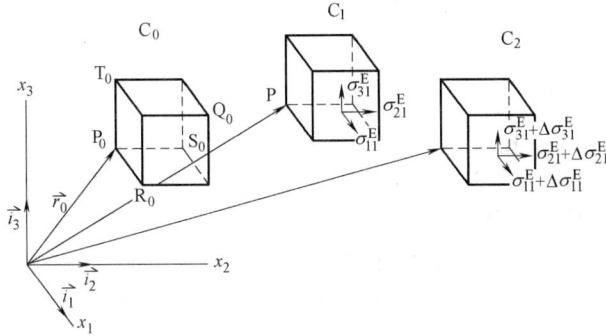

图 18.1　欧拉应力

这个微元在 C_1 状态下变为扭曲的六面体，其中一个面的边长分别变为 $\dfrac{\partial \vec{r}_1}{\partial x_2} \mathrm{d}x_2 = \vec{E}_2 \mathrm{d}x_2$ 和 $\dfrac{\partial \vec{r}_1}{\partial x_3} \mathrm{d}x_3 = \vec{E}_3 \mathrm{d}x_3$，在这个面上作用着如下的应力

$$-\sigma_{1j} \frac{\partial \vec{r}_1}{\partial x_j} \mathrm{d}x_2 \mathrm{d}x_3, j = 1, 2, 3 \tag{18.25}$$

上式代表一个正应力和两个剪应力：

$$-\sigma_{11} \frac{\partial \vec{r}_1}{\partial x_1} \mathrm{d}x_2 \mathrm{d}x_3, \quad -\sigma_{12} \frac{\partial \vec{r}_1}{\partial x_2} \mathrm{d}x_2 \mathrm{d}x_3, \quad -\sigma_{13} \frac{\partial \vec{r}_1}{\partial x_3} \mathrm{d}x_2 \mathrm{d}x_3$$

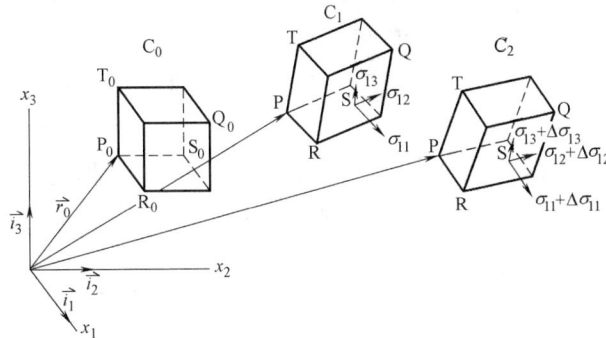

图 18.2　Kirchhoff 应力

因为 $\dfrac{\partial \vec{r}_1}{\partial x_1} = (1 + u_{1,1}) \vec{i} + u_{2,1} \vec{j} + u_{3,1} \vec{k}$，正应力可以展开为

$$-\sigma_{11} [(1 + u_{1,1}) \vec{i} + u_{2,1} \vec{j} + u_{3,1} \vec{k}] \mathrm{d}x_2 \mathrm{d}x_3$$

式中方括号内的向量代表了这个面法线的方向，同时也表示了应力的方向，这个向量的模也代表了应力的大小为 $\sigma_{11} \sqrt{1 + 2u_{1,1} + u_{1,1}^2 + u_{2,1}^2 + u_{3,1}^2}$。

剪应力是

$$\sigma_{12}\left[\frac{\partial u}{\partial y}\vec{i}+(1+\frac{\partial v}{\partial y})\vec{j}+\frac{\partial w}{\partial y}\vec{k}\right],\sigma_{13}\left[\frac{\partial u}{\partial z}\vec{i}+\frac{\partial v}{\partial z}\vec{j}+(1+\frac{\partial w}{\partial z})\vec{k}\right]$$

也是这个微元在 C_2 状态下变为扭曲的立方体，其中一个面的边长分别变为 $\frac{\partial \vec{r}_2}{\partial x_2}\mathrm{d}x_2$ 和 $\frac{\partial \vec{r}_2}{\partial x_3}\mathrm{d}x_3$，在这个面上作用着如下的应力

$$-(\sigma_{1j}+\Delta\sigma_{1j})\frac{\partial \vec{r}_2}{\partial x_j}\mathrm{d}x_2\mathrm{d}x_3 \tag{18.26}$$

Kirchhoff 应力有如下的特点：

（1）上述应力作用在变形后扭曲的面上，正应力的方向垂直于扭曲后的平面，剪应力的方向则是垂直于变形后的边线。

（2）Kirchhoff 应力是按照变形前的几何量来定义的。

Kirchhoff 应力可以这样理解，假设初始位置面积为 $\vec{n}_t \mathrm{d}A_0$（$\vec{n}_t$ 为这个微元的初始法线，$\vec{n}_t=n_1\vec{i}+n_2\vec{j}+n_3\vec{k}$。如果 $\mathrm{d}A_0=\mathrm{d}x_2\mathrm{d}x_3$，则 $\vec{n}_t=\vec{i}$）的微元面积上作用着初始的力 $\mathrm{d}\vec{T}_0=\mathrm{d}T_{0x}\vec{i}+\mathrm{d}T_{0y}\vec{j}+\mathrm{d}T_{0z}\vec{k}$，它与变形后的 Kirchhoff 应力的关系为：

$$\mathrm{d}T_{0i}=\sigma_{it}\vec{n}_t\mathrm{d}A_0 \quad (i=1,2,3) \tag{18.27}$$

上式看上去有点奇怪：初始状态的力和面积，联系的却是变形后的微面上的应力。下面会解释为什么这样定义或理解 Kirchhoff 应力。

上式应理解为两个向量的点积，即

$$\mathrm{d}T_{0x}=\vec{\sigma}_{1t}\cdot\vec{n}_t\mathrm{d}A_0=(\sigma_{11}\vec{i}+\sigma_{12}\vec{j}+\sigma_{13}\vec{k})\cdot(n_1\vec{i}+n_2\vec{j}+n_3\vec{k})\mathrm{d}A_0$$

由矢量点积的运算法则

$$\mathrm{d}T_{0x}=(\sigma_{11}n_1+\sigma_{12}n_2+\sigma_{13}n_3)\mathrm{d}A_0$$
$$\mathrm{d}T_{0y}=(\sigma_{21}n_1+\sigma_{22}n_2+\sigma_{23}n_3)\mathrm{d}A_0$$
$$\mathrm{d}T_{0z}=(\sigma_{31}n_1+\sigma_{32}n_2+\sigma_{33}n_3)\mathrm{d}A_0$$

如果 $\mathrm{d}A_0=\mathrm{d}x_2\mathrm{d}x_3$，则有

$$\mathrm{d}T_{0x}\vec{i}+\mathrm{d}T_{0y}\vec{j}+\mathrm{d}T_{0z}\vec{k}=(\sigma_{11}\vec{i}+\sigma_{21}\vec{j}+\sigma_{31}\vec{k})\mathrm{d}x_2\mathrm{d}x_3$$

在变形后，微元面积变为 $\vec{N}_t\mathrm{d}A$（$\vec{N}_t$ 为这个微元的变形后的法线，$\mathrm{d}A$ 为变形后的面积），它与变形前的微面 $\vec{n}_t\mathrm{d}A_0$ 的关系为（见本章附录 A）：

$$\vec{N}_i\mathrm{d}A=D_1\frac{\partial x_p}{\partial X_i}\vec{n}_p\mathrm{d}A_0$$

作用在这个变了形的微元面积上的力为 $\mathrm{d}\vec{T}=\mathrm{d}T_x\vec{i}+\mathrm{d}T_y\vec{j}+\mathrm{d}T_z\vec{k}$（注意这是一个真实的力），它是(18.25)式所示的各个应力的合力。$\mathrm{d}\vec{T}$ 与变形前微面上假设的量 $\mathrm{d}\vec{T}_0=\mathrm{d}T_{0x}\vec{i}+\mathrm{d}T_{0y}\vec{j}+\mathrm{d}T_{0z}\vec{k}$ 的关系为

$$\mathrm{d}T_{0i}=\frac{\partial x_i}{\partial X_j}\mathrm{d}T_j \tag{18.28}$$

为了验证，将上式展开：

$$\mathrm{d}T_{0x}\vec{i}+\mathrm{d}T_{0y}\vec{j}+\mathrm{d}T_{0z}\vec{k}=\frac{\partial x_1}{\partial X_1}\mathrm{d}T_x\vec{i}+\frac{\partial x_1}{\partial X_2}\mathrm{d}T_y\vec{j}+\frac{\partial x_1}{\partial X_3}\mathrm{d}T_z\vec{k}$$

$$+ \frac{\partial x_2}{\partial X_1} \mathrm{d}T_\mathrm{x}\vec{i} + \frac{\partial x_2}{\partial X_2} \mathrm{d}T_\mathrm{y}\vec{j} + \frac{\partial x_2}{\partial X_3} \mathrm{d}T_\mathrm{z}\vec{k}$$

$$+ \frac{\partial x_3}{\partial X_1} \mathrm{d}T_\mathrm{x}\vec{i} + \frac{\partial x_3}{\partial X_2} \mathrm{d}T_\mathrm{y}\vec{j} + \frac{\partial x_3}{\partial X_3} \mathrm{d}T_\mathrm{z}\vec{k}$$

因为 $\mathrm{d}x_i = \frac{\partial x_i}{\partial X_j}\mathrm{d}X_j$，对照(18.28)式发现，定义 Kirchhoff 应力时力元矢量 $\mathrm{d}T_{0i} = \sigma_{li} n_l \mathrm{d}A_0$ 按照与变形相同的方式被"伸长和转动"了。(18.28)式的逆为

$$\mathrm{d}T_j = \frac{\partial X_j}{\partial x_i}\mathrm{d}T_{0i}$$

展开以后是

$$\mathrm{d}T_\mathrm{x} = \frac{\partial X_1}{\partial x_i}\mathrm{d}T_{0i} = \frac{\partial(x_1+u_1)}{\partial x_i}\mathrm{d}T_{0i} = (1+u_{1,1})\mathrm{d}T_{0\mathrm{x}} + u_{1,2}\mathrm{d}T_{0\mathrm{y}} + u_{1,3}\mathrm{d}T_{0\mathrm{z}}$$

$$\mathrm{d}T_\mathrm{y} = \frac{\partial X_2}{\partial x_i}\mathrm{d}T_{0i} = \frac{\partial(x_2+u_2)}{\partial x_i}\mathrm{d}T_{0i} = u_{2,1}\mathrm{d}T_{0\mathrm{x}} + (1+u_{2,2})\mathrm{d}T_{0\mathrm{y}} + u_{2,3}\mathrm{d}T_{0\mathrm{z}}$$

$$\mathrm{d}T_\mathrm{z} = \frac{\partial X_3}{\partial x_i}\mathrm{d}T_{0i} = \frac{\partial(x_3+u_3)}{\partial x_i}\mathrm{d}T_{0i} = u_{3,1}\mathrm{d}T_{0\mathrm{x}} + u_{3,2}\mathrm{d}T_{0\mathrm{y}} + (1+u_{3,3})\mathrm{d}T_{0\mathrm{z}}$$

因此变形以后的面上作用的力向量可以表示为

$$\mathrm{d}T_\mathrm{x}\vec{i} + \mathrm{d}T_\mathrm{y}\vec{j} + \mathrm{d}T_\mathrm{z}\vec{k} = \left(\frac{\partial X_1}{\partial x_i}\vec{i} + \frac{\partial X_2}{\partial x_i}\vec{j} + \frac{\partial X_3}{\partial x_i}\vec{k} \right)\mathrm{d}T_{0i} = \frac{\partial \vec{r}_1}{\partial x_i}\mathrm{d}T_{0i}$$

$$= \frac{\partial \vec{r}_1}{\partial x_1}\mathrm{d}T_{0\mathrm{x}} + \frac{\partial \vec{r}_1}{\partial x_2}\mathrm{d}T_{0\mathrm{y}} + \frac{\partial \vec{r}_1}{\partial x_3}\mathrm{d}T_{0\mathrm{z}}$$

将(18.27)式代入后得到

$$\mathrm{d}T_\mathrm{x}\vec{i} + \mathrm{d}T_\mathrm{y}\vec{j} + \mathrm{d}T_\mathrm{z}\vec{k} = \frac{\partial \vec{r}_1}{\partial x_i}\sigma_{ti} \cdot \vec{n}_t \mathrm{d}A_0$$

上式右边与(18.25)式类似。上式表示了作用在变形后微面上的力与这个面上的应力的关系。$\frac{\partial r_1}{\partial x_i}\sigma_{1i}$ 代表一种相对于初始构形来讲变了形的力。设初始微元面积为 $\mathrm{d}A_0 = \mathrm{d}x_2 \mathrm{d}x_3$，此时 $\vec{n}_t = \vec{i}$，$n_1 = 1$，$n_2 = 0$，$n_3 = 0$，$\mathrm{d}\,\vec{T}_0 = \mathrm{d}T_{0\mathrm{x}}\vec{i}$，$\mathrm{d}T_{0\mathrm{y}} = 0$，$\mathrm{d}T_{0\mathrm{z}} = 0$，则变形后微面上的作用力可以表示为

$$\mathrm{d}T_\mathrm{x} = \frac{\partial X_1}{\partial x_i}\mathrm{d}T_{0i} = \frac{\partial(x_1+u_1)}{\partial x_i}\mathrm{d}T_{0i} = (1+u_{1,1})\mathrm{d}T_{0\mathrm{x}} + u_{1,2}\mathrm{d}T_{0\mathrm{y}} + u_{1,3}\mathrm{d}T_{0\mathrm{z}} = (1+u_{1,1})\mathrm{d}T_{0\mathrm{x}}$$

$$\mathrm{d}T_\mathrm{y} = \frac{\partial X_2}{\partial x_i}\mathrm{d}T_{0i} = \frac{\partial(x_2+u_2)}{\partial x_i}\mathrm{d}T_{0i} = u_{2,1}\mathrm{d}T_{0\mathrm{x}} + (1+u_{2,2})\mathrm{d}T_{0\mathrm{y}} + u_{2,3}\mathrm{d}T_{0\mathrm{z}} = u_{2,1}\mathrm{d}T_{0\mathrm{x}}$$

$$\mathrm{d}T_\mathrm{z} = \frac{\partial X_3}{\partial x_i}\mathrm{d}T_{0i} = \frac{\partial(x_3+u_3)}{\partial x_i}\mathrm{d}T_{0i} = u_{3,1}\mathrm{d}T_{0\mathrm{x}} + u_{3,2}\mathrm{d}T_{0\mathrm{y}} + (1+u_{3,3})\mathrm{d}T_{0\mathrm{z}} = u_{3,1}\mathrm{d}T_{0\mathrm{x}}$$

$$\mathrm{d}T_{0\mathrm{x}} = (\sigma_{11}n_1 + \sigma_{12}n_2 + \sigma_{13}n_3)\mathrm{d}A_0 = \sigma_{11}\mathrm{d}A_0 = \sigma_{11}\mathrm{d}x_2\mathrm{d}x_3$$

$$\mathrm{d}T_\mathrm{x}\vec{i} + \mathrm{d}T_\mathrm{y}\vec{j} + \mathrm{d}T_\mathrm{z}\vec{k} = [(1+u_{1,1})\vec{i} + u_{2,1}\vec{j} + u_{3,1}\vec{k}]\sigma_{11}\mathrm{d}x_2\mathrm{d}x_3$$

因为 $\vec{r}_1 = (x_1+u_1)\vec{i} + (x_2+u_2)\vec{j} + (x_3+u_3)\vec{k}$

$$\mathrm{d}T_\mathrm{x}\vec{i} + \mathrm{d}T_\mathrm{y}\vec{j} + \mathrm{d}T_\mathrm{z}\vec{k} = \frac{\partial \vec{r}_1}{\partial x_1}\mathrm{d}T_{0\mathrm{x}} = \frac{\partial \vec{r}_1}{\partial x_1}\sigma_{11}\mathrm{d}x_2\mathrm{d}x_3$$

上式即为(18.25)式的正应力分量。因此(18.28)式成立。

上面这种定义应力方法看上去很不自然，然而它是有物理基础的。我们在下文将会看到，这样定义的 Kirchhoff 应力与 Green 应变在能量上是共轭的(即两者相乘即是比能)。

此外这样定义的 Kirchhoff 应力具有一个十分重要的性质，那就是当微元作刚体位移和刚体转动时，在空间固定的坐标系内的 Kirchhoff 应力分量保持不变。这称为刚体转动下的不变性。在刚体运动下微元体的变形梯度恰恰是应力分量在坐标转换中使用的转换矩阵。

$\mathrm{d}T_{0\mathrm{x}}$ 被拉长和转动，变为 $\mathrm{d}T_{\mathrm{x}}\vec{i}+\mathrm{d}T_{\mathrm{y}}\vec{j}+\mathrm{d}T_{\mathrm{z}}\vec{k}$，应力的定义是

$$\frac{\mathrm{d}T_{\mathrm{x}}\vec{i}+\mathrm{d}T_{\mathrm{y}}\vec{j}+\mathrm{d}T_{\mathrm{z}}\vec{k}}{\mathrm{d}x_2\,\mathrm{d}x_3}=\left[(1+u_{1,1})\vec{i}+u_{2,1}\vec{j}+u_{3,1}\vec{k}\right]\sigma_{11}$$

18.3.3　现时 Kirchhoff 应力张量

现时 Kirchhoff 应力张量是定义在 C_2 构形下的如下应力张量：

$$\sigma_{ij}^{\mathrm{E}}+\Delta^{*}\sigma_{ij}$$

它可以参考图 18.3 进行理解：在 C_1 状态由(18.22)式确定的六面体上求出欧拉应力。这个六面体在 C_2 状态变成一个扭曲的六面体，用 C_1 状态的坐标系 X_1, X_2, X_3 来定义 C_2 状态的应力。在 C_1 状态下面积为 $\mathrm{d}X_2\,\mathrm{d}X_3$ 微面，在 C_2 状态下变为 $\frac{\partial\vec{r}_2}{\partial X_2}\mathrm{d}X_2\frac{\partial\vec{r}_2}{\partial X_3}\mathrm{d}X_3$，在这个变形了的面上的力为：

$$-(\sigma_{1j}^{\mathrm{E}}+\Delta^{*}\sigma_{1j})\frac{\partial r_2}{\partial X_j}\mathrm{d}X_2\,\mathrm{d}X_3 \tag{18.29}$$

$\Delta^{*}\sigma_{ij}$ 称为现时 Kirchhoff 应力增量张量。注意上式中的 σ_{1j}^{E} 部分也因为 C_1 到 C_2 的增量变形而改变了方向。

$\sigma_{ij}^{\mathrm{E}}+\Delta^{*}\sigma_{ij}$ 也具有在刚体转动下的不变性。在 C_1 到 C_2 状态发生的是刚体转动时，$\Delta^{*}\sigma_{ij}=0$，σ_{ij}^{E} 则被转动到了新的方向。

现时 Kirchhoff 应力张量的应用在于：分步进行非线性的分析，完成一步，进入下一步的分析时，单元坐标系转动到当前位置，并在当前位置上确定应力。因为此时的应力是在当前坐标系下定义的，与当前坐标方向一致，可以将当前应力理解为是欧拉应力。在忽略体积变化时，也以这一步作为起点，进行下一步的求解，产生的应力增量是 Kirchhoff 应力增量张量。

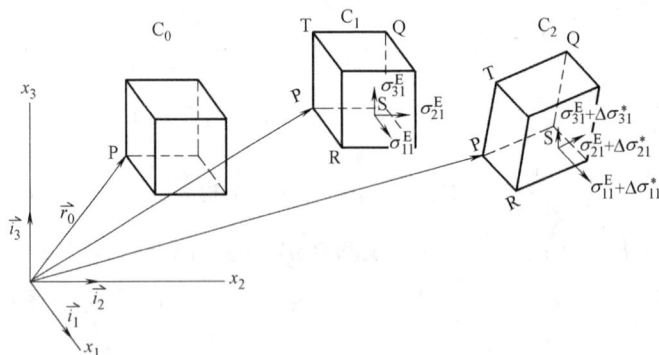

图 18.3　现时 Kirchhoff 应力

18.3.4　各种应力转换关系

各种应力的转换关系如下。记

$$D_1 = \frac{\partial(X_1, X_2, X_3)}{\partial(x_1, x_2, x_3)} = \begin{vmatrix} \dfrac{\partial X_1}{\partial x_1} & \dfrac{\partial X_1}{\partial x_2} & \dfrac{\partial X_1}{\partial x_3} \\[2mm] \dfrac{\partial X_2}{\partial x_1} & \dfrac{\partial X_2}{\partial x_2} & \dfrac{\partial X_2}{\partial x_3} \\[2mm] \dfrac{\partial X_3}{\partial x_1} & \dfrac{\partial X_3}{\partial x_2} & \dfrac{\partial X_3}{\partial x_3} \end{vmatrix} = |X_{i,j}|, \tag{18.30}$$

$$D_2 = \frac{\partial(Y_1, Y_2, Y_3)}{\partial(x_1, x_2, x_3)} = |Y_{i,j}| \tag{18.31}$$

注意 D_1 的几何意义是变形前微元体体积在变形后的变化率,验证如下。变形前是正六面体,变形后是平行六面体,平行六面体的体积是如下三个边长向量的混合积($\mathrm{d}\vec{X}_1 \times \mathrm{d}\vec{X}_2$)·$\mathrm{d}\vec{X}_3$:

$$\mathrm{d}\vec{X}_1 = \frac{\partial X_1}{\partial x_1}\vec{i} + \frac{\partial X_1}{\partial x_2}\vec{j} + \frac{\partial X_1}{\partial x_3}\vec{k}$$

$$\mathrm{d}\vec{X}_2 = \frac{\partial X_2}{\partial x_1}\vec{i} + \frac{\partial X_2}{\partial x_2}\vec{j} + \frac{\partial X_2}{\partial x_3}\vec{k}$$

$$\mathrm{d}\vec{X}_3 = \frac{\partial X_3}{\partial x_1}\vec{i} + \frac{\partial X_3}{\partial x_2}\vec{j} + \frac{\partial X_3}{\partial x_3}\vec{k}$$

六面体的体积是

$$(\mathrm{d}\vec{X}_1 \times \mathrm{d}\vec{X}_2) \cdot \mathrm{d}\vec{X}_3 = \mathrm{d}V = D_1 \mathrm{d}x_1 \mathrm{d}x_2 \mathrm{d}x_3 = D_1 \mathrm{d}V_0$$

欧拉应力和 Kirchhoff 应力的转换关系如下

$$\sigma_{ij}^{\mathrm{E}} = \frac{1}{D_1}\frac{\partial X_i}{\partial x_k}\frac{\partial X_j}{\partial x_l}\sigma_{kl} \tag{18.32}$$

$$\sigma_{ij}^{\mathrm{E}} + \Delta\sigma_{ij}^{\mathrm{E}} = \frac{1}{D_2}\frac{\partial Y_i}{\partial x_k}\frac{\partial Y_j}{\partial x_l}(\sigma_{kl} + \Delta\sigma_{kl}) \tag{18.33}$$

$$\sigma_{ij}^{\mathrm{E}} + \Delta\sigma_{ij}^{\mathrm{E}} = \frac{D_1}{D_2}\frac{\partial Y_i}{\partial X_k}\frac{\partial Y_j}{\partial X_l}(\sigma_{kl}^{\mathrm{E}} + \Delta^*\sigma_{kl}) \tag{18.34}$$

$$\sigma_{ij}^{\mathrm{E}} + \Delta^*\sigma_{ij} = \frac{1}{D_1}\frac{\partial X_i}{\partial x_k}\frac{\partial X_j}{\partial x_l}(\sigma_{kl} + \Delta\sigma_{kl}) \tag{18.35}$$

$$\Delta^*\sigma_{ij} = \frac{1}{D_1}\frac{\partial X_i}{\partial x_k}\frac{\partial X_j}{\partial x_l}\Delta\sigma_{kl} \tag{18.36}$$

下面论证,在刚体运动下,Kirchhoff 应力大小保持不变,仅方向发生变化。为论证这个性质,我们设在 C_0 状态已经承受应力 σ_{ij0} 的一个微元从 C_0 状态到 C_1 状态经受了一个大角度的刚体转动。这个转动可用一个随微元一起转动的坐标系 $\overline{Ox_1\bar{x}_2\bar{x}_3}$(随动坐标系或拖动坐标系)的轴在 C_0 状态的固定坐标系 $Ox_1x_2x_3$ 的方向余弦 c_{ij} 表示。注意:微元发生刚体位移,表示作用在微元上的应力大小在刚体运动过程中保持不变,且方向也与运动中的微元的面保持相对方向不变,因此,如果在 $\overline{Ox_1\bar{x}_2\bar{x}_3}$ 坐标系下定义欧拉应力,则这个欧拉应力和在 $Ox_1x_2x_3$ 中定义的 C_0 状态的欧拉应力是相等的,即

在数值上 $\quad \bar{\sigma}_{ij}^{\mathrm{E}}(C_1) = \sigma_{ij0}^{\mathrm{E}}(C_0)$

注意到 C_0 状态的 Kirchhoff 应力和 C_0 状态的欧拉应力是相等的 $\sigma_{ij0} = \sigma_{ij0}^{\mathrm{E}}$。而 C_1 状态以 $Ox_1x_2x_3$ 坐标系方向度量的欧拉应力是(注意欧拉应力数值上发生了变化)

$$\sigma_{ij}^{\mathrm{E}} = \bar{\sigma}_{km}^{\mathrm{E}}c_{ki}c_{mj} = \sigma_{km0}^{\mathrm{E}}c_{ki}c_{mj}$$

根据(18.32)式的反变换，相应的 Kirchhoff 应力是

$$\sigma_{lm}=D_1\frac{\partial x_l}{\partial X_i}\frac{\partial x_m}{\partial X_j}\sigma_{ij}^{\mathrm E}=D_1\,c_{li}\,c_{mj}\,c_{pi}\,c_{qj}\,\sigma_{pq0}^{\mathrm E}$$

因为 $c_{ik}c_{jk}=\delta_{ij}$，刚体运动下 $D_1=1$，上式成为

$$\sigma_{lm}=\sigma_{lm0}^{\mathrm E}=\sigma_{ij0}$$

论证完毕。

在刚体运动下微元的变形梯度恰恰是应力分量在坐标转换中使用的转换张量，是上述结论成立的重要原因。这个性质对于非线性增量分析非常有用，因为有限元分析时一个单元的位移总是可以分解成刚体位移部分和在单元内产生新的增量应变的位移部分的和，对应于前一部分的刚体位移，前一步的应力无需转换地带到下一步，然后对后一部分位移进行坐标转换，转换到新坐标系下进行应力应变计算，与前一步的应力应变直接相加即可。

评论：图 18.4（a）块体在水平分布力作用下产生变形，是在变形后位置上的平衡。因此在弹性力学中我们取微元体建立平衡方程，在严格的意义上讲是变形后位置上建立的平衡。

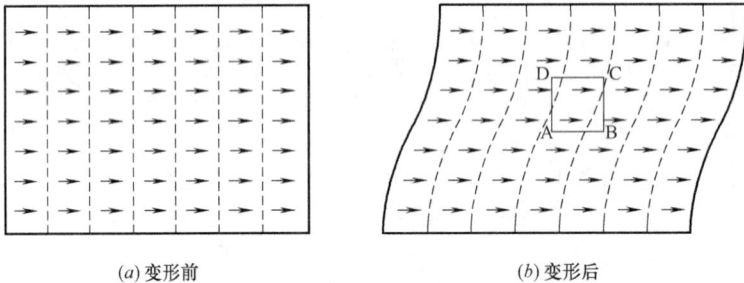

(a)变形前　　　　　　　　　　　　　　(b)变形后

图 18.4　块体承受水平分布力的平衡

观察图 18.4(b)的微元体就会发现，引入欧拉应力这个概念是很自然的需要，而且为了使得各个点处有一个共同的方向上的标准，我们也希望应力是参照一个固定的空间坐标系方向的(称为空间坐标描述法)。但是，对于非线性分析，采用欧拉应力并不方便，因为在非线性分析中，要追踪质点位置的变化，还必须将应力和应变相联系。如果应变是参照变形前的位形 C_0 计算的，自然也希望应力也是参照变形前的位形定义的，因此我们必须采用上面的转换公式将欧拉应力转换成 Kirchhoff 应力。但是 Kirchhoff 应力（虽然参考 C_0 位形定义）的作用位置是在微元上且紧随微元的变形而移动和改变方向的，这就需要一种物质坐标的描述。

在建立增量分析的变分原理，引入应力增量和应变增量的关系时，欧拉应力的增量也不是一个合适的度量。因为一个受到应力的转动发生刚体转动时欧拉应力发生了变化，这给计算带来了方便。更合适应力(应力增量)应具有对于刚体转动的不变性。

原始的结构的材料密度为 ρ_0，在变形后，由于产生了伸长或缩短，材料的密度按照现时的体积计算的话，将产生改变，记 C_1 和 C_2 下的密度分别为 ρ_1 和 ρ_2，可以根据(18.30)式和(18.31)式得到

$$\frac{\rho_0}{\rho_1}=\frac{1}{D_1},\qquad\frac{\rho_0}{\rho_2}=\frac{1}{D_2}\tag{18.37}$$

下面列出了各种应力和各种应变之间的转换关系的对比，从对比中可以了解应力应变关系及其转换的关系：

$$\bar{e}_{ij} = \frac{\partial x_m}{\partial X_i}\frac{\partial x_n}{\partial X_j}e_{mn} \qquad \text{对应于} \qquad \sigma_{ij}^{E} = \frac{1}{D_1}\frac{\partial X_i}{\partial x_k}\frac{\partial X_j}{\partial x_l}\sigma_{kl}$$

$$\Delta^{*}e_{ij} = \frac{\partial x_m}{\partial X_i}\frac{\partial x_n}{\partial X_j}\Delta e_{mn} \qquad \text{对应于} \qquad \Delta^{*}\sigma_{ij} = \frac{1}{D_1}\frac{\partial X_i}{\partial x_k}\frac{\partial X_j}{\partial x_l}\Delta\sigma_{kl}$$

$$\bar{e}_{ij} + \Delta^{*}e_{ij} = \frac{\partial x_m}{\partial X_i}\frac{\partial x_n}{\partial X_j}(e_{mn}+\Delta e_{mn}) \text{ 对应于} \sigma_{ij}^{E}+\Delta^{*}\sigma_{ij} = \frac{1}{D_1}\frac{\partial X_i}{\partial x_k}\frac{\partial X_j}{\partial x_l}(\sigma_{kl}+\Delta\sigma_{kl})$$

实际上还可以定义一种应力增量 $\Delta\sigma_{ij}^{*E}$：在空间问题的增量分析中，欧拉应力增量 $\Delta\sigma_{ij}^{*E}$ 被定义为 C_2 状态的在 C_1 方向的应力增量。与 $\Delta\sigma_{ij}^{E}$ 的区别是：$\Delta\sigma_{ij}^{E}$ 是 C_2 状态相对于 C_1 状态的、指向 C_0 方向的应力增量。

18.3.5 在梁的平面弯曲问题中理解各种应力

18.3.5.1 从应力的观点看

非线性问题历来是力学中的一个难点，特别是对于结构工程的学生，各种不同的应力定义和应变定义，物质坐标描述和空间坐标描述法的区别，常常把已经习惯于材料力学、弹性力学和塑性力学中已经建立起来的应力应变概念搞得不知是什么。因此为了便于学生更好地理解，我们对于平面弯曲这一比较简单的问题解释各种应力应变概念。

在平面问题中，位移为 v, w，不管采用什么应变定义，位移的计量总是必须以最初始的坐标位置作为参考位置的。

在材料力学和弹性力学以及塑性力学中我们已经学过并且已经习惯的应力，因为是相对初始坐标定义的，因此都是 Kirchhoff 应力，其应力增量是 Kirchhoff 应力增量。

图 18.5 表示的是一根变形了的梁，按照平截面假设计算的应力，它垂直于变形后的平截面，因此是 Kirchhoff 应力，而以平行于初始坐标作一个切面，这个面上有垂直于剖面的正应力，按照前面介绍的概念，这个应力是欧拉应力，这个剖面在下一个增量中要发生转动，应力也随着转动，还会因增量变形而产生应力增量，则转动后的总应力是现时 Kirchhoff 应力，它与转动前的应力的差值是现时 Kirchhoff 应力增量。

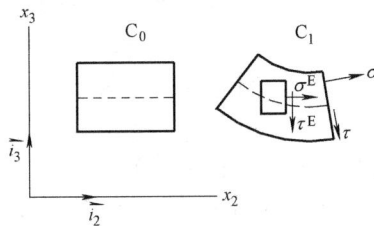

图 18.5 梁的平面弯曲

从上面的描述中我们发现，如果在梁的弯曲问题中采用欧拉应力，欧拉应力的合力不是我们传统意义上的弯矩和剪力，是很不方便的，因此需要寻找另外的方法。

18.3.5.2 从截面内力的观点看

图 18.6 显示了三种梁截面内力的定义。其中图 18.6(a) 的梁单元杆端内力，直接由梁杆端截面(采用平截面假定时与变形后的轴线垂直)上的应力积分得到，力方向与应力方向相同，可以称之为基于 Kirchhoff 应力的 Kirchhoff 内力。图 18.6(b) 的梁单元的内力，采用变形后坐标系方向定义，是梁单元的 Kirchhoff 内力。图 18.6(c) 是梁单元的 Euler 内力。

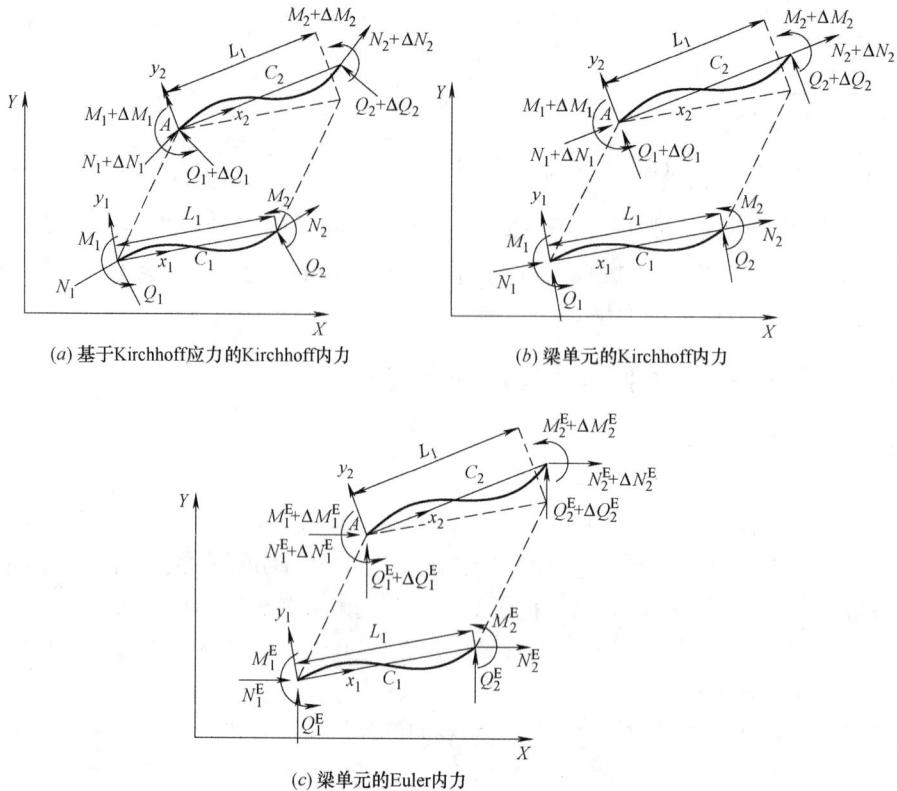

(a) 基于Kirchhoff应力的Kirchhoff内力　　(b) 梁单元的Kirchhoff内力

(c) 梁单元的Euler内力

图 18.6　梁单元的杆端内力的定义

各种杆端内力之间的关系，通过坐标转换（向需要的方向投影）确定。

18.4　应力应变关系

应力和应变有各种不同的定义，我们在材料力学、弹性力学或塑性力学中介绍的应力应变关系通常是哪一种？

根据建立刚度方程时采用的参考坐标系的不同，目前存在三种非线性分析方法。一种称为 TL 法（Total Lagrangian Formulation），它以 C_0 位形作为参考位形计算应力和应变。第二种方法称为 UL 法（Updated Lagrangian Formulation），它以 C_1 位形作为计算应力和应变的参考位形。第三种称为 Euler 法（Euler formulation）它以 C_2 状态作为参考位形计算应力和应变。

非线性分析需要分步进行，需要增量形式的本构关系。增量本构关系的系数是如何确定的？在各种文献中存在不同的方法，但是最简单的方法是用 Kirchhoff 应力和 Green 应变张量（两者在能量上是共轭的）来定义材料的本构关系，这个关系以实验为依据，在复杂应力状态下还引入一定的假设。即设应力应变关系为

$$\sigma_{ij} = f(e_{ij}) \tag{18.38}$$

式中 f 是应变的单值函数。从上式得到

$$\Delta\sigma_{ij} = f'(e_{ij})\big|_{C_1} \Delta e_{ij} \tag{18.39}$$

上式即为 TL 法应用的增量应力—增量应变的关系：

$$\Delta\sigma_{ij} = C_{ijkl}\Delta e_{kl} \tag{18.40}$$

如果是 UL 法，通常我们假设

$$\Delta^*\sigma_{ij} = C^*_{ijkl}\Delta^*e_{kl} \tag{18.41}$$

注意 C_{ijkl} 和 C^*_{ijkl} 分别为以 C_0 和 C_1 作为参考位形的材料物理刚度系数。

Euler 法采用 Jaumann 应力增量张量 $\Delta\sigma^J_{ij}$，应变增量仍然是 Δ^*e_{ij}，建立两者之间的本构关系[1]。本书不加以介绍。

传统上，我们很少将 C_{ijkl} 和 C^*_{ijkl} 区别开来，即在两种形成刚度方程的方法中认为物理矩阵相同，$C_{ijkl} = C^*_{ijkl}$。由于分析是按照增量步进行的，上述每一个增量步物理系数相同的假设，对于两种非线性分析方法，并不意味着以总量表示的物理矩阵也是相同的，因此两种不同的方法在分析同一个非线性问题时，常常会出现很大的差别。即使是同一种非线性分析方法，分析的结果也受到增量步长的影响，因为在大增量步长下的(18.40，18.41)式和小增量步长下的(18.40，18.41)式表示的材料性质，在非线性问题中实际上是有区别的。对于大应变大挠度问题尤其如此。对于大挠度大应变问题，为了消除两种方法的差别，必须对材料的本构关系在每一个增量上进行转换。但是对于小变形问题，两种方法差别不大。

将(18.40，18.41)式代入(18.36)式，并引用(18.16)式得到

$$C^*_{ijkl}\Delta^*e_{kl} = \frac{1}{D_1}\frac{\partial X_i}{\partial x_k}\frac{\partial X_j}{\partial x_l}C_{klmn}\Delta e_{mn} = \frac{1}{D_1}\frac{\partial X_i}{\partial x_k}\frac{\partial X_j}{\partial x_l}C_{klmn}\frac{\partial X_m}{\partial x_p}\frac{\partial X_n}{\partial x_q}\Delta^*e_{pq}$$

即

$$C^*_{ijkl} = \frac{1}{D_1}\frac{\partial X_i}{\partial x_p}\frac{\partial X_j}{\partial x_q}\frac{\partial X_k}{\partial x_r}\frac{\partial X_l}{\partial x_s}C_{pqrs} \tag{18.42}$$

反过来得到

$$C_{ijkl} = D_1\frac{\partial x_i}{\partial X_p}\frac{\partial x_j}{\partial X_q}\frac{\partial x_k}{\partial X_r}\frac{\partial x_l}{\partial X_s}C^*_{pqrs} \tag{18.43}$$

利用上面两个关系，我们只需要(18.40)或(18.41)式中的一个，另一个通过(18.42)或(18.43)变换得到。这样在增量步长相同的情况下，两种不同方法采用的材料本构关系才是相同的。

另外我们还要指出，欧拉应力和 Almansi 应变是在能量上共轭的，Kirchhoff 应力和 Green 应变是共轭的。

18.5　虚位移原理：Euler 表示法

虽然以前我们已经学习过虚位移原理，但通过下面的叙述，将对虚位移原理有更为深入的认识。为了书写方便，记 C_2 状态下的欧拉应力为 $\sigma^E_{ij\,Y} = \sigma^E_{ij} + \Delta\sigma^E_{ij}$。在 C_2 状态下，我们写出微元体的平衡方程为

$$\frac{\partial\sigma^E_{ji\,Y}}{\partial Y_j} + F_i\big|_{C_2} = 0 \tag{18.44}$$

式中 $F_i|_{c_2}$ 表示 C_2 构形下在 Y_i 方向的体力。展开书写即为

$$\frac{\partial \sigma^E_{xxY}}{\partial Y_1} + \frac{\partial \sigma^E_{yxY}}{\partial Y_2} + \frac{\partial \sigma^E_{zxY}}{\partial Y_3} + F_1|_{c_2} = 0$$

$$\frac{\partial \sigma^E_{xyY}}{\partial Y_1} + \frac{\partial \sigma^E_{yyY}}{\partial Y_2} + \frac{\partial \sigma^E_{zyY}}{\partial Y_3} + F_2|_{c_2} = 0$$

$$\frac{\partial \sigma^E_{xzY}}{\partial Y_1} + \frac{\partial \sigma^E_{yzY}}{\partial Y_2} + \frac{\partial \sigma^E_{zzY}}{\partial Y_3} + F_3|_{c_2} = 0$$

并且

$$\sigma^E_{xyY} = \sigma^E_{yxY}, \qquad \sigma^E_{xzY} = \sigma^E_{zxY}, \qquad \sigma^E_{zyY} = \sigma^E_{yzY}$$

结构的表面分成两部分，一部分记为 S_u，在其上给定位移边界条件，一部分为 S_σ，在其上给定应力边界条件。我们记力学边界条件为

在 $S_{\sigma 2}$ 上：
$$\sigma^E_{jiY} n_j = T_i|_{c_2} \tag{18.45}$$

其中 n_j 是边界法线的方向余弦，$T_i|_{c_2}$ 表示 C_2 构形下在 x_i 方向的面力（因为 T_i 作为保守力是保向的，为了计算外力功的方便，我们不必将外力投影到新的坐标系下，但是荷载的集度是根据变形以后的面积和体积计量的）。在 S_u 上，给定位移，因此位移的变分为零：

在 S_{u2} 上：
$$\delta(u_i + \Delta u_i) = 0 \tag{18.46}$$

注意这里的位移仍然是在初始坐标系的方向上计量的，这样与保向的力相乘得到外力功。在位移变分上，体力和面力所作的虚功为

$$R_{\text{2-2}} = \int_{S_{\sigma 2}} T_i|_{C2} \delta(u_i + \Delta u_i) dS_{\sigma 2} + \int_{V_2} F_i|_{C2} \delta(u_i + \Delta u_i) dV_2$$

这里下标 2-2 表示 R_{2-2} 这个量是 C_2 状态的、以 C_2 状态的坐标系方向计量的量，式中的 Δu_i 被理解为是以 C_2 状态为起点计量的位移增量，荷载 $T_i|_{c2}$ 和 $F_i|_{c2}$ 是按照 C_2 状态的密度、体积和面积计量的荷载，但是方向是不变的。V_2 是 C_2 状态下的体积，下面的 S_2 是 C_2 状态下的面积。

由于(18.46)式，上式面积积分可以扩展到全部面积。因此上式可以写为

$$R_{2-2} = \int_{S_2} \sigma^E_{jiY} n_j \delta(u_i + \Delta u_i) dS_2 + \int_{V_2} F_i|_{C2} \delta(u_i + \Delta u_i) dV_2$$

利用数学中的曲面积分转化为体积积分的高斯定理：

$$\iiint_V \left(\frac{\partial A_x}{\partial x} + \frac{\partial A_y}{\partial y} + \frac{\partial A_z}{\partial z} \right) dV = \oiint_S (A_x \cos\alpha + A_y \cos\beta + A_z \cos\gamma) dS$$

得到

$$R_{\text{2-2}} = \int_{V_2} \left[\sigma^E_{jiY} \frac{\partial \delta(u_i + \Delta u_i)}{\partial Y_j} + \left(\frac{\partial \sigma^E_{jiY}}{\partial Y_j} + F_{iC2} \right) \delta(u_i + \Delta u_i) \right] dV_2$$

上式圆弧括号中的项因为平衡条件而消失。将位移项分成两部分：

$$\frac{\partial \delta(u_i + \Delta u_i)}{\partial Y_j} = \delta\varepsilon_{ijY} + \delta\omega_{ijY}$$

$$\delta\varepsilon_{ijY} = \frac{1}{2} \left[\frac{\partial \delta(u_i + \Delta u_i)}{\partial Y_j} + \frac{\partial \delta(u_j + \Delta u_j)}{\partial Y_i} \right] = \frac{1}{2} \left[\frac{\partial \delta(\Delta u_i)}{\partial Y_j} + \frac{\partial \delta(\Delta u_j)}{\partial Y_i} \right]$$

这里 ε_{ijY} 是 C_2 位形下以 C_2 为参考位形计算的应变，称为欧拉应变。

$$\delta\omega_{ijY} = \frac{1}{2} \left[\frac{\partial \delta(u_i + \Delta u_i)}{\partial Y_j} - \frac{\partial \delta(u_j + \Delta u_j)}{\partial Y_i} \right]$$

$$\sigma_{jiY}^{E}\frac{\partial\delta(u_i+\Delta u_i)}{\partial Y_j}=\sigma_{ijY}^{E}\delta\varepsilon_{ijY}+\sigma_{ijY}^{E}\delta\omega_{ijY}$$

因为 σ_{ij}^{E} 是对称的，而 $\delta\omega_{ij}$ 是循环对称的（skew－symmetric，即 $\delta\omega_{ijY}=-\delta\omega_{jiY}$，$\delta\omega_{iiY}=0$），所以

$$\sigma_{ijY}^{E}\delta\omega_{ijY}=\sigma_{11}^{E}\delta\omega_{11}+\tau_{12}^{E}\delta\omega_{12}+\tau_{13}^{E}\delta\omega_{13}+\tau_{21}^{E}\delta\omega_{21}+\sigma_{22}^{E}\delta\omega_{22}+\tau_{23}^{E}\delta\omega_{23}+\tau_{31}^{E}\delta\omega_{21}+\tau_{32}^{E}\delta\omega_{32}+\sigma_{33}^{E}\delta\omega_{33}$$
$$=\tau_{12}^{E}\delta\omega_{12}+\tau_{13}^{E}\delta\omega_{13}-\tau_{12}^{E}\delta\omega_{12}+\tau_{23}^{E}\delta\omega_{23}-\tau_{13}^{E}\delta\omega_{13}-\tau_{23}^{E}\delta\omega_{23}=0$$

因此得到

$$R_{2-2}=\int_{V_2}\sigma_{ijY}^{E}\delta\varepsilon_{ijY}dV_2 \tag{18.47}$$

因此我们证明了如下的虚功原理

$$\int_{V_2}\sigma_{ijY}^{E}\delta\varepsilon_{ijY}dV_2=\int_{S_{\sigma2}}T_i\mid_{C_2}\delta(u_i+\Delta u_i)dS_{\sigma2}+\int_{V_2}F_i\mid_{C_2}\delta(u_i+\Delta u_i)dV_2 \tag{18.48}$$

在非线性问题中，因为 u_i 是前一步的位移，是已知的，而 Δu_i 是要求的，因此

$$\delta(u_i+\Delta u_i)=\delta\Delta u_i$$

$$\delta\varepsilon_{ijY}=\frac{1}{2}\left[\frac{\partial\delta(\Delta u_i)}{\partial Y_j}+\frac{\partial\delta(\Delta u_j)}{\partial Y_i}\right]=\delta\Delta\varepsilon_{ijY}$$

因此(18.48)式变为：

$$\int_{V_2}\sigma_{ijY}^{E}\delta\Delta\varepsilon_{ijY}dV_2=\int_{S_{\sigma2}}T_i\mid_{C_2}\delta(\Delta u_i)dS_{\sigma2}+\int_{V_2}F_i\mid_{C_2}\delta(\Delta u_i)dV_2 \tag{18.49}$$

上式除了我们已经知道的传递了平衡的必要和充分条件这一重要信息外，还通过上面的推导过程说明了欧拉应力 σ_{ijY}^{E} 和欧拉应变张量 ε_{ijY} 的互相共扼的性质。

虚位移原理不要求材料是弹性的，但是在前面的推导过程中，我们用到了荷载是保向的假设。

18.6　增量变分原理：TL 法

在(18.49)式中，C_2 位形是要求的，因此(18.49)式是建立在一个未知的位形上的，用它来求解非常不方便。因此我们必须采用其他方法。TL 法就是其中的一种。

在 TL 法中，所有的量都以初始位形 C_0 作为计算的参考点。非常重要的一个环节是下面必须证明

$$\int_{V_2}\sigma_{ijY}^{E}\delta\Delta\varepsilon_{ijY}dV_2=\int_{V_0}\sigma_{ij2}\delta e_{ij2}dV_0 \tag{18.50}$$

式中 $\sigma_{ij2}=\sigma_{ij}+\Delta\sigma_{ij}$，$e_{ij2}=e_{ij}+\Delta e_{ij}$，分别是 C_2 状态下的 Kirchhoff 应力和 Green 应变。根据 Green 应变的定义，(18.4)式也可以表示成：

$$2e_{ij2}dx_idx_j=(ds_{i2}ds_{j2})-(ds_{i0}ds_{j0}) \tag{18.51}$$

这里下标 2 表示 C_2 位形时的微段长度，$ds_{i2}ds_{j2}=dY_idY_j$，因此对(18.51)式变分得到

$$2\delta e_{ij2}dx_idx_j=(\delta ds_{i2})ds_{j2}+(\delta ds_{j2})ds_{i2}$$

因为 $\delta ds_{i2}=d(\delta s_{i2})=d\delta(u_i+\Delta u_i)$，我们有

$$\delta ds_{i2}=\frac{\partial\delta(u_i+\Delta u_i)}{\partial Y_k}dY_k$$

代入 (18.51) 式得到

$$\delta e_{ij2} \mathrm{d}x_i \mathrm{d}x_j = \frac{1}{2}\left[\frac{\partial\delta(u_i+\Delta u_i)}{\partial Y_k}(\mathrm{d}Y_k)(\mathrm{d}Y_i) + \frac{\partial\delta(u_j+\Delta u_j)}{\partial Y_k}(\mathrm{d}Y_k)(\mathrm{d}Y_j) \right]$$

因为 $\delta\varepsilon_{ijY} = \dfrac{1}{2}\left[\dfrac{\partial\delta\,(u_i+\Delta u_i)}{\partial Y_j} + \dfrac{\partial\delta\,(u_j+\Delta u_j)}{\partial Y_i} \right]$，我们得到

$$\delta e_{ij2}\mathrm{d}x_i\mathrm{d}x_j = \delta\varepsilon_{ijY}(\mathrm{d}Y_i)(\mathrm{d}Y_j) = \delta\varepsilon_{pqY}\frac{\partial Y_p}{\partial x_k}\frac{\partial Y_q}{\partial x_l}\mathrm{d}x_k\mathrm{d}x_l$$

因此

$$\delta e_{ij2} = \delta\varepsilon_{pqY}\frac{\partial Y_p}{\partial x_i}\frac{\partial Y_q}{\partial x_j} \tag{18.52}$$

或反过来

$$\delta\varepsilon_{ijY} = \delta e_{pq2}\frac{\partial x_p}{\partial Y_i}\frac{\partial x_q}{\partial Y_j} \tag{18.53}$$

(18.32)式可以表示为

$$\sigma_{ijY}^{E} = \frac{1}{D_2}\frac{\partial Y_i}{\partial x_k}\frac{\partial Y_j}{\partial x_l}\sigma_{kl2}$$

利用(18.52，18.53)式和上式，并利用变形前后质量守恒：$\rho_0\mathrm{d}V_0 = \rho_2\mathrm{d}V_2$，得到：

$$\int_{V_2}\sigma_{ijY}^{E}\delta\varepsilon_{ijY}\mathrm{d}V_2 = \int_{V_2}\frac{1}{D_2}\frac{\partial Y_i}{\partial x_k}\frac{\partial Y_j}{\partial x_l}\sigma_{ij2}\frac{\partial x_k}{\partial Y_p}\frac{\partial x_l}{\partial Y_q}\delta e_{ij2}\mathrm{d}V_2 = \int_{V_0}\sigma_{ij2}\delta e_{ij2}\mathrm{d}V_0$$

进一步，在边界上，C_0 和 C_2 状态满足

$$T_i\big|_{C_2}\mathrm{d}S_2 = T_i\big|_{C_0}\mathrm{d}S_0$$
$$F_i\big|_{C_2}\mathrm{d}V_2 = F_i\big|_{C_0}\mathrm{d}V_0$$

因此荷载功也相等。因此我们得到 TL 法的虚位移原理如下：

$$\int_{V_0}\sigma_{ij2}\delta e_{ij2}\mathrm{d}V_0 = \int_{S_{\sigma0}}T_i\big|_{C_0}\delta(u_i+\Delta u_i)\mathrm{d}S_{\sigma0} + \int_{V_0}F_i\big|_{C_0}\delta(u_i+\Delta u_i)\mathrm{d}V_0 \tag{18.54}$$

在非线性问题的求解上，必然采用增量法，此时 C_1 状态已知，要求 C_2 状态下的应力应变和位移等，因此表示成增量的形式更加方便。从 (18.54) 式，利用

$$\sigma_{ij2} = \sigma_{ij} + \Delta\sigma_{ij}$$
$$T_i\big|_{C_0} = T_{iC0} + \Delta T_{iC0}$$
$$F_i\big|_{C_0} = F_{iC0} + \Delta F_{iC0}$$
$$e_{ij2} = e_{ij} + \Delta e_{ij}$$
$$\delta e_{ij2} = \delta\Delta e_{ij} = \delta\Delta\varepsilon_{ij} + \delta\Delta\eta_{ij} = \delta\Delta\varepsilon_{ij1} + \delta\Delta\varepsilon_{ij2} + \delta\Delta\eta_{ij}$$

得到

$$\int_{V_0}\left[\Delta\sigma_{ij}\delta\Delta e_{ij} + \sigma_{ij}\frac{1}{2}\delta(\Delta u_{k,i}\Delta u_{k,j}) \right]\mathrm{d}V_0 = R_{2\text{-}0} - R_{1\text{-}0} \tag{18.55a}$$

$$R_{2\text{-}0} = \int_{V_0}\Delta F_{iC0}\delta\Delta u_i\mathrm{d}V_0 + \int_{S_{\sigma0}}\Delta T_{iC0}\delta\Delta u_i\mathrm{d}S_{\sigma0} \tag{18.55b}$$

式中 $R_{1\text{-}0}$ 称为不平衡力，在 C_1 状态要求结构处于平衡状态，但实际上它不是精确地平衡，$R_{1\text{-}0}$ 是不平衡程度的一个度量。为了使累积误差尽可能小，上一步的误差(不平衡力)在下一步中加以考虑。

$$R_{1-0} = \int_{V_0} (\sigma_{ij}\,\delta\Delta\varepsilon_{ij} - F_{iC0}\,\delta\Delta u_i)\,\mathrm{d}V_0 - \int_{S_\sigma} T_{iC0}\,\delta\Delta u_i\,\mathrm{d}S_\sigma \qquad (18.55c)$$

注意这里 R_{1-0} 表示按照 C_0 坐标系来计量的 C_1 状态的各个量。

从上面的推导可知，Kirchhoff 应力虽然直观上比较难以理解，但是从能量原理上看引入它是必须的，且与 Green 应变是一对配偶（即 Kirchhoff 不能与其他应变相乘以计算应变能，而只能与 Green 应变相乘）。

18.7　增量变分原理：UL 法

在 UL 法中，所有的量都以前一步的位形 C_1 作为计算的参考点。非常重要的一个环节是下面必须证明

$$\int_{V_2} \sigma_{ij\,Y}^{\mathrm{E}}\,\delta\Delta\varepsilon_{ij\,Y}\,\mathrm{d}V_2 = \int_{V_1} \sigma_{ij}^{*}\,\delta\Delta^{*}e_{ij}\,\mathrm{d}V_1 \qquad (18.56)$$

式中 $\sigma_{ij}^{*} = \sigma_{ij}^{\mathrm{E}} + \Delta^{*}\sigma_{ij}$ 是现时 Kirchhoff 应力，$\Delta^{*}e_{ij}$ 是现时 Green 应变增量。由 (18.34) 式

$$\sigma_{ij\,Y}^{\mathrm{E}} = \frac{D_1}{D_2}\frac{\partial Y_i}{\partial X_k}\frac{\partial Y_j}{\partial X_l}\sigma_{ij}^{*}$$

$$\Delta^{*}e_{ij} = \Delta^{*}\varepsilon_{ij} + \Delta^{*}\eta_{ij}$$

$$\Delta^{*}\varepsilon_{ij} = \frac{1}{2}\left(\frac{\partial\Delta u_i}{\partial X_j} + \frac{\partial\Delta u_j}{\partial X_i}\right)$$

$$\Delta^{*}\eta_{ij} = \frac{1}{2}\frac{\partial\Delta u_k}{\partial X_i}\frac{\partial\Delta u_k}{\partial X_j}$$

根据现时 Green 应变 $\Delta^{*}e_{ij}$ 的定义：

$$2\Delta^{*}e_{ij}\,\mathrm{d}X_i\,\mathrm{d}X_j = (\mathrm{d}s_{i2}\,\mathrm{d}s_{j2}) - (\mathrm{d}s_{i1}\,\mathrm{d}s_{j1}) \qquad (18.57)$$

而 $\mathrm{d}s_{i2}\,\mathrm{d}s_{j2} = \mathrm{d}Y_i\,\mathrm{d}Y_j$，因此对 (18.57) 式变分得到

$$2\delta\Delta^{*}e_{ij}\,\mathrm{d}X_i\,\mathrm{d}X_j = (\delta\mathrm{d}s_{i2})\,\mathrm{d}s_{j2} + (\delta\mathrm{d}s_{j2})\,\mathrm{d}s_{i2}$$

因为 $\delta\mathrm{d}s_{i2} = \mathrm{d}(\delta s_{i2}) = d\delta\Delta u_i$，我们有

$$\delta\mathrm{d}s_{i2} = \frac{\partial\delta\Delta u_i}{\partial Y_k}\mathrm{d}Y_k$$

代入 (18.57) 式得到

$$\delta\Delta^{*}e_{ij}\,\mathrm{d}X_i\,\mathrm{d}X_j = \frac{1}{2}\left[\frac{\partial\delta\Delta u_i}{\partial Y_k}(\mathrm{d}Y_k)(\mathrm{d}Y_i) + \frac{\partial\delta\Delta u_j}{\partial Y_k}(\mathrm{d}Y_k)(\mathrm{d}Y_j)\right]$$

因为 $\delta\Delta\varepsilon_{ij\,Y} = \frac{1}{2}\left(\frac{\partial\delta\Delta u_i}{\partial Y_j} + \frac{\partial\delta\Delta u_j}{\partial Y_i}\right)$，我们得到

$$\delta\Delta^{*}e_{ij}\,\mathrm{d}X_i\,\mathrm{d}X_j = \delta\Delta\varepsilon_{ij\,Y}(\mathrm{d}Y_i)(\mathrm{d}Y_j) = \delta\Delta\varepsilon_{pq\,Y}\frac{\partial Y_p}{\partial X_k}\frac{\partial Y_q}{\partial X_l}\mathrm{d}X_k\,\mathrm{d}X_l$$

因此

$$\delta\Delta^{*}e_{ij} = \delta\Delta\varepsilon_{pq\,Y}\frac{\partial Y_p}{\partial X_i}\frac{\partial Y_q}{\partial X_j} \qquad (18.58)$$

或反过来

$$\delta\Delta\varepsilon_{ij\,Y} = \delta\Delta^{*}e_{pq}\frac{\partial X_p}{\partial Y_i}\frac{\partial X_q}{\partial Y_j} \qquad (18.59)$$

利用 (18.58，18.59) 式和 (18.34) 式，并利用变形前后质量守恒：$\rho_1\,dV_1 = \rho_2\,dV_2$，得到 (18.60) 式：

$$\int_{V_2} \sigma_{ij\,Y}^{E} \delta\Delta\varepsilon_{ij\,Y}\,dV_2 = \int_{V_2} \frac{D_1}{D_2} \frac{\partial Y_i}{\partial X_k} \frac{\partial Y_j}{\partial X_l} \sigma_{ij}^{*} \frac{\partial X_k}{\partial Y_p} \frac{\partial X_l}{\partial Y_q} \delta\Delta^{*} e_{pq}\,dV_1 = \int_{V_1} \sigma_{ij}^{*} \delta\Delta^{*} e_{ij}\,dV_1 \tag{18.60}$$

进一步，在边界上，C_1 和 C_2 状态满足

$$T_i\,|_{C_2}\,dS_2 = T_i\,|_{C_1}\,dS_1$$
$$F_i\,|_{C_2}\,dV_2 = F_i\,|_{C_1}\,dV_1$$

因此荷载功也相等。因此我们得到 UL 法的虚位移原理如下：

$$\int_{V_1} \sigma_{ij}^{*} \delta\Delta^{*} e_{ij}\,dV_1 = \int_{S_{\sigma 1}} T_i\,|_{C1}\,\delta\Delta u_i\,dS_{\sigma 1} + \int_{V_1} F_i\,|_{C1}\,\delta\Delta u_i\,dV_1 \tag{18.61}$$

在非线性问题的求解上，必然采用增量法，此时 C_1 状态已知，要求 C_2 状态下的应力应变和位移等，因此表示成增量的形式更加方便。从 (18.61) 式，利用

$$\sigma_{ij}^{*} = \sigma_{ij}^{E} + \Delta^{*}\sigma_{ij}$$
$$T_{iC2} = T_{iC1} + \Delta T_{iC1}$$
$$F_{iC2} = F_{iC1} + \Delta F_{iC1}$$
$$\delta\Delta^{*} e_{ij} = \delta\Delta^{*}\varepsilon_{ij} + \delta\Delta^{*}\eta_{ij}$$

得到

$$\int_{V_1} \left[\Delta^{*}\sigma_{ij}\,\delta\Delta^{*} e_{ij} + \sigma_{ij}^{E}\frac{1}{2}\delta\left(\frac{\partial \Delta u_k}{\partial X_i}\frac{\partial \Delta u_k}{\partial X_j}\right)\right]dV_1 = R_{2\text{-}1} - R_1 \tag{18.62}$$

式中

$$R_{2\text{-}1} = \int_{V_1} \Delta F_{iC1}\,\delta\Delta u_i\,dV_1 + \int_{S_{\sigma 1}} \Delta T_{iC1}\,\delta\Delta u_i\,dS_{\sigma 1} \tag{18.63}$$

R_1 称为不平衡力，在 C_1 状态要求结构处于平衡状态，但实际上它不是精确地平衡，R_1 是不平衡程度的一个度量。为了使累积误差尽可能小，上一步的误差 (不平衡力) 在下一步中加以考虑。

$$R_1 = \int_{V_1} (\sigma_{ij}^{E}\delta\Delta^{*}\varepsilon_{ij} - F_{iC1}\delta\Delta u_i)\,dV_1 - \int_{S_{\sigma 1}} T_{iC1}\delta\Delta u_i\,dS_{\sigma 1} \tag{18.64}$$

第五章介绍的初应力问题的变分原理和基于 UL 法的增量变分原理 (18.62) 式是一致的，如果我们将初始应力 σ_{ij}^{0} 理解为前一步已经收敛的欧拉应力 σ_{ij}^{E}，荷载 $\overline{P}_i$，$\overline{F}_i$ 等理解为荷载增量，σ_{ij} 理解为应力增量，u_i 理解为位移增量，并且在求解 (5.15) 式时考虑可能存在的不平衡力。

从 (18.62) 式也理解了我们前面定义的 σ_{ij}^{E} 的用途。

在 C_0 状态的欧拉应力是与 C_0 状态的 Kirchhoff 应力相同的。

参 考 文 献

[1]　Washizu, K. Variational Methods in Elasticity and Plasticity, 3rd Edition, Pergamon Press, 1982.

[2]　Yang Y. B. & Kuo S. R, Theory & Analysis of Nonlinear Framed Structures, Simon & Schuster (Asia) Pte Ltd, Prentice Hall, Singapore, 1994

[3]　殷有泉著. 固体力学非线性有限元引论. 北京：北京大学出版社，1987.

[4]　谢贻权，何福保主编. 弹性和塑性力学中的有限单元法. 北京机械工业出版社，1981.

附录　变形前后微面的微分几何关系

下面考察变形前微面 $\vec{n}_l \mathrm{d}A_0$，在变形后大小和方位的变化。取任意两个质点线元，在初始构形内它们是 $\mathrm{d}x_j$ 和 $\mathrm{d}x_k$，$\vec{n}_i$ 是其法线，面积为 $\mathrm{d}A_0$，$\vec{n}_i \mathrm{d}A_0$ 表示是有向面元。变形后的现时构形是 $\mathrm{d}X_j$ 和 $\mathrm{d}X_k$，法线为 $\vec{N}_i$，面积是 $\mathrm{d}A$，从矢量乘积可以知道

$$\vec{N}_i \mathrm{d}A = e_{ijk} \mathrm{d}X_j \mathrm{d}X_k \tag{A1}$$

$$\vec{n}_i \mathrm{d}A_0 = e_{ijk} \mathrm{d}x_j \mathrm{d}x_k \tag{A2}$$

两式中等式右边应理解为矢量相乘，e_{ijk} 是一个排列张量，当下标 i，j，k 是按照 1，2，3 次序循环排列时取 1，按照 3，2，1 次序循环排列时取 -1，其他无规则排列则取 0，即：

$$e_{123} = e_{231} = e_{312} = 1$$
$$e_{321} = e_{213} = e_{132} = -1$$
$$e_{111} = e_{222} = e_{333} = e_{212} = e_{313} = e_{121} = e_{112} = e_{221} = e_{331} = e_{113} = e_{133} = \cdots = 0$$

因为

$$\mathrm{d}X_i = \frac{\partial X_i}{\partial x_1} \mathrm{d}x_1 + \frac{\partial X_i}{\partial x_2} \mathrm{d}x_2 + \frac{\partial X_i}{\partial x_3} \mathrm{d}x_3 = \frac{\partial X_i}{\partial x_j} \mathrm{d}x_j$$

将(A1)式两端乘以 $\frac{\partial X_i}{\partial x_p}$ 得到

$$\frac{\partial X_i}{\partial x_p} \vec{N}_i \mathrm{d}A = e_{ijk} \mathrm{d}X_j \mathrm{d}X_k \frac{\partial X_i}{\partial x_p} = e_{ijk} \frac{\partial X_i}{\partial x_p} \frac{\partial X_j}{\partial x_l} \frac{\partial X_k}{\partial x_m} \mathrm{d}x_l \mathrm{d}x_m$$

并注意到（参见 (18.30) 式）：

$$D_1 = \frac{\partial(X_1, X_2, X_3)}{\partial(x_1, x_2, x_3)} = e_{ijk} \frac{\partial X_i}{\partial x_1} \frac{\partial X_j}{\partial x_2} \frac{\partial X_k}{\partial x_3}$$

$$e_{plm} D_1 = e_{ijk} \frac{\partial X_i}{\partial x_p} \frac{\partial X_j}{\partial x_l} \frac{\partial X_k}{\partial x_m}$$

所以

$$\frac{\partial X_i}{\partial x_p} \vec{N}_i \mathrm{d}A = e_{plm} D_1 \mathrm{d}x_l \mathrm{d}x_m = D_1 \vec{n}_i \mathrm{d}A_0 \tag{A3}$$

由于 $D_1 \neq 0$，变形梯度 $\frac{\partial X_i}{\partial x_j}$ 有逆，即可以求出 $\frac{\partial x_i}{\partial X_j}$，且

$$\frac{\partial X_i}{\partial x_k} \frac{\partial x_k}{\partial X_j} = \delta_{ij}$$

(A3)式乘以 $\frac{\partial x_p}{\partial X_i}$ 得到

$$\vec{N}_i \mathrm{d}A = D_1 \frac{\partial x_p}{\partial X_i} \vec{n}_p \mathrm{d}A_0 \tag{A4}$$

上式即为变形前后两面元的数学关系。

第 19 章　平面框架的非线性分析——拖动坐标法

19.1　引言

随着计算技术的发展，在设计中对框架进行精确的非线性分析日益得到重视。从二十世纪七十年代起，国内外已经开始了框架弹塑性分析方法的研究。分析方法主要可以分为三类：经典塑性铰法，改进塑性铰法和塑性区法[1]。

梁柱单元的塑性分析始于经典塑性铰方法。它将塑性变形集中在杆端截面，Alvarez[2]、Mcnamee[3]、Korn[4]、Morris[5]等基于小变形理论进行了平面框架的弹塑性分析。Kassimali[6]对平面框架进行了弹塑性大挠度分析，但是不能考虑塑性铰处的弹性卸载。Orbison[7]利用Argyris[8]导得的几何刚度矩阵，在Morris[5]和Nigam[9]等提出的内力屈服面分析法的基础上，通过建立新的内力屈服面方程，导得了杆单元的弹塑性切线矩阵，它能考虑塑性铰处内力的相互作用，也能考虑弹性卸载的影响。

经典塑性铰法没能考虑塑性沿截面和杆长方向开展的问题，也不能考虑残余应力的影响。改进塑性铰法是在经典塑性铰方法的基础上做一系列的改进，以弥补经典塑性铰方法的不足。精细塑性铰法（refined plastic analysis）[16~22]首先采用了切线模量的概念以考虑梁柱单元残余应力分布的影响。同时摒弃了塑性流动理论，采用了刚度衰减函数 φ 对弹性刚度矩阵进行修正，以考虑形成塑性铰过程中塑性的开展。切线模量根据AISC LRFD[23]的标准取值，本身考虑了梁柱单元残余应力和初弯曲的影响。精细塑性铰方法，一方面保留了经典塑性铰方法的计算效率，同时又有效的保证了计算的准确性，对简单结构的计算分析对比表明，计算结果同塑性区方法符合得很好。

塑性区方法是一种精确的方法，它可以包括下列因素的影响：（1）变形的影响，包括 P-Δ 效应和轴力对柱刚度的降低作用；（2）缺陷的影响，包括初始倾斜，初始弯曲和残余应力；（3）材料的实际弹塑性性能，包括屈服后强化。

本章介绍一种新的同时考虑结构的几何非线性和材料非线性的大变形弹塑性平面梁单元。利用塑性区法处理单元的材料非线性，能更准确的反映和描述塑性开展；基于更新的拉格朗日方法，从最初的虚功方程出发进行刚度矩阵推导，能准确反映单元变位对刚度矩阵的影响，适用于大变形分析；运用位移控制方法求解非线性方程，能有效跟踪结构的变形，适用于强几何非线性的情况。在单元内部假设截面的特性沿单元长度线性变化，比等截面单元采用更少的单元就可以得到精度较高的结果。

在本章的刚度矩阵推导中，引入了如下假定：材料理想弹塑性；单元为伯努利-欧拉梁，变形过程中满足平截面和直法线假定。

19.2 平面梁柱非线性分析的变分原理

根据第十八章的变分原理，可以建立平面框架结构非线性分析的有限元法。

19.2.1 位移、位移增量和应变、应变增量

梁截面上的位移有纵向的 w 和横向的 v。根据伯努利—欧拉的平截面假定，对于图 19.1b 中的每一纤维元，C_1 状态截面上任意一点的位移为

$$\overline{w}=w-yv', \qquad \overline{v}=v \tag{19.1a, b}$$

[注：如果梁的挠度达到与梁的跨度相同的数量级，则拟考虑有限转角的影响，截面上任意一段的挠度为图 19.1b 所示：

$$\overline{w}=w-y\sin\alpha, \qquad \overline{v}=v-y(1-\cos\alpha), \tan\alpha=v' \tag{19.1c, d, e}$$

在 TL 法中采用(19.1a, b)式将无法精确计算大转角问题(误差很大)。但在 UL 法中，由于每一步都是小步长，增量表示的位移可以进行线性化处理，分步累积的结果仍可以精确地处理大转角问题]。

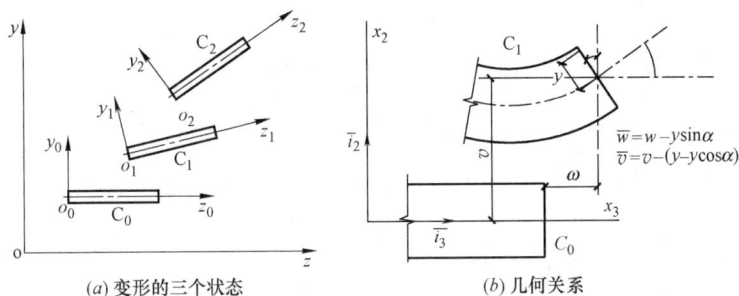

图 19.1　梁的初始状态和变形状态

根据有限变形理论，纵向应变(Green 应变)精确式为

$$e_z=\frac{(\mathrm{d}s)^2-(\mathrm{d}z)^2}{2(\mathrm{d}z)^2}=w'-yv''+\frac{1}{2}(v'^2+w'^2-2yw'v''+y^2v''^2) \tag{19.2a}$$

横向应变和剪应变的线性部分为零。即线性部分为

$$\varepsilon_z=w'-yv', \varepsilon_{zy}=0, \varepsilon_{yy}=0 \tag{19.2b}$$

非线性部分为

非线性纵向正应变　　$\eta_z=\frac{1}{2}(v'^2+w'^2-2yw'v''+y^2v''^2)$ 　　$(19.2c)$

非线性剪应变　　　　$\eta_{zy}=\frac{1}{2}(-w'v'+yv'v'')$ 　　　　(19.3)

横向非线性正应变为　$\eta_{yy}=\frac{1}{2}\left(\frac{\partial v}{\partial y}\right)^2+\frac{1}{2}\left(\frac{\partial(w-yv')}{\partial y}\right)^2=\frac{1}{2}v'^2$ 　　(19.4)

从 C_1 状态到 C_2 状态(图 19.1a)，位移增加 Δv 和 Δw，Green 应变增量为

线性部分　　　$\Delta\varepsilon_{z1}=\Delta w'-y\Delta v'', \Delta\varepsilon_{zy1}=0, \Delta\varepsilon_{yy1}=0$ 　　(19.5)

初位移应变增量线性部分

563

$$\Delta\varepsilon_{z2}=v'\Delta v'+w'\Delta w'-y(w'\Delta v''+v''\Delta w')+y^2v''\Delta v'' \qquad (19.6a)$$

$$\Delta\varepsilon_{zy2}=\frac{1}{2}\big[-(w'\Delta v'+v'\Delta w')+y(v''\Delta v'+v'\Delta v'')\big] \qquad (19.6b)$$

$$\Delta\varepsilon_{yy2}=v'\Delta v' \qquad (19.6c)$$

应变增量非线性部分

$$\Delta\eta_z=\frac{1}{2}\big[(\Delta v')^2+(\Delta w')^2-2y\Delta w'\Delta v''+y^2(\Delta v'')^2\big] \qquad (19.7a)$$

$$\Delta\eta_{zy}=\frac{1}{2}(-\Delta w'\Delta v'+y\Delta v'\Delta v'') \qquad (19.7b)$$

$$\Delta\eta_{yy}==\frac{1}{2}(\Delta v')^2 \qquad (19.7c)$$

现时 Green 应变增量为[注意下面(19.8)(19.9)式的导数是$(\ )'=\mathrm{d}(\ )/\mathrm{d}Z$，$Z=z+w$]，线性部分

$$\Delta\varepsilon_z^*=\Delta w'-y\Delta v'',\ \Delta\varepsilon_{zy}^*=0,\ \Delta\varepsilon_{yy}^*=0 \qquad (19.8a,\ b,\ c)$$

非线性部分

$$\Delta\eta_z^*=0.5\big[(\Delta v')^2+(\Delta w')^2-2y\Delta w'\Delta v''+y^2(\Delta v'')^2\big] \qquad (19.9a)$$

$$\Delta\eta_{zy}^*=0.5(-\Delta w'\Delta v'+y\Delta v'\Delta v'') \qquad (19.9b)$$

$$\Delta\eta_{yy}^*=0.5(\Delta v')^2 \qquad (19.9c)$$

Jacobi 矩阵为 （$X_2=y+\bar{v}$，$X_3=z+\bar{w}=z+w-yv'$）：

$$D_1=\frac{\partial(X_2,X_3)}{\partial(x_2,x_3)}=\begin{vmatrix}\dfrac{\partial X_2}{\partial x_2} & \dfrac{\partial X_2}{\partial x_3}\\[2mm]\dfrac{\partial X_3}{\partial x_2} & \dfrac{\partial X_3}{\partial x_3}\end{vmatrix}=\begin{vmatrix}\dfrac{\partial(y+v)}{\partial y} & \dfrac{\partial(y+v)}{\partial z}\\[2mm]\dfrac{\partial(z+w-yv')}{\partial y} & \dfrac{\partial(z+w-yv')}{\partial z}\end{vmatrix}=\begin{vmatrix}1 & v'\\-v' & 1+w'-yv''\end{vmatrix}$$

$$=1+w'-yv''+v'^2 \qquad (19.10)$$

$$D_2=\frac{\partial(Y_2,Y_3)}{\partial(x_2,x_3)}=\begin{vmatrix}\dfrac{\partial Y_2}{\partial x_2} & \dfrac{\partial Y_2}{\partial x_3}\\[2mm]\dfrac{\partial Y_3}{\partial x_2} & \dfrac{\partial Y_3}{\partial x_3}\end{vmatrix}=\begin{vmatrix}\dfrac{\partial(y+v+\Delta v)}{\partial y} & \dfrac{\partial(y+v+\Delta v)}{\partial z}\\[2mm]\dfrac{\partial[z+w+\Delta w-y(v'+\Delta v')]}{\partial y} & \dfrac{\partial[z+w+\Delta w-y(v'+\Delta v')]}{\partial z}\end{vmatrix}$$

$$=1+(w'+\Delta w')-y(v''+\Delta v'')+(v'+\Delta v')^2 \qquad (19.11)$$

如果采用(19.1c，d，e)式，则 Jacobi 矩阵为

$$\frac{\partial X_2}{\partial x_2}=\frac{\partial(y+v-y(1-\cos\alpha))}{\partial y}=\cos\alpha$$

$$\frac{\partial X_2}{\partial x_3}=\frac{\partial(y+v-y(1-\cos\alpha))}{\partial z}=v'-y\sin\alpha\frac{\mathrm{d}\alpha}{\mathrm{d}z}$$

$$\frac{\partial X_3}{\partial x_2}=\frac{\partial(z+w-y\sin\alpha)}{\partial y}=-\sin\alpha$$

$$\frac{\partial X_3}{\partial x_3}=\frac{\partial(z+w-y\sin\alpha)}{\partial z}=1+w'-y\cos\alpha\frac{\mathrm{d}\alpha}{\mathrm{d}z}$$

$$D_1=\Big(1+w'-y\cos\alpha\frac{\mathrm{d}\alpha}{\mathrm{d}z}\Big)\cos\alpha+\sin\alpha\Big(v'-y\sin\alpha\frac{\mathrm{d}\alpha}{\mathrm{d}z}\Big)$$

$$=(1+w')\cos\alpha-y\frac{\mathrm{d}\alpha}{\mathrm{d}z}+v'\sin\alpha \qquad (19.12)$$

19.2.2　单向拉伸应力应变关系

通常我们通过标准的单向拉伸试验得到材料的弹性模量和屈服点等材料性质。整理试验资料时采用的是试件变形前的截面性质和试件长度。单向拉伸时的截面上 Kirchhoff 应力定义可以参照第 18 章给出如下：初始面积 A_0 的截面上，作用拉力 P，则 $\sigma_{z1}=P/A_0$ 为我们试验时计算的应力，这个应力是第 1 类 Piola－Kirchhoff 应力，不是第 17 章定义的 Kirchhoff 应力。设拉伸后试件截面面积变为 A，按照 A 计算的应力称真应力，记为 $\sigma_R=P/A$，根据欧拉应力的定义，真应力是欧拉应力。对于圆形截面试件，$A=A_0(1-\mu w')^2$，这里 μ 是帕桑比，

$$\sigma_R=\sigma_z^E=\sigma_{z1}/(1-\mu w')^2 \tag{19.13}$$

按照 (18.32) 式，拉伸试件的欧拉应力和 Kirchhoff 应力 σ_z 的关系是

$$\sigma_z^E=\frac{1}{D}(1+w')(1+w')\sigma_z \tag{19.14}$$

D 在这里根据拉伸前后总质量不变的条件确定，$A_0 l_0 \rho_0=Al\rho$，$\rho_0=\rho D$

$$A=A_0(1-\mu w')^2, l=l_0(1+w')$$
$$A_0 l_0 \rho_0=Al\rho=\rho A_0 l_0(1+w')(1-\mu w')^2$$
$$\rho_0=\rho D=\rho(1+w')(1-\mu w')^2$$
$$D=(1+w')(1-\mu w')^2 \tag{19.15}$$

所以 Kirchhoff 应力 σ_z 和拉伸试验应力 σ_{z1} 的关系为

$$\sigma_z=\frac{\sigma_{z1}}{1+w'}$$

第 1 类 Piola-Kirchhoff 应力增量 $\Delta\sigma_{z1}$ 的定义是在 C_2 状态，存在如下的关系

$$(\sigma_{z1}+\Delta\sigma_{z1})A_0=P+\Delta P, \text{即} \ \Delta\sigma_{z1}=\frac{\Delta P}{A_0}$$

现时 Kirchhoff 应力增量需要通过坐标转化得到：

$$\Delta^*\sigma_z=\frac{\Delta\sigma_{z1}}{1+w'} \tag{19.16}$$

Green 应变在单向拉伸试验的情况变为

$$e_z=\frac{l^2-l_0^2}{2l_0^2}=\left(1+\frac{1}{2}\frac{\Delta l}{l_0}\right)\frac{\Delta l}{l_0}=w'+\frac{1}{2}w'^2 \tag{19.17}$$

Green 应变增量 Δe_z 为

$$\Delta e_z=(1+0.5w'+0.5\Delta w')(w'+\Delta w')-(1+0.5w')w'=\Delta w'+w'\Delta w'+0.5(\Delta w')^2$$
$$\Delta\varepsilon_z=\Delta w'(1+w') \tag{19.18}$$

现时 Green 应变增量为

$$\Delta^*e_z=\frac{\partial\Delta w}{\partial(z+w)}+\frac{1}{2}\left(\frac{\partial\Delta w}{\partial(z+w)}\right)^2=\frac{\Delta w'}{1+w'}+\frac{1}{2}\left(\frac{\Delta w'}{1+w'}\right)^2$$
$$\Delta^*\varepsilon_z=\frac{\Delta w'}{1+w'} \tag{19.19}$$

Almansi 应变为

$$\bar{e}_z=\frac{l^2-l_0^2}{2l^2}=\left(1+\frac{1}{2}\frac{\Delta l}{l_0}\frac{l_0}{l}\right)\frac{\Delta l}{l_0}\frac{l_0}{l}=\left(1+\frac{1}{2}\frac{w'}{1+w'}\right)\frac{w'}{1+w'}\approx w'-\frac{1}{2}w'^2$$

因此 Green 应变增量和现时 Green 应变增量的关系为

$$\Delta\varepsilon_z = (1+w')^2 \Delta^* \varepsilon_z \tag{19.20}$$

试验得到的是 P/A_0-$\Delta l/l_0$（即 σ_{z1}-w'）之间的关系，需要转化成 σ_z-e_z 之间的关系，并进一步转化成应力增量和应变增量之间的关系。但是在应变较小的时候（我们分析的大多数问题是大位移小应变问题），σ_z-e_z 之间的关系与 P/A_0-$\Delta l/l_0$ 之间的关系差别很小，可以不加改变地加以应用。因此我们可以假设应力应变关系已知：

$$\sigma_z = f(e_z) \tag{19.21}$$

从上式得到 Kirchhoff 应力增量和 Green 应变增量的关系：

$$\Delta\sigma_z = E_t \Delta e_z \tag{19.22}$$

E_t 是切线模量。

非线性分析目前最为常用的是 UL 法，此时需要的是现时 Kirchhoff 应力增量和现时 Green 应变增量之间的关系。

$$\Delta^* \sigma_z = E_t^* \Delta^* \varepsilon_z$$

第 18 章(18.42)式在单向拉伸的情况下变为

$$E_t^* = \frac{1}{D}\left(\frac{\partial(z+w)}{\partial z}\right)^4 E_t = \frac{(1+w')^3}{(1-\mu w')^2} E_t \tag{19.23a}$$

(19.23a)式也可以直接得到：

$$\Delta\sigma_z^* = \frac{(1+w')}{(1-\mu w')^2}\Delta\sigma_z = \frac{(1+w')}{(1-\mu w')^2}E_t\Delta\varepsilon_z = \frac{(1+w')^3}{(1-\mu w')^2}E_t\Delta^*\varepsilon_z \tag{19.23b}$$

从上面的式子可以知道，如果材料是完全弹性的，而在 UL 法中采用 $E_t^* = E_t = E$ 的假定，即每一个增量步长不更新切线模量，则得到的结果将会与 TL 法不同。只有在 UL 法中每一步更新切线模量，并且步长足够小，两者才能反映基本相同的材料性质。

但是我们钢结构要解决的问题几乎全是小应变问题，设 $w' = 0.015$（约等于 Q235 钢材开始强化的应变），$\mu = 0.3$，按照(19.23a)式 $E_t^* = 1.05515 E_t$。如果假设切线模量（等于强化模量）不变，对于非线性应变达到这么大的问题，这个误差也是可以接受的。

19.2.3　变分原理

在第 18 章中已经指出，由于梁弯曲理论采用了平截面假定，不宜采用欧拉应力，另外梁的问题采用截面内力而不是应力的概念，使得欧拉应力(不是一个横截面上的应力)的概念也不是十分合适。但是我们可以利用初应力问题的变分原理，将梁柱非线性分析问题看成一系列的初应力问题进行分析。

第 18 章最后我们指出了初应力问题的变分原理和基于 UL 法的增量变分原理是相似的，因此我们下面仍然采用欧拉应力的记号。但是实际上与第 18 章定义的欧拉应力已经有所区别了：这里由于将非线性分析问题看成一系列的初应力问题，意味着建立初应力问题变分原理的坐标系随每一次增量不停地改变，因此是一个采用拖动坐标的方法。

假设梁上作用有横向分布荷载 q_y，轴向分布荷载 q_z，荷载以坐标正方向作用为正，第 18 章的(18.62)式退化为平面梁单元，可以得到：

$$\int_{V_1} (E_t^* \Delta^* e_z \delta \Delta^* e_z + 4G_t^* \Delta^* e_{zy} \delta \Delta^* e_{zy} + E_t^* \Delta^* e_{yy} \delta \Delta^* e_{yy}) \mathrm{d}V_1 +$$

$$\int_{V_1} (\sigma_z^E \delta \Delta^* \eta_z + 2\tau_{zy}^E \delta \Delta^* \eta_{zy} + \sigma_{yy}^E \delta \Delta^* \eta_{yy})\, dV_1 = R_2 - R_1 \tag{19.24}$$

其中：$\Delta^* e_z = \Delta^* \varepsilon_z + \Delta^* \eta_z$ 为单元从 C_1 构形变形到 C_2 构形的纵向正应变增量；σ_z^E 为 C_1 构形的欧拉纵向正应力；τ_{zy}^E 为 C_1 构形的欧拉剪应力；σ_{yy}^E 是 C_1 构形的欧拉横向正应力。

与传统的梁平面弯曲非线性理论一开始就不考虑横向正应力的影响不同，本章首先保留横向正应力的非线性项，因为荷载横向正应力也是保持薄壁梁上板单元的平衡所必须的。保持平衡的各个力素的二阶效应，会互相抵消掉一部分，不假思索地忽略其中的任何一项，都会致使其中的某些项应该被抵消掉而没有被抵消掉，从而可能导致不正确的结果。

对于钢结构中常用的工字形截面，翼缘上的剪应力和横向应力实际上是垂直于 y 轴的，因此上式应该包含这两项的影响，但是由于在平面问题中，在翼缘上垂直于弯曲平面的位移是不考虑的，因此在翼缘上

$$\eta_{xx} = \frac{1}{2}\left[\left(\frac{\partial u}{\partial x}\right)^2 + \left(\frac{\partial v}{\partial x}\right)^2 + \left(\frac{\partial w}{\partial x}\right)^2\right] = 0$$

$$\eta_{xz} = \frac{1}{2}(u_{,z} u_{,x} + v_{,z} v_{,x} + w_{,z} w_{,x}) = 0$$

这样翼缘上横向正应力和剪应力的非线性功为零，所以仍然可以应用(19.24)式作为工字形截面框架的虚位移原理。

由于采用增量法，我们可以采用小增量，在每一步的计算中，非线性的现时 Green 应变增量可以略去不计。这样(19.24)式可以简化为

$$\int_{V_1} (E_t^* \Delta^* \varepsilon_z \delta \Delta^* \varepsilon_z)\, dV_1 + \int_{V_1} (\sigma_z^E \delta \Delta^* \eta_z + 2\tau_{zy}^E \delta \Delta^* \eta_{zy} + \sigma_{yy}^E \delta \Delta^* \eta_{yy})\, dV_1 = R_{2\text{-}1} - R_{1\text{-}1}$$

$$\tag{19.25}$$

式中 $R_{2\text{-}1}$ 在平面问题中简化为

$$R_{2\text{-}1} = \int_0^l \Delta q_y \delta v\, dZ + \int_0^l \Delta q_z \delta w\, dZ \tag{19.26}$$

$R_{1\text{-}1}$ 称为不平衡力，在 C_1 状态要求结构处于平衡状态，但实际上因为误差的存在，它不完全满足平衡条件，$R_{1\text{-}1}$ 是不平衡程度的一个度量。为了使累积误差尽可能小，上一步的误差(不平衡力)在下一步中加以考虑。R_1 在平面问题中简化为

$$R_{1\text{-}1} = \int_{V_1} (\sigma_z^E \delta \Delta^* \varepsilon_z + \tau_{zy}^E \delta \Delta^* \varepsilon_{zy} + \sigma_{yy}^E \delta \Delta^* \varepsilon_{yy})\, dV_1 - \int_0^l (q_y \delta \Delta v + q_z \delta \Delta w)\, dZ \tag{19.27}$$

对于荷载虚功，如果荷载为集中力，则虚功为 $P_y \delta v|_{z=z_i} + P_z \delta w|_{z=z_j}$，其中 z_i，z_j 为集中荷载 P_y，P_z 的作用点坐标。多个集中荷载，则要进行求和。为了叙述简便，集中荷载的虚功我们不再写出。

虽然上面的推导理论上是严格的，但通过有限元方法实现变分原理所体现的分析思路方面存在一定的不便，主要问题是：梁的截面性质是否每一步都要更新？

梁作为一维问题，$dV_1 = dA_1 dZ$，因为我们假设截面的线性的横向应变为零(刚周边假设)，但是板件厚度方向应力经常为零，要跟踪截面面积的每一步的面积是很困难的。因此在弯曲时，可以认为 $dA_1 = dA_0 = dA$。但是在梁承受轴向力时，纵向拉伸或压缩，应变为 ε，为了保持质量不变，截面的面积或者质量密度必须发生变化

$$\rho_0 \, dA \, dz = \rho_1 \, dA_1 \, dZ = \rho_1 (1+\varepsilon) \, dA_1 \, dz$$

根据(19.10)式或(19.12)式我们发现,梁弯曲时材料的密度因变形而随高度发生变化。但综合起来,梁的单位长度上密度变化主要是梁的轴向应变引起的。材料如果进入塑性流动阶段,材料的泊桑比为 0.5,体积不变,因此密度不变,面积必然变化。这给分析带来了很大的困难。鉴于梁理论本身也具有近似的性质,下面的推导中我们假设面积不变。面积不变假定给我们带来很大的方便。

19.3　单元刚度矩阵—有限单元法

有限单元法将构件分成若干段(即单元),对每一段(单元)采用试解函数来逼近压杆的真实位移,而且将节点位移取为 Ritz 法中试解函数的未知量,代入总势能,通过变分得到一组以节点位移为未知量的线性代数方程,求解以后得到问题的解。

19.3.1　位移函数

图 19.2 示出了拖动坐标和一个单元及拖动坐标中的节点位移。在塑性区法中,需要对 C_1 构形的单元的截面进行细分(图 19.3)。

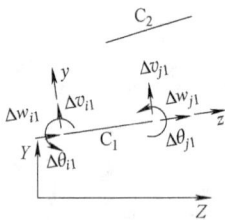

图 19.2　拖动坐标及对应的节点位移　　　图 19.3　塑性区法单元剖分（C_1 状态）

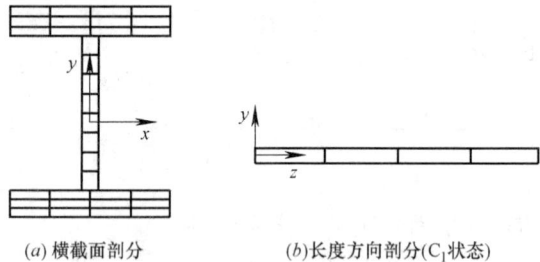

每个平面梁单元具有六个自由度,在拖动坐标系中,假设梁单元的端位移向量为 $\{\Delta u\}$:

$$\{\Delta u\} = <\Delta w_i, \Delta v_i, \Delta v_i' l, \Delta w_j, \Delta v_j, \Delta v_j' l>^{\mathrm{T}} \tag{19.28}$$

注意上面转角未知量乘以现时单元长度 l,以便与其他节点未知量的量纲统一。选取梁单元长度方向的位移插值函数为:

$$\Delta w = n_{11}(z) \Delta w_i + n_{12}(z) \Delta w_j = <n_1>\{\Delta u\}$$
$$<n_1> = <n_{11}, 0, 0, n_{12}, 0, 0> \tag{19.29a}$$

其中 $n_{11}(z) = 1-\beta$, $n_{12}(z) = \beta$, $\beta = z/l$。对于弯曲变形,单元内部的位移取为

$$\Delta v = n_{31} \Delta v_i + n_{32} \Delta v_i' l + n_{33} \Delta v_j + n_{34} \Delta v_j' l = <n_3>\{\Delta u\} \tag{19.29b}$$
$$<n_3> = <0, n_{31}, n_{32}, 0, n_{33}, n_{34}> \tag{19.30}$$
$$n_{31} = 1 - 3\beta^2 + 2\beta^3, \quad n_{32} = \beta - 2\beta^2 + \beta^3,$$
$$n_{33} = 3\beta^2 - 2\beta^3, \quad n_{34} = -\beta^2 + \beta^3$$
$$<n_1'> = <-1, 0, 0, 1, 0, 0> \tag{19.31a}$$

$$<n'_3>=<0,-6\beta+6\beta^2,1-4\beta+3\beta^2,0,6\beta-6\beta^2,-2\beta+3\beta^2> \quad (19.31b)$$

$$<n''_3>=<0,-6+12\beta,-4+6\beta,0,6-12\beta,-2+6\beta> \quad (19.31c)$$

从而有：

$$\Delta w'=\frac{1}{l}<n'_1>\{\Delta u\} \quad (19.32a)$$

$$\Delta v'=\frac{1}{l}<n'_3>\{\Delta u\} \quad (19.32b)$$

$$\Delta v''=\frac{1}{l^2}<n''_3>\{\Delta u\} \quad (19.32c)$$

19.3.2　物理刚度矩阵

(19.25)式的第一部分提供的是物理刚度矩阵。可以改写为：

$$\int_{V_1}(E_t^*\Delta\varepsilon_z^*\delta\Delta\varepsilon_z^*)dV_1=\int_0^l\int_{A_1}E_t^*(\Delta w'-y\Delta v'')(\delta\Delta w'-y\delta\Delta v'')dA_1dZ$$

$$=\int_0^l\int_{A_1}[E_t^*\Delta w'\delta\Delta w'+E_t^*y^2\Delta v''\delta\Delta v''-E_t^*y(\Delta w'\delta\Delta v''+\Delta v''\delta\Delta w')]dA_1dZ$$

$$=\delta\{\Delta u\}^T\left\{\int_V\frac{1}{l^2}E_t^*<n'_1>^T<n'_1>dAdZ+\int_V\frac{1}{l^4}E_t^*y^2<n''_3>^T<n''_3>dA_1dZ\right.$$

$$\left.-\int_V\frac{1}{l^3}E_t^*y(<n'_1>^T<n''_3>+<n''_3>^T<n'_1>)dA_1dZ\right\}\{\Delta u\} \quad (19.33)$$

在塑性区开展处理上，为了减少计算工作量，只求单元两端截面的塑性开展，在单元内部，假设各个截面性质线性变化，即认为有：

$$A_e=A_{ei}+(A_{ej}-A_{ei})\beta \quad (19.34a)$$

$$I_e=I_{ei}+(I_{ej}-I_{ei})\beta \quad (19.34b)$$

$$S_e=S_{ei}+(S_{ej}-S_{ei})\beta \quad (19.34c)$$

其中 A_e，S_e，I_e 分别是单元截面弹性区的面积、一阶面积矩和二阶面积矩。将 (19.34a)、(19-34b)、(19-34c)式代入(19.33)式并沿单元全截面积分可得：

$$\int_{V_1}E_t^*\Delta\varepsilon_z^*\delta\Delta\varepsilon_z^*dV_1=\delta\{\Delta u\}^T\left\{\int_0^l\left[\frac{EA_{ei}}{l^2}<n'_1>^T<n'_1>+\frac{EI_{ei}}{l^4}<n''_3>^T<n''_3>\right]dZ\right.$$

$$+\int_0^l\left[-\frac{ES_{ei}}{l^3}(<n'_1>^T<n''_3>+<n''_3>^T<n'_1>)+\frac{EA_{eij}}{l^2}<n'_1>^T<n'_1>\beta\right]dZ$$

$$+\int_0^l\left[\frac{EI_{eij}}{l^4}<n''_3>^T<n''_3>\beta-\frac{ES_{eij}}{l^3}(<n'_1>^T<n''_3>+<n''_3>^T<n'_1>)\beta\right]dZ\right\}\cdot$$

$$\{\Delta u\}=\delta\{\Delta u\}^T\left\{\frac{EA_{ei}}{l}[K_{11}^{110}]+\frac{EA_{eij}}{l}[K_{11}^{111}]+\frac{EI_{ei}}{l^3}[K_{33}^{220}]+\frac{EI_{eij}}{l^3}[K_{33}^{221}]+\right.$$

$$\left.-\frac{ES_{ei}}{l^3}([K_{13}^{120}]+[K_{31}^{210}])-\frac{ES_{eij}}{l^3}([K_{13}^{121}]+[K_{31}^{211}])\right\}\{\Delta u\} \quad (19.35)$$

式中记号

$$[K_{ij}^{mnk}]=\int_0^1<n_i^{(m)}>^T<n_j^{(n)}>\beta^kd\beta,\beta=z/l \quad (19.36)$$

$$A_{eij}=A_{ej}-A_{ei},\quad I_{eij}=I_{ej}-I_{ei},\quad S_{eij}=S_{ej}-S_{ei} \quad (19.37a,b,c)$$

最后我们得到

$$\int_{V_1}(E_{\mathrm{t}}^{*}\Delta\varepsilon_{z}^{*}\delta\Delta\varepsilon_{z}^{*})\mathrm{d}V_1=\delta\{\Delta u\}^{\mathrm{T}}[k_0]\{\Delta u\}\tag{19.38}$$

其中：
$$[k_0]=[k_0^1]+[k_0^2],\tag{19.39}$$

$$[k_0^1]=\frac{E}{l}\begin{bmatrix} A_{ei} & 0 & -S_{ei} & -A_{ei} & 0 & S_{ei} \\[6pt] 0 & \dfrac{12I_{ei}}{l^2} & \dfrac{6I_{ei}}{l} & 0 & -\dfrac{12I_{ei}}{l^2} & \dfrac{6I_{ei}}{l} \\[6pt] -S_{ei} & \dfrac{6I_{ei}}{l} & 4I_{ei} & S_{ei} & -\dfrac{6I_{ei}}{l} & 2I_{ei} \\[6pt] -A_{ei} & 0 & S_{ei} & A_{ei} & 0 & -S_{ei} \\[6pt] 0 & -\dfrac{12I_{ei}}{l^2} & -\dfrac{6I_{ei}}{l} & 0 & \dfrac{12I_{ei}}{l^2} & \dfrac{-6I_{ei}}{l} \\[6pt] S_{ei} & \dfrac{6I_{ei}}{l} & 2I_{ei} & -S_{ei} & \dfrac{-6I_{ei}}{l} & 4I_{ei} \end{bmatrix}\tag{19.40a}$$

$$[k_0^2]=E\begin{bmatrix} \dfrac{A_{eij}}{2l} & \dfrac{S_{eij}}{l^2} & 0 & -\dfrac{A_{eij}}{2l} & -\dfrac{S_{eij}}{l^2} & \dfrac{S_{eij}}{l} \\[6pt] \dfrac{S_{eij}}{l^2} & \dfrac{6I_{eij}}{l^3} & \dfrac{2I_{eij}}{l^2} & -\dfrac{S_{eij}}{l^2} & -\dfrac{6I_{eij}}{l^3} & \dfrac{4I_{eij}}{l^2} \\[6pt] 0 & \dfrac{2I_{eij}}{l^2} & \dfrac{I_{eij}}{l} & 0 & -\dfrac{2I_{eij}}{l^2} & \dfrac{I_{eij}}{l} \\[6pt] -\dfrac{A_{eij}}{2l} & -\dfrac{S_{eij}}{l^2} & 0 & \dfrac{A_{eij}}{2l} & \dfrac{S_{eij}}{l^2} & -\dfrac{S_{eij}}{l} \\[6pt] -\dfrac{S_{eij}}{l^2} & -\dfrac{6I_{eij}}{l^3} & -\dfrac{2I_{eij}}{l^2} & \dfrac{S_{eij}}{l^2} & \dfrac{6I_{eij}}{l^3} & -\dfrac{4I_{eij}}{l^2} \\[6pt] \dfrac{S_{eij}}{l} & \dfrac{4I_{eij}}{l^2} & \dfrac{I_{eij}}{l} & -\dfrac{S_{eij}}{l} & -\dfrac{4I_{eij}}{l^2} & \dfrac{3I_{eij}}{l} \end{bmatrix}\tag{19.40b}$$

19.3.3　初应力矩阵

假设梁单元长度方向轴力和剪力恒定，弯矩线性变化。则梁在 C_1 构形的单元内力可以用单元节点力表示：

$$F_z=F_{zj}=-F_{zi}\tag{19.41a}$$

$$F_y=-\frac{M_{xi}+M_{xj}}{l}=F_{yj}=-F_{yi}\tag{19.41b}$$

$$M_x=-M_{xi}(1-\beta)+M_{xj}\beta\tag{19.41c}$$

注意节点力 F_{zi}，F_{zj}，F_{yi}，F_{yj}，M_{xi}，M_{xj} 的正负号规定与节点位移的正负号规定（图 19.4）一致。而单元内部截面上的内力则根据应力正负号的规定由（19.42）式确定：

$$F_z\text{ 为单元轴力},F_z=\int_A\sigma_z\mathrm{d}A\tag{19.42a}$$

$$F_y\text{ 为单元剪力},F_y=\int_A\tau_{zy}\mathrm{d}A\tag{19.42b}$$

$$M_x\text{ 为单元弯矩},M_x=-\int_A\sigma_z y\mathrm{d}A\tag{19.42c}$$

$$F_y=-\frac{\mathrm{d}M_x}{\mathrm{d}z}\text{（与材料力学的正负号规定不同）}$$

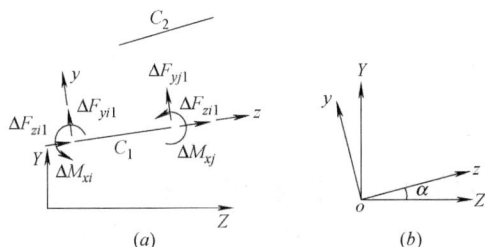

图 19.4 拖动坐标系下的单元节点力和整体与拖动坐标的转换

应力正负号的规定与弹性力学的规定完全相同（法线方向为正向的截面上的正应力和剪应力与坐标方向相同为正）。根据这个记号，F_{xi}, F_{yi}, M_{zi} 的正负号与由 (19.42a，b，c) 式决定的内力差一个负号。

(19.25) 式的第二部分可改写为：

$$\int_V (\sigma_z^E \delta \Delta^* \eta_z + 2\tau_{zy}^E \delta \Delta^* \eta_{zy} + \sigma_{yy}^E \delta \Delta^* \eta_{yy}) dV =$$

$$= \int_0^l \int_A \sigma_y^E \Delta v' \delta \Delta v' dA dz + \frac{1}{2} \int_V \sigma_z^E \delta (\Delta w'^2 - 2y\Delta w' \Delta v'' + y^2 \Delta v''^2 + \Delta v'^2) dA dz$$

$$+ \int_{V_1} \tau_{zy}^E \delta(-\Delta w' \Delta v' + y\Delta v' \Delta v'') dA dz \qquad (19.43)$$

记

$$W_\tau = \int_A \tau_{zy}^E y dA \qquad (19.44a)$$

$$W_{\sigma z} = \int_A \sigma_z^E y^2 dA \qquad (19.44b)$$

$$W_{\sigma y} = \int_A \sigma_y^E dA \qquad (19.44c)$$

在弹性情况下

$$W_\tau = \int_A \tau_{zy}^E y dA = \int_A \frac{F_y S_x}{I_x} y dy = \frac{F_y}{2I_x} \int_A y^3 dA = F_y \bar{\beta}_x \qquad (19.45a)$$

$$W_{\sigma z} = \int_A \sigma_z^E y^2 dA = \int_A (\frac{F_z}{A} - \frac{M_x y}{I_x}) y^2 dA = F_z \frac{I_x}{A} - 2M_x \bar{\beta}_x \qquad (19.45b)$$

式中 $\bar{\beta}_x = \int_A y^3 dA / 2I_x$。对单轴对称截面，文献[42]经过仔细的推导得到横向应力的积分为

$$\int_0^l \int_A \sigma_y^E v' \delta v' dA dz = \int_0^l \int_{A_w} \sigma_y^E v' \delta v' dA_w dz$$

也即横向正应力的积分只需对腹板面积积分，因为翼缘上的横向应力对应的非线性横向应变为零，无需计算。将腹板上的正应力代入得到[42]：

$$W_{\sigma y} = \int_{A_w} \sigma_y^E dA_w = -q_y(\bar{\beta}_x - a_y) = -q_y \bar{\beta}_x + q_y a_y = W_{\sigma y1} + q_y a_y \qquad (19.45c)$$

a_y 是荷载作用点到截面形心的距离（坐标）。在平截面假设下，梁横截面上的纵向正应力和剪应力与荷载作用点的位置无关，但横向应力与荷载作用点的位置有关，因此 $W_{\sigma y}$ 分成两部分，一部分与荷载作用点位置无关，一部分有关。假设还有集中力 P 作用在 $z = z_i$

处，则

$$\int_A \sigma_y^E \Delta v' \delta \Delta v' dAdz = -\int_0^l q_y \bar{\beta}_x \Delta v' \delta \Delta v' dz - P \bar{\beta}_x \Delta v' \delta \Delta v' \mid_{z=z_i}$$

$$+ \int_0^l q_y a_y \Delta v' \delta \Delta v' dz + P a_y \Delta v' \delta \Delta v' \mid_{z=z_i} \tag{19.46}$$

集中荷载的地方通常引入节点，引入集中力是为了考虑单元节点力时引入对应的项。

如果截面为单轴对称（即 $\bar{\beta}_x \neq 0$），杆件轴力为常量，单元内部无集中力，利用平衡条件

$$\frac{\partial \sigma_z}{\partial z} + \frac{\partial \tau_{zy}}{\partial y} = 0, \quad \frac{\partial \sigma_y}{\partial y} + \frac{\partial \tau_{zy}}{\partial z} = 0, \ 可得：$$

$$\frac{dW_{\sigma z}}{dz} = \int_A - \frac{\partial \tau_{zy}^E}{\partial y} y^2 dydx = -\int (\tau_{zy}^E y^2 \mid_{y=-h/2}^{y=h/2}) dx + 2\int_A \tau_{zy}^E ydydx = 2W_\tau$$

$$\tag{19.47a}$$

$$\frac{dW_\tau}{dz} = \int_A - \frac{\partial \sigma_y^E}{\partial y} ydydx = -\int (\sigma_y^E y \mid_{y=-h/2}^{y=h/2}) dx + \int_A \sigma_y^E dydx = W_{\sigma y} \tag{19.47b}$$

因此不管在弹性阶段还是在弹塑性阶段，都有

$$W_\tau = \frac{1}{2} \frac{dW_{\sigma z}}{dz}, W_{\sigma y} = \frac{dW_\tau}{dz} \tag{19.48a, b}$$

如果单元上有分布体力 $\bar{q}_y = q_y/hb$，b，h 分别为截面的高度和宽度，由 $\frac{\partial \sigma_y^E}{\partial y} + \frac{\partial \tau_{zy}^E}{\partial z} + \bar{q}_y = 0$ 得

$$\frac{dW_\tau}{dz} = -\int_A \left(\frac{\partial \sigma_y^E}{\partial y} y + \bar{q}_y y \right) dydx = -\int (\sigma_y^E \mid_{y=-h/2}^{y=h/2} y) dx + \int_A (\sigma_y^E - \bar{q}_y y) dydx =$$

$$= \int_A (\sigma_y^E - \bar{q}_y y) \ dy \ dx = W_{\sigma y} - q_y a_y = W_{\sigma y1} \tag{19.49}$$

如果在梁上表面存在分布面力，$\bar{q}_y = q_y/b$，则

$$\frac{dW_\tau}{dz} = -\int_A \left(\frac{\partial \sigma_y^E}{\partial y} y \right) dydx = -\int (\sigma_y^E \mid_{y=-h/2}^{y=h/2} y) dx + \int_A \sigma_y^E dydx =$$

$$-\int_A \bar{q}_y y \ dx + W_{\sigma y} = W_{\sigma y} - q_y a_y = W_{\sigma y1}$$

因此在任何情况下都有

$$W_\tau = \frac{1}{2} \frac{dW_{\sigma z}}{dz} \tag{19.50a}$$

$$W_{\sigma y1} = \frac{dW_\tau}{dz} \tag{19.50b}$$

由上面看出，$W_{\sigma z}$，W_τ，$W_{\sigma y}$ 分别为纵向正应力、剪应力和横向正应力的二阶效应的一部分，存在着一定的关系。代入势能驻值的变分原理中，它们两两之间会相互抵消一部分。忽略其中的任何一项，都可能导致不协调的结果。

利用以上各个式子，(19.43)式可以改写成（与分布荷载作用点高度有关的项以及集中力的 $W_{\sigma y}$ 部分单独写出）：

$$\int_V (\sigma_z^E \delta \Delta^* \eta_z + 2\tau_{zy}^E \delta \Delta^* \eta_{zy} + \sigma_{yy}^E \delta \Delta^* \eta_{yy}) dV =$$

$$= \int_0^l \left[F_z \Delta w' \delta \Delta w' + M_x (\Delta w' \delta \Delta v'' + \Delta v'' \delta \Delta w') + W_{\sigma z} \Delta v'' \delta \Delta v'' + F_z \Delta v' \delta \Delta v' \right] dz$$

$$+ \int_0^l \left[-F_y (\Delta w' \delta \Delta v' + \Delta v' \delta \Delta w') + W_\tau (\Delta v' \delta \Delta v'' + \Delta v'' \delta \Delta v') + W_{\sigma y1} \Delta v' \delta \Delta v' \right] dz$$

$$+ \int_0^l q_y a_y \Delta v' \delta \Delta v' dz - P \bar\beta_x \Delta v' \delta \Delta v' \big|_{z=z_i} + P a_y \Delta v' \delta \Delta v' \big|_{z=z_i} \tag{19.51}$$

注意荷载的正负号：q_y 和 P 以坐标正向为正。将位移函数代入，上式等于

$$= \delta \{\Delta u\}^{\mathrm{T}} \int_0^1 \left(\frac{F_z}{l} (<n_1'>^{\mathrm{T}} <n_1'> + <n_3'>^{\mathrm{T}} <n_3'>) + \frac{M_x}{l^2} (<n_1'>^{\mathrm{T}} <n_3''> + <n_3''>^{\mathrm{T}} <n_1'>) \right.$$

$$+ \frac{W_{\sigma z}}{l^3} <n_3''>^{\mathrm{T}} <n_3''> - \frac{F_y}{l} (<n_1'>^{\mathrm{T}} <n_3'> + <n_3'>^{\mathrm{T}} <n_1'>)$$

$$\left. + \frac{W_{\sigma y1}}{l} <n_3'>^{\mathrm{T}} <n_3'> + \frac{W_\tau}{l^2} (<n_3''>^{\mathrm{T}} <n_3'> + <n_3'>^{\mathrm{T}} <n_3''>) \right) d\beta \{\Delta u\}$$

$$+ \int_0^l q_y a_y v' \delta v' dz - P \bar\beta_x \Delta v' \delta \Delta v' \big|_{z=z_i} + P a_y \Delta v' \delta \Delta v' \big|_{z=z_i} \tag{19.52}$$

虽然梁上有均布荷载，我们仍然假设单元内弯矩和 $W_{\sigma z}$ 线性变化，以简化刚度矩阵的推导。剪力保持线性变化，轴力为常量，$W_{\sigma y}$ 为常量，W_τ 为线性变化，则上式可以写为：

$$= \delta \{\Delta u\}^{\mathrm{T}} \left\{ \frac{F_{zj}}{l^2} ([K_{11}^{110}] + [K_{33}^{110}]) - \frac{M_{xi}}{l^3} ([K_{13}^{120}] + [K_{31}^{210}]) \right.$$

$$+ \frac{M_{xi} + M_{xj}}{l^4} ([K_{13}^{121}] + [K_{31}^{211}]) + \frac{W_{\sigma zi}}{l^4} [K_{33}^{220}] + \frac{W_{\sigma zj} - W_{\sigma zi}}{l^5} [K_{33}^{221}]$$

$$+ \frac{F_{yi}}{l^4} ([K_{13}^{110}] + [K_{31}^{110}]) - \frac{F_{yi} + F_{yj}}{l^5} ([K_{13}^{111}] + [K_{31}^{111}]) + \frac{W_{\sigma y1} + q_y a_y}{l^3} [K_{33}^{110}]$$

$$\left. + \frac{W_{\tau 1}}{l^3} ([K_{33}^{210}] + [K_{33}^{120}]) + \frac{W_{\tau 2} - W_{\tau 1}}{l^4} ([K_{33}^{211}] + [K_{33}^{121}]) \right\} \{\Delta u\}$$

$$- P \bar\beta_x \Delta v'_i \delta \Delta v'_i + P a_y \Delta v'_i \delta \Delta v'_i \tag{19.53}$$

上式推导时利用了 $F_y = -F_{yi} + (F_{yi} + F_{yj}) \beta$。

如果没有分布荷载，则单元内弯矩和 $W_{\sigma z}$ 线性变化，剪力和轴力为常量，$W_{\sigma y1} = 0$，W_τ 为常量，即

$$F_z = F_{zj} = -F_{zi} \tag{19.54a}$$

$$F_y = -\frac{M_{xi} + M_{zj}}{l} = F_{yj} = -F_{yi} \tag{19.54b}$$

$$M_x = -M_{xi}(1-\beta) + M_{xj}\beta = -M_{xi} + (M_{xi} + M_{xj})\beta \tag{19.54c}$$

$$W_{\sigma z} = W_{\sigma zi}(1-\beta) + W_{\sigma zj}\beta = W_{\sigma zi} + (W_{\sigma zj} - W_{\sigma zi})\beta \tag{19.54d}$$

$$W_\tau = \frac{W_{\sigma zj} - W_{\sigma zi}}{2l} \tag{19.54e}$$

$$W_{\sigma y} = 0 \tag{19.54f}$$

则 $\int_V (\sigma_z^{\mathrm{E}} \delta \Delta^* \eta_z + 2\tau_{zy}^{\mathrm{E}} \delta \Delta^* \eta_{zy} + \sigma_{yy}^{\mathrm{E}} \delta \Delta^* \eta_{yy}) dV$

$$= \delta \{\Delta u\}^{\mathrm{T}} \left\{ \frac{F_{zj}}{l^2} ([K_{11}^{110}] + [K_{33}^{110}]) - \frac{M_{xi}}{l^3} ([K_{13}^{120}] + [K_{31}^{210}]) + \frac{M_{xi} + M_{xj}}{l^4} ([K_{13}^{121}] + [K_{31}^{211}]) \right.$$

$$+ \frac{W_{\sigma zi}}{l^4} [K_{33}^{220}] + \frac{W_{\sigma zj} - W_{\sigma zi}}{l^5} [K_{33}^{221}] - \frac{F_{yi}}{l^4} ([K_{13}^{110}] + [K_{31}^{110}]) +$$

$$+\frac{W_\tau}{l^3}([K_{33}^{210}]+[K_{33}^{120}])\Big\}\{\Delta u\}-P\bar{\beta}_x\Delta v'_i\delta\Delta v'_i+Pa_y\Delta v'_i\delta\Delta v'_i \tag{19.55}$$

最后我们得到内部无任何荷载作用的梁单元的几何刚度矩阵：

$$\int_{V_1}(\sigma_z^E\delta\Delta\eta_z^*+2\tau_{zy}^E\delta\Delta\eta_{zy}^*+\sigma_{yy}^E\delta\Delta\eta_{yy}^*)dV_1=\delta\{\Delta u\}^T[k_g]\{\Delta u\} \tag{19.56}$$

$$[k_g]=\begin{bmatrix} \dfrac{F_{zj}}{l} & 0 & -\dfrac{M_{xi}}{l} & -\dfrac{F_{zj}}{l} & 0 & -\dfrac{M_{xj}}{l} \\[2mm] & \dfrac{6F_{zj}}{5l}+\dfrac{12W_{\sigma zj}}{l^3} & \dfrac{F_{zj}}{10}+\dfrac{6W_{\sigma zj}}{l^2} & 0 & -\dfrac{6F_{zj}}{5l}-\dfrac{12W_{\sigma zj}}{l^3} & \dfrac{F_{zj}}{10}+\dfrac{6W_{\sigma zj}}{l^2} \\[2mm] & & \dfrac{2lF_{zj}}{15}+\dfrac{4W_{\sigma zj}}{l} & \dfrac{M_{xi}}{l} & -\dfrac{F_{zj}}{10}-\dfrac{6W_{\sigma zj}}{l^2} & -\dfrac{lF_{zj}}{30}+\dfrac{2W_{\sigma zj}}{l} \\[2mm] & & & \dfrac{F_{zj}}{l} & 0 & \dfrac{M_{xj}}{l} \\[2mm] & \text{对称} & & & \dfrac{6F_{zj}}{5l}+\dfrac{12W_{\sigma zj}}{l^3} & -\dfrac{F_{zj}}{10}-\dfrac{6W_{\sigma zj}}{2} \\[2mm] & & & & & \dfrac{2lF_{zj}}{15}+\dfrac{4W_{\sigma zj}}{1} \end{bmatrix}$$

$$\tag{19.57}$$

其中 W_τ 已经根据 (19.50a) 式用 $(W_{\sigma ZB}-W_{\sigma ZA})/2l$ 代替。

综合 (19.40a，b) 式和 (19.57) 式，得到单元的非线性刚度矩阵 $[k]$：

$$[k]=[k_0]+[k_g] \tag{19.58}$$

刚度方程为

$$\delta\{\Delta u\}^T([k_0]+[k_g])\{\Delta u\}=R_{2-1}-R_1 \tag{19.59}$$

荷载项为

$$R_{2-1}=\delta\{\Delta u\}^T\{\Delta P\}_{2-1}$$

$$R_1=\delta\{\Delta u\}^T[\{P\}_1-\{F\}_1]$$

$\{P\}_1$ 是 C_1 状态下的外荷载向量，$\{F\}_1$ 从是 C_1 状态下的内力向量的合成。从而有：

$$[k]\{\Delta u\}=\{\Delta P\}_{2-1}+[\{P\}_1-\{F\}_1] \tag{19.60}$$

19.3.4　单元刚度矩阵的坐标变换

在上节中，在推导从 C_1 构形变形到 C_2 构形过程中的单元刚度矩阵时，采用的是基于 C_1 构形的局部坐标系，由于单元不断变形，而局部坐标系总是建立在上一已知构形的，是一种随动坐标。在形成结构整体刚度矩阵时，有必要对单元刚度矩阵进行坐标变换。

如图 19.1，zoy 是整体坐标系，$z_io_iy_i$ 是建立在 C_i 构形的局部坐标系。单元从 C_1 构形变形到 C_2 构形的过程中，局部坐标系为 $z_1o_1y_1$，杆端位移增量 $\{\Delta u\}$ 与整体坐标系下的杆端位移增量 $\{\Delta U\}_e$ 的坐标转换矩阵为：

$$\{\Delta U\}_e=[T]\{\Delta u\}=\begin{bmatrix} [t] & 0 \\ 0 & [t] \end{bmatrix}\{\Delta u\} \tag{19.61}$$

$$[t] = \begin{bmatrix} \cos\alpha & -\sin\alpha & 0 \\ \sin\alpha & \cos\alpha & 0 \\ 0 & 0 & 1 \end{bmatrix} \tag{19.62}$$

式中 α 为 $z_1 o y_1$ 坐标与整体坐标 ZOY 的交角（图 19.4b）。值得注意的是，在 UL 方法中，每一个单元的坐标转换矩阵在变形过程中是不断变化的，而在 TL 方法中，坐标转换矩阵是由初始构形下的局部坐标$(z_0 o_0 y_0)$与整体坐标(ZOY)的关系决定，在变形过程中是不变的。

假设在局部坐标系下$(z_1 o_1 y_1)$单元刚度矩阵为$[k]$，则整体坐标下的单元刚度矩阵为：

$$[k'] = [T][k][T]^{\mathrm{T}} \tag{19.63}$$

注意转换前，节点位移向量要将(19.28)式中转角未知量恢复为无量纲量，要将刚度矩阵各元素的量纲和节点位移对应。集成$[k']$即得结构的整体刚度矩阵$[K]$。

19.4 弹塑性非线性分析的若干问题

19.4.1 单元刚度矩阵在小位移下的刚体检验

根据 Yang([27]，1987)的理论，当单元和作用在单元两端上的节点平衡力系一起发生刚体转动时，单元的平衡性质不被改变，则这个单元可以用于大变形分析。也即单元的刚体转动不会产生不平衡力。这个检验称为刚体检验。下面对上节推导的梁单元进行刚体检验。

如图 19.5a 单元 C_1 构形的初始节点力向量为：

$$\{f\}_1 = \left[-F_{zB1}, \frac{M_{xA1} + M_{xB1}}{l}, M_{xA1}, F_{zB1}, -\frac{M_{xA1} + M_{xB1}}{l}, M_{xB1} \right]^{\mathrm{T}} \tag{19.64}$$

$\{f\}_1$ 为 C_1 构形坐标系下 $(x_1 o_1 y_1)$ 单元的初始节点力向量（图 19.4a），它是自平衡的。单元从 C_1 构形刚体转动到 C_2 构形，单元节点位移增量为：

$$\{\Delta u\}_r = \{0, 0, \theta, 0, l\theta, \theta\}^{\mathrm{T}} \tag{19.65}$$

其中 θ 为转动的角度，假设为小转动。在 C_1 构形自相平衡的单元节点力$\{f\}_1$在 C_2 构形不再保持自平衡，但这并不意味着在 C_2 构形单元内力不再保持平衡。C_2 构形的单元内力可以由单元增量有限元方程式(19.60)式得到：

$$\{f\}_{2-1} = ([k_0] + [k_g])\{\Delta u\}_r + \{f\}_1 \tag{19.66}$$

$\{f\}_{2-1}$为 C_1 构形坐标系下 $(x_1 o_1 y_1)$ C_2 构形的节点力向量。

而由(19.38)式和(19.56)式容易得到：

$$[k_0]\{\Delta u\}_r = 0 \tag{19.67}$$

$$[k_g]\{\Delta u\}_r = \left[-\frac{M_{xA1} + M_{xB1}}{l}\theta, -F_{zB1}\theta, 0, \frac{M_{xA1} + M_{xB1}}{l}\theta, F_{zB1}\theta, 0 \right]^{\mathrm{T}} \tag{19.68}$$

根据 (19.57)式、(19.59)式和(19.60)式，C_2 构形的单元节点力向量为：

$$\{f\}_{2\text{-}1} = [k_g]\{\Delta u\}_r + \{f\}_1$$

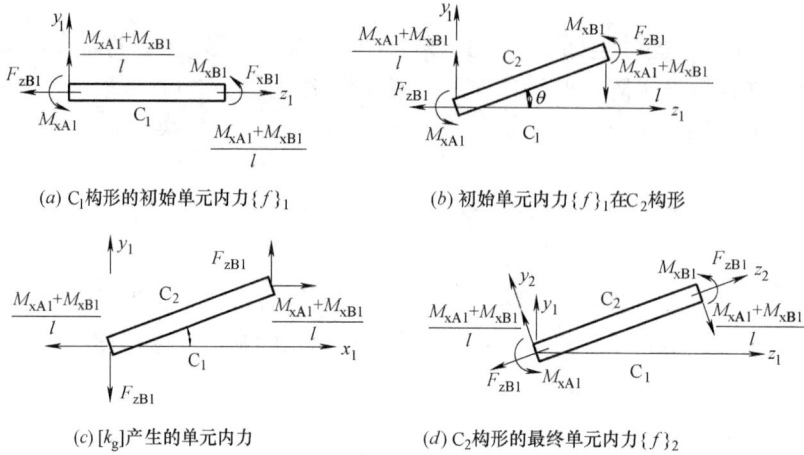

(a) C_1 构形的初始单元内力 $\{f\}_1$ (b) 初始单元内力 $\{f\}_1$ 在 C_2 构形

(c) $[k_g]$ 产生的单元内力   (d) C_2 构形的最终单元内力 $\{f\}_2$

图 19.5　梁单元刚体转动变位

$$= \left[-F_{zB1} - \frac{M_{xA1}+M_{xB1}}{l}\theta , -F_{zB1}\theta + \frac{M_{xA1}+M_{xB1}}{l} , M_{xA1} , \right.$$
$$\left. F_{zB1} + \frac{M_{xA1}+M_{xB1}}{l}\theta , F_{zB1}\theta - \frac{M_{xA1}+M_{xB1}}{l} , M_{xB1} \right]^{\mathrm{T}} \tag{19.69}$$

根据小转动假设，将 C_2 构形的节点力向量从 C_1 构形坐标系下 $(x_1 o_1 y_1)$ 转换到 C_2 构形坐标系下 $(x_2 o_2 y_2)$，得到：

$$\{f\}_{2\text{-}2} = \left[-F_{zB1} , \frac{M_{xA1}+M_{xB1}}{l} , M_{xA1} , F_{zB1} , -\frac{M_{xA1}+M_{xB1}}{l} , M_{xB1} \right]^{\mathrm{T}} \tag{19.70}$$

$\{f\}_{2\text{-}2}$ 为 C_2 构形坐标系下（$y_2 o_2 z_2$）C_2 构形的节点力向量，图 19.5d 所示，显然 $\{f\}_{2\text{-}2}$ 也是自平衡的，而且 $\{f\}_{2\text{-}2}$ 在数值上就等于 $\{f\}_1$。从而，单元发生刚体转动时，在初始构形下的初始单元节点力转动一个相应角度得到新构形下刚体转动后的单元节点力，新的单元节点力在新的构形下仍然保持自平衡。也就是说，刚体转动不产生不平衡力，从而上面推导的梁单元能够通过刚体检验。

基于塑性区法和大变形理论得到的上述梁单元刚度矩，能够考虑梁柱单元沿截面和长度方向的塑性开展，能方便地加入框架初偏心和初弯曲的影响，能考虑残余应力（初应变）对梁柱弹塑性性能的影响，是一种真正精确的梁柱弹塑性分析方法。而且由于本章推导的梁单元通过了 Yang & Chiou[27] 提出的大位移分析必须通过的刚体试验，从而能够广泛适用于梁柱的大位移非线性分析和弹塑性极限承载力分析。

Yang & Chiou[27] 在推导梁单元弹性大挠度分析的有限元方法时，未考虑横向正应力的非线性应变能，在剪应力的非线性应变能的部分，略去了线性 (19.3)式中的第二部分，获得的刚度矩阵能够通过刚体检验。按照本章的思路推导，没有略去任何项，更加符合理论逻辑性的要求。对比表明，对单元内部无均布荷载的双轴对称截面梁，两种方法的总势能结果是一样的。

19.4.2　求解非线性平衡方程的增量－迭代技术

有专门的著作介绍非线性平衡方程的求解方法，下面分别进行简单的介绍。

设根据增量变分原理获得的矩阵形式的平衡方程为

$$[K]\{\Delta U\} = \{\Delta P\} \tag{19.71}$$

1. 纯增量方法：切线刚度法

这种方法将荷载分成若干步，如图 19.6，第 I 步的荷载增量为 $\{\Delta P^i\}$，要求 $\{\Delta U^i\}$，以第 i-1 步完成时的荷载和位移状态计算刚度矩阵，集成以后的总刚度矩阵为 $[K_{i-1}]$，求解方程为

$$[K_{i-1}]\{\Delta U^i\} = \{\Delta P^i\} \tag{19.72}$$

计算完成后，计算总荷载和总位移：

$$\{U^i\} = \{U^{i-1}\} + \{\Delta U^i\} \tag{19.73a}$$

$$\{P^i\} = \{P^{i-1}\} + \{\Delta P^i\} \tag{19.73b}$$

然后形成新的刚度矩阵，进入下一个增量步。在接近极限承载力时，刚度矩阵奇异，计算不再收敛，可以减小荷载步长，减小几次试算后都不能收敛，则表示已经达到最大承载力，计算结束。荷载增量还可以根据每一步刚度矩阵的行列式值的减小逐步减小，这样可以改善精度。

纯增量方法的优点是方法简单，初学者都能够掌握并进行计算，在计算机的运算速度和内存容量都不再是一个限制因素的条件下，荷载步长可以很小，因此理论上也可以很精确。纯增量方法的缺点是，只能计算最大荷载以前的上升段荷载－位移曲线。如果需要计算荷载-位移曲线的下降段，必须采用其他方法。

2. 增量-迭代方法的表述

如果在荷载的每一个增量步长内，进行若干次迭代，则不仅可以减少总的增量步数量，通过验算每一增量步完成后的平衡，还可以提高计算的精度。

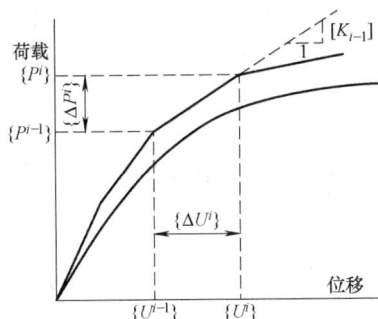

图 19.6　增量法

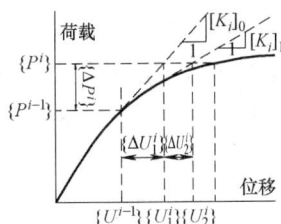

图 19.7　牛顿-拉夫孙方法

对于增量-迭代方法，我们要解决如下的问题：

（1）每一个荷载增量的步长如何确定？提出这个问题，是要提醒大家，在增量-迭代技术中，荷载的增量既可以像纯增量方法中那样事先给定，也可以把荷载增量的大小作为一个未知量，引入一个附加的条件决定增量的大小。

（2）在每一个增量步内如何进行迭代？即如何保证迭代过程的收敛。

增量－迭代过程的方程为

$$[K_{j-1}^i]\{\Delta U_j^i\} = \{\Delta P_j^i\} + \{R_{j-1}^i\} \tag{19.74}$$

第 i 增量步开始第 1 次迭代时各个量为

$$[K_0^i] = [K_l^{i-1}], \quad \{F_0^i\} = \{F_l^{i-1}\}, \quad \{U_0^i\} = \{U_l^{i-1}\}, \quad \{P_0^i\} = \{P_l^{i-1}\} \tag{19.75}$$

式中下标 l 表示第 $i-1$ 增量步的最后一次迭代完成后的量。

$\{\Delta U_j^i\}$ 是第 i 增量步第 j 次迭代的位移增量。

$\{\Delta P_j^i\}$ 是第 i 增量步第 j 次迭代的荷载增量，通常荷载增量是按照某个比例增加的，即

$$\{\Delta P_j^i\} = \lambda_j^i \{\hat{P}\} \tag{19.76}$$

$\{\hat{P}\}$ 是结构上一个给定的荷载分布，λ_j^i 是第 i 增量步第 j 次迭代的荷载增量。注意由于在现代的迭代技术中，荷载增量也可以是一个变量，λ_j^i 实际上也可以是一个没有确定的量；由于 λ_j^i 未知，就需要增加一个额外的方程和平衡方程一起求解才能得到解答。这个额外方程的取法不同就构成了目前各种各样的增量－迭代算法。

$$\{R_{j-1}^i\} = \{P_{j-1}^i\} - \{F_{j-1}^i\} \tag{19.77}$$

p_{j-1}^i 是第 i 增量步第 $j-1$ 迭代步完成后结构还存在的不平衡力向量，$\{F_{j-1}^i\}$ 是第 i 增量步在 $j-1$ 次迭代完成后的结构的内力向量。

第 i 增量步第 j 次迭代时的总的节点外荷载为

$$\{P_j^i\} = \{P_{j-1}^i\} + \{\Delta P_j^i\} = \{P_{j-1}^i\} + \lambda_j^i \{\hat{P}\} \tag{19.78}$$

(19.74)式可以分成两部分求解：

$$[K_{j-1}^i]\{\Delta \hat{U}_j^i\} = \{\hat{P}\} \tag{19.79a}$$

$$[K_{j-1}^i]\{\Delta \bar{U}_j^i\} = \{R_{j-1}^i\} \tag{19.79b}$$

则

$$\{\Delta U_j^i\} = \lambda_j^i \{\Delta \hat{U}_j^i\} + \{\Delta \bar{U}_j^i\} \tag{19.80}$$

求解完成后

$$\{U_j^i\} = \{U_{j-1}^i\} + \{\Delta U_j^i\} \tag{19.81}$$

3. Newton-Raphson 方法

牛顿-拉夫孙方法是最古老的增量－迭代法。荷载在第一次迭代中增加一个固定的量，在随后的迭代中荷载不再增加，即

$$j = 1 \text{时} : \lambda_j^i = 常量 \tag{19.82a}$$

$$j \geqslant 2 \text{时} : \lambda_j^i = 0 \tag{19.82b}$$

其计算过程用图表示在图 19.7 中，其中最关键的一步是不平衡力向量(19.77)式的计算。对于这个问题，下面我们还要专门进行介绍。

牛顿－拉夫孙方法同样不能越过荷载－位移曲线上的最高点。

4. 位移控制法

为了能够越过荷载-位移曲线上的极值点，选择结构上某个关键点的某个关键位移分量作为位移控制量，将这个位移进行增量，通过迭代求解荷载增量。这种方法，问题的未知量数目没有增加。

设这个关键的位移为 U_q，将这个位移增量表示为

$$\Delta U_{qj}^i = \begin{cases} \text{constant} & j=1 \\ 0 & j \geq 2 \end{cases} \tag{19.83}$$

根据(19.80)式，它也可以表示为

$$\Delta U_{qj}^i = \lambda_j^i \Delta \hat{U}_{qj}^i + \Delta \overline{U}_{qj}^i$$

从上式得到

$$\lambda_j^i = \frac{\Delta U_{qj}^i - \Delta \overline{U}_{qj}^i}{\Delta \hat{U}_{qj}^i}$$

在第 1 次迭代时，前一步迭代完成后不平衡力不存在，因此 $\{\Delta \overline{U}_{q1}^i\}=0$，所以

$$\lambda_j^i = \frac{\Delta U_{qj}^i}{\Delta \hat{U}_{qj}^i}, \qquad j=1 \tag{19.84a}$$

$$\lambda_j^i = -\frac{\Delta \overline{U}_{qj}^i}{\Delta \hat{U}_{qj}^i}, \qquad j \geq 2 \tag{19.84b}$$

图 19.8 表示了位移控制法的迭代收敛过程。

位移控制法是用一个关键位移来控制荷载增量或荷载迭代的方向，它的缺点是：

（1）大型结构，控制位移的选取不是很容易；因此主要对破坏模式事先能够明确预知的简单结构比较有效；

（2）当荷载-位移曲线出现回弹点（snap-back）时，位移控制法出现发散的现象，因此用它只能解决一部分问题。

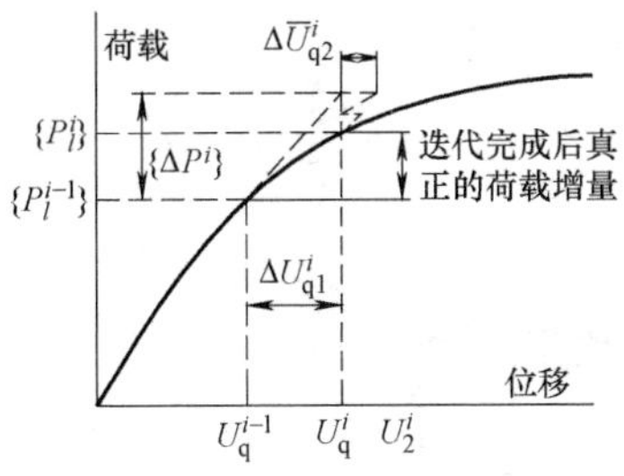

图 19.8 位移控制法

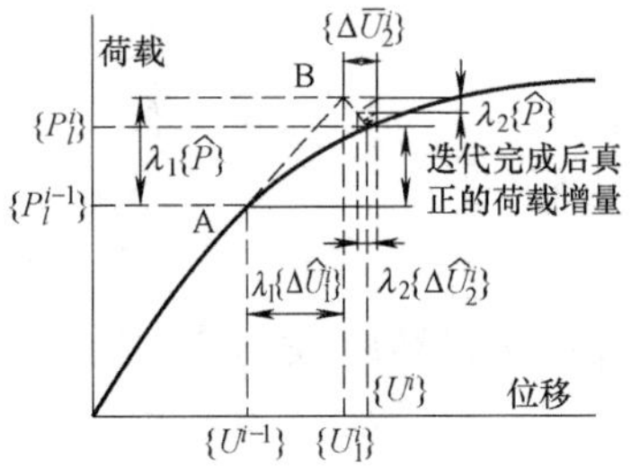

图 19.9 弧长法

5. 弧长法 （Arc length Method）

对比位移控制法，弧长法采用所有位移来决定荷载增量的方向，其方法是要求所有位移满足下式

$$\{\Delta U_1^i\}^{\mathrm{T}}\{\Delta U_1^i\} + (\lambda_1^i)^2 = (\Delta S^i)^2 \tag{19.85a}$$

$$\{\Delta U_1^i\}^{\mathrm{T}}\{\Delta U_j^i\} + \lambda_1^i \lambda_j^i = 0, \qquad j \geq 2 \tag{19.85b}$$

式中 $\{\Delta U_1^i\}$ 和 $\{\Delta U_j^i\}$ 是第 i 荷载增量步的第 1 次和第 j 次迭代的位移增量，ΔS^i 是弧长，是一个给定的量。为什么称它为弧长？因为曲线的弧长在三维空间下是 $\mathrm{d}s = \sqrt{(\mathrm{d}x)^2 + (\mathrm{d}y)^2 + (\mathrm{d}z)^2}$，而 （19.85a）式左边第一项与此相似，是多维空间中曲线的长度。

在每一个增量步的第 1 次迭代，没有不平衡力，根据(19.79b)式有 $\{\Delta \overline{U}_1^i\}=0$。

$$\{\Delta U_1^i\} = \lambda_1^i \{\Delta \hat{U}_1^i\} \tag{19.86}$$

代入 (19.85a) 式得到

$$\lambda_1^i = \pm \frac{\Delta S^i}{\sqrt{\{\Delta \hat{U}_1^i\}^{\mathrm{T}} \{\Delta \hat{U}_1^i\} + 1}} \tag{19.87a}$$

因此第 1 次迭代的荷载增量即可以确定。

弧长法的缺点是 (19.87a) 式的正负号不能自动确定，需要根据其他信息加以确定。正号表示加载，负号表示卸载。

在随后的迭代中，由 (19.85b) 式控制迭代的方向，它实际上是一个正交条件。将 (19.80) 式代入 (19.85b) 式得到

$$\lambda_j^i = -\frac{\{\Delta U_1^i\}^{\mathrm{T}} \{\Delta \overline{U}_j^i\}}{\{\Delta U_1^i\}^{\mathrm{T}} \{\Delta \hat{U}_j^i\} + \lambda_1^i}, \qquad j \geqslant 2 \tag{19.87b}$$

荷载增量确定后，位移增量由 (19.80) 式计算。

图 19.9 是弧长法的收敛过程示意图，在收敛过程中，荷载和位移都在变化，因此它不是常位移增量加载，也不是常荷载增量加载。

弧长法的缺点是：荷载增量参数 λ_j^i 是一个无量纲的量，而 (19.87a，b) 式包含了位移和转角。这个问题导致某些问题上会出现计算上的困难。

童 & 许[22] 中介绍了另一种弧长法，存在同样的问题。

6. 荷载功控制法和当前刚度参数法

荷载功控制法提出下列约束方程来确定荷载增量：

$$\{\Delta U_1^i\}^{\mathrm{T}} \lambda_1^i \{\hat{P}\} = \Delta W_i, \qquad j = 1 \tag{19.88a}$$

$$\{\Delta U_j^i\}^{\mathrm{T}} \lambda_j^i \{\hat{P}\} = 0, \qquad j \geqslant 2 \tag{19.88b}$$

对第 1 次迭代，将 (19.86) 式代入 (19.88a) 式得到

$$\lambda_1^i = \pm \sqrt{\frac{\Delta W_i}{\{\Delta \hat{U}_1^i\}^{\mathrm{T}} \{P\}}} \tag{19.89a}$$

随后的迭代可以利用 (19.88b) 式和 (19.80) 式决定荷载增量：

$$\lambda_j^i = -\frac{\{\Delta \overline{U}_j^i\}^{\mathrm{T}} \{\hat{P}\}}{\{\Delta \hat{U}_j^i\}^{\mathrm{T}} \{P\}}, \qquad j \geqslant 2 \tag{19.89b}$$

荷载功控制法克服了弧长法的缺点。如果荷载仅有一个集中荷载，则荷载功控制法与位移控制法一致。

当前刚度参数法 (Current Stiffness Parameter，CSP) 要求

$$\lambda_1^i = \pm \lambda_1^1 \sqrt{|CSP|} \tag{19.90}$$

当前刚度参数的定义为

$$CSP = \frac{\frac{1}{\lambda_1^1} \{\Delta U_1^1\}^{\mathrm{T}} \{\hat{P}\}}{\frac{1}{\lambda_1^i} \{\Delta U_1^i\}^{\mathrm{T}} \{\hat{P}\}} \tag{19.91}$$

如果将 $\{\Delta U_1^i\}/\lambda_1^i$ 理解为当前状态下单位荷载增量时的位移增量，则 (19.91) 式是第 1 增量步第 1 次迭代时单位荷载所作的功和第 i 增量步第 1 次迭代时单位荷载所作的功的比值。由于都是在单位荷载下的功，这个比值反映了位移增加的快慢，也即反映了当前刚度

的大小，因此称它为当前刚度参数 CSP。开始时它的值等于 1，然后逐渐减小。达到极值点时它的值为零。下降段它变为负值。因此可以根据 CSP 的正负来决定荷载增量的正负。

将(19.91)式代入(19.90)式得到

$$\{\Delta U_1^1\}^{\mathrm{T}}\lambda_1^1\{\hat{P}\} = \{\Delta U_1^i\}^{\mathrm{T}}\lambda_1^i\{\hat{P}\}$$

即 CSP 法要求荷载功在每一个增量步是相同的，因此 CSP 法与荷载功法是基本相同的。

荷载功控制法在计算极值问题时是有效的，当荷载－位移曲线上存在回弹（Snap-back）现象时，CSP 为无限大，因此并不是非常有效；而且还在此点改变正负号，CSP 的正负号是用来决定荷载增量的方向的，而如果真的存在回弹点，回弹点处并不需要改变荷载增量的方向，此时 CSP 法就出现了困难。

7. 广义刚度参数法（General Stiffness Parameter，GSP）

Yang & Shieh[33]引入如下的广义刚度参数：

$$GSP = \frac{\{\Delta\hat{U}_1^1\}^{\mathrm{T}}\{\Delta\hat{U}_1^1\}}{\{\Delta\hat{U}_1^{i-1}\}^{\mathrm{T}}\{\Delta U_1^i\}} \tag{19.92}$$

荷载增量为

$$\lambda_1^i = \pm\lambda_1^1\sqrt{|GSP|} \tag{19.93a}$$

$$\lambda_j^i = -\frac{\{\Delta\hat{U}_j^{i-1}\}^{\mathrm{T}}\{\Delta\overline{U}_j^i\}}{\{\Delta\hat{U}_j^{i-1}\}^{\mathrm{T}}\{\Delta U_j^i\}}, \qquad j\geqslant2 \tag{19.93b}$$

第 1 增量步的第 1 次迭代的荷载增量 λ_1^1 必须事先给定。

上述方法称为广义位移控制法，或简称为 GSP 法。它优于前面介绍的各种方法，因为

（1）（19.92）式定义的广义刚度参数，是第 1 增量步的位移增量的模与近似的当前增量步下位移增量的模的比值，因此 GSP 代表了当前荷载增量步下的刚度和初始刚度的比值；

（2）GSP 的值在极值点处为零，在回弹点处也为零。在极值点和回弹点附近，GSP 都不会发生突变；

（3）GSP 仅在极值点左右出现一次负号，在回弹点处不变号，这可以用来区分极值点和回弹点。见图 19.10。负号出现一次，荷载增量就改变一次方向（加载或卸载）。

上述现象是由于 GSP 的正负号只决定于相邻两个增量步的第 1 次迭代的位移增量。在第 19.5 节我们还会详细给出采用 GSP 法的计算步骤。

19.4.3　弹性结构不平衡力的计算

在平面刚架的非线性分析中，每一个增量步，我们都需要计算几何刚度矩阵$[k_g]$，因此需要计算单元的杆端力以形成新的$[k_g]$。上述介绍的各种方法，解决了荷载增量的大小和增量的方向问题，如何保证计算的收敛，关键在于不平衡力的计算。不平衡力的计算也需要用到单元内力。下面介绍平面框架中的内力计算方法，假设 C_1 状态是已知的，C_1 状态下的杆单元节点力$\{f\}_1$已知，在施加增量荷载、发生增量位移后，达到了 C_2 状态，需要计算 C_2 状态下杆单元的节点力 $\{f\}_2$（$\{f\}_{2\text{-}1}$ 或 $\{f\}_{2\text{-}2}$），以便为下一步的计算做好

准备。

这里需要注意的是，C_2 状态是第 i 增量步第 j 次迭代完成后的状态，因此下面的杆单元两个节点的位移增量 $\{\Delta u\}$，应该理解为 $\{\Delta u_j^i\}$。

计算 $\{f\}_{2-1(2-2)}$ 有两种方法，一种称为自然位移法，另一种是外部刚度矩阵法，前者只适用于杆系结构的计算，后者有可能推广到其他类型的单元中。

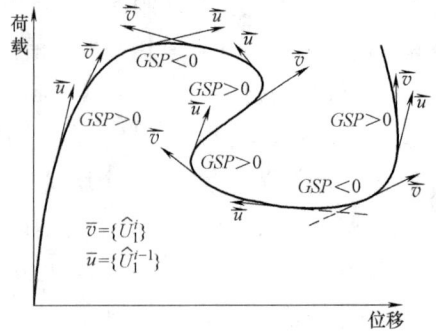

图 19.10　GSP 方法示意

1. 自然位移法

杆单元的节点位移 $\{\Delta u\}$ 可以分解为刚体位移 $\{\Delta u\}_r$ 和自然位移 $\{\Delta u\}_n$，可以假设杆件先发生刚体位移，然后发生自然位移。

根据前面的刚体检验的结论，第一步刚体变形的结果是将 C_1 状态下按照 C_1 坐标轴计量的单元节点力 $\{f\}_1$ 转动到 C_2 状态，如果以 C_2 状态下的新单元坐标系计量的话，刚体转动后节点力在数值上就等于 $\{f\}$。因此下面只要关注自然变形下节点力的变化即可。

参考图 19.11，图中 (Y, Z)，(y_1, z_1)，(y_2, z_2) 分别表示整体坐标系，C_1 位形下的坐标系，C_2 位形下的坐标系。单元的自然变形可以表示如下

$$\{\Delta u\}_{n2-2} = \langle 0 \quad 0 \quad \theta_a \quad U_b \quad 0 \quad \theta_b \rangle^T \tag{19.94}$$

式中 θ_a，θ_b 分别是单元两端的自然转角：

$$\theta_a = \theta_a - \theta_r, \theta_b = \theta_b - \theta_r \tag{19.95a, b}$$

θ_r 是刚体转动角，由下式计算

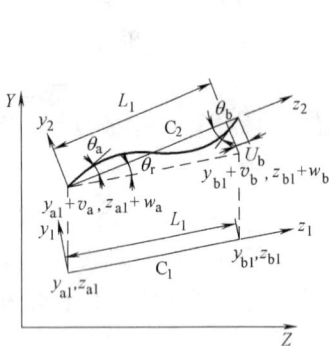

图 19.11　梁单元的自然变形

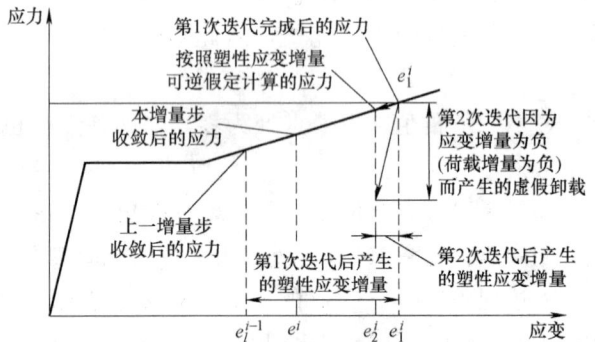

图 19.12　应力-应变曲线和塑性增量可逆的假定

$$\tan\theta_r = \frac{v_b - v_a}{L_1 + w_b - w_a} \tag{19.95c}$$

L_1 是 C_1 状态下单元的长度，v_a，w_a，v_b，w_b 是以 C_1 坐标系计量的 C_2 状态相对于 C_1 状态的位移增量。C_2 状态下单元的长度为

$$L_2 = \sqrt{(L_1 + w_b - w_a)^2 + (v_b - v_a)^2}$$

所以单元的自然伸长 U_b 为

582

$$U_b = L_2 - L_1 \tag{19.95d}$$

这样自然位移$\{\Delta u\}_{n2-2} = \langle 0 \quad 0 \quad \theta_a \quad U_b \quad 0 \quad \theta_b \rangle^T$就得到了。

设节点位移增量$\{\Delta u\} = \langle w_a, v_a, \theta_a, w_b, v_b, \theta_b \rangle^T$,

刚体位移增量为$\{\Delta u\}_r = \langle w_a, v_a, \theta_r, w_a - L_1 + L_1\cos\theta_r, v_a + L_1\sin\theta_r, \theta_r \rangle^T$,

自然位移增量为

$$\{\Delta u\}_{n,2-1} = \{\Delta u\} - \{\Delta u\}_r$$
$$= \langle 0,0,\theta_a, w_b - w_a + L_1 - L_1\cos\theta_r, v_b - v_a - L_1\sin\theta_r, \theta_b \rangle^T \tag{19.96}$$

(19.96)式是C_2状态以C_1坐标系计量的自然位移增量,(19.94)式是C_2状态以C_2坐标系计量的自然位移增量,两者之间存在坐标转换关系。C_2坐标系向C_1坐标系转换的转换矩阵为

$$[T]_{2-1} = \begin{bmatrix} \cos\theta_r & \sin\theta_r & 0 & 0 & 0 & 0 \\ -\sin\theta_r & \cos\theta_r & 0 & 0 & 0 & 0 \\ 0 & 0 & 1 & 0 & 0 & 0 \\ 0 & 0 & 0 & \cos\theta_r & \sin\theta_r & 0 \\ 0 & 0 & 0 & -\sin\theta_r & \cos\theta_r & 0 \\ 0 & 0 & 0 & 0 & 0 & 1 \end{bmatrix} \tag{19.97}$$

可以验证,下列关系确实成立:

$$\{\Delta u\}_{n,2-2} = [T]_{2-1}\{\Delta u\}_{n,2-1} \tag{19.98}$$

如果单元处于弹性状态,则可以按照下式计算由自然位移产生的节点力增量:

$$\{\Delta f\}_{2-1} = ([k_e] + [k_g])\{\Delta u\}_{n,2-1} \tag{19.99}$$

转换到C_2坐标系的公式为

$$\{\Delta f\}_{2-2} = [T]_{2-1}\{\Delta f\}_{2-1} = [T]_{2-1}([k_e] + [k_g])\{\Delta u\}_{n,2-1}$$
$$= [T]_{2-1}([k_e] + [k_g])[T]_{2-1}^T\{\Delta u\}_{n,2-2} \tag{19.100}$$

上述两步位移后,以C_2状态坐标系计量的C_2状态总的单元节点力为

$$\{f\}_{2-2} = \{f\}_1 + \{\Delta f\}_{2-2} \tag{19.101}$$

获得了$\{f\}_{2-2}$,就可以将$\{f\}_{2-2}$视作为下一个迭代步的$\{f\}_1$,形成不平衡力向量,形成新几何刚度矩阵,在弹塑性的情况下还要形成新的物理刚度矩阵,进入下一迭代步(以新的拖动坐标)。

2. 外部刚度矩阵法

参照图19.5b,c和(19.69)式

$$\{f\}_{2-1} - \{f\}_1 = \langle -\frac{M_{xA1} + M_{xB1}}{L_1}\theta_r \quad -F_{xB1}\theta_r \quad 0 \quad \frac{M_{xA1} + M_{xB1}}{L_1}\theta_r \quad F_{xB1}\theta_r \quad 0 \rangle^T \tag{19.102a}$$

在小增量变形的情况下,$\theta_r = \frac{v_b - v_a}{L_1}$。这一部分力是刚体转动产生的,可以表示为

$$\{f\}_{2-1} - \{f\}_1 = [k_g]_e\{\Delta u\} \tag{19.102b}$$

$$[k_g]_e = \begin{bmatrix} 0 & \dfrac{M_{xA1}+M_{xB1}}{L_1^2} & 0 & 0 & -\dfrac{M_{xA1}+M_{xB1}}{L_1^2} & 0 \\[2ex] & \dfrac{F_{xB1}}{L_1} & 0 & -\dfrac{M_{zA1}+M_{zB1}}{L_1^2} & -\dfrac{F_{xB1}}{L_1} & 0 \\[2ex] & & 0 & 0 & 0 & 0 \\[2ex] & & & 0 & \dfrac{M_{xA1}+M_{xB1}}{L_1^2} & 0 \\[2ex] & 对称 & & & \dfrac{F_{xB1}}{L_1} & 0 \\[2ex] & & & & & 0 \end{bmatrix} \qquad (19.103)$$

(19.103)式中，增加了轴向位移对应的项，在刚体位移时，它们是相互抵消的。$[k_g]_e$ 称为外部刚度矩阵，因为它和单元内部的变形（形函数）没有任何关系。根据(19.102a，b)式，外部刚度矩阵乘以单元节点位移增量，将得到 $\{f\}_1$ 经过刚体转动后产生的节点力增量（按照 C_1 坐标系方向计量的）。更加详细的内容请参考 Yang & McGuire[44]，Gattass & Abel[37]。

从单元刚度矩阵减去外部刚度矩阵得到的刚度矩阵称为内部刚度矩阵，它恰当地表示了单元自然位移的影响：节点力增量为

$$\{\Delta f\}_{2-1} = ([k_e] + [k_g] - [k_g]_e)\{\Delta u\} \qquad (19.104)$$

利用(19.100)式和(19.101)式即可以得到 $\{f\}_{2-2}$。

3. 不平衡力的计算

不平衡力理论上按照(19.27)式计算，不平衡力向量为(19.105)式：

$$\{R_{j-1}^i\} = \{P_{j-1}^i\} - \{F_{j-1}^i\}$$

$\{P_{j-1}^i\}$ 是 C_1 状态（第 i 增量步第 $j-1$ 次迭代后的状态）下的外荷载向量，$\{F_{j-1}^i\}$ 从是 C_1 状态下的内力向量的合成。单元的内力向量已经由(19.101)式给出，将它们转到整体坐标系：

$$\{F\}_e = [T]^T \{f\}_{2-2} \qquad (19.105)$$

然后集成，就得到了 $\{F_{j-1}^i\}$。因此在弹性结构中不平衡力的计算非常简单。

19.4.4　虚假卸载与弹塑性结构不平衡力的计算

1. 弹塑性结构增量-迭代过程中的虚假卸载现象及其解决

塑性变形和弹性变形最大的不同在于，塑性变形和变形路径（加载路径）有关，而弹性结构只取决于最后的状态。

在前面介绍的各种增量-迭代技术中，在荷载-位移曲线的上升段，第 1 次迭代的荷载增量是正的，随后的几次迭代，荷载增量实际上是负的。参见(19.84b)(19.87b)(19.89b)(19.93b)等式，在牛顿-拉夫孙法中后面几次迭代的荷载增量为零。

由于塑性变形的不可逆性质，如果单纯按照各迭代步内应变增量的正负来计算应力的增量，各种增量-迭代技术都可能出现图 19.12 所示的虚假卸载现象。这种现象导致迭代的收敛速度下降，而且会收敛于不正确的解答（由于真实解未知，没有经验的计算人员还以为已经收敛于正确的解），严重的情况下迭代会不收敛，这可以从图 19.12 所示的虚假

卸载对应的应力和本增量步迭代收敛后真正的应力状态的巨大差别中得到初步的印象。有些问题甚至会出现计算过程在重复加载和卸载之间循环，不会收敛。

要避免出现上述虚假卸载现象，必须采用如下的方法：在本增量步的迭代过程中产生塑性应变增量的地方，在随后的几次迭代中如果出现卸载（应变增量变号），应该按照本增量步前面几次迭代的加载路径进行卸载，而不是按照弹性规律卸载，直到本增量步产生的塑性应变增量完全被卸载完为止。此时如果继续卸载，则按照弹性规律卸载（即出现了真正的卸载）。

由于每迭代一次，坐标系就被拖动一次，因此每一次迭代坐标系是不同的。各迭代步计算得到的应变增量必须在共同的坐标系下才能进行比较，这个共同的坐标系是 C_0。

2. 应力增量的计算

弹塑性分析，必须按照图 19.13 所示将截面分块，每一增量步 (i) 的每一次 (j) 迭代步，都需要计算应力增量，第 k 块小截面的应力增量记为 $\Delta\sigma_{jk}^i$。

已知单元位移增量为 $\{\Delta u_j^i\}$，按照弹性结构单元节点力的计算方法，位移增量分成刚体位移增量 $\{\Delta u_j^i\}_r$ 和自然位移增量 $\{\Delta u_j^i\}_{n,2-1}$。应变增量可以按照自然位移增量或总位移增量计算（由于我们未对应变计算公式作任何的近似，刚体位移部分不产生应变）。现时 Green 应变增量为：

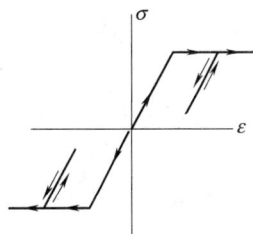
图 19.13 材料的应力应变曲线

$$\Delta^* e_z = \Delta w' - y\Delta v'' + \frac{1}{2}\left[(\Delta v')^2 + (\Delta w')^2 - 2y\Delta w'\Delta v'' + y^2(\Delta v'')^2\right] \quad (19.106)$$

Green 应变增量为

$$\Delta e_z = \Delta w' - y\Delta v'' + v'\Delta v' + w'\Delta w' - y(w'\Delta v'' + v''\Delta w') + y^2 v''\Delta v''$$
$$+ \frac{1}{2}\left((\Delta v')^2 + (\Delta w')^2 - 2y\Delta w'\Delta v'' + y^2(\Delta v'')^2\right) \quad (19.107)$$

这里 $\Delta w' = (\Delta w_j^i)'$，$\Delta v' = (\Delta v_j^i)'$，$\Delta v'' = (\Delta v_j^i)''$，由形函数计算：

$$(\Delta w_j^i)' = \frac{1}{l}<n'_1>\{\Delta u_j^i\} \quad (19.108a)$$

$$(\Delta v_j^i)' = \frac{1}{l}<n'_3>\{\Delta u_j^i\} \quad (19.108b)$$

$$(\Delta v_j^i)'' = \frac{1}{l^2}<n''_3>\{\Delta u_j^i\} \quad (19.108c)$$

在第 1 增量步的第 1 次迭代，还应该在 (19.106) 式中加上初始应变，以考虑残余应力的影响。

如果不考虑虚假卸载，根据应力应变关系（图 19.12）由应变增量计算应力增量的步骤如下：

对每一增量步内的迭代步，不仅要根据本次迭代的应变增量 $\Delta^* e_{jk}^i$、Δe_{jk}^i，还要根据上一次迭代后的总 Green 应变值 $e_{j-1,k}^i$（对第 1 增量步的第 1 次迭代而言，初始应变 e_{0k}^1 是残余应力对应的应变）和总应力值 $\sigma_{j-1,k}^i$（欧拉应力，对第 1 增量步的第 1 次迭代而言，是残余应力）来确定本级荷载下的现时 Kirchhoff 应力增量 $\Delta\sigma_{jk}^i$。

计算累积 Green 应变：$e^i_{jk} = e^i_{j-1,k} + \Delta e^i_{jk}$

（a）$\sigma^i_{j-1,k} = f_y$ 时：

如果 $e^i_{j-1,k} \cdot \Delta e^i_{jk} > 0$，即应变同方向增加：

$\sigma^i_{j,k} = \sigma^i_{j-1,k} = f_y$，$\Delta\sigma^i_{jk} = 0$；$E_t = 0$

如果 $e^i_{j-1,k} \cdot \Delta e^i_{jk} < 0$，即应变出现反向：

$\Delta\sigma^i_{jk} = E\Delta \cdot e^i_{jk}$，$\sigma^i_{jk} = \sigma^i_{j-1,k} + \Delta\sigma^i_{jk}$；$E_t = E$

（b）$\sigma^i_{j-1,k} = -f_y$ 时

如果 $e^i_{j-1,k} \cdot \Delta e^i_{jk} > 0$，即应变同方向增加：

$\sigma^i_{j,k} = \sigma^i_{j-1,k} = -f_y$，$\Delta\sigma^i_{jk} = 0$；$E_t = 0$

如果 $e^i_{j-1,k} \cdot \Delta e^i_{jk} < 0$，即应变出现反向：

$\Delta\sigma^i_{jk} = E\Delta \cdot e^i_{jk}$，$\sigma^i_{jk} = \sigma^i_{j-1,k} + \Delta\sigma^i_{jk}$；$E_t = E$

（c）$-f_y < \sigma^i_{j-1,k} < f_y$ 时即单元仍处在弹性阶段：

$\Delta\sigma^i_{j,k} = E\Delta \cdot e^i_{jk}$，$\sigma^i_{j,k} = \sigma^i_{j-1,k} + \Delta\sigma^i_{jk}$，$E_t = E$

此时应力还要进行调整以判断它是否已经从弹性进入塑性：

若 $\sigma^i_{jk} > f_y$，则 $\Delta\sigma^i_{jk} = f_y - \sigma^i_{j-1,k}$，$\sigma^i_{jk} = f_y$，$E_t = 0$

若 $\sigma^k_{ij} < -f_y$，则 $\Delta\sigma^i_{jk} = -f_y + \sigma^i_{j-1,k}$，$\sigma^i_{jk} = -f_y$，$E_t = 0$

上面各步求出切线模量，是为了下一步形成新的刚度矩阵用。

考虑虚假卸载，对截面上的每一小块，必须设置一个变量 $\Delta e^i_{p\,jk}$，记录本增量步内的总的累积的塑性应变增量。由应变增量计算应力增量的步骤如下：

a 对 $\Delta e^i_{p\,jk}$ 置零，即 $\Delta e_{p0k} = 0$；

b 对第 i 增量步的第 1 步，计算应变增量 Δe^i_{1k}，

（a）$\sigma^i_{0k} = \sigma^{i-1}_{l,k} = f_y$ 时（下标 l 表示上一增量步的最后一次迭代的结果）：

如果 $e^i_{0k} \cdot \Delta e^i_{1k} > 0$，即应变同方向增加：

$\sigma^i_{1k} = \sigma^i_{0k} = f_y$，$\Delta\sigma^i_{1k} = 0$，$\Delta e^i_{p1k} = \Delta e^i_{1k}$，$E_t = 0$

如果 $e^i_{0k} \cdot \Delta e^i_{1k} < 0$，即应变出现反向：

$\Delta\sigma^i_{1k} = E\Delta^* e^i_{1k}$，$\sigma^i_{1k} = \sigma^i_{0k} + \Delta\sigma^i_{1k}$，$\Delta e^i_{p1k} = 0$

（b）$\sigma^i_{0k} = \sigma^{i-1}_{l,k} = -f_y$ 时

如果 $e^i_{0k} \cdot \Delta e^i_{1k} > 0$，即应变同方向增加：

$\sigma^i_{1k} = \sigma^i_{0k} = -f_y$，$\Delta\sigma^i_{1k} = 0$，$\Delta e^i_{p1k} = \Delta e^i_{1k}$；$E_t = 0$

如果 $e^i_{0k} \cdot \Delta e^i_{1k} < 0$，即应变出现反向：

$\Delta\sigma^i_{1k} = E\Delta \cdot e^i_{1k}$，$\sigma^i_{1k} = \sigma^i_{0k} + \Delta\sigma^i_{1k}$，$\Delta e^i_{p1k} = 0$；$E_t = E$

（c）$-f_y < \sigma^i_{0k} < f_y$ 时，即单元仍处在弹性阶段：

$\Delta\sigma^i_{1k} = E\Delta \cdot e^i_{1k}$，$\sigma^i_{1k} = \sigma^i_{0k} + \Delta\sigma^i_{1k}$

此时应力还要进行调整以判断它是否已经从弹性进入塑性：

若 $\sigma^i_{1k} > f_y$，则 $\Delta\sigma^i_{1k} = f_y - \sigma^i_{0k}$，$\sigma^i_{1k} = f_y$，$\Delta e^i_{p1k} = \Delta e^i_{1k} - \dfrac{f_y - \sigma^i_{0k}}{E}$；$E_t = 0$

若 $\sigma^k_{1j} < -f_y$，则 $\Delta\sigma^i_{1k} = -f_y - \sigma^i_{0k}$，$\sigma^i_{1k} = -f_y$，$\Delta e^i_{p1k} = \Delta e^i_{1k} + \dfrac{f_y + \sigma^i_{0k}}{E}$；$E_t = 0$

否则，表明仍处于弹性状态，$\Delta e_{\mathrm{p}1k}^{i}=0$，$E_{\mathrm{t}}=E$

c. 对第 i 增量步的第 j 步，计算应变增量 Δe_{jk}^{i}，

每一增量步内的迭代步，不仅要根据本次迭代的应变增量 Δe_{jk}^{i} 和 $\Delta^{*} e_{jk}^{i}$，还要根据上一次迭代后的总应变值 $e_{j-1,k}^{i}$、前 $j-1$ 次迭代后总的累积塑性应变增量 $\Delta e_{\mathrm{p}j-1,k}^{i}$ 和总应力值 $\sigma_{j-1,k}^{i}$（欧拉应力）来确定本级荷载下的现时 Kirchhoff 应力增量 $\Delta\sigma_{jk}^{i}$。

（a）$\sigma_{j-1,k}^{i}=f_{\mathrm{y}}$ 时：

如果 $e_{j-1,k}^{i}\cdot\Delta e_{jk}^{i}>0$，即应变同方向增加：

$\sigma_{jk}^{i}=f_{\mathrm{y}}$，$\Delta\sigma_{jk}^{i}=0$，$\Delta e_{\mathrm{p}jk}^{i}=\Delta e_{\mathrm{p}j-1,k}^{i}+\Delta e_{jk}^{i}$；$E_{\mathrm{t}}=0$

如果 $e_{j-1,k}^{i}\cdot\Delta e_{jk}^{i}<0$，即应变出现反向，此时就要判断是否是虚假卸载。

如果 $\Delta e_{\mathrm{p}j-1,k}^{i}=0$，表示本增量步没有出现过塑性变形，直接卸载：

$\Delta\sigma_{jk}^{i}=E\Delta^{*}e_{jk}^{i}$，$E_{\mathrm{t}}=E$，$\sigma_{jk}^{i}=\sigma_{j-1,k}^{i}+\Delta\sigma_{jk}^{i}$；

如果 $\Delta e_{\mathrm{p}j-1,k}^{i}>0$，表示本增量步出现过塑性变形，此时

如果 $\Delta e_{\mathrm{p}j-1,k}^{i}>-\Delta e_{jk}^{i}$，是全部虚假卸载：

$\sigma_{jk}^{i}=f_{\mathrm{y}}$，$\Delta\sigma_{jk}^{i}=0$，$\Delta e_{\mathrm{p}jk}^{i}=\Delta e_{\mathrm{p}j-1,k}^{i}+\Delta e_{jk}^{i}$，$E_{\mathrm{t}}=0$

如果 $\Delta e_{\mathrm{p}j-1,k}^{i}<-\Delta e_{jk}^{i}$，则出现部分真卸载：

$\Delta e_{\mathrm{p}jk}^{i}=0$，$\Delta\sigma_{jk}^{i}=E(\Delta^{*}e_{jk}^{i}+\Delta^{*}e_{\mathrm{p}j-1,k}^{i})$，$E_{\mathrm{t}}=E$，$\sigma_{jk}^{i}=\sigma_{j-1,k}^{i}+\Delta\sigma_{jk}^{i}$

这里 $\Delta^{*}e_{\mathrm{p}j-1,k}^{i}$ 是 $\Delta e_{\mathrm{p}j-1,k}^{i}$ 转换到 C_1 坐标系下的值，由于增量分析，每一步应变都很小，也可以不转换而直接相加。

（b）$\sigma_{j-1,k}^{i}=-f_{\mathrm{y}}$ 时

如果 $e_{j-1,k}^{i}\cdot\Delta e_{jk}^{i}>0$，即应变同方向增加：

$\sigma_{jk}^{i}=-f_{\mathrm{y}}$，$\Delta e_{\mathrm{p}jk}^{i}=\Delta e_{\mathrm{p}j-1,k}^{i}+\Delta e_{jk}^{i}$，$E_{\mathrm{t}}=0$

如果 $e_{j-1,k}^{i}\cdot\Delta e_{jk}^{i}<0$，即应变出现反向，此时就要判断是否是虚假卸载：

如果 $\Delta e_{\mathrm{p}j-1,k}^{i}=0$，表示本增量步没有出现过塑性变形，直接卸载：

$\Delta\sigma_{jk}^{i}=E\Delta^{*}e_{jk}^{i}$，$\sigma_{jk}^{i}=\sigma_{j-1,k}^{i}+\Delta\sigma_{jk}^{i}$；$E_{\mathrm{t}}=E$

如果 $\Delta e_{\mathrm{p}j-1,k}^{i}<0$，表示本增量步出现过塑性变形，此时

如果 $\Delta e_{\mathrm{p}j-1,k}^{i}<-\Delta e_{jk}^{i}$，是全部虚假卸载，$\sigma_{jk}^{i}=-f_{\mathrm{y}}$，$\Delta\sigma_{jk}^{i}=0$，

$\Delta e_{\mathrm{p}jk}^{i}=\Delta e_{\mathrm{p}j-1,k}^{i}+\Delta e_{jk}^{i}$，$E_{\mathrm{t}}=0$

如果 $\Delta e_{\mathrm{p}j-1,k}^{i}>-\Delta e_{jk}^{i}$，则出现部分真卸载：

$\Delta e_{\mathrm{p}jk}^{i}=0$，$\Delta\sigma_{jk}^{i}=E(\Delta^{*}e_{jk}^{i}+\Delta^{*}e_{\mathrm{p}j-1,k}^{i})$，$E_{\mathrm{t}}=E$，$\sigma_{jk}^{i}=\sigma_{j-1,k}^{i}+\Delta\sigma_{jk}^{i}$

（c）$-f_{\mathrm{y}}<\sigma_{j-1,k}^{i}<f_{\mathrm{y}}$ 时，单元仍处在弹性阶段：

$\Delta\sigma_{jk}^{i}=E\Delta^{*}e_{jk}^{i}$，$\sigma_{jk}^{i}=\sigma_{j-1,k}^{i}+\Delta\sigma_{jk}^{i}$，

此时还要判断它是否已经从弹性进入塑性，对应力进行调整：

若 $\sigma_{jk}^{i}>f_{\mathrm{y}}$，则 $\Delta\sigma_{jk}^{i}=f_{\mathrm{y}}-\sigma_{j-1,k}^{i}$，$\sigma_{jk}^{i}=f_{\mathrm{y}}$，

$\Delta e_{\mathrm{p}jk}^{i}=\Delta e_{\mathrm{p}j-1,k}^{i}-\dfrac{f_{\mathrm{y}}-\sigma_{j-1,k}^{i}}{E}$；$E_{\mathrm{t}}=0$

若 $\sigma_{jk}^{i}<-f_{\mathrm{y}}$，则 $\Delta\sigma_{jk}^{i}=-f_{\mathrm{y}}-\sigma_{j-1,k}^{i}$，$\sigma_{jk}^{i}=-f_{\mathrm{y}}$，

$$\Delta e_{\mathrm{p}jk}^{i} = \Delta e_{\mathrm{p}j-1,\mathrm{k}}^{i} + \frac{f_{\mathrm{y}} + \sigma_{j-1,k}^{i}}{E}; \quad E_{\mathrm{t}} = 0$$

否则，表明仍处于弹性状态，$\Delta e_{\mathrm{p}jk}^{i} = 0$，$E_{\mathrm{t}} = E$。

3. 弹塑性状态下的单元节点力和不平衡力的计算

对节点 A、B，已知截面各小块形心的现时 Kirchhoff 应力增量 $\Delta\sigma_{jk}^{i}$，按照下式计算应力增量的合力：

$$\Delta N_{j}^{i} = \sum_{k=1}^{m} \Delta\sigma_{jk}^{i} \Delta A_{k}$$

$$\Delta M_{j}^{i} = \sum_{k=1}^{m} \Delta\sigma_{jk}^{i} y_{k} \Delta A_{k}$$

$$\Delta Q_{\mathrm{B}} = -\Delta Q_{\mathrm{A}} = \frac{(\Delta M_{j}^{i})_{\mathrm{B}} - (\Delta M_{j}^{i})_{\mathrm{A}}}{l}$$

形成节点力增量，然后按照(19.100)式转换到 C_2 坐标系下，利用(19.101)式形成 C_2 坐标系下总的单元节点力，然后向整体坐标系中转换，集合形成总节点内力向量 $\{F_{\mathrm{j}-1}\}$，由(19.77)式计算不平衡力。

19.5　几何和材料非线性的广义位移控制法（广义刚度参数法，GSP 方法）

19.5.1　双非线性分析问题的表述

分析大位移问题需要采用增量-迭代方法。Yang([34]，1990)提出的广义位移控制法自动跟踪结构平衡路径，需要用到的式子归纳如下。对于 i 增量步 j 迭代步，N 个自由度的非线性结构系统可以表述如下：

$$[K_{\mathrm{j}-1}^{i}]\{\Delta U_{j}^{i}\} = \lambda_{j}^{i}\{\hat{P}\} + \{R\}_{\mathrm{j}-1}^{i} \tag{19.109}$$

其中：$[K_{\mathrm{j}-1}^{i}]$ 为第 i 增量步内第 j 迭代步开始前的结构总刚矩阵；$\{\Delta U_{j}^{i}\}$ 第 i 增量步第 j 迭代步位移增量；$\{\hat{P}\}$ 是参考荷载向量；λ_{j}^{i} 荷载增量参数；$\{R_{\mathrm{j}-1}^{i}\}$ 是不平衡力向量。上式可拆为两个式子求解：

$$[K_{\mathrm{j}-1}^{i}]\{\Delta \hat{U}_{j}^{i}\} = \{P\} \tag{19.79a}$$

$$[K_{\mathrm{j}-1}^{i}]\{\Delta \overline{U}_{j}^{i}\} = \{R\}_{\mathrm{j}-1}^{i} \tag{19.79b}$$

$$\{\Delta U_{j}^{i}\} = \lambda_{j}^{i}\{\Delta \hat{U}_{j}^{i}\} + \{\Delta \overline{U}_{j}^{i}\} \tag{19.80}$$

$$\{U_{j}^{i}\} = \{U_{\mathrm{j}-1}^{i}\} + \{\Delta U_{j}^{i}\} \tag{19.81}$$

$$\{P_{j}^{i}\} = \{P_{j-1}^{i}\} + \{\Delta P_{j}^{i}\} = \{P_{j-1}^{i}\} + \lambda_{j}^{i}\{\hat{P}\} \tag{19.78}$$

$$\{R_{\mathrm{j}-1}^{i}\} = \{P_{j-1}^{i}\} - \{F_{\mathrm{j}-1}\} \tag{19.77}$$

广义刚度参数为

$$GSP = \frac{\{\Delta U_{1}^{1}\}^{\mathrm{T}}\{\Delta U_{1}^{1}\}}{\{\Delta U_{1}^{i-1}\}^{\mathrm{T}}\{\Delta U_{1}^{i}\}} \tag{19.92}$$

荷载增量为

$$\lambda_1^i = \pm \lambda_1^1 \sqrt{|GSP|} \qquad (19.93a)$$

$$\lambda_j^i = -\frac{\{\Delta \hat{U}_1^{i-1}\}^T \{\Delta \overline{U}_j^i\}}{\{\Delta \hat{U}_j^{i-1}\}^T \{\Delta \hat{U}_j^i\}}, \qquad j \geqslant 2 \qquad (19.93b)$$

19.5.2 算法实现的步骤

1. 由荷载分布情况，有限元划分情况，形成单位节点荷载矩阵$\{\hat{P}\}$；

2. 考虑残余应力和初始弯曲，形成第1增量步第一次迭代使用的刚度矩阵$[K_0^1]$；

3. 选择第1增量步第1迭代步的荷载增量因子λ_1^1，收敛控制条件ε_{max}；

4. 增量步$i=1$，迭代步$j=0$。总位移、节点力的初始化；
$\{U_0^1\} = <0, 0, \ldots, 0>^T$，$\{F_0^1\} = <0, 0, \ldots, 0>^T$，$\{R_0^1\} = <0, 0, \ldots, 0>^T$；

5. 迭代步$j=j+1$；

6. 计算各单元的单元切线刚度矩阵$[k]$，并集成总体刚度矩阵$[K_{j-1}^i]$；

7. 根据(19.79a，b)式计算参考荷载作用下各部分的位移增量，每一增量步第1次迭代的不平衡力为零，即$\{R_0^i\}=0$，从而有$\{\Delta \overline{U}_1^i\}=0$；

8. 如果$i \geqslant 2$，由(19.92)和(19.93a)式计算结构刚度参数GSP和初始迭代步的荷载增量因子λ_1^i；

9. 跳到第13步；

10. 更新整体刚度矩阵$[K_{j-1}^i]$（可选）：在迭代步内可以不更新总体刚度矩阵而近似采用初始迭代步的刚度矩阵，或每隔m个迭代步更新刚度矩阵，以提高计算效率；

11. 由(19.79a，b)式计算增量位移$\{\Delta \hat{U}_j^i\}$和$\{\Delta \overline{U}_j^i\}$；

12. 由(19.93b)式计算荷载增量因子λ_j^i；

13. 由(19.80)式得到荷载增量因子λ_j^i对应的位移增量；

14. 由(19.78)和(19.81)更新结构节点位移和荷载向量；

15. 如果是材料非线性问题，计算并更新应力、应变，调整材料属性，按照前节介绍的能够考虑虚假卸载的方法计算应力增量和切线模量；并计算单元内力增量；形成整体坐标系下的单元内力向量$\{F_j^i\}$；由(19.77)式计算不平衡力；

16. 更新结构几何属性：根据增量位移更新各节点坐标值，

$$x_j^i = x_{j-1}^i + \Delta u_x, \quad y_j^i = y_{j-1}^i + \Delta u_y \qquad (19.110a，b)$$

其中$(x，y)$为节点坐标，Δu_x，Δu_y为增量步（或迭代步）位移增量在该节点的分量；

17. 检查收敛条件：

$$\varepsilon = \|\{R_j^i\}\| / \|\lambda_1^i \hat{P}\| \qquad (19.111)$$

如果$\varepsilon > \varepsilon_{max}$，$j=j+1$，返回10；如果$\varepsilon \leqslant \varepsilon_{max}$，继续下一步；

18. 如果$\|\{F_j^i\}\| < \|\{F\}_{max}\|$或$\|\{U_j^i\}\| < \|\{U\}_{max}\|$，则$i=i+1$，返回5；否则结束程序；这里$\{P\}_{max}$，$\{U\}_{max}$是事先设定的计算最终结束的最大荷载或最大位移。

19.5.3 算例分析

(1) 对于如图19.14理想弹性框架，$E=71000MPa$，$\mu=0.0$，$l=328.8mm$，$h=$

589

9.8mm，所有单元为矩形截面 19.1mm×6.17mm。Williams（[35]，1964）作出了试验和数值分析，该模型是检验跟踪跳跃屈曲的能力的典型算例之一。从图 19.14 可以看到，本文的方法跟 Williams（[35]，1964）的试验结果和数值分析的很好，能够很好跟踪框架整个的跳跃屈曲过程。

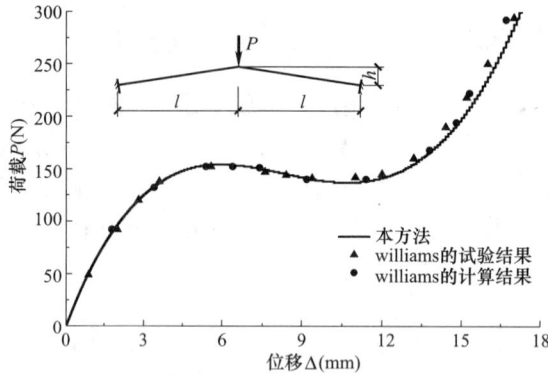

图 19.14　Williams 框架及其计算结果

（2）如图 19.15 一端固支的弹性悬臂梁，$E=206843\text{MPa}$，截面惯性矩 $I=44.979\times10^6\text{mm}^4$，截面面积 $A=5798.9\text{mm}^2$，梁长度 $L=25.4\text{m}$，自由端作用横向荷载 P。

利用本章推导的梁单元和 Challa（[26]，1994）推导的梁单元分别分析横向荷载 P 与自由端位移 u、v 的变化关系，分析结果与 Mattisson[35] 的结果进行了对比（图 19.15）。从图 19.15 可以看出，本章方法与 Mattisson 的结果两者符合的很好，而 Challa[26] 的结果在大位移情况下同 Mattisson[35] 和本章梁单元的结果差别较大，那是因为 Challa 的梁模型中没有去除刚体位移的影响，不能通过刚体试验，从而导致在大位移情况下失效。

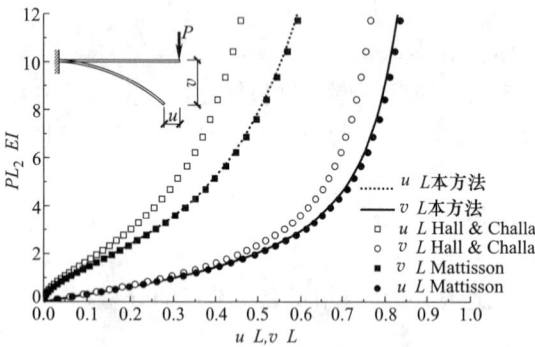

图 19.15　理想弹性悬臂梁及其荷载荷载位移曲线

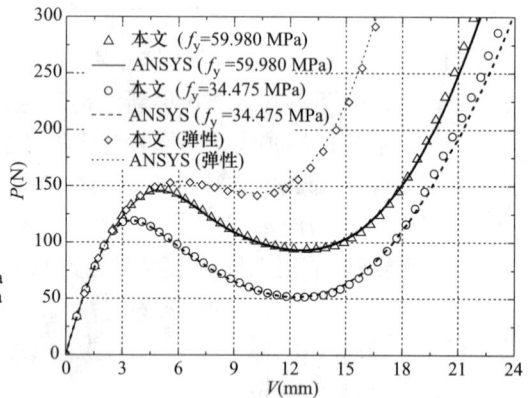

图 19.16　Williams 框架弹塑性荷载位移曲线

（3）对于图 19.14 所示的 Williams 框架，同时考虑其材料非线性。假设材料为理想弹塑性，利用本章导出的梁柱单元，计算得到不同屈服应力时 Williams 框架的荷载位移曲线（图 19.16）。从图 19.16 可以发现，弹塑性 Williams 框架的荷载位移曲线要低于弹性 Williams 框架的荷载位移曲线。随着材料屈服应力 f_y 的降低，Williams 框架的极限荷载曲线降低，相应的临界荷载值降低，但保持其跳跃屈曲的形式不变。

（4）如图 19.17 的两端铰支梁柱模型，单元两端分别承受轴压力 P 和端弯矩 M 作用，

P 和 M 比例增长。材料为理想弹塑性，屈服应力 $f_y=227.535$，截面为美国 H 型钢W8× 31，$E=206843$Mpa，梁柱无缺陷（不考虑残余应力、初弯曲、初偏心）。在不同长细比下分别计算得到梁柱的压弯相关曲线（图 19.17）。从图 19.17 可以看出，本章结果同 Galambos 的结果（[37]，1959)符合的很好，但本章所得到的相关曲线要比 Galambos 的曲线要略低，这是因为 Galambos 是利用数值积分得到的，没有考虑大位移的影响。

（5）图 19.18 是 Elastica 问题采用本章方法和 ANSYS 以及精确解的比较。比较再次表明本章方法能够精确跟踪大挠度问题。

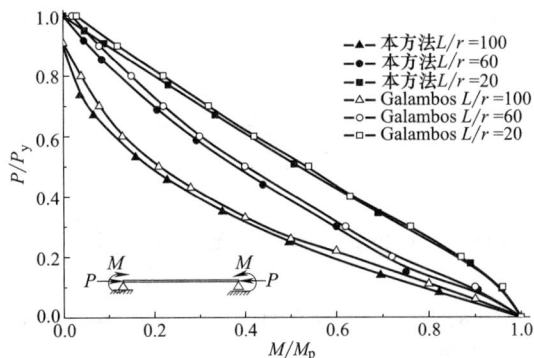

图 19.17　梁柱轴力弯矩相关曲线

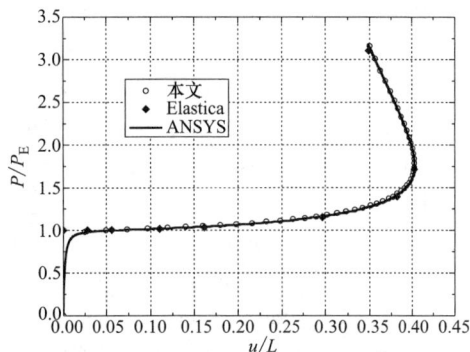

图 19.18　Elastica 问题

参 考 文 献

[1] Chen，W. F. , and Toma，S. , eds. Advanced analysis of steel frames. CRC Press，Inc，Boca Raton, Fla. , 1994.

[2] Alvarez R. J. , Bimstiel C. Inelastic analysis of multistory multibay frames. J. Struct. Div. ASCE，1969 (11)：95.

[3] Mcnamee B. M. , Lu L. W. , Inelastic multistory frame buckling. J. Struct. Div. ASCE，1972 (7)：98.

[4] Korn A. , Galambos T. V. Behavior of elastic-plastic frames. J. Struct. Div. ASCE，1968 (5)：94.

[5] Morris G. A. , Fenves S. J.. Elastic-plastic analysis of frame works. J. Struct. Div. ASCE，1970 (5)：96.

[6] Kassimali A.. Large deformation analysis of elastic-plastic frames. J. Struct. Engrg. ASCE，1983 (8).

[7] Orbision J. G. , McGuine W. , Abel J. F. , Yield surface application in nonlinear steel frame analysis. Comp. Methods Appl. Mech. Engrg. , 33，1982：557-573.

[8] Argyis J. H. , Boni B, Hindenlang U.. Finite element analysis of two- and- three dimensional elasto-plastic frames- the natural approach. Comput. Meth. Appl. Mech. Engrg. , 35，1982.

[9] Nigam N. C. Yielding in framed structures under dynamic loads. J. Engrg. Mech ASCE，1970 (5)：96.

[10] Shi G. , Atluri S. N. Elastic-plastic large deformation analysis of space frames：A plastic hinge and

stress-based explicit derivation of tangent stiffness. Int. J. Numer. Methods Engrg., Vol. 26, 1988: 589-615.

[11]　Liew, J. Y. R. et al. Notional-load plastic hinge method for frame design, J. Struct. Engrg. ASCE, 119 (11): 3196-3237, 1993.

[12]　Liew. J. Y. R., D. W. White and W. F. Chen., Second-order Refined Plastic-hinge Analysis for Frame Design. (Part I). J. Struct. Engrg., ASCE, Vol. 119 (11), 1993: 3196-3216.

[13]　Liew. J. Y. R., D. W. White and W. F. Chen. Second-order Refined Plastic-hinge Analysis for Frame Design. (Part II.) J. Struct. Engrg., ASCE, Vol. 119 (11), 1993: 3217-3237.

[14]　Liew, J Y R and Punniyakotty N M. Advanced analysis and design of spatial structures. J. Constr. Steel Res., 42 (1), 1997: 21-28.

[15]　Liew, J. Y. R. and Chen, W. F., Advanced inelastic analysis of frame structures., J. Constr. Steel Research, Vol. 55, 2000: 245-265.

[16]　Chen W. F.. Plastic Design and Second-order Analysis of Steel Frames. Spring-Verlag New York Inc, 1995.

[17]　Kim, S E and Chen, W. F., Practical advanced analysis for braced steel frame design, J. Struct. Egrg., Vol. 122 (11), 1997: 1266-1274.

[18]　Load and resistance factor design, manual of steel construction, Vol. 1 and 2., 2nd Ed. American Institute of SteelConstruction (AISC), Chicago, 1993.

[19]　童根树, 张磊. 薄壁构件弯扭失稳一般理论. 建筑结构学报, 2003, 3.

[20]　K. Washizu, Variational Methods in Elasticity and Plasticity, Pergamon Press Oxford, 3rd, Edition, 1982.

[21]　季渊. 多高层框架—支撑结构的弹塑性稳定性分析及其支撑设计研究 [D], 浙江大学博士学位论文, 2003.

[22]　童根树, 许强. 薄壁曲梁的线性和非线性理论. 北京科学出版社, 2004.

[23]　Yang Y. B., McGuire, W., Joint rotation and geometric nonlinear analysis, Journal of Structural Engineering, ASCE, 112 (4).

[24]　Attalla, M. R., Deierlein G. G., McGuine W. Spread of plasticity: quassi-plastic-hinge approach. J. Struct. Engrg., Vol. 120, 1994: 2451-2473.

[25]　Challa, M V R, Hall. J F. Earthquake collapse analysis of steel frames. " Earthquake Engrg. And Struct. Dyn., 23, 1994: 1191-1218.

[26]　Yang, Y B, Chiou, H T. Rigid body motion test for nonlinear analysis with beam elements. J. Engrg. Mech., 113 (9), 1987: 14015-1419.

[27]　Torkamani, M A M, Sonmez, M. Inelastic large deflection modeling of beam-columns. J. Struct. Engrg. ASCE, 127 (8), 2001: 876-887.

[28]　Chan S L. Geometric and material non-linear analysis of beam-columns and frames using the minimum residual displacement method. Int. J. for Numer. Methods in Engrg., 26, 1988: 2657-2669.

[29]　Clarke, M.," Chapter 6: Plastic-zone analysis. " Advanced analysis of steel frames: theory, software and applications, W. F. Chen and S. Toma, eds., CRC Press, Boca Raton, Fla., 1994.

[30]　Rajasekaran, S., Murray, D. Finite element solution of inelastic beam equations. J. Struct. Engrg. Div., ASCE, 99 (6), 1973: 1025-1091.

[31]　Bathe, K J, Bolourch. S. Large displacement analysis of three-dimensional beam structures. Int. J. for Numer. Methods in Engrg., 14, 1979: 961-986.

[32] Yang, Y. B., Shieh, M. S.. Solution methods for nonlinear problems with multiple critical points. AIAA J., 28 (12), 1990: 2110-2116.

[33] Williams, F W. An approach to the nonlinear behavior of the members of a rigid jointed plane framework with finite deflections. Quart. J. Mech. And Appl. Math., 17 (4), 1964: 451-469.

[34] Mattisson, K. Numerical results from large deflection beam and frame problems analyzed by means of elliptical integrals. Int. J. for Numer. Methods in Engrg., 47, 1980: 261-282.

[35] Galambos, T V, Ketter, RL. Column under combined bending and thrust. J. Engrg. Mech. Div., ASCE, 85 (2), 1959: 1-30.

[36] Gattass, M, and Abel, J F. Equilibrium consideration of the updated lagrangian formulation of beam with natural concepts. " Int. J. for Numer. Methods in Engrg., 24, 2119-2141.

[37] 丁浩江等. 弹性和塑性力学中的有限元法（修订本）. 北京：机械工业出版社，1989.

[38] Bergan, P. G. Solution algorithm for nonlinear structural programs, Numerical Methods for Nonlinear Problems, Vol. 1, edited by C. Taylor, Pineridge, Swansea, Wales, UK, 1980: 291-305

[39] Yang Y. B., Kuo S R., Theory and Analysis of Nonlinear framed structures, Prentice Hall, Englewood Cliffs, N. J., 1994.

附录　刚度系数矩阵

$$[k_{11}^{110}]=\begin{bmatrix} 1 & 0 & 0 & -1 & 0 & 0 \\ 0 & 0 & 0 & 0 & 0 & 0 \\ 0 & 0 & 0 & 0 & 0 & 0 \\ -1 & 0 & 0 & 1 & 0 & 0 \\ 0 & 0 & 0 & 0 & 0 & 0 \\ 0 & 0 & 0 & 0 & 0 & 0 \end{bmatrix}, [k_{11}^{111}]=\begin{bmatrix} 1/2 & 0 & 0 & -1/2 & 0 & 0 \\ 0 & 0 & 0 & 0 & 0 & 0 \\ 0 & 0 & 0 & 0 & 0 & 0 \\ -1/2 & 0 & 0 & 1/2 & 0 & 0 \\ 0 & 0 & 0 & 0 & 0 & 0 \\ 0 & 0 & 0 & 0 & 0 & 0 \end{bmatrix}, [k_{31}^{210}]=\begin{bmatrix} 0 & 0 & 0 & 0 & 0 & 0 \\ 0 & 0 & 0 & 0 & 0 & 0 \\ l & 0 & 0 & -l & 0 & 0 \\ 0 & 0 & 0 & 0 & 0 & 0 \\ 0 & 0 & 0 & 0 & 0 & 0 \\ -l & 0 & 0 & l & 0 & 0 \end{bmatrix}$$

$$[k_{33}^{220}]=\begin{bmatrix} 0 & 0 & 0 & 0 & 0 & 0 \\ 0 & 12 & 6l & 0 & -12 & 6l \\ 0 & 6l & 4l^2 & 0 & -6l & 2l^2 \\ 0 & 0 & 0 & 0 & 0 & 0 \\ 0 & -12 & -6l & 0 & 12 & -6l \\ 0 & 6l & 2l^2 & 0 & -6l & 4l^2 \end{bmatrix}, [k_{33}^{221}]=\begin{bmatrix} 0 & 0 & 0 & 0 & 0 & 0 \\ 0 & 6 & 2l & 0 & -6 & 4l \\ 0 & 2l & l^2 & 0 & -2l & l^2 \\ 0 & 0 & 0 & 0 & 0 & 0 \\ 0 & -6 & -2l & 0 & 6 & -4l \\ 0 & 4l & l^2 & 0 & -4l & 3l^2 \end{bmatrix}$$

$$[k_{13}^{120}]=\begin{bmatrix} 0 & 0 & l & 0 & 0 & -l \\ 0 & 0 & 0 & 0 & 0 & 0 \\ 0 & 0 & 0 & 0 & 0 & 0 \\ 0 & 0 & -l & 0 & 0 & l \\ 0 & 0 & 0 & 0 & 0 & 0 \\ 0 & 0 & 0 & 0 & 0 & 0 \end{bmatrix}, [k_{33}^{120}]=\begin{bmatrix} 0 & 0 & 0 & 0 & 0 & 0 \\ 0 & 0 & l & 0 & 0 & -l \\ 0 & -l & -l^2/2 & 0 & l & -l^2/2 \\ 0 & 0 & 0 & 0 & 0 & 0 \\ 0 & 0 & -l & 0 & 0 & l \\ 0 & l & l^2/2 & 0 & -l & l^2/2 \end{bmatrix}$$

$$[k_{13}^{121}]=\begin{bmatrix} 0 & -1 & 0 & 0 & 1 & -l \\ 0 & 0 & 0 & 0 & 0 & 0 \\ 0 & 1 & 0 & 0 & -1 & l \\ 0 & 0 & 0 & 0 & 0 & 0 \\ 0 & 0 & 0 & 0 & 0 & 0 \\ 0 & 0 & 0 & 0 & 0 & 0 \end{bmatrix}, \quad [k_{31}^{211}]=\begin{bmatrix} 0 & 0 & 0 & 0 & 0 & 0 \\ -1 & 0 & 0 & 1 & 0 & 0 \\ 0 & 0 & 0 & 0 & 0 & 0 \\ 0 & 0 & 0 & 0 & 0 & 0 \\ 1 & 0 & 0 & -1 & 0 & 0 \\ -l & 0 & 0 & l & 0 & 0 \end{bmatrix}$$

$$
[k_{13}^{110}] = \begin{bmatrix} 0 & 1 & 0 & 0 & -1 & 0 \\ 0 & 0 & 0 & 0 & 0 & 0 \\ 0 & -1 & 0 & 0 & 1 & 0 \\ 0 & 0 & 0 & 0 & 0 & 0 \\ 0 & 0 & 0 & 0 & 0 & 0 \\ 0 & 0 & 0 & 0 & 0 & 0 \end{bmatrix}, \qquad
[k_{31}^{110}] = \begin{bmatrix} 0 & 0 & 0 & 0 & 0 & 0 \\ 1 & 0 & 0 & -1 & 0 & 0 \\ 0 & 0 & 0 & 0 & 0 & 0 \\ 0 & 0 & 0 & 0 & 0 & 0 \\ -1 & 0 & 0 & 1 & 0 & 0 \\ 0 & 0 & 0 & 0 & 0 & 0 \end{bmatrix}
$$

$$
[k_{33}^{110}] = \begin{bmatrix} 0 & 0 & 0 & 0 & 0 & 0 \\ 0 & 6/5 & l/10 & 0 & -6/5 & l/10 \\ 0 & l/10 & 2l^2/15 & 0 & -l/10 & -l^2/30 \\ 0 & 0 & 0 & 0 & 0 & 0 \\ 0 & -6/5 & -l/10 & 0 & 6/5 & -l/10 \\ 0 & l/10 & -l^2/30 & 0 & -l/10 & 2l^2/15 \end{bmatrix},
[k_{33}^{210}] = \begin{bmatrix} 0 & 0 & 0 & 0 & 0 & 0 \\ 0 & 0 & -l & 0 & 0 & l \\ 0 & l & -l^2/2 & 0 & -l & l^2/2 \\ 0 & 0 & 0 & 0 & 0 & 0 \\ 0 & 0 & l & 0 & 0 & -l \\ 0 & -l & -l^2/2 & 0 & l & l^2/2 \end{bmatrix}
$$

第 20 章　圆弧拱平面内弯曲失稳

20.1　引言

拱结构应用于很多场合，例如桥梁、屋顶建筑。拱在各种荷载下的屈曲荷载被许多人研究过，类似于压杆弹塑性稳定承载力计算的拱弹塑性稳定计算方法也已经发展起来。

拱和圆环的屈曲是经典的稳定问题，圆弧的屈曲早在 1866 年就由 Bresse 研究过，Timoshenko & Gere[8] 对圆环的屈曲提供了解答。对圆弧的研究还有 Boresi，Wasserman，Wempner & kesti，Smith & Simitses[7]，Vlasov[9]，他们都对这个问题的解答做出了贡献。后来者有 Yoo 和 Pfeiffer[13]、Yang 和 Kuo [11][12]，Papangelis 和 Trahair[4]，Pi，Y. L. 和 Bradford[5]，Kang & Yoo[3]。

拱的稳定很少有解析解。早期对拱稳定的研究都是引入简化假定后进行的，经典解在工程上得到了广泛的应用。进入 80 年代，非线性力学知识和计算工具的发展，研究人员在研究中尽量不忽略看上去次要的项，理论更加完善。由于拱的临界荷载很少有试验验证，这样做是有必要的，因为不同的简化假定导致的结果有很大的差别（参见 Timoshenke & Gere[8]，Kang & Yoo[3]，Rajasekaran & Pandmanabhan[6]，Simitses[7]，Papangelis & Trahair[4]）。

目前的大部分研究大都没有考虑径向应力 σ_r 的影响，Yang 和 Kuo[12] 在研究拱的弯扭失稳时提出工字钢腹板中径向应力 σ_r 是一个不可忽略的应力分量，只有考虑了它的影响，拱弯扭失稳临界荷载才与经典的 Timoshenko 解一致。童根树[1] 通过对直梁稳定的研究指出，横向应力是维持微元体平衡所必需的，在稳定问题中它的影响不能忽略。他们全面地考虑了工字形钢梁内的横向应力，包括翼缘中的横向应力，而不仅仅是腹板上的应力。许强[2] 推导了工字形圆弧曲梁中横向应力的显式。

横向应力是直梁中板件单元的平衡所必须，有必要在钢拱的平面内稳定性研究中考虑他们的影响。因为保持平衡所必须的各个应力的二阶效应会互相抵消一部分，忽略任何一个应力分量都会导致某些项得不到抵消，从而有可能获得不正确的结果。基于上述观点，作者认为有必要从基本假定入手，推导没有任何近似的拱平面内非线性分析方程，这样理论上是复杂了一些，但是理论结果的可靠性得到了保证。

20.2　基本理论

图 20.1 中 $r-\theta-y$ 为空间固定不变的圆柱坐标系，原点在构件曲率中心。$x-y-z$ 为截面坐标系，在构件变形时随着截面平移，z 指向 θ 的增加方向。拱截面为双轴对称工

字形，采用平截面假定，分析限于大位移、小应变的情况。

20.2.1　应变—位移关系，应力和截面内力

工字形截面拱的中面上任意点 P 沿 x、z 方向的位移 $\bar{u}$ 和 $\bar{w}$ 为（许强[2]）：

$$\bar{u}=u \tag{20.1a}$$

$$\bar{w}=\frac{r}{R}w-\frac{x}{R}u' \tag{20.1b}$$

式中 u 为形心在 x 方向的位移，w 为形心沿 z 方向的位移。$(\quad)'=\partial(\quad)/\partial\theta$。在径向位移 $\bar{w}$ 中，因为 Bernoulli 假定要求变形后的截面与变形后的轴线保持垂直，因此出现了 r/R 这一比例因子，参见图 20.2。拱有以下 3 个独立的应变分量，由线性和非线性部分构成：

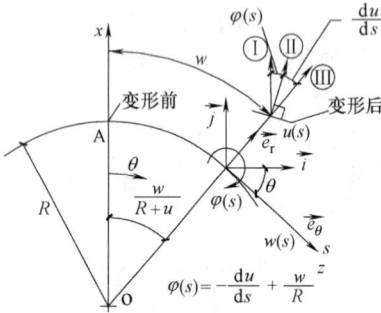

图 20.1　坐标系与拱截面

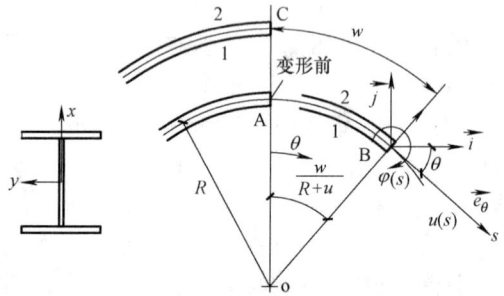

图 20.2　单独发生径向和环向位移的情况

$$\varepsilon_z=\varepsilon_z^L+\varepsilon_z^N \tag{20.2a}$$

$$\varepsilon_{zx}=\varepsilon_{zx}^L+\varepsilon_{zx}^N \tag{20.2b}$$

$$\varepsilon_x=\varepsilon_x^L+\varepsilon_x^N \tag{20.2c}$$

应变—位移关系为[2]：

$$\varepsilon_x^L=\frac{\partial\bar{u}}{\partial x} \tag{20.3a}$$

$$\varepsilon_z^L=\frac{\partial\bar{w}}{r\partial\theta}+\frac{\bar{u}}{r} \tag{20.3b}$$

$$e_{xz}=\frac{\partial\bar{u}}{r\partial\theta}-\frac{\bar{w}}{r}+\frac{\partial\bar{w}}{\partial x} \tag{20.3c}$$

$$\eta_x=\frac{1}{2}\left[\left(\frac{\partial\bar{u}}{\partial x}\right)^2+\left(\frac{\partial\bar{w}}{\partial x}\right)^2\right] \tag{20.3d}$$

$$\eta_z=\frac{1}{2}\left[\left(\frac{\partial\bar{u}}{r\partial\theta}-\frac{\bar{w}}{r}\right)^2+\left(\frac{\partial\bar{w}}{r\partial\theta}+\frac{\bar{u}}{r}\right)^2\right] \tag{20.3e}$$

$$\eta_{zx}=\frac{\partial\bar{u}}{\partial x}\left(\frac{\partial\bar{u}}{r\partial\theta}-\frac{\bar{w}}{r}\right)+\frac{\partial\bar{w}}{\partial x}\left(\frac{\partial\bar{w}}{r\partial\theta}+\frac{\bar{u}}{r}\right) \tag{20.3f}$$

将 $(20.1a，b)$ 式代入以上各式得到

$$\varepsilon_z^L=\varepsilon_m-\frac{x}{r}\kappa \tag{20.4a}$$

$$\varepsilon_z^N=\frac{1}{2}\left[\beta^2+\left(\varepsilon_m-\frac{x}{r}\kappa\right)^2\right] \tag{20.4b}$$

$$\varepsilon_x^L = 0, \varepsilon_x^N = \frac{1}{2}\beta^2 \qquad (20.4c,\ d)$$

$$\varepsilon_{xz}^L = 0, \varepsilon_{zx}^N = -\beta\left(\varepsilon_m - \frac{x}{r}\kappa\right) \qquad (20.4e,\ f)$$

式中

$$\varepsilon_m = \frac{w' + u}{R} \qquad (20.5a)$$

$$\kappa = \frac{u + u''}{R} \qquad (20.5b)$$

$$\beta = \frac{u' - w}{R} \qquad (20.5c)$$

三者之间存在如下关系

$$\varepsilon_m - \kappa = -\beta' \qquad (20.6)$$

拱的平面内的应力有 σ_z、τ_{zx} 和 σ_x，外力主要由 σ_z 抵抗，τ_{zx} 和 σ_x 是维持拱的微元体平衡所必需的。由于平截面假定，由应变只能得到纵向应力 σ_z，然后通过平衡条件求出 τ_{zx} 和 σ_x。τ_{zx} 和 σ_x 的推导见本章附录。

根据虎克定律，截面上正应力 σ_z 为：

$$\sigma_z = E(\varepsilon_z^L + \varepsilon_z^N) = E\left\{\varepsilon_m - \frac{x}{r}\kappa + \frac{1}{2}\left[\beta^2 + \left(\varepsilon_m - \frac{x}{r}\kappa\right)^2\right]\right\} \qquad (20.7)$$

截面的轴力 N、弯矩 M 和剪力 Q_x 为：

$$N = \int_A \sigma_z dA = EA\frac{w' + u}{R} + \frac{EI}{R^3}(u + u'') + \frac{EA}{2R^2}\left[(u' - w)^2 + (w' + u)^2\right]$$

$$+ \frac{EI}{R^4}\left[(w' + u)(u + u'') + \frac{1}{2}(u + u'')^2\right] \qquad (20.8a)$$

$$M = -\int_A \sigma_z x dA = \frac{EI}{R^2}(u + u'') + \frac{EI}{R^3}(w' + u)(u + u'') \qquad (20.8b)$$

$$Q_x = \int_A \tau_{zx} dA \qquad (20.8c)$$

轴力以拉为正，弯矩以拱的内侧受拉为正，剪力以正向截面上指向 x 方向为正。

20.2.2　虚功方程和平衡微分方程

一般非线性问题的虚功方程为

$$\int_V \sigma_{ij}\delta\varepsilon_{ij}\,dV = \int_s F_i\delta u_i\,ds$$

对于拱，上式写成展开形式便是：

$$\int_V (\sigma_z\delta\varepsilon_z^L + \sigma_z\delta\varepsilon_z^N + \tau_{zx}\delta\varepsilon_{zx}^N + \sigma_x\delta\varepsilon_x^N)\,dV = \int_s (q_z\delta w + q_x\delta u)\,ds \qquad (20.9)$$

式中：$dV = rdAd\theta$

$$\delta\varepsilon_z^L = \delta\varepsilon_m - \frac{x}{r}\delta\kappa \qquad (20.10a)$$

$$\delta\varepsilon_x^N = \beta\delta\beta \qquad (20.10b)$$

$$\delta\varepsilon_z^N = \beta\delta\beta + \left(\varepsilon_m - \frac{x}{r}\kappa\right)\left(\delta\varepsilon_m - \frac{x}{r}\delta\kappa\right) \qquad (20.10c)$$

$$\delta\varepsilon_{zx}^{N} = -\delta\beta\left(\varepsilon_{m} - \frac{x}{r}\kappa\right) - \beta\left(\delta\varepsilon_{m} - \frac{x}{r}\delta\kappa\right) \tag{20.10d}$$

$$\delta\varepsilon_{m} = \frac{\delta w' + \delta u}{R} \tag{20.11a}$$

$$\delta\kappa = \frac{\delta u + \delta u''}{R} \tag{20.11b}$$

$$\delta\beta = \frac{\delta u' - \delta w}{R} \tag{20.11c}$$

1）线性轴向正应变部分

$$\int_{V}\sigma_{z}\delta\varepsilon_{z}^{L}dV = \int_{\theta}\int_{A}\sigma_{z}\left(\delta\varepsilon_{m} - \frac{x}{r}\delta\kappa\right)r\,dA\,d\theta = \int_{\theta}\left[(RN-M)\delta\varepsilon_{m} + M\delta\kappa\right]d\theta \tag{20.12}$$

其中

$$\int_{A}\sigma_{z}r\,dA = RN - M \tag{20.13}$$

2）非线性轴向正应变部分

$$\int_{V}\sigma_{z}\delta\varepsilon_{z}^{N}dV = \int_{\theta}\int_{A}\sigma_{z}\left(\beta\delta\beta + \varepsilon_{m}\delta\varepsilon_{m} - \frac{x}{r}\varepsilon_{m}\delta\kappa - \frac{x}{r}\kappa\delta\varepsilon_{m} + \frac{x^{2}}{r^{2}}\kappa\delta\kappa\right)r\,dA\,d\theta$$

$$= \int_{\theta}\left[(RN-M)\beta\delta\beta + (RN-M)\varepsilon_{m}\delta\varepsilon_{m} + M\varepsilon_{m}\delta\kappa + M\kappa\delta\varepsilon_{m} + W\kappa\delta\kappa\right]d\theta \tag{20.14}$$

式中

$$W = \int_{A}\sigma_{z}\frac{x^{2}}{r}dA \tag{20.15}$$

3）剪应力 τ_{zx} 的非线性虚功为

$$\int_{V}\tau_{zx}\delta\varepsilon_{zx}^{N}dV = \int_{\theta}\int_{A}\tau_{zx}\left(-\beta\delta\varepsilon_{m} - \varepsilon_{m}\delta\beta + \frac{x}{r}\beta\delta\kappa + \frac{x}{r}\kappa\delta\beta\right)r\,dA\,d\theta$$

$$= \int_{\theta}\left[(RQ_{x}+T)(-\beta\delta\varepsilon_{m} - \varepsilon_{m}\delta\beta) + T(\kappa\delta\beta + \beta\delta\kappa)\right]d\theta \tag{20.16}$$

式中

$$\int_{A}\tau_{zx}r\,dA = RQ_{x} + T \tag{20.17a}$$

$$T = \int_{A}\tau_{zx}x\,dA \tag{20.17b}$$

4）横向正应力 σ_{x} 的非线性虚功为

$$\int_{V}\sigma_{x}\delta\varepsilon_{x}^{N}dV = \int_{\theta}\int_{A}\sigma_{x}\beta\delta\beta\,r\,dA\,d\theta = \int_{\theta}(M+T')\beta\delta\beta\,d\theta \tag{20.18}$$

式中

$$\int_{A}\sigma_{x}r\,dA = M + T' \tag{20.19}$$

(20.19)式的推导见本章附录 A。于是就得到了整个的虚功方程：

$$\int_{\theta}\left[(RN-M)\delta\varepsilon_{m} + M\delta\kappa + (RN-M)\beta\delta\beta + (RN-M)\varepsilon_{m}\delta\varepsilon_{m} + M\varepsilon_{m}\delta\kappa + M\kappa\delta\varepsilon_{m}\right.$$

$$\left. + W\kappa\delta\kappa + (M+T')\beta\delta\beta + (RQ_{x}+T)(-\beta\delta\varepsilon_{m} - \varepsilon_{m}\delta\beta) + T(\kappa\delta\beta + \beta\delta\kappa)\right]d\theta$$

$$- \int_{\theta}(q_{x}\delta u + q_{z}\delta w)R\,d\theta = 0 \tag{20.20}$$

将上面的变分用(20.11a，b，c)代入，并分部积分，利用 $\varepsilon_{m} - \kappa = -\beta'$，得到基本微分方程为：

轴向平衡：

$$-N' + \frac{M'}{R} - N\varepsilon_{m}' - \frac{M\beta''}{R} + (Q_{x}-N)\beta +$$

$$\left(Q_x - \frac{M'}{R}\right)\beta' + (Q_x - N')\varepsilon_m - Rq_z = 0 \qquad (20.21a)$$

平面内弯曲平衡：

$$N + \frac{M''}{R} + N(\varepsilon_m - \beta') + \frac{M}{R}(\varepsilon_m'' + \kappa) + \left(\frac{2M'}{R} + Q_x\right)\varepsilon_m' + \left(\frac{M''}{R} + Q_x'\right)\varepsilon_m$$

$$- (Q_x + N')\beta + \frac{W\kappa}{R} + \left(\frac{W\kappa}{R}\right) - Rq_x = 0 \qquad (20.21b)$$

边界条件	表 20.1

位移变量	对应的广义力
δw	$\left(N - \frac{M}{R}\right)(1 + \varepsilon_m) + \frac{M\kappa}{R} - \left(Q_x + \frac{T}{R}\right)\beta$
δu	$N\beta - \frac{M'}{R} - \frac{M\varepsilon_m'}{R} - \frac{(W\kappa)'}{R} - \left(Q_x + \frac{M'}{R}\right)\varepsilon_m$
$\delta u'/R$	$M(1 + \varepsilon_m) + W\kappa + T\beta$

以上两式未进行任何简化，可用于圆拱的屈曲分析和非线性分析。式中并不出现 T，这是不同应力的非线性项部分相互抵消的结果。

20.2.3 线性分析的方程

圆拱用内力表示的线性平衡方程为(图 20.3)：

$$Q_x' - N + q_x R = 0 \qquad (20.22a)$$

$$N' + Q_x + q_z R = 0 \qquad (20.22b)$$

$$M' + Q_x R = 0 \qquad (20.22c)$$

消去 Q_x 得到

$$NR + M'' - q_x R^2 = 0 \qquad (20.22d)$$

$$N'R - M' + q_z R^2 = 0 \qquad (20.22e)$$

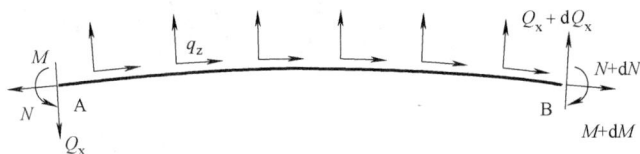

图 20.3 拱的微元体的平衡

把 $(20.4a)$ 式代入 $(20.8a，b，c)$，并利用 $(20.22c)$ 式得到线性分析采用的内力和位移关系

$$N = \frac{EA}{R}(w' + u) + \frac{EI}{R^3}(u'' + u) \qquad (20.23a)$$

$$M = \frac{EI}{R^2}(u'' + u) \qquad (20.23b)$$

$$Q_x = -\frac{EI}{R^3}(u''' + u') \qquad (20.23c)$$

$$W = \int_A \sigma_z \frac{x^2}{r} dA = \int_A E(\varepsilon_m - \frac{x}{r}\kappa) \frac{(r-R)^2}{r} dA \approx \frac{EI}{R^2}(w' + u) \qquad (20.23d)$$

这样得到位移表示的线性分析平衡微分方程：

$$EA(w'+u)+\frac{EI}{R^2}(u^{(4)}+2u''+u)=q_{\mathrm{x}}R^2 \qquad (20.24a)$$

$$EA(w''+u')=-q_{\mathrm{z}}R^2 \qquad (20.24b)$$

20.2.4　线性化屈曲方程

对(20.21a，b)式代表的平衡状态进行干扰，在临界状态下，干扰后的位置仍然要满足(20.21a，b)式。干扰后的量为

$$u+\dot u,w+\dot w,\beta+\dot\beta,\kappa+\dot\kappa,\varepsilon_{\mathrm{m}}+\dot\varepsilon_{\mathrm{m}} \qquad (20.25a)$$

$$N+\dot N,M+\dot M,Q_{\mathrm{x}}+\dot Q_{\mathrm{x}},W+\dot W \qquad (20.25b)$$

$$q_{\mathrm{x}}+\dot q_{\mathrm{x}},q_{\mathrm{z}}+\dot q_{\mathrm{z}} \qquad (20.25c)$$

判断稳定性时要求荷载不变，在这里荷载首先也给予增量。后面将说明荷载增量是如何产生的。

代入(20.21a，b)式，略去高阶项的乘积，并注意到干扰前处于平衡状态，得到如下判断稳定性的方程

$$-\dot N'+\frac{\dot M'}{R}-N\dot\varepsilon_{\mathrm{m}}'-\dot N\varepsilon_{\mathrm{m}}'-\frac{M\dot\beta''}{R}-\frac{\dot M\beta''}{R}+(Q_{\mathrm{x}}'-N)\dot\beta+(\dot Q_{\mathrm{x}}'-\dot N)\beta$$

$$+\left(Q_{\mathrm{x}}-\frac{M'}{R}\right)\dot\beta'+\left(\dot Q_{\mathrm{x}}-\frac{\dot M'}{R}\right)\beta'+(Q_{\mathrm{x}}-N')\dot\varepsilon_{\mathrm{m}}+(\dot Q_{\mathrm{x}}-\dot N')\varepsilon_{\mathrm{m}}-R\dot q_{\mathrm{z}}=0 \qquad (20.26a)$$

$$\dot N+\frac{\dot M''}{R}+N(\dot\varepsilon_{\mathrm{m}}-\dot\beta')+\dot N(\varepsilon_{\mathrm{m}}-\beta')+\frac{M}{R}(\dot\varepsilon_{\mathrm{m}}''+\dot\kappa)+\frac{\dot M}{R}(\varepsilon_{\mathrm{m}}''+\kappa)$$

$$+\left(\frac{2M'}{R}+Q_{\mathrm{x}}\right)\dot\varepsilon_{\mathrm{m}}'+\left(\frac{2\dot M'}{R}+\dot Q_{\mathrm{x}}\right)\varepsilon_{\mathrm{m}}'+\left(\frac{M''}{R}+Q_{\mathrm{x}}'\right)\dot\varepsilon_{\mathrm{m}}+\left(\frac{\dot M''}{R}+\dot Q_{\mathrm{x}}'\right)\varepsilon_{\mathrm{m}}$$

$$-(Q_{\mathrm{x}}+N')\dot\beta-(\dot Q_{\mathrm{x}}+\dot N')\beta+\frac{W\dot\kappa+\dot W\kappa}{R}+\left(\frac{\dot W\kappa+W\kappa}{R}\right)''-R\dot q_{\mathrm{x}}=0 \qquad (20.26b)$$

如果忽略屈曲前变形的影响，则

$$-\dot N'+\frac{\dot M'}{R}-N\dot\varepsilon_{\mathrm{m}}'-\frac{M\dot\beta''}{R}+(Q_{\mathrm{x}}'-N)\dot\beta+\left(Q_{\mathrm{x}}-\frac{M'}{R}\right)\dot\beta'+(Q_{\mathrm{x}}-N')\dot\varepsilon_{\mathrm{m}}-R\dot q_{\mathrm{z}}=0$$

$$(20.27a)$$

$$\dot N+\frac{\dot M''}{R}+N(\dot\varepsilon_{\mathrm{m}}-\dot\beta')+\frac{M}{R}(\dot\varepsilon_{\mathrm{m}}''+\dot\kappa)+\left(\frac{2M'}{R}+Q_{\mathrm{x}}\right)\dot\varepsilon_{\mathrm{m}}'+\left(\frac{M''}{R}+Q_{\mathrm{x}}'\right)\dot\varepsilon_{\mathrm{m}}$$

$$-(Q_{\mathrm{x}}+N')\dot\beta+\frac{W\dot\kappa}{R}+\left(\frac{W\dot\kappa}{R}\right)''-R\dot q_{\mathrm{x}}=0 \qquad (20.27b)$$

如果屈曲前的内力是采用线性分析方法求得的，则内力满足(20.22a，b，c)式，此时(20.27a，b)式可以进一步简化为

$$-\dot N'+\frac{\dot M'}{R}-N\dot\varepsilon_{\mathrm{m}}'-\frac{M\dot\beta''}{R}-q_{\mathrm{x}}R\dot\beta-\frac{2M'}{R}\dot\beta'+(Q_{\mathrm{x}}-N')\dot\varepsilon_{\mathrm{m}}-R\dot q_{\mathrm{z}}=0 \qquad (20.28a)$$

$$\dot N+\frac{\dot M''}{R}+N(\dot\varepsilon_{\mathrm{m}}-\dot\beta')+\frac{M}{R}(\dot\varepsilon_{\mathrm{m}}'''+\dot\kappa)+$$

$$\frac{M'}{R}\dot\varepsilon_{\mathrm{m}}'+q_{\mathrm{z}}R\dot\beta+\frac{W\dot\kappa}{R}+\left(\frac{W\dot\kappa}{R}\right)''-R\dot q_{\mathrm{x}}=0 \qquad (20.28b)$$

作为线性化计算的要求，内力增量表示为

$$\dot{N}=\frac{EA}{R}(\dot{w}'+\dot{u})+\frac{EI}{R^3}(\dot{u}''+\dot{u}),\dot{M}=\frac{EI}{R^2}(\dot{u}''+\dot{u}) \qquad (20.29a,b)$$

$$\dot{Q}_x=-\frac{EI}{R^3}(\dot{u}'''+\dot{u}'),\dot{W}=\frac{EI}{R^2}(\dot{w}'+\dot{u}) \qquad (20.29c,d)$$

$$\dot{\varepsilon}_m=\frac{\dot{w}'+\dot{u}}{R},\dot{\kappa}=\frac{\dot{u}+\dot{u}''}{R},\dot{\beta}=\frac{\dot{u}'-\dot{w}}{R},\dot{\varepsilon}_m-\dot{\kappa}=-\dot{\beta}' \qquad (20.30a,b,c,d)$$

将以上各式代入$(20.28a，b)$式得到

$$-\frac{EA}{R}(\dot{w}'+\dot{u}')-N\frac{\dot{w}'+\dot{u}'}{R}-\frac{M}{R^2}(\dot{u}'''-\dot{w}'')-q_x(\dot{u}'-\dot{w})-\frac{2M'}{R^2}(\dot{u}'-\dot{w}')$$

$$+(Q_x-N')\frac{\dot{w}'+\dot{u}}{R}-R\dot{q}_z=0 \qquad (20.31a)$$

$$\frac{EA}{R}(\dot{w}'+\dot{u})+\frac{EI}{R^3}(\dot{u}''+2\dot{u}''+\dot{u})+\frac{N}{R}(2\dot{w}'+\dot{u}-\dot{u}'')+\frac{M}{R^2}(\dot{w}'''+2\dot{u}''+\dot{u})$$

$$+\frac{M'}{R^2}(\dot{w}''+\dot{u}')+q_z(\dot{u}'-\dot{w})+\frac{W(\dot{u}+\dot{u}'')}{R^2}+\left(\frac{W(\dot{u}+\dot{u}'')}{R^2}\right)''-R\dot{q}_x=0 \quad (20.31b)$$

上式即是内力采用线性分析，忽略屈曲前变形影响，但是考虑各种内力影响的判断拱稳定性的方程。

20.3 径向压力下圆环的屈曲

20.3.1 屈曲前变形

假设圆环承受均布的径向压力 p（作用在截面的形心线上），则 $q_x=-p$，$q_z=0$。此时屈曲前的变形是圆环均匀的膨胀或压缩。线性问题的完整解答为

$$q_x^p=-p, \qquad q_z^p=0$$

$$u^p=-\frac{pR^2}{EA+EI/R^2}, \quad w^p=0, \quad \beta^p=0, \varepsilon_m^p=\frac{u^p}{R}, \kappa^p=\frac{u^p}{R}$$

$$N^p=-pR, M^p=\frac{EI}{R^2}u^p=-\frac{\chi}{1+\chi}pR^2=-\frac{EI}{EI+EAR^2}pR^2, \chi=EI/(EAR^2) \qquad (20.32)$$

注意(20.32)式是线性平衡方程得到的。而$(20.28a，b)$式利用了屈曲前各个量满足非线性平衡方程的条件：即

$$N+N(\varepsilon_m)+\frac{M}{R}(\kappa)+\frac{W\kappa}{R}-Rq_x=0$$

因为 $W=\int_A \sigma_z \frac{x^2}{r}dA=\int_A E\frac{u}{r}\frac{x^2}{r}dA=\frac{EIu}{R^2}=M$，所以

$$N+(N+\frac{2M}{R})\frac{u}{R}=Rq_x$$

因为 $N=\left(EA+\frac{EI}{R^2}\right)\frac{u}{R}$，$M=\frac{EIu}{R^2}$，代入上式得到

$$\Big(EA+\frac{3EI}{R^2}\Big)\frac{u^2}{R^2}+\Big(EA+\frac{EI}{R^2}\Big)\frac{u}{R}-Rq_{\mathrm{x}}=0$$

$$(EAR^2+3EI)u^2+(EAR^2+EI)Ru-R^3q_{\mathrm{x}}=0$$

因此精确解为

$$u=u^{\mathrm{p}}=R\ \frac{-(EAR^2+EI)\pm\sqrt{(EAR^2+EI)^2+4(EAR^2+3EI)Rq_{\mathrm{x}}}}{2(EAR^2+3EI)}\qquad(20.33)$$

20.3.2　屈曲方程

通常精确解和(20.32)式的近似解差别很小，因此下面还是按照(20.32)式计算推导。(20.31a,b)式此时可以简化为：

$$-\frac{EA}{R}(\dot{w}'+\dot{u}')-N\frac{\dot{w}'+\dot{u}'}{R}-\frac{M}{R^2}(\dot{u}''''-\dot{w}'')-q_{\mathrm{x}}(\dot{u}'-\dot{w})-R\dot{q}_{\mathrm{z}}=0\qquad(20.34a)$$

$$\frac{EA}{R}(\dot{w}'+\dot{u})+\frac{EI}{R^3}(\dot{u}''+2\dot{u}''+\dot{u})+N\Big(\frac{2\dot{w}'+\dot{u}-\dot{u}'}{R}\Big)+$$

$$\frac{M(\dot{w}'''+\dot{u}''''+4\dot{u}''+2\dot{u})}{R^2}-R\dot{q}_{\mathrm{x}}=0\qquad(20.34b)$$

在本问题中，可以进一步忽略屈曲前弯矩的影响，因此

$$EA(\dot{w}'+\dot{u}')-pR(\dot{w}'-\dot{w}+2\dot{u}')+R^2\dot{q}_{\mathrm{z}}=0\qquad(20.35a)$$

$$EA(\dot{w}'+\dot{u})+\frac{EI}{R^2}(\dot{u}''''+2\dot{u}''+\dot{u})-pR(2\dot{w}'+\dot{u}-\dot{u}'')-R^2\dot{q}_{\mathrm{x}}=0\qquad(20.35a)$$

考虑三种不同性质的径向压力：

荷载 1：屈曲过程中径向力方向保持不变，此时 $\dot{q}_{\mathrm{x}}=0$，$\dot{q}_{\mathrm{z}}=0$　(20.36a)

荷载 2：屈曲过程中径向力永远指向圆心，此时 $\dot{q}_{\mathrm{x}}=0$，$\dot{q}_{\mathrm{z}}=-p\dfrac{\dot{w}}{R}$　(20.36b)

荷载 3：径向力永远垂直于屈曲后的圆环表面，此时

$$\dot{q}_{\mathrm{x}}=0,\dot{q}_{\mathrm{z}}=-p\Big(\frac{\dot{w}}{R}-\frac{\dot{u}'}{R}\Big)\qquad(20.36c)$$

假设屈曲位移函数为

$$\dot{w}=B_{\mathrm{n}}\cos n\theta,\qquad\dot{u}=C_{\mathrm{n}}\sin n\theta\qquad(20.37a,b)$$

代入(20.35a,b)式得到

$$[-EAn^2+pR(n^2+1)]B_{\mathrm{n}}+[EA-2pR]nC_{\mathrm{n}}+\begin{Bmatrix}0\\-pRB_{\mathrm{n}}\\-pR(B_{\mathrm{n}}-nC_{\mathrm{n}})\end{Bmatrix}=0\quad(20.38a)$$

$$[-EA+2pR]nB_{\mathrm{n}}+\Big[EA+\frac{EI}{R^2}(n^4-2n^2+1)-pR(1+n^2)\Big]C_{\mathrm{n}}=0\qquad(20.38b)$$

令系数行列式的值等于零，得到三种荷载下的临界荷载分别为

$$(pR)_1=4\frac{EI}{R^2}\Big[1-\frac{pR}{4(EA-pR)}\Big]\approx4\frac{EI}{R^2}\qquad(20.39a)$$

$$(pR)_2=4.5\frac{EI}{R^2}\Big[1+\frac{pR}{2EA-pR}\Big]\approx4.5\frac{EI}{R^2}\qquad(20.39b)$$

$$(pR)_3=3\frac{EI}{R^2}\qquad(20.39c)$$

20.3.3　中间不可伸长假定下的解

中间不可伸长假定在拱的稳定性研究中经常采用。在圆环的屈曲问题中引入同样的假定，则

$$\dot{\varepsilon}_m = \frac{\dot{w}' + \dot{u}}{R} = 0, \dot{w}' = -\dot{u}$$

代入(20.35b)式得到

$$\frac{EI}{R^2}(\dot{u}'''' + 2\dot{u}'' + \dot{u}) + pR(\dot{u} + \dot{u}'') = 0 \qquad (20.40)$$

从上式可以得到 $pR = \dfrac{3EI}{R^2}$。(20.35a)式成为

$$pR(\dot{w}'' + \dot{w}) - pR\left\{\begin{array}{c} 0 \\ \dot{w} \\ \dot{w} + \dot{w}'' \end{array}\right\} = 0$$

从上式看，只有第 3 种荷载(静水压力)满足平衡方程，第 1 种和第 2 种荷载不满足平衡条件。因此第 1 和第 2 种径向压力下不能采用中间不可压缩的假定。从(20.39a,b)式也可以知道，在这两种荷载下，临界荷载和环的轴向刚度有关，因而不能采用中间不可压缩（轴压刚度无穷大）的假定。

20.4　两端铰支拱平面内稳定方程

20.4.1　均布径向力下铰支拱的线性分析

判断拱的稳定性需要知道拱的线性分析内力 N，M，Q_x。内力采用一阶分析来近似，即求解(20.24a,b)式。在均布径向力作用下，(20.24a,b)式用位移表示为：

$$-EA\frac{w'' + u'}{R} = 0 \qquad (20.41a)$$

$$EA\frac{w' + u}{R} + \frac{EI_y}{R^3}(u^{IV} + 2u'' + u) = Rq_x \qquad (20.41b)$$

由(20.41a)式可知，$EA(w' + u)/R = $ 常数，(20.41b)变为：

$$u^{IV} + 2u'' + u = K \qquad (a)$$

式中　　　　$K = \dfrac{R^3}{EI_y}\Big(Rq_x - EA\dfrac{w' + u}{R}\Big), w' = \dfrac{R^2 q_x}{EA} - \dfrac{EI_y K}{EAR^2} - u \qquad (b)$

利用边界条件 $\theta = \pm\alpha$ 时 $u = 0$，$u'' = 0$，$w|_{\theta=0} = 0$，得两端铰支圆拱在均布径向力作用下的线性精确解为：

$$u = KC_1\cos\theta + KC_2\theta\sin\theta + K \qquad (20.42a)$$

$$w = -KC_1\sin\theta - KC_2(\sin\theta - \theta\cos\theta) + KC_3\theta + C_4 \qquad (20.42b)$$

$$w' + u = K(1 + C_3)$$

$$C_3 = \frac{R^2 q_x}{EAK} - 1 - \frac{1}{\rho^2}, C_4 = 0$$

$$N = \frac{EAK}{R}(1+C_3) + \frac{EI_yK}{R^3}(2C_2\cos\theta + 1) = N_0\left(1 - \frac{1}{1+\rho^2(1+C_3)}\frac{\cos\theta}{\cos\alpha}\right) \quad (20.43a)$$

$$M = \frac{EI_yK}{R^2}(2C_2\cos\theta + 1) = \frac{2M_0}{\alpha^2 + \lambda^2(1+C_3)}\left(1 - \frac{\cos\theta}{\cos\alpha}\right) \quad (20.43b)$$

$$Q_x = \frac{E2I_yK}{R^3}C_2\sin\theta = \frac{Q_0}{1+\rho^2(1+C_3)}\frac{\sin\theta}{\alpha\cos\alpha} \quad (20.44a)$$

$$W = \frac{EI_y}{R^2}K(1+C_3) \quad (20.44b)$$

式中

$$C_1 = \frac{\alpha\tan\alpha - 2}{2\cos\alpha} \quad (20.45a)$$

$$C_2 = -\frac{1}{2\cos\alpha} \quad (20.45b)$$

$$C_3 = \frac{1}{2\cos^2\alpha} - \frac{3\sin\alpha}{2\alpha\cos\alpha} \quad (20.45c)$$

$$K = \frac{R^4 q_x}{EI_y + EAR^2(1+C_3)} \quad (20.46)$$

$N_0 = q_x R$、$M_0 = q_x(2\alpha R)^2/8$ 是将拱展开成简支直梁时的弯矩、$Q_0 = q_x\alpha R$ 是拱展开成简支直梁时的端部剪力，$\rho = R/i_x$，$i_x = \sqrt{I/A}$，$\lambda = \rho\alpha$。

线性分析的内力见图 20.4a,b,c，图中 $R=5$m，$EA=4.2\times10^5$kN，$EI=1770$kN·m^2。

图 20.4d 是不同圆心角 α 时最大轴力、最大剪力、最大弯矩随圆心角的变化。

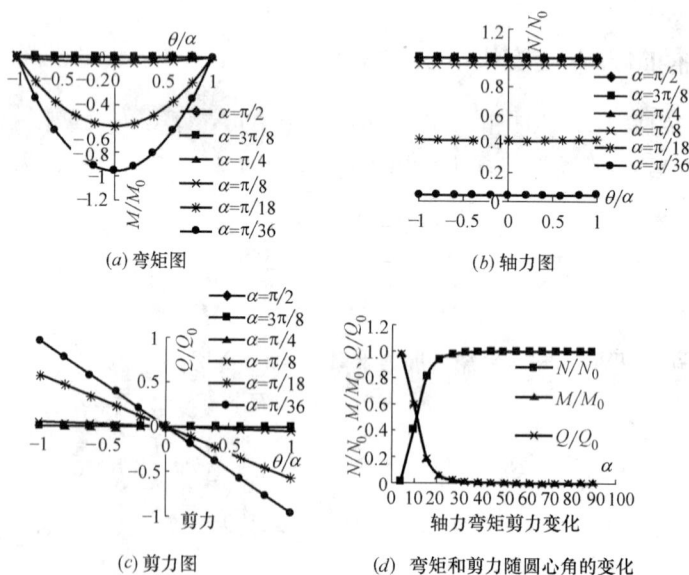

(a) 弯矩图

(b) 轴力图

(c) 剪力图

(d) 弯矩和剪力随圆心角的变化

图 20.4　两端铰支圆弧拱在均布径向压力下的内力

图 20.5 是圆心角分别为 180° 和 20° 的两个拱的径向位移和环向位移。

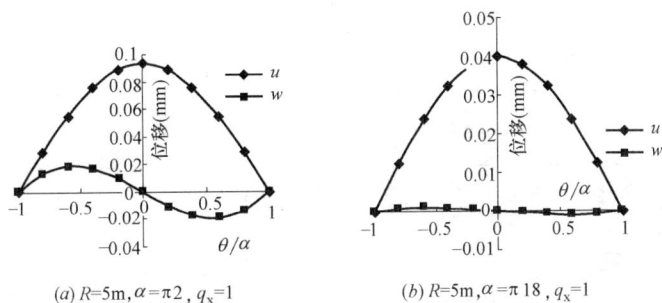

(a) $R=5\text{m}, \alpha=\pi/2, q_x=1$ (b) $R=5\text{m}, \alpha=\pi/18, q_x=1$

图 20.5 两端铰支圆弧拱在均布径向压力下的变形

从图 20.4 和图 20.5 可以看出：（1）α 较大（拱较深）时，w 与 u 相比较大；α 较小（拱较浅）时，w 与 u 相比较小。（2）$\alpha \geqslant \pi/8(22.5°)$ 时，拱的轴力接近 $q_x R$，剪力和弯矩都很小；$\alpha < \pi/8$ 时，拱的轴力开始迅速减小，剪力弯矩都开始增大，显示拱以自身弯曲抗弯的成分在急剧增加，挠度也比较大，显示拱的非线性效应会开始增加。因此从线性分析的结果看，$\alpha = \pi/8$ 是深拱和浅拱的分界（拱的矢高比为 $1:10$），更小圆心角的拱，非线性的效应会开始明显起来，这也表明了（20.23a,b）式可能的适用范围。

20.4.2 两铰拱的屈曲

下面分三种不同的情况对拱在均布径向力作用下的平面内稳定分析。同时考虑三种不同性质的径向压力：

（1）如忽略屈曲前位移的影响，且认为拱内只有轴力 $N = q_x R$，其他内力为 0。方程（20.31a,b）变为：

$$EA(\dot{w}' + \dot{u}') + q_x R(\dot{w}' - \dot{w} + 2\dot{u}') + R^2 \dot{q}_z = 0 \tag{20.47a}$$

$$EA(\dot{w}' + \dot{u}) + \frac{EI}{R^2}(\dot{u}'''' + 2\dot{u}'' + \dot{u}) + q_x R(2\dot{w}' + \dot{u} - \dot{u}'') - R^2 \dot{q}_x = 0 \tag{20.47b}$$

若再采用拱屈曲时轴向不可伸长假定，即 $\dot{w}' + \dot{u} = 0$，同样可以发现，对于荷载 1 和荷载 2，轴向方程得不到满足，因此不能采用这个假定（如果要采用，得到的结果与第 3 种荷载的一样）。在第 3 种荷载下，（20.47b）式简化为：

$$\frac{EI}{R^2}(\dot{u}^{\text{IV}} + 2\dot{u} + \dot{u}) - q_x R(\dot{u} + \dot{u}'') = 0$$

取 $\dot{u} = a\sin\frac{\pi\theta}{\alpha}$ 可得到临界荷载：

$$q_{x\text{cr}} = -\frac{EI}{R^3}\left(\frac{\pi^2}{\alpha^2} - 1\right) \tag{20.48}$$

如果不采用中间不可伸长的假定，$\dot{u}$，$\dot{w}$ 假设为

$$\dot{u} = D_1 \sin\frac{\pi\theta}{\alpha} \tag{20.49a}$$

$$\dot{w} = D_2\left(\cos\frac{\pi\theta}{\alpha} + 1\right) \tag{20.49b}$$

利用（20.47a）、（20.47b）式建立 Galerkin 方程，可以得到三种不同荷载作用下的 $q_{x\text{cr}}$ 见表 20.2 和表 20.3，其中对荷载 3，结果和（20.48）式完全相同。表中 λ 是以拱半边长度计算

的长细比。为了比较，表中列出了(20.48)式的值。

荷载 1 下假定拱内仅有轴力的结果（$q_{xcr}R^3/EI$）　　　　表 20.2

λ \ α	90.00	78.54	67.08	55.62	44.16	32.70
400	3.2728	4.7293	6.8440	10.2440	16.4767	30.2222
200	3.2728	4.7292	6.8439	10.2438	16.4766	30.2220
100	3.2727	4.7291	6.8436	10.2434	16.4760	30.2213
50	3.2725	4.7284	6.8424	10.2416	16.4737	30.2187
20	3.2712	4.7239	6.8337	10.2288	16.4574	30.1998
10	3.2656	4.7053	6.7984	10.1772	16.3923	30.1245
5	3.2172	4.5568	6.5388	9.8190	15.9544	29.6265
式(20.48)	3.0000	4.2524	6.2001	9.4723	15.6119	29.2927

荷载 2 下假定拱内仅有轴力的结果（$q_{xcr}R^3/EI$）　　　　表 20.3

λ \ α	90.00	78.54	67.08	55.62	44.16	32.70
400	4.4999	5.5597	7.3923	10.5903	16.6803	30.3279
200	4.4994	5.5594	7.3920	10.5900	16.6801	30.3277
100	4.4975	5.5580	7.3909	10.5891	16.6792	30.3269
50	4.4898	5.5525	7.3864	10.5852	16.6757	30.3236
20	4.4359	5.5135	7.3548	10.5577	16.6507	30.3001
10	4.2442	5.3689	7.2346	10.4515	16.5531	30.2079
5	3.5219	4.7251	6.6318	9.8695	15.9806	29.6387
式(20.48)	3.0000	4.2524	6.2001	9.4723	15.6119	29.2927

对于第一种荷载（径向力方向保持不变），利用 Galerkin 法可以得到如下的方程：

$$\left(3-2\frac{\pi^2}{\alpha^2}+\frac{\pi^4}{\alpha^4}\right)N+\left(3+\frac{\pi^4}{\alpha^4}\right)\frac{N^2}{EA}+\frac{EI}{R^2}\left(\frac{\pi^2}{\alpha^2}-1\right)^2\left[\frac{\pi^2}{\alpha^2}+\left(\frac{\pi^2}{\alpha^2}+3\right)\frac{N}{EA}\right]=0 \quad (20.50)$$

式中 $N=q_xR$，因为 $\dfrac{N}{EA}\leqslant\dfrac{Af_y}{EA}=\dfrac{f_y}{E}\ll1.0$，从上式得到

$$N_{cr}=-\frac{EI}{R^2}\left(\frac{\pi^2}{\alpha^2}-1\right)\frac{\frac{\pi^2}{\alpha^2}\left(\frac{\pi^2}{\alpha^2}-1\right)}{3-2\frac{\pi^2}{\alpha^2}+\frac{\pi^4}{\alpha^4}}=-\frac{(\pi^2/\alpha^2-1)^2}{(\pi^2/\alpha^2-1)^2+2}\cdot\frac{\pi^2EI}{(\alpha R)^2} \quad (20.51)$$

（2）不忽略其他内力，但是忽略屈曲前位移的影响，稳定方程采用(20.31a)、(20.31b)式。用伽辽金法求解，位移函数(20.49a)、(20.49b)式满足几何边界条件，但不完全满足力边界条件。虚功方程必须加上没有满足的力边界条件项。干扰后力边界条件如下：

$$\left[M+M\varepsilon_m+W\kappa+T\beta+\dot{M}+\dot{M}\varepsilon_m+\dot{W}\kappa+\dot{T}\beta+M\dot{\varepsilon}_m+W\kappa+T\dot{\beta}\right]\frac{\delta\dot{u}'}{R}\Bigg|_{-\alpha}^{\alpha}$$

内力采用线性分析的结果，干扰采用 (20.49a,b) 式，则当 $\theta=\pm\alpha$ 时，$M=\dot{M}=0$，$\kappa=\dot{\kappa}=0$。

又因为 $T\beta\dfrac{\delta\dot{u}'}{R}$ 是偶函数，$T\beta\dfrac{\delta\dot{u}'}{R}\Big|_{-\alpha}^{\alpha}=0$。再忽略屈曲前位移影响，力边界条件项剩下：

$$T\dot{\beta}(\delta\dot{u}'/R)\big|_{-\alpha}^{\alpha} \tag{20.52}$$

将位移函数代入带边界条件项的伽辽金方程，得到一个关于 K 的二次方程，用(20.46)式得到 q_{xcr}。表 20.4、表 20.5、表 20.6 分别为荷载 1、荷载 2、荷载 3 作用下的计算结果。采用轴向不可伸长假定时位移函数(20.49a,b)式中的 $D_1=\pi D_2/\alpha$。

荷载 1 作用下考虑所有内力但不考虑屈曲前位移影响的结果（$q_{xcr}R^3/EI$） 表 20.4

λ \ α	90.00	78.54	67.08	55.62	44.16	32.70
400	3.2726	4.7290	6.8437	10.2436	16.4766	30.2239
200	3.2721	4.7283	6.8426	10.2425	16.4762	30.2291
100	3.2701	4.7252	6.8385	10.2379	16.4745	30.2498
50	3.2620	4.7129	6.8220	10.2197	16.4678	30.3321
20	3.2066	4.6286	6.7088	10.0939	16.4195	30.8913
10	3.0228	4.3495	6.3319	9.6669	16.2251	32.6345
5	2.4560	3.4902	5.1412	8.1973	15.0233	35.3108

荷载 2 作用下考虑所有内力但不考虑屈曲前位移影响的结果（$q_{xcr}R^3/EI$） 表 20.5

λ \ α	90.00	78.54	67.08	55.62	44.16	32.70
400	4.4996	5.5594	7.3919	10.5899	16.6802	30.3297
200	4.4982	5.5580	7.3905	10.5886	16.6797	30.3349
100	4.4926	5.5526	7.3850	10.5832	16.6777	30.3556
50	4.4703	5.5312	7.3628	10.5619	16.6697	30.4378
20	4.3209	5.3857	7.2112	10.4143	16.6117	30.9958
10	3.8668	4.9237	6.7141	9.9138	16.3777	32.7227
5	2.7587	3.6691	5.2391	8.2414	15.0325	35.3167

荷载 3 作用下考虑所有内力但不考虑屈曲前位移影响的结果（$q_{xcr}R^3/EI$） 表 20.6

λ \ α	90.00	78.54	67.08	55.62	44.16	32.70
400	2.9999	4.2522	6.1998	9.4720	15.6119	29.2943
200	2.9995	4.2516	6.1990	9.4712	15.6116	29.2993
100	2.9978	4.2492	6.1959	9.4676	15.6106	29.3194
50	2.9912	4.2397	6.1833	9.4535	15.6066	29.3992
20	2.9455	4.1747	6.0968	9.3563	15.5781	29.9448
10	2.7933	3.9577	5.8072	9.0282	15.4692	31.7043
5	2.3147	3.2731	4.8815	7.9285	14.8256	35.6058

与表 20.2 和表 20.3 比较，我们发现，屈曲前其他内力的影响非常小，除非拱的长细比出奇的小。这与直杆中弯矩对直杆的稳定性没有影响的结论接近。

（3）如果不忽略任何项，判断稳定的方程是（20.26a）、（20.26b）式。干扰位移仍采用（20.49a）、（20.49b）式。由前面的分析，要补充力的边界条件项为：

$$\left[\dot{T}\beta + T\dot{\beta}\right]\frac{\delta\dot{u}'}{R}\Bigg|_{-\alpha}^{\alpha} \tag{20.53}$$

采用 Galerkin 法得到一个关于 K 的二次方程，用（20.46）式即可得到 q_{xcr}，结果见表 20.7、表 20.8 和表 20.9。

荷载 1 作用下考虑所有内力和屈曲前位移影响的结果（$q_{xcr}R^3/EI$）　　表 20.7

λ \ α	90.00	78.54	67.08	55.62	44.16	32.70
400	3.2728	4.7293	6.8441	10.2443	16.4777	30.2259
200	3.2730	4.7295	6.8445	10.2453	16.4806	30.2371
100	3.2735	4.7303	6.8459	10.2490	16.4920	30.2813
50	3.2754	4.7331	6.8515	10.2633	16.5361	30.4521
20	3.2880	4.7489	6.8786	10.3326	16.7598	31.3533
10	3.3125	4.7238	6.7565	10.0426	16.1662	30.2127
5	2.6019	3.2200	4.1957	5.8840	9.2809	18.0317

荷载 2 作用下考虑所有内力和屈曲前位移影响的结果（$q_{xcr}R^3/EI$）　　表 20.8

λ \ α	90.00	78.54	67.08	55.62	44.16	32.70
400	4.4998	5.5597	7.3924	10.5906	16.6813	30.3317
200	4.4992	5.5593	7.3923	10.5912	16.6839	30.3426
100	4.4966	5.5579	7.3921	10.5936	16.6943	30.3860
50	4.4861	5.5517	7.3908	10.6026	16.7342	30.5534
20	4.4070	5.4984	7.3632	10.6277	16.9213	31.4232
10	4.0561	5.1639	6.9868	10.1359	16.1789	30.1919
5	2.5789	3.2295	4.2295	5.9390	15.6119	18.1491

荷载 3 作用下考虑所有内力和屈曲前位移影响的结果（$q_{xcr}R^3/EI$）　　表 20.9

λ \ α	90.00	78.54	67.08	55.62	44.16	32.70
400	3.0001	4.2525	6.2003	9.4728	15.6132	29.2969
200	3.0003	4.2528	6.2009	9.4742	15.6168	29.3094
100	3.0009	4.2539	6.2033	9.4796	15.6313	29.3594
50	3.0034	4.2586	6.2128	9.5011	15.6881	29.5550
20	3.0201	4.2889	6.2726	9.6326	16.0267	30.6899
10	3.0685	4.3524	6.3523	9.7178	16.0731	30.6249
5	2.7875	3.4418	4.4562	6.1988	9.6940	18.6870

对比上面表 20.4～6 和表 20.7～8 可知，屈曲前位移的影响也是比较小的。

但是对于浅拱，影响要大得多。此时线性分析的内力已经不能再应用。必须一开始就进行非线性分析。第十九章建立的弹塑性和几何非线性分析方法既适用于深拱的分析，也可以应用于浅拱的分析。

20.5　拱脚水平弹性支承拱的屈曲分析

拱脚有很大的推力，使得支承拱的下部结构产生水平位移，研究水平位移对拱稳定性的影响并在设计中加以考虑，才能使工程师放心地在建筑结构中的应用拱结构。在历史上 Plaut[18] 研究了拱脚转动约束的正弦拱承受形心线均布荷载下的屈曲，他的模型中还假设拱脚的转动约束与拱脚水平推力成正比，这种情况相当于模拟拱脚按铰支设计却采用平板支座直接安在钢筋混凝土基础上情况。Pi & Bradford[19] 研究了拱脚转动约束的浅拱在跨中集中力作用下的非线性屈曲，Pi，Bradford & Loi[20] 研究了拱脚轴向和径向弹性支承的浅拱的屈曲。

建筑上应用的拱，经常是在屋顶上，两幢房子之间，也有采用拉杆拱，笔者十多年前曾设计一个在两个单跨四层混凝土框架上架设 32m 跨度的采光拱顶。Bradford，Wang，Pi[21,22] 研究了拱脚水平弹性约束的钢筋混凝土浅拱的弹性屈曲，并进行了试验研究。对于拱脚水平弹性支承的深拱，国内外研究很少。在十多年前，国内出现过若干拱形金属屋面大雪中倒塌的事故，原因在于拱脚支承在立柱上，立柱在推力下发生侧移，拱形金属屋面的受力状态发生改变，国内在事故发生后进行了现场的足尺试验，提出了设计注意研究事项[23,24]，但是定量的规定还是没有，这种屋面应用也越来越少。

本节对水平弹性支承深拱的稳定性进行解析研究，考察拱的失稳模式随拱脚水平支承弹性刚度的变化，提出对拱脚刚度的最低要求。

20.5.1　三种荷载下的线性分析

用位移表示的线性分析平衡微分方程是

$$-EA\frac{w''+u'}{R}=Rq_z \tag{20.54a}$$

$$EA\frac{w'+u}{R}+\frac{EI_y}{R^3}(u''''+2u''+u)=Rq_x \tag{20.54b}$$

式中 $(\ )'=\frac{\partial(\ )}{\partial\theta}$，$q_x$ 是径向荷载，向外为正；q_z 是切向荷载；R 是形心线半径；E 是弹性模量；I_y 是惯性矩；A 是拱截面面积。N，M 和 Q_x 是（$20.23a,b,c$）式。设左侧拱脚固定铰支，右侧拱脚竖向铰支，水平方向弹性支承的拱，边界条件是：

当 $\theta=-\alpha$：$u=u''=0$，$w=0$，当 $\theta=\alpha$：弯矩 $u+u''=0$

竖向位移为 0：
$$w\sin\alpha-u\cos\alpha=0 \tag{20.55a}$$

水平方向力的平衡是：
$$k_h(u\sin\alpha+w\cos\alpha)+N\cos\alpha+Q_x\sin\alpha=0 \tag{20.55b}$$

式中 k_h 是水平支承的刚度。求解（$20.54a$，b）这一常系数微分方程得到：

（1）沿形心线均布的荷载。此时

$$q_z = -q\sin\theta \tag{20.56a}$$

$$q_x = q\cos\theta \tag{20.56b}$$

$$u = D_1\sin\theta + D_2\theta\sin\theta + D_3\cos\theta - \frac{qR^4}{4EI_y}\theta^2\cos\theta - \frac{CqR^4}{EI_y} \tag{20.57a}$$

$$w = D_1\cos\theta - \left(D_2 + \frac{qR^4}{2EI_y}\right)\theta\cos\theta + F_3\sin\theta + \frac{qR^4}{4EI_y}\theta^2\sin\theta + \left(\frac{qR^2}{EA} + \frac{qR^4}{EI_y}\right)C\theta \tag{20.57b}$$

式中

$$D_1 = \frac{C_0 - C}{\cos\alpha} \cdot \frac{qR}{2k_h} \tag{20.58a}$$

$$D_2 = \frac{\cos\alpha - 2\alpha\sin\alpha + 2C}{\cos\alpha} \cdot \frac{qR^4}{4EI_y} \tag{20.58b}$$

$$D_3 = \frac{\alpha qR^4}{4EI_y}(\alpha + 2\alpha\tan^2\alpha - \tan\alpha) + \frac{CqR^4(2 - \alpha\tan\alpha)}{2EI_y\cos\alpha} + (C_0 - C) \cdot \frac{qR\tan\alpha}{2k_h\cos\alpha} \tag{20.58c}$$

$$F_3 = -\left(D_2 + D_3 + \frac{qR^4}{2EI_y} + \frac{qR^2}{EA}\right) \tag{20.58d}$$

$$C = \frac{\rho^2 K_1 + 4\cos^2\alpha\sin\alpha + 2\rho^2\eta C_0}{J + 2\rho^2\eta} \tag{20.58e}$$

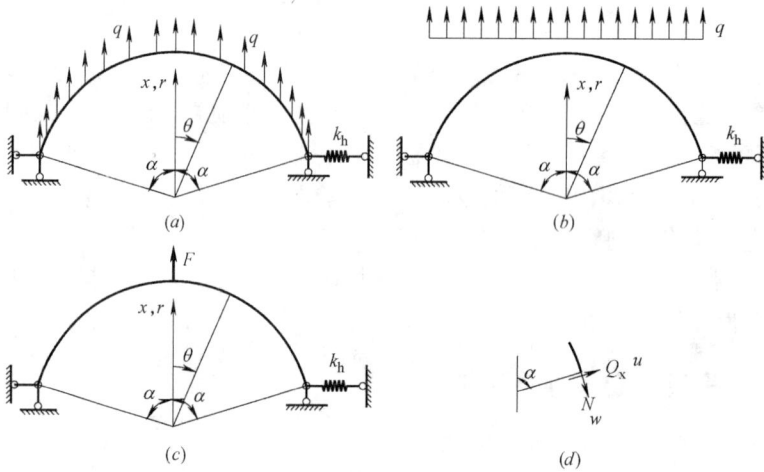

图 20.6　水平弹性支承拱及其拱脚边界条件

$$H = 4\alpha + 2\alpha\cos2\alpha - 3\sin2\alpha$$

$$K_1 = 2\alpha^2\sin\alpha + 3\sin\alpha\cos^2\alpha - 3\alpha\cos\alpha$$

$$C_0 = \cos\alpha + \alpha\sin\alpha$$

$$J = 2\alpha(1 + \cos2\alpha) + \rho^2 H$$

且 $\rho = \dfrac{R}{i_y}$，$i_y = \sqrt{\dfrac{I_y}{A}}$，$\eta = \dfrac{EI_y}{k_h R^3}$。$\eta = 0$ 代表刚性支座。将式(20.57a,b)代入式(20.23a,b)得到

$$N = \frac{EI_y}{R^3}\left[2(D_2 + 3D_4)\cos\theta - 4D_4\theta\sin\theta\right] \tag{20.59a}$$

$$M = \frac{EI_y}{R^2}\left[2(D_2 + D_4)\cos\theta - 4D_4\theta\sin\theta + D_5\right] \tag{20.59b}$$

拱顶截面轴力 N_{m} 等于支座水平反力

$$N_{\mathrm{m}} = -k_{\mathrm{h}} u_{\mathrm{h}} \tag{20.60a}$$

$$u_{\mathrm{h}} = \frac{C_0 J - \rho^2 K_1 - 4\cos^2\alpha\sin\alpha}{(J + 2\rho^2\eta)k_{\mathrm{h}}\cos\alpha} qR \tag{20.60b}$$

在 $k_{\mathrm{h}} = \infty$ 时

$$N_{\mathrm{m}\infty} = \frac{qR}{\cos\alpha}(C_\infty - C_0) \tag{20.61a}$$

$$C_\infty = \frac{\rho^2 K_1 + 4\cos^2\alpha\sin\alpha}{J} \tag{20.61b}$$

在 $k_{\mathrm{h}} = 0$ 时 $N_{\mathrm{m}} = 0$，拱脚水平位移是

$$u_{\mathrm{h}0} = \frac{qR^4}{2EI_{\mathrm{y}}} \left\{ \begin{array}{l} 2\alpha^2\tan\alpha(1+\cos2\alpha) + 4\alpha \\ + 5\alpha\cos2\alpha - 4.5\sin2\alpha \end{array} \right\} + \frac{2qR^2}{EA}\cos\alpha(\alpha C_0 - \sin\alpha) \tag{20.62}$$

记 $\lambda = \dfrac{\alpha R}{i_{\mathrm{y}}} = \alpha\rho$，水平弹性支承的柔度系数为

$$\zeta = \frac{EA}{k_{\mathrm{h}}\alpha^3\lambda^2 R} = \frac{\eta}{\alpha^5} \tag{20.63}$$

可以发现

$$\frac{N_{\mathrm{m}}}{N_{\infty,\mathrm{m}}} = 1 - \frac{u_{\mathrm{h}}}{u_{\mathrm{h}0}} = \frac{1}{1 + b\zeta} \tag{20.64}$$

式中 u_{h} 为水平弹性支承拱的支座水平位移，以向左为正，$u_{\mathrm{h}0}$ 为相同荷载下支座无水平约束的拱形梁的拱脚水平位移；

$$b = \frac{2\alpha^5}{H + 4\alpha^3\cos^2\alpha/\lambda^2} \tag{20.65}$$

（2）对沿水平均布的荷载（图 20.6b）

$$N_{\mathrm{m}2} = -k_{\mathrm{h}} u_{\mathrm{h}2} \tag{20.66a}$$

$$u_{\mathrm{h}2} = \frac{qR^2[2J - J\cos2\alpha - \rho^2 K_2 - 4\cos^3\alpha\sin\alpha]}{4\cos\alpha[4EA + k_{\mathrm{h}}JR]} \tag{20.66b}$$

$$K_2 = 8\alpha + 2\alpha\cos2\alpha - \frac{17}{3}\sin2\alpha + \frac{\sin4\alpha}{3} \tag{20.66c}$$

（3）对跨中集中荷载（图 20.6c）

$$N_{\mathrm{m}3} = -k_{\mathrm{h}} u_{\mathrm{h}3} \tag{20.67a}$$

$$u_{\mathrm{h}3} = \frac{FR[(2\rho^2 H - J)\sin\alpha - 2\rho^2 K_3]}{2\cos\alpha(4EA + Jk_{\mathrm{h}}R)} \tag{20.67b}$$

$$K_3 = 1 - 2\cos\alpha + \cos2\alpha + \alpha\sin\alpha \tag{20.67c}$$

式(20.64)对三种荷载都成立，且参数 b 也相同。式(20.65)的参数 b 代表拱脚水平反力（拱顶轴力）随支承柔度增加而下降的速度，表 20.10 给出了 b 值，它几乎与拱长细比 λ 无关。仅在圆心角 $\alpha \leqslant 30°$ 时，b 才出现随长细比减小而明显下降的现象。

由于 α 的数值远远小于 λ，故式(20.65)中分母的第二项（$4\alpha^3\cos^2\alpha$）相比于 λ^2 来说是一个小量，这表明，长细比的影响只有在长细比较小时才变得明显。

系数 *b* 表 20.10

α	λ				α	λ			
	200	100	50	20		200	100	50	20
20°	3.833	3.817	3.755	3.370	60°	4.634	4.633	4.630	4.610
30°	3.950	3.943	3.918	3.749	70°	5.009	5.009	5.008	4.999
40°	4.116	4.113	4.101	4.017	80°	5.485	5.485	5.485	5.483
50°	4.341	4.339	4.333	4.291	90°	6.088	6.088	6.088	6.088

比值 $\dfrac{N_m}{N_{m\infty}}$ 随 ζ 的变化如图 20.7 所示（$\lambda=50$），开始时轴力随柔度增加而快速下降，这显示在内力分析中就不应忽略支座弹性位移的影响。不同圆心角下降的速度类似。在 $\zeta=0.1$ 时，轴力已经下降了 25%～35%。$\zeta=0.5$ 时，拱顶轴力约为固定拱的 30%。

拱与拱形梁的区别在于拱脚是否存在水平推力。拱在支座处有水平反力，主要通过轴力来抵抗外部荷载，其跨中轴力较大；而拱形梁的支座无水平反力，其内力的主要部分为弯矩，跨中的轴力为零。因此，可以 $N_m/N_{m\infty}$ 作为划分拱与拱形梁的标准。$N_m/N_{m\infty}$ 与柔度系数 ζ 有式（20.64）的近似关系。当 $\zeta=0.01$ 时，轴力比均在 94% 以上；当 $\zeta=5$ 时，轴力比均在 6% 以内。因此，当 $\zeta<0.01$ 时，结构可按照两端完全铰支的拱进行分析；当 $\zeta>5$ 时，结构可按拱形梁计算；当 $0.01\leqslant\zeta\leqslant5$ 时，结构介于拱与拱形梁之间，跨中轴力和支座位移可以根据式（20.64）求得。

对于弹性支承拱和拱形梁分别取半跨结构（图 20.8），由平衡关系可得：

$$M=k_h u_h R(1-\cos\alpha)-1/2 \cdot qR^2\sin^2\alpha \qquad (20.68a)$$

$$M_0=-1/2 \cdot qR^2\sin^2\alpha \qquad (20.68b)$$

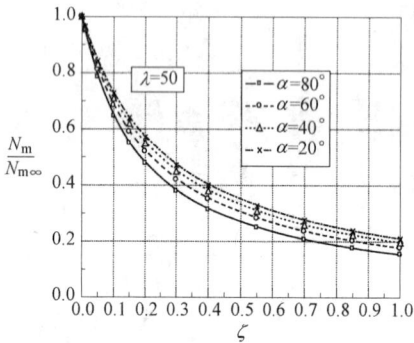

图 20.7 轴力随柔度变化规律：N^m/N^m_∞-ζ 曲线

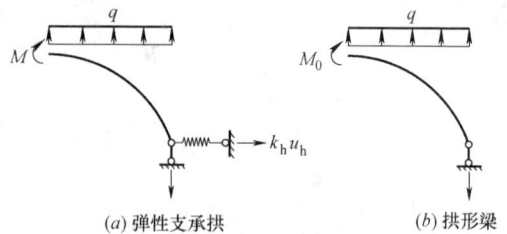

图 20.8 跨中弯矩的计算模型

结合式（20.64）可以得到：

$$\frac{M}{M_0}=1-\frac{b\cdot\zeta}{1+b\cdot\zeta}\cdot\frac{k_h u_{h0}}{qR\cos^2(\alpha/2)} \qquad (20.69)$$

其中，M 为水平弹性支承拱的跨中弯矩，M_0 为相同荷载下拱形梁的跨中弯矩。

选用 $\lambda=50$ 的三个拱，研究其轴力、弯矩和剪力随弹性系数变化的规律。拱的参数分别是：（面积 $A=1950\text{mm}^2$，回转半径 $i_y=61.83\text{mm}$）、$\alpha=90°$；$60°$ 和 $20°$。前两个的矢跨比分别为 1∶2 和 1∶3.46，属于深拱；后者矢跨比为 1∶11.34，已经开始接近浅拱。

将拱上任意一点的 θ 值代入公式（20.23a）、（20.23b）、（20.23c），分别绘制以上三个

拱在不同柔度系数 ζ 下的无量纲化的内力分布图，如图 20.9、图 20.10 和图 20.11 所示：随着约束刚度的减小，拱内各点的轴力下降，但对于不同圆心角的拱下降幅度有区别。在深拱中，跨中轴力的下降幅度最大，越靠近拱脚，轴力的下降越不明显；而在浅拱中，轴力减小的幅度沿弧长基本保持不变。

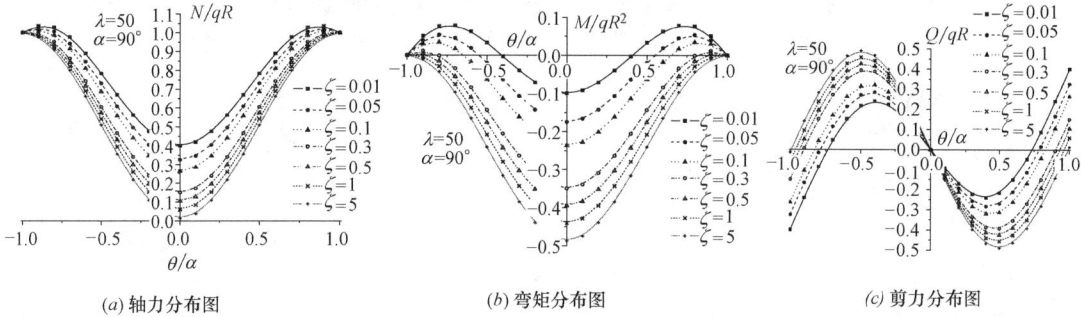

(a) 轴力分布图   (b) 弯矩分布图   (c) 剪力分布图

图 20.9   内力分布随弹簧刚度的变化关系（$\lambda=50$，$\alpha=90°$）

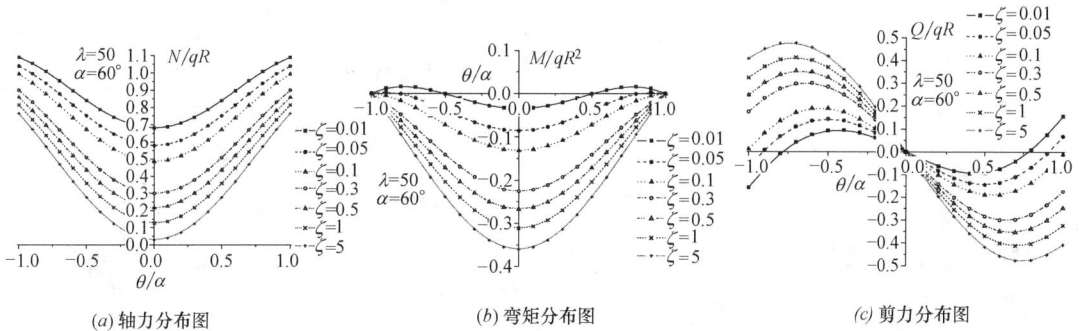

(a) 轴力分布图   (b) 弯矩分布图   (c) 剪力分布图

图 20.10   内力分布随弹簧刚度的变化关系（$\lambda=50$，$\alpha=60°$）

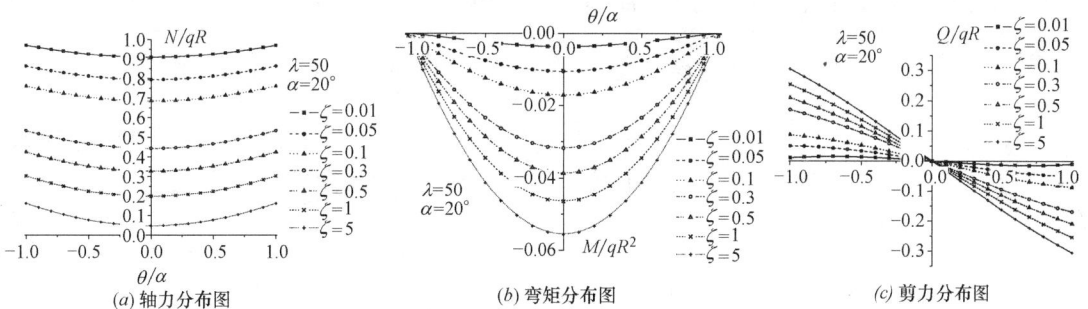

(a) 轴力分布图   (b) 弯矩分布图   (c) 剪力分布图

图 20.11   内力分布随弹簧刚度的变化关系（$\lambda=50$，$\alpha=20°$）

弯矩变化与轴力正好相反。剪力的变化较为复杂。对于浅拱，其剪力随支座刚度的减小而增加，且拱脚处的增幅最大。对于深拱，由于在靠近拱脚的区域剪力出现变号，所以，随着支座刚度的减小，剪力会先减小再逐渐增大。

20.5.2   面内弯曲屈曲的近似解析解

水平弹性支承的拱的屈曲形式有两种：反对称有侧移屈曲和对称无侧移屈曲，无侧移屈曲在拱比较浅的时候是一种跳跃屈曲。必定存在拱发生有侧移屈曲和无侧移屈曲的一个边界。下面采用能量法求解弹性支承拱两种屈曲的临界荷载，并在理论上确定这样一个边界。

在大部分范围内，两端铰支的圆弧拱的一阶屈曲模态为反对称屈曲；仅当 $\alpha\lambda$ 较小时（一般小于10），拱的屈曲模态会发生变化，呈对称失稳，即跃越屈曲[21,22]，如图 20.12。当拱脚支座为水平弹性支承时，其分支屈曲的模态会随着约束刚度的变化而改变。

(a)反对称屈曲　　　　　　(b)对称屈曲

图 20.12　拱的屈曲模态

20.5.2.1　反对称屈曲

首先研究反对称屈曲。此时，线性化的屈曲微分方程是

$$EA(\dot{w}''+\dot{u}')+N(\dot{w}''+\dot{u}')+\frac{M}{R}(\dot{u}'''-\dot{w}'')-$$

$$2Q_x(\dot{u}''-\dot{w}')-(Q_x-N')(\dot{w}'+\dot{u})+q_xR(\dot{u}'-\dot{w})=0 \tag{20.70a}$$

$$EA(\dot{w}'+\dot{u})+N(2\dot{w}'+\dot{u}-\dot{u}'')+\frac{EI}{R^2}(\dot{u}^{(4)}+2\dot{u}''+\dot{u})$$

$$+\frac{M}{R}(\dot{w}'''+2\dot{u}''+\dot{u})-Q_x(\dot{w}''+\dot{u}')+q_zR(\dot{u}'-\dot{w})=0 \tag{20.70b}$$

反对称屈曲时，拱形心线，一半伸长，一半会压缩，总的长度不变，因此为了简化，允许引入中间不可伸长假定。即 $\dot{w}'+\dot{u}=0$，这样式(20.70b) 简化为

$$\frac{EI}{R^3}(\dot{u}''''+2\dot{u}''+\dot{u})+\frac{M-RN}{R^2}(\dot{u}''+\dot{u})-q\sin\theta(\dot{u}'-\dot{w})=0 \tag{20.71}$$

因为轴力和弯矩都沿拱轴线变化，只能求得近似解。采用 Galerkin 法：

$$\int_{-\alpha}^{\alpha}[EI(\dot{u}^{(4)}+2\dot{u}''+\dot{u})+(M-RN)R(\dot{u}''+\dot{u})+qR^3\sin\theta(\dot{w}-\dot{u}')]\delta u\,d\theta=0 \tag{20.72}$$

注意，引入中间不可伸长假定，就无需拱轴向的平衡微分方程。这会使求得的临界荷载略微减小。反对称屈曲模式下，支座没有位移，因此可以假设屈曲位移如下

$$u=\frac{\pi}{\alpha}D\sin\frac{\pi}{\alpha}\theta, \qquad w=D\left(1+\cos\frac{\pi\theta}{\alpha}\right) \tag{20.73a,b}$$

式(20.73a,b)代入式(20.72)，注意 $M-RN=qR^2(\cos\theta-C)$，得到临界荷载

$$q_{cr,as}=\frac{(\pi^2-\alpha^2)EI/R^3}{2\alpha\sin\alpha\left[\dfrac{2\pi^2-\alpha^2}{4\pi^2-\alpha^2}-\dfrac{\alpha^4}{(\pi^2-\alpha^2)^2}\right]-C} \tag{20.74}$$

对沿水平线均布荷载，Galerkin 方程是

$$\int_{-\alpha}^{\alpha}\big[EI(\dot{u}^{(4)}+2\dot{u}''+\dot{u})+R(M-RN)(\dot{u}''+\dot{u})$$

$$-0.5qR^3\sin2\theta(\dot{u}'-\dot{w})\big]\delta u\,d\theta=0 \tag{20.75}$$

采用相同的位移函数，注意到 $M-RN=qR^2(0.5\cos2\theta-C_2)$，得到

$$q_{\mathrm{cr,as2}} = \frac{\pi^2 - \alpha^2}{\dfrac{\pi^2 (\pi^2 - 6\alpha^2) \sin 2\alpha}{8(\pi^2 - \alpha^2)(\pi^2 - 4\alpha^2)} - C_2 \alpha} \frac{EI}{\alpha R^3} \tag{20.76}$$

式中

$$C_2 = \frac{\rho^2 K_2 + 4\cos^2 \alpha \sin \alpha + \rho^2 \eta (2 - \cos 2\alpha)}{4(J + \rho^2 \eta)}$$

对拱顶集中荷载，Galerkin 方程是

$$\int_{-\alpha}^{\alpha} \left[EI(\dot{u}^{(4)} + 2\dot{u}'' + \dot{u}) + (M - RN)R^2(\dot{u}'' + \dot{u}) \right] \delta u \, \mathrm{d}\theta = 0 \tag{20.77}$$

利用 $M - RN = -FRC_3$，得到临界集中力是

$$F_{\mathrm{cr,as}} = -\frac{\pi^2 - \alpha^2}{C_3 \alpha^2} \frac{EI}{R^2} \tag{20.78}$$

式中

$$C_3 = \frac{\rho^2 K_3 + \rho^2 \eta \sin \alpha}{J + 2\rho^2 \eta}$$

知道临界荷载，就可以利用线性分析得到的拱内轴力和荷载的线性关系，求出临界轴力，并求得拱的计算长度系数 μ：

$$N_{\mathrm{mcr}} = \frac{\pi^2 EI}{(\mu \cdot \alpha R)^2} \tag{20.79}$$

20.5.2.2 对称屈曲

因为荷载是对称的，这种屈曲实际上的第 2 类失稳，是一种类似跳跃屈曲的情况。但是根据判断结构稳定性的静力方法，仍然可以对对称的平衡状态施以对称的干扰，判断对称变形状态的稳定性。

在直角坐标系中表示屈曲位移如下

水平位移：
$$u_x = \frac{1}{2}\left(1 + \frac{\theta}{\alpha} - \frac{1}{\pi}\sin\frac{\pi\theta}{\alpha}\right)\Delta \tag{20.80a}$$

竖向位移
$$u_y = \beta \Delta \cos\frac{\pi\theta}{2\alpha} \tag{20.80b}$$

式中 Δ 是右侧弹性支承的水平位移，β 是拱顶竖向位移与拱脚水平位移的比值。假设这个比值取自线性分析，则

$$\beta = \frac{[\psi + 2\alpha^2(1 + \sin^2 \alpha)]k_h R^3}{8(C_0 - C)\cos\alpha \ EI_y} + \frac{\tan\alpha}{2} \tag{20.81a}$$

$$\psi = 4(2 - \alpha\tan\alpha - 2\cos\alpha)C\cos\alpha - \alpha\sin 2\alpha \tag{20.81b}$$

在极坐标系中，屈曲波形表示为

$$w = \left[\frac{1}{2}\left(1 + \frac{\theta}{\alpha} - \frac{1}{\pi}\sin\frac{\pi\theta}{\alpha}\right)\cos\theta - \beta\cos\frac{\pi\theta}{2\alpha}\sin\theta\right]\Delta \tag{20.82a}$$

$$u = \left[\frac{1}{2}\left(1 + \frac{\theta}{\alpha} - \frac{1}{\pi}\sin\frac{\pi\theta}{\alpha}\right)\sin\theta + \beta\cos\frac{\pi\theta}{2\alpha}\cos\theta\right]\Delta \tag{20.82b}$$

对称屈曲时，需要合适的虚功原理，全面的未舍弃任何项的虚功原理，应用起来复杂，只适合用来推导有限单元法。我们要有所取舍。首先，必须考虑弯曲应变能：

$$\int_\theta M\delta\kappa R \, \mathrm{d}\theta \tag{20.83a}$$

而轴向线性变形对应的应变能则被略去。这样一个简化是基于这样一个认识：拱的弯曲屈

曲是因为拱抵抗拱轴力的二阶效应的弯曲刚度不足，因此弯曲刚度是主要的，轴压刚度是次要的。但是这样做与反对称失稳采用的中面不能伸长的假定有所不同。

圆弧拱的轴向非线性应变是

$$\eta_z = \frac{1}{2}\left(\frac{\partial \overline{u}}{r\partial \theta} - \frac{\overline{w}}{r}\right)^2 = \frac{1}{2R^2}(u' - w)^2$$

屈曲前应力在这个非线性应变上做的功（即非线性应变能）是

$$\int_V \sigma_z \delta \varepsilon_z^N \mathrm{d}V = \frac{1}{R^2}\int_\theta (NR - M)(u' - w)\delta(u' - w)\mathrm{d}\theta \tag{20.83b}$$

最后拱脚内弹性支承储存的应变能是

$$k_h \Delta \delta \Delta \tag{20.83c}$$

以上三式相加得到虚功方程

$$R\int_\theta \big[(NR - M)(u' - w)\delta(u' - w)\mathrm{d}\theta +$$

$$\int_\theta EI(u'' + u)\delta(u'' + u)\mathrm{d}\theta + k_h R\Delta \delta \Delta = 0 \tag{20.84}$$

将式(20.82a,b)代入式(20.84)，得到对称屈曲的临界荷载如下

$$q_{cr,sym} = \frac{I_1 + 1/(\alpha^5 \zeta)}{I_{q1}C - I_{q2}} \cdot \frac{EI}{R^3} \tag{20.85}$$

式中

$$I_1 = \frac{3}{2\alpha} + \frac{\pi^2}{8\alpha^3} + \frac{\beta^2 \pi^4}{32\alpha^3} + \frac{\beta^2 \pi^2}{2\alpha} + \frac{8\beta\pi}{3\alpha^2} - \frac{8\beta\pi^5 \cos2\alpha}{\alpha^2(9\pi^4 - 160\alpha^2\pi^2 + 256\alpha^4)} - \frac{4\beta\pi}{\alpha^2}\cos^2\alpha$$

$$+ \left(32(4 - \beta^2\pi^2)\alpha^2 - \frac{4\pi^4}{\pi^2 - \alpha^2} + \frac{\beta^2\pi^6}{\pi^2 - 4\alpha^2}\right)\frac{\sin2\alpha}{64\alpha^4} \tag{20.86a}$$

$$I_{q1} = \frac{3}{8\alpha} + \frac{\beta^2\pi^2}{8\alpha} - \frac{8\beta\pi(7\pi^2 - 16\alpha^2)\cos2\alpha}{(\pi^2 - 16\alpha^2)(9\pi^2 - 16\alpha^2)}$$

$$+ \frac{\sin2\alpha}{16}\left(\frac{1}{\pi^2 - \alpha^2} + \frac{16 - 4\beta^2\pi^2}{\pi^2 - 4\alpha^2} + \frac{\beta^2\pi^2 - 3}{\alpha^2}\right) \tag{20.86b}$$

$$I_{q2} = \frac{\sin^3\alpha}{6\alpha^2} + \frac{\sin\alpha(3\pi^2\cos^2\alpha + 3\alpha^2\sin^2\alpha - \pi^2)}{\pi^4 - 10\pi^2\alpha^2 + 9\alpha^4}$$

$$- \frac{4\beta\pi\cos\alpha\begin{bmatrix}(45\pi^4 - 344\pi^2\alpha^2 + 144\alpha^4)\cos^2\alpha\\ -30\pi^4 + 120\alpha^2\pi^2\end{bmatrix}}{3(9\pi^6 - 364\pi^4\alpha^2 + 1456\pi^2\alpha^4 - 576\alpha^6)} + \frac{\sin\alpha[(8\pi^4 - 38\alpha^2\pi^2 + 9\alpha^4)\sin^2\alpha + 12\alpha^2\pi^2]}{6\alpha^2(16\pi^4 - 40\pi^2\alpha^2 + 9\alpha^4)}$$

$$- \frac{4\beta\pi\cos\alpha(3(\pi^2 - 4\alpha^2)\cos^2\alpha - 2\pi^2)}{\pi^4 - 40\pi^2\alpha^2 + 144\alpha^4} + \frac{\beta^2\pi^2\sin\alpha\begin{pmatrix}(\pi^4 - 19\pi^2\alpha^2 + 18\alpha^4)\cos^2\alpha\\ -20\alpha^2\pi^2 + 2\pi^4 + 36\alpha^4\end{pmatrix}}{12\alpha^2(\pi^4 - 10\pi^2\alpha^2 + 9\alpha^4)}$$

$$\tag{20.86c}$$

采用同样的方法，可以得到沿水平线均布荷载下的对称屈曲荷载：

$$q_{cr,sym2} = \frac{I_1 + 1/(\alpha^5 \zeta)}{I_{q1}C_2 - I_{q3}} \cdot \frac{EI}{R^3} \tag{20.87}$$

式中

$$I_{q3} = \frac{\sin2\alpha}{8\alpha^2} - \frac{4\beta_2\pi\cos4\alpha}{\pi^2 - 64\alpha^2} - \frac{3}{16\alpha} + \frac{\beta_2^2\pi^2}{16\alpha} - \frac{4\beta_2\pi(5\pi^2 - 64\alpha^2)\cos2\alpha}{(9\pi^2 - 64\alpha^2)(\pi^2 - 64\alpha^2)} - \frac{\sin4\alpha}{32\alpha^2}$$

$$+\frac{\sin2\alpha\cos^2\alpha}{(\pi^2-16\alpha^2)}\left[4-2\beta_2^2\pi^2+\frac{\beta_2^2\pi^4}{16\alpha^2}\right]+\frac{\beta_2^2\pi^2\sin2\alpha(\pi^4-12\pi^2\alpha^2+128\alpha^4)}{32\alpha^2}\frac{}{(\pi^2-16\alpha^2)(\pi^2-4\alpha^2)}$$

$$-\frac{\sin2\alpha(\pi^2-8\alpha^2)\cos^2\alpha}{16\alpha^2}\frac{}{(\pi^2-4\alpha^2)}+\left[\frac{\pi^4-7\alpha^2\pi^2+8\alpha^4}{32\alpha^2(\pi^2-\alpha^2)}-\frac{\pi^2-8\alpha^2}{\pi^2-16\alpha^2}\right]\frac{3\sin2\alpha}{\pi^2-4\alpha^2} \tag{20.88a}$$

$$\beta_2=\frac{(\alpha+2\eta)\tan\alpha}{4\eta}+\frac{6+\cos2\alpha-12C_2+(12C_2-7)\cos\alpha}{6\eta(\cos2\alpha+4C_2-2)} \tag{20.88b}$$

式中 I_1，I_{q1} 与式（20.86a,b)相同，但是这两式中的 β 应采用 β_2 代入。

拱顶集中荷载下对称屈曲临界荷载是

$$F_{\mathrm{cr,sym}}=\frac{I_1+1/(\alpha^5\zeta)}{I_{q1}C_3}\frac{EI}{R^2} \tag{20.89}$$

式中 I_1 和 I_{q1} 仍由式(20.86a，b)给出但是式中的 β 应该在 $20°\leqslant\alpha\leqslant50°$ 采用 β_2 代入，而在 $50°<\alpha\leqslant 90°$ 时采用 β_3 代入，β_3 如下：

$$\beta_3=\frac{\sin2\alpha-2\alpha+4CK_3+2\alpha^5\zeta\sin\alpha(2C_3-\sin\alpha)}{4\alpha^5\zeta(2C_3-\sin\alpha)\cos\alpha} \tag{20.90}$$

这里选择不同的 β 是因为，β 取为在集中荷载作用下线性分析的拱顶挠度和拱脚水平位移的比值，在拱相对较浅时比值偏大，与对称屈曲时的真实的屈曲位移有差距。

20.5.2.3 计算结果讨论

1. 两个拱脚均为简支固定时的临界荷载

此时相当于 $k_{\mathrm{h}}=\infty$，此时临界轴力可表示为

$$N_{\mathrm{cr}}=\chi_1\frac{\pi^2EI}{(\alpha R)^2} \tag{20.91a}$$

$$\chi_1=\frac{\alpha(C_\infty-C_0)(1-\alpha^2/\pi^2)}{\left[\frac{2\pi^2-\alpha^2}{4\pi^2-\alpha^2}-\frac{\alpha^4}{(\pi^2-\alpha^2)^2}\right]\sin2\alpha-\alpha\cos\alpha C_\infty}\approx1-0.275\alpha^2 \tag{20.91b}$$

式(20.91)与有限元分析结果的比较表明，有限元结果还稍微偏大，这是因为我们采用了中面不可伸长假定。

对水平线均布荷载：

$$N_{\mathrm{cr}}=\chi_2\frac{\pi^2EI}{(\alpha R)^2} \tag{20.92a}$$

$$\chi_2=\frac{(C_{2\infty}+0.5\cos^2\alpha-0.75)(1-\alpha^2/\pi^2)}{\left[C_{2\infty}-\frac{\pi^2(\pi^2-6\alpha^2)\sin2\alpha}{8\alpha(\pi^2-\alpha^2)(\pi^2-4\alpha^2)}\right]\cos\alpha}\approx1-0.257\alpha^2 \tag{20.92b}$$

拱顶集中力作用下的临界轴力是

$$N_{\mathrm{m,cr3}}=\chi_3\frac{\pi^2EI}{(\alpha R)^2} \tag{20.93a}$$

$$\chi_3=\frac{(J\sin\alpha-2K_3\rho^2)(\pi^2-\alpha^2)}{2\pi^2\rho^2K_3\cos\alpha}\approx1-0.211\alpha^2 \tag{20.93b}$$

2. 水平弹性支承拱的临界荷载．

式(20.91，92，93)是拱脚无位移的临界荷载，记为 $q_{\mathrm{cr},\infty}$，$F_{\mathrm{cr},\infty}$，用它们来无量纲化，水平弹性支承拱无量纲临界荷载 $q_{\mathrm{cr}}/q_{\mathrm{cr},\infty}$，$F_{\mathrm{cr}}/F_{\mathrm{cr},\infty}$ 与拱脚水平弹性支座的柔度参数 ζ 的关系见图 20.13～图 20.15。这些图是取 $\lambda=50$ 计算的，其他长细比也几乎一样。从实用角度考虑，只显示了 $\zeta=0\sim0.2$，更大的柔度参数只能忽略弹性支承的作用了，而

且也需要采用大挠度分析，线性化屈曲分析不适用了。

图 20.13～图 20.15 显示，在 $\zeta \leqslant \zeta_{\lim} = 0.07$ 时，屈曲荷载随着弹性支承柔度系数的增加而有所增大，屈曲荷载的这种增大是因为柔度增大后拱轴力小了。在 $\zeta = \zeta_{\lim}$，对称屈曲和反对称屈曲的曲线相交，因为两个屈曲荷载中较小的控制，在 $\zeta \geqslant \zeta_{\lim}$ 阶段，屈曲模式变成对称的，此时临界荷载随弹性支承的柔度增大而减小。三种荷载呈现相似的规律。图 20.13～图 20.15 可偏安全地采用如下式子拟合

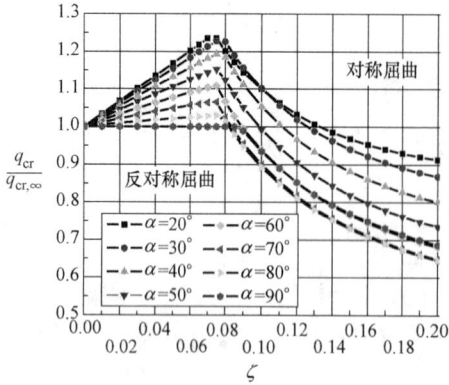

图 20.13　沿拱轴线均布荷载的 $q_{cr}/q_{cr\infty}$-ζ 曲线

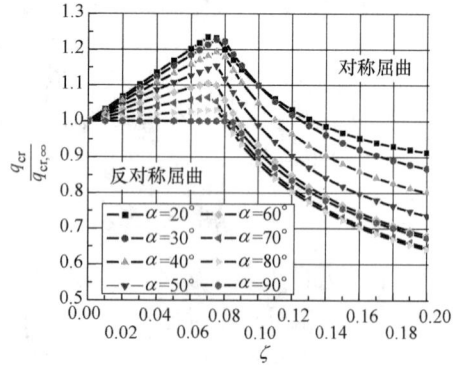

图 20.14　沿水平线均布荷载的 $q_{cr}/q_{cr,\infty}$-ζ 曲线

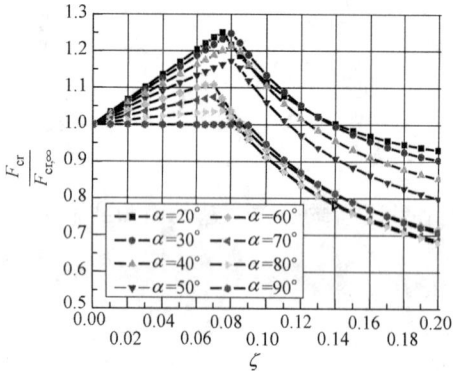

图 20.15　拱顶集中荷载时的 $F_{cr}/F_{cr,\infty}$-ζ 曲线

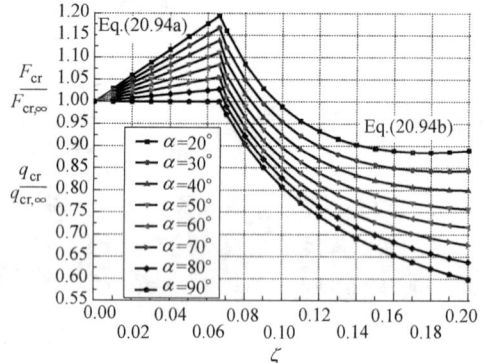

图 20.16　拟合曲线式（20.94a,b）

$$\zeta \leqslant 0.066 : \frac{q_{cr}}{q_{cr,\infty}}\left(\text{or } \frac{F_{cr}}{F_{cr,\infty}}\right) = 1 + 1.2(\pi - 2\alpha)\zeta \tag{20.94a}$$

$$\zeta > 0.066 : \frac{q_{cr}}{q_{cr,\infty}}\left(\text{or } \frac{F_{cr}}{F_{cr,\infty}}\right) = \frac{1.2 - \zeta}{(11.5 + 4.3\alpha)\zeta^{0.845}} + 1.585\left(\frac{\pi}{2} - \alpha\right)\zeta + 0.15(1 + \alpha)$$

$$\tag{20.94b}$$

临界轴力和临界荷载的关系是

$$\frac{N_{mcr}}{N_{mcr,\infty}} = \frac{(C - C_0)}{(C_\infty - C_0)}\frac{q_{cr}R}{q_{cr,\infty}R} = \frac{q_{cr}}{q_{cr,\infty}}\frac{1}{1 + b\zeta} \tag{20.95}$$

即临界轴力随支承柔度的下降是图 20.13～图 20.15 与图 20.7 相乘。

拱的对称屈曲不是我们所希望的，且是一种对初始位置比较敏感的屈曲形式，因此，实际工程中应该要求 $\zeta < 0.066$，即

$$k_{h} \geqslant \frac{EI_{y}}{0.066R^{3}\alpha^{5}} = \frac{15}{\alpha^{2}} \cdot \frac{EI_{y}}{(\alpha R)^{3}} \qquad (20.96)$$

实际的算例表明，上述要求是不难满足的。考虑到分析只适用于深拱，应用公式时要求 $\alpha\lambda \leqslant 30$。

20.5.3 有限元分析验证

利用软件对弹性拱进行线性化特征值屈曲分析。通过人为放大截面的剪切刚度来忽略剪切变形的影响。表 20.11 列举了有限元屈曲分析得到的沿拱轴线均布荷载下各种拱屈曲模态改变时的 ζ 值。

从表 20.11 中可以看到，除 $\lambda=20$、$\alpha=20°$ 之外，ζ 分界值的变化范围不大，在 0.066～0.085 之间，且 ζ 值受 λ 的影响较小，与上述近似解析解一致。

拱屈曲模态转变时的 ζ 值   表 20.11

$\alpha/°$	λ			
	200	100	50	20
90	0.073	0.073	0.073	0.073
80	0.069	0.069	0.069	0.068
70	0.068	0.068	0.068	0.067
60	0.070	0.070	0.070	0.068
50	0.074	0.073	0.073	0.069
40	0.078	0.077	0.076	0.070
30	0.082	0.081	0.079	0.066
20	0.085	0.084	0.079	0.046

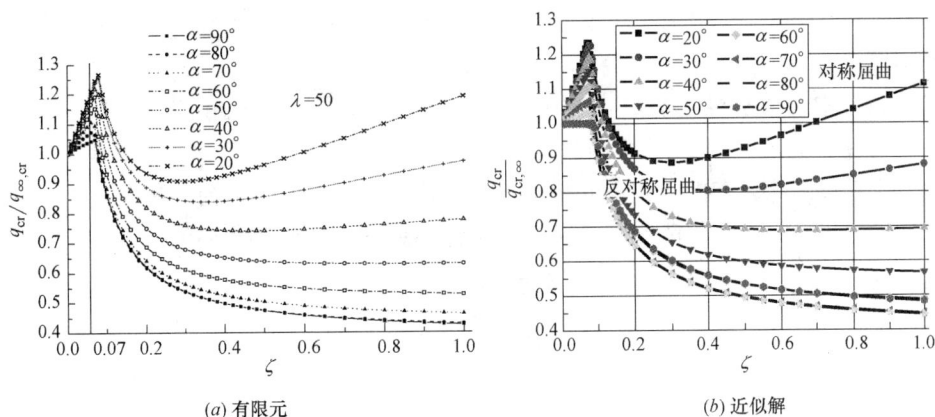

(a) 有限元   (b) 近似解

图 20.17 $q_{cr}/q_{\infty,cr}$-ζ 关系曲线

有限元分析得到的临界荷载与拱脚水平弹性支座的柔度参数之间的关系如图 20.17 所示，可见结果与近似解析解基本一样。表示成临界轴力与柔度参数的关系如图 20.18 所示。从图中可以看到，虽然在 $\zeta \leqslant 0.070$ 时临界荷载会不断增大，但是拱的跨中轴力却逐渐减小，且 α 越大降低的幅度越明显。

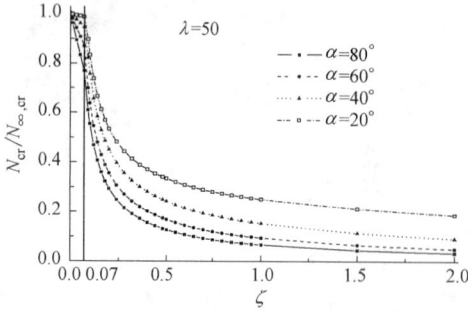

图 20.18　$N_{cr}/N_{cr,\infty}$-ζ 曲线

20.5.4　算例分析

下面举例表明，为使拱达到固定拱的性能，对水平约束刚度的要求。

算例 1：一个两端铰支的拉杆拱，拱截面为 H 型钢：H500×300×10×16，面积 $A = 14280\text{mm}^2$，回转半径 $i_y = 212.96\text{mm}$。分别计算满足 $\zeta = 0.01$ 和 $\zeta = 0.07$ 的拉杆的截面积（表 20.12）。

拉杆的截面积 （mm²）　　　　　　　　　　　表 20.12

$\alpha/°$	λ							
	200		100		50		20	
	$\zeta=0.010$	$\zeta=0.070$	$\zeta=0.010$	$\zeta=0.070$	$\zeta=0.010$	$\zeta=0.070$	$\zeta=0.010$	$\zeta=0.070$
90	18.4	2.6	73.7	10.5	294.8	42.1	1842.2	263.2
80	25.8	3.7	103.3	14.8	413.3	59.0	2583.1	369.0
70	36.8	5.3	147.2	21.0	588.7	84.1	3679.2	525.6
60	53.8	7.7	215.4	30.8	861.5	123.1	5384.5	769.2
50	82.3	11.8	329.2	47.0	1316.8	188.1	8230.2	1175.7
40	134.9	19.3	539.5	77.1	2158.1	308.3	13488.2	1926.9
30	248.7	35.5	994.8	142.1	3979.2	568.5	24869.8	3553.8
20	574.2	82.0	2296.6	328.1	9186.5	1312.4	57415.3	8202.2

算例 2：两端铰支的圆弧拱支承在两层框架上，拱截面为：H150×80×5/8，框架的平面尺寸如图 20.19 所示，两边的框架完全相同，框架柱截面为：Box500×16，框架梁截面为：H500×300×10×16。一榀框架的抗侧刚度为 10142N/mm，其相应于图 20.6 中的支座刚度 $k_h = 5017\text{N/mm}$。

表 20.13 中列举了对应于 $\zeta = 0.01$ 和 $\zeta=0.07$ 时不同长细比和圆心角的拱所需要的支座弹簧刚度。通过这两个算例，可以给我们实际的设计工作带来以下的启示：

（1）随着长细比 λ 和圆心角 α 的减小，对拱的支座刚度的要求会不断提高；

（2）在 λ 和 α 比较大的情况下，无论是拉杆还是支承结构都很容易满足拱对于支座的要求（$\zeta \leqslant 0.010$），可以不必考虑支座位移的影响；

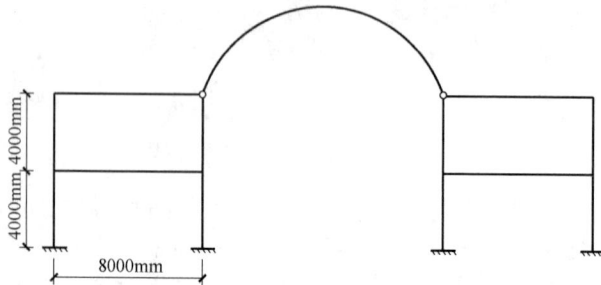

图 20.19　拱支撑于框架结构的分析模型

（3）当 λ 和 α 较小时，支座刚度要求较高，仅仅依靠拉杆的抗拉刚度或是支承结构的抗侧刚度很难对拱提供足够的水平推力，当 ζ 不超过 0.070 时，可以按照本文前述的方法在计算中考虑支座弹性的影响；若 $\zeta > 0.070$ 就必须对支座进行特殊的处理或是降低结构的承载能力。

支座的弹簧刚度 （N/mm）   表 20.13

$\alpha/°$	λ							
	200		100		50		20	
	$\zeta = 0.010$	$\zeta = 0.070$	$\zeta = 0.010$	$\zeta = 0.070$	$\zeta = 0.010$	$\zeta = 0.070$	$\zeta = 0.010$	$\zeta = 0.070$
90	70.0	10.0	559.8	80.0	4478.6	639.8	69979	9997
80	88.6	12.7	708.5	101.2	5668.3	809.8	88567	12652
70	115.7	16.5	925.4	132.2	7403.4	1057.6	115679	16526
60	157.5	22.5	1259.6	179.9	10077	1439.6	157452	22493
50	226.7	32.4	1813.8	259.1	14511	2073.0	226731	32390
40	354.3	50.6	2834.1	404.9	22673	3239.0	354267	50610
30	629.8	90.0	5038.5	719.8	40308	5758.2	629807	89972
20	1417.1	202.4	11337	1619.5	90692	12956	1417066	202438

注：表中的斜体字表示此时框架的抗侧刚度已不能满足该长细比和圆心角的拱对支座刚度的要求。

20.6 浅拱的失稳

20.6.1 皮永林解

与深拱不同之处在于，浅拱压力大，轴压变形影响不可忽略，轴压和弯曲变形能够显著改变拱的形状，使得浅拱更浅（即变形后，两个拱脚和拱顶三点画出的圆的半径比原始半径显著增大），为了抵抗外荷载，浅拱内的轴压力就必须变得更大。另一方面浅拱更接近于梁，因此弯矩分担的荷载比例更大。

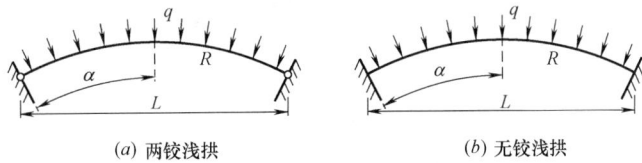

(a) 两铰浅拱   (b) 无铰浅拱

图 20.20 浅拱

因为几何非线性严重，采用精确的非线性微分方程解析地求解浅拱问题非常困难，因此下面参考文献[5]的方法求解。因为浅拱接近于初始弯曲很大的压杆，大幅度的简化是可以接受的。

中面应变是
$$\varepsilon_{zm} = \frac{w' + u}{R} + \frac{1}{2R^2}[(u' - w)^2 + (w' + u)^2] \approx \frac{w' + u}{R} + \frac{u'^2}{2R^2} \quad (20.97a)$$

弯曲应变
$$\varepsilon_b = -x\frac{u''}{R^2} \quad (20.97b)$$

总势能是
$$\Pi = \frac{1}{2}R\int_{-\alpha}^{\alpha}[EA\varepsilon_{zm}^2 + \frac{EI}{R^2}u''^2 - 2qu]d\theta \quad (20.98)$$

621

$$\delta\Pi = R\int_{-\alpha}^{\alpha}\Big[EA\varepsilon_{\text{zm}}\delta\varepsilon_{\text{zm}} + \frac{EI}{R^2}u''\delta u'' - q\delta u\Big]\mathrm{d}\theta = 0$$

$$\delta\Pi = \int_{-\alpha}^{\alpha}\Big[EA\varepsilon_{\text{zm}}\Big(\delta w' + \delta u + \frac{1}{R}u'\delta u'\Big) + \frac{EI}{R^3}u''\delta u''\Big]\mathrm{d}\theta - R\int_{-\alpha}^{\alpha}q\delta u\mathrm{d}\theta$$

$$= EA\varepsilon_{\text{zm}}\delta w\Big|_{-\alpha}^{\alpha} + \frac{EA}{R}\varepsilon_{\text{zm}}u'\delta u\Big|_{-\alpha}^{\alpha} + \frac{EI}{R^3}u''\delta u'\Big|_{-\alpha}^{\alpha} - \frac{EI}{R^3}u'''\delta u\Big|_{-\alpha}^{\alpha} - \int_{-\alpha}^{\alpha}EA\varepsilon'_{\text{zm}}\delta w\mathrm{d}\theta$$

$$+ \int_{-\alpha}^{\alpha}\Big[EA\varepsilon_{\text{zm}} + \frac{EI}{R^3}u^{(4)} - \frac{EA}{R}(\varepsilon_{\text{zm}}u')' - qR\Big]\delta u\mathrm{d}\theta = 0$$

因此

$$EA\varepsilon'_{\text{zm}} = 0 \tag{20.99a}$$

$$EA\varepsilon_{\text{zm}} + \frac{EI}{R^3}u^{(4)} - \frac{EA}{R}(\varepsilon_{\text{zm}}u')' - qR = 0 \tag{20.99b}$$

由(20.99a)式可知，在这样的简化下，浅拱内的轴力是常量 N，代入(20.99b)式，并将轴力改以压力为正，荷载指向圆心为正，得到

$$\frac{EI}{R^2}u^{(4)} + Nu'' = (N - qR)R \tag{20.100}$$

此式表达了浅拱的受力特点：浅拱承受的荷载 q 扣除被"拱作用"承受的部分 N/R，剩余部分是由压杆的弯曲来承受的，同时"拱作用"对应的轴力对压杆有二阶效应 Nu。

(20.100)式实际上有两个未知量 N 和 u，N 是常量，所以还是可以求解。记 $k = \sqrt{\dfrac{NR^2}{EI}}$，上式的通解是（$p = \dfrac{qR}{N} - 1$ 是弯曲抵抗部分与拱作用部分的比值）

$$u = C_3\sin k\theta + C_4\cos k\theta - \frac{pR}{2}\theta^2 + C_1\theta + C_2$$

利用屈曲前变形的对称性得到：$u = C_4\cos k\theta - \dfrac{pR}{2}\theta^2 + C_2$

利用边界条件 $\theta = \pm\alpha$：$u = 0$，$u'' = 0$ 得到

$$C_4 = -\frac{pEI}{NR\cos v}, \quad C_2 = \frac{pR\alpha^2}{2}\Big(1 + \frac{2}{v^2}\Big)$$

式中 $v = k\alpha$。从而得到位移解

$$u = -\frac{pR}{2}\Big[\frac{2}{k^2}\Big(\frac{\cos k\theta}{\cos v} - 1\Big) + \theta^2 - \alpha^2\Big] \tag{20.101a}$$

跨中挠度是

$$u_{\text{mid}} = \alpha^2 R\Big(\frac{qR}{N} - 1\Big)\Big(\frac{1}{v^2} + \frac{1}{2} - \frac{1}{v^2\cos v}\Big) \tag{20.101b}$$

给定 q，上式给出 $N\sim u$ 的关系，而 N 本身还是一个未知量，因此还需要一个方程。这个方程是

$$\varepsilon_{\text{zm}} = \frac{w' + u}{R} + \frac{u'^2}{2R^2} = -\frac{N}{EA}$$

即 $w' = -\dfrac{NR}{EA} - \dfrac{u'^2}{2R} - u$，式中已经利用了压力为正的约定。利用

$$\int_{-\alpha}^{\alpha}w'\mathrm{d}\theta = \int_{-\alpha}^{\alpha}\Big(-\frac{NR}{EA} - \frac{u'^2}{2R} - u\Big)\mathrm{d}\theta = 0$$

我们可以得到

$$-\frac{2\alpha NR}{EA} = \frac{1}{2R}\int_{-\alpha}^{\alpha} u'^{2} \, \mathrm{d}\theta + \int_{-\alpha}^{\alpha} u \, \mathrm{d}\theta$$

将有关式子代入得到

$$A_1\left(\frac{qR}{N}\right)^2 + (B_1 - 2A_1)\frac{qR}{N} + A_1 + C_1 - B_1 = 0 \qquad (20.102)$$

式中 $A_1 = \frac{1}{4v^2}\left[5\left(1 - \frac{\tan v}{v}\right) + \tan^2 v\right] + \frac{1}{6}$, $B_1 = \frac{1}{v^2}\left(1 - \frac{\tan v}{v}\right) + \frac{1}{3}$, $C_1 = \frac{v^2}{\lambda_s^2}$, $\lambda_s = \alpha\lambda = \frac{\alpha^2 R}{i_x}$。

上式是一个高次超越方程，但是给定 λ_s，假定 N $\left(v = \alpha\sqrt{\frac{NR^2}{EI}} = \pi\sqrt{\frac{N}{P_{E2}}}\right.$, $P_{E2} = \frac{\pi^2 EI}{\alpha^2 R^2}$$\left.\right)$，从 (20.102) 式可以求得 $\frac{qR}{N}$，从而求得对应的荷载 q，代入 (20.101b) 式可以得到位移 u，从而得到荷载位移曲线上的一点，重复这个过程，就可以得到全过程曲线。图 20.21 画出了三个 λ_s 值下浅拱的荷载位移曲线。

(20.101，20.102) 两式画出的曲线代表了一种平衡状态，这个平衡状态是否稳定，我们可以采用干扰的方法进行分析。

对平衡微分方程 (20.99a,b) 式进行干扰，注意干扰时荷载保持不变，但是此时浅拱内的轴力却会发生变化。设两个平衡方程在干扰后仍处于平衡，由此得到

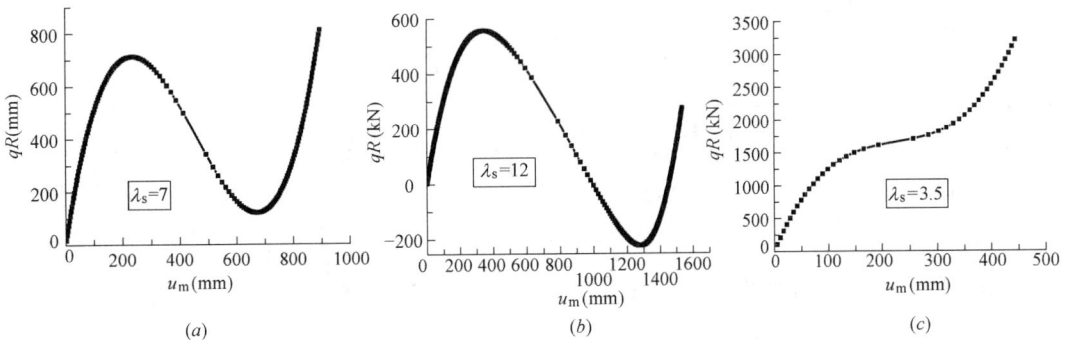

图 20.21 浅拱的平衡路径

$$EA(\varepsilon'_{zm} + \dot{\varepsilon}'_{zm}) = 0$$

$$EA(\varepsilon_{zm} + \dot{\varepsilon}_{zm}) + \frac{EI}{R^3}[u^{(4)} + \dot{u}^{(4)}] - \frac{EA}{R}[(\varepsilon_{zm} + \dot{\varepsilon}_{zm})(u' + \dot{u}')]' - qR = 0$$

得到判断浅拱稳定性的平衡微分方程是

$$EA\,\dot{\varepsilon}'_{zm} = -\dot{N}' = 0 \qquad (20.103a)$$

$$\frac{EI}{R^2}\dot{u}^{(4)} + N\dot{u}'' = \dot{N}R - \dot{N}u'' \qquad (20.103b)$$

对于反对称屈曲，轴力的增量 $\dot{N}$ 必定是 0，因此

$$\frac{EI}{R^2}\dot{u}^{(4)} + N\dot{u}'' = 0$$

反对称屈曲的第一个解是

$$N_{cr2} = P_{E2} = \frac{\pi^2 EI}{(\alpha R)^2} \tag{20.104}$$

将 $N = P_{E2} = \dfrac{\pi^2 EI}{(\alpha R)^2}$，即 $v = \pi$ 代入 (20.102) 式得到

$$\left(\frac{5}{4\pi^2} + \frac{1}{6}\right)\left(\frac{qR}{N}\right)^2 - \left(\frac{3}{2\pi^2}\right)\frac{qR}{N} + \frac{1}{4\pi^2} - \frac{1}{6} + \frac{\pi^2}{\lambda_s^2} = 0$$

$$q_{cr2}R = \frac{9 \pm 2\sqrt{(\pi^2+3)^2 - 3(2\pi^2+15)\pi^4/\lambda_s^2}}{(2\pi^2+15)} P_{E2} = \left(0.2591 \pm 0.7409\sqrt{1 - 0.6292\frac{\pi^4}{\lambda_s^2}}\right) P_{E2} \tag{20.105}$$

此时浅拱顶点竖向挠度是

$$u = -0.5206\left(1 - \sqrt{1 - 0.6292\frac{\pi^4}{\lambda_s^2}}\right)\alpha^2 R \tag{20.106}$$

如果 (20.101，20.102) 两式画出的曲线有极值点，则该极值点就是发生跳跃屈曲的临界荷载。将 (20.101a) 式代入 (20.103b) 式得到

$$\frac{EI}{R^2}\dot{u}^{(4)} + N\dot{u}'' = \dot{N}R\left[1 + p\left(1 - \frac{\cos k\theta}{\cos k\alpha}\right)\right] \tag{20.107}$$

上式的通解是

$$u = C_3\sin k\theta + C_4\cos k\theta + \frac{\dot{N}R^3}{2k^2 EI}(1+p)\theta^2 + \frac{\dot{N}R^3}{2EI}\frac{p}{k^3\cos k\alpha}\theta\sin k\theta + C_1\theta + C_2$$

利用对称性及两端简支条件得到

$$\dot{u} = \frac{\dot{N}R^3}{k^4 EI}\left\{(1+2p)\left(\frac{\cos k\theta}{\cos v} - 1\right) + \frac{1+p}{2}(k^2\theta^2 - v^2) + \frac{p}{2\cos v}(k\theta\sin k\theta - v\tan v\cos k\theta)\right\} \tag{20.108}$$

因采用了简化假定，屈曲产生的拱内轴力增量也是常数，在平均的意义上它应等于

$$\dot{N} = \frac{1}{2\alpha}\int_{-\alpha}^{\alpha}\dot{N}\,d\theta = -\frac{EA}{2\alpha R}\int_{-\alpha}^{\alpha}\left(\dot{u} + \frac{1}{R}u'\dot{u}'\right)d\theta \tag{20.109}$$

将 u，$\dot{u}$ 代入上式，积分，化简，可以得到

$$(2A_1 + E_3)\left(\frac{qR}{N}\right)^2 - 2E_3\frac{qR}{N} + (E_3 - 2A_1 + B_1 - C_1) = 0 \tag{20.110}$$

式中　$E_3 = \dfrac{15}{8v^2}\left(1 - \dfrac{\tan v}{v}\right) + \dfrac{7\tan^2 v}{8v^2} - \dfrac{\tan v}{4v\cos^2 v}$

(20.110) 式给出了浅拱的屈曲条件，它是一条二阶变分为零的曲线，与 (20.102) 式给出的平衡状态曲线相交的点就是发生跳跃屈曲的点。已知给定截面和拱几何尺寸，直接求这个交点的方法是，给定 N（从而给定了 v），从这两个式子可以分别求出 $\dfrac{qR}{N}$ 各两个根，判断这两对根中只要有相等的根，那么这个根就是两个方程的交点，这个根就是临界荷载。经计算发现，只有在 $3.88 \leqslant \lambda_s \leqslant 9.38$ 时才有解，如表 20.14 所示。

两端铰支浅拱跳跃屈曲的临界荷载和临界轴力   表 20.14

λ_s	$(qR)_{snap}/P_{E2}$	N_{snap}/P_{E2}	λ_s	$(qR)_{snap}/P_{E2}$	N_{snap}/P_{E2}
3.88	0.25	0.25	7.5	0.4742	0.6946
4	0.2515	0.2607	8	0.5215	0.7737
4.5	0.267	0.3077	8.5	0.5724	0.8551
5	0.2902	0.3599	9	0.626	0.9374
5.5	0.3189	0.4173	9.1	0.6371	0.9538
6	0.3521	0.4797	9.2	0.6471	0.9702
6.5	0.3892	0.547	9.3	0.6582	0.9865
7	0.43	0.6188	9.38	0.6671	0.9994

求得的临界荷载可以拟合为

$$(qR)_{snap}=(0.2252-0.0223\lambda_s+0.0074\lambda_s^2)P_{E2} \tag{20.111}$$

可以注意到，(20.105)式给出的临界荷载在 $\lambda_s=9.38$ 时与(20.111)式相等，当 $\lambda_s=7.83\sim9.38$ 时，$(q_{cr2}R)$ 小于 $(qR)_{snap}$，但是 $(q_{cr2}R)$ 出现时的位移大于 $(qR)_{snap}$ 发生时的位移，这表示反对称屈曲发生在跳跃屈曲之后，即在跳跃屈曲变形发展的过程中发生了反对称屈曲。$\lambda_s<3.88$ 时荷载位移曲线没有极值点，如图 20.21c 所示，此时拱直接从上凸往下凹方向变形，曲线最平的一段表示挠度等于浅拱的初始起拱量。

跳跃屈曲时，浅拱内的轴力是

$$N_{snap}=\chi_N P_{E2}=(0.095+0.01035\lambda_s^2)P_{E2} \tag{20.112}$$

式中 $0.25\leqslant\chi_N\leqslant1.0$。比值

$$\frac{N_{snap}}{(qR)_{snap}}=\frac{(0.095+0.01035\lambda_s^2)}{(0.2252-0.0223\lambda_s+0.0074\lambda_s^2)}\approx0.915+0.63\tanh(0.3\lambda_s-1.05)$$

代表了跳跃屈曲时的轴力和名义轴力 qR 的比值，当 $\lambda_s\geqslant3.88$ 时，真实轴力就大于名义轴力。跳跃屈曲时的拱顶挠度是

$$\left(\frac{u_{mid}}{2\alpha R}\right)_{snap}\approx-\frac{0.205\alpha}{\lambda_s^{0.25}}$$

假设跳跃屈曲时的拱顶位置与两个拱脚处在一个圆上，则这个圆的新的半径 R' 与原半径 R 的关系是

$$R'=\frac{1}{2}\left(1-\cos\alpha-\frac{0.41\alpha^2}{\lambda_s^{0.25}}+\frac{\sin^2\alpha}{1-\cos\alpha-0.41\alpha^2/\lambda_s^{0.25}}\right)R\approx\frac{6.95}{\lambda_s^{0.275}}R=(4.77\sim3.75)R$$

即拱的半径增大了许多倍。

如果浅拱的两拱脚是固定的，则采用相同的推导可得位移是

$$u=\frac{1}{k^2}\left(\frac{qR}{N}-1\right)\left[\frac{v}{\sin v}(\cos k\theta-\cos v)+\frac{1}{2}k^2\theta^2-\frac{1}{2}v^2\right] \tag{20.113}$$

确定轴力的方程是

$$A_2\left(\frac{qR}{N}\right)^2+(B_2-2A_2)\frac{qR}{N}+A_2+C_2-B_2=0 \tag{20.114}$$

式中

$$A_2 = \frac{5}{12} + \frac{1}{4v^2}\left[\frac{3v}{\tan v} + \frac{v^2}{\tan^2 v} - 4\right],\ B_2 = \frac{1}{3} + \frac{1}{v^2}\left(\frac{v}{\tan v} - 1\right),\ C_2 = \frac{v^2}{\lambda_s^2},\ \lambda_s = \frac{\alpha^2 R}{i_x}$$

判定平衡稳定性的方程是

$$\frac{EI}{R^2}\dot{u}^{(4)} + N\dot{u}'' = \dot{N}R\left[1 + p\left(1 - \frac{v\cos k\theta}{\cos v}\right)\right] \tag{20.115}$$

对于反对称屈曲，要求 $\dot{N} = 0$，所以发生屈曲的条件是（由 $\tan v = v$ 求得 $v = 1.4303\pi$）

$$N_{cr} = P_{E2} = \frac{\pi^2 EI}{(0.6992\alpha R)^2}$$

此时(20.114)式变为

$$\frac{5}{12}\left(\frac{qR}{N}\right)^2 - \frac{1}{2}\frac{qR}{N} + \frac{1}{12} + 2.046\frac{\pi^2}{\lambda_s^2} = 0$$

从而求得临界荷载

$$q_{cr2}R = \left(0.6 + 0.4\sqrt{1 - 30.6864\frac{\pi^2}{\lambda_s^2}}\right)P_{E2} \tag{20.116}$$

上式在 $\lambda_s \geqslant \pi\sqrt{30.6864} = 17.403$ 时成立。

如果是跳跃屈曲，则 $\dot{N} \neq 0$，但是可以简化为常量，此时(20.115)式的解是

$$\dot{u} = \frac{\dot{N}R^3}{k^4 EI}\left\{\left(1 + \frac{3p}{2}\right)\frac{v(\cos k\theta - \cos v)}{\sin v} + \frac{1+p}{2}(k^2\theta^2 - v^2) + \frac{pv}{2\sin v}\left(k\theta\sin k\theta + \frac{v\cos k\theta}{\tan v} - \frac{v}{\sin v}\right)\right\} \tag{20.117}$$

求轴力增量的方程可以简化为

$$(2A_2 + E_4)\left(\frac{qR}{N}\right)^2 - 2E_4\frac{qR}{N} + (E_4 - 2A_2 + B_2 - C_2) = 0 \tag{20.118}$$

式中 $E_4 = \frac{1}{2} - \frac{1}{v^2} + \frac{v\cos v}{4\sin^3 v} + \frac{3}{4\tan^2 v}$。联合(20.118)和(20.114)式，可以发现在 $\pi^2 \leqslant \lambda_s \leqslant$

18.6 范围内有解，并且求得对称跳跃屈曲的临界荷载是（$v = \alpha\sqrt{\dfrac{NR^2}{EI}} = 1.4303\pi$

$$\sqrt{\frac{N\alpha^2 R^2}{1.4303^2\pi^2 EI}} = 1.4303\pi\sqrt{\frac{N}{P_{E2}}}）$$

$$(qR)_{snap} = (0.1173 + 0.034\lambda_s)P_{E2} \tag{20.119}$$

其中 $\dfrac{1}{1.4303^2} \leqslant (0.1173 + 0.034\lambda_s) \leqslant 1.0$。

两端固支浅拱跳跃屈曲的临界荷载和临界轴力　　　　　　　表 20.15

λ_s	$(qR)_{snap}/P_{E2}$	N_{snap}/P_{E2}	λ_s	$(qR)_{snap}/P_{E2}$	N_{snap}/P_{E2}	$q_{cr2}R/P_{E2}$
π^2	0.4888	0.4888	16	0.6617	0.8414	
10	0.4888	0.4888	17	0.6967	0.8884	
11	0.5035	0.5683	18	0.7311	0.9321	0.7022
12	0.5291	0.6273	18.6	0.7514	0.9567	0.7412
13	0.5593	0.6839	19	0.7647	0.9724	0.7605
14	0.5922	0.7388	19.5	0.781	0.9913	0.7805
15	0.6266	0.7914	19.73	0.7885	0.9998	0.7885

屈曲时的轴力是

$$N_{snap} = \chi_N P_{E2} = (0.0929\lambda_s - 0.00139\lambda_s^2 - 0.292)P_{E2} \tag{20.120}$$

同样要求 $\dfrac{1}{1.4303^2} \leqslant \chi_N \leqslant 1.0$。$N_{snap}$ 的最小值是 $N_{snap,min} = \dfrac{\pi^2 EI}{(\alpha R)^2} = P_{E1}$。

可以注意到，在 $\lambda_s = 18.60 \sim 19.73$ 范围内，反对称屈曲的临界荷载与跳跃屈曲的临界荷载几乎相等，在这个范围内，按照近代稳定性理论，是缺陷敏感的区域。

通过上面的分析发现，浅拱跳跃屈曲时拱内的轴力 N_{snap} 大于由荷载计算的表观轴力 $q_{snap}R$，且浅拱跳跃屈曲时拱内轴力大于 P_{E1}，小于 P_{E2}。

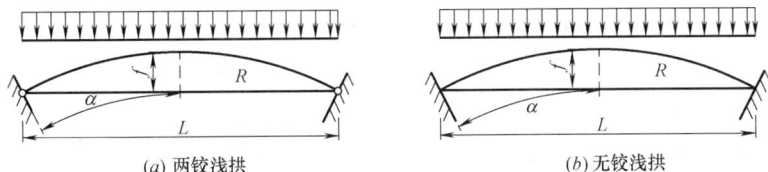

(a) 两铰浅拱   (b) 无铰浅拱

图 20.22 Timosheko 分析的浅拱

20.6.2 Timoshenko 解

浅拱最早的分析由 Timoshenko 于 1935 年给出，他将浅拱看成是一个有较大初始弯曲的杆件，设初始形状是

$$y = f \sin\frac{\pi x}{L} \tag{20.121}$$

假设一端支座可以自由水平滑移，则在横向荷载作用后，浅拱所处的位置可以用下式描述

$$y_1 = \left(f - \frac{5qL^2}{384EI}\right)\sin\frac{\pi x}{L} = f(1-\phi)\sin\frac{\pi x}{L}$$

式中 $\phi = \dfrac{5qL^2}{384EI}/f$。但是浅拱拱脚是固定铰支，因此浅拱内产生轴力，设轴力 N 是常量，则浅拱受到轴力影响后的位置可以描述为

$$y_2 = \frac{f(1-\phi)}{1 - N/P_{E1}}\sin\frac{\pi x}{L} \tag{20.122}$$

现在需要确定轴力的大小，其方法是：轴力引起的拱的压缩量等于拱因为弯曲变形导致的拱的水平投影的伸长量，因此

$$\frac{NL}{EA} = \frac{1}{2}\int_0^L \left(\frac{dy}{dx}\right)^2 dx - \frac{1}{2}\int_0^L \left(\frac{dy_2}{dx}\right)^2 dx$$

将有关式子代入得到

$$(1-\phi)^2 = \left(1 - m\frac{N}{P_{E1}}\right)\left(1 - \frac{N}{P_{E1}}\right)^2 \tag{20.123}$$

式中 $m = 4\dfrac{i_x^2}{f^2}$，i_x 是拱截面的回转半径。上式给出了 q 与水平推力的关系，给定荷载，求出推力，可以得到拱的位移。荷载位移曲线上有一个极值点，这个极值点出现在

当 $\dfrac{N}{P_{E1}} = \dfrac{m+2}{3m}$ 时 $\phi = 1 + \dfrac{2(1-m)}{3\sqrt{3}m}\sqrt{1-m}$ (20.124)

下面回到圆弧拱的几何参数：

$$m = \frac{4\alpha^4}{(1-\cos\alpha)^2} \cdot \frac{1}{\lambda_s^2} \qquad (20.125a)$$

$$q_{snap}R = \left(1 + \frac{2(1-m)^{1.5}}{3\sqrt{3}m}\right)\frac{4.8\alpha^2}{\pi^2(1+\cos\alpha)\sin^2\alpha}P_{E2} \qquad (20.125b)$$

$$N_{snap} = \left(\frac{\alpha^2}{12\sin^2\alpha} + \frac{\tan^2 0.5\alpha}{24\alpha^2}\lambda_s^2\right)P_{E2} \qquad (20.125c)$$

图 20.23 示出了上述结果与（20.113）式（20.114）式的对比，可见 Timoshenko 扁拱解给出几乎相同的规律。

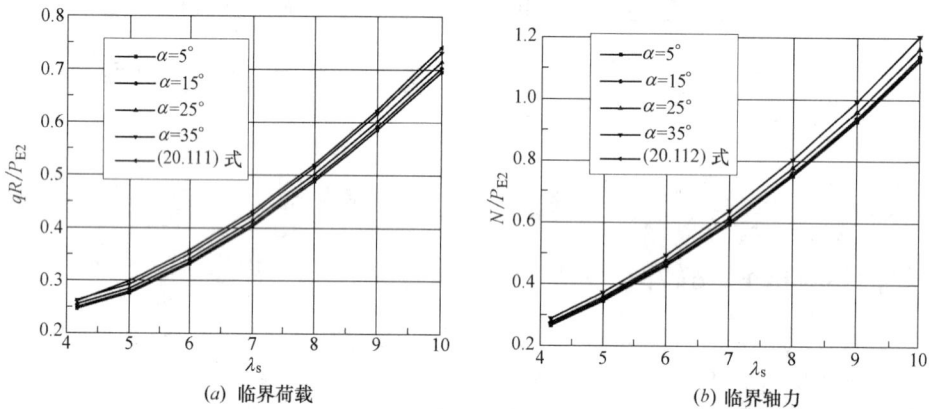

图 20.23　Timoshenko 解与皮永林解的对比

20.7　结语

本章介绍了一个拱的稳定性理论，除了纵向正应力的线性和非线性功，本理论一个重要特点是引入了横向正应力的非线性功和剪应力的非线性功。

本章得到了圆环和两端铰接圆弧拱在匀布径向力作用下的线性解析解。对两铰拱的线性分析结果表明，当拱的圆心角的一半 $\alpha \geqslant \pi/8$ 时（拱的矢高比大于 $1:10$）时，拱内主要以拱轴力抵抗外荷载，拱内的弯矩比较小。当圆心角更小时，拱以截面弯矩抵抗荷载的比例增加较快，拱的非线性效应增加。

对圆环和两端铰接的圆拱在匀布径向力作用下的屈曲做了深入的分析。推导了可以考虑屈曲前的内力和变形影响的稳定方程。根据径向均布荷载的特性，分三种情况（保向力、永远指向初始圆心的力和静水压力），对临界荷载进行了求解。求解的过程表明，只有静水压力可以采用中面不伸长的假设。其他两种压力下采用这个假设会导致偏小的结果。

研究表明，对于深拱，屈曲前的变形和屈曲前除拱轴压力以外的其他内力对拱的临界荷载影响很小。

对于实用方面，可以引用柱子计算长度系数的概念，用计算长度和拱截面的抗弯刚度来表示拱的临界荷载。例如(20.51)式可以近似为

$$N_{cr} = \frac{\pi^2 EI}{(\mu S)^2} \qquad (20.126)$$

式中 $S = \alpha R$ 是拱的半边长度，$\mu = \sqrt{1 + \dfrac{2}{(\pi^2/\alpha^2-1)^2}}$ 是拱在均布保向力作用下的计算长度系数，在 1.000～1.1055 之间变化，与 1.0 接近。在静水压力时 $\mu = \left(1 - \dfrac{\alpha^2}{\pi^2}\right)^{-0.5}$，在 1.00～1.155 之间变化。在三铰拱时，计算长度系数在 1.14～1.155 之间，如果是无铰拱，计算长度系数是 0.7～0.707。

对于浅拱，也可以将临界荷载或临界轴力表示成计算长度系数的形式，设计中到底是临界荷载还是临界轴力，取决于设计时采用的是线性分析还是非线性分析，线性分析则应该采用临界荷载，而非线性分析时应该采用临界轴力。

实用方面的内容也请参考文献 [15]。

对承受竖向均布荷载的水平弹性支承圆弧拱进行了线性及屈曲分析，构造了弹性柔度系数 ζ(20.63)式，利用 ζ 对拱进行分类，对设计将带来方便。通过分析发现，轴力比与位移比精确相等，并可以用式(20.64)表示；根据轴力比的相对大小，以 ζ 为变量，提出了划分拱与拱形梁的标准。得到拱脚水平弹性支承拱屈曲模态发生变化的柔度参数的界限值 $\zeta_{lim} = 0.066$。得到了三种荷载下的临界荷载近似公式。

参 考 文 献

[1] 童根树，张磊. 薄壁钢梁稳定性计算的争议及其解决. 建筑结构学报，2002，22 (3)：41-51.

[2] 童根树，许强. 薄壁曲梁线性和非线性分析理论. 北京：科学出版社，2004.

[3] Kang, Y. J. and Yoo, C. H.. Thin-walled curved beams. I: Formulation of nonlinear equations. J. Engrg. Mech., ASCE, 1994, 120 (10), 2072-2101.

[4] 陈绍蕃著. 钢结构稳定设计指南（第3版）. 北京：中国建筑工业出版社，2013.

[5] Pi. Y. L，M. A. Bradford，B. Uy. In-plane stability of arches. Int. J. Solids & Structures，2002，39，105-125.

[6] Simitses, G. J. An Introduction to the elastic stability of structures. Prentice-Hill, Englewood Cliffs, New Jersey, 1976.

[7] Timoshenko, S. P., Gere, J. M. Theory of elastic stability. McGraw-Hill Co., Inc., New-York. 1961.

[8] Washizu. Variational methods in elasticity and plasticity. 2nd Ed. Pergamon Perss，Oxford. 1974.

[9] Yang, Y. B. Kuo, S. R. Static stability of curved thin-walled beams. J. Struct. Engrg., ASCE，1986，112 (8)，821-841.

[10] Yang，Y. B. Kuo，S. R. Effect of curvature on stability of curved beams. J. Struct. Engrg., ASCE，1987，113 (6)，1185-1202.

[11] 夏志斌，潘有昌编. 结构稳定理论. 北京：高度教育出版社，1988.

[12] 程鹏，童根树. 圆弧拱平面内弯曲失稳一般理论. 工程力学，2005，22 (1)：93-101.

[13] 童根树，程鹏. 两铰圆弧拱在径向均布荷载下的屈曲. 建筑结构增刊，纪念陈绍蕃教授从事土木工程60周年学术交流会，西安，2004，8.

[14]　杨洋，童根树. 水平弹性支承圆弧钢拱的弹性屈曲分析 [J]. 工程力学，2011, 28 (3), 9-16.

[15]　杨洋，童根树. 水平弹性支承圆弧钢拱的平面内极限承载力研究 [J]. 工程力学，2012, 29 (3), 45-54.

[16]　童根树等，拱脚水平弹性支承拱的屈曲分析. 工业建筑，43 (4)：28-31, 41, 2013.

[17]　程鹏. 两铰圆弧拱非线性弯曲理论和弹塑性稳定 [D]. 杭州：浙江大学博士学位论文，2005.

[18]　Raymond H. Plaut. Buckling of shallow arches with supports that stiffen when compressed [J]. Journal of Engineering Mechanics, 1990, 116 (4)：973-976.

[19]　Yong-Lin Pi, M. A. Bradford, F. Tin-Loi. Non-linear in-plane buckling of rotationally restrained shallow arches under a central concentrated load [J]. International Journal of Non-Linear Mechanics, 2008, 43 (1)：1-17.

[20]　Y. -L. Pi, M. A. Bradford, F. Tin-Loi. Nonlinear analysis and buckling of elastically supported circular shallow arches [J]. International Journal of Solids and Structures, 2007, 44 (7-8)：2401-2425.

[21]　M. A. Bradford, Tao Wang, Yong-Lin Pi, and R. Ian Gilbert. In-Plane Stability of Parabolic Arches with Horizontal Spring Supports. I：Theory [J]. Journal of Structural Engineering, 2007, 133 (8)：1130-1137.

[22]　M A Bradford, T Wang, Y-L Pi, and R. Ian Gilbert (2007). In-Plane Stability of Parabolic Arches with Horizontal Spring Supports. II：Experiments [J]. Journal of Structural Engineering, 2007, 133 (8)：1138-1145.

[23]　Y. -L. Pi, M. A. Bradford, F. Tin-Loi, R. I. Gilbert. Geometric and material nonlinear analyses of elastically restrained arches [J]. Engineering Structures, 2007, 29 (3)：283−295.

[24]　张勇，石永久等. 支座位移对金属拱型波纹屋盖结构承载力的影响 [J]. 工业建筑，2001, 31 (11)：57-59.

[25]　张勇，刘锡良. 拱形金属屋面静力稳定承载力试验研究. 建筑结构学报，1997, 18 (6)：46-54

[26]　M. A. Bradford, B. Uy, Y. -L. Pi. In-plane elastic stability of arches under a central concentrated load [J]. Journal of Engineering Mechanics, 2002, 128 (7)：710-719.

[27]　Y. -L. Pi and N. S. Trahair (1999), In-plane buckling and design of steel arches. *Journal of Structural Engineering ASCE* 125 (11)：1291−1298.

[28]　Yong-Lin Pi, Mark A. Bradford (2004), In-plane strength and design of fixed steel I-section arches, Engineering Structures, 26 (3)：291-301.

附录　单轴对称工字型截面拱的剪应力和横向正应力及其影响

　　1. 基本假定

　　在推导中采用了薄壁构件的两个基本假定：(1) 变形符合平截面假定；(2) 截面中面内的线性剪应变为零。

　　纵向应力 σ_z 可以由应变通过虎克定律求出，横向应力 σ_s 和剪应力 τ_{zs} 不能由应变直接求出，只能由平衡条件得到。

　　考虑如图 A1a 所示的单轴对称的工字型截面的拱的情况，上翼缘尺寸为 b_1、t_1，下翼缘尺寸为 b_2、t_2，腹板高度 h_1+h_2，厚度 t_w，O 为截面形心。

　　2. 横向应力和剪应力的推导

由平衡方程可以看出要求横向应力，必须先求剪应力。剪应力由正应力求出。根据前面的推导，截面上任意一点的正应力为：

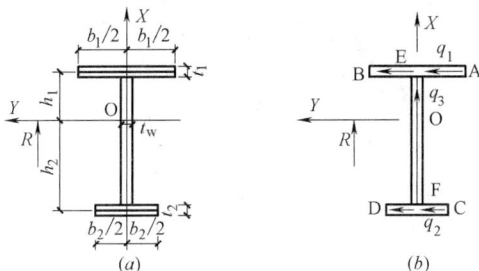

图 A1　工字型截面及其上的剪力流

$$\sigma_z = E\varepsilon_z = E\left(\varepsilon_m - \frac{x}{r}\kappa\right) \tag{A1}$$

（1）求剪应力 τ_{zx}（剪力流）

如图 A1b 所示截面的剪力流 $q = \tau t$，翼缘微元体 z 方向（环向）的平衡方程为：

$$\frac{\partial q}{\partial y} + \frac{\partial \sigma_z t}{r \partial \theta} = 0 \tag{A2}$$

对上翼缘有：

$$\frac{\partial q_1}{\partial y} = -\frac{\partial \sigma_z t}{r\partial\theta} = -\frac{Et}{r}\left(\varepsilon'_m - \frac{x}{r}\kappa'\right) \tag{A3}$$

对上翼缘右半部分 A-E：$x = h_1$、$r = R + h_1$

$$q_1 = C_A - \frac{Et_1}{(R+h_1)}\int_{-\frac{b_1}{2}}^{y}\left(\varepsilon'_m - \frac{h_1}{R+h_1}\kappa'\right)\mathrm{d}y$$

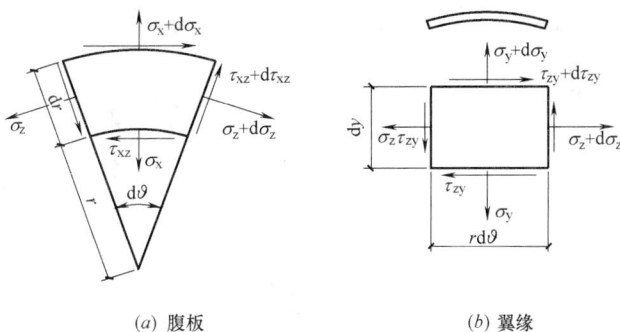

(a) 腹板　　　　　　　　(b) 翼缘

图 A2　拱的微元体平衡

由边界条件：$q_1\big|_{y=-b_1/2} = 0$ 得到 $C_A = 0$

$$q_1 = -\frac{Et_1}{(R+h_1)}\left(\varepsilon'_m - \frac{h_1}{R+h_1}\kappa'\right)\left(y + \frac{b_1}{2}\right) \tag{A4}$$

对上翼缘左半部分 E-B

$$q_1 = C_B + \frac{Et_1}{(R+h_1)}\int_{y}^{\frac{b_1}{2}}\left(\varepsilon'_m - \frac{h_1}{R+h_1}\kappa'\right)\mathrm{d}y$$

由边界条件：$q_1\big|_{y=b_1/2} = 0$ 得到 $C_B = 0$

$$q_1 = \frac{Et_1}{(R+h_1)}\left(\varepsilon_m' - \frac{h_1}{R+h_1}\kappa'\right)\left(\frac{b_1}{2} - y\right) \tag{A5}$$

对下翼缘：剪力流计算式形式与上翼缘相同，只是用 $R-h_2$、$-h_2$、b_2 和 t_2 替换 $R+h_1$、h_1、b_1 和 t_1。结果为：下翼缘右半部分 C-F

$$q_2 = -\frac{Et_2}{(R-h_2)}\left(\varepsilon_m' + \frac{h_2}{R-h_2}\kappa'\right)\left(y + \frac{b_2}{2}\right) \tag{A6}$$

下翼缘左半部分 F-D

$$q_2 = \frac{Et_2}{(R-h_2)}\left(\varepsilon_m' + \frac{h_2}{R-h_2}\kappa'\right)\left(\frac{b_2}{2} - y\right) \tag{A7}$$

腹板微元体沿 z 方向（环向）的平衡方程为：

$$\frac{\partial q}{\partial x} + \frac{\partial \sigma_z t}{r \partial \theta} + 2\frac{q}{r} = 0 \tag{A8}$$

上式可以改写为：$\dfrac{\partial(r^2 q_3)}{\partial x} = -r\dfrac{\partial \sigma_z t}{\partial \theta}$

对腹板下半部分 F-O：

$$r^2 q_3 = C_F - \int_{-h_2}^{x} r\frac{\partial \sigma_z t_w}{\partial \theta}\mathrm{d}x$$

$$C_F = (R-h_2)^2 q_{3F}$$

q_{3F} 为 F 点腹板上的剪力流，由 F 点的剪力流平衡求出：

$$q_{3F} = -\frac{Et_2 b_2}{(R-h_2)}\left(\varepsilon_m' + \frac{h_2}{R-h_2}\kappa'\right)$$

$$C_F = -Eb_2 t_2(R-h_2)\left(\varepsilon_m' + \frac{h_2}{R-h_2}\kappa'\right)$$

$$r^2 q_3 = C_F - Et_w\int_{-h_2}^{x}(r\varepsilon_m' - x\kappa')\mathrm{d}x$$

$$r^2 q_3 = -Eb_2 t_2(R-h_2)\left(\varepsilon_m' + \frac{h_2}{R-h_2}\kappa'\right) -$$

$$Et_w\left(\left[\frac{1}{2}(x^2 - h_2^2) + R(x+h_2)\right]\varepsilon_m' + \frac{1}{2}(h_2^2 - x^2)\kappa'\right) \tag{A9}$$

对腹板上半部分 O-E：

$$r^2 q_3 = C_E + \int_{x}^{h_1} r\frac{\partial \sigma_z t_w}{\partial \theta}\mathrm{d}x$$

$$C_E = (R+h_1)^2 q_{3E}$$

$$q_{3E} = \frac{Et_1 b_1}{(R+h_1)}\left(\varepsilon_m' - \frac{h_1}{R+h_1}\kappa'\right)$$

q_{3E} 为 E 点腹板上的剪力流。由 E 点的剪力流平衡求出。

$$C_E = Eb_1 t_1(R+h_1)\left(\varepsilon_m' - \frac{h_1}{R+h_1}\kappa'\right)$$

$$r^2 q_3 = C_E + Et_w\int_{x}^{h_1}(r\varepsilon_m' - x\kappa')\mathrm{d}x$$

$$r^2 q_3 = Eb_1 t_1(R+h_1)\left(\varepsilon_m' - \frac{h_1}{R+h_1}\kappa'\right)$$

$$+Et_w\left(\left[\frac{1}{2}(h_1^2-x^2)+R(h_1-x)\right]\varepsilon_m'+\frac{1}{2}(x^2-h_1^2)\kappa'\right) \tag{A10}$$

（2）横向正应力 σ_s

对翼缘：$\sigma_s=\sigma_y$，翼缘微元体的 y 方向的平衡方程为：

$$\frac{\partial\sigma_y t_1}{\partial y}+\frac{\partial q}{r\partial\theta}=0 \tag{A11}$$

所以　$\dfrac{\partial\sigma_y t_1}{\partial y}=-\dfrac{\partial q}{r\partial\theta}$，对上翼缘右半部分 A-E：$x=h_1$、$r=R+h_1$

$$\sigma_y t_1=C_A-\int_{-\frac{b_1}{2}}^{y}\left[-\frac{Et_1}{(R+h_1)^2}\left(\varepsilon_m''-\frac{h_1}{R+h_1}\kappa''\right)\left(y+\frac{b_1}{2}\right)\right]dy$$

由边界条件：$\sigma_y\big|_{y=-b_1/2}=0$ 可知 $C_A=0$

$$\sigma_y t_1=\frac{Et_1}{(R+h_1)^2}\left(\varepsilon_m''-\frac{h_1}{R+h_1}\kappa''\right)\left(\frac{y^2}{2}+\frac{b_1 y}{2}+\frac{b_1^2}{8}\right) \tag{A12}$$

对上翼缘左半部分 E-B

$$\sigma_y t_1=C_B+\int_{y}^{\frac{b_1}{2}}\frac{Et_1}{(R+h_1)^2}\left(\varepsilon_m''-\frac{h_1}{R+h_1}\kappa''\right)\left(\frac{b_1}{2}-y\right)dy$$

由边界条件：$\sigma_y\big|_{y=b_1/2}=0$ 可知 $C_B=0$

$$\sigma_y t_1=\frac{Et_1}{(R+h_1)^2}\left(\varepsilon_m''-\frac{h_1}{R+h_1}\kappa''\right)\left(\frac{y^2}{2}-\frac{b_1 y}{2}+\frac{b_1^2}{8}\right) \tag{A13}$$

下翼缘的横向应力表达式形式与上翼缘相同，只是用 $R-h_2$、$-h_2$、b_2 和 t_2 替换 $R+h_1$、h_1、b_1 和 t_1。下翼缘右半部分 C-F

$$\sigma_y t_2=\frac{Et_2}{(R-h_2)^2}\left(\varepsilon_m''+\frac{h_2}{R-h_2}\kappa''\right)\left(\frac{y^2}{2}+\frac{b_2 y}{2}+\frac{b_2^2}{8}\right) \tag{A14}$$

下翼缘左半部分 F-D

$$\sigma_y t_2=\frac{Et_2}{(R-h_2)^2}\left(\varepsilon_m''+\frac{h_2}{R-h_2}\kappa''\right)\left(\frac{y^2}{2}-\frac{b_2 y}{2}+\frac{b_2^2}{8}\right) \tag{A15}$$

对腹板，腹板微元体 x 方向的平衡方程为（下面加中括号部分表示如果荷载是均布在腹板上的面荷载时，式子的变化）：

$$\frac{\partial\sigma_x t}{\partial x}+\frac{\partial q_3}{r\partial\theta}-\frac{\sigma_z t-\sigma_x t}{r}=0\left[-\frac{q_x}{h}\right] \tag{A16}$$

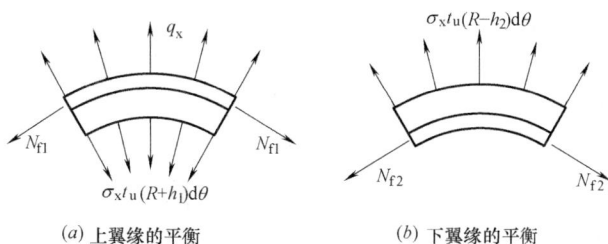

(a) 上翼缘的平衡　　　　　　(b) 下翼缘的平衡

图 A3　上下翼缘微元体的平衡

所以 $\dfrac{\partial(\sigma_x rt)}{\partial x}=\sigma_z t-\dfrac{\partial q_3}{\partial\theta}\left[-\dfrac{q_x}{h}r\right]$，对腹板下半部分 F-O

$$\sigma_x r t_w = C_F + \int_{-h_2}^{x} \left(\sigma_z t_w - \frac{\partial q_3}{\partial \theta} \right) dx \left[-\frac{q_x}{h} R(x + h_2) + \frac{1}{2}(x^2 - h_2^2) \right] \tag{A17}$$

$$\frac{\partial q_3}{\partial \theta} = -\frac{E b_2 t_2 (R - h_2)}{r^2} \left(\varepsilon_m'' + \frac{h_2}{R - h_2} \kappa'' \right)$$

$$-\frac{E t_w}{r^2} \left(\left[\frac{1}{2}(x^2 - h_2^2) + R(x + h_2) \right] \varepsilon_m'' + \frac{1}{2}(h_2^2 - x^2) \kappa'' \right)$$

待定常数由边界条件确定，边界条件可由下翼缘的平衡给出，由图 A3b 可知，在腹板的靠近下翼缘边缘处，沿 $x(r)$ 方向的平衡：

$\sigma_x (R - h_2) t_w = N_{f2}$，$N_{f2}$ 是下翼缘的轴力，因此

$$C_F = N_{f2} = E b_2 t_2 \left(\varepsilon_m + \frac{h_2}{R - h_2} \kappa \right)$$

$$\sigma_x r t_w = N_{f2} + \int_{-h_2}^{x} \sigma_z t_w dx - \int_{-h_2}^{x} \frac{\partial q_3}{\partial \theta} dx \left[-\frac{q_x}{h} \left[R(x + h_2) + \frac{1}{2}(x^2 - h_2^2) \right] \right] \tag{A18}$$

$$\int_{-h_2}^{x} \sigma_z t_w dx = \int_{-h_2}^{x} E t_w \left(\varepsilon_m - \frac{x}{r} \kappa \right) dx$$

$$= E t_w \left[(h_2 + x) \varepsilon_m + \left(-h_2 - x - R \ln \frac{R - h_2}{R + x} \right) \kappa \right] \tag{A19}$$

$$-\int_{-h_2}^{x} \frac{\partial q_3}{\partial \theta} dx = \int_{-h_2}^{x} \left(\frac{E b_2 t_2 (R - h_2)}{r^2} \left(\varepsilon_m'' + \frac{h_2}{R - h_2} \kappa'' \right) + \frac{E t_w}{r^2} \right.$$

$$\left. \left(\left[\frac{1}{2}(x^2 - h_2^2) + R(x + h_2) \right] \varepsilon_m'' + \frac{1}{2}(h_2^2 - x^2) \kappa'' \right) \right) dx$$

$$= E b_2 t_2 (R - h_2) \left(\varepsilon_m'' + \frac{h_2}{R - h_2} \kappa'' \right) \left(\frac{1}{R - h_2} - \frac{1}{R + x} \right) + E t_w \frac{(h_2 + x)^2}{2(R + x)} \varepsilon_m''$$

$$+ E t_w \left[-\frac{(h_2 + x)(h_2 + 2R + x)}{2(R + x)} - R \ln \frac{R - h_2}{R + x} \right] \kappa'' \tag{A20}$$

对腹板上半部分 O-E（上面各个式子对上半部分同样成立）

$$\sigma_x r t_w = C_E - \int_{x}^{h_1} \left(\sigma_z t_w - \frac{\partial q_3}{\partial \theta} \right) dx \left[-\frac{q_x}{h} \left[R(x - h_1) + \frac{1}{2}(x^2 - h_1^2) \right] \right] \tag{A21}$$

$$\frac{\partial q_3}{\partial \theta} = \frac{E b_1 t_1 (R + h_1)}{r^2} \left(\varepsilon_m'' - \frac{h_1}{R + h_1} \kappa'' \right) +$$

$$\frac{E t_w}{r^2} \left(\left[\frac{1}{2}(h_1^2 - x^2) + R(h_1 - x) \right] \varepsilon_m'' + \frac{1}{2}(x^2 - h_1^2) \kappa'' \right)$$

边界条件可由上翼缘的平衡给出。由图 A3a，在腹板的靠近上翼缘边缘处，沿 $x(r)$ 方向的平衡，假设荷载作用在外侧翼缘上：

$$\sigma_x (R + h_1) t_w d\theta + 2 N_{f1} \frac{d\theta}{2} - q_x (R + h_1) d\theta = 0 \left[\sigma_x (R + h_1) t_w d\theta + 2 N_{f1} \frac{d\theta}{2} = 0 \right]$$

$$\sigma_x (R + h_1) t_w = -N_{f1} + q_x (R + h_1) \quad [\sigma_x (R + h_1) t_w = -N_{f1}]$$

N_{f1} 是上翼缘的轴力，因此 $C_F = -N_{f1} + q_x (R + h_1) \quad [C_F = -N_{f1}]$

$$-N_{f1} = -E b_1 t_1 \left(\varepsilon_m - \frac{h_1}{R + h_1} \kappa \right) \tag{A22}$$

$$\sigma_x r t_w = -N_{f1} + q_x (R + h_1) - \int_{x}^{h_1} \sigma_z t_w dx + \int_{x}^{h_1} \frac{\partial q_3}{\partial \theta} dx \tag{A23a}$$

$$\sigma_x r t_w = -N_{f1} - \int_x^{h_1} \sigma_z t_w dx + \int_x^{h_1} \frac{\partial q_3}{\partial \theta} dx - \frac{q_x}{h}\left[R(x-h_1) + \frac{1}{2}(x^2 - h_1^2)\right] \quad (A23b)$$

$$-\int_x^{h_1} \sigma_z t_w dx = -\int_x^{h_1} E t_w \left(\varepsilon_m - \frac{x}{r}\kappa\right)dx =$$

$$-E t_w \left[(h_1 - x)\varepsilon_m + \left(-h_1 + x - R\ln\frac{R-x}{R+h_1}\right)\kappa\right] \quad (A24)$$

$$\int_x^h \frac{\partial q_3}{\partial \theta}dx = \int_x^{h_1}\left(\frac{Eb_1 t_1(R+h_1)}{r^2}\left(\varepsilon_m'' - \frac{h_1}{R+h_1}\kappa''\right) + \frac{Et_w}{r^2}\right.$$

$$\left.\left(\left[\frac{1}{2}(h_1^2 - x^2) + R(h_1 - x)\right]\varepsilon_m'' + \frac{1}{2}(x^2 - h_1^2)\kappa''\right)\right)dx$$

$$= Eb_1 t_1(R+h_1)\left(\varepsilon_m'' - \frac{h_1}{R+h_1}\kappa''\right)\left(\frac{1}{R+x} - \frac{1}{R+h_1}\right) + Et_w\frac{(h_1-x)^2}{2(R+x)}\varepsilon_m''$$

$$+ Et_w\left[\frac{-(h_1-x)(h_1 - 2R - x)}{2(R+x)} + R\ln\frac{R+x}{R+h_1}\right]\kappa'' \quad (A25)$$

3. 横向正应力影响的积分

虚功方程中的横向应力影响项为:

$$\int_V \sigma_s \delta\varepsilon_s^N dV = \int_\theta \int_A \sigma_s r dA \delta\varepsilon_s^N d\theta$$

在拱的平面内非线性方程的推导中,对腹板有:$\varepsilon_s^N = \frac{1}{2}\beta^2$,$\beta = \frac{u'-w}{R}$,对翼缘:$\varepsilon_s^N = 0$。

所以积分只要对腹板进行,腹板中 $\sigma_s = \sigma_x$。于是:

$$\int_A \sigma_s r dA = \int_A \sigma_x r dA = \int_{-h_2}^{h_1} \sigma_x r t_w dx$$

前面给出的 $\sigma_x r t_w$ 的表达式,在积分时要分为腹板的下半部分 $(-h_2, 0)$ 和上半部分 $(0, h_1)$ 分别积分。第一部分:

$$\int_{-h_2}^0 \left(N_{f2} + \int_{-h_2}^x \sigma_z t_w dx\right)dx + \int_0^{h_1}\left(-N_{f1} - \int_x^{h_1}\sigma_z t_w dx\right)dx$$

$$= E(b_2 t_2 h_2 - b_1 t_1 h_1)\varepsilon_m + E\left(\frac{b_1 t_1 h_1^2}{R+h_1} + \frac{b_2 t_2 h_2^2}{R-h_2}\right)\kappa + \frac{1}{2}Et_w(h_2^2 - h_1^2)\varepsilon_m$$

$$+ \frac{1}{2}Et_w\left(h_1^2 - h_2^2 - 2h_1 R - 2h_2 R + R^2\ln\frac{R+h_1}{R-h_2}\right)\kappa + q_x(R+h_1)h_1$$

$$= E\left(\frac{b_1 t_1 h_1^2}{R+h_1} + \frac{b_2 t_2 h_2^2}{R-h_2}\right)\kappa + \frac{1}{2}Et_w$$

$$\left(h_1^2 - h_2^2 - 2h_1 R - 2h_2 R + R^2\ln\frac{R+h_1}{R-h_2}\right)\kappa = \frac{EI_y}{R}\kappa = M \quad (A26)$$

上式利用了 $b_1 t_1 h_1 + \frac{1}{2}t_w h_1^2 = b_2 t_2 h_2 + \frac{1}{2}t_w h_2^2$ 的关系。

$$I_y = \int_A \frac{x^2}{r}R dA = R\left(\frac{b_1 t_1 h_1^2}{R+h_1} + \frac{b_2 t_2 h_2^2}{R-h_2}\right) + Rt_w\int_{-h_2}^{h_1}\frac{x^2}{r}dx$$

$$= R\left(\frac{b_1 t_1 h_1^2}{R+h_1} + \frac{b_2 t_2 h_2^2}{R-h_2}\right) + \frac{1}{2}Rt_w\left(h_1^2 - h_2^2 - 2h_1 R - 2h_2 R + R^2\ln\frac{R+h_1}{R-h_2}\right) \quad (A27)$$

第二部分:$\int_{-h_2}^0\left(-\int_{-h_2}^x \frac{\partial q_3}{\partial \theta}dx\right)dx + \int_0^{h_1}\left(\int_x^{h_1}\frac{\partial q_3}{\partial \theta}dx\right)dx$

我们可以先求下面的积分

$$T = \int_A \tau_{zx} x \mathrm{d}A = \int_{-h_2}^0 q_3 x \mathrm{d}x + \int_0^{h_1} q_3 x \mathrm{d}x (翼缘上相互抵消)$$

$$= \int_{-h_2}^0 \left[-\frac{Eb_2 t_2 (R-h_2)}{r^2} \left(\varepsilon_{\mathrm{m}}' + \frac{h_2}{R-h_2} \kappa' \right) - \frac{Et_{\mathrm{w}}}{r^2} \right.$$

$$\left. \left(\left[\frac{1}{2}(x^2 - h_2^2) + R(x+h_2) \right] \varepsilon_{\mathrm{m}}' + \frac{1}{2}(h_2^2 - x^2)\kappa' \right) \right] x \mathrm{d}x$$

$$+ \int_0^{h_1} \frac{Eb_1 t_1 (R+h_1)}{r^2} \left(\varepsilon_{\mathrm{m}}' - \frac{h_1}{R+h_1}\kappa' \right) +$$

$$\frac{Et_{\mathrm{w}}}{r^2} \left(\left[\frac{1}{2}(h_1^2 - x^2) + R(h_1 - x) \right] \varepsilon_{\mathrm{m}}' + \frac{1}{2}(x^2 - h_1^2)\kappa' \right) x \mathrm{d}x$$

$$= -Eb_2 t_2 (R-h_2) \left(\varepsilon_{\mathrm{m}}' + \frac{h_2 \kappa'}{R-h_2} \right) \left(\ln \frac{R}{R-h_2} - \frac{h_2}{R-h_2} \right) -$$

$$Et_{\mathrm{w}} \left(\frac{1}{4}(2Rh_2 - 3h_2^2) - \frac{1}{2}(h_2 - R)^2 \ln \frac{R}{R-h_2} \right) \varepsilon_{\mathrm{m}}'$$

$$- Et_{\mathrm{w}} \left[\frac{3}{4}(h_2^2 + 2Rh_2) + \frac{1}{2}(h_2^2 - 3R^2) \ln \frac{R}{R-h_2} \right] \kappa'$$

$$+ Eb_1 t_1 (R+h_1) \left(\varepsilon_{\mathrm{m}}' + \frac{h_1 \kappa'}{R-h_1} \right) \left(\frac{-h_1}{R+h_1} + \ln \frac{R+h_1}{R} \right) -$$

$$Et_{\mathrm{w}} \left(\frac{1}{4}(3h_1^2 + 2Rh_1) + \frac{1}{2}(h_1 + R)^2 \ln \frac{R}{R+h_1} \right) \varepsilon_{\mathrm{m}}'$$

$$+ Et_{\mathrm{w}} \left[\frac{3}{4}(h_1^2 - 2Rh_1) + \frac{1}{2}(h_1^2 - 3R^2) \ln \frac{R}{R+h_1} \right] \kappa' \qquad (A28)$$

所以

$$\int_{-h}^0 \left(-\int_{-h}^x \frac{\partial q_3}{\partial \theta} \mathrm{d}x \right) \mathrm{d}x + \int_0^h \left(\int_x^h \frac{\partial q_3}{\partial \theta} \mathrm{d}x \right) \mathrm{d}x = T' \qquad (A29)$$

第三部分：与荷载直接相关的部分：

如果荷载是在腹板上均布的：

$$\left[\int_{-h_2}^0 \left(-\frac{q_x}{h} \left[R(x+h_2) + \frac{1}{2}(x^2 - h_2^2) \right] \right) \mathrm{d}x + \int_0^{h_1} -\frac{q_x}{h} \left[R(x-h_1) + \frac{1}{2}(x^2 - h_1^2) \right] \mathrm{d}x \right]$$

$$= q_x \left[R \frac{h_1 - h_2}{2} + \frac{1}{3}(h_2^2 - h_1 h_2 + h_1^2) \right] \qquad (A30a)$$

如果截面是双轴对称的，则这一部分等于 $\frac{1}{12} q_x h^2$

如果荷载作用在外翼缘上，则这一部分等于

$$+ \int_0^{h_1} q_x (R+h_1) \mathrm{d}x = + q_x (R+h_1) h_1 \qquad (A30b)$$

同理，如果荷载作用在下翼缘，则这一部分等于

$$+ \int_{-h_2}^0 q_x (R-h_2) \mathrm{d}x = + q_x (R-h_2) h_2 \qquad (A30c)$$

如果荷载是集中线荷载，作用在形心，则这部分为零。

在下面的推导中，我们将假设线荷载是作用在形心的。从而这部分无需考虑。

把上面的各部分加起来，即可的出；

$$\int_A \sigma_x r \mathrm{d}A = \int_{-h_2}^{h_1} \sigma_x r t_{\mathrm{w}} \mathrm{d}x = M + T' \qquad (A31)$$

4. 横向正应力的影响

根据前面的推导，虚功方程中，非线性横向应力部分为：

$$\int_V \sigma_s \delta \varepsilon_s^N dV = \int_\theta \int_A \sigma_x \beta \delta \beta r \, dA d\theta = \int_\theta (M + T') \beta \delta \beta d\theta \tag{A32}$$

在总势能变分表达式中加入横向正应力对应的项上式，有如下的结果：

（1）$M\beta\delta\beta$ 这一项可以抵消掉由非线性正应变得到的 $-M\beta\delta\beta$；

（2）$T'\beta\delta\beta$ 项可以使非线性方程中含有 T、T' 和 T'' 的所有项消失，使得非线性方程更加简洁；

（3）得到了外荷载的非线性项（指（A30a，b，c）式），这与连续体力学的理论是一致的。

第 21 章　轴压和压弯圆弧拱的弹塑性承载力

前一章详细论述了拱的弹性屈曲理论及其非线性分析。实际拱必然会进入弹塑性状态，弹塑性状态的拱的屈曲荷载如何计算，是长期以来未得到充分研究的少数工程问题之一，原因在于，拱似乎不是一个简单的压杆。

文献[1]是第一篇对轴压拱的弹塑性稳定承载力进行研究的重要文献，考虑了残余应力和初始弯曲等因素。文献[2]、[3]进行了更加接近于钢结构设计习惯的研究，提出了两铰和无铰轴压拱的稳定系数和计算压弯拱平面内稳定的拱压力和弯矩的相关公式。随后国内进行了一系列的研究，如文献[3]～[9]。本章对轴压拱的弹塑性稳定性进行分析。

21.1　三铰拱的弹塑性稳定

21.1.1　轴压三铰圆弧拱的线弹性屈曲

按照经典拱稳定理论，三铰圆弧拱在轴压状态下的反对称屈曲临界轴力为[11]、[12]：

$$N_{cr1} = q_{cr1}R = \left(1 - \frac{\alpha^2}{\pi^2}\right)\frac{\pi^2 EI}{\alpha^2 R^2} \tag{21.1}$$

对称屈曲临界轴力为：

$$N_{cr2} = q_{cr2}R = \frac{4u^2 - \alpha^2}{\alpha^2}\frac{EI}{R^2} = \frac{4u^2 - \alpha^2}{\pi^2}\frac{\pi^2 EI}{\alpha^2 R^2}$$

其中 u 满足方程 $\dfrac{\tan u - u}{u^3} = \dfrac{4(\tan\alpha - \alpha)}{\alpha^3}$。

因为 $\dfrac{\tan u - u}{u^3} \approx \dfrac{1}{3(1 - 4u^2/\pi^2)}$，所以 $\dfrac{4u^2}{\pi^2} = 1 - \dfrac{\alpha^3}{12(\tan\alpha - \alpha)} = 1 - \dfrac{1}{4}\left(1 - \dfrac{4\alpha^2}{\pi^2}\right) = \dfrac{3}{4} + \dfrac{\alpha^2}{\pi^2}$，所以有

$$N_{cr2} = \frac{3}{4}\frac{\pi^2 EI}{\alpha^2 R^2} = \frac{\pi^2 EA}{(1.153\lambda)^2} \tag{21.2}$$

其中 $\lambda = \dfrac{\alpha R}{i_x}$ 为半拱的几何长细比。

对比(21.1)和(21.2)式可知，在 $\alpha > 0.5\pi$ 时才会出现反对称屈曲控制的情况。我们下面仅研究 $\alpha \leqslant 90°$ 的拱，这个范围的三铰拱总是对称屈曲控制。

经典理论的求解过程基于拱轴线不可压缩的假定，并忽略拱在屈曲前的变形影响。但是根据近代的屈曲理论，即使施加的荷载为静水压力，由于变形导致曲率的改变，拱在截

638

面上也会存在弯矩和剪力；拱在屈曲前的变形除了轴向变形以外，还有剪切变形。考虑上述因素的三铰圆弧拱，要得到精确的临界屈曲轴力的解析解是困难的。因此，根据 AN-SYS 有限元程序基于特征值分析方法得到的一阶屈曲荷载数值解对临界轴力进行拟合。

记拱的临界荷载(临界轴力)为：

$$N_{cr3} = q_{cr} R = k_{3h} \frac{\pi^2 EI}{\alpha^2 R^2} = k_{3h} \frac{\pi^2 EA}{\lambda^2} \tag{21.3}$$

其中，q_{cr} 为临界屈曲荷载，k_{3h} 为一阶临界屈曲轴力系数(临界荷载系数)，下标 3h 表示三铰拱。

采用表 21.1 所列的四种截面尺寸，研究不同的几何长细比、圆心角和截面属性对三铰拱弹性屈曲荷载的影响。其中，λ 取从 20～250 的范围，α 取从 $20°$～$90°$ 的范围。分析模型未消除剪切变形影响。

研究表明，截面属性对弹性临界荷载几乎没有影响。即，k 值几乎仅与几何长细比和圆心角有关。图 21.2 中的每一条曲线上的点，来自四种截面的计算结果，各占约 25%，且相邻的点都来自不同的截面。可以看到，来自不同截面的点能够组成一条有规律的曲线。随着几何长细比 λ 和圆心角 α 的减小，k 值也越小。直接根据数值计算的结果对 N_{cr3} 进行拟合，

$$k_{3h} = (0.75 + 0.0275\alpha^2) \tanh\left(0.27\sqrt{\lambda} - \frac{1}{25\alpha^2}\right) \tag{21.4}$$

拟合得到的 k_{3h} 值的误差绝大部分在 1%，有非常好的精度，且偏安全。式(21.4)的参数范围是：$\lambda \geqslant 20$ 和 $20° \leqslant \alpha \leqslant 90°$。

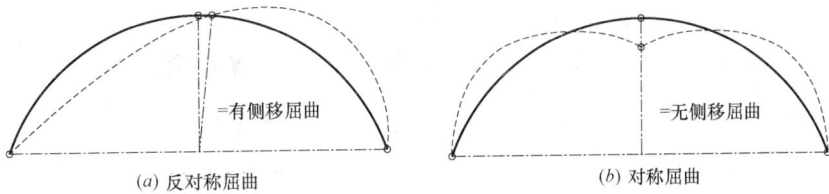

图 21.1　三铰圆弧拱的屈曲模态

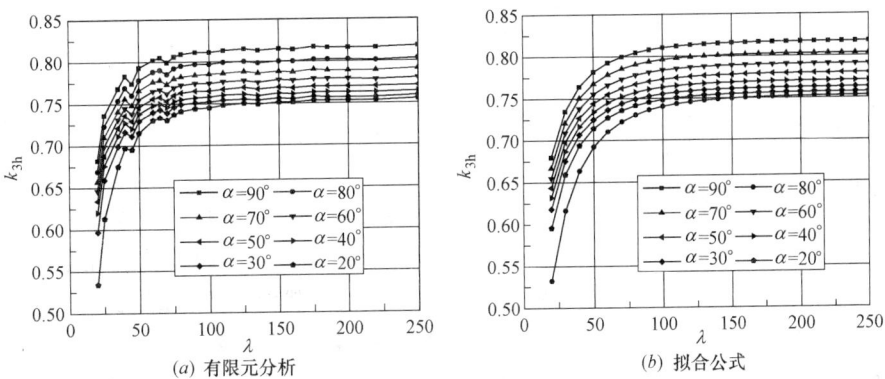

图 21.2　三铰轴压拱对称屈曲系数

21.1.2　轴压三铰圆弧拱的弹塑性极限承载力

三铰圆弧拱的计算模型如图 21.1。拱的截面形式为双轴对称的工字形截面。采用 ANSYS 对三铰圆弧拱的力学行为进行数值分析。分析中使用 Beam189 三节点二次有限变形的梁单元。考虑几何非线性和材料非线性的共同影响。钢材的应力—应变关系采用理想弹塑性模型。弹性模量 $E=206000\mathrm{MPa}$，屈服应力 $f_y=235\mathrm{MPa}$，泊松比 $\nu=0.3$。截面的残余应力如图 21.3 所示，其中 $f_{rc}=f_{rt}$，记 $\rho=\dfrac{f_{rc}}{f_y}=\dfrac{f_{rt}}{f_y}$。

初始几何缺陷的形状按如下方式计算：利用 ANSYS 对不同荷载作用下的三铰圆弧拱进行基于特征值方法的线性屈曲分析，将得到的一阶屈曲模态分别作为相应荷载工况下拱的初始缺陷的形状。选用截面尺寸、残余应力大小和初始几何缺陷的幅值如表 21.1 所示。表中的 S 表示拱的总弧长。

截面性质与初始缺陷

表 21.1

截面编号	H1	H2	H3	H4
截面尺寸	H500×300×10×16	H150×80×5×8	H300×300×8×12	H800×450×12×16
截面积 $A(\mathrm{mm}^2)$	14280	1950	9408	23616
回转半径 $i_x(\mathrm{mm})$	212.99	61.83	131.79	335.99
残余应力 ρ	0.5	0.3	0.4	0.7
几何缺陷幅值	S/500	S/300	S/750	S/500

施加保向径向力 q，通过弹塑性分析求得 q_u，计算轴力 $q_u R$。注意，三铰拱是静定结构，即使采用二阶分析，理想拱的截面弯矩仍然很小，所以极限荷载无需扣除通过截面弯曲抵抗的部分。这样受压拱的轴压稳定系数是 $\varphi=\dfrac{q_u R}{A f_y}$。计算结果见图 21.4。

稳定系数 φ 可以按下式计算：

$$\varphi=\frac{1}{(1+\lambda_n^{1.5})^{4/3}} \tag{21.5a}$$

$$或\quad \varphi=\frac{1}{1+\lambda_n^2} \tag{21.5b}$$

λ_n 为正则化长细比，$\lambda_n=\sqrt{\dfrac{N_p}{N_{cr3}}}=\sqrt{\dfrac{A f_y \lambda^2}{k_{3h}\pi^2 EA}}=\dfrac{\lambda}{\pi}\sqrt{\dfrac{f_y}{k_{3h}E}}$ $\tag{21.6}$

拟合曲线与数值解之间的关系如图 21.4 所示。与柱子曲线比较，可以发现，上面计算得到的拱的稳定系数比 EC3 的柱子曲线 d 低，主要原因是上面计算采用的初始弯曲比较大。从图 21.4 可见，初始弯曲取值达到 S/300 的 H2 截面拱的稳定系数最小，截面 H3 的初始弯曲取值比较适中，求得的稳定系数就略高。稳定系数偏低的另外一个原因是拱内轴力随荷载的增长会略高于线性，而我们在数据处理时仍然按照线性的公式计算极限状态时的轴力。

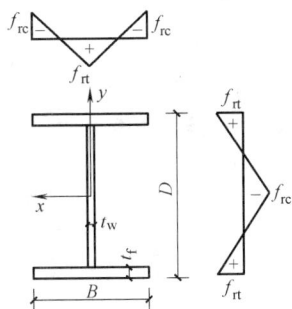

图 21.3 截面的残余应力

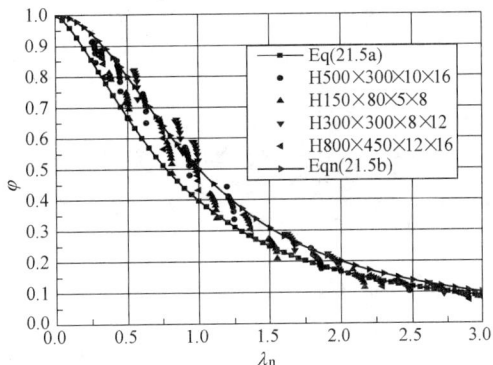

图 21.4 三铰圆弧拱的 $\lambda_n - \varphi$ 曲线

21.2 轴压两铰圆弧拱

21.2.1 线弹性屈曲

两铰圆弧拱在保向均布压力 q 的作用下，拱内轴压力的分布基本均匀。均匀受压拱的一阶线弹性屈曲模态分反对称屈曲和对称屈曲两种，如图 20.12 所示。两铰拱通常发生反对称屈曲，但是对称屈曲的临界荷载仍然是需要的，例如对称荷载作用下，拱经历的是对称的变形，计算这种情况下的二阶效应，需要用到对称屈曲的临界荷载。

根据传统的经典理论[11,12]，两铰圆弧拱在轴压状态下的反对称屈曲临界轴力为：

$$N_{cr1} = q_{cr1}R = \left(1 - \frac{\alpha^2}{\pi^2}\right)\frac{\pi^2 EI}{\alpha^2 R^2} \tag{21.7}$$

对称屈曲临界轴力为：

$$N_{cr,sym} = \frac{\alpha^2(n^2-1)}{\pi^2}\frac{\pi^2 EI}{\alpha^2 R^2} \approx \left(2.225 - \frac{8\alpha^2}{9\pi^2}\right)\frac{\pi^2 EI}{\alpha^2 R^2} > N_{cr1} \tag{21.8}$$

其中，n 满足方程 $\tan(n\alpha) - n\alpha = n^3(\tan\alpha - \alpha)$。

两铰拱是超静定结构，会产生弯矩，即施加的保向的径向力由轴力和截面上的弯矩共同抵抗，轴力与荷载的关系在第 20 章给出：

$$N = f_{2h}(\alpha,\lambda)qR \tag{21.9}$$

$$f_{2h}(\alpha,\lambda) = 1 - \frac{\alpha^2\cos\alpha}{\alpha^2\cos\alpha + \lambda^2\left(\cos\alpha + \frac{1}{2\cos\alpha} - \frac{3\sin\alpha}{2\alpha}\right)} \tag{21.10}$$

函数 $f_{2h}(\alpha,\lambda)$ 是拱脚轴力系数，与 α，λ 的关系见图 21.5，图 21.6 示出了 $f_{2h}(\alpha,\lambda)$

641

与 $\lambda_s = \alpha\lambda$ 的关系，可见轴力系数主要与参数 λ_s 有关。(21.10)式可以拟合为

$$f_{2h}(\alpha,\lambda) = \frac{\lambda_s^{2.12}}{8 + \lambda_s^{2.12}} \tag{21.11}$$

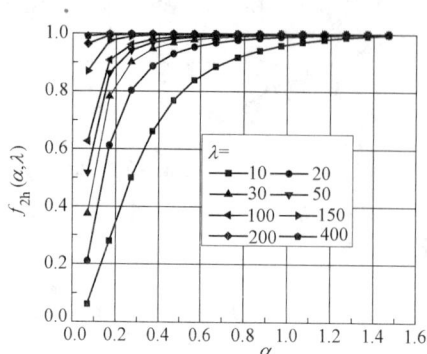

图 21.5　函数 f_{2h} （α，λ）

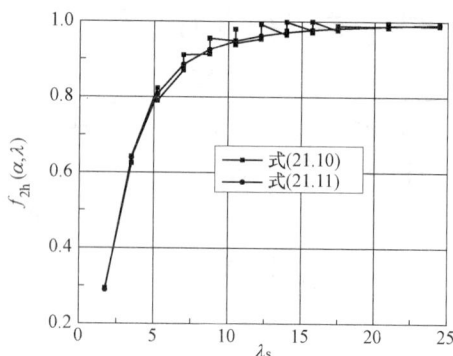

图 21.6　函数 f_{2h} （α，λ） 与 λ_s 的关系

根据 ANSYS 有限元程序基于特征值方法得到的屈曲荷载数值解对临界轴力进行拟合。

对称屈曲临界轴力为：

$$\lambda_s = \alpha\lambda = \frac{R\alpha^2}{i_x} > 14.47 时：N_{cr,sym} = 2.263 f_{2h}(\alpha,\lambda)\frac{\pi^2 EI}{\alpha^2 R^2} \tag{21.12a}$$

上式是用线性分析的内力，进行线性屈曲分析得到的结果。当 $\lambda_s = \alpha\lambda = \dfrac{R\alpha^2}{i_x} \leqslant 14.47$ 时，应采用非线性内力分析，获得适用于浅拱的 $f_{2h}(\alpha,\lambda)$，然后进行线性屈曲分析。这样得到的对称屈曲临界轴力是（$\lambda_s < 9.38$ 时是跳跃屈曲，见(20.112)式，也采用式(21.12b)计算）

$$N_{cr,sym} = (0.095 + 0.01035\lambda_s^2)\frac{\pi^2 EI}{\alpha^2 R^2} \tag{21.12b}$$

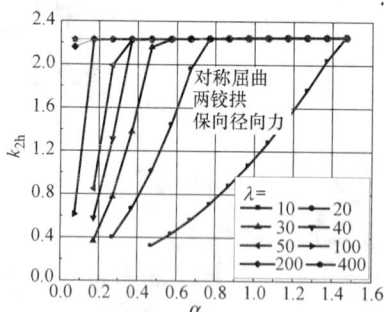

图 21.7　两铰轴压拱对称屈曲系数

记拱的反对称屈曲的临界荷载是：

$$q_{cr}R = k_{2h}\frac{\pi^2 EI}{\alpha^2 R^2} = k_{2h}\frac{\pi^2 EA}{\lambda^2} \tag{21.13a}$$

对比未消除剪切变形影响的数值计算的结果，屈曲系数 k_{2h} 可以表示为：

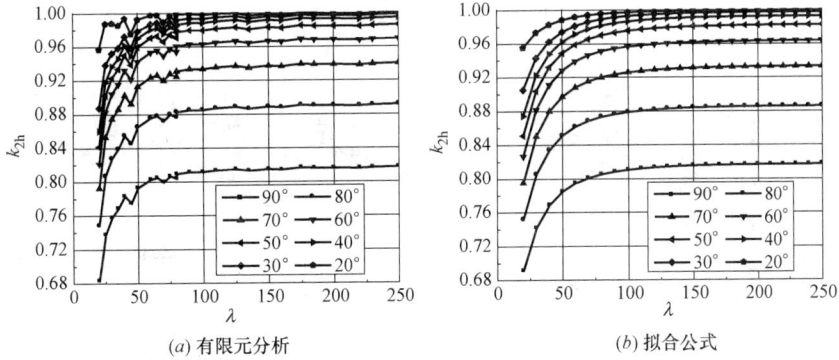

(a) 有限元分析　　　　　　(b) 拟合公式

图 21.8　两铰轴压拱反对称屈曲系数

$$k_{2h} = \left(1 - 2.92\frac{\alpha^4}{\pi^4}\right)\tanh\left(0.27\sqrt{\lambda} + \frac{1}{12\alpha^2}\right) \tag{21.13b}$$

临界轴力是

$$N_{cr3} = k_{2h}f_{2h}(\alpha,\lambda)\frac{\pi^2 EI}{\alpha^2 R^2} \tag{21.14}$$

式(21.14)的参数范围是：$\lambda \geqslant 20$ 和 $20° \leqslant \alpha \leqslant 90°$。公式与有限元结果对比见图 21.8。

21.2.2　弹塑性稳定

因为存在弯矩，在进行弹塑性分析获得两铰拱的极限荷载后，必须扣除弯矩的影响，才能得到拱内轴压力的极限值。两端铰支拱的弯矩分布见图 20.4(a)，弯矩沿拱不变号，跨中拱顶弯矩为

$$M_{mid} = \frac{2M_0}{\alpha^2 + \lambda^2\left(1 + \frac{1}{2\cos^2\alpha} - \frac{3\sin\alpha}{2\alpha\cos\alpha}\right)}\left(1 - \frac{1}{\cos\alpha}\right) \tag{21.15}$$

式中 $M_0 = \frac{1}{2}q(\alpha R)^2$ 是简支梁的跨中弯矩，拱脚弯矩为 0。

两铰拱是一次超静定结构，径向均布保向力是对称的荷载，但是发生的是有侧移的反对称失稳。假设这种既受压又受弯的拱中，弯矩对轴压承载力的影响采用压弯杆平面内稳定公式来计算：

$$\frac{N}{\varphi_x A} + \frac{\beta_{mx}M_x}{\gamma_x W_{1x}(1 - 0.8N/N_{Ex})} \leqslant f \tag{21.16}$$

在这里，N_{Ex} 采用拱对称屈曲的临界荷载 $N_{cr,sym}$，因为 $\dfrac{1}{1 - 0.8N/N_{Ex}}$ 这一项本意是对弯矩进行放大，显然放大的是对称的弯矩，因而采用对称屈曲的临界轴力。$\gamma_x W_x$ 在这里我们用塑性截面抵抗矩代替。β_{mx} 取值的讨论如下：柱脚铰接的单层单跨框架（图 21.9c），在梁上的均布重力荷载作用下的柱端弯矩，在侧移增加时柱端弯矩也相应增加，因此在框架柱中为了简化，我国规范取 $\beta_{mx} = 1.0$。而拱在侧移发生的过程中，拱顶的弯矩 M_{mid} 不因侧移增加而增大，而拱脚弯矩为 0，也保持不变，见图 21.9(b)。这与弯矩沿杆长线性变化、发生无侧移失稳的直压杆类似：失稳过程中，两个端点的弯矩保持不变，中间的弯矩可能增大较快，首先出现塑性变形，此时等效弯矩系数取为 $\beta_{mx} = 0.65 + 0.35$

643

$\dfrac{M_2}{M_1}=0.65$。因此，在对两铰拱的弹塑性稳定系数进行处理时，采用下式计算

$$\varphi_{x}=\frac{N_u}{Af_y\left[1-\dfrac{0.65M_x}{M_P\left(1-0.8N/N_{cr2,sym}\right)}\right]}=\frac{f_{2h}(\alpha,\lambda)q_uR}{Af_y\left[1-\dfrac{0.65M_{mid}}{M_P\left(1-0.8f_{2h}(\alpha,\lambda)q_uR/N_{cr2,sym}\right)}\right]}$$

$$(21.17)$$

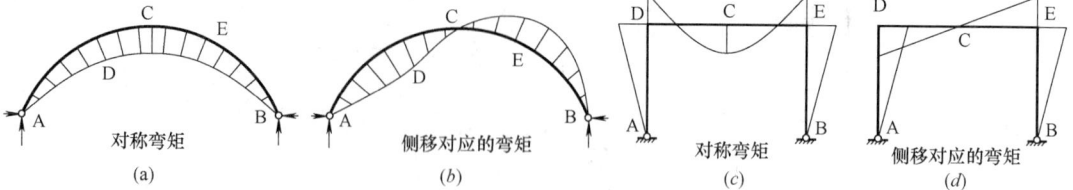

图 21.9　两铰拱的弯矩图

分析了表 21.1 给出的四种截面，采用相同的方法施加初始弯曲和残余应力。

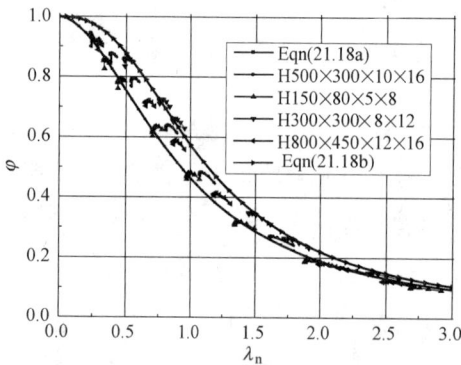

图 21.10　两铰圆弧拱的 $\lambda_n-\varphi$ 曲线

如此获得的两铰轴压拱的弹塑性稳定系数见图 21.10。对图 21.10 的稳定系数进行数值拟合，可以得到：

$$\varphi=\frac{1}{(1+\lambda_n^{1.8})^{1.111}}\qquad(21.18a)$$

$$\varphi=\frac{1}{(1+\lambda_n^{2.5})^{0.8}}\qquad(21.18b)$$

式中正则化长细比是

$$\lambda_n=\sqrt{\frac{N_p}{N_{cr3}}}=\sqrt{\frac{Af_y\alpha^2R^2}{k_{2h}f_{2h}(\alpha,\lambda)\pi^2EI}}。$$

拟合曲线与数值解之间的对比如图 21.10 所示。与图 21.4 的三铰拱的稳定系数对比可见，两铰拱的稳定系数略高于三铰拱，原因在于两铰拱具有内力重分布的能力，只有接近形成第 2 个塑性铰时（一般是拱顶附近），两铰拱才达到极限状态。

对图 21.10 的四组数据进行对比，初始弯曲取值达到 S/300 的 H2 截面拱的稳定系数最小，截面 H3 的初始弯曲取值比较适中，求得的稳定系数略高，但是仍然小于 EC3 柱子曲线 c。稳定系数偏低的一个重要原因是拱内轴力随荷载的增长会高于线性，而我们在数据处理时仍然按照线性的公式计算极限状态时的轴力。

21.3　无铰圆弧轴压拱的弹塑性稳定

21.3.1　线性弹性分析

线性平衡方程是 (20.41a，b)，$EA(w'+u)/R=$常数。求解如下的方程

$$u^{IV} + 2u'' + u = K \tag{21.19a}$$

$$K = \frac{R^3}{EI_y}\left(Rq_x - EA\frac{w'+u}{R}\right) \tag{21.19b}$$

利用边界条件 $\theta = \pm\alpha$ 时 $u=0$，$u'=0$，$w=0$，得两端固定圆拱在均布径向力作用下的线性精确解为：

$$u = KC_1\cos\theta + KC_2\theta\sin\theta + K \tag{21.20a}$$

$$w = -KC_1\sin\theta - KC_2(\sin\theta - \theta\cos\theta) + KC_3\theta \tag{21.20b}$$

$$w' + u = K(1+C_3)$$

式中

$$C_1 = -\frac{\sin\alpha + \alpha\cos\alpha}{\alpha + \sin\alpha\cos\alpha}, C_2 = -\frac{\sin\alpha}{\alpha + \sin\alpha\cos\alpha}, C_3 = -\frac{2\sin^2\alpha}{\alpha(\alpha + \sin\alpha\cos\alpha)}$$

$$Q_x = -\frac{EI}{R^3}(u''' + u') \quad M = \frac{EI}{R^2}(u'' + u)$$

$$K = \frac{R^4 q_x}{EI_y + EAR^2(1+C_3)} = \frac{R^4 q_x}{EI_y + EAR^2\left[1 - \dfrac{2\sin^2\alpha}{\alpha(\alpha + \sin\alpha\cos\alpha)}\right]}$$

$$N = \left[1 - \frac{2\alpha^3\sin\alpha \cdot \cos\theta}{\alpha^4 + \alpha^3\sin\alpha\cos\alpha + \lambda^2(\alpha^2 + \alpha\sin\alpha\cos\alpha - 2\sin^2\alpha)}\right]qR \tag{21.21a}$$

$$M = \frac{2M_0}{\alpha^2 + \lambda^2\left(1 - \dfrac{2\sin^2\alpha}{\alpha(\alpha + \sin\alpha\cos\alpha)}\right)}\left(1 - \frac{2\sin\alpha \cdot \cos\theta}{\sin\alpha\cos\alpha + \alpha}\right) \tag{21.21b}$$

拱脚弯矩 M_{fix} 小于拱顶部弯矩 M_{mid}：

$$\frac{M_2}{M_1} = \frac{M_{mid}}{M_{fix}} = \frac{\sin\alpha\cos\alpha + \alpha - 2\sin\alpha}{\alpha - \sin\alpha\cos\alpha} = -0.5 \sim -0.3 \tag{21.22}$$

记轴力系数

$$f_{fix}(\alpha,\lambda) = 1 - \frac{2\alpha^3\sin2\alpha}{2\alpha^4 + \alpha^3\sin2\alpha + \lambda^2(2\alpha^2 + \alpha\sin2\alpha - 4\sin^2\alpha)} \tag{21.23a}$$

$$f_{fix}(\alpha,\lambda) \approx \frac{\lambda_s^{2.12}}{55 + \lambda_s^{2.12}} \tag{21.23b}$$

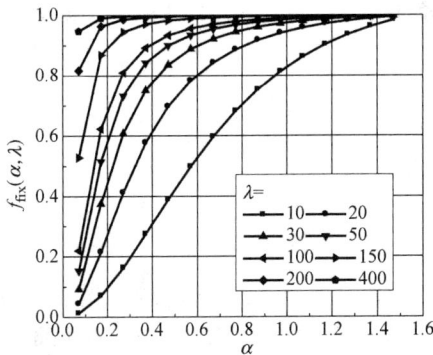

图 21.11 函数 $f_{fix}(\alpha,\lambda)$

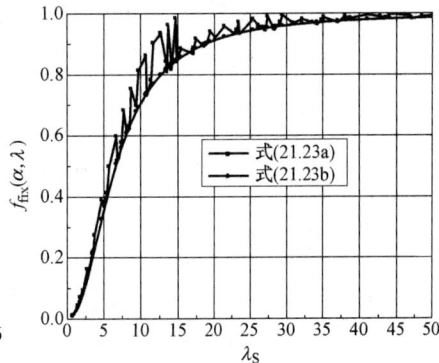

图 21.12 函数 $f_{fix}(\alpha,\lambda)$ 与 λ_s 的关系

21.3.2　轴压无铰圆弧拱的线弹性屈曲

根据传统的经典理论[5]，无铰圆弧拱在轴压状态下的对称和反对称屈曲临界轴力均可以表示为：

$$N_{cr} = \frac{\alpha^2(n^2-1)}{\pi^2} \frac{\pi^2 EI}{\alpha^2 R^2} \tag{21.24}$$

其中反对称屈曲的 n 须满足方程

$$\tan(n\alpha) = n\tan\alpha \tag{21.25a}$$

对称屈曲的 n 须满足方程

$$\frac{n\alpha}{\tan(n\alpha)} - 1 = n^2\left(\frac{\alpha}{\tan\alpha} - 1\right) \tag{21.25b}$$

当 $\alpha \leqslant 90°$ 时，反对称屈曲系数均在 $2\sim2.05$ 的范围之内。因此，为方便使用，在 $\alpha \leqslant 90°$ 的范围段内，取：

$$N_{cr,sw} = \left(2.045 - \frac{\alpha}{10\pi}\right)\frac{\pi^2 EI}{\alpha^2 R^2} \tag{21.26a}$$

对称屈曲的临界轴力近似按下式计算：

$$N_{cr,ns} = \left(3.366 - \frac{9\alpha^2}{16\pi^2}\right)\frac{\pi^2 EI}{\alpha^2 R^2} \approx \frac{\pi^2 EI}{(0.55\alpha R)^2} \tag{21.26b}$$

$N_{cr,sw}$ 和 $N_{cr,ns}$ 是基于经典理论的求解结果。考虑到实际的变形特征，根据 ANSYS 有限元程序基于特征值方法得到的一阶屈曲荷载数值解，反算出屈曲系数 k，对系数 k 进行拟合得到：

$$k = \left(2.045 + \frac{\alpha^2}{\sqrt{2}\pi^2}\right)\tanh\left(0.27\sqrt{\lambda} - \frac{\alpha^2}{7}\right) \tag{21.27a}$$

临界荷载是

$$q_{cr,sw}R = k\frac{\pi^2 EI}{\alpha^2 R^2} \tag{21.27b}$$

临界轴力为

$$N_{cr3,sw} = f_{fix}(\alpha,\lambda)k\frac{\pi^2 EI}{\alpha^2 R^2} \tag{21.27c}$$

式(21.27a)的参数范围是：$\lambda \geqslant 20$ 和 $20° \leqslant \alpha \leqslant 90°$。但是对照图 21.13，在 $\alpha = 20°$，$\lambda < 100$ 时屈曲系数曲线与其余的曲线走向已经相反，$\lambda_s = \alpha\lambda \leqslant 24$ 时精度不好，此时已经接近跳跃屈曲控制的区域。对称屈曲轴力为

$$N_{cr,sym} = \left(3.366 - \frac{9\alpha^2}{16\pi^2}\right)f_{fix}(\alpha,\lambda)\frac{\pi^2 EI}{\alpha^2 R^2} \tag{21.28}$$

并与(20.120)式一起，决定深拱和浅拱的临界轴力。

21.3.3　弹塑性稳定

采用 ANSYS 对表 21.1 所示的四种截面的固定拱在径向均布荷载作用下的极限承载力进行分析，并按照(21.16)式来扣除弯矩的影响。在这里，N_{Ex} 采用对称屈曲的临界荷载 $N_{cr,sym}$，$\dfrac{1}{1-0.8N/N_{Ex}}$ 这一项对对称分布的弯矩进行放大，$\gamma_x W_x$ 用塑性截面抵抗矩代

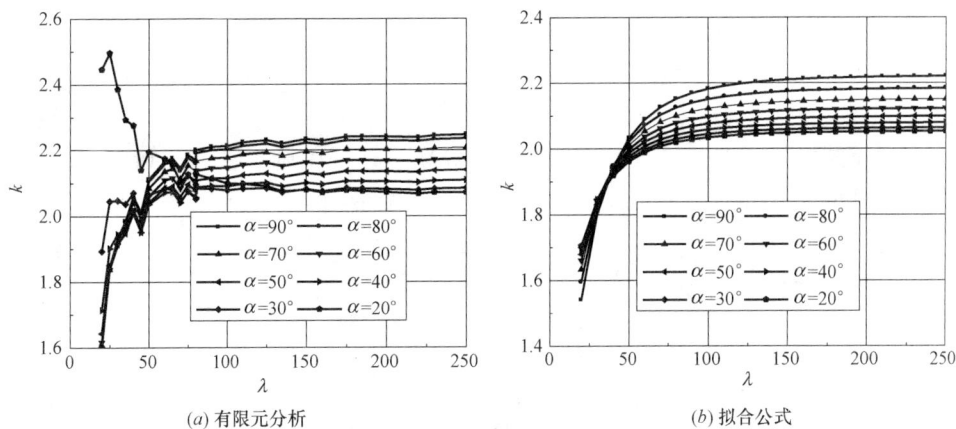

(a) 有限元分析　　　　　　　　　　　(b) 拟合公式

图 21.13　临界荷载系数

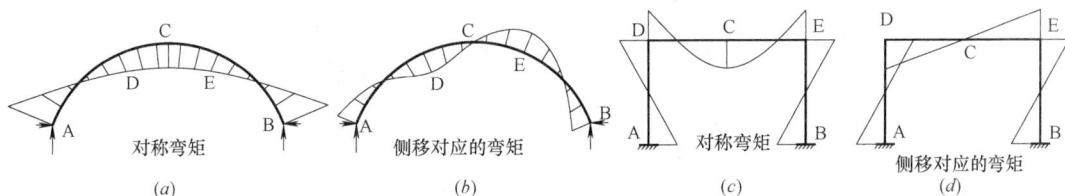

图 21.14　无铰拱的弯矩图

替；β_{mx} 取值的讨论如下：柱脚刚接的单层单跨框架柱在梁上的均布重力荷载作用下的柱端弯矩，在侧移增加时，一个柱端和柱脚弯矩也相应增加，另一个柱的两端的弯矩是减小的，对框架的抗侧移承载力是有利的。但是在框架的设计中，为了简化我国规范取 $\beta_{mx}=1.0$。而拱在侧移发生的过程中，拱顶的弯矩 M_{mid} 不因侧移增加而增大，但是拱脚弯矩会增大，如图 21.14(a) 的 A 点，我们注意到，同时增大的还有 D 点。因此，在达到有侧移失稳的极限状态的过程中，柱脚 A 首先开展塑性，到达接近塑性铰的状态，其次会在 D 点附近开展塑性。但是即使 A，D 点都形成塑性铰，这个拱仍然是一次超静定的，仍然具有刚度和承载力，继续增加荷载，直到 C 点或者拱脚接近形成塑性铰，拱才达到稳定极限状态。

如果采用 $\beta_{mx}=0.65+0.35\dfrac{M_2}{M_1}$ 计算，则不同圆心角的固定拱的 β_{mx} 如表 21.2 所示，对比两铰拱 β_{mx} 取 0.65，拱脚固定拱的 β_{mx} 取值在 0.5 上下，是基本合理的。

拱脚固定拱的等效弯矩系数　　　　　　　　　　　　表 21.2

α	M_2/M_1	β_{mx}	α	M_2/M_1	β_{mx}
20°	−0.491	0.478	60°	−0.410	0.506
30°	−0.479	0.482	70°	−0.373	0.519
40°	−0.462	0.488	80°	−0.328	0.535
50°	−0.439	0.496	90°	−0.273	0.554

因此，在对无铰轴压拱的弹塑性稳定系数进行处理时，采用下式计算稳定系数

$$\varphi_x = \frac{N_u}{Af_y\left[1 - \dfrac{(0.65 + 0.35m)M_x}{M_P(1 - 0.8N/N_{Ex})}\right]} = \frac{f_{fix}(\alpha, \lambda)q_u R}{Af_y\left[1 - \dfrac{(0.65 + 0.35m)M_{mid}}{M_P(1 - 0.8f_{fix}(\alpha, \lambda)q_u R/N_{Ex})}\right]}$$

(21.29)

这样求得的无铰拱的弹塑性稳定系数如图 21.15 所示，图中画出了(21.18a，b)与计算结果的对比，可见两者分别代表了缺陷比较大和适中的两种情况。

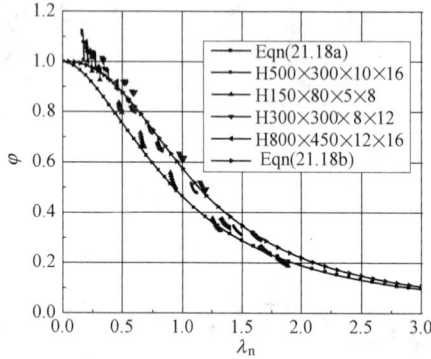

图 21.15　无铰圆弧拱的 $\lambda_n - \varphi$ 曲线

21.4　拱轴线受压稳定设计的几个方面

21.4.1　轴压拱弹塑性稳定系数计算公式总结

根据前面的分析可见，圆弧轴压拱的弹塑性稳定系数可以采用式(21.30)计算。

$$\varphi = \frac{1}{(1 + \lambda_n^{2c})^{1/c}}$$

(21.30)

轴压拱的稳定系数指数 C

表 21.3

	三铰拱	两铰拱	无铰拱
缺陷较大	0.75	0.9	0.9
缺陷适中	1.0	1.25	1.25

21.4.2　变轴力拱的临界轴力提高系数

在实际工程中，保向径向力很少出现，出现多的是沿弧长均布荷载和沿水平投影面均布的荷载，此时，拱内轴力是变化的，通常拱脚的轴力较大，如图 21.16 所示。而我们在本章的算例中，仅在 λ_s 较小时拱内轴压力是不相等的，且不均匀的程度非常小。对本章的稳定系数应用到变轴力的拱中时，轴力仍然应该取最大轴力计算。不均匀的轴力分布对以最大轴力为标准计算的稳定系数是有利的。轴力不均匀分布时的临界轴力提高系数，记为 η_N，即临界轴力为

$$N_{cr,var} = \eta_N N_{cr,uniform}$$

(21.31)

并在计算正则化长细比时采用

$$\lambda_n = \sqrt{\frac{N_P}{N_{cr,var}}} \tag{21.32}$$

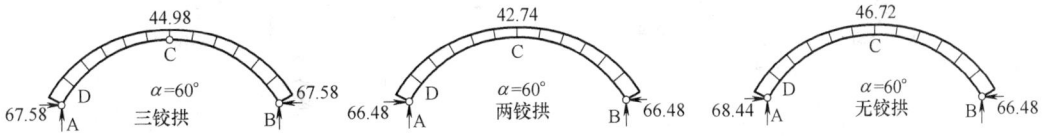

图 21.16 三种拱在水平均布荷载作用下的轴力图

文献[5]对三铰拱、两铰拱和无铰拱在水平均布荷载作用下的屈曲进行了计算，换算出它们在屈曲时的最大轴力，并与保向径向力作用下屈曲的轴力最大值进行比较即可以得到 η_N，见图 21.17～图 21.19，将数据进行拟合得到

$$\eta_{N,3h} = \frac{\lambda_s}{\lambda_s-1}\left[1+\left(0.576+\frac{6.5}{\lambda}\right)\lambda^{0.025}e^{-\left(4.65-\frac{28.89}{\lambda}\right)(\alpha-1.12)^2}\right]\left[1.18-0.15\tanh(4\alpha-2.8)\right]$$

$$\text{（对称屈曲）} \tag{21.33}$$

$$\eta_{N,2h} = 1+0.16\lambda^{0.02}e^{-\lambda^{0.2}(\alpha-1.076)^2}+\frac{4}{(\alpha\lambda)^2}\text{（反对称）} \tag{21.34}$$

$$\eta_{N,fix} = 1+0.281\tanh(0.3\sqrt{\lambda})e^{-1.2(\alpha-1.1)^2}-0.11\cos^2\alpha+\frac{46}{\lambda_s^2}\text{（反对称）} \tag{21.35}$$

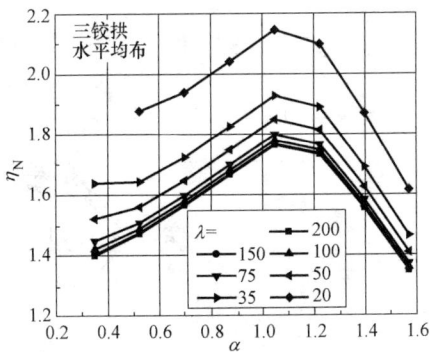
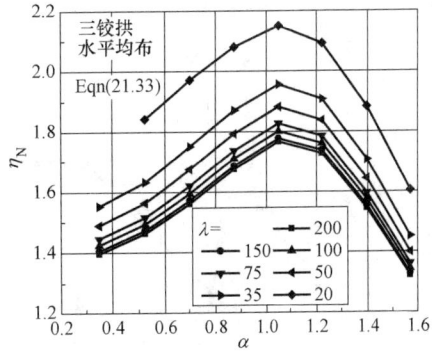

图 21.17 三铰拱水平均布荷载下临界轴力提高系数

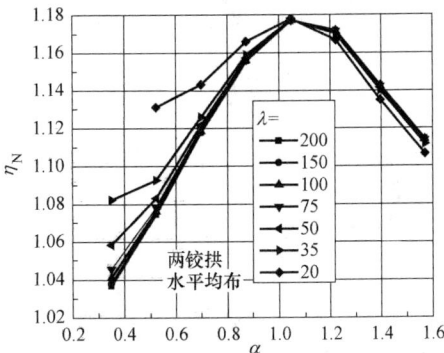
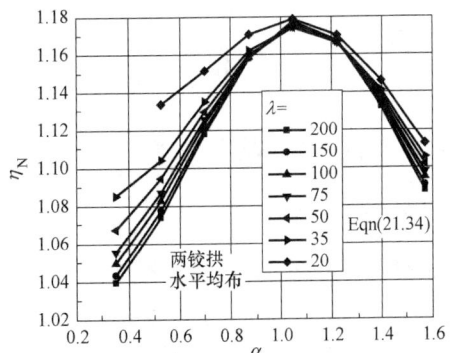

图 21.18 两铰拱水平均布荷载下反对称屈曲临界轴力提高系数

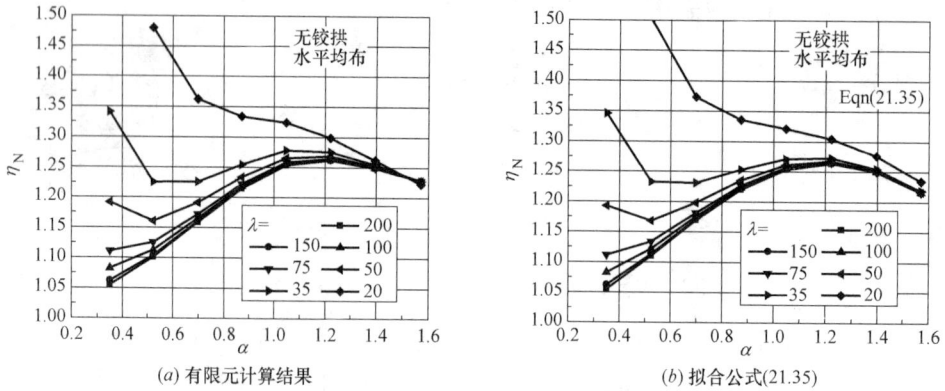

(a) 有限元计算结果	(b) 拟合公式(21.35)

图 21.19　无铰拱水平均布荷载下反对称屈曲临界轴力提高系数

对于水平均布荷载下对称屈曲的临界轴力，按照最大轴力计算，计算公式是

$$N_{\mathrm{cr,sym}} = \eta_{\mathrm{2h,sym}}\left(2.225 - \frac{8\alpha^2}{9\pi^2}\right)\frac{\pi^2 EI}{\alpha^2 R^2} \tag{21.36}$$

$\eta_{\mathrm{2h,sym}}$ 是轴力分布综合修正系数，它既包含了轴力线性计算值与名义计算值 qR 之间的关系函数，也包含了轴力沿弧长不均匀分布带来的影响，

无剪切变形：
$$\eta_{\mathrm{2h}} = 1.2 + 0.2\tanh\left[2.8\left(\alpha - \frac{\pi}{3.8}\right)\right] \tag{21.37a}$$

含剪切变形：
$$\eta_{\mathrm{2h}} = 0.8\lambda^{0.07} + \frac{0.54}{\lambda^{0.155}}\tanh\left[2.8\left(\alpha - \frac{\pi}{3.8}\right)\right] \tag{21.37b}$$

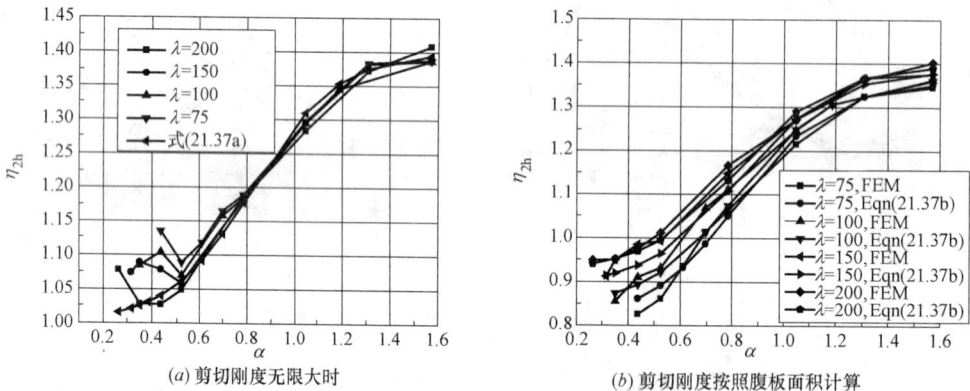

(a) 剪切刚度无限大时	(b) 剪切刚度按照腹板面积计算

图 21.20　两铰拱水平均布荷载下对称屈曲临界轴力系数

圆弧无铰拱水平均布荷载作用下的对称屈曲的临界轴力计算公式是

$$N_{\mathrm{cr,sym}} = \eta_{\mathrm{fix}}\left(3.366 - \frac{9\alpha^2}{16\pi^2}\right)\frac{\pi^2 EI}{(\alpha R)^2} \tag{21.38}$$

式中，如果剪切变形影响可以忽略：

$$\eta_{\mathrm{fix}} = (1.32 + 0.0035\lambda)\tanh\left[(2.2 - 0.0035\lambda)\alpha^{\frac{23.5}{\lambda^{0.65}}}\right] \tag{21.39a}$$

考虑了剪切变形影响，剪切刚度按照 H500×300×10/16 截面的腹板面积计算：

$$\eta_{\mathrm{fix}} = (1.24 + 0.00075\lambda)\tanh\left[\alpha^{\frac{13}{\lambda}}(2.2 - 0.0016\lambda)\tanh(0.1\sqrt{\lambda})\right] \tag{21.39b}$$

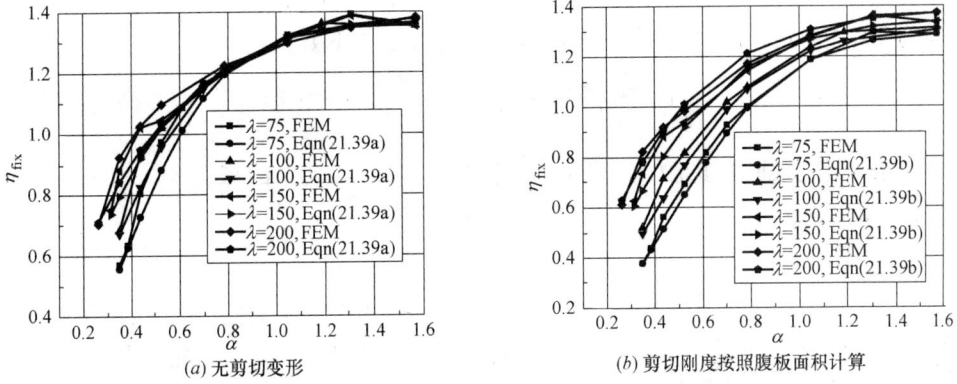

(a) 无剪切变形 (b) 剪切刚度按照腹板面积计算

图 21.21　无铰拱水平均布荷载下对称屈曲临界轴力系数

21.4.3　变轴力拱的稳定系数曲线

上述的修正只能解决弹性失稳问题，即正则化长细比较大的情况。在弹塑性阶段，轴力沿拱轴线不均匀变化，其弹塑性稳定系数是否能够被正则化长细比唯一地加以考虑，还需要进行分析。但是如果直接对拱进行弹塑性分析，难以正确地区分承载力的变化是由弯矩引起的还是这种轴力不均匀分布带来的好处。可以对直的等截面压杆（图 21.22）采用 Jezek 方法进行分析，以考察其影响。

对悬臂柱，以最大轴力计算的临界轴力是

$$P_{1,cr} = \frac{\pi^2 EI}{4L^2(0.315+0.685r_P)} = \frac{\pi^2 EA}{\lambda^2} \tag{21.40}$$

其中 $r_p = P_2/P_1$，$\lambda = \dfrac{2L}{i_x \sqrt{0.315+0.685r_P}}$，即轴力沿长度线性变化的影响可以通过修改长细比加以考虑。在弹塑性阶段，最关键的是最早开展塑性，并最终达到接近塑性铰状态的那个截面是否与等轴力的悬臂柱相同，如果是相同的，估计弹塑性临界荷载会与等轴力的接近。

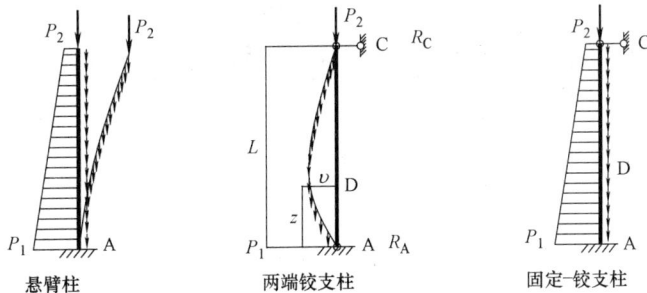

悬臂柱   两端铰支柱   固定-铰支柱

图 21.22　沿弧长均布竖向力作用下拱的轴力

对第 4 章第 4.6 节仅作少量修改即可以得到计算变轴力柱子稳定系数的公式：

柱底截面外弯矩：

$$M = \int_0^L (v_T + v_{0T})\left(1 - \cos\frac{\pi z}{2L}\right)p\,d\xi = \left(1 - \frac{2}{\pi}\right)pL(v_T + v_{0T}) = \beta_n P_1(v_T + v_{0T}) \tag{a}$$

651

$$\beta_n = 0.3634 + 0.6366 r_P \approx 0.315 + 0.685 r_P$$

采用与第 4 章相同的推导步骤得到极值点荷载处满足如下方程：

$$\left[1 - \frac{2\beta_n v_{0T}}{h}\frac{\varphi}{(1-\varphi)}\right]^3 = \frac{P_p}{P_E}\beta_n \varphi = \bar{\lambda}^2 \beta_n \varphi \qquad (b)$$

式中 $\bar{\lambda}$ 是未考虑变轴力修正的正则化长细比。（b）式成立的条件是 $\varphi < 1 - \dfrac{2\beta_n v_{0T}}{h} = 1 - \dfrac{31\sqrt{3}\beta_n\bar{\lambda}}{500}$。

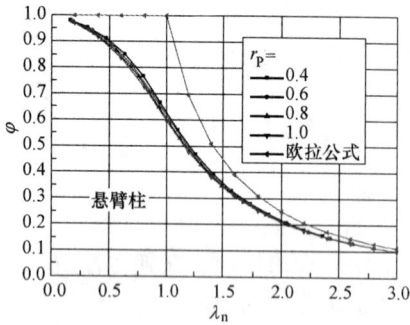

图 21.23　悬臂柱变轴力时的稳定系数

取 $v_{0T} = 2L/500$，图 21.23 给出了近似结果，可见，$r_P = 0.4$ 和 1.0 时，稳定系数变化很小，相差仅到 3%～4%，因此，实用角度讲，仅在长细比计算中考虑轴力线性变化的影响就可以了。出现这样的结果的原因是：变轴力和不变轴力的悬臂柱，极限状态下接近形成塑性铰的截面都是在柱底。

对两端铰接柱，线性变轴力的情况下，情况是否会不同？下面进行推导。先求弹性屈曲临界荷载，以获得考虑线性变轴力的等截面压杆的临界荷载。设屈曲变形是

$$v = A\sin\frac{\pi z}{L} + B\sin\frac{2\pi z}{L}$$

式中 A，B 是待定系数。总势能是

$$\Pi = \int_0^L \left\{EIv''^2 - \left[P_1 + z(P_2 - P_1)\right]v'^2\right\}\mathrm{d}z$$

可以求得

$$\Pi = \frac{1}{2}L\left[\frac{\pi^4}{L^4}EI(A^2 + 16B^2) - \frac{\pi^2}{L^2}P_1(A^2 + 4B^2) - \frac{\pi^2}{L^2}(P_2 - P_1)\left(\frac{1}{2}A^2 + 2B^2 - \frac{80}{9\pi^2}AB\right)\right]$$

从而得到临界荷载

$$P_{1,\mathrm{cr}} = \gamma_p P_E \qquad (c)$$

$$\gamma_p = \frac{2.5(1+r_P) - \sqrt{2.25(1+r_P)^2 + 0.81114(1-r_P)^2}}{0.5(1+r_P)^2 - 0.1014(1-r_P)^2} \approx \frac{1}{0.53 + 0.47r_P} \qquad (d)$$

压杆正则化长细比是 $\lambda_n = \sqrt{\dfrac{N_P}{P_{1,\mathrm{cr}}}}$。

屈曲波形的比值

$$B = r_{BA}A$$

$$r_{BA} = \frac{9\pi^2}{40} \times \frac{\left[1 - 0.5(1+r_P)\gamma_P\right]}{\gamma_P(1-r_P)} \qquad (e)$$

这样，可假设压杆的初始弯曲：

$$v_0 = v_{0T}\left(\sin\frac{\pi z}{L} + r_{BA}\sin\frac{2\pi z}{L}\right) \qquad (f)$$

式中 v_{0T} 是跨中的初始侧移。压力作用后产生的附加挠度是：

$$v = v_{\mathrm{T}} \left(\sin \frac{\pi z}{L} + r_{\mathrm{BA}} \sin \frac{2\pi z}{L} \right) \tag{g}$$

曲率：

$$\Phi = -v'' = \frac{\pi^2}{L^2} A \left(\sin \frac{\pi z}{L} + 4 r_{\mathrm{BA}} \sin \frac{2\pi z}{L} \right) = \frac{\pi^2}{L^2} \beta_{\Phi} v_{\mathrm{T}} \tag{h}$$

$$\beta_{\Phi} = \sin \frac{\pi z}{L} + 4 r_{\mathrm{BA}} \sin \frac{2\pi z}{L} \tag{i}$$

柱顶水平反力：

$$R_{\mathrm{C}} = \frac{1}{L} \int_0^L pv \mathrm{d}z = \frac{1}{L} p (v_{\mathrm{T}} + v_{0\mathrm{T}}) \int_0^L \left(\sin \frac{\pi z}{L} + r_{\mathrm{BA}} \sin \frac{2\pi z}{L} \right) \mathrm{d}z = \frac{2(P_1 - P_2)}{\pi L} (v_{\mathrm{T}} + v_{0\mathrm{T}}) \tag{j}$$

柱截面外弯矩

$$M_{\mathrm{exterior}} = P_1 \beta_{\mathrm{n}} (v_{\mathrm{T}} + v_{0\mathrm{T}}) \tag{k}$$

$$\beta_{\mathrm{n}} = \left[1 - (1 - r_{\mathrm{P}}) \frac{z}{L} \right] \left(\sin \frac{\pi z}{L} + r_{\mathrm{BA}} \sin \frac{2\pi z}{L} \right) + \frac{1 - r_{\mathrm{P}}}{\pi} \left(1 + 2 r_{\mathrm{BA}} - \frac{2z}{L} - \cos \frac{\pi z}{L} - 2 r_{\mathrm{BA}} \cos \frac{2\pi z}{L} \right) \tag{m}$$

如果离柱底截面 z 处应力分布如图 4.10b，（f_{y} 受压为正），该处轴力为 $\delta_z P_1$，$\delta_z = 1 - (1 - r_{\mathrm{P}}) \frac{z}{L}$。记 $P_{\mathrm{P}} = bh f_{\mathrm{y}}$. 则

$$\delta_z P_1 = f_{\mathrm{y}} A - \frac{1}{2} (f_{\mathrm{y}} + \sigma_{\mathrm{t}}) bh_{\mathrm{e}}$$

所以

$$f_{\mathrm{y}} + \sigma_{\mathrm{t}} = \frac{2(P_{\mathrm{P}} - P_1 \delta_z)}{bh_{\mathrm{e}}} \tag{n}$$

$$M_{\mathrm{interior}} = \frac{1}{2} (f_{\mathrm{y}} + \sigma_{\mathrm{t}}) bh_{\mathrm{e}} \left(\frac{h}{2} - \frac{h_{\mathrm{e}}}{3} \right) = M_{\mathrm{exterior}} = \beta_{\mathrm{n}} P_1 (v_{\mathrm{T}} + v_{0\mathrm{T}}) \tag{p}$$

从以上两式得到

$$h_{\mathrm{e}} = \frac{3h}{2} - \frac{3 \beta_{\mathrm{n}} P_1 (v_{\mathrm{T}} + v_{0\mathrm{T}})}{P_{\mathrm{p}} - P_1 \delta_z} \tag{q}$$

曲率

$$\Phi_z = \frac{\varepsilon_{\mathrm{y}} + \varepsilon_{\mathrm{t}}}{h_{\mathrm{e}}} = \frac{\sigma_{\mathrm{y}} + \sigma_{\mathrm{t}}}{Eh_{\mathrm{e}}} = \frac{2(P_{\mathrm{p}} - \delta_z P_1)}{Ebh_{\mathrm{e}}^2} = \frac{\pi^2}{L^2} \beta_{\Phi} v_{\mathrm{T}} \tag{r}$$

从（p, q, r）式得到

$$\frac{(P_{\mathrm{P}} - \delta_z P_1)^3}{54 P_{\mathrm{E}} P_{\mathrm{P}}^2} = \frac{\beta_{\Phi} v_{\mathrm{T}}}{h} \left[\frac{1}{2} \left(1 - \frac{\delta_z P_1}{P_{\mathrm{P}}} \right) - \frac{\beta_{\mathrm{n}} P_1}{P_{\mathrm{P}}} \frac{(v_{\mathrm{T}} + v_{0\mathrm{T}})}{h} \right]^2 \tag{s}$$

荷载取极值时：

$$\frac{\beta_{\mathrm{n}} v_{\mathrm{T}}}{h} = \frac{1}{3} \left[\frac{1}{2} \left(\frac{P_{\mathrm{P}}}{P_1} - \delta_z \right) - \frac{\beta_{\mathrm{n}} v_{0\mathrm{T}}}{h} \right] \tag{t}$$

此时的 P_1 记为 P_{u}，$\varphi = P_{\mathrm{u}} / P_{\mathrm{P}}$ 采用相同的步骤得到

$$\beta_{\Phi} \left[1 - \delta_z \varphi - 2 \beta_{\mathrm{n}} \frac{v_{0\mathrm{T}}}{h} \varphi \right]^3 = \lambda_{\mathrm{n}}^2 \beta_{\mathrm{n}} \varphi (1 - \delta_z \varphi)^3 \tag{21.41}$$

式中 $\bar{\lambda}$ 是未考虑变轴力修正的正则化长细比。上式成立的条件可以简单地表示为 $\delta_z \varphi < 1 -$

$\dfrac{31\sqrt{3}\beta_{\mathrm{n}}\bar{\lambda}}{n\delta_{\mathrm{z}}}$。

如果双侧屈服(图4.10c)，则

$$P_1\delta_{\mathrm{z}}=P_{\mathrm{P}}-bh_{\mathrm{e}}f_{\mathrm{y}}-2bcf_{\mathrm{y}} \tag{u}$$

式中c是受拉屈服区的深度，弯矩平衡方程是

$$\beta_{\mathrm{n}}P_1(v_{0\mathrm{T}}+v_{\mathrm{T}})=bh_{\mathrm{e}}f_{\mathrm{y}}\left(\frac{1}{2}h-\frac{1}{3}h_{\mathrm{e}}-c\right)+2bcf_{\mathrm{y}}\left(\frac{1}{2}h-\frac{1}{2}c\right) \tag{v}$$

由应变计算的曲率

$$\frac{2\varepsilon_{\mathrm{y}}}{h_{\mathrm{e}}}=\varPhi=\frac{\pi^2}{L^2}\beta_{\varPhi}v_{\mathrm{T}} \tag{w}$$

从式(q)

$$h_{\mathrm{e}}=\frac{2P_{\mathrm{p}}L^2}{\beta_{\varPhi}v_{\mathrm{T}}\pi^2 Ebh} \tag{x}$$

从式(v，w，x)可以得到$\dfrac{h_{\mathrm{e}}}{h}=\dfrac{h}{\beta_{\varPhi}v_{\mathrm{T}}}\dfrac{P_{\mathrm{P}}}{6P_{\mathrm{E}}}$，$\dfrac{c}{h}=\dfrac{1}{2}-\dfrac{1}{2}\delta_{\mathrm{z}}\varphi-\dfrac{h\lambda_{\mathrm{n}}^2}{12\beta_{\varPhi}v_{\mathrm{T}}}$

$$\beta_{\varPhi}^2\frac{v_{\mathrm{T}}^2}{h^2}\left[1-\delta_{\mathrm{z}}^2\varphi^2-4\beta_{\mathrm{n}}\varphi\left(\frac{v_{0\mathrm{T}}}{h}+\frac{v_{\mathrm{T}}}{h}\right)\right]=\frac{1}{108}\lambda_{\mathrm{n}}^4 \tag{21.42}$$

当$\dfrac{v_{\mathrm{T}}}{h}=\dfrac{1-\delta_{\mathrm{z}}^2\varphi^2}{6\beta_{\mathrm{n}}\varphi}-\dfrac{2v_{0\mathrm{T}}}{3h}$时，荷载取极值。上述公式成立的条件是$1\geqslant\delta_{\mathrm{z}}\varphi+\left(\varphi\dfrac{\beta_{\mathrm{n}}}{\beta_{\varPhi}}\bar{\lambda}^2\right)^{1/3}$。

在上述推导中，平衡方程建立的截面位置是事先未知的。因此必须先假定一个截面位置，求得稳定系数，然后再假定相邻的另一个位置，求得新的稳定系数。在轴力较大的半根柱子从$z=0.5L$处往最大轴力截面进行搜索求解，从中选择稳定系数最小的，作为问题的解。这样得到的结果见图21.24。

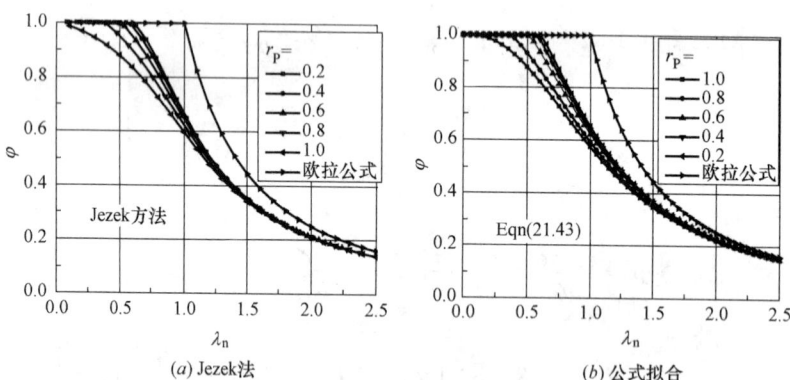

图21.24 铰支柱线性变轴力时的稳定系数

由图21.24可见，在横坐标采用了考虑变轴力修正的正则化长细比后，在弹塑性阶段，线性变轴力的影响主要在长细比较小的区域。这样的结果是在预料之中的，因为两端铰支的压杆达到极限状态时，边缘受力最大截面不在轴力最大的下支座截面，而是中间截面偏下的位置，这个截面在极限状态时接近形成塑性铰，此处轴力不是最大，因此以最大轴力计算的稳定系数会比较大。

对图21.24(a)所示的曲线进行拟合，得到公式如下

$$\varphi = \frac{1}{(1 - \lambda_{0N}^{2.5} + \lambda_n^{2.5})^{0.8}} \qquad (21.43)$$

式中 λ_{0N} 是变轴力的情况下，稳定系数从 1.0 开始下降的初始正则化长细比：

$$\lambda_{0N} = 0.635(1 - r_P^{(1.5+3r_P)}) \qquad (21.44)$$

该式与 Jezek 模型的比较见图 21.25。

上述公式也可以近似应用于较大轴力端固定，较小轴力端铰支的线性变轴力柱子。

上述公式可以直接应用于三铰拱、两铰拱和无铰拱的稳定性计算的轴力项。

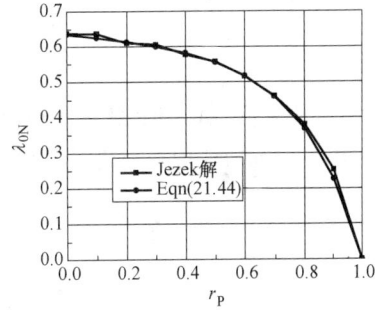

图 21.25　式(21.43)中的参数

21.5　拱在半跨荷载作用下的临界荷载

图 21.26 示出了三铰拱和两铰拱承受半跨水平均布荷载的情况，同时画出了框架承受半跨荷载的情况。根据稳定理论，失稳是因为荷载的负刚度超出了结构本身的物理刚度。拱在半跨承受均布荷载，相对于全跨均布，荷载的负刚度下降到一半，而物理刚度没有发生变化，因此半跨荷载作用下的临界荷载应该是全跨荷载下的临界荷载的 2 倍，这个规律成立的条件是半跨荷载和全跨荷载作用下的屈曲模式是相同的，在三铰拱的情况下是对称屈曲，两铰拱是反对称屈曲。

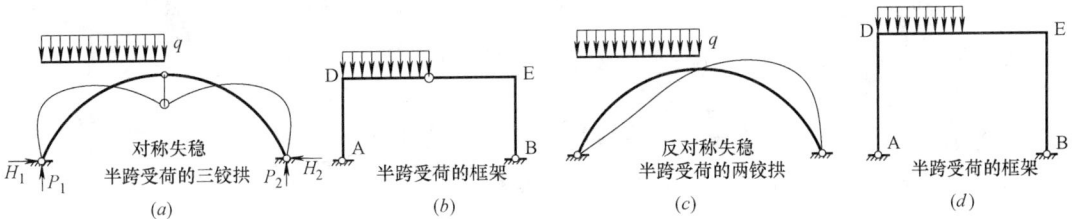

图 21.26　半跨水平均布荷载作用下的屈曲

图 21.27a，b，c 分别给出了三铰拱、两铰拱和无铰拱的半跨与全跨均布荷载下临界荷载的比值，可以发现，比值确实接近于 2，图中的曲线可以拟合为

三铰拱：
$$\eta_{half,3h} = 1.922 - 0.0573\tanh(6\alpha - 5.4) \qquad (21.45a)$$

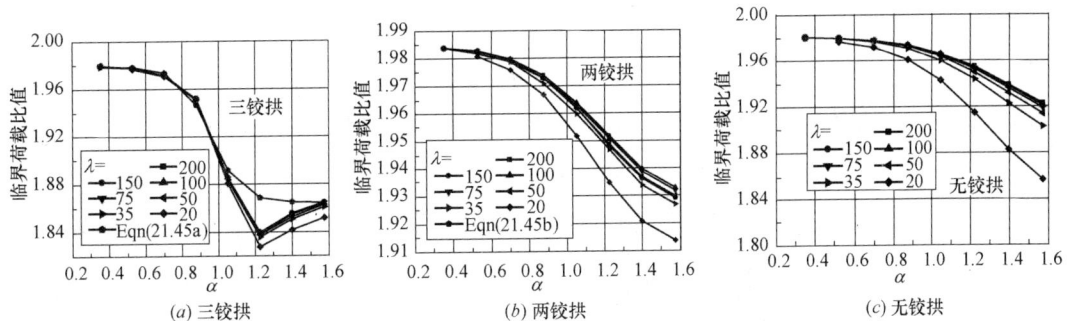

图 21.27　半跨与全跨水平均布荷载下临界荷载的比值

两铰拱：
$$\eta_{\text{half,2h}}=1.954-0.031\tanh(2.6\alpha-2.97) \tag{21.45b}$$

无铰拱：
$$\eta_{\text{half,fix}}=1.981-\left(0.0153+\frac{6.7}{\lambda^2}\right)\alpha^3 \tag{21.45c}$$

有了临界荷载，根据线性分析的内力分布，求得以最大轴力计量的临界轴力，计算跨中轴力和最大轴力比值，以选择变轴力压杆轴压稳定系数曲线，这样就得到了稳定性验算公式的轴力项。

21.6　三铰拱在沿水平线均布荷载作用下的二阶效应系数

三铰圆弧拱的计算模型如图 21.28(a)所示。拱的圆心为 O，半径为 R，半跨圆心角为 α，跨度为 $L=2R\sin\alpha$，失高为 $f=R(1-\cos\alpha)$。拱上任意一点与对称轴的夹角为 θ，其到相近支座的水平距离和竖直距离分别为 $x=R(\sin\alpha-\sin\theta)$ 和 $y=R(\cos\theta-\cos\alpha)$。记两端支座的竖向和水平反力分别为 P_1、P_2 和 H_1、H_2。

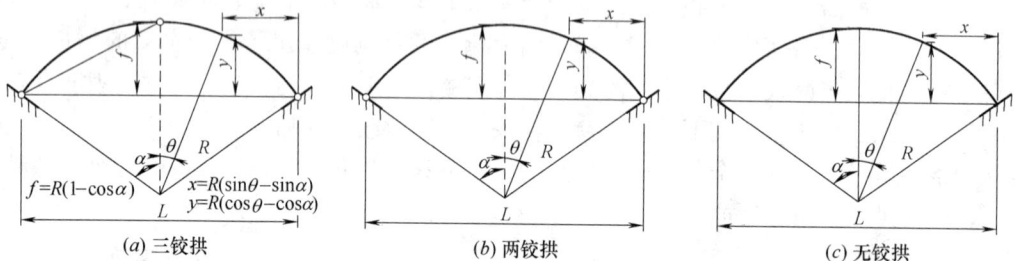

图 21.28　三种圆弧拱的计算模型

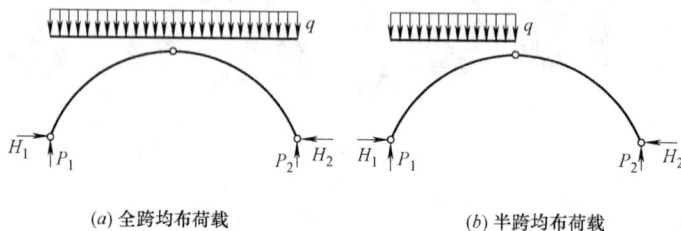

图 21.29　三铰圆弧拱的荷载工况

图 21.29(a)所示，三铰拱是静定结构，

$$P_1=P_2=qR\sin\alpha \tag{21.46a}$$
$$H_1=H_2=0.5qR(1+\cos\alpha) \tag{21.46b}$$

只需分析右半边的拱。右半边拱上任意一点的弯矩（以内侧受拉为正）和轴力（以压为正）为：

$$M=-\frac{1}{2}qR^2(\cos\theta-\cos\alpha)(1-\cos\theta) \tag{21.47a}$$

$$N=\frac{1}{2}qR(2\sin^2\theta+\cos\theta+\cos\theta\cos\alpha) \tag{21.47b}$$

图 21.30(b)、(c)为不同圆心角 α 的拱在半跨范围内无量纲化弯矩 M/qR^2 与轴力 N/qR

656

随角度 θ 的分布情况。弯矩在整个拱跨范围内没有出现变号，截面上的弯矩始终为内侧受压外侧受拉。弯矩的极值出现在靠近支座一侧的半跨的三分点附近。图 21.30(c) 显示拱圈在全跨范围内均承受压力，最大轴力出现在支座处或支座附近，最小轴力出现在跨中截面。

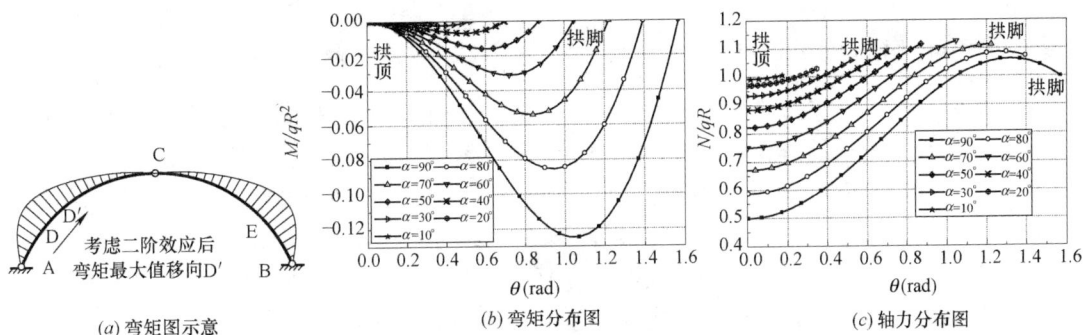

(a) 弯矩图示意　　　　(b) 弯矩分布图　　　　(c) 轴力分布图

图 21.30　全跨均布荷载作用下的无量纲化弯矩与轴力的分布图

令 $\dfrac{\partial M}{\partial \theta}=0$，可得 $\theta=\arccos(\cos^2 0.5\alpha) \leqslant \alpha$，代入式 (21.47$a$) 中可以得到弯矩绝对值的极值：

当 $\theta=\arccos(\cos^2 0.5\alpha)$ 时，$M_{max}=-\dfrac{1}{2}qR^2\sin^4\dfrac{\alpha}{2}$ 　　　　(21.48a)

此处的轴力为：$N_{M=max}=qR$ 　　　　(21.48b)

令 $\dfrac{\partial N}{\partial \theta}=0$，可得 $\theta=\arccos(0.5\cos^2 0.5\alpha)$ 或 $\theta=0$。

当 $\alpha \geqslant 70.53°$ 时，轴力的极值点位于 $\theta=\arccos(0.5\cos^2 0.5\alpha)$ 处，最大轴力为：

$$N_{max}=qR(1+0.25\cos^4 0.5\alpha)$$ 　　　　(21.49a)

此处的弯矩为：$M_{N=max}=-\dfrac{qR^2}{32}(3-10\cos\alpha+3\cos^2\alpha)$ 　　　　(21.49b)

当 $\alpha<70.53°$ 时，轴力的极值点位于支座处，最大轴力为：

$$N_{max}=\dfrac{1}{2}qR(2-\cos\alpha)(1+\cos\alpha)$$ 　　　　(21.49c)

此时弯矩为 0。

最小轴力总是在拱顶位置($\theta=0$)：$N_{min}=qR\cos^2\dfrac{\alpha}{2}$ 　　　　(21.50)

三铰拱最小轴力与最大轴力及其比值　　　　表 21.4

α	支座	最大	最小	N_{min}/N_{max}
90°	1.0000	1.0625	0.5000	0.4706
80°	1.0717	1.0861	0.5868	0.5403
70°	1.1125	1.1126	0.6710	0.6031
60°	1.1250	1.1406	0.7500	0.6667
50°	1.1148	1.1687	0.8214	0.7368
40°	1.0896	1.1949	0.8830	0.8104
30°	1.0580	1.2176	0.9330	0.8819
20°	1.0283	1.2352	0.9698	0.9431
10°	1.0075	1.2462	0.9924	0.9850

以截面 H500×300×10/16 为对象，对不同长细比和不同圆心角的拱进行了二阶弹性分析和线性屈曲分析，得到的结果拟合成如下的形式（其中剪切变形的影响已经包含在内）：

$$A_d, A_M, A_N = \frac{1+an+bn^5}{1-n} \qquad (21.51)$$

式中 A_d，A_M，A_N——跨中竖向位移、跨间弯矩、和跨中轴力放大系数，$n=\dfrac{N}{N_{cr,sym}}$，$N_{cr,sym}$ 是两铰拱对称屈曲的临界轴力，由线性内力分析和线性屈曲分析确定。其中弯矩放大系数是非线性分析的跨间最大弯矩和线性分析的跨间最大弯矩的比值，这两个弯矩可能来自不相同（但相邻）的截面。拱与框架不同的是，拱轴力也存在放大系数，但是沿拱轴线，轴力放大系数是不同的，例如拱脚处的轴力就几乎不放大或放大系数较小，因为它是与反力平衡的，而竖向反力与竖向荷载相互平衡，不会放大。所以下面计算的轴力放大系数是拱顶截面处的轴力，它就等于支座的水平反力的放大系数。

图 21.31 给出了部分三铰拱的放大系数，圆心角大时，位移放大系数略大；圆心角较小时，弯矩放大系数急剧增大。表 21.5 给出了有限元计算结果拟合的系数，这些系数在图 21.32 中与拟合公式进行了比较。拟合公式是：

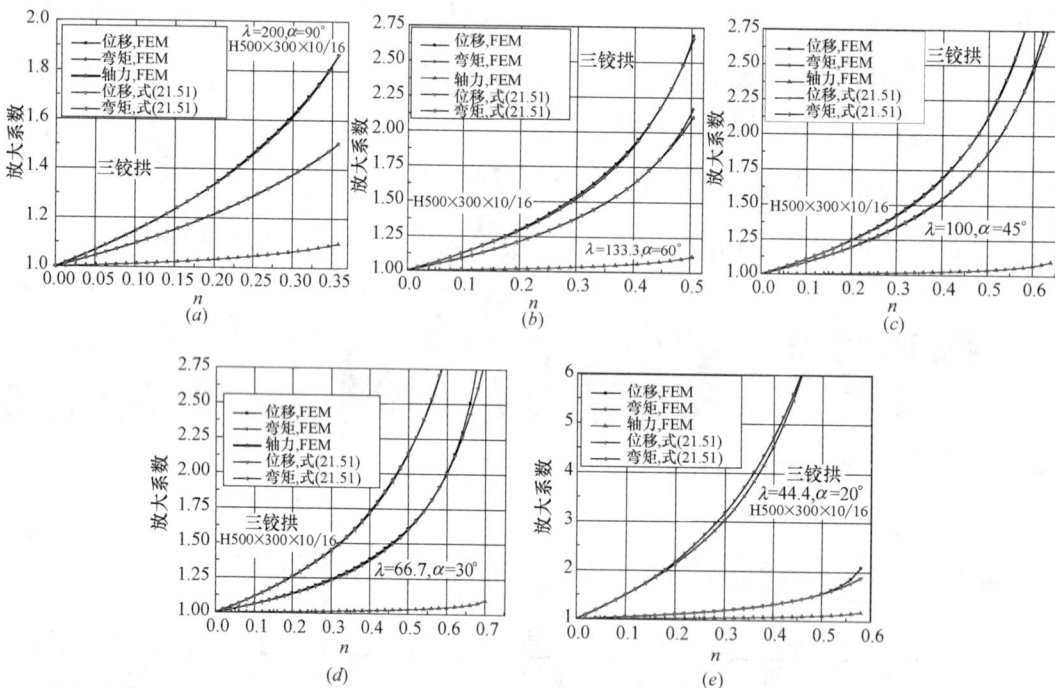

图 21.31　三铰拱的位移、弯矩、轴力放大系数

放大系数公式的系数　　　　　　表 21.5

半径	λ	α	位移		弯矩		轴力	
			a_d	b_d	a_M	b_M	a_N	b_N
27119	200	90	0.32	13.5	−0.14	2.5	−0.875	2.95
	166.67	75	0.26	8.6	−0.148	3.5	−0.91	0.85
	133.33	60	0.14	5.4	−0.19	2.3	−0.944	0.3

续表

半径	λ	α	位移		弯矩		轴力	
			a_d	b_d	a_M	b_M	a_N	b_N
27119	100	45	−0.034	2.7	−0.225	1.6	−0.965	0.07
	77.78	35	−0.25	1.0	−0.12	1.3	−0.971	0.01
	66.67	30	−0.462	1.04	0.03	1.85	−0.968	0.009
	55.56	25	−0.57	0.8	0.595	4.8	−0.96	0.05
	44.44	20	−0.555	1.68	3.494	33	−0.895	0.05
	33.33	15	−0.19	19	18	850	−0.66	5.7
20339	150	90	0.3	13.5	−0.1	4.5	−0.89	3.6
	125	75	0.235	8.5	−0.15	3.8	−0.91	1
	100	60	0.07	5.0	−0.185	2.9	−0.94	0.35
	75	45	−0.105	2.75	−0.195	1.45	−0.964	0.1
	50	30	−0.515	1.05	0.26	3.05	−0.955	0.03
	41.67	25	−0.565	1.3	1.4	11	−0.92	0
	33.33	20	−0.434	5.5	6.7	100	−0.8	0.32
	30	18	−0.29	13	14.7	480	−0.7	2.8
	25	15	0.06	99	43	850	−0.45	35
13560	100	90	0.3	13.5	−0.07	3.3	−0.89	3.5
	75.56	68	0.16	6.7	−0.17	3.0	−0.924	0.6
	66.67	60	0.075	5.0	−0.09	1.8	−0.94	0.35
	50	45	−0.225	2.6	0.045	1.8	−0.948	0.1
	44.44	40	−0.36	2.0	0.02	2.0	−0.947	0.012
	33.33	30	−0.525	2.6	0.8	12	−0.91	0.1
	27.78	25	−0.45	4	3	70	−0.814	0.2
	22.22	20	−0.125	36.6	13.5	800	−0.6	13.5
	16.67	15	0.475	99	54	18000	−0.131	195
10170	75	90	0.3	13.5	−0.1	4.5	−0.87	3
	50	60	0.001	5.05	−0.165	2.65	−0.93	0.2
	37.5	45	−0.315	2.45	−0.075	2.65	−0.94	0.09
	33.33	40	−0.435	2	0.1	4	−0.93	0.05
	29.17	35	−0.51	2.3	0.54	8	−0.91	0.1
	25	30	−0.472	3.55	1.75	30	−0.84	0.15
	20.83	25	−0.3	15	6	248	−0.7	3.5
	18.33	22	−0.07	53	13.1	1150	−0.53	16
	16.67	20	0.2	120	20	3200	−0.4	70

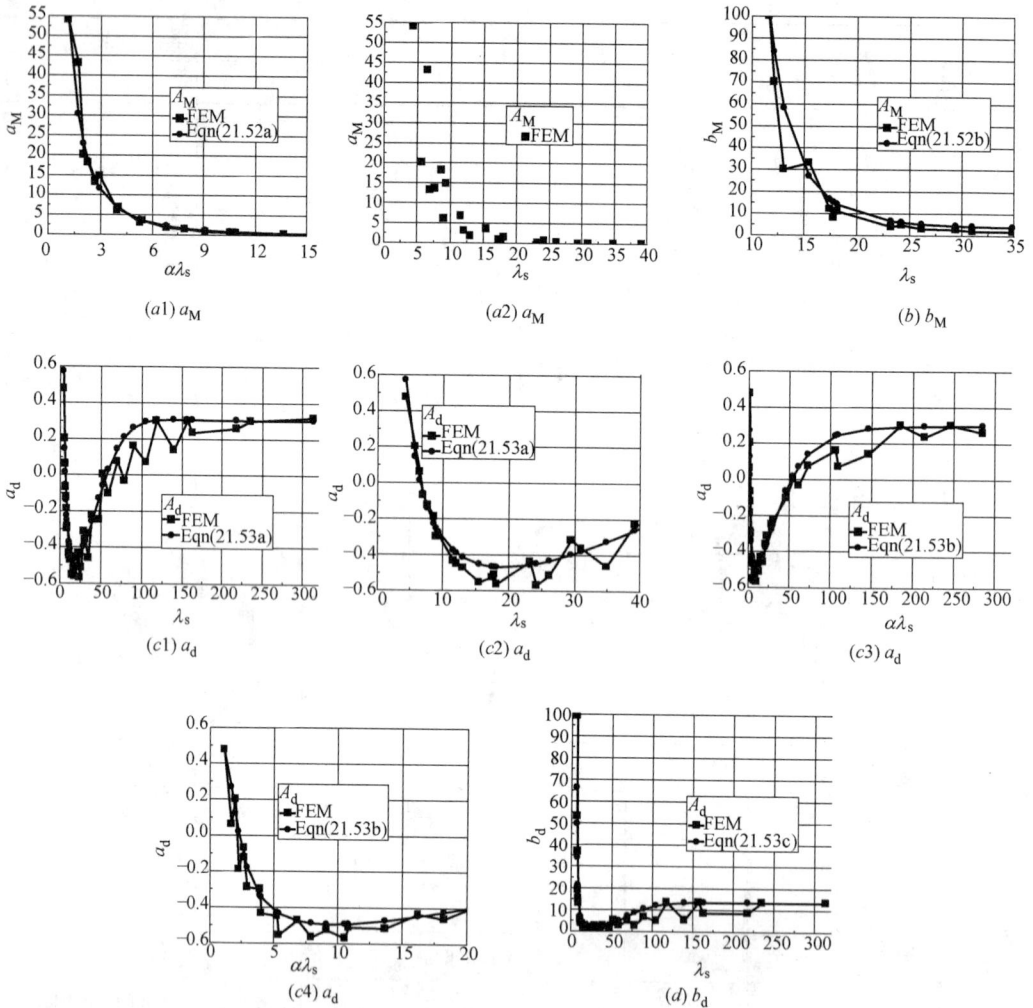

(a1) a_M　　(a2) a_M　　(b) b_M

(c1) a_d　　(c2) a_d　　(c3) a_d

(c4) a_d　　(d) b_d

图 21.32　三铰拱弯矩和位移放大系数计算公式的参数拟合

$$a_M = 110\tanh(\alpha\lambda_s)^{-2} - 0.128 \tag{21.52a}$$

$$b_M = 21 \times 10^6 \tanh\lambda_s^{-5} + 2.5 \tag{21.52b}$$

$$a_d = 0.3 + 4\tanh3\lambda_s^{-1.8} - e^{-\frac{(\lambda_s-4)^2}{2500}} \tag{21.53a}$$

或　　$$a_d = 0.3 + 1.1\tanh[2.8(\alpha\lambda_s)^{-1.8}] - 0.9e^{-\frac{(\alpha\lambda_s)^{(2-0.025\sqrt{\alpha\lambda_s})}}{1250}} \tag{21.53b}$$

$$b_d = 13.5 + 12 \times 10^4 \tanh\lambda_s^{-4} - 13.5e^{-\frac{(\lambda_s-9)^2}{3333}} \tag{21.53c}$$

21.7　两铰圆弧拱在沿水平线均布荷载作用下的二阶效应系数

两铰圆弧拱的计算模型参考图 21.29(b)。线性分析的方程是

$$EA\frac{w''+u'}{R} = -q_Z R = -qR\sin\theta\cos\theta \tag{21.54a}$$

$$EA\frac{w'+u}{R}+\frac{EI_y}{R^3}(u^{(4)}+2u''+u)=Rq_x=-qR\cos^2\theta \tag{21.54b}$$

解为

$$u=C_3\cos\theta+C_4\theta\sin\theta-\frac{R^3}{EI_y}C_5+\frac{qR^4}{4EI_y}\left(1-\frac{1}{3}\cos2\theta\right) \tag{21.55a}$$

$$w=\left[\frac{R}{EA}\left(C_5-\frac{qR}{4}\right)+\frac{R^3}{EI_y}\left(C_5+\frac{qR}{4}\right)\right]\theta+\frac{1}{8}\left(\frac{qR^2}{EA}+\frac{qR^4}{3EI_y}\right)\sin2\theta$$
$$-\left[C_3\sin\theta+C_4(\sin\theta-\theta\cos\theta)\right] \tag{21.55b}$$

$$C_3=\frac{(2-\alpha\tan\alpha)}{2\cos\alpha}\frac{R^3}{EI_y}C_5+\frac{qR^4}{EI_y}\left[\frac{(2-\alpha\tan\alpha)}{4\cos\alpha}\sin^2\theta+\frac{\cos2\alpha}{3\cos\alpha}\right] \tag{21.56a}$$

$$C_4=\frac{2\sin^2\alpha}{8\cos\alpha}\frac{qR^4}{EI_y}+\frac{1}{2\cos\alpha}\frac{R^3}{EI_y}C_5 \tag{21.56b}$$

$$C_5=\frac{6\alpha+\sin2\alpha-2\tan\alpha(4+\sin^2\alpha-3\alpha\tan\alpha)+3\alpha^2(\sin2\alpha-2\alpha)/\lambda^2}{12(3\tan\alpha-\alpha\tan^2\alpha-3\alpha-2\alpha^3/\lambda^2)}qR \tag{21.56c}$$

$$M=\left(2\overline{C}_4\cos\theta-\overline{C}_5-\frac{1}{2}\sin^2\theta\right)qR^2 \tag{21.57a}$$

弯矩在 $\theta=\arccos(-2\overline{C}_4)$ 时和/或在 $\theta=0$ 时取极值：

$$M_{\theta=0}=(2\overline{C}_4-\overline{C}_5)qR^2 \tag{21.57b}$$

$$M_{max}=-(2\overline{C}_4^2+\overline{C}_5+0.5)qR^2 \tag{21.57c}$$

$$N=qR(2\overline{C}_4\cos\theta-\sin^2\theta) \tag{21.58a}$$

$$N_{min}=N_{\theta=0}=2\overline{C}_4qR \tag{21.58b}$$

轴力在 $\theta=\arccos(-\overline{C}_4)$ 时和/或在 $\theta=\alpha$ 时取最大值：

$$N_{max}=qR(2\overline{C}_4\cos\alpha-\sin^2\alpha) \quad 或\ N_{max}=-qR(1+\overline{C}_4^2) \tag{21.58c}$$

式中 $\overline{C}_4=C_4/\dfrac{EI}{qR^4}$，$\overline{C}_5=C_5/qR$。

弯矩的负最大值出现在 $\arccos(-2\overline{C}_4)$ 处，正弯矩值在拱顶，通常负弯矩的绝对值大于正弯矩，$\lambda_s=\alpha\lambda$ 较小时，正弯矩最大。最大轴力出现在 $\arccos(-\overline{C}_4)$ 处或者拱脚截面。表 21.6 给出了正负弯矩比，表 21.7 给出了最小轴压力和最大轴压力的比值，这两个比值分别用于计算等效弯矩系数和选择变轴力柱的柱子稳定系数公式。

两铰拱的正负弯矩比 表 21.6

α	λ						
	20	35	50	75	100	150	200
90°	−0.839	−0.839	−0.839	−0.839	−0.839	−0.839	−0.839
80°	−0.862	−0.838	−0.832	−0.829	−0.828	−0.827	−0.827
70°	−0.927	−0.851	−0.832	−0.823	−0.819	−0.817	−0.816
60°	−0.908	−0.897	−0.849	−0.825	−0.816	−0.810	−0.808
50°	−0.610	−0.965	−0.910	−0.846	−0.824	−0.809	−0.804
40°	−0.226	−0.649	−0.890	−0.931	−0.868	−0.824	−0.809
30°	0.000	−0.185	−0.443	−0.756	−0.935	−0.906	−0.852
20°	−0.654	−0.065	−0.003	−0.138	−0.329	−0.649	−0.853

两铰拱的最小压力与最大压力比　　　　　　　　　　　表 21.7

α	λ						
	20	35	50	75	100	150	200
90°	0.406	0.406	0.406	0.406	0.406	0.406	0.406
80°	0.490	0.491	0.491	0.495	0.491	0.491	0.491
70°	0.564	0.567	0.567	0.568	0.568	0.568	0.568
60°	0.639	0.643	0.644	0.644	0.644	0.644	0.645
50°	0.716	0.722	0.723	0.724	0.724	0.724	0.724
40°	0.794	0.801	0.803	0.804	0.804	0.804	0.804
30°	0.866	0.875	0.877	0.879	0.879	0.879	0.880
20°	0.926	0.937	0.940	0.941	0.942	0.942	0.942

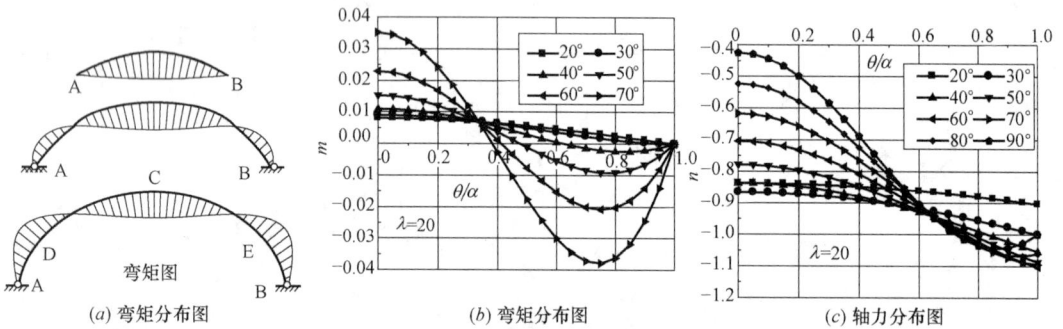

(a) 弯矩分布图　　　　(b) 弯矩分布图　　　　(c) 轴力分布图

图 21.33　全跨均布荷载下两铰拱的弯矩与轴力分布

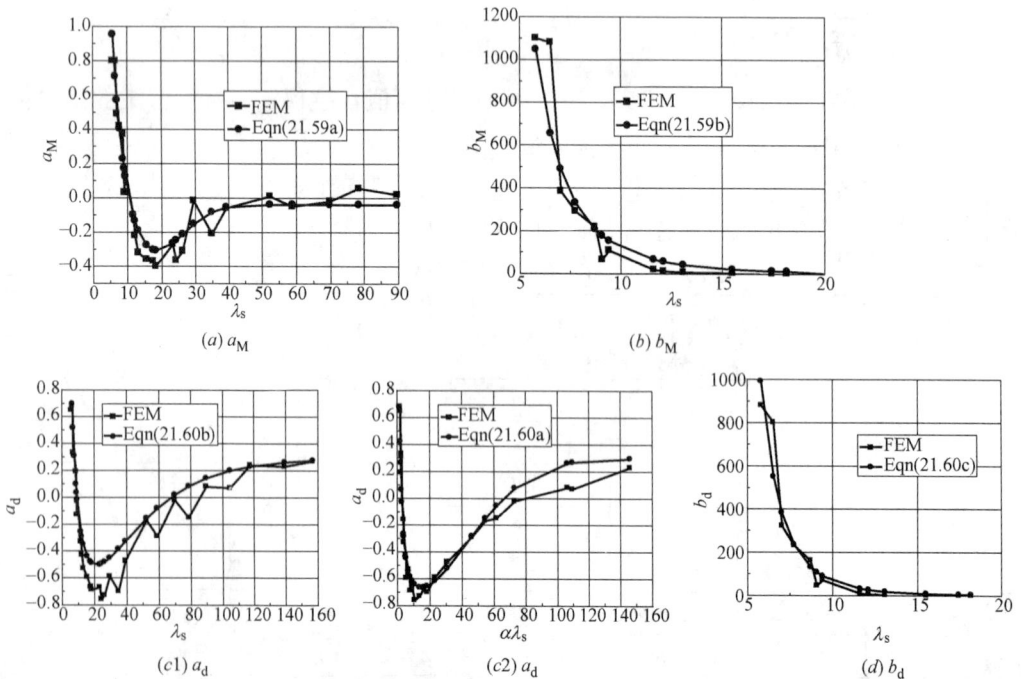

(a) a_{M}　　　　(b) b_{M}

(c1) a_{d}　　　　(c2) a_{d}　　　　(d) b_{d}

图 21.34　两铰拱弯矩和位移放大系数计算公式的参数拟合

图 21.33a 给出了两铰拱的弯矩示意图，圆心角大时负弯矩大于正弯矩，圆心角中等时，正弯矩大于负弯矩，圆心角小时，没有负弯矩。轴力沿拱轴线的分布不均匀的程度也随圆心角变化。这种复杂的情况决定了压弯圆弧拱稳定性计算没有简单的公式。

放大系数公式仍采用(21.51)式，图 21.34 给出了放大系数公式中的参数与拟合公式的比较。拟合公式是：

$$a_M = 1 \times 10^8 \tanh(\lambda_s + 15)^{-6} - 0.04 - 0.36 e^{-\frac{(\lambda_s - 15)^2}{200}} \tag{21.59a}$$

$$b_M = 1.25 \times 10^6 \tanh\lambda_s^{-4} \tag{21.59b}$$

$$a_d = 0.29 + 3.25 \tanh(\alpha\lambda_s)^{-1.25} - 1.14 e^{-\frac{(\alpha\lambda_s)^2}{3333}} \tag{21.60a}$$

或者

$$a_d = 0.29 + 50 \tanh\lambda_s^{-2} - 1.04 e^{-\frac{(\lambda_s - 25)^2}{2000}} \tag{21.60b}$$

$$b_d = 66 \times 10^5 \tanh\lambda_s^{-5} \tag{21.60c}$$

图 21.34(c1)与图 21.35(c2)的区别是：采用参数 $\alpha\lambda_s$，系数 a_d 从最低点上升的阶段的数据点比较有规律，而不像采用参数 λ_s 时这一阶段的数据点上下起伏。

21.8 无铰铰圆弧拱的线性分析及其放大系数

基本方程仍然是(21.54a，b)，解是(21.55a，b)。其中的系数是

$$C_3 = \left[\frac{\sin\alpha + \alpha\cos\alpha}{\sin\alpha\cos\alpha + \alpha} \left(\frac{1}{6}\sin^2\alpha + \frac{C_5}{qR} \right) + \frac{1}{3}\cos\alpha \right] \frac{qR^4}{EI} \tag{21.61a}$$

$$C_4 = \frac{\sin\alpha}{\sin\alpha\cos\alpha + \alpha} \left(\frac{1}{6}\sin^2\alpha + \frac{C_5}{qR} \right) \frac{qR^4}{EI} \tag{22.61b}$$

$$C_5 = \frac{3(2\alpha - \sin2\alpha)(\sin2\alpha + 2\alpha)(1 - \alpha^2/\lambda^2) - 16\sin^4\alpha}{24[4\sin^2\alpha - \alpha(\sin2\alpha + 2\alpha)(1 + \alpha^2/\lambda^2)]} qR \tag{22.61c}$$

弯矩和轴力仍然由(21.57)、(21.58)式计算。弯矩的负最大值出现在 $\arccos(-2\overline{C}_4)$ 处或者在 α 较小时在拱脚，正弯矩值在拱脚(α 较大时)或者拱顶(α 较小时)，通常正弯矩大于负弯矩的绝对值，但是 $\lambda_s = \alpha\lambda$ 较小时，负弯矩最大。最大轴力出现在 $\arccos(-\overline{C}_4)$ 处或者拱脚截面。表 21.8 给出了正负弯矩比，表 21.9 给出了最小轴压力和最大轴压力的比值，这两个比值分别用于计算等效弯矩系数和选择柱子稳定系数公式。

无铰拱的正负弯矩比 表 21.8

α	λ						
	20	35	50	75	100	150	200
90°	−0.737	−0.543	−0.505	−0.486	−0.480	−0.475	−0.474
80°	−0.933	−0.569	−0.510	−0.482	−0.473	−0.466	−0.464
70°	−0.984	−0.641	−0.533	−0.486	−0.471	−0.460	−0.457
60°	−0.940	−0.865	−0.600	−0.506	−0.478	−0.459	−0.453
50°	−0.979	−0.890	−0.844	−0.571	−0.507	−0.468	−0.455
40°	−0.688	−0.921	−0.854	−0.876	−0.622	−0.505	−0.473
30°	−0.551	−0.685	−0.953	−0.838	−0.841	−0.722	−0.565
20°	−0.510	−0.531	−0.566	−0.666	−0.845	−0.849	−0.814

无铰拱的最小压力与最大压力比　　　　　　　　　　表 21.9

α	λ						
	20	35	50	75	100	150	200
90°	0.492	0.510	0.515	0.517	0.518	0.519	0.519
80°	0.545	0.568	0.574	0.577	0.578	0.579	0.579
70°	0.589	0.618	0.626	0.630	0.631	0.632	0.633
60°	0.635	0.669	0.678	0.682	0.684	0.685	0.686
50°	0.687	0.728	0.738	0.744	0.746	0.747	0.748
40°	0.744	0.792	0.804	0.811	0.813	0.815	0.815
30°	0.801	0.856	0.870	0.878	0.880	0.882	0.883
20°	0.850	0.912	0.928	0.936	0.940	0.942	0.943

图 21.35(a, b)给出了弯矩分布图，在 α 较大时，整个拱出现了四个反弯点，与柱脚固定的单层单跨在梁上均布竖向荷载作用下的弯矩图类似。在 α 较小时，整个拱的弯矩图上只有 2 个反弯点，弯矩图的形状与两端固定的梁的弯矩图形状类似，但是数值上差距大。

图 21.35(c)给出了轴力图，与两铰拱相比，α 较小的拱的轴力较小，显示无铰拱以弯曲刚度抵抗荷载的比例加大了。

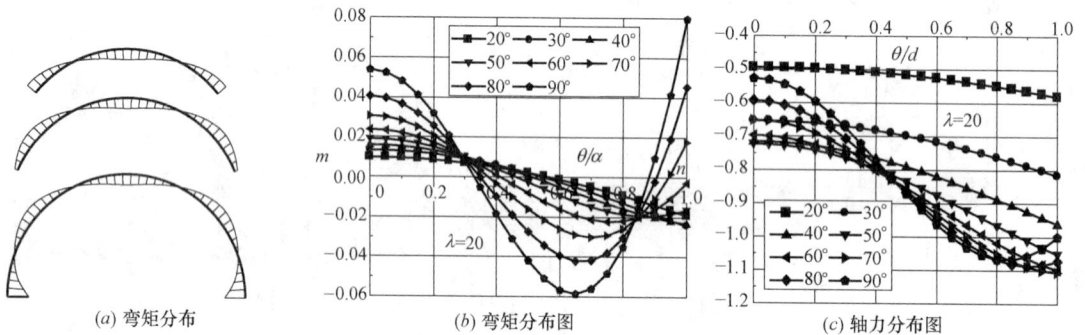

(a) 弯矩分布　　　　　　(b) 弯矩分布图　　　　　　(c) 轴力分布图

图 21.35　全跨均布荷载下两铰拱的弯矩与轴力分布

经过大量分析，得到无铰拱在水平均布荷载作用下的拱顶弯矩和竖向位移放大系数。仍采用(21.51)式的形式来拟合，得到式中的系数是

$$a_M = 0.1 + 150 \tanh[0.6(\alpha\lambda_s + 7.5)^{-2}] - 0.3 e^{-\frac{(\alpha\lambda_s - 7)^2}{1000}} \tag{21.62a}$$

$$b_M = 260 \tanh[9(\alpha\lambda_s)^{-2}] + 4 \tag{21.62b}$$

$$a_d = 0.25 + 150 \tanh[0.6(\alpha\lambda_s + 7.5)^{-2}] - 0.9 e^{-\frac{(\alpha\lambda_s - 7)^2}{6667}} \tag{21.63a}$$

$$b_d = 8 + 230 \tanh[5(\alpha\lambda_s)^{-2}] - 6 e^{-\frac{(\alpha\lambda_s - 20)^2}{10000}} \tag{21.63b}$$

与有限元计算的比较示于图 21.36，注意公式的适用范围是会发生屈曲的拱(包括跳跃屈曲)。

对于承受不对称荷载的拱，情况更为复杂。如图 21.37 所示，不对称的荷载可以看成是对称荷载和反对称荷载的叠加。在只有反对称荷载的作用下，根据失稳的荷载负刚度理

(a) a_M

(b) b_M

(c) a_d

(d) b_d

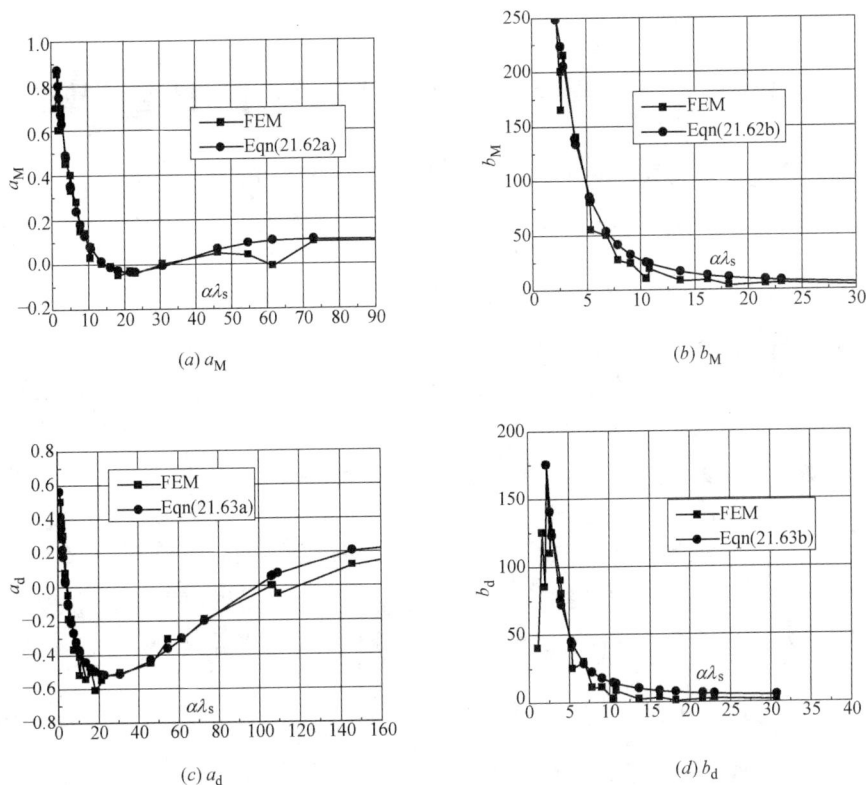

图 21.36　两铰拱弯矩和位移放大系数计算公式的参数拟合

论可以判断，拱发生屈曲的临界荷载应该非常大，计算表明，临界荷载是全跨荷载的 10 倍以上。这样反对称荷载在自身荷载产生的弯矩和位移上的二阶效应很小，计算也确实表明可以忽略。

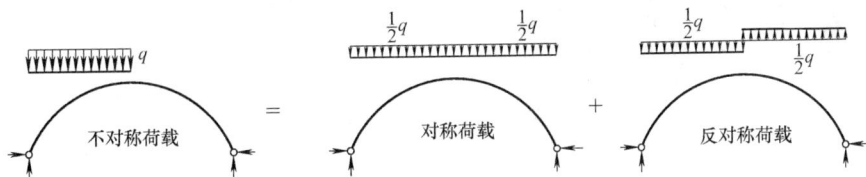

图 21.37　不对称荷载分解为对称和反对称两部分

这样，二阶效应可以分为两部分：

（1）对称的部分：对对称的弯矩进行放大，计算公式就是上面拟合得到的。这一部分的弯矩放大类似于框架结构的柱子的 $P-\delta$ 效应（无侧移时框架柱的二阶效应）

（2）对称部分产生的轴力，在反对称的弯矩上引起的放大。这一部分类似于框架结构的 $P-\Delta$ 效应。分析发现，这一部分的放大系数，采用下式可以近似：

$$A_d \approx A_M = \frac{1}{1 - N/N_{cr,antisym}} \tag{21.64}$$

式中 $N_{cr,antisym}$ 是反对称屈曲的临界荷载。

21.9　圆弧拱在压力和弯矩共同作用下的平面内稳定计算公式

计算压弯拱平面内失稳极限承载力的公式参照压弯杆平面内稳定的计算公式：

$$\frac{N}{\varphi_x A}+\frac{\beta_{mx}(1+a_M n+b_M n^5)M_x}{\gamma_x W_{1x}(1-0.8n)}\leqslant f \tag{21.65}$$

其中轴力 N 取最大轴压力，M_x 取最大弯矩，φ_x 是考虑了轴力沿拱形心线变化和拱脚支承条件的拱轴压稳定系数，计算 φ_x 时的正则化长细比计算采用最大轴力计量的临界轴力。

β_{mx} 是考虑弯矩不均匀分布和超静定带来的弯矩在弹塑性阶段重分布的等效弯矩系数，对三铰拱、两铰拱和无铰拱，分别取 1.0，0.85 和 0.55。

有限元分析选择 $\lambda=200$，150，100，75，50，35，20，$\alpha=90°.80°$，$70°$，$60°$，$50°$，$40°$，$30°$，$20°$进行了计算，截面是 H500×300×10/16。图 21.39 给出了公式与有限元分析结果的对比，可见绝大部分符合很好。对于有限元数据点位于直线之下的数据点都是 $\alpha=20°$，及 $\lambda=20$，35 时 $\alpha=30°$的数据点，对这些浅拱，需要更加仔细的考虑，例如前面提出的弯矩放大系数公式，拟合所依据的有限元分析数据未涵盖这个范围的参数。

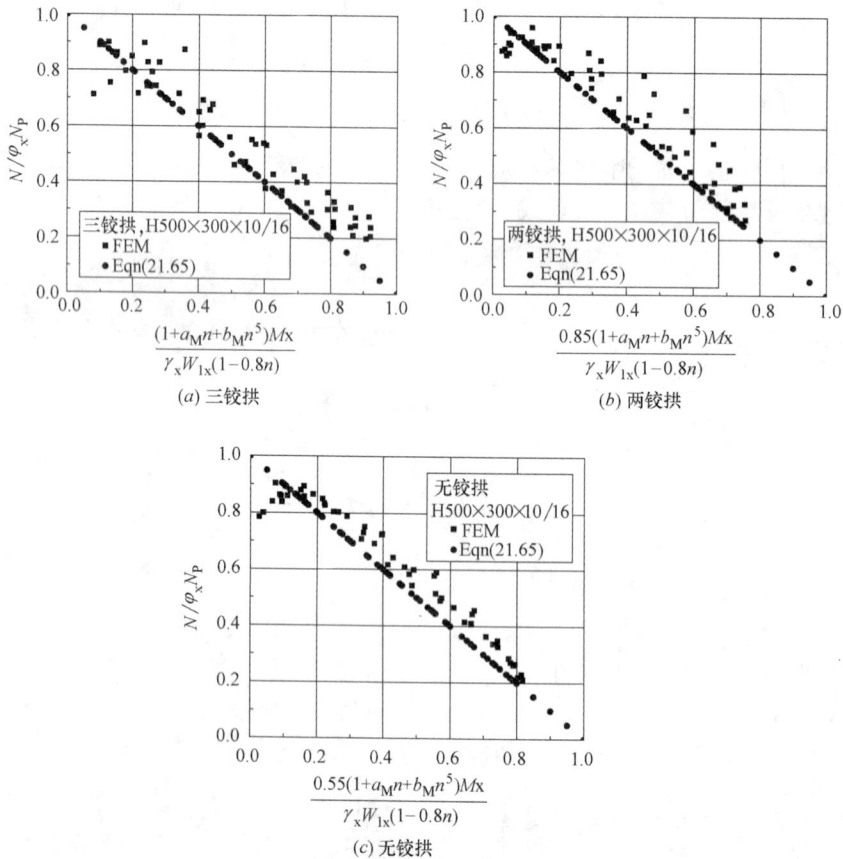

(a) 三铰拱

(b) 两铰拱

(c) 无铰拱

图 21.38　三种圆弧拱在水平均布荷载作用下的平面内稳定计算公式与有限元分析对比

21.10　拱脚水平弹性支承圆弧拱的平面内极限承载力研究

本节介绍各种荷载工况下水平弹性支承圆弧拱的支座约束刚度对拱的弹塑性极限承载力的影响，并提出了实用的计算方法，计算模型如图 21.39 所示。拱的半径为 R，弧长为 S，半跨圆心角为 α，两端支座的水平弹性刚度分别为 k_{z1}、k_{z2}。记拱的半跨长细比为 $\lambda = \dfrac{S}{2i_x} = \dfrac{\alpha R}{i_x}$，其中 i_x 为拱截面的面内回转半径；定义弹性柔度系数 $\zeta = \left(\dfrac{1}{k_{z1}} + \dfrac{1}{k_{z2}} \right) \dfrac{EA}{\alpha^3 \lambda^2 R}$。两个拱脚水平刚度不同的拱，其屈曲性能与水平刚度相同但刚度值满足 $1/k_{z1} + 1/k_{z2} = 2/k_z$ 的拱是相同的。因此可以只考虑两个拱脚刚度相同的情况，此时 $\zeta = \dfrac{2EA}{k_z \alpha^3 \lambda^2 R} = \dfrac{2EI}{k_z \alpha^5 R^3}$。

拱的截面采用双轴对称的工字形截面：H500×300×10/16，截面积 $A = 14280 \text{mm}^2$，回转半径 $i_x = 212.96 \text{mm}$。考虑几何非线性和材料非线性的共同影响。钢材的应力—应变关系采用弹塑性强化模型，弹性模量 $E = 206000 \text{ MPa}$，屈服应力 $f_y =$

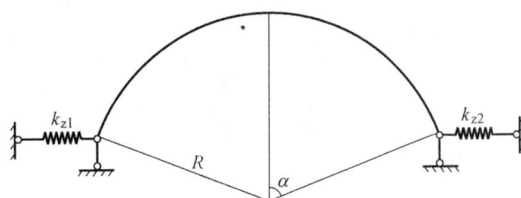

图 21.39　水平弹性支承拱的分析模型

235MPa，屈服应变 $\varepsilon_y = 0.00114$，强化模量 $E_t = 0.01E = 206 \text{ MPa}$，泊松比 $\nu = 0.3$。截面的残余应力采用三角形分布，取残余应力绝对值的最大值 $f_{rc} = f_{rt} = 0.5f_y = 117.5$ MPa。考虑图 21.40 所示六种荷载工况下圆弧拱的弹塑性屈曲问题，拱半跨长细比 λ 取 20、35、50、100、150、200 共六种，半跨圆心角 α 取 90°、80°、70°、60°、50°、40°、30°、20°共八种。

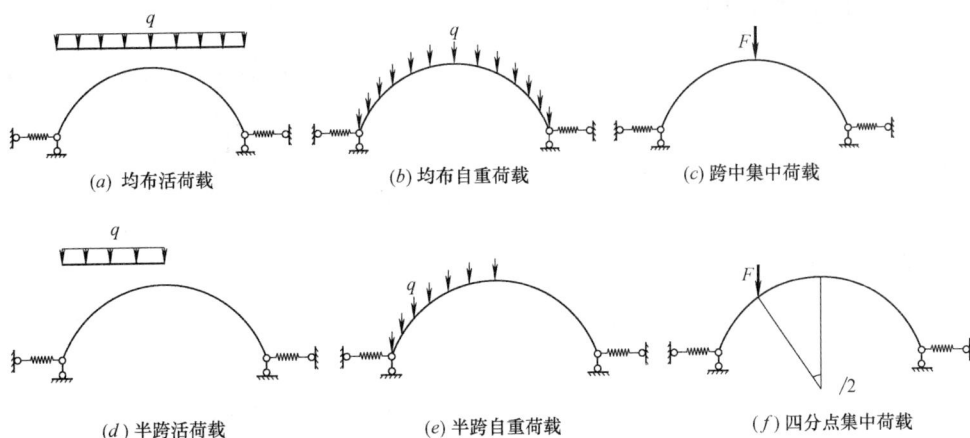

图 21.40　六种荷载工况

初始缺陷的形状和大小按如下方式计算：利用 ANSYS 对在三种对称荷载作用下的两端铰支拱进行基于特征值的线性屈曲分析，得到反对称的屈曲模态分别作为相应荷载工况下拱的初始缺陷的形状，缺陷的幅值取为 $S/500$。半跨荷载作用的拱与对应的对称荷载作用下的拱采用相同的缺陷形式。

21.10.1　弹性支承拱的弹塑性屈曲特征

以 $\lambda=35$、$\alpha=30°$ 这种拱承受均布活荷载为例来分析弹性支承拱在弹塑性阶段的屈曲特征。图 21.41～图 21.43 为拱的三种荷载—位移曲线。从图中可以发现：

（1）随拱脚支座约束的降低，拱所能承受的极限荷载下降，极限状态下拱的跨中竖向位移随着支座水平刚度的减小而增大。

（2）由于考虑了初始几何缺陷，拱的变形从受力初始就沿着反对称的方向发展（跨中水平位移增加），结构的失稳类型为极值点失稳。

（3）拱的失稳模态与支座的水平刚度有关。当刚度较大时，如 $\zeta=0$、0.01、0.05，拱在达到极限承载力后，拱顶的水平位移迅速增大，伴随着荷载的下降，拱呈现出反对称的失稳形式，最后在两侧四分点附近形成两个转动方向相反的塑性铰；当刚度较小时，如 $\zeta=0.2$、0.5、1，拱在越过极值点后，拱顶的水平位移并没有明显增大的趋势，拱应属于对称的失稳形式，最后在两侧四分点附近形成两个转动方向相同的塑性铰，甚至在跨中可能首先出现塑性铰。

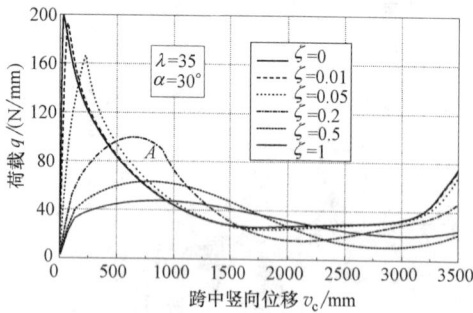

图 21.41　圆弧拱的荷载—跨中竖向位移曲线

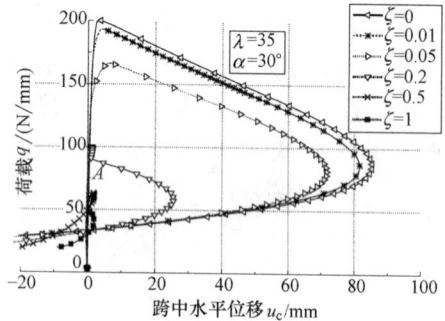

图 21.42　圆弧拱的荷载—跨中水平位移曲线

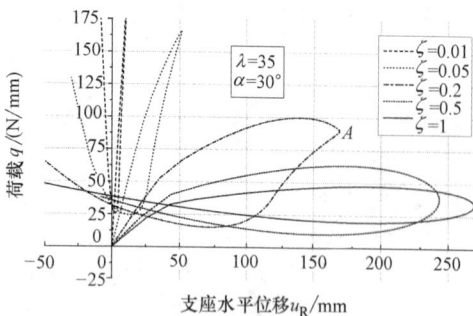

图 21.43　拱的荷载—支座水平位移曲线

（4）图 21.43 的拱脚水平位移在后期有变小的现象，是因为拱的跨中竖向挠度很大，拱变成下凹，拱脚产生向内的水平位移，当该位移值变为负时，拱也变成了受拉的，承载力很快地上升，成为悬链线的承载结构。

（5）同属于对称失稳的拱在后屈曲路径上的表现有所不同。对于支座刚度稍大的拱，如 $\zeta=0.2$，其荷载—位移曲线的下降段出现了一个拐点（图中 A 点），这表明在屈曲后的变形过程中，结构发生了一次平衡状态的突变，如图 21.44 所示，由对称变形转化为反对称变形。对支座刚度更小的拱，如 $\zeta=0.5$ 和 1，后屈曲平衡路径没有发生变化，在整个卸载过程中荷载—位移曲线光滑没有拐点。

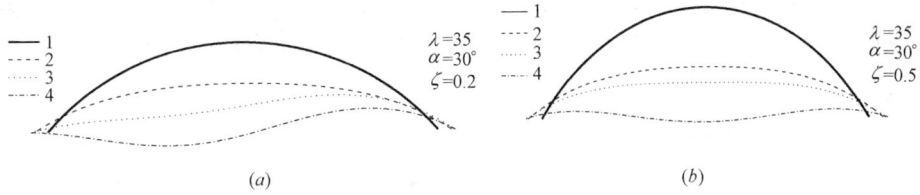

1—变形前；2—极限状态下的变形；3、4—屈曲后的变形

图 21.44　拱的变形图（两者均施加了反对称的初始缺陷）

21.10.2　弹塑性极限荷载

通过分析 $q_u/q_{u,\infty}$ 的值来对支座刚度的影响进行研究，其中 q_u 为弹性约束拱的极限荷载，$q_{u,\infty}$ 为相应的两端铰接拱的极限荷载。图 21.45～图 21.48 中（LL—活荷载，DL—自重荷载）给出了结果。可以发现，在任一种荷载作用下，只要拱的参数 α 和 $\lambda\zeta$ 确定，$q_u/q_{u,\infty}$ 的值会在一个较小的范围内波动，而不需要单独考虑 λ 和 ζ 的影响，$\lambda\zeta$ 更能体现 $q_u/q_{u,\infty}$ 的变化规律。

由这些曲线可以发现，$\lambda\zeta$ 对 q_u 的影响与荷载的类型有关：集中荷载的影响程度小，而均布荷载的影响大；半跨荷载的影响不明显，而全跨荷载的影响显著。随着 $\lambda\zeta$ 的增大，水平弹性约束拱的极限荷载 q_u 呈降低的趋势，但在对称荷载作用下会出现某些 $q_u/q_{u,\infty}>1$ 的情况，这主要发生在 $\lambda\zeta$ 较小并且 α 接近 90° 的时候。通过对全跨和半跨荷载的比较可

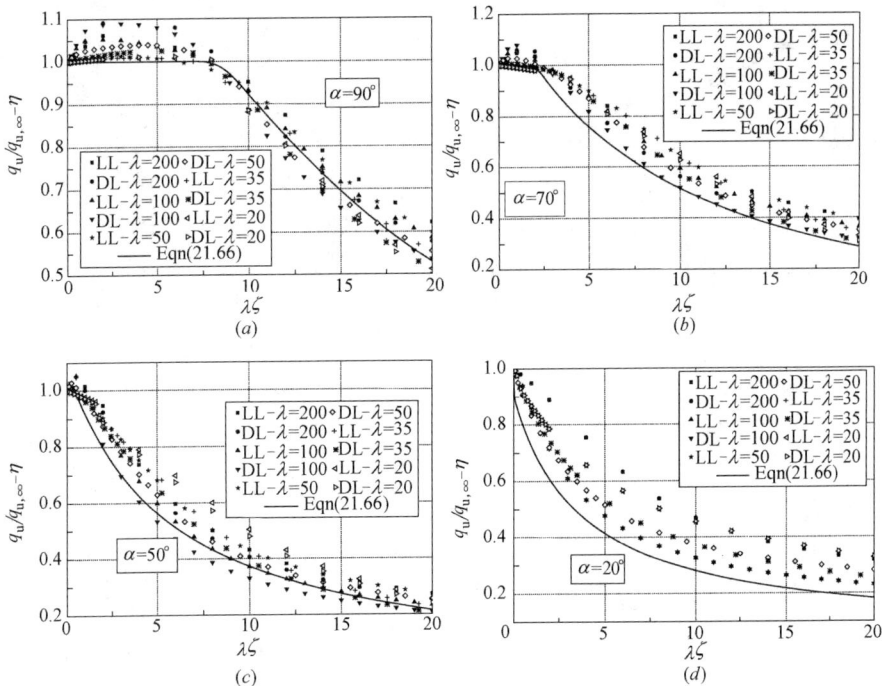

图 21.45　全跨均布荷载作用下的极限承载力计算公式

以发现，对称荷载作用下 q_u 的降低幅度要比相应半跨荷载下 q_u 的降低幅度要明显的多，特别是对于 $\alpha < 70°$ 的拱。

对无量纲化的极限荷载 $q_u/q_{u,\infty}$ 与参数 $\lambda\zeta$ 的关系进行数值拟合。均布活荷载和均布自重荷载两种工况下 $q_u/q_{u,\infty}$ 的变化规律比较相似，所以采用相同的公式。

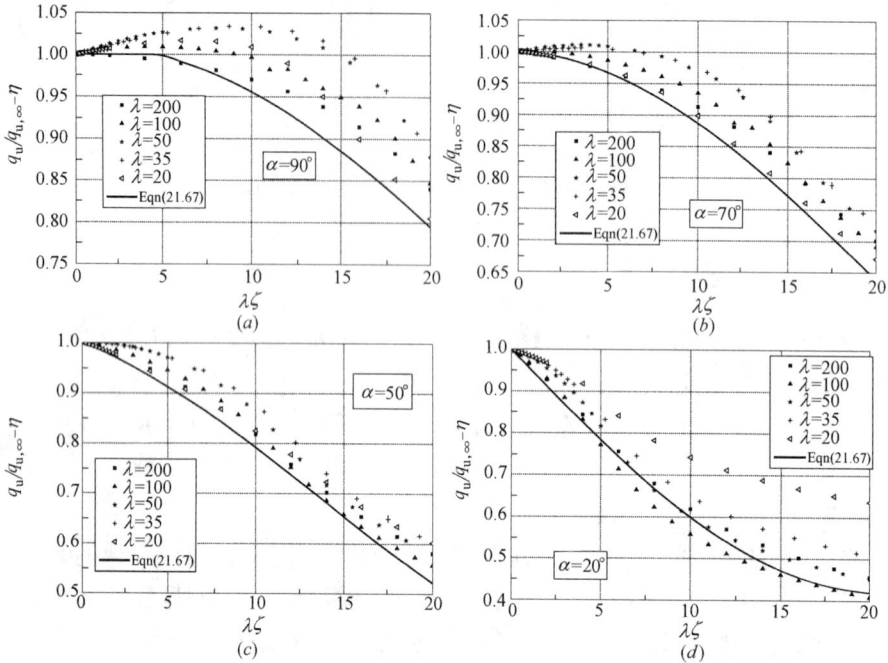

图 21.46　跨中集中荷载作用下的极限承载力计算公式

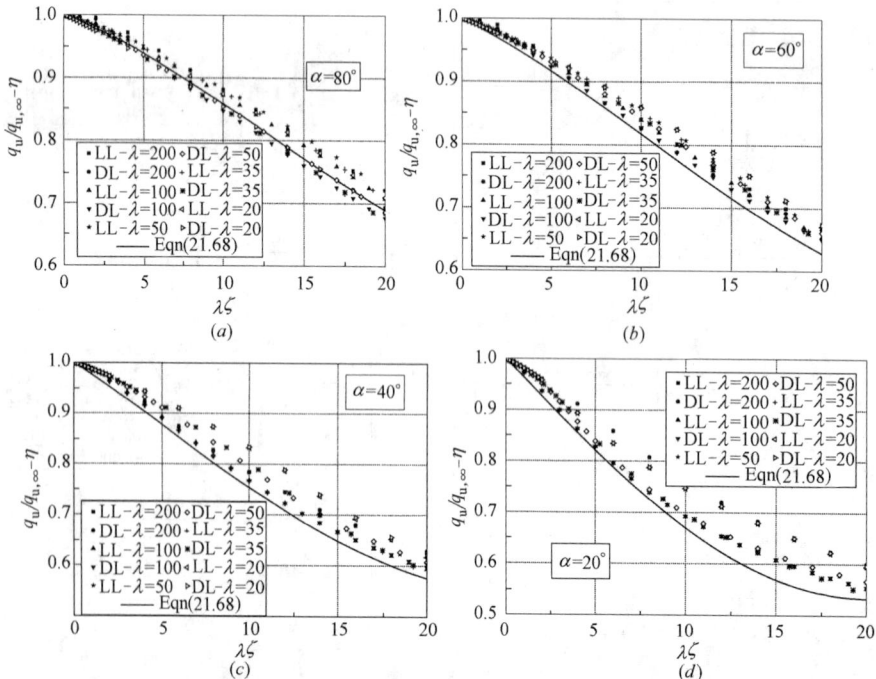

图 21.47　半跨均布荷载作用下的极限承载力计算公式

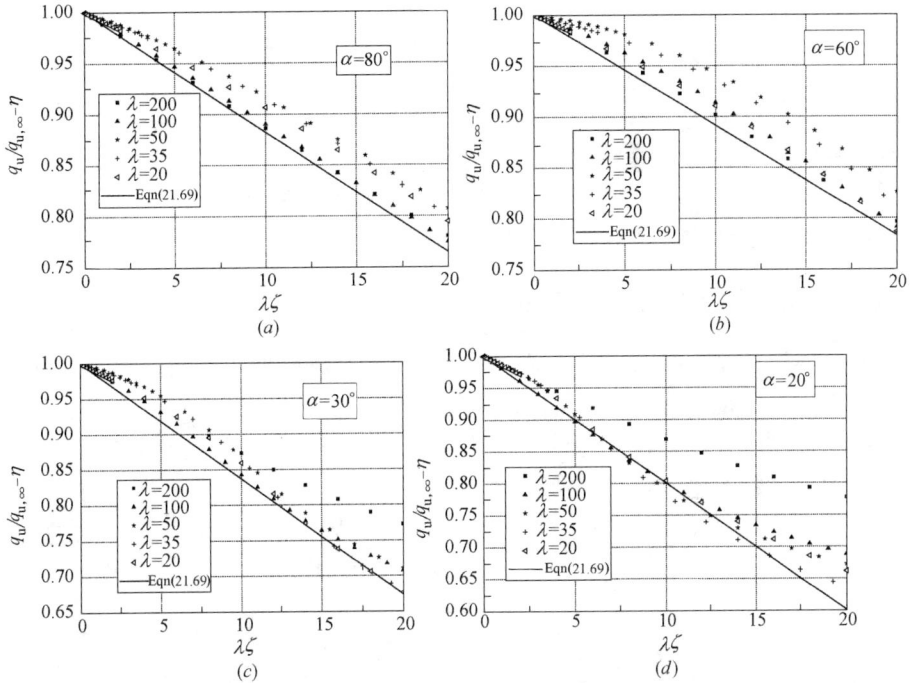

图 21.48　四分点集中荷载作用下的极限承载力计算公式

对于长细比 $20 \leqslant \lambda \leqslant 200$、圆心角 $20° \leqslant \alpha \leqslant 200°$ 且 $0 \leqslant \lambda\zeta \leqslant 20$ 的拱，建议采用如下公式：

（1）全跨均布荷载：

$$\frac{q_u}{q_{u,\infty}} = \frac{1}{a + (0.35 - 0.21\alpha)\lambda\zeta + c(\lambda\zeta)^2} + \eta \tag{21.66}$$

其中：$a = -0.35\alpha + 1.23 \leqslant 1$，$c = (-4.7\alpha^2 + 13\alpha - 6.8) \times 10^{-3}$；

对于 $20 \leqslant \lambda \leqslant 50$ 的拱，$q_u/q_{u,\infty}$ 的值要比 $\lambda > 50$ 的拱大很多，所以在公式中增加了一个修正系数：

$$\eta = \sqrt[3]{\lambda\zeta - 5.4\alpha^2 + 3.9\alpha - 0.9} \times \frac{1 - \lambda/50}{8} \geqslant 0$$

（2）跨中集中荷载：

$$\frac{q_u}{q_{u,\infty}} = a + b \cdot \sin\left(\frac{\lambda\zeta}{40}\pi\right) + c \cdot \cos\left(\frac{\lambda\zeta}{40}\pi\right) \tag{21.67}$$

其中：$a = 1 - c$，$b = -0.38\alpha^2 + 1.22\alpha - 0.94$，$c = -0.54\alpha^2 + 1.22\alpha - 0.34$。

（3）半跨均布荷载：

$$\frac{q_u}{q_{u,\infty}} = 1 - (0.7 - 0.75\alpha + 0.24\alpha^2) \cdot \sin\left(\frac{\pi}{40}\lambda\zeta\right) + c\left[\cos\left(\frac{\pi}{40}\lambda\zeta\right) - 1\right] + \eta \tag{21.68}$$

其中：$c = -0.28\alpha^2 + 0.67\alpha - 0.2$；$\eta = \frac{\lambda\zeta}{150\sqrt{\alpha}}(1 - \lambda/50) \geqslant 0$。

（4）四分点集中荷载：

$$\frac{q_{u}}{q_{u,\infty}}=1-(0.03-0.034\alpha+0.015\alpha^{2})(\lambda\zeta)+\eta \tag{21.69}$$

其中：$\eta=\dfrac{\lambda\zeta}{150\sqrt{\alpha}}(1-\lambda/50)\geqslant0$。

当式(21.66)、(21.68)和(21.69)中 $q_{u}/q_{u,\infty}-\eta>1$ 或式(21.67)中 $q_{u}/q_{u,\infty}>1$ 时，取 $q_{u}/q_{u,\infty}-\eta=1$ 或 $q_{u}/q_{u,\infty}=1$。对拟合公式和有限元结果进行比较，如图 21.47-21.50 所示，可以看到，以上公式基本是数值解的下限。

21.10.3　可以简化为固定铰支拱的条件

根据分析，当支座刚度较小时，极限荷载会有明显的降低，支座位移会显著增大，这种拱在实际工程中也是不常采用的。因此，我们可以将支座刚度控制在一定范围内，使极限荷载不致降低过多，在设计中忽略支座水平约束的影响，即按完全铰支拱参与计算分析。当弹性柔度系数 ζ 达到某一临界值时，拱的极限荷载正好降低了 5%，记此时的柔度系数为 $\zeta_{0.95}$。对图 21.40 所示的六种荷载作用，不同长细比和圆心角，拱的 $\zeta_{0.95}$ 值见图 21.49。

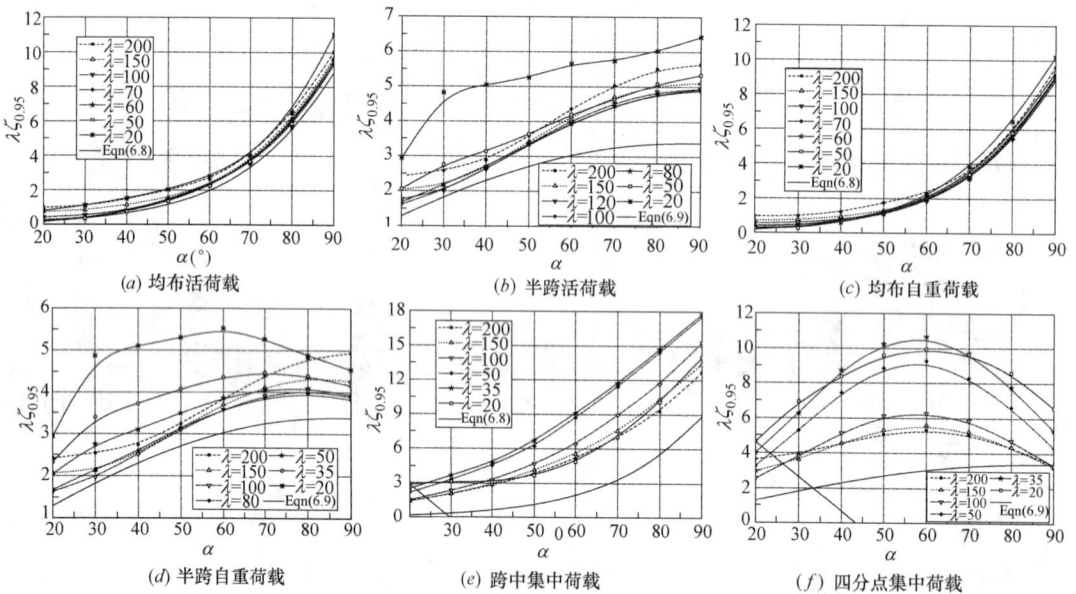

图 21.49　$\lambda\cdot\zeta_{0.95}-\alpha$ 相关曲线

为方便使用，根据以上数值解对各种荷载作用下 $\lambda\cdot\zeta_{0.95}$ 的下限进行拟合，得到如下表达式：

对于对称荷载：
$$\lambda\cdot\zeta_{0.95}=0.1\times(e^{2.86\alpha}-1) \tag{21.70}$$

对于半跨荷载：
$$\lambda\cdot\zeta_{0.95}=3.7\sin\alpha+0.1\cos\alpha-0.2\alpha \tag{21.71}$$

考虑到极限荷载下的水平位移，式(21.70)和式(21.71)可以给予 $\lambda\cdot\zeta_{0.95}\leqslant2.0$ 的限制，以使在正常使用极限状态下的支座位移容易得到满足。因此，当 $\alpha<61°$ 时，采用式(21.70)计算 $\lambda\cdot\zeta_{0.95}$；当 $\alpha\geqslant61°$ 时，取 $\lambda\cdot\zeta_{0.95}=2.0$。只要满足以上条件，便可按照铰支拱设计，由此而引起的承载力降低幅度不会超过 5%。

21.10.4 算例分析

下面举例表明,为使拱形结构达到铰支拱的性能,对水平约束的刚度的要求。

算例1:一个两端铰支的拉杆拱,拱的截面为 H500×300×10×16,面积 $A=14280mm^2$,回转半径 $i_x=212.96mm$。计算满足 $\lambda \cdot \zeta_{0.95}$ 要求的拉杆截面积(表21.10)。

拉杆的截面积 （mm²）　　　　　　　　　　　　　　　　　　表 21.10

$\alpha(°)$	$\lambda \cdot \zeta_{0.95}$	λ					
		200	150	100	50	35	20
90°	2	18.4	24.6	36.8	73.7	105.3	184.2
80°	2	25.8	34.4	51.7	103.3	147.6	258.3
70°	2	36.8	49.1	73.6	147.2	210.2	367.9
60°	1.899	56.7	75.6	113.5	226.9	324.18	567.2
50°	1.113	147.9	197.5	295.7	591.5	845.0	1478.7
40°	0.636	423.9	565.5	847.7	1695.5	2422.1	4238.6
30°	0.347	1433.2	1911.0	2866.5	5732.9	8189.9	14332.3
20°	0.171	6700.6	8934.1	13401.2	26802.3	38289.0	67005.8

算例2:两端铰支的圆弧拱支承在两层框架上,拱截面为:H500×300×10×16,框架立面尺寸如图20.19,框架柱截面为:Box500×16,框架梁截面为:H500×300×10×16。

一个框架的抗侧刚度为10142N/mm,相应于图21.39中的支座刚度 $k_{z1}=k_{z2}=10142N/mm$。

表21.11中列举了对应于 $\lambda \cdot \zeta_{0.95}$ 时不同长细比和圆心角的拱所需要的支座弹簧刚度。

支座的弹簧刚度 （N/mm）　　　　　　　　　　　　　　　　表 21.11

$\alpha(°)$	$\lambda \cdot \zeta_{0.95}$	λ					
		200	150	100	50	35	20
90°	2	140.0	248.8	559.8	2239.3	4570.1	13995.8
80°	2	177.1	314.9	708.5	2834.1	5784.0	17713.4
70°	2	231.4	411.3	925.4	3701.7	7554.6	23135.9
60°	1.899	331.7	589.8	1327.0	5307.8	10832.3	33174.0
50°	1.113	814.7	1448.4	3258.9	13035.6	26603.3	81472.6
40°	0.636	2226.6	3958.3	8906.3	35625.1	72704.2	222656.6
30°	0.347	7259.1	12905.1	29036.4	116145.5	237031.7	725909.4
20°	0.171	33075.6	58801.0	132302.3	529209.1	1080018.6	3307557.0

通过这两个算例,可以给我们实际的设计工作带来以下的启示:

(1) 随着长细比 λ 和圆心角 α 的减小,对拱的支座刚度的要求会不断提高;

（2）在 λ 和 α 比较大的情况下，无论是拉杆还是支承结构都很容易满足拱对于支座的要求，我们可以不必考虑支座位移的影响；

（3）当 λ 和 α 较小时，支座刚度要求较高，仅仅依靠拉杆的抗拉刚度或是支承结构的抗侧刚度很难对拱提供足够的水平推力，若 $\lambda \cdot \zeta > \lambda \cdot \zeta_{0.95}$ 就必须对支座进行特殊的处理以加强其抗推刚度。

参 考 文 献

[1]　Pi Y. L.，Trahair N. S.．In-plane inelastic buckling and strengths of steel arches [J]．Journal of Structural Engineering，1996，122（7），734-747.

[2]　Pi Y. L.，Trahair N. S.．In-plane buckling and design of steel arches [J]．Journal of Structural Engineering，1999，125（11），1291-1298.

[3]　Pi Y，L，In-plane Strength and design of fixed steel I-section arches，Engineering Structures 26（2）：291-301，2004

[4]　程鹏．两铰圆弧拱非线性弯曲理论和弹塑性稳定 [D]．杭州：浙江大学博士论文，2005.

[5]　杨洋．刚性和弹性支承圆弧钢拱的平面内稳定及其设计方法研究 [D]．杭州，浙江大学博士论文，2010。

[6]　黄李骥，郭彦林．实腹圆弧钢拱的平面内稳定极限承载力设计理论及方法 [J]．建筑结构学报，2007，28（3）：15-22.

[7]　林冰．钢拱平面内稳定性及稳定承载力设计方法研究 [D]．北京：清华大学博士论文，2007.

[8]　郭彦林，林冰，郭志飞．压弯圆弧拱平面内稳定承载力设计方法的理论与试验研究 [J]．土木工程学报，2011，44（3）：8-15.

[9]　剧锦三．拱结构的稳定性研究 [D]．北京：清华大学博士论文，2001.

[10]　拱形钢结构技术规程（JGJ/T 249-2011）[S]．北京：中国建筑工业出版社，2011.

[11]　龙驭球，包世华．结构力学教程（Ⅰ）[M]．北京：高等教育出版社，2000.

[12]　A·H·金尼克．拱的稳定性 [M]．吕子华译．北京：建筑工程出版社，1958.

[13]　Komatsu S.，Shinke T.．Ultimate load carrying capacity of steel arches [J]．Journal of Structural Division，1977，103（12），2323-2326.

[14]　Kuranishi S.，Yabuki T.．Some numerical estimations of ultimate in-plane strength of two-hinged steel arches [C] // Proceedings of Japan Society of Civil Engineers. Tokyo Japan，1979，155-158.

[15]　Verstappen I.，Snijder H. H.，Bijlaard F. S. K.，et al. Design rules for steel arches——in-plane stability [J]．Journal of Constructional Steel Research，1998，46（1-3），125-126.

[16]　Raymond H. P.．Buckling of shallow arches with supports that stiffen when compressed [J]．Journal of Engineering Mechanics，1990，116（4），973-976.

[17]　Pi Y. L.，Bradford M. A.，Tin-Loi F.．Non-linear in-plane buckling of rotationally restrained shallow arches under a central concentrated load [J]．International Journal of Non-Linear Mechanics，2008，43（1），1-17.

[18]　Pi Y. L.，Bradford M. A.，Tin-Loi F.．Nonlinear analysis and buckling of elastically supported circular shallow arches [J]．International Journal of Solids and Structures，2007，44（7-8），2401-2425.

[19]　Bradford M. A.，Wang T.，Pi Y. L.，Gilbert R. I.．In-Plane Stability of Parabolic Arches with

Horizontal Spring Supports. I: Theory [J] . Journal of Structural Engineering，2007，133（8），1130-1137.

[20] Pi Y. L.，Bradford M. A.，Tin-Loi F.，Gilbert R. I.. Geometric and material nonlinear analyses of elastically restrained arches [J] . Engineering structures，2007，29（3），283-295.

[21] Pi Y. L.，Bradford M. A.，Uy B.. In-plane stability of arches [J] . International Journal of Solids and Structures，2002，39（1），105-125.

[22] Bradford M. A.，Uy B.，Pi Y. L.. In-plane elastic stability of arches under a central concentrated load [J] . Journal of Engineering Mechanics，2002，128（7），710-719.